国家出版基金项目

"十三五"国家重点图书出版规划项目

"十四五"时期国家重点出版物出版专项规划项目

中国水电关键技术丛书

中国水电工程移民关键技术

《中国水电工程移民关键技术》编委会　编著

中国水利水电出版社

www.waterpub.com.cn

·北京·

内 容 提 要

本书系国家出版基金项目《中国水电关键技术丛书》之一,全面回顾总结了半个多世纪以来的水电工程建设征地移民安置规划设计、实施管理有关工作创新和实践经验,在国家已发布的水电工程建设征地移民安置相关技术标准的基础上,归纳阐述了移民安置规划设计和实施技术工作内容,从建设征地范围界定、实物指标调查、移民生产安置、移民搬迁安置、城镇及农村居民点规划、专业项目处理、库底清理、建设征地移民安置补偿费用概算,以及移民安置与区域经济社会发展、技术咨询、协调机制、综合设计、移民综合监理、独立评估、移民工作信息化、公众参与等方面,总结提炼了为实现妥善安置移民、促进水电事业不断发展的总目标而规定的规划设计和实施管理相关关键技术,寻其源、探其理、究其根,结合典型工程案例,对关键的项目和内容、核心的原则和方式、主要的参数和指标、重大的措施和方案、重要的方法和流程等进行了一一解读、论述,并根据目前水电工程建设征地移民工作的特点和未来技术与行业发展趋势对研究完善水电工程建设征地移民安置关键技术的方向进行了展望。

本书是从事水电工程建设征地移民安置规划设计、综合监理、独立评估工作的工程技术人员、科研技术人员和地方政府及电站业主实施移民安置的管理人员必备技术知识书籍。

图书在版编目（ＣＩＰ）数据

中国水电工程移民关键技术 / 《中国水电工程移民
关键技术》编委会编著. -- 北京 ：中国水利水电出版社,
2021.12
（中国水电关键技术丛书）
ISBN 978-7-5226-0315-5

Ⅰ．①中… Ⅱ．①中… Ⅲ．①水利水电工程－移民安
置－研究－中国 Ⅳ．①D632.4

中国版本图书馆CIP数据核字(2021)第260974号

书　　名	中国水电关键技术丛书 **中国水电工程移民关键技术** ZHONGGUO SHUIDIAN GONGCHENG YIMIN GUANJIAN JISHU
作　　者	《中国水电工程移民关键技术》编委会　编著
出版发行	中国水利水电出版社 （北京市海淀区玉渊潭南路1号D座　100038） 网址：www.waterpub.com.cn E-mail：sales@waterpub.com.cn 电话：(010) 68367658（营销中心）
经　　售	北京科水图书销售中心（零售） 电话：(010) 88383994、63202643、68545874 全国各地新华书店和相关出版物销售网点
排　　版	中国水利水电出版社微机排版中心
印　　刷	北京印匠彩色印刷有限公司
规　　格	184mm×260mm　16开本　38.5印张　937千字
版　　次	2021年12月第1版　2021年12月第1次印刷
定　　价	**298.00元**

《中国水电关键技术丛书》编撰委员会

《中国水电关键技术丛书》组织单位

中国大坝工程学会
中国水力发电工程学会
水电水利规划设计总院
中国水利水电出版社

本书编委会

主　编　王　奎

副主编　（以姓氏笔画为序）

卞炳乾　文良友　刘映泉　李红远　赵社义　钟广宇
姜正良　姚英平　倪　剑　徐　粤

编　委　（以姓氏笔画为序）

丁世杰　马营达　王　頔　王小聪　王艳清　代　磊
冯　涛　朱　健　任爱武　刘　昊　刘玉颖　刘欣然
刘祖雄　刘海波　江燮华　杜立强　李　成　李　涛
李贵兵　李重庆　吴耀宇　何延科　沈月锋　张　立
张　逍　张华山　张国平　陈　森　昌　盛　罗　毅
周　清　赵永春　赵灿章　赵登帅　胡中科　段小芳
郭磊磊　章　林　蒀小波　韩江江　嵇培欢　廖　威
廖贵华　魏　鹏

审　稿　周建平　龚和平

本书编写人员名单

第 1 章

水电水利规划设计总院

任爱武 文良友 王奎

第 2 章

中国电建集团成都勘测设计研究院有限公司

刘映泉 江燮华 代磊 李涛 吴耀宇

第 3 章

中国电建集团昆明勘测设计研究院有限公司

李红远 赵灿章 韩江江 罗毅 赵永春 胡中科

第 4 章

中国电建集团华东勘测设计研究院有限公司

卞炳乾 朱健 郭磊磊 何延科 周清 陈森

第 5 章

中国电建集团成都勘测设计研究院有限公司

刘映泉 江燮华 王小聪 章林

第 6 章

中国电建集团中南勘测设计研究院有限公司

王頔 魏鹏 刘昊 沈月锋

第 7 章

中国电建集团中南勘测设计研究院有限公司

刘海波 昌盛 段小芳 廖威

第 8 章

中国电建集团西北勘测设计研究院有限公司

赵社义 李成 丁世杰 张逍 马营达

第 9 章

中国电建集团华东勘测设计研究院有限公司

卞炳乾　陈森　郭磊磊　朱健　何延科　周清

第 10 章

中国电建集团贵阳勘测设计研究院有限公司

倪剑　张华山

第 11 章

水电水利规划设计总院

文良友　王奎

第 12 章

水电水利规划设计总院

文良友　王奎

第 13 章

中国电建集团昆明勘测设计研究院有限公司

罗毅　李红远　赵灿章　韩江江　刘欣然　赵永春

第 14 章

中国电建集团北京勘测设计研究院有限公司

李贵兵　杜立强　赵登帅　姜正良

第 15 章

中国电建集团北京勘测设计研究院有限公司

刘玉颖　冯涛　葛小波　姜正良

第 16 章

中国长江三峡集团有限公司

姚英平　嵇培欢　刘祖雄　廖贵华　张国平　王艳清

第 17 章

中国电建集团北京勘测设计研究院有限公司

李重庆　姜正良　张立

历经 70 年发展，特别是改革开放 40 年，中国水电建设取得了举世瞩目的伟大成就，一批世界级的高坝大库在中国建成投产，水电工程技术取得新的突破和进展。在推动世界水电工程技术发展的历程中，世界各国都作出了自己的贡献，而中国，成为继欧美发达国家之后，21 世纪世界水电工程技术的主要推动者和引领者。

截至 2018 年年底，中国水库大坝总数达 9.8 万座，水库总库容约 9000 亿 m³，水电装机容量达 350GW。中国是世界上大坝数量最多也是高坝数量最多的国家：60m 以上的高坝近 1000 座，100m 以上的高坝 223 座，200m 以上的特高坝 23 座；千万千瓦级的特大型水电站 4 座，其中，三峡水电站装机容量 22500MW，为世界第一大水电站。中国水电开发始终以促进国民经济发展和满足社会需求为动力，以战略规划和科技创新为引领，以科技成果工程化促进工程建设，突破了工程建设与管理中的一系列难题，实现了安全发展和绿色发展。中国水电工程在大江大河治理、防洪减灾、兴利惠民、促进国家经济社会发展方面发挥了不可替代的重要作用。

总结中国水电发展的成功经验，我认为，最为重要也是特别值得借鉴的有以下几个方面：一是需求导向与目标导向相结合，始终服务国家和区域经济社会的发展；二是科学规划河流梯级格局，合理利用水资源和水能资源；三是建立健全水电投资开发和建设管理体制，加快水电开发进程；四是依托重大工程，持续开展科学技术攻关，破解工程建设难题，降低工程风险；五是在妥善安置移民和保护生态的前提下，统筹兼顾各方利益，实现共商共建共享。

在水利部原任领导汪恕诚、张基尧的关心支持下，2016 年，中国大坝工程学会、中国水力发电工程学会、水电水利规划设计总院、中国水利水电出版社联合发起编撰出版《中国水电关键技术丛书》，得到水电行业的积极响应，数百位工程实践经验丰富的学科带头人和专业技术负责人等水电科技工作者，基于自身专业研究成果和工程实践经验，精心选题，着手编撰水电工程技术成果总结。为高质量地完成编撰任务，参加丛书编撰的作者，投入极大热情，倾注大量心血，反复推敲打磨，精益求精，终使丛书各卷得以陆续出版，实属不易，难能可贵。

21 世纪初叶，中国的水电开发成为推动世界水电快速发展的重要力量，形成了中国特色的水电工程技术，这是编撰丛书的缘由。丛书回顾了中国水电工程建设近30年所取得的成就，总结了大量科学研究成果和工程实践经验，基本概括了当前水电工程建设的最新技术发展。丛书具有以下特点：一是技术总结系统，既有历史视角的比较，又有国际视野的检视，体现了科学知识体系化的特征；二是内容丰富、翔实、实用，涉及专业多，原理、方法、技术路径和工程措施一应俱全；三是富于创新引导，对同一重大关键技术难题，存在多种可能的解决方案，并非唯一，要依据具体工程情况和面临的条件进行技术路径选择，深入论证，择优取舍；四是工程案例丰富，结合中国大型水电工程设计建设，给出了详细的技术参数，具有很强的参考价值；五是中国特色突出，贯彻科学发展观和新发展理念，总结了中国水电工程技术的最新理论和工程实践成果。

与世界上大多数发展中国家一样，中国面临着人口持续增长、经济社会发展不平衡和人民追求美好生活的迫切要求，而受全球气候变化和极端天气的影响，水资源短缺、自然灾害频发和能源电力供需的矛盾还将加剧。面对这一严峻形势，无论是从中国的发展来看，还是从全球的发展来看，修坝筑库、开发水电都将不可或缺，这是实现经济社会可持续发展的必然选择。

中国水电工程技术既是中国的，也是世界的。我相信，丛书的出版，为中国水电工作者，也为世界上的专家同仁，开启了一扇深入了解中国水电工程技术发展的窗口；通过分享工程技术与管理的先进成果，后发国家借鉴和吸取先行国家的经验与教训，可避免少走弯路，加快水电开发进程，降低开发成本，实现战略赶超。从这个意义上讲，丛书的出版不仅能为当前和未来中国水电工程建设提供非常有价值的参考，也将为世界上发展中国家的河流开发建设提供重要启示和借鉴。

作为中国水电事业的建设者、奋斗者，见证了中国水电事业的蓬勃发展，我为中国水电工程的技术进步而骄傲，也为丛书的出版而高兴。希望丛书的出版还能够为加强工程技术国际交流与合作，推动"一带一路"沿线国家基础设施建设，促进水电工程技术取得新进展发挥积极作用。衷心感谢为此作出贡献的中国水电科技工作者，以及丛书的撰稿、审稿和编辑人员。

中国工程院院士　马洪琪

2019 年 10 月

　　水电是全球公认并为世界大多数国家大力开发利用的清洁能源。水库大坝和水电开发在防范洪涝干旱灾害、开发利用水资源和水能资源、保护生态环境、促进人类文明进步和经济社会发展等方面起到了无可替代的重要作用。在中国，发展水电是调整能源结构、优化资源配置、发展低碳经济、节能减排和保护生态的关键措施。新中国成立后，特别是改革开放以来，中国水电建设迅猛发展，技术日新月异，已从水电小国、弱国，发展成为世界水电大国和强国，中国水电已经完成从"融入"到"引领"的历史性转变。

　　迄今，中国水电事业走过了70年的艰辛和辉煌历程，水电工程建设从"独立自主、自力更生"到"改革开放、引进吸收"，从"计划经济、国家投资"到"市场经济、企业投资"，从"水电安置性移民"到"水电开发性移民"，一系列改革开放政策和科学技术创新，极大地促进了中国水电事业的发展。不仅在高坝大库建设、大型水电站开发，而且在水电站运行管理、流域梯级联合调度等方面都取得了突破性进展，这些进步使中国水电工程建设和运行管理技术水平达到了一个新的高度。有鉴于此，中国大坝工程学会、中国水力发电工程学会、水电水利规划设计总院和中国水利水电出版社联合组织策划出版了《中国水电关键技术丛书》，力图总结提炼中国水电建设的先进技术、原创成果，打造立足水电科技前沿、传播水电高端知识、反映水电科技实力的精品力作，为开发建设和谐水电、助力推进中国水电"走出去"提供支撑和保障。

　　为切实做好丛书的编撰工作，2015年9月，四家组织策划单位成立了"丛书编撰工作启动筹备组"，经反复讨论与修改，征求行业各方面意见，草拟了丛书编撰工作大纲。2016年2月，《中国水电关键技术丛书》编撰委员会成立，水利部原部长、时任中国大坝协会（现为中国大坝工程学会）理事长汪恕诚，国务院南水北调工程建设委员会办公室原主任、时任中国水力发电工程学会理事长张基尧担任编委会主任，中国电力建设集团有限公司总工程师周建平、水电水利规划设计总院院长郑声安担任丛书主编。各分册编撰工作实行分册主编负责制。来自水电行业100余家企业、科研院所及高等院校等单位的500多位专家学者参与了丛书的编撰和审阅工作，丛书作者队伍和校审专家聚集了国内水电及相关专业最强撰稿阵容。这是当今新时代赋予水电工作者的一项重要历史使命，功在当代、利惠千秋。

丛书紧扣大坝建设和水电开发实际，以全新角度总结了中国水电工程技术及其管理创新的最新研究和实践成果。工程技术方面的内容涵盖河流开发规划，水库泥沙治理，工程地质勘测，高心墙土石坝、高面板堆石坝、混凝土重力坝、碾压混凝土坝建设，高坝水力学及泄洪消能，滑坡及高边坡治理，地质灾害防治，水工隧洞及大型地下洞室施工，深厚覆盖层地基处理，水电工程安全高效绿色施工，大型水轮发电机组制造安装，岩土工程数值分析等内容；管理创新方面的内容涵盖水电发展战略、生态环境保护、水库移民安置、水电建设管理、水电站运行管理、水电站群联合优化调度、国际河流开发、大坝安全管理、流域梯级安全管理和风险防控等内容。

丛书遵循的编撰原则为：一是科学性原则，即系统、科学地总结中国水电关键技术和管理创新成果，体现中国当前水电工程技术水平；二是权威性原则，即结构严谨，数据翔实，发挥各编写单位技术优势，遵照国家和行业标准，内容反映中国水电建设领域最具先进性和代表性的新技术、新工艺、新理念和新方法等，做到理论与实践相结合。

丛书分别入选"十三五"国家重点图书出版规划项目和国家出版基金项目，首批包括50余种。丛书是个开放性平台，随着中国水电工程技术的进步，一些成熟的关键技术专著也将陆续纳入丛书的出版范围。丛书的出版必将为中国水电工程技术及其管理创新的继续发展和长足进步提供理论与技术借鉴，也将为进一步攻克水电工程建设技术难题、开发绿色和谐水电提供技术支撑和保障。同时，在"一带一路"倡议下，丛书也必将切实为提升中国水电的国际影响力和竞争力，加快中国水电技术、标准、装备的国际化发挥重要作用。

在丛书编写过程中，得到了水利水电行业规划、设计、施工、科研、教学及业主等有关单位的大力支持和帮助，各分册编写人员反复讨论书稿内容，仔细核对相关数据，字斟句酌，殚精竭虑，付出了极大的心血，克服了诸多困难。在此，谨向所有关心、支持和参与编撰工作的领导、专家、科研人员和编辑出版人员表示诚挚的感谢，并诚恳欢迎广大读者给予批评指正。

《中国水电关键技术丛书》编撰委员会

2019 年 10 月

历经三年多耐心细心而又费心劳心的工作，《中国水电工程移民关键技术》编撰完成。主编王奎嘱我写一个序，我有些顾虑，担心难以担此重任，但作为水电水利规划设计总院副院长、一个长期从事水电水利工程建设征地移民安置工作的技术工作者，这是我的职责所在，使命所系，义不容辞。

水能资源是我国的重要能源资源和主要电力资源。中华人民共和国成立70多年来，我国水电在开发利用、技术创新、运行管理、效益发挥等方面实现了全方位的飞跃。截至2020年年底，我国水电总装机容量达到37016万kW（其中抽水蓄能3149万kW），占全国总装机容量的16.8%，占可再生能源装机容量的39.6%；年发电量13552亿kW·h，占全国总发电量的17.8%，占可再生能源发电量的61.2%。水电作为可再生能源行业的"中流砥柱"，为实现国家节能减排目标作出了巨大贡献，已成为我国国民经济重要的基础设施和基础产业。目前，我国水电装机规模、年发电量均稳居世界首位，水电行业的规划设计、设备制造、工程施工等已处世界领先地位。伴随着水电建设的蓬勃发展，枢纽工程建设、水库淹没影响产生了数以百万计的征地移民，为了妥善安置移民，各级政府、电站业主、中介单位及移民个人都作出了极大的努力，相关的政策规定和技术标准也日趋完善。因此，我国既是一个水电技术强国，更是一个水电征地移民大国。

对于水电移民的安置，在不同经济发展时期，我国的政策是有区别的，既有经验，也有教训。特别是改革开放以来，国家注重总结经验教训，强调妥善安置移民，通过对实践的回顾总结，在取得的经验教训中不断探寻其必然的、本质的联系，找出不同发展时期征地移民有共性的、规律性的内容，归纳升华为标准、政策等理论，再指导新的实践。就这样，实践、认识、规范、再实践，循环往复、不断完善，从而不断提升移民安置质量以及移民群众的获得感、满足感，并促进移民安置区经济社会发展，推进水电工程顺利建设。

《中国水电工程移民关键技术》就是客观表达自新中国成立70多年来水电工程建设征地移民安置主要关键技术的文献，从规划设计、实施管理两大板块全面系统地阐述了水电移民关键技术的内容，权威深刻地解答了水电移民关键技术的内涵，综合归纳地总结了水电移民关键技术发展的历程，科学准确地评判了水电移民关键技术的创新，生动据实地再现了项目成功案例的成效。书中有理论要点、有具体案例，资料翔实，层次清晰，论述科学。

参与《中国水电工程移民关键技术》编撰的主要成员，都是长期从事水电工程建设征地移民安置政策研究、规划设计、监督评估、实施管理的专家，是所在单位分管征地移民专业的技术总工和技术骨干。主编王奎是水电移民届的知名专家，参与过国内多座大中型水电水利工程建设征地移民安置规划设计成果的咨询评审和制（修）订工作，评审过多本水电移民规程规范，牵头参与了多项水电水利行业移民政策课题研究和管理办法制定。编委会主要成员本身就是许多水电工程移民关键技术的探索者、实践者、总结者、提炼者，承担过诸多水电工程建设征地移民安置重大课题研究，从水电移民安置的工作内容到相关技术参数，从技术流程到工作方法都非常熟悉，对相关技术规定都有着深刻的认知。《中国水电工程移民关键技术》是在国家已发布的移民规程规范的基础上，提炼了为实现妥善安置移民、促进水电事业不断发展这个总体目标而规定的规划设计和实施管理应遵循的关键技术，阐明了为什么要如此规定的缘由，采用已实施项目的案例来增强说服力，既是对水电工程移民关键技术的权威解读，也是对诠释水电工程移民安置技术标准的重大补充。

"没有规矩，不成方圆"。党的十五大提出了"依法治国"基本方略。十八大以来，以习近平同志为核心的党中央提出一系列全面依法治国新理念新思路新战略，不断开创依法治国新局面。在新的形势下，要解决好水电工程征地移民日益增长的美好生活需要与不平衡、不充分的发展之间的矛盾，政府管理必然依法行政，技术工作必须依法依规。水电工程移民安置的关键技术既是当前妥善安置移民的重要支撑，也是做好移民安置工作的基础保障。水电工程移民安置关键技术的内容，对于广大征地移民工作者而言，既是应该掌握的知识，也是需要了解的素材。

《中国水电工程移民关键技术》一书既是从事专业工作的技术依据，也是开展具体工作的案头工具书，适合于从事征地移民研究的学者、政府机构管理人员、业主单位分管人员、规划设计专业人员、监督评估技术人员、科研院校专业师生以及移民个人阅读分享和参考运用。这是一本有价值的、基础性的文献，我乐于向社会推荐。

是为序。

水电水利规划设计总院　龚和平

2021年4月

　　《中国水电工程移民关键技术》全面回顾总结了中国半个多世纪以来的水电工程建设征地移民安置技术标准、规划设计、实施安置有关技术工作的发展历程、创新点和实践经验；根据相关建设征地移民安置技术标准的规定，阐述了移民安置规划设计和实施管理工作内容，从"哪些是关键、为什么关键、关键点在哪"的角度，对建设征地范围界定、实物指标调查、移民生产安置、移民搬迁安置、城镇及农村居民点规划、专业项目处理、水库库底清理、建设征地移民安置补偿费用概算，以及移民安置与区域经济社会发展、技术咨询、协调机制、综合设计、综合监理、独立评估、移民工作信息化、公众参与等内容，从合理确定建设征地影响的范围、项目，科学确定涉及项目的参数、指标，合理采用规划设计的标准、方案，科学选择移民安置的方式、措施，合法确定补偿补助的内容、费用，公平处理征地补偿的原则、流程，保证实施移民安置的监督、协调等方面，按照工作内容、方法及流程，关键技术、创新与发展的架构，结合移民安置规划设计和实施的典型工程案例一一梳理、解读、论述了移民安置的关键技术，从"84 规范""96 规范"到"07 规范"，对各时段技术标准中的水库移民安置技术创新点进行归纳总结，并根据目前移民工作的特点和未来行业发展趋势对研究完善技术的方向进行了展望。为了便于读者有针对性地阅读、了解相关内容，本书分为规划设计篇和实施管理篇：规划设计篇主要根据移民安置规划设计规范的内容，对移民安置规划设计技术标准的关键技术进行了论述；实施管理篇主要根据移民安置实施工作的内容，对移民安置实施管理中的关键技术进行了论述。

　　本书是对中国水电工程建设征地移民安置关键技术的总结、解读、论述和思考，突出了理论与实践相结合、前期与实施相结合、技术与管理相结合、总结与展望相结合，既包含新中国成立以来水电工程征地移民政策和技术标准变化情况，也涵盖国内东西南北范围水电工程征地移民项目及实施情况，具有科学性、原创性、权威性、先进性、指导性和实用性，是从事水电工程建设征地移民安置规划设计、综合监理、独立评估工作的工程技术人员、科研技术人员和地方政府及电站业主实施移民安置的管理人员的必备技术知识书籍，也是相关专业大专院校师生以及社会热心人士的技术指导专业读本。

　　本书由水电水利规划设计总院牵头组织，中国电建集团北京、华东、中南、西北、成都、昆明、贵阳等勘测设计研究院有限公司和中国长江三峡集团有限公司移民工作局、华电云南发电有限公司共同参与，各单位安排了熟悉移民工作、经验丰富，特别是参加了水电工程建设征地移民安置规划设计规范编写的技术总工和专业技术骨干力量组成编委会。按照任务分工，第1章绪论、第11章技术咨询、第12章协调机制主要由水电水利规划设计总院完成，第2章建设征地范围界定和第5章移民搬迁安置主要由中国电建集团成都勘测设计研究院有限公司完成，第3章实物指标调查主要由中国电建集团昆明勘测设计研究院有限公司完成，第4章移民生产安置和第9章建设征地移民安置补偿费用概算主要由中国电建集团华东勘测设计研究院有限公司完成，第6章城镇及农村居民点规划和第7章专业项目处理主要由中国电建集团中南勘测设计研究院有限公司完成，第8章库底清理主要由中国电建集团西北勘测设计研究院有限公司完成，第10章移民安置与区域经济社会发展主要由中国电建集团贵阳勘测设计研究院有限公司完成，第13章综合设计主要由中国电建集团昆明勘测设计研究院有限公司完成，第14章移民综合监理、第15章独立评估、第17章公众参与主要由中国电建集团北京勘测设计研究院有限公司完成，第16章移民工作信息化主要由中国长江三峡集团有限公司移民工作局完成。在本书的编写过程中，对各相关单位给予的大力支持和编委会成员历时近3年的艰苦努力和全心付出，在此一并致以衷心感谢！

限于作者的知识和水平，书中难免存在不足之处，敬请读者批评指正。

作者

2021 年 4 月

目录

下篇 实施管理篇

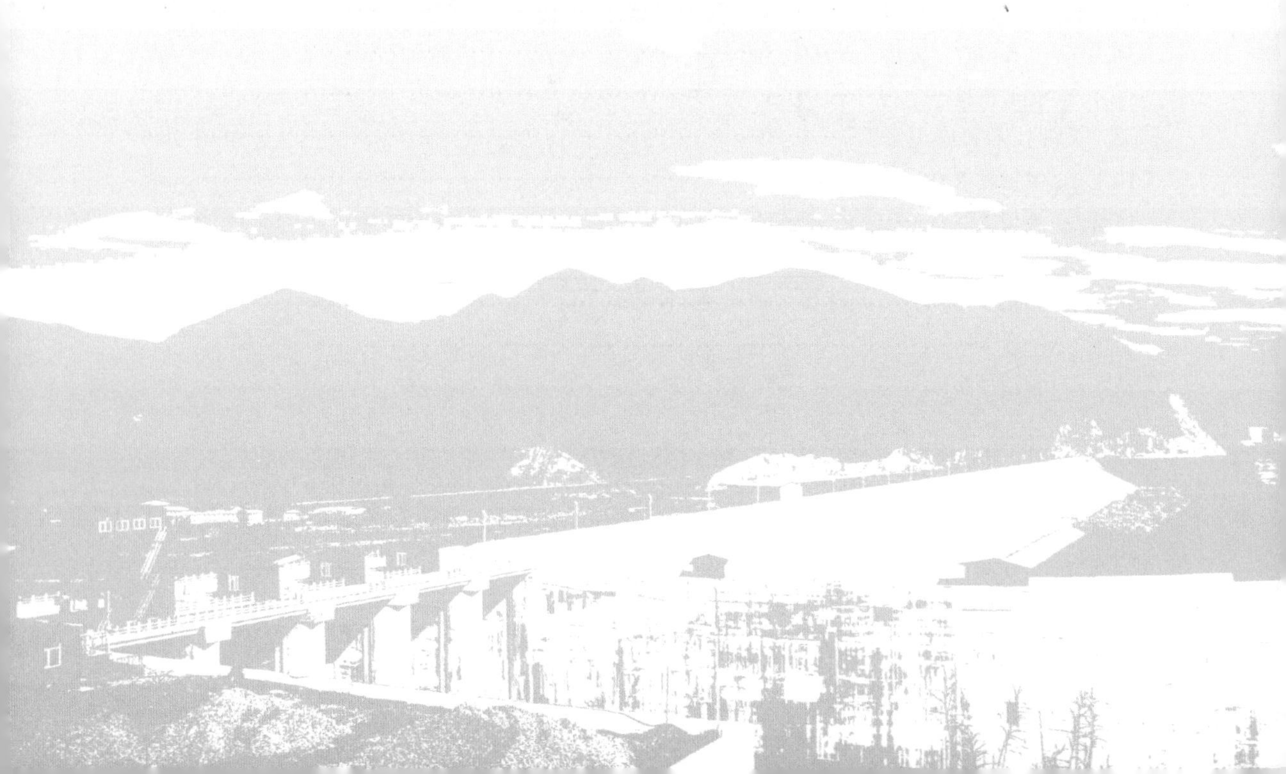

第 1 章
绪论

我国水能资源十分丰富。中华人民共和国成立后，我国进行了大规模的水电水利工程建设，这些工程在发电、防洪、灌溉、供水等方面发挥了巨大的综合效益，对促进国民经济快速发展起到了重要作用。任何一个水电工程的建设都涉及征地和移民安置，我国在大量开发建设水电工程的同时，也产生了两千多万的水库移民。

　　较交通、市镇等行业的工程建设，水电工程的征地移民具有其特殊性和复杂性：一是用地规模大、供地集中；二是大多数水电站建设征地影响的区域处于偏远贫困山区，地方经济水平相对落后，基础设施条件差；三是大部分移民长期以土地作为生产资料，技术水平和生存能力相对较低。因此，需要对移民因建设征地影响房屋、附属设施而考虑对其进行搬迁安置，以恢复其生活条件；对移民因建设征地而考虑对其进行生产安置，以恢复其生产条件；对水库淹没影响的交通、水利、电力、通信等基础设施进行复（改）建，还要根据移民安置的需要对移民安置区配置基础设施和公共服务设施。水电工程建设带来的这种大规模的移民安置工作，从中华人民共和国成立初期以来就是依靠政府来实施的。

　　由于水电工程移民的特殊性和复杂性，并且涉及项目法人、地方政府和移民个人，以及施工企业、中介服务等相关方的利益，特别是关系到广大水库移民的脱贫致富和后续发展，一直以来国家对移民工作非常重视，随着国家经济社会的发展，逐步完善相关的法律政策、管理体制和技术标准，不断加强水库移民工作管理。

　　在法律政策方面：1991 年以前，主要依据国家有关法规文件开展移民安置工作，如《国家建设征用土地办法》（政务院 1953 年 12 月）、《国家建设征用土地办法》（国务院 1958 年 1 月）、《国家建设征用土地条例》（1982 年）、1986 年颁布的《中华人民共和国土地管理法》以及解决老水库移民遗留问题的《关于从水电站发电成本中提取库区维护基金的通知》（〔81〕电财字第 56 号）等。1991 年，为加强大中型水利水电工程建设征地和移民的管理，国务院颁布了《大中型水利水电工程建设征地补偿和移民安置条例》（国务院令第 74 号，简称"74 号移民条例"），这是我国第一部针对水利水电工程建设征地和移民安置制定的专项法规，初步形成了征地和移民安置管理的制度框架。74 号移民条例共五章 27 条，规定了移民安置方针和原则、征地补偿政策、移民安置规划和实施、验收、后扶的相关规定，首次提出了原规模和原标准的概念。《国家计委关于印发水电工程建设征地移民工作暂行管理办法的通知》（计基础〔2002〕2623 号）是水库移民行业的重要文件，其核心内容是确定了移民工作管理体制，明确了国务院投资主管部门、各级地方政府、项目法人的工作职责，提出了编制移民安置规划设计的要求，规定了设计管理、实施管理、移民监理、后期扶持工作，要求项目法人设置移民工作机构、承担建设征地移民安置规划设计工作的设计单位必须具有规定的资质。2006 年 5 月颁布的《国务院关于完善大中型水库移民后期扶持政策的意见》（国发〔2006〕17 号）对水库移民后期扶持政策作出规定。2006 年 7 月，《大中型水利水电工程建设征地补偿和移民安置条例》（国务院令第 471 号，简称"471 号移民条例"）颁布实施。471 号移民条例共八章 63 条，在 74 号移民条例的基础上，明确了水库移民工作管理体制，增加了审批移民安置规划大纲的环节，提出省级人民政府发布停建通告、进行实物指标调查、对调查结果签字认可并公示，明确经批准的移民安置规划不得随意调整或者修改，规定移民安置规划大纲和移民安置规划要听取意见，将征收耕地补偿标准提高到 16 倍，去除了"投资包干"的要求，从投资控制变成规划控制，明确了"原规模、原标准或者恢复原功能"的"三原"原则。2017 年《国务院关于修订〈大中型水利水电工程建设征地补偿和移民安置条例〉的决定》（国务院令第 679 号，简称"679 号移民条例"）对 471 号移民条例第二十二条进行了修改，明确实行与铁路等基础设施项目用地同等补偿标准。其他政策法规还有《电力工业部关于印发〈水电工程水库移民监理规定〉的通知》（1998 年）、《关于水利水电工程建设用地有关问题的通知》（国土资发〔2001〕355 号）、《关于进一步加强西南地区水电建设前期工作有关问题的通知》（发改办能源〔2007〕2293 号）、国家发展改革委《关于做好水电工程先移民后建设有关工作的通知》（发改能源〔2012〕293 号）、《关于完善征地补偿安置制度的指导意见》（国土资发〔2004〕238 号）、《关于加大用地政策支持力度促进大中型水利水电工程建设的意见》（国土资规〔2016〕1 号）等，对水电工程建设征地移民的前期工作、监督管理、补偿安置、用地建设等方面都进行了规定。

在管理体制方面：计划经济时期，水电工程移民安置主要靠政府的行政命令。1978 年党的十一届三中全会以后，中国转入以经济建设为中心，开始实行改革开放，国家于 1985 年提出了开发性移民方针，改消极补偿为积极创业，变救济生活为扶助生产，但在当时的经济社会条件下，制定的移民安置规划较粗，各类补偿标准相对较低，大部分移民由政府统一配置资源，移民安置区的基础设施也由政府统一进行简单建设。到了 1991 年，国家提倡和支持开发性移民，采取前期补偿、补助与后期生产扶持的办法，并要求编制移民安置规划。2002 年开始实行政府负责、投资包干、业主参与、综合监理的管理体制。2006 年后，按照 471 号移民条例的要求，移民安置工作实行政府领导、分级负责、县为基础、项目法人参与的管理体制。

在技术标准方面：早些时候，国家经济水平低，老百姓普遍不富裕，私人财产很少，对移民实物指标的调查主要是数房子和数人头，搬迁安置多数采取就地后靠；移民安置没有专门的技术标准可参照，各项目也没有制定完整的规划，整个水库移民工作主要依靠政府号召和移民积极响应，由政府行政命令组织搬迁和统一调配资源进行安置。十一届三中全会后，国家大力发展基础设施建设，水电工程建设史上的"五朵金花"就在这一时期开工。同时，随着计划经济向市场经济转变，中国社会、政治、经济形势都发生了变化，农村进行了经济体制改革，普遍实行了家庭联产承包责任制，原水利电力部制定了首部水电水利工程建设征地移民安置有关的技术标准，即《水利水电工程水库淹没处理设计规范》（SD 130—84，简称"84 规范"），明确水库淹没处理设计的主要任务是合理确定水库范围，查明淹没对象的实物数据，研究水库淹没对地区国民经济的影响，配合有关专业论证工程建设规模，编制水库移民安置和专项迁建规划，进行防护措施设计及库区综合开发规划，提出库底清理技术要求，编制水库淹没处理投资概算，并分别对水库淹没处理范围的确定、阶段设计深度要求、移民安置和受淹专项的处理、库区综合开发规划、库底清理要求、水库淹没处理投资的计算进行了规定，成为当时水库移民工作最重要的技术标准，为水利水电工程移民安置规划设计工作提供了依据。进入 20 世纪 90 年代后，由于水电工程设计阶段的调整，以及多年来水库移民工作有很大的发展和加强，74 号移民条例的颁布实施及国务院转发国家计委的《关于加强水库移民工作的若干意见》（国发〔1992〕20 号）等相应的法规政策相继出台，对水库移民工作提出了新的要求，同时水电建设的步伐明显加快，这一时期的水库移民工作也更为艰巨，移民安置规划设计工作任务越来越重，"84 规范"已不能全部适应当时实际工作的要求，为此，电力工业部修订了"84 规范"，并将规范名称也改为《水电工程水库淹没处理规划设计规范》（DL/T 5064—1996，简称"96 规范"）。"96 规范"强调移民安置规划是水库淹没处理规划设计的核心，进一步细化明确和加强了水库淹没处理范围、农村移民安置、城镇迁建、专业项目复建、库底清理规划设计、补偿投资概算的技术要求，增加了实物指标调查、防护工程设计的内容，明确了生产安置人口和搬迁人口的计算方法。进入 21 世纪以后，我国的经济飞速发展，法律法规制度已经基本健全，民众的维权意识、法治意识不断增强，移民工作中的问题和矛盾也更加凸显，引起了政府和社会各界的关注。随着社会主义法制建设的不断完善，以及电力体制深化改革和国家投资项目核准制度建立，国家和社会对水库移民安置规划设计工作提出了更高的要求；同时在市场经济下，水电开发走向黄金时代，国家全面推进金沙江中下游、长江上游、澜沧江中下游、雅砻江、大渡河、黄河上游等水电能源基地建设，大规模的水电工程建设带来大量的移民安置任务，人多地少的矛盾引发一系列安置难题。在此背景下，在总结"96 规范"10 年来执行情况的基础上，国家发展和改革委员会发布《水电工程建设征地移民安置规划设计规范》（DL/T 5064—2007，简称"07 规范"）以及 7 本配套规范，贯彻依法依规、促进发展、公平合理的指导思想，根据 471 号移民条例和《中华人民共和国物权法》等与移民安置密切相关的法律法规有关要求，从水库淹没处理转变到建设征地移民安置，从补偿投资概算转为补偿费用概算，全面系统的对建设征地移民安置规范设计的工作内容、移民项目、技术标准、工作流程、阶段深度、成果要求等进行了规定和明确，提出了相关的要求。按照水电工程全生命周期技术标准体系的要求，水电行业征地移民技术标准已达 25 项，大部分正在修（制）订之中。

行业技术标准是水电工程移民安置工作标准化的重要组成部分。从"84 规范"到"96 规范"，再到"07 规范"，以及近年的修（制）订情况来看，随着社会经济的不断发展和法制建设的不断完善，移民安置技术标准从无到有，从粗到细，从简单到逐步完善，总体上与我国当时的社会经济发展水平和法规政策建设要求相衔接，水库移民安置的项目和内容在不断增加，标准和要求在不断提高，方式和方法在不断创新，措施和深度在不断加强，规定和成果在不断完善，使规划设计工作更为科学、公平、公正，也更加合理。主要体现在：建设征地范围不断明确、细化和完整；实物指标调查对象越来越清晰，项目越来越全面，标准和计量越来越规范，方法和手段越来越先进；生产安置方式不断得以丰富和完善，生产安置人口计算方法更符合移民工作特点，移民安置环境容量分析方法日益丰富；搬迁安置规划理念不断提升，补偿标准不断提高，公共项目不断齐全，规划设计更加科学；城镇和居民点规划设计标准与行业规定逐步接轨，用地标准的考虑更为全面，方案论证更为细致，城镇功能更为完善，实施组织设计更为完善；专业项目处理更合理地执行

"三原"原则,对行业标准进一步完善和补充,与行业发展规划更加衔接;库底清理的范围、对象逐渐明确,方法和技术不断更新,工程量的计算更细化;补偿费用概算体系从建立到逐步完善,概算项目更加细化,项目的补偿补助标准确定方法更科学合理,补偿费用概算更有利于推动移民安置工作等。与此同时,移民安置的技术内容更加丰富、细化和符合移民工作管理程序;并在移民安置各个环节,逐步形成了包含关键技术的征地移民安置工作技术标准体系,用以指导移民安置规划设计和实施管理工作,保障了水电工程顺利建设和移民合法权益,促进了地方社会经济发展。

经过半个多世纪的水库移民安置工作实践总结,现在水电工程建设征地移民安置规划设计工作内容主要包括:确定建设征地处理范围,调查实物指标,提出移民安置总体规划,进行农村移民安置、城镇迁建、专业项目处理、水库库底清理、安置区环境保护和水土保持的规划设计,提出水库水域开发利用和水库移民后期扶持措施,编制建设征地移民安置补偿费用概算等。此外,水库移民工作过程中还涉及技术咨询、协调机制、综合设计、综合监理、独立评估、信息管理、公共参与等多方面的工作。

由于移民安置工作的特殊性、复杂性和政策性,在实际工作过程中,常见因对技术标准理解不透、把握不准,从而产生了一定的曲解误解,也造成部分移民工作者"入门容易懂行难",给移民安置工作带来了一些困难甚至是负面影响。为了让移民工作者正确理解和准确把握移民安置的技术标准,力求让其对移民安置的关键技术既要"知其然"还要"知其所以然",本书借助于《中国水电关键技术丛书》编撰的平台,按照总结内容、指出关键、说清原因、讲明道理、辅以案例的总体要求,根据已经发布的技术标准,以可行性研究报告阶段的工作内容为主,从建设征地范围界定、实物指标调查、移民生产安置规划、移民搬迁安置规划、城镇和居民点迁建规划、专业项目处理、水库库底清理、补偿费用概算,以及移民安置与区域经济社会发展、移民安置实施全过程咨询手段、分歧难点技术问题的协调机制、综合设计、综合监理、独立评估、移民工作信息化、公众参与等方面,对移民安置的相关工作内容、方法和流程进行梳理,提炼了涉及水库移民切身利益、影响地方发展、关乎水电工程建设的关键技术,并从政策、理论、实践等方面予以详细解读,回顾了移民安置技术标准的发展历程,总结了移民安置技术创新的要点,并根据目前技术标准的状况和移民安置的需要,探索了下一步水电行业需要研究完善移民安置的技术标准方向。

上篇　规划设计篇

第 2 章

建设征地范围界定

水电工程建设征地范围是指水电工程建设涉及的主体工程占地、施工用地、工程管理用地和因蓄水造成的水库淹没影响范围。按用地性质，可分为土地征收范围和土地征用范围。

枢纽工程建设区按占地用途可分电站主体工程占地的范围（如电站大坝、电站开关站、厂房等）、建设电站施工需要占地的范围（如施工进场道路、渣场、料场、仓库、材料加工厂、施工承包商营地等）、电站工程管理需要占地的范围（如业主营地等），如图2.0-1所示。

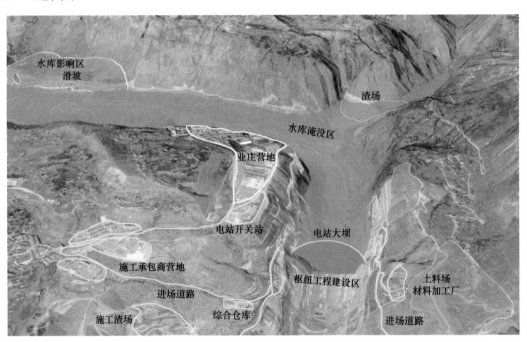

图2.0-1 某水电站建设征地范围示意图

水电工程建设征地范围界定是指通过技术手段在图上或实地明确水电工程建设征地范围。建设征地范围界定的内涵是在水库正常蓄水位确定的条件下，按照选定的设计洪水标准，考虑水库回水、泥沙淤积、风浪爬高、库周地质条件和水库运行方式等因素，分析确定水库淹没影响区范围；在综合考虑地质、施工、水工和移民安置等因素的基础上，按照工程施工总布置图和施工用地范围图分析确定枢纽工程建设区范围。

建设征地范围界定的主要任务是在工程前期论证阶段参与工程规模论证、枢纽建筑物选址、施工组织设计，在项目实施阶段根据规划、地质、水工、施工、移民安置等规划成果，界定建设征地处理范围，绘制建设征地移民界线图。建设征地范围界定应遵循的原则是：满足工程建设和运行需要；节约用地，少占耕地，尽量少占基本农田；用地安全，尽可能减小工程对周边区域的影响，避让有地质灾害的区域。

　　水电工程建设征地移民安置规划设计是水电工程设计工作重要组成部分，而建设征地范围界定又是建设征地移民安置规划设计工作的重要基础性工作，其作用主要体现在以下三方面：第一，建设征地范围界定为工程方案论证提供重要支撑，必须明确建设征地范围才能搞清楚工程建设是否涉及重要、敏感对象，移民投资是否合理，其在工程方案比选、正常蓄水位比选、主体工程布置发挥极其重要的作用；第二，建设征地移民安置规划设计工作内容众多，"万丈高楼平地起"，建设征地范围界定是重要的基础性工作，其为后续实物指标调查、移民安置规划、库底清理等工作提供范围基础；第三，建设征地范围界定为工程建设用地报批、后期运行管理提供范围依据，工程建设用地报批的依据之一是可行性研究阶段审定的建设征地移民安置规划设计报告。建设征地范围界定需要实现的目标是为工程方案论证提供支撑，为建设征地移民安置规划设计工作提供范围基础，为工程建设用地报批及后期运行管理提供范围依据。

　　水电工程建设征地范围界定的主要工作内容在审定工程建设的不同阶段有所不同，呈现随着工程建设的推进而逐步加深的特点。预可行性研究阶段，需初步计算水库洪水回水，初步拟定水库淹没影响区和枢纽工程建设区，提出初步的建设征地处理范围；可行性研究阶段，主要工作内容是按该阶段确认的水库正常蓄水位和回水计算成果、水库影响区预测成果、施工总布置图和移民安置方案，确定建设征地移民界线和处理范围；移民安置实施阶段，进行建设征地移民界线永久界桩布置设计，必要时根据水库洪水复核成果和移民安置实施方案的变化情况，复核、调整建设征地移民界线和处理范围。

　　可行性研究阶段水电工程建设征地范围界定的主要输入条件是测量专业提供的水库淹没影响区和枢纽工程建设区 1:2000 地形地类图、界桩测设成果，规划专业提供的水库正常蓄水位成果、天然河道多年平均流量水面线计算成果、各频率分期（汛期、非汛期）天然洪水和设计洪水回水计算成果及断面坐标，地质专业提供的水库影响区范围界定成果，施工专业提供的施工总布置图和施工用地范围图；输出成果是水库淹没影响区示意图、枢纽工程建设区用地范围图、建设征地范围界桩布置成果（文字报告和图件）。

　　建设征地范围界定的关键技术为重要敏感对象的识别和界定、设计洪水标准的确定、末端断面的确定、外包线的确定、特殊情况的处理、按影响对象确定影响处理范围、枢纽工程建设区界定、枢纽工程建设区用地性质的确定等。

2.1　工作内容、方法及流程

2.1.1　水库淹没区范围界定

　　水库淹没区是指水电站大坝建成后，大坝上游水位抬高形成淹没的区域。水库淹没区包括水库正常蓄水位以下的区域和水库正常蓄水位以上临时淹没区域。水库正常蓄水位是指水库在正常运行情况下所蓄到的最高水位，正常蓄水位以下的淹没区域，按照正常蓄水位高程，以坝轴线为起始断面，水平延伸至与天然河道多年平均流量水面线相交处。水库正常蓄水位以上临时淹没区域主要是指受水库洪水回水、风浪和船行波、冰塞壅水等临时淹没的区域。其中水库洪水回水、风浪是各水电站普遍存在的；船行波主要是某些水电站在水库形成后，形成通航河道，由于船只的运行，船体推挤水体而形成的波浪产生的临时淹没；冰塞壅水主要是指在中国北方地区河流封冻冰盖下面堆积大量冰花、冰块，阻塞部分过水断面，造成上游河段水位壅高产生的临时淹没。

1. 设计洪水标准确定

水库洪水回水区域，是指水库兴建后入库洪水造成库区水位壅高，在正常蓄水位以上，其壅高水位高于同频率天然洪水位的区域。因不同标准的洪水其壅高水位不同，故在确定其范围时首先需要确定设计洪水标准。

水库淹没涉及各类土地、居民点、城镇、交通设施、水利设施、电力设施、电信设施、企事业单位等对象，设计洪水标准应按水库各淹没对象（或可能淹没对象）分别确定。在选取具体对象的水库淹没处理设计洪水标准时，应考虑其耐淹性和重要性。比如林地耐淹性高于耕地、园地，耕地、园地的淹没处理设计洪水标准比林地的淹没处理设计洪水标准高；城市比集镇重要，城市的淹没处理设计洪水标准比集镇的淹没处理设计洪水标准高。设计洪水标准一般以设计洪水的重现期表示，如 5% 频率的设计洪水，以 20 年一遇设计洪水表示。在选定设计洪水标准重现期以内，水库淹没所造成的损失按水库淹没处理；出现超设计洪水标准重现期以上洪水造成的损失，一般按自然灾害处理。设计洪水标准确定的基本要求如下：

（1）淹没对象的设计洪水标准，根据淹没对象的重要性、耐淹程度，结合水库调节性能及运用方式，在安全、经济和考虑其原有防洪标准的原则下分析选择。

（2）为保证工程安全、可靠运行，淹没对象的设计洪水标准按表 2.1-1 所列设计洪水重现期的上限标准选取，如果选取其他标准应进行分析论证。

表 2.1-1　　　　　　　　　不同淹没对象设计洪水标准表

序号	淹 没 对 象	洪水标准（频率）/%	重现期/年
1	耕地、园地	50～20	2～5
2	林地、牧草地、未利用土地	正常蓄水位	—
3	农村居民点、一般城镇和一般工矿区	10～5	10～20
4	中等城市、中等工矿区	5～2	20～50
5	重要城市、重要工矿区	2～1	50～100
6	铁路		
6.1	客运专线、Ⅰ级铁路、Ⅱ级铁路	1	100
6.2	Ⅲ级铁路、Ⅳ级铁路	2	50
7	公路		
7.1	高速公路、一级公路	1	100
7.2	二级公路	2	50
7.3	三级公路	4	25

注　铁路、公路淹没对象均为路基。

（3）铁路、公路、电力、电信、水利设施、文物古迹等淹没对象，其设计洪水标准按照《防洪标准》（GB 50201—2014）、行业技术标准的规定确定，该行业技术标准无规定的，可根据其服务对象的重要性研究确定设计洪水标准。

上述淹没处理对象的设计洪水标准，是根据受淹对象的重要性区分的，同一类淹没对象的设计洪水标准有一定的幅度。水库淹没处理设计洪水标准的选择，需考虑如下因素：

（1）受淹对象的原有防洪标准。原有防洪标准低的，淹没处理设计洪水标准不宜过高。

（2）水库调节性能。调节性能高的水库（如多年调节水库），淹没处理设计洪水标准宜低；反之，调节性能低的水库（如日年调节水库、季年调节水库），淹没处理设计洪水标准宜高。

（3）水库运用方式。汛期是否降低水位运行，如降低，则需分别计算汛期和非汛期相同频率的回水位，然后以两者外包线作为淹没处理范围。

2. 设计洪水回水计算

水库兴建后，库区沿程水位壅高，库水流速变缓、水流挟沙能力下降、泥沙淤积逐年加重并向上游及坝前伸展，抬高了水库的沿程水位，因此需要进行建库后未淤积情况和淤积一定年限后的库区回水水面线计算，提出不同淹没处理对象设计洪水标准的库区沿程天然洪水位及回水位，以确定淹没范围和淹没损失。设计洪水回水计算原则如下：

（1）根据水库调度运行方式，分别计算水库分期洪水回水。

（2）对分期蓄水的工程，根据需要计算分期蓄水的回水。对施工工期较长、洪水位较天然改变较大的工程，根据需要计算施工期的回水。

（3）当库区有较大支流汇入或支流内有重要淹没对象时，汇口以上干、支流回水应分别计算。干、支流计算流量应按干流与坝址同频率、支流与坝址同频率组合分别确定。推求汇口处以上干流及支流的回水水面线时，起始水位均采用汇口处的干流回水位。

（4）水库回水应考虑泥沙淤积的影响。淤积年限根据河流泥沙特性、水库运行方式及受淹对象的重要程度，在 10～30 年范围内选取。

（5）水库回水计算断面主要依据水文、泥沙专业规范的要求进行布设。对有重要淹没对象的河段和回水末端，计算断面要适当加密，以满足水库淹没调查的需要。

（6）上游有调节性能的水库时，水库设计洪水及其回水水面线计算应考虑上游水库调节的影响。

（7）水库回水计算方法及糙率等计算参数按照《水电工程水利计算规范》（DL/T 5105）的要求确定。

（8）设计洪水回水水面线，以坝址以上同一频率的分期洪水回水位组成外包线的沿程回水高程确定。

水库回水可采用恒定非均匀流分段计算法、非恒定流计算法等方法计算。

3. 水库洪水回水末端的设计终点位置

水库洪水回水曲线与同频率天然水面线在坝前差距最大，随着与大坝距离的增大，回水曲线与同频率天然水面线的差值会越来越小，理论上讲，二者是一对渐近线，这两条曲线应该是永不相交的。为了确定水库淹没范围，需要确定水库洪水回水末端的设计终点位置。确定水库洪水回水末端的设计终点位置方法如下：

（1）以设计洪水回水水面线与同频率天然洪水水面线差值为 0.3m 处的计算断面为水库回水末端断面。

（2）水库回水末端断面上游的淹没范围，采取水平延伸至与天然河道多年平均流量水面线相交处。

如图 2.1-1 所示，某水库正常蓄水位为 1504m。图中最靠下端的"原河底线"是指天然河道的底面线；"泥沙淤积面"是指水库建坝后，由于泥沙淤积造成天然河道底面线抬高形成的面；"天然河道多年平均流量水面线"是指天然河道多年径流量算数平均值流量下对应的水位线；"20 年一遇洪水天然水面线"是指在未建坝的情况下，天然河道与 20 年一遇洪水水位形成的曲线；"20 年一遇洪水回水水面线"是指在建坝的情况下，天然河道与 20 年一遇洪水水位形成的曲线。根据回水计算成果（$P=5\%$），在距坝里程 79.5km 的位置，20 年一遇洪水水位（1526.38m）正好高于 20 年一遇洪水天然水位（1526.08m）0.3m，该位置即为水库回水末端断面，在该断面上高程 1526.38m 位置水平延伸至与天然河道多年平均流量水面线相交处即为设计终点位置。

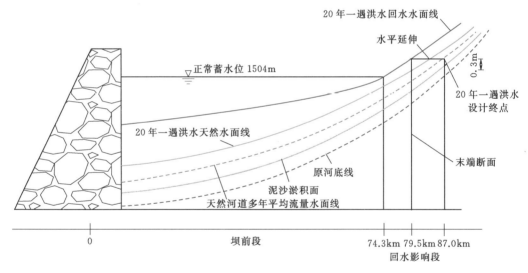

图 2.1-1　水库回水末端示意图（$P=5\%$，即 20 年一遇洪水）

末端断面的位置判断主要有以下步骤：①计算相应频率下断面回水水位和天然水位间的差值 A；②若某一断面差值 $A=0.3m$，则该断面即为末端断面；③若没有 $A=0.3m$ 的断面，则寻找相邻断面，使得前一断面 A 大于 0.3m，后一断面 A 小于 0.3m。

如表 2.1-2 所列，某水电站 9 号断面 20 年一遇洪水水位（359.62m）与 20 年一遇洪水天然水位（359.28m）差为 0.34m，10 号断面 20 年一遇洪水水位（360.34m）与 20 年一遇洪水天然水位（360.14m）差为 0.20m，因此该水电站 20 年一遇洪水回水末端断面在 9 号、10 号断面之间。

表 2.1-2　　　　　　　　　　　　某水电站水库回水末端断面确定过程表

断面编号	距坝里程/km	$Q_{5\%}=35600\text{m}^3/\text{s}$		水位差/m	备注
		天然水位/m	回水水位/m		
1	0	351.61	353.94	2.33	
2	0.847	352.45	354.37	1.92	
3	1.647	353.35	354.73	1.38	
4	2.605	354.59	355.73	1.14	
5	4.094	356.02	357.13	1.11	水位差大于0.3m
6	5.082	357.14	357.87	0.73	
7	6.137	358.11	358.69	0.58	
8	6.806	358.95	359.48	0.53	
9	7.857	359.28	359.62	0.34	
9-1					末端断面应在9号、10号断面之间
10	8.687	360.14	360.34	0.20	水位差小于0.3m

若末端断面同回水计算断面不一致，则需要通过计算寻找末端断面的具体位置（距坝里程）及此断面的天然水位、回水水位。方法主要有以下两种：①线性内插法，由于两断面间的水位变化随水平距离（距坝里程）线性变化，用线性内插法确定末端断面；②中位线法，即运用中位线定理，不断迭代寻找最接近末端断面的位置。

中位线法程序较为复杂，花费时间较多，且断面位置确定不够精确，推荐使用线性内插法。

线性内插法是根据一组已知的未知函数自变量的值和它相对应的函数值，利用等比关系去求未知函数其他值的近似计算方法，是一种求未知函数逼近数值的求解方法。线性内插法假定断面间水位随着水平距离（距坝里程）的增大而线性变化。现已知两断面（X_1Y_1、X_3Y_3）间某一断面（X_2Y_2）的回水水位与天然水位之间的差值为 0.3m，可通过线性内插法求该断面的距坝里程、天然水位和回水水位。水库回水末端断面位置确定如图 2.1-2 所示。

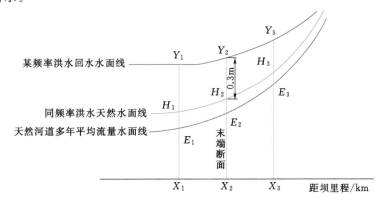

图 2.1-2　水库回水末端断面位置确定示意图

图 2.1-2 中，断面 X_1Y_1、X_3Y_3 的距坝里程、回水水位、天然水位和多年平均水位是已知的，断面 X_2Y_2（末端断面）满足 $Y_2-H_2=0.3$。有

$$X_2=X_1+(X_3-X_1)\times\frac{(Y_1-H_1)-0.3}{(Y_1-H_1)-(Y_3-H_3)} \tag{2.1-1}$$

$$Y_2=Y_1+(Y_3-Y_1)\times\frac{(Y_1-H_1)-0.3}{(Y_1-H_1)-(Y_3-H_3)} \tag{2.1-2}$$

$$H_2=H_1+(H_3-H_1)\times\frac{(Y_1-H_1)-0.3}{(Y_1-H_1)-(Y_3-H_3)} \tag{2.1-3}$$

末端断面确定后，在其上游断面寻找与末端断面回水水位相同的多年平均流量水位，其所在断面 E_4X_4 即为设计终点。断面 E_5X_5、E_6X_6 为已知断面，如图 2.1-3 所示。同末端断面位置判断和计算方法一样，设计终点距坝里程的计算公式为

$$X_4=X_5+(X_6-X_5)\times\frac{E_4-E_5}{E_6-E_5} \tag{2.1-4}$$

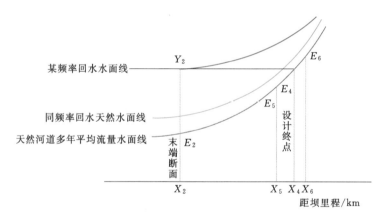

图 2.1-3　水库回水设计终点位置确定

4. 冰塞壅水

冰塞是指中国北方地区封冻冰盖下面堆积大量冰花、冰块，阻塞部分过水断面，造成上游河段水位壅高的现象。冰塞壅水区域指冰花入库后改变水流运动规律造成的冰塞壅水淹没的范围。冰塞壅水按冰花大量出现时的水库平均水位和平均入库流量及通过的冰花量结合河段封河期、开河期计算的壅水曲线确定。

5. 风浪及船行波影响确定

风浪爬高影响是指湖泊型、宽阔带状河道型的水库或风速较大的水库，因库面开阔，吹程较长，风浪大，影响库周居民点、农田或其他重要对象；船行波影响是指通航库区船舶在水面上运行时，船体推挤水体而形成的波浪，该波浪沿船行方向呈放射锥形分布，影响库周居民点、农田或其他重要对象，如图 2.1-4 所示。

图 2.1-4　船行波影响

风浪爬高的经验计算公式可参考式（2.1-5）和式（2.1-6）。

如果岸坡在 45°以下，波浪垂直吹程在 30km 以下和风速在 7 级以下（风速在 14～17m/s），按下列经验公式计算风浪爬高：

$$h_p = 3.2Kh\tan\alpha \tag{2.1-5}$$

$$h = 0.0208V^{5/4}D^{1/3} \tag{2.1-6}$$

式中：h_p 为风浪爬高，m；h 为岸坡前波浪高度，m；α 为岸坡坡度（即坡面与水平面所成角度），(°)；V 为岸坡垂向库面风速，m/s，可参照当地气象站的观测资料；D 为岸坡迎风面波浪吹程，km，一般按岸坡此岸垂直到彼岸的最大直线距离；K 为与岸坡粗糙情况有关的系数（对于光滑均匀的人工坡面，如块石或混凝土板坡面，$K = 0.77～1.0$；对于农田坎高小于 0.5m 者，$K = 0.5～0.7$）。

6. 水库安全超高计算

由于水库风浪、船行波是经常性发生的，为了保证库周居民生命财产安全，将水库安全超高范围，即库岸受风浪、船行波影响的地区纳入水库淹没区。

（1）水库安全超高的范围从安全角度考虑，分析库周耕地和居民点淹没影响程度，可根据水库因风浪、船行波影响等因素综合确定。

（2）不同的淹没对象可根据其重要程度确定不同的水库安全超高值。

（3）在回水影响不显著的坝前段，计算风浪爬高、船行波波浪爬高，取两者中的大值作为水库安全超高值；耕地的水库安全超高计算值低于 0.5m 的按 0.5m 确定，居民点的水库安全超高计算值低于 1.0m 的按 1.0m 确定。

7. 水库淹没区范围的确定

水库淹没区涉及不同的淹没对象对应不同的淹没范围。若某水电站淹没对象只涉及林地、河流水面、内陆滩涂，那该水电站水库淹没范围为正常蓄水位以下的淹没区域。若某水电站淹没对象涉及居民点、耕地、园地、专业项目等，则该水电站不同的淹没对象对应不同的淹没范围。水库淹没区范围的确定工作方法和流程如图 2.1-5 所示。

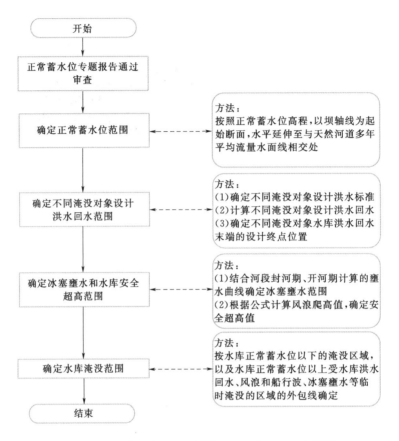

图 2.1-5　水库淹没区范围的确定工作方法和流程图

2.1.2　水库影响区范围界定

水电站建成后，水库蓄水及运行过程中随着水位变化，会对库周水库淹没线上部分区域对象造成影响。因水库蓄水受影响的区域为水库影响区，水库影响区包括滑坡、塌岸、浸没区域和库区岩溶内涝、水库渗漏、库周孤岛等其他区域。

滑坡是斜坡岩土体沿着贯通的剪切破坏面发生滑移的地质现象。滑坡组成要素主要包括滑坡体、滑坡壁、滑动面、滑动带、滑动床等，运动的岩（土）体称为变位体或滑移体，未移动的下伏岩（土）体称为滑床，如图 2.1-6 所示。斜坡体前有滑动空间，两侧有切割面是滑坡产生的基本条件，当某一滑移面上剪应力超过了该面的抗剪强度即会产生滑坡现象。工程建设坡脚开挖、工业生产用水和废水排放、水库蓄水等破坏斜坡稳定条件的人类活动都会诱发滑坡，外界因素越强，滑坡的活动强度则越大。

因水库蓄水，库水位变动，导致库周天然滑坡整体或部分复活、不稳定滑坡活动性加剧、潜在不稳定岸坡变到失稳的区域为滑坡影响区。某水电站滑坡影响区如图 2.1-7 和

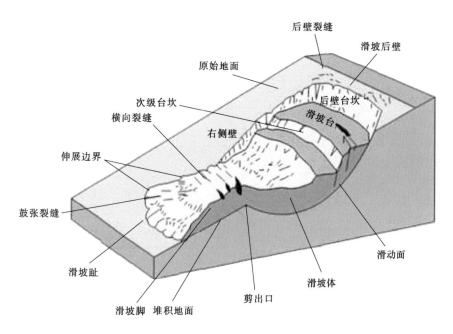

图 2.1-6　滑坡组成要素示意图

图 2.1-7　某水电站滑坡影响区（远景）

图 2.1-8 所示。

　　塌岸是河湖岸坡在地表水流冲蚀和地下水潜蚀作用下所造成的岸坡变形和破坏现象。水库蓄水后，部分水上岸坡成为水下岸坡，改变了土体的物理、水理、力学性质和岸坡原来的自然平衡状态；同时，随着库水位反复变化，地下水位也随之升降，尤其是骤降产生的动水压力降低了岸坡土体的稳定性，引起土体软化、崩解以至坍滑等库岸再造现象。塌岸形成过程如图 2.1-9 所示。

图 2.1-8　某水电站滑坡影响区（近景）

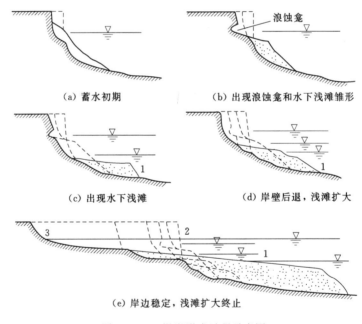

（a）蓄水初期　　　　　　　　（b）出现浪蚀龛和水下浅滩雏形

（c）出现水下浅滩　　　　　　（d）岸壁后退，浅滩扩大

（e）岸边稳定，浅滩扩大终止

图 2.1-9　塌岸形成过程示意图

1—水下浅滩；2—原库岸；3—塌岸后的库岸

　　水库蓄水引起水库库周岸坡变形、破坏，发生塌岸的区域为塌岸影响区。某水电站塌岸影响区如图 2.1-10 所示。

　　浸没是由于地形、地质、水文气象、水库蓄水、人类活动影响等因素使邻近地区地下水位升高（壅水），接近或高出地面，对部分对象造成影响，引起不良后果的现象。

　　水库建成蓄水后，改变了原来地下水运动的条件，原来的地下水水位会因库水位顶托

图 2.1-10　某水电站塌岸影响区

或库水补给而抬高，对水库淹没线上部分区域对象造成影响。因水库蓄水引起水库库周或低邻谷区地下水水位壅高而发生土壤盐渍化、沼泽化、建筑物地基沉陷或破坏、地下工程和矿井充水或涌水量增加、岩溶和采空区塌陷加剧等灾害现象的区域为浸没影响区。某水电站浸没影响区如图 2.1-11 所示。

图 2.1-11　某水电站浸没影响区

其他水库影响区包括水库蓄水后引起的水库渗漏、库水倒灌、滞洪区域。大坝（闸）建成后，因下游河段水流量减小，河段减水，水位下降，对沿线居民生产、生活用水造成影响的区域为减水河段影响区。某水电站减水河段影响区如图 2.1-12 所示。水库蓄水后，库内一些高出蓄水位的区域四面临水，与库周隔水相望，居民生产生活条件较蓄水前恶化，陆路交通、电力电信等被阻断，失去基本生产、生活条件的区域为孤岛影响区。某水电站孤岛影响区如图 2.1-13 所示。

图 2.1-12 某水电站减水河段影响区

图 2.1-13 某水电站孤岛影响区

根据《地质灾害防治条例》（国务院令第 394 号）规定，因工程建设等人为活动引发的地质灾害，按照"谁引发、谁治理"的原则处理。水电工程水库消落深度大，水库蓄水及运行过程中，随着库水位升降变化，库岸出现滑坡、塌岸、浸没等库岸再造现象，对水库淹没线上库周对象造成影响不可避免。工程建设及运行过程中，为确保水库安全运行及库周居民的生命财产安全，为库区地质灾害防治工作提供技术资料，避免和减轻因水库蓄水引发地质灾害造成损失，促进库区经济和社会的可持续发展，建设单位应组织专业主体设计单位开展水库影响区范围界定，为水库影响区处理工作提供依据。

水库影响区范围界定工作内容包括影响区类型及范围划定，影响区处理范围及对象界定。一般来说，水库蓄水影响区域地质条件复杂，不同类型影响区危害性、分布对象相同，各对象适应库岸变形破坏能力存在较大差异。为科学、合理开展确定水库影响区范围，水库影响区范围界定工作由地质、移民专业共同完成。其中，地质专业主要结合库区地形、地质条件确定影响区类型、划定地质影响区范围，识别影响区危险性；移民专业主要识别影响区危害性，结合地质专业提出影响区工程地质评价结论、影响对象重要性、适应变形破坏能力，分析各对象受影响程度，确定影响对象和处理范围。

通常，地质专业人员以水库正常蓄水位和影响对象的设计洪水回水位为基础，考虑水库不同运行水位、消落水位工况，选取预测水库水位，按《水利水电工程地质勘察规范》（GB 50487—2008）及相关规程、技术标准的规定进行分析论证库岸稳定性，预测影响区类型及地质影响范围。对于重大、敏感影响区，通过开展地勘、试验工作确定影响区范围。滑坡影响区预测基本方法主要有圆弧滑动法、传递系数法、条分法等；塌岸预测方法主要有卡丘金法、岸坡结构法、两线段法等。在此基础之上，移民专业根据地质专业确定影响区范围内具体对象的性质、受影响程度，进而分别确定影响范围。孤岛、减水河段等其他影响区由项目法人、地方人民政府、主体设计单位根据现场调查情况分析居民生产、生活条件受影响程度，并结合移民安置规划方案等因素综合分析确定影响区范围。

1. 影响区范围界定

水库蓄水引起滑坡、塌岸、浸没、水库渗漏、库水倒灌、滞洪区域，地质条件复杂，水库影响区工程地质勘查工作范围、深度有限，准确预测水库蓄水后影响区分布范围、稳定性及影响对象受影响程度十分困难，导致水库影响区分析预测成果带有一定的不确定性。

为合理利用库周资源，确保水库安全运行及库周居民生命财产安全，水库影响区范围界定工作过程中结合各影响区危害性及影响对象重要性，将水库影响区划分为影响处理区和影响待观区分类进行处理。界定为水库影响处理区的需根据影响区范围内各对象受影响程度提出具体处理范围及措施；界定为水库影响待观区的范围应在水库蓄水及运行过程中加强观测、巡视，根据后期实际受影响情况进行处理。

（1）滑坡影响处理区界定方法。在滑坡区分布有居民点或重要建筑物和设施，滑坡对其危害性大，并满足下列条件之一的，界定为滑坡影响处理区：

1）滑坡区分布有居民点或重要建筑物和设施，天然条件下滑坡体处于稳定状态的，水库蓄水后部分淹没，并将引起复活的区域。

2）天然条件下处于不稳定状态的滑坡体，水库蓄水后部分淹没，并将加剧活动的区域。

3）水库蓄水未直接淹没的滑坡体，水库蓄水后引起地下水位上升，恶化滑坡稳定条件，导致复活或加剧活动的区域。

4）水库蓄水后将引起的潜在不稳定库岸边坡，特别是近坝库岸边坡变形失稳的区域。

（2）塌岸影响处理区界定方法。在塌岸区分布有居民点、耕地、园地或重要建筑物和设施，塌岸对其危害性较大，界定为塌岸影响处理区。

（3）浸没影响处理区界定方法。天然条件下为浸没区，水库蓄水后，加剧浸没危害程度和水库蓄水后新出现的浸没区域，且区域内分布有居民点、耕地、园地或重要建筑物和设施，浸没对其危害性较大的界定为浸没影响处理区。

（4）其他受水库蓄水影响处理区界定方法。经地勘论证、水文地质试验及分析，可以明确认定存在岩溶洼地出现库水倒灌、水库渗漏、滞洪影响，其影响范围分布有居民点、耕地、园地或重要建筑物和设施的区域；工程引水导致河段减水，造成生产生活引水困难而必须采取处理措施的影响区域；水库蓄水后，失去基本生产、生活条件而必须采取处理措施的库周及孤岛等区域。

2. 影响区处理对象

不同类型水库影响区的危害性及影响对象重要性不同，影响区范围内各影响对象适应库岸变形破坏能力也存在较大差异。为遵循"以人为本、经济、安全、充分利用资源、节约用地、少占耕地"的原则，根据影响区受影响对象确定影响区范围。影响区范围界定过程中，因水库蓄水对居民生产生活、使用功能造成影响的对象进行处理，明确处理方式、范围；对受水库蓄水影响较小的对象，在确保安全的前提下尽量利用，水库运行过程中加强监测、巡视，后期视影响区变形破坏情况和受影响程度进一步研究处理方案。

一般情况下，滑坡影响区处理对象主要包括居民点、房屋等重要建筑物和设施；塌岸、浸没、库水倒灌、水库渗漏、滞洪影响区处理对象主要包括居民点、耕地、园地、重要建筑物和设施；减水河段、孤岛等库周影响区处理对象根据居民生产、生活受影响情况、移民安置方案综合分析确定。影响区范围界定工作过程中可根据实际调查和分析情况，适当调整影响区具体处理对象，但处理对象应具备受水库蓄水影响的属性。

3. 不同阶段影响区范围界定方法

由于水电工程规划设计工作过程中，预可行性研究、可行性研究、实施等阶段关于水库影响区范围界定目的、工作深度和要求不同，各阶段影响区范围界定工作方法也存在一定差异。预可行性研究阶段主要通过简单地表调查、经验判断等方式，初步预测水库影响区类型、范围，对调查发现影响工程建设方案决策的水库影响区，根据需要进行勘探。可行性研究阶段，主要由地质专业、移民专业联合开展库区地质调查确定影响区类型、分布和范围，对涉及居民点、成片农田、重要专项设施等重点对象的区域，通过勘探手段确定影响区类型、位置，预测其在天然状态及水库运行后的稳定性，评价其可能产生的影响，结合影响区危害性及影响对象重要性确定影响区处理对象和范围。实施阶段主要通过群测群防、现场巡查、监测等方式对可行性研究阶段确定水库影响区范围界定成果进行复核，对水库蓄水及运行过程中开裂、变形区域受影响对象进行处理。

4. 界定工作流程

可行性研究及实施阶段水库影响区范围的确定工作方法和流程如图 2.1-14 所示。

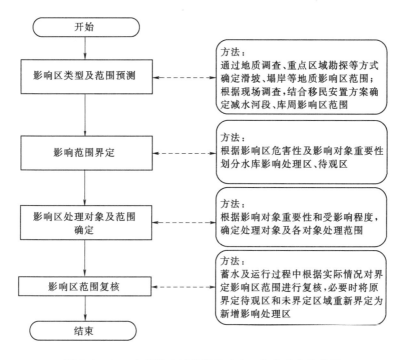

图 2.1-14 水库影响区范围的确定工作方法和流程图

2.1.3 枢纽工程建设区范围界定

枢纽工程建设区是指枢纽工程建筑物及工程永久管理区、料场、渣场、施工企业、场内施工道路、工程建设管理区（主要为施工人员生活设施，包括工程施工需要的封闭管理区）等区域。枢纽工程建设区范围界定的主要工作内容有：参与施工总布置方案拟定，确定用地范围；按最终用途确定用地性质，分为临时用地区和永久占地区；明确枢纽工程建设区与水库淹没区重叠部分处理原则和方法。

1. 确定用地范围

枢纽工程建设区用地范围应在综合考虑地质、施工、水工和移民安置等因素的基础上，合理确定施工总布置图和施工用地规划范围图，编制用地规划及施工总布置方案。

（1）一般情况下，为满足工程建设需要，水工、施工等专业首先确定主体工程施工区，即闸、坝、厂房等主体工程。然后布设砂石加工、混凝土生产、供水、供电等施工工厂区，施工工厂布置宜靠近服务对象和用户中心，设于交通运输和水电供应方便处，且厂址地基应满足承载能力要求，避免不良地质地段，尽量少占耕地。进一步布设当地建材开采和加工区，确定满足规范要求的可选料源，妥善规划运输道路和生产生活区，生活区宜远离噪声、振动、飞尘、交通量大的现场。最后布设储运系统、大型设备和金属结构安装场地、工程弃渣场、建设管理区、施工生活区等工区，其中工程弃渣场宜选择山沟、荒地，避免占用耕地和经济林地。

（2）移民专业根据施工专业确定的初步用地范围，结合国家用地的要求，在满足工程建设需要的前提下，尽可能减少工程对周边区域的影响。尽量利用荒地、滩地、坡地和水库淹没区土地，少占耕地和经济林地，提高土地利用率，合理利用土地资源；尽量避让地质灾害区、集中居民区等区域，避让重要敏感对象，最大限度地减少对当地群众生产、生活的不利影响，据此调整优化施工用地范围。

预可行性研究阶段，主要研究枢纽工程建设区制约性的对象及枢纽工程建设对地区社会经济的影响，初步确定用地范围。可行性研究阶段，枢纽工程建设区范围的确定工作方法和流程如图 2.1-15 所示。

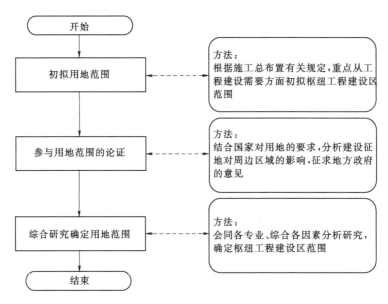

图 2.1-15　枢纽工程建设区范围的确定工作方法和流程图

2. 确定用地性质

枢纽工程建设区范围应根据施工总布置方案提供的施工用地范围图，落实各区块用地性质。根据实际用地效果，对工程建设永久使用的土地，作为永久用地范围，包括枢纽工程建筑物及工程永久管理区等区域；对工程临时使用，但不能恢复原用途的土地划归永久用地范围；将工程建设临时使用，且可以恢复原用途的土地划归临时用地范围，一般情况下，料场、渣场、施工企业、场内施工道路、工程建设管理区等区域可作为工程建设临时用地使用。

预可行性研究阶段，主要根据施工总布置方案初步确定用地性质。可行性研究阶段，用地性质的确定工作方法和流程如图 2.1-16 所示。

3. 明确枢纽工程建设区与水库淹没区重叠部分处理方法

按照用地时序，枢纽工程建设区应先期用地，为满足枢纽工程建设需要，将枢纽工程建设区与水库淹没区重叠部分归入枢纽工程建设区。

2.1.4　建设征地移民界线确定

水电工程建设征地移民界线包括居民迁移线、土地征收线、城镇和专业项目处理线。

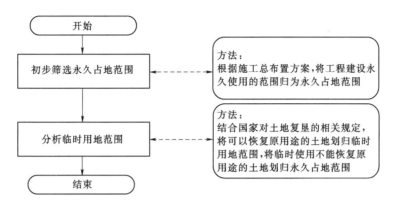

图 2.1-16　枢纽工程建设区用地性质的确定工作方法和流程图

建设征地移民界线的确定，应根据水库淹没影响区和枢纽工程建设区用地范围综合分析确定。建设征地移民界线确定的原则是安全、经济、便于生产生活。

1. 土地征收线

土地征收线是指因水库淹没、枢纽工程建设永久占地，为满足工程建设、水库正常运行管理以及确保安全，需要永久征收的土地所在范围的边界线。由于水库淹没区存在回水临时淹没范围，因此，对存在回水临时淹没的区域，不同类型的土地征收线应根据相对应的淹没处理标准进行划分确定：耕地、园地按 5 年一遇的洪水标准确定土地征收线；林地、牧草地和未利用土地按正常蓄水位确定土地征收线。

具体工作方法为：耕地、园地的土地征收线根据水库淹没区和枢纽工程建设区永久占用地范围确定（注意：影响区范围耕地、园地不征收）；林地、牧草地和未利用土地的征收线按正常蓄水位和枢纽工程建设区用地性质确定。以永久征收的土地区域划定土地征收线，临时用地不划入土地征收范围。需要注意的是，在划定水库淹没区土地征收线时，在回水影响不显著的坝前段，考虑一定的水库安全超高（风浪、船行波，取两者的大值）。当涉及有耕地、园地的区域，安全超高值低于 0.5m 时，按 0.5m 确定。

2. 居民迁移线

居民迁移线是指因枢纽工程建设用地（永久及临时）、水库淹没影响，且为满足工程建设、运行管理以及安全的需要，对涉及有居民居住的，需要进行人员搬迁、房屋拆除的范围的边界线。

具体工作方法为：居民迁移线根据水库淹没区、水库影响区和枢纽工程建设区（永久及临时）拆迁房屋的要求确定。应该注意的是，在划定水库淹没区的居民迁移线时，在回水影响不显著的坝前段，考虑一定的水库安全超高（风浪、船行波，取两者的大值）。当安全超高值低于 1m 时，按 1m 确定。

3. 城市集镇和专业项目处理线

城市集镇和专业项目处理线，是根据枢纽工程建设区临时或永久用地、水库淹没区以及影响区涉及的城市集镇和专业项目所在的范围的边界线。水库淹没区涉及的城市集镇和专业项目的处理应根据具体对象的淹没处理标准确定具体的处理范围。

具体工作方法为：结合城市集镇和专业项目不同淹没处理标准，根据水库淹没区、水库影响区和枢纽工程建设区占地涉及城市集镇和专业项目所在的范围，确定城市集镇和专业项目处理线。

预可行性研究阶段，初步计算水库洪水回水，初步拟定水库淹没影响区和枢纽工程建设区，提出初步的建设征地处理范围，不需要提出建设征地移民界线；可行性研究阶段，按该阶段确认的水库正常蓄水位和回水计算成果、水库影响区预测成果、施工总布置图和移民安置方案，确定建设征地移民界线和处理范围；移民安置实施阶段，必要时根据水库洪水复核成果和移民安置实施方案的变化情况，复核、调整建设征地移民界线。

4. 工作流程

可行性研究阶段，建设征地移民界线确定工作流程如图 2.1－17 所示。

2.1.5　界桩布置

1. 工作内容

界桩布置是指为了实地标识居民迁移线、土地征收线、城市集镇和专业项目处理线，以便于开展实物调查、土地征收、居民搬迁、库底清理、工程建设管理等工作，根据确定的建设征地移民界线开展界桩位置确定、类型选择、编号设置、结构设计以及现场埋设工作。

界桩可分为临时界桩和永久界桩。临时界桩可采用油漆、旗杆、木桩等标识。临时界桩主要是在实物指标调查时，为便于识别界线的需要，由测量专业现场测设。实施阶

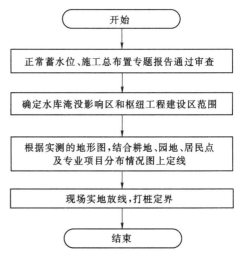

图 2.1－17　建设征地移民界线确定工作流程图

段永久界桩可分为主桩和加密桩两类，主桩为控制性界桩，在建设征地范围的控制点埋设主桩。

界桩主要包括土地征收界桩和居民迁移界桩等。根据各阶段工作深度要求，在实物指标调查时，提出临时界桩布置要求，必要时可进行永久界桩布置。实施阶段，必要时复核范围，调整建设征地移民界线图，进行永久界桩布置、绘制界桩分布图。

2. 工作方法

界桩布置工作主要分为图上定线、设计制作界桩、现场埋设。具体的工作步骤及方法如下：

（1）图上定线。图上定线是在实测的地形图上，根据水库淹没范围、枢纽工程用地范围，按界桩布置的技术要求编制界桩分布图，标记界桩及坐标汇总表。

（2）设计制作界桩。制作临时界桩：在实物指标调查时，根据实际调查需要，在由测量专业现场测设的基础上，采用油漆、旗杆、木桩等临时标注作为临时界桩。永久界桩的设计制作：一般采用棱柱体钢筋混凝土界桩、岩体上雕刻、墙式水位标志牌的形式，先进

行结构设计，再开展现场制作。临时界桩可设临时编号。钢筋混凝土界桩编号要求标注在界桩顶部，为凹字。雕刻界桩要求刻画高程横线并标注编号。钢筋混凝土界桩及雕刻界桩编号应统一。界桩设计结构图如图 2.1－18 所示，水位标识牌设计如图 2.1－19 所示。

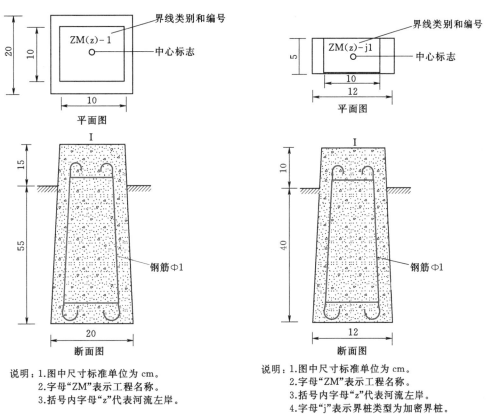

图 2.1－18　界桩设计结构图

（3）现场埋设。在图上定线的基础上，由测量专业现场测设并实地埋设界桩。界桩的埋设要做到前后界桩间相互通视，当涉及重要的敏感对象时，要适当加密。埋设界桩时，对涉及城市集镇和重要的专业项目等敏感地段应增设水位标识牌；同时，临时界桩要易于识别，永久界桩要醒目，不可在隐蔽的区域埋设界桩。墙式水位标识牌图2.1－20 所示。

3．工作流程

界桩布置工作首先根据确定的土地征收线、居民迁移线、城市集镇和专业项目处理线，在实测的地形图上开展界桩的布置设计，标记界桩坐标；其次在设计制作界桩完成后，现场实地放线、埋设界桩；最后是办理委托保管界桩手续并编制界桩埋设分布图表。界桩布置工作流程如图 2.1－21 所示。

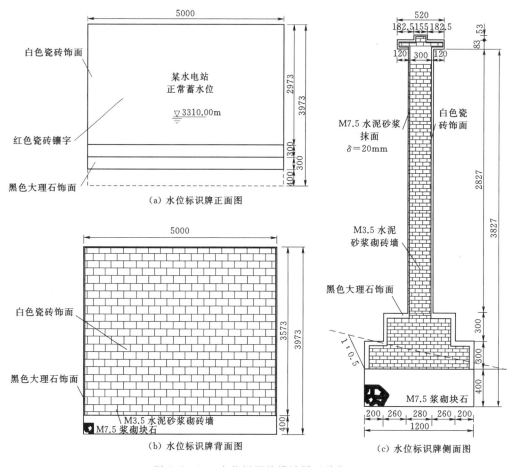

图 2.1-19 水位标识牌设计图（单位：cm）

（a）水位标识牌正面图

（b）水位标识牌背面图

（c）水位标识牌侧面图

图 2.1-20 墙式水位标识牌

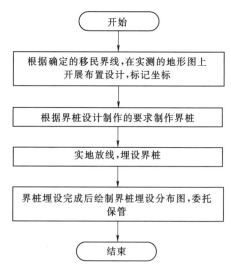

图 2.1-21 界桩布置工作流程图

2.2 关键技术

建设征地范围界定技术涉及水文、地质、施工、测量等方面，结合工作实践进行总结，关键技术主要包括重要敏感对象的识别和界定、设计洪水标准的确定、末端断面的确定、外包线的确定、特殊情况的处理、按影响对象确定影响范围、枢纽工程建设区界定等。

2.2.1 重要敏感对象的识别和界定

水电工程征（占）地范围广、面积大，枢纽工程建设区和水库淹没影响区可能涉及城市集镇、人口密集区（点）、连片耕地、重要基础设施、文物古迹、军事设施、宗教设施、风景名胜区、环境保护区等对象。上述对象在建设征地区社会、经济、文化发展中具有重要作用，各方关注度高、处理难度大、处理费用高。

建设征地涉及部分文物古迹、宗教设施、军事设施等，具有重要的历史、文化价值或军事作用，敏感性强，具有不可替代、不能受淹的特性。以某航电工程为例：水库蓄水后可能会对库尾某文物古迹造成淹没影响。因该文物古迹为全国重点文物保护单位、世界物质文化遗产、国家 5A 级旅游景区，具有较强的历史、文化价值，不能被淹。为此，规划通过适当降低正常蓄水位、汛期敞泄冲沙等方式，避免水库蓄水对其造成影响。

建设征地涉及交通、运输、水利、电力、通信、网络等基础设施是经济社会发展的基础和必备条件，工程建设征地涉及后将导致当地交通运输、供电等功能不能正常发挥，对社会、经济发展和居民生产生活造成影响。城市集镇是区域政治、经济、文化中心，居住着大量人口，分布着众多产业，工程建设征地涉及上述设施对当地社会、经济发展影响巨大；加之，城市集镇迁建涉及对大量人口进行安置，以及水、电、路、文、教、卫等基础设施和工矿企事业单位恢复重建等多方面，恢复重建涉及面广、难度大、矛盾多、费用高。以大渡河某水电站为例，电站淹没影响涉及四川省 Y 市某县城人口约 2.4 万人、房屋面积约 151 万 m² 以及大量企事业单位。因水库蓄水县城受淹，选址异地重建，迁建过程中出现了大量复杂、敏感问题，重建处理费用大增，占移民安置总费用的 21.31%。

综上分析，重要敏感对象是水电工程建设方案论证的重要控制性因素，处理不当可能导致工程方案发生颠覆性变化。为合理确定水电工程建设规模，减少淹没损失，提高工程经济效益，尽量降低工程建设对当地社会、经济发展的影响，规划设计工作过程中移民专业应合理识别界定工程建设区重要敏感对象，通过查阅相关资料、征求地方人民政府及行业主管部门意见等方式收集建设征地区重要敏感对象分布位置、重要程度、受影响程度、处理难度等资料；结合工程开发性质、规模和建设征地区域实际情况和当地人民政府及居民意见，通过技术、经济比较和综合分析，提出重要敏感对象处理方案，估算处理费用，为工程建设规模及方案论证提供支撑。经分析、论证，对建设征地区域社会、经济、文化发展有重要意义，在建设征地区域具有不可替代性、不能受水电工程征（占）地影响的对象，或处理难度大、费用高的对象，应通过调整开发方式、调整工程布置方案、降低正常蓄水位或采取工程措施等方式进行合理避让，以确保工程建设的顺利推进。国内几个工案例如下。

1. 红水河某水电站

红水河某水电站坝址位于广西壮族自治区 T 县境内的红水河干流上，距 T 县城约 15km。工程开发主要任务是发电，同时具有防洪、航运、水产等巨大综合效益。水库正常蓄水位为 375m 时，总库容为 162.1 亿 m³，电站总装机容量为 420 万 kW，年发电量为 156.7 亿 kW·h。

工程规模论证阶段经抽样调查，该电站水库 375～400m 水位淹没影响贵州、广西两省（自治区）11 个县（区）约 5.33 万人，房屋面积约 200 万 m²，土地面积约 17700hm²（其中耕地、园地 4227hm²）；县城 1 座、集镇 4 座；等级公路 173km。因该电站 400m 水位方案淹没涉及大量人口、房屋、耕地、园地、城镇及重要专项设施，淹没损失巨大，且贵州省人民政府提出：400m 水位淹没涉及的 L 县城为贵州省早熟蔬菜基地，淹没对全省蔬菜产业影响大，建议对其进行避让。为推动电站建设，降低移民安置难度，原国家能源部提出了电站按"400m 设计，近期按 375m 建设"的建设方案。2001 年，该电站按"400m 设计，近期按 375m 建设"方案编制的可行性研究报告通过国家发展改革委的核准。

2. 沅水某水电站

沅水某水电站位于湖南沅水干流上游，H 市 H 区上游 4.5km 处，工程以发电为主，兼有灌溉、航运等综合效益。电站的正常蓄水位为 190.0m（汛期限制水位为 187.0m），水库面积为 23km²，调节库容为 7500 万 m³，装机 5 台，总装机容量为 225MW，保证出力为 33.4MW，多年平均发电量为 9.7 亿 kW·h。

水电站淹没范围涉及湖南省级文物保护单位 FRL。FRL 位于 Q 县 Q 镇西城外㵲水河畔的 XLY，是湖南省唯一的一座极为珍贵且保存完好的古典式江南园林建筑。该楼建筑面积为 600m²，占地面积共达 10250m²，古时被誉为"楚南上游第一胜迹"，又有"龙标旧楼""临江楼"之称，是昔日王昌龄聚友会笔之处。清乾隆四十年（1775 年）、清嘉庆二十年（1815 年）、清道光十九年（1839 年）曾几次重修，有芙蓉楼、送客亭、耸翠楼、玉壶亭、门坊、碑廊及半月亭等古典建筑和文物景点十余处。

FRL 等大部分附属文物位于某水电站水库淹没线以下，为保护珍贵的文物古迹，工程建设过程中通过在 FRL 保护区范围内沿河加设挡土墙，对水库淹没区垫高至 194.80m，对垫高区涉及古建筑拆除加筑台基之后再重建复原，并适当恢复园林绿化防护处理，避免了 FRL 受水库蓄水影响。防护后的 FRL 现状如图 2.2-1 所示。

3. 金沙江某水电站

金沙江某水电站位于金沙江中游河段，坝高 168m。水库正常蓄水位为 1134m 时，相应库容为 20.72 亿 m³，水库上游回水长约 95.8km。电站装机容量为 3000MW，前期单独运行时，保证出力为 478MW，多年平均发电量为 120.68 亿 kW·h，年利用小时数为 4023h；后期一库八级联合运行时，保证出力为 1392.8MW，多年平均发电量为 136.22 亿 kW·h，年利用小时数为 4540h。

电站河段塘坝河支流地形平坦，人口稠密，耕地众多，土壤肥沃，水源、光热资源丰富，各种农作物产量均较高，是 H 县的重要粮食主产区。塘坝河支流上的 S 乡煤炭资源

图 2.2 - 1　防护后的 FRL 现状

储量丰富，是 H 县著名的煤炭生产区，工商业相对发达，分布有众多的工矿企业，从 20
世纪 90 年代初，H 县就开始在本区规划兴建工业园区，基础设施条件已具备，进驻工业
园区的大中型工矿企业达 10 余家，且 H 县城位于这一区域。

为科学合理开发该河段水能资源，避免对塘坝河支流敏感对象造成影响，降低移民安
置难度，方案论证阶段拟定了上、下坝址方案进行比选。上坝址位于支流塘坝河口上游约
1km 处；下坝址位于支流塘坝河口下游约 1km 处。经分析，上坝址避开了对支流塘坝河
流域淹没影响，无重要敏感对象，水库淹没损失较小，相对于国内类似工程，移民安置费
用占工程总投资的比例不高。下坝址水库淹没涉及支流塘坝河流域，淹没人口增加 5561
人，生产安置人口增加 27168 人，因 H 县后备资源不足，移民安置难度大，且涉及对大
量工矿企业进行处理。为避免工程建设对塘坝河流域众多对象造成影响，减少淹没损失、
降低移民安置难度，最终推荐采用上坝址方案。

4. 岷江某航电工程

岷江某航电工程位于岷江干流 L 市境内，是岷江干流航电梯级开发方案中的第一级。
工程采用坝式开发，装机容量为 40 万 kW，枢纽位于 L 市 N 镇下游约 0.7km 的杨花渡口
附近。水库正常蓄水位为 358.00m，总库容为 1.421 亿 m³，调节库容为 1100 万 m³。

该工程库区为岷江冲积平原，地势开阔，经济较发达，水库蓄水后淹没涉及耕地、房
屋等实物指标众多，特别是库尾段分布有 LS 城区及 LS 大佛等重要敏感对象。库尾段 LS
大佛脚底平台高程为 361.18m，LS 城区肖公咀河段堤顶高程为 362.80m，滨江路高程约
为 363.50m。根据该工程水库运行方式，水库蓄水主要在非汛期提高了 LS 城区及 LS 大
佛断面的水位。为保证通航要求，减少水库淹没损失，降低移民安置难度，规划在库区两
岸新建 18.80km 防洪堤；同时，汛期通过电站 23 孔泄洪冲沙闸敞泄冲沙，使 LS 城区及
LS 大佛断面水位与常年洪水位相当，避免工程建设对 LS 城区及 LS 大佛造成影响。

5. 雅砻江某水电站

四川省甘孜州 Y 县位于雅砻江中游河段。县城主要由右岸老县城片区和左岸河口镇片区两部分组成，高程分布为 2577～2700m。其中右岸老县城高程分布为 2604～2700m，左岸河口镇高程分布为 2577～2602m。河流规划及预可行性研究阶段，该河段规划采用一级坝式开发方案，规划建设某电站坝址区位于雅砻江干流与恶古沟的汇口上游约 2km 的河段，正常蓄水位为 2602m，可利用落差为 123m，装机容量为 150 万 kW，初拟对水库淹没影响涉及县城左岸区域进行防护处理。随着建设征地区社会、经济发展，2003 年起 Y 县在雅砻江左岸县城新建了防洪堤，并通过垫高造地修建了"安心工程"解决城镇低保户以及全县干部职工、教师等的住房问题，"安心工程"房屋建筑面积约为 7 万 m²，涉及居民千余人，总投资上亿元。由于 Y 县城建设发展，某水电站开发外部环境较前期出现了较大变化。可行性研究阶段后，为科学合理开发该河段水能资源，减少淹没损失，降低移民安置难度，各方将 Y 县城处理作为河段开发方案选择的重要因素，对该河段开发方式进行了重新审视，对电站建设对 Y 县城的影响进行专题研究。经技术、经济比选，规划对该河段开发方案进行调整，由原规划一级开发方案调整为两级开发方案，避免了电站建设对 Y 县城的影响。

2.2.2 设计洪水标准的确定

淹没处理设计洪水标准的确定关系到水电工程的经济、技术、风险和安全。如果淹没处理设计洪水标准定得过高，就会增加淹没处理实物指标和费用，进而提高水电工程造价；如果淹没处理设计洪水标准定得过低，就增大了土地、居民点、城镇、专业项目等对象淹没的风险。

淹没处理设计洪水标准的确定是建设征地范围界定的一项关键技术，防洪标准和淹没处理设计洪水标准容易产生混淆，下面对两方面内容进行比较分析。

防洪标准是指防洪保护对象达到防御洪水的水平或能力。一般将实际达到的防洪能力也称为已达到的防洪标准。防洪标准可用设计洪水（包括洪峰流量、洪水总量及洪水过程）或设计水位表示。一般以某一重现期（如 10 年一遇洪水、100 年一遇洪水）的设计洪水为标准，也有的以某一实际洪水为标准。在一般情况下，当实际发生的洪水不大于设计防洪标准时，通过防洪系统的正确运用，可保证防护对象的防洪安全。防洪标准的高低，与防洪保护对象的重要性、洪水灾害的严重性及其影响直接相关，并与国民经济的发展水平相联系。国家根据需要与可能，对不同保护对象颁布了不同防洪标准的等级划分。在防洪工程的规划设计中，一般按照规范选定防洪标准，并进行必要的论证。阐明工程选定的防洪标准的经济合理性。对于特殊情况，如洪水泛滥可能造成大量生命财产损失等严重后果时，经过充分论证，可采用高于规范规定的标准。如因投资、工程量等因素的限制一时难以达到规定的防洪标准时，经过论证可以分期达到。

淹没处理设计洪水标准是指水库形成后库区涉及对象受淹承受能力。一般以重现期（如 10 年一遇洪水、100 年一遇洪水）或洪水频率（10%、1%）表示。以中等城市为例，假设确定其淹没处理设计洪水标准为 50 年一遇洪水。通过回水计算，如水库形成后发生 50 年一遇洪水，水库淹没中等城市，那该中等城市就纳入淹没处理范围，作为水电站的安置任务；如水库形成后发生 50 年一遇洪水不影响该中等城市，发生 50 年一遇以上洪水才影响该中等城市，那该中等城市不纳入淹没处理范围，其受洪水的影响纳入自然灾害处理，不作为水电站的安置任务。

淹没对象的设计洪水标准，应根据淹没对象的重要性、耐淹程度，结合水库调节性能及运用方式，考虑安全、经济和其原有防洪标准、临近地区类似对象防洪标准等因素分析选择。下面以嘉陵江某航电枢纽工程为案例说明设计洪水标准的确定过程。

某航电枢纽是嘉陵江干流 H 市河口河段规划中的骨干工程，具有航运、发电等综合效益。坝址位于 H 市 C 老场镇上游约 1km 处，距河口约 68km。工程采用坝后式开发方式，主要建筑物有船闸、发电厂房、冲沙闸、泄洪闸等，水库正常蓄水位为 203m，死水位为 202m，装机容量为 50 万 kW，为日、周调节水库。

该工程形成的水库由嘉陵江干流库区、右岸涪江库区和左岸渠江库区三部分组成，正常蓄水位 203m 时，该水库淹没涉及 H 市城区、集镇、高速公路、二级公路、三级公路、四级公路、工矿企业等对象。其中 H 市城区淹没处理设计洪水标准的确定尤为重要。

H 市城区位于两江交汇口附近。根据《防洪标准》（GB 50201—94）要求，H 市作为中等城市应按重现期 20～50 年考虑防洪标准。根据回水计算成果，50 年一遇洪水（汛期）H 市断面水位高程为 218.67m；20 年一遇洪水（汛期）H 市断面水位高程为 216.27m。由于 H 市城区地势平坦，50 年一遇洪水（汛期）H 市城区淹没面积较 20 年一遇洪水（汛期）增加约一倍，淹没增加了大量企事业单位、民房、市政设施等，整个城区约 2/3 面积被淹，城区面临迁建的问题，处理费用极高，如图 2.2-2 所示。

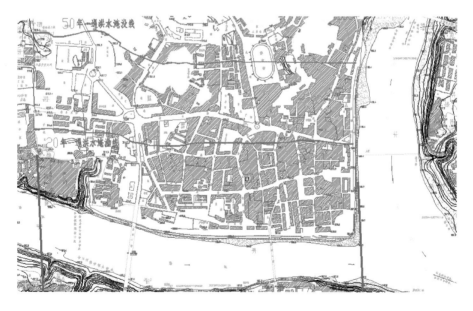

图 2.2-2　H 市城区 50 年一遇、20 年一遇洪水淹没示意图

为了合理确定 H 市城区设计洪水标准，相关设计院开展了以下工作：第一，收集 H 市城区审定的防洪标准。根据渝水基〔2001〕1 号文件，H 市城区防洪标准按重庆市水利

局、重庆市发展计划委员会审定为 20 年一遇洪水设防。第二，比较天然状态与工程建设后 20 年一遇、50 年一遇洪水水位差异。经比较，20 年一遇洪水（汛期）涪江口断面回水水位与天然水位高程差为 0.88m，H 市断面回水水位与天然水位高程差为 0.94m；50 年一遇洪水（汛期）涪江口断面回水水位与天然水位高程差为 0.52m，H 市断面回水水位与天然水位高程差为 0.57m。从上述数据可以看出，工程建设对 H 市城区的防洪影响相对于天然状态较小。第三，了解 H 市城区现状防洪标准。经现场调查了解，H 市城区现状防洪标准达不到 10 年一遇标准。通过上述分析，综合规范要求、行业审定情况、工程建设后同频率洪水与天然状态洪水水位比较、城区现状防洪标准等几方面因素，确定 H 市城区设计洪水标准为 20 年一遇。

在淹没处理设计洪水标准确定时，"一库两标"是一种比较特殊的情况，下面以沅水某水电站为例进行介绍。

沅水某水电站坝址位于沅水上游、湖南省 H 市 T 镇下游 3.5km 处。电站正常蓄水位为 250m，死水位为 235m，调节库容为 6.15 亿 m³，具有年调节性能。电站装机容量为 81 万 kW，多年平均发电量为 22.6 亿 kW·h。该水电站水库淹没影响涉及湖南、贵州两省，水库淹没影响面积约为 50km²，干流回水长度约为 56km，主要支流渠水回水长度约为 29km，支流碧涌河回水长度约为 12km，淹没影响人口约 3.8 万人，房屋约 150 万 m²，耕地约 1067hm²，淹没乡集镇 6 个。

该水电站涉及湖南、贵州两省，淹没量大，特别是耕地。2004 年，在编制可行性研究报告时，确定湖南库区耕地、园地设计洪水标准为 2 年一遇，贵州库区耕地、园地设计洪水标准为 5 年一遇。在同一个库区，同样的淹没对象采用两种设计洪水标准这种情况是非常少见的。在开展某水电站建设征地移民安置规划设计工作时，湖南省已完成大量水利水电工程，绝大部分水利水电工程耕地、园地淹没处理设计洪水标准为 2 年一遇。贵州省的另外一座水电站涉及 B 镇（某水电站也涉及该区域），耕地、园地淹没处理设计洪水标准为 5 年一遇。为了不对湖南省其他水利水电工程造成影响，同时也不和贵州省的另外一座水电站确定的标准发生冲突，因此该水电站分省确定耕地、园地淹没处理设计洪水标准。

2.2.3 末端断面的确定

水库淹没处理的任务是解决建坝后上游水位壅高而造成的淹没影响，为有别于天然洪水的淹没影响，提出了水库回水淹没的概念，并规定"以设计洪水回水水面线与同频率天然洪水水面线差值为 0.3m 处的计算断面为水库回水末端断面"。一般来讲，在水库回水末端断面上游，凡是低于水库回水高程的对象都列入水库淹没处理，不管天然情况下是否受洪水影响；在水库回水末端断面下游，凡是高于末端断面确定的末端高程的对象都不列入水库淹没处理，不管建坝后其回水位是否有所壅高。理论上讲，水库洪水回水曲线与同频率天然水面线是一对渐近线，这两条曲线应该是永不相交的。为了确定水库淹没范围，需要确定水库洪水回水末端的设计终点位置。现行规范规定，末端断面按建坝后水位壅高值等于 0.3m 的断面确定，该断面若位于两个实测断面之间，则插补出一个计算断面作为末端断面。

在确定水电站建设征地范围前，需要开展地形地类图的测绘工作。在开展地形地类图测绘工作时，会因为外界环境、观测者的技术水平、测量仪器等方面的原因产生误差，这是不可避免的情况。根据《工程测量规范》（GB 50026—2007），各比例尺地形图的基本等高距见表 2.2-1，等高（深）线插求点或数字高程模型网点的高程中误差不超过表 2.2-2 的规定。水电工程可行性研究阶段使用的地形图的比例尺是 1：2000，按照上述规范的要求计算，平坦地、高山地高程允许的中误差分别为 0.33m、2.0m。也就是说，0.3m 是一个允许的误差值，当壅高值小于 0.3m 时，建坝后对洪水位的壅高影响是在允许的误差范围内，可以忽略。

表 2.2-1　　　　　　　　　　　　　地形图的基本等高距　　　　　　　　　　　　　单位：m

地形类别	比　例　尺			
	1：500	1：1000	1：2000	1：5000
平坦地	0.5	0.5	1	2
丘陵地	0.5	1	2	5
山地	1	1	2	5
高山地	1	2	2	5

表 2.2-2　　　　　　等高（深）线插求点或数字高程模型格网点的高程中误差

一般地区	地形类别	平坦地	丘陵地	山地	高山地
	高程中误差/m	$\frac{1}{3}h_d$	$\frac{1}{2}h_d$	$\frac{2}{3}h_d$	$1h_d$

注　h_d 为地形图的基本等高距。

2.2.4　外包线的确定

外包线的确定是建设征地范围界定的关键技术，首先应搞清楚水库永久淹没和临时淹没的区别。水库永久淹没区包括水库正常蓄水位以下的区域，水库在正常运用情况下，为满足兴利要求一般会在正常蓄水位下运行，因此正常蓄水位以下区域为永久淹没区域；水库正常蓄水位以上受水库洪水回水、风浪和船行波、冰塞壅水等因素影响会产生临时淹没区域，临时淹没区域一般历时短。水库淹没范围按上述区域的外包线确定。某水电工程（20 年一遇洪水）居民点淹没外包线的确定如图 2.2-3 所示。

下面以岷江某航电工程为案例说明水库淹没范围的确定过程，以外包线确定为重点。

岷江某航电工程正常蓄水位为 358.0m，水库总库容为 1.421 亿 m^3，死水位为 357.5m，调节库容为 1100 万 m^3，电站装机容量为 40 万 kW。

水库淹没区包括水库正常蓄水位以下的区域，水库正常蓄水位以上受水库洪水回水、风浪等临时淹没的区域，按上述区域的外包线确定。

某航电工程以航运为主，兼顾发电，因此需根据来水量对枢纽运行方式进行调度，保证库区水位能满足最低通航要求。设计洪水回水水面线，以坝址以上同一频率的分期洪水回水位与不同分级流量回水外包线的沿程回水高程确定，详见表 2.2-3。

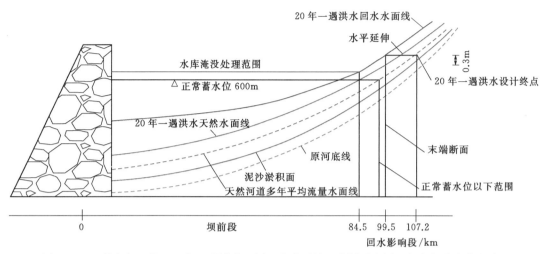

图 2.2-3　某水电工程（20 年一遇洪水）居民点淹没处理范围示意图（红色粗线为外包线）

表 2.2-3　　　　　　岷江某航电工程正常蓄水位（358m）回水末端成果计算

序号	频率	项目	计算成果	备注
1	$P=1\%$	回水长度/km	19.598	
		回水末端断面位置	11 号断面以上 211m	
		末端断面淤后水位/m	364.46	
		回水终点位置	25 号断面以上 38m	
2	$P=2\%$	回水长度/km	18.52	
		回水末端断面位置	10 号断面以上 572m	
		末端断面淤后水位/m	362.62	
		回水终点位置	23 号断面以上 635m	
3	$P=4\%$	回水长度/km	17.72	
		回水末端断面位置	9 号断面以上 311m，16 号断面以上 82m	
		末端断面淤后水位/m	360.01，361.38	
		回水终点位置	22 号断面以上 244m	
4	$P=5\%$	回水长度/km	17.72	
		回水末端断面位置	9 号断面以上 64m，16 号断面以上 82m	
		末端断面淤后水位/m	359.65，361.38	
		回水终点位置	22 号断面以上 244m	
5	$P=20\%$	回水长度/km	17.72	
		回水末端断面位置	16 号断面以上 80m	
		末端断面淤后水位/m	361.38	
		回水终点位置	22 号断面以上 244m	

　　以设计洪水回水水面线与同频率天然洪水水面线差值为 0.3m 处计算断面作为水库回水末端断面。水库回水末端断面上游的淹没范围，采取水平延伸至与天然河道多年平均流

量水面线相交处确定。

　　为保证通航要求，同时减少淹没损失，降低移民安置难度，某航电工程规划在库区两岸新建防洪堤，防洪堤总长度为 18.802km，因此淹没处理范围为防洪堤段以其所在位置确定，库尾以各淹没对象相应频率洪水及分级流量回水位的外包线确定。

　　以某航电工程干流 25 年一遇洪水标准（$P=4\%$）外包线确定为例进行说明。某航电工程干流回水计算及采用水位成果（正常蓄水位 358m，25 年一遇洪水）详见表 2.2-4。

表 2.2-4　　　　　　　某航电工程干流回水计算及采用水位成果表

（正常蓄水位 358m，25 年一遇洪水）

断面编号	距坝里程/km	主要位置	多年平均流量水位/m（$Q_{坝址}=2500\text{m}^3/\text{s}$）	25 年一遇洪水（$Q_{坝址}=24100\text{m}^3/\text{s}$）		分级流量 5000m^3/s		分级流量 10000m^3/s		采用水位/m
				天然水位/m	回水水位/m	天然水位/m	回水水位/m	天然水位/m	回水水位/m	
1	0	下坝址	344.66	351.73	354.24	345.84	358.00	347.71	356.00	359.24
2	0.847		345.03	352.57	354.50	345.91	358.00	348.47	356.02	359.24
3	1.647		346.35	353.48	354.92	347.34	358.01	349.16	356.04	359.24
4	2.605		347.30	354.72	355.92	348.68	358.01	350.48	356.09	359.24
5	4.094		349.01	356.18	357.26	350.78	358.04	352.59	356.29	359.24
6	5.082	涌思江分流口下游	349.46	357.31	358.10	351.23	358.04	353.10	356.33	359.24
7	6.137		350.26	358.28	358.88	351.89	358.06	354.05	356.51	359.24
8	6.806		351.38	359.11	359.61	352.08	358.08	354.71	356.68	359.61
9	7.857		354.34	359.38	359.71	355.15	358.13	355.93	357.04	359.71
9-1	8.168	0.3m 断面		359.71	360.01					360.01
10	8.687		354.69	360.25	360.50	355.77	358.20	356.93	357.65	360.01
11	9.511		355.34	362.27	362.35	356.40	358.34	357.72	358.35	360.01
12	10.303		355.68	363.40	363.40	356.77	358.48	358.26	358.85	360.01
13	10.941	乌尤寺水尺	355.83			356.98	358.59	358.60	359.16	360.01
14	11.727	乐山大佛	356.12			357.61	358.92	359.67	360.18	360.18
15	12.272	肖公咀	356.52			358.17	359.26	360.32	360.74	360.74
16	13.140		357.27			358.27	359.30	361.02	361.33	361.33
16-1	13.222	0.3m 断面						361.08	361.38	361.38
16-2	13.947	0.3m 断面				360.22	360.52			361.38
17	13.958		359.13			360.25	360.54	361.63	361.84	361.38
18	14.613		359.36			360.62	360.86	362.07	362.22	361.38

续表

断面编号	距坝里程/km	主要位置	多年平均流量水位/m ($Q_{坝址}$=2500m³/s)	25年一遇洪水 ($Q_{坝址}$=24100m³/s)		分级流量5000m³/s		分级流量10000m³/s		采用水位/m
				天然水位/m	回水水位/m	天然水位/m	回水水位/m	天然水位/m	回水水位/m	
19	15.202		359.64			360.97	361.17	362.44	362.59	361.38
20	15.895		359.95			361.35	361.54	362.81	362.89	361.38
21	16.354		360.25			361.71	361.87	363.18	363.24	361.38
22	17.480		360.83			362.42	362.49	363.89	363.89	361.38
22-1	17.724	与多年平均相交	361.38							361.38
23	17.883	安谷尾水	361.74			362.83	362.83	364.11	364.11	
24	18.901		363.15			364.73	364.73	365.65	365.65	

1～7号断面，25年一遇洪水（$Q_{坝址}$=24100m³/s）回水水位为354.24～358.88m；分级流量为5000m³/s时回水水位为358.00～358.06m；分级流量为10000m³/s时回水水位为356.00～356.51m，上述水位均小于359.24m（正常蓄水位＋安全超高值），因此1～7号断面淹没范围采用水位取359.24m。

8号断面，25年一遇洪水（$Q_{坝址}$=24100m³/s）回水水位为359.61m；分级流量为5000m³/s时回水水位为358.08m；分级流量为10000m³/s时回水水位为356.68m，上述水位359.61m最大，因此8号断面淹没范围采用水位取359.61m。同理，9号断面淹没范围采用水位取359.71m。

9-1号断面是25年一遇洪水（$Q_{坝址}$=24100m³/s）与同频率天然洪水水面线差值为0.3m处，为25年一遇洪水（$Q_{坝址}$=24100m³/s）水库末端断面，该断面回水水位为360.01m。分级流量为5000m³/s时回水水位低于358.20m（10号断面回水水位）；分级流量为10000m³/s时回水水位低于357.65m（10号断面回水水位）。上述水位360.01m最大，因此9-1号断面淹没范围采用水位取360.01m。25年一遇洪水（$Q_{坝址}$=24100m³/s）水库回水末端断面上游的淹没范围，采取水平延伸至与天然河道多年平均流量水面线相交处（20号和21号断面之间）。9-1～13号断面，分级流量为5000m³/s和分级流量为10000m³/s时回水水位均低于360.01m，因此9-1～13号断面淹没范围采用水位取360.01m。

14号断面，分级流量为5000m³/s时回水水位为358.92m；分级流量为10000m³/s时回水水位为360.18m（高于360.01m），上述水位360.18m最大，因此14号断面淹没范围采用水位取360.18m。同理，15号断面淹没范围采用水位取360.74m，16号断面淹没范围采用水位取361.33m。

16-1号断面是分级流量为10000m³/s洪水与同频率天然洪水水面线差值为0.3m处，是分级流量为10000m³/s洪水水库末端断面，该断面回水水位为361.38m，分级流量为10000m³/s水库回水末端断面上游的淹没范围，采取水平延伸至与天然河道多年平均流量水面线相交处（22号和23号断面之间）。16-2号断面是分级流量为5000m³/s洪水与同频率天然洪水水面线差值为 0.3m 处，是分级流量为 5000m³/s 洪水水库末端断面，该断面回水水位为 360.52m，分级流量为 5000m³/s 水库回水末端断面上游的淹没范围，采取水平延伸至与天然河道多年平均流量水面线相交处（21 号和 22 号断面之间）。16－1 号断面，分级流量为 5000m³/s 时回水水位低于 360.54m（17 号断面回水水位），16－1 号断面淹没范围采用水位取 361.38m。16－2 号断面，分级流量为 5000m³/s 时洪水回水水位为 360.52m，低于分级流量 10000m³/s 时水平延伸水位 361.38m，因此 16－2～22－1 号断面淹没范围采用水位取 361.38m。

水库淹没范围按外包线确定时需要按正常蓄水位、水库洪水回水、风浪和船行波、冰塞壅水范围的大值确定，是为了保证在不同情况下水库淹没对象纳入处理范围，以确保水库运行和涉及对象的安全。其中水库洪水回水需要考虑水库调度运行方式，比如有些水电站分汛期、非汛期计算水库洪水回水。上面提到某航电枢纽工程为了满足最低通航要求和减少淹没损失考虑来水量对枢纽运行方式进行调度，需要计算不同分级流量的水库洪水。在水库洪水回水外包线取值时需要注意在同一洪水频率下可能会出现多个回水末端断面位置，需要结合实际情况进行外包线取值。

当上下游两个断面水面高度高于 0.5m 或含有重要影响对象时需要通过内插断面方法补插断面。下面以沅水某水电站为案例进行说明。

沅水某水电站位于湖南省 Y 县境内的沅水干流上，坝址距 Y 县城 73km。电站坝址控制流域面积 83800km²，占沅水全流域面积的 93%；水库正常蓄水位为 108m，电站装机容量为 120 万 kW，多年平均发电量为 53.7 亿 kW·h。

根据"84 规范"和 1983 年国家审批的《某水电站初步设计修改报告》提出的水库设计原则与标准，并经湖南省人民政府同意，某水库的淹没处理标准如下：

县城、工厂、矿山、四级以上公路、10kV 以上输电线、县以上通信干线等专业项目，按建库后 20 年一遇洪水回水位标准（坝前流量为 31800m³/s）。

区乡集镇和农村居民，采用 10 年一遇洪水回水位标准（1969 年 7 月 1 日实测，坝址最大流量为 27000m³/s）；耕地、园地采用 2 年一遇洪水标准；水利水电及副业设施中，小电站、提（电）灌站、小（1）型水库、水碾、油榨房按农村居民迁移标准；筒车、简易石灰窑、砖瓦窑按耕地征用标准。

林地按正常蓄水位 108.00m 进行调查。为考虑库区居民居住安全，在坝前段水库洪水回水壅高不足地带，按高程 109.00m 作为居民淹没迁移线，洪水回水超过 109.00m 时，按回水壅高高程调查统计。

水库回水末端位置处理，根据"84 规范"，水库回水末端的终点位置可按回水曲线高于同频率洪水天然水面线 0.3～1m 范围内分析确定的规定，经分析，耕地在水库 2 年一遇洪水回水线高于同频率天然水面线 0.14m 的 C 县白龙岩断面垂直封闭；农村居民在 10 年一遇洪水回水线高于同频率天然水面线 0.27m 处的 L 县铁柱潭断面垂直封闭；城镇迁移在 20 年一遇洪水回水线高于同频率天然水面线 0.27m 的 L 县五果溜断面垂直封闭。

某水电站淹没影响范围广，规划专业计算的部分上下相邻断面水面高程差值较大，而两断面之间存在重要的影响对象，为合理确定淹没范围，移民专业按内插法计算了插补断面。在 12 号断面（沅陵电厂）和 13 号断面（沙树溜）之间存在重要的淹没对象，因此插补了 12′号断面（溪子口），详见表 2.2 - 5。

表 2.2 - 5　　　　　　　某水电站 108.00m 方案干流回水成果表

编号	断面名称	里程/km	20 年一遇			10 年一遇			2 年一遇			备注
			天然水位/m	回水位/m	城镇移民调查水位/m	天然水位/m	回水位/m	农村移民调查水位/m	天然水位/m	回水位/m	土地征收调查水位/m	
1	杨五庙	0	69.20	108.00	109.00	66.90	108.00	109.00	61.95	108.00	108.00	
2	漕浪	12.3	73.60	108.05	109.00	71.40	108.03	109.00	67.30	108.01	108.01	
3	怡溪口	20.5	78.16	108.13	109.00	76.15	108.10	109.00	71.88	108.02	108.02	
4	碛滩	31.4	81.95	108.24	109.00	80.05	108.18	109.00	76.01	108.03	108.03	
5	田家村	43	86.30	108.36	109.00	84.40	108.27	109.00	80.97	108.04	108.04	
6	杨家潭	51.6	88.97	108.44	109.00	87.00	108.33	109.00	83.98	108.05	108.05	
7	横石下	56.3	90.66	108.51	109.00	88.85	108.38	109.00	85.81	108.06	108.06	
8	深溪口	62.6	93.22	108.51	109.00	91.45	108.45	109.00	88.50	108.07	108.07	
9	舒家门口	66.2	94.78	108.68	109.00	93.10	108.51	109.00	90.04	108.08	108.08	
10	高溶洞	70.2	96.36	108.79	109.00	94.80	108.59	109.00	91.72	108.09	108.09	
11	河涨洲	76.2	98.36	108.94	109.00	96.80	108.71	109.00	93.90	108.11	108.11	
12	沅陵电厂	80.8	100.56	109.12	109.12	99.10	108.83	109.00	96.00	108.13	108.13	
12′	溪子口	83.8	101.80	109.25	109.25	100.12	108.94	109.00	97.16	108.15	108.15	插补断面
13	沙树溜	85.6	102.63	109.34	109.34	100.80	109.01	109.01	97.91	108.16	108.16	
14	…	…	…	…	…	…	…	…	…	…	…	

2.2.5　特殊情况的处理

在确定水库淹没范围时，有部分水库存在比较特殊的情况，如坝前尖灭、土地征收线末端位置较居民迁移线末端位置更靠上游等。下面以具体案例进行介绍。

某水电工程位于四川省 M 市，为跨流域综合利用工程，水库运行方式分为汛期与非汛期分别运行。正常蓄水位时，5 年一遇洪水（最大入库流量为 79.9m^3/s）和 20 年一遇洪水（最大入库流量为 135m^3/s）坝前洪水水位分别为 609.20m 和 609.78m，高于正常蓄水位（608.00m）1.20m 和 1.78m，为安全起见，调查水位采用相应频率坝前调洪水位，不再进行回水计算。洪水调节计算成果详见表 2.2 - 6。

表 2.2 - 6　　　　　　某水电站洪水调节计算成果及实物调查采用水位表

项目	单位	$P = 5\%$	$P = 20\%$
正常蓄水位	m	608	
起调水位	m	608	

续表

项目	单位	$P=5\%$	$P=20\%$
最大入库流量	m³/s	135	79.9
最大下泄流量	m³/s	22.7	12.5
最高洪水位	m	609.78	609.20
采用调查水位	m	609.78	609.20

按"07 规范"规定，以设计洪水回水水面线与同频率天然洪水水面线差值为 0.3m 处的计算断面为水库回水末端断面。水库回水末端断面上游的淹没范围，采取水平延伸至与天然河道多年平均流量水面线相交处。因遇 5 年一遇和 20 年一遇洪水时，某水库坝前回水水位与天然水位的差值分别为 0.06m 和 0.28m，差值均低于天然洪水水面线 0.3m，设计终点均在坝址处，故均以坝前调洪水位作为调查水位。

对平原河流上的水电工程常会出现土地征收线末端位置较居民迁移线末端位置更靠上游的情况，两末端位置之间土地征收线以下如存在居民点也需进行处理。以四川省某水电站为例，该水电站水库正常蓄水位为 1674m。由于该水库 5 年一遇洪水末端断面位于 20 年一遇洪水末端断面之后，5 年一遇洪水回水处理设计终点位于 20 年一遇洪水回水设计终点之后（表 2.2-4）。在 20 年一遇洪水水位高出同频率天然洪水 0.3m（图 2.2-4 的 B 点处）水平延伸过程中，在某一点与 5 年一遇天然洪水水位相交（图 2.2-4 的 C 点处）。C 点之后，土地征收线高于居民迁移线。因此，在土地征收线高出 20 年一遇的居民迁移线部分时，为确保安全，应将该部分居民纳入建设征地处理范围（如图 2.2-7 红色粗线部分所示）。

表 2.2-7　　　　　　　　　　某水电站回水及居民点调查水位计算表

断面编号	距坝里程 /km	多年平均流量天然水位 /m	非汛期 $Q_{20\%}=56.0\mathrm{m}^3/\mathrm{s}$		非汛期 $Q_{5\%}=84.6\mathrm{m}^3/\mathrm{s}$		居民点调查采用水位/m	备注
			天然水位 /m	回水水位 /m	天然水位 /m	回水水位 /m		
12	2.07	1672.57	1672.73	1674.94	1673.01	1675.14	1675.14	
13	2.25	1677.31	1678.08	1678.58	1678.28	1678.68	1678.68	
13-1	2.30				1679.80	1680.10	1680.10	20 年一遇洪水回水末端断面
13-2	2.31		1679.75	1680.10			1680.10	20 年一遇洪水末端断面水平延伸与 5 年一遇洪水回水相交点
13-3	2.34		1680.52	1680.82			1680.82	5 年一遇洪水回水末端断面
13-4	2.36	1680.10					1680.82	20 年一遇洪水回水设计终点
13-5	2.39	1680.82					1680.82	5 年一遇洪水回水设计终点
14	2.47	1682.89	1684.19	1684.19	1684.36	1684.36		

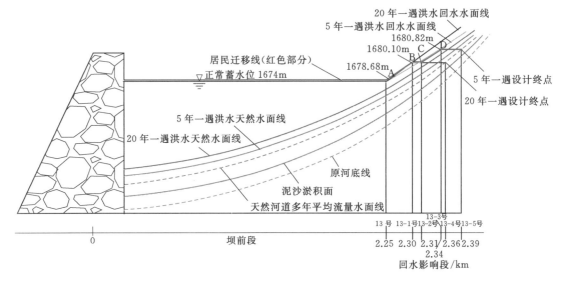

图 2.2-4　某水电站居民迁移线确定示意图

2.2.6　按影响对象确定影响处理范围

　　水库影响区界定工作过程中，地质专业确定水库蓄水引起滑坡、塌岸、浸没、水库渗漏、库水倒灌、滞洪影响区和减水河段、孤岛等其他影响区是相对较大的一个地域范围。地质专业确定的影响区范围内房屋、土地和其他建（构）筑物设施等对象的分布范围存在不一致；同时，各对象受影响程度也存在差异。简单地将上述范围作为这些对象的处理范围是不合理的，也是不必要的，因此应按影响对象确定影响区处理范围。下面以滑坡和浸没影响区为例。

　　滑坡影响区变形破坏一般分为蠕动变形阶段、急剧变形阶段、滑动阶段、逐渐稳定阶

图 2.2-5　某水电站滑坡影响区房屋

段。多数滑坡影响区是以逐渐变形破坏为特征的，蠕动、变形过程缓慢，随着时间推移影响区逐渐趋于稳定，出现高速失稳整体滑入水库可能性相对较小。只要滑坡影响区不出现整体失稳现象，通常影响区仅局部区域出现拉裂、变形、错台，不会对影响区范围所有对象造成影响。影响区变形过程中，房屋等建筑设施适应变形破坏能力弱，随着影响区蠕动、变形会出现开裂、垮塌现象，房屋居住、使用功能受到较大影响，居民继续在房屋居住存在安全隐患，如图 2.2-5 所示。影响区范围土地总体受水库蓄水影响较小，除局部区域土地变形、错台严重，道路、水利设施损毁（图 2.2-6）对居民耕种造成较大影响外，影响区范围大部分土地居民耕种及土地产值基本不受水库蓄水影响。杆线工程、交通工程等专项设施适应滑坡变形破坏能力强，原使用功能也基本不受影响。一般情况下在影响区范围界定过

程中，从安全角度考虑对居民点人口进行搬迁、房屋进行补偿处理。为合理利用土地资源，对实际受到拉裂、错台破坏严重的局部区域土地进行处理，其他受影响较小的土地（图 2.2-7）和变形破坏适应能力较强的设施主要通过待观、保通等方式处理。为此，滑坡影响区范围界定过程中，需根据影响区分布对象和各对象受影响程度确定滑坡影响区范围。

图 2.2-6　某水电站滑坡影响区水渠　　　　图 2.2-7　某水电站滑坡影响区园地

水库建成蓄水后，改变了原来地下水运动条件，近库岸原来的地下水水位会因库水位顶托或库水补给而抬高，当地下水抬高到一定程度达到临界值后，将引起土地的沼泽化、盐碱化，农作物减产、甚至绝收；同时，地下水水位上升还将引起土质软化，出现建筑物基础承载力强度降低，基础下沉、房屋开裂倒塌，建筑物地面返潮、墙壁潮湿、低洼处甚至冒水等现象，影响使用功能和居住安全，造成浸没现象。

浸没地下水埋深临界值＝土的毛细管上升高度＋安全超高值。农作物浸没地下水埋深临界值根据农作物根系深度确定；建筑物浸没地下水埋深临界值根据基础深度、形式确定。由于水库蓄水后地下水上升水位高度一定，但浸没区范围分布农作物根系深度和建筑物基础深度、形式存在较大差异，各对象受浸没影响程度不同。为此，滑坡影响区范围界定过程中，需根据影响区分布对象和各对象受影响程度确定滑坡影响区范围。

以图 2.2-8 为例，水库蓄水前房屋 A 和房屋 B、农作物 A 和农作物 B 均不受地下水浸没影响。蓄水后随着库水位变化，浸没水位抬高，由于浸没区分布房屋基础、农作物根系深度不同，水库蓄水对房屋 A 和农作物 A 造成浸没影响，对房屋 B 和农作物 B 基本无影响。

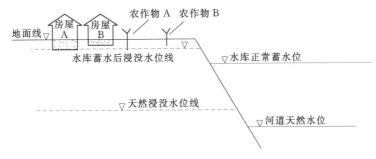

图 2.2-8　水库浸没影响示意图

综上分析，不同影响区危害性、影响对象重要性不同。水库影响区范围界定工作过程中，若不按影响对象确定影响区范围，对影响区涉及全部对象进行处理将造成资源浪费，增加影响区处理工作内容，加大移民安置难度，增加影响区处理费用，不利于业主、政府、设计等各方开展相关工作，对库区经济发展造成影响。为遵循"以人为本、经济、安全、节约用地、少占耕地"的原则，确保水库安全运行及库周居民生命财产安全，合理利用库周资源，控制影响区处理难度及费用，水库影响区范围界定过程中应综合考虑影响区分布对象特点、受影响程度，按影响对象确定影响区范围。

2.2.7 枢纽工程建设区范围界定

枢纽工程建设区范围包括枢纽工程建筑物、工程永久管理区、料场、渣场、施工企业、场内施工道路、工程建设管理区等区域，均需大量的征（占）用土地。为节约用地、少占耕地，满足国家对用地的要求，减少工程建设征地对周边区域的影响，减少工程建设投资及实施难度，在枢纽工程规划布置时，既要在有限的条件下根据基础地质条件布设各施工场地，满足工程建设和运行需要，又要考虑建设征地带来的相关影响。因此，合理规划布置用地范围是枢纽工程建设区确定的重要关键技术，拟定枢纽工程建设征地范围，应重点考虑以下因素。

（1）满足工程建设需要。枢纽工程建设区用地规划时，应首先考虑工程建设的实际需求及施工总进度要求，按照因地制宜、有利生产、方便职工生活、环境友好、节约资源、经济合理的原则合理布置枢纽工程建筑物、工程建设管理区、料场、渣场等区域。

水电工程建设地点通常选择在偏远山区，区域及周边环境条件复杂，施工难度较大，属于危险系数极高的作业项目。由于部分工程项目大，会存在很多的交叉作业，为便于人员及车辆的管控，对个别重点项目还需要封闭施工。采取封闭式管理模式，可以对各种机械设备、材料运输与人员作业等，实施统一的规范化管理，为工程建设创造稳定的施工环境，确保各项工程秩序化开展，所以封闭管理对水电工程建设具有重要意义。封闭管理范围需结合施工总布置、项目的重要性、地形地质条件进一步划定。

（2）符合国家用地的要求。"十分珍惜、合理利用土地和切实保护耕地"是我国的基本国策。枢纽工程建设区用地规划时，应力求协调紧凑，节约用地，尽量利用荒地、滩地、坡地和水库淹没土地，少占耕地和经济林地，提高土地利用率，合理利用土地资源。为减少临时用地，在条件允许时，临时用地可布置在水库淹没区。

（3）尽可能减少工程对周边区域的影响。枢纽工程建设区用地规划时，应最大限度地减少对当地群众生产、生活的不利影响，尽量避让地质灾害区、集中居民区等区域，尽量避让文物古迹和保护重要敏感对象。

案例1：西藏某电站施工总布置规划专题报告于2013年2月通过审查，根据审定成果，施工布置将砂石骨料加工厂用地布置在园艺一场范围。2013年10月，水电水利规划设计总院对该电站迁移人口安置规划大纲进行审查，审查中提出施工总布置规划专题报告中砂石骨料加工厂用地为加查县园艺一场范围，范围内房屋、苹果树、核桃树分布密集，存在征地难度大、迁移人口搬迁安置困难以及环保等问题。主体设计单位对工程用地范围内的施工场地进行认真细致的分析研究，尽量在不增加用地的基础上，通过场地规划布置

调整，避开了园艺一场范围的核心区，如图 2.2 - 9 和图 2.2 - 10 所示。在征求了地方政

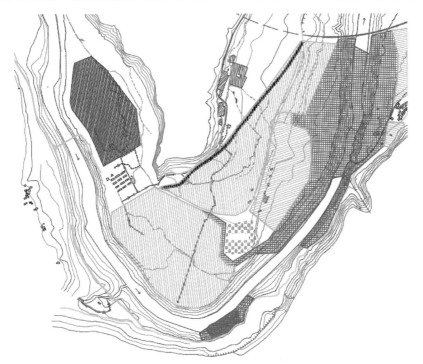

图 2.2 - 9　某电站施工总布置图（调整前）

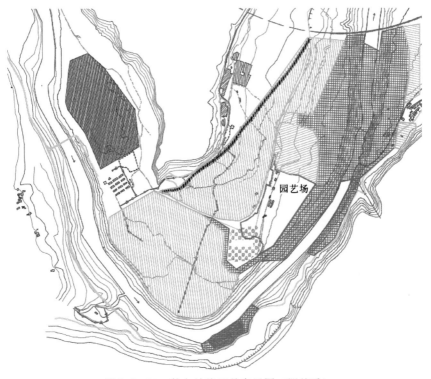

图 2.2 - 10　某电站施工总布置图（调整后）

府及权属人的同意后，调整了施工总布置方案。从移民安置规划角度对园艺一场核心区域内的职工及家属 71 人在施工期间考虑采用县城廉租房过渡，对核心区域耕地、园地 10.22hm² 减产进行补助，恢复园艺一场生产供水等方式处理。按照环境保护的相关要求在园艺一场周围修建了围墙，形成了隔离带，如图 2.2-11 和图 2.2-12 所示。

图 2.2-11　某电站园艺一场原貌

图 2.2-12　某电站园艺一场防护后现状

西藏地区土地资源总量较大，主要为牧草地及未利用土地，但存在耕地资源占比小、质量不高等特点，果树生长周期长。通过规划，避开了园艺一场范围的核心区，减少征收耕地、园地面积 10.22hm²，有利于保护耕地、园地资源，减少移民搬迁安置难度。

案例 2：某水电站涉及 3 个渣场，其中 1 号渣场占地 4.67hm²，2 号渣场占地 6.96hm²，3 号渣场占地 26.69hm²。考虑到耕地资源较为稀缺，且该电站建设征地涉及区域的耕地较为集中，主要分布在 YJ 两岸台地之上，为减少工程建设对当地农业的影响，移民专业与施工专业沟通，将 1 号渣场和 2 号渣场布置在水库淹没区范围内，减少了电站枢纽工程建设区占地面积。

案例 3：某水电站在施工总布置方案拟订过程中，施工专业根据前期工作成果初拟了工程总体布置，随后经地质、施工、水工、移民等专业现场综合查勘，并向地方政府调查了解，通过现场走访发现在初拟的施工范围内存在"神山"等敏感宗教设施，且信奉的民众多，结合地方政府意见，经各专业综合分析，及时调整了施工布置，减轻了现场工作难度，避免了工作的反复。

2.3　创新与发展

2.3.1　回顾

1984 年前，无专门的移民规范，当时的建设征地范围分施工占地和水库淹没两个独立工作，分别由水资源规划专业和施工专业承担。

"84 规范"主要明确了水库淹没处理范围（含水库影响区）的技术要求。

"96 规范"相对于"84 规范"，主要在水库回水末端终点高程位置的确定、泥沙淤积年限长短的选取、计算风浪爬高的原则、水库影响区的类型、水库安全超高的确定等方面进行了修改和完善。

"07 规范"相对于"96 规范"主要的变化是将"水库淹没处理范围"改为"建设征地处理范围"，增加了枢纽工程建设区和界桩布置内容，对水库影响区确定的技术要求进一步细化，并新增了水库回水末端断面的概念。

2.3.2　创新

2.3.2.1　水库回水末端断面的确定

为了确定水库淹没范围，在实际工作中按设计洪水回水线与天然洪水回水线差值低于某一阈值为标准设置了水库回水末端。因为末端是人为设定，在末端上游仍有部分区域低于末端水位高程，在此范围内可能分布居民点、土地、专业项目等对象。对此范围各种对象的处理有一个逐渐演化的过程。

"84 规范"规定，水库回水末端的终点位置可按回水曲线高于同频率洪水天然水面线 0.1~0.3m 范围内确定。对多沙河流回水淹没范围还应考虑一定年限的泥沙淤积影响，注意水库"翘尾巴"问题。

"96 规范"规定，水库回水末端的终点位置在回水曲线不高于同频率天然水面线

0.3m 范围内，是采取垂直斩断还是水平延伸，应结合当地地形、壅水历时和淹没对象的重要性等具体情况综合分析确定。

"07 规范"规定，以设计洪水回水水面线与同频率天然洪水水面线差值为 0.3m 处的计算断面为水库回水末端断面。水库回水末端断面上游的淹没范围，采取水平延伸至与天然河道多年平均流量水面线相交处。

从"84 规范"的规定来看，该规范明确了尖灭点以前的范围，对尖灭点以后未作规定。实际工作过程中对尖灭点后可能存在的淹没对象，根据具体情况，各项目处理方式不同。水库回水末端的终点位置是采取垂直斩断，从回水终点处作垂直的断面线，其下游为水库淹没范围。该方法确定的淹没范围小，可以少征地、少移民，节省工程投资。但是，天然水面线与河床之间往往可能有居民和土地被排除在淹没范围外，这样确定的淹没范围偏小，既不安全，也不符合实际。

从"96 规范"的规定来看，水库回水末端的终点位置要求结合实际情况确定采取垂直斩断还是水平延伸。该方法要求：如回水末端地形较为开阔，水面比降较缓，附近是良田沃土或城镇，宜采取水平延伸；反之，回水末端为峡谷山地，又无重要经济对象，可采取垂直斩断。同时，要避免出现在下游的居民点或耕地属于淹没处理范围，在其上游邻近地区高程低于下游的居民点或耕地反而不属于淹没处理范围。关于水库回水末端终点位置的确定，"96 规范"相对"84 规范"更符合实际，较好地解决了采用垂直斩断存在的问题，但该方法存在的问题是未明确回水曲线和同频率天然水面线的差值，可能在执行过程中设计人员不易把握尺度，会因为设计人员主观性引起淹没处理范围出现差异。

以江西省某水电站为例，该水库回水末端是一个城市，为了节省投资，减少移民，加快工程建设，电站业主要求设计单位降低水库初期运行水位方案，确保水库回水不影响这个城市。根据设计单位提供的回水计算成果，降低水库初期运行水位后，50 年一遇洪水频率的水库回水位与同频率洪水天然水位在断面 18 处的差值是 0.3m，断面 18 处可以定为回水终点。如果采用垂直斩断法，即在断面 18 处垂直斩断，其下游为水库淹没处理范围。但是，在回水终点上游，河床两岸还有一个广阔的区域，地面高程低于回水水位高程，分布着旧城区和 5 个乡镇，按照不同受淹对象设计洪水频率计算，有 17 个村民组（按 20 年一遇的洪水频率），约 497hm² 耕地（按 5 年一遇的洪水频率）和 10 多家企业，近 30000 居民，均排除在水库淹没处理范围以外。如果采用水平延伸法，凡是地面高程低于终点高程的区域，均将包括在水库淹没处理范围以内，上述居民和企业要搬迁，土地要征用，按照当时审定的补偿补助标准计算，需要增加的补偿费用要占整个水库淹没处理补偿费的 58%。当时有两种意见，第一种意见是采用水平延伸法，其理由是：水库回水不可能到了终点突然降低。因此采用垂直斩断处理，不符合实际，也不安全；回水终点的上下游，毗邻村庄，耕地连片，如果采用垂直斩断处理，将出现地面高的地方（因位于回水终点下游）处理了，地面低的地方（因位于回水终点上游）反而不处理，难以说服当地群众，移民工作实施难度大；水库蓄水后，由于泥沙淤积，河床势必抬高，较之建库前的水位相对提高，淹没概率可能增加，回水历时也可能延长，这个区域的淹没程度可能加重；虽然这个城市原有防洪标准较低，相当于 7 年一遇，现按 50 年一遇的洪水频率计算水库回水，提高了防洪标准，但这符合水利水电工程的综合利用原则。第二种意见是可以采用垂直斩断法，其理由是这个区域在天然状态时也要淹没，并不是水库所造成的淹没，不列为水库淹没处理范围。最后在考虑安全性、工作实施可操作性、工程的综合利用性等方面采用了第一种意见。

"07 规范"相对于"96 规范"，明确了回水曲线和同频率天然水面线的差值为 0.3m。另外，"07 规范"和"96 规范"水平延伸的位置也不同，"07 规范"规定"水库回水末端断面上游的淹没范围，采取水平延伸至与天然河道多年平均流量水面线相交处"；"96 规范"规定水平延伸至同频率天然水面线。

以岷江某航电枢纽工程（正常蓄水位选择研究阶段）和大渡河某水电工程（可行性研究阶段）为案例，分析平原型水库和峡谷型水库的水库洪水回水末端设计终点采取"垂直斩断""水平延伸至同频率洪水天然水面线""水平延伸至与天然河道多年平均流量水面线相交处"三种处理方式的差异。

1. 水库洪水回水末端设计终点计算成果

"垂直斩断"以设计洪水高于同频率洪水天然水面 0.3m 处为设计终点位置；"水平延伸至同频率洪水天然水面线""水平延伸至与天然河道多年平均流量水面线"两种方式均以设计洪水高于同频率天然水面 0.3m 处为末端断面。计算成果见表 2.3 - 1 和表 2.3 - 2。从表中可以看出，不同洪水频率，"垂直斩断"和"水平延伸至同频率洪水天然水面线"两种处理方式回水终点位置差异不大，岷江某航电枢纽工程（平原型水库）差异为 0.26km、0.21km、0.21km、0.20km、0.21km，大渡河某水电工程（峡谷型水库）差异为 0.11km、0.07km、0.08km；"水平延伸至与天然河道多年平均流量水面线"和"垂直斩断"两种处理方式回水终点位置差异较大，岷江某航电枢纽工程差异为 9.43km、8.62km、8.72km、8.80km、8.94km，大渡河某水电工程差异为 1.45km、1.89km、2.08km。

表 2.3 - 1　　　　岷江某航电工程洪水回水末端成果计算（正常蓄水位 358m）

序号	频率	项目	单位	水平延伸至与天然河道多年平均水面线	水平延伸至同频率洪水天然水面线	垂直斩断
1	$P=20\%$	回水长度	km	19.23	10.06	9.80
		回水末端断面位置		11 号以上 290m	11 号以上 290m	11 号以上 290m
		末端断面淤后水位	m	360.70	360.70	360.70
		回水终点位置		24 号以上 326m	11 号以上 552m	11 号以上 290m
2	$P=5\%$	回水长度	km	19.04	10.63	10.42
		回水末端断面位置		12 号以上 113m	12 号以上 113m	12 号以上 113m
		末端断面淤后水位	m	363.65	363.65	363.65
		回水终点位置		25 号以上 139m	12 号以上 327m	12 号以上 113m
3	$P=4\%$	回水长度	km	19.14	10.63	10.42
		回水末端断面位置		12 号以上 113m	12 号以上 113m	12 号以上 113m
		末端断面淤后水位	m	363.99	363.99	363.99
		回水终点位置		25 号以上 235m	12 号以上 322m	12 号以上 115m

序号	频率	项目	单位	水平延伸至与天然河道多年平均水面线	水平延伸至同频率洪水天然水面线	垂直斩断
4	$P=2\%$	回水长度	km	19.56	10.96	10.76
		回水末端断面位置		12号以上455m	12号以上455m	12号以上455m
		末端断面淤后水位	m	365.50	365.50	365.50
		回水终点位置		25号	13号以上17m	12号以上455m
5	$P=1\%$	回水长度	km	19.93	11.20	10.99
		回水末端断面位置		13号以上46m	13号以上46m	13号以上46m
		末端断面淤后水位	m	366.82	366.82	366.82
		回水终点位置		25号以上371m	13号以上257m	13号以上46m

表 2.3－2　大渡河某水电站水库洪水回水末端成果计算表（正常蓄水位1246m）

序号	频率	项目	单位	水平延伸至与天然河道多年平均水面线	水平延伸至同频率洪水天然水面线	垂直斩断
1	$P=20\%$	回水长度	km	10.29	8.95	8.84
		回水末端断面位置		30号	30号	30号
		末端断面淤后水位	m	1252.80	1252.80	1252.80
		回水终点位置		35号以上69m	30号以上116m	30号
2	$P=5\%$	回水长度	km	10.59	8.77	8.70
		回水末端断面位置		29号以上210m	29号以上210m	29号以上210m
		末端断面淤后水位	m	1253.71	1253.71	1253.71
		回水终点位置		36号以上80m	29号以上287m	29号以上210m
3	$P=2\%$	回水长度	km	10.67	8.67	8.59
		回水末端断面位置		29号以上105m	29号以上105m	29号以上105m
		末端断面淤后水位	m	1254.60	1254.60	1254.60
		回水终点位置		36号以上160m	29号以上183m	29号以上105m

2. 实物指标及安置人口

大渡河某水电站库尾只涉及林地、内陆滩涂、河流水面，不涉及耕地、园地、居民点、公路等对象。对三种回水末端设计终点位置确定方式，水库淹没区实物指标和安置人口无差异。

岷江某航电枢纽工程三种回水末端设计终点位置确定方式，水库淹没区实物指标和安置人口的差异主要体现在对库尾指标的影响上。

（1）LS城区、LS大佛。

1）LS城区。LS城区肖公咀防护堤位于15号断面，堤顶为362.80m（图2.3－1），滨江路高程约为363.50m。根据水库回水计算成果，非汛期时该断面的天然水位为358.78m，50年一遇洪水水位为360.00m；汛期时该断面的天然水位为366.80m，50年一遇洪水水位为366.88m。

图 2.3-1　LS 城区肖公咀防护堤段照片

2）LS 大佛。LS 大佛位于 14 号断面，大佛脚底平台高程为 361.18m（图 2.3-2），该航电枢纽工程正常蓄水位（358m）低于大佛脚底平台约 3.18m。根据水库回水计算成果，非汛期时该断面的天然水位为 358.65m，100 年一遇洪水水位为 359.94m，分别低于大佛脚底平台约 2.53m 和 1.24m；汛期时该断面的天然水位为 367.57m，100 年一遇洪水水位为 367.71m。

图 2.3-2　LS 大佛

该航电枢纽工程汛期时通过敞泄冲沙，使 LS 城区（部分区域）及 LS 大佛断面水位与常年洪水位相当，汛期不会对上述对象产生影响；非汛期时，按"水平延伸至与天然河道多年平均流量水面线相交处"的方式，LS城区（部分区域）及大佛需纳入水库淹没区；而"垂直斩断"和"水平延伸至同频率洪水天然水面线"的处理方式，水库设计终点位于大佛和城区下游，淹没区将不涉及城区、大佛。岷江某航电枢纽工程50年一遇、100年一遇洪水淹没调查水位详见表2.3－3和表2.3－4。

表2.3－3　　　　　岷江某航电枢纽工程50年一遇洪水淹没调查水位表

断面编号	距坝里程/km	主要位置	非汛期		采用水位/m		
			天然水位/m	回水水位/m	水平延伸至与天然河道多年平均流量水面线	水平延伸至同频率洪水天然水面线	垂直斩断
1	0	下坝址	346.97	358.00	359.58	359.58	359.58
…	…	…	…	…	…	…	…
13	10.941	乌尤寺水尺	357.88	359.38	365.50	365.50	365.50
14	11.727	乐山大佛	358.42	359.72	365.50	359.72	359.72
15	12.272	肖公咀	358.78	360.00	365.50	360.00	360.00
…	…	…	…	…	…	…	…

表2.3－4　　　　　岷江某航电枢纽工程100年一遇洪水淹没调查水位表

断面编号	距坝里程/km	主要位置	非汛期		采用水位/m		
			天然水位/m	回水水位/m	水平延伸至与天然河道多年平均流量水面线	水平延伸至同频率洪水天然水面线	垂直斩断
1	0	下坝址	347.15	358.00	360.26	360.26	360.26
…	…	…	…	…	…	…	…
13	10.941	乌尤寺水尺	358.06	359.53	366.79	366.79	366.79
14	11.727	乐山大佛	358.65	359.94	366.79	359.94	359.94
15	12.272	肖公咀	358.99	360.19	366.79	360.19	360.19
…	…	…	…	…	…	…	…

（2）人口、耕地、房屋。

1）D村。位于14号断面至16号断面，分布高程为360.80～363.40m，人口1750人。按"水平延伸至与天然河道多年平均流量水面线相交处"的方式，D村人口房屋需纳入水库淹没区；而"垂直斩断"和"水平延伸至同频率洪水天然水面线"的处理方式，水库设计终点位于D村下游，淹没区将不涉及D村。

2）J村、H村。位于11号断面至14号断面，分布高程为357.90～363.60m，人口4134人，耕地215hm²。按"水平延伸至与天然河道多年平均流量水面线相交处"的方式，J村、H村人口房屋、耕地需纳入水库淹没区；而"垂直斩断"和"水平延伸至同频率洪水天然水面线"的处理方式，12号断面上游327m、113m以上的人口、房屋及11号断面上游552m、290m以上耕地可不做淹没处理。

"水平延伸至与天然河道多年平均流量水面线"处理方式较"垂直斩断"和"水平延伸至同频率洪水天然水面线"处理方式，水库淹没人口房屋、耕地及专业项目将大量增加，分别增加搬迁安置人口1985人、1763人，耕地180hm²、167hm²，房屋约10.0万

m², 9.1 万 m², 以及 LS 城区（部分区域）、LS 大佛。而"垂直斩断"处理方式较"水平延伸至同频率洪水天然水面线"处理方式淹没量差异不大（搬迁安置人口 222 人、耕地 13hm²、房屋约 0.9 万 m²）。主要实物指标及安置人口详见表 2.3-5。

表 2.3-5　　　　　　三种设计终点位置处理方式主要实物指标及安置人口表

序号	项目	单位	① 水平延伸至与天然河道多年平均流量水面线	② 水平延伸至同频率洪水天然水面线	③ 垂直斩断	①-③	①-②	②-③
1	人口		12852	11102	10892	1960	1750	210
1.1	农业人口	人	12246	11657	11467	779	589	190
1.2	非农业人口	人	606	445	425	181	161	20
2	耕地	hm²	582	415	402	180	167	13
3	农村房屋	万 m²	66.2	57.1	56.2	10.0	9.1	0.9
4	企事业单位	家	4	4	4			
5	LS 城区		1			1	1	
6	LS 大佛		1			1	1	
7	安置人口							
7.1	生产安置人口	人	10220	7311	7067	3153	2909	244
7.2	搬迁安置人口	人	12949	11186	10964	1985	1763	222

从某航电工程案例可以看出，对库尾存在重要敏感对象的平原型水库，从水库运行安全、保障人民生命财产、保护重要专业项目（如国家级文物）角度，"水平延伸至与天然河道多年平均流量水面线"处理方式更合理。

"07 规范"从安全角度考虑，水库回水末端的终点位置确定采取水平延伸方法，明确新增了"水库回水末端断面"和"设计终点"的概念，强调了水库回水末端断面定位的唯一性。"07 规范"相对于"96 规范"，水库回水末端的终点位置确定的方法更趋于安全，可以减少电站运行期风险，同时明确了回水曲线和同频率洪水天然水面线的差值为 0.3m，设计人员计算时操作性更强。根据目前工程实践看，对库尾存在重要对象的，采取"水平延伸至与天然河道多年平均流量水面线相交处"处理是合适的；对库尾无重要对象的，不管是采取"水平延伸处理"还是"垂直斩断"处理，基本不增加淹没对象，对建设征地实物指标基本无影响。因此，不同类型水库应探讨结合库尾淹没对象对水库末端终点位置采用不同方式处理的可能性和合理性。

2.3.2.2　移民迁、复建项目用地的处理

在移民工作开展过程中，移民工作实践和经验不断增加。水电站建设过程中，除了水库淹没影响区、枢纽工程建设区用地范围需要处理，城镇、等级公路等移民迁、复建项目用地也需要处理。城镇迁建建设用地成片、集中，等级公路复建建设用地一般紧邻库区，涉及范围大，上述两范围用地均与水电站建设相关，如用地范围内的土地补偿标准、地上附着物补偿标准、人口安置标准、人口安置方式等与水库淹没影响区、枢纽工程建设区不一致极易引起用地范围涉及人群的攀比，不利于移民工作的开展和推进，造成不稳定

因素。

考虑以人为本、有利工作实施，"07规范"考虑了移民安置迁、复建项目用地处理问题，规定"水电工程建设征地处理范围包括水库淹没影响区和枢纽工程建设区。移民安置迁建、复建项目用地的范围执行国家和有关省级人民政府以及相关行业标准的规定"。

2.3.3 展望

2.3.3.1 施工期设计洪水标准的合理拟订

从"84规范""96规范"和"07规范"来看，"84规范"和"96规范"仅对水电工程汛期和非汛期设计洪水计算提出要求；"07规范"增加了分期蓄水和施工期设计洪水计算的要求，体现了规范的进步，但"07规范"未对分期蓄水和施工期淹没处理设计洪水标准的确定作出单独规定，因此在确定分期蓄水和施工期淹没处理设计洪水标准时仍然按照"07规范"规定的"所列设计洪水重现期的上限标准选取"来考虑，建议下一步规范修订时研究分期蓄水和施工期淹没处理设计洪水标准适当降低。下面以金沙江某水电站为案例进行说明。

根据国家有关规程规范，业主单位以《关于某水电站围堰截流水位以下影响移民搬迁安置有关问题的复函》（移函〔2007〕27号）明确：围堰戗堤273m高程为大江截流（2008年12月）前移民工作的控制水位，围堰20年一遇洪水回水高程作为截流后度汛（2009年6月前）的人口控制水位，5年一遇洪水回水高程作为截流后度汛的耕地、园地控制水位。考虑到5年一遇围堰水位影响线下的林地等土地都属于380m方案库区征用土地，因此，为有利于工作，在实物指标成果的统计中对围堰水位淹没影响土地均采用5年一遇洪水回水标准进行处理。

10年一遇设计洪水水位以下，该水电站涉及人口13073人、房屋53.6万m^2；10年一遇设计洪水水位和20年一遇设计洪水水位之间，该电站涉及人口7432人、房屋34.6万m^2。如果按照规范要求将20年一遇设计洪水水位以下移民全部搬迁，会因为搬迁工作量大，安置工作无法及时完成，不能满足国家对工程建设进度的要求，大量移民只能过渡生活，对移民和当地社会都不利。因此经多方认真研究，考虑按10年一遇设计洪水水位以下移民纳入过渡搬迁处理，计列特殊措施费；10年一遇设计洪水水位和20年一遇设计洪水水位之间的移民在报告中考虑采用应急预案处理，计列应急预案费用，如发生20年一遇洪水，再进行应急搬迁。这种降低施工期淹没处理设计洪水标准处理方式，较好地解决了移民人身安全和节约工程投资的问题。某水电站二期导流、二期围堰回水成果见表2.3-6。

表2.3-6　　　　　　　　某水电站二期导流、二期围堰回水成果表

洪水流量		$Q=21800m^3/s$（$P=20\%$）		$Q=28200m^3/s$（$P=5\%$）	
断面编号	距坝里程/km	天然水位/m	二期围堰/m	天然水位/m	二期围堰/m
1	0	285.24	295.96	288.74	301.01
2	2.7	285.66	295.97	288.97	301.07
3	6	288.95	296.87	292.39	301.91

续表

洪水流量		$Q=21800\mathrm{m}^3/\mathrm{s}$（$P=20\%$）		$Q=28200\mathrm{m}^3/\mathrm{s}$（$P=5\%$）	
断面编号	距坝里程/km	天然水位/m	二期围堰/m	天然水位/m	二期围堰/m
4	13.27	291.78	297.91	295.23	302.91
5	21.57	294.60	299.20	298.11	304.09
6	28.82	296.92	300.53	300.58	305.38
7	33.47	300.98	303.36	304.95	308.22
8	40.46	306.08	307.41	310.49	312.39
9	42.39	308.31	309.35	312.77	314.29
10	47.91	311.38	312.08	315.75	316.89
11	53.79	313.91	314.42	318.34	319.25
12	57.8	316.03	316.42	320.41	321.14
13	61.49	317.12	317.45	321.38	322.02
14	64.31	318.44	318.72	322.69	323.26
15	68.09	321.23	321.41	325.31	325.72
16	75.86	325.43	325.54	329.83	330.08

2.3.3.2　临时淹没土地利用

"84 规范"和"96 规范"规定，水库淹没区分为经常淹没区和临时淹没区，一般以正常蓄水位以下地区为经常淹没区，正常蓄水位以上受水库洪水回水、船行波和风浪、冰寒壅水等淹没的地区为临时淹没区。

"07 规范"规定，水库淹没区包括水库正常蓄水位以下的区域，水库正常蓄水位以上受水库洪水回水、风浪和船行波、冰塞壅水等临时淹没的区域，按上述区域的外包线确定。"07 规范"从保证安全的角度考虑，明确水库淹没区不论经常淹没区还是临时淹没区，均作为建设征地处理范围，不再区分经常淹没区和临时淹没区。临时淹没区涉及的对象较多，耕地、园地、城镇、居民点、专业项目等，对所有对象采取一刀切的方式处理值得探讨。城镇、居民点、专业项目涉及人、建筑，关系到生命财产安全，对临时淹没区的对象进行处理是合适的。耕地、园地、部分专业项目本身承受淹没的能力较强，部分水库汛期历时短，对耕地、园地、部分专业项目影响较小，上述项目纳入建设征地处理范围值得商榷。下面以嘉陵江某航电工程为案例进行介绍。

嘉陵江某航电工程初步设计阶段（2005 年）耕地、园地淹没处理设计洪水标准采用 2 年一遇，水库淹没区涉及耕地 $1604\mathrm{hm}^2$（其中正常蓄水位以下 $602\mathrm{hm}^2$，正常蓄水位以上 $1002\mathrm{hm}^2$）。为做到依法征地，兼顾国家、集体和移民个人及公司的利益，经业主单位与 B 区、H 市等地方政府协商，对临时淹没区的耕地均给予一次性补偿，不征收该部分土地，不考虑移民安置，补偿标准为 19500 元/hm^2。实施阶段结合 471 号移民条例要求，对临时淹没区的耕地均给予一次性补偿，不征收该部分土地，不考虑移民安置，按永久淹没区补偿单价的 50% 补偿，补偿单价为 H 区 156006 元/hm^2、T 县 153000 元/hm^2。采用该方法既减少了移民投资，降低了移民安置难度，同时，耕地承包人也得到一定补偿，也可根据实际情况对该部分耕地继续耕种，其接受程度较高；另外，从合理利用耕地资源、节约用地角度，该方法也取得较好的效果。因此，建议临时淹没区的耕地是否征收、如何补偿和处理在规范修编中进行研究。

2.3.3.3 水库影响界定

随着大量水电工程的建设，水库影响区范围界定工作经验的积累，规程规范关于水库影响区范围界定条件及技术要求也在不断地细化和完善。"84规范"正式提出了水库浸没、塌岸、滑坡、库周影响区概念，明确水电工程建设过程中对可能发生水库塌岸、滑坡的重要地段，应查明其工程地质及水文地质条件，在考虑库水位涨落规律的基础上，预测初期和最终的塌岸范围及研究应否采取处理措施。"96规范"在"84规范"基础上，补充将水库蓄水致使库周岩溶洼地出现库水倒灌、滞洪而造成影响区域和引水式电站形成的脱水影响地段作为水库影响区；同时，明确对可能发生塌岸、滑坡的重要地段，应查明其工程地质及水文地质条件，在考虑水位涨落规律的基础上，预测初期（5～10年）和最终可能达到的塌滑范围，研究应采取措施。与"84规范"比较，"96规范"涵盖水库影响区类型更加全面、合理，对影响区初期和终期预测时限也进行了规定。但"96规范"执行过程中，随着工程的建成运行，发现部分纳入水库影响区处理的对象实际受水库蓄水影响较小，对影响区涉及对象全面进行处理在一定程度上造成了库周资源的浪费。"07规范"在"96规范"基础上，进一步细化了水库影响区范围界定方法，要求根据影响区危害性及影响对象的重要性，将水库影响区划分为影响处理区和影响待观区分类处理，结合影响区地面实物受影响程度，按人口、土地和其他影响对象等类别分别划定影响区范围。与"96规范"相比，"07规范"对水库影响区界定标准、条件进行了细化完善，减少了影响区界定过程中的争议，便于更加科学、经济、合理地确定影响区不同对象处理方式和处理范围，符合安全、经济、节约用地、少占耕地的原则，以及合理利用资源、节省工程投资的理念。

根据目前已建水电工程水库影响区界定处理工作经验，水库蓄水运行过程中待观区受水库蓄水影响程度小，且大部分工程水库影响待观区范围界定后，基本未明确待观区处理措施、处理费用来源、待观时限、退出机制等问题。工作过程中，地方人民政府、项目业主等参建单位普遍提出待观区处理存在地方政府管理困难，居民建房、改土等活动不便发展受限，建设单位巡视、监测费用高、处理难度大等问题。同时，水库下闸蓄水后，随着库水位的升降，库岸水文地质条件变化，部分变形失稳区域超出了原界定的影响区范围，新增了部分滑坡、塌岸等影响区。为确保库周居民生命财产安全，需结合库岸变形情况对新增影响区范围进行复核界定。工作过程中，部分项目从安全角度考虑，结合库岸地质条件对新增影响区范围进行了预测，界定范围超出了库岸实际垮塌变形范围。但项目业主从节约投资角度考虑，提出不应对蓄水后新增影响区范围进行预测，只需对实际受蓄水影响范围据实进行处理。截至目前，参建各方对上述问题处理仍存在不同意见。

结合前期已建工程经验教训，建议不再划分水库影响待观区。水库影响区范围界定工作过程中，将水库地质影响区域确定为房屋、重要设施的限制建设区，对水库地质影响区域的不同对象，分别按该对象的重要性和受危害程度分析确定相应对象的处理区域。同时，水库蓄水运行过程中，建议不再对新增影响区范围进行预测，原则上以蓄水后实际垮塌变形区域作为影响区处理范围，以适应库区社会、经济的发展。

第 3 章

实物指标调查

中华人民共和国成立以来，随着经济社会的发展，为满足能源的需求建设了大量的水电工程。由于水电工程的特点，其建设需要占用集中成片大量的土地资源来换取水能资源。土地资源的占用将不可避免影响范围内的自然资源现有可利用性功能和以人为基本要素构成的经济社会系统功能。按照我国的法律规定，对水电工程建设占用的资源需要给予补偿；对影响的经济社会系统需要进行恢复，即进行移民安置。为满足补偿和移民安置的需要，首先要查清建设征地影响对象、数量质量等指标，也就是所谓的实物指标调查。实物指标调查就是查清建设征地影响的实物指标，并进行确认、统计汇总的全过程行为。

实物是物质的基本形态，在水电工程建设征地中，实物是指建设征地影响的事物，是既可以触摸和感知，同时也可以计量和统计的有形实体，主要包括土地、林木、矿产等自然资源和构成经济社会系统核心的人，以及满足人的生产生活需求的房屋和附属建筑物、构筑物、交通设施、水利设施、通信设施、电力设施。指标是指描述和衡量实物对象特征属性的方法和标准，指标的体现形式是多方面的，主要有权属（如土地的国有、集体，房屋的集体、私有等）、结构（如房屋结构分为框架、砖混、土木、木结构等）、等级（如公路等级分为高速、一～四级公路，输电线路等级分为 35kV、10kV 等）、规格（如电缆的芯数）、区域（如按用地性质分为永久征地、临时占地；按用地区域分为水库淹没区、水库影响区、枢纽工程建设区）等。在水电工程建设征地中，指标是实物本质属性的体现，用以描述实物的规模、数量、质量、权属和其他属性统称的一组要素。实物指标就是实物对象及描述实物对象各特征属性的各要素组合，是指建设征地范围内的人口、土地、建（构）筑物及其附属设施、矿产资源、文物古迹、具有社会人文性和民族习俗性的建筑物、场所等各类实物对象与体现其数量、质量、权属和其他属性等指标的统称。

纵观我国工程建设征地和水电工程移民安置工作的不同历史阶段，为了促进工程建设的顺利进行，切实维护被征地群众的切身利益，实物指标调查历来都扮演着非常重要的角色，是水电工程建设征地工作的基础和开端。早在"84规范"中就要求查明淹没对象的实物数据，以便于研究水库淹没对地区国民经济的影响。时至今日，随着社会经济的发展，法治意识的提高，尤其是随着物权法的颁布，国家明确了"物的归属""权利人对物享有的权利"以及对物权的保护，实物指标调查工作也被赋予了新的内涵。

实物指标调查成果是水电工程规模论证的依据。在水电工程中，影响工程规模的因素很多，包括经济、政治、宗教、文化等各方面的因素，因此，工程规模的论证是多方面、多层次的，需要通过技术经济分析综合论证。如果水电工程涉及大面积的耕地或重要的厂矿、城镇，或者涉及宗教、自然保护区等特殊对象，正常蓄水位的选择与移民的数量关系紧密，工程规模论证就需要根据建设征地区的特点进行充分分析，结合实物指标的处理难易程度来综合权衡和比较，实物指标调查成果也将成为工程规模大小的主要决定因素之一。因此，水电工程建设征地实物指标调查中，查清建设征地范围内的重要敏感对象对工程规模的论证起着至关重要的作用。

实物指标调查成果是编制移民安置规划的基础依据。水电工程建设征地移民安置规模、移民安置方案、搬迁安置及生产安置标准需要根据建设征地区的社会经济状况以及实物指标调查成果资料来进行综合确定，要根据实物指标的特点、数量、分布情况进行具体的分析研究，并结合移民安置的实际情况提出移民安置任务处理的措施或方案。

实物指标调查成果是计算建设征地费用及兑付补偿费用的依据。水电工程建设征地移民安置补偿费用通常情况下包括土地补偿补助、搬迁补助、移民个人财产补偿补助等，其补偿补助费用计算的数量通常就是通过调查并经确认的实物指标成果为基础确定。此外，水电工程建设征地影响的国有资产、集体财产、个人财产损失的补偿补助是建设征地移民安置重要工作之一，而经确认的实物指标成果则是移民补偿补助兑付的凭证。

实物指标调查成果是移民权益维护的依据。水电工程建设征地实物指标调查结果是在权属人参与并签字确认下，通过公示和有关部门认定的成果，客观公正地反映了水电工程建设征地对移民的影响情况，为后期移民个人财产补偿兑付奠定了坚实的基础，有效地维护了移民的合法权益；此外，实物指标调查成果资料作为档案材料保存，使得移民合法权益维护具有可追溯性。

3.1　工作内容、方法及流程

根据水电工程各工作阶段目的的不同，实物指标的调查工作要求也有所不同。在预可行性研究阶段，主要是为论证工程建设规模和工程建设的经济合理性、技术可行性提供依据，实物指标调查工作只要求调查主要实物指标，并提出水库淹没控制高程建议，实物指标通过典型、抽样调查类比分析得到，以满足拟定移民安置主要任务、规模及估算补偿费用的要求。可行性研究阶段的实物指标调查是移民安置规划的重要内容，该阶段的实物指标调查成果是确定移民安置任务和规模，编制补偿费用概算的基础依据，是移民安置补偿兑付的基本依据，为此，需要全面准确调查实物指标。随着我国经济社会的发展和进步，人们的权益保护意识提高，作为水电工程重要组成部分的建设征地移民安置工作，越来越受到重视，作为建设征地移民安置基础的实物指标调查技术标准日趋成熟，工作方法和程序逐步规范。通常情况下，实物指标调查工作有广义的和狭义之分。广义的实物指标调查工作包含从实物指标调查前的策划到现场的调查，再到调查成果整理的全过程，狭义的实物指标调查主要指针对具体实物对象的调查。本书根据"07规范"和《水电工程建设征地实物指标调查规范》（DL/T 5377—2007），涉及的工作内容范围从广义的实物指标调查进行阐述。同时，由于不同阶段的实物指标调查的目的不一样，调查的要求也不一致，本书以可行性研究阶段的调查工作为主进行阐述，总结实物指标调查的实践经验和创新成果，将实物指标调查内容归纳为基础资料收集、调查范围的确定、调查工作组织、现场调查、公示确认、成果整理等6个方面。

3.1.1 基础资料收集

水电工程建设征地移民安置实物指标调查工作是移民安置工作的基础，实物指标调查工作的准确程度对后续的移民安置规划和移民安置补偿兑付实施工作产生较大影响。为了做好实物指标调查工作，需要对一些基础资料进行收集，并进行整理、分析、提炼，为现场调查工作提供依据。基础资料分为基本技术资料和基本情况资料。

基本技术资料主要是指设计单位开展实物指标调查时用于实物指标调查的支撑性技术成果资料，主要包括：与项目法人签订的勘测委托文件、合同，前期阶段设计工作成果及审查意见，调查范围内相关测量成果（地类地形图、影像等），建设用地范围界定成果（包括淹没洪水回水成果，水库淹没影响区浸没、坍岸、滑坡地质评价成果）。基本技术资料的收集有助于对工程情况的了解，比如收集与项目法人签订的勘测设计任务书或委托文件、合同，可以明确该工程规划设计的总体进度，便于筹划和部署移民安置实物指标调查工作；通过前阶段设计成果及审查意见查阅可以了解项目涉及主要实物对象调查工作内容和工作量；相关测量成果是开展现场调查的依据，通过相关测量成果在现场辨识调查界限（包括淹没范围界限、行政界限等）、现场标识地类等；建设征地范围界定成果是为测设建设征地处理范围界桩，拟定实物指标调查范围提供依据。

基本情况资料是建设征地区已有的一些统计报表及相关资料，包括建设征地区人口、文化程度、民族构成、宗教信仰、风俗习惯、劳力及其就业情况，自然资源及开发利用情况，工农业生产情况（产值、产业结构等），基础设施建设及规划情况，居民经济收入、人口增长率、人民群众的收入水平、工农业生产发展等国民经济和社会发展规划等资料。基本情况资料是指工程建设征地区的自然、经济社会资料及土地利用现状资料等，收集基本资料有利于充分了解建设征地区的实际状况，便于进行实物指标调查策划和开展现场调查工作，同时部分资料也是移民安置规划设计的依据，比如收集建设征地区已有的统计报表及相关资料（农业经济报表、土地利用规划、农调队调查报告、统计年鉴、人口调查报告、社会经济发展统计报告等），通过对资料的查阅、分析，可以提炼出建设征地区农业种植结构、产量、产值以及总土地面积、人口结构、人口自然增长率、当地群众收入结构等信息，有利于分析水库淹没对当地社会经济的影响程度，有利于移民安置规划土地补偿单价分析确定和移民安置规划设计；收集民族构成、宗教信仰、风俗习惯等资料，有利于了解当地的民风民俗、风俗习惯，有利于在实物指标调查中避免触犯一些禁忌导致影响实物指标调查的进程和质量，有利于在移民安置规划中考虑其民族特点等；收集如交通设施、水利设施等基础资料，有利于分析水库淹没对其影响程度，方便复建规划设计。

为了便于指导开展现场实物指标调查工作，在收集基础资料的基础上，经过对资料的分析和提炼，结合建设征地区的社会经济状况及移民安置工作的要求，制定实物指标调查细则，更切合实际的拟定调查时间安排、人员安排及应对措施等，以利于实物指标调查工作的顺利推进。

3.1.2　调查范围的确定

实物指标调查范围的确定就是明确实物指标调查的边界，实物指标调查边界的确定能避免跨界调查和界内实物指标漏记，是实物指标现场调查工作的基础和前提，更是整个实物指标调查工作中的一项关键内容。同时，实物指标调查范围的确定有助于宏观的掌握现场调查项目类别和工作量，为进一步安排实物指标调查的工作时间和资源分配打下基础。

实物指标调查范围是在确定水电工程建设征地范围的基础上，考虑移民安置规划和移民补偿兑付等影响因素，结合实际工作需要，综合分析确定。通俗地讲，实物指标调查范围包括建设征地范围和因受建设征地影响扩迁范围两部分。

建设征地范围现场以测设的界桩作为识别。影响扩迁范围与移民安置密切相关，是一个宏观的不确定的概念，不是真正意义上的地域范围，是针对需扩迁的人口和因人口扩迁需要进行处理的房屋、附属建筑物、零星树木等对象。在实际工作中，实物指标调查对象的范围，要根据移民安置去向、方式、社会环境、习俗、经济性、合理性等综合分析确定，范围的确定是一个动态的过程，贯穿于移民安置方案的拟定过程中。其工作方法和流程如下：

（1）持图纸、卫片等资料，现场查看征地临时界桩，确定建设征地范围。

（2）根据后续章节关键技术中实物指标对象识别的方法，识别建设征地范围中的土地、房屋、建（构）筑物、专业项目等。

（3）针对识别对象，分析临时界桩范围外该对象的影响因素和影响程度，结合移民安置规划需求和补偿兑付的目的确定临时界桩范围外项目的调查范围，即为实物指标调查范围，也就是实物指标调查的边界。

3.1.3　调查工作组织

水电工程建设征地实物指标调查内容涉及面广，内容复杂，涉及利益方多，有补偿方、损失权益方，有行政管理方，也有监督方，为了确保实物指标调查工作的顺利开展和推进，在实物指标调查时各方要共同参与。水电工程建设征地实物指标调查工作不只是一项技术工作，还是一种社会工作，需要多个部门、多个专业的参与和配合，比如有按行业管理要求进行确认和审核的林业、国土、水务、交通、电力、通信等部门参与；有水电工程项目法人代表人员参加；有代表地方（乡、县、市）人民政府人员参加。为了保证调查的法律效力和调查的准确性，在实物指标调查前需要下达停建通告、编制和确认实物指标调查细则、成立联合调查组（明确分工、职责）、进行实物指标调查培训等。

1. 下达停建通告

为了确保建设征地区实物指标调查的准确性，在开展实物指标调查前，授权的地方人民政府先发布停建通告，也称"停建令"或"封库令"，禁止在工程占地和淹没区新增建设项目和迁入人口。地方人民政府以行政的手段明确停建时间和工程建设征地范围，有些省区还规定了停建通告的有效时间。停建通告的发布有效性可以避免在实物指标调查范围内发生新建、扩建项目以及人口迁入等，确保实物指标调查及补偿公正、公平，减少矛盾。

2. 实物指标调查细则编制和确认

在水电工程可行性研究报告阶段的实物指标调查前，需先编制实物指标调查细则，明确实物指标调查内容、方法、技术要求、组织形式等。为使实物指标调查细则作为依据性文件，指导实物指标调查，调查内容方法等技术要求，实物指标调查细则需要经过相关部门进行确认，如技术审查、行政审批等。

3. 成立联合调查组

根据现行的法规政策规定，省级人民政府对水电工程实物指标调查工作作出安排，调查工作由项目法人会同工程建设涉及的地方人民政府组织实施。具体的组织形式一般为：省级移民管理机构（或州市移民管理机构）进行协调和指导，县（区、市）级人民政府安排相关职能部门人员（包括移民、国土、林业、水利、交通、电力、广电、公安、农业等部门）和涉及乡（镇）人民政府，与州（市）移民管理机构、水电工程项目法人、主体设计单位组成联合调查组，共同开展实物指标调查工作。部分跨省级行政区或涉及州市比较多的大型水电项目，还需结合实际情况，在联合调查组之上成立协调领导小组，负责解决实物指标调查中的关于实物指标调查内容、调查标准、方法、程序等重大问题和实物指标联合调查组提出的有关其他问题。

为了统一实物指标调查内容和方法，在实物指标调查工作中，具体调查的技术工作由规划设计单位进行负责。规划设计单位按照实际工作需求制订有关调查表格，提出调查工作的资料收集要求，会同建设征地涉及区的地方人民政府和项目法人共同开展现场调查工作，并负责调查成果的整理、计算和汇总工作。

水电工程建设征地所涉及的实物指标种类繁多，涉及管理部门和管理权属均不相同，为了合理准确的确定实物指标，地方人民政府组织安排有关职能部门和乡镇人民政府参与调查工作，负责与调查工作有关的宣传和动员工作。同时，为了维护移民的合法权益，避免后续移民补偿兑付出现的矛盾，地方人民政府在实物指标调查过程中做好实物指标合法性的界定和有关争议的处理，并负责组织移民与有关各方对调查成果的现场签字、张榜公示、复核确认，对实物指标调查成果签署意见。

由于水电工程建设征地所涉及的县（区）、乡（镇）及村组较多，在实际工作中，为了加快实物指标调查工作进度，会按照不同的区域和项目类型进行分组调查。

4. 实物指标调查培训

实物指标联合调查组由多个部门的不同人员组成，参加现场调查人员对移民政策理解和对实物指标调查的认识程度不一，因此，在开展实物指标调查前，需要召开实物指标调查培训，对参与调查的人员进行集中培训，便于统一实物指标调查的技术标准、方法和要求，确保调查工作顺利开展。

3.1.4 现场调查

为了便于项目的统计，将关联性较大的对象进行归类，如农业、林业、牧业、渔业等主要集中在农村，给水排污、轨道交通、商业区等主要集中在城市集镇中，而水利项目、交通项目、电力设施等调查具有较强的专业性，同时为了满足水电工程建设征地移民安置规划及补偿兑付的需要，实物指标现场调查通常情况下分为农村、城市集镇、专业项目等归类调查。

3.1.4.1　农村调查

农村调查包括从事农业为主的村民委、农村集体经济组织，城市集镇郊区农村以及分散在城市集镇外的个体工商户等。农村调查项目包括搬迁人口、房屋及附属建筑物、土地、零星树木、农村小型专项设施和农副业设施、个体工商户、文化、教育、卫生及宗教设施等。

1. 搬迁人口调查

搬迁人口是指因建设征地需要改变居住地的常住人口，按征地影响情况分为居民迁移线内人口和居民迁移线外人口。居民迁移线内人口以建设征地范围界限为依据调查统计。居民迁移线外搬迁人口需根据移民安置规划方案确定的随迁对象进行调查统计。搬迁人口计列的标准范围为迁出地有户籍并且要有住所，以及该户在户籍人口中非在册的实际人口（如超计划出生的人口）；因服兵役、外出就学、务工、劳教劳改等原因户口临时转出的义务兵、大中专学生、合同工、劳教劳改人员。

（1）调查内容。搬迁人口调查内容分为按户调查和家庭成员调查。按户调查的内容包括行政区、所处征地区域、房屋分布高程、住址、户口所在地、户主、家庭人口等；其中有所属行政区域，县（区）、乡（镇）、村（居）委会、村民小组等，所属征地区域包括淹没区、影响区、枢纽工程建设区等。家庭成员调查的内容，包括姓名、身份证号码（无身份证号码的登记其出生年月）、性别、民族、与户主关系、户籍类型（农业、非农业）、户口类型（家庭户、集体户）、文化程度、现从事职业等。

（2）调查方法。人口调查由调查工作组现场查验被调查者的有关证件（户口本、身份证、房屋产权证、土地承包册、结婚证，以及符合搬迁人口登记规定的相关证明等），按照统一表格，逐人登记、逐户填表入册。依据主要住房位置登记人口所在的行政区域、所属区域、居住高程（所居住主房正厅地面高程）、门牌号；依据有关证件的登记其户口所在地、户主及家庭成员的姓名、身份证号码、性别、民族、与户主关系、户籍类型、户口类型等；依据有关证明调查其户籍不在册原因；依据土地承包证调查有无承包地；通过询问登记人口的文化程度、现从事职业等。为了避免后续移民搬迁时关于搬迁人口方面的争议，必要时可现场拍摄相应证件资料。调查表经逐户调查填写后，由户主、单位负责人或其代表，以及调查者共同签字（盖章）认可。

（3）调查成果。调查完成后，经计算汇总，提出建设征地居民迁移线内和线外扩迁的各集体经济组织搬迁人口分户调查表，各集体经济组织单位分户及逐级人口数量汇总表。

2. 房屋及附属建筑物调查

（1）调查内容。房屋调查的内容包括房屋类型、面积、权属情况、所处区域。房屋的类型以结构进行划分，分为框架、砖混、砖木、木结构等，同时按用途性质进行划分，包括：住房、杂房、生产性用房等，房屋面积一般以建筑面积进行计量，权属情况主要包括户主姓名、家庭人口数等。

附属建筑物按用途进行归类，主要包括炉灶、晒场（地坪）、晒台、厕（粪）坑、围墙、门楼、生活水池（水井、水管）、水柜、地窖、沼气池、坟墓等，同时调查各项目的结构类型。

（2）调查方法。房屋及附属建筑物调查一般由调查工作组入户进行调查，以户为单位进行实地丈量。调查人员要实地判定房屋用途和结构类型，逐户、逐幢现场丈量统计，做好丈量记录，标注尺寸，现场填写分户调查表，面积以平方米（m²）作为计量单位，丈量数据精确到小数点后两位，其后小数四舍五入，必要时现场拍摄各类房屋的正立面、与户主的合影等影像资料。房屋装修调查，可按照地方人民政府的有关规定，结合实际情况进行调查，一般分不同等级进行统计。宅基地面积根据房屋产权证或土地使用权证逐户统计，房屋产权证或土地使用权证与现状不符的或无相关证件的，实地进行调查登记。

调查中对房屋底层地面高程低于搬迁线的纳入淹没区范围；对房屋底层地面高程高于搬迁线的，但其房屋基础受淹，造成安全隐患的，进行调查登记；对吊脚在居民迁移线以下的吊脚楼，水库蓄水后可能影响其房屋结构安全的，进行调查。位于建设征地居民迁移线以外因移民搬迁后难以管护和使用的房屋及附属建筑，在落实移民搬迁对象后，逐户调查；对已获县级以上国土及建设主管部门批复手续、有设计图纸，"封库令"生效时正在兴建的房屋，按设计建筑面积调查登记，未办理相关手续和无设计图纸的按已建现状面积登记；对混合结构和不完整房，调查登记时在备注栏中进行说明；附属建筑物的调查要结合不同地区的规定及补偿兑付的需要进行分类调查。调查表经逐项调查填写后，由户主或其代表、调查者签字（盖章）认可。

（3）调查成果。调查完成后，经计算汇总，提出房屋、附属建筑物调查记录表和分户、逐级汇总表。

3. 土地调查

（1）调查内容。土地调查的内容包括土地类别、面积、权属和行政权属。土地类别按国家标准《土地利用现状分类》（GB/T 21010—2017），分为12个一级类。同时，按林种的性质将森林类别进一步分归为生态公益林和商品林，按耕地的性质区分为基本农田和非基本农田。土地外业调查内容为按地类地形图现场核实确认划分的地类界线、行政界线，逐地块登记土地权属，登记退耕还林地；根据地类地形图，由计算机软件或人工逐图斑量算的土地面积，分区域（水库淹没区、枢纽工程建设区、水库影响区等）、行政区划、权属、地类等汇总土地面积。

（2）调查方法。调查时，综合运用遥感解译技术、地理信息技术、实地调查统计、电子测量计算等手段进行土地调查，调查单位为最低级别权属单位。权属到村民小组的土地，以村民小组为单位进行调查；权属到村民委员会的土地，以村民委员会为单位进行调查；国有土地以管理单位为统计单元分地块进行调查，对于使用权明确的国有土地调查到使用权属单位。

可行性研究阶段土地调查利用实测不小于1∶2000地类地形图、航片，在国土、林业等相关部门参与下，实地调查核实地类界线和行政界线，权属界线调查主要利用国土部门已有的权属调查结果，有误或发生变化的，现场核实确认。调查时，各方指界人应共同到场指界，国有土地使用权的指界人为该国有土地的管理者或使用者，可以是法人代表或其委托代理人；农民集体所有土地由村长、村民小组组长或其委托代理人指界。调查人员根据调查修正的图纸，以集体经济组织或土地使用部门为单位测量计算各类土地面积，经集体经济组织或土地使用部门、村民委员会、乡（镇）人民政府逐级签字（盖章）认可。

1）土地调查时，县级国土和林业主管部门须参与现场调查，当地乡（镇）、村、村民小组派员配合。调查采用持 1：2000 地类地形图，现场逐地块核实权属、地类的方式。

2）实物指标调查工作组在乡镇、村组干部配合下对 1：2000 地类地形图上标绘的乡（镇）、行政村界进行现场核对，并在纸质的地类地形图上补充标绘村民小组的界线。纸质图上乡（镇）、行政村界线标绘与现场有出入时，调查人员应进行现场修正。对各村组之间的插花地，应现场将图斑落实到各组，并在图幅上用文字或村组代码加以说明。当地乡、镇、村组对土地权属界存在争议时，按照争议处理程序进行处理。调查工作组根据现场调查情况，将权属界的调查成果标绘在纸质 1：2000 地类地形图上，形成权属界的调查成果。

3）实物指标调查工作组在乡镇、村组干部配合下对 1：2000 地类地形图上标绘的各地块的土地类别进行现场核对，对图上标绘的土地类别与现场有出入的，调查人员达成一致意见后应进行现场修正。有两种或两种以上用途的土地，只计一种，不重复登记。调查工作组根据现场调查情况，将土地分类的调查成果标绘在纸质 1：2000 地类地形图或土地调查工作手册上，形成土地分类的调查成果。

4）调查工作组根据纸质图上的调查成果，通过辅助的计算机图形量算软件，提出以最小权属单位（村民小组）为单元的分区（水库淹没区、枢纽工程建设区、水库影响区等）、分类（利用现状分类）的调查成果表。

5）将土地调查指标分解到户的，由县（区）人民政府负责，在控制总量不突破的原则下，组织有关乡（镇）、村组将耕地、园地、林地分解到户，并区分承包地、自留地、自开地、集体地等权属。

（3）调查成果。经分析计算统计，提出分集体经济组织或使用者为单位的各类土地面积明细表和逐级汇总表。

4. 零星树木调查

（1）调查内容。零星树木指林地和园地以外零星分散生长的果木树，零星树木调查的内容包括类别、数量和权属等。零星树木的类别按用途分为果树、经济树、用材树、景观树四大类，必要时按树木的品种进行划分，还可进一步分为成树和幼树等。

（2）调查方法。零星树木以户为单位分类逐棵（株、丛、笼）清点并分类登记，已界定为园地和林地的不作为零星树木单独调查登记。对于远迁户在水库周边淹没线以上属于个人所有的零星树木，采取与建设征地处理范围内的零星树木相同的调查方法进行。调查成果由户主、集体经济组织（单位）、调查者签字（盖章）认可。

（3）调查成果。提出分户、集体经济组织（单位）调查记录表，按行政管理要求逐级汇总表。

5. 农村小型专项设施调查

（1）调查内容。农村小型专项设施指乡级以下农村集体（或单位）、个人投资或管护的小型农田水利设施、供水设施、小型水电站、10kV 等级以下的输配电设施、交通设施等。调查内容包括工程名称、权属、建成年月、规模、效益（收益）、结构类型、所在高程、固定资产投资等。

（2）调查方法。向各有关部门收集相关资料，在现场核对高程、规模等主要技术经济指标，并确定受建设征地影响的数量，权属人和调查者签字认可。

（3）调查成果。调查完成后，分析统计提出分项目调查表，分类别、项目逐级汇总表。

6．农副业设施与个人所有文化宗教设施调查

农副业设施调查内容包括水车、水磨、水碓、水碾、石灰窑、砖瓦窑等；应调查其规模、结构、产值、利润、从业人员等。个人所有文化宗教设施包括祠堂、经堂、神堂等。调查表经逐项填写后，权属人和调查者签字认可，提出农副业设施分项调查表、分项目逐级汇总表。

7．个体工商户调查

个体工商户调查内容包括名称、所在地点、规模、占地面积、从业人数、各类房屋及附属建筑物、年产值、年利润、税金总额、月工资总额，从事行业，主要产品种类、年产量、主要设备等情况。调查表经逐项填写后，权属人和调查者签字认可，提出分户调查表，分户、分项目逐级汇总表。

8．其他调查

移民搬迁物资典型调查。选择中等水平农户，进行可搬动物资（生产农具、生活用具、生活物资）数量调查，不便搬运或搬运不经济物资（如易损坏）的数量和价值调查等。其他需要调查的项目，根据各工程的具体情况，可按照当地政府和有关部门的规定进行调查。

3.1.4.2　城市集镇调查

城市是指县级以上（含县级）人民政府驻地的城市和城镇。集镇是指县级政府驻地以下的建制镇、乡级人民政府驻地或经县级人民政府确认由集市发展而成的作为农村一定区域经济文化和生活服务中心的非建制镇。城市集镇范围为城市集镇的建成区。建成区是指该城市集镇行政区内实际已成片开发建设、市政公用设施和公共设施基本具备的地区。城市集镇调查主要内容应包括基本情况、人口、房屋及附属建筑物、用地、零星树木、个体工商户、个人和单位所有的零星树木等。

1．基本情况调查

城市集镇基本情况调查内容包括城市集镇的性质和功能、规模、市政基础设施、公共建筑设施、对外交通、防洪和其他等情况。其中，性质和功能主要是指行政辖区、行政管理机构、城市集镇在区域政治、经济、社会中的地位和作用；规模包括等级、发展规划用地规模（包括近期、远期规划）、建成区用地规模（包括各类用地）、人口规模（包括通勤人口、流动人口）等；市政基础设施包括市区供水、排水及污水处理、道路和公共交通、供电、电信、燃气、热力、广播电视工程、园林绿化、环卫设施等；公共建筑设施包括行政管理设施、文化教育科研设施、医疗卫生设施、文娱体育设施、公益设施、消防设施、抗震设施、防洪设施等；对外交通包括铁路、公路、航空、航运等情况，离主干道的距离，交通方式、连接道路（港口、码头、航道）的等级、规模等；防洪主要包括防洪标准（现状、规划）、防洪设施、历史洪水淹没损失等情况；其他包括区域自然条件，城市集镇分布高程、地质灾害影响、防震、防空、社会经济现状和发展情况等。

通过相关部门和单位收集规划、工程设计、竣工验收、统计等资料，必要时进行现场调查，提交城市集镇基本情况调查表。

2. 用地调查

建设征地范围内城市集镇建成区用地调查，利用不小于 1：2000 的城市集镇现状地形图，结合收集城市集镇的规划、统计资料勾绘出其界线，并量算各地类面积。提出建成区总面积和各地类面积，水电工程建设征地居民迁移线内各地类面积。各单位用地面积可通过收集统计资料、依据土地权证、固定资产账簿等得到，必要时利用城市集镇现状图现场核实。

3. 人口调查

（1）调查内容。城市集镇人口调查主要内容包括户主姓名（单位名称）、住址、户别、本户总人口等；以个人情况调查的项目包括个人姓名、与户主关系、性别、民族、出生年月、文化程度、身份证号码、从事职业、有何种技能、户口所在地、户别（即属农业户口或非农业户口）等。

（2）调查方法。常住人口的计算标准原则上与农村人口调查的规定相同，以长期居住的房屋为基础，依据居民户口簿或单位集体户口簿、房产证调查登记。通勤人口、流动人口可向有关部门调查了解。

按行政隶属关系，分区、街道办事处、社区（或集体经济组织），按路名和门牌号顺序在有关部门的配合下，通过派出所籍管理部门、街道办事处、居民委员会、村民委员会或各工矿企事业单位、行业管理单位收集相关资料，并逐户、逐单位全面调查核实，登记造册。对于建设征地居民迁移线外扩迁人口，在确定搬迁对象的基础上逐一调查落实。

调查人口总数、人员结构、职业构成以及近三年的人口自然增长率和机械增长率。分类别统计城市集镇人口总数和建设征地居民迁移线内人口数。调查成果由户主或各单位、相关部门和调查者签字（盖章）认可。

（3）调查成果。调查完成后，经统计分析，提出搬迁对象的分户（单位）调查表，城市集镇总人口、建设征地居民迁移线内人口和线外扩迁人口分类别逐级汇总表。

4. 房屋及附属建筑物调查

房屋及附属建筑物调查内容、方法基本上与农村调查相关内容一致。经城市和集镇建设主管部门批准，开工建设的房屋，按照实际完成的建筑面积进行统计。对经有关部门批准的占用街道的临时商业性建筑，按实际调查登记。各单位内的附属建筑物系指独立的烟囱、水塔、围墙、地坪、水池、水管、道路、自备供电设施等，应分别调查其数量、结构、规格等，居民户的附属建筑物参照农村调查部分进行。

调查时逐户（单位）、逐幢全面实地调查丈量统计各类房屋建筑面积，也可采用房产证登记的各类房屋建筑面积，并进行实地逐栋核实确定；附属建筑物按实有数量实地调查统计。调查成果由户主（权属人）、单位和调查者签字（盖章）认可。提出分户（单位）调查表，分户（单位）分类型逐级汇总表。

3.1.4.3　专业项目调查

专业项目的范围按已获得土地使用权证范围或实际使用（租赁）范围为界，文物古迹、矿产资源等以主管部门鉴定的范围或实地占地范围为界。水库淹没区的专业项目还应调查其高程范围、主要建筑物和构筑物基础（基底）高程、设计防洪标准和实际防洪标准等情况。专业项目调查内容包括项目的类别、数量、权属及其他属性，对于较重要的专项，还应包括其基本情况、受征地影响的程度。专业项目中的人口、房屋及附属建筑物等的调查内容和方法与城市集镇调查相同。

1. 企事业单位

（1）调查内容。企业调查内容包括企业单位名称、所在地点、主管部门、权属关系、企业性质、建设及投产年月、产业结构、企业规模、占地面积、职工人数（正式职工和非正式职工）及户口在企业的人数、各类房屋及附属建筑物、构筑物（如烟囱、水塔等）、零星树木、厂（单位）内外专用运输线路、给排水、供电和各种管线工程设施，固定资产原值、净值（分设备和房屋）、年产值、年利润、税金总额、月工资总额，主要产品种类、年产量、产品主要市场、原料和燃料来源、与外单位协作依存关系，三废处理设施、主要设备以及不可搬迁的物资等情况。部分受影响的企业应调查其受影响的程度。原料产地或生产资料受建设征地影响的企业，调查其受影响程度。

具备法人资格，属营利性经营组织，实行独立核算的事业单位，调查内容与企业相同。非营利性事业单位调查内容包括单位名称、所在地点、主管部门、权属关系、占地面积、职工户口在单位的人数、设施设备、各类房屋及附属建筑物、零星树木等情况。

（2）调查方法。企事业单位调查方法首先是向企事业单位和有关部门收集平面布置图、有关工程的设计、竣工资料，统计报表、固定资产账簿等相关资料；其次会同相关部门现场全面逐项调查、核实，核实无误后进行调查登记。企业法人（单位）和调查者签字（盖章）认可。

（3）调查成果。调查完成后，经统计分析，提出各企事业单位调查表，分单位、分类、分项目逐级汇总表。

2. 交通运输设施

（1）调查内容。铁路调查内容包括线段名称、长度、起讫地点、等级、标准、设计运输能力、竣工及投入使用年月、主管部门、营运状况（国家营运线或厂矿、地方专用线）、使用现状。路轨类型（标准轨、宽轨、窄轨）、占地面积、每公里造价；车站和机务段名称、等级、房屋（包括仓库）、设备；其他建筑物、构筑物名称、规模、结构、数量等。

公路设施调查内容包括路段名称、长度、起讫地点、线路等级、占地面积、每公里原造价、隶属关系（国道、省道、县乡，或单位专用道）、建设时间、路基和路面最低最高高程、路（桥）面宽度、路面材料、交通流量，涉及桥涵座数、宽度、长度、结构、荷载标准，公路和桥梁防洪标准。公路道班的占地面积、人数、房屋、附属建筑物、零星树木和其他建（构）筑物类别、结构、数量等。

航道调查内容主要有名称、等级、通航能力，导航设施的名称、规格及数量等。

码头调查内容主要有名称、等级、规模、年吞吐量、码头货场、生产用装卸机械、固定资产、连续道路等级、用途（客运、货运、汽渡）、水位运行范围、型式（直立、斜坡）、结构（浆砌石、混凝土）、靠泊能力、引道长度和宽度等。

中转站调查内容主要有占地总面积、堆货面积、房屋（仓库）的结构、面积，设备的规格、数量，连接道路等级。

（2）调查方法。对建设征地影响范围内的交通运输设施，首先要了解项目的隶属关系，向有关部门收集规划、设计、竣工等相关资料，并会同主管部门现场全面逐项调查、核实。根据 1∶2000 地类地形图和主管部门提供的资料逐条实地调查登记，并在图上量算受影响长度，受影响长度以千米（km）为单位进行登记。调查成果由该项目权属人（管理单位）和调查者签字（盖章）认可。调查完成后，经统计分析，提出分项目调查成果表及分类、分等级、分项目汇总表。

3. 水利水电设施

（1）调查内容。水利水电设施调查内容主要包括名称、地点及位置、主管部门、建成年月，工程特性、工程规模、效益，主要建筑物名称、数量、布置、型式、结构、规格、占地面积，防洪标准，受益区情况，主要建筑物所在地高程，管理人员数量等；主要设备及配套设施情况，固定资产投资等。

（2）调查方法。向有关部门收集设计、竣工等相关资料，会同主管部门持 1∶2000 地类地形图等现场全面逐项调查、核实，调查成果由该项目权属人（管理单位）和调查者签字（盖章）认可。调查完成后，经统计分析提出分项目调查成果表及分类、分等级、分项目汇总表。

4. 电力设施

（1）调查内容。电力设施调查内容主要包括输电线路、变（供）电设施的名称、地点、线路起讫地点及长度、高程分布情况、电压等级、导线型号和截面积、主管部门、建成年月，供电范围，建筑物结构和建筑面积，构筑物名称、结构及数量、占地面积，主要设备及配套的输电线路，运行管理职工及家属人数，固定资产投资等。

（2）调查方法。向有关部门收集设计、竣工等相关资料，并会同主管部门现场全面逐项调查、核实，调查成果由该项目权属人和调查者签字（盖章）认可。调查完成后，经统计分析提出分项目调查成果表及分类、分等级、分项目汇总表。

5. 电信设施

（1）调查内容。电信线路调查内容主要包括线路名称、权属、等级、起讫地点、建成年月、每杆对数、杆质、线质及线径、架空（埋设）电缆、光缆长度与容量、占地面积等。

电信设施包括无线通信基站、信号塔等，调查内容包括名称、权属、等级、规模、地点、建设年月、结构类型、数量（工程量）、占地面积等。

电信设备调查的项目主要有名称、型号、容量、数量等。

（2）调查方法。对建设征地范围内的电信设施，收集设计、竣工、固定资产账簿等资料，持图（建设征地处理范围 1∶2000 地类地形图）现场全面逐项调查、核实，在 1∶2000 实测地类地形图上度量受影响的长度，并以千米（km）为单位逐条登记影响段起讫地点、影响长度。逐个登记通信基站和电信设备的调查内容。调查成果由该项目权属人和调查者签字（盖章）认可。调查完成后，经统计分析提出分项目调查成果表及分类、等级、项目汇总表。

6. 广播电视设施

（1）调查内容。广播电视设施调查内容主要包括名称、权属，线路名称、长度、起讫地点、杆质、线材及线径、架空（埋设）电缆长度与容量、占地面积，主要设备名称、结构及数量、固定资产投资等。

（2）调查方法。根据其主管部门提供的资料（包括统计、设计、竣工、线路走向示意图等相关资料），结合测设的建设征地处理范围和1:2000地类地形图现场核实，会同主管部门逐条登记受项目影响起讫地点、影响长度等调查内容，逐处调查中继站和地面接收站的处数，有线电视网调查其服务用户数。调查成果由该项目权属人（管理单位）和调查者签字（盖章）认可。调查完成后，经统计分析提出分项目调查成果表及分类别、分项目汇总表。

7. 水文（气象）站

（1）调查内容。水文（气象）站调查内容主要包括名称、权属、主管部门、所在河流、等级、地点、高程、测设项目、建设年月、房屋面积及其他建筑物名称、数量，通信线路、给排水、供电、自建道路和各种管线工程设施、占地面积，职工及家属人数，主要设备以及不可搬迁的物资等。

（2）调查方法。收集水文（气象）站建设有关资料，并现场全面逐项调查，调查成果由管理单位和调查者签字（盖章）认可。调查完成后，经统计分析提出分项目调查成果表及汇总表。

8. 文物古迹

（1）调查内容。地上文物调查内容主要包括文物古迹名称、所在位置、地名、文物年代、建筑型式、结构、规模、数量、价值、占地面积、地面高程、保护级别等。

地下文物调查内容主要包括名称、所在位置、地名、文物年代、埋藏深度、面积、规模、保护级别等。

（2）调查方法。委托有资质的文物调查部门承担。按国家和行业有关规范、标准，调查地上、地下文物，提出文物调查成果。调查成果得到文物主管部门签章认可。无文物古迹或不影响文物古迹的，应由文物主管部门提供证明。调查完成后，经统计分析提出文物调查报告。

9. 矿产资源

（1）调查内容。矿产资源调查内容主要包括名称、所在地理位置、矿藏种类、品位、储量、厂址及作业点地面高程、矿藏埋藏深度及矿层分布高程，开采计划和开采程度，开采设施和相应投资，以及建设征地对矿藏开采的影响等。

（2）调查方法。委托有资质的矿产调查部门承担调查，或请地质矿产部门提供建设征地范围矿产资源资料，由工程设计单位进行调查，调查成果由矿产主管部门签章认可。无矿产资源或不影响矿产资源的，应由矿产资源主管部门提供证明。调查完成后，经统计分析提出调查报告。

10. 其他调查

（1）调查内容。其他项目主要是指军事设施、监狱和劳改（教）农场、测量标志、标识性构筑设施、公共宗教设施、风景名胜设施、管道、管线等。其他项目调查内容有项目名称（编号）、权属、类别、等级、规模、规格、数量、地点、分布高程、占地面积、建成年月、投资等。

（2）调查方法。收集相关资料，并进行现场调查，调查成果由权属人（管理部门）和调查者签字（盖章）认可。调查完成后，经统计分析提出分项目调查成果表及分类别、项目汇总表。

3.1.5 公示确认

随着我国经济社会的飞速发展，市场经济体制逐步建立完善，公民权利意识逐渐提高，为了确保水电工程建设征地实物指标调查做到公平公正，实物指标调查中引入了公示确认环节。根据"07规范"和《水电工程建设征地实物指标调查规范》（DL/T 5377—2007）的要求，实物指标调查成果应经调查者和被调查者签字并公示后，由有关地方人民政府签署意见。实物指标公示由县级人民政府按移民条例和各省、自治区、直辖市的规定组织实施。

通常情况下实物指标调查成果张榜公示的内容、方法及程序如下。

1. 公示的内容

实物指标调查成果张榜公示的内容主要为人口、房屋、附属设施、土地、零星树木、坟墓、农村小型专项设施、农副业设施、文化宗教设施、个体工商户、行政事业单位等，按权属以户或集体经济组织或权属单位为单位公示。

（1）人口：公示内容一般包括户主、人口数量等调查成果。

（2）房屋：分别公示各类结构的房屋建筑面积。

（3）附属设施：分别公示其面积或数量等。

（4）土地：以集体经济组织为单位，按照调查时采用的土地分类成果分别公示。分户指标由集体经济组织进行公示。

（5）零星树木：以户为单位公示果树、经济树、用材树和景观树木等棵数。

（6）坟墓：以坟墓维护人所在户为单位公示。

（7）农村小型专项设施、农副业设施、文化宗教设施、个体工商户：按权属以户或集体经济组织为单位公示。

（8）行政事业单位：公示内容一般包括单位名称、单位人数、房屋及附属建筑物的面积、其他构筑物数量等。

2. 公示的范围

在实物指标调查完成后，农村的个人调查成果、集体调查成果在本村民组范围内张榜公示，村集体调查成果在本村范围内张榜公示；城市集镇的个人、行政企事业单位调查成果在本居民委员会范围内张榜公示。

3. 公示方法及程序

（1）在本区域实物指标调查完毕后，实物指标调查工作组须及时对调查数据进行整理、统计、汇总，编制实物指标张榜公示材料，经调查工作组各方审核无误后，提请县（区）人民政府组织进行张榜公示。

（2）县（区）人民政府对实物指标调查成果张榜公示后，对公布的调查成果有异议的，权属人在公示后的 7 天内向县（区）人民政府或由其指定的代理机构提出书面复核申请。

（3）县（区）人民政府或由其指定的代理机构应做好对异议者提问的政策宣讲和解释工作，并需及时对权属人提出的复核申请进行审核，造册登记，归类汇总。

（4）对审核后确需复核的，由县（区）人民政府或由其指定的代理机构及时向实物指标调查工作组反馈。

（5）由实物指标调查工作组负责组织调查人员进行现场复核。复核调查成果由权属人、实物指标调查工作组各方代表现场核对后签字认可。最终的实物指标成果以复核成果为准，复核调查工作完成后，调查者和财产所有者应对复核成果签字（章、手印）认可。

（6）实物指标张榜公布实行两榜或三榜制，公示时间一般分别为 7 天。第一榜公示内容以初始调查成果为准；第二榜、第三榜公示内容为进行了复核的财产所有者、财产所有者组织或机关企事业单位的最新成果。对两榜或三榜公示后仍有异议者，不再进行复核，由县（区）人民政府或由其指定的代理机构负责做好解释等思想工作。

3.1.6　成果整理

水电工程建设征地移民安置实物指标调查过程中会收集到大量原始的信息资料及调查数据，只有经过认真的整理、汇总、统计和分析，才能体现建设征地区域内的真实情况和水电建设对当地社会经济的影响程度，为后续的建设征地移民安置规划提供基础和依据。从某种意义上来说，实物指标调查本身不是目的，只有经过对实物指标调查资料和数据进行整理后所形成的实物指标调查成果，才是进行实物指标调查的目的所在，因此，实物指标调查成果整理就显得尤为重要。

实物指标调查成果整理，就是根据实物指标调查的目的，运用科学的分析统计方法，对调查所得的各种原始资料进行审核和汇总，使之数字化、系统化和条理化。实物指标成果整理主要包括以下几个方面：

（1）实物指标调查完毕后，设计单位要对收集到的原始资料进行汇总和分析，对收集到的各部门的社会经济报表及统计年鉴资料进行归纳和鉴别，如果出现与实际情况有差距，或部分资料相悖，出现差错的，应对部分数据进行核实和处理，确保调查资料正确性和可靠性。同时，对各方签字确认的实物指标原始调查卡片汇编成册，并进行归档管理。

（2）对调查成果数据利用 Excel、ArcGIS 等软件工具进行数据库录入统计，形成公示成果资料，便于形成调查成果的数字化和系统化，提高调查资料的使用价值，也便于今后长期保存调查资料。

（3）对公示及其复核确认成果资料进行汇编成册，并进行归档管理；对公示确认成果数据进行完善，按行政区划、分项目逐级汇总，提出实物指标成果汇总表，为编制建设征地移民安置规划提供基础。

（4）编制实物指标调查报告，便于让建设征地所涉及的各方明确实物指标调查成果，也为后续的移民安置规划和实施阶段的实物指标补偿兑付提供依据。一般情况下，实物调查报告的主要内容包括：调查时间、调查依据、工作组织、工作程序、调查范围、调查内容、调查方法、调查成果、实物指标公示和确认、地方政府对实物指标的意见、建设征地影响分析等。

3.2　关键技术

为了充分反映水电工程建设征地区的实际面貌，需要进行实物指标调查工作，但由于建设征地区涉及的事物错综复杂，如何准确划定实物指标调查范围、在众多的对象中快速识别实物指标调查对象、对调查项目进行准确划分、对调查项目的标准和量进行合理确定，这些都是在开展实物指标调查中必须要解决的问题，也是实物指标调查中需要重点关注的。伴随着水电工程建设和移民安置工作的实施，通过不断的实践和总结，移民工作者逐渐攻克了实物指标调查中的一些重大技术难点，逐渐形成了技术线路，实物指标调查的关键技术也日趋成熟。关键技术主要有：实物指标调查范围的识别、对象的识别、项目的划分、标准及量的确定、细则的编制、公示确认等。

3.2.1　范围的识别

实物指标调查范围的确定是实物指标调查工作开展的基础条件。实物指标调查范围如果不明确，会造成现场调查界限不清晰，在实际工作中涉及利益的各方推诿扯皮，会影响实物指标调查进度；实物指标调查范围如果确定过大，对调查范围内的实物进行调查和处理，会造成社会资源的浪费；实物指标调查范围如果确定过小，应该纳入调查的实物指标却未依法开展调查，轻则导致移民补偿兑付时形成设计漏项后期需要补充调查，严重时可能会由于实物指标未准确核定而影响库区稳定，引发社会冲突。因此，实物指标调查范围的识别是实物指标调查工作的一项关键技术。

实物指标调查范围确定的依据是建设征地范围，但实物指标调查范围与建设征地范围存在显著的差异，实物指标调查范围包括建设征地范围、移民安置需要增加的扩迁区和随迁区、建设征地范围外个人财产调查范围、征地范围外因项目整体属性需要而扩大的调查范围、集中安置点或新建专项新址占地区。

在实际操作过程中，实物指标调查范围和建设征地范围很容易混淆，为厘清两者关系，具体阐述两个范围的确定目的、确定方法、确定过程、体现成果的差异如下：

（1）两者确定目的不一致。建设征地范围的确定是为了明确水电工程建设造成的水库淹没和施工枢纽布置的影响范围；而实物指标调查范围确定的目的是为水电工程建设征地范围内所有对象后期的规划安置或处理提供服务。

（2）两者的确定方法不一致。建设征地范围是考虑了水文泥沙、库岸失稳、施工布置等各方面因素，综合分析确定的；而实物指标调查范围是以建设征地范围为依据，结合对象本身的固有属性、受影响的程度、功能是否能恢复、未来可能的处理方式等分析确定的，不仅需要科学的手段，还需要依靠设计人员丰富的工作经验对实际情况的判断。

（3）两者的确定过程不一致。通常情况下，建设征地范围在可行性研究阶段前期基本能确定并通过审查成为后续开展工作的前提；而实物指标调查范围即便在实物指标调查工作开展后也不能完全确定，究其原因，在于实物指标调查范围内对象的复杂和不确定性。

实物指标调查工作启动后，首先以建设征地影响处理界线为界开展实物指标调查；在调查过程中，发现虽然不在建设征地处理界线内，但仍然需要补充调查的对象，例如房屋或附属建筑物横跨建设征地处理界线，又如大部分在线下但已失去基本功能的公路、电力线路、水利沟渠等，遇到这一类情况，都需要实物指标调查工作者根据现场环境和处理规范后，实事求是的确定线上部分的调查内容和调查范围。比如在 LC 流域 NZD 水电站建设征地范围内，"李四"家的主房位于建设征地范围内，其杂房位于建设征地范围以外，但由于其选择远迁集中安置，对于其建设征地范围外的杂房，远迁后难以使用，为了保障"李四"的权益，线外的杂房也应当纳入实物指标调查的范围；而"张三"户的房屋刚好位于建设征地范围线上，为了满足房屋补偿的需要，反映房屋的整体属性，也需要将"张三"户房屋整体纳入实物指标调查范围。又如在 JS 江中游 LDL 水电站建设征地范围内，涉及 H 县的四级公路，公路全长 49.57km，其中建设征地范围线内涉及公路多段，淹没总长度为 35.07km，建设征地范围线外公路长度 14.5km；鉴于公路属于一个整体项目，应当将整条四级公路纳入实物指标调查范围。待实物指标调查工作结束，对实物指标的规划处理方案提出并被各方认可后，可能还需结合移民安置规划情况，存在实物指标补充调查，如土地资源均在线下、房屋在居民迁移线外但周围已无安置资源的"淹地不淹房"的需要外迁的扩迁对象，或是已确定外迁难以继续利用的搬迁人口的线上个人财产，此时调查范围多以外迁居民所在集体经济组织行政地域范围、专业项目批准或实际占地范围为界。以 JS 江中游 GYY 水电站为例，在实物指标调查过程中，建设征地范围内的 D 县某村对外连接道路 2.5km，该村 194 人位于建设征地范围线内，占该村总人口的 46%，而有 224 人（占该村总人口的 54%）近一半的人口位于建设征地范围线外，为保证建设征地处理范围外人口出行需要，需要恢复其对外交通设施。通过方案经济技术性分析，恢复其对外交通设施估算投资约 1.2 亿元；而将建设征地范围外人口纳入搬迁处理方案投资约 3400 万元；两个投资对比可以得到恢复交通设施投资比统一搬迁安置投资增加了约 8600 万元，从节约投资的角度出发，将建设征地范围外人口纳入搬迁安置方案的经济效益要优于恢复交通设施方案；经征求移民、各级地方政府及项目法人意见后，同意将该村建设征地范围线外涉及的 224 人及相关指标纳入实物指标调查范围进行调查。又如，在实物指标调查过程中，Y 县某村民小组共有 26 户 77 人，其中有 23 户 62 人位于建设征地范围线内，3 户 15 人位于建设征地范围线外，鉴于本村、组的大部分淹没区居民已远迁，其主要的社会关系发生了重大改变，经与项目法人、地方政府协商，将建设征地范围线外涉及的 3 户 15 人纳入实物指标调查范围进行调查。实物指标调查范围的扩大确定需要设计人员依靠以往丰富的移民安置规划经验、对建设征地区总体规划和社会环境的综合判断以及和地方政府等责任单位共同研究和反复的协调沟通。因此，实物指标调查范围的确定不是一蹴而就的，而是在调查过程中逐渐确定的。

（4）两者的体现成果不一致。建设征地范围确定后，其成果通常以枢纽工程区红线、土地淹没线、居民搬迁线等成果体现；而实物指标调查范围由于前述所说的原因，不能单纯的一概而论，多数时候其范围与建设征地处理范围界限重合，有时其范围边界与涉及村民小组的行政地域界线重合，有时与专业项目（含企事业单位）的批准用地或实际用地范围重合。

从以上对比分析和工程案例可以看出，实物指标调查范围的识别是在整个实物指标调查过程中不断分析、论证和确定的一个过程。为合理确定实物指标调查范围，应注意以下几个要点：

（1）实物指标调查范围确定过程中要加强各专业之间的沟通，调查前期，测绘工作人员通常以建设征地范围外包线为界适当外延后开展地形图测绘，随着实物指标调查范围边界的逐步确定，应及时补测扩大范围的地形图，为明确范围提供技术基础。

（2）加强建设征地对实物指标的影响分析，并结合库周容量分析确定移民安置容量，进而反证实物指标调查范围。

（3）实物指标调查范围确定过程中应充分依靠地方政府，组织现场调查工作组时应纳入熟悉当地的自然和社会环境的调查人员。在扩大范围的论证过程中，应与各方参与调查人员沟通协商，科学确定实物指标调查范围后应征得各方认可，尤其是地方政府的认可。

3.2.2　对象的识别

水电工程建设征地影响面积大、范围广，实物指标调查范围内包含的各种有形或无形的物质本身便已构成一个复杂的生态系统和社会系统，包罗万象、内涵丰富，比如实物指标调查范围内包含：满足人们生存必需品的食物、水、空气等，满足生产条件的人、土地、生产工具等，满足人民生活需要的房屋、建筑物、附属物等。范围内的对象难以穷尽，如果对范围内的所有对象全面进行调查，调查也难以开展。因此，准确识别范围内的调查对象对顺利开展实物指标调查工作的重要作用不言而喻。

从"84 规范"到"07 规范"，实物指标对象的识别是一个逐渐演变发展的过程，其发展与社会经济发展程度、群众对客观世界认识和客观事物价值挖掘的深度以及群众私人财产的增加和维权意识的提高程度紧密联系。水电工程建设因地形地势限制多为偏远山区，交通不发达，早期由于国家工业基础薄弱，识别后的实物指标对象相对单一，主要为人口、土地、房屋及少量的附属建筑物、地上附着物；随着工业发展，群众生产生活水平、精神生活水平的提高，专业项目、企事业单位、矿产资源、文物古迹、宗教设施等也逐渐成为识别后需要调查的对象。

总体来说，实物指标调查对象的识别是一个逐渐丰富的过程，但其识别的过程是根据前置条件逐步清理和选取的，经过对规程规范和技术标准的归纳总结，实物指标调查对象识别的前置条件可概括如下：

（1）以人及人类活动作为主体开展识别。建设征地移民安置工作的价值取向在于维护移民合法权益的前提下，保障水电工程建设的顺利进行。建设征地移民安置规划是紧紧围绕人的利益开展的，因此实物指标调查也应该紧紧围绕人和人类活动进行。作为主体的人首当其冲应作为识别对象；而对于人的基本生产、生活以及其他活动有关的对象应纳入实物指标识别范围，例如与生活相关的用于居住的房屋、使用的附属建筑物、对外交通设施、供电设施等；与生产相关的用于耕种的土地、用于帮助生产的水利设施等；与投资活动、人类发展相关的企业、农副业设施、矿产资源等；与精神活动相关的宗教设施、文物古迹均应纳入识别的范围。

但是并非所有与人类活动有关联的事物都纳入调查对象，究其原因如下：一是为便于规范和客观的调查，调查对象首先应是实物，即客观存在的可计算和统计的事物。例如：人类活动中与精神文化活动有关的口口相传的习俗传统、工艺技能等非物质形态，由于不易统计和计算，也难以明确其所有人或补偿人，后期处理时其成本和补偿确定难以清晰界定且不易于统计计量，通常不纳入实物指标调查对象。即便要进行调查，也分两种情况考虑：①纳入社会经济调查中进行典型调查或了解，作为移民安置规划方案考虑的因素之一，不纳入实物指标调查对象。②非物质形态通过有形的实物体现时，将有形的实物纳入实物指标调查范围内，作为实物指标调查对象，比如宗教设施中的庙宇、教堂，文物古迹中的岩画等。二是实物指标必须有明确的物权权利人且具备一定的价值或者功能，除了非物质形态，实物指标调查范围内与人类活动有关的尚有纷繁复杂的对象，如空气虽有价值，却难以明确其物权的权利人，不列入实物指标调查对象；如可能有权利人，但对于暂时没有发现价值的石头、草等，不纳入实物指标调查对象。

（2）以是否因建设征地影响造成价值或功能的损失作为判断基础。在水电工程建设征地中，实物指标调查的目的是反映建设征地影响程度，需要对与移民安置补偿兑付有关并需要进行处理的有价值的实物指标进行调查。因此，即便是实物指标调查范围内有所有者、有价值的实物对象，却未因建设征地影响造成损失，则不应纳入实物指标识别对象，如建设征地范围界定章节中提及的水库影响区范围内不受影响的土地和适应变形能力较强的基础设施不纳入调查对象。再比如实物指标调查范围内的可移动家具家电、衣物、牲畜，企业中的存货等可动产，由于搬迁后可以继续使用通常不纳入实物指标调查对象。当然，由于在搬迁过程中可能会造成一定的损失，通常是以典型调查的方式进行统计，在后期的移民安置补偿处理中计列搬迁损失补助来进行处理。

（3）以环境保护和水质安全作为参考。由于建设征地移民安置是为了水电工程建设服务，凡是影响到水电工程建成后的使用功能，比如影响工程建成后的水质安全、环境保护的坟墓、污染源等，需要将其纳入实物指标调查对象，进行调查和处理。因此，在实物指标对象识别中还需要考虑环境保护、水质、安全等因素，以工程建成后的最终目的作为实物指标对象识别的一个重要条件。

（4）以移民安置规划是否实现其功能作为依据。实物指标调查的最终目的是通过调查了解建设征地影响程度，对因水电工程建设影响而蒙受损失的特定人群予以补偿，保障被征收人的合法权益。可以看出，实物指标调查是为了移民安置规划和补偿补助处理，而处理的方式和方法是多样的，除了经济补偿外，还可以在生产、生活、就业等方面给予妥善的补偿安置。因此，实物指标调查范围内的对象如果在移民安置规划中统一进行恢复的，可不纳入实物指标调查对象。比如房屋地下基础、田间水沟水渠等水利设施虽通过识别属于因建设征地而受影响的对象，但由于在移民安置规划中统一进行了规划或补偿，不纳入实物指标调查对象。

（5）以法律规定作为识别准绳。在实物指标调查过程中，由于利益纠葛、角度区别和认知差异，不同的群体对于实物指标在价值、损失等方面的理解不一致，为了最大程度降低实物指标调查时识别对象的争议，识别对象时，还应该保证其合法性。《中华人民共和国宪法》（2004 年 3 月 14 日第十届人民代表大会第二次会议修正）中第十条明确"国家为了公共利益的需要，可以依照法律规定对土地实行征收或者征用并给予补偿"，因此，土地纳入识别对象；第十二条规定"国家保护社会主义的公共财产。禁止任何组织或者个人用任何手段侵占或者破坏国家的和集体的财产"、第十三条规定"国家为了公共利益的需要，可以依照法律规定对公民的私有财产实行征收或者征用并给予补偿"，因此，集体财产和私有财产纳入识别对象。国家通过制定土地、物权、民法、水资源、矿产资源、文物古迹、宗教事务等一系列法律、条例，明确了相应事物的定义和处理方法，在实物指标调查识别过程中，应遵循其相应的法律法规。

按照上述条件，在包罗万千的实物指标对象中进行筛选，逐渐梳理出了实物指标调查对象，并经过长期实践和归纳总结，在现行的《水电工程建设征地实物指标调查规范》（DL/T 5377—2007）中明确实物指标调查对象主要有：人口、房屋及附属建筑物、土地、零星树木、农村小型专项设施、农副业设施、宗教设施、个体工商户、企事业单位、专业项目等。

3.2.3　项目的划分

水电工程的建设不可避免地涉及人口的搬迁、土地的占用以及房屋和附属建筑物等地上附着物的影响与淹没，会对当地人民群众的生产生活产生一定的影响。为了让当地人民群众能够快速恢复生产，达到或者超过原有水平，必须开展科学合理的移民安置规划，而移民安置规划，主要基础依据是实物指标调查成果的准确性，调查成果的准确性决定了规划方案的合理性。

水电工程建设征地实物指标调查对象的项目纷杂，为了提高实物指标的调查成果准确性，需要对实物指标调查对象的项目进行准确划分。如果项目划分不明确，会造成现场调查时主次不清，调查成果混乱，难以全面反映建设征地区的实际面貌。因此，为了便于进行合理化地分类与归类统计，提高调查成果的准确性以及下步进行移民安置规划设计和计算补偿费用的合理性，项目的划分是实物指标调查中的关键技术之一。实物指标调查对象的项目划分主要是按照实物指标调查的目的来进行，针对不同类型的实物指标调查对象，其项目划分内容不尽相同。

3.2.3.1　人口

人口调查的目的是为科学制定移民安置规划提供所需的基础数据资料，人口调查项目如果划分不清晰，在实物指标调查中就无法获取所需相关数据资料，也难以科学制定移民安置规划方案。随着我国人口管理的相关政策和社会经济发展不断变化，人口调查项目也随之有所变化，比如我国曾出现城乡二元户籍制度，由此产生了农业人口和非农业人口，城镇社会经济发展中出现的规模人口、常住人口、通勤人口、流动人口，水电工程建设征地涉及人口处理方式不同出现的生产安置人口和搬迁安置人口；同时，为了下步制定移民安置方案，人口调查项目划分还应包括人口姓名、民族、文化程度、职业等。具体阐述如下。

1. 人口类别

（1）农业人口和非农业人口。1951 年 7 月，公安部制定并颁布了《城市户口管理暂行条例》，统一了全国城市的户口登记制度；1954 年，中国颁布实施第一部宪法，其中规定公民有"迁徙和居住的自由"；1955 年 6 月，国务院发布《关于建立经常户口登记制度的指示》，规定全国城市、集镇、乡村都要建立户口登记制度，开始统一全国城乡的户口登记工作；1956—1957年期间，大量农村剩余劳动力流向城市，但当时城市基础设施薄弱无法承担大量的农村人口，政府为了对农业与工业部门之间的劳动力进行有效配置，需要控制农村劳动力大量流向城市，1958年我国开始对人口自由流动实行严格限制和政府管制，并颁布了《中华人民共和国户口登记条例》，第一次明确将城乡居民区分为"农业户口"和"非农业户口"两种不同户籍。这种城乡有别的二元户籍制度在不断地发展和完善中，使得户籍类别和就业、义务教育、社会福利和社会保障制度挂钩，导致农业人口和非农业人口在收入水平、消费水平上存在一定的差距。

水电工程建设征地涉及大部分区域主要为农村，为了保障建设征地区移民的权利，国家提出了实行开发性移民方针，采取前期补偿、补助与后期扶持相结合的办法，使移民生活达到或者超过原有水平。为了统筹城乡发展，帮助移民脱贫致富，促进库区和移民安置区经济社会发展，国家出台了《国务院关于完善大中型水库移民后期扶持政策的意见》（国发〔2006〕17号），提出了要对农村移民按照"每人每年补助600元从其完成搬迁之日起扶持20年"的方式进行扶持。基于此，在实物指标调查中，由于农业人口可享受移民后期扶持，为了确保移民权益，需要区分农业人口和非农业人口。另外，在农村移民安置点规划时，由于非农业户口与城镇就业及社会保障相挂钩，非农业人口是不分配宅基地的，通常情况下，农村集中安置点规模大小是以农业人口为基数控制，因此，按照《水电工程建设征地实物指标调查规范》（DL/T 5377—2007），在人口对象调查时，需要将人口按户别分为农业人口和非农业人口两类。

（2）家庭户和集体户。我国的户籍制度是指以户为单位进行户口管理制度，户通常分为家庭户和集体户。以"具有血缘婚姻或收养关系"立户称为家庭户。集体户是指无血缘关系，但又居住在一起共同生活的人口。由于集体户依附于所在单位，在单位所规定的区域内长期居住，所在单位承担了部分的户籍管理功能，因此，根据现行《水电工程建设征地实物指标调查规范》（DL/T 5377—2007）规定，在实物指标调查人口对象时，集体户要逐单位进行调查，调查结果由所在单位盖公章进行确认；而家庭户是以家庭成员为主，实物指标调查结果应由户主签字，也可由有民事行为能力的家庭成员代签。

（3）常住人口、通勤人口、流动人口。城市集镇的现状人口规模是影响后续移民安置规划设计的重要因素，为了便于确定城市集镇的迁建规模，在实物指标调查城市集镇人口对象时，应将城市集镇人口的状态作为项目划分的一个内容。按居住状况分为常住人口、通勤人口和流动人口三类。常住人口是指长期居住在城市集镇内的居民（非农业人口）、村民、集体户（单位的集体户、寄宿学生）三种户籍形态的人口。常住非农业人口包括机关企事业单位人口、商业服务业人口和非农业户居民、寄宿学生。常住农业人口是指居住在城市集镇所辖市区有户籍有住所的农业户人口。通勤人口是指工作（劳动）、学习在城市集镇内，居住在市区范围以外的职工（含合同工、临时工）、学生等。流动人口是指出差、探亲、旅游、赶集等临时参与城市集镇活动的暂住人口和特殊人口（指军事单位等部门的人口）。

为了满足城市集镇移民搬迁安置的需要，在实物指标调查人口对象时，要以常住人口长期居住的房屋为基础，依据居民户口簿或单位集体户口簿、房产证详细调查登记人口属性。而城市集镇的流动人口和通勤人口是一个动态的概念，为了满足确定城市集镇的迁建规模，只需要调查流动人口和通勤人口数量就可以满足移民安置规划要求，因此，现行《水电工程建设征地实物指标调查规范》（DL/T 5377—2007）规定城市集镇的通勤人口、流动人口可向有关部门调查了解。

2. 其他属性

在人口调查中，除了户口类别外，移民的个人姓名、与户主关系、身份证号码、出生年月、性别、民族、文化程度、从事职业、有何种技能、户口所在地等其他属性也是在移民安置规划和费用补偿兑付时需要的基础资料，属于人口调查中比较重要和关键的调查内容。

姓名是人口的基本属性，是识别个体的标识，是补偿兑付的权属人；而与户主关系的调查有助于了解移民原生家庭的居住情况，在后期移民安置实施中，如果发生移民分户或嫁娶等情况时，其原始调查情况可提供第一手资料和相关证据。身份证号码是人口唯一识别的凭证，是关联人口各种权利、义务的纽带，是维系移民安置、补偿兑付和后期扶持的直接凭证。

移民出生年月、性别、民族的调查可以充分了解建设征地区移民的年龄结构和基本情况，从事职业和技能的调查便于分析移民的就业状况，户口所在地的调查可以明确建设征地区移民的分布情况，基本情况的调查可以为移民安置规划提供原始资料，也可以为后续移民培训和产业发展规划提供依据。

因此，根据现行《水电工程建设征地实物指标调查规范》（DL/T 5377—2007），将人口调查的项目划分为：户口类别、个人姓名、与户主关系、性别、民族、出生年月、文化程度、身份证号码、从事职业、有何种技能、户口所在地等属性。

3.2.3.2　房屋和房屋装修

1. 房屋

房屋是人类生存的基础，也是人类工作和生产生活的必备条件之一。在水电工程建设征地中，经常会涉及各种类型房屋，而在房屋调查过程中，调查项目如果划分不准确，就难以测算房屋补偿费用，不利于下步补偿兑付工作的开展。因此，房屋调查中调查项目划分是一个重要和关键环节，通过长期调查实践，并梳理和归纳总结，房屋调查的项目可划分为房屋类别、房屋的面积和产权等。

（1）按照地面界线划分。通常情况下，房屋包括了地面建筑部分和地下基础部分，因此，按照地面线为基础将房屋进行划分，可分为地上部分和地下基础部分。在实物指标房屋调查中，移民出于自身利益，考虑到自己的房屋地下基础部分与别人的有所差异，自己房屋的地下基础部分比别人所耗用的成本更高，尤其是对于采用大挖或大填而形成的房屋基础，经常会提出要对房屋的地下部分、房屋基础的挡墙和支护、基础的挖填方等进行调查的问题。

鉴于地下基础设施部分属于隐性建筑物，难以对其进行调查，各户的建设情况千差万别，为此，在移民安置规划中统一计列房屋建设场地的平整费用，用于满足移民常规建房的场地条件，在房屋补偿单价测算中，均考虑房屋常规基础的建设费用，因此，在实物指标调查过程中，仅对房屋的地上部分进行调查，而对房屋地下的基础部分不再单独调查。

由于地基、挡护体等地下设施的作用是为房屋上部结构服务，不同地质条件下房屋的地基和挡护体可能存在差异，因此，移民修建房屋基础所投入的人力、物力和财力也不同，但移民搬迁后，如采用集中安置，集中安置点的场平已做好，统一划分宅基地，为直接进行建房提供了条件，不需要再进行地基及挡护体的建设。另外采用分散安置的移民，按照人均标准计列了基础设施补偿费，也能满足分散安置移民建房条件。因此，在实物指标房屋调查中，只对房屋的地上部分进行调查，而对房屋的地下基础不予调查。

（2）按照建筑结构所用建筑材料划分。由于不同建筑结构房屋，其所使用建筑材料和施工工艺不同，导致房屋单位面积工程造价也不相同。根据现行规程规范，水电工程建设征地涉及房屋均是按照单位面积房屋工程综合造价进行补偿，为了便于测算移民房屋补偿费用，在实物指标调查中房屋调查需要按照建筑结构所用建筑材料进行划分。因此，在现行的《水电工程建设征地实物指标调查规范》（DL/T 5377—2007）中，将房屋按照建筑结构划分为钢筋混凝土结构、混合结构（砖混结构）、砖（石）木结构、土木结构、木（竹）结构、窑洞和其他结构。钢筋混凝土结构是指承重的主要结构是用钢筋混凝土建造的；混合结构是指承重的主要构件是钢筋混凝土和砖块建造的；砖木结构是指承重的主要构件是用砖和木材建造的；土木结构指承重的主要构件是用木材建造的，墙体为土质；木（竹）结构是指是以木材或竹为主制作的结构；窑洞是指土窑、砖（石）窑等；其他结构是不属于上述结构房屋的统称。

（3）按照区域归类。水电工程建设征地范围分为枢纽工程建设区和水库淹没影响区，由于枢纽工程开工和水库蓄水淹没时间不一致，使得枢纽工程建设区和水库淹没影响区的规划水平年存在差异，不同区域内的房屋补偿处理存在先后关系，因此，实物指标房屋调查需按照征地区域进行划分。

另外，我国城市和农村经济发展水平不同，在移民安置规划中处理方式也不尽相同，移民安置补偿费用概算中将补偿费用分为农村部分和城市集镇部分，为便于后续移民安置规划和补偿费用概算计算相衔接，在房屋调查中，将项目分别按照建设征地范围以及农村和城市集镇两种区域类型进行划分。

（4）按照功能和用途划分。在房屋补偿测算中，相同结构的房屋，由于用途不同，在结构材料、做工和安全性等方面存在差异，进而引起造价的差异。为了确保测算房屋补偿单价的合理性，根据现行的《水电工程建设征地实物指标调查规范》（DL/T 5377—2007），房屋调查时，按照功能和用途划分为住房、杂房及生产用房3大类。

住房是指用于卧室、起居室使用的房屋，一般情况下，住房所用的建筑材料比较好，建造时结构及稳定性要求较高，其造价也高于同类结构其他用途的房屋，因此，在实物指标调查时要单独与其他房屋区别出来。杂房主要是指住房以外的其他生活用房，包括厨房、畜圈、肥料屋、挑檐房、偏厦房、门厅或过堂（道）房、吊脚楼底层、厕所、堆货棚及其他等；生产用房主要是指用于生产的水井房、烤烟房、田房等房屋建筑。通常情况下，杂房和生产用房建筑用材较差，结构及稳定性不高，造价也相比住房低，因此，考虑到不同功能和用途的补偿标准不同，需要与住房区分调查。

（5）按产权划分。在水电工程房屋补偿费用兑补中，房屋权属及补偿兑付对象不尽相同，如有的房屋补偿费用需要兑付给个人，有的房屋补偿费用需要兑付给集体经济组织、机关企事业单位，为此，房屋调查中要按照房屋产权进行划分，一般情况下分为公房和私房。其中：公房主要是指分散在农村乡级及以下政府机关、企事业单位所属的办公用房、生产用房、住宅，以及分布于农村中的学校、医院和村集体的公有房屋；私房即私人所有的房屋。在实物指标调查中，按照产权的不同，集体所有房屋"户主姓名"栏要填写村组或其他组织集体，调查成果需由村组干部签字并加盖公章确认；农户和居民的私有房屋，调查成果由户主或成年家庭成员、委托代理人签字（手印）确认。

2. 房屋装修

水电工程建设征地测算房屋补偿单价时，采用典型房屋工料测算方法，要对不同结构的房屋进行典型房屋建筑材料和用工分析计算。房屋的建筑材料主要是指用于建造各类房屋所使用的材料，按照材料使用重要性划分，分为主体材料和装修材料两类。主体材料指用于房屋主体工程所需的材料，装修材料用于房屋室内外饰面用的材料。在房屋补偿单价测算时，典型房屋的选取通常需考虑到满足一般和常规的居住要求，虽然典型房屋的工程量中已经包括了基本的项目，比如框架、砖混结构的房屋典型工程量已包括水泥地面、石灰墙面、铝合金或塑钢窗等项目，砖木、土木结构房屋的典型工程量已包括水泥地面、石灰墙面等项目，但房屋单价中不包括基本项目以外的房屋装修材料及工艺。

随着水电工程的大量开工，建设征地涉及的区域越来越广，部分地区移民的房屋装饰装修差异较大，尤其是少数民族地区特别注重房屋的装潢装饰，相同用途、结构的房屋，因装修标准的不同使得造价差异很大。为了体现补偿兑付的公平公正，满足移民搬迁和实物补偿的需要，对于超出了房屋基本测算项目之外的装修情况，需要进行调查和统计。

由于各地情况不同，装修分类也比较复杂，难以统一或固定的标准，因此，在水电工程建设征地实物指标调查中，房屋装修情况的调查可按照省级人民政府的有关规定，结合实际情况典型调查，分级统计。同时，也会结合不同地区的实际情况，在实物指标调查细则中明确装修的不同等级和类别。

3. 房屋面积和产权

房屋面积是房屋大小的体现，是计算建设征地房屋补偿费用的基础。因此，房屋调查中房屋面积的丈量是核心和关键所在。而房屋的产权人是房屋补偿的直接受益者，在调查中要查清产权人的相关信息是否真实，房屋调查成果也必须要有产权人或其授权委托代理人进行签字认可。因此，在现行的《水电工程建设征地实物指标调查规范》 （DL/T 5377—2007）中，房屋调查项目划分中要包括房屋的面积和权属人。

3.2.3.3 附属建筑物

水电工程建设征地涉及区域主要在广大的农村地区，而农村区域的基础设施难以像城市集镇一样进行集中规划和统一建设，为了满足农村日常的生产、生活需求，当地居民一般会根据实际情况建设一些相对独立的生产生活设施，依附于生产生活所需的主要生产资料土地、房屋等。比如根据实际生产和管理的需要，建设一些晒场（地坪）、晒台、围墙等生产场所和设施，也会根据生活便利的需要建设一些如炉灶、厕（粪）坑、门楼、生活水池（水井、水管）、水柜、地窖、沼气池等生活设施。这些设施在农村地区广泛存在，为移民的生产生活带来了极大的便利。

水电工程移民搬迁后,虽然进行安置时考虑了移民的生产生活,在安置点为移民配备了必要的水、电、路等基础设施和公建设施,在生产安置中为移民配备了相应的土地和生产设施,但在移民安置规划中却没有考虑对满足个人的生产生活需求的附属建筑物进行恢复,移民搬迁后丧失了对这些设施的拥有,需要移民搬迁后自行恢复。为了补偿移民对于这些设施的拥有和使用权利,在实物指标调查中要对该类设施进行调查。

为了满足现场调查需要,在现行的《水电工程建设征地实物指标调查规范》(DL/T 5377—2007),将该类移民建设的生产生活设施统一命名为附属建筑物,主要包括:炉灶、晒场(地坪)、厕(粪)坑、晒台、围墙、门楼、生活水池(水井、水管)、水柜、地窖、沼气池、坟墓等。

通常情况下,实物指标调查中的附属建筑物一般没有建筑的统一规范和标准,由当地居民结合自身实际情况自发建设,其结构、材料、规格等均不相同,因此,为了满足现场调查的需要,在现行的《水电工程建设征地实物指标调查规范》(DL/T 5377—2007)上,还规定了对附属建筑物要调查其结构、材料、规格等内容。

3.2.3.4 土地

土地是人类赖以生存和发展的物质基础之一,是农民开展农业生产的基本生产资料。在水电工程中,土地类型的界定和划分是移民安置规划和补偿概算编制的依据。在水电工程实物指标调查中,城市规划部门、林业部门和国土部门之间,对土地类型划分标准不一,导致在调查过程中确定为林地、园地或耕地存在争议。同时,除了土地类型,土地的权属、数量也是实物指标调查的重要参数,这也成为土地调查项目划分中的关键技术。

1. 土地利用现状分类的演变

土地利用类型的划分是实物指标土地调查的基础工作,土地利用类型划分是否科学、实用,是土地调查是否科学准确的关键。土地利用既受自然条件制约,又受目前经济社会条件的影响,所以土地利用现状是特定区域内的自然、经济、技术和社会条件共同作用下的产物。在土地调查中,土地类型的划分主要是依据颁布的土地利用现状分类标准来进行划分。为了做好土地利用总体规划编制工作,1984年全国农业区划委员会颁布了《土地利用现状调查技术规程》,采用两级分类,其中一级类8个、二级类46个。为了满足城市集镇土地调查的需要,1989年原国家土地管理局颁布的《城镇地籍调查规程》,补充了1984年土地利用现状分类对城镇内部土地用途类别的划分。

为了加强土地管理,保护、开发土地资源,合理利用土地,切实保护耕地,促进社会经济的可持续发展,1986年国家颁布了《中华人民共和国土地管理法》,将土地按用途划分为农用地、建设用地和未利用地,使用土地的单位和个人必须严格按照土地利用总体规划确定的用途使用土地。

为了统一城市集镇和农村土地管理的需求,2001年国土资源部制定了《全国土地分类(试行)》,将1984年和1989年两个土地分类进行了合并和细化,将全国的土地分为3级,即为3个一级类、15个二级类和71个三级类。随着社会经济的发展,我国开展第二次土地调查。为了做好第二次土地调查工作,2007年,国家标准化管理委员会、国家质量监督检验检疫总局在《全国土地分类(试行)》的基础上发布了《土地利用现状分类》（GB/T 21010—2007），将土地利用类型分为 12 个一级类和 56 个二级类，《水电工程建设征地实物指标调查规范》（DL/T 5377—2007）中规定的土地地类划分以此为标准。但随着经济社会的发展，为了满足生态用地保护需求，明确新兴产业用地类型，2017 年国土资源部组织修订的了《土地利用现状分类》（GB/T 21010—2017），对二级类进行了细化，共分为 12 个一级类、72 个二级类。

在此期间，为了便于城市规划部门管理的需要，建设部批准实施了《城市用地分类标准与规划建设用地标准》（GBJ 137—90）。在此基础上，2011 年，中华人民共和国住房和城乡建设部、国家质量监督检验检疫总局联合制定了《城市用地分类与规划建设用地标准》（GB 50137—2011），规定了城市用地的分类。

国土部门的《土地利用现状分类》覆盖了农村和城市范围，而《城市建设用地分类与规划建设用地标准》更侧重于城市范围的建设用地。两者对土地地类的界定存在一定差异，主要是由于城市规划部门和国土部门为了适用不同的规划体系，国土部门贯彻耕地保护原则，按照《土地利用现状分类》的要求编制土地利用总体规划，而城建部门以保障城市建设为主，要求编制城市总体规划。

2. 地类地形图的测设

地类地形图属于地图中的一种。地图是按一定的比例运用符号、颜色、文字注记等描绘显示地球表面的自然地理、行政区域、社会经济状况的图形。地图可按照比例尺、制图范围、地图内容、地图用途、地图形式等多种标准与方法进行分类。比如按比例尺可分为大、中、小比例尺地图；按制图范围可分为全球、半球、大洲、大洋、国家、省（自治区）、县地图等；按地图内容可分为普通地图和专题地图两大类，普通地图又分为地形图和地理图，专题地图又可分为自然地图和社会经济地图，每一部门还可细分若干图种。

地形图的使用已经有了很悠久的历史，各行各业根据不同的工作需求和目的，测设不同种类的地形图。比如在工程建设中，要对工程所涉及区域的地物、地形在水平面上的投影位置和高程进行测定，并按一定比例缩小，用符号和注记绘制地形图；在土地管理中，为了满足土地管理部门以及其他国民经济建设部门的地籍管理的需求，需要以地籍调查为依据，以测量技术为手段，精确测出各类土地的位置与大小、境界、权属界址点的坐标与宗地面积以及地籍图。

在水电工程实物指标调查中，为了准确识别现场位置，满足现场调查的要求，需根据工作的深度和精度，测设专门的图纸，这种图纸即要能反映各类土地的位置、大小、境界、权属、界址点坐标与宗地等，又要反映水电工程建设征地范围内的土地利用现状、水系、道路等线性地物的分布、主要建（构）物的平面几何特征和上述对象的高程及坐标等，同时还反映地貌（等高线等）内容。随着水电工程实物指标调查工作的不断发展，"地类地形图"的概念逐渐被提出来，地类地形图是指按照一定的比例尺和高程系统，利用实测用地界标点和线、图斑编号、文字注记、数学要素等反映水电工程建设征地范围内的各种土地权属单位名称及边界线、行政界线、基本农田界线、土地利用类型界线及面积以及地貌、水系、植被、工程建筑、居民点等的地图。在水电工程中，以《1∶500 1∶1000 1∶2000 地形图图式》（GB/T 7929—1995）和《水利水电工程规划设计阶段测量规范》（SL 197—97）为依据，根据实物调查要求，进行地类地形图测绘，测绘的技术要求既要满足相关行业标准的技术规定，同时满足实物指标调查对土地和地上附着物标注的要求。

3. 测绘主要技术要求

随着国家对耕地保护力度加大，建设征地区内居民法律意识增强，更加注重保护自身利益，地形地类图中地类分块、高程测量等准确性至关重要，使得地类地形图测量工作的要求也越来越高。20 世纪 90 年代在红水河上游的 LT 水电站中首次提出了地类地形图的测设，在此之前，对于土地调查均是采用军用地形图或国土部门测设的地形图。在当时建设的电站中，由于建设征地所涉及的土地面积和数量较大、区域较多，为了满足调查需求，设计单位开始测设土地地类地形图，当时对耕地、园地等经济价值比较高的土地测设精度比较高，对库区的林地等经济价值不太高的其他土地则测设大比例地形图。根据当时工作要求，地类地形图的测设不是针对整个建设征地的全部区域，只是测设对老百姓有经济价值的土地，这种地类地形图为准确调查建设征地范围内对移民切身利益有关的经济价值比较高的土地面积起了很大的作用。但是，由于当时测设的地形图表现出来是独立的部分地块形状，在没有其他参照物的情况下，在现场很难识别和对照，起初测设的地类地形图到现场调查时难度很大，而且也难以做到土地面积的整体平衡。随着经济社会的发展和实际工作的需要，在随后的水电工程实物指标调查中，对地类地形图的测设要求和方法进行改进，逐渐发展到测量园地、林地及所有的地类和各种建（构）筑物，逐渐形成了目前所使用的地类地形图。

地类地形图测设的精度也在发生变化，可行性研究阶段精度从最开始的 1:5000 逐渐发展到 1:2000。随着测绘技术的不断发展，地类地形图测量由过去采用白纸测图、全站仪数字化测图，发展到 RTK 数字化测图、全数字航空摄影测量测图、无人机获取高分辨率影像等先进技术。为了满足水电工程实物指标的调查需求，通常情况下，地类地形图测绘主要技术要求如下：

（1）为了满足对建设征地范围外的实物指标调查的需要，一般情况下，除建设征地范围外，地类地形图的测量范围还应包括其边线外 20～50m，或上测至淹没对象设计洪水以上 0.5～3m 的高程。地类地形图的平面坐标一般采用 1954 年北京坐标系，高程一般采用 1956 年黄海高程系统，也可采用当地习惯高程系统。

（2）根据实物指标调查和测量的要求，为了满足现场的调查精度，一般情况下，耕地、园地面积大于 0.1 亩的地块，必须逐块施测上图，形状应与实地一致；对面积小于 0.1 亩的地块，应就近合并上图并注明合并前的地块数量。水田（水浇地）每块面积大于 0.1 亩的，应逐块标明田（地）面高程；对旱地（＞0.6 亩）、园地（＞0.9 亩）的地块应注明最低高程、地形变化点高程和最高高程，就近合并的图斑应注明其最高高程；对旱地（0.1～0.6 亩）、园地（0.1～0.9 亩）的地块应注明最高高程。对面积不小于 0.5 亩的林地、牧草地、其他农用地和未利用地，必须分块（片）施测上图，标注最高高程，形状应与实地一致；对面积小于 0.5 亩的林地、牧草地、其他农用地和未利用地，应就近合并上图并注明合并前的块（片）数量和其最高高程；面积大于 0.5 亩的图斑，应标注最低和最高高程。

4. 土地的分类

（1）按照土地利用现状分。在水电工程移民安置中，土地补偿费用一般是按照土地的产值来进行测算，不同的土地类型，其种植作物、品种及产值均不相同，为了做到补偿兑付客观公平，实物指标调查时要对土地的类型进行详细调查，作为后续补偿兑付的依据。根据"07 规范"和《水电工程建设征地实物指标调查规范》（DL/T 5377—2007），土地的分类是按照《土地利用现状分类》（GB/T 21010—2007）的规定分为 12 个一级地类、56 个二级地类。

在水电工程实物指标调查中，为了满足土地不同地类的补偿需求，结合建设征地区移民安置的实际需要，在《土地利用现状分类》（GB/T 21010—2007）基础上，可进一步细化土地分类类型。以 LC 流域 TB 水电站为例，土地对象调查中，在土地二级类旱地（类别代码 013）的基础上，结合建设征地区的实际情况，分了三级类，比如陡坡地（类别代码：013d，指坡度大于 25°，仍在种植作物的土地）、河滩地（类别代码：013h，指一年中只能种植一季作物的河边沙滩地）、休闲地（类别代码：013x，农田在一定季节或整年不种农作物以恢复土壤肥力的耕地，包括轮歇地和轮作地）、退耕还林地（类别代码：013t，坡耕地退耕还林）；在果园（类别代码：021）的基础上，根据种植的果树种类，又细分了三级类，比如核桃园（类别代码：021h）、板栗园（类别代码：021b）。以国土部门的土地利用现状分类为基础，进一步细化了土地类型，保证了在测算土地补偿费用的合理性和补偿兑付的公正性。

（2）从用途来分。根据《中华人民共和国土地管理法》，国家实行土地用途管制制度，按照土地的用途，将土地分为农用地、建设用地和未利用地，即所谓的"三大类"。在水电工程实物指标调查中，为了便于跟土地管理部门的土地分类相衔接，还要将土地现状分类调查的各种土地类型的数据与"三大类"进行对应统一。根据《土地利用现状分类》（GB/T 21010—2007），农用地是指直接用于农业生产的土地，包括耕地、园地、林地、草地、交通用地（农村道路）、水域及水利设施用地（坑塘水面、沟渠）、其他用地（设施农用地、田坎）；建设用地是指建造建筑物、构筑物的土地，包括工矿仓储用地、住宅用地、特殊用地、交通运输用地（公路用地、街巷用地、管道运输用地）、水域及水利设施用地（水库水面、水工建筑物用地）、其他土地（空闲地）；未利用地是指农用地和建设用地以外的土地，包括草地（其他草地）、水域及水利设施用地（河流水面、湖泊水面、内陆滩涂）、其他土地（沼泽地、沙地、裸地）相对应。

（3）按权属划分。我国宪法规定，社会主义经济制度的基础是生产资料的社会主义公有制，即全民所有制和劳动群众集体所有制。土地作为一种基本的生产资料，从权属上可划分为集体土地和国有土地。根据《中华人民共和国宪法》和《中华人民共和国土地管理法》的规定，"矿藏、水流、森林、山岭、草原、荒地、滩涂等自然资源，都属于国家所有，即全民所有；由法律规定属于集体所有的森林和山岭、草原、荒地、滩涂除外"，"城市市区的土地属于国家所有。农村和城市郊区的土地，除由法律规定属于国家所有的以外，属于集体所有；宅基地和自留地、自留山，也属于集体所有"。

通常情况下，集体土地由县级人民政府登记造册，核发证书，确认所有权。集体土地经确权后的属于村农民集体所有的，由村集体经济组织或者村民委员会经营、管理；属于村内两个以上农村集体经济组织的农村集体所有的，由村内各该农村集体经济组织或者村民小组经营、管理；属于乡（镇）农村集体所有的，由乡（镇）农村集体经济组织经营、管理。

国家为了公共利益的需要，可以依法对土地实行征收或者征用并给予补偿。《中华人民共和国土地管理法》规定，"任何单位和个人进行建设，需要使用土地的，必须依法申请使用国有土地；但是，兴办乡镇企业和村民建设住宅经依法批准使用本集体经济组织农民集体所有的土地的，或者乡（镇）村公共设施和公益事业建设经依法批准使用农民集体所有的土地的除外。"因此，在水电工程移民安置中，为了移民土地补偿兑付和后期工程建设土地管理的需求，必须要查清建设征地范围内土地的权属。

（4）按照区域来分。为了便于土地调查数据的统计和汇总，根据"07规范"和《水电工程建设征地实物指标调查规范》（DL/T 5377—2007），土地按照区域分陆地和水域。这里的水域与《土地利用现状分类》（GB/T 21010—2007）中的水域及水利设施有所不同，《土地利用现状分类》（GB/T 21010—2007）中的水域及水利设施用地是指陆地水域，海涂，沟渠、水工建筑物等用地，包括：河流水面、湖泊水面、水库水面、坑塘水面、沿海滩涂、内陆滩涂、沟渠、水工建筑用地等，不包括滞洪区和已垦滩涂中的耕地、园地、林地、居民点、道路等用地。而土地调查中水域面积的统计一般情况下主要包括河流水面、湖泊水面、水库水面、坑塘水面等内容。陆地面积包括实物指标调查范围内除水域面积之外的其他所有土地面积。

5. 河滩地的处理问题

水电工程实物指标调查是以测设的地类地形图为依据进行现场核查，通常情况下，地类地形图是以常水位岸线进行测定。如果高水位岸线（常年雨季的高水面与陆地的交界线）与岸线之间有岸滩的，用相应的岸滩符号表示。但在实际操作中，由于水电工程建设在大江大河之上，大的河流在平缓的河段由于泥沙沉积会形成天然的滩涂土地，这种土地一般水土丰沃，适合作物的生长，当地居民，尤其是土地资源相对匮乏的库区群众会对其进行开垦，作为赖以生存的土地资源。在水电工程实物指标调查中，时常会出现关于这种滩涂土地划分的争论，主要有两种争论意见：第一种意见认为河滩地属于国家所有，其所有权和使用权归国家，当地农村居民使用国有河滩地应予收回，不予补偿。第二种意见认为由于农村居民长期耕种，在使用过程中也约定俗成地形成了各村民之间的使用界限及耕作面积，而且这部分耕园地上的收益已成为当地农村居民口粮和收入构成的重要组成部分，且地方政府或权属单位对农民常年耕种的行为并未提出异议。水电工程建设将其征收后，对当地农村居民造成事实上的生活影响和利益损失，因此应当给予补偿。

（1）河滩地土地类型。根据《土地利用现状分类》（GB/T 21010—2007），河流水面指天然形成或人工开挖河流常水位岸线之间的水面，而内陆滩涂指河流、湖泊常水位至洪水位间的滩地，但不包括已利用的滩地。每年能保证收获一季作物的已垦滩地和海涂应当纳入耕地中进行统计。根据《农村土地调查地类认定原则与方法》，在江、河、湖等围垦地上种植农作物3年以上，且平均每年能保证收获一季的土地，应确认为耕地。因此，在常水位与洪水位之间的滩涂上开垦出来的河滩地，如果平均每年能保证收获一季的土地，应当归入耕地进行统计。

（2）河滩地所有权。土地所有权一般分为国有土地和集体土地，根据我国宪法第九条的规定，"矿藏、水流、森林、山岭、草原、荒地、滩涂等自然资源，都属于国家所有"，因此，河流水面与内陆滩涂均属于国有土地，从而在滩涂上开垦出来的河滩地也应当属于国家所有。在实物指标土地对象调查时，要首先调查土地的权属，当被调查方没有权属证明时，应由土地行政主管部门出具书面意见证明其归属。对农村居民长期耕种国有土地之间的争议，应当依据《土地权属争议调查处理办法》中的"县级以上国土资源行政主管部门负责土地权属争议案件的调查和调解工作；对需要依法作出处理决定的，拟定处理意见，报同级人民政府作出处理决定"规定处理。但在地方政府未对有争议的河滩地做出明确之前，出于对移民自身利益的保护，在实物指标调查过程中应当根据现状情况，对河滩地进行调查和登记，查清河滩地具体的面积和实际使用人。

6. 不同法规对林地规定不相一致的问题

林地是土地资源的重要组成部分，是森林赖以生存和发展的根基。长期以来，在我国，林地一直作为森林资源的重要组成部分或森林资源的后备空间，一同纳入森林资源管理。但是，由于国土部门和林业部门的林地划分标准存在差异，使得土地、林地界定、规划及补偿等都面临一些问题。

国土部门主要依据《土地利用现状分类》确定林地，根据《土地利用现状分类》（GB/T 21010—2017），林地是指生长乔木、竹类、灌木的土地，及沿海生长红树林的土地，包括迹地，但不包括城镇村庄范围内的绿化林木用地，铁路、公路、征地范围内的林木，以及河流、沟渠的护堤林。分为乔木林地（乔木郁闭度不小于0.2的林地，不包括森林沼泽）、竹林地（生长竹类植物，郁闭度不小于0.2的林地）、红树林地（沿海生长红树植物的林地）、森林沼泽（以乔木森林植物为优势群落的淡水沼泽）、灌木林地（灌木覆盖度不小于40%的林地，不包括灌丛沼泽）、灌丛沼泽（以灌丛植物为优势群落的淡水沼泽）、其他林地（0.1≤树木郁闭度＜0.2的疏林地、未成林地、迹地、苗圃等林地）等7个二级类。

而林业部门的林地划分主要依据《森林法实施条例》《林地分类》《森林资源规划设计调查技术规程》《国家森林资源连续清查技术规定》等林业调查技术标准，从林地和林种两方面进行划分。根据国家林业局制定的林业行业标准《林地分类》（LY/T 1812—2009），林地是用于林业生态建设和生产经营的土地和热带或亚热带潮间带的红树林地，包括郁闭度0.2以上的乔木以及竹林、灌木林地、疏林地、采伐和火烧迹地、未成林造林地、苗圃地、森林经营单位辅助生产用地和县级以上人民政府规划的宜林地。林业部门将林地划分为8个一级类、16个二级类，包括有林地（乔木林地、竹林地、红树林地）、疏林地、灌木林地（国家特别规定灌木林、其他灌木林）、未成林造林地（人工造林未成林地、封育未成林地）、苗圃地、无立木林地（采伐迹地、火烧迹地、其他无立木林地）、宜林地（宜林荒山荒地、宜林沙荒地、其他宜林地）、辅助生产林地。从林种方面，林业部门根据经营目标的不同将森林类别分为生态公益林和商品林。根据国家林业局制定的国家标准《森林资源规划设计调查技术规程》（GB/T 26424—2010）以及国家林业局制定的《国家森林资源连续清查技术规定》（2014），生态公益林是以保护和改善人类生存环境、维持生态平衡、保存物种资源、科学实验、森林旅游、国土保安等需要为主要经营目的的森林、林木、林地，包括防护林和特种用途林，生态公益林按事权等级划分为国家级公益林和地方公益林。商品林是以生产木材、竹材、薪材、干鲜果品和其他工业原料等为主要经营目的的森林、林木、林地，包括用材林、薪炭林和经济林。林业部门将林地根据经营目标不同分为防护林（水源涵养林、水土保持林、防风固沙林、农田防护林、护岸林、护路林、其他防护林）、特种用途林（国防林、实验林、母树林、环境保护林、风景林、名胜古迹和革命纪念林、自然保护区林）、用材林（短轮伐期工业原料用材林、速生丰产用材林、一般用材林）、薪炭林、经济林（果树林、食用原料林、林化工业原料林、药用林、其他经济林）5个林种、23个亚林种。

由此可见，在林地划分标准和范围上，国土部门和林业部门的标准之间存在一定的差异。通过对比可知，《森林法实施条例》规定的林地范围包括了《土地利用现状分类》规定的林地范围，并比《土地利用现状分类》规定的林地范畴大。主要表现在：

（1）林业部门中的宜林地在《土地利用现状分类》中通常为未利用地。

（2）《土地利用现状分类》中"园地"，按照林地调查标准属于经济林。

（3）根据林业调查的相关技术标准，护路林、护岸林以及耕地上植树造林等属于林地，但《土地利用现状分类》则属于交通用地、水利设施用地和耕地。

在水电工程建设征地实物指标调查中，由于所涉及的土地大部分农村以自主经营为主导，种植结构时常调整常态化，耕地造林、林地农用等现象比较普遍，林业和国土两个部门对林地认定范围交叉重叠，随着《中共中央、国务院关于全面推进集体林权制度改革的意见》的推行，把集体林地经营权和林木所有权落实到农户，确立了农民的经营主体地位，让农民获得更多的生产资料，进行林地调查涉及移民的经济利益。林业、国土两个部门对林地界定标准不同，导致在实物指标调查阶段对林地调查中存在很多有争议的地方，也给后期项目法人办理使用林地审核审批手续带来了一些问题。

在水电工程移民实物指标调查中，由于非林地和林地界定的历史性问题，现场难以准确界定，为解决各部门地类划分不清的情况，关键在于形成统一土地分类体系标准，为调查工作提供统一的技术标准，有利于调查数据的衔接。在现阶段非林地和林地划分技术标准尚未进行统一的前提下，实物指标土地调查现场，可请地方政府部门组织，由国土和林业部门共同参与，对土地分类进行现场确认，达成统一意见后，分别上报并取得上级主管部门的认可。同时，要加强与林业部门的对接，尤其是在可行性研究阶段，在委托林业部门设计部门进行森林资源、古树名木等现场调查时要与实物指标调查成果相对接，尽量避免使用林地可行性报告与移民规划报告中的土地类型和面积的差异，导致在办理使用林地、砍伐林木手续和土地报批时重复缴费。

7. 可调整园地

水电工程实物指标调查历史中，土地调查工作一直是与当时的土地政策及土地分类标准相适应。"96规范"颁布后，国家开始调整农业生产结构，尤其是随着《关于搞好农用地管理促进农业生产结构调整工作的通知》（国土资发〔1999〕511号）的出台，退耕还林、还草政策的实施，耕地调整为园、林、牧草地及其他农用地逐渐成为常态。根据当时的土地政策，调整种植结构后的耕地，耕作层未被破坏的，可不作为衡量耕地减少的指标，也不要求占补平衡的土地，均作为可调整土地进行调查统计。为保持土地分类体系的统一性和实用性，《关于印发试行〈土地分类〉的通知》（国土资发〔2001〕255号）中将园地分为果园、桑园、茶园、橡胶园、其他园地，每种园地中又包括了可调整园地。

在此背景下，水电工程建设涉及的可调整园地补偿单价要按照园地的单价来进行测算，但由于可调整园地只是因为农业结构调整而由耕地变为园地，覆盖层未被破坏，在计算生产安置人口时要纳入耕地中一并计算。因此，为了便于后续移民安置补偿费用的测算，这个阶段的实物指标调查中要单独调查可调整园地的属性。

随着国家农业生产结构调整的基本完成和退耕还林政策的逐步落实，可调整园地在土地中已占很少的比例，因此，在现行的《土地利用现状分类》中已对园地的分类进行了调整，根据实际的需要将园地分为果园、茶园和其他园地，也取消了可调整园地的内容，因此，近年的实物指标调查中并不包含可调整园地的内容。

实物指标调查中可调整园地的出现符合了当时土地政策和土地分类标准，从某种意义上说，实物指标调查中可调整园地的出现和取消都是移民实物指标调查工作与时俱进的体现，也反映了实物指标调查工作紧跟社会发展和历史进步。

8. 城镇建成区

为加强全国城镇和乡村土地的统一管理，利于保护耕地和控制建设用地，国家制定了《土地利用现状分类》，打破了原城乡分割的界线，符合社会经济发展的需求。但同时，该体系中没有按城市、建制镇和村庄划分，难以统计和汇总出城市、建制镇、村庄建设用地的相关数据，而现行土地管理和国民经济活动中又往往需要这些资料。为此，统计部门制定了统计表格，由基层开始逐级上报，将调查统计的商服、工业、公用设施、公共建筑、住宅、特殊用地和交通用地等，按照行政辖区进行汇总。在水电工程实物指标调查中，根据《水电工程建设征地实物指标调查规范》（DL/T 5377—2007），需要调查城市集镇的建成区，主要是指该城市集镇行政区内实际已成片开发建设、市政公用设施和公共设施基本具备的地区，其相关数据就需要从统计部门和城市规划部门获取。

在实际操作过程中，集镇建成区和规划区、中心区及行政区很容易混淆，对此做如下阐述：

（1）城市集镇行政区：指城市集镇行政管辖的全部地域。

（2）城市集镇规划区：指城镇市区、近郊区以及城镇行政区域内其他因城市建设和发展需要实行规划控制的区域。

（3）城市集镇建成区：指城镇行政区内实际已成片开发建设、市政公用设施和公共设施基本具备的地区。

（4）城市集镇中心区：是指人口相对周边集中，经济和商业相对周边发达的市区地带。

城市集镇各区域范围关系如图 3.2-1 所示。

一般而言，城市集镇的规划应在相关的行政区范围内进行，不能超过编制该规划部门的行政权限之外。城市规划区内往往含有城市建成区和未建设区域，为了城市的发展，需要在未建设区域进行新的规划，还要对未来的城市发展预留用地，包含郊区、森林、土地

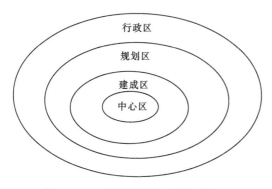

图 3.2-1 城市集镇各区域范围关系

等。中心区则是在城市建成区内，发展相对成熟，为城市的经济政治中心区域。

9. 土地调查成果与实物指标调查成果的关系

为了全面查清全国土地利用状况，掌握真实准确的土地基础数据，满足经济社会发展和国土资源管理工作需要，国土部门开展了多次全国土地调查工作。1984 年 5 月开始第一次全国土地调查，由于社会经济发展较为缓慢，技术条件较为落后，一直到 1997 年年底才结束。2007 年 7 月 1 日开始第二次全国土地调查，并于 2009 年 12 月 31 日完成，第二次土地调查中采用国家统一的土地利用分类标准，基本查清了全国土地利用状况，掌握了各类土地资源家底。为了适应社会经济发展，2017 年启动第三次全国土地调查，2019 年 12 月 31 日完成。

目前，国家采用的土地数据是第二次全国土地调查数据。但在水电工程实物指标调查中，土地的调查数据是在实际测绘的地类地形图基础上进行现场的现状核实。在实际的土地使用中，土地的地类会随着时间的变化发生改变，比如部分群众会把滩涂或荒山开垦成耕地，这类土地不在第二次全国土地调查之中。对于第二次全国土地调查中现状已经发生变化的土地面积，为了便于移民工作开展，要按照现状进行实物指标调查和补偿兑付，会产生现场实物指标调查的土地数据与第二次全国土地调查数据不相统一的情况。在某些电站实物指标调查的土地面积会超出第二次全国土地调查数据，但地方政府在上报用地指标时如果采用实物指标调查的土地面积，则会出现没有用地指标，难以审批的情况。因此，地方在土地审批中，为了满足报件的要求，只能按照第二次全国土地调查数据进行上报。这样土地统计数据就产生实物指标调查和第二次全国土地调查两套数据。因此，为了移民安置补偿和兑付的需要，在实物指标调查过程中需要衔接土地报批的一些关系。

3.2.3.5 零星树木

零星树木指园地、林地以外的零星分散生长的树木。零星树木的分类调查由来已久，早在"84 规范"中就要求对建设征地影响的有经济价值的果树和经济树进行调查。在林业调查中，对于田间地角、房前屋后中的零星树木，其统称为"四旁树"，即村旁、宅旁、路旁和水旁的树木。随着社会经济的发展，人们逐渐认识到零星树木调查的复杂性和重要性，零星树木的准确调查也关系到了移民切身利益的保障，在后续补偿时，也成为移民争论的焦点问题。

根据移民条例的要求，零星树木按照工程所在省（自治区、直辖市）规定的标准执行。不同地区对零星树木的划分标准有所差异，为了满足移民投资概算及补偿兑付的需要，在《水电工程建设征地实物指标调查规范》（DL/T 5377—2007）中，细化了零星树木的分类，将零星树木按用途分为果树、经济树、用材树、景观树四大类。并要求根据建设征地区的实际情况，对各类树木按品种、价值等进行细分，如在某些地区，根据不同树种的生长年龄进一步细化为成树和幼树；根据树木品种可分为芒果、荔枝、芭蕉等不同品种；也可按照不同的胸径进行划分。

3.2.3.6 农村小型专项、农副业及文化宗教设施

1. 农村小型专项设施

在水电工程移民实物指标调查中，与专业项目相比，农村小型专项设施规模较小，主要是隶属于乡级以下农村集体（或单位）和个人投资或管护的项目。农村小型专项设施包括小型农田水利设施、供水设施、小型水电站、10kV 等级以下的输配电设施、交通设施等。调查项目中，农田水利设施指水库（坝塘）、抽水站、防洪（护河、排涝）堤、渡槽、渠道、水窖等；供水设施指水管、水池、水井等；输电设施指 380V 低压输电线路、配电柜（板）、电表等；交通设施指机耕路、便桥等。

农村小型专项设施的调查内容划分与专业项目基本相同。农村小型专项设施中的工程名称是项目的基本信息，项目的权属决定了该项目所有权的归属，是专项设施的被调查对象和调查成果确认、补偿的对象；工程的建成年月反映了项目的服务及运行时间；工程所在高程的调查能反映实际建设征地对该工程的影响程度，便于后续移民安置规划中对其处理措施的确定；规模、效益（收益）、结构类型、固定资产投资等都是测算农村小型专项设施补偿费用的主要依据。因此，《水电工程建设征地实物指标调查规范》（DL/T 5377—2007）将农村小型专项设施调查项目划分为：工程名称、权属、建成年月、规模、效益（收益）、结构类型、所在高程、固定资产投资等。

2. 农副业设施

农副业设施是指农村居民为了农业和依靠农业为基础而发展起来的第三产业的生产而建设的一些设施，主要包括水车、水磨、水碓、水碾、石灰窑、砖瓦窑等。在水电工程实物指标调查中，农副业设施与农村附属建筑物不同，农副业设施主要是属于个人或家庭利用空闲时间建设的一些小型的经营设施，没有进行正式的注册和相关税收行为。为了便于测算农副业设施的补偿费用，在实物指标调查中需要调查其规模、结构、产值、利润、从业人员等。

3. 文化宗教设施

有些电站建设征地范围涉及少数民族地区，水电工程的建设征地不同程度会对当地的一些宗教设施造成影响。而这些地区民族的风俗习惯、宗教信仰也逐渐成为在建设征地移民安置中需要关注和研究的对象。

在实物指标调查中，对宗教设施调查要充分了解当地民族的生产、生活方式和风俗习惯，在当地政府的组织下，会同当地的民族宗教部门，结合当地宗教文化的特点，进行现场的调查。因此，《水电工程建设征地实物指标调查规范》（DL/T 5377—2007）中对文化宗教设施进行了划分，主要包括祠堂、经堂、神堂等。

3.2.3.7 个体工商户及企事业单位

1. 个体工商户

在水电工程建设征地区，会存在一些以个人或家庭为单位从事工商业经营的情况。从事个体工商业经营都要依法办理核准登记，取得营业执照后，才可以开始经营，而个体工商户的登记机关通常是县以上工商行政管理机关。在实物指标调查中，一般情况下，个体

工商户规模不是很大，有的只是简单的一个铺面，或者家庭中增设一些设施，为了补偿的完整性，对于简单的设施会统一到房屋或附属设施中进行调查；但也有的个体工商户会存在简单的加工场地和配套设施，为了便于补偿、统计汇总，需要单独进行调查。

随着社会经济的发展，个体工商户会逐步发展，演变成微型企业，但根据企业类型的重新划分，个体工商户与小微企业之间的区别越来越小，尤其是税费改革后，小微型企业与个体工商户在税收方面已无实质差别。不同的行业采用不同的经营和管理模式，其主要区别在于我国的个体工商户相当于自然人，只有个人经营和家庭经营两种组成形式，而不包括个人的合伙经营。在广大的农村地区，如果是多人合伙经营，以某一合伙人个人名义申办个体工商户营业执照，其他合伙人在营业执照及工商机关是没有登记的，发生纠纷时容易扯皮。为了使合伙人之间的权利、义务关系更为明确，就要办理小微企业，国家本身也鼓励个体工商户转为企业组织形式。

在这种情况下，个体工商户的调查与小微企业的调查内容基本相似，根据《水电工程建设征地实物指标调查规范》（DL/T 5377—2007），个体工商户调查项目划分为：名称、所在地、规模、占地面积、从业人数、各类房屋及附属建筑物、年产值和利润、税金和月工资总额，从事行业，主要产品种类、年产量、主要设备等情况。

2. 企业

（1）企业类型。企业单位是指在工商行政管理部门注册登记、有营业执照、税务登记证等，经济上实行独立核算、有单独的账目，有固定人员、生产设备和生产场所等，进行生产、经营的经济实体。中华人民共和国成立以来，随着经济社会的发展，我国企业规模的划分标准已经调整过多次。20世纪50年代，企业规模主要按照企业拥有的职工人数来进行划分；1962年企业规模更改为主要按固定资产价值划分；1978年企业规模更改为主要按年综合生产能力来划分。为了满足社会发展的需要，准确界定企业的规模，1988年对1978年的标准又进行了修改和补充，重新发布了《大中小型工业企业划分标准》，依企业生产规模将企业划分为特大型、大型（分为大一、大二两档）、中型（分为中一、中二两档）和小型四个类型，并在1992年对公布的标准进行了补充修订。为了满足不同行业对于企业规模进行准确界定，2003年原国家经贸委、原国家计委、财政部和国家统计局制订了《中小企业标准暂行规定》，对各类行业同时采用职工人数、销售收入和资产三个指标进行划分。

《水电工程建设征地实物指标调查规范》（DL/T 5377—2007）中，对企业调查时采用的分类标准是按照2003年企业分类标准来进行制订。企业按照行业类别分为：工业企业、建筑业企业、批发业企业、零售业企业、交通运输业企业、邮政业企业、住宿和餐饮业企业等；企业按照不同数量的从业人员、销售额及资产总额可分为大型、中型、小型企业。

（2）企业运行情况。根据企业运行情况，企业可分为在产、在建、停产等状态。不同的企业运行状态，实物指标调查内容和侧重点也不尽相同。

1）在产企业。在建设征地移民安置中，为满足对在产企业合理测算补偿费用的需要，在产企业重点应调查建设征地涉及企业的生产经营资料，主要包括基本情况资料、证照资料、财务资料、基础设施资料、生产设施资料和设备资料。

基本情况资料主要包括企业名称、所在地点、主管部门、权属关系、企业性质、建设及投产年月、企业规模、职工情况，固定资产原值、净值，原料和燃料来源、主要产品种类和年产量、产品主要市场等，项目建设的审批资料，企业基本情况相关说明材料。

证照资料主要包括营业执照、土地使用权证、建设征地范围内的房屋所有权证、行业管理相关许可证、税务登记证等。

财务资料主要包括基准时间前 3 年资产负债表、损益表、现金流量表等，完税凭证。

基础设施资料主要包括原址地形图，场平工程以及交通、供水、电力、电信等内、外部基础设施的设计文件和图纸，工程概（预）算书、工程结算书、工程竣工验收报告，租赁土地的合同和发票。

生产设施资料主要包括厂房、大型构筑物等主要生产设施的设计文件和图纸，工程概（预）算书、工程结算书、工程竣工验收报告，租赁房屋的合同和发票。

设备资料主要包括主要工艺流程图及其文字说明，设备安装平面布置图，租赁、购置设备的合同和发票，自制设备的相关财务资料，设备运转、维修、保养等相关资料。

2）在建企业。在开展实物指标调查前，由于授权的地方人民政府已经发布了停建通告，禁止在工程占地和淹没区新增建设项目。对于在实物指标调查时正在进行建设、尚未进行生产的企业，由于水电建设征地影响了企业的正常建设，需要对企业已建成的部分进行合理的补偿。因此，在建企业重点在于收集企业已建成的基础设施及规划建设规模，调查在建企业的企业名称、所在地点、主管部门、权属关系、企业性质等基本情况资料，调查已建成的房屋、基础设施及生产设施情况，调查规划建设规模，相关规划设计文件、图纸、概（预）算书及相关批复，为后续合理补偿做好基础。

3）停产企业。对于停产企业，重点在于调查停产原因，明确企业性质及产业结构情况，因不符合国家产业政策，淘汰、限制类的停产企业，按照补偿处理的要求进行实物指标调查。停产企业前期已经投入的土地、房屋及附属设施物、基础设施、生产设施等，需要进行适当合理的补偿，因此停产企业的实物指标调查内容主要包括基本情况资料、证照资料、基础设施资料、生产设施资料和设备资料等。

通常情况下，生产经营资料收集应由调查人员提供资料清单或表格，由企业提供或者填报。调查人员应对提供或填报的资料进行复核，企业应对提供或填报的资料进行盖章，县级行业主管部门应对提供或填报的资料审核确认。

（3）项目属性。企业单位的名称、所在地点是企业的最基本的信息，主管部门、权属关系反映了企业的所属关系，决定了参与现场调查和对调查成果进行确认的主体，也是后期企业处理后的直接受益者，对企业单位的名称、所在地点、主管部门和权属关系调查清楚，是企业调查最基本的要求，可以避免引起后续的争议和矛盾。

在对企业进行迁建或补偿处理时，企业的主要设备以及不可搬迁的物资的调查有利于计算设备的搬迁或补偿费用。建设及投产年月的计算便于了解企业的建设和运营时间，便于综合分析和评估该企业的整体情况。企业性质、产业结构和三废处理设施决定了该企业是否符合国家的宏观政策和产业发展方向，对于环保与安全设施等不符合现行国家产业政策的"六小企业"（小煤矿、小炼油、小水泥、小玻璃、小火电、小炼钢），根据现行《水电工程移民专业项目规划设计规范》（DL/T 379—2007），宜按现状适当计算补偿费用。因此，这些内容也是实物指标调查中需要重要关注的项目。

调查企业规模、占地面积有助于了解企业的规模和标准，企业规模是企业处理的重要依据，尤其是对需要迁建的企业事业单位，按照现行规范，一般是按照"三原"原则进行处理，即按原规模、原标准和恢复原功能测算相关费用；扩大规模、提高标准需要增加的投资，由企事业单位自行解决。因此，企业规模、占地面积的确定是企业调查中的关键点。

调查职工人数（正式职工和非正式职工）及户口在企业的人数，有利于分析该企业搬迁处理规模，便于在移民安置概算中计算企业人员搬迁补助费。

在企业中，除了企业的生产设备外，还有一些配套的基础设施和生活设施，包括各类房屋及附属建筑物、构筑物（如烟囱、水塔等）、零星树木、厂（单位）内外专用运输线路、给排水、供电和各种管线工程设施，这些设施是企业中重要的组成部分，也是后期企业基础设施规划或补偿的依据，因此在企业调查时要进行详细调查，其调查项目划分内容跟前述相同。

企业的固定资产原值、净值、年产值、年利润、税金总额、月工资总额，主要产品种类、年产量、产品主要市场、原料和燃料来源等方面的调查，便于在移民安置补偿概算中分析确定停产期间损失的工资、利润等，但对于淘汰废置的资产、运输工具以及无形资产等则不纳入项目调查的内容之中。

基于以上的分析，《水电工程建设征地实物指标调查规范》（DL/T 5377—2007）中，将企业调查项目划分为：单位名称、所在地点、主管部门、权属关系、企业性质、建设及投产年月、产业结构、企业规模、占地面积、职工人数（正式职工和非正式职工）及户口在企业的人数、各类房屋及附属建筑物、构筑物（如烟囱、水塔等）、零星树木、厂（单位）内外专用运输线路、给排水、供电和各种管线工程设施，固定资产原值、净值（分设备和房屋）、年产值、年利润、税金总额、月工资总额，主要产品种类、年产量、产品主要市场、原料和燃料来源、与外单位协作依存关系、三废处理设施、主要设备以及不可搬迁的物资等情况。

3. 事业单位

事业单位是指国家为了社会公益目的，由国家机关或者其他组织利用国有资产举办的，经县级以上人民政府及其有关主管部门批准成立的，从事教育、科技、文化、卫生等活动的社会服务组织。

事业单位可按照收入来源、行业、性质和特点等方面进行划分。按收入来源分，事业单位可分为全额拨款、参公（即参照公务员）、财政补贴、自收自支。按行业分，事业单位可分为教育、科研、勘察设计等25个行业类别。按性质和特点分，事业单位可分为具有非政府公共机构性质的事业单位，如社会科学联合会、社会科学院等；具有一定经济效益的公益性事业单位，如养老院、大专院校等；具有生产经营能力的事业单位，如广播电视台、出版社、园林设计等单位。

《水电工程建设征地实物指标调查规范》（DL/T 5377—2007）中，具备法人资格，属营利性经营组织，独立核算的事业单位，其调查项目的划分内容与企业相同。非营利性事业单位调查项目包括单位名称、所在地点、主管部门、权属关系、占地面积、职工户口在单位的人数、设施设备、各类房屋及附属建筑物、零星树木等情况。

3.2.3.8　专业项目

专业项目是指独立于城市集镇之外的企业、乡级以上的事业单位（含国有农、林、牧、渔场），交通（铁路、公路、航运）、水利水电、电力、电信、广播电视、水文（气象）站、文物古迹、矿产资源及其他项目。

为了便于专业项目的迁建规划，需要掌握和了解专业项目的服务和覆盖范围，比如铁路、公路、电力、电信等线性专项，就需要调查项目的长度、起讫地点、占地面积等。

不同的专业项目，根据不同的项目特征分为不同的标准和等级，比如公路根据不同行车速度、路基宽度、曲线半径、最大纵坡等内容划分为高速公路、一级公路、二级公路、三级公路和四级公路；桥涵根据跨径分为特大桥、大桥、中桥、小桥和涵洞；水利水电工程按照规模分为大、中、小型等。为了专业项目处理的实际需要，在实物指标调查时要调查其标准和等级，部分项目还需要结合专业项目的特征，调查其结构和材料，比如铁路需要调查路轨类型（标准轨、宽轨、窄轨），公路需要调查路面材料、桥涵结构，码头需要调查型式（直立、斜坡）、结构（浆砌石、混凝土），水利水电设施需要调查型式和结构，电力线路需要调查导线型号和截面积，电信线路需要调查每杆对数、杆质、线质及线径、架设形式、电缆容量等。

同时，很多专业项目的管理单位为了管理和运营的需要，建设了一些房屋和附属建筑物、构筑物，这些调查项目的划分与前述房屋、附属建筑物调查的相同。

基于以上分析，《水电工程建设征地实物指标调查规范》（DL/T 5377—2007）中，专业项目的划分中包括了项目类别、数量、权属及其他属性，对于较重要的专项，还应包括其基本情况、受征地影响的程度。

3.2.4　标准及量的确定

水电工程建设征地实物指标调查工作是为移民安置规划设计工作服务，其主要任务是查清建设征地处理范围内实物对象的类别、数量、质量、权属和其他有关属性，调查成果是补偿兑付的依据，关系到移民的切身利益，权属人对此特别关注。在实际工作中，同样的调查对象，同样的调查项目，如果采用和制订不同的调查标准，用不同的计查、计量方法，则调查成果有一定的差异，这种差异直接导致了后续补偿价格的差异。加之水电工程建设征地区域涉及面广，不同的行政区政策规定也不同，存在各种各样的实际状况，参与调查的各方利益诉求和认识会有差异和冲突，因此，实物指标调查的标准、数量的确定是现场调查中最容易出现问题的地方，也是需要重点关注的关键技术。

3.2.4.1　人口

水电工程移民实物指标调查中人口调查是一个重点和核心问题，不同的社会经济发展阶段，人口调查的要求有所不同。早在"84 规范"阶段，就要求"初步设计阶段人口按居民点调查统计；技施设计阶段人口分户登记"。在"96 规范"中，要求"对于人口，应按农村的农业人口、非农业人口和城镇集镇的农业人口、非农业人口分别计列，其中包括在册人口和不在册的超计划出生、定向招收毕业后回原籍的学生、户口临时转出的义务兵、中小学生、合同工、劳改劳教人员。无户籍的临时工和具有所住房屋产权的无户籍人口，宜另行登记"。但在实物指标人口调查的实际操作中，难免会存在现场调查操作漏洞、建设征地区域户籍管理制度不严等问题，影响到了调查的公正和公平。特别是对嫁出、入赘人口，有房产无户籍、有户籍无房产且不在建设征地居民迁移线内居住，无户籍无房产长时期居住人口等特殊情况，在实物指标调查中经常会存在争议。

因此，在《水电工程建设征地实物指标调查规范》（DL/T 5377—2007）中，增加了对搬迁人口的界定，要求调查搬迁人口必须具备"有户籍且在迁出地有住所的人口"，因为实物指标人口调查的目的是确定被水电工程建设征地所受影响需要进行搬迁的人口。在实际操作中出现的有户籍但没有居住房屋的人口，人口与房屋分离的，挂靠户口的现象和分户问题等，因此，"07规范"明确了调查人口要跟主要居住房屋进行挂钩，人口计列的判断标准应以住房和是否常住作为判断标准。

在人口调查的实际工作中，经常会出现以下需要界定的情况，如果处理不好，将会导致人口的界定不准确，进而有可能会引发一些社会矛盾，是需要特别注意的地方。

1. 户籍人口的界定

（1）户籍在册人口。

1）主要住房在居民迁移线内，生产资料（以土地承包证为准）所在地与主要住房在同一村民小组的人口。

2）主要住房在居民迁移线内，生产资料所在地属建设征地涉及村民小组但与主要住房不在同一村民小组的人口，按户籍或主要住房所在地登记，在生产资料所在地不再重复登记。

3）主要住房在居民迁移线内，在建设征地涉及村民小组无生产资料人口，包括"五保户""封库令"生效时已落户回原籍的复转军人、大中专毕业生、服刑或劳改劳教期满释放人员。

（2）户籍不在册但符合条件的人口。

1）父母为户籍在册且"封库令"生效前已出生的，应提供出生证明和乡镇人民政府出具的证明。

2）户籍转出前其主要住房在居民迁移线内的，户口临时转出人口（现役义务兵或士官、在校学生、正在服刑或劳改劳教人员等），应提供派出所和乡（镇）人民政府出具的证明。

3）夫妻一方为户籍在册，另一方未办理户籍迁入的婚嫁人口，应提供身份证、"封库令"生效前的结婚证、派出所和乡镇人民政府出具的证明。

4）因父或母再婚未办理户籍迁入的随迁子女（"封库令"生效前未满18周岁子女，或虽满18周岁但在校读书子女，以及丧失劳动能力的残疾子女）：应提供经乡镇人民政府出具的证明（子女与父母关系、在校学生或因残疾丧失劳动能力的证明，已在居民迁移线内长期居住的证明）。

5）其他尚未办理户籍迁入的人口，应提供派出所和乡（镇）人民政府出具的证明材料。

2. 分户情况

在实际人口调查中，移民出于自身利益的考虑，为了在搬迁后获得更多的宅基地数量，在实物指标调查现场，移民经常会要求对同属一个户籍的家庭人口进行分户调查。该问题是人口调查中的关键点，如果现场处理不妥，将不符合分户条件的移民进行了分户调查，会导致在后期移民安置时宅基地分配的不公平；如果不对实际已满足分户条件的移民进行分户调查，移民后续搬迁时难以分配到符合条件的宅基地，难以保障该部分人员的权利。因此，要秉着实事求是的原则，在实物指标调查时以清理后的户口本为准。不同的省区还有不同的要求，调查时应符合其相关规定。

3.2.4.2　房屋

1. 计量标准

为满足房屋补偿的要求，便于实物指标调查的开展，根据《水电工程建设征地实物指标调查规范》（DL/T 5377—2007）的要求，房屋的计算标准按照《房产测量规范 第 1 单元：房产测量规定》（GB/T 17986.1—2000）进行，即房屋面积按建筑面积测算，以平方米（m²）作为计量单位。单层建筑物不论其高度如何均按一层计算，单层建筑物内如带有部分楼层者，首层建筑面积已包含在单层建筑物内，二层及二层以上应按其楼层具体高度计算建筑面积，多层建筑物的建筑面积按各层建筑面积总和计算。其底层按建筑物外墙勒脚以上外围水平面积计算，二层以上各层按外墙外围水平面积计算，详见图 3.2-2 房屋面积丈量尺寸示意图。

2. 房屋滴水问题

随着社会经济的发展，农村房屋结构和类型出现了各种形态，在实物指标调查中也出现了各种各样的问题，比如在房屋调查中，移民要求房屋测量时不能只量到外墙，要量到房屋的滴水，该问题在房屋调查中会经常出现。

由于水电工程移民房屋的补偿是按照重置价格来进行测算，在房屋单价测算时，房屋的材料、用工等均按照建筑面积已经分摊到房屋单价里面，因此房屋面积的调查必须严格按照《房产测量规范 第 1 单元：房产测量规定》（GB/T 17986.1—2000）量到外墙，其建筑面积按建筑物外墙勒脚以上的外围水平面积（不以出檐或滴水为界）计算。在实际实物指标调查中，要与当地政府充分解释，做好宣传工作，避免产生调查标准不统一的问题，具体如图 3.2-2 所示。

3. 农村非标准房屋

城市集镇的房屋建设比较规范，一般有规划设计图纸，进行统一建设，其规格和种类比较统一，而且在《房产测量规范 第 1 单元：房产测量规定》（GB/T 17986.1—2000）中已有明确的规定，因此，在实际实物指标调查时，产生争议的地方比较少。但在广大农村地区，由于各种房屋的用途不一，且均由当地群众按传统建筑方式进行建设，有的房屋在层高上达不到标准要求；有的房屋墙体材料也不同，有砖、土、木或混杂。但是，农村非标准房屋满足了移民日常的使用功能，是一个生产生活的必需品，在实物指标调查规范中考虑了其特别性。在实际调查时，针对这种存在差异的地方，各方之间争议很大，因此，也是房屋调查中必须要关注的关键技术。

（1）不同层高。鉴于农村建房建设中，层高和结构各异，很不标准，但对老百姓来说比较实用。结合传统结构房屋层高不足和使用的特点，为了便于水电工程建设征地房屋补偿，体现不同类型和层高之间的差异，在《水电工程建设征地实物指标调查规范》（DL/

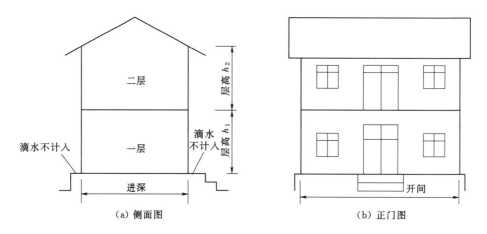

图 3.2-2　房屋面积丈量尺寸示意图

T 5377—2007）中，细化了房屋结构分类，为充分考虑居民的实际应用情况，对其建筑面积计算中层高系数作了补充规定，规定对楼板、四壁、门窗完整的农村非标准结构房屋（主要为砖木、板木和土木等结构房屋）提出层高系数以折算建筑面积，使得实物指标调查中便于操作。

1）对于平面结构屋顶的房屋，楼层层高（楼板地面以边墙与屋面层接触点高度）2.0m 以上（含 2.0m），楼板、四壁、门窗完整者，按该楼层的整层面积计算。楼板、四壁、门窗完整，但层高不足 2m 的房屋面积按以下方法计算：

楼层完整而有四壁，但楼层层高 2.0～1.8m 者，按该楼层实际面积的 0.8 倍计算；层高 1.8～1.5m 者，按该楼层实际面积的 0.6 倍计算；层高 1.5～1.2m 者，按该楼层实际面积的 0.4 倍计算；层高 1.2m 以下者，不计面积。室外无顶盖的楼梯按建筑平面面积的一半计算。对于楼板、四壁、门窗不完整的根据具体情况折算建筑面积。折减系数的取值详见表 3.2-1。

2）对于斜面结构屋顶的房屋，屋顶层高在 2m 以上的部位，按其外围水平投影面积计算，对于不足 2m 的部分，根据其平均高度取折减系数并按其外围水平投影面积乘以折减系数计算面积，计算图如图 3.2-3 所示，折减系数的取值详见表 3.2-1。

（2）院内的天井，无围护结构的挑出的屋檐、雨篷以及临时篷（盖）、遮盖体等均不计算房屋建筑面积。

表 3.2-1　　　　　　　　　　　非标准房屋面积计算系数表

层高 h/m	折减系数 B_i	备　　注
$h \geqslant 2.0$	1	
$1.8 \leqslant h < 2.0$	0.8	
$1.5 \leqslant h < 1.8$	0.6	楼板、门窗、四壁完整
$1.2 \leqslant h < 1.5$	0.4	
$h < 1.2$	0.0	

注　层高 h 按计算层的楼板表面至屋面与墙的接触点的距离计。

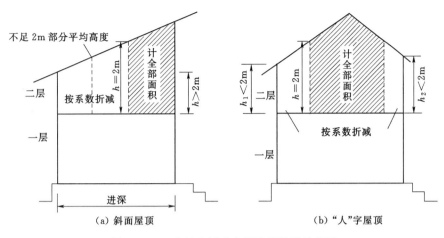

图 3.2 - 3 农村非标准房屋面积计算示意图

（3）挑楼、全封闭的阳台按其外围水平投影面积计算；与房屋相连的有柱走廊，两房间上有上盖和柱的走廊，如图 3.2 - 4 所示，按其柱的外围水平投影面积计算；有柱或有围护结构的门廊、门斗，按其柱或围护结构的外围水平投影面积计算。

（4）利用吊脚楼空间设置架空层或对深基础地下空间加以利用的，当架空层的地面为斜面且四周有围护结构，围护结构内净高大于 2m 部分计算建筑面积，不足部分的面积参照斜面结构屋顶的房屋面积计算方法计算；当架空层的地面修整成平地时，有围护结构，其层高大于 2m 的，按外围水平投影面积计算建筑面积，不足部分的面积参照斜面

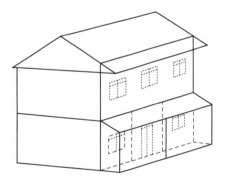

图 3.2 - 4 有柱走廊示意图

结构屋顶的房屋面积计算方法计算；当架空层的地面一部分为平地，另一部分为坡地的，平地部分的面积按柱外围和坡地交界线计算，斜坡部分面积参照斜面结构屋顶的房屋面积计算方法计算，如图 3.2 - 5 所示。

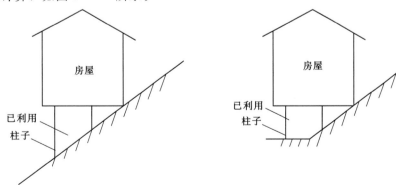

图 3.2 - 5 有吊脚的房屋示意图

（5）房屋的有盖无柱外走廊、檐廊，其两端由非剪力墙所封闭、正面无围护结构的，按上盖水平投影面积一半计算建筑面积，如图 3.2-6 所示。

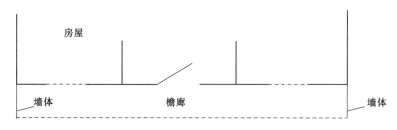

图 3.2-6 房屋檐廊示意图

（6）与房屋相连有上盖无柱的走廊、檐廊，未封闭的阳台、挑廊，有顶盖不封闭的永久性的架空通廊，如图 3.2-7 所示，按其围护结构外围水平投影面积的一半计算建筑面积。

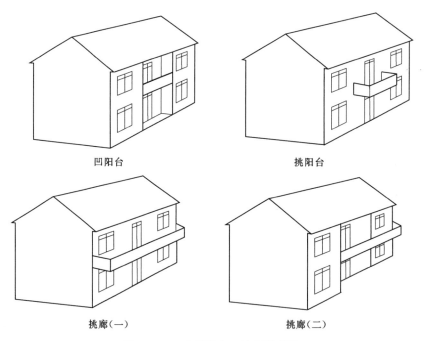

图 3.2-7 房屋阳台、挑廊示意图

（7）调查时的在建房屋，按照实际完成的建筑面积进行统计。

3.2.4.3 附属建筑物

为了体现对于不同结构类型及规格的附属建筑物的补偿差异，在现行的《水电工程建设征地实物指标调查规范》（DL/T 5377—2007）中，明确了实物指标调查过程中的附属设施计量标准，具体详见表 3.2-2。

农村附属建筑物的计量标准主要是考虑到现场调查的可操作性和后期补偿兑付的需要而进行划分。通常情况下，农村大部分的门楼类似于房屋结构，在实际调查时通常以建筑面积计，并纳入房屋调查统计，对于门楼高度差异比较大的，可注明高度，便于后期补偿

表 3.2 - 2　　　　　　　　　　　　附 属 设 施 计 量 标 准

序号	项　目		计量单位	计　量　标　准
1	大门		m²	以面积计算，必要时注明高度；对于类似房屋的门楼可归入房屋中
2	晒场（地坪）	混凝土	m²	以面积计算，必要时注明混凝土厚度
		素土	m²	以面积计算
3	围墙	砖、石	m²	以面积计算，必要时注明墙厚
		素土	m²	以面积计算，必要时注明墙厚
4	炉灶		个	以个数计算，并注明灶眼数、必要时体积等
5	水池		m³	以容量计算
6	水管		m	分不同规格、材料，以延长米计算
7	粪池（厕坑）		个	以个数计算，必要时注明容积
8	沼气池		m³	以容量计算
9	地窖		m²	以面积计算，必要时注明高度

费用测算时单独考虑。农村晒场（地坪）、围墙建造规格不一，其造价主要跟建筑材料和整体面积有关，因此在调查时要调查其建造材料（混凝土、砖、石、素土）和立面面积，对于特殊厚度的要单独注明，便于后续的补偿费用测算；农村不同地区的炉灶、粪池（厕坑）等虽然有差异，但总体来说均比较简单，因此在调查时以个数统计，必要时注明体积；农村的沼气池、水池等一般按照容量进行计量。

3.2.4.4　土地

土地按面积进行计量，但土地面积的计量单位在不同的时期不尽相同。20 世纪 80 年代，我国土地面积计量单位采用市制，即"市亩""市分""市厘"等，与国际上通用的土地面积单位不相一致。而且由于我国幅员辽阔，各地"亩"的实际大小也不一致，致使我国土地面积的统计数据相差很大。为了土地面积计量的需要，国务院在 1984 年 2 月发布了《关于在我国统一实行法定计量单位的命令》中确定，"农田土地面积计量单位的改革，要在调查研究的基础上制订改革方案，另行公布"。为了进一步统一国家土地面积计量单位，逐步使我国土地面积计量单位与国际通用的土地面积计量单位接轨，1990 年 7 月国务院第 65 次常务会议批准了国家技术监督局、国家土地管理局、农业部共同拟定的《关于改革我国土地面积计量单位的方案》，决定土地面积计量单位为：平方公里（100 万平方米，km²）、公顷（1 万平方米，hm²）、平方米（1 平方米，m²）。经国务院同意，自 1992 年 1 月 1 日起，在统计工作中一律使用规定的土地面积计量单位。

虽然国家已经明确在统计工作中采用平方公里、公顷、平方米作为计量单位，但考虑到水电工程建设征地涉及的区域在经济不发达的广大农村地区，为了更符合广大农村地区长期以来的使用习惯，也便于土地现场调查的顺利开展，在《水电工程建设征地实物指标调查规范》（DL/T 5377—2007）中，规定了土地调查时其计量单位为亩或公顷（hm²）。在水电工程建设征地实物指标土地调查中，容易出现以下问题。

1. 图上面积量算与现场分解细化的认可问题

在土地实物指标调查中，主体设计单位按照不同设计阶段的要求，一般利用不小于一定比例尺的地形图或同等精度的航片、卫片等解译成果，在国土、林业等部门的参与下实地调查地类界线和行政分界，对图纸上的地类、面积及界线进行现场订正，根据调查修正的图纸以集体经济组织或土地使用部门为单位量图计算各类土地面积，分类汇总不同地类的面积。在土地总面积保持不变的条件下，由地方政府进行细化分解工作，一般采用土地承包手册结合皮尺、激光测距仪、手持式 GPS 等仪器，按照土地使用权和所有权，将图上的总面积进行分解细化，落实到最小土地权属单位。

在土地细化过程中，会存在现场分解细化面积与图上量算面积不等的情况，尤其是采用皮尺等比较简单的设备现场测算土地面积时误差更大，现场分解细化与图上量图面积存在不一致的问题时有发生，实物指标调查中应重点予以关注，该问题也是土地调查中的关键控制点。

当发现在土地调查中图上面积量算与现场分解细化存在争议不相一致的部分地块时，实物指标调查工作组应现场进行指导和确认，抽样进行现场复核，分块与图上面积进行订正，并及时召开会议，分析具体原因，及时化解此类问题，提高测量精确度，确保土地细化面积与图上量算面积协调一致。

目前，为了避免图上量算面积与现场分解细化之间的差异，尤其是随着林地产权到户后，林地的细化分解到户工作更为困难，因此，部分地区地方政府要求在可行性研究阶段，设计单位在进行土地调查时要一次性的将土地进行细化分解到户，因此，图上量算面积与现场分解细化之间的差异问题将逐渐得以化解，但现场调查和测绘的工作量也随之加大。

2. 平面与斜坡面积的差异问题

理论上讲，对于有坡度上地，其产值和折算后的水平投影的土地产值应当是一致的，但按照斜坡和水平投影分别丈量的面积不一致，由于在土地补偿中只有一种土地单价，没有区分不同坡度斜坡面积的土地单价和水平投影面积的土地单价，在实际的土地调查中，部分土地权属者会拒绝接受采用土地的水平投影面积进行调查。为了解决这个问题，实际调查中需要做大量的说服工作，即使这样有些工作也难以开展。因此，平面与斜坡面积的差异问题成为土地调查中的一项关键技术。

在《土地利用现状分类》（GB/T 21010—2007）及《城市用地分类与规划建设用地标准》（GB 50137—2011）中，均明确土地面积的调查采用投影面积来进行计算。但在土地细化过程中，尤其是对于有较大坡度的土地，会有部分村民按照其耕作习惯，要求采用土地的斜坡面积来调查土地面积，导致最终的土地细化面积会与图上量算面积有较大出入。

在采用较为落后的土地调查工具时，为了避免该问题的出现，在具体操作中可测定土地的实际坡度和斜坡面积，将斜坡面积折算成投影面积。在实物指标调查过程中，需要地方政府、国土部门等做大量的宣传和思想动员工作，确保被征地移民理解土地调查中斜坡面积的处理措施。

比如在红河上游 MDS 水电站实物指标调查中，因土地坡度过大，很多超出了 25°，按照斜坡丈量的土地面积会大大超出地形图上的量图面积，为解决村组分解细化存在的质疑，实物指标调查工作组及时召开了分解细化技术讨论会议，要求在细化时测定不同地块坡度，并进行了坡度测定方法的讲解，根据坡度折算到水平投影，最终移民认同了斜坡面积折算为投影面积的方法，达到了较为理想的结果。

随着土地调查设备的不断更新，目前多采用 RTK 等测量设备进行土地调查，测量结果也较为准确可靠，群众对采用新技术手段确认面积也逐步得到认可，也使得该问题逐步得到解决。

3. 园地和零星果木树计列的分离处理问题

根据《土地利用现状分类》（GB/T 21010—2007），园地是指种植以采集果、叶、根、茎、枝、汁等为主的集约经营的多年生木本和草本作物，覆盖度大于 50％或每亩株数大于合理株数 70％的土地，包括用于育苗的土地。分为果园、茶园、其他园地等二级类。而在实物指标调查中零星树木是指林地、园地以外的零星分散生长的树木。在水电工程实物指标调查中，会面临园地与零星树木区分和分离问题，群众的诉求也各种各样，主要表现在：成片的零星果木树，要求按照园地进行调查；种植密度较大的园地要求按照零星果木树进行调查；土地要求按照园地进行调查，地上种植的果木要求按照零星果木树进行调查，同时计列指标。

对于园地与零星树木的分离处理问题，主要是由于园地的林木补偿费和零星树木补偿费之间的不统一造成的。在正常耕作条件下，标准园地上的果木间距是相对是统一的，一般数量基本是一致的，采用林木标准棵数测算的单价和园地的林木补偿费是差别不大的。因此，不管采用哪种调查手段，按照园地或者按照零星树木进行调查，零星树木补偿单价与林木补偿费基本相当，在这种情况下就不会引起争议，也不会出现该问题。但实际工作中，虽然园地补偿单价较高，按照园地测算的地上附着物林木补偿费却比按照零星树木补偿测算的零星树木补偿费用低。零星树木补偿价格测算不够恰当，零星的树木单价和林木补偿费不相匹配，而且差距很大。加上移民的利益驱使，按照零星树木调查后，计量方式采用棵以后，可以采用增加零星树木株树，减少柱间距等方式来提高补偿费用，因此有很多问题。

在实际工作中情况比较复杂，关系到移民的切身利益，调查中应根据各省的规定和结合实际情况确定。一般情况下按照单边原则，即只能按照园地或者零星果木树其中的一种方式来进行调查，不能既按照土地面积进行调查，又按照零星果木树进行计列。零星树木和园地、林地区分标准是调查争议的焦点之一，零星树木与林地、园地的区分标准为最小上图图斑面积，应明确大于最小上图图斑面积的应计为园地或林地，小于最小上图图斑面积的计为零星树木。最小图斑面积应根据所测绘地形图所执行的实际最小图斑面积的相关要求来进行确定。

根据国土资源部发布的《第二次全国土地调查技术规程》（TD/T 1014—2007）中关于最小上图图斑面积的规定：城镇村及工矿用地为图上 $4mm^2$，耕地、园地为 $6mm^2$，林地、草地等其他地类为 $15mm^2$。因此，在水电工程可行性研究阶段实物指标调查采用 1：2000 的地形图时，则最小上图图斑面积应为：城镇村及工矿用地为 $16m^2$，耕地、园地 $24m^2$，林地、草地等其他地类为 $60m^2$。当在预可行性研究阶段采用 1：5000 的地形图时，最小上图图斑面积应为：城镇村及工矿用地为 $100m^2$，耕地、园地 $150m^2$，林地、草地等其他地类为 $375m^2$。

因此，在实际调查中，应根据不同比例地形图的尺度和实际工作的需要，依据《水电工程建设征地实物指标调查规范》（DL/T 5377—2007）中的要求，以最小图斑作为零星树木与园地、林地的调查区分原则。对于面积不小于 $24m^2$ 的成片果园和不小于 $60m^2$ 的经济林，归入园地、林地调查，以 1：2000 土地利用现状图量算其面积，不再清点其数目；对于面积小于 $24m^2$ 的成片果园和小于 $60m^2$ 的经济林，实地分品种清点其数目，做到不重不漏。

4. 宅基地土地使用证与实际使用面积处理

我国幅员辽阔，不同地区的地形地貌、人均耕地面积、土地性质等均存在很大的差异，其宅基地标准存在很大差异，因此，不同地区结合实际情况，出台了关于宅基地面积标准的相关规定。

在水电工程移民实物指标调查中，农村宅基地由于分配、继承等原因，使得其面积普遍较法规规定的面积大，农村宅基地的实际土地面积会超过了土地使用证上的面积，尤其是库区在偏远的地区矛盾更为突出，导致在调查时是要按照实际进行调查，还是按照产权证上面积进行调查，都存在一些争议。

同时，移民搬迁后，尤其是集镇集中安置移民，安置点的建设必须执行新的建设标准的要求，建设用地及宅基地面积均有明确规定，比原库区的农村宅基地普遍偏小，因此，移民搬迁后，宅基地面积减少会导致移民产生一些矛盾，尤其是原来在库区农村宅基地差距悬殊的移民，搬迁后采用同一个标准的宅基地进行安置，会产生较大的意见。比如在JS江中游某电站移民安置实施阶段，移民搬迁到集镇安置点后提出，需要对农村宅基地超过安置点划分的宅基地面积进行调查和补偿。移民搬迁安置后移民宅基地面积有所降低，但由于安置点基础设施优于原库区，安置地的区位优势要高于原居住地，移民的生活条件和发展条件得到整体提高。

5. 分解细化后面积与总面积之间的平差处理

在水电工程实物指标分解细化时，在地类地形图上量算的总面积会与分解细化的面积之间存在差额，主要表现如下：

（1）图上量算面积与分解细化面积的差异。在水电工程实物指标调查中，土地面积经分解细化到最小权属单位后，会存在地形图上的量图面积与汇总面积不相一致的情况。主要原因是图上的量算面积为整体面积，耕地面积中包括了南方宽度小于1m、北方宽度小于2m固定的沟、渠、路和地坎（埂）等面积，而逐个田块分解细化时，由于扣除了田间地块的沟、渠、路、田埂面积，因此，在部分地区，汇总后的土地细化分解面积会小于总的量图面积，而且地块越多，田埂越宽，其差距将会越大。

出现该问题时，实物指标现场调查工作组应进行充分讨论，并取得当地集体经济组织及政府主管部门的认可后，由当地集体经济组织按照每一个细化分解的面积所占量图总面积的比例分摊差额土地面积，进行平差处理，处理后的分解细化汇总面积应与地形图上的量图总面积保持一致。

（2）"习惯亩"与"标准亩"。在水电工程实物指标调查时，常常会出现"习惯亩"与"标准亩"的差别。主要是由于部分农村地区在实行家庭联产承包责任制时，为了将集体土地相对公平的发包给农户，在土地质量等级没有刚性标准，不好统一确定的情况下，联系某一具体田块地块的正常年产量，除以标准亩产量，得出一个相对耕地面积，并将其作为某一具体田块地块的承包面积、计税计费面积等，长期沿用下来，便成了现在的"习惯亩"。

通常情况下，习惯亩要大于"标准亩"，但在基层上报统计耕地面积及承包土地时，一般用"习惯亩"进行统计和上报。但在实际实物指标土地调查中，承包证土地面积和统计年报土地面积一般只是作为参考，要以实际调查的土地面积进行统计和补偿。调查"习惯亩"和"标准亩"的换算关系主要是在移民安置规划设计时，为了满足生产安置人口计算的需要。

3.2.4.5　零星树木

在零星果木的实际调查中，其标准、量的确定在不同地区各不相同，比如同样的成树和幼树的分类，有的地区按照树木的胸径来进行划分，有的地区按照不同的种植时间划分，也有的按照高度来进行划分，同样的树木，按照不同的方法和标准进行划分，则对树木的认定不同，有的标准认定为成树、有的标准则可能会认定为幼树，这种认定的差异，则直接影响了零星树木在补偿兑付时的费用差异。

在零星树木具体的标准和量的认定上，利益的相关方互相影响和制约，也是容易引起争议的地方。但目前，各地关于零星树木规格的界定标准和补偿的规定各有不同，难以进行统一，在实际操作中应按照当地发布的标准进行调查。《水电工程建设征地实物指标调查规范》（DL/T 5377—2007）规定零星树木的计量单位为棵（株）、棚（丛、笼）等。

3.2.4.6　农村小型专项、农副业及文化宗教设施

农村小型专项设施、农副业设施及文化宗教设施内容繁多，项目复杂，为了更好地进行现场调查，《水电工程建设征地实物指标调查规范》（DL/T 5377—2007）明确了实物指标调查过程中的农村小型专项设施的计量标准，农副业设施及文化宗教设施一般是按照"个"或者"处"进行计量。农田水利设施中的水库（坝塘）以库容进行计量，抽水站以装机容量进行计量，防洪（护河、排涝）堤以工程量（m³）进行计量，渡槽以延长米计量，渠道以延长米计量，水窖以容积计量；供水设施中的抽水站以装机容量进行计量，水管分规模、以延长米计量，水池以容积计量；水井以个数计量，必要时注明深度、容积等；输电设施中的低压输电线路以延长米计量，配电柜（板）、电表等以个数计量；机耕路分路面材料、宽度以延长米计量，人行路和便桥以延长米计量。

3.2.4.7　个体工商户及企事业单位

结合目前的实物指标调查相关经验，个体工商户及企事业单位从整体上按照个数进行计量，具体到项目，如土地、房屋、附属建筑物、零星树木等，按照前述的调查计量要求进行调查；而个体工商户及企事业单位中的设备及相关设施通常情况下是根据型号，按照套、件进行计量，其中，半成品、原材料等按照重量、体积等进行计量。

3.2.4.8　专业项目

水电工程移民安置规划中，专业项目一般是按照"三原"原则进行处理，因此，实物指标调查时，专业项目标准的确定是一个重要的内容，因为标准的确定决定了专业项目处理的难度，并为后期处理费用的测算提供了依据。在专业项目现场调查中，专业项

目的标准主要是向有关部门收集规划、设计、竣工等相关资料来确定。而专业项目的"量"是指被该专业项目建设征地所影响的数量及程度，在实际操作中，需要现场会同主管部门全面逐项调查、核实。建设征地涉及的专业项目类型多样，标准的划分和认定依据也包含多重因素，为此，对常见的专业项目标准划分做如下介绍。

1. 公路设施

根据《水电工程建设征地实物指标调查规范》（DL/T 5377—2007）及《水电工程移民专业规划设计规范》（DL/T 5379—2007），按照公路的使用任务、功能和流量等因素将等级公路分为高速公路、一级、二级、三级、四级公路等功能性等级；将乡村道路分为通行汽车、农业机械等机动车的汽车便道，通行畜力车等非机动车及小型拖拉机的机耕道，通行行人、牲畜的人行道等三类。将桥涵按照跨径大小和多跨总长分为特大桥、大桥、中桥、小桥、涵洞等类型。

2. 水利水电设施

根据防洪标准，水电站、水库按照装机容量、水库库容、灌溉面积等内容可划分为大（1）型、大（2）型、中型、小（1）型、小（2）型。

3. 电力线路

在我国电力系统中，通常情况下，把标称电压 1kV 及以下的交流电压等级定义为低压，把标称电压 1kV 以上、330kV 以下的交流电压等级定义为高压，把标称电压 330kV 及以上、1000kV 以下的交流电压等级定义为超高压，把标称电压 1000kV 及以上的交流电压等级定义为特高压。

在水电工程建设征地实物指标调查中，常用的低压等级有：220V、380V 等，高压等级有 6kV、10kV、35kV、110kV、220kV 等，超高压等级有 330kV、500kV、750kV 等，在实际调查中，按照相关部门提供的依据及现场调查来认定电力线路的标准。

3.2.5 实物指标调查细则编制

3.2.5.1 编制的必要性

水电工程建设征地实物指标调查工作涉及调查对象和项目众多，为了保证调查的统一进行，需各方共同参与，但相关各方在工作中所处的角色和代表的利益群体各有不同，所行使的职责和从事的具体工作内容也各有差异。因此在实物指标调查工作中，需要有规则对各方进行约束，同时最大程度发挥各方优势，才有利于实物指标调查工作的顺利推进，确定工作组织分工及各方的职责便显得十分必要。在《水电工程建设征地实物指标调查规范》（DL/T 5377—2007）中对实物指标的调查原则、项目、类别、方式和程序进行了规定，从技术层面对调查的内容、调查方法及深度提出了要求。从调查组织上规定了要由项目法人会同建设征地涉及区的地方人民政府组织实物指标调查工作，具体调查工作由项目法人委托设计单位负责，在有关各方的参与下共同进行；由省级人民政府同意和安排部署后，开展调查工作，调查成果需调查者和被调查者签字，并经公示和地方政府签署意见。但是水电工程建设征地涉及范围较广，涉及的省（市、区）较多，各省（市、区）在移民条例的基础上，结合本地实际情况均出台了相应的政策，而各省对实物指标调查的规定、具体要求、程序存在一定的差异。比如，从调查项目上讲，部分省（市、区）要求对零星树木分树种进行调查即可，部分省（市、区）要求既分树种又分大小；从程序上讲，部分省（市、区）要求两榜公示，部分省（市、区）要求三榜公示；从调查技术手段上讲，部分省（市、区）要求采取常规调查手段即可，部分省（市、区）要求采取 3S 技术并建立数据库。对实物调查争议的处理也有不同的要求，需要针对性地制定具体的处理程序和方案，同时，我国地域较广，实物指标调查规范不可能包罗万象，有些地区和电站工程项目可能出现特有的调查对象，有必要对其调查作出具体的规定。诸如此类，在实物指标的调查规范的基础上，结合各行政区域实物指标调查的具体要求，制定适合工程所在区实际的实物指标调查细则尤为重要。

综上所述，为了实物调查工作的顺利开展，解决实物调查规范普遍性规定与各行政区域特殊规定、实物调查规范技术性要求与各行政区域行政性要求的衔接，保证实物调查成果的公平、公正、公开，在实物指标调查规范的基础上，结合区域实际情况，编制工程具体的调查细则，对调查工作组织和分工、程序、调查内容、调查方法、技术要求、争议的处理、调查精度、成果认定形式、时限要求等进行规定，作为实物指标调查工作的指导性文件，成为实物指标调查的关键技术之一。

3.2.5.2 编制的内容

结合目前已经实施的工程案例和当地地方政府规定，按照当前的技术规程，实物指标调查细则的主要编制内容应包括建设征地范围、实物调查内容和方法、张榜公示及成果认定、实物指标调查精度、工作组织与分工、调查工作进度计划、调查表格等。

3.2.5.3 编制的关键点

编制合法、合规又符合工程所在地实际情况的实物指标调查细则，才能指导具体实物指标调查工作，才有利于实物指标调查工作的顺利开展，最大程度地保证实物指标调查成果的客观、实际。为此，在实物指标调查细则编制中，要注意以下方面内容。

1. 针对不同淹没对象制定相应的调查范围

水电工程建设征地范围包括水库淹没影响区和枢纽工程建设区，水库淹没区范围主要依据正常蓄水位、不同对象频率洪水确定。其中，耕园地按 20%～50% 洪水标准，林地、牧草地、未利用地按正常蓄水位，其他防洪对象如城市、乡村、工矿企业、专业项目等依据防洪标准确定。

在实际工作中，可通过实测地类地形图，必要时通过现场踏勘的形式，了解建设征地范围内的主要实物类别，包括人口、居民点、土地、交通设施、电力设施、通信设施、水利设施、工矿企业等实物情况。然后根据淹没区涉及实物类别情况，根据不同的淹没对象重要程度，按照《防洪标准》的规定及水库调度运行方式，确定不对淹没对象的淹没标准、淹没洪水组合和处理范围。以 JS 江中游 AH 水电站为例，根据现场踏勘，该电站库区涉及大量的耕园地、农村居民点、一般集镇等。针对这种情况，在实物指标调查细则中按照《防洪标准》的要求分别制定洪水标准为：耕地、园地：按 5 年一遇（$P=20\%$）洪水标准；林地、草地、未利用地按水库正常蓄水位；农村居民点、一般集镇：按 20 年一遇（$P=5\%$）洪水标准；专业项目：四级公路及小桥按 25 年一遇（$P=4\%$）洪水标准；大、中桥按 50 年一遇（$P=2\%$）洪水标准。再比如 JS 江下游 WDD 水电站，由于库区涉及大量的企事业单位，二级、三级、四级公路、特大桥、大中桥、高等级电力线路等。针对此种情况，在实物指标调查细则中按照《防洪标准》的要求分别制定洪水标准为：大型工厂主要车间厂房按 2% 洪水标准；中小型工矿企业、大型工矿企业的附属建筑物等按 5% 洪水标准；二级、三级、四级公路的特大桥、二级公路的大中桥按 1% 洪水标准；二级公路路基和三级、四级公路大中桥按 2% 洪水标准；35kV 及以上电力线路按 2% 洪水标准。

2. 根据工程实际，确定合理的工作组织及分工

水电工程建设征地实物指标调查工作是一项集协调管理和技术于一体的工作，需多方的共同参与才能完成。相关各方在工作中所处的角色和代表的利益群体各有不同，所行使的职责和各自的优势也有所不同。在实物指标调查中如何发挥每个单位（人）的优势，合理组织、合理分工成为工作顺利推进的关键点。

根据移民条例，征地移民工作实行"政府领导，分级负责、县为基础，项目法人参与"的管理体制。地方政府是移民安置工作的责任主体和实施主体，在实物指标调查过程中，地方政府、项目业主、设计单位的关注点各有不同。如何调和有关各方的关系，明确各方的职责尤为重要，这就需要明确工作的组织及分工。

俗话说"无规矩不成方圆"，因此必须在实物指标调查细则中要结合具体项目及地方的实际情况，明确工作组织与分工，才有利于工作的推进。通常情况下，从工作组织上可分为实物指标调查工作领导小组和现场工作组，领导小组由政府和相关职能部门组成，职责为指导、协调和推进实物指标调查工作；现场工作组由政府及相关职能部门、乡（镇）、村组、项目法人及主体设计单位组成，主要负责开展现场实物指标调查和内业整理，汇总及公示复核工作，解决现场调查中发生的具体问题。从分工上，主要明确省级移民管理部门、州（市）政府及移民管理部门、县级政府及其相关职能部门、项目法人及设计单位职责。以 JS 江下游 XJB 水电站为例，为了更好地做好该工程的实物指标调查工作，在实物指标调查细则中建议成立工程涉及各县（市、区）建设前期工作领导小组，以便及时解决实物指标调查过程中遇见的重大问题。

（1）工作组织。

1）县（市、区）建设前期工作领导小组。县（市、区）建设前期工作领导小组由各县（市、区）政府、移民管理机构、发改、水利、国土、林业、环保、住建、交通、农业、财政、公安和民政等部门组成，其工作职责主要是指导、协调和推进本区域内的前期工作。

2）现场联合调查组。现场联合调查组成员由县（市、区）人民政府及职能部门、设计单位、乡（镇）人民政府、村委会干部及群众代表等组成，现场联合调查组负责按本细则的相关内容开展工作，主要负责开展实物现场调查和内业整理，汇总及公示复核工作，解决现场调查中发生的具体问题。

（2）工作分工。

1）省级移民管理机构。负责指导、协调、检查、监督实物调查工作；审查审批《调查细则》等报件。

2）项目法人。负责整体协调相关各方的关系；负责资金筹措；向省人民政府提出实物指标调查申请和申报"停建令"。

3）州（市）人民政府。负责组织和领导本区域内实物指标调查工作，参与《调查细则》审查，参与实物指标调查中重大问题协调，组织涉及各县（市、区）实物指标调查成果签署意见，并以州（市）人民政府文件形式对实物指标进行确认。

4）州（市）移民主管部门。负责本区域内实物指标调查工作的组织、管理、监督和服务，参与《调查细则》审查。

5）县级人民政府。在实物指标调查过程中，各县（市、区）人民政府负责组织相关职能部门参与调查工作，协调处理有关问题，为调查工作提供后勤保障；负责提供调查所需的各种资料；组织土地分解细化到户的工作；参与实物调查成果汇总整理；负责组织实物调查公示，对公示反馈情况进行整理分析、复核，并对公示结果提出处理意见；以县（市、区）人民政府文件的形式对实物调查成果签署意见。

6）设计单位。负责组织开展具体的调查工作和技术归口管理工作。主要包括：组织现场调查，编制实物调查细则，制定调查所需的表格，开展实物指标调查培训；进行建设征地移民界线临时界桩布置设计和测设，负责调查工作技术归口管理；负责组织调查成果整理、计算和汇总；参与分解细化、公示、复核和公示结果处理；编制实物调查报告。

3. 实物指标调查规范中未明确事项处理

实物指标调查规范从技术角度对实物指标调查内容、方法及程序等进行了规定，但实物指标调查规范具有普遍性，针对某种事项可能无详细规定。因此，对实物指标规范中未明确或明确不清事项提出处理方案成为编制实物调查细则的关键点之一。

收集工程所在地省（自治区、直辖市）、州（市）、县（区）政府对实物调查规范中未明确事项的规定或要求。从程序上讲，如"停建令"的下达程序及权限、公示程序及方式、实物指标调查细则的审批权限等；从调查内容和方法上讲，如房屋装修调查内容及方法、零星树木调查内容及方法、争议处理的方法等；从技术手段上讲，如对 3S 技术运用及建立实物指标成果信息库的要求等。然后根据具体规定和要求，在实物调查细则编制过程中予以明确。以 JS 江中游 GYY 水电站为例，该电站建设征地涉及云南和四川两省，云南、四川省对实物指标公示的程序有所不同。因此在实物指标调查细则中根据两省情况具体规定为：云南省实物指标实行两榜公示，每榜公示时间为 7 天。第一榜由乡（镇）人民政府和县移民管理部门组织公示，在每榜公示后，权属人对公示内容有异议的，需在公示之日后的 7 天内提出书面意见，由权属人对有异议的公示内容填写复核表，由联合工作组根据复核申请所涉及的内容和项目，由权属人、村组代表和联合工作组共同现场复核后签字认可。第二榜由县人民政府组织公告，此为最终结果。四川省实物指标实行三榜公示，每榜公示时间为 7 天。第一、第二榜由乡（镇）人民政府和区移民办组织公示，在每榜公示后，权属人对公示内容有异议的，需在公示之日后的 7 天内提出书面意见，由权属人对有异议的公示内容填写复核表，由联合工作组根据复核申请所涉及的内容和项目，由权属人、村组代表和联合工作组现场复核后签字认可。第三榜由区人民政府组织公告，如对第三榜公告的成果仍有异议且达不成共识的，经县级人民政府审核汇总后提请上一级人民政府会同项目法人协商解决。再以 JS 江下游 WDD 水电站为例，该电站开发任务以发电为主，兼顾防洪，电站建成后，可发展库区通航。在现场踏勘过程中，发现库区有大量的房屋，且房屋装修各有差异，另外存在诸多插花地。针对这两个问题，在实物指标调查细则中予以了规定：第一，对纳入装修调查的建筑材料、装修评级评定标准、装修等级进行规定，具体详见表3.2-3~表3.2-5；第二，明确了争议处理的程序：①协商。现场调查中出现私人或集体财产产权人有争议的，有争议各方自行协商确定权属人。现场协商难以确定权属人的，由调查工作组人员在争议各方在场并同意的前提下，先进行调查，并在调查成果表上注明情况。②调解。出现争议协商不成的，由所在地集体经济组织、村民委员会或乡镇人民政府为主，组织各方进行调解。③裁决。出现争议时调解不成的，由县（区）人民政府负责统计有关争议问题，向调查协调小组提出裁决申请。调查协调小组接受裁决申请后，根据事实进行裁决。土地调查时，县国土和林业部门对土地地类的划分有争议的，提请县（区）人民政府裁决。

表 3.2-3　　　　　　　　　　　　装修建筑材料项目明细表

房屋部位	纳入调查的项目	不纳入调查的项目
地面	地砖：天然石材（花岗石、大理石等）、人造石材（人造大理石、马赛克、水磨石等）、瓷砖、陶瓷锦砖等； 地板：强化木地板、复合地板、实木地板、竹地板等；地面涂料：聚乙烯醇缩丁醛、过氧乙烯等地面涂料	水泥、水泥制品、混凝土、混凝土预制构件、砌块等
墙面	墙砖：瓷砖、陶质砖等； 涂（饰）面材料：乳胶漆、壁纸、胶合板、硅藻泥、水溶性涂料、膏状内墙涂料等； 石材：大理石、人造饰面板（人造大理石、预制水磨石板）、马赛克等	石灰、水泥、水泥制品、混凝土、混凝土预制构件、砌块等
天棚	吊顶：吊顶棚等； 涂（饰）面材料：乳胶漆、壁纸、胶合板、硅藻泥、水溶性涂料、膏状内墙涂料等	石灰、水泥、木屋架等

表 3.2-4　　　　　　　　　　　　主房装修评级评定标准明细表

装修工程	卫生间	厨房	客厅卧室
地面工程	（1）使用石材、地砖、地板、地面涂料一种或一种以上； （2）覆盖面积70％	（1）使用石材、地砖地板、地面涂料一种或一种以上； （2）除整体性橱柜、灶台外的覆盖面积70％	（1）使用石材、地砖地板、地面涂料一种或一种以上； （2）覆盖面积70％
墙面工程	（1）使用石材、墙砖、涂（饰）面材料一种或一种以上； （2）4面墙面均有使用墙面装修建筑材料； （3）使用墙面装修建筑材料的高度不低于1.5m		（1）使用石材、墙砖涂（饰）面材料中的一种或一种； （2）4面墙面均有使用墙面装修建筑材料； （3）使用墙面装修建筑材料的高度不低于1.2m
天棚工程	（1）有使用吊顶、涂（饰）面材料中的一种或一种以上； （2）覆盖面积70％		

表 3.2－5　　　　　　　　　　　主房装修等级划分表

装修等级划分	卫生间	厨房	客厅卧室
一等装修	三项符合标准	三项符合标准	三项符合标准
二等装修	二项符合标准	二项符合标准	二项符合标准
三等装修	一项符合标准	一项符合标准	一项符合标准

再比如珠江流域某水电站，该省要求将数字移民技术应用在实物指标调查中，因此在实物指标调查细则中明确如下：利用 3S 技术建立"数字移民"管理系统，将调查原始成果、汇总成果、土地利用现状地形图、实物指标确认成果、社会经济资料、影像资料、法律法规相关资料电子化后入库，建立移民信息库。因此，根据实际需要，该案例中采用的实物调查方法是采用 Ovital 平台结合便携智能手持设备的 GPS 功能，通过关联点转换坐标、UTM 坐标或横轴墨卡托投影坐标等方法将实测的地形图导入载有 Ovital 平台的便携智能手持设备。将高精度的实测地形图与卫星影像结合，通过使用载有 Ovital 平台的可移动设备进行现场地物信息的采集、录入、标识和存储，最终可实现一个工程对应一个数据库，将库区所有移民信息电子化、数字化，快速完成实物指标调查范围内土地、房屋等实物指标的调查和登记工作。

4. 进度计划的合理确定

实物指标调查需各方共同参与才能开展，因此在制定工作计划时，需充分征求有关各方的意见，特别是要充分了解工程所在地的民风民俗习惯，如少数民族特殊的节日，在编制计划时，要合理避让。以 LC 流域 JH 水电站为例进行说明，该电站建设征地涉及 JH 市，建设征地涉及的大部分村民小组为傣族村落，泼水节是傣历新年，是傣族最隆重的节日。一般在公历的四月中旬，节日一般持续 4～7 天。在编制实物指标调查细则前，对当地风俗习惯进行了充分的了解，然后根据实际情况，合理编排了进场计划，编制了总体进度，调查工作避开可能影响调查工作的时间，有利于计划的执行。

5. 调查表格的制定

实物指标调查规范中有部分调查样表，样表具有普遍性，在编制实物指标调查细则时，要结合建设征地区实际情况，制定全面、有针对性且有利于实际操作的表格。

3.2.6　实物指标的公示确认

3.2.6.1　公示的原因

公示确认是指某一对象在被最终认可之前，由相关单位以各种方式向利益相关方公布相关情况，用以征询意见改善工作的一种形式。其目的在于通过公示，使第三人在参与交易时，对个人或组织所有物有一个识别、判断物权的客观标准。

水电工程实物指标调查成果的公示确认来源于市场经济条件下的物权公示制度，是将建设征地范围内所有人口、房屋、附属设施、土地、零星林木、坟墓、小型专项、工商户、文化宗教设施、农副业设施、行政企事业单位和专项设施等调查成果以张榜的形式向涉及的个人或组织进行公布，接受群众和社会监督，对公示成果有异议的，由被调查者提出书面复核申请。

不同的社会经济发展和历史背景下，公示确认的要求是不一致的。在经济社会发展条件较好，对于个人财产比较重视时，对实物指标公示确认的要求比较高。在"84 规范"阶段，由于水电工程建设征地所涉及的实物较少，权属较为简单，因此，在"84 规范"中要求"实物指标的调查以工程设计单位为主、地方政府有关部门配合进行"，没有实物指标公示确认的相关内容。在"96 规范"中，提出了"各项淹没影响的实物指标应切实可靠并取得当地政府和有关主管部门的认可"的要求，也没有明确对实物指标进行公示的要求。随着社会的发展，为提高群众的满意度，接受社会各界的监督，进一步推进依法移民，结合水库移民的实际，在移民条例中明确提出："实物调查应当全面准确，调查结果经调查者和被调查者签字认可并公示后，由有关地方人民政府签署意见"。为此，在《水电工程建设征地实物指标调查规范》（DL/T 5377—2007）中，明确要求可行性研究报告阶段的实物指标调查成果，应张榜公示，经县级人民政府行政确认后作为编制建设征地移民安置规划报告的重要基础资料。

3.2.6.2 公示的目的、作用

公示确认可有效增强实物指标调查成果的透明度、公正度以及移民群众的知情权和满意度。通过公示确认，实物指标权属人可进一步检查实物调查成果的准确性，进一步核实是否存在错漏现象，便于成果的改正和完善；通过公示确认，实物指标各项调查成果完全公开，接受移民群众、有关各方及舆论的监督，可有效防止调查过程中的徇私舞弊、调查成果的弄虚作假；通过公示确认，使实物指标调查成果更具合法性。因此，水电工程建设征地移民安置实物指标调查成果的公示确认工作对于维护水电工程建设征地涉及区域的公平正义、保障移民的合法权益方面显得尤为重要。

全面推行水电工程实物指标公示确认制度，可以保障移民群众知情权、参与权和监督权，有利于库区和移民安置区的稳定和谐，同时，可有效确保实物指标调查成果公平、公开、公正，实事求是地反映调查实物现状。

3.2.6.3 公示的关键点

不同工程的实物指标调查成果公示确认程序略有不同，通常情况下实行两榜或三榜公示，每榜公示时间为 5～7 天。在每榜公示后，对公示内容有异议的，权属人在公示之日后的 5～7 天内提出书面意见。第一榜公示由乡（镇）人民政府和县（区）移民管理部门组织。公示后，权属人对公示内容有异议的，填写复核申请表，交各乡（镇）政府指定负责人，归类汇总，造册登记后交县移民主管部门或人民政府审核，由联合调查工作组根据复核申请的内容和项目，由权属人、村组代表和联合调查工作组共同现场复核后签字认可；第二榜公示由县（区）级人民政府组织，对第二榜公示后无异议的，予以认可，确认为最终成果；对第二榜公示的调查成果仍有异议的，按照第一榜公示的程序进行处理，达不成共识的提请上一级人民政府会同业主协商解决。最后对经公示的各项实物指标调查最终成果进行汇总，由涉及的各县（区）人民政府分别对实物指标调查成果签署意见。公示确认中应注意以下关键点。

1. 公示的内容要统一、全面、有针对性

水电工程建设征地有可能涉及诸多行政区划、实物指标类型众多，因此在公示确认过

程中。首先，公示的内容要统一，避免移民群众的互相攀比。其次，公示的内容要全面。各项指标均关系到权属者的切身利益，因此，公示的实物指标内容要全面、易懂，便于移民群众检查和监督，更有利于实物指标调查成果的准确性。最后，公示的内容要有针对性。比如，村民小组关心的是集体土地、集体房屋等财产，移民群众关心的是个人的房屋、附属物、零星树木等私人财产，专业项目主管部门关心的是专业项目。因此，在公示中，要有针对性的张贴实物调查成果内容。

2. 公示的地点要明显

公示的作用就是要公开，要便于观看、检查、监督。因此公示的地点要明显，要选择在实物指标当事人、知情人的集中地进行公示。一般村组集体财产和个人财产选择在所在村、移民相对集中点的自然村公开栏或醒目位置张榜公示，或将实物指标打印成册发放到村组和移民户手中进行公示；专业项目要在专业项目主管单位和权属单位集中办公地点进行张贴。

3. 公示有异议内容的处理要及时

正所谓移民群众无小事，因此，要及时解决公示过程中提出的问题，做到让移民群众安心、放心，有利于提升移民群众对政府、业主、联合调查工作组的信任度，确保实物调查工作的严肃和实物指标调查成果的准确性。

实物指标进行公示后，对公示后有异议的内容要进行及时复核，实物指标复核时各方均要参加，并且是经各方确认后具有约束效力的。实物指标复核后，无论实物指标是增加还是减少，各方均要遵守。同时，公示后的复核要讲究方法，对于个人调查中个性的局部差错，需要及时进行复核；但对于实物指标中涉及数量比较大、移民共性的问题，比如零星树木和坟墓等，通常情况下不会单独进行复核，如果确实需要复核，则需要对整个村组或某个区域统一进行复核。以 JS 江中游 LY 水电站为例，实物指标调查一榜公示后，权属者对调查成果提出了异议，并向实物调查联合组递交了复核申请表，主要申请复核内容为果园面积、围墙、承包耕地、水沟等。收到复核申请后，实物指标调查联合工作组技术到现场进行了复核，经复核，对错漏实物进行了修正，并经过了申请人和复核人的签字认可。

3.3　创新与发展

3.3.1　回顾

纵观我国水电工程实物指标调查的发展历程，不同的社会经济发展阶段，对实物指标调查方法、手段、确认程序、档案处理等各个方面均有不同的规定，实物指标调查要求也不尽相同。现将实物指标调查工作发展历程大致分为以下几个阶段介绍。

3.3.1.1　"84 规范"以前

"84 规范"之前，当时我国水电工程建设征地实物指标调查采用的规程规范是苏联的《水库经济技术调查规范》。按照当时规范规定，实物指标调查是为论证水利工程规模、分析对当地经济影响情况而开展，忽略对"人"的影响。

1. 调查内容

这个阶段调查的内容重点是对水库淹没区土地、人口、房屋三大指标的调查。

2. 调查方法和手段

(1) 在技经阶段 (相当于可行性研究阶段): 主要是以规划设计单位为主, 利用民国时期 "资源委员会" 1∶50000 地形图或部分地区新中国测绘的 1∶5 万、1∶10 万或 1∶20 万的 "航测图", 实地利用海拔仪划分水位, 比较高程进行调查。对土地面积调查, 主要利用实地复核地貌, 进行现场填图后再用求积仪量算面积。

(2) 初设阶段: 主要是利用新测的 1∶2.5 万~1∶1 万地形图实地复核地类分界线和行政界限, 采用求积仪量算土地面积。人口、房屋及其他设施以自然村 (生产队) 实地进行调查。

(3) 技施阶段: 在测设淹没界桩后, 设计单位会同当地政府干部用皮尺、花杆、手水平仪、罗盘仪等, 实地逐一逐块丈量土地。人口、房屋和其他设施逐户调查、丈量、统计。房屋按面积计算, 初步存在结构之分, 主要是茅草房、土坯房、砖房。

3. 确认程序

无须地方政府出文确认。调查人员和 "生产队领导" 共同签字认可。

4. 档案处理

设计阶段完成后由档案资料专业组保管; 工程建成后, 交设计院档案室保管。

3.3.1.2 "84 规范" 至 "96 规范" 期间

该时段对实物指标的重要性认识提升了一步, 更加认识到实物指标调查是水电工程建设的内容之一, 关系到水电工程移民生产、生活和地区经济恢复、发展的重要问题。

1. 调查内容

在 "84 规范" 阶段, 社会经济发展较为缓慢, 物资条件较为匮乏, 水电工程建设征地所涉及移民附属建筑物类型较为单一, 家庭资产较少, 只有满足生产生活极为简单的一些设施。因此, 在这个阶段, 水电工程建设征地实物指标调查内容在土地、人口、房屋、集体财产的基础上增加专项设施、零星树木等, 对附属建筑的调查没有明确要求, 只是要求在移民安置补偿时, 测算农村移民安置迁建补偿费时要求计列炉灶、厕所、圈舍、围墙等附属建筑物的重建费, 一般按原有建筑面积和质量标准, 扣除可利用的旧料后的重建价补偿。

这个时期, 水电工程建设征地涉及的专业项目类型并不多, 涉及量也不大, 专业项目一般由工程设计单位通过隶属关系委托有关专业部门来承担, 因此, 在该规范中没有明确调查方法及相关内容。同时, 为了满足当时的补偿, 土地类型只是划分了耕园地, 要求以自然村为单位调查统计。

2. 调查方法和手段

(1) 初设阶段: 采用 1∶1 万地形图, 初设阶段除土地、人口、房屋全面调查, 专业项目图上统计。

(2) 技施阶段: 使用 1∶1 万地形图, 重要地区应有 1∶5000~1∶2000 地形图, 实地核定各项指标。土地分生产队、个人财产分户调查。

3. 确认程序

无需地方政府确认。调查人员和"生产队干部"签字认可。

4. 档案处理

设计阶段完成后由档案资料专业组保管；工程建成后，交设计院档案室保管。

3.3.1.3 "96 规范"至"07 规范"期间

该时段人们认识到实物指标调查工作是一项政策性强、涉及面广、情况复杂、影响深远的技术经济工作。

1. 调查内容

随着社会经济的发展，居民家庭资产逐渐增多，为了满足水电工程移民附属建筑补偿补助的需求，切实保障移民合法权益，在"96 规范"中，实物指标调查内容和项目比较全面，在"84 规范"调查项目的基础上，重点是增加了集镇、城市调查。实物指标调查项目分为农村、集镇、城镇和专业项目四部分，这种划分是与当时的社会经济发展及水电工程建设征地所影响的库区实际状况相适应的。

2. 调查方法和手段

（1）预可行性研究阶段：对土地面积利用 1：1 万地形图或航空解译成果，按地类和行政界限量算面积。人口、房屋以乡（镇）、村年报统计资料分析与选择典型村、组抽样调查（样本数 20％）。专项设施结合图纸，向各主管部门调查了解。

（2）可行性研究阶段：人口、房屋以村民组为单位逐户调查、丈量统计。对于房屋，按产权用途和建筑结构进行分类，建筑面积按国家主管部门的规定计算。各类土地根据 1：5000～1：2000 地形图上的土地利用现状，现场复核后，分类量算面积；并调查零星果树和其他集体、个人财产。集镇（城镇）按占地面积和分类、公共设施、公用设施、市政工程设施等，分机关事业单位、商业、工矿企业和居民，分户全面调查。专项设施分单位逐项核实。

（3）招标阶段（也称为实施规划）：对需要复查核实的指标，在永久界桩测设后，进行复核调查，对实物指标进行分解细化。

3. 确认程序

对调查实物指标成果，应取得当地政府和有关主管部门的认可。同时在实施阶段要求对实物指标进行公示。

4. 档案处理

实物指标作为水库淹没处理与移民安置规划设计的主要成果，列入设计文件，并随设计文件统一归档，由设计院档案室管理。

3.3.1.4 "07 规范"至今

随着全国水电工程的大量开工建设，移民对于自身权益的维护，原有的调查项目划分类型及深度已难以满足水电工程建设征地的需求。在此背景下，"07 规范"出台，实物指标调查工作的重要性认识得到了最大的提升。同时，"07 规范"将调查要求和相关行业的规定进行了衔接。

这个阶段的实物指标调查内容和项目也更为全面，在"96 规范"的基础上，将集镇和城镇调查并为城市集镇调查，并较为系统全面地界定了实物指标调查项目划分，将调查项目划分为农村调查、城市集镇调查以及专业项目调查。同时，为了满足水电工程移民个人补偿的需求，对调查项目根据类型和结构进一步进行了细化和分类，并规定了实物指标公示确认的程序和其他要求。

为了满足测算建设征用土地的各项费用，结合土地利用现状分类，对土地调查进行了细化，分为 12 个一级地类和 56 个二级地类。林地按《林地分类》规定，细化分为有林地、灌木林地、其他林地。结合土地分类现状，对土地调查的类型进行了详细的划分，分为农村土地调查和城市集镇土地调查。农村土地调查地类的确定依据主要是《土地利用现状分类》（GB/T 21010—2007），城市集镇用地调查主要依据《城市用地分类与规划建设用地标准》（GB 50137—2011）和《镇规划标准》（GB 50188—2007）。

为便于实物指标调查的开展，在"07 规范"中明确房屋结构分类、建筑面积计算标准和范围按照《房产测量规范 第 1 单元：房产测量规定》（GB/T 17986.1—2000）进行划分和计算。为了体现对于不同结构类型及规格的附属建筑物的补偿差异，做到对移民补偿的公平合理，在"07 规范"中，细化了附属建筑物的分类，进一步明确了附属建筑物的调查方法，"应分别调查其数量、结构、规格等"，并形成了实物指标调查过程中的附属设施计量标准。

随着社会的发展，水电工程建设征地涉及其他部门建设的一些专项设施，因此，"07 规范"也对专业项目做了进一步明确。各专业项目的调查均依据相应专业部门的规定。

3.3.2 创新

随着社会经济的不断发展，实物指标调查工作从无到有、由浅至深，实物指标调查工作也在不断地演变和创新，在不断地发展历程中，其创新点概括如下：

（1）实物指标调查范围越来越合理。随着我国经济社会的不断发展，水电工程实物指标调查范围也在逐步变化的过程中，在"84 规范""96 规范"中，实物指标调查范围基本上采用的是建设征地处理范围。随着社会经济的发展，对实物指标调查认识的不断加深，移民工作者逐渐认识到实物指标调查范围与建设征地范围有所区别，实物指标调查范围应该是在建设征地处理范围的基础上，根据各种方案比选和综合分析确定。在实物指标调查工作中，逐步提出了"扩迁区""随迁区"等概念，实物指标调查范围的识别也越来越合理，在社会发展的不同时期满足了我国水电发展及移民安置的需要。

（2）实物指标调查手段和方法越来越先进。从"84 规范""96 规范"到"07 规范"，随着社会经济发展，为了准确补偿和兑付的需要，人们对实物指标调查精度的要求也越来越高，土地地类地形图的测设精度越来越高，比如在"84 规范"以前土地调查采用的图纸主要是 1∶5 万航测图，"84 规范"时采用 1∶1 万地形图，到"96 规范"时地形图的测设精度提高到 1∶5000～1∶2000，"07 规范"阶段时采用的 1∶2000 地类地形图。土地和房屋现场测量设备也越来越精确，从最初的皮尺、求积仪测量到目前使用的激光测距仪、GPS 等便携智能手持设备，实物指标调查的精度也有了很大的提高。随着社会经济和计量仪器的不断发展，实物指标调查的手段和方法也越来越先进和快捷。

3.3.3　展望

1. 实物指标代码的编制

随着社会经济的发展，科学技术的进步，各行各业的规划设计专业分工越来越细致，技术手段和方法也越来越先进，概（估）算编制越来越规范。目前，几乎大部分的行业都有相应的概（估）算编制定额，相应项目有定额编号，但建设征地概（估）算编制由于社会影响性因素多，导致建设征地概（估）算编制定额存在较大难度，但从行业发展和实际工作的需要来看，水电工程建设征地移民安置概（估）算编制定额是社会发展的趋势。作为概（估）算编制基础的实物指标，就需要先实现实物指标定额代码的编制。同时，水电工程建设征地实物指标由于项目庞杂，种类繁多，为了便于实物指标的统计和归类，更需要编制实物指标代码。因此，实物指标代码的编制将会是中国水电工程移民关键技术的发展方向之一。

2. 实物指标调查手段和方法

随着三维 3S 技术的日趋成熟，并广泛应用到各行各业的社会研究和生产上，实物指标反映的是实物与指标属性的统一，但从可追溯性及调查手段的更新上，如果能将实物的三维现状得到运用和体现，将会使得实物指标调查显得更加客观公正。

目前，一些项目法人、规划设计单位及科研单位已开展了一定的探索和实践工作，主要研究思路和方向为：利用 3S 技术进行技术集成应用，建立建设征地区和移民安置区大范围数字高程模型，重点区域建立三维场景，利用卫星定位技术进行土地、房屋、零星果木树、专业项目等对象的高程定位、属性采集等相关工作，利用 BIM 技术，建立城市集镇、房屋、专业项目等的信息库；利用遥感技术，开展区域的种植模式、产量分析等相关工作；建立移民信息管理应用平台，在大场景中实现建设征地范围、主要实物指标、重点区域现状、分级信息展示、实物指标分析汇总等功能，直观展示阶段成果，实现实物指标成果的调查、入库、管理、应用全过程，节约大量的人力和物力，为后续的移民安置规划设计、移民实施管理、监理、独立评估提供了真实可靠的数据源，便于相关信息的展示和交流，具有广泛的应用前景。例如：在可行性研究阶段，利用无人机技术，航测建设征地区、移民安置区高精度影像资料，对航片或者卫片进行解译，建立建设征地范围 1∶2000 精度土地利用现状地形图，建立数字地形高程模型。重点区域（城市集镇、重要居民点和农田分布区域）航测全景影像，建立全三维模型，进行土地面积的测量和相关属性录入，完成土地的调查和入库工作，生成标准表单，进行现场的签字确认。

3. 实物指标调查规范修订

水电工程建设征地移民实物指标调查是移民工作的开端，也是各种利益和矛盾的交织点，这就对实物指标调查规范和标准的制定提出了很高的要求。随着社会经济的发展，部分规范和标准已经不能适应水电工程建设征地移民实物指标现状的调查，实物指标调查工作的准则应使其科学、合理，以保证调查成果全面、准确，同时主要实物指标的相关行业的规程规范也有所调整，需要与其进行衔接。因此，实物指标调查规范需要进行修正，主要体现在以下几个方面：

（1）人口调查。随着《国务院关于进一步推进户籍制度改革的意见》（国发〔2014

25 号）的出台，我国建立了城乡统一的户口登记制度，取消了农业户口与非农业户口，统一登记为居民户口，同时，要求"土地承包经营权和宅基地使用权是法律赋予农户的用益物权，集体收益分配权是农民作为集体经济组织成员应当享有的合法财产权利"，现行《水电工程建设征地实物指标调查规范》（DL/T 5377—2007）规范中人口按户籍类别分类调查的相关要求以及对宅基地调查的相关条款已经难以适应当前政策的要求，难以满足现场调查的需要。因此，水电工程建设征地实物指标调查的内容、标准及要求也随着社会经济发展的变化而逐渐改变。

（2）土地调查。随着我国经济社会快速发展和土地制度改革加快推进，水电工程建设征地实物指标调查中土地类型的划分已成为各方关注的焦点，水电工程建设征地与铁路、公路等工程征地类型及补偿标准之间的不统一时常引发移民上访。为平衡和统一不同工程建设征地补偿问题，2015 年 1 月，中共中央、国务院印发了《关于加大改革创新力度加快农业现代化建设的若干意见》（中发〔2015〕1 号），明确规定"节水供水重大水利工程建设的征地补偿、耕地占补平衡实行与铁路等重大基础设施项目同等政策"，即按照同一年产值或区片综合价来进行补偿，因此，土地类型划分将会按照土地征用补偿的需求而发生相应的改变。

2016 年中共中央、国务院《关于落实发展新理念加快农业现代化实现全面小康目标的若干意见》提出："稳定农村土地承包关系，落实集体所有权，稳定农户承包权，放活土地经营权，完善'三权分置'办法，明确农村土地承包关系长久不变的具体规定。" 2016 年 8 月 30 日，中央全面深化改革领导小组第二十七次会议审议通过了《关于完善农村土地所有权承包权经营权分置办法的意见》，提出"实行所有权、承包权、经营权'三权分置'，放活土地经营权"。随着土地"三权分置"制度的不断健全和完善，为了保障土地权属人的相关权益，在实物指标调查中不仅要查明土地所有权、承包权，还应调查了解土地的承包经营情况，便于在移民安置补偿时分析土地被征收后对经营者整体投资效益和产业发展造成影响。因此，水电工程建设征地土地调查的内容将会随着补偿政策变化而变化。

（3）企业调查。随着社会经济的发展，我国的行业类别逐渐发生变化，《国民经济行业分类》（GB/T 4754—2011）将我国的行业类别分为 15 个门类。但根据现行《水电工程建设征地实物指标调查规范》（DL/T 5377—2007），企业划分标准只对工业、建筑业、批发和零售业、交通运输和邮政业、住宿和餐饮业等行业进行了划分，未包括房地产业、租赁和商务服务业、信息传输业、软件和信息技术服务业等行业。同时，随着社会经济发展，我国原中小企业划型标准只有中型和小型，没有微型企业，已越来越不适应经济发展和行业变化。

为了便于区分和统计，根据国家统计局《关于印发统计上大中小微型企业划分办法的通知》（国统字〔2011〕75 号），国家对农林牧渔业、工业、建筑业、批发业、零售业、交通运输业、仓储业、邮政业、住宿业、餐饮业、信息传输业、软件和信息技术服务业、房地产开发经营、物业管理、租赁和商务服务业、其他未列明行业等行业中的企业类型进行了重新划分，主要依据从业人员、营业收入、资产总额等指标或替代指标，将我国的企业划分为大型、中型、小型、微型等四种类型。

随着社会经济的发展，水电工程建设征地涉及的企业越来越多，企业种类繁多，处理的复杂性也在增加，实际工作中，对企业的调查矛盾突出，为了公平合理地确定企业补偿费用，保障相关各方的合法利益，应当更加细化企业调查方法和调查内容，逐步出台企业处理的相关规范。

（4）调查组织。为适应国家行政体制改革"简政放权"的要求，并符合技术标准编制的相关规定，有必要对规范中有关规定的行政管理职权的条款进行修订。

随着社会经济的不断发展，实物指标调查规范和标准也要与时俱进，应不断地完善和创新，不同项目、不同区域、不同环境所面临的具体问题都有各自的特殊性。因此，未来还需要广大移民工作者进一步探索和研究。

第 4 章

移民生产安置

水电工程建设不可避免地要征占用大片的土地、拆迁大量的房屋，移民将丧失赖以生存的生产资料和生活资料，为此将会造成移民失去原有就业途径和收入来源。不同于城建、公路、铁路等行业，水电工程多位于偏远的高山峡谷，其征地拆迁往往集中连片、影响范围广、程度深、恢复难，经常会出现淹没整个自然村落和大量沿江优质良田的现象，且影响涉及对象主要是大量的农村移民。农村移民往往是就业途径单一、其他职业技术能力相对较为薄弱的群体，同时土地往往是农村移民最重要的生产资料，也是最基本的社会保障，它承载了生产功能、提供就业、社会保障等多种功能，较城镇移民而言，农村移民往往失去土地资源就等于失业、失去收入来源和社会保障，而城镇移民就业和收入往往受到水电工程淹没影响程度较小。因此，对于水电工程建设而言，需要关注那些失去土地等生产资料的农村移民。如何解决农村移民的收入恢复和再就业问题是水电移民安置工作的重点和难点。为解决失去大量农用地资源的农民恢复生产和就业这一突出问题，在水电工程建设征地移民安置工作中就提出了"生产安置"的概念，移民生产安置就是为被征地的农村移民恢复就业和收入水平，采取重新配置土地资源或解决生存出路的活动。

根据 471 号移民条例，我国对水利水电工程建设征地移民安置进行了专门规定，提出："国家实行开发性移民方针，采取前期补偿、补助与后期扶持相结合的办法，使移民生活达到或者超过原有水平"，"对农村移民安置进行规划，应当坚持以农业生产安置为主，遵循因地制宜、有利生产、方便生活、保护生态的原则，合理规划农村移民安置点；有条件的地方，可以结合小城镇建设进行。农村移民安置后，应当使移民拥有与移民安置区居民基本相当的土地等农业生产资料。"由此可以看出，移民生产安置始终都是水电移民安置工作的重要部分，也是移民安置规划中首先需要解决的问题。

生产安置往往涉及移民的切身利益，生产安置方案采用得当，移民安置后就能够安居乐业，区域经济社会就能够和谐发展；反之，生产安置方案采用不当，或生产安置方案不能适应社会发展和安置区实际情况，不仅会导致移民资金利用效率低下，而且会导致移民生计恢复困难而影响移民的可持续发展，甚至为此需要对移民进行重新安置。随着我国经济社会的不断进步，水电移民生产安置的方式和途径也得以不断丰富和完善，从单一的以土为本的农业安置方式，逐渐向二、三产业、自谋职业、养老保险、逐年货币补偿等"少土""无土"的多渠道、多途径生产安置方式转变，这些移民生产安置方式在不同的历史时期妥善解决移民安置难题，推动了我国水电工程稳步快速建设，使水电移民真正实现了就业有着落、收入有保障、发展有希望的目标。总体来说，水电移民生产安置是一项极为复杂和烦琐的系统工程，需要地方政府、项目法人、设计单位以及移民、安置区居民等利益相关者之间的密切配合和共同参与。

4.1　工作内容、方法和流程

4.1.1　工作内容及方法

1949 年以来，我国在不同历史时期新建了大量的水电工程，移民安置任务繁重而艰巨，正是由于大量移民安置工作的不断实践，使得我国水电移民安置的政策法规和技术标准日趋完善，移民生产安置的一些关键技术也日趋成熟。根据国家现行政策法规及"07 规范"、《水电工程农村移民安置规划设计规范》（DL/T 5378—2007）等技术标准，结合当前水电移民安置工作实际，移民生产安置主要工作内容一般可归纳为土地征收影响分析、生产安置任务确定、生产安置规划目标制定、生产安置方案拟定、生产安置规划设计、生产水平评价预测等 6 个方面的内容。

4.1.1.1　土地征收影响分析

水电工程大多位于高山峡谷中，移民赖以生存的生产资料和收入来源主要依托于土地资源，土地征收影响分析是论证移民生产安置任务规模、拟定移民生产安置方案的基础。对其主要工作内容及方法分别介绍如下：

1. 基础资料收集

基础资料是开展土地征收影响分析和移民安置规划的前提，包括库周及安置区各类土地资源数据、农村人口资料、移民家庭收入构成以及当地区域各类社会经济统计资料等。基础资料收集范围一般包括建设征地区和移民安置区。基础资料收集的资料类型及收集方法如下：

（1）资料类型。

1）建设征地影响资料。

a. 建设征地影响实物指标成果。

b. 建设征地影响对地区社会经济影响评价等。

2）建设征地区和移民安置区的自然资源和环境现状资料。

a. 自然资料，包括移民安置区的地形、地貌、地质、地震、矿产、土壤、气候、气象、水文、植被，以及自然灾害情况；新建居民点的工程地质和水文地质勘察成果。

b. 可供移民开发利用的资源名称、位置、数量、质量，以及开发利用现状和发展规划。

c. 自然地理特征，主要自然灾害及其危害程度。

d. 环境现状，以及主要污染状况等。

3）建设征地区和移民安置区的社会经济现状及发展资料。收集工程涉及地区的统计年鉴和乡（镇）、行政村、村民小组有关统计资料，以及国民经济和社会发展计划或规划。了解该地区的社会经济现状，分析其特征和发展趋势。应收集的主要资料包括：

a. 人口结构和职业构成、文化素质以及劳动力流动情况。

b. 当地居民的家庭收入、支出水平及构成情况。

c. 民族构成、地方民风民俗以及历史沿革。

d. 县农村社会经济调查队近3年的有关调查资料。

e. 国民经济主要指标，以及国民经济和社会发展计划或规划。

f. 土地资源及其分布情况、土地利用现状及规划情况、后备耕地资源可开发利用情况。

g. 农业生产经营现状情况、农业综合开发规划情况。

h. 其他可供开发利用的自然资源的现状和开发规划情况。

（2）收集方法。基础资料的获取一般随建设征地实物指标调查一并进行，收取途径一般包括三个：一是，通过向地方县（市、区）统计、农业、国土、林业等部门以及乡镇、村组收集现有资料；二是，由上述相关部门或单位按要求填报；三是，由设计单位现场典型调查采集等方式获取。

对于由县（市、区）相关部门提供或填报的基础资料，应加盖单位公章；对于行政村（组）为单位填报的相关数据，应由行政村（组）加盖单位公章，必要时由设计单位技术人员进行实地核实；对于由设计单位采取典型抽样调查采集的数据，应符合样本比例的要求，应具有代表性和典型性。

2. 土地征收对移民生产生活的影响分析

首先，根据收集的基础资料，分析移民生产生活现状，分析移民家庭就业模式、收入的主要来源及结构。通常水电工程征收土地类型一般包括耕地、园地、林地、养殖水面、草地等农业生产用地（简称"农用地"）以及交通、住宅等建设用地和河流、沙滩等未利用土地，其中农用地是农村移民开展日常生产生活的最主要生产资料，也是家庭收入的主要来源，因此分析工作一般围绕农用地进行，主要分析各类农用地在移民家庭生产生活中的地位和作用，分析移民对各类农用地的依赖程度，提出水电工程建设征地对移民生产影响的主要因素。

其次，根据工程建设征地影响情况，结合上述分析得出的主要生产影响因素，提出工程建设征地对移民的就业和收入的影响及程度。

最后，在上述工作基础上，依据移民对各类土地的依赖程度的不同，通过工程建设征地对移民生产生活的影响程度分析，据此提出移民生产安置工作中需关注的重点因素，从而为拟定移民生产安置任务和生产安置方案奠定基础。

3. 各阶段工作深度要求

预可行性研究报告阶段：主要以县、乡相关部门和单位为基础进行，侧重于宏观社会经济资料的收集和分析为主。

可行性研究报告阶段：在预可行性研究报告阶段基础资料收集工作基础上，还需对涉及村、组社会经济资料进行补充收集，同时采取必要的抽样调查方式，对移民户家庭基本情况、就业情况、收支情况等进行典型调查，资料分析工作也较预可行性研究报告阶段更加深入和细致。

综上所述，基础资料的收集和采用是土地征收影响分析的基础，是全面准确确定移民生产安置任务、制定移民生产安置方案的前提，是整个移民生产安置工作的一项关键工作。

4.1.1.2　生产安置任务确定

对农村移民而言，水电工程对其造成的损失主要是耕地等土地资源被征收后而导致的就业途径和收入来源的丧失。要做好移民生产恢复规划，就必须为移民重新规划配置土地等生产资源、安排就业或其他安置途径，恢复移民的收入损失。因此移民生产安置任务可以通过重新配置土地资源的数量或需要重新安置的人口数量进行表述。

我国实施土地社会主义公有制，即全民所有制和劳动人民群众集体所有制，农村耕地等生产资料基本为集体所有，根据土地法以及现行相关技术标准，并结合实践，当前水电移民生产安置任务的确定主要通过计算生产安置人口进行。根据《水电工程农村移民安置规划设计规范》（DL/T 5378—2007），生产安置人口是指"水电工程土地征收线内因原有土地资源丧失，或其他原因造成土地征收线外原有土地资源不能使用，需重新配置土地资源或解决生存出路的农村移民安置人口"。

全面准确开展移民生产安置任务的界定，是开展移民生产安置方式选定和移民生产安置方案制定的前提，是整个移民生产安置规划中的一项关键工作。生产安置任务确定的主要工作内容及方法如下：

1. 规划水平年拟定

一般以省级人民政府发布通告当年作为规划设计基准年，以水电站水库下闸蓄水当年作为规划设计水平年，其中枢纽工程建设区生产安置人口推算宜结合实际确定截止时间。

2. 人口自然增长率拟定

人口自然增长率是反映人口发展速度和制定人口计划的主要指标，它是指一定时期内人口自然增长数（出生人数减死亡人数）与该时期内平均人口数之比，通常以年为单位计算，用千分比来表示。人口自然增长率主要用来表明人口自然增长的程度和趋势。

水电工程人口自然增长率一般根据国家和地方的计划生育政策及工程建设区当地实际人口增长统计资料综合分析研究制定，同一项目一般采取统一的人口自然增长率。

3. 生产安置人口计算

水电工程多位于山区峡谷中，耕地往往是移民的主要生产资料和收入来源，因此当前水电工程通常以耕地为主要生产资料和收入来源对象进行生产安置人口的计算。根据《水电工程农村移民安置规划设计规范》（DL/T 5378—2007），生产安置人口应按建设征地处理范围涉及计算单元（村或村民小组）的耕地面积除以该计算单元征地前平均每人占有的耕地数量计算。必要时还需考虑征地处理范围内与征地处理范围外土地质量级差因素。具体按式（4.1-1）进行计算：

$$R = \sum R_i \times (1+k)^{(n_1-n_2)} \qquad (4.1-1)$$

其中

$$R_i = \frac{S_{征收} + S_{其他}}{S_{i征前}/R_{i基准}} \times N_{i内}$$

式中：R 为规划设计水平年生产安置总人口数；R_i 为计算单元规划设计基准年的生产安置人口数；$S_{征收}$ 为计算单元设计基准年征收的耕地面积；$S_{其他}$ 为其他原因造成原有土地资源不能使用的耕地面积；$S_{i征前}$ 为计算单元设计基准年征地前的耕地总面积；$R_{i基准}$ 为计算单元设计基准年农业人口数；i 为计算单元数量；k 为人口自然增长率；n_1 为规划设计水平年；n_2 为基准年；$N_{i内}$ 为该计算单元征地处理范围内耕地质量与该计算单元耕地质量

的级差系数。

但根据上述方法计算出的规划设计水平年生产安置人口还必须满足式（4.1-2）条件：

$$R \leqslant R_{基准} \times (1+k)^{(n_1-n_2)} \qquad (4.1-2)$$

式中：$R_{基准}$为设计基准年农业人口总数。

当前以耕地作为主要生产资料和收入来源进行生产安置人口计算的情况最为普遍，也是当前大多数水电工程生产安置人口计算经常采用的方法。例如云南省 LC 流域 NZD 水电站为例，水电站淹没影响涉及农用地 41.6 万亩，其中耕地 8.7 万亩、园地 3.9 万亩、林地 27 万亩，通过淹没影响特点以及库区家庭生产资源及收入来源等基础资料的分析，认为耕地为当地农民最主要的生产资料，也是家庭经济收入的主要来源，故该工程选取耕地作为计算生产安置人口的唯一指标。

随着经济社会的发展，农村土地的种植结构不断优化调整，加之地区间的差异，农村家庭农业种植收入来源更加丰富多元，在一些水电项目实践中也逐渐出现了采用园地、林地等其他指标计算生产安置人口的情况。例如云南省 LC 流域 MW 水电站选取了耕地和园地指标，浙江省 CLS 抽水蓄能电站选取了竹林指标，在一些牧区的水电工程选取牧草地指标。

综上所述，生产安置人口的计算可以采取多种方法进行，各有优劣，总体来说需要结合各地区、各项目的实际情况，选取最科学、最合理的计算指标和计算方法。因此合理计算生产安置人口、准确确定移民生产安置任务是移民安置规划设计中的一项关键技术。

4. 各阶段工作深度要求

根据《水电工程农村移民安置规划设计规范》（DL/T 5378—2007），预可行性研究报告阶段：农村移民生产安置人口以村民委员会为计算单元计算，并逐级汇总，可不考虑本计算单元征地处理范围内与本计算单元土地质量级差因素。可行性研究报告阶段：农村移民生产安置人口以农村集体经济组织为计算单元计算，并逐级汇总，同时需考虑本计算单元征地处理范围内、外与本计算单元土地质量级差因素。实施阶段：在可行性研究规划成果基础上，结合当地实际，必要时对生产安置人口细化界定到户、到人。

4.1.1.3 生产安置规划目标制定

移民生产安置目的就是为被征地的农村移民恢复就业，保证移民的生产生活水平不降低。移民生产安置就是围绕保障移民就业、收入水平不降低为目标进行的活动。根据《水电工程农村移民安置规划设计规范》（DL/T 5378—2007），当前移民生产安置规划目标主要采用移民收入水平为衡量指标，并本着移民安置后使其收入水平达到或超过原有水平的原则，根据移民原有生活水平及收入构成，结合安置区的资源情况及其开发条件和社会经济发展情况，具体分析拟定。

1. 工作方法

当前水电移民生产安置规划目标一般采用人均纯收入指标或人均主要生产资料收入进行反映（如人均种植业收入指标）。生产安置规划目标制定的计算单元通常以县为单位进行，必要时可根据工程实际情况，具体细化确定计算单元。以人均纯收入为例，其生产安置目标应按式（4.1-3）计算：

$$M_{水平年} = M_{基准年} \times (1+k)(n_1 - n_2) \tag{4.1-3}$$

式中：$M_{基准年}$为移民安置规划设计基准年人均纯收入，一般通过社会经济调查分析获取；k为基准年至规划设计水平年人均纯收入年均增长率，增长率一般通过社会经济调查分析获取；n_1为移民安置规划设计水平年；n_2为移民安置规划设计基准年。

2. 阶段工作深度要求

根据《水电工程农村移民安置规划设计规范》（DL/T 5378—2007），预可行性研究报告阶段：以县为单元，初步确定移民安置的指标体系，初步拟定规划目标值。可行性研究报告阶段：可细化分析移民安置规划目标的制定单元（如乡、村或集体经济组织），具体确定移民安置规划目标指标体系，确定各指标的规划目标值。

4.1.1.4　生产安置方案拟定

生产安置方案拟定是移民生产安置规划的核心工作，根据现行相关技术标准，并结合实践，生产安置方案拟定工作主要包括移民环境容量分析、移民生产安置方式选择及标准制定、移民生产安置方案拟定等内容。

1. 移民环境容量分析

根据《水电工程农村移民安置规划设计规范》（DL/T 5378—2007），移民环境容量是指在一定的范围和时期内，按照拟定的规划目标和安置标准，通过对该区域自然资源的综合开发利用后，可接纳生产安置人口的数量。

（1）分析范围。移民环境容量分析的范围应按照由近到远的原则进行，首先选择建设征地涉及的乡镇，当本乡镇内资源不足以安置全部移民时，可扩大到本县的临近乡镇范围，当本县范围内无法全部安置时，可考虑扩大到外县范围。

（2）分析方法。目前我国水电移民环境容量分析方法，一般采取定性与定量分析相结合的方式进行，定量分析建立在定性分析的基础上。

1）移民环境容量的定性分析。从自然资源和社会环境等因素定性分析初选安置区和安置方式的适宜性。自然资源和社会环境因素主要包括土地资源、气候条件、移民和安置区居民意愿、经济发展水平、生产关系、生产生活习惯、基础设施、宗教信仰、生产水平、民族习俗等。目前定性分析方法一般包括意见汇集法和决策偏好法。

定性分析工作应主要围绕关键因素，对明显不符合移民安置需要的安置区进行筛选，主要分析方法如下：

a. 对拟定移民安置区的自然条件、经济发展水平、人口密度和土地资源条件等进行分析，并与移民现状进行对比，将自然条件相近、土地资源相对较丰裕，且符合移民和安置区居民意愿的地区，初步确定为移民的可能安置地。

b. 对拟定安置区的居民特点以及人地关系进行分析。其主要目的是分析拟定安置区居民的民族习俗、宗教信仰、生产生活习惯、主要从事的行业及其生产活动对土地的依赖程度等。并与移民现状进行对比，以检验移民安置区和迁出区在以上各项因素方面的一致性和相融性，剔除关键指标（如民族宗教文化等）相左的地区。

c. 对拟定安置区的基础设施条件进行分析，主要是对交通、水利、社会服务等因素与移民现状进行对比，对于条件差于移民现状的且没有办法解决的，应予以剔除。

d. 对拟定安置区的后备资源（包括土地、生物、矿产、旅游等）和开发利用条件进行分析。研究分析安置区经济发展潜力，将其与移民区进行对比分析。对经济发展潜力小于移民区且没有办法解决的，应予以剔除。

2）移民环境容量的定量分析。根据《水电工程农村移民安置规划设计规范》（DL/T 5378—2007），定量分析主要是确定初选的安置区和安置方式可能安置移民的数量，应主要分析确定影响移民安置的主要因素和敏感因素，建立评价指标体系进行综合的分析预测，确定可能安置移民的容量值。定量分析应考虑资源、经济、人口等指标的动态变化和对移民安置涉及区域资源和经济的影响程度。

基于安置方式的不同，移民环境容量定量分析计算方法也不相同。二、三产业安置、逐年补偿安置、养老保障安置等非农安置方式环境容量定性分析涉及的影响因素较少，分析方法较为单一，甚至无须分析，例如逐年补偿安置通常无须进行环境容量分析，养老保障安置，一般对照养老保障参保条件，如参保对象、参保年龄等要求，分析计算移民人口中具备参保条件要求的人数。而农业安置移民环境容量分析影响因素较多，且农业安置是当前最主流的移民生产安置方式，故本章节主要围绕农业安置移民环境容量分析方法进行介绍。

农业安置移民环境容量应在安置区经济社会发展水平预测基础上，结合安置区土地开发利用规划和种植业规划成果，分析安置区土地资源可接纳生产安置人口的数量。根据《水电工程农村移民安置规划设计规范》（DL/T 5378—2007），定量分析以乡镇或村民委员会或村民小组或安置点为计算单元，一般采取综合指数法、最小值法、O&I法（目标与影响法）进行，具体方法简要描述如下：

a. 综合指数法。以移民安置规划目标为基准，用各安置区的农民人均纯收入、农民人均粮食和农民人均耕地等指标与基准年各指标值求出差异率，再分别乘以各指标的权重值后求和，得到综合指数，综合指数大于和等于0，则说明该区域适合安置移民，小于0则不适合安置移民。综合指数法通常适用于宏观理论分析。

b. 最小值法。根据现场调查，分析安置区可利用土地的适宜性及开发利用方向，结合产业结构调整及种植业效益预测，推算规划设计水平年的人均耕地、人均粮食、人均纯收入等指标。根据拟定的移民安置规划目标值，按照人均耕地、人均粮食、人均纯收入指标分别计算环境容量值，按照木桶理论，取其中的最小值作为该安置区土地资源所能承载的移民环境容量。

c. O&I法（目标与影响法）。在通过分析、预测安置区某计算单元规划设计水平年人均纯收入、人均粮食占有量达到一定目标值的基础上，分析对原居民的人均耕地影响情况，当影响率较小的同时能够满足移民人均耕地底限为一定目标值的条件下，计算可调整出供安置移民的耕地数量，再以原居民调整后的人均耕地数量为标准，计算出可安置移民数量，即为该计算单元的环境容量。

（3）工作步骤。

1）收集工程建设征地区及可能的移民安置区范围内有关一、二、三产业等后备资源现状的基本资料。

2）在收集相关基本资料的基础上，参照定性分析方法，对备选安置区进行初步筛选。

3）在备选安置区初步筛选的基础上，组织开展现场综合踏勘，必要时需对备选安置区开展地质勘查、水文调查、地形测量等工作，经宏观定性分析比较后，确定移民环境容量分析的范围。

4）在拟定的分析范围基础上，按照拟定的规划目标和安置标准，进行移民环境容量的定性分析，提出移民环境容量分析结果。

从上述移民环境容量分析的内容和方法介绍可以看出，移民环境容量分析是论证移民安置方案是否可行的最主要的理论分析工具。因此，移民环境容量分析是移民安置规划设计工作中的一项关键技术。

2. 移民生产安置方式选择及标准制定

（1）移民生产安置方式选择。当前，水电移民安置方式的分类及表述形式在国内外尚无固定的模式，也无统一标准。从移民就业结构、生产资源分配方式等不同的角度，移民生产安置方式可进行不同的分类，其称谓比较混乱，各种生产安置方式在内容上可能也是相互交叉的。结合《水电工程农村移民安置规划设计规范》（DL/T 5378—2007），本书仅以移民从事产业或获得生产资料的类别为主线对农村移民生产安置方式进行分类，可划分为：农业安置、二、三产业安置、投亲靠友安置、自谋职业安置、逐年补偿安置、社会保障安置等。

不同的社会经济背景和环境容量下，移民生产安置方式是不一样的，在经济发展条件相对较好，二、三产业从业条件相对较好、移民对土地依赖程度较小的地区，可更多地侧重于获取足额现金补偿而投入二、三产业以提高生活水平；而对于经济基础相对薄弱、移民对土地依赖较大的地区，为保障其就业和收入水平恢复，可更多侧重于获得土地等生产资源或采取长期补偿方式进行安置。因此移民生产安置方式宜根据土地资源、移民生产技能、移民意愿、环境容量分析结果等情况综合分析选择。

当前我国水电移民仍然以配置数量、质量相当的土地资源进行农业安置为主，在部分经济相对发达地区也采取了一些二、三产业安置、自谋职业安置等其他安置方式。同时，随着经济社会的发展，一些创新移民安置方式也得以探索实践，例如逐年补偿安置、社会保障安置等，使得移民能够获得长期收益。总之，我国现行的水电移民生产安置方式多种多样，其中农业安置方式最为常见，安置人数最多。根据我国移民安置相关政策法规以及技术规程的要求，结合我国水电移民安置工作的多年实践，当前农村移民主要生产安置方式及其要求描述如下：

1）农业安置。农业安置是指以土地为依托的安置方式，也可理解为"有土安置"。农业安置主要通过开发利用各安置区的剩余土地资源、可调剂土地资源或后备资源，通过土地有偿流转调剂划拨、土地开发整理、种植结构调整等方式，为移民配置一定数量的优良土地资源，供其从事种植、养殖等农业生产活动，以此恢复移民的生产就业，进而恢复移民收入损失。在土地资源相对丰富，移民生产生活来源主要依赖于土地，且自身不具备从事二、三产业等其他安置条件的地区，原则上应采取农业安置方式。

2）二、三产业安置。二、三产业安置指移民根据自身生产生活特点和劳动技能，结合当地经济社会发展环境，不再配置土地资源，安置后不再从事农业生产，而主要从事

二、三产业实现就业，并根据政策规定移民将获得一定的经济补偿费，同时政府可提供相应政策支持的安置方式。对这类移民而言，主要是通过政府行政手段帮助移民解决就业问题，实现移民的生产安置。在土地资源较紧张，经济社会发展水平较高，且移民具备从事二、三产业生产技能的地区，移民可考虑采取二、三产业安置方式。

3）投亲靠友安置。投亲靠友安置，主要包括两种情况：一是在非规划移民安置区移民有亲属或亲戚有较为固定职业和稳定的收入来源，移民不再配置土地资源，可通过赡养、抚养方式获取生活经济来源；二是在非规划移民安置区移民有亲属或亲戚朋友拥有较为丰富的生产土地资源，移民自行对接后，可通过土地资源使用权自行流转方式进行安置。该安置方式属于移民在领取相应的安置费用后自行解决就业出路的一种安置方式，与自谋职业安置的不同点在于移民自身不一定需要具备较强的生产经营技能和经营经验，而是依靠亲朋好友的帮助。

4）自谋职业安置。自谋职业安置指移民有一技之长，在领取相应的安置费用后，移民可以自主就业获得生活经济来源（主要从事手工艺制造、经商、房屋租赁等二、三产业），不再配置土地资源，这也是一种由移民自行解决其就业问题的安置方式，该安置方式与二、三产业安置最大的不同在于解决移民就业的责任主体不同。

5）社会保障安置。社会保障安置是不需要配置土地资源，根据当地被征地农民社会保障政策，对符合条件的部分农村移民，将集体、个人的全部或部分征地补偿安置费用、政府补贴费用以及其他应缴纳费用投入当地养老保险基金，当移民达到一定年龄后通过定期领取养老保险金获取相应收入的方式予以安置。这种方式一般适用于满足年龄条件的移民，尤其对一些超龄移民（通常男性满 60 周岁、女性满 55 周岁）更加适用，可实现"即征即保即领"，它的基本内涵是移民放弃土地，不再从事农业生产，以土地换保障，将符合条件的移民纳入被征地农民社会保障体系。

6）逐年补偿安置。逐年补偿安置为近几年才出现的一种创新的移民生产安置方式，该安置方式目前主要在云南、贵州等地区试点推广。逐年补偿安置是指以移民被征收土地资源为基础，采取逐年货币或实物进行长期补偿，进而恢复移民因征地受影响的收入来源的安置方式。对于一些土地资源较为紧张，且移民不具备从事二、三产业条件的经济社会发展相对贫困地区，可以研究采取逐年补偿安置方式。

根据上述简要的介绍，可以看出我国当前水电移民的生产安置方式多样，其适应条件各有不同，因此选择一个、多个或组合形式的安置方式是做好移民生产安置工作的基础，是水电移民安置工作中的一项关键技术。

（2）移民生产安置标准制定。根据《水电工程农村移民安置规划设计规范》（DL/T 5378—2007），生产安置标准一般采用人均土地资源和其他生产资料配置标准等指标进行反映。生产安置标准需基于建设征地区生产资料原有现状，根据安置规划目标和安置区生产资料、资源条件，在保障移民最基本的生产条件下，结合不同生产安置方式合理制定。生产安置标准制定是开展移民生产安置规划工作的基础，切实关系到移民能否成功安置的一项关键工作。对各移民生产安置方式的生产安置标准制定介绍如下：

1）农业安置。农业安置是当前运用最多、最为普遍、也是最为成功的移民生产安置方式。其生产安置标准主要采取人均配置土地资源数量多少进行界定，通常根据水电工程征收主要生产土地的损失情况，结合安置区配置土地资源的质量和产出条件，依据移民安置规划目标，通过安置前后收入水平情况分析制定。农业生产安置一般以村民小组为单位，分库周和安置区分别拟定。

2）二、三产业安置。二、三产业安置主要根据当前安置区确定工业开发项目和确定的第三产业企业发展情况，依据各企业近几年可提供的就业岗位类型、岗位数量、岗位工资待遇、岗位技能要求以及对未来发展的预测，对照安置规划目标和移民自身素质，研究提出二、三产业企业可提供给移民劳动力就业岗位数量。

3）其他安置方式。社会保障安置，不需要配置土地资源，根据各省、自治区、直辖市的相关被征地农民社会保障政策，确定缴存和定期发放养老金的标准。

投亲靠友和自谋职业安置，一般是通过赡养或抚养关系进行安置和通过自行转产到二、三产业就业安置，通常无须制定具体的生产安置标准，重点落实在安置条件和可行性分析上。如果安置后仍然通过自行流转土地恢复生产的，应结合移民意愿逐户逐人确定具体安置对象，落实流转的土地资源，原则上应与安置区农民人均拥有土地资源标准相当。

逐年补偿安置，一般采用逐年发放货币补偿金的方式进行，安置标准以纳入逐年货币补偿安置的耕（园）地为基础和对象，根据各省、自治区、直辖市的有关政策规定确定逐年货币补偿的发放标准。

3. 移民生产安置方案拟定

根据《水电工程农村移民安置规划设计规范》（DL/T 5378—2007），移民安置方案包括移民安置控制条件分析、资源配置、移民安置去向与方式、生产措施、基础设施配置和规划投资等内容，并分为生产安置方案和搬迁安置方案。移民生产安置方案是拟定移民搬迁安置方案和计算移民生产安置费用的基础，需根据国家及各地区的移民安置政策，工程所在地的经济发展水平以及安置区资源条件等情况，通过移民环境容量分析，依据移民安置方式及标准，综合分析拟定。移民生产安置方案拟定的工作内容及技术路线如下：

（1）首先，设计单位会同地方政府、项目法人等单位，对地方政府初拟的安置区进行移民环境容量分析，结合移民搬迁安置去向，初拟各安置区移民生产安置的方式、标准以及容量，据此提出移民生产安置初步方案。初拟的生产安置方案原则上要求按安置点为单元明确各安置区的移民生产安置方式、落实生产安置资源情况，形成的生产安置方案原则上不少于两种，以便移民自由选择。

（2）其次，地方政府就初拟的移民生产安置方案组织开展移民意愿征求工作，向移民宣传介绍各安置区拟定的生产安置方式、标准以及安置要求，并开展移民意愿对接工作，引导移民结合自身条件自愿选择移民生产安置去向。

（3）最后，在移民意愿征求的基础上，由设计单位会同地方政府、项目法人等单位，对初拟的生产安置方案进行修正完善，必要时需进行投资、效益比较分析，据此形成移民生产安置方案，明确移民生产安置去向、生产安置方式、资源配置规模、安置措施等，最终确定的移民生产安置方案应得到绝大多数移民的认可，还需通过地方政府的行政确认。

4. 各阶段工作深度要求

根据《水电工程农村移民安置规划设计规范》（DL/T 5378—2007），生产安置方案拟定各阶段工作深度要求如下：

预可行性研究报告阶段：以村民委员会或安置点为单元分析移民环境容量，容量宜达到移民生产安置人口的 1.5 倍以上。并初步拟定移民安置去向和生产安置方式，提出初步生产安置方案。

可行性研究报告阶段：以农村集体经济组织或安置点为单元分析移民环境容量，容量需大于移民生产安置人口数量。分析移民生产安置方案拟定的主导因素，分析论证比选移民生产安置方案的经济合理性、技术可行性，提出推荐方案。以安置点为单元落实生产安置资源。

实施阶段：必要时，复核移民环境容量及生产安置方案。

4.1.1.5 生产安置规划设计

根据"07 规范"和《水电工程农村移民安置规划设计规范》（DL/T 5378—2007），并结合实践，生产安置规划设计工作主要根据拟定的移民生产安置方案进行细化设计和论证，一般包括生产安置项目规划设计及生产安置投资平衡分析。

1. 生产安置项目规划设计

（1）农业安置。农业安置属于土地资源重新配置的一种土地替代安置方式，农业安置项目规划设计一般包括土地资源筹措、土地开发与整理设计。

1）土地资源筹措。土地资源筹措需依据移民环境容量分析结果和拟定的安置标准，提出安置区可用于移民安置的土地资源来源，包括土地地类、数量和权属。土地资源获取的途径一般可分农村集体经济组织内的个别调整、重新分配和成片调整等。

2）土地开发与整理设计。根据《水电工程农村移民安置规划设计规范》（DL/T 5378—2007），对于成片 200 亩以上的集中安置区一般需进行土地利用现状调查、土地利用总体规划、种植制度建立、细部规划设计、水利设施设计、道路交通设计等项工作；对于未集中成片或成片面积在 200 亩以下的土地开发与整理区域一般需进行土地利用现状调查及主要措施规划。

（2）二、三产业安置。根据《水电工程农村移民安置规划设计规范》（DL/T 5378—2007），对于第二产业安置，主要依据市场预测、拟建规模、工程地质、环境保护、资金筹措、效益等建设条件，重点分析研究第二产业安置项目的可行性，提出可安置移民的人数及条件要求、开发项目规模、生产生活水平预测、经济性分析等。对于第三产业安置，主要依据区域经济发展及相关资源情况、市场条件，进行项目的可行性研究，提出移民安置人数及条件要求，明确采用的配套政策。

（3）其他途径安置。社会保障安置主要是根据各省、自治区、直辖市的被征地农民社会保障政策，结合移民年龄结构，通过移民意愿调查，提出参保对象，并根据库区当地实际情况及政策规定，提出社会保障基金缴存和养老保险金的发放标准。

投亲靠友安置通常分两种情况，一是依赖土地进行安置的，需提出移民安置对象和安置地的土地资源，分析确定生产安置标准，并取得政府的认可；二是通过赡养或抚养关系进行安置的，需提出移民安置对象，分析赡养或抚养双方的经济能力和意见，并取得政府的认可。

自谋职业安置是根据区域经济发展水平及相关政策，分析自谋职业安置的标准和条件，提出移民安置对象，并取得政府的认可。

逐年补偿安置应以集体经济组织为单元，以纳入逐年补偿安置范围的耕地为对象，根据各省、自治区、直辖市的有关规定，提出逐年补偿的具体方法方式和标准。

2. 生产安置投资平衡分析

生产安置方案需具备一定的经济合理性，一般需按集体经济组织为单位对移民生产安置规划投资与征收土地补偿费用进行平衡分析，当生产安置规划投资来源资金（征收土地补偿费用）小于需求量（生产安置规划投资）时，需提出解决生产安置资金缺口的办法或优化调整生产安置方案。

根据《水电工程农村移民安置规划设计规范》（DL/T 5378—2007），生产安置规划投资主要包括土地开发投资、获得土地经营权投资、配套基础设施投资等；土地征收费用中用于移民生产安置的费用，包括集体经济组织或生产安置移民所有的耕地、园地、林地、牧草地、其他农用地等农用地以及荒草地、滩涂等未利用地的土地征收费用。

3. 各阶段工作深度要求

根据《水电工程农村移民安置规划设计规范》（DL/T 5378—2007），生产安置规划设计工作各阶段工作深度要求如下：

预可行性研究报告阶段：初步拟定生产安置项目，提出项目规模、标准，并选取具有代表性的集中安置区进行典型设计；对于分散安置区需提出资源落实情况、配套项目。

可行性研究报告阶段：对规模大于 200 亩和重要项目需提出达到初步设计深度的规划设计文件，对规模小于 200 亩或分散零星项目可归类典型样本进行典型设计。

实施阶段：主要开展生产安置工程项目的施工图设计和设代工作，提出分项目、分安置区实施进度和投资计划。

4.1.1.6　生产水平评价预测

按照"07 规范"和《水电工程农村移民安置规划设计规范》（DL/T 5378—2007）的要求，在可行性研究报告阶段需进行移民生产生活水平评价预测。移民达到或超过原有生产生活水平是衡量移民得到妥善安置的重要标准，根据相关规程规范，结合其他工程的实践经验，水电移民生活水平评价预测一般可分为生产水平和生活水平两类指标，移民生产水平评价预测分县进行，以农村集体经济组织为单元进行（类似的可以分类合并预测）。本书主要就移民的生产水平评价预测工作进行介绍。

1. 生产水平评价指标体系

生产水平评价指标通常与规划目标和生产安置标准一致，一般选取人均年纯收入、人均耕地、人均种植业收入等指标。由于各水电站的实际情况存在较大的差异，且与移民安置的方式息息相关，通常以人均纯收入或人均种植业指标作为最终控制性指标来分析农村移民安置规划目标的实现为宜。

2. 生产水平评价预测

（1）生产水平现状。主要根据各县移民区、移民安置区的国民经济统计资料具体情况，结合实物指标和移民样本户抽样调查成果，以集体经济组织为单位，就预测评价指标，分析描述移民的生产水平现状。

（2）规划设计水平年移民生产水平预测。根据移民生产安置规划方案及成果，对移民安置规划确定的逐年补偿补助、资源配置情况、生产条件、生活条件进行分析，并结合年度增长率，对规划设计水平年的移民安置效果进行预测。重点对移民安置后的人均耕地、种植业收入、二、三产业收入以及其他收入等指标情况进行预测，分析提出各集体经济组织规划水平年移民安置的人均收入预测水平。

在上述工作基础上，通过移民安置前后生产水平对比分析得出评价结论。

4.1.2 工作流程

移民生产安置是一项政策性强、涉及面广、情况复杂、影响深远的技术经济工作，既关系到项目的合理开发利用，又直接影响到一个地区国民经济的发展和移民群众的切身利益，是保障移民安居乐业、库区长久稳定的重要环节。根据当前技术规程和工程实践，移民生产安置工作流程一般包括前期规划和实施两个阶段。

1. 前期规划阶段工作程序

一般包括：基础调查—影响分析—生产安置任务界定—生产安置规划目标制定—移民环境容量分析—生产安置方式选择—生产安置标准确定—移民意愿调查—生产安置方案拟定—政府行政确认—生产安置规划设计等环节。具体详如图 4.1-1 所示。

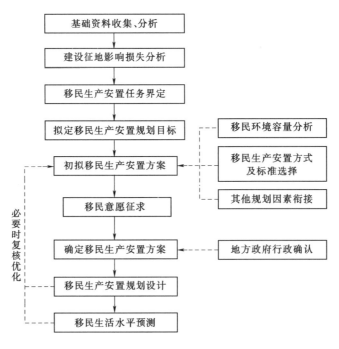

图 4.1-1　移民生产安置前期规划阶段工作程序图

2. 实施阶段工作程序

一般包括：制定移民生产安置方案实施办法—移民生产安置任务分解—生产开发项目

设计、施工建设—生产安置方案实施及验收。

4.2　关键技术

4.2.1　基础资料合理采用

4.2.1.1　基础资料的作用

一切规划设计都离不开对基础资料的研究和利用，移民生产安置规划工作也离不开基础资料的收集、分析和采用。从上述移民生产安置的工作内容和方法中，可以看出，基础资料采用贯穿于移民生产安置人口计算、移民生产安置方式选定、移民环境容量论证、移民生产安置方案制定等各个规划设计环节。相关基础资料和数据的准确采集和合理分析利用，直接关系到上述各项工作成果的准确性，直接影响移民生产安置方案的可行性，进而影响移民生计恢复，其重要性不言而喻。就生产安置而言，其作用可归纳为以下两点：

（1）基础资料对分析计算生产安置人口、拟定规划目标和生产安置方案非常重要。如果基础资料采用出现错误，会导致生产安置任务界定不准确，导致生产安置方案与实际情况出现较大偏差，进而导致移民安置方案不具备可行性和可操作性。

（2）基础资料统计口径、渠道多种多样，采集运用不同部门的数据，会对移民生产安置规划的计算结果产生不同的影响，因此基础资料合理采用也异常重要。例如对库周剩余资源数据的调查，就会对扩迁人口规模的界定产生较大影响，而库周剩余资源的数据的获得有很多途径，例如农业部门的农经统计数据、国土部门的土地调查数据以及村组统计成果，当然也可以通过现场测绘调查的方式获取等，虽然资料的获取方式很多，但这些不同渠道获取的资料真实性、可靠性和合法性还是有所不同的，各方对资料认可度也是不一样的。

4.2.1.2　关键基础资料的合理采用

由于水电移民安置涉及的基础资料往往内容多、范围广、类型多样，涉及地方多个部门和行业，如何做好生产安置规划相关资料的收集和分析成为工作中的关键。就生产安置规划而言，关键的基础资料及其采用过程中需关注内容如下：

1. 关键的基础资料

移民安置规划涉及的基础资料种类繁多，哪些资料是关键呢？依据当前移民生产安置工作的要求，可以分为以下几类关键基础资料：

（1）农村集体经济组织土地数据资料。根据移民条例和技术规程，水电移民的生产安置基本是围绕农村集体经济组织的土地资源展开，例如生产安置人口计算时需要用到村组的人均耕地指标，环境容量分析时需用到安置区村组可开发利用的土地资源指标，拟定扩迁人口时需要对库周剩余土地资源进行分析等，如果农村集体经济组织土地数据资料不准确将会影响上述各项规划设计成果的准确性。在工作实践中，要获取准确的农村集体经济组织土地数据资料也相对困难，这主要由于当前我国农村土地数据资料可来源于不同部门，一是国土部门，二是农业部门，三是统计部门。国土部门土地数据通常通过一定时期内的地类地形图调绘而来，其统计单元通常是行政村；农业部门或统计部门数据一般由村组填报，统计单元一般为集体经济组织，这两者统计时间、统计成果、统计方法往往存在一定的差异。另外从勘测技术手段而言，在移民安置规划阶段，要短时间内投入大量的人力、物力对建设征地区和安置区土地资源进行详细调查也比较困难，这就造成了农村集体经济组织的土地资源数据一直存在无法精准获取的问题。正是由于农村集体经济组织的土地资源数据的多少直接关系到生产安置人口计算成果是否正确，影响移民搬迁安置规模论证和移民环境容量分析等众多关键性工作，加之数据又难以准确获取，使得在实际工作中，地方政府、项目法人甚至移民对如何采用农村集体经济组织土地数据往往争议较大，个别地区为了获取更多的移民生产安置人数指标，对农业统计报表数据（土地数据、人口数据）进行突击修改的情况也有发生。因此农村集体经济组织土地数据资料，尤其是库区剩余资源是移民生产安置工作中一项最为关键的基础数据。

以广西LT水电站为例，实施阶段对建设征地区剩余土地资源进行了全面核实调查，调查工作分别采用了两种方式同时进行，一是采用1:10000地类地形图现场勾绘各集体经济组织的剩余土地位置，利用图纸量算剩余土地面积，二是现场逐户逐地块核实剩余土地的地块、地类、面积，逐一登记造册，最终将勾图量算调查成果和现场逐户登记调查成果进行对照修正。根据核实调查，建设征地区剩余土地资源比可行性研究阶段采用成果有较大的增加，移民环境容量得到大幅扩大，移民外迁安置人数由可行性研究阶段7500余人减少至3200余人。这个案例充分说明通过简单收集国土或农村统计报表的方式调查库区土地资源是很难准确反映村组土地资源和农户承包到户的实际情况；同时也说明农村集体经济组织土地资源数据对移民安置环境分析、移民安置方式制定是非常重要的。

（2）农村经济收入数据。规划目标一般采用人均纯收入或人均可支配收入指标体现，移民生产安置规划目标主要是依据当前农村经济收入指标制定。农村经济收入数据是否真实反映库区经济发展水平和移民的收入水平，直接关系到规划目标能否科学制定，关系到征地对当地经济社会影响程度的分析论证，关系到移民安置后的收入水平预测工作。一旦移民安置规划目标制定不恰当，会直接导致移民生产安置标准制定错误，进而使得移民生产安置方案失真。另外当前农村经济收入指标一般可以通过县级统计部门的统计数据和县级农业部门的农村经济统计数据获得，但两者在统计方法和结果上一般也会存在差异，如何合理采用也会引起各方的关注和争论。故农村经济收入数据也是移民生产安置工作中关键基础数据之一。

（3）产业发展现状及规划数据。移民生产安置本质是解决移民的就业和收入恢复问题，其中就业是基础，而移民就业离不开产业。因此在移民生产安置规划中，需要重点研究区域产业发展现状和规划情况，通过研究可以分析得出水电开发对当地现有产业的影响程度，并对安置区产业未来发展进行预测，以便制定移民生产安置标准和生产开发方案。例如可以通过研究当地现状农业种植结构情况来分析征地带来的农民收入的损失程度，通过研究区域产业规划战略来制定生产开发方案，并据此预测分析安置区生产开发对移民安置后收入水平的影响程度，进而拟定移民的生产安置标准。

以浙江JY抽水蓄能电站为例，通过产业发展现状及相关农村经济收入统计数据的分析，工程建设征地区涉及的C村、H村和F村2015年的人均种植业收入分别为6258元、6312元和2520元，平均为5030元，推算至规划设计水平年平均为5233元。规划安置区水田现状种植作物以蔬菜和水果为主，安置区当地其他较为普遍的种植模式是双季茭白和大棚葡萄，选取这两种常见种植模式，通过典型投入产出分析，得到亩均净产出分别为11000元和16800元，平均净产出为13900元，按2%增长率推算至规划设计水平年为14178元。因此，为维持移民种植业收入不降低，安置区人均需配置0.37亩生产用地，且满足蔬菜和水果的种植条件（水田），经综合分析，并结合安置区现状人均耕地水平，最终拟定移民农业生产安置标准为水田0.4亩/人。从这个案例分析中，可以清晰看到农村经济收入数据、产业发展现状及规划数据在拟定移民生产安置标准所发挥的作用。

2. 基础资料采用中的关键点

基础资料的真实性、合法性和可靠性是准确开展移民生产安置工作的基础，因此除了了解移民生产安置工作涉及的主要关键基础资料基础上，更加需要关注基础资料如何才能做到合理准确采用，在此过程中一般应做好以下几个关键点：

（1）资料的收集要尽量全面。主要指收集的范围要广，需涵盖建设征地和移民安置区；收集的内容要全，应包括现状、近期及远景各类统计资料、规划资料；收集的渠道要多，应包括县（市）级、乡级、村组和移民家庭户等各个层次、各个部门等不同渠道的数据。

（2）重点资料需着重分析后采用。对移民生产安置人口计算、生产安置标准制定过程中涉及的农村土地数据、人口数据以及农村经济数据等统计成果应采用横向比、纵向对比等不同方式进行重点分析，首先应分析各类基础资料的合理性、真实性和权威性；其次必要时应进行现场复核和调查印证，甚至对一些关键性的农村土地资料可采取现场测绘的方法进行，据此综合分析采用相关基础数据。

（3）关键的基础资料数据应取得部门认可。在规划设计过程中，往往会碰到各部门之间统计数据冲突的现象，例如土地统计资料，一般会存在国土、林业的数据与农村经济信息统计报表的不一致，而这些关键数据的采用直接关系到移民生产安置人口规模、生产安置标准等关键规划数据的分析确定，通常是各方争议焦点之一。因此在规划设计过程中，关键的基础数据采用应严格规范资料收集程序和工作的方式方法，尤其是一些设计单位自行采集的数据，必要时应取得地方相关主管部门的权威认可。

4.2.2　生产安置人口界定

4.2.2.1　概念及作用

我国水电移民生产安置工作随着社会经济的发展不断完善，但始终不变的是，生产安置一直是水电移民安置工作的关键部分，也是移民安置规划中首先需要解决的问题，要做好生产安置就必须首先明确移民生产安置的任务。目前我国水电移民生产安置任务主要通过计算生产安置人口数量的方式进行界定。

生产安置人口作为移民生产安置任务界定的指标概念，也是从无到有，属于水电工程所特有。根据我国水电移民安置发展历程来看，在改革开放前，移民基本采取以土为主的农业安置方式，此时尚无生产安置人口的概念，基本围绕被征用的土地资源和农村集体经济组织进行补偿安置。20世纪70年代末、80年代初我国开始推行家庭联产承包责任制，农民开始从自己的承包土地中可以获得比以前更多的额外收益。随着这一农村土地制度的重大改革，在 1982 年国家颁布《国家建设征用土地条例》第十条就提出"为了妥善安排被征地单位的生产和群众生活，用地单位除付给补偿费外，还应当付给安置补助费""需要安置的农业人口数按被征地单位征地前农业人口（按农业户口计算，不包括开始协商征地方案后迁入的户口）和耕地面积的比例及征地数量计算"，自此移民安置开始由集体向个人转变，"需要安置的农业人口"的概念开始萌芽。同时随着我国经济社会的发展和农村土地制度的改革，水电移民也出现了二、三产业安置、自谋职业安置等的新型生产安置方式，这些均需要以"人"为单位开展移民安置规划和实施工作。为此，"96 规范"正式开始提出计算生产安置人口的技术要求，作为界定移民生产安置任务的主要指标和开展移民生产安置规划的基础，并一直沿用至今。

根据《水电工程农村移民安置规划设计规范》（DL/T 5378—2007），移民生产安置人口是指水电工程土地征收线内因原有土地资源丧失，或其他原因造成土地征收线外原有土地资源不能使用，需重新配置土地资源或解决生存出路的农村移民安置人口。它间接反映了工程征收土地资源的规模及其损失影响程度，通过计算生产安置人口数量的多少，可直观反映生产资料损失后需重新安置人口的规模。生产安置人口计算研究的对象为依赖土地为主要生产资料的农业人口，而非农业人口一般采取从事二、三产业，不依赖土地，因此不属于生产安置人口范畴。

生产安置人口作为界定移民生产安置任务的关键指标，在水电移民安置工作中发挥了重要作用，主要体现在：

（1）直观反映了工程征收土地造成农村移民失业的人口规模，并与我国现行的农村土地制度相吻合，形象地反映了农村移民生产安置的任务，为后续围绕生产安置人口，科学开展前期生产安置规划方案制定和实施阶段生产安置任务细化到户、到人奠定了基础。

（2）从生产安置规划技术发展看，通过生产安置人口的计算，可以与搬迁移民及其搬迁安置方案相衔接，进一步提高了移民安置规划的科学性，可客观有效避免了一些盲目后靠安置，便于科学论证移民搬迁安置规模。例如通过生产安置人口的计算分析，可分析确定因生产失去基本生产条件而必须采取处理措施的库周扩迁对象，使得移民不仅在居住条件上得到保障，在生产上也得到了有效发展。

（3）生产安置人口计算成果是否准确、合理，将关系到移民生产安置任务能否得到如实反映，并直接影响后续移民生产安置方案制定、生产安置费用测算等工作是否合理和准确。

（4）通过生产安置人口的计算，丰富了移民人口的概念，使生产安置移民得到更加重视，为移民后期扶持工作奠定了基础。

4.2.2.2 生产安置人口计算

1. 合理选择计算生产安置人口的方法

移民生产安置的主要任务：一是解决移民就业问题，二是解决移民收入恢复问题，这两类问题的解决都需要围绕工程建设征地影响涉及的人口进行。当前我国水电工程对建设征地影响农民生计恢复的规模是采取计算生产安置人口的方式进行，且以工程征收的主要家庭生产资源即土地资源的多少为依据计算确定，而家庭主要生产资源或主要收入来源一般又是依据不同生产资料的收入占家庭总收入的比重来分析确定。

从国民经济统计口径出发，移民家庭收入是指移民家庭户所有成员从各种来源渠道得到的收入总和。按收入性质的不同，家庭户收入可划分为工资性收入、家庭经营收入、财产性收入和转移性收入，其中家庭经营收入是指通过生产、管理而获得的收入，包括家庭经营的农业、林业、牧业等行业；工资性收入是指受雇于单位或个人而获得的劳动收入，俗称为"工资"；财产性收入是指通过投资方式而获得的回报收入；转移性收入是指无须付出任何劳动或资产，而获得的其他收入，一般情况下指在二次分配中的所有收入。因此，就我国实际情况而言，广大农民家庭收入主要来源于家庭经营收入，从行业分主要来源于大农业，而农业收入的来源主要是依托土地等生产资料的经营所取得。另外土地资源作为农村最大的生产资料而言，主要对象是指耕地、园地、草地、养殖水面等农用地，从水电工程建设特点看，耕（园）地往往也是农民最主要的生产资料，也是移民家庭的主要收入来源，因此根据《水电工程农村移民安置规划设计规范》（DL/T 5378—2007）的规定，对以耕（园）地为主要收入来源者，按建设征地处理范围涉及计算单元的耕（园）地面积除以该计算单元征地前平均每人占有的耕（园）地数量计算生产安置人口。

从当前我国水电移民工作实践看，在上述技术规定的基础上，随着经济社会的发展，农村经济发展模式不断变革，农民家庭收入的来源越来越多元化，因此生产安置人口也从最初的纯耕地作为单一指标进行计算的方法，逐渐发展到采用耕（园）地综合指标，再到利用其他指标的计算方法。下面通过几个采取了不同计算方法的实际案例对此生产安置人口计算进行阐述：

以耕地为主要生产资料进行生产安置人口计算的方法最为普遍，也是大多数水电工程生产安置人口计算经常采用的方法。以云南 LC 流域 NZD 水电站为例，该水电站淹没影响涉及农用地 41.6 万亩，其中耕地 8.7 万亩、林地 27 万亩；另外从影响库区 9 个县农村经济收入构成来看，种植业所占比例 44%～79.4%，林业所占比例 3.3%～27%，因此通过淹没影响农用地的特点以及库区家庭生产资源及收入来源等基础资料的分析，认为耕地为当地农民最主要的生产资料，也是家庭经济收入的主要来源，因此选取耕地作为计算生产安置人口的计算依据。

随着经济社会的发展，农村的农业种植结构不断优化调整，在一些地区耕地由传统粮食种植逐渐调整为更具经济价值的林果业种植，改变了原有土地的地类属性，这类园地可定义为可调整园地，其种植经济作物的效益更高，逐渐成为农民新的收入来源。因此，近年来在一些水电工程实践中，结合各地实际情况，逐渐开始选取耕地、可调整园地等指标综合分析后进行生产安置人口计算。例如云南 LC 流域 MW 水电站，水电站影响涉及土地 3.4 万亩，其中耕地 0.68 万亩、园地 0.31 万亩、林地 1.2 万亩，园地占到耕地资源的一半，且多由原来的耕地改变种植结构而来，因此耕地和可调整园地都是当地农民主要生产资料；另外从移民户家庭经济收入来源典型分析，农林牧副渔占总收入的 71.8%，其中农业收入（指耕地和可调整园地种植）占总收入的 40.3%，因此该项目就选取了耕地和可调整园地共同作为计算生产安置人口的指标。除了上述 MW 水电站这种将可调整园地纳入生产安置人口计算的方式外，还有一类情况，例如云南 LC 流域 JH 水电站，由于库区特有的气候条件非常适宜种植水果、橡胶等，并且随着水果和橡胶价格持续攀升，种植园地收入已成为当地居民的重要生活经济来源，种植业收入和林果业收入占到农民总收入的 72.6％，园地与耕地一样都是当地农民最主要的生产资料和收入来源，因此该项目选取了耕地和园地共同作为计算生产安置人口的主要指标。

另外在一些地区除了耕地、园地外，农民日常生产和家庭收入来源还有主要依靠林地资源的情况，以浙江 CLS 抽水蓄能电站为例，水电站需征收（用）各类土地 3786 亩，耕地为 82 亩，园地 140 亩，其余主要为林地，为 3251 亩，占总面积的 85.8％；另外当地农村家庭经济来源分析，项目影响区的农业收入主要为种植粮食、茶叶、笋竹和砍伐毛竹的收入，其来源于耕地、园地和林地，从收入构成上也可以看出，当地耕地、园地和林地的产值差距较小，安吉白茶和生态笋竹是具有当地特色的农产品，农业收入中茶叶种植收入和林地毛竹收入所占比重也相当高，故本工程以耕地、园地和林地为基础计算生产安置人口。

从上述情况看，生产安置人口计算均围绕农业土地资源开展，但在其他个别水电站中，为了准确、合理地计算生产安置人口，从农民对土地资源依赖程度不同或主要土地资源耕作制度的差异，对土地资源进行了折算的方式进行。例如湖南 WQX 水电站，考虑到库区经济结构以农业经济为主，粮食是耕地的主要产品，也是库区人民的主要劳动产品和生活的必需物质。在移民生产安置人口计算时，以淹没损失的粮食产量和人均产粮来推算被淹或被占用耕地上承载的农业人口数（即需要进行生产安置的人口），这种方式既符合当时库区社会经济结构的客观实际，又能够反映被淹耕地和剩余耕地在土、肥、水、气等生产条件和生产水平等方面的差异。

综上所述，生产安置人口计算方法可以采取多种方式，但基本是考虑了当地的农业生产结构，主要依据农村经济收入的主要来源，围绕被征收的农用地进行，但具体的计算模型和方法，还是要根据各水电站建设征地影响的实际情况，从土地资源、农村经济、家庭经营收入构成等方面进行综合分析确定。

2. 生产安置人口计算需考虑土地质量的影响

由于位置、水源、坡度等自然因素差异，以及土地种植结构的不同导致土地产出差异，使土地之间存在一定的质量差异，尤其在南方地区，例如同为耕地也可分为水田、旱地，同为旱地也可分为平旱地和坡旱地。另外即使是水田，也会因为地块地理位置、水源条件、气候条件的不同，而造成不同地块的水田之间存在质量差异。要准确、合理地计算移民生产安置人口，确定移民生产安置任务，就必须对土地质量差异因素有所考虑，通过土地质量系数进行修正。

根据《水电工程农村移民安置规划设计规范》（DL/T 5378—2007），计算移民生产安置人口时需考虑土地质量级差因素，土地质量级差可采用亩产值差异进行分析计算。土地质量级差因素一般在可行性研究报告阶段考虑，在预可行性研究报告阶段生产安置人口可不考虑。

以云南 LC 流域 MW 水电站为例，其在进行生产安置人口计算时，征收耕园地面积中包括水田、菜地、旱地、25°陡坡地以及可调整园地，考虑到各类土地之间存在的质量差异，将征收的各地类面积折算为等当量水田面积来计算征收耕地面积，将村组总耕地面积中各地类面积折算为等当量水田面积来计算总耕地面积。根据现场调查的情况，结合常用耕地以及耕地质量等方面的因素，经过不同地类的产出测算、习惯亩和标准亩换算关系的测算以及流域上游梯级水电站的协调统一，各地类折算为水田的质量折算系数为：菜地为 1.2，旱地和 25°陡坡地为 0.6，可调整核桃园地为 1，可调整其他园地为 0.65。据此，经计算，规划设计水平年生产安置人口为 5126 人；如果不考虑土地质量差异，不考虑土地的折算系数，则计算后的生产安置人口为 4987 人，与原规划人口相差 139 人。再比如浙江 CLS 抽水蓄能电站，在生产安置人口计算中，考虑到耕地与林地的土地产出的差异，通过不同地类亩产值计算，提出按 0.5 折算系数将林地折算为耕地。

因此在生产安置人口计算过程中，应结合当地实际情况，切实分析主要生产资料的土地产出情况，分析土地质量是否存在差异，在此基础上，分析研究生产安置人口计算过程中是否考虑土地质量级差的影响。

3. 生产安置人口需推算至规划设计水平年

水电工程建设周期往往较长，其移民安置持续的时间也相对较长，少则几年，多则十几年，所以建设征地范围内的人口规模是不断变化调整的，因此生产安置人口也是动态变化的。从生产安置人口计算原理和对象看，生产安置人口指的是依托土地等生产资料的农业人口，而农业人口也是动态变化的。由于农业人口的不断变化，势必导致农民土地资源拥有量的变化，因此，从准确反映移民安置任务，切实维护移民权益出发，需考虑人口变化因素。人口自然增长率是指一年内人口自然增加数（出生人数减去死亡人数）与同期平均总人口数之比，是反映人口自然增长的趋势和速度的指标，因此当前技术规程规定选取人口自然增长率指标来分析推算规划设计水平年生产安置人口规模。

4.2.2.3 与其他几类人口的关系

1. 实际农业人口

在移民安置规划设计等前期阶段，根据土地法和技术规程，生产安置人口多以集体经济组织为单元进行计算，不界定到具体对象，属于理论计算值。生产安置人口实际上反映的是生产资料受水电站征地影响的程度，是判断某个集体经济组织受征地影响需进行生产安置的人口规模数字，它是进行生产安置规划的基础数据和指标，其对象主要是依托被征收耕地为主要生产资料的农业人口。实施阶段，为进一步明确生产安置对象，满足移民后期扶持人口界定的需要，地方政府应根据规划设计阶段计算的理论生产安置人口规模，结合移民生产安置方案，将理论生产安置人口按集体经济组织的农业人口为对象，进行细化界定到实际自然人。

综上所述，生产安置人口的对象也是集体经济组织的农业人口，只是在前期规划设计阶段移民生产安置人口不具体化、无特定指定对象，一般根据生产安置的需要在实施阶段细化界定到实际农业人口，结合当前实践，在生产安置人口细化界定过程中一般可遵循以下几点原则：

（1）属于本集体经济组织成员，且其承包耕（园）地等生产资料基本被工程征占用的。

（2）按不突破规划审定生产安置人口规模的原则，生产安置人口可在本集体经济组织成员之间进行内部调整。

（3）生产安置人口应结合不同的生产安置方式进行细化界定，如家庭承包耕地为基础实行逐年补偿安置的，可不界定到实际农业人口和具体自然人。

2. 搬迁安置人口

根据《水电工程农村移民安置规划设计规范》(DL/T 5378—2007)，农村移民安置人口是指因水电工程建设征地需恢复生产或生活条件的农村人口，可分为生产安置人口和搬迁安置人口两类。生产安置人口与搬迁安置人口是两种相对独立又相互交叉的人口概念，它分别从不同角度描述了移民安置任务的人口规模大小。

生产安置人口包括了不拆房只征地人口和既拆房又征地人口，是反映生产资料受影响的程度的一个载体，是开展生产安置规划的基础。

搬迁安置人口是指因原有居住房屋拆迁，或因生产安置或其他原因造成原有房屋不方便继续居住，需重新建房或解决居住条件的移民人口，它包括只拆房不征地人口和既拆房又征地人口，实际反映了工程建设影响居民不能在原居住地正常生产生活的情况。搬迁安置人口一般应在实物指标调查基础上，结合移民生产安置方综合分析案确定。

综上所述，生产安置人口与搬迁安置人口属于两个不同的概念，但两者相比较，生产安置人口不如搬迁安置人口那样直观。生产安置人口和搬迁安置人口存在一定的联系，存在一定的交集，如图 4.2-1 所示。

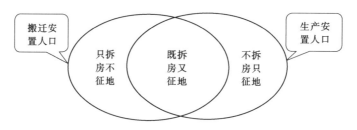

图 4.2-1 移民安置人口关系图

因此，在分析计算移民生产安置人口规模时，应充分考虑搬迁安置的影响，同时也应分析生产安置对搬迁安置人口规模确定的影响。

(1) 生产安置对搬迁安置人口计算的影响。搬迁安置人口对象一般包括：居住在建设征地红线范围内的人口；塌岸、滑坡、孤岛、浸没等水库影响区内的人口；受建设征地影响后，生产生活条件明显恶化，且无法得到恢复须搬迁安置的建设征地红线外其他人口。从图 4.2-1 中可以看到，生产安置对搬迁安置人口计算的影响主要体现在"在征地不拆房居民中，无法就近恢复生产而必须易地安置的人口"。

在计算单元内生产安置人口计算值大于搬迁安置人口时，此情况说明该计算单元搬迁安置人口小于受生产资料受影响的人口，这时就需要进一步分析该计算单元剩余移民环境容量是否充足，如不能就近后靠解决移民的生产安置，而需要生产安置人口搬迁后在外迁安置区配置生产资源恢复生产时，搬迁安置人口计算就需要考虑因无法就近生产安置而增加的线外扩迁人口。这种情况通常在移民采取农业安置方式时出现。

以云南 LC 流域 NZD 水电站为例，在前期可行性研究报告阶段，水库淹没区涉及的直接搬迁人口规模为 14364 人（其中农业人口 12460 人，非农业人口 1904 人），根据水电站水库淹没耕地资源程度及当地耕地资源情况，经计算生产安置人口为 47622 人，远远大于直接搬迁人口规模。NZD 水电站规划采取有土从农的方式进行生产安置，经移民环境容量分析，水电站水库淹没区的耕地为涉及村民组现有耕地中的精华，水库淹没后造成的农业损失相对较大。水库蓄水后，库周剩余的耕地相对较少，整体质量较差，加之库区少数民族人数多、种类多，且村寨之间相隔较远，考虑其民族生产生活习惯，另外也考虑到库周恢复生产的基础设施投资较大，总体认为库周资源的承载力较为有限，因此在拟定搬迁安置人口规模时，充分考虑移民生产安置出路问题，提出了将部分淹地不淹房的人口纳入搬迁安置人口处理，通过远迁方式异地安置。因此该水电站搬迁安置人口中就包括了由于水库蓄水，使其原有的生产、生活条件受到破坏，无法恢复或恢复成本较高时，受影响的人口，最终确定的搬迁安置人口为 43602 人，远远大于实际淹没需直接搬迁人口规模。

（2）搬迁安置对生产安置人口计算的影响。搬迁安置人口包括了只拆房不征地人口和既拆房又征地人口，因此搬迁安置人口不一定全部是生产安置人口。从搬迁安置人口的组成分析，搬迁安置对生产安置人口计算产生影响主要发生在计算单元内搬迁安置人口大于生产安置人口，且搬迁安置人口需外迁异地安置，无法利用原有生产资料时才会发生，导致这类情况的出现一般原因包括地质原因、剩余少量随迁人口等影响因素。

例如由于库周地质原因，造成部分移民（一般其生产资源不受工程影响）必须异地搬迁安置，导致其原有的土地资源由于距离太远，无法满足移民就近恢复生产要求，需在新安置区考虑配置生产资料进行生产安置。例如云南省 LC 流域 MW 水电站建设征地影响涉及的 B 村 D 组 4 户 10 人由于位于滑坡处理区范围，从安全角度考虑纳入搬迁范围，并规划搬迁至 10km 外的新集镇，搬迁后无法利用原有的生产资料，因此这类搬迁安置人口也应纳入生产安置人口处理。

另外一种情况，是由于村组大部分移民已经搬迁，且库周基础设施条件的恢复成本较高，剩余的少量征地红线外的移民一般需纳入搬迁处理，这类搬迁安置人口（一般可称为随迁人口）往往也由于远迁的原因，需在新安置区考虑配置生产资料进行生产安置。例如云南省 LC 流域 MW 水电站建设征地影响涉及的 K 村 S 组，该组建设征地红线内已搬迁移民 23 户 80 人，征地线外还剩余 7 户 21 人，由于组内大部分村民已搬迁，虽然库周仍然剩余 30 亩耕地，但经分析对于线外的少部分居民进行生产生活恢复的难度较大，投入成本高，规划该组剩余的 7 户 21 人全部列入线外扩迁范围，同样也搬迁至 10km 外的新集镇，搬迁后也无法利用原有的生产资料。

以上分析，搬迁安置对生产安置人口计算产生影响主要是由于搬迁安置人口的安置去向引起，本质是移民由于搬迁原因无法在原居住地就近后靠恢复生产。因此，生产安置人口计算时要结合搬迁安置人口的安置去向、生产安置规划情况进行平衡分析，即当搬迁安置人口规模大于生产安置人口计算值，且搬迁安置人口全部采取远迁异地安置时，需结合移民安置生产规划要求，分析确定是否将搬迁安置人口纳入生产安置人口予以计算。

3. 劳动力人口

正如上述章节所述，生产安置人口是根据土地法和相关技术规程，以集体经济组织为单元进行统一计算的理论值，其对象主要是依托土地为主要生产资料的农业人口。因此生产安置人口的对象是需安置的农业人口，而农业人口一般包括劳动力人口和非劳动力人口，故农业人口一般是大于等于劳动力人口。

非劳动力人口一般由丧失劳动力的老年人和未成年人组成，其一般通过劳动力人口的赡养生活。劳动力人口一般需要通过生产安置规划进行生计恢复,因此移民生产安置重点分析研究对象是农业人口中的劳动力人口。

4.2.3 生产安置方式拟定

4.2.3.1 概念及作用

生产安置方式是指移民恢复就业和收入的途径。水电开发移民问题涉及政治、经济、社会、人口、资源、环境诸多因素。移民生产安置方式的选择既受到自然资源、社会环境条件的限制,又受到政策法规的制约,同时移民生产安置对移民区域经济、社会、人文,特别是对移民生存环境产生重要影响。因此移民生产安置方式的选择非常重要:

(1)移民生产安置方式直接关系到移民的切身利益,关系到地方政府移民安置实施的难易,如果拟定的移民生产安置方式不恰当,会引发地方政府和移民的抵触,进而导致移民安置实施难度增加,从而影响移民安置目标无法实现,造成当地社会不稳定。

(2)不同的安置方式可能会带来不同的安置效果。例如金沙江 XLD 水电站云南部分可行性研究报告阶段农村移民安置规划以大农业安置为主,通过开发可以利用的土地,改造中、低产田,发展种植业、养殖业和加工业,使移民都有恢复原有生活水平必要的物质基础,生产安置标准为人均耕地面积 1 亩/人。其中 Y 县水库淹没影响区 1999 年底需要生产安置的移民 22925 人,推算到规划设计水平年 2013 年需要生产安置移民 27092 人,规划在县内通过农业途径安置移民 12659 人,在县内发展第三产业安置移民 1834 人,在县外的 S 地区安置移民 12500 人。随着移民安置实施工作的深入推进,结合移民安置意愿变化,云南省有关部门研究出台了关于 XLD 水电站云南库区移民安置实施意见,对 XLD 水电站云南部分农村移民生产安置方式进行较大幅度的调整,提出了 4 种安置方式:农业安置(包括县内与县外)、逐年补偿安置、复合安置(少量耕地＋货币补偿相结合)和自行安置,随着移民生产安置方式的调整,导致移民搬迁安置方案也发生重大变化,外迁安置比重大幅减少,同时生产安置方案也因此需要重大调整,进而引发生产开发项目、移民安置费用等发生重大变化。

(3)根据移民条例,移民安置后其生活应达到或者超过原有水平,水电移民安置活动均需围绕这一安置目标进行,而移民生产安置是其中最关键的因素。因此生产安置方式的选择直接关系到移民生活水平能否达到或者超过原有水平这一安置目标的实现。而且移民安置是一项涉及广泛、影响深远的社会重构活动,它无法像生产普通商品一样通过不断的试验来取得最佳效果。

(4)移民生产安置方式的不同,会对库周资源的开发利用、产业结构调整等产生影响。例如农业安置就必须依赖土地资源的多少和土地开发程度,二、三产业安置需依赖当地经济社会及其二、三产业的发展水平,逐年补偿安置可以使农村劳动力向城镇转移,促进其他产业的发展。从中可以看到,移民采取不同的安置方式会对周边资源的开发利用和产业发展带来不一样的效果。例如金沙江 XJB 水电站云南部分移民实施阶段调整为逐年补偿安置为主后,使得大部分移民搬迁进城镇安置成为可能,移民进入城镇安置比例高达 62.4%,促进了当地城镇化发展水平,带动了当地旅游业、服务业的发展。

(5)生产安置方式与移民的生产生活习惯密切相关。恰当的移民生产安置方式可以与移民当前的生产生活习惯相吻合,可以降低移民安置的难度,进而降低移民安置的风险。

由此可见生产安置方式选择的重要性,制定切实可行的生产安置方式是拟定移民安置方案的前提,是移民安置工作能否顺利实施推进的基础。

4.2.3.2 生产安置方式适应性分析

根据对我国农村土地制度的相关研究,土地相对农民而言,主要承担了 3 项最重要的功能,一是提供生活保障功能,农民生活所需要的一切都来源于土地,土地提供了农民的基本生存生活需要,是农民最基本的生活保障;二是提供就业的功能,土地为家庭成员提供就业和农业生产劳动技能培训机会,是家庭成员社会化的场所;三是提供直接经济效益,农民可以通过土地在满足自身生存需要的基础上,可创造出更多有效益的产品和经济效益,是农民致富的主要途径。

基于我国农村土地对于农民的功能和效用出发,结合移民安置目标,因此移民生产安置解决的途径需围绕这三个方面进行:一是解决移民生产资源问题,如给移民直接配置土地资源,依托配置生产资料解决移民的就业和收入恢复问题;二是解决移民就业问题,如直接提供岗位或其他方式促进移民顺利就业,从而解决移民收入恢复问题;三是直接解决移民收入损失问题,如直接采取发放货币补助方式弥补被征地的损失。1949 年以来,随着我国社会经济发展水平的变化和农村土地制度的不断变革,围绕解决水电移民生产安置的 3 个主要途径,水电移民先后出现了农业安置、二、三产业安置、投亲靠友安置、自谋职业安置、逐年补偿安置、社会保障安置等安置方式。水电工程当前主要移民生产安置方式对比分析见表 4.2-1。

表 4.2-1　　　　　　水电工程当前主要移民生产安置方式对比分析表

安置方式	安置特点	移民安置后收益模式	优点	缺点	适应性分析
农业安置	通过土地调整、调剂或土地开发整理等方式筹措生产用地,按照农业安置的生产用地配置标准分配给农村移民	收入仍然依靠种植业,安置前后收益模式基本无变化	保持原有生产生活习惯和风土人情,移民适应性强	在土地资源匮乏地区,土地筹措难度大	该安置方式安置风险小,符合当前国家相关政策要求,要求安置地区的土地容量充足
二、三产业安置	根据当地经济社会发展情况,结合移民自身条件及劳动技能,放弃土地,安置后主要从事非农产业生产	安置前后收益模式发生重大变化;收入主要依托二、三产业	可以缓解土地资源紧张的矛盾,符合城镇化发展要求	存在失业风险,收入稳定性一般;对移民素质和谋生技能要求高	该安置方式安置风险较大,对移民自身素质要求较高,多适用于经济发达地区
投亲靠友安置	依靠亲属或亲戚的赡养、抚养获取生活经济来源或自行流转土地资源进行安置	安置前后收益模式可能发生变化,收入更加多元,发展更多依托从事二、三产业	缓解土地资源紧张的矛盾;移民适应性强	受安置条件制约因素大,安置人数极为有限	该安置方式安置风险较小,但安置规模较小
自谋职业安置	领取相应的补助费后,自己解决生产出路	安置前后收益模式发生重大变化;收入主要依托二、三产业	方式简单易操作,可缓解土地资源紧张的矛盾	存在失业风险,对移民素质和谋生技能要求高	该安置方式安置风险较小,对移民自身要求较高,安置规模较小

续表

安置方式	安置特点	移民安置后收益模式	优点	缺点	适应性分析
逐年补偿安置	征地补偿费用在征地期间一次性支付到位调整为在用地期若干年内分年支付	安置前后收益模式发生重大变化；收入主要依托二、三产业	方式简单易操作，可缓解土地资源紧张的矛盾；释放了大量的剩余劳动力，从事其他二、三产业；移民可接受程度高	逐年货币补偿资金来源与当前国家政府政策制度切合度低	该安置方式安置风险较小，与当前水电开发利益共享的要求相符，但需进一步完善政策制定，尤其是逐年补偿资金来源需要制度设计和促进移民稳定就业
社会保障安置	将征地补偿费用于缴纳养老保险基金，使移民达到法定年龄后通过定期领取养老保险金获取相应的收入	安置前后收益模式发生重大变化，收入主要依托保险收入	可缓解土地资源紧张的矛盾	受政策条件制约因素大，安置人数有限	多适用于超龄（男性满 60 周岁、女性满 55 周岁）或丧失劳动能力的移民；且需要有相应的政策制度支撑和政府财政支持

1. 农业安置

（1）发展背景。我国是一个农业大国，土地问题一直是"三农"问题的关键，以土为主的农业安置方式的发展首先还得从农村土地改革发展情况开始叙述。20 世纪 80 年代以前，我国农村土地制度主要经历了三次重大调整，发生了从"封建地主土地所有制"到"农民土地所有制"再到现在的"集体所有制"的巨大转变，使我国确立了社会主义土地集体所有制。我国水电工程基本在中华人民共和国成立后开始建设，属于计划经济时期，土地基本属于集体所有，作为个体的农民基本没有集体财产收益分配权利，水电工程建设征地主要由政府统一安排，不存在针对农民个体进行安置的概念。改革开放后，1983 年中央一号文件《当前农村经济政策的若干问题》正式颁布，全面推行家庭承包责任制，这样农村集体土地开始实行了家庭承包，自此开始的水电工程建设征地就涉及对农民个体的安置问题。

计划经济时期，水电工程建设体现的是服从国家统一安排，主要偏重于补偿，移民安置围绕集体村组进行以土安置为主，以库周后靠安置为主，主要考虑利用库周剩余耕地资源恢复生产，对配置的耕地数量也仅仅从规划上提出了标准上的要求，对配置的数量和质量只是做了原则性的规定，对园地、林地及其他土地配置上未做具体要求，环境容量分析要求不高，对生产安置区配套的水利设施也未提出具体的规划要求。从实际操作上是移民自行开垦荒山荒地，甚至毁林开地的情况比较多。

到 2006 年，水电工程农村移民一直坚持以土为主进行安置，为移民规划配置了和移民搬迁前相当数量的耕（园）地，开始考虑配置林地、家庭养殖等条件和收入情况，但没有充分考虑移民意愿，移民本村无法安置的，考虑跨村、跨乡、跨县安置，并开始探索移民环境容量分析。该段时期政府对土地资源的筹措、分配主要以政府为主进行，开始规划配套水利设施。

党的十六大以来，就解决"三农"问题、统筹城乡发展等工作，党中央、国务院先后作出了一系列的重大战略决策，对水电移民安置工作提出了新的更高的要求。在新形势下，为给新时期的移民工作提供有效的法律保障，切实维护移民合法权益，国务院颁布了471号移民条例，条例提出：移民安置应当以人为本，尊重移民意愿，保障移民的合法权益，满足移民生存与发展的基本需求，让移民在安置后能够尽快恢复原有生产生活水平，同时提出农村移民的生产安置应优先考虑农业安置方式。这一时期，农业安置的要求更高，其生产安置方式要充分征求移民意愿以及安置区居民意愿，对移民环境容量分析工作进一步加深，从社会环境、自然环境、经济环境、自然资源等不同方面来表达移民环境容量，其指标体系更加全面和完善，配置的农业生产土地标准既要结合征地前水平，又要考虑经济社会发展水平进行综合分析论证，对安置目标和安置标准提出了明确的要求，提出了生产安置资金平衡分析内容，土地资源的筹措也不单单是政府事情，还要结合移民意愿进行落实，对安置区的土地质量、水利化程度、环境、气候要求更高。

进入21世纪后，对以土为主的农业安置要求依然很高，例如云南省在推行逐年补偿安置政策后，在制定逐年补偿安置方案时，一般要求在逐年补偿的同时都配置少量的耕地资源，以满足移民基本的生产需要。

从上述发展历程来看，以土为主的农业安置一直是我国最传统、最悠久也是一直坚持的移民生产安置方式，这与我国水电移民的特点是分不开的，我国水电资源主要分布在峡谷地区，山高坡陡、河谷深切，农村主要经济活动以传统农业（种植业）为主。土地对于农民而言是最重要、最基本的生产资料和经营载体，农民的生存技能还是以农业、以土为主，因此长期以来水电开发地区土地一直扮演着农民经济来源和社会保障的双重角色，如果农民完全失去土地资源将失业，会引发社会稳定问题。中华人民共和国成立以来我国大中型水利水电工程移民约2500万人，其中农村移民约2300万人，农村移民中采取有土从农安置的比例约占90%，这种安置方式通过长期的实践，被证明是行之有效的，在很多方面是成功的。

（2）适应性。水电站建设通常位于高山峡谷地区，河谷地区多以农业耕种为主，农业安置方式优点在于：①有利于被征地农民继续保持农民身份，继续从事自己熟悉的农业，农民仍然依靠土地获取收入，不改变原有的生产方式，最容易被移民所接受；②移民能够很快适应新的生活，有利于区域社会稳定，安置风险小。当然也有其不足之处：这种安置方式的前提是在一定范围内能筹措一定数量的可供开发利用的土地，而且这种安置方式不利于城镇化发展的需要，同时由于受自然条件、社会条件等局限以及生态环保要求、农村土地三权改革的影响，土地筹措难度大。

四川JP二级水电站位于四川省L州境内，总装机容量4800MW。该水电站建设征地影响涉及生产安置人口计218人，其中M县149人，Y县69人。该项目在生产安置方式规划选择过程中，分析认为：一方面，项目影响区域地处偏僻，基础设施薄弱，社会经济发展较为落后，大部分移民与外界缺乏交流，当前主要经济收入来源仍为传统的农牧业收入；另一方面，移民还是以传统的农业耕作为主，很少从事二、三产业，要想通过短期培训使他们转入二、三产业就业难度较大。因此，本项目涉及的农村移民安置规划采取有土从农的生产安置方式，以M县为例，生产安置人口规划全部采取农业安置，其中90人外迁到 M 农场安置，共调剂农场现有耕地 112.02 亩，其余村组均在本村内调剂耕地的方式进行安置。实施阶段，移民安置工作均按照规划实施完成，安置效果较好（图 4.2-2）。

图 4.2-2　JP 二级水电站移民安置前（左图）、后（右图）生产用地情况

云南 XW 水电站位于 LC 流域干流，规划设计水平年农村农业生产安置人口 42718 人，农村农业搬迁安置人口 37789 人，规划集中安置点 57 个，建设征地移民安置涉及 3 州（市）12 个县（区）。实施规划阶段，从"搬得出、稳得住、能致富、环境得到保护"的原则出发，规划采取农业安置的方式，考虑水库形成后，原主要分布居民点和耕地的河谷两岸较平坦的冲积和坡积阶地被淹没，大部分良田好地被淹没，水库正常蓄水位 1240.00m 以上，高产稳产田所剩无几，旱地、园地等多为土地贫瘠、山高坡陡、质量较差的土地，库周宜农荒地少，部分区域还要退耕还林，而且邻近村组土地（耕地）数量有限，难以调整，因此选择"就近就地后靠"安置移民的空间很小。为了给移民配置相应的较肥沃、产量较高、水利条件较好的耕地，规划出村、出乡、出县"外迁"到土地资源较充足的地方安置。因此，从库区环境保护、经济社会稳定及移民发展空间考虑，规划将库区的大部分淹地影响人口迁出库区以外进行恢复生产生活。

实施阶段，由于 XW 水电站库周特定、优势产业的发展，加之库周交通、水利等基础设施条件在近些年得到了一定的改善，一些淹地影响搬迁移民看到库周剩余资源的发展潜力，安置意愿发生了改变，一部分原规划为外迁安置的淹地影响移民选择了就近就地恢复生产进行安置的方式。调整后，XW 水电站农业生产安置人口 43763 人，其中不搬迁就近恢复生产安置人口 17670 人；农业搬迁安置人口 34124 人，其中县内集中搬迁安置 13757，跨县集中搬迁安置 9501 人，就近搬迁安置 9358 人，自行安置 1249 人（含投亲靠友安置 46 人），货币安置 10 人，并入 GGQ 水电站处理 249 人；非农业搬迁安置人口 857 人。以 XW 水电站外迁移民安置的 B 县为例，其移民均采用农业安置方式，为生产安置人口人均配置 1.5 亩水田、1.5 亩旱地、1.5 亩园地，2009 年移民 677 户 2768 人搬迁入住 B 县后，在当地政府及农业部门的帮助下，结合 B 县的气候资源优势，大力发展葡萄、柑橘等高效经济作物，经济作物种植面积已占总耕地面积的 39.5%，移民种植葡萄等经济作物的效益明显，为 XW 水电站外迁移民"搬得来、住得稳、逐步能发展"奠定了坚实的基础。

总体来说无论规划阶段还是实施阶段，XW 水电站始终采取了以土为本的农业安置方式，通过对库周和安置区的农业安置措施的进一步优化，大大提高了库周的生产潜力，进一步降低了移民搬迁规模，促进了移民安置的顺利实施。

2.二、三产业安置

二、三产业安置也是随着经济社会的发展，部分农村劳动力开始向城市集镇转移，逐步实现了非农就业，不再依赖农村土地等生产资料为生，这个时候就出现了二、三产业等提供就业岗位或农转非政策的安置方式。从政策上来说，在 1982 年国家颁布《国家建设征用土地条例》第十二条提出安置的主要途径中就有所规定："发展社队工副业生产。在符合国家有关规定的条件下，因地制宜，兴办对国计民生有利的工副业和服务性事业"；"按照上述途径确实安置不完的剩余劳动力，经省、自治区、直辖市人民政府批准，在劳动计划范围内，符合条件的可以安排到集体所有制单位就业，并将相应的安置补助费转拨给吸收劳动力的单位；用地单位如有招工指标，经省、自治区、直辖市人民政府同意，也可以选招其中符合条件的当工人，并相应核减被征地单位的安置补助费"，"生产队的土地已被征完，又不具备迁队、并队条件的，本队原有的农业户口，经省、自治区、直辖市人民政府审查批准，可转为非农业户口或城镇户口"。

二、三产业安置主要在 20 世纪的 80 年代、90 年代一些东中部经济相对较发达的地区采用，这一时期为改革开放初期，国家大力发展乡镇企业，且由于城乡二元结构的原因，城镇居民较农民可享有更多的社会福利待遇，例如就业、就学、就医等，因此二、三产业安置在当时还是受到了移民欢迎，在当时的社会经济条件下，曾短时间内有效解决了移民的就业、收入和安置问题。进入 21 世纪，随着我国经济社会的快速发展，城乡差距逐渐缩小，农民进城自主择业的机会大大增加，使得二、三产业安置逐渐失去了原有吸引力，自谋职业安置、投亲靠友安置等非农自主安置的方式慢慢代替了二、三产业安置的地位；同时原来一些采取二、三产业安置的企业由于管理水平较差，生产质量产品逐渐下降，加上市场销路不好，多数企业经营面临倒闭或破产，并没有达到当初妥善安置移民的目的。

总体来说，我国水电移民采取二、三产业安置的移民规模相对较少，该安置方式首先要求移民应有从事二、三产业的经验和技能，安置前已从事二、三产业的移民往往愿意接受二、三产业安置，对于原从事农业生产的移民，有从事二、三产业愿望的人也一般较多，但很多移民无相关经验和技能；其次，二、三产业安置一般由政府、水电站业主举办、发展企业或引导辖区内现有企业，使移民进入企业工作；或由移民自办企业、移民自寻就业门路从事二、三产业，因此实施操作难度较大，企业管理要求高，市场风险大。因此，二、三产业安置方式主要取决于当地区域经济发展水平、基础设施条件、科技化水平、区域优势、城镇化程度等指标，这种安置方式要求人员具备一定文化素质和技术水平，有从事二、三产业的经验和能力，生产经营和谋生技能较强，离开土地能维持生活的移民，或经过相关职业培训或技能培训能够获得一定谋生技能的移民，进入工矿企业、商贸、旅游、餐饮等二、三产业。在移民安置实施中，一般由移民自愿提出申请，政府按照一定的标准严格进行审核，在政府的组织和引导下移民迁入城镇或农村市场经济较发达的区域，进入二、三产业就业或通过自办二、三产业工作，不再配置土地资源。

湖南 WQX 水电站水淹没影响的 3 县 23 个乡和 3 个镇，需要进行生产安置的农业人口高达 57457 人。在规划阶段，考虑到水库区的乡镇企业已具一定规模，根据库区现有情况和人员素质，规划了部分移民转到乡镇企业。经过一定的论证工作，按照短、平、快的原则，因地制宜、提早开发，实现规划的经济效益和社会效益，共规划近期先开发乡镇企业 41 项，安置移民 5205 人。云南 LC 流域 MW 水电站建设征地涉及陆地面积 17.63km²，耕地 6224.51 亩（其中水田 3623.84 亩），林地 3507.3 亩，原规划水库区农业移民人数为 3331 人，均采用农业安置方式；枢纽工程区涉及的 Y 县 241 名农业移民，经政府批准，办理了户口"农转非"手续，利用各户所得补偿费的 85％入股兴办集体企业，成立了"MW 经济开发股份有限公司"，安置有一定文化程度的移民 23 人；未进入"开发公司"的移民，在县援漫办和乡政府的帮助下，有效地使用安置资金，开辟多种就业门路，获取经济收入；移民根据自身的能力及条件，有的搞运输，有的从事商业、服务性行业、加工业和饲养业，采取了"农转非"（二、三产业）安置。总的来说，二、三产业安置在当时的历史条件下促进了移民安置的顺利实施，实现了移民安置目标的要求。

3. 自谋职业安置

自谋职业安置的特点往往是移民自愿脱离耕地（仍然采取农业有土安置的较少），自行解决生产出路，是一种变被动移民为主动移民的安置方式，它能够缓解土地容量不足的矛盾，不会导致安置区人地矛盾加剧，并且在安置方式上更加贴切移民的意愿，突出了移民的自主选择性，在心理上移民容易接受。但是自谋职业安置适用的条件更加严格，需要移民有丰富的社会网络关系，需要移民具备较强的生产经营技能和经营经验，新环境适应能力强；需要一个能够吸纳更多劳动力、提供更多经济收入的大劳动力市场。由于少数民族地区经济发展水平相对落后，移民群众文化水平相对较低，社会关系缺乏，大部分移民没有一技之长，不具备较强的生产经营技能和经营经验，脱离土地后难以自谋出路。因此在商品经济不发达、信息交流不通畅的少数民族地区不具有普遍适用性，无法大规模实施，只能针对有能力的个体。同时在实施这种安置方式时，需按照一定的标准严格进行审核，确保移民的生产门路和生活出路得到真正落实，避免移民个人只顾眼前利益而留下许多后遗症。

进入 21 世纪，随着我国经济社会高速发展，城镇化比例越来越高，城市就业机会多，使得农民进城已稀松平常，农民自主择业的能力越来越强。因此，目前自谋职业安置方式已成为水电移民安置的一个重要补充，但自谋职业安置移民规模所占比重仍然不高。

浙江 TK 水电站位于浙江省 L 市境内的瓯江支流，工程以发电为主，兼有防洪、扶贫等综合效益。水库正常蓄水位 160m，电站装机容量 600MW。TK 水电站库区农村移民 47874 人可行性研究阶段规划均采取有土安置的农业生产安置方式，在全省 5 个市 33 个县（市、区）292 乡、镇、场、街道安置。在移民安置实施过程中，由于移民意愿变化的原因，对部分农业人口移民采用了无土安置的安置方式，调整后的安置方式包括有土安置、投亲靠友安置、自谋出路安置、自谋职业安置、养老保险安置五种形式，其中大约有 20％的移民选择了自谋职业安置，这部分移民总体上较为稳定，收入恢复较好。

4. 投亲靠友安置

投亲靠友安置方式也是一种移民自行解决就业出路的安置方式，与自谋职业安置的不同点在于移民自身不一定需要具备较强的生产经营技能和经营经验，而是依靠亲朋好友的一定帮助。

投亲靠友安置是一种移民自主选择行为，移民接受度高，安置后较容易融入当地社会，后期稳定性较高。但也要看到投亲靠友安置，需要移民自身拥有可靠的可利用的亲缘网络关系和资源。同自谋职业安置，在实施这种安置方式时，政府应按照一定的标准严格进行审核，确保移民的生产门路和生活出路得到落实。

投亲靠友安置受安置条件制约因素大，安置人数极为有限，所占比重都不大。例如云南 LC 流域 XW 水电站投亲靠友安置仅 534 人，占安置人口的 1.5%。金沙江 GYY 水电站 Y 县移民选择投亲靠友安置方式的有 70 户 246 人，占 Y 县 GYY 水电站总移民人口的 17.4%，占 GYY 水电站总生产安置人口的 2.4%，实施阶段 Y 县对采用投亲靠友安置移民提出：须由本人提出书面申请，逐级审核，签订安置协议，司法公证，兑现补偿后自行安置；同时，制定了较为严格的审核条件：父母、子女等近亲属有固定住所，愿意出具书面接受协议，能够自行落实住房或者宅基地建房，自愿放弃配置的生产用地和集中安置点的宅基地。

5. 社会保障安置

水电移民社会保障安置的基本内涵是移民安置后不再从事农业生产，以土地换保障，将符合条件的移民纳入被征地农民社会保障体系。被征地农民社会保障基金除被征地农民、集体缴费外，还有一部分需地方财政补贴，因此社会保障安置方式目前在经济较发达的地区才有可能行得通。

这种安置方式从四川 PBG 水电站以后，在西部地区（主要是四川地区）得以少量推行。2006 年，在《中共中央国务院关于推进社会主义新农村建设的若干意见》中，首次提出："完善对被征地农民的合理补偿机制，加强对被征地农民的就业培训，拓宽就业安置渠道，健全对被征地农民的社会保障"。2007 年劳动和社会保障部印发了《关于切实做好被征地农民社会保障工作的有关问题的通知》，该通知要求"进一步明确被征地农民社会保障工作责任"。2008 年，《四川省大中型水电工程移民安置政策有关问题的通知》（川发改能源〔2008〕722 号）颁布，对水电移民采取养老保险安置方式，首次提出工作办法："至规划水平年前男满 60 周岁、女满 55 周岁的农村移民可以自愿选择养老保障安置，不再调配土地，土地'两费'用于养老金统筹。养老金标准从 2009 年 1 月起每人每月从 160 元调整为 190 元（考虑近几年物价指数），期限从搬迁之日起至死亡之日止。移民在土地'两费'发放完毕之前死亡的，应将'两费'余额一次性发给其合法继承人"。

6. 逐年补偿安置

随着我国西部大开发、西电东输、水电基地等国家战略的实施，水电开发逐渐向西南大江大河纵深推进，受耕地资源匮乏等客观条件的限制，人地矛盾更加突出，单纯采取农业安置异常困难，单靠农业解决农民的致富和长远发展问题同样非常困难；加之水电开发地区地处偏远，经济发展水平普遍不高，移民自身素质尚达不到自我择业、自我发展的需要，二、三产业安置、自谋职业安置等传统的非农安置方式风险较高；另外广大的农村移民也已不再满足于传统的农业生产生活，进城镇就业的想法和愿望越来越强烈。因此，为了妥善安置移民，推进水电建设，近年来，一些地区进行了不给或少给配置土地再辅以其他措施使移民保持原有生活水平的生产安置方式的尝试和探索，以尽可能降低工程占地对移民收入的影响并有效替代被征收的农用地的保障功能。这些安置模式，有代表性的主要有以 TK 水电站湖南部分为代表的逐年实物补偿安置模式、以金沙江 AH 水电站云南部分为代表的少量土地加长期逐年现金兑付的安置模式、以广西 CZ 水利枢纽工程为代表的按亩产净产值长期逐年支付的安置模式等，这些模式目前均称为逐年补偿安置方式。根据"发改能源〔2012〕293 号"，逐年补偿安置是以被征收承包到户耕地净产值为基础进行补偿的无土安置措施。逐年补偿安置是在不打破现行国家土地征收补偿政策的基础上，将静态的一次性征地补偿行为转变为动态的长久逐年补偿。项目法人对征收移民承包耕地按审定的逐年补偿标准，以实物或现金的形式对移民实行长期补偿，水电站运行一年，补偿一年，直至水电站运行期结束，从制度制定上使受水电工程建设影响的失地农民与项目法人共享建设成果，使移民在每个生产周期领取一份"工资"，保障其生活水平不降低。

目前已经实行逐年补偿安置的典型水电工程有广西 CZ 水利枢纽、湖南 TK 水电站、金沙江 AH 水电站（云南部分）、金沙江 XJB 水电站（云南部分）、LC 流域 NZD 水电站、四川 LHK 水电站等，尤其是在云南地区已逐步推广到金沙江中游、LC 流域中游各个水电站。从当前的实践看，各水电站逐年补偿安置具体操作方式存在较大的不同，下面选取几个案例对此进行介绍，便于读者了解。

（1）TK 水电站（湖南部分）。TK 水电站湖南部分移民生产安置规划采用了逐年实物补偿安置方式，该方式是一次性规划核定被征收耕地的粮食作物品种和对应的年亩产量，按照核定的粮食作物品种和产量及相应被征收耕地面积逐年向集体经济组织兑付相应的粮食作物，与人口增减无关，实物补偿期限为水电站寿命期，实物补偿费用进入发电成本。

（2）广西 CZ 水利枢纽工程。广西 CZ 水利枢纽工程采用对被征收的耕地，按耕地的净产值（扣除种植成本）进行补偿。耕地的净产值随时间的变化由省级人民政府或主管部门根据社会经济发展情况进行动态调整，每三年按自治区有关政策对耕地的产值调整一次。地类按调查确定的地类长期不变，长期补偿款采取每年分两次发放的方式，补偿期限从耕地受淹没影响之日开始到水电站报废为止。

（3）金沙江 AH 水电站（云南部分）。云南省是我国的水电大省，水电移民安置任务重，特别是进入 21 世纪以来，随着水电开发进程的加快，有一大批巨型水电站要相继实施。金沙江下游的 XJB 水电站、XLD 水电站、金沙江中游的水电工程等均要在 2007 年前开展大规模的移民安置工作，经过大量的调查研究和反复论证，认为以土为主的安置方式在实施时难度非常大。2007 年 7 月，云南省人民政府办公厅以"云政办发〔2007〕159 号文"出台了《云南省人民政府办公厅关于印发云南金沙江中游水电开发移民安置补偿补助意见的通知》，正式提出了长效补偿安置。根据该政策规定，AH 水电站云南部分移民采取了长效补偿保障机制，根据征收耕地数量，按国家审定耕地产值以货币形式逐年兑付补偿费用，并在此基础上，对采取城乡结合安置和远迁集中安置移民再另行配置 0.5 亩耕地；对后靠和分散安置的移民，继续利用其剩余资源或调剂本村民小组出村远迁移民搬迁后剩余的耕地资源耕种经营，不再额外配置土地资源。补偿期限从耕地受淹没影响之日开始到水电站报废为止，即为水电站的运行期限。AH 水电站云南部分逐年补偿具体兑付方式分为：Y 县选择后靠及近迁安置的移民"长效补偿"的方式也是按照征收土地的面积进行逐年补偿，即所谓的"对地"模式，但对于 Y 县远迁至 JSY 安置点的移民，由于该安置点集中安置了金沙江 LY 水电站、JAQ 水电站的移民，为了统一平衡各梯级水电站的补偿标准，Y 县 JSY 安置点采用的"长效补偿"方式是按照该安置点的搬迁安置人口，逐年按照统一标准进行补偿，即所谓的"对人"模式。

（4）金沙江 XJB 水电站（云南部分）。XJB 水电站位于金沙江下游，装机容量6000MW。根据可行性研究报告，移民生产安置人口 24385 人，规划以大农业安置为主，选择农业安置的有 8657 人，选择二、三产业安置的有 11463 人；搬迁安置人口 60095 人，本村本组安置 8997 人，出村本乡安置 1201 人，出乡本县安置 132 人，进城（集）镇安置38227 人，出县外迁安置 11538 人。

2006 年 7 月国家颁布了 471 号移民条例，2007 年 7 月云南省人民政府办公厅印发了《XJB 水电站云南库区农业移民安置实施意见》，明确了 XJB 水电站云南库区农业移民安置方式，包括：县内农业生产安置、复合安置、城镇化安置、养老保障安置、自行安置、外迁生产安置。2011 年 1 月，云南省移民开发局印发了《云南省移民开发局关于印发〈XLD 水电站云南库区移民安置实施意见〉的通知》，要求 XJB 水电站以《XLD 水电站云南库区移民安置实施意见》为基础调整完善移民安置方式。经调整后，XJB 水电站云南库区生产安置方式分农业安置、逐年补偿安置、城镇化安置、部分逐年补偿与少量土地相结合的复合安置（以下简称：复合安置）、自行安置、外迁农业安置六类。

由于 XJB 水电站就近后靠农业安置环境容量不足，可行性研究报告阶段生产安置规划以外迁到 Y 市 ML 安置点集中农业安置和县内农业安置为主，移民安置实施阶段，结合移民意愿，各方认为以土为主传统农业的安置方式实施难度很大。在逐年补偿政策出台之后，经征求移民安置意愿，XJB 水电站云南部分取消了外迁安置，大部分移民选择县内安置，生产安置方式以逐年补偿为主。这种安置方式的转换，一方面，避免了移民大规模的外迁，确保了移民安置搬迁进度，同时保证了 XJB 水电站按期下闸蓄水发电。根据2015 年 12 月审定的《金沙江 XJB 水电站移民安置实施阶段建设征地移民安置实施规划设计报告》（云南部分），经统筹规划，至规划设计水平年，云南部分生产安置人口为 37754人，按安置方式分，其中农业生产安置 1045 人，复合安置 71 人，城镇化安置 23240人（享受逐年补偿和城集镇门面配置），逐年补偿安置 6966 人，自行安置 3028 人，二、三产业安置 3404 人，享受逐年补偿安置的生产安置人口达 30206 人，占总生产安置人口的 80%。

XJB 水电站云南部分逐年补偿标准为 160 元/（人·月）。另外，S 县城镇化安置标准除享受逐年补偿外，还以户为单位配置 7m²/人的门面指标，由选择城镇化安置的移民，按照政府公布的建筑成本价进行申购。

（5）LC 流域 NZD 水电站。NZD 水电站为云南省 LC 中下游河段二库八级水电开发方案的第五个梯级水电站，水电站装机容量 5850MW，2015 年 6 月工程完工。

根据 NZD 水电站建设征地移民安置规划报告，规划设计水平年需生产安置 48715 人，规划采取调剂耕地、新开耕地及改造耕地等农业安置方式进行安置；其中就近恢复生产安置人口 4477 人，搬迁生产安置人口 44238 人（本组内分散搬迁生产安置 254 人）。库周就地后靠安置区生产安置标准：平均每个移民按耕地 2.2 亩（水田 0.4 亩，旱地 1.8 亩）、园地 1.0 亩，其他土地（林地）3～5 亩，共计配置土地面积 6.2～8.2 亩/人。外迁集中安置区生产安置标准：平均每个移民配置耕地 1.89 亩（水田 0.98 亩，旱地 0.91 亩）、园地 1.06 亩，其他土地（林地）2.49 亩，合计配置土地 5.44 亩/人。规划设计水平年搬迁人口 23925 人，其中农业人口 23319 人，非农业人口 606 人。

实施阶段，鉴于库周部分地区土地资源相对匮乏，完全配置足够土地资源难度较大，在此情况下，P、L 两市提出了逐年补偿安置方式。2009 年 4 月，云南省移民开发局印发了关于贯彻执行《云南省 LC 流域 NZD 水电站多渠道多形式移民安置指导意见》，进一步明确了实行多渠道多形式移民安置的有关问题。根据《NZD 水电站实施阶段建设征地移民安置总体规划》，NZD 水电站以城镇最低生活保障标准作为长效补偿标准，综合考虑 P、L 两市实际情况，规划取值为 187 元/（人·月），同时考虑配置 0.3～0.5 亩耕地。经规划，水电站枢纽工程建设区农业移民生产安置仍以大农业安置为主，水库淹没影响区以逐年补偿和大农业安置为主。NZD 水电站水平年规划生产安置人口 48571 人（其中采取逐年补偿安置方式 26106 人，农业安置 22432 人，自行安置 33 人）。NZD 水电站淹没农村集体土地资金共计 387566 万元，纳入逐年补偿资金 82596 万元，用于生产开发资金 222056 万元，未使用的集体土地资金 67899 万元。

截至 2016 年年底，NZD 水电站生产安置工作累计流转土地资源 122500 亩，其中耕地 88061 亩、林地 27233 亩、园地 7206 亩，基本完成了大农业安置的土地资源配置。逐年补偿安置移民的逐年补偿资金，按地方政府上报的逐年补偿人口正常发放。通过分析计算，按照长效补偿安置方案，移民人均年纯收入可高于 4562 元；按照移民在传统大农业安置下综合人均配置标准耕地约 1.4 亩，园地约 1 亩计算，人均年纯收入为 4397 元。从土地资源数量上来看，传统大农业模式虽相对较多，但由于存在人力与物力的投入，相应收益较逐年补偿模式却偏少；逐年补偿由于货币发放的稳定性且成本付出较少，较易实现安置目标，但容易受社会物价水平波动影响。总体上讲，逐年补偿和大农业安置配置土地标准在合理规划的前提下均可实现预期的安置目标。

从上述各水电站实践的情况分析，可以看出各水电站在逐年补偿安置具体操作方式之间存在的异同点：①补偿范围基本是一致的，都是被征收的承包耕地；②补偿方式存在不同，如实物补偿方式和货币补偿方式；③补偿标准计算有差异，有固定产量法、固定地类净产值法和亩产值法；④补偿期限基本一致，均与水电站寿命同周期；⑤补偿兑付方式不同，有"对地"模式和"对人"模式之分；⑥补偿标准具有可调整性，但调整方式各不相同。

（6）综上，通过对各水电站现行逐年补偿安置方式实施情况的研究分析，可以发现其优点和存在的不足：

1）逐年补偿安置方式的试行有效缓解了当前移民安置的难度，在保障移民基本收益基础上，促进了移民转产就业，并有效促进了水电工程的顺利开发。

TK 水电站水库淹没耕地、园地主要集中在 TK 盆地和渠水两岸，其中 TK 盆地约占淹没土地数量的 70% 左右，生产安置人口 16488 人，其中 TK 镇占 51%。由于 TK 镇剩余耕地资源相对缺乏、全市耕地资源也十分有限，加之水电站下游其他水电站移民安置的影响，因此可调剂开发利用的土地非常紧张，而且 TK 盆地人口密集、商贾繁荣、区位优势明显、移民不愿意外迁。TK 电站移民如果采取传统农业安置的话，一方面 H 市缺乏相应的耕地资源、移民环境容量不足；第二方面，移民势必需要外迁甚至远迁，搬迁安置工作将异常困难。

广西 CZ 水利枢纽工程水库淹没影响涉及 5 县 23 乡 157 个行政村，直接淹没搬迁人口 1031 人（防护后搬迁人口为 64 人），防护后淹没耕地 14609.21 亩、园地 192.36 亩。如果采取传统的农业安置方式，考虑生产安置的要求，结合库区土地资源有限、开发利用难度大的现实，只能采取远迁、外迁的搬迁安置方式，将部分淹地不淹房的移民进行搬迁处理，规划搬迁安置人口将达 7922 人，工作难度将大幅提高，搬迁安置的投资也会随之变大。

根据《云南金沙江中游水电开发移民安置补偿补助意见》（云政办发〔2007〕159 号），金沙江中游水电开发云南部分移民安置任务繁重，需搬迁安置移民约 15 万人，占全省 2020 年大中型水电工程建设规划移民安置人数的 1/3，而且水电工程建设征地所涉及的州（市）耕地资源十分有限，人地矛盾高度集中，如果采取传统的"以土从农安置"方式安置移民，当地土地资源环境容量无力承载；加之该地区属于少数民族聚居区，70% 以上是纳西族、傈僳族、藏族等少数民族居民，移民外迁安置工作任务艰巨。

从上面的案例中可以看出，在人地矛盾突出、少数民族区域性强的地区，在面临农业安置无法满足要求时，研究采取逐年补偿安置可以有效缓解移民安置有土安置、外迁安置的压力，降低移民搬迁安置规模及移民安置实施难度，有利于促进水电开发；同时该安置方式可释放一部分农村剩余劳动力转移就业，在获得逐年补偿的基础上，使移民可以从事二、三产业增加收入，进一步拓宽移民收入来源，且移民较为愿意接受。

2）逐年补偿安置缺少顶层设计，尚无国家法律法规的支撑，且各地执行差异大，仍然存在诸多需解决的问题：

第一，与我国目前大中型水电移民有土安置的主导政策和土地法关于征地补偿的法律规定存在一定差距。当前逐年补偿安置方式尚缺乏国家法律法规方面的制度性依据，一些水电站关于逐年补偿资金来源、发放等方式尚未得到国家有关部门的认可。

第二，移民在土地被征收后，通过直接发放粮食补助或货币补助，短时间内移民可能比较接受，但从长远考虑，未来随着农业科学技术的突飞猛进，可能导致土地价值上升，现在的逐年补偿标准将满足不了未来发展的要求，及时制定了调整补偿标准的机制，利益相关者（移民、地方政府、项目法人）的意见也可能存在分歧。

第三，逐年补偿安置后，如果新的就业门路较少，会造成大量的剩余劳动力，产生不稳定因素。当前逐年补偿安置方式在实践中，面临的一个主要问题就是移民剩余劳动力稳定就业问题。

第四，有可能造成各水电站在安置政策方面的不平衡，对其他水电工程建设可能会产生一些不利的影响。

第五，从目前实践看，建设期间的逐年补偿费用缺额部分需进入发电成本，会加大发电企业成本，降低企业效益，同时随着当前电力市场体制的改革，一些水电站发电出现了企业亏损的现象，由此可能对逐年补偿费用带来支付风险。

4.2.3.3　生产安置方式选择的关键要点

1. 主要工作原则

在生产安置方式选择过程中，一般应遵循以下原则：

（1）移民生产安置方式选择必须符合现行的国家关于建设征地补偿和移民安置的各项法律法规和政策规定。

（2）移民安置方式选择必须满足移民安置后生产生活水平不降低的原则。

（3）移民安置方式的拟定过程中需听取移民和移民安置区居民的意见，并符合大部分移民意愿。

（4）移民生产安置方式拟定过程中需考虑当地资源承载能力，并在移民环境容量分析的基础上进行。

（5）移民安置方式拟定时需考虑与区域相关产业规划衔接，方案经济合理、技术可行、可操作性强。

2. 主要关注因素

在上述工作原则的前提下，在生产安置方式选择过程中，应根据生产安置的基本原理和要求，围绕资源、就业和移民自身素质等关键因素，做好重点分析：

（1）土地资源禀赋。一般而言，剩余可利用的土地资源越多（含重新分配的土地资源），移民从事原生产方式的可能性越大，而改行从事非农工作的意愿越不强烈。反之，如果剩余土地资源越少，移民不得不向非农产业转移，因而也更倾向于在城市集镇发展。其他非农安置方式如社会保障和逐年补偿，和土地资源多少的相关性并不十分密切。因此在拟定生产安置方式时，应首先做好土地资源的分析，论证移民采取农业安置的可行性。

（2）非农就业条件。在土地资源相对匮乏地区，如果采取自谋职业、逐年补偿等少土或无土的非农安置方式时，应加强农村移民实行非农就业的条件分析，非农就业条件的分析主要包括两个维度，一是移民自身素质或劳动技能是否达到从事二、三产业要求；二是安置区是否能够提供相应的就业机会。

1）劳动技能分析。当水电建设造成大量的农用地资源损失的同时，也会造成大量的农民失业。我国虽然是一个农业大国，水电移民也多为农村移民，其最主要的劳动技能是从事农业生产，但随着我国经济发展，一些地区农民已开始大量外出务工从事非农生产，这就为移民实行非农生产安置方式创造了可能。因此在移民安置方式选择过程中，需关注移民劳动技能的分析。

2）就业机会分析。逐年补偿安置方式一般对各类地区基本都适用，唯一需关注的是剩余劳动力的就业问题，如果安置后移民更容易找到非农工作将更有益于社会的稳定和发展。如果采取进入城镇进行自谋职业安置，非农就业机会越多的地区将越有利于移民的新生活和收入恢复；但如果采取居住在城镇却仍主要利用征地后剩余林地、牧草地资源进行农业生产生活的安置方式，则非农就业机会的作用就不显著。

（3）年龄结构。依据人口的生物学特征划分，人口自然结构主要有性别结构和年龄结构，其中年龄是最基本、最核心、最重要的因素之一。一般情况，移民安置时需关注移民年龄结构情况，对年龄在 18～60 岁之间移民（即劳动力对象），需要重点研究解决其生产就业问题，对 60 岁以上年龄的移民可以研究考虑采用社会保障安置，即面对不同的年龄结构，可采取不同的安置策略。

当前我国正处于老龄化加速发展时期，人口年龄结构的快速变化将不可避免地要对移民安置方式选择造成重要影响。因此，在进行移民安置方式选择的时候，必须针对不同年龄、不同性别移民的不同特点，采取有针对性的安置策略。

（4）移民意愿。开发性移民安置是以人为中心的活动。因此在移民安置方式选择过程中要充分尊重移民的意愿，将移民纳入移民生产安置方式的选择过程中去，使得移民安置方式更贴近实际，降低未来移民安置风险。

3. 工作程序

移民生产安置方式拟定的工作内容及技术路线如下：

（1）生产安置方式初拟。设计单位会同地方政府、项目法人等单位，根据当地经济社会的实际情况，结合本项目的特点，依据国家现行政策法规的要求，初拟移民安置区可能的各种移民生产安置方式，并初步分析各安置区可能的移民环境容量，据此提出推荐的移民生产安置方式（原则上应不少于两种），供移民选择。

（2）移民意愿征求。地方政府就推荐的移民生产安置方式组织开展移民意愿征求工作，向移民宣传介绍各安置区拟定的生产安置方式、标准以及安置要求，引导移民结合自身情况，选择切实可行的生产安置方式。

移民生产安置方式意愿征求工作一般结合生产安置方案、搬迁安置方案征求意愿工作一并进行。

（3）生产安置方式选定。在移民意愿征求的基础上，由设计单位会同地方政府、项目法人等单位比较分析后，研究确定本项目移民安置方式及安置条件，据此作为后续制定移民生产安置方案和开展移民生产安置规划设计的基础。

4.2.4　生产安置标准制定

4.2.4.1　概念及作用

移民安置规划目标和安置标准是水电移民安置规划的主要控制指标，也是检验移民安置能否成功的主要指标。根据《水电工程农村移民安置规划设计规范》（DL/T 5378—2007），安置标准包括生产安置标准和搬迁安置标准，其中生产安置标准是为满足安置规划目标的实现所提出的人均土地资源和其他生产资料配置标准等指标体系的反映。

移民生产安置标准拟定的正确与否，直接关系到移民个人切身利益及其合法权益保护，影响到移民生产安置方案的制定，对移民安置后能否达到或超过其原有生产生活水平影响较大：

（1）如果生产安置标准定低了，将会影响移民收入水平的恢复，不利于移民发展致富的需要。根据471号移民条例，移民安置后生活需达到或超过原有水平，因此生产安置标准定低了，会导致移民安置目标不能实现。

（2）如果生产安置标准定高了，虽然可以保障移民收入水平的恢复，移民安置目标的实现，但也会导致移民生产安置方案制定困难，可能会加大移民安置实施的工作难度。例如农业安置人均配置土地标准和质量定高了，就会带来土地筹措的困难，影响农业生产安置方案的制定，进而导致移民安置实施困难；同时也会增加移民生产安置规划的投资，加大水电项目的开发成本。

4.2.4.2 合理拟定生产安置标准

1. 不同安置方式应采取不同的生产安置标准

生产安置标准主要指为安置移民所需配置的土地资源或其他资源的标准，通常以为移民配置的生产用地数量指标进行反映，例如人均配置多少亩水田、多少亩旱地、多少亩林地等。

近年来我国经济社会发展迅速，移民对土地的依赖程度呈逐步下降趋势，农业收入在移民家庭收入中的比例也越来越小，在移民安置区可调剂利用的土地资源也越来越紧张，同时伴随着城镇化发展战略实施，移民安置的观念也有所变化，移民生产安置方式在传统农业安置基础上，逐渐出现了投亲靠友安置、自谋职业安置、社会保障安置、逐年补偿安置等多种形式的"无土、少土"安置方式。为满足多渠道、多途径安置移民的要求，云南、贵州等地区陆续制定了移民多渠道安置的相关政策，通过"无土、少土"安置方式较好地缓解了移民安置区的人地矛盾以及农村移民的生存发展问题，取得了一些成功的经验。因此，农村移民生产安置标准需要与生产安置方式密切相关，不仅局限于传统农业安置的土地资源配置标准这一单一指标，不同安置方式之间生产安置标准的制定应该是有所差异的。

根据当前各类主要移民生产安置方式，本书结合具体案例简要阐述不同安置方式的生产安置标准拟定主要方法：

（1）农业安置。由于农业安置主要通过配置土地资源的方式进行，因此其生产安置标准多采取人均配置土地资源数量指标进行确定。农业安置标准制定的程序为：

首先，进行指标现状和目标分析。分析征地前移民人均土地拥有情况、质量情况、种植情况和收入情况，据此提出移民生产安置规划目标和标准的现状。在此基础上，结合当地经济社会发展水平，分析拟定规划设计水平年移民生产安置规划目标和农业收入标准（主要指种植业收入）。

其次，进行安置区条件分析。分析征地后库周剩余土地和安置区土地的生产现状，同时分析库周和安置区的土地资源开发整理、种植业结构调整优化、水利设施改善等规划设计情况，据此分析不同安置区的土地资源数量情况、质量情况、种植情况，并预测安置后移民的生产土地产出水平。

最后，进行安置标准制定。根据拟定的生产安置规划目标和标准，依据移民安置后收入达到和超过原有标准的原则，同时为了促进移民融合和安置适应性，兼顾与安置区居民生产条件相当同步发展的需要，经综合分析论证后，最终拟定农业生产安置标准。

综上，由于通过生产开发后移民安置的生产用地质量和产出与安置前生产用地必然存在一定的差异，同时结合我国农村集体土地所有制度，因此农业安置生产安置标准拟定主要是围绕移民人均农业收入水平不降低的原则进行，不是简单采取征收 1 亩耕地就配置 1 亩耕地的"征一还一"原则进行。假如某水电站移民安置前人均耕地为 2 亩/人，人均种植业收入 2000 元/人；征地后人均耕地下降为 1 亩/人，人均种植业收入也将下降到 1000 元/人；依据移民安置后的收入水平不应降低原则，因此移民安置后的人均种植业收入目标和标准应为 2000 元/人，围绕这一安置目标，通过对安置区生产用地的开发情况分析，如果安置后人均耕地种植业收入水平有所提高，则移民安置农业生产用地配置标准就可以低于 2 亩/人，反之则高于 2 亩/人。

以四川大渡河 LD 水电站为例，LD 水电站建设征地涉及 L 县和 K 县 2 个县的 3 个乡镇 8 个村，至规划设计水平年生产安置人口为 3653 人。根据推荐的移民安置规划方案，其中通过开发改造调剂土地集中安置 1935 人，调剂耕地安置 385 人，P 镇复合安置 262 人，其他安置方式（自谋职业、自谋出路、投亲靠友、养老保障）安置 1071 人，集中安置区 11 个。

首先，进行指标现状和目标分析。LD 水电站主要对库区的人均年纯收入、人均耕地两个重点指标进行分析，根据实地调查并结合统计资料分析，LD 水电站建设征地区 2005 年农民现状人均纯收入为 1998 元，人均拥有耕（园）地 0.88 亩/人，按当地社会经济发展情况，推算至规划水平年人均耕地 0.83 亩/人，人均纯收入为 3219 元。

其次，进行安置区条件分析。通过对耕地改造、完善水利设施及种植业结构调整后的条件分析，认为通过上述措施可以提高安置区土地的单位产量，可达到集中安置点周边耕地平均水平。

最后，进行安置标准拟定。通过现状及目标，结合安置区土地产出情况，分析拟定生产安置标准为人均耕地为 0.8 亩；同时，从产值方面分析，1.56 亩经济林折合 1 亩耕地。对于配置经济林和耕地进行安置的，拟定经济林面积不小于 0.6 亩，同时配置的耕地面积不小于 0.4 亩/人。

（2）二、三产业安置。二、三产业安置在当前我国水电移民安置实践中采用较少，主要是由政府将征收土地的补偿费用作为生产安置费用于移民的再就业，具体结合二、三产业安置的具体情况分析制定安置标准，例如给移民配置街面商铺的，可制定移民户均商铺面积配置标准；如采取办厂安排移民就业的，可明确移民户均就业岗位数量等。在该安置方式规划过程中，需要关注二、三产业提供的就业岗位预期工资待遇，原则不应低于移民被征收土地种植所获得的收入水平。例如金沙江 XJB 水电站云南部分，经实施阶段统筹规划，S 县的城镇化安置标准中提出以户为单位配置 $7m^2$/人的门面房的安置指标，就属于二、三产业安置标准的一种情况。

（3）投亲靠友安置。投亲靠友安置在当前我国水电移民安置实践中比例也不多，如通过赡养或抚养关系进行安置的，一般无须制定安置标准，将征收土地补偿费用一次性兑付给移民即可；如通过亲朋自行流转土地进行安置的，也是将征收土地补偿费用一次性兑付给移民，但规划过程中需关注安置区的土地资源落实情况，其自行流转土地的安置标准应与农业安置方式保持一致。

（4）自谋职业安置。自谋职业安置通常是指移民依托自身素质自主谋求生活出路，从事二、三产业实现转产就业安置，一般也无须制定安置标准，将征收土地补偿费用一次性兑付给移民即可。该安置方式在规划时，需要根据区域经济发展水平及相关政策，重点分析移民自谋职业安置的标准和需具备的条件，分析移民转产就业的适应性和可能性，保障移民从事非农产业后的收入水平不会降低。

（5）社会保障安置。目前社会保障安置具体政策各省、自治区、直辖市均不相同，原则上按当地被征地农民社会保障政策的有关规定执行。

以金沙江 BHT 水电站为例，根据四川省养老保障政策和移民意愿，四川部分养老保险安置标准为：移民一次性缴纳养老保障费用后，由安置地养老保障主管部门按 360 元/月的标准发放养老保障金，费用发放期限自搬迁之日起至死亡之日止，由安置地养老保障主管部门按月发放。移民在养老统筹费发放完毕之前死亡的，养老统筹费的余额一次性发放给其合法继承人。以浙江省 JY 抽水蓄能电站为例，其养老保险安置标准按《J 县人民政府关于印发 J 县被征地农民基本生活保障实施办法的通知》和《J 县人民政府办公室关于进一步完善我县被征地农民基本生活保障制度的若干意见》的有关规定执行，移民选择养老保险安置后，自主选择参保方式，可选择被征地农民基本生活保障或选择职工基本养老保险，选择基本生活保障安置的移民，按基本生活保障档参保，自女满 55 周岁、男满 60 周岁的次月起，符合领取条件的，按月领取基本生活保障金，目前领取标准为 204 元/（月·人）；养老保障费用由个人、集体和政府分别承担 50%，人均投保费用为 27400 元/人，其中政府按 13700 元进行补贴，由用地单位出资，个人和集体部分由土地两费支出；如选择职工基本养老保险，按当前标准，移民可领取标准达到 1450 元/（月·人），其中养老保障费用政府仍然按 13700 元进行补贴，个人和集体缴费部分从土地补偿支出，不足部分由移民自筹解决。

（6）逐年补偿安置。逐年补偿安置，一般采用逐年发放货币补偿金或粮食实物的方式进行，以纳入逐年货币补偿安置的耕（园）地为基础和对象，按各省、自治区、直辖市的有关规定确定逐年补偿的发放标准。目前从我国各地区部分水电站的实践看，逐年补偿安置的方式和补助标准均存在一定差异，还有待后续进一步研究。下面主要结合相关典型案例对当前主要的逐年补偿安置标准制定情况进行简要阐述，供读者了解。

1）金沙江 AH 水电站。AH 水电站拟定的移民生产安置标准为：移民在立足长效补偿的基础上，对采用城乡结合安置和外迁集中农业安置的移民配置 0.5 亩耕地，发展小规模的农作物种植和经济林果种植；对分散安置，不需再为移民配置土地资源。根据《云南金沙江中游水电开发移民安置补偿补助意见》（云政办发〔2007〕159 号）的规定，逐年长效补偿货币发放标准，根据"淹多少、补多少"的原则，以被淹法定承包耕地前三年的谷物平均产量为基础，依据所对应年份省粮食主管部门公布的交易价格确定耕地平均亩产值，按照 471 号移民条例规定的土地补偿补助标准执行。

根据《云南省人民政府关于进一步做好大中型水电工程移民工作的意见》（云政发〔2015〕12 号），逐年补偿安置标准的确定做了进一步的明确，原则为："实行同库同策，同一水电工程实行一个逐年补偿标准。逐年补偿标准按照工程建设征地处理范围内涉及人口人均耕（园）地面积被征收前 3 年平均年产值或省国土资源部门公布的征地统一年产值计算，工程建设征地处理范围内涉及人口人均耕（园）地面积不足 1 亩的，逐年补偿标准按照 1 亩计算"。

2）湖南 TK 水电站。TK 水电站湖南库区移民生产安置规划主要采取逐年实物补偿安置的方式，其实物补偿标准通过一次性核定固化粮食亩产量（口粮田补偿标准为 625kg/亩）和人均口粮田标准（人均口粮田需求为 0.5 亩），并按照国家每年公布的当年粮食价折算为货币方式进行兑付。

3）广西 CZ 水利枢纽工程。广西 CZ 水利枢纽工程移民生产安置规划主要采取逐年货币补偿安置的方式，其逐年货币补偿标准按照征用耕地类别（水田、旱地和菜地）、数量及其净产值进行补偿，其中耕地类别保持长期不变，净产值随时间进行动态调整，并每年分两批次予以兑付。

综上所述，不同生产安置方式的生产安置标准拟定方法是不同的，具体到某一水电工程而言，其移民安置生产安置方式可能不止一种，甚至是几种安置方式的组合形式，因此移民生产安置标准应结合各水电站实际情况和安置方式的不同进行综合分析制定。例如金沙江 XJB 水电站云南部分，经实施阶段统筹规划，云南部分生产安置人口为 37754 人，按安置方式分，其中农业生产安置 1045 人，复合安置 71 人，城镇化安置 23240 人（享受逐年补偿和城镇门面配置），逐年补偿安置 6966 人，自行安置 3028 人，二、三产业安置 3404 人。根据不同的安置方式，结合规划目标和移民收入水平恢复目标要求，依据相关政策规定，经分析，拟定的生产安置标准为：农业安置的人均耕地指标不低于 1 亩/人（水田占 70%，旱地占 30%，一亩水田折合 2 亩旱地）；复合安置生产用地配置标准不低于 0.3 亩/人旱地，逐年补偿 136 元/（人·月）；逐年补偿安置标准为 160 元/（人·月），另外，按照《Z 市人民政府关于 XJB 水电站云南库区 S 县移民安置实施细则的批复》，S 县城镇化安置标准除享受逐年补偿外，还以户为单位配置 7m²/人的门面指标，由选择城镇化安置的移民，按照政府公布的建筑成本价进行申购。

2. 拟定生产安置标准需注意的几个问题

（1）处理好移民生产生活现状与规划目标、安置标准之间的关系。根据《水电工程农村移民安置规划设计规范》（DL/T 5378—2007），规划目标应本着移民安置后使其生活水平达到或超过原有水平的原则，根据移民原有生活水平及收入构成，结合安置区的资源情况及其开发条件和社会经济发展规划，具体分析拟定；生产安置标准拟定应根据拟定的规划目标，结合安置区的生产资料、资源条件，合理确定。从中可以清晰地看到它们之间的逻辑关系，移民生产生活现状是制定规划目标的基础，规划目标是制定生产安置标准的基础，因此，移民安置目标和标准均以不降低移民现有生产生活水平为前提。除上述前提外，在规划目标和标准制定过程中，还要处理好两个方面的关系：

一是，与全社会同步发展的关系。规划目标和标准应与国家关于经济社会发展重大决策要求相衔接，使移民安置后的生产生活水平适应全社会同步发展要求。例如在金沙江 BHT 水电站移民安置规划目标和标准拟定时就衔接了相关要求，该电站规划设计水平年为 2021 年，与党的十八大提出的"2020 年全面建成小康社会"的奋斗目标期限接近，规划目标需超过十八大提出的"城乡居民人均收入比二〇一〇年翻一番"的目标要求。

二是，与移民生存发展最低保障的关系。当贫困地区水电移民的生产生活状况处于极端贫困时，规划目标和标准还需满足移民发展最低保障的需要。例如云南省移民开发局关于印发《云南省怒江中下游水电开发移民安置指导意见》的通知（云移局〔2008〕94 号）就提出"为移民建立以长效补偿为基础的基本生活保障机制，通过多渠道多形式安置移民，使移民收入不低于当地城镇最低生活保障标准，达到或超过全省农民平均纯收入"的规划目标要求。近年来我国提出"脱贫攻坚、精准脱贫"等要求，在党的十九大报告中提出"从现在到 2020 年，中国进入全面建成小康社会的决胜期"。在 2016 年，国务院办公厅发布了《关于印发贫困地区水电矿产资源开发资产收益扶贫改革试点方案的通知》（国办发〔2016〕73号），正式提出"对符合条件的项目，在界定入股资产范围、明确股权受益主体、合理设置股权、完善收益分配制度、加强股权管理和风险防控等方面开展试点工作"。

由此可见，在政策变革的新时期，水电移民安置的目标不能再仅仅局限于超过原有生产生活水平，应紧跟中央提出的"全面脱贫"和"全面建成小康"新要求，综合分析制定规划目标，并据此制定生产安置标准。

（2）处理好安置标准的平衡问题。在安置标准制定过程中，需兼顾与同一地区同类工程生产安置标准的衔接，另外也要注意不同安置方式之间的标准平衡，尽量避免由于安置方式的不同造成移民未来收入水平差异较大，进而导致移民攀比，增加移民安置难度，降低移民安置社会风险。

例如金沙江BHT水电站在拟定L州境内出县外迁安置的生产用地配置标准时就考虑了平衡问题，根据各安置区综合区位条件及环境容量分析确定，对于X市和D县安置区，由于已安置部分溪洛渡水电站外迁移民，为保持上、下游水电站安置标准的相对均衡，其配地标准按人均1.2亩配置生产用地。再如金沙江中游6座水电站的移民安置逐年补偿标准协调处理问题，在各水电站规划报告阶段，均未明确逐年补偿安置具体标准及支付方式；在实施阶段初期，经各有关方面协商，各水电站均采取了发放统一的临时过渡生活补助费的方式解决移民的基本生活，即300元/（人·月）；在实施阶段后期，经各方面的多次协商，协调统一了逐年补偿标准的制定原则，明确了测算方式。从上述案例中可以发现，生产安置标准的制定过程中需关注区域内各电站之间的平衡问题，必要时应由移民主管部门牵头协调相关标准问题，这样更有利于移民安置的实施。

（3）安置标准拟定的单元问题。由于水电工程建设征地影响涉及面广，涉及地区经济社会条件差异较大。各村组之间耕地等生产资料的拥有量和质量往往存在一定的差异，基于生产安置既要不低于原有现状，又要兼顾与安置区同步发展的要求，因此，移民生产安置标准的拟定一般需要区分不同安置方式，同时也要区分不同安置区，甚至也可以结合现状，对同类情况进行归类，提出分析单元，只有这样提出的生产安置标准才更加切合实际，更加精确，利于实施。

例如金沙江BHT水电站四川部分，生产安置方式包括农业安置、复合安置（"少土"方式＋货币补偿）、社会保障安置和自谋职业安置4类，在生产安置标准拟定过程中，为4种方式分别拟定生产安置标准。在农业安置标准拟定时又按照集体经济组织现状土地资源的多少进行归类，并分类提出生产安置标准，安置前集体经济组织人均耕（园）地小于1.0亩的，按人均1.0亩配置生产用地；安置前集体经济组织人均耕（园）地大于或等于1.0亩的，按人均1.5亩配置生产用地。同时为了区别不同安置区差异，又提出对于X市和D县安置区，配地标准按人均1.2亩配置生产用地，对于H县和N县安置区，按照拟定的农业安置标准配置生产用地。

4.2.5 移民环境容量分析

4.2.5.1 定义及作用

一个特定的区域范围内，其所能容纳的人口不是无限扩大的，它会受到土地资源、水资源等各种自然环境和社会环境因素的限制，这就是通常所说的环境容量，迄今为止，国际组织和学术界对环境容量所下的定义繁多，多达 20 余种，大多数的定义还是有一定的共识，即指在一定时期在某种与社会经济发展水平相适应的可能的生活方式下所能养活的人口数量。移民环境容量的概念首先在 20 世纪 80 年代长江三峡工程生态环境和移民专题规划论证的时候被提出，随后通过不断的实践，得以丰富和完善，其分析方法从原来的单一以耕地资源承载力分析，逐渐将气候、经济发展水平、生产生活习惯等多种因素纳入分析范畴。根据《水电工程农村移民安置规划设计规范》（DL/T 5378—2007），当前水电移民环境容量定义为：一定范围和时期内，按照拟定的移民安置规划目标和安置标准，该区域自然资源的综合开发利用后，可接纳生产安置人口的数量。

根据 471 号移民条例，移民安置后应达到或超过原有生产生活水平。这种达到或超过应是长远的、动态的，不光与移民原有水平进行纵向对比，还需与安置区当地农村非移民进行横向对比。移民安置目标的实现必须建立在移民安置区具有经济社会能够持续协调发展的环境容量基础上，水电移民安置是否成功，关键在于移民安置规划的科学性，而移民安置规划中最重要的是要根据各地区的自然资源和社会环境因素正确分析移民安置区环境容量。因此，移民环境容量分析是论证移民安置方案是否可行的主要手段，是科学合理制定移民安置规划方案的一项基础性工作。

4.2.5.2　移民环境容量分析方法

移民环境容量是动态变化的，其大小取决于移民安置区的土地资源、气候条件、水源地质、地形地貌等自然资源，也取决于移民和安置区居民意愿、安置区经济发展水平、生产生活习惯、民族习俗等社会环境因素。移民环境容量分析研究需要的最终结果就是确定可安置移民的数量，因此对移民环境容量必须进行量化分析，移民环境容量研究一般可先通过定性分析，研究确定安置区社会资源与移民特点的适应性以及接纳移民的能力，主要用于回答"能不能安置移民"的问题；再通过定量分析，研究安置区基于自然资源和经济发展水平的环境人口容量，进而定量回答"能安置多少移民"的问题。基于此，移民环境容量分析的方法一般包括定性分析和定量分析两种方法。为了便于读者更加直观地对移民环境容量分析工作进行了解，选取了云南 LC 流域 GGQ 水电站移民环境容量分析工作为例进行工作方法的阐述。

（1）GGQ 水电站位于 LC 中下游河段，水电站装机容量 900MW，建设征地主要影响涉及直接搬迁人口 3242 人，规划生产安置人口为 4525 人。可行性研究报告阶段，该水电站移民规划采取就近集中安置（乡内集中安置和县内集中安置）和外迁县外集中安置两种农业移民安置方式。该项目移民环境容量具体分析方法如下：

1）分析范围。根据库周移民环境容量的调查分析，Y 县内移民环境容量仅为 2310 人，Y 县内已无法满足全部安置的要求；后经上级人民政府协调，进一步落实扩大了分析范围，将 B 县部队用地作为外迁安置区。因此该项目移民环境容量分析范围包括县内库周安置区和县外外迁安置区。

2）定性分析。该项目移民环境容量定性分析主要分为 2 个部分，首先对 Y 县内安置区 3 个乡的 4 个外迁安置点和后靠集镇等安置点进行定性分析，经分析 4 个外迁安置区的土地资源均较优越，地理位置便利，对外交通方便，为移民从事二、三产业创造了条件，具备安置移民条件；后靠安置区主要依托集镇的区位、交通等优势，结合集镇规划，以集镇为依托，配置相应的土地，走集镇和农业相结合的安置方式，可以使移民生活达到或者超过原有水平。其次，对 B 县外迁安置区的自然、社会经济条件等也进行定性分析，认为 B 县外迁安置区主要利用原部队生产用地，资源丰富，安置区土地总面积为 28070 亩，其中耕地 15881.9 亩，林地 7118.2 亩，通过开发整理，并配套相应的农田水利、生产道路等设施，从土地的数量和质量上均能满足移民安置需要。且移民迁入后，临近原 XW 水电站移民安置区，人口相对集中，可以促进二、三产业的发展，对地方经济的发展起到积极的推动作用。

3）定量分析。该项目定量分析采用最小值法，选取了耕地标准和收入标准作为主要分析因素，首先根据安置移民总耕地面积除以生产安置标准（1.8 亩/人），得到以耕地为标准的移民环境容量，然后再根据安置移民土地的总产出和纯收入，结合规划目标计算以收入为标准的容量，两者取小值即移民环境容量。经定量分析，初步选择县内安置区移民环境容量为 2310 人，县外安置区现状土地面积达 2.8 万亩，其中现有耕地 1.59 万亩，按生产安置标准计算，移民环境容量大大超出本项目生产安置人口规模。具体方法见表 4.2－2。

表 4.2－2　　　　GGQ 水电站移民环境容量定量分析计算示范表（最小值法）

序号	安置区名称	以耕地为标准的移民环境容量		以收入为标准的移民环境容量			移民环境容量取值/人
		耕（园）地配置标准/（亩/人）	移民环境容量/人	土地总纯收入/万元	规划目标/元	移民环境容量/人	
1	旧州	1.8	337	46.36	1540	301	301
2	下坞	1.8	363	50.03	1540	325	325
3	卧猫岭	1.8	178	24.48	1540	159	159
	⋮						

由上面的案例可见，该项目移民环境容量的分析中主要考虑了该地区的气候条件、土地资源、经济发展水平、生活条件等众多因素。但也要看到移民环境容量分析除了关注上述指标外，还应关注水源、地质、传统习俗等其他要素，例如在少数民族地区，移民环境容量分析时就需要重点关注少数民族移民安置的融合度和适应性，并从宗教信仰、劳作方式、语言交流等指标对其进行分析。因此每个项目移民环境容量分析的方式和方法需结合项目实际情况灵活制定，科学合理的选取关键因素，不能一概而论。

（2）此外，在移民环境容量分析中，一般还需注意以下一些工作要点：

1）移民环境容量分析范围应按照行政区划，自下而上、由近及远的方法进行。

为尽量降低移民安置难度，提高移民在新的安置区融合度和适应性，同时为了充分开发利用库周剩余资源，降低移民搬迁安置规模，降低移民安置成本，移民应采取后靠就近安置为宜。因此在拟定移民环境容量分析范围应遵循自下而上、由近及远的分析原则。

2）农业安置环境容量是移民环境容量分析的重点，土地资源是移民环境容量分析的关键因素。根据移民环境容量分析理论，其大小取决于资源条件、环境质量等自然环境资源，也取决于库区经济发展水平和产业结构以及移民人力资源等社会因素。从我国水电移民安置长期实践看，水库淹没对象主要是依赖土地资源为主要生产资料的农村居民，其安置方式也主要采取以土为主的农业安置，配置一定数量的土地资源往往是其安置的主要措施，因此土地资源是水电工程移民环境容量分析一直重点关注的对象。

3）环境容量分析应适当考虑一定余量。从移民环境容量分析计算方法看，存在多种分析模型，也可选择多种计算要素，同时由于工作深度的不同，分析计算单元也存在较大差异，且移民意愿和外部条件可会发生变化，上述原因均可能导致安置区生产资源的可利用的边界条件发生较大的变化，使得移民环境容量发生变化。因此为满足移民生产安置的需要，往往在移民环境容量分析时需要考虑充足的余量，例如在预可行性研究报告阶段，移民环境容量宜达到移民生产安置人口数量的 1.5 倍以上，可行性研究报告阶段移民环境容量应大于生产安置人口数量。

4.2.5.3　拓展移民环境容量的主要途径

根据移民环境容量定义及上述分析方法，可见一定区域范围（安置区）和时间内，移民环境容量是可以随着安置区自然环境资源的变化和社会环境的不同而改变。因此，要使移民能够科学合理安置，同时不对安置区居民造成不利影响，需要适时做好拓展移民环境容量的研究。围绕影响移民环境容量的主要因素，从社会环境、自然环境、经济环境和资源环境的方面出发，结合当前移民环境容量分析的工作实践，提出拓展移民环境容量的主要途径有：

（1）拓展移民就业途径，采用多渠道、多途径的方式安置移民，例如对于农村移民不仅仅分析其农业安置容量，也要分析非农就业安置容量。

（2）制定合适的移民安置目标和标准，避免好高骛远，脱离实际。

（3）提高移民素质和就业技能，提高劳动生产效率，降低移民对土地资源的依赖，增加移民就业能力。

（4）以农业安置为主的，应充分研究安置区的可利用、可开发的土地资源，提高土地的利用效率。例如四川省大渡河 LD 水电站，可行性研究报告阶段，规划生产安置移民 3653 人，其中通过开发改造土地集中安置 1935 人，调剂耕地安置 385 人，进 P 集镇复合安置 262 人，其他安置方式（自谋职业、自谋出路、投亲靠友、养老保障）安置 1071 人。通过移民环境容量分析，认为：本项目建设征地涉及耕（园）地总面积 4105.87 亩，占全县耕地总面积的 2.89%，其中 P 乡耕地总面积 3238 亩，水库淹没影响的面积占 P 乡耕地总面积的 43.34%；L 镇耕地总面积 8426 亩，水库淹没影响的面积占 L 镇耕地总面积的 32.46%，水库淹没对 L 镇、P 乡的影响较大；同时在安置区可调剂的熟田熟地资源不足，且安置区居民调剂土地意愿不足。因此，在可行性研究阶段对各安置区的后备可开发土地资源进行了深入研究，提出了土地集中开发规划方案，共规划集中开发净耕地近 950 亩，大大提高了移民农业安置容量，降低了移民农业安置的难度。

（5）调整库区、安置区产业发展格局，改善产业发展基础条件，优化区域产业发展规划，提升区域经济效益和土地资源承载力。

（6）加快移民融入当地社会的程度，提升移民安置的适应性。

4.2.6 生产安置方案拟定

移民安置方案的好坏直接关系到水电移民能否顺利实施搬迁，移民生产安置和搬迁安置密切相关，互为基础，其中生产安置解决的是移民生计恢复，更是保障移民能够安居乐业、长治久安的关键。从上述章节可以看出，生产安置方案是在上述基础资料、安置任务、环境容量、生产安置方式等各方面分析研究的基础上，所形成的最终成果，是移民生产安置规划工作成果的最终体现。

移民生产安置方案拟定工作从广度上讲是从基础资料的调查、收集分析开始，经过生产安置任务界定、安置规划目标及标准的制定、生产安置方式选择等过程，直至最终形成移民生产安置方案的活动；从狭义范围上讲移民生产安置方案拟定就是形成的一个或多个生产安置方案开展比选论证确定的一个过程。为了便于读者更加直观地对移民生产安置方案拟定工作程序和方法有所了解，选取了浙江 JY 抽水蓄能电站的移民生产安置方案拟定工作为例进行阐述。

（1）浙江 JY 抽水蓄能电站建设征地影响涉及 1 个县 2 个乡（镇）5 个村民委员会 23个村民小组，规划设计水平年征地影响涉及搬迁安置人口为 1292 人，生产安置人口 816人。该工程搬迁安置规划采取在 3 个集中居民点和 1 个安置小区集中安置的方式进行安置，生产安置规划结合搬迁安置去向采取农业安置、基本生活保障安置（含自谋职业、直接领取养老金两种方式）的方式进行安置。

1）初拟移民安置方案。根据国家和省相关政策规定，结合本工程实际情况，充分体现移民意愿，该工程首先对各备选移民安置区进行多次踏勘论证，经移民环境容量分析，并初步听取移民意见，最终初步选择了 4 个移民安置区（含库周），并就各安置区的安置方式、安置条件、基础设施和公共服务设施规划及初步安置方案进行了拟定，以便供移民自愿选择。

根据当地特点，充分考虑移民需求，提出了"两为主、两补充、多方式"的移民安置初步方案。两为主指移民搬迁安置采取集中外迁安置为主，移民生产安置采取农业安置为主；两补充指生产安置以基本生活保障安置（含自谋职业、直接领取养老金两种方式）为补充，搬迁安置以后靠集中安置为补充；多方式指移民建房方式多样，规划采取宅基地排屋安置、公寓房产权安置和集镇小区化单元式住宅楼安置等多种形式。在移民安置方案拟定过程中，还充分考虑了搬迁安置和生产安置的衔接，例如为了便于库周剩余资源的充分利用，规划了库周三湖集中居民点，鼓励库周搬迁安置移民能够后靠安置。

该工程初拟的移民安置方案方式多样，给予移民更大的选择空间，初步方案详见表4.2-3。

2）移民意愿征求。在初拟的移民安置方案基础上，地方政府组织开展了移民意愿征求工作。调查工作包括张贴发放宣传材料和调查表格、调查人员宣传和培训、召开村民代表大会、逐户宣传政策和移民安置初步方案、组织安置区现场踏勘、审核意愿等，累计走访调查户 1396 次，电话联系 907 次。

表 4.2 - 3　　　　　　浙江 JY 抽水蓄能电站移民安置初步方案一览表

移民安置区（点）	生产安置方式			搬迁安置方式
	农业安置	基本生活保障安置		
		自谋职业	领取养老金	
三湖集中居民点（库周）	√	√	√	宅基地排屋安置
小仙都集中居民点	√	√	√	宅基地排屋安置
雅村集中居民点		√	√	公寓房产权安置
舒洪安置小区		√	√	单元式住宅楼安置

根据移民意愿调查结果，搬迁安置去向选择集中安置的 411 户，占意愿调查人数的 97.86%；选择自行分散安置（自谋出路）的 9 户，占 2.14%。生产安置方式选择农业安置的 215 户，占 62.14%；选择基本生活保障安置（含自谋职业、直接领取养老金）的 115 户，占 33.24%；选择其他安置的 16 户，占 4.62%。

3）拟定移民安置方案。基于移民意愿调查成果，结合移民环境容量的再次分析论证，遵循规划原则，经对比分析，最终确定了移民安置方案，搬迁安置规划全部采取集中安置的方式进行安置，生产安置结合搬迁去向采取农业安置、基本生活保障安置的方式进行安置。其中搬迁至 SH 集中居民点的人数为 411 人，占 31.81%；规划搬迁至 XXD 集中居民点的人数为 686 人，占 53.10%；规划搬迁至 YC 集中居民点的人数为 129 人，占 9.98%；规划搬迁至 SH 安置小区的人数为 66 人，占 5.10%。生产安置中，规划采取农业安置人数占总人口的 64.5%，基本生活保障安置占 35.5%。

最终形成的移民安置方案对比移民意愿调查成果，该工程搬迁安置去向意愿吻合意愿户数为 354 户，吻合度为 84.29%；该工程生产安置方式意愿吻合意愿户数为 330 户，吻合度为 95.38%。

4）地方政府确认。政府行政确认工作主要包括以下几个方面：

a. 移民安置方案初步拟定后，将初步确定的调剂土地容量和集中居民点选址方案交由地方人民政府初步听取安置区居民意见，并由当地村组及政府同时出具可提供安置点建设用地和生产用地的承诺函。

b. 移民安置方案形成后，由地方人民政府组织建设征地和移民安置涉及的有关村组召开村民代表会议和相关单位座谈会议，介绍相关的移民安置规划初步方案，听取相关各方代表的意见和建议。

c. 在上述工作基础上，由县级人民政府以政府文函的形式进行了行政确认。

虽然各项目不同特点，移民生产安置方案拟定的具体工作方式、方法应该有所差异，工作难度和重点也有所区别，但总体工作的思路和程序是一致的。当然也要认识到，水电移民安置往往时间跨度较长，其间不可避免地发生政策因素调整、移民意愿的变化，在实施阶段对移民生产安置方案进行适当调整也是比较常见，例如广西 LT 水电站由可行性研究规划采用的有土安置调整为实施阶段部分移民采取逐年补偿安置等，因此，无论移民生产安置方案如何变化，但只要在制定移民生产安置方案工作中，紧紧围绕实现移民生产生活水平能够恢复、移民就业有出路的目标做工作即可。

（2）结合上述案例分析，在移民生产安置方案拟定工作中，还需注意的以下几个关键工作要点：

1）工作中应遵循的基本原则和要求。

a. 生产安置方案与搬迁安置方案互为基础，相互影响，因此需结合移民搬迁安置情况、基础设施及公共服务设施规划情况综合分析拟定生产安置方案。

b. 根据 471 号移民条例，移民安置规划需广泛听取移民和移民安置区居民的意见，因此移民生产安置方案也需广泛听取移民和移民安置区居民意见，并尊重移民的选择。同时，移民生产安置方案还需征求地方政府意见，并履行相关行政确认程序。

c. 水电工程属于企业投资行为，工程技术方案的经济合理是论证项目可行性的关键指标之一，同时也是项目法人最为关心的；对移民安置而言，其移民安置规划方案的技术可行和经济合理还关系到各级政府的工作难度以及移民的切身利益，因此移民生产安置方案需做好技术经济分析。

d. 我国实行开发性移民方针，同时遵循可持续发展的原则。可持续发展是科学发展观的基本要求，在移民安置过程中，要统筹考虑对当地资源的综合开发利用，并与当地的生态环境保护相协调，即满足移民当前恢复生产的需要，也满足能致富的发展需要。

e. 移民安置是一项涉及广泛、影响深远的社会重构活动，它无法像生产普通商品一样可以通过不断的试验来取得最佳效果，要确保移民能够"搬得出、稳得住"，就必须尽可能确保移民安置方案的可行性，体现安置风险最小、社会安全最大的原则。

2）初拟的生产安置方案应是多方案。移民生产安置方案与搬迁安置方案、配套基础设施方案等是密切联系的，因此在实际工作中，往往需要整体考虑和统筹规划提出多个移民生产安置方案，并据此进行比较论证，提出最合理的方案；同时为了保障移民具有可选择的权利，生产安置方案也应为多方案的。

3）要高度重视移民意愿征求及方案确认。由于移民自身素质存在高低之分，在意愿征求时，地方政府应充分发挥引导作用，要引导移民结合自身条件，合理科学的选择移民生产安置方案，不能好高骛远不切实际提出个人诉求。最终制定的移民安置方案应符合绝大多数移民意愿，同时成果还需要地方政府（一般为县级政府）的行政确认，体现生产安置方案的严肃性、规范性，不得随意变更，从而满足开展移民生产安置规划设计和将来实施工作需要。

4）要做好生产开发投资平衡分析工作。生产安置方案需遵循技术经济合理性的原则，根据《水电工程农村移民安置规划设计规范》（DL/T 5378—2007），在生产安置方案制定过程中，要做好生产安置规划投资与土地补偿费用中用于移民生产安置的费用之间的平衡。投资平衡分析的主要目的是当生产安置资金存在缺口时，需进一步优化调整移民生产安置方案而降低生产安置投资，或者根据政策规定增加计列生产安置措施费的方式解决资金缺口问题；当生产安置投资来源量存在富余时，应规划说明富余资金的主要用途，包括用于促进移民就业的技能培训，或者恢复生产的其他措施。

4.3　创新与发展

4.3.1　回顾

纵观我国水电移民安置工作的发展历程看，移民生产安置规划工作也呈现了逐渐加深的过程，经历了从不重视到逐步重视的过程，追寻水电移民技术规程的新旧更替脉络，可将移民生产安置工作发展历程大致可分以下几个阶段。

4.3.1.1　"84 规范"以前

在 20 世纪 80 年代以前，我国的水电移民安置还无专门的技术规程可依，主要根据《国家建设征用土地办法》开展征地移民工作。这一时期属于计划经济体制时期，农村土地采取集体所有、集体经营，移民安置多以行政命令的方式予以实施，无移民安置任务、环境容量分析、生产生活水平预测等概念和技术工作要求。同时，在当时的经济社会环境下，重工程建设、轻移民安置的思想具有普遍性。

这个阶段水电移民基本都采取开发、调剂土地的方式，移民安置围绕村组集体进行有土安置为主，侧重于给村组配置土地资源，这一时期作为个体的农民没有集体财产的收益权利，水电站建设征地主要由政府统一安排，根本不存在针对移民个体进行安置的概念。当时给予移民的安置措施不系统、不完善，导致了当时移民需要发扬自力更生、艰苦奋斗精神，来重建家园。

4.3.1.2　"84 规范"至"96 规范"期间

20 世纪 80 年代中后期，改革开放的步伐加快，计划经济体制逐渐被打破，尤其是农村土地制度开始推行家庭承包责任制后，国家对水电移民问题开始日益重视起来。1985 年原水利电力部专门设立水库移民机构。1986 年我国颁布首个《中华人民共和国土地管理法》，结束了长期以来我国土地管理无法可依的局面。另外 1984 年，原水利电力部还颁布了"84 规范"，从而开始规范了水电移民安置规划的一些要求。

在这个时期，移民生产安置对象逐渐由村组集体向移民个体转移，移民安置途径从单一配置土地还资源的方式向安排移民二、三产业就业方式弥补移民收入损失的方向发展，移民安置方式以农业安置为主，辅以少量的投亲靠友安置、自谋出路安置等。这个时期移民安置完全属于政府行为，移民安置规划较粗，由政府统一为移民配置土地资源和对移民的基础设施进行简单建设，重工程建设、轻移民安置的思想仍然具有普遍性。

这段时期，技术规程中无移民生产安置任务的概念和生产安置人口计算规定，但根据当时的《国家建设征用土地条例》（1982 年）和《土地管理法》已有"需要安置的农业人口数"的概念，同时由于水电移民安置开始逐渐关注农民个体安置问题，因此在部分水电项目开始尝试生产安置人口计算的实践，例如湖南 WQX 水电站。另外移民环境容量的概念首先也在 20 世纪 80 年代长江三峡工程生态环境和移民专题规划论证的时候被提出，虽然在"84 规范"中，尚无移民环境容量分析的概念及技术规定，但已有理念雏形，例如在移民安置中提出"以农业或农副业生产为主要途径安置移民的，应具体分项计算可能容纳的人数"。

4.3.1.3 "96 规范"至"07 规范"期间

在这个时期采取的移民生产安置方式仍然是以农业安置为主，除了采用原先的有土农业安置方式外，一些"农转非"进入城镇安置、进入企业就业安置等方式逐渐出现并被一些工程所采用，如浙江 SX 水库移民。这一时期移民安置逐渐从补偿救济调整为开发性移民，改消极赔偿为积极创业，变救济生活为扶助生产。

在"96 规范"中，借鉴土地法，首次提出生产安置人口概念，作为界定移民生产安置任务的主要指标和开展移民生产安置规划的基础，并一直沿用至今。同时，规范也正式提出"移民安置区的选择，应注重移民环境容量的分析"的要求，但未提出移民环境容量具体定义及工作具体要求和方法。

4.3.1.4 "07 规范"以后

这一时期，在移民安置规划中除重点为移民配置资源恢复生产外，开始逐渐考虑了生产设施的配套建设，规划方案还需听取移民、安置区居民和地方政府的意见。随着社会经济的发展，移民诉求的变化，这一时期部分电站移民开始选择了"少土""无土"的安置方式，完全脱离了农业，到城镇自主谋求发展。例如金沙江中游水电移民开始探索采用以逐年补偿安置为基础的"少土"安置、"无土"安置。

另外，在"07 规范"中，进一步细化了生产安置人口和移民环境容量分析计算方法，提出了明确的生产安置规划设计内容和技术深度要求，例如进一步对土地开发项目、配套的其他生产开发工程的规划设计要求进行了明确和细化，提出生产开发资金平衡及缺口资金处理的技术要求等。

不同时期移民生产安置相关技术发展情况见表 4.3-1。

表 4.3-1　　　　　　　不同时期移民生产安置相关技术发展情况一览表

项目	"84 规范"以前	"84 规范"至"96 规范"期间	"96 规范"至"07 规范"期间	"07 规范"以后
生产安置人口计算	无具体技术规定	规范无生产安置人口计算的规定，但根据当时的《国家建设征用土地条例》（1982 年）和《中华人民共和国土地管理法》已有"需要安置的农业人口数"的概念。且在这一时期，部分水电工程已开始计算生产安置人口	提出了计算生产安置人口的规定和要求	进一步细化了生产安置人口计算方法，如提出质量系数等因素
生产安置目标和标准	无具体技术规定	无安置目标和标准计算的技术规定；但有原则要求："妥善安排移民的生产和生活，做到不降低移民原来正常年景实际的经济收入水平，并能逐步有所改善"	提出了制定移民安置规划目标和标准的技术要求，但无详细制定计算的规定	进一步细化了安置目标和标准制定的具体方法

项目	"84 规范"以前	"84 规范"至 "96 规范"期间	"96 规范"至 "07 规范"期间	"07 规范"以后
环境容量 分析	无具体技术规定	无移民环境容量分析的概念及技术规定，但已有理论雏形，例如在移民安置中提出"以农业或农副业生产为主要途径安置移民的，应具体分项计算可能容纳的人数"	提出了开展移民环境容量分析的要求，但未提出移民环境容量具体定义和工作具体要求和方法	提出了移民环境容量分析的具体要求和分析方法
生产安置 方案及规 划设计	属于计划经济体制时期，水电移民安置工作主要根据《国家建设征用土地办法》《国家建设征用土地条例》（1982 年）实施。这一时期，移民安置主要根据村组集体土地被征用情况，采取土地开发、调剂的农业安置为主。基本无具体的移民安置规划	这一时期移民生产安置方式是以土地开发、调剂农业安置为主，但也逐渐出现了少量的投亲靠友安置、自谋出路安置等。移民安置规划设计工作总体较粗，无详细的生产开发规划设计和生产开发资金平衡分析的技术规定	这一时期移民生产安置方式是以土地开发、调剂农业安置为主，除了采用原先的安置方式外，多种形式的安置方式逐渐出现并被一些工程所采用，如"农转非"进入城镇安置、进入企业就业安置等。 移民安置规划总体还是较粗，对成片土地开发项目提出了开展勘测设计要求（但工作深度无明确规定），提出了生产开发资金平衡与限额规划的要求	随着社会经济的发展和移民需求的变化，除原有的移民安置方式外，移民开始逐渐选择"无土"安置方式，到城镇谋求发展，完全脱离了农业生产安置。例如金沙江中游水电移民开始探索采用逐年补偿为基础的"少土""无土"安置。 移民安置规划提出了明确的规划设计内容和技术深度要求，提出了生产开发资金平衡与分析方法，提出了生产开发资金缺口处理的要求
生产生活 水平预测	无具体技术规定		规范中无此技术规定，但在一些项目实践中已开展移民生产生活水平预测工作，但预测分析的内容和方法总体较为简单	提出了移民生产生活水平预测的要求，规定了预测分析方法

4.3.2　创新

随着我国经济社会的不断发展，水电移民生产安置规划设计工作从无到有、从粗到细、由浅至深，顺应时代发展要求，在不同时期满足了我国水电发展及移民安置的需要，体现了一种不断创新和发展过程。历数移民生产安置工作发展历程，可以看到：

（1）移民生产安置方式不断得以丰富和完善，满足了我国各时期水电开发建设的需要。新中国成立以来我国兴建了具有防洪、灌溉、供水、发电等综合效益的各类水库9.8万多座。不同历史时期，水库（水电站）移民安置任务繁重而艰巨，移民生产安置方式也不断得以丰富和完善，总结起来，我国水电移民安置方式变迁情况如下：

在 20 世纪 80 年代以前，随着新中国成立初期土地改革，完成了土地农民个人所有制到社会主义集体所有的准备。当时人少地多，土地矛盾不突出，农业在我国经济社会发展中起到重要作用。当时我国水电移民安置多以行政命令的方式予以实施，那个时期的移民安置工作没有详细的安置规划，移民前期工作重视程度往往不够，仅限于调查淹没损失和估算补偿资金，缺少为移民创造生产、生活条件的安置规划。这一时期水电移民基本围绕农村集体经济组织采取配置一定数量的土地资源进行农业安置，土地资源配置质量数量普遍较低，对移民个体而言关注不多，也无具体的生产安置措施。

20 世纪 80 年代中后期，国家对水电移民问题日益重视起来。1985 年原水利电力部专门设立水库移民机构。1984 年，原水利电力部颁布了"84 规范"，从而规范了开展水电移民安置规划的要求。在这个时期采取的移民生产安置方式仍然以农业安置为主，但在一些地区也开始试行二、三产业安置、农转非方式安置等，这一时期移民生产安置工作逐步开始围绕需安置农业人口进行，即开始关注移民个体的安置问题，同时在生产安置措施也逐渐从单一的配置土地资源农业安置向采取其他措施恢复移民收入水平的安置方式转变。

20 世纪 90 年代，在总结多年移民工作经验教训基础上，1991 年水电移民第一个法规性文件正式颁布，即 74 号移民条例，条例明确提出"国家提倡和支持开发性移民，采取前期补偿、补助与后期生产扶持的移民安置办法"。在这个时期采取的移民生产安置方式仍然是以农业安置为主，但"农转非"进入城镇安置、进入企业就业安置等方式也是重要补充，同时也开始出现移民自谋职业、投亲靠友等安置方式。

进入 21 世纪初，随着改革开放的不断深入，征地补偿引发的矛盾和纠纷日益受到社会关注。2004 年 8 月，《中华人民共和国土地管理法》进行了第二次修正，确定了对"国家为了公共利益的需要，可以依法对集体所有的土地实行征收或者征用，并给予补偿"。移民安置中除重点为移民恢复生产外，逐渐考虑生产设施的配套建设，并尊重地方政府意见。这一时期，由于以往"就地就近"安置造成的库周环境容量偏紧、发展空间较小、环境破坏等问题，移民搬迁安置逐渐主要以外迁从农安置为主。随着社会经济的发展，移民需求的变化，越来越多的移民开始选择了"无土"安置方式，到城镇谋求发展，完全脱离了农业生产。

2006 年以后，在认真总结移民安置工作实践经验的基础上，对 74 号移民条例进行了修改、补充和完善，重新颁布了 471 号移民条例，进一步规范了移民工作的程序，强化了移民安置规划的法律地位，提出"对农村移民安置进行规划，应当坚持以农业生产安置为主，遵循因地制宜、有利生产、方便生活、保护生态的原则，合理规划农村移民安置点；有条件的地方，可以结合小城镇建设进行"的要求。并同时规定"农村移民安置后，应当使移民拥有与移民安置区居民基本相当的土地等农业生产资料"。

2012 年发布的《国家发展改革委印发了关于做好水电工程先移民后建设的通知》（发改能源〔2012〕293 号）中，提出"农村移民安置在坚持实行农业生产安置基础上，因地制宜稳步探索以被征收承包到户耕地净产值为基础逐年货币补偿等'少土''无土'安置措施"。逐年货币补偿等新型安置方式开始在云南等一些地区试点推广，进一步降低了移民安置难度，满足了水电开发快速推进的需要。

可见，我国水电工程农村移民安置始终强调的是以农业安置为主的开发性移民安置方式，这种安置方式通过长期的实践，被证明是行之有效的，在很多方面也是比较成功的，因此，从政策层面也对"农业安置"方式多次予以强调。但经济社会快速发展，人民生活水平提高及人地矛盾日趋突出，在征地补偿和移民安置中引发出各种矛盾和纠纷，因此，为了妥善解决移民安置问题，除农业安置外，开始探索二、三产业、自谋职业、逐年货币补偿等非农、农业与非农业相结合的方式是必然的。

从上述我国水库移民工作和生产安置方式变迁看，1990 年以前基本采用补偿性安置，安置方式以配置土地农业安置为主，1990 年以后调整为前期补偿补助与后期扶持相结合的方式，实行开发性移民安置，移民安置方式也逐渐呈现多样性变化，从有土农业安置向"少土""无土"安置方式转变。当前我国水电移民安置总体上仍然以土为本、以农安置为主，辅以二、三产业安置、自谋出路安置、逐年货币补偿等"少土""无土"方式，这些安置方式符合我国基本国情和法律法规、政策的规定，通过长期的实践，被证明是行之有效的，在很多方面也是比较成功的。

（2）生产安置人口计算方法的提出，使移民安置规划更加科学合理。生产安置人口作为移民生产安置任务的指标概念，也是从无到有，属于水电水利工程特有，在其他行业如铁路、公路、开发园区等行业均无此说法。

在 20 世纪 80 年代随着改革开放及农村家庭联产承包责任制的推行，生产安置人口的概念开始萌芽，最初来源于《国家建设征用土地条例》（1982 年），即第十条提出"需要安置的农业人口数按被征地单位征地前农业人口（按农业户口计算，不包括开始协商征地方案后迁入的户口）和耕地面积的比例及征地数量计算"。在随后的《中华人民共和国土地管理法》（1986 年）第二十八条提出"需要安置的农业人口数，按照被征用的耕地数量除以征地前被征地单位平均每人占有耕地的数量计算。"在后来历次《中华人民共和国土地管理法》修改中，均未对此条款进行修改。

从水电水利工程移民安置规划设计技术规程的发展看，在首次颁布的"84 规范"中，尚无移民生产安置任务的概念，只提出移民恢复和发展生产的措施要求，无计算生产安置人口的要求。直至"96 规范"颁布，借鉴土地法，首次提出生产安置人口概念，这一时期移民生产安置人口计算主要围绕耕地指标进行。至 2007 年正式颁布了"07 规范"等系列技术规程后，生产安置人口被赋予了更多的计算方法，更加科学地反映了工程征收土地的影响程度，且生产安置人口作为界定移民生产安置任务的重要指标，在水电移民安置工作中发挥了重要作用，使移民不仅在居住条件上得到保障，在生产上也得到了有效发展，使移民安置规划更加科学合理。

（3）移民环境容量分析方法日益丰富，对科学开展移民安置规划的作用日益凸显。移民环境容量的概念首先在 20 世纪 80 年代长江三峡工程生态环境和移民专题规划论证的时候提出，并逐步在以后的水电工程的移民安置实践中，不断得以丰富和完善。

20 世纪 80 年代在我国首次颁布的"84 规范"中，尚无移民环境容量分析的正式规定，但已有理念雏形，例如在移民安置中提出"以农业或农副业生产为主要途径安置移民的，应具体分项计算可能容纳的人数"。至 20 世纪 90 年代"96 规范"颁布，才正式提出"移民安置区的选择，应注重移民环境容量的分析"，但未提出移民环境容量具体定义和工作具体要求和方法。直至 21 世纪初，在"07 规范"和《水电工程农村移民安置规划设计规范》（DL/T 5378—2007），才对移民环境容量给予明确定义，并提出了明确的技术规定。

当前移民环境容量分析是移民安置规划工作中的重要环节，是移民安置区筛选和移民生产安置方式选择的基础，是科学制定移民安置方案的主要理论依据，为科学制定移民生产安置方案发挥了不可磨灭的积极作用。

4.3.3 展望

面对当前水电移民安置方式的不断创新和移民安置政策不断变革的形势，移民生产安置工作也必将随之变化，必须顺应国家政策变化要求，切实保护移民合法权益，秉承"因时、因地、因策"原则，贯彻"创新、协调、绿色、开放、共享"的新发展理念，不断变更和创新。

4.3.3.1 随着经济发展和政策调整，移民生产安置方式面临多样化

1. 当前移民生产安置面临的挑战

当前我国水电移民安置总体上仍然以土为本、以农安置为主，辅以二、三产业安置、自谋出路安置等方式，这符合我国基本国情和法律法规、政策的规定，通过长期的实践，这种传统的安置方式，移民能维持原生产结构和生产技能、经济来源相对稳定、粮食有保障、安置风险小，加之有土地后农村移民可根据当地经济发展条件自主发展各类种植品种，安置比较稳妥，被证明是行之有效的，在很多方面也是比较成功的。但随着社会经济的发展和政策制度的不断变更，传统的移民生产安置方式也面临诸多挑战：

（1）政策不断变革对移民生产安置提出了新要求。

1）土地征收制度改革。目前，水电工程征地移民采取前期补偿、补助与后期扶持相结合的办法与中央"确保被征地农民长期收益"的要求尚存在一定差距，国家层面也在不断探索土地征收制度的改革。2007 年，《中华人民共和国物权法》第四十二条规定"征收集体所有的土地，应当依法足额支付土地补偿费、安置补助费、地上附着物和青苗的补偿费等费用，安排被征地农民的社会保障费用，保障被征地农民的生活，维护被征地农民的合法权益"，在强调补偿费用要"足额"的同时，还增加了《土地管理法》中没有提及的"社会保障费用"相关内容。2013 年 11 月，《中共中央关于全面深化改革若干重大问题的决定》指明了土地征收制度改革的方向，即"缩小征地范围，规范征地程序，完善对被征地农民合理、规范、多元保障机制"。此后，2014 年的中央一号文件《关于全面深化农村改革加快推进农业现代化的若干意见》（中发〔2014〕1 号）再次提出加快推进征地制度改革的意见，要求"抓紧修订有关法律法规，保障农民公平分享土地增值收益，改变对被征地农民的补偿办法，除补偿农民被征收的集体土地外，还必须对农民的住房、社保、就业培训给予合理保障。因地制宜采取留地安置、补偿等多种方式，确保被征地农民长期受益"，由此可见，未来我国土地征收制度改革主要将从缩小征地范围、完善征地补偿标准、创新和完善安置方式、完善征地程序等几个方面开展，创新和完善安置方式，构建以"社保＋就业"为主，货币安置、农业安置为辅，并创新留地安置、入股分红、逐年补偿等其他安置方式，形成多元化的安置体系是未来土地征收制度改革的重中之重。

2015 年《中共中央国务院关于加大改革创新力度加快农业现代化建设的若干意见》（中发〔2015〕1 号）发布，其中提出了"重大水利工程建设的征地补偿、耕地占补平衡实行与铁路等国家重大基础设施项目同等政策"。另外，《关于加强用地政策支持力度

促进大中型水利水电工程建设的意见》（国土资规〔2016〕1号）中，也要求"水利水电项目征收农民集体所有土地，必须依照有关法律法规和中发〔2015〕1号文件等规定要求确定征地补偿标准，足额核算征地补偿费用，采取多种有效安置途径，做好征地补偿安置工作"。2017年6月1日国务院对471号移民条例的第22条进行了修改，提出"大中型水利水电工程建设征收土地的土地补偿费和安置补助费，实行与铁路等基础设施项目用地同等补偿标准，按照被征收土地所在省、自治区、直辖市规定的标准执行"。

综上，未来在征地移民政策方面将会不断变革，逐渐缩小不同行业之间在征地补偿和移民安置政策方面的差异是国家政策发展大趋势，因此水电移民传统安置方式也必将与国家征地补偿政策的变化予以衔接，适应政策的变化。

2）农村土地三权分置。土地产权制度改革主要是落实土地产权并切实保障农民的土地承包经营权、宅基地使用权和集体收益分配权。因此，为顺应农民保留土地承包权、流转土地经营权的意愿，我国农村改革又实行了一项重大制度创新，将土地承包经营权分为承包权和经营权，实行所有权、承包权、经营权（以下简称"三权"）分置并行。2012年11月，党的十八大对土地产权制度改革提出了具体要求，要求"依法维护农民土地承包经营权、宅基地使用权、集体收益分配权"。2013年11月，党的十八届三中全会审议通过的《中共中央关于全面深化改革若干重大问题的决定》，提出完善产权保护制度，要求"产权是所有制的核心，健全归属清晰、权责明确、保护严格、流转顺畅的现代产权制度"。2016年10月，中共中央办公厅、国务院办公厅印发《关于完善农村土地所有权承包权经营权分置办法的意见》（中办发〔2016〕67号），其中提出了农村土地所有权、承包权、经营权分置（以下简称"三权分置"）的内涵、原则和具体措施，具有划时代的重要意义。在党的十九大报告已经提出"深化农村土地制度改革，完善承包地三权分置制度；保持土地承包关系稳定并长久不变；深化农村集体产权制度改革，保障农民财产权益"等要求。2017年12月底的中央农村工作会议进一步提出"完善农民闲置宅基地和闲置农房政策，探索宅基地所有权、资格权和使用权三权分置，落实宅基地集体所有权，保障宅基地农户资格权和农民房屋财产权，适度放活宅基地和农民房屋使用权"。从农村土地三权制度改革可以看出，未来农村土地的利益主体多元化将越来越明显，且土地权益保障要求也越来越高，因此，水电工程征地涉及的利益群体将异常复杂，生产安置对象判别和其权益保障措施制定等均面临前所未有的挑战。

3）户籍制度改革。新中国成立以来，我国户籍制度分别经历了户口管理条例建立、农业户口与非农户口二元格局确立、实施居民身份证制度及小城镇户籍逐步放开等3个历史阶段。2013年，《中共中央关于全面深化改革若干重大问题的决定》提出"要创新人口管理，加快户籍制度改革，全面放开建制镇和小城市落户限制，有序放开中等城市落户限制，合理确定大城市落户条件，严格控制特大城市人口规模"。伴随着新型户籍制度改革目标的确立，我国户籍制度进入了新的历史阶段。2014年7月，国务院出台了《国务院关于进一步推进户籍制度改革的意见》（国发〔2014〕25号），提出"建立城乡统一的户口登记制度，取消农业户口与非农业户口性质区分和由此衍生的蓝印户口等户口类型，统一登记为居民户口；并逐步建立与统一城乡户口登记制度相适应的教育、卫生计生、就业、社保、住房、土地及人口统计制度"。

在户籍制度改革背景下，水电移民生产安置可以从当前围绕土地所有权向围绕经确认的土地用益物权转变，进一步打开了移民生产安置思路，即可不采用大农业安置，其土地等生产资料的用益物权可通过其他方式或形式得以保障，只是转变了生产模式和收益形式，从源头上可回避目前移民生产安置只有规划没有具体对象落实的弊病，也可为养老保障、逐年补偿、货币化安置等多种生产安置方式搭建新的制度平台。

4）资产收益扶持。《中共中央关于制定国民经济和社会发展第十三个五年规划的建议》提出了"十三五"期间的脱贫攻坚目标：我国现行标准下农村贫困人口实现脱贫，贫困县全部摘帽，解决区域性整体贫困。要实现这一目标，必须发挥我国政治优势和制度优势。在制度安排创新上，首次提出"对在贫困地区开发水电、矿产资源占用集体土地的，试行给原住居民集体股权方式进行补偿，探索对贫困人口实行资产收益扶持制度"的政策表述。这一制度举措结合了财政支农资金使用和农村集体产权制度改革，有助于重构农村产权制度，有助于增加农民财产性收入和工资性收入，有助于以精准扶贫促共享发展。2016年，国务院办公厅发布了《关于印发贫困地区水电矿产资源开发资产收益扶贫改革试点方案的通知》（国办发〔2016〕73号），正式提出对符合条件的项目，在界定入股资产范围、明确股权受益主体、合理设置股权、完善收益分配制度、加强股权管理和风险防控等方面开展试点工作。由此可见，在政策变革的新时期，水电移民安置的目标不能再仅仅局限于超过原有水平，应紧跟中央提出的"脱贫"要求，在此背景下，资产收益扶持在未来有可能成为水电移民安置的重要途径。对农村移民而言，通过资产收益扶持可以使其从传统生产方式中解放出来，既能按照持有股份获得稳定的股份收益，又可以通过从事务工经营获得工资收入，从而快速脱贫致富。

（2）库区土地资源日益紧张，农业安置已不能满足移民安置的需要。一直以来，我国水电移民安置强调的是以农业生产安置为主的安置方式。水电站建设均在高山峡谷地段，河谷地区以农业耕种为主，移民安置能够继续从事种植业，不改变原有的生产方式，很快适应新的生活，最容易为移民接受。该种安置方式安置人数多，现行移民安置方式中较为常见，应用较广。

农业安置方式的关键是环境容量是否满足移民安置需要，水资源和土地资源又是其中较为重要的指标，所谓"以水定土，以土定人"。但由于我国是一个人地矛盾较为突出的国家，水电工程征占用的耕地往往质量较好，是当地耕地中的精华部分；加之当前生态环境保护和土地用途管制等原因，可开发利用的土地后备资源往往不足；农村移民本身"故土难离"不愿外迁、远迁等现实条件和心理因素，在一些区域，水电移民采取农业安置的难度越来越大，也在一定层面反映出这种安置方式的局限性。同时，随着国家宏观经济社会的不断发展，产业结构的不断优化，农村土地权益改革的推进，城市化进程的加速，生态环境保护要求越来越高，以及移民人群文化背景和意愿转变，加之水电开发逐渐向西部纵深推进，人地矛盾将更加突出，调剂土地和开发土地等传统土地筹措措施无法实施，传统的农业安置方式已无法满足移民安置的需要。

（3）二、三产业等非农自主安置条件严格，不具备大规模推广使用。当前我国水电移民多位于西南贫困地区，这些地区往往经济发展水平不高，二、三产业发展相对滞后，农业仍然是当地的主要收入来源。二、三产业、移民自谋职业，需要当地具备充分二、三产业岗位需求，同时要求移民具备相应的技能要求，而这些地区的移民往往不具备相应的技能，因此在西部一些贫困地区移民无法采取较大规模的二、三产业安置和自谋职业安置。同时，由于社会保障安置多针对特殊人群，这种安置方式的人群也非常有限。

以二、三产业安置为例，从我国实际情况来看，存在明显的制约条件：

1）农村移民自身文化技术素质普遍偏低。农村总体上社会经济尚不发达，人力资源开发不够，劳动力的文化技术素质普遍不高，尤其是在市场经济体制下，企业对职工的素质要求提高，以传统农业为主要谋生手段的农村移民的素质往往很难在短期内适应现代企业对职工的素质要求。

2）移民传统观念和社会文化心理的限制。水电工程建设使广大农村移民离开自己祖祖辈辈居住的家园，对移民的社会心理产生不利影响。从农业到非农业的变动，对于农村移民来讲，农业在某种程度上具有"本业"的意义，突然被动地离开土地，"舍本"之举是移民所难以接受的。另外农民的心理上普遍存在传统的人际关系准则，例如血缘、亲缘、地缘等传统关系网络，不利于移民进入新的关系网络，这使得单个移民脱离原集体安置有一定的困难。

3）二、三产业安置农村移民存在失业风险。农村移民向非农业就业转移的过程中，就必须获得一定的技能，参与获取并保住职位的竞争，接受市场波动等自身无法左右的外界可能带来的不利冲击，从而使这个过程充满了不确定性和风险。

4）二、三产业安置农村移民受到岗位容量的限制。农村移民安置区的非农就业容量在某一时期是一定的，就业容量的扩展不是突变性的，是一个渐进性的过程。

总体来说，二、三产业安置移民其收益途径和渠道较安置前有所变化，已基本脱离了传统的农业生产，其适应性具有一定的针对性和特定性，对移民自身的文化、技能要求较高。

（4）移民利益诉求多样化。随着我国经济社会的发展，部分发达地区的移民已不依赖传统的土地生存，移民个性化诉求越来越多，因此移民安置方式的选择应更加多样，便于移民选择。

基于上述分析，水电工程传统移民安置方式主要面临的问题：单一的农业安置已难以适应经济社会改革发展的需要，且越来越不具备条件；二、三产业安置、自谋职业安置由于传统的水电开发地区经济基础条件相对来说一般较差，没有大规模推广使用条件；社会保障安置主要针对特定移民群体，安置人数毕竟有限；另外随着移民诉求变化，结合国家脱贫致富和被征地农民长期受益等要求，传统的移民生产安置方式已不能完全满足解决移民发展致富的要求。

2. 未来展望

从上述我国征地补偿政策的变化，以及中央深化改革和精准扶贫的要求，未来水电移民政策将随着我国政策调整、经济社会的发展不断改革和变化，从行业间政策发展趋势看，存在不同行业征地移民安置政策并轨的要求。从不同行业现行安置方式发展看，目前水电移民安置方式也面临调整的需求，其他行业也逐步进入全面建立被征地农民社会保障体系，总体上都是从农业安置向"少土""无土"安置方向转变，存在一定接轨的可能。因此，当前水电工程征地移民安置面临两个主要任务：一是征地补偿必须依照有关法律法规和中发〔2015〕1号文件、679号移民条例等规定要求确定征地补偿标准，足额核算征地补偿费用，同时采取多种有效安置途径，做好征地补偿安置工作；二是对在贫困地区开发水电占用集体土地的，可试行给原住居民集体股权方式进行补偿，探索对贫困人口实行资产收益扶持制度，将资源向资产转变，使移民与水电开发共享发展成果。同时也面临两大问题：一是农村土地深化改革导致水电工程征地将涉及众多的利益群体，未来水电移民生产安置对象如何确定还需研究；二是由于生产安置对象的不确定性，其权益保障措施（即生产安置方式）还有待研究。

基于此，经初步研判，未来水电工程征地移民安置方式发展主要趋势如下：

（1）水电行业与交通、城市开发园区等其他行业征地拆迁安置政策的逐步并轨，不同行业间逐渐实行统一的征地补偿政策，在一些经济社会较为发达地区，水电移民不再过分强调生产安置，征地补偿方式逐步融合统一，例如水电移民推行留地安置方式、全面执行被征地农民社会保障政策等。

（2）根据国家脱贫攻坚的要求，在贫困地区矿产、水电开发过程中需逐步研究推行资产扶持的移民安置方式，将移民拥有的资源转变为资产，共享水电开发效益，进而解决移民脱贫致富和可持续发展问题。

（3）当前水电移民传统单一的生产安置方式已逐渐丧失其传统优势和适应的基础条件，已满足不了目前经济社会的快速发展和移民不同利益诉求的需要，同时随着水电工程建设征地特点的变化，必将向多途径、多组合方式安置移民转变。

（4）基于上述逐年货币补偿、资产收益扶持等新型安置方式的出现，在未来移民生产安置思路上，将从原来"以生产安置人口为对象"的安置模式向"以土地等资源或资产为对象"的安置模式转变。

（5）随着"被征收资源"逐步向"被征收资产"转变的安置模式出现，需进一步关注被征收资产投资的效益分析，投资收益逐步成为选择生产安置方式的主要因素。

（6）随着农村土地三权制度的深化改革，水电移民生产安置对象和安置方式必将发生变革，但考虑到土地所有权是农村土地制度的核心，也是其他权利的基础，因此就现阶段而言水电移民仍然宜围绕土地所有权开展生产安置工作。

从当前水电移民安置方式的实践以及与政策的延续性、适应性分析看，目前大多数移民生产安置方式均已得到实践，较为成熟；对于资产收益扶持中，逐年货币补偿安置也已在云南等地区得以推行，并出台了相关省级配套政策，得到广大移民的欢迎，但土地补偿费用入股安置等新型移民安置方式尚未有详细的制度设计。

综上所述，移民安置不应该是单一的或者仅从一种安置（从业）途径获得经济收入，应结合安置区的移民环境容量（即自然资源、经济条件、社会环境、自然环境等承载能力）科学合理确定。水电移民生产安置应从传统的单一的安置方式转变为顺应时代发展趋势、符合社会经济发展特点的现代的、多元组合型的安置方式。同时，随着国家经济社会的发展，在我国个别发达地区的移民已逐渐摆脱对农村土地的依赖，主要从事其他产业，同时从征地补偿政策衔接并轨的角度出发，发达地区的水电移民生产安置可率先与其他行业直接并轨，即根据当地有关征地政策要求给予足额补偿和统一纳入被征地农民社会保障体系，可不再需要开展详细的生产安置规划。

4.3.3.2 生产安置人口不再是界定移民生产安置任务的唯一指标

当前我国经济社会飞速发展，城镇化水平日益提高，居民收入来源更加丰富多元，移民对土地的依赖程度也将发生变化，移民的生产安置方式不断创新，移民意愿日益受到尊重。生产安置人口作为界定移民生产安置任务的唯一指标越来越难以操作和落实，其所发挥的作用也日益降低。其主要原因如下：

（1）水电移民生产安置日益从传统的单一安置模式将逐渐向顺应时代发展趋势、符合社会经济发展特点的多元组合型的安置方式发展。逐年货币补偿、土地补偿费入股等新型移民安置方式将逐渐得到推广。如逐年货币补偿、土地补偿费入股等创新安置方式通常以被征收土地资源为对象，不再以"人"作为生产安置对象，使得生产安置人口失去了原有作用。

（2）在经济发达地区，农村居民对土地的依赖程度越来越低，土地收入在其家庭收入中比例很低，移民个性化诉求越来越多，在生产安置方面多数希望对被征收土地直接实行货币补偿，也使得生产安置人口失去了原有作用。

（3）逐渐与交通、市政等其他行业征地拆迁安置政策并轨，实行统一的征地补偿安置政策，如执行被征地农民社会保障政策，对被征收土地资源进行补偿，不再开展详细的移民生产安置规划，这样也使得生产安置人口失去了原有作用。

（4）现行生产安置人口的计算和实施阶段人口界定工作，实际上是对农村集体经济组织所有的土地资源进行重新分配的过程。随着农村土地制度不断改革，农村土地三权分置后，其重新调整的工作难度将越来越大。

（5）生产安置人口计算是一个理论数值，一般会出现计算人口的确定性和实施阶段人口界定随意性的矛盾，加之库区人口由于嫁娶、出生出现爆发式的增长，使得生产安置人口计算值往往被突破，进而造成实施阶段生产安置人口界定到户、到人的工作难度往往较大。

在上述背景下，生产安置人口的计算方法及其使用条件须发生变化，移民生产安置任务的界定方法必然要随之调整，生产安置人口将不再作为移民生产安置任务界定的唯一指标。移民生产安置任务的界定办法要结合移民安置方式、各地区政策及社会经济发展水平和移民意愿，综合研究分析确定。根据移民生产安置方式未来发展，移民生产安置任务界定将来主要面临两个发展方向：①继续按照当前的计算生产安置人口方法进行，但有必要根据各地的实际情况和后续实施工作的需要，进一步研究细化目前生产安置人口的计算方法。②面对土地补偿费入股、逐年货币补偿等创新移民安置方式，以及水电行业与其他行业也在逐步适度并轨的趋势，这些均直接与被征收土地资源数量相联系，并以被征收土地面积的多少进行分析，制定生产安置方案，因此可简化生产安置人口计算，降低生产安置人口的作用，甚至可以不再进行计算。

4.3.3.3 移民环境容量分析范围和方法更科学、更实用

移民环境容量是基于区域承载力原理为基础，通过数学模型，考虑不同因素影响，分析某个区域可容量的人口数量的一种方法。随着水电移民生产安置方式的不断创新变化，以及水电移民安置政策与其他行业逐渐并轨的发展趋势，移民环境容量分析的内容、分析方法和手段必将发生重大变化和调整，必须与时俱进。

（1）应结合不同生产安置方式选取不同的安置环境容量分析内容，例如二、三产业安置侧重考虑当地的就业容量和移民劳动技能分析等，对于逐年补偿安置则可以不进行生产安置容量的分析。

（2）在面对水电移民安置与其他行业并轨时，移民环境容量分析需进一步拓宽移民环境容量的分析范围，例如安置区可提供的建设用地容量、水、民族、资金等指标，农业生产安置容量分析可弱化处理。

（3）移民环境容量分析已被证明是可用于科学制定移民生产安置方案的一个重要方法，随着移民环境容量分析内容和方法的不断丰富和完善，其在移民安置规划方案拟定工作中的作用将进一步显现。

因此，未来的移民环境容量分析内容、方法和手段将更加多元和丰富，不再拘泥于土地资源这一单一因素，且所发挥的作用必将越来越大。

第 5 章

移民搬迁安置

移民搬迁安置是一项复杂的系统工程，其目的在于通过重建一套完善的体系来解决由于水电站建设征地对移民原有生活造成的影响和破坏，恢复移民有关居住、出行、就医、上学等各方面的生活条件。如大渡河 PBG 水电站，是一座以发电为主，兼有防洪、拦沙等综合效益的大型水电工程，建成后蓄水、拦沙作用大，对缓解下游水库泥沙淤积对成昆铁路的影响以及 LS 市的防洪十分有利，是大渡河水电开发的控制性工程，长江上游防洪体系水库群之一。但它的建设将淹没整个 HY 县城、多个集镇和村庄以及企业、交通、电力等设施，需搬迁安置 10 万余人。在 PBG 水电站建设过程中，将移民搬迁至何处，如何让这部分群体的生活得到有效恢复关系到移民群众的切身利益，是社会各界关注的焦点，也是维护当地社会稳定的一个基本前提，同时也关系到整个工程移民安置的成败，是整个工程顺利建设的关键因素之一。地方政府组织项目法人和主体设计单位对移民搬迁安置开展了大量规划设计工作，综合考虑移民的意愿、资源环境条件、城镇及移民搬迁后的发展需要，通过大范围调查和多次论证，衔接地方土地利用总体规划、城镇体系规划及村镇体系规划，最终确定了县城新址和各个集镇、居民点位置，并按照有关规范要求，确定了建设用地以及水、电、路等建设标准，在此基础上，主体设计单位本着保障安全、有利生产、方便生活的原则，开展了城镇及相关配套专项的规划设计，地方政府按规划搬迁了 HY 县城和相关 9 座集镇，新建集中居民点 50 余个，迁建了工业园区 1 个，并配套建设了大量的基础设施和公共服务设施，恢复并改善了移民的生产生活条件。

总体来讲，移民搬迁安置就是为了让水电工程建设征地涉及移民从原居住地搬迁至新址，生产生活水平得到恢复和提高，环境得到改善。从前期规划设计的角度首先应根据实物指标调查成果，确定搬迁安置任务，做好搬迁人口界定，明确搬迁规模，并拟定搬迁安置标准，包括人均建设用地、用水、用电标准，道路建设标准等，在此基础上，结合移民生产安置方案、安置区条件、移民意愿及安置区居民意见，确定移民的搬迁安置方式和去向，合理拟定移民搬迁安置方案，再根据拟定的搬迁安置方案，分不同安置方式开展搬迁安置规划，主要包括移民居民点新址选择、人口规模及用地规模确定、配套基础设施和公共设施的建设标准及规模确定、居民点规划及投资等内容。集中搬迁安置的，应进行居民点选址，统一布局，对道路、供水、供电、通信等基础设施以及公共服务设施进行统筹规划；对于进入城镇集中安置的，应与审批的城镇总体规划相衔接。选择移民自主搬迁或分散安置的，不进行统一选址和规划，可通过开展典型设计计算人均规划投资，由移民按照居民点选址及相关要求，自行落实居住地及配套基础设施。公共基础设施配置应以现状为基础，按国家和省级人民政府相关规定，结合移民安置区实际，并与行业规范和相关行业规划相衔接，合理布设，少数民族地区还应根据宗教习惯考虑必要的宗教设施，结合少数民族的生活习性进行布局。对于农村移民进入城镇集中安置的，应尽可能利用城镇现有的公共服务设施，可合理考虑必要的增容措施。

同时，搬迁安置工作又是一项复杂且逻辑性强的工作，每一项工作都是前后衔接、紧密联系的，任何一个环节都会影响安置的进度和效果，其中在搬迁安置工作中影响最为深远、重大的主要包括以下三个方面：①搬迁安置任务的确定，包括主要参数（自然增长率、机械增长率）的确定，扩迁人口的识别，搬迁人口身份的确认和界定等，直接关系着搬迁安置规模的确定；②搬迁安置标准的拟定，包括用地、用水、用电标准，道路建设标准等，此外，文化、教育、卫生如何配置，公共设施（如活动室等）配置标准是移民生活环境改善的重要指标，安置标准的高低是恢复移民原有生产生活水平的关键所在，也是移民生活质量和居住环境的重要体现；③安置方案的确定，包括移民意愿与地方政府意见的采用、方案拟定的原则和程序、安置方式等，安置方案的合理性和落地性关系到整个安置工作的成败。

5.1　工作内容、方法和流程

5.1.1　工作内容和方法

水电工程建设征地移民搬迁安置规划设计工作应满足"07 规范"、《水电工程农村移民安置规划设计规范》（DL/T 5378—2007）等现行行业标准及相关技术标准的要求，并结合工程项目特点和所在地地方政府的相关要求开展。搬迁安置规划的主要工作内容一般包括搬迁安置任务的确定、搬迁安置目标的制定、搬迁安置标准的确定、搬迁安置方案的拟订、搬迁安置规划设计等方面。

5.1.1.1　搬迁安置任务的确定

水电工程移民搬迁安置任务直观地反映了水电工程的搬迁规模，是反映搬迁安置任务大小的主要指标。

在规划设计阶段，搬迁安置人口根据实物指标调查成果和移民生产安置方案确定的扩迁人口数量作为基础，按照人口自然增长率推算至规划水平年；在实施阶段，地方人民政府应组织相关方面，根据批准的移民搬迁安置人口规划设计成果，结合项目实际情况，将搬迁安置人口以户为单元界定到人。移民搬迁安置任务的确定一般包括搬迁安置人口计算和搬迁安置人口界定两方面。

（1）搬迁安置人口计算。搬迁安置人口主要包括房屋在建设征地范围以内的人口和因生产安置或随城市集镇、村庄迁移等因素需要搬迁的人口，并包括设计基准年到规划水平年间的增长人口。

1）建设征地范围以内的人口。建设征地范围以内的人口以实物指标调查成果中的人口为基础确定。包括以下几类：

a. 居住在水库淹没区和枢纽工程建设区内需要搬迁的人口。

b. 居住在塌岸、滑坡、孤岛、浸没等水库影响区中必须迁移的人口。

2）因生产安置或随城市集镇、村庄迁移等因素需要搬迁的人口。

a. 因生产安置需要搬迁的人口。因生产安置需要搬迁的人口是指房屋未淹没，但生产资料丧失，须异地进行生产安置而必须搬迁的人口。此类人口的计算方法，通常以村组为计算单元，用计算的生产安置人口减去该村组的建设征地范围内的搬迁人口和就近生产安置的人口数量确定。

b. 随城市集镇迁移的人口。居住在建设征地范围外，但因城市集镇迁移丧失生活条件须搬迁的城集镇人口。此类人口应根据生活条件受影响程度分析确定。

c. 随村庄迁移的人口。居住在建设征地范围外，但因村庄迁移社会关系受破坏，生活条件受到较大影响须搬迁的农村人口。此类人口应根据社会关系和生活条件受影响程度分析确定。

3）增长人口。以设计基准年的搬迁人口为基础，考虑人口自然增长推算至规划水平年。

水电工程一般以省级人民政府发布封库令通告年为基准年，以水库下闸蓄水年作为规划水平年。

人口自然增长率是反映人口变化速度和计算搬迁安置任务的重要指标，一般根据国家和地方的计划生育政策及建设征地所在区域的实际人口增长情况综合分析确定。

（2）搬迁安置人口界定。搬迁安置人口界定是移民身份确认的过程，是实施阶段的一项基础工作。

搬迁安置人口界定是地方人民政府在组织移民安置工作中，依据可行性研究阶段移民搬迁人口调查成果和计算出的移民搬迁安置人口为基础，结合相关法律法规、政策规范和水电站项目的实际情况，制定相关人口界定办法，将计算出的搬迁安置人口界定到人。

水电工程搬迁安置人口界定工作一般是在地方人民政府指导下，由地方移民管理机构会同乡（镇）、村（组）、公安、卫计、民政等单位（或部门）组成人口界定工作组，把满足搬迁安置要求的人口以户为单位落实到人，进行全户搬迁，在此过程中需注重公开、公平、公正的原则，以人为本、保障移民的合法权益。具体来说就是首先由地方人民政府根据移民人口界定任务数，并根据相关法律法规和水电工程实际情况，制定移民人口界定工作方案。其次，地方政府根据实物指标调查结果，进行搬迁安置人口界定，在公布的实施搬迁时间前，出现新增人口的移民户应向所在村民小组提出申请，并提供相关证明材料；村民小组讨论同意后，逐级报村委会、乡（镇）人民政府，由乡（镇）人民政府会同公安户籍部门进行复核，报县移民主管部门进行移民人口界定。移民人口界定成果，由乡（镇）人民政府以村民小组为单位张榜公示，公示期原则上为 7 天。对公示无异议的，此榜为最终榜。公示期间群众有异议的，由县移民主管部门、公安户籍部门、乡（镇）人民政府等单位组成联合工作组在项目法人、综合设计、综合监理协助下进行复核。复核后由乡（镇）人民政府以村民小组为单位进行第二次张榜公示，公示期原则上为 7 天，且此榜为最终榜。

5.1.1.2 搬迁安置规划目标的制定

移民搬迁安置目标是指规划设计水平年移民生活相关的基础设施和公共资源应达到的配置水平，主要通过道路通达率、供水率、供电率、通信率、广播电视普及率、就医率、入学率等指标来反映。应该注意的是，搬迁安置目标的拟订重点应注意规划目标指标体系的确定和选择具有代表性的样本进行具体分析，它直接关系到规划目标设置的科学性和合理性。

移民搬迁安置规划目标应以移民生产生活现状为基础，结合安置区的资源情况、开发条件和社会经济发展规划，本着达到或超过原有生产生活水平的原则，以县为单位具体分析拟定，并预测至规划设计水平年。搬迁安置目标主要采用定量与定性相结合的方法确定。

(1) 定量分析。按照移民在搬迁安置前的人均资源占有量、居住环境质量、就医就学情况等主要指标来分析，主要包括道路通达率、供水率、供电率、通信率、广播电视普及率、就医率、入学率等。

根据收集的上述定量成果确定规划设计基准年移民搬迁安置规划目标，结合地方国民经济发展规划、移民安置区的资源状况及其开发条件等因素，按照经济社会发展规划相关指标推算至规划设计水平年，作为规划设计水平年移民安置规划目标。

(2) 定性分析。定性分析主要内容包括移民和安置地居民的宗教文化、民风民俗、气候地貌、社会服务设施状况等。定性分析的目的是确定移民对安置地环境的适应性和安置地群众对移民的接受度。

定性分析的方法主要通过收集和现场走访为主。

5.1.1.3　搬迁安置标准的确定

搬迁安置标准是对规划目标的具体量化，搬迁安置标准的选择应根据移民区现状、国家的相关规定和不同安置区（农村、城镇）的实际条件，综合分析确定。

(1) 建设用地。水电工程移民搬迁安置建设用地主要包括居住用地、公共设施用地、道路广场用地和绿地等地类。在规划设计过程中，建设用地标准遵循"原规模、原标准或者恢复原功能"的原则，考虑现状情况，按照《中华人民共和国土地管理法》《镇规划标准》（GB 50188—2007）、《镇（乡）域规划导则（试行）》（建村〔2010〕184 号）等有关法规政策规定执行。

1) 人均建设用地标准。根据《镇规划标准》（GB 50188—2007），人均建设用地指标主要分为 4 级：$60 \sim 80 m^2$，$80 \sim 100 m^2$，$100 \sim 120 m^2$，$120 \sim 140 m^2$，规划人均建设用地指标应同时符合表 5.1－1 的要求。

表 5.1－1　　　　　　　　　　规划人均建设用地指标

现状人均建设用地水平/(m²/人)	允许采用的规划指标		允许调整幅度/(m²/人)
	指标级别	规划人均建设用地指标/(m²/人)	
≤60.0	Ⅰ	60.1～75.0	+0.1～+25.0
60.1～75.0	Ⅰ	60.1～75.0	>0
	Ⅱ	75.1～90.0	+0.1～+20.0
75.1～90.0	Ⅱ	75.1～90.0	不限
	Ⅲ	90.1～105.0	+0.1～+15.0
90.1～105.0	Ⅱ	75.1～90.0	−15.0～0
	Ⅲ	90.1～105.0	不限
	Ⅳ	105.1～120.0	+0.1～+15.0

续表

现状人均建设用地水平/(m²/人)	允许采用的规划指标		允许调整幅度/(m²/人)
	指标级别	规划人均建设用地指标/(m²/人)	
105.1～120.0	Ⅲ	90.1～105.0	−20.0～0
	Ⅳ	105.1～120.0	不限
>120.0	Ⅲ	90.1～105.0	<0
	Ⅳ	105.1～120.0	<0

一般情况，人均建设用地的选择应综合考虑规划规模、现状人均用地水平、规划区用地条件及气候条件、民俗习惯和宗教信仰等因素。当地处于现行标准《镇规划标准》（GB 50188—2007）的Ⅰ、Ⅶ建筑气候区时，可按第三级确定；在各建筑气候区内新建集镇区均不得采用第一、第四级人均建设用地指标。对现有的镇区进行规划，其规划人均建设用地指标应在现状人均建设用地指标的基础上，可在规定的幅度内进行调整；对分散安置移民通常直接采用地方政府发布的有关建设用地政策法规确定的标准进行控制。第四级用地指标可用于Ⅰ、Ⅶ建筑气候区的现有镇区。规划人均建设用地指标应同时符合表 5.1-1 指标级别和允许调整幅度双因子的限制要求。调整幅度主要是指规划人均建设用地比现状人均建设用地增加或减少的数值。

城镇现状人均用地指标采用规划范围内的建设用地面积除以常住人口数量计算，在计算过程中需注意人口统计和用地统计范围的一致性。

与此同时，在进行规划设计过程中，需考虑到国家强制性标准的执行，例如随着国家农村教育体制的改革，中小学校就近合点并校，造成城镇中小学校寄宿学生大量增加，为避免寄宿学生按常住人口建设用地标准计算，造成城镇建设用地规模增加，对寄宿学生占镇区总人口的比重超过 30% 以上的城镇，教育用地按《中小学校建筑设计规范》（GB 50099—2011）规定的学生用地面积标准单独计算。

针对部分高海拔高山峡谷项目受居民点地质地形条件限制，对放坡、挡墙及防护工程占地可不占用建设用地指标。

2）建设用地比例。根据规划的对象不同分别进行确定，对中心镇和一般镇规模的不同，镇区规划中居住、公共设施、道路广场以及绿化中的公共绿地四类用地占建设用地的比例宜符合表 5.1-2 的要求，临近旅游区及现状绿化地较多的镇区，其公共绿地所占建设用地的比例可大于所占比例的上限。

表 5.1-2　　　　　　　建 设 用 地 比 例

类别名称	占 建 设 用 地 比 例	
	中心镇镇区/%	一般镇镇区/%
居住用地	28～38	33～43
公共建设用地	12～20	10～18
道路广场用地	11～19	10～17
公共绿地	8～12	6～10
四类用地之和	64～84	65～85

（2）供水。水质、水源的保障，是居民点选址成立的重要指标，集中式给水的用水量主要包括生活、生产、消防、浇洒道路、管网漏水量和未预见水量 6 大类，最终供水量为所有用水量的叠加。

居住建筑的生活用水量一般根据现行国家标准《建筑气候区划标准》（GB 50178—93）的所在区域进行测算，具体指标见表 5.1-3。

表 5.1-3　　　　　　　　　居住建筑的生活用水量指标

建筑气候区划	镇区/[L/(人·d)]	镇区外/[L/(人·d)]
Ⅲ区、Ⅳ区、Ⅴ区	100～200	80～160
Ⅰ区、Ⅱ区	80～160	60～120
Ⅵ区、Ⅶ区	70～140	50～100

（3）道路。在居民点新址道路方面，其标准根据受淹道路现状标准以及未来发展要求共同确定，内部道路结合居民点性质、规模综合分析确定。

根据《镇规划标准》（GB 50188—2007），镇区道路分为主干路、干路、支路、巷路四级，镇区道路系统应根据迁建城镇的规模分级和发展需求按主干路、干路、支路、巷路确定，其中，特大、大型镇应配备主干路、干路、支路和巷路；中型镇应配备干路、支路和巷路，可配置主干路；小型镇应配备支路和巷路，可配置干路。镇区道路规划技术指标见表 5.1-4。

表 5.1-4　　　　　　　　　镇区道路规划技术指标

规划技术指标	道 路 级 别			
	主干路	干路	支路	巷路
计算行车速度/(km/h)	40	30	20	—
道路红线宽度/m	24～36	16～24	10～14	—
车行道宽度/m	14～24	10～14	6～7	3.5
每侧人行道宽度/m	4～6	3～5	0～3	0
道路间距/m	≥500	250～500	120～300	60～150

（4）供电。居民点用电标准规划一般包括预测居民点的用电负荷，确定电源和电压等级，布置供电线路、配置供电设施等工作。生活用电负荷预测值，主要考虑居民生活照明负荷和家用电器用电负荷，需按规划水平年居民点搬迁安置人口规模和人均生活现状用电指标，结合当地乡镇和安置区发展规划分析预测人均用电负荷指标，同时预测值还需根据当地生活水平、地理位置、用电条件等综合因素确定，居民生活用电指标取值范围一般为 200～600kW·h/(人·年)，其中，人均生活用电标准农村取值宜为 200kW·h/(人·年)。

城镇新址居民生活用电标准需根据《城市电力规划规范》（GB/T 50293—2014）和城镇原址的用电水平进行预测，城市居民生活用电量一般取 600kW·h/(人·年)，集镇居民取 400kW·h/(人·年)。

通过对上述各项搬迁安置标准确定方法的分析，结合多年规划设计经验，搬迁安置标准中各方关注度高的，对整个搬迁安置方案影响大的几个指标主要包括人均建设用地标准、道路标准、人均用水用电标准等。其中人均建设用地指标直接影响整个集镇或居民点的建设规模，由于移民安置工作的特殊性，在充分遵循规程规范的同时，还应适度结合地方有关发展规划，因此在标准的确定上，经常成为各方关注的焦点。道路标准包括干路、支路等规划标准，与移民日常出行息息相关，也是地方政府及移民关注的重点，因此在标准的制定过程中，既要满足规程规范要求，又要结合场地实际情况，同时还要考虑地方发展规划等，科学合理地确定道路标准显得尤为重要。人均用水用电标准与移民生产生活紧密相连，其标准的确定应首先以现状水平为基础，同时要满足有关规程规范要求，也要结合项目区实际情况，充分考虑远期发展需求，制定出的标准既能满足现状要求，又能为远期发展留有一定的裕度，尽量避免短期内重复建设。

5.1.1.4 搬迁安置方案的拟订

搬迁安置方案是对搬迁人口的安置方式、去向，居民点及工程作出的统筹安排。搬迁安置方案的拟订应根据搬迁安置任务、目标、标准，结合生产安置规划，在征求移民意愿和安置区居民意见的基础上，综合考虑移民和安置区居民生活习惯、宗教信仰等因素，落实安置方式、确定搬迁安置去向以及各集中居民点规划及配套基础设施建设方案和规模。

（1）工作原则。搬迁安置方案应结合移民生产安置方案，本着有利生产、方便生活、节约用地、确保安全的总体原则，分析确定搬迁地点、搬迁安置人口、基础设施配置的项目、规模和投资等，具体有以下方面：

1）多渠道、多途径安置移民的原则。以资源环境承载能力为基础，遵循本县安置与外迁安置、就近安置与远迁安置、集中安置与分散安置、政府安置与移民自行安置相结合的方式开展搬迁安置工作。

2）与生产安置方案相衔接的原则。生产安置方案是制定移民搬迁安置方案的基础条件，移民搬迁安置方案应以生产安置方案为基础，结合移民搬迁安置情况综合分析拟定。

3）搬迁安置方案必须获得地方政府的同意，移民和移民安置区居民的认可。水电工程移民属于非自愿性移民，搬迁安置对移民来说，它关系到移民生存及移民子孙后代繁衍生息的大事，必须使移民对搬迁安置方案放心，取得地方政府的同意。为此，在移民搬迁安置方案拟订过程中，必须始终尊重移民的自主权和知情权。

4）移民搬迁安置方案需做好技术经济分析。经济性原则是项目法人和库区各级政府及规划设计工程师必须考虑的基本原则。

5）可持续发展的原则。移民安置应选择地理位置和地形地质条件适宜、交通方便、水源充足、水质良好、便于排水的地段作为安置地。因地制宜、合理布局，以有利生产、有利区域经济发展、有利移民安置，移民安置不仅要考虑移民目前搬得走、安得稳，而且还要考虑在人口自然增长的情况下，安置区具有持续发展的潜力。

（2）拟订搬迁安置方式。移民搬迁安置方式的拟订是制定搬迁安置方案的基础之一。

根据"07规范"和《水电工程农村移民安置规划设计规范》（DL/T 5378—2007），

并结合实际，搬迁安置方式主要包括分散安置、居民点集中安置和城镇安置等方式。

（3）居民点初步规划。居民点初步规划是搬迁安置方案拟订的一项主要工作，通过集中安置统一建设的基础设施，有利于移民的后续发展。一般情况根据地方人民政府及移民的初步意愿，由地方人民政府提供拟选居民点，主体设计单位分析拟选居民点的地质条件、环境容量和需要配套的基础设施等相关情况，并初步估算居民点投资规模。

（4）搬迁安置方案拟订。主体设计单位应根据项目的搬迁安置任务，综合考虑移民和安置地居民意愿、安置点自然环境条件和社会服务配套情况，在征求地方意见的基础上，拟订搬迁安置方式及去向，初拟居民点建设规模，规划居民点市政设施、基础设施及配套工程，形成移民搬迁安置方案。原则上应拟订多个方案进行技术经济比较。移民搬迁安置方案的拟订主要受移民和安置区居民意见、地方人民政府意见和技术经济比较三方面影响。

移民安置方案的拟订工作由于需结合各方主观意见和项目客观实际情况，在技术层面存在多次反复的可能性。农村居民点方案的确定应由地方政府来函确认，城镇安置方案需由地方政府先期批准相关城镇迁建总体规划再行开展设计工作。

5.1.1.5 搬迁安置规划设计

根据"07 规范"、《水电工程农村移民安置规划设计规范》（DL/T 5378—2007）和《水电工程移民安置城镇迁建规划设计规范》（DL/T 5380—2007），并结合实践，搬迁安置规划设计根据拟订的移民搬迁安置方案进行细化设计和论证，主要包括居民点选址、居民点规划和居民点设计三方面。

（1）居民点选址。居民点选址应坚持保障安全、有利生产、方便生活、保护环境、节约用地、少占耕地、合理布局、尊重民族风俗、与地方社会经济发展及规划相结合的原则，选择地质条件较优、地理位置便于移民后续发展、外部基础设施容易恢复或建设、环境容量满足移民搬迁安置需要、技术经济可行的 2 个及以上安置地进行比选确定新址。

居住环境的安全性保障是建设用地最基本的要求，因此居民点选择需在环境影响评价、地质灾害防治和地质灾害危险性评估等相关内容达到要求后开展后续工作。居民点应布设在居民迁移线以上和浸没、滑坡、塌岸等地段以外的安全地带；对有超蓄滞洪临时淹没规划的水库，居民点应布置在防洪临时淹没区以上；应避开山洪、风口、滑坡、泥石流、洪水淹没、地震断裂带等自然灾害影响的地段；同时避开水源保护区、文物保护区、自然保护区、风景名胜区、有开采价值的地下资源和地下采空区以及文物埋藏区。另外，建设用地需遵循保障安全原则、选址就近原则、发展性原则、自愿原则等，综合考虑交通、水源、供电、发展空间等情况，并照顾移民的生产、生活和风俗习惯等主观因素。

（2）居民点规划。主体设计单位根据确定的安置标准和拟订的安置方案开展居民点规划工作，主要包括规划布局、竖向规划、基础设施规划、环保水保及消防安全规划。对有条件的，可结合小城镇建设进行规划。

（3）居民点设计。设计主要工作内容包括场地平整、内部道路设计、内部给排水设计、供电设计、广播电视及电信工程设计、绿化设计、环保设计、消防安全设计等内容。

可行性研究阶段做到初步设计深度并编制工程费用概算；实施阶段编制施工图设计成果，必要时复核居民点人口及用地规模。

需注意的是，水电工程对分散安置移民的搬迁安置一般采取典型设计的方式计列补偿费用。

5.1.2 工作流程

移民搬迁安置是一项政策性、逻辑性较强的工作，从安置任务确定到规划设计每一项工作都是前后衔接的，任何一个环节都会影响实施搬迁安置的进度和效果。

移民搬迁安置主要工作流程如图5.1-1所示。

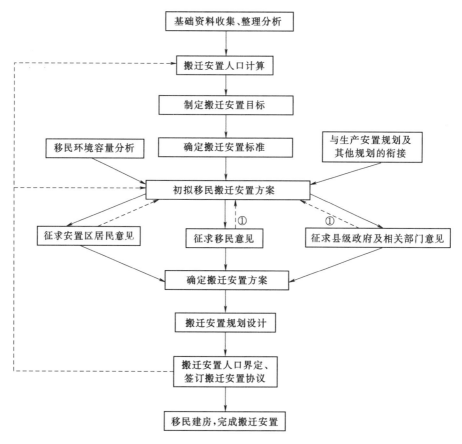

图5.1-1 移民搬迁安置主要工作流程图

注：①为必要时复核。

5.2 关键技术

我国现行的移民安置工作目标是"搬得出，稳得住，逐步能致富"，因此，移民搬迁安置是否成功关系到移民安置工作目标能否顺利实现。做好移民搬迁安置的关键在于做好搬迁安置任务的确定、搬迁安置标准的合理确定和搬迁安置方案的拟订。

5.2.1　搬迁安置任务的确定

搬迁安置任务的确定是水电工程移民搬迁安置工作的重点和难点，是水电工程移民搬迁安置的基础，直接与移民身份挂钩，与移民的利益密切相关，对移民搬迁安置规划设计和移民搬迁实施会产生重大影响。如果确定的搬迁安置任务失真，会导致应作为移民对待的居民未被认定为移民，其应享受的身份和合法权益受到侵害；或者不应被认定为移民的被认定为移民，会形成不公，容易引发社会矛盾甚至冲突，对当地的社会稳定产生不利影响，制约移民安置工作的顺利推进，甚至影响工程建设的顺利进行。因此，移民搬迁安置任务的确定是搬迁安置的关键技术。

搬迁安置人口规模决定了后续用地、基础设施规模，影响外部水、电、路标准，安置点布局等，因此搬迁安置工作首先需确定搬迁安置任务。

5.2.1.1　搬迁安置人口的计算

由 5.1.1.1 节搬迁安置任务部分可知，移民搬迁安置任务是计算出来的，计算的基础是实物指标调查认定后的人口数量，各方是不存在争议的，也是真实有效的；计算中的规划期限，根据水电工程主体工程建设计算而来，以年为单位，也是各方不存在争议的部分；然而对搬迁安置任务影响产生主要影响的有哪些呢？自然应当是在剩下的这些因素来分析，不难看出人口增长率和基准年居民迁移线内扩迁人数的确定将直接影响安置任务计算结果。

人口的自然增长率是反映人口发展速度和制订人口计划的重要指标，它表明人口自然增长的程度和趋势。人口的自然增长率指一定时期内人口自然增长数（出生人数减去死亡人数）与该时期内平均人口数之比，通常以年为单位计算，用千分比来表示，人口自然增长的水平取决于出生率和死亡率两者之间的相对水平，是反映人口再生产活动的综合性指标。

下面将就人口自然增长率和基准年居民迁移线内扩迁人数的选取进行简要论述，并结合案例描述选择方法。

（1）人口自然增长率的合理确定。人口自然增长率的确定原则上首先应符合国家和地方政府的计划生育政策要求，根据社会经济调查工作中收集的相关政府职能部门的人口自然增长率目标，结合调查、计算建设征地涉及的乡镇及村组的人口自然增长率，综合分析确定后的人口自然增长率作为计算搬迁安置人口的依据。人口自然增长率的确定直接影响到搬迁安置任务的大小，由于我国水电工程项目建设时间长，因此人口自然增长率的确定势必进一步影响搬迁安置任务的可操作性和移民投资。

下面通过部分案例分析人口自然增长率的合理选择对搬迁安置人口计算的影响。

1）采用近三年建设征地范围内村组平均人口自然增长率计算。大渡河流域某水电站建设征地征收耕地 7008.65 亩，园地 3433.22 亩，涉及总人口 5617 人。可行性研究阶段，主体设计单位根据收集的水电站建设征地涉及两县《国民经济和社会发展第十二个五年规划纲要》确定的相关标准，拟采用其确定的人口自然增长率不超过 6.5‰ 的控制目标为计算依据。地方政府认为，该项目建设征地淹没的区域主要位于国道（三级公路）附近，社会经济发展较好，吸引周边交通条件相对较差的居民利用婚姻因素不断迁来定居，所在村落实际人口自然增长率存在比所在县平均水平更高的实际情况，因此采用"十二五规划纲要"确定的标准与实际不符。移民安置相关方进行了多次沟通衔接，认为应选取建设征地涉及村组近年来人口实际自然增长率为计算因子，具有较好的代表性，为确保安置任务计算结果更符合实际，实施阶段搬迁安置任务具有更好的操作性，设计单位通过对建设征地涉及的村组近三年人口情况进行收集、整理、分析，计算出平均人口自然增长率约为8‰并被采用。

2）采用市（州）人口自然增长率控制目标计算。大渡河流域某水电站建设征地涉及人口1937人。可行性研究阶段，主体设计单位根据收集的水电站建设征地涉及两县《国民经济和社会发展第十一个五年规划纲要》确定的相关标准，人口自然增长率分别拟采用A县为6‰和B县为9‰作为计算依据。地方政府认为，建设征地涉及的A县社会经济较发达，非农业人口约占全县总人口的51%，A县城镇区域居民多为一对夫妇生育1～2个子女，而农村居民多一对夫妇生育2～3个子女，建设征地涉及的A县均为农村，且为少数民族集聚地区，因此直接采用A县的人口自然增长率6‰是不符合项目实际的，要求按A县所在市《国民经济和社会发展第十一个五年规划纲要》确定的人口自然增长率控制目标为12‰作为计算依据。设计单位通过对建设征地涉及A县各村组近三年人口情况进行收集、整理、分析，计算出平均人口自然增长率约为13‰，移民安置相关方进行了多次沟通衔接，认为人口自然增长率按13‰是符合项目实际的，但不符合人口政策要求，因此，最终A县选择市级人民政府确定的人口自然增长率控制目标作为计算基础，满足地方卫生和计划生育局总体要求，同时要求地方政府在下一阶段移民人口界定工作中加强管理，确保规划成果的可操作性。

3）采用县（区）人口自然增长率控制目标计算。

案例1：金沙江流域某水电站建设征地涉及人口7865人。可行性研究阶段，设计单位根据收集的水电站建设征地所在县《国民经济和社会发展第十一个五年规划纲要》确定的相关标准，拟采用其确定的人口自然增长率不超过6‰为计算依据。地方政府认为，6‰的人口自然增长率为平均水平，全县约2/3人口为少数民族人口，少数民族夫妇多生育2～3个小孩，建设征地涉及的村组为汉族村，且多为1对夫妇生育1个孩子，采用"十一五规划纲要"确定的标准与实际不符，建议按涉及村组平均人口自然增长率计算搬迁安置人口。设计单位通过对建设征地涉及各村组近三年人口情况进行收集、整理、分析，发现由于汉族村落社会经济条件相对较好，存在较多的婚嫁只迁入不迁出的情况，实际人口自然增长率为5.2‰。移民安置相关方进行了多次沟通衔接，认为人口自然增长率按5.2‰是符合项目实际的，但考虑到移民婚嫁可能会全部只迁入不迁出的情况，为确保实施阶段搬迁安置任务具有更好的操作性，因此，综合分析按6‰计算人口自然增长率。

案例2：大渡河流域某水电站建设征地涉及土地7928.51亩，人口407户1371人。可行性研究阶段，主体设计单位根据收集的水电站建设征地所在县《国民经济和社会发展第十二个五年规划纲要》确定的相关规划目标，拟采用其确定的人口自然增长率不超过6‰为计算依据。地方政府认为，建设征地涉及的村组位于等级公路附近，社会经济较为发达，存在部分外来人口迁入的情况，采用"十二五规划纲要"确定的标准与实际不符，建议按涉及村组平均人口自然增长率计算搬迁安置人口。设计单位通过对建设征地涉及各村组近三年人口情况进行收集、整理、分析，发现该县计划生育工作执行较为严格，且多为1对夫妇只生育1个孩子，部分村组人口自然增长率为负值，平均增长率为3.2‰。移民安置相关方进行了多次沟通衔接，认为人口自然增长率按3.2‰是符合项目实际的，但考虑到移民婚嫁可能会全部只迁入不迁出的情况，为确保实施阶段搬迁安置任务具有更好的操作性，因此，综合分析按6‰计算人口自然增长率。

综上所述，人口自然增长率的确定有多种实现手段，其目的是反映项目的实际情况，使规划设计成果具有更好的操作性和科学性，避免引起各方矛盾。

(2) 计算单元设计基准年居民迁移线内扩迁人数的确定。在水电工程移民安置过程中，有些移民户本不属于建设征地范围内的搬迁安置移民，但因土地资源限制、在原计算单元内不能解决生产安置的生产安置人口，丧失生产生活条件后，需要解决该部分人口的生产生活问题，因此导致了扩迁。由于当前的规范尚未明确扩迁人口的具体界定方法，实际操作过程中多以具体的情况区别对待，主要分因生产安置的原因需要扩迁的人口和基础设施不易恢复需要扩迁的人口，导致不同地域、不同项目之间差异较大，因此扩迁人口的确定是计算搬迁安置任务的关键因素。

下面通过部分案例分析扩迁人数的确定情况。

1) 因生产安置的原因需要扩迁的人口。受土地资源的限制，且当计算的生产安置人口数大于居民移迁内的农业人口数时，扩迁人口数量为计算的生产安置人口数减去居民迁移线内的农业人口数。

如金沙江流域某水电站涉及 JY 县 D 镇 D 村 X 组，该组人均耕地、园地面积为 0.55 亩，规划生产安置人口为 333 人，淹没影响区搬迁的农业人口数为 135 人。在规划设计工作中，主体设计单位首先考虑不扩迁，就近搬迁安置，因而生产安置主要有两大类方案：①规划采取就近农业安置移民，由于该村民小组人均耕地、园地面积较少，且居民迁移线外无可开垦改造的荒地，无法调整足够的耕地、园地满足线外生产安置人口的生产安置，该方案无法成立；②规划采取非农业方式安置移民，由于该村移民文化水平和职业技能较低，不能满足相关自主安置要求，也不能进行非农业安置，因此，不扩迁安置移民不能实现移民安置。受土地资源的限制，且当计算的生产安置人口数大于居民移迁内的农业人口数时，扩迁人口数量为计算的生产安置人口数减去居民迁移线内的农业人口数。设计单位在编制相关规划设计时充分分析了建设征地的上述实际情况后，还广泛征求移民的意愿和地方政府意见，同时地方政府也引导移民选择符合政策法规及后续发展的安置方式，最终该村民小组生产安置移民均采取扩迁处理。

上述案例中因生产安置人口超过迁移线内的农业人口数量，后靠安置不能解决生产安置问题，采取其他安置方式也不具备条件，导致扩迁人口，因此搬迁安置人口不能机械地依据调查人口确定，应与生产安置方案相衔接，不能只满足搬迁方案。

2) 基础设施不易恢复需要扩迁的人口。对涉及其他原因（如基础设施不易恢复）造成原有住房不方便居住而重新建房或解决居住条件需要搬迁的人口可界定为扩迁人口。对水库蓄水后原有水、电、路等居住条件发生变化，是通过恢复其水、电、路等居住条件还是通过扩迁解决其居住的问题，通常是分析比较经济的合理性、居民出行的安全等要素。

案例1：金沙江流域某水电站涉及M乡M村在水库蓄水后，由于水面的上升和水面变宽，该村的一处库岸成为四面环水的孤岛，该孤岛上居住3户居民，地方政府多次要求解决该部分居民的出行问题。设计单位提出解决该问题的方案有两种：①通过工程措施（修建人行码头、人行便桥或部分区域垫高防护）恢复孤岛上居民的出行条件；②对孤岛上的居民进行异地搬迁，以恢复其居住条件。通过技术可行性及经济合理性的综合分析，若通过工程措施投资过大，可采取对孤岛居民进行异地搬迁的处理方式，以恢复其居住条件。

案例2：大渡河流域某水电站建设征地的淹没影响KD县K乡M村S组村民约65人的对外交通出行。可行性研究阶段，主要设计单位初步拟订了两大处理方案：①规划采取恢复交通条件的方案，但新建通村道路的工程投资约为5000万元，且恢复后当地村民出行也相当不便，因经济性极差，且受影响群众也很难接受该方案，各方均反对该方案；②不考虑工程措施，将此部分村民界定为扩迁移民，移民安置的相关投资约为1000万元，且搬迁至集中居民点后，对外出行便利，后续发展得到保障。移民安置相关方进行了多次沟通衔接，在综合考虑居民诉求、地方政府意见、项目经济性等诸多因素后，最终采取了将此部分村民界定为扩迁移民的处理方案。

对原有的村组或自然组居民基本淹没，且需远迁，剩余极少量居民生活在征地红线外，对于此类剩余居民不能形成较好的社会生活网，本着移民安置以人为本的原则，规划纳入扩迁影响处理对象。

综上所述，搬迁安置人口的计算既有很强的政策性，又有较强的技术性，计算是否科学合理会直接影响移民安置规模及工程投资，甚至影响水库移民工作能否顺利实施。在计算过程中，相应人口自然增长率的确定直接影响搬迁安置人口的计算结果。移民设计工作者首先需要考虑的主要参数影响因素为基础数据的来源，在搜集过程中，基础数据的来源不准确将直接导致搬迁安置任务计算成果出现偏差。其次，需考虑基础参数的准确性，尤其是人口自然增长率的确定，对搬迁安置人口少的项目，此项参数不会对搬迁安置人口计算成果产生较大的影响；对搬迁安置人口较多的项目，此项参数将会对搬迁安置人口计算成果产生较大的影响。最后，需考虑搬迁安置人口和生产安置方案的衔接问题，若搬迁安置人口和生产安置方案的衔接出现偏差，剩余资源不足以维持搬迁安置人口的生产生活，严重的情况下将引发社会的不稳定，作为设计工作者应严谨、谨慎地做好该项工作。

5.2.1.2 搬迁安置人口的界定

搬迁安置人口的界定直接关系到是否能认定为移民，它关系着老百姓切身利益，认定为移民后，才能享受移民政策，包括安置和后期扶持等诸多方面。人口界定工作做得好，老百姓才能感受到党和人民政府以人为本的执政理念，若做得不好，势必造成老百姓对移民政策的公平、公开、公正产生疑惑，处理不好还会引起社会矛盾，影响社会稳定，最终导致移民安置进度推进缓慢，因此搬迁安置人口的界定是做好移民搬迁安置工作的关键。

搬迁安置人口界定的目的就是要锁定最终的移民人口，核减注销人口、核增增加人口及将扩迁人口落实到人，为此需制定相应的界定办法，其办法应当与可行性研究调查细则人口调查方法相互衔接。具体来说，搬迁安置人口界定工作一般情况是由地方人民政府牵头制订人口界定管理办法，再由人口界定工作组把满足搬迁安置要求的人口以户为单位落实到人进行全户搬迁，在此过程中需注重公开、公平、公正的原则，以人为本、保障移民合法权益。

下面通过案例，分别从制定人口界定管理办法指导人口界定工作、合理确定移民人口界定截止时间和移民人口界定工作的公平、公开三个方面，分析如何做好搬迁安置人口界定工作。

（1）制定人口界定管理办法指导人口界定工作。根据《水电工程农村移民安置规划设计规范》（DL/T 5378—2007）规定，移民安置规划设计以省级人民政府发布封库令通告的当年为基准年，以水库下闸蓄水的当年作为规划设计水平年，枢纽工程建设区移民安置人口推算宜结合实际搬迁年确定截止时间，搬迁安置人口为计算结果，这就决定了移民人口的界定是一个动态的过程，搬迁安置人口界定成果和计算结果不是完全相等的数字，最终的移民人口是以界定人口为主，当界定人口与规划人口存在差异时应分析原因。目前我国尚处于社会主义初级阶段，各类法律法规还在不断完善中，为保障移民群众的合法权益不受侵害，确保移民搬迁工作的合法性、严肃性，做好移民搬迁安置人口界定工作的核心就是制定好符合项目实际需要的人口界定管理办法，明确人口界定条件、界定时间、界定工作的组织程序及公示确认工作。检验人口界定办法成败就是人口界定过程中产生矛盾的多寡，以及利用界定办法化解矛盾的有效性。

金沙江流域某水电站建设征地涉及 A 县。在实施阶段，A 县根据可行性研究实物指标人口调查方法结合项目实际，发布了《A 县移民人口界定实施办法》明确界定工作原则、目的、范围、满足界定的要求、界定程序及各方责任分工，使移民人口界定工作规范化、制度化。

（2）合理确定移民人口界定截止时间。从理论上来说搬迁安置人口界定的截止时间应为水库下闸蓄水年，但是移民安置工作是项长期工作，时间跨度大，尤其是一些大型水电工程，完成移民搬迁安置工作可能需要几年甚至十几年，因此移民人口的界定工作应根据移民安置的需要适时开展。移民搬迁安置方式一般分为集中安置和分散安置两大类，人口界定主要分为集中安置人口界定和分散安置人口界定。由于分散安置人口在移民搬迁安置方面不需要集中组织开展基础设施建设工程的特殊性，在规划水平年之前开展人口界定是具有较好的操作性的，能够有效地维护规划的权威性，又因移民建房时间的要求，因此对分散安置的移民人口截止时间应为搬迁之日起往后一年。对集中安置移民搬迁人口的界定工作则存在诸多的复杂性，由于集中居民点可能来自建设征地不同范围的移民，可能包括枢纽工程建设区，也有可能包括水库淹没区或水库影响区，由于涉及的范围不同，移民搬迁的时间也存在不同，甚至个别项目还存在临时过渡的情况，诸多差异导致移民获得的利益不同，造成相互比较，存在一定矛盾。为减少安置矛盾，确保搬迁安置人口界定工作的顺利开展，地方政府通常对集中安置移民界定截止时间采取两个方式处理：一种是统一规定截止时间；另外一种是根据移民原居住地所在范围分别规定截止时间。统一规定截止时间的好处是便于开展工作，节约时间，缺点在于部分需集中安置的移民在界定完成后不能及时地进行安置，造成居民点内部移民之间的不公平；根据移民原居住地所在范围分别规定截止时间虽然能进一步保障移民安置的权益，但整个界定工作跨度时间被延长，导致先期需界定的移民积极性减弱。

大渡河流域某水电站一居民点规划分别安置枢纽工程建设区 264 人和水库淹没区 381 人，由于该居民点建设周期为一年，进入该居民点的枢纽工程建设区移民规划临时过渡期为一年。地方政府经过认真分析，调查了解移民对搬迁安置的要求，发现移民迫切希望尽快安置，由于涉及的移民人口不多，因此，在开展移民人口界定过程中发布的人口界定截止时间统一为枢纽工程建设区搬迁时间后一年。

另外，移民搬迁安置人口界定前应做好集中安置宅基地分配的准备工作，在界定完成前与宅基地分配时新的正常分户的应根据集中居民点用地实际情况，对用地较为紧张的项目，可优先考虑新婚分户的划分宅基地，对确定不能满足的可以考虑采取分散安置的方式处理。

（3）移民人口界定工作的公平、公开。移民人口界定工作的公平、公开程度关系着界定工作能否顺利推进。雅砻江某水电站规划搬迁安置人口约 1 万人，由于地方政府在实施过程中充分体现公平、公开的工作原则，使移民了解各项移民政策，清楚搬迁安置工作流程及相关问题处理规定，移民安置工作有序稳步推进，成功实现了移民搬迁安置工作提前一年完成的目标，同时也确保了项目提前一年蓄水发电。

为进一步做好搬迁安置人口界定工作，目前越来越多的水电项目总结工作经验，在实施过程中颁布了移民人口界定办法，其中对搬迁安置人口的界定进行了明确规定，规范了该项工作，为水电工程移民搬迁安置工作的顺利推进打下了良好基础。

5.2.2　搬迁安置标准的合理确定

搬迁安置标准包括建设用地、供水、用电、道路、能源、文化、教育、卫生等多方面指标体系的反映。确定搬迁安置标准直接关系到移民群众的切身利益，关系到移民群众日常生产生活的各个方面，它的合理确定与否决定了移民未来生活条件的高低，也决定了搬迁后生活条件是否得到了相应恢复，甚至影响到移民生活方式、生产形式的变化，同时移民是当地社会的有机组成部分，与安置地社会经济密切相关，因此，受到相关方的关注，尤其是迁建城镇标准的确定更是受到移民和地方政府的高度关注，同时也影响城镇形象和投资的平衡；对移民搬迁后移民生产生活水平恢复程度的影响巨大。对移民而言，确定的搬迁安置标准越高，安置后生活就越便利，越利于安置后移民的后期发展；对地方政府而言，搬迁安置标准越高越利于开展移民搬迁安置工作，反之则不利于操作；对项目法人而言，搬迁安置标准越高则移民补偿补助投资将越大，项目经济性越差，投资回报率越低。

综上所述，移民搬迁安置标准的合理确定，不仅考验主体设计单位如何平衡各方的利益诉求，同时还考验主体设计单位对移民政策法规及规范的把控能力，影响甚大，做好此项工作是做好移民搬迁安置的关键。

5.2.2.1　合理确定搬迁安置标准

合理确定搬迁安置标准的目的是移民安置后使其生活水平达到或超过原有水平。搬迁安置标准确定主要依据以下四个方面进行分析确定：

（1）弄清移民搬迁前的标准情况。

（2）明确国家的法律法规要求和地方政府的相关规定。

（3）落实安置区发展水平及条件。

（4）与地方政府行业规划之间的衔接。

另外还需要强调的就是，对移民搬迁前尚未有的某些标准，应根据国家强制标准进行配置，如移民搬迁前所在村组尚未通电，移民规划过程中必须按要求按标准增加供电；对于现状标准高于国家标准上限的，应采用标准上限。

下面以不同案例分别简要说明搬迁安置标准合理确定的过程。

案例 1：雅砻江流域某水电站搬迁安置建设用地标准在拟订过程中，主体设计单位在可行性研究宅基地面积标准确定工作中充分考虑了移民搬迁前的建设用地标准情况、国家的法律法规要求和地方政府的相关规定等各方面。

首先采用实物指标调查成果分析移民搬迁前的宅基地标准，经计算，当地居民的人均宅基地面积超过 80m²/人。然后收集了国家和地方政府有关宅基地标准的政策法规，依据《四川省〈中华人民共和国土地管理法〉实施办法》第五十二条规定：农村村民一户只能拥有一处不超过规定标准面积的宅基地。宅基地面积标准为每人 20～30m²；3 人以下的户按 3 人计算，4 人的户按 4 人计算，5 人以上的户按 5 人计算。其中，民族自治地方农村村民的宅基地面积标准可以适当增加，具体标准由民族自治州或自治县人民政府制定。移民安置相关方依据四川省相关土地管理规定及甘孜藏族自治州施行《四川省土地管理实施办法》的变通规定采用当地居民调查时人均宅基地标准是不符合法律法规规定的，不予支持，必须采用地方出台的标准（即批准的规划标准）。最终建设用地标准确定为：人均宅基地按 40m² 控制，4 人及 4 人以下户按 4 人计算，户均 160m²，5 人户按照 5 人计算，户均 200m²，6 人及 6 人以上户按 6 人计算，户均 240m²。

案例 2：大渡河流域某水电站 A 居民点，规划原址垫高后集中搬迁安置原住居民，原有供水来源地不变。该居民点供水标准的确定主要考虑了国家的法律法规要求和地方政府的相关规定、移民搬迁前的标准情况、安置区发展条件三个方面。

在规划设计过程中，主体设计单位首先分析国家和地方政府的相关规程规范要求，即我国农村村镇相关供水规范要求，必须满足一定的生活用水定额，考虑牲畜用水、公共建筑用水、管网未预见水量、水厂自用水量等，并考虑一定富余。经分析，若需按国家强制标准执行，则该居民点将会因冬季地表水量变小不能满足供水要求，居民点将不能成立，但该居民点的移民均为原住居民，在以往的日常生活中不论季节均采用该水源点的地表水，自然用水量就没有达到国家规定的标准，也并未对当地居民日常生产造成影响。移民安置相关方考虑到居民点的实际供水现状，同时移民和地方政府均认为不按强制标准确定的用水量也能很好地生活，最终确定该居民点用水标准为原有水源点不变，实际实施后，移民生活条件并未有较大影响。

案例 3：大渡河流域某水电站规划居民点对外连接道路标准的确定。该项目农村居民点对外连接道路标准的确定主要考虑了移民搬迁前的标准情况、国家的法律法规要求和地方政府的相关规定、安置区发展条件三个方面。

主体设计单位首先分析了移民原有村落对外连接道路主要为农村机耕道，路面宽度约为 2m，路面多为混凝土路面。

根据国家发布的相关规范要求：居民点人口规模在 100～300 人时，居民点对外连接道路采用机耕道；居民点人口规模在 300～1000 人时采用汽车便道。结合目前水电站农村移民居民点初步对接规模，居民点安置人口主要集中在 100～300 人，若按规范相关规定，居民点对外连接路需采用机耕道。

结合地方政府发布的相关政策规定进行分析，根据《四川省农村公路"十二五"建设规划》有关要求，通村公路一般应采用四级公路技术标准，路基宽度不应低于 4.5m，路面宽度不应低于 3.5m，特殊困难和交通量较小的路段可适当降低技术标准，但应设置必要的安全设施，重点实施路基工程、排水系统，鼓励就地取材建设低造价路面。地方政府要求按该文件要求的标准执行，项目法人和主体设计单位认为按照国家发布的相关规范要求规划是合适的，同时也高于现状标准了，最终经各方协调根据居民点用地条件，综合分析考虑移民发展留有余地，减少移民间攀比，居民点对外连接道路确定采用汽车便道标准，即路面宽度为 3.5m，路基宽度为 4.5m，采用折中的方案。

案例 4：大渡河流域某水电站规划居民点 12 个，集中安置 2493 人，其中城市规划区 2 个，该项目对进入城市规划区的居民点建设用地控制标准、内部道路的确定过程如下。

（1）建设用地控制标准。建设用地控制标准主要考虑了国家的法律法规要求和地方政府的相关规定、地方政府行业规划之间的衔接两个方面。

首先分析国家相关规程规范要求。依据我国城市用地分类与规划建设用地相关标准的要求，规划人均城市建设用地面积指标应根据现状人均城市建设用地面积指标、城市（镇）所在的气候区以及规划人口规模，按表 5.2-1 的规定综合确定，并应同时符合表中允许采用的规划人均城市建设用地面积指标和允许调整幅度双因子的限制要求。

建设征地区位于Ⅵ气候区，其中 A 县现状人均建设用地面积为 81.29m^2（2010 年），B 县现状人均建设用地面积为 75.47m^2（2011 年），按照规范要求，两县城市规划区人均建设用地指标应按照 75～105m^2 控制。

与地方政府的行业规划相衔接。依据两县城市总体规划，两县中心城区规划用地规模以节约用地、紧凑布局为原则，依据人均建设用地的国家标准，两县城市规划区人均建设用地控制在 100m^2 范围内。县城规划区居民点应控制在 100m^2 的范围内。

综合以上要求，移民安置工作各相关方经过认真讨论分析，同时考虑两县城市规划区安置容量有限、用地较为紧张的现实情况，结合两县总体规划确定的人均建设用地指标，两县城市规划区居民点的人均建设用地面积按 75～100m^2 控制。

（2）内部道路。内部道路标准主要考虑了移民搬迁前的标准情况、国家的法律法规要求和地方政府的相关规定两个方面。

首先调查明确了两县县城规划区内部道路标准情况，红线宽度为 8.5m，路面宽度为 4.0～4.5m。

然后根据国家发布的有关城市规划内部道路设计规范标准，根据我国城市居住区相关规划设计规范要求确定最小居住区等级为组团（见表 5.2-2），组团路：路面宽度为 3～5m；建筑控制线之间的宽度，需敷设供热管线的不宜小于 10m；无供热管线的不宜小于 8m。

表 5.2-1 规划人均城市建设用地面积指标

气候区	现状人均城市建设用地面积指标 /(m²/人)	允许采用的规划人均城市建设用地面积指标 /(m²/人)	允许调整幅度		
			规划人口规模小于等于20.0万人 /(m²/人)	规划人口规模20.1万～50.0万人 /(m²/人)	规划人口规模大于50.0万人 /(m²/人)
Ⅰ、Ⅱ、Ⅵ、Ⅶ	≤65.0	65.0～85.0	＞0.0	＞0.0	＞0.0
	65.1～75.0	65.0～95.0	+0.1～+20.0	+0.1～+20.0	+0.1～+20.0
	75.1～85.0	75.0～105.0	+0.1～+20.0	+0.1～+20.0	+0.1～+15.0
	85.1～95.0	80.0～110.0	+0.1～+20.0	−5.0～+20.0	−5.0～+15.0
	95.1～105.0	90.0～110.0	−5.0～+15.0	−10.0～+15.0	−10.0～+10.0
	105.1～115.0	95.0～115.0	−10.0～−1.0	−15.0～−0.1	−20.0～−0.1
	＞115.0	≤115.0	＜0.0	＜0.0	＜0.0
Ⅲ、Ⅳ、Ⅴ	≤65.0	65.0～85.0	＞0.0	＞0.0	＞0.0
	65.1～75.0	65.0～95.0	+0.1～+20.0	+0.1～+20.0	+0.1～+20.0
	75.1～85.0	75.0～100.0	−5.0～+20.0	−5.0～+20.0	−5.0～+15.0
	85.1～95.0	80.0～105.0	−10.0～+15.0	−10.0～+15.0	−10.0～+10.0
	95.1～105.0	85.0～105.0	−15.0～+10.0	−15.0～+10.0	−15.0～+5.0
	105.1～115.0	90.0～110.0	−20.0～−0.1	−20.0～−0.1	−25.0～−5.0
	＞115.0	≤110.0	＜0.0	＜0.0	＜0.0

注 1. 气候区应符合《建筑气候区划标准》GB 50178—93 的规定。

2. 新建城市（镇）、首都的规划人均城市建设用地面积指标不适用本表。

表 5.2-2 居住区分级控制规模表

项目	居住区	小区	组团
户数/户	10000～16000	3000～5000	300～1000
人口/人	30000～50000	10000～15000	1000～3000

综上所述，移民安置工作各相关方经过认真分析讨论，移民县城规划区居民点人口规模多为 100～300 人，低于城市居住区组团规模，考虑移民出行及未来发展需求，结合县城规划区实际内部道路建设情况，居民点内部道路标准按路面宽度为 4.0～4.5m，红线宽度为 8.5m 控制。

案例 5：大渡河流域某水电站移民供电标准的确定主要考虑了移民搬迁前的标准情况、国家的法律法规要求和地方政府的相关规定两个方面。

根据我国相关规范要求：居民生活用电指标应根据当地生活水平、人口规模、地理位置、供电条件等综合确定，取值范围一般为 200～600kW·h/(人·年)。人均生活用电标准应结合安置区现状指标，结合当地乡镇和安置区发展规划分析预测人均用电负荷指标。农村取值宜为 200kW·h/(人·年)，每日用电时间为 4h/人，用电同时率为 0.9。

根据主体设计单位做的社会经济调查，抽取占总移民户数的 11.79% 的移民进行调查，经调查，抽样户的户均用电为 3.08kW。

目前移民搬迁安置生活用电主要采用上述标准结合移民实际用电需要综合分析确定。移民安置工作各相关方经过认真分析讨论，建设征地涉及县已于 2000 年被纳入全国第一批水电农村电气化县建设，在全县农村推行了以电代柴工作，当地居民日常做饭烧水以电为主，考虑到当地居民的实际情况，确定生活用电负荷为 4kW/户，同时对原本未通电的农户按照用电标准新建电力线路提供电力。

案例 6：澜沧江流域某水电站建设用地标准的确定。

B 乡集镇原址位于 B 村，地处澜沧江左岸，永春河口上游约 1.3km 处，距离该乡最南的"鲁吉比"28km，距离最北的"三家村"27km，距县城 36km，是 B 乡的政治、经济、文化中心，也是澜沧江沿线重要的农副产品交换场所和物资集散地。2012 年 B 乡集镇建成区面积约 15.73hm²，常住人口（含寄宿学生）1937 人，人均建设用地面积约 81.2m²。B 乡集镇建筑主体高程为 1675～1725m，为全淹没集镇，需要全部搬迁。

在规划过程中，根据建设征地移民搬迁安置任务即搬迁人口和公共服务设施，具体包括：规划水平年搬迁人口规模为 3549 人（其中户籍人口为 1884 人，寄住人口为 1665 人），需迁建的公共服务设施有 B 乡人民政府、派出所、邮政所、信用社、供销社、林业综合执法中队、兽医站、税务局、交警中队、粮管所、卫生院和小学等；然后结合现状对各项搬迁任务需配置的用地进行分析，集镇移民安置房相对集中，住宅建设形式分为单元式住宅与联排式住宅，需要安置单元式住宅 52 套，需要联排式住宅 516 户，见表 5.2-3。

表 5.2-3　　　　　　　　　　　　　居住用地对接一览表

序号	名称	位置	用地面积/hm²	安置户型	安置户数/户	安置人数/人	建筑面积/hm²	备注
1	北组团 A 区	白济汛大桥北侧	7.88	联排式	213	784	70600	
2	南组团（一）B 区	白济汛大桥南侧	10.83	联排式	303	1100	120320	
3	南组团（二）B 区	白济汛大桥南侧	0.33	单元式	60	240	7200	
4	合计		19.04		576	2124	198120	

对于因建设征地影响的公共服务设施按原规模规划。同时考虑可能新增的机关事业单位及公共设施，预留部分用地，见表 5.2-4。

表 5.2-4　　　　　　　　　　　公共服务设施用地规划对接一览表

序号	单位名称	原用地面积/hm²	规划用地面积/m²	原建筑面积/m²	规划建筑面积/m²	规划位置	备注
1	B 乡党政机关	6000	7000	3810.9	5200	B2-11	
2	B 乡派出所	1553.4	1600	706	1440	B2-02	
3	B 乡中心卫生院	1630	1850	1320	2100	B2-01	
4	B 乡国有林场	1671	1700	1087.8	1200	A2-05	
5	B 乡信用社	233.3	700	339	360	B1-10	

序号	单位名称	原用地面积/hm²	规划用地面积/m²	原建筑面积/m²	规划建筑面积/m²	规划位置	备 注
6	B乡邮政所	512.25	900	285.96	700	B1－11	
7	B乡供销社	512.25	900	285.96	700	B1－11	
8	BLC森林派出所	3000	3000	640	700	—	
9	共乐村第四支部	200	200			B2－02	
10	B乡小学	—	39100	—	20000	B1－13	规模参照《农村普通中小学校建设标准》（建标109—2008）
11	市场	—	2030	—	1335	A1－16	
12	客运站	—	2000	—	1000	A1－03	规模按四级车站计算
13	敬老院	—	1000	—	600	B2－09	
14	幼儿园	—	2400	—	1300	A2－13	规模按八个班计算
15	活动中心	—	1500	—	1200	B1－12	
16	商业	—	3500	—	10000	A2－04	
17	牛氏老宅	872.28	900	652	700	B2－12	
18	预留公建用地	—	8000	—			
	合计	16184.48	78280	9127.62	48535		

结合各安置任务进行了详细的用地规划后，辅以相应的基础设施规划，得出了满足移民安置规划所需的总用地面积，用地标准据此确定。在 B 乡集镇复建过程中用地标准的确定遵循了以现状为基础的原则，对需迁建的住宅用地及公共服务设施用地严格按现状实际情况规划，恢复了原有集镇功能。

5.2.2.2 搬迁安置标准对安置去向的影响

由于确定的搬迁安置标准直接关系到移民群众的切身利益，关系到移民群众日常生产生活的各个方面，决定了移民未来生活条件水平，也决定了搬迁后生活条件是否得到了相关恢复，甚至影响到移民生活方式、生产形式的变化，因此对移民搬迁安置去向有较大的影响。以下主要结合相关案例对当前搬迁安置标准制定情况进行简要阐述。

如金沙江流域某水电站建设征地涉及 A 省搬迁安置移民约 1.2 万人，规划移民建设用地标准均按 80m²/人控制，但居民点供水、排水、供电、道路等配套基础设施完善，移民到居民点后续发展潜力较大，最终移民有 9260 人在安置去向选择时选择了居民点安置，占搬迁安置移民的 77%。

如雅砻江流域某水电站建设征地需搬迁安置移民 6874 人，由于建设征地地处高海拔山区，建设用地较为紧张，拟选居民点均规模较小，搬迁安置标准不高，配套设施完善程度有限，移民进入居民点后发现潜力有限，最终移民选择分散安置的人数达 4754 人，占搬迁安置移民的 69%。

5.2.3 搬迁安置方案的拟订

做好移民搬迁安置工作，首先应从项目实际出发拟订符合项目需要的搬迁安置方案。搬迁安置方案拟订的好坏，决定了移民接受安置方案的程度，地方政府在实施过程中的操作性强弱，以及实施阶段的反复变更情况。若规划的搬迁安置方案得不到各方认可，即使通过了审批，方案也得不到落实，实施阶段还需要重新编制搬迁安置方案，对整个移民安置进度造成不利影响，因此做好移民搬迁安置方案的拟订工作是做好移民搬迁安置工作的关键之一。

移民搬迁安置方案的拟订涉及社会经济情况、工程地质条件、生产生活习惯、宗教环境因素等多方面因素，做好搬迁安置方案的拟订工作应重点做好以下几个方面：

（1）方案的拟订应是多方案的综合比较，分别从技术的可行性、实施的可操作性、移民及地方政府的认可性、经济合理性等方面进行综合比较，提出推荐方案，从而体现推荐方案的可操作性。

岷江流域某水电站建设征地淹没影响的 M 集镇是 HS 县 M 乡政府所在地，其位于河流支沟汇口上游 3km 处，距县城 20km，海拔约 1950m，是全乡的政治、经济、文化和物资集散中心。M 乡企事业单位职工共 93 人，集镇占地面积为 15.4 亩。

2007 年 5 月，移民安置规划报告通过了技术审查，同年 7 月通过了行政审批，根据审定的规划报告，拟选的 YO 场地确定为 M 集镇新址。

2008 年 5 月 12 日，发生汶川大地震，可行性研究审定的 YO 场址由于地震后出现新的不良地质灾害，地震后镇域内居民反对原新址位置，原审批新址对外交通不便，HS 县政府根据 M 乡人大代表提议，建议将新址调整至西尔沟。

2009 年 12 月，根据各方提供可选场地情况，主体设计单位会同 HS 县人民政府、项目法人、综合监理对各场地进行了实地查勘。共选取了 5 块场地作为新址比选方案。经主体设计单位地质专业现场界定，基本具备建设集镇条件的有西尔削坡平台、水电五局施工营地和贝尔隧道口。后主体设计单位按编制完成建设征地移民安置规划 M 集镇选址调整报告，2009 年 12 月通过审查最终确定的选址方案为西尔削坡平台加大泽尔朱坝。

根据选定的 M 集镇新址场地地质灾害危险性评估报告评估认为主要的不良地质作用影响为场平挖方后其后坡存在高度约 56m 的人工边坡，其岩性为强风化千枚岩与变质砂岩互层，易发生滑坡、崩塌等边坡失稳情况；场地两侧边缘部分为基岩斜坡，由于构造裂隙和风化裂隙切割，岩体较破碎，MEG 水电站蓄水后，受边岸再造（浅层滑坡）影响，存在浅层滑坡的可能。建议对场地后缘场平削坡后出现的岩质高边坡应采取防护治理措施，并设置马道；场地两侧边缘部分在 MEG 水电站蓄水后，受边岸再造（浅层滑坡）影响，存在浅层滑坡的可能，应考虑相应工程措施；对场地后坡应采取排导处理，地表水有组织排泄，以防止洪流对场地的危害，并避免将工程弃渣直接倒入沟内，防止人为行为导致的泥石流发生。

2011 年 3 月，在 M 集镇新址房建工程施工过程中，场址北侧局部地段出现了卸荷拉张裂缝，受项目法人的委托，主体设计单位承担了 M 集镇新址场地稳定性研究工作，并对场地适宜性分区进行了复核。根据复核，场地适宜性分区较原地质勘察成果发生了一定变化，可布置学校、乡政府、卫生院等重要建筑的Ⅰ区（基本稳定区）面积由原地质勘察成果的 14.3 亩减少为 8.4 亩，场地内Ⅰ区以外其他部分为经过处理后仅能布置次要建筑物的Ⅱ1区、Ⅱ2区和Ⅱ3区。

2011 年 7 月 23—24 日，省移民管理机构组织召开了 M 集镇场地地质稳定性复核咨询会议，经过会议讨论，专家组咨询认为，M 集镇地质稳定性复核和边坡治理设计成果主要结论和意见基本合适，M 集镇新址场地整体稳定，侧坡和后缘边坡稳定性较差，进行加固处理后基本可满足城镇建设的要求，并形成了相关设计报告。

由于成果审定后，M 集镇上游侧的西尔瓜子滑坡出现变形，为专题研究西尔瓜子滑坡稳定性，审批的后坡及边坡治理方案暂未实施。2012 年 10 月，MEG 水电站蓄水至正常蓄水位高程后，M 集镇侧坡局部出现变形垮塌，主体设计单位于 2012 年 11 月再次对场地侧坡进行地质复核工作，根据复核结论，因水库蓄水后，M 集镇上游的西尔瓜子滑坡已出现较大的变形，按 2011 年审批方案后退 20m 后，场地上游侧将处于西尔瓜子滑坡侧缘陡壁，且场地后坡将会形成高陡的侧向边坡，另外后退 20m 后相当于挖掉了集镇上游侧遮挡的天然屏障，滑坡形成的散落体及碎屑也会掩埋集镇一定区域，危及集镇安全，因此后坡治理不能采用后退开挖方案。由于集镇场地面积不足，且Ⅰ区大部分范围已被乡政府、卫生院占用，后坡治理采取不后退 20m 方案，场地剩余面积不足以布置麻窝中心校。

截至 2012 年 10 月，水电站蓄水至正常蓄水位时，场地侧坡局部出现变形垮塌现象，使得场地不稳定和不适宜建设区域增加，可利用区域减少，现有可利用场地面积不能满足集镇建设用地的需要。且在库水位作用下，场地侧坡地质条件变差，侧坡处理代价增大。

M 集镇新址场地上目前已建成了乡政府办公大楼，该大楼临水库侧一角的基础部位已出现了滑塌（当时该角已经悬空），该楼存在一定的安全隐患，如该楼仍确定使用，需进行相应的工程处理，设计单位专门编制了治理方案，但由于乡政府干部及麻窝乡群众对该场地的稳定性存在疑虑，不同意乡政府继续选址在西尔削坡平台，强烈要求另行选址迁建。

由于 M 集镇选址、地勘、设计等工作均已完成，对于原选址方案的否定将导致需增加反复的地勘及设计工作，同时对已完成的场平工程、房建工程亦存在已实施未利用的问题导致投资浪费，因此在安置方案拟订中从技术层面进行严格把关，应选择地质条件好的地方作为安置点，当工程建设过程中出现不良地质影响时应及时补充开展地质调查评价工作及时妥善处理问题，避免移民搬迁安置方案的反复。可见方案的拟订应该科学合理，尊重客观科学设计成果，进行充分的科学论证，否则搬迁方案将很难成立。

（2）搬迁安置方案的拟订，应充分发挥移民的主观能动性，为规划建言献策，积极听取移民意愿，以达到进一步完善安置方案的目的，同时也确保了安置方案得到大多数移民的充分认可。尊重移民的意见是做好移民搬迁安置工作的重要基础。

雅砻江流域某水电站移民搬迁安置方案，至规划水平年建设征地搬迁安置人口 6874 人，由于移民地处少数民族集聚地区，生产生活方式具有一定特殊性，移民建议不远迁就近安置的安置原则，主体设计单位经过前期调查分析，也认为远迁不利于移民的后续发展，同时地方政府还组织开展了安置方式征求移民意愿工作，80%以上移民希望就近安置。由于建设征地征收土地多为河谷平地，后靠安置土地较为分散，集中安置统一调剂土地或开发土地存在一定难度，经征求移民、安置区居民和地方政府意见，拟定的搬迁安置方案为：分散安置 4754 人，集中居民点安置 563 人，进入集镇安置 1503 人，自主安置54 人。

由于在搬迁安置方案的拟订中充分听取了移民的主观意愿，拟订的搬迁安置方案得到了移民的充分认可。另外在实施阶段，由于移民意愿发生了变化导致搬迁安置方案变化的情况也较多，如 PBG 水电站、XLD 水电站等移民搬迁安置方案的调整。

（3）积极听取移民安置区居民意见。安置区居民同意的安置方案是移民搬迁安置成功的重要因素，没有安置区居民充分的认可，安置方案将成为一张白纸，得不到落实。

BGS 居民点位于甘孜藏族自治州 DB 县 Z 镇，现状高程为 2091～2038m，地势起伏较大，规划区处于大渡河右岸缓坡上，场地大部为斜坡，仅部分为阶梯状平台。规划生产安置 306 人，搬迁安置 89 户 365 人，考虑到移民迁入 BGS 将占用原居民部分草场资源，在一定程度上对其奶牛养殖业收入产生影响，需对失去草场进行补偿，即开发一定数量的人工草场弥补因安置移民对其养殖业造成的影响；同时，少量移民的部分收入来自养殖业，规划在可开发草场数量的前提下配置一定数量的人工草场，作为移民增收的补充措施。在工程技术措施上，人工草场应选在土层较厚、地形条件较好的地块，播种优良草种，及时消除有害植物及杂草、鼠害等，尽可能提高草场产草量。

进入实施阶段后，由于 Z 镇 BGS 安置区原居民信仰花教，规划搬迁到 BGS 安置点的移民信仰黑教和黄教，相互之间的宗教信仰存在较大差异；另外 BGS 居民主要依靠草场资源发展牧业，库区移民主要依赖种植业获取收入，日常生活习惯差异较大，最终多数移民不愿意到该居民点安置，当地居民也不愿意调剂土地安置移民，居民点被迫取消。

在少数民族集居地区的居民点规划必须充分考虑移民之间和移民与安置区居民之间的风俗习惯及宗教信仰问题，提高安置点的可操作性。可见积极听取移民安置区居民意见非常重要，安置区居民同意安置方案是实施方案的必备条件。

（4）积极听取地方政府的意见。地方政府是实施主体，取得地方政府认可的移民搬迁安置方案才能落到实处，它是实现移民安置工作的重要保障。

如雅砻江流域某水电站 P 集镇搬迁安置方案的确定。该集镇现有乡政府、乡派出所、中心小学、卫生院、粮站、乡农牧、林业综合服务站等单位，现集镇总人口为 284 人。规划迁建 P 集镇人口规模为 655 人，用地规模为 6.44hm²。

2010 年 4 月，YJ 县人民政府以正式文函提出了 YJ 县迁建集镇与新建居民点的新址。

2010 年夏，主体设计单位组织相关专业部门对集镇新址、部分移民居民点进行了踏勘选点等工作，对初选的集镇新址及居民点开展工程地质勘察；根据集镇功能、规模等对初选定集镇迁建新址进行区域位置、地质条件、场地条件、基础设施等多方面比较，在此基础上，结合各集镇新址和各集中居民点的情况，初步形成安置方案，认为 YJ 县人民政府提出的将 P 集镇新址选择在 P 乡 J 村 M 组是可行的。

2010 年 10 月，YJ 县人民政府以正式文函对此次集镇、居民点选址工作成果予以确认。

拟建集镇场地位于雅砻江左岸斜坡地带，海拔高度约 200m。场地地形总体上呈北高南低之势，地形总体较平坦、开阔，地面标高为 2866～3010m，最大高差约 144m。场地后坡主要为覆盖层斜坡，仅局部为基岩斜坡，后坡坡度一般为 20°～50°，坡脚段较为平缓，坡度在 20°左右，中、上部坡度较陡，岩性主要为崩坡积含碎石粉质黏土或碎石，其整体稳定状况良好，仅局部段存在零星土滑；场地前沿为冲沟沟谷，沟床两侧斜坡坡度为 30°～60°，局部近于直立，目前其整体稳定状况较好，仅局部段存在零星土滑。

根据集镇新址工程地质勘察报告，将安置场地分为Ⅰ区、Ⅱ区和Ⅲ区，各区的稳定性分析评价如下：

Ⅰ区：位于 1 号冲沟与 2 号冲沟之间，属于缓坡地带。该区地形完整，起伏较小，地势北高南低，面积为 $4.20 \times 10^4 m^2$，分布高程为 2923～2983m。综合评价为稳定性较差区。

Ⅱ区：位于 2 号冲沟与 3 号冲沟之间，仅部分位于Ⅰ区后沿，属于斜坡地带。该区地形完整性较好，起伏不平，地势北高南低，面积为 $3.56 \times 10^4 m^2$，分布高程为 2912～3000m。该区由于地势起伏不平，需进行一定场平工作，存在开挖边坡稳定性问题。综合评价为稳定性差区。

Ⅲ区：分别位于场地前缘、后缘、冲沟及边缘地带。该区地形完整性差，地势高低起伏，面积为 $13.34 \times 10^4 m^2$，分布高程为 2839～3022m。该区后缘部分存在土滑以及场平后边坡问题，前缘部分存在两河口水电站蓄水后塌岸问题；冲沟及边缘地段存在洪流和浅层滑坡的危害。综合评价为不稳定区。

P 集镇新址总选址用地面积合计为 21.10hm²，根据地质勘查成果，其中可利用的安置场地面积共计 7.76hm²，根据可行性研究阶段审批的《YJ 县 P 集镇迁建修建性详细规划设计报告》，集镇迁建规划占地面积为 6.44hm²，若包含集镇后侧边坡支护处理占地，集镇实际使用总用地面积为 8.10hm²。由于选址条件较好，新址也有长期发展的建设用地，得到地方政府高度认可。

（5）移民搬迁安置方案应与生产安置方案之间充分衔接。搬迁安置方案与生产安置方案相互符合要求才是整个规划方案成立的重要前提，若生产安置不能满足搬迁安置要求，搬迁安置方案将不能成立。

CB 安置区位于大渡河左岸，分上下 2 个台地，分布高程下台地为 1364～1388m，上台地为 1524～1565m；南北长约 400m，东西宽约 190m。安置区现状总面积为 369.55亩，下台地垫高后总可利用面积为 295.14 亩，土地利用现状主要为园地、河滩地和未利用地。安置区土壤母质为冲洪积堆积物，土壤为夹石沙土，土壤质地为砂壤。规划生产安置 220 人，开发利用耕地、园地 264 亩。

安置区周边水源有抗州沟和冷竹关沟两个水源点。由于抗州沟水量需同时供抗州村当地居民使用，所以抗州沟无法完全满足该安置区生产和生活用水需要，而 CB 上台地较下台地高 140～170m，受地形条件限制，冷竹关沟无法供给长坝上台地生产用水，故 CB 安置区考虑两个水源点分别解决上、下台地生产安置用水。其中下台地生产用水水源为冷竹关沟，上台地生产用水水源为抗州沟。通过在水源点设置栏栅坝，管道引水至生产上台地边缘，设置清水池引水至田间渠道。

受外部引水情况的制约，最终上台地全部作为生产用地，下台地则主要用于规划搬迁安置移民。

综上所述，在土地资源和水利资源紧张的山区，采取农业安置为主的方式安置移民，存在诸多制约因素，尤其是移民搬迁安置方案应与生产安置方案之间充分衔接，生产安置满足搬迁安置要求，确保搬迁安置方案成立，另外对集中居民点和城镇新址选择必须进行多方面综合分析考虑。

（6）移民工程建设项目之间的有效衔接促成移民搬迁安置方案的成立，同时也能为移民后续发展提供更多支持。

雅砻江流域某水电站建设征地涉及 H 集镇，该镇位于鲜水河左岸，通村道路贯穿红顶集镇，路面宽 4m。农村住宅建筑主要为藏式石木结构，建筑以 3 层和 2 层为主。集镇现有乡政府、派出所、中心小学、中心卫生院，现集镇总人口 130 人。规划集镇人口规模 137 人，用地规模为 1.37hm²。

2010 年 4 月，DF 县人民政府提出了 DF 县迁建集镇与新建居民点的新址。同年 7 月中旬，主体设计单位组织相关专业部门对集镇新址、部分移民居民点进行了踏勘选点等工作，对初选的集镇新址及居民点开展工程地质勘察；根据集镇功能、规模等对初选定集镇迁建新址进行区域位置、地质条件、场地条件、基础设施等多方面比较，在此基础上，结合各集镇新址和各集中居民点的情况，初步形成安置方案。各方均认为 DF 县人民政府提出的集镇新址是可行的。

2010 年 8 月，主体设计单位以正式文函将选点工作的成果函告 DF 县人民政府，并请 DF 县人民政府予以确认，以便开展后续设计工作。同年 10 月，DF 县人民政府以正式文函对此次集镇、居民点选址工作成果予以确认。

规划集镇位于 H 乡南部，鲜水河左岸，位于原 H 乡政府上游约 4km，通过 10km 乡村公路与县道相连，距离上游 DF 县城约 73km。场地位于高山山脊地带，地形总体上呈北东高南西低之势，地形较平坦、开阔，地面标高为 3619～3670m，最大高差约 51m。场地后坡为覆盖层斜坡，后坡坡度一般为 15°～30°。

H 集镇新址方案位于 H 乡乡域边缘地带，使其对周边区域辐射能力不强，将可能出现乡内群众办事不便和集镇在全乡的中心作用不明显等问题，集镇后续发展的潜力小。规划集镇新址用地海拔整体超过 3600m，集镇迁建后高海拔区生活生产环境较差。海拔高、地势偏远等问题也导致集镇需配套的连接线路、外部供水、供电管线较长，增加了电站建设移民工程投资。

针对上述情况，在集中居民点、城镇新址选择时，应尽量选择区位条件较优、基础设施更易配置到位的区域。可见移民工程建设项目之间的有效衔接十分必要，否则移民的后续发展将很难保障。

5.3 创新与发展

5.3.1 回顾

回顾我国水电工程移民搬迁安置工作的发展，现行的移民搬迁安置工作方法、内容和流程也并非一蹴而就，历经了从无到有，从少到多，从简单到详细的过程。从最初的"重工程、轻移民"，移民搬迁安置基本采用一次性补偿后自行安置，到现在的开发性移民，"先移民，后建设"等，移民安置工作也在逐渐得到国家、社会及有关各方的高度重视。正因为移民搬迁安置工作具有较强的时代特性，会随着经济、社会的发展而变化，更因政策的出台或调整而随之变化，因此，移民搬迁安置是一个不断探索和创新的命题。

5.3.1.1　"84 规范"以前

1949 年以来，我国兴建了数以万计的水库，是当今世界上水库移民最多的国家，基于当时国家计划经济的时代背景，财产多数是集体所有，个人财产很少，因此 1984 年以前我国水库移民搬迁安置工作仅仅是限于淹没损失调查和补偿投资估算。水库淹没主要是征收土地，对于搬迁更多的是根据淹没的实物进行一次性补偿，并未上升至安置的角度，移民搬迁后生活贫困、环境恶劣，产生了较多的矛盾和遗留问题。

5.3.1.2　"84 规范"至"96 规范"期间

"84 规范"中，主要针对搬迁安置中的移民安置地点及方式的选择、新居民点的布设，主要设备材料和投资概算的编制等提出了具体的设计要求。在搬迁安置标准方面，明确在初步设计阶段，需选居民迁移、土地征收和其他淹没对象迁移标准，确定水库处理范围；在农村移民安置地点和方式的选择方面，要求因地制宜，广开门路，搬迁安置和生产安置需衔接一致；在居民点和城镇的选择和设计上，要求结合当地的自然经济条件，合理确定，在库区后靠的移民，新建房屋应布置在居民迁移线以上较安全或水库设计洪水位以上及浸没、塌岸地段以外的地点；强调了居民房屋的形式和公共福利设施的设置，需按照群众的习惯以及符合经济适用的原则；在城镇迁建选择上，要求根据受淹没情况，按具体原则处理，当城镇全部受淹，但对其腹地影响不大，在政治、经济、文化、交通方面还有其中心职能者，选择新址迁建，如腹地也大部受淹，不需要单独存在时，建议撤销或与邻近城镇合并，若城镇仅部分或少部分受淹，可考虑防护或就近后靠搬迁；城镇的撤销或合并，涉及行政区划的变更，要根据城镇规模的等级按照国家的规定，报请省、自治区、直辖市或国务院审批；针对城镇选址原则，要求选定城镇新址时，在少占耕地的前提下，选择位置适中、地形地质条件良好、交通方便、水源充足并具有一定的农、副业基地的地点；与此同时，"84 规范"规定了相关费用的计算依据。

"84 规范"后，搬迁安置设计工作主要分为初步设计、技施设计两个阶段内容，但是各阶段的工作深度尚未明确。"84 规范"作为我国第一部水电工程淹没处理设计规范，对移民搬迁安置相关处理进行了规定，为水库移民搬迁安置工作提供了工作依据。

5.3.1.3　"96 规范"至"07 规范"期间

"96 规范"中，将移民安置规划划分为农村移民安置规划和城镇迁建规划两大类，又规定了这两类规划应各自包括的内容；对搬迁任务做了更为细致的规定，搬迁人口由淹没线以下的人口和淹地不淹房影响人口中必须动迁的人口两部分组成，淹地不淹房中的动迁人口要通过移民生产安置规划平衡后确定，居住在因水库蓄水而产生浸没坍岸滑坡等地段上的人口也宜包括在内。

在居民点安置标准和选择方面进行了规定和补充，其中居民点的用地规模既要考虑原有用地面积又要执行国家有关规定，如 1994 年发布实施的国家标准《村镇规划标准》中的规划建设用地标准；对集中安置移民的新村庄要求进行规划认真选择新址，科学布置各项建筑和合理设置公共设施；规定了对新建的移民居民点宜进行移民恢复生产生活必需的配套建设，其标准和规模则要结合原有水平新址的建设条件和资金容许的范围综合分析。

在城镇安置任务、标准和选择方面，规定了城镇迁建规划应包括的内容和原则；补充规定选择新址必须进行水文地质和工程地质的勘查工作，使新的城镇建立在稳定的地基上；规定了规划人口的确定原则，首先要对受淹城镇原有人口进行具体分析，除居民迁移线以下有户籍的常住人口外，还应计入居民迁移线以上必须迁往新址的机关单位职工和常住但无户籍的职工家属合同工个体户，以及户口暂时迁出但还要回城的义务兵、定向委培学生、劳改人员，另外还要考虑因城镇搬迁他处而不必随同搬迁进城的人员，农村移民需要进入城镇就业的，必须是具有进城自谋职业的能力或从事二、三产业本领的人，新址原有人口的去留也尽量按此原则加以处理，自然增长和机械增长的人口以计算到规划水平年为宜；规定了用地规模的确定原则除考虑原址状况外，还需区分迁建城镇的等级，参照国家和省、区、市制定的法规选用；规定了用地规模的确定原则除考虑原址状况外，还需区分迁建城镇的等级，参照国家和省、区、市制定的法规选用；规定了城镇迁建投资的处理原则。

与此同时，"96规范"对各规划设计阶段搬迁安置工作深度进行了要求。在预可行性研究报告阶段，农村移民安置需初选移民安置去向，城镇迁建需初选迁建新址和初步规划；在可行性研究报告阶段，农村移民安置需编制移民安置规划，城镇迁建需编制总体规划，设计阶段农村移民安置需编制实施规划或实施计划，城镇迁建需编制详细规划。

5.3.1.4 "07规范"以后

"07规范"明确了搬迁安置标准一般根据国家的相关规定和不同安置区（农村、集镇和城市）的实际条件，以均化的建设用地、供水、电力、道路、能源等指标表示；提出了做好环境影响评价、水文地质与工程地质勘察、地质灾害防治和地质灾害危险性评估是保障移民安置居民点安全的选址基础工作，以及搬迁安置人口在实物指标基础上结合移民生产安置方案确定。

在农村搬迁安置方面，规定了农村移民安置的基本方式，搬迁安置规划的原则；搬迁安置任务中，规定了农村移民安置人口的概念，便于后期扶持确定移民数量，说明农村移民安置人口是生产安置人口和搬迁安置人口的总和；新增要求对农村移民安置规划进行多方案分析和比较、提出较优方案内容；对居民点选址、规划原则、基础设施规划设计内容及依据（搬迁安置规模和标准）进行了规定；新增移民生活水平评价应反映现状水平；明确移民安置效果预测应分析规划水平年规划目标的实现程度。

在城镇方面，对迁建重建的城市和集镇的规划设计内容和遵循的原则进行了规定；强调了节约用地、少用耕地的原则；强调"以现状为基础，合理布局"的概念，搬迁安置标准方面主要对其现有基础设施标准进行了考虑，要求此标准需结合国家强制性标准确定。

"07规范"对搬迁安置各规划设计阶段搬迁安置工作进行了深度完善和细化，进一步细化了各阶段要求。可行性研究报告阶段移民安置规划的设计工作量较原规范加深，其标志为以居民点为单元落实生产安置资源、以户为单元落实搬迁方案，较大规模的生产安置措施和移民安置基础设施设计应达到相应专业初步设计深度；增加了综合设计工作，包括综合设计单位需负责设计技术交底、处理设计变更及现场实施配合等工作。

5.3.2 创新

水电工程所处地域环境普遍存在土地资源较为紧缺、基础设施不够完善、公共设施覆盖率和享有率较低、文化教育水平不高等情况，目前搬迁安置方式的主要思路为就近安置、依山就势、衔接生产安置的方式等，不断地致力于安好移民、提高移民的生活水平。从目前的总体思路来看，对恢复移民原有的生活水平是有很强的指导作用的，但从移民的发展和区域社会经济发展的推进来看，并未得到足够或者全面的体现。同时水电工程建设征地移民搬迁安置的规划与实施经过多年的实践与演变，从早期的仅考虑水电工程本身需求逐渐延伸到与国家及地方相关规划的全面衔接，从封闭走向了开放。移民搬迁安置的探索和创新是时代进步赋予的责任和义务，结合新型城镇化规划、地方产业调整、扶贫规划是必然，只有与时俱进，才能有效和妥善地做好移民搬迁安置工作。总体上，移民搬迁紧跟国家"创新、协调、绿色、开放、共享"五大发展理念，结合国家城镇化和幸福美丽新村、新农村建设等政策不同时期下的政策背景，不断完善和创新。

1. 以人为本，规划理念不断提升

搬迁安置规划由最初的仅仅考虑移民本身的搬迁，满足基本生存条件，到目前强调以人为本，系统规划和考虑市政基础设施水、电、路的恢复，公共配套设施的配置，包括文化、教育、卫生和垃圾处理等，不仅仅是恢复移民原有的生产生活水平，更多的是改善人居环境、提升生活质量，考虑整个城市、集镇、农村的发展，关注和强调对移民生活水平和品质的提升和完善。

2. 兼顾发展，标准不断提高

目前移民搬迁已不仅仅局限于"原规模、原标准和恢复原功能"的"三原"原则，更多地从提高移民生产生活水平，促进地方经济发展的角度，在用水、用电、道路等基础设施配置标准上充分考虑移民和地方的发展需求，在学校、医院等的规划标准上更是突破了"三原"原则，完全按照行业规范规定的规模和标准进行复建，有效解决困扰大多建设征地区移民的交通、饮水、就医、就学以及供电等基本保障问题，改善移民生活条件，提高移民生活质量和生活水平，极大地带动了安置区的社会经济发展，同时也加快了区域经济发展的进程。

3. 程序完善，更加贴近民生

从移民意愿对接、方案拟订、居民点选址和规划设计整个搬迁安置规划中，充分征求移民意愿已不仅仅是搬迁安置工作中一项过程性的工作，更已成为整个搬迁安置规划，乃至整个移民安置规划的一个重要和关键工作。从移民个人意愿的征求和对接、乡村组意见的听取到地方政府及有关部门意见的听取，逐个环节缺一不可，既要充分地尊重移民意愿，同时也要结合区域发展规划，让整个搬迁安置规划进一步落地和具有可操作性。同时，信息公开制度也逐步完善，移民随时可了解和查询搬迁安置的有关信息，掌握搬迁安置的有关政策、标准和方式，在整个移民安置规划过程中，移民的参与度亦越来越高，信息更加透明，信访渠道更加畅通，同时从省、市、县各级政府及移民管理部门更加重视移民的诉求，往往移民在政策方面的疑虑能够得到及时的解答和反馈，提出的有关问题能够得到及时的处理和落实，使得现阶段的移民搬迁安置工作更加贴近民生。

4. 工作不断加深，落地性更强

从"84 规范""96 规范"一直到"07 规范"，移民搬迁安置前期规划设计工作中移民搬迁任务更加细化和全面、安置方案更加准确和详尽、居民点规划设计更加深入和详细，整个搬迁安置规划工作的深度不断加深，特别是居民点规划设计由最初的规划选址，到方案布局，再到目前的初步设计深度，越来越关注居民点周边环境的安全性和可靠性，更加注重规划的可操作性，逐步与国家的宏观政策、总体发展思路相吻合，与行业规划相衔接，这是整个移民安置工作发展的必然趋势和客观要求。

应该说，移民的搬迁安置是移民新居的落成，更是移民社会关系的重组，既然移民原有生活环境、生活习惯、生活方式都受到了影响，那么对于移民搬迁安置工作应该有一种"壮士断腕"的决心，从根本上为移民打好安置后发展的基础。下一步可尝试对规划思路进行调整，将移民搬迁安置作为扶贫规划和新型城镇化规划的一个板块，在做相关规划时统筹考虑人数、资金和需求，进行统一规划、统一实施。总体上，移民搬迁规划随着国家政策的调整不断地在完善，一直都在创新的路上。

5.3.3 展望

经过数十年的实践，搬迁安置工作不断在细化，也不断完善，并不断与国家政策、法规相适应，以达到最大程度地恢复并提高移民的生产生活条件，真正做到"搬得出，稳得住，能致富"。为了适应社会经济发展，搬迁安置涉及的主要内容和关键技术工作也在不断探索和完善，从水电行业移民规范的角度，从"84 规范"到"96 规范"，再到"07 规范"，每一次规范的修订都在不断地总结和探索，也在不断地创新。结合近10 年实践经验"07 规范"已开始全面修订，无论是搬迁还是安置，都有很多需要进一步探索完善的地方。

1. 丰富搬迁任务内涵，凸显安置

目前正在采用的"07 规范"中，关于搬迁安置任务主要是针对搬迁人口而言，对于搬迁安置所需配套的城镇基础设施、供水供电等、农村工副业设施、民俗设施、社会网络关系等并未纳入，但根据近年移民安置工作的实际需要，搬迁的概念已不仅仅停留在人，搬迁安置应该是一个综合性的概念，是对原有的生产生活环境、社会关系的重构和恢复，因此搬迁安置应将与人有关的生产生活设施搬迁与恢复、社会网络关系的重构等作为搬迁安置的一项重要任务，进一步细化完善移民搬迁安置任务的范围，丰富其内涵，更多地以人中心，体现出搬迁安置的涵义。

2. 紧跟国家政策背景，行业政策融合

随着社会经济的发展，国家对城镇化进程、农村的建设与发展越来越重视，提出了新农村建设、幸福美丽新村建设，以及党的十九大后提出的实施乡村振兴的国家战略。移民安置搬迁安置不论是标准，还是方案拟订都必须与这些国家政策相结合。要充分与行业标准相融合，合理布局居民点、集镇，注重打造当地特色的风貌景观，配套必要的公共服务设施，改善人居环境，突出以人为本的重要性，充分尊重和体现移民安置意愿。

　　3. 加强移民工程统筹组织，强化协调配合

　　移民搬迁安置工作项目繁杂、接口众多，特别是当一个水电工程建设征地同时涉及农村、县城、集镇、专业项目等，如何统筹安排就显得尤为重要。目前移民安置规划中编制的实施组织设计，大多只是宏观地描述项目实施进度安排，对于项目的具体进度、施工衔接、合理搭接等均没有考虑，而这些在实施过程中不可避免地会遇到，而精心组织、提前谋划，搬迁工作将事半功倍，省时省力，少走弯路。比如移民工程的料场如何共用，搬迁道路与库周交通的实施关系、做好永久临时结合，搬迁建设材料如何统筹协调等，这些都需要提前谋划，为搬迁实施打下基础，避免搬迁过程中出现前后矛盾、重复建设等，因此加强移民搬迁的统筹组织与协调将是下一步需完善的重点。

　　移民搬迁安置的只有一个目的：实现"搬得出，稳得住，能致富"。当前，搬迁安置技术工作虽然已小有成效，但随着改革开放的不断深入，为适应社会经济发展需要，需结合国家出台的政策不断地更新和完善。

第 6 章

城镇及农村居民点规划

城镇及农村居民点规划是水电工程建设征地移民安置规划的重要组成部分。中华人民共和国成立以来，我国相继建设了一批大中型水电工程，涉及范围广、影响大，既有农村地区，也有城镇地区。其中城镇和农村居民点人口聚集，安置难度大，规模、标准及费用往往引起争议，因此，水电工程建设征地影响城镇、农村居民点搬迁处理是水电工程移民规划工作的一项重要内容，也是移民规划的难点之一。

考虑到水电工程征地涉及城市、集镇和农村居民点较多，且农村居民点迁建规划内容、工作方法与城镇规划内容及工作方法等基本相似，因此将农村居民点规划纳入本章一并说明，以阐述城镇规划设计的内容为主。

人类社会劳动的两次大分工形成了农村聚落和城市聚落。在我国的城乡关系中，城市和乡村作为两个相对的概念，存在着诸多差异。我国城镇和农村居民点的概念及分类见表6.0-1。

表6.0-1　　　　　　　　我国城镇和农村居民点的概念及分类表

序号	分类	定义
1	城市	城市是一定地域范围内社会、经济、文化活动的中心，是城市内外各部门、各要素有机结合的大系统。包括设区市与不设区市
2	县城	县城指县级人民政府所在地的镇，是县域范围的政治、经济、文化中心
3	镇	指经省级人民政府批准设置的镇，一般指县城以下的建制镇
4	集镇	指乡人民政府所在地和经县级人民政府确认由集市发展而成的作为农村一定区域经济、文化和生活服务中心的非建制镇
5	农村居民点	指农村居民生活和生产的聚居点，居民主要以农业生产为主

水电工程建设征地影响涉及的各类城镇、农村居民点规模不同、功能各异、特色多样、情况复杂，其中既有涉及的小城市，如 WDD 水电站影响的 P 市少量用地等，也有涉及的作为县域行政、经济中心的县城，如 XJB 水电站淹没的 P 县城、S 县城等，还有数量众多、规模不一的集镇，如 LT 水电站淹没影响的 B 乡小集镇等。建设征地影响城镇、农村居民点的程度也不尽相同，既有整体淹没的城镇、农村居民点，如 SBX 水电站淹没的 J 县城、XJB 电站淹没的 P 县城等，也有部分区域淹没的城镇、农村居民点，如 BS 水电站淹没的 J 县城等，还有仅影响部分功能的城镇、农村居民点。受水电工程影响的城镇处理方式可分为防护、迁建两类，其中具备防护条件的按照相应规范开展防护设计。迁建处理方式一般可分为整体搬迁、局部搬迁及原址垫高三类。为满足移民安置和城镇体系需要，可在移民安置规划中新建或合并设置集镇，如 XLD 水电站 H 集镇，属于因安置农村移民新建的集镇。

　　水电工程城镇、农村居民点迁建规划既要满足国家城乡建设规程规范的要求，又具有较强的库区工程特点和政策性，其规划设计关系到移民的顺利搬迁和稳定安置，影响重大，为此，水电工程移民行业主管部门专门制定了水电工程城镇迁建规程规范，对城镇迁建规划阶段、规划期限、规划标准、审查程序等进行了细化和规范。因此，与常规的城市规划相比，城镇迁建规划在规划期限、建设规模确定、审批程序等方面存在一定差异。详见图 6.0－1 和图 6.0－2 及表 6.0－2。

图 6.0－1　S 县老县城（迁建前）

图 6.0－2　S 县新县城（迁建后）

表 6.0－2　　　　　常规城市规划与水电工程城镇迁建规划分类对比

序号	项目	常规城乡规划	水电工程城镇迁建规划
1	规划阶段划分	常规城乡规划阶段划分为城乡总体规划、控制性详细规划、修建性详细规划	水电工程城镇迁建规划一般将常规城乡控制性详细规划工作内容纳入总体规划或修建性详细规划，故水电工程城镇迁建规划阶段一般分为总体规划、修建性详细规划

序号	项目	常规城乡规划	水电工程城镇迁建规划
2	规划期限	常规城乡总体规划期限一般为 20 年，近期建设规划期限一般为 5 年	水电工程城镇迁建总体规划和详细规划阶段的规划期限，一般为基准年至设计水平年之间的年限，兼顾城镇长远发展
3	建设规模	包括人口规模和用地规模，根据国家和地方经济社会发展情况确定，一般规划规模较大	根据实物指标调查成果计算规划水平年人口，并在此基础上确定建设规模，同时需考虑恢复原城镇的用地规模
4	批准程序	依据城乡规划法报批	依据移民条例，随同移民规划大纲和规划报告报批
5	目的	为了实现一定时期内城市的经济和社会发展目标，确定城市性质、规模和发展方向，合理利用城市土地，协调城市空间布局和各项建设所做的综合部署和具体安排	恢复受水电工程建设征地影响原城镇的功能，确定迁建补偿费用，满足移民安置及企事业单位迁建的需要，并在此基础上兼顾地方社会经济的发展
6	任务	合理确定城市的性质、规模，综合确定土地、水、能源等各类资源的使用标准和控制指标；划定禁止建设区、限制建设区和适宜建设区，统筹安排各类建设用地，合理配置城乡各项基础设施和公共服务设施，完善城市功能；提升城市综合交通服务水平；健全综合防灾体系，保护自然环境和整体景观风貌，突出特色；保护历史文化资源，延续历史文脉；合理确定分阶段发展方向、目标、重点和时序，促进城乡健康有序发展	进行城市集镇新址选择及其建设用地范围内的用地布局、场地平整、基础设施、移民搬迁安置和城市集镇功能恢复的规划设计，计算相应的迁建补偿费用，编制移民安置规划水平年的迁建规划设计文件
7	内容	总体规划内容包括合理制定城市经济和社会发展目标，确定城市的发展性质、规模和建设标准，安排城市用地的功能分区和各项建设的总体布局，布置城市道路和交通运输系统，选定规划定额指标，制定规划实施步骤和措施。 控制性详细规划包括以下内容：确定土地使用性质及其兼容性等用地功能控制要求；容积率、建筑高度、建筑密度、绿地率等用地指标；基础设施、公共服务设施、公共安全设施的用地规模、范围及具体控制要求，地下管线控制要求；基础设施用地的控制界线（黄线）、各类绿地范围的控制线（绿线）、历史文化街区和历史建筑的保护范围界线（紫线）、地表水体保护和控制的地域界线（蓝线）等"四线"及控制要求。 修建性详细规划应当包括下列内容：建设条件分析及综合技术经济论证。建筑、道路和绿地等的空间布局和景观规划设计，布置总平面图。对住宅、医院、学校和托幼等建筑进行日照时间计算。根据交通影响分析，提出交通组织方案和设计。市政工程管线规划设计和管线综合。竖向规划设计。估算工程量、拆迁量和总造价，分析投资效益	迁建规划包括迁建选址、迁建规划和基础设施设计，迁建规划分迁建总体规划和迁建修建性详细规划设计，基础设施设计包括场平及基础设施初步设计和场平及市政基础设施施工图设计； 城镇迁建选址是指为恢复建设征地影响集镇的原有功能，满足移民安置需要，选择迁建城镇新址，并按国家规定的程序完成新址选址报批手续的过程； 城镇迁建总体规划包括确定迁建城镇的性质、人口规模、用地标准及规模、用地范围、进行总体规划布局、竖向规划和各专项规划等； 城镇迁建修建性详细规划包括开展地质勘查与用地评价工作和城镇移民安置规划工作，确定迁建城镇的性质和规模、规划布局，开展场地规划设计，工程设施规划设计、环境保护规划设计、编制城镇迁建基础设施建设费用概算及新址环境保护费用； 场平及基础设施初步设计按照市政工程初步设计深度要求，计算城镇迁建场平及基础设施工程量并编制基础设施工程费用概算； 场平及基础设施施工图设计包括开展的城镇公共设施与市政公用设施设计

水电工程一般位于经济欠发达地区，原城镇一般存在布局不合理、基础设施标准较低、配套公共建筑设施不全等问题，迁建后城镇不仅能恢复集镇的原有功能，而且在规划布局、用地指标、基础设施配套、城镇面貌等方面均能有所改善和提升，并为远期发展留有余地，有利于城镇的持续、健康发展。

6.1　工作内容、方法和程序

6.1.1　工作内容及方法

城镇和农村居民点规划设计的主要内容是依据水电工程建设征地补偿政策，进行城市集镇新址、居民点新址的选择和城市集镇、居民点恢复原有功能的规划设计，并计算相应的费用，编制移民安置规划水平年的规划设计文件。

6.1.1.1　新址选择

预可行性研究阶段，在综合考虑各方面意见的基础上，提出 2～3 个初选新址；可行性研究阶段，在预可行性研究阶段初选新址的基础上，征求各方意见后进行确认，对上阶段选址有异议时，上级政府可增加比选新址。

设计单位可从工程地质条件、地理位置、基础设施条件、移民安置容量、与上位规划的衔接、规划布局、环境保护、发展空间、土地后备资源、建设费用等方面进行论证比较，建立指标体系，对各选址条件权重赋值，明确推荐方案，编制新址选择比选报告。如集镇新址比选的主要内容如下。

1. 工程地质、水文地质条件

（1）工程地质、水文地质条件调查内容。调查规划区的工程地质条件和水文地质条件。对于地震区的建设用地，应调查地震区的地质背景和地震基本烈度，对于地震设防烈度等于或大于Ⅷ度的建设用地还应判断场地和地基的地震效应，进行新址地质灾害危险性评价。

综合分析建设用地各场地工程地质特性及其工程建设的相互关系，按场地特性、稳定性、工程建设适宜性进行工程地质分区。对规划区内各场地稳定性和工程建设适宜性进行评价。

在工程地质勘察的基础上，对新址建设用地进行评价，划分新址建设用地类型，提出用地评定图。

研究和预测规划实施过程及远景发展中，地质环境影响的变化趋势和可能发生的环境问题，并提出建议和防治的对策。

（2）工程地质、水文地质条件比选的内容。从地形地貌条件，地形坡度条件，工程地质条件是否稳定，是否易于达到城市集镇防洪标准，是否便于排水，是否避开了滑坡塌岸等进行比较工程地质、水文地质方面内容。

2. 地理位置

迁建新址应有区位优势，方便地方政府管理和群众办事。推荐新址尽量位于乡域人口分布的中心，行政辐射能力强，要有利于带动该行政区域的经济发展。

推荐新址应位于水源点下游、污水处理厂上游，便于水源及新址水体保护；位于垃圾填埋厂等主导风向的上风向。

3. 外部基础设施条件

论证比选新址的对外出行条件，供水、供电、通信条件。推荐新址应尽量选择有等级公路通过的区域，确保交通方便、通畅；推荐新址应有充足的水源，水量应满足新址生产和生活用水的远期需要，水质应符合国家的饮用水标准，供水应尽量引用溪沟和山泉水，引水的距离应较短，尽量避免提水，以减少运行成本；电力、通信、广播等应方便与主干网络搭接。

4. 资源承载力分析

从适宜建设区用地可容纳人口、水资源可容纳人口等方面分析各新址可容纳的搬迁人口；对有生产安置任务的，应分析生产安置环境容量，与生产安置方案衔接。迁建新址选址要尽量体现"前瞻性"原则，在满足规划水平年需要的用地面积前提下，应适当留有远期发展的余地，因此推荐方案应容纳更多的人口、更多的资源为未来发展提供条件。

5. 与上位规划衔接

迁建新址应与区域总体规划衔接，推荐迁建新址要易于恢复和完善城镇体系，并与国家拟建重要项目相协调。

6. 初步规划布局

从规划布局与移民安置初步方案衔接的难度、新址内部与外部基础设施连接的难度、防洪护岸和环境保护规划的难度、工程措施难度及工程量多少、集镇特色的营造等方面分析确定推荐新址。

7. 环境保护

环境保护内容包括估算居民生活污水、工业废水排放量及垃圾的产量，提出污水处理垃圾方案，拟定开挖回填边坡、土石料场、弃渣场的水土保持方案。通过对比分析选址方案对环境可能产生的影响，开挖回填边坡、土石料场、弃渣场的水土保持方案的难易及投资的多少等方面确定推荐选址。

8. 基础设施费用

根据经济合理的原则，推荐方案基础设施费用应最少或适中。

9. 其他

迁建新址应避开重要矿产资源、文物古迹和各种自然保护区等环境敏感区域；尽量少占或不占农田。

新址选择主要方法包括现场调查法、文献法、系统分析法、方案比较法等。具体方式为根据现场调查和资料调查的成果，采用定性、定量分析方式，进行多方案比较得出推荐方案。在调查分析的过程中，还可以运用3S技术、三维规划设计、专家论证、征求移民及地方政府意见等方法。

6.1.1.2　城镇迁建总体规划

编制城镇迁建总体规划的主要工作内容如下。

1. 现状资料的收集

应对城镇原址的人口和占地规模、基础设施项目的标准和规模、城镇新址的占地情况及周边基础设施条件等现状进行调查并收集相关的资料。

(1) 建成区范围的界定。被淹没影响的城镇的现状情况通过现状实地调查、后续补充的方式开展工作，以 1:2000 地形图为工作基础，结合市政公用设施覆盖情况及入户实物指标调查结果，分析确定建成区边界。

(2) 分析城镇原址建设标准。主要内容有分析原址人均建设用地标准、公共服务设施配置标准、市政管线建设的模式和标准、环卫设施配置内容和标准、污水及垃圾处理方式、防灾减灾内容及标准。

(3) 原址建设用地构成。分析地类构成、面积及比例，制作原址建设用地平衡表。

2. 地质勘察与用地评价

开展总体规划阶段的地质勘察与用地评价工作，内容同新址选择的地质勘查工作，只是深度不同。

3. 移民安置初步规划

应反映城镇内需要安置农村移民的生产安置初步方案，新址的用地布局应与移民安置初步规划衔接。

4. 城镇的性质和规模

(1) 性质。对于迁建城镇，应分析城镇各项条件和新址移民安置方案对城镇性质的影响，确定城镇的性质和远期发展方向。

(2) 规模。城镇规模主要包含以下内容：

1) 迁建城镇新址基准年搬迁安置人口的确定。

2) 人口自然增长率和机械增长率的确定。

3) 人口规模预测。

4) 用地规模确定。

5. 规划布局

(1) 在新址建设用地评价、移民安置规划用地要求、水电工程建设征地范围的基础上，经过方案比较后，确定城镇新址建设用地与发展用地的布局。

(2) 确定建设用地、道路和市政设施的规划标准。

根据城镇现状用地情况、新址用地评价成果、相应的规程规范等确定建设用地标准；道路和市政设施的规划标准应根据具体的规范制定。

(3) 协调新址内部与外部基础设施的连接方案及用地布局。

(4) 选址在水库周边的城镇，其用地布局应符合水库运行的要求，确保岸坡和边坡安全，做好防洪护岸和环境保护规划。

(5) 根据新址用地评价和移民初步规划用地的要求，本着节约用地和节省工程量的原则，确定城镇新址内部基础设施的布局方案。完成绿地空间布局和景观规划。提出城市特色和景观布局对建筑风貌的要求。

(6) 根据进入城镇安置的行政、事业、企业单位的情况和移民初步安置方案进行用地规划布局。

6. 竖向规划

（1）确定防洪排涝及排水方式，确定岸线、桥梁、港口、码头、道路交叉口、排水排污口、主要景观的控制性标高，初步确定道路、建筑台地的标高。

（2）估算土方、石方开挖工程量和填筑工程量。

（3）依据城镇新址的规划布局，确定城镇新址的征地范围。

7. 基础设施规划

（1）综合协调并初步确定规划范围内的给水、排水、电力、电信、广播电视、燃气、供热、防洪、消防等市政公用设施的规划布局、标准和规模。

（2）提出道路、桥梁的等级、宽度、长度及主要工程量。

8. 环境保护规划

（1）估算居民生活污水、工业废水排放量及垃圾的产生量，定性分析对环境可能产生的影响。

（2）提出污水排放体制要求，确定污水处理厂的处理级别和规模。

（3）初步拟定开挖和回填边坡，土石料场、弃渣场的水土保持措施，估算工程量。

城镇迁建总体规划方法包括城镇功能及性质定性分析法，城镇规模及标准定量分析法，配套基础设施系统分析法，平面布置方案、竖向布置方案比较法等。

6.1.1.3 城镇迁建修建性详细规划和农村居民点建设规划

城镇迁建修建性详细规划和农村居民点建设规划主要工作内容如下。

1. 资料的收集和现状调查

收集相关资料为规划设计做好准备。

2. 地质勘察与用地评价

（1）对新址进行地质灾害危险性评价。重点查明规划范围内及附近稳定性较差或不稳定的地质体的地质条件和可能发生的其他灾害性环境工程地质问题，预测其危害程度，并提出预防和处理建议。

（2）查明新址区的工程地质及水位地质条件，对规划范围内各建筑地段的场地及其他地基稳定性做出工程地质评价（包括对各建筑地段的工程地质条件分区做出初步评价），对存在的主要工程地质问题提出处理建议。

（3）为确定规划范围内各建筑物的总平面布置，以及拟建的重大工程地基基础设计和不良地质现象的防治等提出工程地质依据、建议。

（4）市政、桥梁等工程地质勘察应满足相应行业初步设计的要求。

3. 移民安置规划

采用该阶段确定的移民安置规划中的相应成果。

4. 人口规模

根据该阶段移民安置规划成果确定城镇迁建和农村居民点人口规模及用地规模。

5. 规划布局

根据该阶段地质勘察和移民规划设计成果确定新址的规划布局，规划布局应满足移民规划设计中对各类用地的要求。

6．场地规划设计

（1）根据规划布局情况开展场地规划设计，重点开展竖向设计、支护工程设计，计算相应的工程量，并进行料场或弃渣场的规划设计。

（2）对可能危及安全的隐患地段，提出防治措施及其工程量。

（3）开展防灾减灾规划设计，包括可能发生的灾害及应对措施。

7．工程设施规划设计

（1）确定供水方案。

（2）计算污水和雨水排放量。明确排水体制，出水口位置。确定排水系统的布局及敷设方式，计算工程量。

（3）计算用电负荷，规划供电系统。

（4）选择燃气气源，规划燃气系统。

（5）选择热源和供热方式，规划供热系统。

（6）确定邮政、电信居所、基站、广播电视机房的具体位置、规模及服务范围。规划设计通信系统。

（7）布置环卫设施系统。

8．环境保护规划设计

（1）计算居民生活污水、工业废水排放量及垃圾的产生量，分析城镇和居民点迁建可能产生的水土流失量。

（2）确定开挖和回填边坡，土石料场、弃渣场的水土保持措施，计算工程量。

城镇迁建修建性详细规划和农村居民点建设规划方法包括系统分析法、方案比较法等。

6.1.1.4　场平及基础设施工程初步设计

依据城镇迁建修建性详细规划和农村居民点建设规划，按照有关规定编制迁建场地及市政工程初步设计文件，计算工程量。根据初步设计成果，编制场平及基础设施工程初步设计概算，包括新址建设场地准备费用、道路和工程设施建设费用、工程建设其他费用。

场平及基础设施工程初步设计方法包括定量分析法、方案比较法等。

6.1.1.5　场平及基础设施工程施工图设计

在移民安置实施阶段开展城镇和居民点场平及基础设施工程施工图设计，主要内容有：按施工详图要求补充地质勘察；复核上阶段的设计成果，继续深化设计，优化工程量；按照有关规定编制场平及基础设施工程施工图设计文件；根据施工图设计成果，编制场平及基础设施工程施工图预算。

场平及基础设施工程施工图设计方法包括定量分析法、方案比较法等。

6.1.2　主要工作流程

城镇和农村居民点规划应根据确定的移民安置任务，选择迁建新址，开展城镇迁建总体规划、修建性详细规划和农村居民点建设规划，施工图设计。

城镇和农村居民点都属于移民集中搬迁安置规划项目,由于城镇与农村居民点在安置对象、规模大小、建设标准、行政功能和级别等方面存在较大的差异,因此在工作程序方面也有不同要求。

6.1.2.1 城镇迁建规划工作流程

在预可行性研究阶段,应根据收集的资料,经分析后初步确定迁建城镇人口规模,初拟城镇新址位置,开展初步规划,根据已建城镇工程费用类比估算迁建城镇工程费用。

在可行性研究阶段,应对城镇现状人口、用地、基础设施等情况进行调查,根据移民安置规划迁入城镇的移民人口、寄住人口及新址占地人口拟定城镇安置人口规模,根据规范要求分析确定城镇建设标准和功能。由移民安置规划设计单位会同地方政府开展城镇迁建新址的选址工作,经比选后推荐新址。搬迁新址经地方政府履行审批程序后,再组织编制城镇迁建总体规划和修建性详细规划,提出城镇迁建工程费用概算。城镇迁建总体规划随移民安置规划大纲一并报审,城镇迁建修建性详细规划随移民安置规划报告一并报审。

在移民安置实施阶段,应开展场平及基础设施施工图设计和设代工作。编制分项目、分安置区实施进度和投资计划。

城镇迁建规划工作流程的关键节点包括:现状调查、选址、迁建总体规划、迁建修建性详细规划、初步设计、施工图。

城镇迁建规划设计主要工作流程如图 6.1-1 所示。

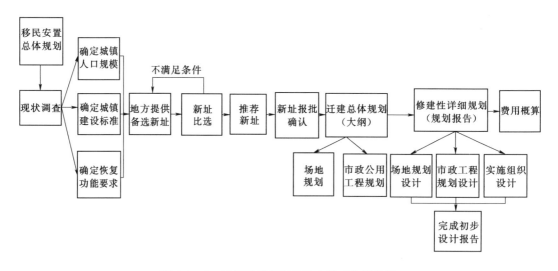

图 6.1-1 城镇迁建规划设计主要工作流程图

6.1.2.2 农村居民点迁建规划工作流程

在预可行性研究阶段,应根据农村居民点安置人口规模,初拟集中居民点的位置,对集中安置居民点新址实地查勘,采用人均扩大指标推算建设用地和基础设施补偿费用。

在可行性研究阶段,应根据农村移民安置总体规划确定的人口流向拟定居民点安置人口规模,根据规范规定合理选择居民点建设标准。对于 100 人以上的居民点,应由移民安置规划设计单位在地方政府提出的备选新址基础上进行技术论证，并开展具体设计，随移民安置规划大纲编制居民点建设规划，随移民安置规划报告编制居民点场平工程、基础设施工程初步设计。对于 100 人以下的集中移民居民点和分散安置移民居民点，落实技术要求，根据安置地实际情况，参照集中安置移民居民点人均指标推算。

在移民安置实施阶段，开展居民点的施工图设计和设代工作。编制分项目、分安置区实施进度和投资计划。

农村居民点迁建规划工作流程的关键节点包括：新址论证、居民点建设规划、初步设计、施工图。

农村居民点规划设计主要工作流程如图 6.1-2 所示。

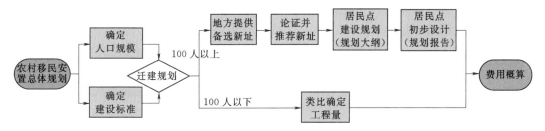

图 6.1-2　农村居民点规划设计主要工作流程图

6.2　关键技术

6.2.1　城镇范围（建成区）的确定

对于迁建城镇而言，建成区确定是调查分析建成区用地范围、用地规模、实物指标、各类用地比例、城镇建设发展的现状情况等内容的工作基础，是开展城镇迁建规划工作、进行原址新址建设用地对接及评价建设用地规划合理性的重要依据。与此同时，由于水电工程建设征地移民概算中城镇、农村的补偿单价往往有区别，且建成区的确定直接影响后续规划设计的规模与标准，并关系到移民的身份及利益、地方的诉求、业主的投资规模等多方面内容，作用十分重大且容易引起争议，因而城市建成区的确定是城镇迁建规划工作中的重要环节。

城市建成区是一个广泛使用的概念，按照《城市规划基本术语标准》（GB/T 50280—98）的定义，城市建成区是城市行政区内实际已成片开发建设市政公用设施和公共设施基本具备的地区。建成区范围一般是指建成区外轮廓线所能包括的地区，也就是这个城镇实际建设用地所达到的境界范围，因此它是一个闭合的完整区域，一城多镇分散布点的城市，其建成区范围则可能由几个相应的闭合区域组成。因此城市建成区一般具备以下特点：①城镇功能性。②城镇空间性。③设施齐备性。④建设延续性。⑤发展动态性。

在划定建成区时，遵循以下原则：①功能性原则。建成区是具有一定城镇功能，承担城镇建设职能，已经投入开发建设的地区。对于城镇外围具有某些城镇功能而又难以明确划分城乡界线的区域则根据其用地权属和在城镇中所担当的职能、服务对象进行判断。

②指标匹配性原则。对于已建成地区的判定应考虑排水管道配备标准、道路铺设情况和公共服务性交通可达范围等，市政公用设施和教育、商业、医疗卫生等公共服务设施的建设情况，作为衡量地块是否"建成"的条件。

水电工程建设征地影响的城镇建成区确定存在需考虑多方利益、边界不清晰、争议点多等难点，因此除遵循行业上的原则来界定城镇建成区以外，还形成了具有迁建城镇特色的建成区划定关键技术。从SBX水电站J县城建成区由三部分组成，到XJB水电站的P县城、S县城建成区划定考虑因素相对更为全面、细致，到目前已有较为成熟的关键技术。

1. SBX水电站J县城

根据1989年《QSJ河流规划报告》，SBX水电站水库正常蓄水位为475m，水库淹没J县城，需要选址迁建。

按照"84规范"，新县城应在原有规模的基础上进行统一规划，迁建补偿费按照原有规模和标准商定。按照74号移民条例，按原规模和原标准新建城镇的投资，列入水利水电工程概算；按照国家规定批准新建城镇扩大规模和提高标准的，由地方人民政府自行解决。因此J县城原址的规模备受关注。

城镇的规模一般用人口规模和建设用地规模来表达，而县城的建设用地是人口规模的载体，由此可见，建设用地规模是反映县城规模的关键。建设用地规模由建成区调查统计得到，建成区分布及划界成为容易争议的焦点。

为了做好J县城淹没调查及选址，设计单位1992年编制了《J县城新址选点报告》，报告界定了J县城建成区范围。首先根据《J县城总体规划》（1986—2000年），界定的J县城总体规划范围是：东起下渡口，西至柳树街漩水湾，南至公鹅寨角，面积为2.7km²。然后在总体规划的范围内区划建成区。建成区由三部分构成：第一部分是主城区集中连片区，分布在QSJ南岸。第二部分是距离主城区有一定距离，但有道路连接，水、电、路等内部市政设施基本达到县城的水平，这部分区域主要分布在QSJ北岸的上菜园。第三部分是县城周边零星分布的县直属行政、事业、企业单位。1992年，经过调查统计，J县城建成区总面积为0.75km²，人均建设用地为67m²。同时还调查了各类建设用地面积及构成。建成区方位划定后，为人口调查、市政设施调查奠定了良好基础。在建成区范围内，居住着非农业人口，以及4个农业村的农业人口。当时除了调查建成区现状，还对县城总体规划期内有可能转为建设用地的区域及面积进行了调查，了解未来发展用地的建设条件。J县城建成区的调查成果，得到了当时J县有关单位和G省主管部门的认可。

2. WQX水电站LX县城

LX县城原址W镇，位于Y水和W水汇合处。WQX水电站形成后县城大部分被淹没。前期工作在制定淹没处理方案时，由于县城迁往BS，要考虑新县城的功能，则老县城的淹没处理范围不能局限在居民迁移线以下。譬如有些县直属单位，虽然在居民迁移线以上，由于新县城行政职能的需要，也要搬迁到新县城。根据《LX县老县城搬迁规划报告》，迁往新县城的人口中有900多人是老县城居民迁移线以上的随迁人口。县城外迁后，原址保留了W镇的建制，老城维护的道路交通、给水排水、电力电信等市政设施的处理范围，则主要是由老城维护方案划定，而不是由淹没线划定。

3. XJB 水电站 P 县城

P 县位于 SC 盆地西南边缘，JSJ 自县境内西南向东流过，为受 XJB 水电站影响的全淹县城。在 XJB 水电站 P 县县城与涉及的各乡镇处理过程中对建成区划定开展过专项工作，由 P 县建设局、国土局、移民局及涉及各乡镇政府和设计单位组成调查组，持1∶2000 地形图至现场勾绘，勾绘过程中，以通水、通电、通闭路电视、通电话及移民生产方式为基本原则开展工作，各方都同意后按上述原则划定建成区，为后续开展县城迁建规划打下基础。划定的 P 县城建成区中心区呈块状，郊区向东、西两方呈条状延伸，包括东正街等 8 个居委会和 F、H、G 三个农业村的部分村民小组。在划定时还结合行政界线和具体地形操作，H 村部分组与划定的建成区相隔一条溪沟，但考虑到其生产方式、市政设施情况与县城居民有差别，故未将其划入建成区。

4. XJB 水电站 S 县城

S 县位于 YN 省东北角，JSJ 下游南岸，为受 XJB 水电站影响的全淹县城。在划定建成区过程中，由 S 县规划局、国土局、移民局及 Z 镇人民政府和设计单位组成调查组，持 1∶2000 地形图至现场勾绘，勾绘原则与 P 县城一致。划定后的建成区范围东至黄家祠，西到酒房沟，南至农业职业中学，北临 JSJ，包括 J 街、R 街居委会和农业、H、F 等农业村的部分村民小组。在划定建成区范围过程中，考虑到 F 村部分用地现状虽不是建设用地，但其与建成区连续，且是 S 县城规划的建设用地，且周边基础设施建设完善，故将其一并划入了建成区。

综上，建设征地涉及城镇建成区确定的关键技术在于以下方面：①从受建设征地影响的程度及城镇整体性出发，对于与城镇核心区有一定距离但主要功能仍为城镇服务的行政事业单位（如学校、医院）等用地划为建成区。②建成区界定过程中需要地方政府的参与，尤其是城建、国土及移民部门。③对于部分规模较小的集镇，建成区范围不一定是闭合的范围，集镇内部的农林用地、外部的连接道路等应根据实际情况判定是否划入建成区。具体到方法上，被淹没影响城镇的现状情况通过现状实地调查、后续补充的方式开展，以 1∶2000 地形图为工作基础，结合市政公用设施覆盖情况及入户实物指标调查结果，分析确定建成区边界。

6.2.2 规模与标准的确定

6.2.2.1 人口规模

迁建人口规模决定后续用地、基础设施规模，外部水、电、路标准，城镇分区布局，因此人口规模的确定在城镇迁建过程中至关重要。

人口规模是在城市地理学研究及城市规划编制工作中所指的一个城镇人口数量的多少（或大小）。一般指一个城镇现状或在一定期限内人口发展的数量，与城镇发展的区域经济基础、地理位置和建设条件、现状特点等密切相关。人口规模通常包含常住人口、通勤人口、流通人口三部分，常规城镇人口规模预测一般采用综合增长率法、带眷系数法、剩余劳动力转移法、劳动力需求法、回归分析法、相关分析法等方法。与常规城镇规划相比，迁建城镇规划有相似或相同之处，但还要考虑移民的安置，规划时限也有区别，迁建规划主要侧重点在常住人口及部分寄住人口。有部分水电站的迁建城镇人口规模由于受地形地质情况的限制，根据新址的资源承载力进行确定，如锦屏一级、溪洛渡水电站中涉及的部分城镇。

因此，城镇迁建规划人口确定的关键技术在于根据移民安置总体规划确定的进入迁建城镇新址的人口，是结合移民安置规划、新址环境容量等因素统筹规划确定的。人口规模的组成与常规城镇也有区别，由规划水平年迁往城镇的移民搬迁安置人口和寄住人口两大部分组成。移民搬迁安置人口包括以下四部分：①原址建成区建设征地范围以内的移民人口。②原址建成区建设征地范围以外必须随城镇迁移的移民人口。③城镇新址征地拆迁引起的需要进城镇安置的人口。④移民安置规划确定迁入城镇新址的原址建成区以外的移民人口。寄住人口指居住半年以上的外来人口和寄宿在规划用地范围内的学生。

在人口规模预测上方法自成体系，通过采用自然增长率及机械增长率进行推算的方法预测，移民搬迁安置人口均需计算自然增长，对原址建成区建设征地范围内、外规划随城镇迁移的移民人口及寄住人口计算机械增长。人口自然增长率一般结合地方计生部门人口统计数据及国民经济发展规划、国家有关人口政策、建设征地区的实际情况来确定；机械增长率用以衡量因迁入和迁出等社会因素引起人口增减变化，在移民规划过程中一般根据公安部门统计的人口变动数据及地方社会经济发展水平等资料分析确定。

1. SBX 水电站 J 县城

在编制 SBX 水电站可行性研究补充报告时，对县城的搬迁人口进行了详细调查，不仅调查了水库淹没影响范围的人口，还调查了水库淹没影响范围以上机关单位和城镇居民人口。根据 2001 年实物指标调查成果，J 县城淹没影响人口 17192 人，其中单位和居民 13173 人，4 个农业村 2136 人，水库淹没影响范围以上的机关单位和居民 1112 人，寄宿生为 771 人。

还对 J 县城原址水库形成后的剩余资源进行了调查。4 个农业村的耕地大多数在淹没线以上，一些企业也在淹没线以上，剩余建设用地和市政设施可以加以利用。水库形成以后，原址地理位置适中、水陆交通较为便利，还有一些土地经过工程措施后可以改造为建设用地。基于以上原因，原址周边具备保留镇级建制的条件，同时可以减轻县城新址的建设用地压力。按照镇级功能和土地承载能力测算，县城原址保留镇级建制，人口规模 2876 人，其中单位 739 人，4 个农业村 1809 人，其余为寄宿生和新址占地人口。

前往县城新址的人口，主要由县城功能和移民安置环境容量分析成果决定，共计 14681 人，其中单位和居民 12434 人，4 个农业村因原址土地承载力不足需要外迁的 327 人，因县城功能原因随迁 1112 人，其余为寄宿生和新址占地人口。推算到规划水平年，新县城移民规划人口规模 16623 人。

J 县城搬迁将县城一分为二规划的方案，符合新县城功能恢复的需要和水库形成后城镇体系的变迁，利用了水库形成后剩余资源，同时人口规模建立在土地承载能力分析的基础上，因此在当时得到了相关方的认可。

2. XJB 水电站

下面以 XJB 迁建的 P 县城及 16 个乡镇为例说明人口规模的组成及确定。

（1）P 县城。规划迁入 P 县城新址的基准年人口规模由以下几个部分组成：

1）库区淹没线以下居住在原县城的人口，根据调查为 17146 人（农业人口为 2246 人，非农业人口为 14900 人）。

2）淹没线以上居住在原县城，并经分析论证必须随县城迁移的在册的人口（统称随迁人口），根据调查为 268 人（农业人口为 214 人，非农业人口为 54 人）。

3）现在新址近期征地范围内居住且必须安置在县城的农业人口为 1002 人。

4）由于 P 镇因管辖问题需重建 1 个新集镇要在原县城人口中留下非农业人口 891 人（包括 Q 乡住在原县城的 35 人）。

5）学校寄宿生为 850 人。

规划迁入 P 县城新址的规划水平年人口规模由以下几个部分组成：

1）2002 年淹没影响人口中的农业人口及按 12‰的自然增长率推算至 2012 年的人口。

2）2002 年淹没影响人口中的非农业人口按 10‰自然增长率、15‰机械增长率推算至 2012 年的人口。

3）学校寄宿生为 850 人。

通过以上推算，可以预测规划期内 2012 年年底人口为 23250 人，人口构成详见表 6.2－1。

表 6.2－1　　　　　　　　　　P 县新址规划人口构成表　　　　　　　　　　单位：人

人口构成	2002 年淹没影响人口	2012 年底规划人口
农业人口（含寄宿生 850 人）	4312	4797
非农业人口	14063	18453
县城总人口	18375	23250

（2）迁建乡集镇。XJB 库区规划进行迁建的乡集镇共有 16 个，分别是 P 县的 L 乡、F 镇、P 镇、Q 乡、L 乡、X 镇、D 乡、X 镇、M 乡共 9 个，L 县的 D 乡，S 县的 H 镇、X 镇、T 镇、N 镇共 4 个，Y 县的 H 乡、F 乡共 2 个。集镇迁建新址规划水平年的人口规模由以下部分组成：

1）淹没线以下居住在原集镇的必须迁入新址的调查在册人口。

2）淹没线以上居住在原集镇、并经分析论证必须随集镇迁移的在册人口（随迁人口）。

3）新址近期征地范围内居住的在册、必须安置在集镇的人口。

4）经统筹规划后，必须迁入集镇的农业人口。

5）前述 4 项人口到规划水平年的自然增长和机械增长的人口。

6）学校寄宿生。

分析确定农业人口年自然增长率为 12‰，非农业人口的年增长率为 25‰（自然增长率为 10‰，机械增长率为 15‰），按照上述原则及人口增长率确定了库区 16 个集镇迁建总体规划的总人口为 27384 人，其中移民人口（包括占地移民）为 24941 人，寄宿生为 2443 人，详见表 6.2－2。

其中 X 镇迁建人口规模由于新址环境容量，在分析了新址承载力基础上，对超出承载力部分的人口分流至 P 县城。2008 年 10 月，按照可行性研究阶段确定的人口规模 10320 人完成了《JSJXJB 水电站移民安置实施阶段 X 镇迁建修建性详细规划设计专题报告》的编制，并通过了审查。2010 年 6 月，SC 省人民政府以 B〔2010〕第 1592 号批复了《XJB 水电站移民安置实施阶段 P 县 X 镇迁建规划调整方案报告》。随后设计单位完成了《JSJXJB 水电站 P 县 X 镇迁建调整方案修建性详细规划设计报告》的编制，X 镇迁建调整方案规划区分为 X 镇 L 安置区、D 安置区和 X 中学三部分，规划总人口为 9443 人。减少了 X 镇新址征地规模，增加了 P 县城用地规模。

表 6.2－2 　　　　　XJB 水库淹没 16 个集镇原址及新址规划人口规模表 　　　　　单位：人

省名	县名	集镇	现状情况（2002年统筹后）淹没影响人口					迁建总体规划（2012年）规划人口					
			合计	淹没、随迁			寄宿生	合计	淹没、随迁			寄宿生	占地移民
				小计	农业人口	非农业人口			小计	农业人口	非农业人口		
SC 省	P 县	L 乡	1775	1745	1169	576	30	2218	2087	1332	755	30	101
		F 镇	1184	1100	172	928	84	1650	1415	197	1218	84	151
		P 镇	856	856	—	856	—	1198	1123	—	1123	—	75
		Q 乡	184	184	46	138	—	234	233	52	181	—	1
		L 乡	67	67	41	26	—	80	80	46	34	—	—
		X 镇	1365	1070	837	233	295	1644	1260	954	306	295	89
		D 乡	190	190	73	117	—	256	237	83	154	—	19
		X 镇	7344	6763	602	6161	581	10064	8769	687	8082	581	714
		M 乡	161	161	46	115	—	217	203	51	152	—	14
		小计	13126	12136	2986	9150	990	17561	15407	3402	12005	990	1164
	L 县	D 乡	328	155	95	60	173	360	187	108	79	173	—
	合计		13454	12291	3081	9210	1163	17921	15594	3510	12084	1163	1164
YN 省	S 县	H 镇	1400	910	392	518	490	1714	1128	448	680	490	96
		X 镇	1862	1442	593	849	420	2333	1789	677	1112	420	124
		T 镇	566	566	258	308	—	823	700	295	405	—	123
		N 镇	861	611	422	189	250	1044	731	482	249	250	63
		小计	4689	3529	1665	1864	1160	5914	4348	1902	2446	1160	406
	Y 县	H 乡	1266	1266	687	579	—	1728	1542	782	760	—	186
		F 乡	1337	1217	459	758	120	1821	1518	524	994	120	183
		小计	2603	2483	1146	1337	120	3549	3060	1306	1754	120	369
	合计		7292	6012	2811	3201	1280	9463	7408	3208	4200	1280	775
总计			20746	18303	5892	12411	2443	27384	23002	6718	16284	2443	1939

农村居民点的人口规模确定相对简单，主要根据移民意愿调查结果、移民安置规划环境容量分析成果及生产安置方案确定，一般指规划水平年迁入农村居民点的农村移民，不包含寄住人口。

6.2.2.2　用地标准与用地规模

　　用地标准及用地规模关系到地方政府、企事业单位及移民群众的切身利益，同时也影响城镇形象与投资的平衡，涉及新址的安置容量、用地布局方案、道路网布置，是城市集镇迁建规划中的焦点问题。

　　与常规城镇用地标准相比，迁建城镇用地标准确定的关键技术在于在城镇现状基础上与国家强制性标准相结合，在分析城镇定位功能的基础上对现状用地面积及构成进行分析，结合城镇相关规范合理确定。并且在确定标准的过程中分整体搬迁、局部搬迁、用地功能单一的城镇等多种情况分析，与现状结合更为紧密。

　　在明确用地标准后，用地规模还需考虑多种因素，如对于规模较大、在区域有特殊职能的城镇还需结合工业园区、发展用地等确定总用地规模；对于局部搬迁，原址局部垫高，用地功能单一、仅由少量公共建筑和少量居民房屋构成的乡人民政府驻地或其他小集镇的城镇，是以受影响的现状建设用地面积为依据，本着恢复原有用地功能的原则分类确定新址建设用地标准；为区域服务的公共设施用地、对外连接道路、过境公路、排水河渠，不计入城镇新址建设用地指标；对于城镇新址各组团间的连接道路，按城镇内部道路标准设计的计入新址建设用地指标。在城镇公共基础用地标准方面，是根据城镇的性质、城镇的规模、城镇经济发展水平、居民生活习惯和城市布局，通过人口规模、专业系统和有关部门的要求、地方的特殊需要等确定的。迁建城镇公共服务设施的用地规模需要按照恢复原有功能的原则、结合原城镇公共服务设施规模制定，同时应结合国家、省级人民政府有关规定确定公共服务设施的种类和规模。对于现状用地规模超过相关标准上限的，应按上限取值；对于原址无相关公共服务设施，而按国家和省级人民政府有关规定需要配置的，应予以新建。以下以 XJB 水电站 P 县城及 X 镇用地标准及 S 县城用地规模为例说明。

　　为划定 P 县城迁建新址用地范围，设计单位编制了《JSJ 水电站库区 P 县城迁建新址用地范围报告》，划定的用地范围位于控规中的 D 组团，在保证移民安置居住用地面积的前提下，以及控规用地的完整性和道路网不变的基础上，包括了控规中的变电站、水厂、汽车站以及县政府、中学、消防站、医院、文体中心等功能性用地，恢复完善了县城的原有功能，保证了县城的正常运转以及移民安置的需要。由于县城控规中工业用地集中布置在 S 工业区，鉴于地方政府已经先期启动了 S 工业区的建设，并且地方政府以函件提出"新县城工业区安置的工矿企业迁建用地由地方政府自行解决，途径由县政府制定工业企业迁建用地办法"，明确了可行性研究阶段县城规划区内的工业用地作为城市其他功能用地，工业用地集中布置在 S 工业区，建设工程费用由地方政府自行解决。故迁建规划用地范围内没有安排工业用地。为了提高县城迁建新址规划用地的土地利用率，满足移民安置的需要，控规中两个台地之间不适合建设的陡坡地作为县城内的森林公园虽然处在控规的用地范围内，但不作为移民安置规划中县城的迁建规划用地，这些性质的用地将在县城的发展过程中按照控规的要求逐步得到补充落实，以配套完善县城的所有功能。最终确定规划总用地约 242.45hm²，人均用地 95.73m²。

　　X 镇新址紧邻 P 县城新址，在规划时按照现状用地情况及集镇人口规模确定用地标准，根据《JSJXJB 水电站移民安置实施阶段 P 县 X 镇迁建调整方案修建性详细规划设计专题报告》，X 镇迁建调整方案规划区分为 X 镇 L 安置区、D 安置区和 X 中学三部分，规划总人口为 9443 人（其中 D 安置区人口规模为 6737 人），规划总用地约 79.76hm²，人均用地 84.46m²（D 安置区用地规模为 54.34hm²，人均用地 80.66m²）。2011 年 11 月 30 日 P 县人民政府以函件确认了最终截至 2011 年 10 月进入 X 镇 D 安置区的人口为 7175 人（含占地移民 4473 人），其中农业人口 800 人，非农业人口 6270 人，随迁非移民人口 105 人。进 D 安置区有房无户 372 户。推算到规划水平年 2012 年 12 月为 7184 人，较 2011 年 5 月审定的 X 镇迁建调整方案修规确定的 D 安置区人口 6737 人新增了人口规模为 447 人。2012 年 2 月 15 日省政府在 Y 市主持研究 XJB 移民工作，召开协调会议并形成了会议纪要，要求"对 X 镇分流安置到县城的新增人均用地指标，鉴于该区域在新县城总体规划范围内，由 P 县提供安置基础资料，交设计单位核实并按移民规程规范提出规划调整方案"。根据该纪要及审定的县城指标 95.73m²/人和人口规模 7184 人来计算需增加用地面积，对 D 组团增加了用地面积 14.44hm² 并开展了相关规划。

S 县城在开展迁建总体规划时，根据规划大纲及审查意见新址的规划人均建设用地指标为 95m²。至规划水平年 2012 年 S 县城规划人口为 31894 人，S 县城区的建设用地为 303.35hm²，人均用地 95.08m²。另外，S 县为了支援 XJB 水电工程的建设和移民安置，规划在 S 县城新址边建设一经济开发区，开发竹家具、竹叶制药、葛根、魔芋、苦丁茶、活性炭、铁路专用悬磁浮等项目和建设科技园区，占地面积 1.2km²。并规划县城远景用地向南面、西面发展，南面在 500m 高程以上结合过境公路发展居住用地，西面考虑将 T 集镇纳入城区范围内。

P 县城迁建总体规划根据规划设计大纲及审查意见，2012 年年底规划人口为 23250 人，新址的建设用地标准为 90.92m²/人，2012 年年底城市总建设用地为 211.38hm²。另外，P 县为了支持和配合 XJB 水电站的建设，规划在县城附近兴办一批为新县城建设配套及服务的砖瓦、水泥、预制件加工厂，同时对淹没企业的迁（复）建在按可行性研究"三原"原则的核定用地指标的同时，利用迁（复）建的机会扩大规模和进行技改，如 T 公司按省经委于"停建令"前下达的技改计划，将是原规模的 4 倍；J 化工公司迁建，其单台电炉的生产规模按现行政策要求，要由现有的 1000t/a 提高到 3000t/a，用地也将迅速扩大；为配合移民安置将引进上海 S 实业公司年产 1 万 t 精制茶厂、W 集团年产 3 万 t 铸铁项目、重庆 Y 集团年产 3 万 t 汽车零部件生产项目、重庆 J 公司年产 60 万 t 磷铵等项目占地面积为 333.33hm²。县城远景用地向岷江沿岸及东面发展，把岷江沿岸建成风景怡人的风光带，东面逐步发展形成多个商业、文化中心，整个县城将形成带状城市的布局。

除上述案例外，在实际操作中考虑因素较多，除 X 镇丁发组团用地标准提高至与 P 县一致外；金沙江中游部分项目在城镇用地中考虑了生产安置用地；部分无常住人口、仅有事业单位的城镇，如 JP 水电站、MW 水电站，在迁建时仅恢复用地，而不按人均用地标准确定。

由此可见，迁建城镇用地标准确定的关键技术在于遵循现状为基础的原则，首先考虑如何恢复受水电站影响的用地并确定农村进入城镇部分的用地标准，在此基础上根据国家有关规程规范的要求合理考虑公共服务设施用地标准。而用地规模则需根据人均用地指标、人口规模考虑后结合城镇的职能与发展确定。

6.2.2.3 道路标准

道路标准影响到迁建城镇的用地布局、形象及投资，目前水电工程影响的城镇道路宽度、结构、材料档次一般较低，部分道路甚至不达标，根据现行的移民规范要求，在确定标准时至少应满足国家下限标准、考虑行业标准的要求，并且随着社会经济的发展，道路规划考虑的因素逐步增多、标准逐步提高，因此往往规划标准较现状标准有所提高。

"07 规范"作出如下规定：当城市原址市区干路红线宽度达不到 25m 时，新址市区干路宽度采用 25m；当原址市区支路宽度达不到 12m 时，新址市区支路采用 12m。当集镇原址镇区的道路宽度达不到新址应设道路级别的宽度时，根据 GB 50188 新址镇区主干路采用 24m，干路采用 16m，支路采用 10m。

随着迁建城镇规划工作经验的累积，在道路规划的标准上和行业规范相比，在实际的工程实践中道路标准结合迁建城镇规模进行细化，不同规模城镇具体对应的道路宽度及城镇内不同等级道路的宽度取值范围采用一定的数值，具体详见表 6.2-3。

表 6.2-3　　　　　　　　各规模城镇道路系统组成表　　　　　　　单位：m

城镇规模分级	道路等级						
	主干路		干路		支路		巷路
	红线宽度	车行道宽度	红线宽度	车行道宽度	红线宽度	车行道宽度	红线宽度/车行道宽度
30000 人以上	24～36	14～24	16～24	10～14	10～14	6～7	3.5
10000～30000 人	—	—	16～24	10～14	10～14	6～7	3.5
5000～10000 人	—	—	16～20	7～14	10～12	6～7	3.5
3000～5000 人	—	—	12～16	7～12	7～10	6～7	3.5
3000 人以下	—	—	10～12	7	6～7	6～7	3.5

在规划中主要结合人口规模选择道路等级及宽度，以 P 县城为例，规划基准年县城受影响人口为 1.7 万人，淹没道路有主街道 4 条总长 1878m，宽度 8～13m，总面积为 19962m²。规划水平年人口规模为 2.3 万人，在迁建规划中规划了主干道、干道及支路三个等级的道路，主干道承担了规划区内的主要交通功能，规划路幅宽为 32m；次干道分为 22m 和 18m 两级，支路路幅宽为 16m。道路规划对应人口规模进行道路分级，道路等级明显、功能清晰，方便移民出行。

X 镇规划水平年人口规模为 9443 人，道路规划根据组团内不同人口规模采用不同标准，规划区整个用地分为南北两块，整体高差较大。L 组团人口规模为 2706 人，道路分为干路、支路两级，干道规划路幅宽度为：12m＝2.5m（人行道）＋7m（车行道）＋2.5m（人行道），10m＝1.5m（人行道）＋7m（车行道）＋1.5m（人行道）；支路规划路幅宽度为：9m＝9m（车行道）；7m＝7m（车行道）；4.5m＝4.5m（车行道）。D 组团人口规模为 6737 人，因其在 P 县城规划区内，承担了部分分流功能，故结合 P 县城道路规划等级规划，分为主干道、干道及支路三个等级的道路。

6.2.2.4 给排水、电力通信等市政工程建设标准

给排水、电力通信等市政工程建设标准影响红线内各项设施标准及红线外的专业项目标准，最终影响投资规模，也是城镇迁建规划中的关键点。

多年来，水电工程迁建城镇内部的给排水、电力通信等市政工程建设标准随着社会经济的发展在逐步提高，如排水体制方面，从 20 世纪采用雨污合流制到"07 规范"明确要求采用雨污分流制；人均用水量、用电负荷等指标逐步提升；电力、通信线缆的敷设方式亦由全部架空到部分道路可下地埋设等。相应标准在《水电工程移民安置城镇迁建规划设计规范》（DL/T 5380—2007）中也有更明确的要求。①对于给水标准，规范规定如下：新址给水标准一般按照原址标准取值；当原址给水标准达不到国家规范要求时，城市集镇分别按《城市给水工程规划规范》（GB 50282—2016）、《镇规划标准》（GB 50188—2007）、《村镇供水工程技术规范》（SL 310—2017）的基本要求取值。②对于排水标准，规范规定如下：排水体制宜选分流制；污水排入系统前应采用化粪池、生活污水净化沼气池等方法进行预处理。③对于电力管线敷设标准，规范规定如下：城市干路的电力线路可采用地埋方式敷设，其他道路的电力线路按原址的敷设方式敷设。集镇电力线路宜架空敷设。由此可见，按规范提出的不低于国家下限标准的要求下，规划后高于淹没影响城镇现状标准的情况较多，并且结合项目实际，在设备方面尽可能利旧，节约工程建设成本。

如 P 县城，淹没前建有 3000t/d 的水厂 1 座，输水主管长度为 3065m，配水干管总长 3330m；设有 110kV 变电站 1 座，总容量为 30000kVA；程控交换机容量为 6144 门，有线电视用户 8000 户。规划供水人口规模 5 万人，水厂规模为 22000m³/d，采用集中式给水，人均生活用水定额为 200L/（人·d）；在 P 县城城郊新建一座 110kV 3.2 万 kVA 的变电站，用电指标为居民 300W/人，公共建筑 120W/人，规划变压器安装容量达到 11625kVA（不含新迁入县城的工业负荷），主干道上供电线路全部敷设在电缆沟内，10kV/0.4kV 线路在干道上共杆架空敷设；设电话交换机一个，设备机房及电信营业所各一个，电信主干线路全部埋地敷设。可见在结合分析现状实际情况的基础上，规划的供水标准、用电标准均略高于淹没前的县城标准。

在 2001 年编制 SBX 水电站可行性研究补充报告时，相关方经协商后，对水库淹没处理提出了限额设计的要求。要维护移民合法权益，则专项迁建规划必须精打细算、严格控制迁建标准及补偿费用。J 县城电信机房当时装有 10000 门程控交换机等设备，这些设备在移民安置规划时全部利旧。由于新县城建设需要 3 年时间，为了保证通信畅通，在新县城的机房内先安装 1 台 2000 门程控交换机，待新县城搬迁完成后，再将 10000 门程控交换机搬迁到新县城安装调试后投入使用。同样，迁建集镇电信机房的设备全部利旧。为了不中断通信，移民安置规划仅计列 1 台 512 门、1 台 256 门交换单元设备，用于集镇通话设施周转、置换。水库淹没处理规划设计采用的以上迁建方案，充分利用了原有设备，维持了原有标准，节省了补偿费用，也保证了通信畅通。

6.2.3 迁建新址的选择

迁建新址是迁建城镇建设的基础，是后续建设的决定性因素，是未来区域发展的关键点。城镇迁建和农村移民居民点新址选择，是征地移民规划设计一项具有特色的重要工作，涉及移民生产生活、地方经济社会发展、基础设施建设费用等方面，备受相关方关注，一旦新址选择考虑不周会对城镇的发展带来不利影响，因此迁建新址选择是城镇迁建的关键环节，应综合考虑多方面因素。

常规城镇的发展是在现状城镇基础上向外进行扩张发展，侧重的是新增建设用地的选择，因此主要从区位、自然条件、占地数量及质量、现有建筑和工程设施的拆迁及利用、交通运输条件、建设投资及经营费用、环境质量、社会效益和发展余地等因素来考虑。而迁建城镇是对城镇进行整体搬迁或重组，与现有城镇已产生割裂，因此选址的方式多样，一般可采用后靠、远迁、集镇合并重组、跨区域选址、区划调整等方式，关键技术在于以下四个方面：

（1）便于恢复城镇体系。迁建新址选择的关键技术在于因水电工程建设征地已将原有的城镇网络及移民生产生活现状打破，因此选择的新址需便于恢复和完善城镇体系。

城镇新址选择在地质勘察的基础上，还需要从城镇新址位于城镇区域的相对区位、交通条件等条件出发，选择合适的新址以恢复受建设征地影响的城镇体系。如无法恢复原有城镇体系可能导致区域发展失衡，不利于移民生活水平的恢复。

（2）从恢复原有功能的角度选择集镇新址。城镇迁建新址应综合考虑城镇原有的经济构成模式，由于城镇往往承载着区域经济、贸易、交通核心的功能，新址选址也应考虑新址建成后能继承和延续原有的城镇功能。

（3）需进行多方案比选。在移民安置规划设计阶段，通过规划设计多个选址方案并进行对比设计。通过科学论证、征求地方政府及移民意见等多个流程后选择更为合理的选址方案。通过多方案对比，能更加合理地确定移民新址。

尤其在库区经常出现半淹没城镇，对于半淹没城镇其处理方式可采取原址抬高复建、在原址周边规划新区建设及整体搬迁三种情况。对于半淹没城镇更需要对比分析各种方案的工程经济性等方面，以选择更为科学合理的方案。

（4）农村居民点建设需与生产安置规划结合。农村居民点的选址需结合生产安置情况，考虑周边生产资源，便于移民迁移后能解决生活问题并充分利用线上剩余资源。同时需与已有的外部基础设施（如供水、道路）相结合，尽可能选择交通条件、供水条件较便利的地点。

下面以 SBX 水电站 J 县城、XJB 水电站 P 县城及 PBG 水电站 H 县城选址为例说明迁建新址选择中的关键技术。

（1）SBX 水电站 J 县城。1992 年，设计单位为编制 SBX 水电站可行性研究报告的需要，开展了 J 县城新址选点工作，编制了 J 县城新址选点报告。在选点之前，贵州省主管部门审查了 J 县城新址选点工作大纲，在广泛征求各方意见的基础上，拟定了三个参选方案。

经过外业调查和内业分析，三个方案各有利弊，需要进行综合评价。综合评价选取了建设用地、供水条件、基础设施、占地移民、社会经济等项目。经过综合评价，提出了后靠方案的优点：①有利于利用现已建成的基础设施，便于县城中心职能的恢复。②搬迁距离最短，便于被淹没财产的利用，搬迁损失小。③地理位置适中，县内交通条件好，能很好地发挥辐射、管理功能。④靠近清水江边，符合县城居民长期形成的生活习惯。但后靠方案存在缺陷：①用地条件差，远期用地十分紧张，而且用地分为三块，显得零散，相互之间联系不便，各小区内相对高差大，功能分区布置困难。②农副产品供应条件差，县域经济发展受到较大影响。③对外交通条件差。鉴于新址建设用地条件的重要性，以及后靠方案建设用地条件的重大缺陷，在 J 县城新址选点报告中，后靠方案没能列为倾向方案，而只列为备用方案。

（2）XJB水电站P县城。P县位于S省盆地西南边缘，全县辖8镇12个乡248个村1647个村民小组，18个居民委员会108个居民小组。2001年全县总户数70156户，总人口258320人。全县国土总面积1442km²。P县政府驻地P镇位于JSJ下游北岸，地处县域的中心位置，中心区呈块状，郊区向东、西两方呈条状延伸，为全部淹没县城。全镇辖11个村，8个居民委员会。2001年全镇总户数8242户，总人口26723人。

在新址选择过程中，P县政府抽调计划、城建、国土、民政、水利等部门的技术人员与设计单位的移民、水利、地质专业人员一道组成了P县库区城镇选址工作组，对备选的新址方案进行了多方面的实地考察和调查，并收集相关基本情况资料，广泛听取P县和Y县关于对P县城搬迁新址方案的意见，最终确定了P县城G方案、L方案、Z方案为备选方案。

对于备选的县城新址方案，选址工作组主要从地理位置、工程地质、用地、供水、交通、供电、电信及广播电视设施、占地拆迁和移民搬迁、环境保护和城市景观、场地平整工程量、行政区划等方面进行综合比较分析，同时结合S省移民办、Y市、P县、Y县对P县城迁建新址的意见得出结论为：①G方案存在较大工程地质问题，不宜作为P县城新址。②L方案和Z方案都基本具备作为P县城新址的条件。③Z方案和L方案均需结合P县城新址及移民的搬迁和Y县、P县的经济社会发展、合理可行地调整Y县的区划。④在地质、用地、供水、场地平整工程量等技术经济指标方面，P县城新址Z方案优于L方案，见表6.2-4。

表6.2-4　　　　　　　　　　P县城G、L、Z新址条件对比表

比选内容	G新址	L新址	Z新址
地理位置	在该县范围内的较中心位置，利于移民搬迁	紧边XJB水电站，与S县城一江之隔	地处Y县境内，规划的L高速道旁边
地形	起伏（冲沟切割较浅）	起伏较大（冲沟切割较深）	台坎状（局部冲沟切割较深）
供水水源	富荣河水满足要求	水库提水或从较远的鸭池引水	从岩门沟引水
场地稳定性	场地稳定性较差	场地稳定性较好	场地稳定性较好
场地适宜性	Ⅰ、Ⅱ类场地面积1km²，占总面积5.5km²的18%	Ⅰ、Ⅱ类场地面积2.8km²占总面积4km²的70%	Ⅰ、Ⅱ类场地面积4.7km²占总面积5km²的94%
工程地质条件综合比较	工程地质条件差	工程地质条件较好	工程地质条件好
现有对外交通	好	次之	差
供电投资	小	中	大
县城内部基础设施投资	中	大	小
城镇体系恢复	差	中	好
原有功能恢复	差	中	好
综合	不宜	基本适宜	适宜

在实施过程中，P县城新址选择了Z方案，并上报S省人民政府请示将Z乡12个村和G镇2个村成建制划归P县管辖，S省人民政府出函同意将Y县Z乡和G镇2个村成

建制划归 P 县管辖，乡人民政府驻 X，并将 Z 乡更名为 X 乡。此批复消除了 Z 溪方案的行政区划限制性因素，Z 方案成为 P 县城新址。在 P 县城所在地迁往 Z 后，根据行政管辖的需要，仍需就近保留 P 镇的建制。

P 县城新址选择的过程中包含了迁建新址选择的众多关键技术：从城镇体系的重构、恢复原有的城镇功能的角度出发对区位进行分析，开展多方案比选，广泛征求各方意见，在自身行政区划内用地条件受限的情况下采用了调整行政区划的方式等，都为后续城镇迁建选址积累了宝贵的经验。

（3）PBG 水电站 H 县城。H 县位于 S 省境西部偏南，下辖 8 镇 32 乡，面积为 2388km²，人口为 33.91 万人，以汉族为多，有彝族、藏族、回族等少数民族。

H 县城受 PBG 水电站淹没影响需迁建，在 PBG 水电站初步设计阶段，H 县城迁建新址比选工作结论为："L 地质稳定，作为县城新址是成立的，但在县城建设时应注意采煤洞口的稳定性"。省移民办随即委托设计单位做了县城迁建总体规划，综合比较认为 L 优于 J，主要有四点理由：①有利于促进和带动区域内经济发展。②有利于城市建设和发展。③从合理、节约用地和减少建设投资分析，J 仅占地、拆房搬迁资金较 L 多 1.18 亿元。④有利于库区移民安置及城镇搬迁。H 县人民政府以汉府发〔1993〕62 号文上报地区行署，经省移民办组织专家评审，下发了"关于对《DDHPBG 水电站 H 县城迁建选址和电信设施迁建规划评审意见》的批复"，省、地、县对 H 县城迁建新址推荐 L 达成共识。2001 年初，设计单位启动 PBG 水电站初步设计调整及优化工作。鉴于初步设计阶段工作已完成 10 余年，H 县城发展变化大，当时所确定的相关规模已不能反映县城的实际情况；考虑到移民安置方案调整，地方经济发展需要以及地方政府意见等实际情况，主要围绕县城迁建 L 或迁建 J，再次进行新址论证。在论证过程中主要从区位条件、县域产业布局和经济分区、远期发展、地质地貌条件、新址的城市经济发展比较、场平及基础设施建设条件、对 H 县移民安置的影响、主要风险等方面对两处新址进行了比选，具体比选内容详见表 6.2 - 5。

表 6.2 - 5　　　　　　　　　　　H 县城 L、J 新址条件对比表

比选内容	L 新址	J 新址
区位条件	位置适中，对全县的辐射和吸引更优。从交通区位而言，水路交通更为便捷	位置靠北，与 L 新址相比较偏，但陆路交通更具优势
县域产业布局和经济分区	以此为新址时全县划分为南（下半县）、北（上半县）两个经济区，对全县经济的发展较为有利	经济辐射和导向能力较弱，难以完全承担下半县的经济中心作用，以此为新址时全县需划分为南、北、东三个经济区
远期发展	区域幅员达 10km² 以上，可满足 10 万～12 万人规模的用地要求，但远期发展用地不足	区域幅员约 12km²，地势平坦，远期发展用地较为充足
地质地貌条件	陡坡多、冲沟多、横向上下交通连接难，连续成片平地少，存在煤矿采空带，用地条件较差	位于冲积扇上，地势平坦，地质条件较好
新址的城市经济发展比较	以发展外向型的旅游经济为主，符合省及县经济结构调整的主体方向	以传统的城乡服务经济为特征，凭借交通条件亦可形成县域物流中心，但对整个县域经济的升级和结构调整的指导作用不大

续表

比选内容	L　新　址	J　新　址
场平及基础设施建设条件	一般	较优
对 H 县移民安置的影响	可容纳的安置人口和搬迁人口数量上更优；搬迁距离近，移民难度较小	二、三产业安置容量较小；移民需外迁，难度较大
主要风险	主要风险在于中区采空带的存在	主要风险在于移民搬迁难度，特别是镇附近农业人口的搬迁难度大
综合	略优	一般

最终从县城功能恢复、移民安置难度、县域经济恢复与发展等方面考虑，地方政府和业主公司多次讨论后，H 县城新址选定在 L。由此可见，在移民迁建新址的选择过程中，地质地形条件、对外交通条件等工程条件不是最为重要的考虑因素，而在县域经济体系中的作用、城镇功能的恢复、移民安置的难度是更为重要的方面。

除上述案例外，在新址选择中还有因城镇体系规划需要将乡镇合并的案例，如 XJB 水电站淹没 S 乡、F 镇，根据 XJB 水电站水库形成后城镇体系重构，在实施过程中将两处集镇合并为一处建设。对于部分淹没的城镇，则可以根据受淹没影响的程度考虑在原址进行抬高复建或者防护的方式处理。

农村居民点选址较城镇选址而言，更为注重移民的公众参与和意见征求，由于农村居民点新址最终是需要移民搬迁进驻的，农村居民点能否为移民接受是移民工作能否顺利开展的重要因素。因此农村居民点选址需要充分向移民宣传并征求移民意见。

水电工程征地移民规划设计历来都十分重视城乡居民点新址多方案比选，具有良好的技术传承。城镇迁建涉及自然、社会、经济、区域、补偿、发展的方方面面，选址中采取系统的分析研究城镇现状和新址建设条件。备选新址不会尽善尽美，往往各有优劣，因此比选不能局限在个别指标上。在评价方面，选取多项指标进行综合评价。在评价指标选取上，不断完善、不断量化，从自然条件延伸到社会、经济、城镇体系、生态环境等领域。新址调查不断深入，地质、水文、测绘、规划、市政、交通、电力、移民、环保等多专业参与调查和论证。城镇新址迁建规划，首先要做好现状调查，调查城镇原址功能和在城镇体系中的作用，为新址移民安置定点和功能定位奠定基础；其次要做好规划水平年的迁建规划，妥善安置移民生产生活，恢复城镇功能，与相关规划做好衔接；并且还要为远期可持续发展留有余地。

早期选址虽考虑了多种因素，但重点多以地质地形为主，发展过程中逐步补充完善比选因子及比重，如在城镇体系中的作用、功能的恢复等，考虑更为全面完善。总之，逐步总结了工作经验，比选指标越来越多，工作深度越来越深。

6.2.4　城镇迁建规划衔接

6.2.4.1　迁建规划与地方城镇总体规划的衔接

城镇总体规划是城镇在长远规划基础上合理制定城市经济和社会发展目标的一项工作。而城镇迁建规划的侧重点与城镇总体规划侧重点各有不同，主要侧重于移民的搬迁安置及原有城镇的功能恢复，但两者需要相互衔接、相互促进。

根据历年来迁建城镇规划的经验，迁建规划与总体规划的衔接分以下两种情况：当有已审批的城镇总体规划时，城镇迁建的定性、定位及水、电、路等规划与之衔接；当没有相关的城镇总体规划时，城镇迁建规划按照国家和行业的相关规程规范先行编制，地方政府在其之后编制的总体规划与城镇迁建规划进行衔接。

迁建规划与总体规划衔接的关键技术在于对于已编制总体规划的城镇，在城市性质与功能、用地性质、空间结构、道路布局及竖向设计方面应服从总体规划要求，而对于具体计算移民用地规模、确定基础设施标准等方面则应根据水电工程移民系列规范进行规划。迁建总体规划与已审批的城镇总体规划相衔接的典型案例为 P 县城，C 市规划设计研究院编制完成的《P 县城市总体规划（2007—2020）》中，P 县城规划期限为 2005—2020 年，城市性质为 Y 市的二级中心城市之一，以发展特色农产品加工、轻纺、制造业、旅游业为主的生态宜居型城市。人口规模确定近期（2012 年）为 5 万人，远期（2020 年）为 10万人；城镇规模确定近期（至 2012 年）为 4.85km²，人均用地 97m²，远期（至 2020 年）为 9.935km²，人均用地 99.3m²。用地布局规划为"一城、两片、三组团"的组团式布局结构形态。总体规划编制后 C 市规划设计研究院在总体规划基础上深化编制完成了《P 县城江南片区控制性详细规划》。此后 Z 勘测设计研究院编制的《P 县城迁建总体规划》及《P 县城迁建修建性详细规划》在城市性质、用地标准等方面与之衔接，城市性质定为主要以化工为主，充分利用公路运输与水运条件，主要起着联系广大农村和周边城市纽带作用的地方性小规模中心城市，具有政治、经济、文化等多方面的职能。规划水平年为2012 年，规划人口为 23250 人，人均建设用地 90.92m²，总建设用地 211.38hm²。在用地范围和性质上则与《P 县城江南片区控制性详细规划》相衔接，迁建县城的用地范围位于控规中的 D 组团，在保证移民安置居住用地面积的前提下，以及控规用地的完整性和道路网不变的基础上，划定了迁建新址移民安置的用地范围，用地范围内包括了控规中的变电站、水厂、汽车站以及县政府、中学、消防站、医院、文体中心等功能性用地，恢复完善了县城的原有功能，保证了县城的正常运转以及移民安置的需要。为了提高县城迁建新址规划用地的土地利用率，满足移民安置的需要，控规中两个台地之间不适合建设的陡坡地作为县城内的森林公园虽然处在控规的用地范围内，但不作为移民安置规划中县城的迁建规划用地，后续在县城的发展过程中按照控规的要求逐步补充落实。

在水电工程中还存在一些农村居民点在县城或者乡镇总体规划范围内选址的情况，居民点建设规划也需要与总体规划衔接。例如 XJB 水电站的 X 分流区，为做好与 P 县城总体规划的衔接，X 分流区主要从用地性质、用地标准、外部基础设施等方面与 P 县城进行了衔接，但定位仍为农村居民点，内部基础设施标准仍按农村居民点的标准确定，如道路分为主干路、次干路、支路三级。没有机械的按照 P 县城的道路标准规划道路路幅宽度等，但在其他如用地性质等方面尽量考虑了与总体规划的衔接。再如 S 县城的 HF 小区作为一个移民安置小区进行规划，用地与 S 县城居住用地规划进行衔接，而非作为一个单独的新建居民点规划，达到了既符合总体规划又满足移民安置需求的效果。

6.2.4.2   迁建规划与移民专项规划的衔接

迁建规划与专项规划衔接的关键技术在于从水电工程移民规划的全局出发，做到界线清晰、不重不漏，水、电、路等设施的划分，一般与规划水平年用地范围为界，规划用地范围内的纳入城镇市政基础设施范围，规划用地范围外的纳入配套的专项基础设施工程范围，详见表6.2-6。但对于局部小的专项工程可考虑纳入迁建规划处理，而不单独开展专项规划，如有些城镇的对外路可能就是内部道路延伸一段；有些城镇的外部供电工程仅一段10kV的电力线路，类似情况，纳入城镇一并设计更合适，处理更简单。

表 6.2-6 城镇基础设施与专项基础设施划分表

项目	城镇基础设施	专项基础设施	说　明
供水	高位水池以下的管网	水源点到高位水池（含高位水池）	一般将后者称为水源工程
排水	污水收集点及以上的管网	污水收集点（不含）到污水处理厂	一般将后者称为污水处理工程
供电	进入集镇第一台10kV变压器及以下电力设施，或城市变电站以下电力设施	变压器或变电站（含变电站）及其以上电力设施	单独或规模大的变电站可纳入专项设施
电信	机房（不含）以下线路和设备	机房及其以上线路和设备，所有基站	
广播电视	机房（不含）或台站（不含）以下线路	机房或台站及其以上线路	
交通	建设用地范围内的道路、桥梁	建设用地范围边线以外的公路或连接道，码头	

TB水电站共需迁（复）建两座集镇，为做好迁建规划与专项规划的衔接，在移民安置规划大纲中作出如下界定：

1. 迁建规划与交通专项接口

交通专项分别规划了B、K两座集镇与外部交通道路的连接道，分别为B集镇新址与拟建右岸公路连接道、K集镇新址与二级路连接道，以集镇规划红线为项目接口分界点，规划红线内道路属集镇内部交通规划，规划红线外道路规划属交通专项规划。

2. 迁建规划与供水专项接口

规划两处集镇供水工程，以集镇的供水高位水池为项目接口分界点，高位水池出口管网属集镇内部供水规划，规划高位水池以前属供水工程规划。

3. 迁建规划与电力专项接口

为保证迁（复）建的B、K两座集镇居民正常的生产、生活用电，电力专项规划了0.50km长的10kV集镇新址外部进线连接B集镇新址与10kV新村线、0.50km长的10kV K新址外部进线连接K集镇新址与10kV拉康线，以进入集镇第一台10kV变压器高压侧的10kV电力线路为项目接口分界点，即集镇第一台10kV变压器及以下的低压配电网的规划设计属集镇内部配电规划，集镇第一台10kV变压器外部的电力线路规划属电力专项规划。

4. 迁建规划与通信专项接口

为保证迁（复）建的B、K两座集镇的正常通信和广播电视，通信和广播电视专项规划在两个集镇新址内均分别复建一处电信模块局、一处有线电视联网设施和一处广播设施，以上述通信和广播电视设备出线接口处为项目接口分界点，设备出线接口以下的线路和固定设施属集镇内部通信和广播电视规划，设备出线接口以上的线路和固定设施属通信和广播电视工程专项规划。

5. 迁建规划与环保专项接口

库区规划了两处垃圾填埋场，列入环保专项规划。两处集镇新址各规划了一处垃圾转运站，内部垃圾收集属集镇环保规划，垃圾转运站至垃圾填埋场之间的处理列入环保专项规划。两处集镇新址各规划了一处污水处理厂，污水收集进入污水处理厂之前属集镇污水处理规划，污水处理厂列入环保专项。

迁建规划除与移民专项规划在工作范围上需进行衔接之外，还应注意标准的衔接、技术规范的衔接、容量的衔接、方案的衔接。如场内交通工程的规划要与场外交通工程尤其需侧重接口位置和接口高程的衔接，如 XJB 水电站 N 镇新址与外部连接路在规划过程中为了相互匹配，场内部分道路降低了规划高程；又如 TB 水电站 B 集镇新址现状高程较高，且位于交通较为不便的右岸，规划初期对外连接路规划里程较长，交通组织不便，设计单位积极协调各个专业开展分析论证，要求统筹考虑迁建规划与交通规划，在方案反复优化过程中各专业密切配合，最终通过适当抬高规划的跨江桥头高程及右岸公路高程并降低部分场内道路高程的方案合理确定了交通衔接方案，方便了集镇道路网构建、用地规划布局以及建成后移民的出行，同时达到了节约投资的效果。在供水工程与场内给排水的衔接上则尤其需要注意高程与容量的衔接，作为迁建工程，场内给排水工程以考虑迁建人口规模为主，但迁建城镇却需要长久的、持续的发展，因此外部供水工程需考虑迁建城镇的远期发展需要，如 XJB 水电站 P 县城，为满足县城远期发展，水厂规划为两期，扬程和容量留有富余度，为移民人口供水的设施作为一期建设，后续县城发展所需的供水设施作为二期建设，同时供水主干管管径留出余度，既满足了县城迁建的需要也考虑了远期发展。

6.2.5　城镇迁建总体规划

在整个城镇迁建过程中，城镇迁建总体规划是"承前启后"的一个阶段。承前是承接水电工程淹没影响的城镇现状，启后是根据相关规范，结合城镇现状，确定迁建城镇的性质、人口规模、标准、规模和范围，并进行总体规划布局、竖向规划和各专项规划等。城镇迁建总体规划是移民安置规划大纲的重要内容之一。城镇迁建总体规划的关键技术点主要体现在如下几方面。

6.2.5.1　结合工程建设进度安排制定基准年和规划设计水平年

水电工程城镇迁建总体规划水平年与移民安置规划水平年一致。拟定城镇迁建的基准年和规划设计水平年是确定城镇规模的前提条件之一。实物指标调查年为调查基准年，如 LN 抽水蓄能电站，2016 年由省政府下达了停建令后即开展了实物指标调查，因此基准年定为 2016 年；再如 TB 水电站，2012 年开展了调查工作，因此基准年为 2012 年。规划设计水平年根据工程进度制定，常规水电项目，规划设计水平年分枢纽工程建设区和水库淹没影响区两个内容，枢纽工程建设区一般为根据工程筹建期制定规划设计水平年，水库淹没影响区根据下闸蓄水安排制定；抽水蓄能电站建设征地主要为工程征地，淹没影响区面积小,因此其规划设计水平年根据工程筹建期制定。

6.2.5.2 拟定迁建城镇的规模

迁建集镇规模主要体现在移民安置任务上。迁建城镇总体规划人口规模由以下几个方面因素确定:

(1) 原址建设征地范围以内须随城市集镇迁移的移民人口。

(2) 原址建设征地范围以外必须随城市集镇迁移的移民人口。

(3) 城市集镇新址征地拆迁并经移民安置规划确定进城市集镇安置的移民人口。

(4) 移民安置规划确定迁入城市集镇原址外迁入新址的移民人口。

(5) 城市集镇搬迁必须迁往新址的寄住人口。

安置人口按人口自然增长率和机械增长率预测至规划设计水平年。在 TK 水电站 W 集镇迁建总体规划中,根据集镇淹没范围以及集镇迁建人口规模的构成因素,各集镇人口的主要含镇属机关、居委会以及住镇的 W 村及迁入的 J 村。根据规定,该院对学校寄宿学生进行了调查,并将寄宿学生列入集镇迁建的人口规模中。农业人口采用 10‰、非农业人口采用 6‰ 的年自然增长率,非农业人口另计 20‰ 的机械增长率,寄宿生采用 20‰ 的机械增长率,将现有人口推算到规划水平年。经计算,至规划水平年 2008 年,W 集镇迁建的人口规模为 3052 人。

6.2.5.3 搬迁安置与生产安置的结合

城镇迁建总体规划需要考虑与生产安置相结合,体现在两方面:①生产安置环境容量是选址的一个重要因素。②在用地布置中布置一定数量的商业用地、工业用地以鼓励移民参与第二产业、第三产业,解决移民的生产安置问题。TK 水电站 M 乡集镇、T 集镇迁建规划中,结合功能分区和交通条件,布置了生产用地,生产用地紧靠对外公路,该规划区以农副产品加工业为主,未设置有污染性的工业,以免对水库造成污染。

6.2.5.4 侧重于恢复现状功能和用地

城镇迁建遵循"三原"原则。在用地规划上,根据现状用地人均指标、用地地类构成等来进行迁建规划,恢复原集镇用地情况。MW 水电站 B 乡集镇,根据城镇迁建总体规划确定有 13 家企事业单位纳入集镇新址人口规模测算范围,进行统一规划布置;其余 7 家企事业单位不纳入集镇新址人口规模测算范围,规划在集镇新址内进行单独留地规划;另外根据集镇功能完整性的要求,规划新建 B 乡完小一所。在城镇迁建总体规划中还确定了配套基础设施建设的模式和标准。

6.2.6 总平面布局

城镇的总平面布局是在综合考虑城市用地评价、自然条件、气候、风向等情况下合理布局城市的各功能用地,组织城市的交通。其主要工作内容是通过对用地的合理布置,实现城市的工作、居住、游憩和交通四个功能,工作内容如下:①按组群方式布置工业企业,合理安排工业区与其他功能区的位置,处理好工业与居住、交通等各项用地之间的关系。②按居住区、居住小区等组成梯级布置,形成城镇居住区。③配合城市各功能要素,组织城市绿化系统,建立各级休憩与游乐场所。④按交通性质和交通速度,划分城市道路的类别,形成城市道路交通体系。⑤按居民工作、居住、游憩的特点,组织公共活动中心体系。

由于水电工程建设征地区多为高山峡谷，城镇新址往往只能从地势起伏大，地质条件复杂的用地中选择。如 WD 集镇迁建规划，总平面布局按以下思路展开。

1. 居住建筑用地规划

居住用地结合功能结构，与公共服务设施有机结合，使之成为一个相对完整的居住综合体，不仅有利于提高人居空间环境质量和生活品位，而且有利于集镇的持续发展。此外，结合道路等级，沿街布置一些上层居住下层为铺面的商住建筑，为今后结合旅游发展给集镇居民多创造经商的机会。

2. 生产建筑用地规划

结合功能分区和交通条件，将生产用地集中布置在集镇北部靠近码头的临江位置，这里与过境公路连接也很方便。该规划区以农副产品加工业为主，不得设置对环境有污染的工业，以免对水库造成污染。

3. 仓储用地规划

仓储用地位于集镇北部偏东位置，与工业区即生产建筑用地紧密相连，方便对外运输和生产、生活需要。仓储用地主要以生产、生活资料储备，特别是粮食储备为主。

4. 公共建筑用地规划

公共建筑及用地原则上按"三原"原则加以恢复。主要的公建布置在集镇的中心，包括行政、商贸、金融、市场等，中小学考虑到与集镇既有联系又存在相互干扰，布置在集镇中部偏西位置，此区域地势相对平坦，便于布置室外活动场地，卫生院布置在集镇南偏东位置，此区域相对安静，景观好，同时排污也方便。

5. 交通设施用地规划

集镇规划汽车客运站一处，位于集镇的入口处，交通方便，也减少噪声对居民的影响。在集镇的北部偏东临清水江边设一处客货运码头。

6. 公用工程设施用地规划

规划水厂、污水处理厂、垃圾转运站、变电站（杆式变压器）、消防站、邮政所及电信所用地各一处，均结合功能和需要设置。

7. 用地发展方向

新址呈块状分布，远期主要是沿过境公路向南及西北方向发展，发展用地较为宽裕。

6.2.6.1　与上位规划衔接

迁建城镇的总平面布局应当与上位规划中的路网衔接，与市政管线衔接，与电力、电信线路衔接，与用地规划衔接。如 PS 县城迁建用地位于控规中的 DF 组团，在保证移民安置居住用地面积的前提下，以及控规用地的完整性、道路网不变、市政管线衔接的基础上，划定了迁建新址移民安置的用地范围，用地范围内包括了控规中的变电站、水厂、汽车站以及县政府、中学、消防站、医院、文体中心等功能性用地，恢复完善了县城的原有功能，保证了县城的正常运转以及移民安置的需要。为了提高县城迁建新址规划用地的土地利用率，满足移民安置的需要，控规中两个台地之间不适合建设的陡坡地作为县城内的森林公园虽然处在控规的用地范围内，但不作为移民安置规划中县城的迁建规划用地，后续在县城的发展过程中按照控规的要求逐步补充落实。

6.2.6.2　充分考虑城镇原有特色

城镇迁建或农村居民点是对受淹没居民点的恢复，城镇迁建或农村居民点建设应结合城镇或农村居民点布局现状统筹考虑，主要从以下方面考虑城镇、居民点原有特色的延续。

1. 原有城镇肌理的分析和延续

城镇的肌理是指城镇的特征，与其他城市的差异，包括形态、性质、功能等方面。具体而言，包含了城市的形态，质感色彩，路网形态，街区尺度，建筑尺度，组合方式等方面。从宏观尺度，是建筑的平面形态；从微观尺度，是空间环境场所。城镇肌理的演化受到自然、经济、政策三方面的共同影响。以下结合案例说明城镇肌理延续的必要性。

TB 水电站建设征地影响的 B 集镇，沿着原有的通乡公路带状发展，内部道路垂直中间的乡村公路，依托乡村公路带来的车流量，沿街发展起商业；中间干道不仅是交通干道、商业干道，也是周边村民进行商业交换的场所，起着市场的作用；居住部分以院落组合的模式展开，院落与院落之间留出巷道，接入中间的干道；居住朝向上也是以南北朝向为主。通过分析可以掌握现有集镇核心特征如下：

（1）集镇居民依托公路，发展了沿街商业，是集镇居民收入来源。

（2）集镇是周边村民进行商业交换的区域。

（3）居民居住模式是院落式住宅，朝向主要是南北向。

在集镇迁建规划设计中，结合对集镇城市肌理的分析，对集镇总平面做出合理的布局规划。因此 B 集镇迁建总平面需要解决集镇居民开展商业活动的场所需要；需要为周边村民提供场所用以市场交换；住宅布置尽量以院落式住宅为主。

在听取移民意愿和征求地方政府意见的基础上，结合对集镇的现状肌理分析，规划集镇中间布置了一条交通干道，是生活性干道，道路两侧布置商业用地提供商业活动场所；布置了市场，作为周边村民进行商业交换的场所；居住多以院落式住宅为主。集镇的布局在分析原有城市肌理的基础上，掌握了集镇的特点，从而掌握了集镇迁建需要解决的核心问题，在此基础上集镇的布局可以有效地满足移民的需求并能促进移民的发展。

K 集镇是受 TB 水电站建设征地影响的另一处集镇。集镇发展与 B 集镇发展模式相似，集镇沿着原有的通乡公路带状发展，沿街发展起商业；中间干道是周边村民进行商业交换的场所，起着市场的作用；居住部分以院落组合的模式展开。

K 集镇复建方案是原址抬高复建，根据对城市肌理的分析，其需要解决的问题包括：恢复原有的商业功能，布置商业用地，解决居民的生活问题；布置市场，为周边居民提供商业交换的场所；住宅以院落式住宅为主。

总之，城镇或村庄原有的肌理是居民生活和工作的重要反映，对原生活空间组织结构的延续是恢复移民生活水平的重要措施，因此在集镇迁建规划设计和居民点规划设计时应分析和研究原址的空间肌理。当这种肌理确实难以恢复时，则需要考虑肌理的变化带来的影响，并在征求移民意愿时有所反映。

对于受水电站建设影响的城镇肌理反映了集镇居民长期以来的生活习惯、客观需要、历史文化和民族特色等。从恢复居民经济、生活、文化、历史的角度出发，集镇新址总平面布局应结合原有集镇街道布局模式，延续这种传统。再如 XJB 水电站 Q 乡集镇迁建规划，结合原有集镇街道、商业、居住发展模式，迁建集镇的规划布局也为商业发展提供了基础，也为原有居住模式创造了条件。规划布局中道路两侧住宅底层为商业用房，上层为居住用房，以下店上居、前店后厂等多种布局形式，满足不同要求的移民户居住，也方便居民的日常生活。且在房屋建设中，通过对 Q 乡传统文化和生活习惯的研究，建筑风格以彝族特色为基调，同时融入了现代建筑元素，错落有致、简洁风雅，使传统与现代得以完美统一，使整个集镇既具有中国民居的普遍特点，又有鲜明的彝族地方特色。

2. 城镇原有用地构成的延续

城镇用地组成指的是城镇范围内各种用地的组成情况。城镇用地比例构成反映了城镇社会经济活动的特点。如当城镇商业用地比例较大时，表示城镇的商业活动发达，反映了城镇作为区域商业中心，承载了区域的物资交易功能，反之亦然；当城镇交通用地比例较高时，表示城镇是重要的交通枢纽，承载了区域交通转运的功能；当城镇工业用地比例较高，表示城镇工业活动发达，承载了区域就业需求。城镇用地比例是城镇功能的反映。

城镇迁建的目的即是恢复城镇原有的功能，为实现城镇功能的恢复，城镇迁建新址用地比例的构成应考虑原城镇的用地构成情况。如在少数民族地区，城镇现状可能会设置一处或多处广场用于舞蹈、活动等民俗生活，在迁建城镇中应予考虑，配置足够面积的广场用地；迁建城镇原址若商业比例构成大，铺面多，城镇原居民往往是通过经商营生，那么在迁建城镇新址则应注意保持商业面积和商业用地比例，以此来恢复城镇居民的生活依托和生活保障，恢复原居民的营生结构；迁建城镇原址作为区域管理中心，包含多处城镇功能以外的管理功能，如景区管理机构、矿业管理机构、森林管理机构等多种功能时，若城镇新址仍延续以上功能，应考虑增加公共服务设施占地比例；迁建城镇原址其他诸如教育用地、卫生用地、交通用地等比例较一般城镇比例大时，应仔细分析城镇功能，研究迁建城镇是否具备延续以上功能的条件，综合考虑城镇用地比例的构成。

3. 宗教活动等公共场所的传承

公共场所是群众开展聚会、特色宗教及节庆活动等社会公共活动的场所，因水电工程的地域特点，在移民公共场所中尤以宗教场所为多。宗教场所是开展宗教活动的场地，是宗教文化的展现，体现了区域特色。建设征地影响的城镇或居民点存在宗教场所的，那么在迁建城镇或居民点为恢复原有宗教活动的功能，应当在新址布局中规划宗教活动场所。如在藏族集中居住的区域大量存在白塔，是藏族移民进行宗教活动的场所，在藏族的移民集中安置点需要规划宗教场所，迁建白塔等宗教建筑。

如 TB 水电站建设征地影响的 T 村 W 组居民点其内有一处天主教堂，周边村民均为教堂的信徒。根据移民意愿，移民统一迁往 L 居民点。为恢复移民宗教信仰场所，根据移民意愿的要求并征求地方政府的意见将天主教堂搬迁至 L 居民点。

又如 LD 水电站建设征地影响的一个藏族居民点，其居住区内有一株"神树"，树龄大，且已成为信仰的象征。"神树"周边成为举行宗教活动的场所。在居民点迁建过程中，移民一致要求把"神树"迁往居民点新址，并在"神树"周边设置广场，作为移民举行宗教活动的场所。最终，居民点按照移民的要求，布置了广场，并将"神树"迁往广场。

4. 部分淹没城镇复建部分与原址未搬迁部分布局衔接

当城镇仅部分区域受建设征地影响，部分位于建设征地外时，在城镇原址附近通过原地抬高复建或在城镇原址周边规划用地进行集镇建设。部分搬迁城镇的总平面布局与全迁城镇总平面布局相比，不同之处在于城镇仅有受建设征地影响的区域进行搬迁或复建，其迁建任务不仅是需要恢复受建设征地影响的功能，还需要实现迁建区域与剩余未搬迁区域的无缝衔接。在总平面布局方面，主要体现在迁建区域道路与现状道路路网的衔接；迁建区域功能与现状城镇功能的衔接；迁建区域用地地类与现状城镇用地地类的统筹考虑；城镇现有城镇肌理的延续。

WQX 水电站 L 县城搬迁后，剩余的南正街汽车站和北正街的部分房屋，通过老城维护加以利用。后靠的单位、居民和维护的市政工程，其防洪标准按 WQX 水库 20 年 1 遇洪水回水考虑。用地布局因地制宜、依山就势，以大厂为中心，分区成片，用路桥连接，以利生产、方便生活。为减少 L 县城的随迁房屋面积，将淹没线上随迁单位和淹没线下后靠单位的房屋进行对调，计列改造费用。对部分浅水淹没区用地采取就地填高后加以利用。

XJB 水电站 H 镇的迁建规划设计中，为充分利用集镇剩余部分，考虑洪水、蓄水影响等问题后，对剩余部分进行了防护处理，新的布置衔接了原有的道路、电力、给排水等市政设施。

6.2.6.3 结合自然地形进行总平面布置

由于水电工程的特性，水电工程建设征地区多为高山峡谷，新址用地坡度大，甚至用地中间分布有深沟。迁建城镇的总平面布局需要结合自然地形，灵活布局。

XJB 水电站 S 县城新址场地地势南高北低，大致呈台阶状上升，地面高程为 380.00～660.00m，分别在高程 420m、500m 附近出现平缓地形（台地），沿东西向展布，但因场内众多近南北向大、小冲沟的切割而使地形显得零碎，场地的完整性遭受了较大破坏。场地两侧发育有两条河流。场内主要冲沟包括小溪沟、四方碑沟和杉木沟。因场址地形零碎，规划时结合地形将用地分为 A、B、C 三个组团。道路跨越分割 A、B、C 三大组团的冲沟时共规划了 5 座大桥，分别是主干道金绥路上的四方桥和蓝湾桥，主干道金江路上的小溪沟桥，次干道 2 号路上的杉木沟桥和 5 号支路上的马掌坝桥。四方桥、蓝湾桥和小溪沟桥桥面宽 27m，杉木沟桥桥面宽 23.2m，马掌坝桥面宽 12.6m。

TB 水电站 B 集镇新址用地现状中间有一条深沟将用地分为两个区域，在规划设计时，结合自然地形特点，将 B 集镇规划为左右两个组团，中间通过桥梁连接，左右两个组团与库周交通分别连接，与连接两个组团的桥梁构成环形交通网络。

6.2.6.4 征求移民意愿

城镇迁建规划设计是对受建设征地影响城镇功能的恢复，属于对淹没影响的补偿措施。移民满意是决定城镇新址的总平面布局成立的条件。因此，城镇迁建总平面布局需要多方案对比，并充分征求移民的意见，在此基础上拟定最终方案。

TB 水电站建设征地影响的 B 集镇迁建规划在可行性研究阶段，修改布置了多个方案，征求移民和政府的意见，并根据意见进行了修改，最终制定了总平面。B 集镇新址规划初期，鉴于新址地形陡峭，集镇建设用地中可利用土地的比例较小，住宅用地采用的是规划设计单元式住宅楼的模式，在总平面布局中布置了单元式住宅小区。但是在征求移民意见时，集镇原有居民认为单元式住宅楼改变了原有的生活习惯和居住模式，因此不同意单元式住宅楼方案。最终根据移民意见，居住用地布局改为院落式住宅模式。

6.2.7　竖向设计

迁建城镇及农村居民点竖向设计与常规场地竖向设计有所不同。常规城镇竖向规划侧重于确定关键点标高，场地场平部分含在单体房屋设计中；而迁建城镇及农村居民点市政设计与建筑设计的一部分合二为一，并且需要在设计时就考虑场平后的场地承载力满足后续房屋建设要求，而不是在房屋设计后再通过基础设计处理，因而是迁建规划中的关键技术。

水电工程多位于山高坡陡、地势高差较大的区域，迁建城镇、农村居民点新址也往往存在地形复杂、坡度较大的特点。在制定规划方案时，如果不考虑地形的起伏变化，为了追求某种形式的构图，任意开山填沟，其结果是既破坏自然地形的景观，又浪费大量的土石方工程费用；各单项工程的规划设计如果各自进行，互不配合，结果往往造成标高不统一，互不衔接，因此需要在规划时将场地内的一些主要的控制标高加以综合考虑，使建筑、道路、排水的标高互相协调；配合用地选择，对一些不利于建设的自然地形加以适当的改造，或采用一些工程措施，使土石方工程量尽量减少。竖向设计对于合理利用地形，减少工程量，营造景观起着决定性影响。竖向设计的主要内容有：①结合城镇用地选择，分析研究自然地形，充分利用地形，对一些需要采用工程措施后才能用于城镇建设的地段提出工程措施方案。②综合解决城镇规划用地的各项控制标高问题。③使城镇道路的纵坡既能配合地形，又能满足交通的需求。④合理组织城镇用地的地面排水。⑤经济合理地组织好城镇用地的土方工程，考虑填方和挖方的平衡。⑥考虑配合地形，注意城镇环境的立体空间的美观要求。

竖向设计的主要方式方法如下。

1. 结合场地多划分台地，尽可能保证用地的局部平整

水电工程建设征地影响区多位于地势陡峭的高山峡谷，新址场地坡度大，部分区域甚至超过 25°，属于三类建设用地。为减少土石方开挖，降低投资，一般将场地分为多个台地，形成局部平台、整体层次跌落的建设场地。在减少土石方的同时，还能形成良好的空间景观。

受 TB 水电站建设征地影响的 B 集镇迁建新址及居民点新址地形均为山地，坡度大，为减少工程量均将场地划分为多个台地。如 L 安置点将场地划分为 7 个台地。

再如 TB 水电站 XGT 居民点，其新址选址用地的自然坡度在 30°左右，为减少工程量，控制投资，将用地分为 6 个台地，台地宽度结合宅基地尺寸，控制在 20m 左右，每个台地高差在 4～5m。通过台地布置和高程点统筹考虑，基本保证了场地平台起点与自然地形衔接，后边缘挖深也相对较浅，控制了工程开挖工程量。在控制工程量、控制投资的同时，层层跌落的台地也可以营造良好的视野，提升了居民点的景观层次，见图 6.2-1。

再如 TB 水电站 CPD 居民点，用于受影响村庄周边难以寻找到条件好的选址，最后选定地形陡峭但地质稳定的山脊作为居民点新址，如图 6.2-2 所示。通过多方案论证比较，最终方案为根据地形特色，结合吊脚楼建筑，将场地分为 7 个台地。

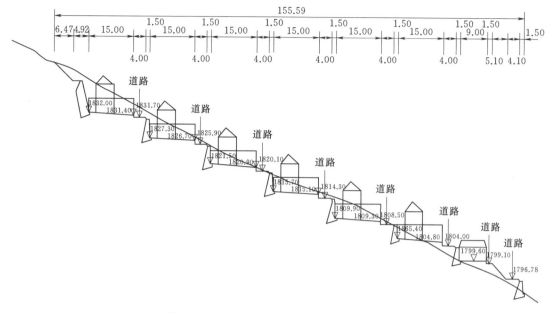

图 6.2-1 XGT 居民点剖面图（单位：m）

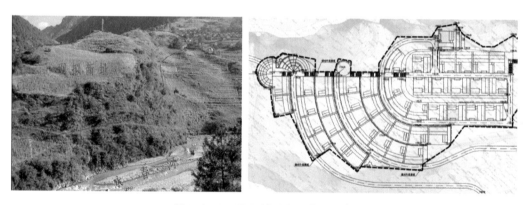

图 6.2-2 CPD 居民点现状及方案

2. 降低台地纵坡，减小台地高差

以往常规场地规划一般将各个台地处理为同一高程、平坦的用地，在迁建城镇、农村居民点新址现状坡度较陡、地形受限的情况下，台地间的高差往往达到 6m 甚至更高，对于该种情况，可在台地内设置 1%～3% 的纵坡，使得台地的后边缘高于前缘 0.5～1m，既有利于排水，又在台地内部消化了一定的高差，有效降低台地间挡土墙的高度，减少工程量。如 TB 水电站的 XGT、CPD 居民点，宅基地前缘高程高出道路 0.5m，宅基地内部高差 0.6m，用于组织宅基地内部排水。如图 6.1-14 和图 6.1-15 所示。

3. 平衡土石方，减少弃土、借土

土石方平衡就是通过土石方平衡图计算出场内高处需要挖出的土石方量和低处需要填进的土石方量，便可知计划外运进、出的土石方量。这就是场内平衡工作。在计划基础开挖施工时，尽量减少外运进、出的土石方量的工作。

XJB 水电站淹没的 S 县城、P 县城及大部分集镇基本做到了挖填平衡，节约了工程费用。TB 水电站建设征地影响的 X 安置点，安置人口 268 人，其自然地形达到 30°，坡度很大，但通过台地布置，并进行挖填平衡，安置点弃土仅有几千立方米，有利于降低工程费用。

4. 多方式优化台地间连接道

台地布局的方案中，如何处理台地间的连接道是台地布局的关键。主要的思路如下。

(1) 提高道路纵向坡度，通过较短的连接道处理高差。如在山区布置台地时，道路纵向坡度提高到 12%，可显著提高纵向道路解决高差的能力。

(2) 两个台地间通过半圆形道路连接，延长了连接道路的长度，兼顾了布局的美观。当台地宽度为 24m 时，半径为 12m 的半圆连接道路，结合 12% 的道路坡度可解决的高差约为 4.5m。为改善道路转弯的情况，适当地加宽半圆形连接道路的宽度。

(3) 当台地高差较高，通过以上方法仍无法解决高差时，可从台地两侧延伸连接道路的长度，从侧面连接两个台地。

5. 因地制宜，布置建筑，减少工程量

错层指的是在地形较陡的山地环境中，为了避免较多的土石方工程量，适应坡面地形高程的变化，往往将建筑内部相同楼层设计成不同的标高。其适应性较好，可垂直等高线布置于坡度为 12%～18% 的坡地上，或平行等高线布置于坡度为 15%～25% 的坡地上。错层适应了地形的倾斜，使建筑与地形的关系非常紧密。

掉层指的是当山地地形高差悬殊，将建筑物的基底作为台阶状，使台阶高差等于一层或数层的层高时，就形成了掉层。一般适用于中坡、陡坡坡地，可垂直于等高线布置在坡度为 20%～25% 的坡地上，或平行于等高线布置在坡度为 45%～65% 的坡地上。一般沿等高线分层组织道路时，两条不同高差的道路之间的建筑可用掉层处理。当建筑布置垂直等高线时，其出现的掉层为纵向掉层。纵向掉层的建筑跨越等高线较多，其底部常以阶梯的形式顺坡掉落，适合面东或面西的山坡，掉层部分的采光通风状况均较好。当山坡面南时，纵向掉层就使大量房间处在东西向；横向掉层的建筑，多沿等高线布置，其掉层部分只有一面可以开窗，通风状况不好；局部掉层的建筑，在平面布置和使用上都较特殊，一般是在复杂地形或建筑形体多变时采用。

错层及掉层的布置方式既可以节约土石方量，又使建筑与地形得到有机结合。

6. 根据地形分析，合理组织排水

(1) 通过排水组织，尽量做到重力自流排水，减少运行费用。在规划布局时，应根据地形特点，合理组织排水方向；其次污水处理设施应位于场地最低处，便于污水通过重力排水；分析场地周边雨水受纳区域，合理组织雨水通过重力排除场地。

(2) 当场地坡向复杂时，将场地划分为多个污水汇集区域，分析组织污水主管的布局，再将多个区域的污水汇集入主管；将场地划分为多个雨水汇集区，分析场地周边雨水受纳区域，将雨水就近排入周边水体。

6.2.8　实施及施工组织设计

实施及施工组织设计技术的发展充分体现了结合工作实践，对移民安置设计技术不断完善的过程。在"07规范"及以前，移民安置系列规范中未包含实施及施工组织设计的相关内容。由于缺乏相应的规定，城镇和农村居民点规划设计成果中也未包含这部分的设计内容。在部分城镇、居民点迁建工程实施过程中，出现了临时工程、临时用地（取土场、弃土场）设计成果内容不完整，新址占地移民安置方案不合理，工程建设费用漏项，工程实施进度不搭接等情况，直接导致实施过程中变更多、费用超出概算，甚至严重影响工程建设进度。为了妥善解决这一问题，在对"07规范"修编工作中，增补了实施及施工组织设计的相关内容。

施工组织设计是工程建设和实施管理的框架性指导文件。城镇和居民点施工组织设计内容包括工程建设条件、建设征地实施计划、场地准备及临时工程规划、场平工程施工、市政公用工程施工、施工总进度计划等。

施工组织设计是为编制水电工程迁建城镇和居民点迁建规划服务的，结合水电工程的特点有明确的目的和要求，其不同于常规意义的"施工组织设计"。

根据《市政工程施工组织设计规范》《建筑施工组织设计规范》，在规划阶段不要求编制工程施工组织设计，仅要求在工程实施前由承包商组织编制施工组织设计。常规城镇规划中的施工组织设计的编制主体是承包商，其目的在于对施工工艺、工序、措施等提出明确、具体的工作要求，设计成果是指导承包商顺利开展工程施工、确保工程进度和质量的重要依据。

水电工程迁建城镇和居民点规划是移民安置规划的一部分，为满足水电工程可行性研究阶段设计深度的需要，在可行性研究阶段移民安置城镇和居民点迁建工程规划设计中包含了施工组织设计内容。编制城镇和居民点迁建工程施工组织设计需要妥善处理好以下几个方面的问题：

（1）协调各单项规划的工作接口。水电工程移民安置规划是一项庞大的综合性规划，移民城镇和居民点迁建规划是从属于移民安置规划中的一部分。在编制迁建规划时，需充分考虑与移民安置总体规划、专业项目规划中工作内容和工作进度等进行衔接。在统筹考虑各项规划协调工作时，需要通过编制施工组织设计方案，对各规划方案之间的协调性提出要求。

（2）明确城镇新址占地移民安置方案。水电工程移民迁建城镇新址占地规模较大，往往涉及一部分新址占地居民。不同于常规城市规划的是，这些新址占地居民的生产安置、搬迁安置需要纳入城镇迁建规划统筹考虑。在水电工程城镇迁建规划中，普遍做法是将这部分移民安置在迁建城镇中，当这些原住居民无法一次安置到位时，需要编制临时周转方案，明确周转安置措施、安置人数及过渡时间。这项工作也需要通过开展施工组织设计，在分析确定场平工程建设和占地移民安置进度的基础上才能妥善处理。而在常规城市规划中，规划和征地拆迁是分离的，不需考虑移民安置的问题。

（3）满足建设基本条件，指导市政工程实施工作。根据水电工程城镇和居民点新址建设条件的特点，为满足集中安置区场平工程动工建设的条件，在施工组织设计中还需要明确进场方式、临时水电设施、取土和弃土方案等，有了这些规划，才能保证工程的顺利实施。

（4）满足水电工程阶段设计深度的要求。根据《城市规划编制办法》（建设部令第

146 号）规定，修建性详细规划中仅估算工程量、拆迁量和总造价，分析投资效益。根据水电工程阶段设计深度要求，在可行性研究阶段各项工程规划应达到初步设计深度并提出工程概算。为了满足编制工程概算的要求，必须通过开展规划设计。通过编制施工组织设计，明确土石方、浆砌石、混凝土等工程的主要施工方法，根据土石方平衡确定是否需要设置取土场或弃土场、确定进场道路、临时供水供电等施工辅助工程的工程量，为编制工程概算提供必要的依据。

（5）明确迁建总体进度，指导实施工作。编制施工组织设计对施工总进度计划进行安排，对各单项工程施工进行统筹规划，对场平及市政工程施工起到统筹规划、重点控制的作用。施工总进度计划应对各单项工程施工时序进行统筹安排，结合各单项工程的施工工期分析确定各单项工程实施的起止时间，提出城镇迁建工程的总进度计划，绘制施工总进度横道图。施工组织设计成果是指导城镇和居民点建设实施工作的重要依据，对控制移民工程建设总体进度有着重要意义。

水电工程城镇和居民点迁建施工组织设计关键技术在于以下 4 个方面。

1. 施工组织设计与水电站工程建设及移民安置总体进度相结合

城镇和居民点建设的最终目的是水电工程的顺利建设，满足移民安置的需要。水电工程先移民后建设已成为工程建设的重要原则，城镇迁建规划施工组织设计应立足先移民后建设的总体要求，合理安排进度计划。在编制城镇迁建施工组织设计时，应与枢纽工程建设和移民安置各项规划紧密衔接，合理安排实施进度。

2. 施工组织设计应处理好与外部水、电、路的衔接

外部专项基础设施建设与场内工程建设环环相扣，在施工组织设计时需要密切关注场地施工的外部条件，如施工进场临时道路规划应优先考虑与外部连接道路、移民搬迁道路结合，不能利用已有道路的应开展进场临时道路规划，明确临时道路的建设标准、建设长度，有衔接条件的可考虑永临结合，先行修建局部连接道路作为场地进场路。施工用水、用电规划应研究利用已建外部供水、供电设施的可能性，无利用条件的考虑永临结合，通过合理的施工组织设计从而达到缩短工期、节约投资的效果。

3. 施工组织设计应解决城镇、居民点内部项目衔接

场地施工组织设计除需考虑材料供应、施工水电路等外部建设条件外，还需要充分考虑内部的建设征地实施、场地准备及临时工程、场地工程施工、基础设施工程施工、施工总进度计划，合理设计各项工程之间的施工内容与时序，对于工期紧张的项目，可以考虑将移民建房的施工组织纳入场地施工组织设计，部分场地工程施工与移民建房工期相重叠，同步施工，节约工期。

4. 统筹新址占地移民周转安置

应根据迁建工程建设进度计划明确新址占地移民临时过渡安置人数、措施及过渡时间。当采用分区、分期实施的方式后，因新址安置容量不足需周转安置的，应考虑移民临时过渡安置措施。

临时过渡搬迁应结合当地条件并充分征求政府、移民的意见，可采用多种方式进行安置。拟定临时过渡搬迁方案，应充分结合移民安置规划，并尽量利用城镇周边或新址内部已有资源。

以 TB 水电站 K 集镇迁建规划为例，K 乡为半淹集镇，采用的是原址垫高防护的方案，老集镇的部分居民需要在集镇防护工程施工期间周转安置。结合集镇规划及淹没影响现状，拟定了分区搬迁的临时搬迁方案。K 集镇规划人口 770 人，其中机关事业单位人口 99 人及从农村进入集镇的移民 42 户 155 人不需进行临时搬迁。因此临时搬迁任务为移民 83 户 289 人、个体工商户 59 户。经摸底调查，K 乡集镇周边可供使用的临时搬迁容量情况如下：

（1）德维路西侧新建的大量宾馆及商铺。宾馆标间约有 120 间，房间面积约为 2400m²；现空置商铺面积约有 600m²。

（2）集镇新址（东区）规划的新建房屋。集镇新址（东区）在垫高防护区以外，规划新建企事业单位宿舍 2880m²，公共建筑 2200m²；移民住房 8880m²、商铺 2960m²。临时搬迁时期考虑集中用房，人均住房 20m²，除去机关事业单位人口 99 人的占用建筑面积 1980m²，住房面积容量为 9780m²。

分析可知，集镇线上住房容量为 12180m²，公共建筑容量 2200m²，商铺容量 3560m²。现有容量可容纳 609 人、89 户个体工商户临时搬迁，远大于移民 83 户 289 人、个体工商户 59 户的临时搬迁任务。

为方便移民临时搬迁时的生产生活，结合集镇东区建设，考虑永临结合，东区先行建设，用于安置规划搬迁至该区的机关事业单位职工、移民及临时搬迁机关事业单位、移民、个体工商户，待西区建设完成后，临时搬迁的机关事业单位、移民、个体工商户返迁至西区。

6.3 创新与发展

6.3.1 回顾

6.3.1.1 "84 规范"以前

20 世纪 80 年代以前（"84 规范"之前）开工建设的水电工程，水库淹没处理无规范可循。

按照当时的规定，前期工作时主要开展水库淹没范围界定和水库淹没经济调查，移民安置大多没有科学制定规划，城镇迁建亦是地方政府直接组织实施完成，基本按照行业的建设规范，未从移民角度作出特殊要求。

尤其在 1958—1977 年，国家经历了"大跃进""三年自然灾害"和"文化大革命"三个特殊时期。由于受"左"的思想影响，在水利水电工程建设中，普遍存在重工程轻移民、重搬迁轻安置倾向。城镇迁建不加以规划，往往采取"三天动员、七天搬完"等强制性手段。

6.3.1.2 "84 规范"至"96 规范"期间

"84 规范"将移民安置和受淹专项的处理设为第四章，明确了移民安置规划、城镇迁建规划设计以地方政府为主，提出了受淹城镇的处理原则和新城应统一规划的要求。城镇迁建补偿费一般按其原有规模和标准商定。新居民点的布设，应进行选址查勘，从有利生产、方便生活和节约用地的原则出发，结合当地的自然经济条件，合理确定。在当时的历史背景下，"84 规范"的颁布是水利水电工程的一大技术创新，它使得水库淹没处理规划设计从此有标准可依，从而促进了水利水电工程的发展。该时期的移民安置走向规范，城镇迁建、农村集中安置点规划亦开始得到重视，在移民安置规划报告中对于城镇迁建、农村集中安置点规划均有相应篇章予以规划设计。

以 WQX 水电站为例，其建设征地涉及 Y、L 2 座县城，13 个集镇。在 1988 年编制的《湖南 Y 水 WQX 水电站水库移民规划综合报告》中设置了"县城乡集镇规划"篇章对 Y、L 2 座县城阐述了规划原则、新县城规模、城市规划布局三个方面，并且还单独编制了《湖南省 Y 县城详细规划》及《湖南省 L 县城总体规划报告》两本专题报告；对涉及的 13 个集镇阐述了集镇的性质和发展方向、集镇的人口规模和集镇规划的主要用地规模三个方面，同时对农村集中安置的居民点进行了规划。

6.3.1.3　"96 规范"至"07 规范"期间

"96 规范"贯彻了移民安置条例的精神，淹没补偿标准仍执行原规模、原标准的原则，突出加强了移民安置规划的要求，规定移民安置规划包括农村移民安置规划和城镇迁建规划两大类。相对"84 规范"，"96 规范"在内容、方法、深度、程序上有诸多创新，对规范当时水电工程水库淹没处理前期工作起到了重要作用。

以 SBX 水电站为例，其建设征地涉及 J 县城，6 个集镇。《城镇选址大纲》在 2002 年编制的《QSJ 流域 SBX 水电站可行性研究补充报告水库淹没处理规划设计专题报告》设置了"J 县城迁建总体规划""集镇新址迁建建设规划"和"农村移民村庄迁建规划"三个篇章，在内容及深度上均严格按照规范要求开展规划设计，县城迁建总体规划包括新址确认、性质及规模、布局结构、建设用地布局与规划、竖向规划与防洪规划、基础设施建设、空间景观与生态规划、市政工程投资等内容；集镇新址迁建建设规划包括新址复核、性质、规模和标准、迁建建设规划、供水规划、基础设施投资概算等内容；农村移民村庄迁建规划包括迁建原则和标准、典型规划设计、基础设施工程量及投资等内容。

XJB 水电站关于城镇的调查、选址、规划等工作则有了进一步的深化与完善。

6.3.1.4　"07 规范"以后

"07 规范"详细规定了城市集镇新址选择、迁建总体规划、迁建修建性详细规划等技术要求，加深了移民安置规划涉及的农村移民安置、城市集镇处理的规划设计深度，明确移民安置工程项目要达到水电工程可行性报告阶段（等同初步设计）的设计深度，并对有关设计内容和采用的技术标准给予了补充明确。"96 规范"移民安置规划篇章，在"07 规范"中扩充为《水电工程移民安置城镇迁建规划设计规范》和《水电工程农村移民安置规划设计规范》2 项规范。这 2 项规范在《水电工程建设征地移民安置规划设计规范》总体框架下，就城市集镇迁建和农村移民安置点规划设计的内容、深度、方法和工作程序做了详细规定。同时，系列规范之间进行了很好的衔接，在《水电工程建设征地移民安置补偿费用概（估）算编制规范》中，明确了城镇迁建和农村移民居民点的补偿费用项目划分、费用构成、基础价格和项目单价编制方法，指出建筑安装工程单价按照国家有关行业部门的规定编制。"07 规范"是水电工程征地移民安置规划设计的重大技术创新，对引领水电工程征地移民专业技术进步产生了深远的影响，为促进水电工程健康发展发挥了重要作用。

在中央全面深化改革的指引下，我国经济发展进入新常态。新型城镇化、新农村建设、脱贫攻坚、生态环境保护、土地承载力、合法权益维护、地方经济社会发展等因素，对水电工程征地移民规划设计带来了深刻的影响。为了适应新时期形势，水电总院组织启动了"07 规范"制（修）订。同时，按照水电工程全生命周期的理念，启动了水电工程建设期、运行期等时期的征地移民技术标准。水电工程征地移民迎来了标准创新的新挑战。

6.3.2 创新

6.3.2.1 "84 规范"以前

"84 规范"之前开工建设的水电工程，水库淹没处理无规范可循。按照当时的规定，前期工作时主要开展水库淹没范围界定和水库淹没经济调查，移民安置大多没有科学地制定规划，城镇迁建一般由地方政府根据行业相关要求直接组织实施完成。

6.3.2.2 "84 规范"至"96 规范"期间

"84 规范"出台之后，对城镇规划设计提出了明确要求，即"由工程设计单位为主，由地方政府配合"。这时期已开展城镇新址比选工作，有些水电工程还编制了选址工作大纲，如 SBX 水电站。对选定的新址已开始开展较为粗浅的规划，迁建补偿费用一般按其原有规模与标准协商确定。城镇迁建规划工作逐步得到重视和规范。

大部分城镇在新址选择方面开展了一定工作，如 WQX 水电站 L 县城新址进行过后靠校场坪和外迁凉水井等方案的比选，L 县城进行过原址后靠、外迁白沙、浦市等方案的比选。综合报告中没有明确农村移民搬迁新址的具体地点，但提出了选址的技术要求。SBX 水电站淹没 L 县城，县城新址需进行后靠、防护、迁建 3 个方案的比选。设计单位按照比选评价项目相同、工作深度相同的原则，开展了 3 个方案的比选工作。评价项目有新址建设用地、地质条件、水源条件、对外交通、电力供应、占地移民、社会经济、人居环境、建设投资、老城维护等 10 项。

为贯彻落实 74 号移民条例，1991 年水利水电规划设计总院发布了《关于加强水库淹没处理前期工作的通知》，明确可行性研究阶段在现场查勘的基础上提出规划方案，初步设计阶段则应做到迁建工程可行性研究的深度。"84 规范"规定，枢纽工程初步设计阶段编制移民安置规划，提出城镇迁建方案。技施设计阶段落实移民安置规划和编制分期移民计划，包括集体安置的居民点布局规划；还要编制水库淹没处理技施报告，包括移民安置实施方案。但对 2 个阶段规划设计文件的编制程序及具体内容没有具体的规定。WQX 水电站移民安置规划时，地方政府组织编制了 Y 县城、L 县城新址总体规划和详细规划，其用地和市政设施规模和标准比原址有所扩大和提高。

"84 规范"仅对城镇迁建的补偿费进行了粗略划分，但迁建补偿费一般按其原有规模和标准商定。因此，那时的迁建补偿费，基本依靠拍板定案。但也有一些水电工程在城镇迁建补偿费计列方面有过创新，WQX 水电站就是一个例子。WQX 水库淹没 Y 县城、L 县城，地方政府组织编制了新址总体规划和详细规划，其建设用地和市政设施规模、标准比原址有所扩大和提高。按照"84 规范"和相关要求，需要对 2 座县城新址详细规划的场平及市政设施投资进行分摊。1988 年，HN 省人民政府审定了 2 座县城迁建的市政工程补偿费。1993 年，在编制水库淹没处理补偿投资概算调整报告时，对 2 座新县城市政设施投资分摊额度进行了分析计算。当时，在进行了市政工程建设项目及计算口径协调平衡后，得到了市政工程规划投资。随后进行了淹没面积占比、人口规模占比以及 2 个占比权重的测算。最后得到 Y 县城分摊市政工程规划投资的比例为 65.9%，L 县城为 77.2%。该投资分摊方案得到各方认可，解决了淹没处理补偿投资难以定案的技术难题。

6.3.2.3　"96 规范"至"07 规范"期间

"96 规范"出台后，城镇迁建规划开始研究处理方式。对迁建城镇要选择迁建新址，本着恢复原规模原标准的原则，确定规划人口和用地规模，参照国家规定的工作程序编制各阶段迁建规划。按照估算深度计算的迁建规划投资列入水电工程概算。

在各阶段工作内容方面，"96 规范"明确预可行性研究阶段农村移民安置初选移民安置去向，城镇迁建初选迁建新址和初步规划；可行性研究阶段农村移民安置编制移民安置规划，城镇迁建编制总体规划；招标设计阶段，农村移民安置编制实施规划或实施计划，城镇迁建编制详细规划或建设规划。"96 规范"提出了农村移民安置规划成果名录，包括农村移民安置综合规划报告和专题报告以及农村移民安置总体规划图，村庄平面布置图，供水、供电和交通规划图，农村移民规划投资概算和补偿投资概算。"96 规范"移民规划设计的范围已经包含建设征地涉及的各个方面，内容已经相当完整，并且明确了规划设计深度，相比"84 规范"已经是重大的技术进步，初步形成了水电工程征地移民的技术线路。但"96 规范"规划设计深度相比枢纽工程仍滞后一个阶段，农村居民点常为采用典型设计的方法估算补偿费。

在各阶段工作程序方面，"96 规范"作了一些规定。预可行性研究阶段，在征求地方政府意见和查勘选址的基础上，初选城镇迁建新址，并对迁建新址进行初步规划。可行性研究阶段编制的水库淹没处理规划设计报告，地方政府和有关部门提供的资料及意见作为附件列入。实践中，当地人民政府通常对城乡居民点选址方案、城镇迁建总体规划行文确认，而具体的设计文件和概算一般由设计单位完成。通过审查的移民安置规划，是编制实施规划的依据。选址及迁建规划征求意见，主要在政府和行业主管部门层面，但对是否征求移民意见，没有明确的要求。

迁建新址选择方面技术要求更为全面，如 LT 水电站 2000 年可行性研究补充阶段水库移民安置规划时，全面开展了 100 人以上移民村庄新址选择复核工作。规划设计大纲要求：农村移民新址迁建地点尽可能接近生产开发区，以利生产，方便生活；节约用地，尽可能不占或少占耕地，人均用地标准控制在 60m² 以内；地形、地质条件较好，无潜在地质灾害；离电源较近，对外交通比较方便，便于移民就医和子女上学；水源点近，水量充足，水质良好，用水标准为每人每天 100L；新址尽可能在 400m 水位淹没线以上；在环境容量允许的情况下，尽可能采取就近后靠或近迁的方式，确需远迁时，尽可能以村组单位成建制搬迁；尊重少数民族地区对语言、居住环境、风俗习惯方面的要求。XJB 水电站淹没 2 座县城、16 座集镇。P 县地处山区，由于受到自然条件等方面因素的影响，给新址选择带来很大的困难。为了做好城镇新址选择工作，可行性研究阶段编制了新址选择工作大纲，大纲经过了水电总院咨询和有关单位的审查。设计院先后对 G、L、Z 3 个新址进行了方案论证。为做好论证，在新址施测了1：2000的地形图，对新址建设征地人口、房屋、土地等实物量进行了全面实地调查，进行了新址地质勘察，完成了迁建总平面规划，估算了市政工程规划投资。在收集了基础资料和现场调查后，选择了地理位置、工程地质条件、用地条件、供水条件、对外交通条件、供电条件、电信和广播电视设施、征地移民、环境保护和城市景观、土石方工程量和基础设施投资、行政区划等评价项目进行综合比选。在此基础上，编制了新址选择报告，履行了相关新址确认程序。

在补偿投资方面，为弥补"84规范"的不足，"96规范"对城镇迁建和农村居民点基础设施补偿进行了补充完善。基础设施补偿费用由新址征地及场地平整费、公共设施恢复费、市政设施恢复费构成。农村居民点基础设施费由场地平整、供水供电、村庄道路等费用构成，通过典型设计确定其他居民点的补偿费用。由于移民工程设计深度滞后枢纽工程设计深度，可行性研究阶段基础设施补偿费只能达到估算的深度。"96规范"比"84规范"在补偿项目划分、费用构成上有了很大的技术进步，对规范当时水库淹没处理补偿投资编制起到了重要作用。

这个时期的水电工程征地移民规划设计技术文件成果体系逐步完善，重要的淹没处理项目开始编制单行专题报告，枢纽施工区也开始编制单行本。城镇和农村居民点选址综合论证、在环境承载力和城镇功能恢复的基础上计算迁建人口规模、迁建规划的用地及市政设施标准选取、新址补偿费用计算等方面，初步形成了具有特色的关键技术。如2000年编制的LT水电站移民安置规划设计专题报告，农村移民居民点进行了选址和典型规划，集镇迁建进行了选址并编制了迁建总体规划专题报告。随后编制的SBX水电站移民安置规划专题报告，县城迁建编制了选址报告和迁建总体规划报告，集镇迁建编制了迁建规划报告，农村居民点开展了典型设计。按照建设业主的总体安排，SBX水电站移民安置规划设计在"96规范"的基础上增加了深度，集镇迁建和主要专业项目迁建比照"96规范"招标设计的深度编制规划设计文件。但城镇迁建工程和专项迁建工程补偿费，总体上还是估算的深度，导致实施规划由于变更较大，往往造成可行性研究阶段补偿费被突破。

6.3.2.4 "07规范"以后

"07规范"出台后，对城镇体系网络恢复更为关注，规划设计标准与行业逐步接轨、对用地标准的考虑更为全面，方案论证更为细致，实施组织设计上更为完善，征求意见环节增加、范围更为广泛，设计成果体系更为完整。

"07规范"中将招标设计和施工图阶段调整为移民安置实施阶段，并在"96规范"的基础上调整了规划设计内容及深度。可行性研究阶段移民城乡新址基础设施规划设计达到相应行业初步设计深度，是"07规范"重大技术进步之一。新址基础设施概算按照行业和省级主管部门的编制规定编制。土石方工程量及土石比的精度大幅度提高，挡护、道路、给水、排水、电力、电信、环境保护等工程，均按照初步设计深度计算工程量后编制概算。新址占地征地移民补偿和搬迁周转补偿均单独立项。对新址场地存在深填方的区域，计列了基础超深补偿费。为促使相关方对基础设施补偿费达成共识，设计单位往往要进行多方案比选，积累了很多基础设施补偿费用的优化技术。同时，"07规范"还明确，移民安置实施阶段要开展移民综合设计、设代工作，通过设代进行规划设计交底并处理设计变更。

　　"07 规范"提升了移民安置规划设计编制的技术要求，成果体系更加丰富，成果之间需要密切的衔接。在移民安置规划大纲阶段，城镇迁建完成迁建总体规划，形成报告文本，绘制地理位置图、平面和竖向规划图、市政设施规划图等图纸。迁建总体规划在移民安置总体规划中的环境容量分析和搬迁人口去向分析的基础上，加上城镇内部寄住人口，计列自然增长和机械增长后，确定规划水平年的人口规模。如果迁建新址涉及占地搬迁人口，还要分析占地搬迁人口中进入新址安置的人口。迁建总体规划要制定新址的用地标准和基础设施标准，这些标准需要在原址现状调查的基础上，结合新址的建设条件、人口规模予以明确，并且还要明确市政管线的敷设方式。移民安置规划大纲中，还需要指出城镇迁建基础设施补偿费用的编制办法和定额标准。在移民安置规划报告阶段，城镇迁建要完成修建性详细规划和基础设施初步设计，编制专题报告和概算文本，绘制规划设计一系列图纸。修建性详细规划用地需要与规划迁入城镇的人口进行衔接，做到人地对接，同时为公共设施留下建设的空间。规划设计过程中，新址平面布置和竖向设计要进行多方案比选，既要满足移民用地要求又要节省工程量，并且要征求移民群众、项目法人和地方政府的意见。土石方开挖、挡护工程、市政工程要求计算工程量。迁建新址的对外交通、供水工程、电力工程、环保工程等外部基础设施，需要与征地移民相关专业的设计成果相衔接。城镇迁建规划的各个阶段，需要完成相应深度的地质、水文、测绘等勘察成果。经过长期积累，水电工程基本形成了城镇和农村居民点迁建勘测设计技术体系。

　　471 号移民条例明确规定，编制移民安置规划大纲及移民安置规划，应当广泛听取移民和移民安置区居民的意见，必要时采取听证的方式。同时也明确了大纲、规划在审批、审核前应征求地方人民政府意见的要求。"07 规范"也做了相应规定，在可行性研究阶段，迁建选址之前，通过移民意愿调查表统计移民搬迁去向。编制迁建总体规划和修建性详细规划时，都要事先发送文本并通过面对面的形式征求移民代表和安置区居民代表的意见。规划设计单位对提出的意见予以回复，答复采纳或不采纳的理由。可行性研究阶段迁建新址、新址迁建规划、新址基础设施补偿费用概算，都要征求项目法人、当地人民政府和主管部门的意见。为了取得相关方对移民安置规划设计文件的认同，往往还通过征求意见会、预审或初审的形式，广泛听取意见，不断修改完善规划设计文件，尽量取得共识、较少争议，为征地移民规划设计文件通过审查和核准创造条件。迁建新址选择及规划设计征求意见，不再局限在地方人民政府和行业主管部门层面，而是延伸到移民和安置区居民层面，体现了以人为本、公众参与的规划设计理念。

6.3.3　展望

6.3.3.1　城镇和农村居民点迁建促进地方经济发展

　　国内目前待开发的水电工程主要集中在大江大河上游和西南少数民族地区，生态环境相对脆弱，移民安置问题较为复杂，水电建设移民和环境影响、梯级开发累积性影响以及社会问题越来越受到各方关注。西南地区地质条件复杂，生态敏感度高，安置环境容量有限，加之多处于贫困地区，经济社会发展相对滞后，移民安置难度大，当地政府和群众迫切希望水电开发能够帮助脱贫解困，促进地方经济发展，由此将脱贫致富的期望越来越多地寄托在水电开发上，导致开发与保护的矛盾突出、延续与发展的博弈不断。

由于我国用电属于西电东送的格局，西部地区确实牺牲了资源换取了东部地区的发展，加之大中型水电站建设征地区受停建令的影响发展受到限制，理应得到一定程度的"反哺"。针对这一情况，诸多水电工程项目已将促进地方社会经济发展作为了工程开发任务之一。城镇迁建规划作为移民安置规划的重要组成部分，首要任务是解决移民搬迁和城镇、居民点功能恢复，在此基础上，随着城镇的建设，响应了国家城镇化的大政方针，也通过搬迁合理调整了镇村体系布局，加快了产业结构调整的步伐，这一社会重组的过程也必将提升地方的基础设施条件，促进地方经济发展。在国家积极推进的城镇化背景下，移民安置采用集中搬迁安置移民辅以逐年补偿、二、三产业安置等无土生产安置方式，有利于保护生态环境，也进一步保证了移民社会稳定并且促进收入水平的提高。

在未来的水电工程城镇迁建工作中，应进一步研究工程建设与促进地方经济发展的课题，并落实具体的办法和措施。在促进地方经济发展过程中，应进一步厘清地方政府与水电业主各自应承担的责任。处理好有多渠道资金来源时，配套资金和移民安置资金结合的规划与建设（如统一规划、分期建设）；处理好迁建规划与风貌打造、特色精品小镇衔接的问题。

6.3.3.2　农村居民点建设与美丽乡村建设相结合

在2013年中央一号文件中，第一次提出了要建设"美丽乡村"的奋斗目标，进一步加强农村生态建设、环境保护和综合整治工作。农村地域和农村人口占了中国的绝大部分，因此，要实现党的十八大提出的美丽中国的奋斗目标，就必须加快美丽乡村建设的步伐。加快农村地区基础设施建设，加大环境治理和保护力度，营造良好的生态环境，大力加大农村地区经济收入，促进农业增效、农民增收。统筹做好城乡协调发展、同步发展，切实提高广大农村地区群众的幸福感和满意度。唯此，才能早日实现美丽中国的奋斗目标。居民点规划是水电工程移民安置规划的核心内容，应在居民点规划过程中，把居民点规划与美丽乡村建设结合起来，既满足移民搬迁需要，又可使移民共享发展成果，可考虑从以下方面出发将居民点规划与美丽乡村建设相结合。

（1）从宏观出发，把握区域产业的发展。首先，居民点规划作为镇规划、乡规划和村庄规划的一种特殊形式，应该与城乡规划体系相结合，满足上位规划的要求；其次，可采用SWOT分析方法，即分析居民点发展的优势、弱势、机会和威胁，从而更好地明确居民点职能，体现其产业或潜在产业优势，从而把握发展机会。在进行产业发展分析的基础上，要进一步明确村庄的职能类型，根据不同职能类型的要求，合理安排相应的产业用地。

（2）利用自然环境特征、挖掘地域文化内涵，体现居民点特色。对安置范围周边及内部自然环境进行分析，包括对周边山体、水体特征，主要地形地貌特征的分析。对移民原居住地以及新址的历史文化进行分析，提炼两者的文化特质，并将其有机融合。在分析的基础上进行用地布局、空间组织和运用文化元素。对边界、住宅组群、院落、滨水空间、村口等重要界面和节点进行控制。

（3）重视公共空间和公共设施的建设。认识到移民在新的生活环境中重组社会关系的重要性，在物质空间环境上尽量为其营造便于交往和沟通的场所。

6.3.3.3　城镇和农村居民点迁建与绿色生态理念结合

党的十八大和十八届三中、四中、五中全会及中央城镇化工作会议、中央城市工作会议指出按照"五位一体"总体布局和"四个全面"战略布局，牢固树立和贯彻落实创新、协调、绿色、开放、共享的发展理念，认识、尊重、顺应城市发展规律，更好发挥法治的引领和规范作用，依法规划、建设和管理城市，贯彻"适用、经济、绿色、美观"的建筑方针，着力转变城市发展方式，着力塑造城市特色风貌，着力提升城市环境质量，着力创新城市管理服务，走出一条中国特色城市发展道路。

城镇和农村居民点迁建也需紧跟国家步伐，在规划、建设、管理过程中贯穿国家战略及布局，主要从以下方面入手：

（1）依法制定城市规划。依法加强迁建规划编制和审批管理，严格执行相关的原则和程序。创新规划理念，改进规划方法，把以人为本、尊重自然、传承历史、绿色低碳等理念融入迁建规划全过程，增强规划的前瞻性、严肃性和连续性。坚持协调发展理念，从区域、城乡整体协调的高度确定城市定位、谋划城镇发展。加强空间开发管制，划定开发边界，根据资源禀赋和环境承载能力确定建设约束性指标。

（2）塑造城镇和农村居民点特色风貌。迁建规划过程中可运用城市设计的手段，从整体平面和立体空间上统筹城镇和农村居民点建筑布局，协调景观风貌，体现地域特征、民族特色和时代风貌。单体建筑设计方案在形体、色彩、体量、高度等方面符合城市设计要求。

（3）完善城镇和农村居民点公共服务。优化街区路网结构，推动发展开放便捷、尺度适宜、配套完善、邻里和谐的生活街区；要推广街区制，原则上不再建设封闭住宅小区；树立"窄马路、密路网"的城市道路布局理念，建设级配合理的道路网系统；科学、规范设置道路交通安全设施和交通管理设施，提高道路安全性。健全公共服务设施，坚持共享发展理念，使人民群众在共建共享中有更多获得感。合理确定公共服务设施建设标准，加强社区服务场所建设，形成以社区级设施为基础，市、区级设施衔接配套的公共服务设施网络体系。

（4）营造城镇和农村居民点宜居环境。推进海绵城镇建设，充分利用自然山体、河湖湿地、耕地、林地、草地等生态空间，建设海绵城市，提升水源涵养能力，缓解雨洪内涝压力，促进水资源循环利用；恢复城市自然生态；优化城市绿地布局，构建绿道系统，实现城镇内外绿地连接贯通，将生态要素引入市区；推行生态绿化方式，保护古树名木资源，广植当地树种，减少人工干预，让乔灌草合理搭配、自然生长；推进污水大气治理，加强垃圾综合治理。

第 7 章

专业项目处理

移民专业项目包括交通运输工程、水利水电工程、防护工程、企事业单位、电力工程、电信及广播电视工程和其他项目。其他项目主要包括文物古迹、军事设施、测量永久标志、气象站、烈士纪念设施、压覆矿产、旅游设施和环保设施。

专业项目处理方式主要分为复（改）建、新建、防护和货币补偿等。建设征地影响需恢复或改建的专业项目，要遵循"原规模、原标准或者恢复原功能"的原则进行规划设计，以恢复原功能为主，并满足国家有关强制性规定；不需要或难以恢复的，应根据具体情况采取货币补偿等处理方案；移民安置需新增设的专业项目，应结合原有专业项目和移民安置区专业项目现状水平，遵循有利生产、方便生活、经济合理、满足移民安置需要的原则进行规划设计，并满足行业规范的有关要求。在建设征地范围内，如有成片农田、规模较大的农村居民点、集镇、城市、工业企业或铁路、公路、文物等重要淹没对象，应做工程防护和搬迁方案的技术经济论证和方案比较；具备防护条件的，应当在经济合理的前提下，采取修建防护工程等防护措施，减少淹没损失。

专业项目规划设计的主要内容包括：调查收集建设征地移民安置涉及的基础资料，分析专业项目的受影响程度，依据国家有关政策规定，结合农村移民安置规划、城市集镇迁建规划，拟定处理方案，科学运用"三原"原则合理确定标准和规模，进行规划设计，计算补偿费用，编制专业项目处理设计文件。

专业项目处理是移民安置工作的重要组成部分，处理好受影响的专业项目有利于保障库区移民基础设施原有功能不受影响，有利于保障库区居民原有的生产生活水平不降低，有利于保障水电工程主体建设平稳有序推进。此外，专业项目处理是水电建设促进地方经济发展的重要载体，贯彻"创新、协调、绿色、开放、共享"的新发展理念，结合现有移民安置规划政策、行业规范，衔接地方发展规划，将专业项目处理与地方经济社会发展相融合，对促进地方经济社会发展和移民脱贫致富具有重要的意义。

7.1 工作内容、方法和流程

7.1.1 交通运输工程

交通运输工程是指水电工程建设征地移民安置涉及的铁路、公路、厂矿道路、林区公路、农村道路、水运工程等。水电站建设，尤其是电站库区形成后，原有的交通运输工程将会截断或淹没，对移民和库周居民的生产生活将造成较大影响，需进行恢复；而对于搬迁安置后的城镇和居民点，也需要为其规划对外交通。通过对建设征地区及移民安置区的交通运输工程进行统筹规划和处理，形成畅通的交通网络，恢复交通运输设施、提升交通功能。

根据国家有关政策法规和"07 规范"《水电工程移民专业项目规划设计规范》（DL/T 5379—2007）等规程规范，结合目前水电工程建设征地移民安置交通运输工程处理规划设计的实际应用，其主要的工作内容包括：

（1）基础资料收集。

（2）确定交通设施的功能和处理方式。

（3）确定交通设施复建和新建设计标准。

（4）开展规划设计，计算处理费用，编制专题设计报告。

7.1.1.1　收集基础资料

基础资料收集主要包括：受影响交通设施的现状资料、本地区交通规划资料、移民安置规划资料、地形资料、工程地质勘察资料以及相关的其他资料。资料收集的目的主要是为了研判淹没影响交通设施的标准、规模和功能，为下一步的工作打好基础。

交通设施现状资料主要通过实物指标调查成果确定，辅以相关项目批复文件进行验证；地区交通规划资料主要是指以县为单位的库区交通网规划资料；移民安置规划资料主要是指规划居民点、生产开发区的规模及分布规划资料；地形地质资料主要是在规划设计阶段所需要的地形、地类、水文、气象、地质等基础资料。

实物指标调查应遵循实物指标调查细则的要求进行。例如，对受淹公路和乡村道的调查，可根据地类地形图和行业主管部门提供的资料逐条实地调查和登记道路名称、等级、起讫地点、路面宽度、路面材料，调查和登记大、中型桥梁名称及其长度、宽度、桥面高程和桥型（对于拱桥还需调查其拱脚高程），了解受淹公路（独立桥梁）和乡村道的主要功能及服务对象，并量算受淹长度。对于宽度调查，应量取多个位置的宽度进行平均，尤其需要注意的是公路弯道加宽部分的宽度不应计入。调查表格的内容应清晰、完整，并附有参与调查的单位和人员的签字盖章。有条件的，还应通过地方交通管理部门收集该受淹道路的相关建设文件，包括项目立项批复文件、设计审查批复文件、施工图设计文件以及工程竣工文件等。

7.1.1.2　确定处理方式

对于水电工程建设征地移民安置影响的交通设施，要根据交通设施的受影响程度、交通功能和交通网的恢复需求及恢复难度、移民安置的需要以及适当考虑促进地方经济发展等方面来综合考虑处理方式，一般可采用复建、新建和货币补偿等方式，其中，复建和新建是主要的处理方式。根据移民条例的规定，工矿企业和交通、电力、电信、广播电视等专项设施以及中小学的迁建或者复建，应当按照其原规模、原标准或者恢复原功能的原则补偿。但对于交通设施的复建，由于"原规模"受工程建设条件、起讫点位置、工程控制点等因素影响不可能相同，因此一般是按照"原标准、恢复原功能"的原则和国家及相关行业规程、规范要求，对受淹没影响的交通设施以恢复原功能为前提进行规划复建，对移民生产搬迁安置方案所需要的交通设施，以满足移民安置的基本需要为基础、以保障移民生产生活的基础设施条件为前提，进行规划新建。

对于不需要或难以恢复的私有权属交通设施，可根据影响的程度和具体情况，提出经济合理的补偿处理方案。例如，在对金沙江流域 XJB 水电站库区淹没的私有权属码头处理时，由于国有权属部分县城、集镇新址客货码头、渡口按需要规划复建或新建后，库区的水运网络已恢复功能，因此对私有码头、下河车道等采用货币补偿的方式进行处理，不再复建。

7.1.1.3 确定设计标准

水电工程常常位于经济欠发达的山区，基础设施建设较为落后，很多交通设施建成时间都较为久远，其项目的设计、审批、竣工等文件资料缺乏，加之交通设施长时间运行后由于管养、维护等方面的原因，现状标准难以从文件资料上判断，因此一般采用现场调查的方式来确定。例如，对公路工程的现状标准，一般会通过对线形条件、路基路面宽度、路面结构、排水设施形式、桥梁宽度、隧道净空等方面的调查，参照《公路工程技术标准》（JTG B01—2014）来进行判断，如能辅之以设计、审批、竣工等文件资料进行佐证，更有利于现状标准的确定。

确定交通工程设计标准时，以道路交通为例，公路复建一般以现有公路等级和设计速度为主要控制指标，现有路基路面的宽度高于现行规范标准值时可按照现有宽度来恢复，路面结构按照现状标准恢复，线形根据公路等级和设计速度按现行规范要求进行设计；乡村道路复建一般以现有路基路面宽度为主要控制指标，线形设计按《水电工程移民专业项目规划设计规范》（DL/T 5379—2007）执行。

对于移民安置规划需要新建等外公路交通设施的，其项目标准可参照《水电工程移民专业项目规划设计规范》（DL/T 5379—2007）相关规定执行。

7.1.1.4 规划设计

水电工程建设征地移民安置涉及的交通运输工程规划设计较为复杂，应按照先规划交通网络再设计具体项目、先解决干线交通再补充完善支线交通的工作思路，在移民搬迁安置规划、生产开发规划的基础上，统筹考虑移民原有交通条件和库周现有交通设施的标准和功能，以"原标准、恢复原功能"的原则开展。

交通网络的规划要充分考虑水电工程建设征地区外已有的交通设施，在此基础上进行等级公路的复建规划，之后再根据移民安置规划开展新建等级公路和乡村道路路网规划，最后进行客货运码头、人行道、下河渡口的补充配套规划。具体项目设计时，在项目规划位置、重要控制点和走向基本明确的情况下对不同的走廊带方案以及重点构造物方案进行总体设计和比选论证，提出工程规模，计算处理费用，并编制专题设计报告。下面以公路工程为例，简要介绍可行性研究阶段规划设计的主要工作内容和方法。

1. 工作深度

一般而言，水电工程建设征地移民安置可行性研究阶段的公路工程应达到公路行业初步设计阶段，其原因是水电工程可行性研究阶段是控制水电工程投资的主要阶段，也是水电工程项目核准的阶段。为确保公路工程方案、标准、规模和投资的准确性，故要求达到公路行业初步设计阶段深度，与之相关的测量、地勘等基础工作也应达到公路行业初测、初勘深度。对于工程规模较小且工程方案简单或规划费用较低的项目，可以适当简化设计，但桥梁、隧道等重要构造物不宜简化。

2. 工程设计

根据水电工程建设征地影响交通设施的现状，结合移民安置规划合理确定各项目建设规模及技术标准后，以 1∶2000～1∶10000 比例尺地形图为基础并结合移民安置情况，以移民安置规划编制单位为主体，会同交通、移民等主管部门，经实地踏勘后初步确定路线走向及主要控制点，提出总体设计和推荐方案，总体设计须论证确定项目的功能、标准、规模和方案。对复杂困难地段的路线、特长及长隧道、特大桥、大桥的位置等，宜选择两个或两个以上的方案进行同深度、同精度的方案比选，提出推荐方案，之后根据设计方案开展初步设计，提出工程规模和计算工程费用。

路线线位的研究选定，除按交通行业所要求的地形、地质、水文、气象、自然灾害、筑路材料、生态环境、自然景观等控制因素进行充分调查和考虑以外，还应特别注意电站蓄水后可能产生的滑坡塌岸对路线方案的影响。

3. 编制专题设计报告

公路专题设计报告内容与公路工程初步设计报告编制内容相似，主要有两点区别：一是专题设计报告中须包含对库区涉淹公路现状的描述，主要是对其技术标准和功能的描述，其目的主要是为了确定规划复建公路的项目和设计标准，为后续规划设计工作提供重要依据和基础；二是专题设计报告中一般不需要交通量预测内容，原因是复建公路一般是按照"原标准、恢复原功能"的原则来进行规划，其设计标准一般不考虑交通量的大小。

值得注意的是，受建设征地影响的现状道路、桥梁等交通设施数量较多，如对应原项目一一复建，经济性较差、不符合移民安置规划、交通布局不合理或出行不方便时，应从交通功能、流向、出行时间等方面综合论证和统筹规划交通复建总体方案。因此，对于采用统筹规划的交通复建总体方案报告编制，则需要增加交通量调查、分析和预测的相关内容，来论证复建总体方案是否满足交通功能和需求。

7.1.1.5　工作流程

交通运输工程规划设计的工作流程主要有调查基础数据、分析淹没影响、提出处理方式、确定规模与标准、开展勘测设计、计算处理费用、编制规划设计文件。

交通运输工程实物指标调查应由项目主管部门或者项目法人委托移民安置规划编制单位负责，地方人民政府及有关部门参与和配合，其实物指标调查成果应经过地方人民政府、移民主管部门、交通主管部门或交通设施权属单位（个人）以及移民安置规划编制单位的共同确认。

在规划设计过程中，对交通专项的处理方式及建设标准要与地方政府进行沟通并由地方政府进行确认。交通专项规划设计成果应征求地方政府及交通主管部门的意见，并按程序上报有关部门审批。

7.1.2　水利水电工程

水利水电工程是指水电工程建设征地移民安置涉及的水库、水泵站、水电站、水文站、闸坝、渠道等，常见的工程类型有供水工程、灌溉工程和水电工程。

供水工程的处理方式主要有新建和复（改）建，供水规模综合考虑搬迁前现状用水情况根据设计用水量综合确定，但已不再局限于"三原"原则，且多为根据移民安置规划需要新建的移民新址外部供水工程。复（改）建的供水工程较少，以恢复原功能为主。

灌溉工程的处理方式主要有新建和复（改）建。新建的灌溉工程设计规模按移民生产安置规划需灌溉的耕地、园地面积确定，复（改）建的采用原设计规模。

水电工程处理方式主要为复（改）建、货币补偿或电量补偿等。复建或改造的水电工程装机规模按原规模确定，年利用小时数差别较大时，可适当调整装机规模。

根据国家有关政策法规和"07规范"、《水电工程移民专业项目规划设计规范》（DL/T 5379—2007）等规程规范，结合目前水电工程建设征地移民安置水利水电工程处理规划设计的实际应用，其主要的工作内容包括：

（1）基础资料收集。

（2）确定水利水电工程的处理方式。

（3）确定水利水电工程的设计规模和标准。

（4）开展规划设计，计算处理费用，编制专题设计报告。

7.1.2.1　收集基础资料

1. 供水工程

供水工程需收集的资料主要有：移民区和安置区的社会经济、工程相关地区的气象和水文、工程区的地形地质资料、移民搬迁与生产安置规划设计资料等。

社会经济资料包括：移民区及安置区人口、城镇分布等社会概况资料；移民区及安置区农林牧副等行业的规模、资产、产量、产值等国民经济概况资料。

气象与水文资料包括：工程相关地区的气温、风况、降水、蒸发等气象资料，以及水系、水域分布、径流、洪水、水位、流量等水文资料。

工程地形资料包括：实测主要建筑物（大坝、泵站、水厂等）地形图，比例尺可采用为1∶500～1∶1000；管线或渠道地形图及断面图，设计引水流量较大时，实测带状地形图比例尺可采用1∶1000～1∶2000，设计引水流量较小的，测图比例尺可根据工程规模、地形条件等确定，可采用1∶10000地形图。

工程地质勘察资料包括：水库区和主要建筑物工程区水文地质、工程地质资料。地质资料精度宜满足水利行业初步设计阶段的深度要求；对5级建筑物或地质条件简单的4级建筑物的地质资料可适当简化。

其他资料包括：需改造或恢复的原供水工程设计文件；移民搬迁与生产安置规划设计资料；水库回水、冰塞壅水计算及水库调度资料；工程施工条件、有关工程补偿费用的材料价格及定额资料。此外，水利工程选址可能涉及水产种质资源保护区、湿地自然保护区、生态红线管控区等环境敏感区以及基本农田等制约因素，故需调查本地区环境敏感区、生态红线、基本农田等相关资料。

2. 灌溉工程

灌溉工程基本资料包括社会经济资料、水文气象资料、测量资料、工程地质勘察资料和其他资料等。

社会经济资料包括：灌区人口、土地面积、耕地面积等土地资料；灌区作物组成、耕作制度、单产、总产、农业总产值、人均收入资料；灌区或邻近灌区的灌溉制度和有关科学试验资料；现有水利设施资料等。

水文气象资料包括：工程相关地区的气温、湿度、风力、风向、日照、霜期、降水、蒸发等气象资料；水系、水域分布、径流、洪水、水位、流量等水文资料；工程所在地水文手册等。

测量资料包括：行政区划图；坝址及灌溉范围 1∶10000 地形图、1∶25000～1∶100000 地形图；坝址 1∶500 地形图，水库 1∶2000 地类地形图；渠道 1∶1000～1∶2000 带状地形图，渠系重要建筑物 1∶500 地形图；渠道纵断面图和横断面图等。

工程地质勘察资料包括：坝址和水库区水文地质、工程地质资料；渠道及主要渠系建筑物工程地质资料；料场地质资料等。

其他资料包括：需改造或恢复的原灌溉工程设计文件；移民搬迁与生产安置规划设计资料；水库回水、冰塞壅水计算及水库调度资料；工程施工条件、有关工程补偿费用的材料价格及定额资料等。

3. 水电工程

水电工程需收集的基础资料包括：淹没影响水电站资料、气象与水文资料、工程地形资料、工程地质勘察资料、其他资料等。

淹没影响水电站资料包括：原设计文件，多年发电量统计表，其他有关资料。电站基本情况调查内容包括名称、地点及位置、主管部门、建成年月、工程特性、工程规模、效益，主要建筑物（构筑物）名称、数量、布置、型式、结构、规格、占地面积、分布高程、防洪标准、受益区情况，管理结构，主要设备的规格及数量等。电站内的房屋可以分为普通房屋和大型专业主厂房，普通房屋与水电站建设征地区房屋调查分类、计量标准和方法一致。普通附属建（构）筑物与水电站建设征地区普通附属建（构）筑物调查的分类、计量标准和方法、要求一致，特有的附属建（构）筑物逐项全面调查其名称、规格型号、数量、使用情况等。调查电站占地现状使用面积，调查土地的取得方式（划拨、出让、租用），通过出让方式取得土地的，调查土地的用途、出让金数量、使用权终止日等；对于电站未能提供土地使用证，但已实际使用，同时又未分解到集体经济组织的，调查其占地面积。零星树木与水电站建设征地区树木调查的分类、计量标准和方法、要求一致。鉴于水电工程调查的复杂性和敏感性，调查时应拍摄影像资料，水轮机和发电机的铭牌照片应存档备查。

气象与水文资料包括：复建（或改造）电站工程相关地区的气温、风况、降水、蒸发等气象资料；水系、水域分布、径流、洪水、水位、流量等水文资料。

工程地形资料包括：复建（或改造）电站主要建筑物地形图，比例尺可采用为 1∶500～1∶1000；水电站库区 1∶2000 地类地形图。

工程地质勘察资料包括：水库区和主要建筑物工程区工程地质与水文地质资料，地质资料精度需满足水利行业初步设计阶段的深度要求，对于小（2）型以下规模的水电站工程可适当简化。

其他资料包括：水库回水资料，工程施工条件，有关工程材料价格及定额资料等。

根据收集的基础资料，需分析确定受淹没影响的小水电站装机规模、发电水头及其受淹没影响程度、机组性能曲线、主要设备使用年限、多年上网电量、电站年利用小时数、在地方电网中的作用等，以分析确定处理方式。

7.1.2.2 确定处理方式

1. 供水工程、灌溉工程

建设征地影响的供水工程、灌溉工程，应根据收集到的受水库建设征地影响工程现状资料，结合具体情况，分析影响程度。

对需要复建或改造的，按照技术可行、经济合理的原则，进行规划设计，提出复建或改造方案。

对难以恢复的，应根据建设征地影响的具体情况，给予合理补偿。

对不需要恢复的，例如已失去服务对象，或原功能已通过其他工程恢复，应根据受淹没或建设征地影响的具体情况，分析确定是否给予适当补偿。一般情况下，属私有财产和个人集资修建的应予以补偿，国家或集体所有的不予补偿。

对根据移民安置规划需要新建的，应在安置区已有供水、灌溉设施的基础上合理布局并进行规划设计，多数为移民安置新增外部供水工程。

2. 水电工程

对于淹没影响的水电工程，须根据淹没影响的具体情况分析确定处理方案，主要分为影响尾水且机组可正常使用、淹没部分水头且机组不能正常使用、完全淹没三种情况。

（1）对水电站尾水有一定的影响，机组还可正常发电的水电站，应根据具体情况采取适当措施改造处理。

（2）对水电站水头有较大的影响，机组不能正常发电，但剩余水头还可保留一定的装机容量，可采取重建发电厂房、更换发电机组的处理方案。

（3）对完全淹没的水电站，应分析其在地方电网中的作用。对淹没影响的地方骨干电站，当有复建条件时，优先采用复建方式；无复建条件时，征求地方电力部门、电站权属单位的意见，可采取剩余寿命期内电量补偿或货币补偿。规模较小或对地方电网影响不大的非骨干水电站有条件复建且经济合理的可采用复建方式；无复建条件时，可采用货币补偿。

7.1.2.3 确定设计规模和标准

1. 供水工程

新建供水工程供水规模根据设计用水量确定。城市（含县城）用水定额，按《室外给水设计规范》（GB 50013—2018）规定选用，集镇（含建制镇）及农村用水定额按《村镇供水工程设计规范》（SL 687—2014）选用，在确定用水规模时，应综合考虑搬迁前现状用水量，搬迁新址的用水条件、水源条件，及周边类似工程的供水情况等。

复建或改造的供水工程供水规模按原规模、原标准、恢复原功能的原则确定，用水定额不宜低于该地区用水定额下限值。确定用水人数时，根据"三原"原则，可直接采用水库规划水平年的人数，不考虑设计年限内的人口增长，但对水源点进行水量论证时可考虑10～15年的人口增长。

供水工程的设计用水量包括居民生活用水量、公共建筑用水量、工业企业用水量、浇洒道路和绿地用水量、管网漏损水量、未预见用水量和消防用水量。城市（含县城）设计供水规模应按上述前5项的最高日水量之和确定，村镇设计供水规模根据当地实际用水需求列项，不含水厂自用水量。但应注意，根据《室外给水设计规范》（GB 50013—2018）及《村镇供水工程设计规范》（SL 687—2014），城市（含县城）的供水规模不含消防用水量；集镇和农村的供水规模在主管网的供水能力大于消防用水量或村镇附近有可靠的其他水源且取用方便可作为消防水源时，可不单列消防用水量。

集镇和农村居民点供水工程中，消防用水常与生活用水合并，不单独设立消防水池，因此，水厂清水池或高位水池容积计算时要考虑消防用水量的影响，当水池调节容积大于消防用水量时，可不考虑消防储备水量。

2. 灌溉工程

新建的灌溉工程，其设计规模按移民生产安置规划需灌溉的耕地、园地面积确定；复建或改造的灌溉工程，设计规模按原设计规模确定。

新建灌溉工程需首先确定灌溉设计保证率，可根据水文气象、水土资源、作物组成、灌区规模、灌水方法及经济效益等因素，按《灌溉与排水工程设计规范》（GB 50288—2018）中相应表格取用；也可以采用经验频率法按公式计算，计算系列年数不宜少于30年。然后，通过分别确定设计灌水率、灌溉水利用系数、渠系水利用系数、管道水利用系数和田间水利用系数等确定灌溉工程的设计规模。

如 WDD 水电站库区生产灌溉用水定额采用计算的综合灌溉用水定额，其根据地方标准《用水定额》先查得某一灌区内各种作物的灌溉定额，再根据该灌区内同一时期各种作物灌溉定额进行面积加权平均，得到综合灌溉定额。WDD 水电站 W 县花果山安置点灌区耕地面积为 1131.5 亩，根据灌溉制度计算所得的净灌水率为 $0.65\text{m}^3/(\text{s}\cdot\text{万亩})$，则其净灌溉设计流量为 $0.074\text{m}^3/\text{s}$，考虑规划水源点灌区范围内原居民的生产用水量后，灌溉渠道的设计流量为 $0.11\text{m}^3/\text{s}$。

XJB 水电站灌溉用水定额参照邻近灌区及地方标准《用水定额》确定设计灌溉制度。XJB 云南库区 S 县关村水库灌区耕地面积 2800 亩，根据灌溉制度计算所得的净灌水率为 $0.455\text{m}^3/(\text{s}\cdot\text{万亩})$，则其净灌溉设计流量为 $0.127\text{m}^3/\text{s}$，考虑规划南岸集镇生活用水量后，灌溉渠道的设计流量为 $0.269\text{m}^3/\text{s}$。

3. 水电工程

根据近年来大中型水电站专项处理统计资料，受淹没影响的水电站装机规模大多在 50MW 以下，为小型水电工程。小水电站其设计标准执行《小型水力发电站设计规范》（GB 50071—2014），厂区面积、厂房结构、厂区道路、绿化等宜原标准复建。

根据受淹没影响水电工程不同处理方式，小水电站设计规模和标准主要包括电站复建规划设计规模和标准、单位千瓦补偿标准等。

（1）基于"三原"原则，复建水电站原则上按原装机规模进行复建，当复建电站和淹没影响的电站年利用小时数差别较大（发电量差距较大）时，可适当调整装机规模。

复建水电站装机规模也可根据复建站址的河流规划确定，超出原淹没电站装机规模部分的费用由被淹电站权属人承担，不足原有装机规模的部分应进行货币补偿或电量补偿。需要改造的水电站，根据水利动能计算的装机容量确定装机规模进行建设。TK 水电站库区的 LJ 水电站，原总装机容量 2.25 万 kW，TK 水电站建成后，LJ 水电站正常尾水位将从 239.94m 提高到 250.00m，影响 LJ 水电站的正常发电，减少水电站的发电收益，需对

LJ 水电站进行改造。经水能计算，LJ 水电站在改造后，仍可保留装机 1.4 万 kW，多年平均发电量为 0.66 亿 kW·h，经计算，补偿 LJ 水电站实际年平均损失电量 0.54 亿 kW·h。

（2）规模较小、对地方电网影响不大、无复建条件的电站采取货币补偿时，可通过工程类比，采用单位千瓦的费用进行估算，在确定单位千瓦费用时宜考虑年利用小时对电量影响的因素，并考虑剩余寿命期对补偿费用的影响。单位千瓦补偿的内容主要包括与发电直接相关的所有建筑物、构筑物及机电设备，主要包括取水建筑物、输水建筑物、发电厂房、升压站等。办公楼、职工生活宿舍及其附属设施、零星树木不在单位千瓦补偿内容中，需要单独计列。

TB 库区受淹没影响的 BLY 水电站装机为 3×2500kW，根据该地区小型水电站类似新建工程的单位千瓦投资额约 1.1 万元/kW，考虑 W 县丰水期弃水限电上网因素，装机年利用小时数为 3500h，小水电站的寿命期为 50 年；由于 TB 水电站下闸蓄水年为 2021 年，BLY 水电站电站于 2001 年投产运行，至 2021 年运行 20 年，其剩余寿命期为 30 年，多年平均年利用小时数为 2510h。经计算，BLY 水电站补偿费为 3550 万元，单位千瓦的补偿费用为 4733 元。

通过地区小水电站类比并综合分析，XJB 库区 S 县 DWX 水电站补偿单价按 8500 元/kW 计，Y 县 FT 小水电站为 7000 元/kW。

7.1.2.4 规划设计

水电工程建设征地需进行规划设计的水利水电工程主要包括城镇及农村居民点迁建新址配套的集中式供水工程、受淹没影响需要复建的集中式供水工程、受淹没影响需复建或改造的灌溉工程、农村移民生产安置土地开发配套的灌溉工程、受淹没影响需复建（或改造）并具备复建（或改造）条件的小水电站、受淹没影响需复建的水文站等。规模较大的水利工程应按专业规范的要求进行规划设计，对规模较小的水利工程可适当简化设计。

1. 供水工程

根据近年来的工程实践，供水工程规模越大，人均供水费用越低，供水安全性越高。因此，应鼓励依托城镇及主要居民点联片集中供水，结合移民安置规划，在经济合理的前提下，宜从区域角度合理配置水资源、选择优质可靠水源并加强水源保护，根据区域水资源条件、地形条件、移民安置点及路网规划等合理确定供水范围并尽可能规模化联片供水。

移民安置供水工程规划宜以县（市）为单位综合规划，供水工程包括水源工程、输水工程和水厂工程。

水源规划可采用多水厂共用水源、单一水厂独立水源、单一水厂多水源的方式；水厂规划可采用一个水厂供给多个城镇、居民点，或者一个水厂供给一个城镇、居民点。

水源选择应结合现状供水水源条件和周边水资源条件，优先选择集雨面积较大、地形地质条件较好、水量充沛、水质良好、输水距离较近的水源点。集雨面积较小、径流资料缺乏时，水源点径流量可采用经主管部门审批的水文图集或水文特性研究成果等方法估算，也可根据降雨产流理论分析计算。设计年径流可采用设计代表年降雨的年内分配进行同比例分配。集雨面积较小、水文资料缺乏的水源点，为保证用水安全，应适当扩大兴利库容，加强水源保护。

有多个水源（或方案）时，应对其水质、水量、工程费用、运行成本、施工和管理运行条件、卫生防护条件等，通过技术经济比较后确定。当单一水源水量不能满足要求时，可采用多水源或调蓄措施。

居民点新址供水工程常见的取水方式可分为地表水取水和地下水取水，并以地表水取水为主。地表水取水方式主要有：低坝取水，适用于在集雨面积较大、枯水期流量满足取水要求的河流中取水；底栏栅取水，适用于在大颗粒推移质较多、集雨面积较大、枯水期流量满足要求的河流中取水；水库取水，适用于在集雨面积较小、需要调节库容的河流中取水；泵站取水，适用于在水量充足、没有自流条件的河流或水库中取水。常用的地下水取水方式有管井、大口井、渗渠和泉室，适用于不同含水层厚度和底板埋藏深度的地层条件。

在经济合理的条件下，水源点取水应优先采用自流引水方式取水，以降低工程运行费用。XJB 水电站城镇供水工程中，仅 S 县城备用水源和 SF 县 B 小区采用库区提水，其他均为重力自流引水。

输水工程宜优先采用管道输水，输水管道采用的管材应进行技术经济比较，选用施工方便、经济合理、符合行业规范要求的管材。规模较大的供水工程输水管道宜采用双管线布置，可结合现有道路和管线走向布置检修道路。埋地铺设的输水管道宜采用临时征地，露天明设管道、阀门井等附属设施以及难以复垦的地段应采用永久征地，检修道路应采用永久征地。

为方便运行管理，水厂工程水处理工艺宜结合现有水厂工艺和水源水质分析确定；多数库区供水工程管线较长、沿线地形地质条件较差，管道易遭受降雨、落石损坏，较大的水厂清水池容积可为供水工程事故抢修创造有利条件，故清水池容积宜采用行业规范规定的高值。

2. 灌溉工程

灌溉工程应结合移民安置规划、水源条件、灌区种植结构、种植产出进行综合比选论证，确定经济合理的工程规模和方案。灌溉工程包括水源工程、输水工程和田间工程。

灌溉工程水源选择的原则、方法和取水方式与供水工程相同，与供水工程共用水源时，需要优先保证人畜饮用水要求。输水工程宜优先采用渠道输水。

3. 水电工程

小水电站复建工程执行《小型水力发电站设计规范》（GB 50071—2014），按水利行业初步设计阶段要求编制规划设计报告和概预算书，规模较大的小型水电站复改建工程可根据需要编制专题设计报告。复建规划径流调节计算采用时历法，对于有多年调节水库或年调节水库的电站，采用长系列（不小于 20 年），按月（旬）平均流量进行计算；无调节或日调节电站，采用典型年日平均流量计算。

对于受淹没影响的高水头引水式水电站，若电站水头受淹没影响较小，原主要设备经论证或经过相应的技术改造后仍可继续使用时，为避免争议，可采用原设计水文数据。高水头水电站复建工程一般仅对部分压力管道和厂区等进行复建，不涉及取水建筑物、引水明渠、前池，为减少对原取水建筑物的影响，确保其安全稳定运行，引水流量宜采用原设计值。TB 水电站库区 JC 水电站原装机容量 12600kW（2×6300kW），电站采用引水式开发，为径流式电站，原设计水头为 505m，受淹没影响减少工作水头 20.1m，约占原设计水头的 4.0%。TB 水电站蓄水后，JC 水电站原厂房将被淹没，需复建，复建后 JC 电站的利用水头减小。TB 水库淹没仅涉及 JC 电站厂房，因此复建工程不涉及取水建筑物、引水明渠、前池，仅对部分压力管道和厂区等进行复建。因此采用复建后厂房的高程与原有前池的高程差来分析电站的利用水头和改建的规模。复建后，JC 电站额定水头为 485m，电站引用流量采用原设计值 $1.46m^3/s$，电站装机容量不变，仍为 12600kW，采用 2 台机组，原主要设备经论证后仍可继续使用，采用原设计水文数据计算的多年平均发电量为 5947.5 万 kW·h，比淹没前减少 246.5 万 kW·h。JC 水电站复建厂址示意图如图 7.1－1 所示。

图 7.1－1　JC 水电站复建厂址示意图

7.1.2.5　工作流程

水利水电工程规划设计的工作流程主要有：调查基础数据、分析淹没影响、提出处理方式、确定规模与标准、开展勘测设计、计算处理费用、编制规划设计文件。

实物指标调查应由项目主管部门或者项目法人委托移民安置规划编制单位负责，地方人民政府及有关部门参与和配合，其实物指标调查成果应经过地方人民政府、移民主管部门、水利主管部门或水利设施权属单位（个人）以及移民安置规划编制单位的共同确认。

在规划设计过程中，供水工程供水人口数和水源点方案需移民部门出具相关确认函。

水利水电专项规划设计成果应征求地方政府及水利主管部门的意见，并按程序上报有关部门审批。对规模较小、对地方电网影响不大的水电工程，规划方案需得到地方人民政府确认，规划成果可征求水电工程项目法人、地方人民政府意见。对淹没影响的规模相对较大的地方骨干水电工程，由设计院提供几种可能的方案，由项目法人与水电工程项目法人、地方人民政府进行协商，对处理方案达成一致意见。

7.1.3　防护工程

防护工程是指通过采取工程措施消除或减少水电站水库淹没影响（淹没、浸没、滑坡、塌岸）的工程。工程防护是专业项目处理的重要手段，能有效消除或减小水库淹没的影响，减少建设征地。为消除或减少水库淹没影响而采取的必要工程措施均列入防护工程的范畴，如建造围堤防止集镇淹没、垫高农田消除地下水壅高浸没影响、修筑护岸工程改善岸坡稳定条件等。

7.1.3.1　收集基础资料

基础资料收集主要包括水库淹没影响区社会经济资料、气象与水文资料、地形资料、工程地质勘察资料以及相关的其他资料。

社会经济资料包括：了解防护工程相关区域的面积、人口数量、耕地面积、农作物种植结构、水利现状、生态环境状况、工农业产值等概况资料；调查工程影响的基础设施（如排水口、道路水利等）的位置、规模、数量；查明防护区内的水库淹没影响实物指标及防护工程用地的各项实物指标的数量与质量。

气象与水文资料包括：工程区气温、风速、风向、降水、蒸发等气象资料；工程相关地区的水系、水域分布、径流、洪水等水文资料；防护区内生产生活废水排放量；了解历史洪水位、洪灾情况。

工程地形测量资料包括：实测比例尺 1∶1000～1∶2000 的堤线带状地形图、1∶500～1∶2000 的建筑物布置区地形图。

工程地质和水文地质资料包括：按水利工程初步设计阶段要求开展地勘工作。

其他资料包括：水库回水、冰塞壅水计算及水库调度资料，有关工程补偿费用的材料价格及定额等资料。

7.1.3.2　确定处理方案

在水库淹没影响区内，如有成片农田、规模较大的农村居民点、集镇、城市、工业企业或铁路、公路、文物等重要淹没对象，应做工程防护和搬迁方案的技术经济论证和方案比较；具备防护条件的，应当在经济合理的前提下，采取修建防护工程等防护措施，减少淹没损失。

防护工程方案选择应考虑以下主要因素：①对水库正常运行的影响程度；②对原有水系洪水排泄的影响程度；③地形、地质条件；④经济效益和社会效益；⑤历史、文化、科学价值、其他特殊需要。

防护工程总体布置应分析研究上述主要因素，综合考虑各项措施，因害设防，合理选用多种防护措施，组成综合的防治体系；对可行的方案，进行技术经济论证比选，提出推荐方案。

7.1.3.3　确定防护工程设计标准

防护工程的设计标准主要包括确定防护对象的防洪标准、防护工程的等级和防护工程的防洪标准等。防护对象的防洪标准应根据洪水类型和防护对象的性质和规模确定，可分为河洪防洪标准、山洪防洪标准、排涝标准及防浸没标准。

河洪防洪标准应根据并按照《防洪标准》（GB 50201—2014）和《水电工程移民专业项目规划设计规范》（DL/T 5379—2007）确定，且不应低于水库淹没处理的设计洪水标准，耕地、园地淹没处理标准为洪水重现期 2～5 年，工程防护防洪标准为洪水重现期 5 年；农村居民点、一般城镇和一般工矿区淹没处理标准为洪水重现期 10～20 年，工程防护防洪标准为洪水重现期 20 年。对受淹没影响的已建防护工程加固改造的河洪防洪标准应与该工程现有防洪标准相衔接。

山洪防洪标准应按防护对象的性质和重要性进行选择，重要城市、重要工矿区可采用 10 年一遇～20 年一遇洪水，其他防护对象可采用 5 年一遇～10 年一遇洪水。

排涝标准，应按防护对象的性质和重要性进行选择，村镇、农田可采用 5 年一遇～10 年一遇暴雨；重要的城镇及大中型工业企业等防护对象，可适当提高标准。暴雨历时和排涝时间应根据防护对象可能承受淹没的状况分析确定，可采用 1 天暴雨 1～3d 排除。

防浸（没）标准，应根据水文地质条件，水库运用方式和防护对象的耐浸能力，综合分析确定不同防护对象容许地下水位的临界深度值。

城市、集镇、居民点防护区泥石流防治标准应根据防护区人口规模进行选择。

采用垫高方式、护岸方式进行处理的防护工程应采用相应对象的水库淹没处理设计洪水标准。其他设计标准，包括建筑物防洪标准、安全超高及安全系数等，应根据相应专业技术标准选定。

根据库区防护工程特性，其工程等级应根据防护类型和防护对象的类别及规模，按《水利水电工程等级划分及洪水标准》（SL 252—2017）的有关规定选定。当防护对象较多时，防护工程等别应按其中的最高等别确定。防护工程的防洪标准，堤防工程的防洪标准应根据防护区内防洪标准较高的防护对象的防洪标准确定。堤防工程上的涵闸、泵站等建筑物和其他构筑物的设计防洪标准，不应低于堤防工程的防洪标准，并应留有适当的安全裕度。其他单体工程的防洪标准，应根据建筑物级别按 SL 252—2017 的规定选取。

7.1.3.4 规划设计

防护工程常用的工程措施有：修筑防洪堤（墙）抵御外河洪水；修筑排洪渠（管）道、排洪隧洞排除山洪以便减少防护区内抽排水量；在山洪上游修建调蓄水库对洪水进行调节，减少排洪渠（管）、排洪隧洞的工程规模；修建排涝泵站抽排防护区内的涝水；对有条件自排的工程，修建自排涵闸，在外河低水位时自流排除防护区内污水及涝水，以减少抽排水量；垫高地面至水库淹没处理高程以上以满足防洪要求；修建排水沟用以降低地下水位，减轻或消除浸没影响；修筑护岸工程改善岸坡稳定条件，以保护临岸的防护对象。防护工程规划设计可采用一种防护工程措施，也可使用多种工程措施。一个完善的防护工程，往往是多项工程措施的综合应用。

山洪防治有条件时宜按高水高排的原则进行设计。排洪渠（管）宜按洪峰流量进行设计，工程量较大时可考虑在上游修建调洪水库或通过泄洪闸将削峰洪水泄入防洪区，以减小排洪设计流量，调洪水库设计防洪标准可适当提高。

内涝防治应充分利用防护区内洼地、水塘等滞蓄涝水，以减少排涝泵站装机容量；外河低水位时，有自排条件的应考虑自排设施，以减少抽排费用。

防护区内的淹没控制水位应考虑防护区内的调蓄容积，经调洪演算分析确定。

在经济合理的前提下，工程总体布置应尽量多保护人口、房屋及耕地；注意节约用地，力求少占用耕地、少拆迁房屋，尽量减少新的淹没损失；建筑物选型应从实际出发，因地制宜、就地取材，降低工程造价。

对已有防洪规划的城镇进行防护时，在经济合理的条件下宜与防洪规划相衔接。

对于城镇防护，若防护规模较大、防护对象众多、过渡搬迁困难、受既有建筑布局和实物量的制约，宜采用在防护区外围修筑防护堤；若防护区域较小、涉及对象较少、调整现有布局结构难度小的，可采取垫高工程措施，使原场地整体抬高后复建。

对于农田防护，在经济合理的前提下，宜采取垫高工程措施，整体抬高耕作田面，减少后期工程运行管理费用，垫高农田的土料应优先选用淹没区的农田土料。对于淹没农田面积、淹没深度较大的成片农田，经技术经济论证后，宜采取堤防工程防护措施。

对于库岸防护，宜根据库岸类型和防护对象情况，选择相应的护岸工程措施。若库岸上部防护对象距岸坡较近，则治理措施应尽量设置于库岸下部，可采取回填压脚、设置挡墙等措施；反之，可采用削坡减载等措施。

防洪堤（墙）堤线布置，原则上应避免河流上游壅水、水库淹没影响范围扩大及对岸防洪任务加重等影响。

泵站装机容量应根据论证后确定的排涝标准进行计算；水泵选型应按设计扬程进行初选，并应进行工况复核，确保水泵正常运行。

7.1.3.5　工作流程

防护工程规划设计的主要工作流程：调查淹没影响对象等基础数据，分析淹没影响程度，工程防护和搬迁方案比选，确定防护范围，防护措施综合比选，确定规模与标准，开展勘测设计，计算处理费用，编制规划设计文件。

7.1.4　电力工程

电力工程是指水电工程建设征地移民安置涉及的 10kV 及以上电力线路、变电站（所）、开关站和杆上设备等，不包含移民安置涉及的城市、集镇、农村居民点红线内10kV 配电线路、变电所、开关站和杆上设备等。

电力工程的主要工作内容是在建设征地影响电力设施实物指标的基础上，结合移民生产、搬迁安置方案对库区电力负荷进行预测，确定移民生活用电标准，按照复建"三原"原则和国家及相关行业规程、规范要求，对受影响的电力设施进行电网复建规划、工程方案拟定、工程方案比选、工程设计、工程造价等，在保证库区移民和库周居民生产、生活用电的同时，为库区发展提供更加可靠的电力保障。电力工程复建规划设计的工作内容主要包括基础资料收集、电力负荷预测、电网复建规划、工程设计等。

7.1.4.1　收集基础资料

电力工程需要收集的基础资料有：

（1）实物指标调查成果及移民安置规划成果。

（2）电网现状及近期规划资料、地理接线图、主接线图。

（3）各县近年用电负荷资料，包括最大供电负荷、年总用电量、用电构成、年最大利用小时数、分行业和产业用电的各类负荷年用电量、城乡居民生活用电等。

（4）地方行政区划图、建设征地和移民安置区 1∶2000～1∶10000 地形图。

（5）水文、气象、地质及测量等资料。

7.1.4.2 移民生活用电标准

电力负荷预测是电力工程复建规划的一项重要内容。用电负荷可分为生活用电、工业用电、公共设施用电三大类。工业用电可根据现有企业年用电量和单位产品或产值用电量，采用单耗法预测；公共设施用电可根据城镇迁建总体规划布局和用地分类，采用综合指标法预测；居民生活用电应采用人均用电指标法预测，同时选用单位负荷指标法校核。

移民安置电力工程中的主要用电负荷是居民生活用电，因此居民生活用电标准的确定对负荷预测的结果有举足轻重的影响。对应居民生活用电负荷预测的人均用电指标法和单位负荷指标法，有两种不同的居民生活用电指标，分别为人均居民生活用电量和户均用电负荷。人均居民生活用电量是指规划电网供电范围内每人每年的平均生活用电量，单位为 kW·h/(人·年)，一般取值范围为 $400 \sim 800$ kW·h/(人·年)。户均用电负荷是指规划电网供电范围内每户居民家庭的平均安装负荷，单位是 kW/户，一般取值范围为 $2 \sim 4$ kW/户。以上两种指标的转换关系，主要和户均人数，需要系数和年最大负荷利用小时数相关。人均居民生活用电量指标综合反映了规划电网供电范围内对电能的需求情况，反映一个区域内用电负荷对电能需求的整体情况，适用于作为水电工程库区电力工程的负荷预测指标。户均用电负荷指标反映了每户家庭安装电气设备容量的情况，适用于作为城镇内部电网设施设计选型的基础资料。人均用电量指标与户均用电负荷的关系如图 7.1-2 所示。

人均用电量指标 /[kW·h/(人·年)]	年最大负荷利用小时数/h					
户均用电负荷 /(kW/户)	2000	2200	2400	2600	2800	3000
2.00	300	330	360	390	420	450
2.20	330	363	396	429	462	495
2.40	360	396	432	468	504	540
2.60	390	429	468	507	546	585
2.80	420	462	504	546	588	630
3.00	450	495	540	585	630	675
3.20	480	528	576	624	672	720
3.40	510	561	612	663	714	765
3.60	540	594	648	702	756	810
3.80	570	627	684	741	798	855
4.00	600	660	720	780	840	900

注：户均人数按 4 人考虑，需要系数取 0.3。

图 7.1-2 人均用电量指标与户均用电负荷的关系

7.1.4.3 方案拟定和比选

根据收集的建设征地影响电力设施情况、电网基础资料，对现有电力设施受影响程度进行分析，同时根据电力行业规划资料、移民生产和生活安置规划资料，确定电力设施的处理原则及处理方式。

按照"恢复原功能"的原则和国家及相关行业规划设计的规程、规范要求，对建设征地影响的电力设施进行规划复建，对移民生活、生产搬迁安置所需要的电力设施进行规划新建。

在复建方案与地方行业主管部门的规划存在矛盾时，或需要将原有小水电孤网的供电范围并入市电电网时，需要依据建设征地影响电力设施的实际情况、电力网络现状及电力行业主管部门的规划，对电网方案进行复建规划、方案比选与确定。

7.1.4.4 工程设计

电力工程设计按工程类别可分为输电线路工程设计、变电站（所）工程设计，其中：输电线路工程设计，主要按照电力行业规范的要求，确定线路的设计规模、路径方案、导线选型、杆塔型式和基础设计等；35kV 及以上的变电站主要根据建设征地范围现有电网基础情况、规划水平年的人口规模与用电标准、电网复建规划等来确定变电站的电压等级、变压器容量、变电站位置、变电站出线间隔等；10kV 变电所、柱上变压器主要根据分散安置移民的搬迁位置、淹没线上受影响居民的分布区域和规划水平年的人口规模、用电标准，确定变电所的位置、计算变电容量等。

7.1.4.5 工作流程

电力工程规划设计的主要工作流程：调查基础数据，分析建设征地影响，提出处理方式，确定规模与标准，开展勘测设计，计算处理费用，编制规划设计文件。

电力工程专项实物指标调查，应由项目主管部门或者项目法人委托移民安置规划编制单位负责，地方人民政府及有关部门参与和配合，其实物指标调查成果应经过地方人民政府、移民主管部门、电力主管部门或电力设施权属单位（个人）以及移民安置规划编制单位的共同确认。

在规划设计过程中，对电力工程专项的处理方式及建设标准要与地方政府进行沟通并由地方政府进行确认。电力工程专项规划设计成果应征求地方政府及电力行业主管部门的意见，并按程序上报有关部门审批。

7.1.5 电信、广播电视工程

电信、广播电视工程是指水电工程建设征地移民安置涉及的固定通信工程、移动通信工程和广播电视工程，主要包括城市和集镇以外的电信、广播电视工程，城市和集镇以内的电信机房、移动基站和广播电视机房。按电信、广播电视工程的建设形式，还可以分为电信线路工程和电信局站工程。在电信和广播电视设施复建中，着重从"原标准或者恢复原功能"的角度考虑规划设计。

7.1.5.1 收集基础资料

电信、广播电视工程收集的基础资料主要包括：

（1）实物指标调查成果及移民安置规划成果。

（2）电信交换网络现状及近期规划资料、交换网络现状图。

（3）电信传输网络现状及近期规划资料、传输网络现状图。

（4）移动通信网络现状资料、移动通信光缆连接图、基站分布图。

（5）广播电视现状及近期规划资料、本地主干光缆现状连接图。

（6）地区行政区划图、建设征地和移民安置区 1：2000～1：10000 地形图。

（7）地质及地形测量资料。

7.1.5.2 确定处理方案

根据收集的建设征地影响电信和广播电视现状资料，对原有设施受影响程度进行分析，同时根据本地区通信网络规划资料、移民安置规划资料确定电信和广播电视设施的处

理原则及处理方式。

电信和广播电视设施应按照"原规模、原标准或者恢复原功能"的原则，结合国家及相关行业规划设计的规程、规范要求，对受影响的电信和广播电视设施着重按原标准或者恢复原功能规划设计，对移民安置新增的电信和广播电视设施以移民原有电信和广播电视设施条件为基础、以保障库区移民及库周居民通信服务为前提进行规划设计。

7.1.5.3　确定设计标准

不同类别的电信和广播电视设施有不同的设计标准和技术指标。固定通信网络交换系统的规划容量可根据原有电话普及率，按规划水平年交换系统服务范围内的规划人口规模计算。固定通信网络传输系统采用原有传输方式组网。通信光缆的芯数与敷设方式采用原有标准。移动通信网络以网络的原有状况、技术水平为基础进行规划设计，移动通信网络的总体结构保持不变，基站的数量和规模采用原有标准。

广播电视网络在维持原有的广播电视网络总体结构及机房现有主要设施配置的基础上进行规划设计。线路的敷设采用原有方式。

7.1.5.4　规划设计

规划设计阶段的工作内容主要包括规划设计、计算处理费用、编制专题设计报告等。

1. 规划设计

通信线路规划设计包括路由选择、线材选择、线路信号损益分析、线路安装设计、接续与测试设计、线路杆塔设计、防雷接地设计等。路由选择是通信线路设计工作的重点，主要包含路径选择、敷设方式选择、线路大跨越设计等。长途通信和区间传输的光缆线路的规划设计，应参照通信行业初步设计深度要求，确定光缆线路的路由、光缆的芯数、线路敷设方式以及光缆的主要技术指标等。电缆线路的规划设计，应选定电缆线路的路由、线路敷设方式等。规划的电缆线路路由应标绘在 1∶10000 地形图上，长度可在图上量算。

通信局站规划设计主要包括通信现状调查、通信容量需求预测、站址选择、网络容量规划、局站设备配置方案、无线网络设计、数据网络设计、网络的模拟和仿真、天馈线系统设计、供电方案设计、防雷接地设计、机房土建设计等。在移民安置通信局站复建规划中，通信容量需求预测、站址选择、网络容量规划、局站设备配置方案四项工作是规划设计的重点。通信容量需求预测包括用户业务量预测所使用的方法；数据用户业务量预测；增值业务量预测。站址选择包括站间距取定、基站选址、局所选址。电信机房、移动基站和广播电视发射台场地的选择，应符合相关行业规范的要求，场地的选址须与城镇和农村居民点迁建规划协调一致。网络容量规划主要包括网络覆盖的规划与设计、信道板配置、重叠网方案、混合网方案。局站设备配置主要包括无线设备、有线设备、传输设备、数据设备等。固定通信系统的规划设计，根据移民安置规划和通信系统的原有状况，确定固定通信系统组成、设备容量、设备配置、设备的主要技术指标；移动通信的规划设计，根据移民安置规划和通信系统的原有状况，确定移动通信系统复建方案、基站位置、数量、容量；广播电视机房的规划设计，根据原有广播电视机房的设备配置情况，按照"原规模、原标准或者恢复原功能"的原则进行规划设计。

2. 计算处理费用

电信、广播电视的处理费用应根据规划的工程量，按《通信建设工程预算定额》《通信建设工程概算、预算编制办法及费用标准》《有线广播电视系统安装工程预算定额》《有线广播电视系统安装工程预算定额编写及使用说明》等有关规定进行计算。

3. 编制专题设计报告

可行性研究阶段主要依据预可行性研究审查批复意见，拟定处理原则，选取设计标准，基本确定通信线路路由、局站选址以及设计方案，拟定施工方案、计算主要工程数量，提供文字说明和图表资料，并编制设计概算。一般情况下，电信和广播电视工程应按照通信行业初步设计阶段深度要求开展工作，对于工程规模较小或处理费用较小的项目，可适当简化勘察设计工作。

固定通信设施规划设计成果应包括：固定通信设施现状（交换网络、传输网络）及建设征地影响情况（交换设备、通信线路、传输设备）；固定通信网络复建规划（交换网络、通信线路、传输网络复建方案，农村移民、外迁移民安置点电信设施复建方案）。移动通信设施规划设计成果应包括：移动通信设施现状及淹没影响情况；移动通信网络复建规划。广播电视设施规划设计成果应包括：广播电视设施现状及淹没影响情况；广播电视网络复建规划。

7.1.5.5　工作流程

电信、广播电视工程规划设计的主要工作流程：调查基础数据，分析影响情况，提出处理方式，确定规模与标准，开展勘测设计，计算处理费用，编制规划设计文件。

电信和广播电视工程专项实物指标调查，应由项目主管部门或者项目法人委托移民安置规划编制单位负责，地方人民政府及有关部门参与和配合，其实物指标调查成果应经过地方人民政府、移民主管部门、电信和广播电视行业主管部门或权属单位（个人）以及移民安置规划编制单位的共同确认。

在规划设计过程中，对电信和广播电视工程专项的处理方式及建设标准要与地方政府进行沟通并由地方政府进行确认。电信和广播电视工程专项规划设计成果应征求地方政府及电信和广播电视行业主管部门的意见，并按程序上报有关部门审批。

7.1.6　企业处理

企业处理是指对建设征地范围内涉及企业通过实物指标调查、基础资料收集、影响分析，拟定处理方案、开展规划设计等工作，对因建设征地对企业造成的影响进行补偿或恢复。企业按规模应划分为大型企业、中型企业、小型企业和微型企业等四类；按行业可分为工业（采矿业、制造业等），农业（农、林、牧、渔业），服务业（批发零售业，交通运输、仓储和邮政业、建筑业、住宿和餐饮业、信息传输、软件和信息技术服务业等）。

企业处理的主要内容包括：调查实物指标，收集基础资料，分析企业的受影响程度，拟定处理方式和方案，开展规划设计，计算企业处理补偿费用等。

7.1.6.1　调查实物指标和收集基础资料

实物指标调查包括：对企业用地、基础设施、房屋、构筑物、设备、存货等实物形态资产的调查，由联合调查组现场对上述实物资产的数量、尺寸、规格、型号等开展的调查。

基础资料收集主要包括对企业基本情况资料、相关证照资料、财务资料、实物资产相关资料、行业管理相关资料等的收集。

实物指标调查和基础资料收集主要是为拟定处理方案、开展规划设计、计算补偿费用提供基础。实物指标调查应区分建设征地内、外和厂区内外逐项进行调查。资料收集根据重要性开展资料的收集工作，对于基本情况资料、相关证照资料、财务资料，必须收集；对于其他资料，尽量收集。

实物指标调查和基础资料收集，以省级人民政府发布通告的时间作为基准时间。

7.1.6.2 影响分析

影响分析是指对建设征地涉及企业，根据收集的资料和实物指标调查的成果，对其受影响程度进行的分析工作。对建设征地涉及企业进行影响分析，一方面是为了确定建设征地范围外需扩大处理的范围，另一方面是为拟定处理方案提供基础。

影响分析主要包括三方面的内容：一是对企业用地、基础设施、生产设施、设备、存货等实物资产受建设征地的影响程度进行分析；二是对企业原材料供应、生产工艺流程、产品销售等生产经营活动受建设征地的影响程度进行分析；三是对局部影响企业的周边地形地质、水位、基础设施等后靠条件进行分析。

7.1.6.3 处理方式和方案

企业处理方式分为防护处理方式、迁建处理方式、货币补偿处理方式。处理方式的拟定应按照优先防护和迁建的原则，对于具备防护条件的，在技术可行、经济合理的前提下，优先采取防护处理方式；对于不具备防护条件、丧失生产经营所需矿产资源的采矿业企业，应采取货币补偿处理方式；对于其他企业，应采取迁建处理方式。应在确定的处理方式基础上拟定企业的处理方案。

处理方案是对建设征地处理范围内的企业，对防护处理、迁建补偿、货币补偿等活动进行的统筹安排。处理方案的内容包括：分析确定企业处理规划设计的基准年和水平年，拟定处理规模，确定防护处理企业工程措施，迁建补偿企业新址选择，明确处理项目及其标准，统筹协调企业处理规划与其他相关规划的关系。

1. 防护处理

防护方案包括防护工程处理方案和企业受影响部分的处理方案。

防护工程处理方案包括开展防护处理工程方案比选和工程技术经济论证，按照技术可行、经济合理的原则确定防护处理工程方案。防护处理工程方案比选包括防护处理、迁建补偿处理方案比选和不同工程措施的比选。工程技术经济论证应从方案可行性、措施安全可靠性和必要性等方面进行。

企业受影响部分的处理方案应分析实施防护工程后对用地、基础设施、生产设施、设备、存货的影响，明确处理规模、标准、措施。

2. 迁建处理

迁建处理方案主要包括迁建新址，迁建处理标准和规模、补偿项目。

企业迁建新址的选择，对于局部受影响企业，应优先考虑局部后靠选址；对于现状位于城镇或居民点内的企业，满足环保和安全的前提下应优先随城镇或居民点迁建；独立选址的大中型企业，其新址应满足防洪和环境保护的要求、地形地质条件适宜，同时应尽量利用已有或移民安置规划的交通、供水、电力等基础设施，少占耕地、园地。对城镇或居民点外独立迁建企业，仅对大中型企业统一开展新址选择的工作，对于小型、微型企业，由企业自行选址迁建。

迁建处理的规模应根据企业原有生产条件、生产工艺，按照原规模、原标准或者恢复原有生产能力的原则分析确定。处理项目应主要包括企业迁建新址用地及基础设施、原有生产设施、设备、存货、搬迁期停产停业补助；处理项目的标准应按原标准分析确定。

3. 货币补偿处理

货币补偿处理方案包括处理规模、项目及标准。

处理规模应按照现状规模分析确定。处理项目应主要包括用地及基础设施、生产设施、设备、存货。处理项目的标准应根据补偿项目现状标准分项分析确定。

7.1.6.4　规划设计

企业处理规划设计包括对用地、基础设施、生产设施、设备、存货、停产停业损失等处理项目开展的处理规划设计。

1. 用地

对于迁建补偿企业，现状位于城镇或居民点内的，企业用地随城镇或居民点一并开展规划设计，新址用地总面积按现状建设用地面积进行控制。现状位于城镇或居民点外的，对于独立选址的大、中型企业和纳入移民规划工业园区的企业，根据新址规划设计成果确定新址用地范围，调查新址占地实物指标，根据调查成果对企业新址用地进行补偿处理；对于小、微型企业和迁入已建工业园区的企业，根据调查确认的现状用地面积进行补偿处理。

对于货币补偿企业，按调查确认的现状用地面积进行补偿处理。

2. 基础设施

基础设施处理设计包括场平工程、外部基础设施、内部基础设施处理设计。

在迁建城镇或居民点内选址的企业，其场平工程、外部基础设施应与城镇和居民点基础设施统筹规划，随城镇或居民点一并开展规划设计。

在迁建城镇或居民点外独立选址的企业，对于大、中型企业和纳入移民迁建规划的工业园区，应对场平工程及外部基础设施进行规划设计，提出相应工程量。对于小、微型企业，基础设施按实物指标调查成果补偿处理。

货币补偿企业内部基础设施根据实物指标调查成果进行补偿处理。

3. 专用房屋和构筑物

迁建补偿企业专用房屋、专用构筑物按"重置成本"原则进行补偿处理，房屋、构筑物中的可回收材料应按变现方式处理。

货币补偿企业的专用房屋、专用构筑物，应在重置费用基础上考虑成新率进行补偿处理，同时对其中可回收材料按变现方式处理。

4. 设备

设备处理包括机器设备处理和其他设备处理。机器设备处理可分为可搬迁机器设备处理、不可搬迁机器设备处理。

迁建补偿企业的设备应以实物指标调查成果为基础，对恢复原功能所需的相关费用进行补偿处理。可搬迁机器设备处理和其他设备按搬迁方式补偿处理，不可搬迁机器设备处理应在考虑设备按重置方式进行补偿处理基础上，对原设备按变现方式处理。

对于货币补偿企业的设备，根据实物指标调查成果，按设备类别分类进行补偿。机器设备处理应在考虑原设备变现基础上，对设备现值进行补偿处理。对于国家产业政策限令淘汰的设备，成新率应考虑产业政策的限制。对于其他设备，按企业自行变现的方式进行补偿处理。

5. 存货

对于迁建补偿企业的存货，按搬迁方式进行处理。存货数量以实物指标调查数量为基础，按企业生产能力、经营情况和搬迁组织计划以及行业规定综合分析确定。

对于已停产、国家限令淘汰的货币补偿企业，不处理存货。对于在产的货币补偿企业，如确需处理存货时，应根据实物指标调查存货数量，结合企业的生产经营情况分析确定规划水平年的存货数量，按企业自行变现方式进行补偿处理。

6. 停产停业损失

停产停业损失是指迁建补偿企业搬迁过程期间需中断正常生产经营的，其搬迁开始至搬迁完成期间因停产停业造成的有关损失。

停产停业损失项目包括企业职工工资、奖金、津贴和补贴，职工福利费，医疗保险费、养老保险费、失业保险费、工伤保险费和生育保险费等社会保险费，住房公积金，工会经费，职工教育经费，净利润，财务费用，以及维持正常的管理所必需的水电、办公和生产场地租赁等费用。

企业停产停业时间应根据其生产经营特点和受淹没影响的项目，按照主要生产设备全面停产至具备恢复正常生产条件的时间进行拟定。

7.1.6.5　补偿费用

企业补偿按照实物形态资产进行补偿的原则，分为迁建处理企业费用、货币补偿企业费用和防护处理企业费用。

迁建处理费用应根据企业原有生产条件、生产工艺，按照原规模、原标准或者恢复原有生产能力的原则分析确定；企业为符合国家产业政策、满足行业准入条件，需进行技术改造和产业结构调整的，可进行统筹规划和迁建，但扩大规模、提高标准、增加功能需增加的费用，应由企业自行解决。

货币补偿企业应按照原规模、原标准的原则，计算其房屋、构筑物、设备、原址用地及基础设施、存货等项目的补偿费用；货币补偿企业的专用房屋、专用构筑物、设备的重置成本考虑折旧。

防护处理企业的补偿费用，应按照迁建处理企业补偿费用计算原则进行计算。

7.1.6.6　工作流程

企业处理主要工作流程为调查实物指标、开展基础资料收集、确定处理方式、拟定处理方案、开展规划设计、编制补偿费用概算和规划设计成果。

企业实物指标调查应由项目主管部门或者项目法人委托移民安置规划编制单位负责，地方人民政府及有关部门参与和配合，企业的实物指标调查成果应由企业法人或单位和调查者签章认可。

企业处理方案应由移民安置规划编制单位会同地方人民政府、行业主管部门和企业共同拟定，选择大中型迁建企业的新址，并由地方人民政府确认。

企业处理规划设计成果应由移民安置规划编制单位完成，成果宜征求地方人民政府和行业主管部门的意见。

7.2 关键技术

7.2.1 科学运用"三原"原则，合理确定专业项目标准和规模

"原规模、原标准或恢复原功能"的"三原"原则，是水电工程移民安置专业项目复建规划的一项基本原则。多年的实践证明，"三原"原则不仅是合适的、而且是非常重要的。"三原"原则在不同时期对指导和规范移民迁（复）建工程的规划和相关补偿费用的计算都发挥了重要作用，避免和减少了同一库区不同地方和不同电站之间无原则的盲目攀比，对顺利推进库区移民安置工作起到了重要作用。因此，作为水电工程移民安置专项工程复建规划的基本原则与技术手段，"三原"原则如何科学运用，至关重要。

7.2.1.1 交通运输工程

交通运输是与人们生产生活密切相关的重要基础产业，它把社会生产、分配、交换和消费等经济发展的各个环节紧密联系，还与国家政治、国防、文化等密不可分。水电工程建设征地影响及移民安置规划所考虑的交通运输工程规划设计，关系着水电工程的顺利建设，也关系着广大移民"搬得出、稳得住、逐步能致富"的规划目标的最终实现。

按照"原标准、恢复原功能"进行复建是水电工程建设征地移民安置实施规划中交通运输工程的规划设计原则，其基本核心是对交通设施所丧失的交通功能进行恢复。水电工程的建设必将影响到原有的交通设施，对受影响设施进行复建是理所当然的。而正如前文所述，由于工程建设条件变化等原因，复建前后交通设施的"工程规模"很难相同，所以对于交通复建项目的标准认定，就成为规划设计中的关键部分。对于电站项目法人而言，对受影响的交通设施进行复建虽是应当，但其补偿责任也不能无限扩大，复建项目的等级标准应按照国家政策采用"原标准"原则；而对于地方政府而言，受影响的交通设施一般建成时间都较为久远，受当时的经济发展和技术条件限制，工程标准往往偏低，如再按原来的低标准进行复建势必会影响到今后的社会经济发展。因此，如何既能坚持国家政策和"三原"原则，又能通过水电工程的建设来兼顾和促进地方发展，科学合理地确定交通项目复建标准，在电站项目法人和地方政府的博弈中取得平衡点，是交通运输工程规划设计的一个关键问题。

而目前在交通工程复建规划的实际应用中，对"三原"原则的科学应用，主要是通过把握好主要技术指标来合理确定受影响道路的标准与规模。

道路工程的设计速度是确定道路设计标准和影响道路工程规模的主要技术指标，而设计速度最直接的表现形式则是道路的平、纵面线形。因此，进行实物指标调查时，应重点关注道路的平、纵线性指标和设计速度，再结合道路路基路面宽度、路面类型、桥隧宽度等指标，综合确定受影响道路的等级标准及设计速度，为复建规划设计提供准确的技术标

准与规模。

道路技术标准确定后，受影响道路原有规模个别指标低于现行行业规范标准的，复建道路指标可按行业规范标准下限执行，如金沙江流域 XJB 水电站某库区公路，在 2002 年调查时该公路部分地段平面线形达不到三级公路的线形标准、个别工程量困难地段（寸腰岩）路基宽度仅 6m，公路等级标准介于三级和四级之间，但考虑到该公路全线大部分地段可达到三级公路标准，因此在可行性研究阶段对该公路按三级公路、路基宽 7.5m、路面宽 6.5m 的标准进行复建规划。

而受影响道路原有规模个别指标高于现行行业规范标准的，复建道路指标可按原有规模标准执行，如对清水江流域 TK 水电站某库区农村道路进行实物指标调查时发现，该农村道路的线形标准虽然较低，但路基宽度达到 6.5m，超出一般农村道路路基 4～5m 的宽度标准，最终在规划复建时该道路按照汽车便道等级、路基宽 6.5m 执行。

对于涉及工程结构安全和后期运行安全的技术指标，如桥涵设计荷载等级、抗震设防等级、交通安全设施等级等，则须按不低于现状标准且符合现行规范要求来确定。

7.2.1.2 供水工程

水是一个城镇发展的战略资源，与人们的日常生产生活息息相关，供水系统的安全与可靠性直接影响着整个库区移民的经济命脉和社会稳定。供水工程作为基础设施，应与建设征地影响和移民安置区的经济社会地位相适应，确保供水水量与水质，以更好地满足库区移民的用水需求。在"三原"原则的基础上，合理地确定供水标准和规模、提高供水保证率是移民安置供水工程的关键技术。

供水工程的设计用水量包括居民生活用水量、公共建筑用水量、工业企业用水量、浇洒道路和绿地用水量、管网漏损水量、未预见用水量和消防用水量，村镇供水工程的供水规模计算时应根据实际需求列项。

《室外给水设计规范》（GB 50013—2018）和《村镇供水工程技术规范》（SL 310—2019）对全国范围内的省份按照水量多少等因素进行了分区，并对各区城市与村镇的最高日、平均日用水定额的上限值和下限值进行了规定。《水电工程移民专业项目规划设计规范》（DL/T 5379—2007）规范规定移民安置供水工程设计用水量在此范围内进行选取，但应综合考虑搬迁前现状用水量，搬迁新址的用水条件、水源条件，及周边类似工程的供水情况。

鉴于水是生活必需品，加之移民新址搬迁人口的不确定性、未考虑设计年限等因素，多数新建供水工程的居民用水定额采用了规范规定的中高值，并大幅超过了原标准和原规模，为移民新址今后的发展留了较大余地。根据 XJB 水电站云南库区 S 县城新址供水工程老水厂的统计资料，2009—2012 年间多年平均供水量为 3000m³/d，供水人口约 2 万人，平均日人均综合用水量仅 150L/（人·d）；而按规范计算的 S 县城新址的平均日综合用水量已达到 359L/（人·d），已大幅超过了原标准。

城镇、居民点供水工程的居民用水定额采用规范规定的中高值时，将会给城镇、居民点新址人口数增加预留调整余地，经分析计算用水定额不低于规范下限和搬迁前用水标准的情况下，可不调整供水规模。例如，根据《金沙江 XJB 水电站 S 县 H 镇修建性详细规划》，H 镇新址供水工程规划人口 4121 人，水厂设计规模 1200m³/d，2009 年 7 月完成施工图设计；为满足移民顺利搬迁，H 集镇新址供水工程于 2011 年初建成并投入运行。2011 年 5 月，根据 XJB 云南库区 S 县农村移民安置总体规划，H 镇新址供水人口数调整为 5065 人，该人口数较 S 县 H 镇原修建性详细规划人口数多 944 人，但原设计的最高日居民生活用水定额采用值为 130L/（人·d），依据此生活用水定额计算出水厂供水规模为 1200m³/d。根据规范规定，H 镇所在地区可采用的最高日居民生活用水定额为 95～130L/（人·d），原设计采用的为最高值。复核计算时将设计的最高日居民生活用水定额调整为 100L/（人·d），集镇人口数为 5065 人，采用新址二期扩容后的浇洒道路与绿化面积指标，复核计算得水厂供水规模为 1200m³/d，在不增大原供水规模的前提下可满足 H 镇新址用水要求。因此，原 H 镇新址供水工程的原设计也能满足二期扩容后集镇供水需要，无须扩容。

农村居民点和发展较落后的集镇，供水规模计算时应根据实际需求列项。XJB 水电站 P 县 S 镇、X 镇等共 8 个农村居民点，共安置 1697 人，居民点设计供水量仅包括居民生活用水量、公共建筑用水量、管网漏失水量和未预见用水量，未计列工业企业用水量、浇洒道路和绿地用水量。其中，居民生活用水量包括了居民散养畜禽用水量、散用汽车和拖拉机用水量、家庭小作坊生产用水量；公共建筑用水量包括学校、机关、医院、饭店、旅馆、公共浴室、商店等用水量，村庄的公共建筑用水量原则上可只考虑学校和幼儿园的用水量。

7.2.1.3 电力电信工程

"电能"是现代生活的必需品，截至 2015 年年底，随着青海省最后 3.98 万无电人口通电，我国已全面解决无电人口用电问题。从早期如 LT 水电站库区居民使用煤油灯照明，到现在几乎所有水电站库区居民户户通电，在水电工程移民专业项目处理发展过程中，电力工程的重要性逐渐凸显。"三原"原则在专业项目复建过程中不仅是合适的而且非常重要，但在实际的电力工程复建规划过程中发现，以"三原"原则为基础的电力工程复建规划与地方政府发展规划、行业发展规划和电网总体规划等常常存在一定的矛盾，其中，主要体现在原规模、原标准的复建原则与地方发展、电力行业发展和行业规程规范之间的冲突。冲突的主要原因是一些大型水电站建设周期较长，导致设计基准年至规划水平年所跨越的年份较长，在此期间：一方面，随着科技进步和社会的发展，居民生活水平相应提高，同一区域非移民地区的经济、社会全面发展，但建设征地范围的社会、经济发展因受停建令影响而基本上维持在停建令之前的水平；另一方面，为加强城乡电网建设，完善中西部地区和农村电网电力建设工程，各地电力部门先后按照新的建设标准和要求进行农网改造，改造后的电网，电源布点更加合理，供配电设备更加安全可靠，配电线路更加稳定，而这些改造在停建令下达后的建设征地区基本上也处于停滞状态。

水电工程移民专业项目电力工程的复建规划如果只考虑按照"原规模、原标准"原则对电力工程进行复建规划，显然不合理，也得不到地方政府的认可与支持。在此情况下，在测算移民生活用电标准时，就必须按照"恢复原功能"的设计原则并适当考虑地方的经济发展，科学测算移民生活用电标准。

在电力工程复建规划中，合理确定用电标准是确定电力工程复建规模的重要基础。电力工程主要用电负荷包括居民生活用电、工业用电和农业用电等。移民安置区内用电负荷的预测一般采用用电指标法，规划的用电指标可根据实物指标调查时的实际情况，适当考虑当地负荷的发展需求，综合确定。工业用电和农业用电指标，在现状的基础上分析确定，人均居民生活用电量指标应根据当地生活水平、人口规模、地理位置、供电条件等综合确定，取值范围一般为 $400\sim800\mathrm{kW\cdot h/(}$人·年$)$。同时，考虑到一些水电工程所在地采用户均负荷指标作为居民用电的衡量指标，可以进一步采用户均用电负荷指标法作为负荷预测的校核方法，户均用电指标一般为 $2\sim4\mathrm{kW/}$户。之所以采用用电指标法进行负荷预测，一方面是因为移民安置电力工程规划须遵循"三原"原则，在实物指标调查及前期收资阶段，年用电量等参数更易于调查收集，更适用于作为复建标准指导后续电力工程复建规划设计；另一方面是因为水电工程建设征地影响范围一般在县域范围，涉及的用电负荷主要是居民生活用电，采用年用电量作为衡量标准可以综合反映移民生活水平及当地经济社会发展程度，有利于提高移民安置规划的操作性和严肃性。

同时，考虑到一些水电工程所在地使用户均负荷指标作为居民用电的衡量指标，对于影响涉及用电负荷规模较大的电网复建规划，可以进一步采用户均用电负荷指标法作为负荷预测的校核方法，户均用电负荷指标一般为 $2\sim4\mathrm{kW/}$户。

在居民生活用电负荷预测中，人均年用电量指标及户均用电负荷指标是从两个不同角度对单位负荷进行衡量，前者反映的是 1 个自然年度内人均电能的消耗量，后者反映的是居民户均电气负荷的安装容量。两个指标之间的转换与年最大负荷利用小时数、设备需要系数、户均人数等因素有关。对于同一个家庭，在同一户均用电负荷标准，即每户家庭安装用电设备容量相同的情况下，经济发展水平较高的地区年最大负荷利用小时数和设备需要系数均较高，因此年用电量较大；反之，经济发展水平较低的地区年最大负荷利用小时数和设备需要系数均较低，因此年用电量较小。

设备需要系数用来反映用电设备的实际使用功率，居民生活用电设备根据不同用途及经济水平，一般取 $0.2\sim0.4$。年最大负荷利用小时数用来反映用电设备使用频率及家庭经济水平，居民生活用电的年最大负荷利用小时数一般取 $2000\sim3000\mathrm{h}$。

随着电信技术的发展，水电工程建设征地影响涉及的电信工程项目在不断地变化，早期 SBX 电站库区 J 县城涉及摇式电话，近年 XJB 电站涉及光纤通信网络。因此，电信工程复建规划的标准选取主要侧重恢复原功能，以恢复原有居民的通信服务为重点。在电信工程标准选取中，主要以固定电话普及率为复建标准，结合当地通信条件，也可以同时选择移动电话普及率作为补充。

7.2.1.4　企业处理

根据 471 号移民条例："工矿企业的迁建，应当符合国家的产业政策，结合技术改造和结构调整进行；对技术落后、浪费资源、产品质量低劣、污染严重、不具备安全生产条件的企业，应当依法关闭。……工矿企业和交通、电力、电信、广播电视等专项设施以及中小学的迁建或者复建，应当按照其原规模、原标准或者恢复原功能的原则补偿。"

根据《水电工程移民专业项目规划设计规范》（DL/T 5379—2007）："对需要迁建的企业，应当符合国家的产业政策，结合技术改造和结构调整，按原规模、原标准、恢复原有生产能力的原则进行规划设计。需要迁建的企业事业单位，可以结合技术改造和产业结构调整进行统筹规划和迁建。按原规模和原标准建设所需要的费用，按照重置价格，经核定后列为水电工程补偿费用;扩大规模、提高标准需要增加的费用,由企事业单位自行解决。"

根据移民条例和规范的规定,对水电工程建设征地涉及企业,其迁建规划结合技术改造和结构调整进行,对其补偿应遵循"三原"原则,企业处理方式的不同,执行"三原"原则的内涵存在差异,详述如下。

1. 迁建处理企业标准和规模的确定严格执行原规模、原标准、恢复原有生产能力的原则

对于迁建处理企业,补偿规模应根据企业原有生产条件、生产工艺,按照原规模、原标准、恢复原有生产能力的原则分析确定。迁建补偿企业的用地、基础设施、生产设施、不可搬迁设备、存货均采取按原规模和标准进行恢复,对于可搬迁设施设备计列搬迁至新址所需费用和损失,并考虑迁建期间的停产损失。企业迁建过程中,为符合国家产业政策、满足行业准入条件进行技术改造和产业结构调整的,其扩大规模、提高标准、增加功能的部分,由企业自行解决。

以下以 XJB 水电站 P 县某企业为例说明企业处理过程中执行"三原"原则与符合国家产业政策的关系。

(1) 企业基本情况。P 县某企业原址位于锦屏镇金沙村 2 组(金沙工业园区),高程为 304~325m,占地面积 53 亩,属有限责任企业,主管部门为县经信局;注册时间为 1998 年 7 月 13 日,注册资金 257.4 万元,企业职工共 245 人(正式工 235 人、临时工 10 人)。主要经营范围:电石、石灰矿生产及销售,电石炉的安装、调试、技术转让、化工、五金交电销售。目前经营状况:经营。

公司是 1998 年由原集体企业 P 县电冶厂(始建于 1987 年)改制组建的民营企业,主要产品为电石(化学名称:碳化钙,系主要化工原料,用途比较广泛),拥有 3600kVA 和 5000kVA 的电石炉各 1 座,原设计生产能力 16000t/年,实际平均生产电石 12000t/年。工艺流程:电石生产所需的主要原料是生石灰和焦煤,将这两种原料加工破碎成需要的粒度,按照一定比例掺和,再投入电炉中加热熔融,产生液相时就生成电石。

2009 年 11 月,公司在宋家坝工业园区完成年产 45000t 电石生产装置迁建并投入生产。

(2) 涉及该企业的相关政策。国家发展改革委 2007 年第 70 号公告《电石行业准入条件(2007 年修订)》(2007 年 10 月)第二章第一条:"新建电石企业电石炉初始总容量必须达到 100000kVA 及以上,其单台电石炉容量不小于 25000kVA。新建电石生产装置必须采用密闭式电石炉,电石炉气必须综合利用。鼓励新建电石生产装置与大型乙炔深加工企业配套建设。"第二章第二条:"现有生产能力 1 万吨(单台炉容量 5000kVA)以下电石炉和敞开式电石炉必须依法淘汰。2010 年年底以前,依法淘汰现有单台炉容量 5000kVA 以上至 12500kVA 以下的内燃式电石炉。"

(3) 企业处理规划设计成果。

1) 实物指标调查成果。2008 年,联合调查工作组开展了该企业的实物指标调查工作。根据经确认的实物指标调查复核成果,该企业建成区外占地面积 53 亩,房屋建筑面积总计 15785.7m²(专业房屋面积 4448.97m²),装修 30670.88 分,零星果木 32 株,林地 10.82 亩,构筑物 206 项,管道沟槽 5 项,机器设备 166 台/套(可搬迁设备 85 台/套)。

2）企业处理方案。该企业属围堰截流整体搬迁企业，于 2008 年年底在宋家坝工业区启动了企业的整体迁建工作，新建电石企业电石炉单台容量为 25000kVA。

2009 年年底投入试生产后，于 2010 年经四川省经信委组织专家现场核定，并出具川经信产业函 20101586 号《关于 P 县金石化工有限责任公司等两户企业工业产品生产许可产业政策确认意见的函》对该企业按产业政策要求实施迁建情况进行了确认。

3）企业补偿费用。根据 2012 年 2 月审定的企业处理专题报告，对该企业按照迁建方式计算了补偿费用，对于可搬迁设施设备，计列搬迁至新址所需费用和损失；对不可搬迁设备，计列了重置恢复费。

经计算，该企业补偿费用合计 4314 万元。其中普通房屋补偿费 1006 万元，附属设施补偿费 87 万元，装修补助费 121 万元，照明饮水补助 12 万元，专业主厂房补偿费 673 万元，构筑物及辅助设施补偿费 500 万元，管道沟槽补偿费 205 万元，附属设施补偿费 47 万元，设备补偿费 1321 万元，存货补偿费 2.52 万元，停产损失 339 万元。

（4）处理分析。

1）对该企业处理规模的确定。该企业 2008 年年底在宋家坝工业区启动了企业的整体迁建工作，新建电石企业电石炉单台容量为 25000kVA，即该企业按照符合国家产业政策的规模进行了迁建。企业将不符合国家产业政策的生产线进行淘汰后，得到了国家奖励资金 144 万元。

移民安置规划编制单位在开展该企业的处理规划设计工作时，补偿规模的确定按照企业原规模电石炉容量 3600kVA 和 5000kVA 进行确定，而非迁建的电石炉容量 25000kVA 的规模，对设施设备补偿处理均采用了实物指标调查规模和标准。体现了对企业处理规模和标准确定的"三原"原则。

2）对该企业设备处理标准的确定。在企业处理规划设计过程中，该企业提出将部分"可搬迁设备"调整为"不可搬迁设备"的诉求：3 家企业的部分设备在实物指标调查时确定为可搬迁设备，在企业处理规划过程中，由于出台了新的行业政策，企业的部分设备不符合行业政策关于产能的要求，需在限定的时间内进行淘汰，淘汰时间在规划的搬迁时间之后，因此，企业认为虽然设备现状调查为可搬迁设备，但移民条例中规定企业迁建应符合国家产业政策，强烈要求将现有的部分不符合产业政策要求需进行淘汰的可搬迁设备调整为不可搬迁设备进行处理。

经过有关各方多次协调研究认为，根据 471 号移民条例和"07 规范"的相关规定，工矿企业的迁建规划应当符合国家产业政策，结合技术改造和结构调整进行，但对其补偿应遵循"三原"原则（原规模、原标准、恢复原功能的原则），扩大规模、提高标准需要增加的费用由企业自行解决。因此，该企业根据产业政策需淘汰的可搬迁设备，企业应自行按期淘汰，但对其补偿应遵循"三原"原则，即按照设备原有规模和标准、恢复原有的功能（可搬迁设备）计列补偿。

2. 货币补偿处理企业按照原规模、原标准的原则确定补偿规模和标准

对于货币补偿处理企业，由于不需要复建，采取直接确定补偿费用的方式进行处理。根据《水电工程移民专业项目规划设计规范》（DL/T 5379—2007），采取货币补偿企业的场平、基础设施、房屋、构筑物的处理与迁建企业一致，企业的机器设备、存货补偿其扣

除变现后的现值，且不考虑迁建期间的停产损失。

以下以 XJB 水电站 P 县某企业为例说明货币补偿处理企业处理规模和标准的确定。

（1）企业基本情况。该企业位于 JP 镇金沙村 5 组，高程为 328m，占地面积 2 亩，属普通合伙企业，主管部门为锦屏镇，注册时间为 2006 年 1 月 5 日，注册资金 50 万元，企业职工共 48 人（正式工）。主要经营范围：建筑用石灰岩加工销售。目前经营状况：于 2009 年停产。

（2）企业处理规划设计成果。

1）主要实物指标成果。根据经确认的实物指标调查复核成果，P 县建成矿石厂区外占地面积 2 亩；房屋建筑面积总计 71.38m²，其中砖木结构 68.38m²，杂房 3m²；构筑物 13 项，机器设备 44 台（套），存货 2 项。

2）处理方案。该企业属于资源型企业，停产 2 年以上，经 P 县人民政府确认处理方式采用货币补偿。

3）补偿费用。企业用地、基础设施、房屋、构筑物均根据现状实物指标调查成果确定补偿实物量，按照重置原则计列补偿；对设备、存货考虑成新率和变现的基础上，对原设备计列重置费用；不计列停产损失补助。

经计算，企业补偿处理费用 110 万元。其中综合征地费及场平工程费 34 万元，普通房屋补偿费 3.93 万元，附属设施补偿费 0.1 万元，照明饮水补助 0.05 万元，构筑物及辅助设施补偿费 70 万元，存货补偿费 2.17 万元。

（3）对该企业处理规模的确定。该企业采取的是货币补偿处理方式，处理规模应按照现状规模分析确定，即按照企业实物指标调查的成果进行处理规划设计，确定处理项目，根据处理项目分析处理标准。

7.2.2 做好路网总体规划，合理确定规划方案

水电工程影响复建道路在电站规划中的重要性日益显著，其规划方案的合理性也影响到移民安置的效果。目前，已规划建设的水电站中，交通工程规划基本都依据"原标准、恢复原功能"的原则，但若机械地按原标准、恢复原功能来进行交通专项规划，有可能造成交通路网不协调、通行功能不顺畅、移民出行不方便又或是投资额较大却不能最大限度地发挥工程效益等现象。此时，应考虑到库区交通运输是一个主次干道相结合、水陆联合运输的整体网络，重点从交通流量与流向着手来确定规划方案，则可以更加合理地在满足交通功能、方便生产生活、节约工程投资和发挥工程效益之间取得平衡，即使个别复建项目的技术标准与规模可能超出了"三原"原则，但复建交通网总体功能得到了有效恢复，总体投资也可以有效控制，并能更好地发挥投资效益和社会效益。

清水江流域 TK 水电站库区的交通规划设计，根据前期的淹没实物指标联合调查成果，库区内共淹没等级公路 29km，淹没汽车便道 20.3km，淹没机耕道 48.7km，淹没渡口 18 个，淹没码头 50 个。在库周交通规划过程中，由于库区绝大部分受淹农村道路均与受淹等级公路相连接，因此，在受淹等级公路抬高复建后，大部分受淹农村道路均与复建等级公路相连接，无须另行复建。鉴于以上情况，再结合库区移民安置总体规划情况，按

"三原"原则，另还对库区 12 条需复建的受淹农村道路进行了规划设计。之后根据农村移民安置规划，该库区移民全部采用后靠安置，为了方便大部分移民安置点的生产生活，在受淹等级公路和农村道路复建规划的基础上，又对库周农村道路进行了补充新建规划。规划新建农村道路主要遵循以下两个原则：一是村庄（120 人以上）原有农村道路交通的，搬迁后应尽量考虑规划农村道路，规划标准不低于原有交通标准；二是原无农村道路的，但搬迁安置集中（120 人以上）且有条件规划农村道路的，应规划机耕道，对 1000 人以上的居民点应规划汽车便道。最后在等级公路和农村道路规划路网形成的基础上，根据实际需要来考虑人行道、渡口和码头的规划。最终，该库区共规划等级公路 35.15km、汽车便道 67.16km、机耕道 149.75km、人行道 61km、生产生活渡口及汽车渡口 45 对、码头 121 处，工程总投资约 1.75 亿元。跟淹没前相比，新的库周交通规划除了恢复原有被淹没的交通设施以外，还根据库区移民全部采用后靠安置的特点补充和丰富了交通支线网络，形成了更完善的总体交通网规划，方便了移民的生产和生活，有利于移民的搬迁安置和长期稳定，工程投资增加也十分有限，取得了较好的效果。

而在 LC 流域 TB 水电站移民安置规划时发现，若采用对淹没项目——对应复建的规划思路，则需将库区右岸道路按农村道路复建，同时还需复建 10 座跨江桥梁。但因水库蓄水后水面开阔，部分跨江桥梁的复建长度较长，修建难度也较高，导致工程造价偏高，工程施工周期也很长。而且复建后的道路和桥梁之间设计标准和技术指标不协调，容易形成交通瓶颈，在库区后续交通运行过程中，使用效果较差。因此，在复建规划时，通过交通量分析，调整交通路网复建总体规划布局，提高右岸复建道路等级为四级公路，利用左、右岸已建和拟建的沿江道路作为出行主干道，并与沿线的农村道路自然衔接，形成交通网络。同时在交通量集中的位置复建跨江桥梁 5 座，减少复建跨江桥数量，实现左、右岸互相连通，方便居民出行。调整后，基于路网总体规划思路提出的复建规划方案较常规"三原"规划复建方案工程投资增加约 3000 万元，但库区整体路网结构合理性及通行能力较现状均有较大改善，工程效益更优，同时避免了修建特大跨径跨江桥梁，后期实施过程中施工难度显著降低，有效保障了工程施工周期和电站建设总体进度。该规划成果也得到了电站项目法人和地方政府的认可。

在金沙江流域 XJB 水电站某县城规划设计时，考虑到老县城原有两条对外出行公路，因此对迁建的新县城也规划了对外交通 1 号、2 号公路，在县城移民搬迁安置过程中，这两条对外交通公路发挥了重要的运输和通行作用。移民安置实施过程中，考虑到加快新县城发展，方便移民出行，又新增规划了新县城至某高速公路的连接线、新县城至地级市的快速通道等县城对外交通项目，将新县城至省会和地级市的通行时间分别缩短了一个小时和半个小时，极大地促进了地方经济发展。

7.2.3 规模化联片集中供水，提高移民新址供水保证率

根据近年来的工程实践，供水规模越大，人均供水费用越低，供水安全性越高。因此，应鼓励依托城镇及主要居民点的联片集中供水，结合移民安置规划，在经济合理的前提下，宜从区域角度合理配置水资源、选择优质可靠水源并加强水源保护，根据区域水资源条件、地形条件、居民点及路网规划等合理确定供水范围并尽可能规模化联片供水。

根据已建成运行的各移民新址供水工程实践经验，供水规模较大的县城、集镇供水工程，后期运行状况普遍较好；而人口规模较小的乡集镇、居民点供水工程，因点多、分散，缺乏管理维护，管道破损、设备锈蚀的情况时有发生，其水质和水量均难以达到设计要求。因此，联合集中供水并实现规模化对供水工程寿命周期内的正常运行意义重大。

在新址规划之时，在征求移民意愿的基础上，应充分考虑到水源的限制因素，尽量在集镇新址周边规划居民点。TK 水电站湖南库区 TK 集镇规划人口数 8080 人，SZY 等 9 个居民点共 1737 人沿集镇周边 5km 范围内规划，顺利实现集镇居民点联合集中供水，加大了供水工程规模，居民点供水安全性得以增强。

在水电工程较多的中西部地区，多数大中型电站库区基础设施落后，居民饮用水安全得不到保障，部分居民饮用浊度超标的江水，甚至直接饮用大肠杆菌超标的溪沟水。本着"建好一座电站，造福一批移民"的理念，将移民新址及管道沿线附近的非移民人口纳入集中供水工程，实现移民新址和附近居民联合集中供水，最终实现供水工程的规模化，则能有效改善移民和当地居民生活环境，缓解各方矛盾，同时也符合新农村建设和城镇化需要。以 TK 水电站库区供水工程为例，H 县 M 乡集镇新址规划人口 3496 人，考虑到 S 村 2 个居民点及 M 乡金矿等居民用水，总供水人口按 5700 人考虑；H 县 L 镇新址规划人口 2220 人，考虑集镇附近居民用水，总供水人口按 4200 人考虑；H 县 D 村集镇新址规划人口 1178 人，考虑集镇附近居民用水，总供水人口按 1800 人考虑。

"84 规范"提出"三原"原则，其核心思想是按"原规模、原标准"计算受淹专项工程补偿投资，由地方政府包干使用。经过多年发展，特别是"07 规范"实施后，专业项目所依据"三原"原则不再局限于计算补偿投资，而是重点强调复建规划，减少了专业冲突，"三原"原则与现行行业规范较好地实现了协调统一。因此，移民新址供水工程设计可不受贫困山区落后的原供水规模和原供水标准的束缚，"三原"原则内涵的变化为水电工程移民安置供水工程规模化提供了理论依据。

7.2.4　合理选择供水水源，确保搬迁新址用水安全

对于电站库区内集中安置点的选址，除地形地质条件外，拟选新址周边是否存在合适水源也是选址是否成立的重要判断条件，拟用水源水量的多少决定了该供水水源的可供水量，对安置点的选址方案或生产安置规划方案构成重大影响。水源选择应结合现状供水水源条件和周边水资源条件，在合理的输水距离内，选择集雨面积较大、水量充沛、水质良好的水源点，并优先选择重力自流供水方式。原则上，当水源集雨面积较小时，可根据水文资料计算径流量，并根据来水曲线、用水曲线和库容曲线，考虑蒸发、渗漏和生态流量等因素后计算兴利库容。但当集雨面积较小时，往往缺少径流观测资料而直接采用地方资料上的概化径流，或通过邻近流域的径流资料采用水文比拟法推算本流域的径流，故准确性相对较低。因此，为确保移民用水安全，应选择集雨面积较大的水源点，并适当扩大兴利库容。根据 XJB、TB 和 TK 库区城镇新址供水工程统计数据（表 7.2 - 1），水源集雨面积大于 $3km^2$ 的供水工程，运行较好；水源点集雨面积小于 $3km^2$ 的 4 个供水工程中，J 乡新址供水工程、D 镇新址供水工程坝址以上植被未被破坏，水源涵养好，工程运行良

好；M 乡新址供水工程、DL 乡新址供水工程因集雨面积范围内植被破坏较严重，水质水量均不同程度地出现了问题。结合其他供水工程设计经验，供水工程水源集雨面积不宜小于 $3km^2$。水源集雨面积小于 $3km^2$ 时，宜设置备用水源。

表 7.2-1　　　　　　　　几个水电站库区移民新址供水工程集雨面面积统计表

库区名称	序号	项目名称	坝址以上集雨面积/km²	供水人口/人
XJB	1	P 县新县城新址供水工程	50.5	50000
	2	P 县 J 镇新址供水工程	41.3	5000
	3	P 县 S 镇新址供水工程	5.7	5000
	4	P 县 Q 乡新址供水工程	7.8	1500
	5	P 县 XA 镇新址供水工程	18.6	3500
	6	P 县 XS 镇新址供水工程	9.2	3512
	7	S 县城新址供水工程	65.1	38406
	8	S 县 GC 水库工程	4.6	4372
	9	S 县 H 镇新址供水工程	3.7	5065
TB	10	B 河联片供水	12.9	2836
	11	X 河联片供水	11.3	1448
	12	Z 沟联片供水	8.5	377
	13	C 居民点供水	4.9	446
	14	L 居民点供水	48.8	1040
TK	15	W 镇新址供水工程	3.3	3052
	16	J 乡新址供水工程	1.8	844
	17	S 村新址供水工程	3	3231
	18	M 乡新址供水工程	1.9	3900
	19	DC 镇新址供水工程	1.1	1043
	20	L 镇新址供水工程	3	1659
	21	DL 乡新址供水工程	1.1	1845

此外，某些省份结合本地水资源条件，对集中供水工程的水源集雨面积进行了详细规定。湖南省水利厅《关于进一步加强集中供水工程技术审查的通知》规定，以地表水为水源、日供水超过 200t（含 200t）的供水工程，小Ⅱ型以上水域的集雨面积不得低于 $5km^2$，引水河坝的集雨面积不得低于 $10km^2$；以地下水为工程水源、日供水超过 200t（含 200t）的供水工程需做水文地质勘测。当电站库区供水工程水源集雨面积无法满足要求时，宜设置双水源或备用水源。

在预可行性研究阶段初步选址时，集雨面积内若无工矿企业，可仅考虑水量因素对选址的影响，可不进行水质化验，但在可行性研究阶段必须进行水质化验，以确定水处理工艺，并确保水源水质满足《地表水环境质量标准》（GB 3838—2002）的规定的Ⅲ类水及以上标准。根据移民新址供水工程设计经验，供水工程选取的地表水水源一般为山区溪沟水，无工矿企业等重污染源，毒理指标、一般化学指标、放射性指标不会超标，但受散养家畜家禽的粪便以及植被破坏的影响，总大肠杆菌群和菌落总数等微生物指标、浑浊度和肉眼可见物等感官性状指标超标。在 XJB 水电站移民安置预可行性研究阶段，X 镇规划新址位于原 P 县县城对岸的石龙甸后山，规划人口 2333 人，供水水源选择黄坪溪，集雨面积 35.23km²，水量充沛并可实现自流供水；在可行性研究阶段，由于黄坪溪水源点上游新增多处煤矿，导致溪水污染加剧，肉眼可见大量悬浮物，根据水质化验结果，黄坪溪不宜作为居民饮用水水源，供水水源调整至新滩溪银厂中埂地下泉水，输水管道长度由 7.9km 调整为 16.32km。

供水工程供水方式分为重力自流和泵站提水。根据供水工程的实际情况，居民点多为后靠，邻近水库，故泵站提水一次性投资较小，但运行费较高，且目前无补助政策，所以，即使重力自流供水工程费用相对较高，也应优先选择可实现自流供水的水源。XJB 水电站库区 S 县城、坝尾槽小区供水工程泵站设计净扬程为 237.35m、286.48m，因运行费用较高，最终仅作为备用水源考虑。

7.2.5　综合运用多种方法，合理确定小水电站处理方式

受大中型水电站建设征地影响的水电工程中，以小水电站居多。小水电站往往资产较大、管理人员较多，且各地关于小水电站的产业政策多变，因此，分析小水电站受影响程度，根据具体情况合理确定小水电站处理方式是建设征地移民安置专业项目处理的关键技术。

总结近年来受大中型水电站建设征地涉及的小水电站的处理经验，对于建设征地影响的小水电站，需根据影响的具体情况分析确定处理方式，主要分为影响尾水且机组可正常使用、淹没部分水头且机组不能正常使用和完全淹没三种情况分别处理。

7.2.5.1　影响尾水且机组可正常使用

对水电站尾水有一定的影响，机组还可正常发电的水电站，应根据具体情况采取适当措施改造处理，计算分析影响的多年平均年发电量，计列改造费用和剩余寿命期电量损失费用，流程如图 7.2-1 所示。

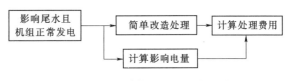

图 7.2-1　计算处理费用流程图

湖北 JPH 水电站库区淹没 TYK 水电站。TYK 水电站设计发电水头为 45m，尾水位为 466.255m，JPH 电站正常蓄水位 470.0m 时，TYK 水电站尾水淹没 3.745m，水电站仍能正常运行。TYK 电站厂房防洪墙顶高程为 491.0m，JPH 水电站 20 年一遇洪水回水在该处水位为 479.03m，因此 JPH 水电站建设不影响该电站防洪，JPH 水库对该电站的影响主要是减少了发电水头，相应减少了发电量。

根据 JPH 水电站发电调度运行方式成果，水库水位运行方式为：6—7 月汛期水库按汛限水位 459.70m 运行，8—12 月水库按正常蓄水位 470.00m 运行，1—4 月水库水位消落至 448.50m，5 月水库水位从 448.50m 上涨至 459.70m。根据以上水库运行成果，JPH 水电站在 8—12 月淹没影响 TYK 水电站发电水头 3.745m，1—2 月平均淹没影响 TYK 水电站发电水头 1.872m，其余月份对 TYK 水电站没有淹没影响。

根据 TYK 水电站 2000—2003 年的发电统计资料，计算 1—12 月各月平均发电量，按各月淹没影响水头与发电水头之间的比值乘以每月发电量，计算各月平均发电损失电量，全年平均发电损失电量为 18.75 万 kW·h。计算成果见表 7.2-2。

表 7.2-2　　　　　　　　　　　　TYK 水电站损失电量计算成果表

项目	月份												全年合计
	1	2	3	4	5	6	7	8	9	10	11	12	
发电量/(万 kW·h)	26.00	32.96	56.95	63.41	73.81	74.40	76.08	73.30	52.14	31.13	21.25	17.98	599.40
影响水头/m	1.872	1.872	0	0	0	0	0	3.745	3.745	3.745	3.745	3.745	
损失电量/(万 kW·h)	1.082	1.371	0	0	0	0	0	6.10	4.339	2.591	1.768	1.496	18.75

按 TYK 水电站上网电价 0.158 元/(kW·h) 计算，则该水电站每年损失发电收入 2.96 万元。按水电站设计寿命 50 年考虑，JPH 电站 2010 年建成时，TYK 水电站已使用 33 年，使用寿命还剩 17 年。根据《建设项目经济评价方法与参数》（第三版），折现利率取 10% 进行计算，则 TYK 水电站设计情况下发电损失补偿投资为 23.74 万元。

7.2.5.2　淹没部分水头且机组不能正常使用

对水电站水头有较大的影响，机组不能正常发电，但剩余水头还可保留一定的装机容量，可采取重建发电厂房、更换发电机组的处理方案，计算分析影响的多年平均发电量，计列工程改造费用和剩余寿命期电量的损失费用，流程如图 7.2-2 所示。

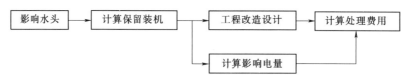

图 7.2-2　计算处理费用流程图

TB 水电站建设征地影响的 JC 水电站总装机 12600kW，2 台水斗式机组，单机额定容量 6300kW，机组额定流量 1.46m³/s，设计水头 505m。TB 水电站正常蓄水位 1735.0m，死水位 1725.0m，20 年一遇回水位 1735.02m。JC 水电站前池正常水位约为 2239m，机组安装高程约为 1718.4m，原厂址位于 TB 水电站水库正常蓄水位以下，TB 水电站建成蓄水后，JC 水电站因 TB 水电站库区淹没而减少工作水头 16.6m，约占原设计水头的 3.3%。由于该电站为高水头电站，淹没相对较小，该电站具有复建价值，故对厂房和部分压力管道进行复建，对影响的剩余寿命期电量进行补偿。JC 水电站规划处理补偿费用见表 7.2-3。

表 7.2-3　　　　　　　　　　　　JC 电站规划处理补偿费用总表

序号	项目	金额/万元	备注
1	电量损失补偿费用	839.99	包括复建施工期内停产造成的电量损失和剩余寿命期内由于发电水头减小造成的电量损失
2	复建工程概算投资	3530.39	初步设计投资概算
3	零星树木处理补偿费	2.87	采用水库统一的补偿标准进行补偿
4	合计	4373.25	

7.2.5.3　完全淹没

对完全淹没的水电站，应分析其在地方电网中的作用。对淹没影响的地方骨干电站，当有复建条件时，优先采用复建方式；无复建条件时，征求地方电力部门、电站权属单位的意见，可采取剩余寿命期内电量补偿或货币补偿。规模较小或对地方电网影响不大的非骨干水电站有条件复建且经济合理的，可采用复建方式；无复建条件时，可采用货币补偿。计算处理费用流程如图 7.2-3 所示。

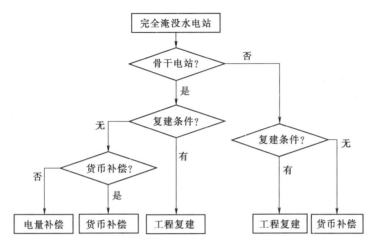

图 7.2-3　计算处理费用流程图

TK 水电站库区 LST 水电站装机容量 1.98 万 kW，保证出力 8199kW，年利用小时数为 5850h，为坝后式半封闭式径流电站，是 H 市电网的骨干电站，也是 H 市地方电网的骨干电站之一。TK 水电站水库蓄水后，LST 水电站将完全被淹，丧失其原有发电功能。由于 LST 电站无复建条件，征求地方电力部门和地方权属单位意见后，采用电量补偿方案。补偿方案根据现有的多年平均发电量、厂用电率、网损率、计算电价等计算年售电收益，在此基础上扣除年运行费，按一定的补偿年限，由 TK 水电站每年以电量形式对 LST 水电站进行补偿，并由 LST 水电站全部负责相应的税收和原有的职工工资及其他相关的费用支出。在不考虑税收政策的前提下，在一定的补偿年限内，LST 水电站年补偿电量为 7547.2 万 kW·h。

TB 水电站库区 LC 水电站，为低坝引水式电站，设计水头 25m，装机容量为 1140kW，TB 水电站建成后，LC 水电站将全部淹没。由于电站无复建条件，采用货币补偿方式。根据云南省地区小型水电站类似新建工程的单位千瓦投资额，考虑 W 县丰水期弃水限电上网因素，实际年利用小时数和剩余寿命期，计算得 LC 水电站补偿费为 430 万元。

对于采用复建和改造的小水电站，应当符合地方小水电管理办法。目前，《云南省人民政府关于加强中小水电开发利用管理的意见》规定，原则上不再开发建设 25 万 kW 以下的中小水电站，已经建成的中小水电站不再扩容，"十三五"期间，全省原则上不再核准审批新开工所有类型的中小水电项目，全省所有新增中小水电装机容量的规划及项目核准审批均应上报省人民政府批准。《广东省小水电管理办法》规定：广东省将严格控制新建装机 5 万 kW 以下的小水电，禁止新建以单一发电为目的、需要跨流域调水或者长距离引水的小水电；禁止在自然保护区、饮用水水源保护区、水源涵养区、江河源头区等特殊保护区域新建小水电。

7.2.5.4 废弃小水电站

对于废弃小水电站，计算设备搬迁补偿费用，设备搬迁补偿费用＝拆卸费＋拆卸损失费＋运杂费。

XJB 水电站云南库区 FT 电站、FT 老电站、企业办电站均位于 F 乡 FT 小河下游，FT 电站位于 FT 小河沟口处；FT 老电站、企业办电站依山相邻而建，据 FT 电站约 200m，三个电站共用取水和引水建筑物，其位置关系如图 7.2-4 所示。

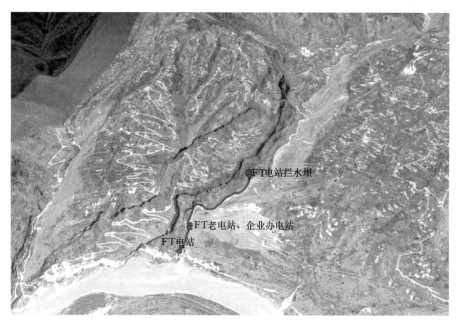

图 7.2-4　FT 电站、FT 老电站、企业办电站位置示意图

实物指标调查时，FT 老电站和企业办电站已停止运行，渠道引水仅供 FT 电站发电使用。针对 FT 老电站和企业办电站新增的 2×200kW 发电机组，设计院做了大量测算工作，依据附近水文站长系列径流资料及现状发电水头分析测算，在合理年利用小时数下，仅可装机 500kW，仅 FT 电站可纳入补偿范围，FT 老电站和企业办电站的 2×200kW 发电机组不能视作有效装机，仅对其发电机组计算设备搬迁补偿费用，搬迁补偿费用为 3.55 万元。FT 老电站和企业办电站部分厂房及变压器、废弃发电机组见图 7.2-5 和图 7.2-6。

7.2.6　合理运用防护工程，有效减小建设征地范围

7.2.6.1　优先采用防护方案，减少水电工程淹没损失

水电工程建设征地涉及的防护工程较为特殊，防护工程将在根源上消除或减少水库淹没影响，减少建设征地和移民安置。因此，在水库淹没影响区内，如有成片农田、规模较

图 7.2-5　FT 老电站和企业办电站厂房及变压器

图 7.2-6　FT 老电站和企业办电站废弃发电机组

大的农村居民点、集镇、城市、工业企业或铁路、公路、文物等重要淹没对象，应作工程防护和搬迁方案的技术经济论证和方案比较；具备防护条件的，应当在经济合理的前提下，采取修建防护工程等防护措施，减少淹没损失。以下以 ZZ 航电枢纽工程农田的防护设计为例说明。

ZZ 航电枢纽工程水库正常蓄水位 40.5m，相应库容 4.743 亿 m³；死水位 38.8m，相应库容 3.485 亿 m³。水库淹没影响农田面积共计 20619.4 亩，据统计，高程在 38.5m 以上的农田面积为 17834.4 亩，占淹没农田总面积的 86%。采取工程防护措施后，ZZ 航电枢纽工程库区共保护农田 10701.7 亩，其中填高农田 5872.1 亩，抽排农田 4829.6 亩。

ZZ 航电枢纽工程受淹农田较为集中成片，且淹没深度不大。以沟港为单位进行统计，其中 1000 亩以上农田有 5 片，分别为 L 港、S 镇、ZL、FT 和 ZT。L 港农田位于 Z 县 W 乡和 T 乡境内，是湘江左岸的一级支流，距 ZZ 航电坝址约 21km。L 港闸两端建有湘江防洪堤，堤顶高程 47.3m，闸内由 3 条水系组成，控制流域面积 50km²。ZZ 航电正常蓄水位回水位在 L 港闸处为 40.62m 时，淹没影响农田 1399 亩，涉及 W 乡和 T 乡共 6 个村。

根据环境容量分析，L 港农田涉及的两个乡 6 个村中，有 3 个村环境容量不足，需要对该片农田进行防护。通过技术经济比较，农田防护方案与征用方案投资较接近，故推荐农田防护方案。

农田内现有沟港较深，且未修建有高排渠，如采用抽排方案，因集雨面积太大，需新修建高排渠，以减小抽排面积。但高排渠渠线长，工程量大，且需要拆迁房屋，故该片农田不具备整体抽排的条件。设计对全填高防护方案和部分填高部分围堤加抽排防护方案（以下简称"抽排防护方案"）进行了技术经济比较。全填高防护方案是根据农田填高原则将农田填高至 41.15m（为 L 港闸调洪后的闸前水位加 0.5m）。抽排防护方案是将 W 乡 X 村的农田筑堤防护，并修建排涝泵站，将围堤内涝水排出，其余农田填高至 41.15m。经过分析比较，推荐抽排防护方案。

按照推荐的设计方案，根据 L 港闸的调蓄容积调洪确定闸前水位为 41.15m。沿 W 乡 X 村的农田新修防洪堤，通过分析计算，确定防洪堤堤顶高程为 42.6m，堤长 1718m；抽排区控制汇水面积 0.9km²，内控高水位为 38m，雨季内控低水位为 37.0m。考虑农田和水面的调蓄容积，根据《湖南省暴雨洪水查算手册》，5 年一遇三日暴雨计算强度为 202.5mm，按照农田排水设计规范，采用平均排除法确定泵站装机容量为 110kW，泵站修建在新修防洪堤内原水面较低处，10kV 高压线从附近经过，只需架设 800m 的 10kV 线路到排水泵站。其余农田根据农田填高原则，先将农田表面的部分耕作土分片集中堆放，料场土利用现有沿江公路和修建部分临时道路运至填高农田区，再将原有的道路（含桥梁）和灌排渠系进行合理恢复，原有沟港结合农田填高进行裁弯取直，并渠化沟港，找平压实农田填高区至高程 40.85m 后，利用水面耕作土和农田原有耕作土恢复农田填高区的耕作层至田面高程 41.15m。

7.2.6.2 综合利用多种防护措施，科学合理进行防护工程规划

如前所述，水库防护工程常用的工程措施有：修筑防洪堤（墙）抵御外河洪水；修筑排洪渠（管）道、排洪隧洞排除山洪以便减少防护区内抽排水量；在山洪上游修建调蓄水库对洪水进行调节，减少排洪渠（管）、排洪隧洞的工程规模；修建排涝泵站抽排防护区内的涝水；对有条件自排的工程修建自排涵闸，在外河低水位时自流排除防护区内污水及涝水，以减少抽排水量；垫高地面至水库淹没处理高程以上，以满足防洪要求；修建排水沟以降低地下水位，减轻或消除浸没影响；修筑护岸工程改善岸坡稳定条件，以保护临岸的防护对象。需要注意的是，根据已建工程经验，排涝泵站电机层受淹或电机失效会造成严重的内涝损失。适当提高电机层高程所需费用较少，但可有效避免超标准内涝或电机失效情况下电机层的安全。有条件时，电机层高程可采用一次设计洪水过程水量全部滞纳在调蓄区而不外排时的水位进行计算。

防护方案可采用一种防护工程类型，也可采用多种类型联合使用。一个完善的防护工程，往往是多项工程措施的综合应用。WMP 电站 L 镇防洪工程、LJT 水电站 W 镇防护工程均采用了多项工程措施。

1. L 镇防护工程

L 镇地处湘西自治州西北边陲，Y 水 WMP 水库中部，距 WMP 水电站坝址 36.77km，距 L 县城 124km，是 L 县仅次于县城的第二大重镇。在 2002 年的考古发掘

中，L 镇一号古井出土了大量的竹、木简牍近 3 万枚，文字为篆书体的，也有隶书体的，有的还记有"六八四十八、七八五十六"等一些乘法口诀，这比 1996 年 12 月 C 市走马楼出土的三国时期简牍还早几百年。在此后的考古发掘中，又发现了一些简牍。简牍所涉及的内容，用现代话讲，除了计划生育外方方面面都有，较为全面地反映了秦国时期楚、巴、秦及少数民族政治、经济、文化发展交流的一些过程，揭开了许多悬而未决的谜底。

彼时，L 镇主要沿酉水河左岸分布，地面高程较低，镇内无人工防洪设施，天然状况下，仅能抵御 5 年一遇的洪水，WMP 水库建成后，其防洪标准将进一步降低，抵御洪水的能力将不到 2 年一遇。通过防护工程的规划设计和实施，使 L 镇的防洪能力达到 20 年一遇洪水标准。

结合 L 镇的地形地质条件，L 镇防护工程的总体布置为：自柳坪至麦茶沿酉水河岸修筑一条防洪堤，用以抵挡 WMP 水库建成后酉水河 20 年一遇洪水；在吴家溪河口以下筑坝，并在坝前经麦茶新开河道一条，将长潭河改道，以便保护 L 镇城区；对防护区内的猫儿溪、杨家溪均采取高水高排的措施，分别在其合适的地点筑坝拦洪，并由排洪管、排洪隧洞将洪水直接排入酉水河；对区内的涝水和城镇废水，则在长潭河口和杨家溪河口分别采用电排，将涝水和城镇废水排入 Y 河，并尽量考虑自排。

L 镇防护工程利用的工程措施有：①修筑防洪堤（墙）抵御外河洪水；②修筑排洪渠（管）道、排洪隧洞排除山洪以便减少防护区内抽排水量；③在山洪上游修建调蓄水库对洪水进行调节，减少排洪渠（管）、排洪隧洞的工程规模；④修建排涝泵站抽排防护区内的涝水；⑤对有条件自排的工程修建自排涵闸，在外河低水位时自流排除防护区内污水及涝水，以减少抽排水量；⑥垫高地面至水库淹没处理高程以上以满足防洪要求。

通过在流经防护区的杨家溪、猫儿溪、长潭河上游分别筑坝，将上游汇水面积的来水分别经由新修杨家溪隧洞、猫儿溪排洪管、新开长潭河道排至 Y 河中。通过高水高排，可以实现减少排涝面积，也可减少防护工程的运行管理费用。通过修建杨家溪拦洪坝在杨家溪隧洞前形成约 4 万多 m³ 的调蓄库容，有效减少了排洪隧洞的过流断面。通过新修杨家溪隧洞、猫儿溪排洪管、新开长潭河道可以创造良好的水力运行条件，减少原有溪沟河道所占防护面积。通过开挖料填筑与场地平整，将增加原有溪沟河道所占的防护面积利用，增加整体防护工程的经济价值。通过修建杨家溪泵站、长潭泵站抽排防护区内的涝水。对有条件自排的杨家溪泵站工程修建自排涵闸，在外河低水位时自流排除防护区内污水及涝水，以减少抽排水量。

通过以上综合防护措施，有效地减少了防护工程运行管理费用，增加了防护面积，起到了很好的社会及经济效益。防护工程建成后，防护区总面积 2.38km²，防护人口 1.3 万人，防护农田 1200 亩。

2. W 镇防护工程

W 集镇位于 Y 县东北部，是 Y 县内和 T 县边界最重要的物资集散地。集镇内区域经济较为发达，有相当规模造纸厂、机械厂、采矿厂、茶厂等企业，主镇区内宾馆、医院、学校、电力、车站等服务机构十分齐全，是 Y 县三大工业重镇之一。1995 年 W 镇被列为

H 市首批农村小城镇综合改革试点集镇，W 镇黄金、竹木、旅游及土地资源较丰富，开发潜力较大。全镇现有规模工业企业 8 家，2012 年完成工业总产值 9.854 亿元，入库税金 1491.6 万元。LJT 水电站建库后，W 镇遭受洪水灾害的频率明显偏高，汛期防洪度汛压力巨大，多次造成重大经济损失。

W 集镇防护工程通过工程措施将整个集镇防护达到"外防沉水和山溪洪水，内排防护区涝水"的目的，通过分析论证，合理确定集镇的防洪标准，从而有效提高集镇抵御洪水的能力，最终实现集镇的防洪保安。工程主要建筑物由"1 墙、2 洞、2 坝、1 泵"组成，即沉水防洪墙、万羊溪和杨叶溪排洪隧洞、万羊溪和杨叶溪拦洪坝、万羊溪排涝泵站。防护工程建成后，防护区总面积 2.63km²，共防护人口 3925 人，防护房屋 13.74 万 m²。W 镇防护工程布置和主要构筑物如图 7.2 - 7 所示。

(a) 鸟瞰图

(b) 防洪墙

(c) 排涝泵站

图 7.2 - 7　W 镇防护工程

7.2.7　立足移民生产生活用电需求，统筹库区电网规划

水电工程建设征地影响，涉及的各种电压等级的变电所及输配电线路组成的整体一般称为水电站库区电网工程。电网是重要的能源基础设施，水电站库区电网复建规划更是一件关乎民生的大事，对促进水电站工程的顺利实施、库区经济建设的可持续发展和库区移

民搬迁后的长治久安具有重要的意义。

"三原"原则在库区专业项目复建过程中不仅是合适的而且是非常重要的，但在实际的电力工程复建规划过程中发现，"三原"原则基础上的库区电网复建规划与地方政府发展规划、行业发展规划和电网总体规划等常常存在一定的矛盾，其中，主要体现在原规模、原标准的复建原则与地方发展、电力行业发展和行业规程规范之间的冲突。

冲突的主要原因是一些大型水电站建设周期较长，水库淹没指标较大，设计基准年至规划水平年所跨越的年份较长。在此期间，一方面，随着科技进步和社会的发展，同一区域非移民地区的经济、社会全面发展，但水电站库区的社会、经济发展因受停建令影响而基本上处于停滞状态，水电站库区的基础设施基本上是维持在停建令之前的水平；另一方面，近年来，随着电力电子技术、新材料技术、输电技术和现代智能配电技术的发展，电力工程也正在经历着日新月异的变化。这些都导致原规模、原标准的复建原则与地方、行业的发展存在冲突。

同时，为加强城乡电网建设，完善中西部地区和农村电网电力建设工程，提升用电供需管理水平，各电网公司先后按照新的建设标准和要求进行农网改造，以满足中西部地区和农村生活不断增长的用电需要。农网改造后的电网，电源布点更加合理，供配电设备更加安全可靠，配电线路更加稳定，而这些改造在停建令下达后的库区基本上也处于停滞状态。

综上所述，水电工程移民专业项目电力工程的复建规划如果还仅仅考虑按照"原规模、原标准"原则对库区电力工程进行复建规划，显然不合理，也得不到地方政府的认可与支持。在此情况下，在对库区电网进行规划时，就必须立足移民生产生活用电需求，侧重"恢复原功能"的规划设计原则对库区电网进行统筹规划。

现阶段，库区电网复建规划的方式主要有三种：基于"三原"原则的电网复建、投资分摊的复建方式和货币补偿的处理方式，其最主要的目标就是"恢复原功能"。

7.2.7.1　电网复建的规划原则和方法

基于"三原"原则的电网复建，主要是在受建设征地影响电力设施实物指标的基础上，结合移民生产、搬迁安置方案，按照"三原"原则和国家及相关行业规划设计的规程、规范要求，对受影响的电力设施进行规划复建，最终得到地方政府、行业部门和电网公司的认同。本文以 XLD 水电站四川库区 LB 县 35kV 及以上电网复建规划为例来分析库区独立的电网复建方案。

LB 县水能资源丰富，全县水电装机容量为 20.825MW，是一个依托境内众多小水电站而形成 35kV 骨干电网的输变电网络，建有 4 座 35kV 变电站，总容量为 28.75MVA。根据实物指标调查成果，LB 县受 XLD 水电站建设征地影响的主要电力设施是 2 座作为全县骨干电源的水电站（装机容量为 4.75MW）、1 座容量为 3.15MVA 的 35kV 变电站及相应输电线路。2011 年可行性研究规划阶段，在受建设征地影响电力设施实物指标的基础上，结合 LB 县电网现状和移民生产、搬迁安置方案，按照"三原"原则和国家及相关行业规划设计的规程、规范要求，对受影响的电力设施进行规划复建。电网复建方案为：新建 1 座 110kV 变电站，新建 4 座 35kV 变电站和相应等级的输电线路。该方案得到地方政府、行业部门和电网公司的完全认同并得以最终实施完成。该复建方案不仅恢复了建设征地影响区的供电功能，同时对完善 LB 县 35kV 及以上电网的网络架构、提高供电能力的可靠性和稳定性、促进 LB 县的社会经济发展都产生了积极影响。

7.2.7.2 电网复建的投资分摊处理

投资分摊的电网复建方式，主要是在"三原"原则基础上，结合地方政府、行业部门和电网公司对当地电网发展的规划方案，从促进地方经济发展、避免重复建设等角度出发，一次建成一个稳定、可靠的 35kV 及以上电网。因所确定的库区电网复建方案标准往往高于"三原"原则，故需水电站项目法人与地方政府、电网公司协商确定投资分摊比例。本文以 XJB 水电站四川库区 P 县 35kV 及以上电网复建规划为例来分析通过投资分摊来协调"三原"原则与当地经济发展、行业发展所引起的矛盾。

P 县原有 1 座 110kV 变电站（容量为 30MVA）、5 座 35kV 变电站（总容量为 21.6MVA），是一个以 110kV 变电站为中心和 5 个 35kV 变电站为分中心的输变电网络。全县 35kV 及以上电网存在枢纽站少、结构薄弱、电网布局不合理、各变电站供电区域太大、电网安全性差和供电可靠性差等问题。根据实物指标调查成果，P 县受 XJB 水电站建设征地影响的主要电力设施有 2.2km 的 110kV 输电线路、12.3km 的 35kV 输电线路和 2 座总容量为 8.15MVA 的 35kV 变电站。2006 年，可行性研究阶段在对 P 县 35kV 及以上电网进行复建规划时，结合 P 县城、多个集镇和一个工业园区需要整体搬迁的实际情况，在"三原"原则基础上确定了新建 1 座 110kV 变电站，复建 2 座 35kV 变电站和相应等级输电线路的规划复建方案。

2008 年，在库区电力复建项目进入实施规划阶段时，地方政府提出因水泥、冶金等相关产业准入条件政策的调整，部分受征地影响的企业迁建到新工业园区后生产规模、电力装机负荷都将会扩大，因此，要求电网为其提供的电能、供电的电压等级也将更多、更高。为加快地方经济发展和移民脱贫致富的要求，地方政府要求在投资分摊的前提下，尽量参照地方各行业部门的发展规划，一次建成一个稳定、可靠的 35kV 及以上电网。经规划，P 县 35kV 及以上电网复建方案为：新建 2 座 110kV 变电站，复建 3 座 35kV 变电站和相应等级、数量的输电线路，复建总投资为 12421.56 万元。通过省级主管部门协调，其中属于移民专业项目投资为 10921.56 万元，因产业准入政策等调整引起电网升级改造增加的 1500 万元投资由当地政府分摊。

投资分摊的电网复建方式，主要是基于地方政府、行业部门和电网公司对当地电网的发展要求，从促进地方经济发展角度一次建成一个稳定、可靠的电网，因所确定的库区电网复建方案标准往往高于"三原"原则，故需将其复建方案、复建费用与按照"三原"原则确定的复建方案、费用进行比较，并由水电站项目法人与地方政府、电网公司协商确定投资分摊比例。该复建方式可以较好地解决基于"三原"原则的复建方案与地方政府、行业发展规划相冲突的问题，同时对加快地方经济发展和移民脱贫致富也产生了积极效果。

7.2.7.3 电网复建的货币补偿处理

货币补偿的电网复建方式，主要是基于"三原"原则做出的复建规划方案和电网公司总体规划方案存在差异，且因水电站工程建设周期长、地方经济发展及需完善电网等客观原因，地方电力部门按照电网公司规划的方案先行组织实施，导致"三原"原则的复建规划方案无法按原规划实施情况下，对其按一次性货币补偿进行处理的方式。本文以 XJB

水电站云南库区 S 县 35kV 及以上电网复建规划为例，分析通过货币补偿来解决"三原"原则与当地电网规划所引起的问题。

S 县原有 1 座绥江热电厂配套的 110kV 电厂变电站，容量为 12.5MVA，4 座 35kV 变电站，总容量 22.65MVA，是一个以 35kV 线路为骨架的输变电网络。全县 35kV 电网存在没有枢纽站、结构薄弱、电网布局不合理、各变电站供电区域太大等问题。根据实物指标调查成果，S 县受 XJB 水电站建设征地影响的主要电力设施有 1.9km110kV 输电线路、38.41km 的 35kV 输电线路和 4 座总容量为 8.15MVA 的 35kV 变电站。2006 年可行性研究阶段，在对 S 县 35kV 及以上电网进行复建规划时，结合 S 县城、多个集镇需要整体搬迁的实际情况，在"三原"原则基础上确定了新建 1 座容量为 25MVA 的 110kV 变电站，复建 4 座总容量为 11.65MVA 的 35kV 变电站和相应等级输电线路的规划复建方案。

2006 年以后，为了配合 XJB 水电站施工和移民搬迁用电的需要，同时为了加强 S 县电网结构，提高供电能力和可靠性，适应 S 县社会经济发展对供电的需要，中国南方电网云南电网公司在移民安置区先后建设了 110kV 的 S 县变电站 1 座、35kV 银厂变电站等 3 座 35kV 变电站，并准备筹建新滩 110kV 变电站等项目。南方电网公司建设是按照南方电网总体规划要求，结合 S 县现有的状况和用电需求，并考虑 S 县的远期发展和今后负荷发展需要，从优化和加强电网结构，提高电网的安全运行水平等方面确定的建设规划方案，故该方案已涵盖可行性研究电网复建方案，且存在变电站主变容量加大、建设规模扩大、导线截面增大和供电回路增加等情况。

针对移民迁建工作需要，地方电力公司按政府要求和南网总体规划提前组织实施部分 35kV 及以上电力设施复建工程的实际情况，通过省级主管部门进行协调，各方同意 S 县 35kV 及以上电网复建规划在受淹没影响指标和保证功能恢复的基础上按一次性货币补偿的方式进行处理。

货币补偿的电网复建方案，很好地解决了电网复建规划与地方电力行业总体规划矛盾的问题，同时对配合移民迁建工作需要和加快水电站建设也起到了积极作用。

综上所述，现阶段电网复建规划的出发点应该是立足移民生产、生活用电需求，在此基础上结合受电站建设征地影响电力设施的实际情况、电力网络现状情况和电力行业主管部门的远期规划，对库区的电网方案进行复建规划、方案比选与确定。电网复建方案主要有基于"三原"原则的复建、投资分摊和货币补偿三种方式，三种电网复建方式的适用情况、优缺点汇总如下。

（1）基于"三原"原则的处理：主要适用于"三原"原则基础上的电网复建规划方案与地方政府、行业部门和电网公司的总体规划一致的情况。该复建方案具有恢复水电站建设征地区供电功能、完善电网网络架构、提高供电可靠性和稳定性、促进当地社会经济发展的优点。

（2）基于投资分摊的处理：主要适用于在"三原"原则基础上的电网复建规划方案与库区地方政府、行业部门的规划存在差异的情况。该复建方案是在兼容"三原"原则与地方政府、行业发展规划，一次建成一个稳定、可靠的 35kV 及以上电网，对加快地方经济发展和促进移民脱贫致富产生了积极效果。

（3）基于货币补偿的处理：主要适用于按"三原"原则做出的复建规划方案和电网公司总体规划方案存在差异的情况，且因各方面原因，需提前启动电网公司规划方案的建设，采用货币补偿的处理方式可以高效地解决库区电网复建规划与地方电力行业总体规划存在的矛盾，同时对配合移民迁建工作需要和加快水电站建设也起到了积极作用。

7.2.8 合理运用通信新技术，恢复原有网络功能

通信和广播电视工程复建一般采用以恢复原有通信网络功能为目的的复建方式。这既是由通信和广播电视工程自身技术特点决定的，也是移民安置规划的必然要求。通信技术的发展日新月异，许多建设征地影响的通信设施在进行复建规划时已经属于行业内淘汰的技术和设备，不能达到网络运营的入网要求。因此，如何平衡使用通信新技术与执行"三原"原则之间的关系是电信和广播电视工程处理的关键技术。

通信和广播电视工程主要以网络方式存在，水电工程建设一般影响通信和广播电视网络的一部分。为了恢复受影响的通信和广播电视网络，仅从原规模、原标准的原则出发进行复建规划，很难实现对原有网络的恢复。其原因主要有以下两点。

（1）通信和广播电视网络建设以用户为依托，水电工程建设征地区域居民分布会根据移民安置规划进行调整，若仍然按原有网络规模和组织形式复建，势必出现复建网络与移民分布脱节的情况，复建网络也失去了复建的意义和条件。例如 XJB 水电站云南库区，绥江库区淹没涉及主要电信实物指标为县城端局交换机局 2 所、模块局 5 个、无线市话基站控制器 2 套、光缆 259.5km、电缆 21.87km。作为 S 县电信网络中枢的 S 县城需整体搬迁，因此规划对 S 县电信网络复建进行重新组网设计。根据业务容量预测，S 县用户业务配置见表 7.2 - 4，复建 S 县电信网络以 FTTB（H）接入方式为主，未淹没区域采用 DSLAM＋FTTB 模式共同接入方式。

表 7.2 - 4   S县电信网络业务配置表

序 号	区 域	用 户 配 置	
		窄带（线）	宽带（线）
1	S县	22147	22147
2	会仪镇	360	360
3	南岸镇	198	198
4	新滩镇	570	570
合 计		23275	23275

在传输网络复建方案中，在 DWDM 层面规划复建 6 个传输节点，主要承担绥江电信大颗粒业务，如 GE、FE 业务等，在绥江 B 区新建 1 套 OSN6800 设备，在绥江 A 区、绥江 C 区、南岸、新滩、会仪新建 5 套 OSN1800 设备，其中绥江 A、B、C 区组网环网结构，其他节点以链路形式接入绥江 B 区。在 SDH 层面规划复建 6 个传输节点，主要承担绥江电信小颗粒业务，如 E1 业务等，在绥江 B 区新建 1 套 OSN7500 设备，在绥江 A 区、绥江 C 区、南岸、新滩、会仪新建 5 套 OSN3500 设备，其中绥江 A、B、C 区组网环网结构，其他节点以链路形式接入绥江 B 区。

（2）通信和广播电视行业政策和技术的发展日新月异，受影响通信和广播电视设施建设时期的相关政策和技术标准不符合复建规划设计水平年的相关政策和技术标准要求。为了满足现时通信和广播电视工程建设标准，就必须要考虑对新政策新标准的符合性。以近年推进的通信行业共建共享政策为例，为了减少通信行业重复建设，提高通信基础设施利用率，针对当前通信行业重组和即将启动的新一轮网络建设的实际情况，工业和信息化部、国务院国资委决定大力推进通信基础设施共建共享，工业和信息化部在 2008 年以工信部联通〔2008〕235 号发布《关于推进电信基础设施共建共享的紧急通知》，明确要求已有铁塔、杆路必须共享，新建铁塔、杆路必须共建，其他基站设施和传输线路具备条件的应共建共享，禁止租用第三方设施时签订排他性协议。在水电工程建设征地影响的通信和广播电视工程中，建设年代在 2008 年以前的权属不同运营商的通信设施很多为各自单独建设，在该文件发布后进行复建规划时就必须要考虑是否满足文件要求的共建共享条件，满足条件的就应按共建共享的方式进行处理。

例如 XJB 水电站电信网络规划复建就专门针对电信、移动、联通和广播电视共建共享网络设施进行了专题规划设计。S 县电信网络共建共享规划内容包括水富到绥江外网光缆，绥江到集镇连接光缆，电信、联通、移动三家单位共建共享基站设计，电信、联通、移动三家单位共建共享室内信号覆盖设计等。S 县（包含会仪镇、新滩镇、南岸镇）共新建 23 座铁塔，其中移动、电信、联通共建 19 座铁塔。

通信和广播电视工程复建规划作为水电工程移民安置规划的一部分，也需要满足移民安置规划的要求。通信和广播电视工程的复建规划要以"恢复原功能"为目的才能契合移民安置规划。

总而言之，通信和广播电视工程复建规划的关键在于把握移民安置规划条件下对行业政策与技术标准的应用，以恢复原有通信和广播电视网络功能为目的，既要符合现行行业政策和技术规范要求，也要契合移民安置规划的要求。

7.2.9　按照优先防护和迁建的原则，合理确定企业处理方式

《水电工程移民专业项目规划设计规范》（DL 5379—2007）规定：企业淹没处理一般分为迁建、货币补偿、防护等方案，并规定：有防护条件的企业，应采取防护工程措施；不能防护的，除矿业等丧失生产经营所需的资源、不具备迁建条件的企业以外，原则上应按照迁建方案计算补偿费用。对于资源型企业、破产企业、停产 2 年以上或连续 1 年未通过工商税务部门年检的企业、不符合国家现行产业政策的企业，宜采用货币补偿方案。

"07 规范"强调，凡是具备迁建条件的企业事业单位，应按照迁建方案进行处理。在补偿处理上也体现了水电工程对库区企业迁建的支持，对其不可搬迁设备、设施按照重置的原则进行补偿，并补偿迁建期间的停产停业损失。

水电工程在实际处理上对库区企业也是遵循"能防则防，能迁则迁"的原则，处理方式均以迁建为主。以近期国内在建或已建涉及企业较多的大中型水电站为例，XJB 水电站共涉及企业 356 家，采取迁建处理方式 280 家，采取货币补偿处理 76 家；WDD 水电站共涉及企业 153 家，其中采取防护处理 8 家，采取迁建处理方式 91 家，采取货币补偿处理

51 家。

结合工程经验，对企业处理方案确定的规定进一步合理化。以 XJB 水电站等工程对企业的处理为例，在拟定企业处理方案过程中，建筑、交通运输、仓储和邮政、批发零售、住宿餐饮、计算机服务、金融等服务类企业，现状为停产的，选择了货币补偿处理方式；现状为在产的，选择了迁建补偿处理方式。由于两种处理方式补偿费用的计算存在差异，出现了同类型同规模企业由于选择了不同的处理方式补偿费用差异较大的情况。经讨论研究，各方一致认为，电站蓄水并不会对服务类企业迁建后的生产恢复造成影响，因此，在 XJB 水电站企业处理过程中，将采取货币补偿方式的服务类企业按照迁建方式计算了补偿费用。在编制水电工程建设征地企业处理规划设计规范时，将选择货币补偿企业的范围限制在丧失生产所需资源不具备迁建条件的采矿企业，对于建筑企业、交通运输、仓储和邮政企业、批发零售企业、住宿餐饮企业、计算机服务、金融业等服务类企业，应优先采用迁建方式。

7.3 创新与发展

7.3.1 回顾

7.3.1.1 "84 规范"以前

新中国成立后至 1984 年期间，水库移民无专业规范规定，多为政策性移民，移民安置大多没有科学制定规划，交通、水利等专项迁复建亦是地方政府直接组织实施完成。对企业的处理相对简单，基本上采取的是针对调查的淹没损失估算补偿投资的做法。

7.3.1.2 "84 规范"至"96 规范"期间

"三原"原则作为水库淹没影响专项复建的重要原则正式写入"84 规范"，要求按"原规模、原标准和原功能"的原则开展水库淹没影响专项的复建规划，其核心是指：水利水电工程以"原规模、原标准、原功能"为原则开展水库农村移民安置和受淹专业项目迁建，包括但不限于受淹的房屋及附属建筑物、工矿企业和铁路、公路、航运、电力、电信、广播电视等设施，相应投资费用列为水电工程补偿投资。在"84 规范"颁布实施期，我国还处于传统计划经济时期，经济还不富裕，"三原"原则的主要立足点是按原规模原标准简单计算受淹专项工程补偿投资，由地方政府包干统筹使用，以此实现水利水电工程水库淹没处理投资的控制。对于农村移民安置，则仅考虑到迁移及迁移以前的补偿，缺少对移民未来基本生活保障和发展致富的考虑。

7.3.1.3 "96 规范"至"07 规范"期间

"94 规范"中"三原"原则的主要立足点仍然是根据规划方案计算工程量，以此确定迁复建工程补偿投资；并明确提出扩大规模、提高标准增加的投资，由地方政府或有关单位自行解决。该时期，对各专业项目的规划设计深度、工作内容等未作全面完整的规定，往往造成各专业项目之间设计深度、概算精度等参差不齐。对企业处理的规定，基本沿用了"84 规范"的规定。

7.3.1.4 "07 规范"以后

"07 规范"进一步系统地规范了水电工程建设征地移民安置规划设计工作，也是第一次单独出台标准对移民安置专项工程规划设计工作进行规范。

《水电工程移民专业项目规划设计规范》（DL/T 5379—2007）就移民安置所涉及的专项规划设计的内容、程序、深度、方法等有关设计原则和技术标准做了详细规定，这样就使专项工程的复（新）建工程的规划设计有据可依，更合理、更可行、更利于地方的发展。虽然"07 规范"仍把"三原"原则作为专项工程复建的一个基本原则，但是其含义有了更进一步的延伸和提高：一是进一步明确移民安置规划目标和安置标准应以达到或超过原有生产生活标准为原则，对移民生产生活直接影响的目标值应细化和分解，深入调查分析，结合安置区经济发展规划合理确定；二是进一步提出"移民工程建设规模和标准，应当按照原规模、原标准或恢复原功能的原则，考虑现状情况，按照国家有关规定确定，现状情况低于国家标准的，应按国家标准低限执行；现状情况高于国家标准高限的，按国家标准高限执行"；三是"三原"原则的立足点不再限于计算补偿投资，更多地强调规划设计。同时，对于地方需要扩大规模、提高标准的项目仍然需考虑合理的投资分摊，并在可行性研究阶段由省级主管部门和项目法人就扩大或提高后的规模和标准、费用分摊的原则或比例、地方分摊部分的资金来源等协商一致，并形成书面意见。471 号移民条例颁布、"07 规范"实施以来，正逢我国经济高速发展时期，各水电站库区复（新）建专项工程在执行"三原"原则时，均已参照国家的强制性规定和相应行业的标准规范，结合促进地方经济社会发展和移民脱贫致富的要求进行规划设计。为了满足地方经济发展的要求，在考虑投资分摊的前提下，有些项目已经开始尝试在移民安置规划的基础上结合地方发展规划进行统筹规划。

7.3.2　创新

水电工程建设征地涉及的专业项目以中小型项目居多，部分技术标准在行业规范中没有完全覆盖，为满足复建规划要求，总结专项工程实践经验，结合库区工程实际情况，水电工程对专业项目行业标准进行了补充完善。

7.3.2.1　总结库区交通工程实践经验，创新提出农村道路等主要技术标准

库区交通工程中，农村道路包括汽车便道、机耕道和人行道 3 类。其中，汽车便道是指主要通行汽车、农业机械等机动车的道路；机耕道是指主要通行畜力车等非机动车及小型拖拉机的道路；人行道是指主要通行行人、牲畜的道路。

水电工程建设征地影响涉及的铁路、公路、厂矿道路、林区公路、水运工程等均有相应的行业技术标准，在规划设计中直接采用即可，但对于农村道路的技术标准应用还存在部分空白，主要表现在以下三点。

（1）在 2007 年《水电工程移民专业项目规划设计规范》（DL/T 5379—2007）发布之前，仅有交公路发〔2004〕372 号《水利部关于印发农村公路建设指导意见的通知》和水利部 2006 年第 3 号令《农村公路建设管理办法》作为全国性的农村公路建设指导性意见，各省市地方性农村公路技术标准基本尚未出台。而在水利部相关文件中对于农村公路等级标准的确定、技术指标的选择、路面结构形式的采用、农村道路桥涵荷载等级等没有十分明确的规定或细化，在水电工程规划设计具体应用时存在困难。

（2）交通部发布的农村公路相关文件中，主要是针对县道、乡道和村道进行规定，缺乏村组级别的对外通行道路的设计依据。而在水电工程移民安置规划设计时，农村居民点的人口规模大到上千人、小到几十人，若统一按照一个设计标准进行交通规划显然不合理，很可能会造成道路通行能力不足或是投资浪费过大等情况。因此，农村居民点出行交通的等级标准需根据服务人口的规模进一步细分，才能满足移民安置规划的需求。同样，对于移民生产开发区的交通等级标准也需要进行明确。

（3）交通部发布的农村公路技术标准未能充分考虑水电工程自身的特点。一方面，我国水电工程一般位于山区、山高坡陡、沟谷纵横，地形地质条件十分复杂，当地的交通基础设施建设也较为落后；另一方面，水电工程蓄水后形成的库区，除了正常蓄水位以外，还存在回水和消落等现象，水文地质条件比较复杂。因此，针对水电工程的特点来制定农村道路的技术标准是必要的。

为此，在《水电工程移民专业项目规划设计规范》（DL/T 5379—2007）中，对水电工程建设征地影响的农村道路进行了补充和细化，参照水电工程的技术特点明确了农村道路的各类等级和主要技术指标，根据安置人口数量提出了农村居民点道路、码头所对应的规模与标准，较好地解决了水电工程移民专项交通规划设计时遇到的具体问题

7.3.2.2 衔接"三原"原则，对供水工程规模计算提出有别于行业规范的要求

库区新建供水工程，城市（含县城）用水定额，按《室外给水设计规范》（GB 50013—2018）规定选用，集镇（含建制镇）及农村用水定额按《村镇供水工程设计规范》（SL 687—2014）选用。考虑到规范给定的用水标准有一定的幅度，故规定，确定用水规模时要考虑搬迁前现状用水量标准，当现状用水量较低时，可取规范中的低值，一般不宜低于现状用水量标准；确定用水人数时，根据"三原"原则，可直接采用水库规划水平年的人数，不考虑设计年限内的人口增长，但对水源点进行水量论证时可考虑10～15年的人口增长。

7.3.2.3 针对库区防护对象实际情况，对防护工程河洪、山洪和排涝标准提出有别于行业规范的要求

水库防护工程主要是通过防护措施抵御水库（河洪）产生的淹没影响，但采取工程措施后，往往会破坏原有的排水系统，产生山洪、内涝等新的灾害，显然河洪、山洪、内涝对防护对象产生的影响是不同的，故分别确定防洪标准。

1. 河洪防洪标准

考虑到水电站淹没影响的防护对象规模较小，一般为《防洪标准》（GB 50201—2014）中的Ⅳ等城镇（＜20万人）或Ⅳ等乡村防护区（＜20万人、＜30万亩耕地），故重点对耕地、园地、农村居民点或集镇、县城等制定了防洪标准，考虑到耕地、园地的规模一般较小（＜1万亩），《水电工程移民专业项目规划设计规范》（DL/T 5379—2007）防洪标准较《防洪标准》（GB 50201—2014）Ⅳ等乡村防护区10年一遇～20年一遇的标准进行了降低处理，采用5年一遇；农村居民点参照GB 50201—2014Ⅳ等乡村防护区制定；城市、集镇参照GB 50201—2014Ⅳ等城市制定。

河洪防洪标准应根据表7.3-1执行，并不应低于水库淹没处理的设计洪水标准；对受淹没影响的已建防护工程加固改造的河洪防洪标准应与该工程现有防洪标准相衔接。

表 7.3-1　　　　　　　　　　　不同淹没对象的河洪防洪标准表

防护对象	洪水标准（重现期）/年	
	淹没处理标准	工程防护防洪标准
耕地、园地	2～5	5
农村居民点、一般城镇和一般工矿区	10～20	20

2. 山洪防洪标准

山洪是指山区通过水库防护区的小河和周期性流水的山洪沟发生的洪水，一般情况下为集雨面积较小的山坡洪水，面积较大的应按河洪对待。考虑到库区防护工程规模一般较小的特点，在《城市防洪工程设计规范》（GB 51079—2016）的基础上，《水电工程移民专业项目规划设计规范》（DL/T 5379—2007）另作如下规定：山洪防洪标准应按防护对象的性质和重要性进行选择，重要城市、重要工矿区可采用 10 年一遇～20 年一遇洪水，其他防护对象可采用 5 年一遇～10 年一遇洪水。

3. 排涝标准

排涝标准与暴雨强度、历时、地面坡度、调蓄容积等关系密切，应分析确定。《农田排水工程技术规范》（SL/T4—2019）规定，旱作区可采用 1～3 天暴雨 1～3 天排除，稻作区可采用 1～3 天暴雨 3～5 天排至耐淹水深。考虑到水电工程库区的防护工程一般在山区，排涝区集水面积较小、地面坡度较大，汇流历时较短，涝灾主要以短历时暴雨形成，故规定可采用 1 天暴雨；关于排涝历时，水电站库区防护工程可利用低洼地带进行调蓄，调蓄容积较大时可取大值，调蓄容积较小时应取小值。排涝设计流量应根据暴雨历时、排涝历时、调蓄容积等通过调洪演算确定；对无调蓄容积的调蓄城镇、居民点防护区应参照《室外排水设计规范》（GB 50014—2006）的规定确定排涝流量。防浸（没）标准，宜与淹没处理的浸没标准一致。因此，《水电工程移民专业项目规划设计规范》（DL/T 5379—2007）规定如下：排涝标准，应按防护对象的性质和重要性进行选择，村镇、农田可采用 5 年一遇～10 年一遇暴雨；重要的城镇及大中型工业企业等防护对象，可适当提高标准。暴雨历时和排涝时间应根据防护对象可能承受淹没的状况分析确定，可采用 1 天暴雨 1～3 天排除。防浸（没）标准，应根据水文地质条件，水库运用方式和防护对象的耐浸能力，综合分析确定不同防护对象容许地下水位的临界深度值。

7.3.2.4　拓展防护工程的内涵，补充了防护工程垫高方式防洪标准

采用垫高方式进行处理的防护工程，应采用相应对象的水库淹没处理设计洪水标准，耕地、园地的淹没处理标准为洪水重现期 2～5 年。垫高方式在淹没浅水区有一定的优势，一般不存在山洪、内涝等其他的影响，根据近年来的一些经验，采用水库淹没处理的洪水标准是可行的。

若垫高方式处理的农田防洪标准高于淹没处理标准，则垫高农田田面高程将会高于周边未受淹没影响的农田，造成规模扩大、造价提高，显而易见没有必要且不利于农田耕作和排水。同理，采用垫高方式进行处理的防护工程临水侧岸坡防护也应采用相应对象的水库淹没处理设计洪水标准。

7.3.2.5　借鉴资产评估理论，创新提出企业补偿评估方法

水电工程建设征地涉及企业实物指标与库区普通居民受淹实物指标存在很大差异，按库区居民受淹实物指标的处理原则和方法，难以对企业进行合理处理。SX工程对库区企业处理过程中，提出将资产评估运用于库区企业处理，并经过了试点等反复研究，形成了企业补偿评估的初步思路和操作程序，并运用于SX工程1300多家企业的处理。随着水电工程的发展，对企业补偿评估的理论和方法日趋完善，并纳入了《水电工程移民专业项目规划设计规范》（DL/T 5379—2007）。"07规范"将企业补偿评估定位为企业淹没处理补偿费用计算的一种方式。企业淹没处理补偿费用的计算，既可以采用由移民安置规划编制单位会同企业主管部门和项目法人联合对企业资产进行现场核查和类比分析计算的方式，也可以采用对企业进行淹没处理补偿评估的方式。补偿评估应以水库淹没调查的实物指标为基础，对受淹资产的性质、性能、特征进行现场勘查、鉴定；对受淹资产进行评定，运用重置成本等评估方法估算其价格和费用。

"07规范"实施后，随着对企业补偿评估认识的不断深入，为与资产评估进行有效区分，将水电工程建设征地涉及企业补偿处理的方法定义为企业补偿评估，延伸了其内涵，使企业处理更加符合水电工程建设征地的要求。将企业补偿评估定义为以调查确认的实物指标为基础，根据拟定的处理方式，对企业的专用房屋、专用构筑物、设备、存货等采取重置成本考虑成新率、变现的方法计算补偿费用定义为补偿评估。补偿评估以"原标准、原规模或者恢复原功能"的"三原"原则为假设前提，受471号移民条例、"07规范"及其配套规范等移民相关法规和规范的约束，虽借鉴了资产评估的理论和方法，但由于水电工程建设征地的特殊性，又与资产评估在评估目的、程序、范围、方法等方面均存在很大的差异。补偿评估是结合水利水电建设征地企业处理特点创新提出的企业补偿处理方法，并通过实践经验使其不断地成熟和完善。以下从补偿评估的目的、程序、范围、方法等方面对补偿评估的理论和方法进行总结。

1. 补偿评估的目的

通常企业补偿评估的目的是为计算确定企业淹没处理补偿费用提供基础资料，即确定评估对象的合理补偿价值，是一项特殊的资产评估业务。

由于水电工程建设征地涉及企业通过征收完成产权变动，征收方（一般是政府）征收被征收方的资产具有强制性，即征收依据国家法律征用建设征地范围内企业的资产，并通过合理补偿完成产权的变动。因此，评估单位应站在第三方的立场上，将资产评估的基本理论与方法同国家有关水库移民的政策法规和规范有机地结合起来，充分考虑水电工程征收的特殊性，确认征收资产在某一时点的合理补偿价值，而不是简单以资产的账面价值或者重置净值作为评估价值。

2. 补偿评估的程序

企业补偿评估在实际工作中确定的评估程序包括：①签订业务合同书；②编制评估工作大纲并履行相关程序；③现场调查，有关各方对实物指标签字确认；④收集评估资料；⑤评定计算；⑥编制和提交评估报告初稿；⑦将评估的初步成果向企业主管部门和移民安置规划编制单位作出说明，征求意见；⑧对评估报告进行修改完善，并履行评审确认程序。

编制评估工作大纲、实物指标签字确认、评估成果征求意见并进行评审确认等程序，是补偿评估独特而至关重要的程序。补偿评估工作是确定企业淹没处理补偿费用的基础工作，评估成果仅是企业处理规划的重要组成部分，还须将评估成果纳入企业处理规划，计算确定企业最终的补偿费用。

3. 补偿评估的对象和范围

补偿评估的对象包括建设征地涉及企业所有的或依法长期占用的实物形态的资产及迁建企业的停产停业损失。实物形态的资产包括设施、设备、具有实物形态的流动资产、大型专业主厂房等。企业的普通房屋及构筑物、废置的资产、具备机械动力的车辆、土地、矿产资源、无形资产以及需要进行规划设计的项目不纳入评估范围。

不同于资产评估的评估对象根据委托方的委托，可包括机器设备、房地产、资源性资产、无形资产、长期投资性资产、流动资产等各类资产；补偿评估时，需考虑与库区统一规划的衔接、移民相关政策的规定等因素，补偿评估范围和对象也具有确定性。

4. 补偿评估的基准日

可行性研究阶段，由省级人民政府发布建设征地实物指标调查通告（"停建令"）。补偿评估工作一般在可行性研究阶段开展，由于水电站建设周期长，实际进行评估操作的时间与"停建令"下达的时间往往相差数年之久，往往超过资产评估成果一年的有效时限。因此，企业补偿评估工作中不同于资产评估基准日的提法，分别采用实物指标核查基准日和补偿评估的价格水平年，其中实物指标核查的基准日采用"停建令"下达时间，补偿评估的价格水平年应与移民安置规划报告保持一致。

5. 补偿评估的假设前提及计价模式

在资产评估工作中，其理论和方法体系的形成是建立在一定的假设条件上；公认的基本假设有：继续使用假设、公开市场假设、清算假设；在西方国家，发生征收补偿一般采用公开市场假设。按照我国"07规范"及其配套规范的要求，企业的淹没处理一般分为迁建、货币补偿等方案，应遵循"三原"原则，即企业迁建是指企业按原标准原规模重新选址建设，恢复原有生产工艺，生产原有产品；对于货币补偿企业，则根据淹没影响的具体情况，给予合理补偿。

在这种假设前提下，补偿评估的计价模式与评估企业的规划处理方案、搬迁地点、建设周期等因素密切相关，机器设备等评估对象是否具有可搬迁属性也对计价模式产生重大影响。

6. 补偿评估方法

根据水库移民政策，企业补偿评估以重置成本法为主。在实际的补偿评估工作中优先选择更新重置成本，除货币补偿设备扣除实体性贬值外，其余均不扣除固定资产各项贬值因素，体现了我国水库移民政策在补偿方面的政策优惠。

目前企业补偿评估工作主要根据水库移民规范中企业补偿费用计算的原则评估其价值，但水电工程建设征地涉及企业的行业、资产以及处理方式各异，根据目前的移民政策对一些资产进行补偿评估时也会显得并不合理，评估方法需根据实际工作中的经验不断总结和完善。

7. 评估参数的选择与评估报告

企业受淹资产的补偿评估，需要与委托方协商制定"评估工作大纲"，并依据此大纲进行具体的评估工作和编制评估报告。

评估报告应说明评估工作中涉及参数值的选取原因和来源，评估参数的选取，应本着重要性原则、时效性原则、可信度原则与适用性原则。企业的补偿评估工作中，有一些参数需由委托方确定，例如企业的搬迁距离、停产时间、职工人数等。

评估报告的基本内容包括两部分：第一部分为报告的正文，须简明扼要地说明补偿评估情况和补偿评估结论；第二部分为报告的附表和附件。报告的正文应包括：前言，补偿评估企业的处理方案，补偿评估的目的、依据和原则，补偿评估范围和对象，补偿评估的实物指标，补偿评估计算方法及参数，补偿评估结果等；报告的附表主要包括补偿评估结果汇总表和各企业补偿评估明细表；报告的附件主要包括评估对象所涉及的资产权属证明、实物指标调查成果、经审核的生产经营情况等资料以及相关的文件汇编。

补偿评估报告经评估机构内部审核后提交委托方，由委托方组织对补偿评估报告进行技术归口，以会议方式评审或以书面方式提出评审意见。补偿评估报告经评审合格，评估工作才算完成；若未达到合同要求，或补偿评估结果不符合实际，或成果质量较差，委托方有权要求评估机构进行复勘、复评，或重新修订评估报告。

水电工程建设征地企业的补偿评估工作借鉴了资产评估的理论和方法，但由于评估工作需受水库移民政策的约束，与资产评估在评估目的、程序、对象、方法等方面均存在较大的差异。近些年随着企业补偿评估在水电工程建设征地涉及企业处理工作中的普遍应用，评估工作逐步趋于科学化、规范化，但随着水电工程建设征地移民安置规划工作的逐步深入，市场经济的不断发展，以及企业的多样性和复杂性，还需在实践工作中不断总结经验与不足，逐步完善企业补偿评估的理论和方法。

7.3.3 展望

7.3.3.1 新形势下，"三原"原则要与促进地方社会经济发展协调统筹

"原规模、原标准或恢复原功能"的"三原"原则，是水电工程移民安置专业项目复建规划的一项基本原则，是有关各方利益博弈的基础，符合国家政策，维护了国家的利益。改革开放以来，我国水电移民安置政策不断完善，"三原"原则在中央、地方、企业之间不断磨合，也有所突破，其意义也更加深远，在各个时期都能较好地满足经济社会发展的需求。多年的实践证明，"三原"原则不仅是合适的而且是非常重要的。"三原"原则在不同时期对指导和规范移民迁复建工程的规划和相关补偿费用的计算都发挥了重要作用，对顺利推进库区移民安置工作起到了重要作用。"三原"原则是水电工程移民安置专业项目复建规划必须坚持的一项基本原则。

"建好一座电站，带动一方经济，改善一片环境，造福一批移民"成为新的水电开发理念。如何在新形势下结合现有移民安置规划政策、规范等，很好地将专项工程复建与地方经济社会发展有机结合，合理处理好水电开发与水库移民安置的关系，对促进水电站工程的顺利实施、地方社会经济可持续发展和移民搬迁后的长治久安具有重要的意义。

在新的历史条件下，"三原"原则的内涵也将不断丰富，满足新形势的需要。下一步，"三原"原则可以从满足地区发展规划的客观要求、符合地方经济发展的一般规律、保障当地移民脱贫致富需要等角度进行考虑，不断赋予新的内涵，与时俱进，为水电工程移民安置专业项目复建规划指明方向。

1. 专业项目规划设计规范与行业规范相协调，提高专业项目的规模和标准

按照我国现有移民政策，在专业项目处理与地方发展规划间往往存在矛盾，在此过程中也很难平衡电站项目法人与地方政府之间的利益关系。在后续规范修订中，可考虑提高交通、水利和电力工程设计标准，与行业规范进一步协调。以移民安置供水工程规划设计为例，研究提高专业项目的规模和标准的途径。

供水标准和规模确定所依据的行业规范有：《室外给水设计规范》（GB 50013—2019）、《村镇供水工程技术规范》（SL 310—2017）、《村镇供水工程设计规范》（SL 687—2014）等，GB 50013—2019、SL 687—2014 规定，给水工程"近期设计年限宜采用 5～10 年，远期规划设计年限宜采用 10～20 年"；SL 310—2017 规定，村镇供水工程"以近期为主，近期、远期结合，设计年限宜为 10～15 年，可分期实施"。

按照"三原"原则，移民新址供水工程设计水平年应为移民安置规划水平年。规划水平年直接关系到设计供水人口数，是各水电工程移民新址供水工程争议较多的一个问题。目前，供水工程均按移民安置规划水平年建设，多数大中型工程移民安置规划水平年较近，存在建成即落后的问题，争议较大。鉴于水是生活必需品，建议移民安置供水工程规划参照 GB 50013、SL 687 等行业规范，设计人口数可在移民安置规划水平年基础上考虑设计年限 5～10 年的人口增长。金沙江流域 XJB 水电站库区移民搬迁人口和生产安置人口的年自然增长率分农业人口和非农业人口分别计算，农业人口年自然增长率为 12‰，非农业人口自然增长率为 10‰，非农业人口机械增长率为 15‰；TK 水电站库区上述数据依次为 10‰、6‰、22‰。以 S 县城、P 县城和 TK 集镇的农业和非农人口比例计算，设计年限 5～10 年供水规模增长率分别为 10.2%～21.6%、12%～25.5%、12.1%～25.7%，根据库区移民安置供水工程的规划设计经验，考虑设计年限 5～10 年的人口增长后，工程投资仅增加 5%～10%。

另外，对安置区供水工程规划，可适当兼顾安置区调出土地原住居民用水需求，对水源工程、水源点至水厂引水主干线和水厂，可适当扩大建设规模。扩大规模部分宜在移民生产生活用水总量的 30% 范围内分析确定。非移民配水管线的建设费用不列入水电工程移民补偿费用。

2. 统筹兼顾地方行业规划，融合多渠道资金促进地方社会经济发展

水电开发可以在移民安置规划和实施过程中整合地方各种资源，统筹移民安置规划与地方发展规划，改善地方交通和供水供电条件。471 号移民条例第四十一条中明确规定"各级人民政府应当加强移民安置区的交通、能源、交通、环保、通信、文化、教育、卫生、广播电视等基础设施建设，扶持移民安置区发展。移民安置区地方人民政府应当将水库移民后期扶持纳入本级人民政府国民经济和社会发展规划"，《水电工程移民专业项目规划设计规范》（DL/T 5379—2007）规定，在可行性研究报告阶段，需要扩大规模、提高等级的专项工程，应由省级主管部门与项目法人协商一致。因此，如何既坚持"三原"原则和国家政策，又兼顾和促进地方发展，在维护电站项目法人利益的同时考虑地方社会经济发展的需要，是移民安置规划设计需要解决的问题。而移民安置规划结合地方给水规划、路网规划和电网规划，融合地方政府财政资金以及国家各类专项补助资金和水电工程补偿费用一起"拼盘"使用，是目前较为常用且有效的一种解决方法。

金沙江流域 XJB 水电站 N 镇供水工程移民供水人口数为 2525 人，水源为附近的关村沟，但关村沟是 N 镇新址供水和周边村庄人畜饮水、农田灌溉的唯一水源。为充分利用水资源，需兴建关村水库工程，以满足 N 镇移民新址人饮供水，同时满足农业灌溉，经协商，关村水库工程采用水利专项资金和移民资金拼盘建设。关村水库建成后，工程规模为小（1）型，总库容 140.43 万 m³，最大坝高 45m，可解决 N 镇移民及周边居民共 4372 人的饮用水问题，同时满足 2800 亩农田灌溉用水。

金沙江流域 XJB 水电站 P 县城新址搬迁至 X 乡后，其距离临近高速公路 D 乡大塔互通式立交的直线距离仅约 11km，具备非常便捷的连通条件。为加快新县城发展，方便移民出行，根据可行性研究阶段省政府与电站项目法人达成的有关协议，新建 D 乡至 P 县公路连接高速公路与 P 县城新址，按设计速度 60km/h、路基宽度 10m 的二级公路标准纳入 XJB 移民安置实施规划报告。之后，P 县政府承诺由政府财政来承担提高设计标准所增加的投资，最终该项目按公路等级二级、设计速度 80km/h、路基宽度 12m 来实施。项目建成后，P 县城至省会的陆路通行时间由以前的三个半小时缩减至两个半小时，加强了 P 县县城与省会及周边市县之间的联系，也为 P 县的社会经济发展提供了良好的交通基础。

金沙江流域 XJB 水电站 S 县对外主要通道，是从 S 县城穿城而过的 S 县至 F 县公路，若按照"三原"原则进行复建，该项目仅为一条三级下限标准的公路，但考虑到该公路作为 S 县城对外主要通道的重要性，省政府与电站项目法人达成了"电站项目法人按三级公路设计标准上限（路基宽 8.5m，路面宽 7.5m，行车速度 40km/h）进行补偿，地方政府按二级公路标准建设"的有关协议，统筹 XJB 移民工程补偿费用和交通部门的公路专项建设资金，按设计速度 60km/h、路基宽度 10m 的二级公路标准对 S 县至 F 县公路进行复建。该复建公路建成通车后，在 S 县新县城的建设和搬迁过程中发挥了重要作用，现今已是 S 县对外交通和经济发展的一条主动脉。

7.3.3.2 移民三维设计是提高移民规划设计手段的必由之路

水电工程建设征地移民安置规划涉及移民、交通、水利、电力、通信、建筑、规划、施工、地质、测量、造价等多个专业，同时关系到项目法人、地方政府相关行业部门、监理、评估、权属对象等多个方面，需开展的基础资料收集分析、实物调查、方案规划、规划设计、报告编制等多项工作，工作信息量大、任务繁重、程序复杂，专业接口协同难度大、集成难度高。传统的水电移民工作方式在数据采集加工、空间查询分析、成果应用管理等方面还有很大的改进空间。

在国外，计算机辅助设计用于水利工程规划、设计与管理比较普遍。如早在 20 世纪 80 年代，美国的科技工作者瓦西里奥斯等就曾提出利用 GIS 系统进行地表水的水文模拟、给排水系统模拟、农业污染模拟以及地下水应用模拟等，为水资源的开发管理开创了一条新的途径；但是专门针对水电工程中移民三维设计系统开发的研究还比较少。在国内，目前交通、供水、电力、通信等专项设计均可通过三维设计软件开展，但水电移民安置规划设计工作方式、方法还比较传统，也没有开发出相关的辅助设计类软件，更没有实现三维设计，处于起步阶段，规划设计的效率较低。当前，地理信息技术（GIS）、遥感技术（RS）、全球定位技术（GPS）、二次开发工具、三维展示平台等在空间数据的精确高效采集、管理和分析、快速准确地辅助决策等诸多方面表现出明显的技术优势，技术亦日趋成熟，为建立移民三维设计系统提供了很好的技术支持。

建立水电移民三维设计系统可以改变传统的水电移民工作方式，有效地对海量信息进行采集、加工、存储、维护、分析，并且开展空间资源信息查询、空间分析和预测分析等多种人工智能化运用，并使之辅助决策，提高工作效率；可以提高移民工作的管理水平，有效地为管理部门在水电工程设计、建设、水库淹没处理和移民安置及运营管理等各种决策过程中提供必要的、充分的科学依据，为决策者提供技术支持。同时，水电移民三维设计系统是规划设计发展的方向，可提高专业分析的精度和准确性，增强决策的科学性和实用性、增强数据的标准通用性、完备性和安全性，可以在行业内推广应用，弥补市场空白。水电移民三维系统的开发将使移民实物指标调查、规划设计、管理工作规范化和科学化。

水电工程建设征地移民安置规划设计工作有相应的规程规范要求，其工作流程和成果要求是标准化的，具备通过软件实现的规范化、标准化设计的条件。通过开发移民三维设计，实现基础资料采集查询、汇总、统计、分析、整理数字化，安置任务分析、安置环境容量分析、选址分析计算自动化，规划方案拟定的智能化，规划各类图、表生成自动化，移民工程项目设计模块化、标准化，集成居民点规划设计、交通设计、供水设计、电力设计、通信设计、土地开发整理设计、复垦设计等三维设计成果，补偿费用概算计算自动化。利用三维设计系统，可以根据移民调查和实施管理的不同阶段的需要，实现实物指标现场采集信息与移民安置规划、实施、运行阶段的自动衔接，系统提供自动分级统计和按不同类型统计的功能，快速查阅移民安置前后的详细情况。利用三维设计系统，设计人员能够快速进行移民安置点选址，并根据当地自然条件，规划可安置移民人数，为城镇及居民点规划等提供支持，为有关的专业项目规划涉及提供支持；设计人员可直接引用系统成果编制报告，业主、地方政府可直接通过系统的可视化图形、表格功能，听取汇报和查询数据，为移民安置规划决策奠定基础。可通过三维 GIS、高清影像及三维建模、三维可视化漫游等对涉及的房屋、土地、工厂、学校、道路等对象进行显示和管理，能够形象直观地查看移民安置前与后的详细情况，既可宏观地查看大范围的总体情况，也可进行局部细看，使业主、地方政府等更加高效、容易地了解移民工程规划设计方案。

移民三维设计系统的开发，可使移民实物指标调查、规划设计、实施管理工作规范化和科学化；提供一套完整的移民规划设计数字化解决方案，为移民安置规划设计提供良好的技术支撑，使用户的各种资料、数据能够变成数字产品，方便进行管理和应用，提高设计效率和质量；为设计人员提供丰富的辅助设计工具，有效地对采集和输入信息进行加工、存储、维护、分析，并且开展空间资源信息查询、空间分析和预测分析等多种运用；有效地为建设征地移民安置及实施管理等各种决策过程提供必要的、充分的科学依据，以提高专业分析的精度和准确性，增强决策的科学性和实用性，增强数据的标准通用性、完备性和安全性；通过系统集成，将大量的计算分析工作交给计算机，从而提高工作效率，减轻工作人员的劳动强度，提升移民规划设计工作水平。由此可见，移民三维设计是未来提高移民安置规划设计工作效率的必要手段。

第 8 章

库底清理

水电工程是把水力势能及动能转换成电能的综合性工程，而要充分利用水能资源，最大效率发挥转换电能的作用，通常的做法是修筑拦河坝形成水库，由此积聚水量，抬高水头，增加水能。可以说水库是水电工程结构体系中重要的组成部分之一，是水电工程建设的必然产物。

水电工程水库形成的标志是水库蓄水，水库蓄水属于人为抬高水位，势必造成拦河坝坝前一定范围形成淹没。水库蓄水前虽然按照补偿复建的原则对水库淹没影响的实物指标进行了补偿和处理，水库淹没范围内的人群也搬离库区并得到安置，但水库淹没范围内依然会遗留大量种类各异的生物类活动产物；这些生物不仅指人类本身，也包括与人类伴生的野生动物、家养牲畜、各类植物等，其活动产物包括人类建设的各种建筑物、构筑物，人类种植或天然生长的林木，人类及伴生动物产生的各类排泄物、废弃物等。这些生物类活动产物依据其特性的不同，可能在水库蓄水期间，也可能在水库蓄水后一段时间内，有的甚至在水库运行的全部阶段，受水流浸泡、冲带、扩散等作用而给水库范围以及水库下游一定范围内的生产生活环境、经济社会发展带来显著的负面影响，甚至可能会带来破坏性影响。有必要在水库蓄水前清除整理这些生物活动产物，以减小或去除其可能带来的负面影响，确保水电工程建成后综合效益的正常发挥。这种清除整理活动即称为库底清理。

库底清理作为水电工程重要建设项目之一，是指为保证水电工程运行安全，防止水库水质以及下游河流水质污染，保护库周及下游人群健康，并为水库综合利用创造条件，在水库蓄水前对遗留在库底的众多生物类活动产物，主要包括污染源、建（构）筑物、林木等进行必要的清除和整理。所谓"库底"顾名思义是指水库中承托蓄水的基底，包括蓄水后淹没在水体下原有的河流水面和两侧陆地范围；而"库底"的内涵是指水库蓄水前所有清理对象相应的清理区域，由于不同清理对象的清理区域不同，因而"库底"并不具有一个确定不变的范围。所谓"清理"是指清除和整理，清除即移出清理范围之外，整理则是指处理后不再产生负面影响而不必移出清理范围之外。基于以上"库底""清理"的概念及内涵，水库蓄水前遗留在库底必须清理的污染源、建（构）筑物、林木等各种生物类活动产物就叫作库底清理对象。

库底清理是水电工程下闸蓄水形成水库的必要条件之一。如果不对库底进行清理或库底清理不彻底，遗留在库底的各类污染源、固体废物、危险废物等就可能引发流行性疾病的传播，从而对水库水质、库周群众健康安全造成影响；遗留在库底的建筑物、构筑物、林木等，也可能会形成各种漂浮物和障碍物，从而影响水库综合利用和安全运行。因此，为保证枢纽工程及水库运行安全，保护水库环境卫生，控制水传染疾病，防止水质污染，给水库防洪、发电、航运、供水、旅游等综合开发利用创造有利条件，在水库蓄水前对库底进行清理是十分必要的。根据多年库底清理实践经验，库底清理对象种类较多且特性不同，不同清理对象需要清理的范围、方法和技术要求也是差异较大，要开展好库底清理工作，充分发挥好库底清理的效用，就必须首先掌握库底清理的关键技术，这正是本书对库底清理关键技术进行总结归纳的必要性之所在。

8.1　工作内容、方法和流程

8.1.1　工作内容和方法

库底清理是水电工程建设的重要项目之一，多年来随着水电工程库底清理实践经验的多重积累和实用技术的不断进步，库底清理方法不断得到更新，技术标准和实施管理日趋完善，库底清理工作也逐步得以规范，库底清理在保障水电工程安全运行等方面发挥着越来越重要的作用。根据"07 规范"和《水电工程水库库底清理设计规范》（DL/T 5381—2007）等技术标准，结合当前水电工程建设库底清理的实际要求，库底清理主要工作内容可以归纳为确定库底清理任务、明确库底清理范围、提出库底清理方法和技术要求以及计算库底清理工程量共 4 个方面。

8.1.1.1　确定库底清理任务

为顺利开展库底清理工作，首先需要确定库底清理任务。

库底清理对象是水库蓄水前遗留在库底的大量种类各异的生物类活动产物，包括了人类建设的各种建筑物、构筑物，人类种植或天然生长的林木，人类及伴生动物产生的各类排泄物、废弃物等。显然这些清理对象物化特性各不相同，如果蓄水前未予以清理，则蓄水后其负面作用影响的对象将大不相同，产生负面影响的方式、程度也差异较大；另外蓄水前对其进行清理所采用的清理方法和要求、清理标准和流程等各具特色，实施清理的主体、费用承担部门也不尽相同。因此为制定明确的清理方案，统一清理技术标准和要求，明确清理的管理职责和实施主体，有必要根据清理对象的特性、清理方法的差异性以及清理工作社会管理要求，对清理对象进行归类分组，并据此划分不同的清理任务。

根据"07 规范"技术标准，从水电工程开发任务、水库综合利用要求、库底清理对象以及库底清理的实施主体和投资主体等方面综合分析，库底清理任务分为一般清理和特殊清理两部分。其中一般清理是指为确保水电工程开发目标的顺利实现，确保水库蓄水后不产生水质污染等负面影响，且清理费用列入水电工程投资的清理任务。特殊清理是指为确保那些超出水电工程建设之外、利用水库水面开发建设项目的顺利实施，依据行业规定和相关技术标准要求，在一般清理的基础上还需要进行专项清理且清理费用由项目开发建设方承担的清理任务。一般清理任务按照清理对象的不同，分为卫生清理、建（构）筑物清理和林木清理三部分。其中卫生清理包括常规（一般）污染源、传染性污染源、生物类污染源、一般固体废物和危险废物等的清理；建（构）筑物清理包括建筑物拆除，构筑物拆除，防漂浮处理和人防、井巷工程处理。库底清理任务构成如图 8.1－1 所示。

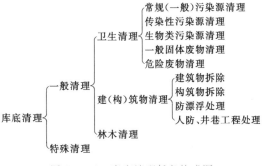

图 8.1－1　库底清理任务构成图

图 8.1-1 标示的库底清理任务共分三个层级，无论是第一层级的一般清理和特殊清理任务，还是第二层级的卫生清理、建（构）筑物清理和林木清理任务，或者是第三层级的常规（一般）污染源清理、传染性污染源清理、生物类污染源清理、一般固体废物清理、危险废物清理、建筑物拆除、构筑物拆除、防漂浮处理、人防和井巷工程处理等任务，都不是针对具体的清理对象所确定的清理任务，而是根据上述众多要素对清理对象归纳分类后确定的清理任务。因此在确定库底清理任务时，鉴于库底清理对象的复杂性和多样性，应根据不同清理对象的形态特点、遇水变化特性以及清理要求，首先对所有的具体的清理对象进行识别，在识别具体的库底清理对象的基础上，按照《水电工程水库库底清理设计规范》（DL/T 5381—2007）的规定，分类确定水库库底清理任务。

8.1.1.2 界定库底清理范围

库底清理范围是量化库底清理任务、计算库底清理工程量和确保库底清理效果的基础和依据。

库底清理范围与建设征地水库淹没区范围密切相关。根据"07 规范"和《水电工程建设征地处理范围界定规范》（DL/T 5376—2007）等技术标准，水库淹没区范围由水库正常蓄水位以下的常水位淹没区域和水库正常蓄水位以上的临时淹没区域组成。常水位淹没区域和临时淹没区域的主要区别是蓄水淹没时长不同、淹没深度不同、水流作用不同，因而对水库蓄水前遗留在库底的各类生物类活动产物等清理对象的浸泡、冲带、扩散等作用也就有所不同。有的清理对象（如林木）在临时淹没区域受到蓄水的影响不大，因而不会产生负面影响；有的清理对象在水库较深之处虽受到蓄水的较大影响，但其产生的负面影响却不大，如大体积建（构）筑物；有的清理对象（如生活垃圾）只要遇到水就会对水质产生影响。因此针对不同的清理对象，应根据水库蓄水特征以及清理对象的遇水变化特性，确定相应的清理范围。

依上所述，水库淹没区范围是确定库底清理范围的基础，库底清理范围应在水库淹没区范围之内，根据库底清理对象在不同蓄水位置对水库水质、运行安全等产生危害的程度大小和清理对象的遇水变化特性综合确定。根据"07 规范"和《水电工程水库库底清理设计规范》（DL/T 5381—2007）等技术标准，不同的库底清理任务所对应的清理对象类别具有不同的遇水变化特性，蓄水后产生的危害程度也相差不大，因此对应库底清理任务构成，库底清理范围通常分为一般清理范围和特殊清理范围两部分。

一般清理范围主要分为卫生清理范围、一般建（构）筑物清理范围、大体积建（构）筑物清理范围和林木清理范围 4 类。其中卫生清理范围为居民迁移线以下（不含影响区）区域；一般建（构）筑物清理范围为居民迁移线以下区域；大体积建（构）筑物残留体清理范围为居民迁移线以下至死水位（含极限死水位）以下 3m 范围内；林木清理范围为正常蓄水位以下的水库淹没区。特殊清理的范围是水库淹没处理范围内选定的水产养殖场、捕捞场、游泳场、水上运动场、航道、港口、码头、泊位、供水工程取水口、疗养区等利用水域水面开发建设项目的所在地域。不同清理任务对应的库底清理范围见表 8.1-1，库底清理范围与水库特征水位关系如图 8.1-2 所示。

表 8.1-1　　　　　　　　　　不同清理任务对应的库底清理范围表

清 理 任 务		清 理 范 围
建（构）筑物清理	卫生清理	居民迁移线以下（不含影响区）区域
	一般建（构）筑物清理	居民迁移线以下区域
	大体积建（构）筑物残留体清理	居民迁移线以下至死水位（含极限死水位）以下 3m 范围内
林木清理		正常蓄水位以下的水库淹没区
特殊清理		水库淹没处理范围内选定的利用水域水面开发建设项目的所在地域

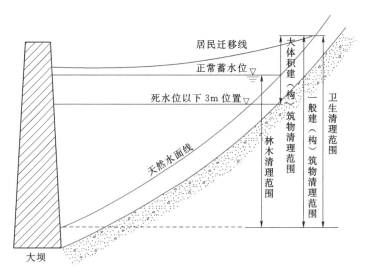

图 8.1-2　库底清理范围与水库特征水位关系示意图

　　库底清理范围的界定就是要明确库底清理范围的上限和下限，从而确定库底清理范围的大小。界定库底清理范围时，应针对确定的库底清理任务及库底清理对象，根据《水电工程水库库底清理设计规范》（DL/T 5381—2007）的规定，确定不同清理对象相应的清理上限和下限，并以此界定出不同清理对象的清理范围。

8.1.1.3　提出库底清理方法和技术要求

　　库底清理是一项涉及面广、专业性强、技术要求高的工作，且不同清理对象的清理要求差异很大，清理对象所涉及的行业管理要求也不同，因此应对不同的清理对象提出相应的清理方法和技术要求。鉴于不同的库底清理任务所对应的清理对象类别具有相近的实物形态，并会在水库蓄水后对水电工程安全运行和水质污染等方面产生同样类型的负面影响，因此不同库底任务所对应的清理对象类别必然有着不同的库底清理要求，显然清理方法差别很大。正是基于这一基本认识，目前的水电工程库底清理规划设计工作都是根据确定了的库底清理任务和该任务所对应的库底清理对象提出库底清理方法和技术要求。

　　根据"07 规范"和《水电工程水库库底清理设计规范》（DL/T 5381—2007）等技术标准，按照水库库底清理任务的不同，特殊清理一般由水库水域综合利用开发单位按照相关行业技术规定，提出必要的清理方法和技术要求，并自行清理。一般清理任务的清理方法和技术要求主要包括以下内容。

1. 卫生清理

卫生清理是指为防止水库水质污染，保护库周及下游人群饮水安全，对居民迁移线以下的各类污染源在蓄水前进行的无害化处理。

（1）常规（一般）污染源清理。常规（一般）污染源清理一般包括以下 3 个方面。

1）化粪池、沼气池、粪池、公共厕所、牲畜栏、污水池等污染源的清理。这些污染源的清理，应首先对其中的粪便、污泥等污物进行彻底清掏，并运至库外；无法清掏的残留物，需要加等量生石灰或按 $1kg/m^2$ 撒布漂白粉混匀进行消毒处理。此外，清掏后的坑穴要用生石灰或漂白粉按 $1kg/m^2$ 撒布、浇湿后，用农田土壤或建筑渣土填平、压实；清理现场表面用土或建筑渣土填平压实。粪便消毒处理后要达到《粪便无害化卫生标准》（GB 7959—2012）的指标要求，并由县级疾病预防控制中心提供检测报告。

2）生活垃圾及其堆放场的清理。生活垃圾及其堆放场要根据垃圾堆龄、组成及体积进行无害化处理、资源化处理或就地处理处置。无害化处理一般可采取堆肥法、焚烧法和卫生填埋法等方法，经无害化处理后的残留物应达到化学性质稳定、病原体被杀灭的基本要求，达到国家有关固体废物无害化处理卫生评价标准要求。资源化处理可采取化害为利、变废为宝、回收再生资源等多途径综合利用措施。就地处理处置主要是指将垃圾转运至库外垃圾填埋场或热解场进行处理。清理生活垃圾及其堆放场时，其中的大型生活垃圾堆场的处理应进行方案比选、专项设计。

3）普通坟墓的清理。普通坟墓应区分有主坟墓和无主坟墓来清理。其中有主坟墓应根据蓄水要求，在规定限期内，由权属人按照当地的丧葬习俗迁出库区。对于过期没有迁出或无人管理的坟墓则按无主坟墓处理，由库底清理实施组织单位将尸体挖出并焚烧处理。迁出或挖出后，埋葬 15 年以内的墓穴及周围土应进行摊晒，或直接用 4% 漂白粉上清液按 $1\sim2kg/m^2$ 或用生石灰按 $0.5\sim1kg/m^2$ 进行消毒处理后回填压实；埋葬超过 15 年的墓穴可直接进行回填压实处理。

（2）传染性污染源清理。传染性污染源清理一般包括 4 个方面，由卫生防疫部门按照行业管理规定提出清理方法和技术要求。

1）传染病疫源地的清理。传染病疫源地污染地点的污水、污物、垃圾和粪便应进行无害化处理，并由卫生防疫部门按照国家有关规定进行清理。

2）医疗卫生机构工作区、兽医站、屠宰场及牲畜交易所的清理。医疗卫生机构工作区、兽医站、屠宰场和牲畜交易场所的清理包括污染物清掏、坑池消毒填埋以及污染建筑物清理三个方面。首先对这些场所的粪便残留物按 10∶1 的体积比加漂白粉进行消毒处理，混合 2h 后掏运至库外。其次清掏后的粪坑、贮粪池用漂白粉按 $1kg/m^2$ 撒布、浇湿后，用农田土或建筑渣土填平、压实。在此基础上，对污染了的地面和地面以上 2m 的墙壁等，也要用 4% 漂白粉上清液按 $0.2\sim0.3kg/m^2$ 喷洒消毒，且消毒时间不少于半小时。

3）医疗垃圾的清理。医疗垃圾可焚烧部分须参照《危险废物焚烧污染控制标准》（GB 18484—1999）及时焚烧，对焚烧残留物进行集中填埋处理；不能焚烧部分，参照国家有关规定消毒后集中填埋处理。医疗废物的处理必须满足《医疗废物集中处置技术规范》（环发〔2003〕206 号）的有关要求。

4）传染病死亡者墓地和病死畜掩埋地的清理。传染病死亡者墓地和病死畜掩埋地的清理，一般分成炭疽尸体及墓穴和因其他传染病死亡而埋葬的牲畜尸体所在地两类分别处理。

相对来说，炭疽尸体及墓穴的清理比较复杂。首先在挖掘前对墓基和即将挖掘的土层喷洒20％浓度的漂白粉液使保持湿润；挖掘时每挖出一堆墓穴土，随即铺洒一层干漂白粉（土与漂白粉的体积比为5∶1）。清理中人、畜尸骨不得迁至库外，必须与棺椁同时就地焚烧。此外墓穴底部需铺3～5cm厚的干漂白粉，并用水浸透，墓穴侧面也要喷洒20％漂白粉上清液。在此基础上，墓穴回填土每10cm加漂白粉3cm逐层压实；覆土表面及其周围5m范围内撒泼20％漂白粉上清液，至少浸透到地表以下30cm。对于手工挖掘工具、防护器具必须全部及时焚烧处理。炭疽墓穴清理和尸体处理应在专业人员的指导下，制定实施方案与应急措施，并严格按照实施方案操作；清理的主体工作必须由专业人员进行，辅助人员必须经过专门的技术培训后方能参与工作；所有操作人员要按卫生防护要求进行操作，使用专门工具，配备防护用品。

因其他传染病死亡而埋葬的牲畜尸体所在地的清理相对较为简单，牲畜尸体挖出后就地焚烧或运至焚烧炉焚烧，坑穴用10％漂白粉上清液按$1～2kg/m^2$消毒处理后填平。有炭疽尸体埋葬的地方，表土不得检出具有毒力的炭疽芽孢杆菌。

（3）生物类污染源的清理。生物类污染源清理一般包括以下2个方面：

1）居民区、集贸市场、仓库、屠宰场、码头、垃圾堆放场及耕作区的鼠类的清理。灭鼠清理应使用抗凝血剂灭鼠毒饵，禁止使用强毒急性鼠药。灭鼠时投放的药量应根据场所的不同区别投放。一般而言居民区室内面积小于$15m^2$时投放毒饵2堆，室内面积大于$15m^2$时投放毒饵3堆。集贸市场、仓库、码头、屠宰场和垃圾场及其周围100m区域每$10m^2$投放毒饵1堆。在耕作区灭鼠应在田埂上投饵，每亩投放毒饵10堆。投放毒饵后5天，要检查毒饵消耗情况，同时收集鼠尸并立即进行焚烧。投饵15天后，需收集并妥善处理鼠尸和剩余毒饵。灭鼠后的鼠密度应按《动物鼠疫监测标准》（GB 16882—1997）进行检查。

2）钉螺等其他生物类污染源的清理。有钉螺存在和有可能产生钉螺的库区周边，其水深不到1.5m的范围内，应在当地血防部门指导下提出专门处理方案，以防钉螺扩散。其他生物类污染源清理应根据其特性，在当地专业部门的指导下开展清理工作。

（4）一般固体废物的清理。一般固体废物分为一般工业固体废物、废弃建筑材料、不属于危险废物的废弃尾矿渣3类。

一般固体废物的清理应根据国家有关环境标准、规定进行判定，并经县以上（含县级）环境保护主管部门鉴别后，对环境没有危害的可就地处理。其中工矿企业内污水处理收集设施中的污泥、生产车间和仓库被污染的残留物，都应全部清除。一般固体废物的收集、清除、装运、处置过程中，应采取密闭、遮盖、捆扎、喷淋、建密封容器、防渗层等防扬散、防流失、防渗漏及其他防止污染环境的措施。一般固体废物清理过程中，一般不进行储存作业；如特殊需要进行临时储存时，应对储存场所和储存设施进行专门设计。

一般固体废物的清理还应满足如下要求。需要清理的一般固体废物均应在符合国家标准的处理处置场（厂）中进行，所有固体废物的暂存地必须在水库最终淹没区以外。一般固体废物的处理处置场地的选择必须满足环境保护的要求。

（5）危险废物的清理。危险废物清理对象是指具有易燃、助燃、易爆、有毒、腐蚀、有害和放射性，在运输装卸和储存保管过程中易造成人员伤亡和财产损毁以及环境破坏，需要特别保护并列入《国家危险废物名录》或《危险废物鉴别标准》认定的具有危险特征的物品及其包装物，主要包括：电镀污泥、废酸、废碱、废矿物油等以及其他列入《国家危险废物名录》的各种废物及其包装物；化工、化肥、农药、染料、油漆、石油以及电镀、金属表面处理等生产、销售企业废弃的生产设备、工具、原材料和产品包装物以及废弃的原材料和药剂；农药销售商店、摊点和储存点积存、散落和遗落的废弃农药及其包装物；废放射源及含放射性同位素的固体废物。危险废物原址中的土壤，清理后有害成分浓度超标时，也应予以清理。

危险废物清理应按照国家有关规定，由具有资质的专业部门进行清理设计和清理过程监控，并最终检测合格；危险废物应采用专用容器装运、收集、放置、装载，覆盖危险废物的容器和包装物应具有良好的兼容性和稳定性，不得有严重锈蚀、损坏和泄漏。危险废物不得与一般工业废物混装。危险废物装运车辆和容器、包装物及处置设施必须设置危险废物识别标识。

危险废物处理设施、场所必须符合国家危险废物集中处置设施、场所建设规划要求；危险废物的处置必须满足 GB 18598 或 GB 18484 的有关要求；废放射源和放射性废物的处理应满足国家有关要求；其他特殊危险废弃物的处理必须遵守国家有关规定。

2. 建（构）筑物清理

为保证枢纽工程及水库的安全运行，为水库航运业和水产养殖业发展，以及防洪、发电、供水、旅游等综合开发利用创造有利条件，水库蓄水前对各种类型和结构的建筑物、构筑物等进行拆除，对人防、井巷工程进行封堵，将漂浮物运出库外等活动称为建（构）筑物清理。

（1）建筑物拆除。建筑物拆除应根据不同结构类型、层数采用不同的清理方法。一般情况下木（竹）结构、土木结构、砖木结构、附属房屋及三层以下混合结构的房屋可采用人工或机械方式拆除；四层以上混合结构的房屋可采用机械或爆破方式拆除；钢筋混凝土结构房屋可采用爆破与机械结合方式拆除。建筑物清理后，残留高度不得超过地面以上 0.5m。

建筑物拆除还应满足如下要求。医疗卫生机构、工矿企业储存有毒有害物质的仓库和屠宰场等建筑物，按卫生清理及危险废物清理技术要求消毒处理后再拆除。建筑物密集区采用爆破方式拆除时应考虑对居民迁移线以外房屋及设施的影响，必要时采用定向爆破方式拆除。对库岸稳定性有利的建筑物基础可不予拆除。

（2）构筑物拆除。构筑物拆除应根据构筑物的类型、结构、规模等确定相应的清理方法，一般的清理方法包括爆破、机械、人工拆除等。

其中石拱桥、混凝土桥、渡槽等可采取爆破方式拆除；吊桥、索桥两端固定设施可采取爆破或人工、机械结合方式拆除；围墙、独立柱体、线杆、铁塔、水塔、高出地面的水池、烟囱、牌坊等，采用人工、机械或爆破方式拆除。砖厂砖窑、石灰窑、水泥窑、冶炼炉、挡水建筑物、有碍航运的码头构筑物等采用爆破或机械方式拆除。地面的储油罐、油槽应整体拆除，并运出居民迁移线以外；构筑物清理后，残留高度不得超过地面以上 0.5m；拆除的线材、铁制品、木杆不得残留在库区。

对库岸稳定性有利的构筑物基础、挡土墙等可不予拆除。确难清理的较大障碍物，对水库运行安全有影响的应设置警示标志。不需拆除的地下储油罐、油槽经卫生处理后封堵处理即可。

（3）人防、井巷工程处理。水库水位消落区的水井（坑）、地窖、隧道、人防、井巷工程等地下建筑物，须根据库区地质情况和水库水域利用要求，采取填塞、封堵、覆盖或其他处理措施予以处理。

（4）防漂浮处理。建（构）筑物拆除后的木质门窗、木檩椽、木质杆材等易漂浮物，须及时运出库外或尽量利用，临时堆放在库区周边的应加以固定，防止洪水冲入水库。

3. 林木清理

水库蓄水后淹没的大量的成片林木和零星树木，有可能对船舶的航运、渔业捕捞产生一定影响，树木腐烂后还会影响水库水质，因此水库蓄水前对正常蓄水位以下范围内的成片林木和零星树木进行清理是必要的。

林木清理的方法主要有砍伐和移植两种，砍伐的林木应清理外运，残留树桩高度不得超过地面以上 0.3m。林木砍伐残余的枝丫、枯木、灌木丛等易漂浮物应及时运出库外，就地烧毁或采取防漂措施。林木清理过程中，应按照当地有关部门的防火规定，注意防火安全。

8.1.1.4 计算库底清理工程量

计算库底清理工程量是判断库底清理规模、编制库底清理费用、制定库底清理实施方案及进度安排的一项基础性工作。

根据多年工作实践经验，结合库底清理费用计算的实际要求，库底清理工程量应根据库底清理方法和具体清理手段，针对不同清理对象的不同分部清理项目分类计量，计量单位主要有面积、体积、长度及个数等。所谓清理对象的分部清理项目是指对某一清理对象实施清理时，根据整个清理流程可以分化出来的最小单元清理活动，通常情况下一个最小单元清理活动对应着单一的清理手段，必然也有着单一的计量单位。如化粪池、沼气池这类清理对象，清理时要对其中的粪便、污泥进行清掏，无法清掏的残留物需要消毒处理，清掏后的坑穴也要消毒，清理现场表面还要覆土填平压实，整个清理流程包含了清掏、残留物消毒、坑穴消毒和填平压实共 4 个最小单元清理活动。化粪池、沼气池的清理工程量就要针对这 4 个分部清理项目分别计算工程量，并采用不同的计量单位。

因此，根据现行的《水电工程水库库底清理设计规范》（DL/T 5381—2007）技术标准，库底清理工程量的计算应针对具体的库底清理对象，首先划分识别最小单位清理活动，明确清理对象的分部清理项目；然后在此基础上，根据不同清理项目的清理方法和措施，确定清理工程量的计量方式，并计算工程量。如医疗卫生工作区的清理工程量分粪便消毒、坑穴消毒、坑穴覆土、地面和墙壁消毒 4 个分部清理项目，分别按面积或体积来计算工程量。

8.1.2　工作流程

库底清理规划设计在水电工程各设计阶段有着不同的设计深度要求，并要提出相应的设计成果。

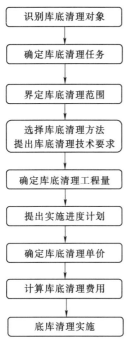

图 8.1-3　库底清理主要
工作流程图

在预可行性研究阶段，可按照初步拟定的水库淹没范围的面积，采取扩大指标估算库底清理费用。

在可行性研究阶段，应根据实物指标调查及库底清理对象补充调查成果，识别库底清理对象，结合水库淹没区范围确定库底清理范围，提出库底清理任务；针对不同的清理对象，根据《水电工程水库库底清理设计规范》（DL/T 5381—2007）及行业管理要求，确定合理的清理方法，并提出清理技术要求；根据库底清理对象识别成果及清理流程分析，确定分部清理项目并计算清理工程量；确定库底清理项目单价，计算库底清理费用；根据水电工程阶段性蓄水要求和移民搬迁安置实施进度安排等，提出库底清理实施进度计划。库底清理主要工作流程如图 8.1-3 所示。

在移民安置实施阶段，县级人民政府根据可行性研究阶段审定的水库清理任务、范围、清理方法、技术要求和概算费用，制定本行政区域内库底清理的组织和实施方案，组织各相关部门具体实施。主体设计单位对库底清理设计文件进行交底，并配合地方政府做好清理现场的技术指导工作，必要时应复核库底清理设计。水库清理实施后，由地方政府组织库底清理工作验收。

8.2　关键技术

在多年水电工程水库库底清理实践的基础上，通过对库底清理工作流程中所涉及的清理技术的分析总结，梳理出库底清理的关键技术，主要为库底清理对象的识别、库底清理范围的界定、库底清理方法的选择和库底清理工程量的计算 4 个方面。

8.2.1　库底清理对象的识别

水电工程水库库底清理对象如果在水库蓄水前没有清除出库外或进行必要的整理，蓄水后在蓄水浸泡、冲带、扩散等的作用下可能会对库周及水库下游一定范围内的生产生活环境、经济社会发展产生多种负面影响，也可能影响到水电工程运行安全等。

一般来说，库底清理对象的表现形态不同、物质特性不同，受蓄水影响后所产生的危害作用及程度也就不同，如化粪池、沼气池、粪池等常规污染源中含有大量的细菌、病毒、寄生虫卵等病原体，这些病原体进入水体后，常使介水传染病流行，影响库周居民健康；工业固体废物中往往含有大量的铬渣等有毒有害物质，不清理势必造成水库环境污染；遗留在库底的建（构）筑物有可能对航运形成障碍，影响水库综合利用；林木淹没在水中，可能导致水库蓄水深度缺氧，对水库水质产生较大的影响；漂浮物则会在水电站发电初期时随着水流进入拦污栅内冲击水轮机或堆积在栅前增加电站的水头损失等。

另外各清理对象有着不同的清理工作实施主体，清理费用承担部门也不同。根据"07规范"和《水电工程水库库底清理设计规范》（DL/T 5381—2007）等技术标准，一般清理一般由地方政府组织实施，但对于危险程度高、专业性强、清理技术复杂的清理对象如传染性污染源、危险废物等，应由专业部门识别并提出处理方案，一般清理的费用列入水电工程投资；相对于一般清理，特殊清理则由水库水域综合利用开发项目建设单位组织实施，所需费用由其自行承担。

因此库底清理前必须首先识别库底清理对象。通常库底清理对象的识别主要是在实物指标调查的基础上，通过对实物指标调查对象的分析来确定的。从多年的实践经验来看，有的实物指标对象可以直接界定为库底清理对象，有的实物指标对象则不属于清理对象，同样还存在着一定量的未包含在实物指标调查对象中的清理对象，需要进行补充调查。

由此可以看出，库底清理对象复杂多样，危害程度各异，实施主体及识别途径不同，识别库底清理对象是一项较为复杂的技术工作。

8.2.1.1　根据实物指标调查对象直接识别

实物指标调查是水电工程建设征地移民安置工作的基础，是建设征地移民安置规划设计工作的首要任务，实物指标调查对象包括了水库淹没区范围内的人口、土地、建筑物、构筑物、林木、企事业单位、交通工程、水利工程、电力电信、矿产资源、文物古迹等。库底清理对象与实物指标调查对象组成基本一致，表现形态也大体相同，可以说实物指标调查相当于是对库底可能需要清理对象的一次"摸底"，实物指标调查成果完全可以作为库底清理对象识别的基础。因此，大多库底清理对象的识别以水库淹没实物指标调查成果为前提，通过分析实物指标对象在蓄水后的危害性，可直接遴选出对水电工程运行安全、水质、人群健康、水库综合利用等影响的实物指标对象，以作为库底清理对象。

实物指标调查完成后，根据"07规范"和《水电工程水库库底清理设计规范》（DL/T 5381—2007）等技术标准，按照库底清理任务对清理对象的归类分组，从常规（一般）污染源、传染性污染源、生物类污染源、一般固体废物和危险废物五个方面对实物指标调查对象进行分析，以识别卫生清理对象；从建筑物、构筑物、易漂浮物和人防、井巷工程等方面对实物指标调查对象进行分析，以识别建（构）筑物清理对象；从林木方面对实物指标调查对象进行分析，以识别林木清理对象。

一般情况下通过对实物指标调查项目进行分析可以直接列为库底清理对象的有卫生清理中的化粪池、沼气池、粪池、公共厕所、牲畜栏、污水池、普通坟墓，建（构）筑物清理中的建筑物、构筑物，以及林木清理中的各类林木及零星树木等。

8.2.1.2　通过库底清理对象补充调查进行识别

水库淹没实物指标调查对象是以淹没后予以补偿为原则来确定的，库底清理对象则是以水库运行安全、是否导致水质污染等为前提来识别的，两者虽有密不可分的关系，但由于其调查的目的不同，而使得实物指标调查对象无法全部包含所有的清理对象，因此部分清理对象还需要通过补充调查予以识别。如企事业单位调查中，调查的主要对象是占地面积、各类房屋及附属建筑物、构筑物、零星树木、设施设备等，但通常不调查企业生产中堆存的废渣、弃渣等固体废物；而医疗机构调查中，往往不调查堆存的生活垃圾、医疗垃圾等；专业项目调查中，也会出现不调查登记相应的建（构）筑物的现象。而这些废渣、弃渣等固体废物，生活垃圾、医疗垃圾等污染物，以及专业项目中的建（构）筑物恰恰正是需要清理的重要对象，需要通过现场补充调查识别后列为库底清理对象。

通常情况下需要通过库底清理对象补充调查来识别的库底清理对象有各类传染性污染源、生物类污染源、危险废物，一般工矿企业单位中的矿渣、弃渣等一般固体废物，居民点、企事业单位、医疗机构等单位里的生活垃圾及堆放场，库周交通道路中的中小型桥梁，电力通信设施中的电杆、线缆，水利水电项目中的建（构）筑物等。

库底清理对象补充调查识别，应在实物指标调查结束后，在全面了解库区实际情况的基础上，在地方政府部门的配合下完成。

8.2.1.3 由专业部门调查进行识别

部分库底清理对象危险程度较高，专业性较强，又有专门的行业管理规定和技术标准要求，从事水电工程建设征地移民安置规划设计人员没资格或无能力直接识别，需要行业专业人员现场识别或专业部门借助检测设备来识别。如传染性污染源、生物类污染源需要卫生防疫部门进行识别，危险废物清理对象需要环境保护及安监部门进行识别。此类库底清理对象一般由专业部门配合或直接委托其进行识别，识别完成后纳入库底清理对象。需要由专业部门识别的主要清理对象有传染性污染源的炭疽病尸体和坟墓；库区及库周钉螺、蟑螂、鼠类等生物类污染源；危险废物和废放射源等。

案例：

以 JSX 水电站为例，JSX 水电站在库底清理对象识别时，首先根据实物指标调查对象直接识别了耕地中的鼠类，园地中的鼠类、林木、易漂浮物，林地中的林木、易漂浮物，房屋、门楼、围墙等附属设施，零星树木中的林木、易漂浮物等为库底清理对象；然后通过库底清理补充调查识别了一般工矿企业产生的废渣、库周交通道路中的中小型桥梁、电力电信工程中的杆材和线缆等为库底清理对象；最后由专业部门调查识别了存在传染性疾病的坟墓、XJ 铜金矿选矿厂尾矿等库底清理对象，同时对鼠类污染源进行了复核识别。JSX 水电站库底清理对象识别见表 8.2-1。

表 8.2-1　　　　　　　　　JSX 水电站库底清理对象识别表

序号	实物指标调查对象	库底清理对象	识别方式	备　注
1	土地			
1.1	耕地	鼠类	直接识别	专业部门复核识别
1.2	园地	鼠类、林木、易漂浮物	直接识别	专业部门复核识别
1.3	林地	林木、易漂浮物	直接识别	
1.4	草地	鼠类	直接识别	专业部门复核识别
1.5	其他土地	非清理对象		
2	人口	非清理对象		
3	房屋	房屋	直接识别	
4	附属物			

续表

序号	实物指标调查对象	库底清理对象	识别方式	备 注
4.1	门楼	门楼	直接识别	
4.2	大门	大门	直接识别	
4.3	炉灶	炉灶	直接识别	
4.4	固定厨架	非清理对象		
4.5	水池	非清理对象		
4.6	洗衣台	非清理对象		
4.7	混凝土晒坝	非清理对象		
4.8	围墙	围墙	直接识别	
4.9	挡护砌体	非清理对象		
4.10	畜圈	畜圈	直接识别	
4.11	水窖	非清理对象		
4.12	粪池	粪池	直接识别	
4.13	厕所	厕所	直接识别	
4.14	机械台座	非清理对象		
4.15	花坛	非清理对象		
4.16	水井	水井	直接识别	
4.17	沼气池	沼气池	直接识别	
4.18	坟墓	普通坟墓	直接识别	
		存在传染性疾病的坟墓	专业部门调查	
5	零星树木	林木、易漂浮物	直接识别	
6	企事业单位			
6.1	房屋及附属建筑物	房屋及附属建筑物	直接识别	
6.2	XJ铜金矿选矿厂	尾矿	专业部门调查	
6.3	其他一般污染工矿企业	企业产生的废渣	补充调查	
7	专项设施			
7.1	等级公路与大型桥梁			
7.1.1	大、中型桥梁	大、中型桥梁	直接识别	
7.1.2	库周交通道路	中小型桥梁	补充调查	
7.2	输变电工程设施	电杆、线缆	补充调查	
7.3	电信设施	电杆、线缆	补充调查	
7.4	广播电视设施	电杆、线缆	补充调查	
7.5	水利水电工程设施	建、构筑物	补充调查	
7.6	水文站	建、构筑物	补充调查	
7.7	文物古迹	非清理对象		
7.8	矿产资源	非清理对象		
7.9	公共宗教设施	建（构）物清理	直接识别	

8.2.2 库底清理范围的界定

库底清理范围的准确界定是量化库底清理任务、确保库底清理效果的重要条件之一。从实际情况来看，库底清理范围如果界定过大，虽然可以在一定程度上保证清理效果，但会增加库底清理任务及库底清理费用；库底清理范围如果界定过小，虽然节约了费用，减轻了清理任务，但难以或无法保证清理效果。所以说界定库底清理范围是库底清理工作中一项十分重要的内容，界定后的库底清理范围应当合理而又准确。

水库蓄水对遗留在库底的各类生物类活动产物等清理对象的浸泡、冲带、扩散等作用，乃至这些清理对象在蓄水的作用下对水库水质、运行安全等可能产生的负面作用，除了和各清理对象的表现形态、遇水变化特性有关外，由于蓄水淹没时长、淹没深度不同，各清理对象在水库中的位置同样有着至关重要的影响。也就是说，不同库底清理范围需要依据水库淹没区范围，综合考虑水电工程运行安全、水库水质等级标准以及区域经济社会发展和水库水域综合开发利用等方面的要求，根据各类库底清理对象的遇水变化特性，以及清理对象在不同蓄水位置对水库水质、运行安全等产生危害的程度大小来综合确定。

根据"07规范"和《水电工程水库库底清理设计规范》（DL/T 5381—2007）等技术标准，考虑到不同的库底清理任务所对应的清理对象类别具有不同的遇水变化特性等特点，库底清理范围包括了卫生清理范围、一般建（构）筑物清理范围、大体积建（构）筑物残留体清理范围和林木清理范围四大范围，各清理范围的上限和下限、范围的大小都是不同的，需要在库底清理范围界定时予以准确甄别。

8.2.2.1 卫生清理范围界定

卫生清理对象主要有化粪池、沼气池等常规（一般）污染源；医疗卫生机构工作区、兽医站、屠宰场等传染性污染源；居民区、集贸市场、仓库、屠宰场、码头、垃圾堆放场及耕作区的鼠类等生物类污染源；工厂废弃尾矿渣等一般固体废物以及危险废物等。卫生清理的主要目的是保证水库水质免受污染，而如上卫生清理对象主要分布在人群密集、污染物集中堆存的居民区或工矿区，因此卫生清理范围应针对水库淹没后需要迁出库区的居民区或工矿区，衔接相应的居民迁移线来确定。

根据"07规范"和《水电工程建设征地处理范围界定规范》（DL/T 5376—2007）等技术标准，水库居民迁移线以下区域包含水库淹没区和水库影响区两部分。其中的水库影响区主要是因水库蓄水引起的滑坡、坍岸、浸没、岩溶内涝、水库渗漏及其他受水库蓄水影响的区域，属于水库淹没区以上由于地质灾害需处理的影响区域，水库蓄水并不直接淹没，分布的各类污染源及固体废物不会对水库水质产生直接影响，因此水库影响区不纳入卫生清理范围。而水库淹没区范围顾名思义是水库蓄水后淹没的范围，由两部分组成：一是正常蓄水位以下范围属于经常淹没区，范围内的污染源等卫生清理对象将直接淹没，对水库水质影响较大，需要纳入卫生清理范围；二是正常蓄水位到居民迁移线之间的范围为临时淹没区，该区域虽然水库蓄水不是常年浸泡，但受暴雨、洪水影响，各类污染物极易被冲入库区，仍然会导致水质污染，也应纳入卫生清理范围。因此卫生清理范围界定为居民迁移线以下（不含影响区）区域。

确定卫生清理范围时，应计算清理对象所在区域的居民点、工矿区淹没处理设计洪水频率时的回水成果，结合风浪和船行波、冰塞壅水等临时淹没及安全超高等因素，将上述区域的外包线作为卫生清理范围的上限，卫生清理范围的下限为库底最低点。

8.2.2.2　一般建（构）筑物清理范围界定

一般建（构）筑物清理对象主要有用于生产生活的各种类型、结构的房屋及为生产生活而修建的非居住性的各类构筑物。建（构）筑物主要分布于人群密集的居民区，因此一般建（构）筑物的清理范围应针对水库淹没后需要迁出库区的居民区，衔接相应的居民迁移线来确定，一般建（构）筑物清理范围为居民迁移线以下区域。

相较于卫生清理，一般建（构）筑物清理范围界定为居民迁移线以下整个区域，一方面是考虑到水电工程运行安全，而更主要的是充分顾及了库周群众的生命财产安全。如前所述，水库居民迁移线以下区域包括正常蓄水位以下经常淹没区、正常蓄水位以上临时淹没区和水库影响区三部分。正常蓄水位以下经常淹没区域分布的生产生活用房等建筑物，水库蓄水后导致木质房屋建筑材料漂流至水库大坝、电站厂房前沿，可能影响电站正常运行；同时考虑到水库蓄水深度较浅区域的遗留建筑物对航运的可能影响等，显然这一区域是需要清理的。在正常蓄水位以上临时淹没区和水库影响区，从移民迁出后库区房屋空置到洪水把房屋淹没往往需要较长时间，而影响区的建筑物则更会因为地质灾害发生时间难以确定，房屋闲置时间可能会更长，这两个区域的房屋建筑物如不及时清理，部分库周群众可能会回迁或临时居住而继续使用，存在着被洪水淹没或地质灾害发生时受到危害的较大安全隐患，需要及时进行清理。因此，一般建（构）筑物清理范围界定为居民迁移线以下区域。

确定一般建（构）筑物清理范围时，应计算清理对象所在区域的居民点淹没处理设计洪水频率时的回水成果，结合风浪和船行波、冰塞壅水等临时淹没及安全超高等因素，同时通过地质勘查工作明确水库蓄水引起的滑坡、坍岸、浸没、岩溶内涝、水库渗漏及其他受水库蓄水影响的区域，并将上述区域的外包线作为一般建（构）筑物清理范围的上限，一般建（构）筑物清理范围的下限为库底最低点。

8.2.2.3　大体积建（构）筑物残留体清理范围界定

大体积建（构）筑物残留体清理对象主要有桥墩、牌坊、墙体等，属于建（构）筑物结构的一部分，但在一般建（构）筑物清理中由于难以清理或者没有必要清理而没有予以清理，当然这些残留体不清理也不会影响水库运行安全和库周群众生命财产安全。但大体积建（构）筑物残留体相对于一般建（构）筑物清理对象，有一个显著的特征是体积大，虽然不会影响电站运行安全和人身财产安全，但却会给水库航运带来影响，因此有必要特别确定其清理范围以区别于一般建（构）筑物清理范围。

考虑到大体积建（构）筑物主要分布在居民区、工矿区、道路沿线和河道水面上，大体积建（构）筑物残留体的清理范围应针对水库淹没后需要迁出库区的居民区，衔接相应的居民迁移线来确定其上限位置；其下限位置则应从确保水库航运安全的角度来确定。根据"07规范"和《水电工程水库库底清理设计规范》（DL/T 5381—2007）等技术标准，大体积建（构）筑物残留体清理范围上限为居民迁移线，下限为水库死水位（含极限死水位）以下3m。

规定大体积建（构）筑物清理范围下限为死水位（含极限死水位）以下 3m 主要是考虑了航运船舶的运行安全，以确保在船只经过未清理的大体积建（构）筑物上方时，不会造成安全事故。按照我国《内河通航标准》（GB 50139—2004）规定的船舶吃水深度，内河 I 级航道最大船舶吨位为 3000t，相应驳船设计吃水深度最大值为 3.5m，货船设计吃水深度最大值为 3.0m。目前国内河船舶平均吨位只有 529t，长江干线平均吨位才刚刚超过 1000t，全国可通航 500t 级以上船舶的尚不足航道总里程的 10%，大部分航道仅能通航 100t 级以下小船。驳船在内河各港口之间进行货物运输，修建水电站的河道一般没有驳船经过。因此，按照货船吃水深度最大值 3m 规定了大体积构筑物清理范围的下限是水库死水位（含极限死水位）以下 3m。我国天然和渠化河流航道船舶特征信息见表 8.2-2。

表 8.2-2　　　　　　　　　　　　天然和渠化河流航道船舶特征信息表

航道等级	船舶吨级/t	代表船型尺度/(m×m×m)(总长×型宽×设计吃水)	代表船舶、船队	船舶、船队尺度/(m×m×m)(长×宽×设计吃水)	航道尺度/m 水深	直线段宽度 单线	直线段宽度 双线	弯曲半径
I	3000	驳船90.0×16.2×3.5 货船110.0×16.2×3.0	(1)	406.0×64.8×3.5	3.5~4.0	125	250	1200
			(2)	316.0×48.6×3.5		100	195	950
			(3)	223.0×32.4×3.5		70	135	670
II	2000	驳船75.0×16.2×2.6 货船90.0×16.2×2.6	(1)	270.0×48.6×2.6	2.6~3.0	100	190	810
			(2)	186.0×32.4×2.6		70	130	560
			(3)	182.0×16.2×2.6		40	75	550
III	1000	驳船67.5×10.8×2.0 货船85.0×10.8×2.0	(1)	238.0×21.6×2.0	2.0~2.4	55	110	720
			(2)	167.0×21.6×2.0		45	90	500
			(3)	160.0×10.8×2.0		30	60	480
IV	500	驳船45.0×10.8×1.6 货船67.5×10.8×1.6	(1)	167.0×21.6×1.6	1.6~1.9	45	90	500
			(2)	112.0×21.6×1.6		40	80	340
			(3)	111.0×10.8×1.6		30	50	330
			(4)	67.5×10.8×1.6		30	50	330
V	300	驳船35.0×9.2×1.3 货船55.0×8.6×1.3	(1)	94.0×18.4×1.3	1.3~1.6	35	70	280
			(2)	91.0×9.2×1.3		22	40	270
			(3)	55.0×8.6×1.3		22	40	270
VI	100	驳船32.0×7.0×1.0 货船45.0×5.5×1.0	(1)	188.0×7.0×1.0	1.0~1.2	15	30	180
			(2)	45.0×5.5×1.0		15	30	180
VII	50	驳船24.0×5.5×0.7 货船32.5×5.5×0.7	(1)	145.0×5.5×0.7	0.7~0.9	12	24	130
			(2)	32.5×5.5×0.7		12	24	130

8.2.2.4　林木清理范围界定

林木清理对象为园地、林地中的各类林木、零星树木及其残余的易漂浮物，考虑航运、水质安全等要求，林木清理范围界定为正常蓄水位以下的水库淹没区。

据有关研究，树干在水中的分解速度虽然非常缓慢，不会对水库水质造成太大的影响，但是占树干生物量50%的软体生物群（如树叶、树枝、草或更小生物）将会很快分解，分解1t生物量约消耗1t氧气，从而可能导致水库深度缺氧，这种影响对温度分层稳定、较深的、大型的、季节性或多年调节水库水质尤为明显。因此从水质安全角度考虑，正常蓄水位以下的林木由于在水下长期浸泡可能会对水库水质产生影响，需要纳入清理对象。但在正常蓄水位以上的零星树木和林地上的林木不属于水库淹没补偿项目，也不会对水库水质产生影响，因此不作为库底清理对象。尤其需要说明的是位于正常蓄水位以上、设计洪水临时淹没范围中的园地林木，虽然要作为水库淹没补偿对象予以补偿处理，但考虑到被临时淹没的园地林木不会对水库水质产生影响，故此部分林木依然不作为库底清理对象。因此，界定林木清理范围为正常蓄水位以下的水库淹没区。

案例：

以 XJB 水电站为例，XJB 水电站库底清理主要有卫生清理、建（构）筑物清理、林木清理三大类。XJB 水电站各库底清理对象具体清理范围详见表8.2-3。

表 8.2-3　　　　　　　　　　XJB 水电站各库底清理对象清理范围表

序号	清理对象	洪水标准频率/%	重现期/年	清 理 范 围
1	卫生清理			
1.1	一般污染源			
	粪池			
	沼气池			
	圈舍	5	20	居民迁移线以下（不含影响区）区域
	生活垃圾			
	坟墓			
1.2	传染性污染源			
	医疗卫生工作区			
	牲畜屠宰、交易场所	5	20	居民迁移线以下（不含影响区）区域
	医院垃圾			
1.3	生物类污染源			
	居民区建筑物灭鼠	5	20	居民迁移线以下（不含影响区）区域
	码头灭鼠	5	20	
	耕作区灭鼠	20	5	耕地征收线以下（不含影响区）耕作区
1.4	一般固体废物	5	20	居民迁移线以下（不含影响区）区域
2	建（构）筑物清理			
2.1	建筑物			
	房屋	5	20	居民迁移线以下区域
2.2	构筑物			

序号	清理对象	洪水标准频率/%	重现期/年	清 理 范 围
	围墙			
	室外走廊			
	雨篷			
	门楼	5	20	居民迁移线以下区域
	油罐			
	砖（瓦、石灰）窑			
	烟囱			
	线路杆材			
2.3	大体积构筑物残留体	5	20	居民迁移线以下至死水位（370m）以下 3m 范围内
2.4	建筑物易漂浮物	5	20	居民迁移线以下区域
3	林木清理	正常蓄水位	—	正常蓄水位（380m）以下区域

8.2.3　库底清理方法的选择

从水电工程库底清理工作实际来看，库底清理对象类别众多、特性不同，不仅不同清理对象有着不同的清理方法，即便同一类清理对象，由于其物理构成不同、规模大小不同、清理要求有差异、清理成本有差异等，同样需要选择不同的清理方法。譬如生活垃圾的清理，有填埋、焚烧、堆肥三种处理方式可供选择，其中焚烧方式能使生活垃圾以最快的速度实现无害化、稳定化和减量化，但要满足环境保护的要求，需要专门的设备装置，其成本明显高出填埋和堆肥方式。另外部分库底清理对象清理活动包含了多个最小单元的清理活动，即分部清理项目，工序较为复杂，各清理工序之间存在紧密的工艺联系，且各工序对应的最小单元的清理活动需要的清理方法是不同的。如被有毒有害物质污染的建筑物在拆除、推平前必须首先进行卫生清理；沼气池等清理对象必须消毒后才能进行掩埋；如上建筑物拆除和消毒两个清理项目以及沼气池的消毒和掩埋两个清理项目清理方法不同，流程也不可颠倒逆转。因此从确保清理实施效果并综合考虑经济合理的原则出发，需要对库底清理的方法进行科学选择。

另外对危险性高、专业性强、清理技术复杂、清理要求高的清理对象或分部清理项目，以及有专门的行业管理规定和技术标准要求的清理对象或分部清理项目，需要由专业部门提出清理方法。如传染性污染源，其清理手段和措施比较复杂，个别工序有一定危险性，需由卫生防疫部门进行专业清理或在其指导下进行清理。

由此可以看出，选择合理的库底清理方法是保障库底清理效果得以实现的根本，必须在库底清理规划设计及具体实施中提高清理方法选择的严谨性、科学性和合理性。根据"07规范"和《水电工程水库库底清理设计规范》（DL/T 5381—2007）等技术标准，库底清理方法宜按照对库底清理对象归类后的第三级库底清理任务予以选择，主要包括常规（一般）污染源清理方法、传染性污染源清理方法、生物类污染源和危险废物清理方法、建（构）筑物清理方法以及林木清理方法。

8.2.3.1 常规（一般）污染源清理方法

常规（一般）污染源的清理对象主要包括化粪池、沼气池、粪池、公共厕所、牲畜栏、污水池、生活垃圾及其堆放场以及普通坟墓等附属建筑物及其污染物。

化粪池、沼气池、粪池、公共厕所、牲畜栏、污水池中的人畜粪便污物中含有大量的有害微生物、致病菌、寄生虫以及寄生虫卵等有害物质，这些病原菌也是人类传播疾病的病原菌，往往通过土壤、水体、大气及农畜产品来传染疾病，蓄水前必须清理。生活垃圾中含有大量微生物，是病菌、病毒、害虫等各种有害物质的滋生地和繁殖地，蓄水前处理不当可直接污染水库水质，并最终对各种生物包括人类自身造成危害。由此可以看出，无论是人畜粪便污染物还是堆放的生活垃圾，在库底清理前已经对大气、水、土壤等环境要素产生污染，显然如果不在水库蓄水前予以清理，则会在水体的浸泡、流动作用下把原有已产生的有害微生物、致病菌、寄生虫等有害物扩散到水体中，并随水流给水电工程下游生活用水带来严重影响，因此有必要对一般污染源进行清理，以有效地减少疾病传播，降低水源污染，保护水库水质。

一般污染源污染模式单一，清理技术成熟，无害化处理是一般污染清理的主要方法，只要使其达到无害化即可满足清理要求。其中，对于人畜粪便污物，可以结合农业生产积肥、堆肥等通过外运、深翻、掩埋后，使污染物达到自净；也可以将其散布于地面上，使之在水库蓄水前通过曝晒达到无害化。对生活垃圾采取填埋、焚烧或其他改变污染源物理、化学、生物特性的方法，消除其危险成分；也可以通过外运使其置于环境保护规定要求的场所或者设施中，使其对外界不具有危险性、危害性。

消毒也是一般污染源清理的主要方式，一般性污染源的残留物、坑穴及被其污染的土壤可采用漂白粉溶液或生石灰消毒。采用漂白粉溶液或生石灰等对污染源实施消毒，可以大大减小细菌、寄生虫卵的检出率。

普通坟墓作为一种常规污染源具有一定的特殊性，现行规范规定清理范围内的一切坟墓均应迁出清理范围以外，这主要是因为尸体可能存在炭疽、马鼻疽、口蹄疫、布鲁氏菌病、李斯杆菌病、疯牛病、羊副结核、狂犬病、鸡瘟病、赤羽病等传染病，这些都属于人畜共患性疾病，危害很大。对于迁出后的墓穴的清理，应视丧葬时长的不同选择不同的清理方法。鉴于尸体在土壤中的无机化进程与当地气候、土质等因素有关，一般认为埋于地下的尸体经过 15 年后，基本可以达到无机化，埋葬超过 15 年的坟墓，土里存在的寄生虫和细菌的宿主已基本消失，因此墓穴不再需要消毒处理，而采用压实处理即可；凡不满 15 年的坟墓在迁出清理范围以外之后，墓穴及周围土应摊晒，以杀死土里存在的寄生虫和细菌，或直接用 4% 漂白粉上清液按 $1 \sim 2 kg/m^2$ 或用生石灰按 $0.5 \sim 1 kg/m^2$ 处理后，回填压实。

案例：

以 XJB 水电站为例，XJB 水电站卫生清理共完成了粪池、化粪池、公厕共 7503 个、沼气池 523 个和畜厩 9577 眼的清理，另清理坟墓 17808 座，生活垃圾 3952.99t。卫生清理情况见表 8.2-4。

表 8.2 - 4 XJB 水电站卫生清理情况统计表

清理项目	单位	计划数	完成数	清理率/%	验收结果
粪池	个	7446	7503	100	合格
沼气池	个	484	523	100	合格
畜厩	眼	9048	9577	100	合格
坟墓	座	17535	17808	100	合格
生活垃圾	t	821	3952.99	100	合格

其中粪池、沼气池、畜厩中的粪便污物，根据库底清理规范要求彻底清掏并运输到库外。运出的粪便污物作为农用肥料或土壤改良剂施用于库区之外的农田、林地、绿化用地等。粪池、沼气池、畜厩的坑穴是用漂白粉（有效氯含量为 30%）按 $1 kg/m^2$ 撒布浇湿消毒。消毒后取附近净土对坑穴进行了填埋。

生活垃圾采用收集后就地焚烧的方式进行处理。

普通坟墓墓穴根据库底清理规范的要求，采用漂白粉（有效氯含量为 30%）按 $1 kg/m^2$ 撒布浇湿消毒。消毒后取附近净土对坑穴进行填埋。

按照《SJ 县库区库底卫生清理技术方案》，畜厩、粪池按照 20% 的比例进行了抽样检测，坟墓按 10% 的比例抽样检测；消毒后 2h 进行采样，大约 500g 为 1 个样品；并根据《粪便无害化卫生标准》（GB 7959—1987）中的方法检测粪便污物中的大肠菌值和蛔虫卵。全县累计采样 1932 个，其中化粪池、沼气池、粪池、公厕、畜厩采样 1509 个，坟墓 423 个，粪大肠菌值不大于 10^{-2}，未检出活的蛔虫卵，合格率 100%。消毒效果检测统计表见表 8.2 - 5。

表 8.2 - 5 消毒效果检测统计表

清理项目	抽样数/处	合格/处	合格率/%
粪稀样品	1509	1509	100
坟墓土壤	423	423	100

蓄水后，SJ 县疾病预防控制中心对库区周边进行了检测，水库水质符合地表水环境质量标准二类水质标准，未检出肠道致病菌。

8.2.3.2 传染性污染源、生物类污染源和危险废物清理方法

大中型水电工程建设征地水库淹没区面积相对较大，且大都涉及农村、乡镇，甚至整座县城都需要进行移民搬迁安置，其相应的库底清理内容就不可避免的涉及医疗卫生机构，医药商店，化验（实验）室，化工、农药、染料、油漆、石油以及电镀、金属表面处理等生产、销售企业，农药销售商店、储存仓库，放射源及含放射性同位素的固体废物等。上述库底清理内容的共同之处是因其行业的特殊性，清理工作专业性较强，涉及国家及行业控制标准较多，一般来说在无专业人员配合时无法较好地完成相关清理工作。

现行技术规范中对传染性污染物的清理提出了消毒方式、消毒药剂使用、污染物转运或填埋等技术要求，但随着国家对人居卫生安全、环境治理的日益重视，相关专业部门在

进行库底清理时所实际采用的技术要求要高于库底清理技术规范中所提出的技术要求，虽然库底清理实际操作成本要大于库底清理概算投资，但清理效果不仅满足了现行库底清理规范的要求，同时也达到了行业部门的最新要求，所以说传染性污染物的清理需要专业部门的参与。生物类污染源的清理和防治方法选择也需要地方卫生防疫部门的参与；清理范围内的生物类污染源主要包括老鼠、蚊虫滋生地所携带的细菌、病毒、寄生虫卵、血吸虫等，若不加以专业清理，容易引发介水传染病、自然疫源性疾病和虫媒体传染病。历史资料记载，湖北省清江 GHY 水库于 1987 年动工兴建，1993 年 4 月下闸蓄水，同年 9—10月大坝上游 20 余 km 处的 DZW 附近 10 个村庄暴发钩体病，主要原因就是蓄水前生物类污染源未采取专业清理。所以在选择生物类污染源清理方法时，不能仅仅按照库底清理技术规范提出的技术要求进行清理方法选择，还需要根据地方实际情况，及时与地方卫生防疫部门沟通，共同制定相关清理方案。危险废物对水体污染较大，清理时废物、废水的收集、清除、装运、处置都有严格要求，处理完成后的废物、废水必须达到国家有关行业排放标准，显然此类清理对象在选择清理方法时，也需要专业人员参与。

因此，选择针对传染性污染源、生物类污染源、危险废物等清理对象的清理方法时，需与相关行业主管部门进行充分沟通，在满足现行库底清理规范提出的技术要求的基础上，由行业部门协助或直接委托行业单位选择有效且易于操作的清理方法。

案例：

XJB 水电站库底清理涉及 3 家工业企业和 6 家小型加油站，3 家企业均在 SJ 县，分别是 ZX 纸业有限公司、YZ 磷化厂和 SJ 复合肥厂。根据现场调查，ZX 纸业的污染物主要是造纸废水处理系统遗留的废水和污泥，两家肥料厂遗留的污染物主要是制造肥料过程中产生的有机废渣，属于一般工业废物。加油站存在的污染物主要是地表滞留的油水混合物和地下油罐、管道腐蚀渗漏造成的土壤污染物，可能存在的污染成分是石油烃，经专业部门调查属于危险废物。

为做好 XJB 水电站库区涉及企业和加油站的污染物清理工作，主体设计单位会同 SJ县移民局及相关专业部门对企业和加油站里存在的污染物进行了现场调查，根据污染物数量、性质和特点，按照库底清理规范及其他相关行业技术要求，选择工艺成熟、经济合理、可操作性强的污染物处理处置技术方案，编制了 XJB 水电站库区一般工业废物和危险废物处理方案。XJB 水电站库区需清理的一般工业废物和危险废物详见表 8.2-6。

表 8.2-6　　XJB 水电站库区需清理的一般工业废物和危险废物汇总表

序号	企业	废物名称	固废性质	储存条件	污染物质	数量/个	长/m	宽/m	高/m	体积/m³	密度/(t/m³)	重量/t
1	ZX 纸业	污水处理池污泥	一般工业固废	露天池	纤维素、N、P	3	15	4	1	60	1.08	64.8
2		污水处理池废水	工业废水	露天池	色素、SS	1	20	7	1	140	1.0	140
3	YZ 磷化厂	有机废渣	一般工业固废	简易雨篷	有机物、N、P	1	3	2.5	1.8	13.5	1.5	20.3
4	SJ 复合肥厂	有机废渣	一般工业固废	仓库	有机物、N、P	1	2.5	2	1.6	8.0	1.5	12.0
5	加油站	含石油烃污染物	危险废物	地下储罐	石油烃	6	平均地表油水混合物污染面积 50m²，储罐是否污染土壤在取罐时现场确定					

XJB 水电站库区一般工业废物及危险废物的清理方法和技术要求如下。

1. ZX 纸业废水

ZX 纸业废水是原企业污水处理系统残留的造纸废水，储存在水池中，呈黑色，表层布满浮萍，废水量为 140m³。造纸废水的主要污染物为 COD_{Cr}、SS、色素、TN、病原菌等，由于该池废弃时间较长，经自身厌氧分解后，主要残留的污染物质是 SS、色素和病原菌，COD_{Cr} 浓度在 100mg/L 以下，属于一般污染源。

对该企业废水的处理可供选择的方法有 2 种，一是用槽罐车运输到附近的污水处理厂处理；二是就地进行处理，处理后直接排放。因现场周边 50km 没有投运的污水处理厂，外运处理费用较高，再加上污水量很小，选择采用就地处理、排放的方案。

具体处理方法是在废水中投加适量石灰，经沉淀去除水中的 SS、色素和病原菌，处理后水体就近排入冲沟。本方法处理每吨废水需要石灰 50kg，共需石灰量为 3t，人工 15 个工日；将处理后的废水排放，底泥落干，新形成底泥约 20m³，此底泥与原有污泥一并处理。

2. ZX 纸业污泥

ZX 纸业污泥是原企业污水处理系统残留的污泥，储存在露天水池中，污泥量为 64.8t，为湿泥，未经脱水处理，含水量在 99% 以上。造纸污泥主要污染物为有机质、TN、少量 TP、病原菌等，为中性，pH 值为 7.0～7.5。若污泥不经处理直接进入水体，会严重污染局部水体，因此需要彻底清除。

对造纸污泥的处理可供选择的方法主要有三种：焚烧利用，脱水填埋和制造催化剂、填料等。焚烧利用是鉴于污泥中含有较多的有机质，其热能含量高，焚烧既能实现固废减量，又能利用焚烧过程中产生的热量。脱水填埋是指采用物理或化学方法将污泥含水量降低到 60% 以下，对污泥进行固化和稳定化处理，放置到垃圾填埋场中，实现最终处置。制造催化剂、填料是利用污泥含较多纤维素和灰分的特点，使其与其他物质混合、反应，形成工业用催化剂产品和填料。

ZX 纸业现存污泥加上处理废水新产生的底泥，总计 84.8t，污泥数量较少，采用焚烧、制造填料等方式处理性价比较低。根据现场情况，选择采用脱水填埋的处理处置措施，将脱水后的污泥送往即将建设投运的 SJ 县生活垃圾填埋场附近暂存，垃圾填埋场投运后，在填埋场填埋处置。SJ 垃圾填埋场在 LJ 湾，位于 SJ 县城新址东面约 8km 的 SX 沟支流内，到 ZX 纸业的运距为 10km。

其中具体的脱水固化流程主要是将石灰、水泥、煤渣和粉煤灰按比例拌和成固化剂，投加到湿泥中，现场采用挖掘机进行搅拌，使污泥脱水稳定。每吨湿泥投加的固化剂掺量为：石灰 0.1t、水泥 0.12t、煤渣 0.10t、粉煤灰 0.02t。固化后在现场晾晒脱水，脱水后的固化块抗压强度一般在 120kPa 以上，符合填埋处理要求。清理完毕后，将污泥池和污水池用土石覆盖压实。

3. 肥料厂废渣

YZ 磷化厂和 SJ 复合肥厂现存废渣 21.5m³，约 32.3t，主要是制造肥料用的含有机质、少量氮磷的原材料，呈深黑色，在雨棚和仓库内暂存，为一般固体废物。此类物质若进入水体将产生大量的 SS，严重污染局部水体，需要进行处理。此类废物目前的处置方式有资源化利用和填埋。资源化利用主要是指将固废固化后用作制砖、制水泥原料和筑路材料；填埋主要是指选择合适的场址进行堆存处置。

考虑到库区清理的实际情况，实现废渣的资源化利用运输成本高，难以实现，采用就地填埋处置方式。就地填埋开挖沟槽深度为 2.5m，填埋后覆土厚度为 2.0m，分层压实，封层厚度不大于 600mm，利用 20t 推土机进行压实，碾压次数不少于 4 个来回。

4. 加油站污染物

库区待拆除的 6 处加油站，主要存在的污染问题是地面滞留油水混合物污染，以及加油站储罐和管道腐蚀渗漏造成了一定范围的地下土壤污染。若水库蓄水，污染物和水体直接接触，石油烃会进入水体，造成一定的水体污染。根据《国家危险废物名录》（环发〔1998〕089 号），含石油烃的污染物属于危险废物。

在相关专业部门的配合下，选择了含石油烃污染物的处理处置方法。对于地表残留的少量油水混合物，进行黏土覆盖处理，减缓其进入水体的速度，覆土厚度为 60cm，分 2 层用机械压实。每处加油站土方填筑碾压工程量约为 30m³。对石油渗漏导致的土壤和地下水污染治理方法有抽水处理法、冲洗法、活性渗滤墙法和自然衰减法等；对于不再运行且规模较小的加油站，采用屏蔽法和自然衰减法处理处置。对开挖取走油罐再利用的加油站，取走油罐后，对有渗漏造成土壤污染的，将污染土壤就地挖坑深埋，填埋深度大于 4.0m，覆土用机械压实，将油罐区土壤封闭，依靠屏蔽污染源和自然衰减的方法控制污染。有污染的加油站土石方开挖回填量约为 200m³。对油罐不再取出再利用的加油站，将油罐中的废油取走，利用表面活性剂冲洗油罐，彻底清除油罐内的石油类，清理完毕，将储罐封口，封口外再用黏土封堵 0.6～1.0m。

8.2.3.3　建（构）筑物清理方法

建（构）筑物清理采用的是工程处理方式，主要有人工拆除、机械拆除、爆破拆除三种，总体来说清理方法选择相对较为简单。对于砖木、土木及三层以下砖混结构等结构简单的建筑物可以采取人工或机械方式拆除；对于四层以上的砖混结构等结构较复杂的建筑物可以采取机械或爆破方式拆除；对于钢筋混凝土结构房屋、5m 以上烟囱及水塔、水坝等结构比较复杂的建（构）筑物可以采取爆破与机械结合的方式拆除。以 LDL 水电站建筑物清理为例，LDL 水电站库区涉及农村、集镇。农村建筑物结构简单、分布较为分散，道路交通条件差，只能采取人工清理的方式；乡镇建筑物结构复杂、分布较为集中，道路交通条件好，可采取以机械清理为主、人工清理为辅的清理方式；对需清理的桥梁进行爆破拆除。

案例：

LDL 水电站建（构）筑物清理涉及房屋、桥梁、附属设施、电力通信广播线杆、水电站水工设施等建（构）筑物的拆除，以及易漂浮物的清理。LDL 水电站建（构）筑物清理方法及工程量见表 8.2-7。

LDL 水电站建（构）筑物清理方法主要如下。

1. 建筑物拆除

（1）木（竹）结构、土木结构、砖木结构及三层以下砖混结构的房屋采用人工或机械方式拆除。

表 8.2-7　　　　　　　　LDL 水电站建（构）筑物清理方法及工程量表

序号	项　　目	单位	工程量	清 理 方 法
1	建筑物清理			
1.1	框架结构	m²	10757.13	爆破与机械结合方式拆除
1.2	砖混结构	m²	88086.45	三层以下采用人工或机械方式拆除，四层以上采用机械或爆破方式拆除
1.3	砖木结构	m²	101373.49	人工或机械
1.4	砖土木结构	m²	471492.98	人工或机械
1.5	木（竹）结构	m²	163.60	人工或机械
1.6	土木结构	m²	797214.03	人工或机械
1.7	简易砖木	m²	15921.63	人工或机械
2	构筑物清理			
2.1	桥梁			
（1）	斜拉桥	m	203.00	爆破
（2）	铁吊桥	m	305.00	爆破
2.2	附属建筑物等清理			
	围墙	m²	372525.00	人工或机械
	水井	个	1796.00	人工或机械
	水窖	m³	132.00	人工或机械
	炉灶	口	7434.00	人工或机械
	门楼	座	923.00	人工或机械
	砖瓦窑	个	6.00	机械或爆破
2.3	电力线路			
（1）	35kV 线路	km	26.85	机械
（2）	10kV 线路	km	66.36	人工或机械
（3）	低压输电线路	km	166.59	人工
2.4	通信线路	km	129.33	人工
2.5	广播电视线路	km	152.08	人工
2.6	XL 水解厂烟囱	个	1	爆破
2.7	水电站水工设施	座	2	爆破与机械

（2）四层以上砖混结构的房屋采用机械或爆破方式拆除。

（3）框架结构房屋采用爆破与机械结合方式拆除。

（4）有传染性污染源的建筑物，先按卫生清理技术要求消毒处理后再拆除。

2. 构筑物拆除

（1）围墙、室外走廊、门楼采用人工或机械方式推倒。

（2）砖瓦窑采用机械或爆破的方式拆除。

（3）各类线路杆材采取人工或机械方式拆除，拆除的线材、铁制品、木杆等回收运出库外。

（4）烟囱采取爆破拆除方式进行拆除，拆除时仅对其底部进行了爆破使其倒塌。

（5）对需清理的桥梁进行爆破拆除。

3. 建筑物易漂浮物清理

对于建（构）筑物拆除后的木质门窗、木檩椽、木质杆材等，收集后运出了库外并加以利用。

8.2.3.4　林木清理方法

林木清理的方法主要有砍伐和移栽。

对于经济价值较低或移栽困难的林木一般采用砍伐的清理方式，砍伐后的林木运出库外。林木砍伐残余的枝丫、枯木、灌木丛等易漂浮物应及时运出库外并做好加固处理，防止被洪水冲入水库；在满足环保要求的条件下，也可就地焚烧，其灰烬用净土掩埋夯实。林木砍伐尽可能齐地面砍伐，鉴于人工采伐时主要使用链锯、电锯或伐木斧等工具，为了保证林木采伐有一定的工作面，林木清理后，可留有一定的树桩高度，但不得超过 0.3m。

对于有经济价值的林木或根据环保要求必须移栽的珍贵名木，可采取移栽的处理方式。林木的移栽可结合新集镇建设和移民安置移栽到库外适宜的地方，这样既能保护珍贵树木，又能起到绿化城镇的作用，还能使移民早日受益。

案例：

黄河 BL 水电站库区涉及 QH 省 YJ 县苗圃约 200 亩，苗圃内有杏树、桃树、花椒、核桃、梨树、杨树、柳树、沙枣、槐树、榆树、刺玫瑰、莲条、丁香、云杉、油松、柏树、松树等 22 个品种 200 万株的苗木，苗木价值约 600 万元。早期规划设计根据 "96 规范" 的要求，拟对正常蓄水位 1748m 以下的林木全部进行砍伐处理。

YJ 县是国家级贫困县，山大沟深，十年九旱，是典型的雨养农业区，群众生活非常困难；但气候条件有利于农作物生长，是 QH 省热量条件最好的地区之一，属于 QH 省瓜果蔬菜主要产地之一。

在库底清理实施中，根据《水电工程水库库底清理设计规范》（DL/T 5381—2007）对库区苗圃林木采取了移植的清理方法。由当地移民群众对库区里的苗圃林木进行移栽移植，使价值 600 万元的苗木得到很好的利用，还有助于移民积累移植移栽经验，促进了当地林果业的大力发展。苗木移栽在改善安置区生活环境和生态环境，以及实现经济与生态的协调发展方面发挥了重要的作用。经济林木的移栽对缓解就业及人地矛盾，增加移民群众收入具有较好的社会效益。

8.2.4　库底清理工程量的计算

准确计算库底清理工程量是编制库底清理费用的基础，是确定移民安置实施阶段库底清理任务及清理实施进度的依据。库底清理工程量应根据库底清理方法、清理流程、具体的清理手段和措施，针对库底清理对象的分部清理项目来分类计量。某一清理对象的分部清理项目是指该清理对象的整个清理流程中可以分化出来的最小单元清理活动，这个最小单元清理活动对应着单一的清理手段，具有单一的计量单位；一个清理对象仅有一个分部清理项目时，其工程量的计量单位就是该清理对象的计量单位，一个清理对象含有多个分部清理项目时，各分部清理项目的计量单位可以相同也可以不同。

鉴于库底清理对象及其分部清理项目种类繁多，表现形态差异较大，工程量的计量方式也不尽相同，因此在库底清理工程量计算时，必须首先在库底清理对象识别的基础上分析确定各清理对象的分部清理项目，若分部清理项目模糊不清，会对规划设计人员计算清理工程量及清理费用造成较大的困扰。另外就各分部清理项目工程量计算精度而言，控制得不好既可能造成费用偏低，导致库底清理费用不足，影响库底清理效果和清理工作的顺利开展，也可能造成费用偏高，增加工程成本。显然只有准确分析分部清理项目，并合理计算各分部清理项目的工程量，才能准确编制清理费用，库底清理实施单位也才能依据清理工程量和清理费用的大小，制定精确的清理计划，安排合理的清理实施工期，确保在下闸蓄水前完成清理任务。

8.2.4.1 根据清理对象直接计算清理工程量

当库底清理对象只有一个分部清理项目时，可直接采用库底清理对象实物量成果作为库底清理工程量。如建（构）筑物清理中的建筑物拆除与清理、构筑物拆除与清理，林木清理中的林地清理、园地清理、零星树木清理等，各自都是一个独立的分部清理项目，其清理对象实物量成果就是其对应的清理工程量；另外其清理工程量的计量单位也是单一的，建（构）筑物工程量按照建筑物面积来计算，园地林地清理工程量按照面积计算，零星树木清理则按照株数来计算。对于诸如建筑物、林木清理中的易漂浮物清理对象，虽然在清理对象识别基础上确认其为单一的分部清理项目，但由于没有具体的工程量量值，需要通过典型抽样调查确定其工程量的计量方式和平均量值。

8.2.4.2 根据分部清理项目计算清理工程量

当清理对象包含了多个分部清理项目且计量单位不同时，需要结合库底清理对象的识别通过分部清理项目的补充调查来确定工程量。如卫生清理中的化粪池、沼气池、粪池、公厕、牲畜圈等清理对象，其分部清理项目包括粪便清掏、残留物消毒、坑穴消毒和坑穴覆土共 4 个项目，应通过补充调查分别确定其工程量。再如医院、兽医站及牲畜交易场等单位的部分建筑物、构筑物的地面和墙壁上含有大量细菌、病毒、蠕虫卵等病原体，这些建筑物、构筑物的地面和墙壁作为分部清理对象，需要通过补充调查确定其工程量也即消毒面积的数量。

具有多个分部清理项目的清理对象，无论是根据实物指标调查对象还是通过补充调查识别出作为清理对象的，既可以在清理对象识别时分析其所含的分部清理项目并逐个调查其工程量，也可以通过典型抽样调查确定其平均规格，按照清理对象识别数量计算其清理工程量。如沼气池的识别是以个为单位进行统计的，而沼气池清理工程量计算时包含了沼气池底料的清掏和转运，池底、池壁的消毒，空池的土方回填等分部清理项目；为确定沼气池清理工程量，需要对沼气池的容积、底料的体积、池底池壁的面积等进行典型调查，以便准确地计算沼气池清理的工程量。

8.2.4.3　由专业部门计算清理工程量

对于危险程度高、专业性强、清理技术复杂、清理要求高、有专门的行业管理规定和技术标准要求、需要专业人员现场识别或专业部门借助检测设备来识别的清理对象的分部清理项目，应由专业部门根据清理手段和计量标准统计计算其工程量。

由专业部门统计计算的清理工程量主要包括库底清理范围内医院垃圾工程量；医疗卫生机构工作区、兽医站、屠宰场及牲畜交易场地面、墙壁消毒工程量；清理范围内埋葬炭疽病、布鲁氏菌病、结核病、麻风病、口蹄疫病等死亡者坟墓和病死牲畜的掩埋场地工程量；清理范围内灭鼠和钉螺清理工程量；危险废物清理工程量等。

案例：

金沙江 XLD 水电站库底清理任务包括卫生清理、建（构）筑物清理和林木清理三部分。库底清理工程量是按照库底清理规范以及相关行业标准的要求，根据实物指标调查成果和 2012 年库底清理对象补充调查成果，在选择不同清理对象的清理方法的基础上，通过分析识别及补充调查分部清理项目，确定库底清理计量单位后综合确定的。

1. 卫生清理工程量

（1）常规（一般）污染源。

1）粪池、沼气池、圈舍的清理包括污物清掏、坑穴消毒、覆土回填 3 个分部清理项目。工程量按污物清理体积、坑穴消毒面积和坑穴覆土回填体积计量。

污物清掏量：在典型调查的基础上，沼气池污物量以沼气池体积作为基数，考虑平均 80% 的存留污物量；粪池粪便量以粪池体积作为基数，考虑平均 80% 的存留粪量；农村圈舍粪便量以每个 $2m^3$ 为基数考虑平均 50% 的存留粪量。

坑穴消毒：根据典型调查，沼气池面积按照调查体积除以 1.5 考虑；粪池面积按照调查体积除以 1.5 考虑；圈舍面积按照 $2m^2/$个。

坑穴覆土回填：农村沼气池以调查为基数，按照体积考虑回填量；农村粪池以调查为基数，按照体积考虑回填量；根据典型调查，农村圈舍为 $2m^3/$个，按照体积考虑回填量；共需覆土回填 2.93 万 m^2。

2）库区生活垃圾清理工程量。由于垃圾堆存点数量多，涉及区域广，无法采用据实调查的方法进行统计，因此，以实物指标调查复核的人口为基础，通过典型调查及分析，确定生活垃圾清理工程量为 20kg/人，由此计算，共需清理生活垃圾 333.6t。

3）坟墓包括墓穴消毒、墓穴回填两个分部清理项目。墓穴消毒按墓穴表面积列工程量，墓穴回填按回填体积列工程量。

墓穴消毒：根据典型调查，坟墓面积按照 $6m^2/$座计算。共需消毒墓穴 2.76 万 m^2。

墓穴覆土回填：根据典型调查，坟墓回填体积按照 $7.2m^3/$座计算。

（2）传染性污染源。根据 2012 年 5—6 月专业部门开展的库底清理对象补充调查，库区医疗卫生机构工作区、兽医站、屠宰场及牲畜交易场污物清掏 $834.05m^3$，坑穴消毒 $901.11m^2$，地面和墙壁消毒 $10477.71m^2$，垃圾填埋 $234.58m^3$，坑穴覆土回填 $2153.42m^3$，墓穴开挖回填 $554.4m^3$，墓穴消毒 $462m^2$。

（3）生物类污染源。生物类污染源清理主要是灭鼠，灭鼠的工程量为投放毒饵的量。

根据灭鼠方法，在分析各类灭鼠区不同区域单位面积投放毒饵堆数基础上，按照灭鼠面积，计算出共需投放鼠药 12.19 万堆；并根据每堆投饵量，计算灭鼠药的总量。

2. 建（构）筑物清理

建筑物清理工程量按照位于清理范围内的实物指标数量计列。建筑物面积分别按农村和集镇两类进行统计。共需清理建筑物 76.7 万 m^2，其中农村建筑物 51.7 万 m^2，集镇建筑物 25 万 m^2。

围墙、门楼、砖窑、瓦窑、石灰窑、线路、桥梁清理工程量按照位于清理范围内的实物指标调查及库底清理补充调查数量计列。共需清理围墙 6.8 万 m^2，门楼 1014 个，砖、瓦、石灰窑 49 座，线路 1207.05km，桥梁 44 座。

考虑到木质材料在使用过程中的损耗和房屋拆除后部分建筑残留物中无法清除的木材，易漂浮物的工程量按原有各结构木材量的 80% 进行考虑。根据计算，共需清理易漂浮物 21582.42m^3，其中框架结构 4.5m^3，砖混结构 620.93m^3，砖木结构 20492.17m^3，木结构 71.3m^3，杂房 393.54m^3。

3. 林木清理

林木清理工程量按照位于清理范围内的实物指标数量计列。用材林 0.3 万亩，灌木林 1.25 万亩，其他林地 0.05 万亩，园地 2.67 万亩，零星林木 14.91 万株。经济林木易漂浮物清理量参照用材林易漂浮物清理量确定；灌木林林木种植较为稀疏，易漂浮物量按用材林易漂浮物清理量的 30% 考虑；园地中木本植物以采集果实为主，易漂浮物量按用材林易漂浮物清理量的 60% 考虑。根据计算，易漂浮物清理工程量为 6.12 万 m^3。

8.3 创新与发展

8.3.1 回顾

随着经济社会的发展和人类环境保护意识的提高，水库库底清理工作已成为社会关注的焦点之一。新中国成立以来，结合库底清理规划设计及实施工作的开展，我国分别从水库淹没处理、环境保护、环境医学的角度对库底清理的范围、标准、技术方法等进行了理论探索，促进了水电工程库底清理工作全面、规范、有序地开展，形成了一套库底清理相关法律法规、技术规范。

纵观我国水电移民安置工作的发展历程，追寻水电移民技术规程规范的新旧更替脉络，将库底清理工作发展历程大致分为 4 个阶段。

8.3.1.1 "84 规范"以前

新中国成立初期，为了防洪、发电和航运等事业的需要，在一些重点河流上进行了水库建设，为适应水库建设对库底清理工作的需要，当时的水利部借鉴苏联库底清理经验，及时制定了《水库库底清理办法》。这是中国水库建设史上第 1 次颁布的库底清理文件。其间，多数水库按照该办法规定主要针对垃圾场、粪坑、房屋、坟墓、树木及构筑物进行了初步清理。

但是受当时经济社会发展影响和诸多客观条件限制，库底清理工作一直没有可使用的技术规范及具体的实施管理办法，水库淹没处理前期工作和库底清理工作缺乏系统性、科学性。20 世纪 60 年代初期，水利电力部水利水电建设总局曾举办研究班，编写了《水库淹没处理设计编制规程（初稿）》，讨论了水库清理技术要求。但该规程一直未予以正式颁布。在此阶段，除少数水电站水库清理工作较好外，多数水库清理未能进行。而且在移民搬迁时普遍存在"水赶人"的现象，库底清理工作往往来不及开展。

8.3.1.2 "84 规范"至"96 规范"期间

从 20 世纪 80 年代初起，我国进入改革开放新时期，随着经济社会快速发展，一大批重点水利水电工程项目相继上马，通过对水库移民遗留问题的反思，及时调整了移民工作指导思想，库底清理工作也得到了重视。

"84 规范"提出库底清理应作为水库淹没处理设计的重要内容，且应在蓄水前三个月完成，库底清理经有关主管部门共同验收合格后，才能蓄水；库底清理所需采取的防疫措施和清理工作经费，应列入水利水电工程投资概算。这一规范的颁布促进了库底清理工作的开展。1986 年水利部颁布了《水库库底清理办法》，明确规定"为了保证水利水电工程运行安全，防止水质污染，保护库周及下游人群健康，并为利用水库发展水产养殖、航运、水上运动及旅游业等创造条件，对修建的水库，在蓄水之前必须进行库底清理"。

8.3.1.3 "96 规范"至"07 规范"期间

"96 规范"对库底清理中的地面建筑物、构筑物、地下建筑物（水井、地窖、隧道、人防、井巷）、一般污染源（厕所、粪坑等）、传染污染源（医院、传染病院）、坟墓、林木等的清理提出了技术要求。三峡工程 135m 水位蓄水库底清理在法规、技术规范、规划设计、实施监督、验收等方面进行了大量实践，积累了丰富经验。国务院三峡工程建设委员会专门颁布了库底清理规定，国务院三峡工程建设委员会办公室会同国家卫生、环保等部门颁布了《长江三峡水库库底建（构）筑物、林木清理技术要求》《长江三峡水库库底卫生清理技术规范（试行）》和《长江三峡水库库底固体废物清理技术规范（试行）》，这些库底清理规定、规范及技术要求的颁布，使三峡库底清理工作有法可依、有章可循，保证了清理质量，对中国其他大型水库建设库底清理具有重要的借鉴意义。

在此期间，结合库底清理工作的开展，从水库淹没处理角度，对库底清理对象、范围、实物量调查、投资概算等进行了分析研究；同时，从环境水利角度对库底清理可能造成的影响进行诊断分析，提出了相应的改进措施和建议。

该阶段库底清理工作得到全面推进，大部分水库在蓄水前按照规范进行了库底清理，在科学清理、依法清理方面取得明显成绩。但也存在不少薄弱环节，制约库底清理工作的一些关键技术问题尚未得到有效解决，库底清理工作还存在一些不足。

8.3.1.4 "07 规范"以后

《水电工程水库库底清理设计规范》（DL/T 5381—2007）在"07 规范"规定的总体设计内容、深度、原则和程序的基础上，就库底清理设计的项目、程序、深度、方法等有关设计原则和技术标准做了详细规定。规范对大中型水电工程建设征地移民安置的预可行性研究、可行性研究阶段及移民安置实施阶段的水库库底清理设计工作在清理范围、清理项目、库底清理组织实施计划等内容做出了进一步的明确和细化。设计深度的细化和加深符合水电工程建设征地移民安置和补偿工作的发展要求，可以指导设计人员编制出更加细致深入且易于实施的库底清理规划设计方案。

8.3.2 创新

8.3.2.1 库底清理范围、对象逐渐明确

随着对水电工程水库生态环境、运行安全及综合利用等重视程度的不断提高，以及对库底清理的认知不断加深，从技术规范、编制规程、管理规定等方面对库底清理范围、对象进行了细化完善，库底清理范围更加合理，对象更加清晰。

库底清理范围方面：一般建筑物清理范围的上限由正常蓄水位以下逐渐演变成居民迁移线以下，主要考虑了临时淹没区的安全及移民返迁等因素，一般建筑物的处理范围发生了变化。大体积建（构）筑物清理范围由正常蓄水位以下逐渐演变成居民迁移线以下至死水位（含极限水位）以下3m范围内。卫生清理范围由正常蓄水位以下逐渐演变成居民迁移线以内。不同阶段各有关技术规范中库底清理范围的比较见表8.3－1。

表8.3－1　　　　　不同阶段各有关技术规范中库底清理范围的比较

库底清理任务		20世纪60年代《水库库底清理办法》	1986年的《水库库底清理办法》	"96规范"	"07规范"
卫生清理		正常蓄水位以下	正常蓄水位以下	正常蓄水位以下	居民迁移线以内
建（构）筑物清理	一般建（构）筑物	正常蓄水位以下	正常蓄水位以下	居民迁移线以下	居民迁移线以下至死水位（含极限水位）以下3m范围内
	大体积建（构）筑物残留体	正常蓄水位以下	正常蓄水位至死水位以下2m高程	正常蓄水位至死水位（含极限水位）以下2m范围内	
林木清理	森林砍伐	正常蓄水位以下	正常蓄水位以下	正常蓄水位以下	正常蓄水位以下
	林地清理	正常蓄水位以下	正常蓄水位至死水位以下2m高程	正常蓄水位至死水位以下2m高程	
特殊清理		供水工程取水口	养殖场、捕捞场、游泳场、水上运动场、航线、港口、码头、供水工程取水口等所在地的水域	水产养殖场、捕捞场、游泳场、水上运动场、航线、港口、码头、泊位、供水工程取水口等所在地的水域	水产养殖场、捕捞场、游泳场、水上运动场、航线、港口、码头、泊位、供水工程取水口、疗养区等所在地的水域

库底清理对象方面：卫生清理中一般污染源清理对象由简单地仅对粪便及垃圾、坟墓进行清理，到对化粪池、沼气池、粪池、公共厕所、牲畜栏、污水池、生活垃圾及其堆放场和坟墓进行清理，清理对象逐年增多。一般固体废物、危险废物从不列为清理对象，到纳入卫生清理范围。易漂浮物清理对象也有所增加。不同阶段各有关技术规范中库底清理对象的比较见表8.3－2。

表 8.3-2　　　　　　　　　　不同阶段各有关技术规范中库底清理对象的比较

库底清理任务	20 世纪 60 年代《水库库底清理办法》	1986 年的《水库库底清理办法》	"96 规范"	"07 规范"
一般污染源清理	粪便及垃圾等，坟墓	污染源地如厕所、粪坑（池）、畜厩、垃圾等，坟墓	污染源地如厕所、粪坑（池）、畜厩、垃圾等，坟墓	化粪池、沼气池、粪池、公共厕所、牲畜栏、污水池、生活垃圾及其堆放场、坟墓
一般固体废物清理	—	—	—	不属于危险废物的一般工业固体废物、废弃建筑材料、废弃尾矿渣等
传染性污染源、生物类污染源、危险废物清理	—	产生严重污染源的工矿企业、医院、传染病院、兽医院等所在地及堆存有毒物资的场地，埋葬传染病死亡者的墓地和病畜埋葬场，可能产生钉螺的区域	产生严重污染源的工矿企业、医院、传染病院、兽医院等所在地及堆存有毒物资的场地，坟墓、埋葬传染病死亡者的墓地和病畜埋葬场，可能产生钉螺的区域	传染病疫源地、医疗卫生机构工作区和医院垃圾、兽医站、屠宰场及牲畜交易所、传染病死亡者墓地和病死畜掩埋地、居民区、集贸市场、仓库、屠宰场、码头、垃圾堆放场及耕作区的鼠类、钉螺、蟑螂等其他生物类污染源、列入《国家危险废物名录》（环发〔1998〕089 号）或根据 GB 5085 认定的具有危险特征的固体废物
建（构）筑物清理	房屋及附属建筑物，电报、电话、输电线等的电线与电线杆以及桥梁等，水井及食物储藏窖、地下室等，石碑、牌坊、墓志等	房屋及附属建筑物，铁路、公路、输电、电信、广播等线路、工矿企业、水利水电工程等地面建筑物及其一切附属设施，水井（坑）、地窖、隧道、人防、井巷工程等地下建筑物	房屋及附属建筑物，铁路、公路（桥梁）、输电、电信、广播等线路和工矿企业、文物古迹、水利水电工程等地面建筑物及其一切附属设施，水井（坑）、地窖、隧道、人防、井巷工程等地下建筑物	各类建筑物和构筑物，以及清理范围内大体积建筑物和构筑物残留体（如桥墩、牌坊、线杆、墙体等），包括用于生产生活的各种类型、结构的房屋，非居住性的各类构筑物，建（构）筑物拆除物中比重小于水的材料等
易漂浮物清理	牲口粪、破烂木头、无用的乱草和垃圾	零星树木残余的易漂浮物	零星树木残余的易漂浮物	比重小于 1 的材料，主要包括木质门窗、木檩椽、木质杆材、柴草、秸秆、枝丫、枯木、塑料、泡沫等
林木清理	所有树木	森林、零星树木	森林、零星树木	园地、林地中的各类林木、零星树木及其残余的易漂浮物
特殊清理	厕所、粪坑、垃圾及各种生产废料	损坏网具、影响捕捞作业的障碍物，树木、残堵断壁等	参照有关部门规定	参照有关部门规定

　　从库底清理对象、清理范围的变化过程可以看出，库底清理范围、对象随着时代的发展发生了较大的变化，库底清理工作的范围更加合理，对象更加全面。

8.3.2.2　库底清理方法和技术要求不断更新

　　从中华人民共和国成立初期到注重环境保护和可持续性发展的今天，水电工程水库库底清理方法和技术要求得到了长足的发展和进步，并形成了一套完整的体系，这套体系丰富了库底清理规划设计的内容，让库底清理得以发挥巨大且积极有效的作用。

在清理方法上，建（构）筑物的清理方法由拆除、净土填平逐渐演变成人工、机械或爆破拆除，以及填塞、封堵、覆盖等。一般污染源清理方法由就地处理逐渐演变成运至库外或无害化处理，无法清运的残留物消毒后清除，并进行填平、压实。一般固体废物清理方法逐渐演变成必要时摊平压实。林木清理方法由砍伐、焚毁、净土填平逐渐演变成砍伐和移植。易漂浮物清理方法由就地烧毁逐渐演变成蓄水前应对漂浮物进行收集，运出库外。传染性污染源清理方法逐渐演变成消毒，填平、压实，焚烧和消毒填埋，并根据专业清理设计报告实施清理。生物类污染源清理方法逐渐演变成使用抗凝血剂灭鼠毒饵。钉螺应在当地血防部门指导下提出专门处理方案进行处理。危险废物清理方法逐渐演变成由具有资质的专业部门进行清理设计和清理过程控制。不同阶段各有关技术规范中库底清理方法的比较见表8.3-3。

表8.3-3　　　　　　　　不同阶段各有关技术规范中库底清理方法的比较

库底清理任务	20世纪60年代《水库库底清理办法》	1986年的《水库库底清理办法》	"96规范"	"07规范"
一般污染源清理	就地处理	运出库外；消毒；净土填塞	运出库外；消毒；净土填塞	运至库外或无害化处理；无法清运的残留物，消毒后清除
一般固体废物清理	—	—	—	一般不予清理，必要时摊平压实
传染性污染源清理	—	未明确	未明确	消毒；填平、压实；焚烧和消毒填埋；根据专业清理设计报告，实施清理
生物类污染源清理	—	钉螺应在当地血防部门指导下作专门处理	钉螺应在当地血防部门指导下作专门处理	使用抗凝血剂灭鼠毒饵；钉螺应在当地血防部门指导下提出专门处理方案进行处理
危险废物清理	—	未明确	未明确	由具有资质的专业部门进行清理设计和清理过程控制
建（构）筑物清理	拆除、净土填平	拆除、炸除	拆除、炸除	采用人工、机械或爆破方式拆除，解小并平整；采用填塞、封堵、覆盖等措施处理
易漂浮物清理	就地烧毁	就地烧毁	就地烧毁	建（构）筑物拆除后的木质门窗、木檩椽、木质杆材等，应及时运出库外或尽量利用，临时库外堆放应加以固定，防止洪水冲入水库。林木砍伐残余的枝丫、枯木、灌木丛以及柴草等易漂浮物应及时运出库外、就地烧毁或采取防漂措施
林木清理	砍伐、焚毁、净土填平	砍伐	砍伐	需清理的各类林木，应尽可能齐地砍伐（或移植）并清理外运

　　在技术要求上，一般污染源清理技术要求由没有技术标准要求演变成应符合《粪便无害化卫生标准》（GB 7959）、《生活垃圾填埋污染控制标准》（GB 16889）、《生活垃圾焚烧污染控制标准》（GB 18485）、《城镇垃圾农用控制标准》（GB 8172）、《农用污泥中污染物控制标准》（GB 4284）等国标的要求；并由县级疾病预防控制中心提供检测报告。易漂浮物清理技术要求逐渐演变成运出库外的易漂浮物不得堆放在移民迁移线以下；需要在库周堆放的应采取固定措施，防止洪水冲入水库。传染性污染源清理、生物类污染源清理、危化物清理技术要求不断加深和更新，越来越严格。不同阶段各有关技术规范中库底清理技术要求的比较见表 8.3-4。

表 8.3-4　　　　不同阶段各有关技术规范中库底清理技术要求的比较

库底清理任务	20 世纪 60 年代《水库库底清理办法》	1986 年的《水库库底清理办法》	"96 规范"	"07 规范"
一般污染源清理	未明确	未明确	未明确	应符合 GB 7959、GB 16889、GB 18485、GB 8172、GB 4284 的要求；清理现场表面用土或建筑渣土填平压实；粪便消毒处理后由县级疾病预防控制中心提供检测报告
一般固体废物清理	—	—	—	一般固体废物的处理处置场地的选择必须满足环境保护的要求
传染性污染源清理	对于炭疽病死兽埋葬场，应特别妥善处理，并覆以保护面	要采取有效措施，确保原污染源地及有毒物资场地不产生污染物，保证水库蓄水后水质不受污染；埋葬传染病死亡者的墓地和病畜埋葬场，应进行专门清理	要采取有效措施，确保原污染源地及有毒物资场地不产生污染物，保证水库蓄水后水质不受污染；埋葬传染病死亡者的墓地和病畜埋葬场，应进行专门清理	有炭疽尸体埋葬的地方，表土不得检出具有毒力的炭疽芽孢杆菌。炭疽芽孢杆菌按照 GB 17015 检测；医疗废物的处理必须满足《医疗废物集中处置技术规范》（环发〔2003〕206 号）的有关要求；传染性污染源的清理验收由县级及以上卫生防疫部门提供检测报告
生物类污染源清理	—	有可能产生钉螺的区域，对库区水深不到 1.5m 的浅水区，应在当地血防部门指导下作专门处理，以防钉螺扩散	有可能产生钉螺的区域，对库区水深不到 1.5m 的浅水区，应在当地血防部门指导下作专门处理，以防钉螺扩散	鼠密度按 GB 16882 进行检查，不得超过 1%；生物类污染源的清理验收由县级或县级以上卫生防疫部门提供检测报告
危险废物清理	—	要采取有效措施，确保原污染源地及有毒物资场地不产生污染物，保证水库蓄水后水质不受污染	要采取有效措施，确保原污染源地及有毒物资场地不产生污染物，保证水库蓄水后水质不受污染	危险废弃物处理设施、场所必须符合国家危险废物集中处置设施、场所建设规划要求；危险废物的处理处置必须满足 GB 18598 或 GB 18484 的有关要求；废放射源和放射性废物的处理应满足国家有关要求；其他特殊危险废弃的处理必须遵守国家有关规定

库底清理任务	20世纪60年代《水库库底清理办法》	1986年的《水库库底清理办法》	"96规范"	"07规范"
建（构）筑物清理	在淹没区以内，所有房屋均应全部迁移，其留下的石壁、砖墙等应拆除，除将有用的砖石运走外，尚需将其余者摊布于地面；所有水库区域的电线与电线杆以及桥梁等，均应拆除；淹没区内的水井及食物储存窖等应用净土充填	凡妨碍水库运行安全和开发利用的必须拆除，设备和材料应运出库外；对确难清理的较大障碍物，应设置蓄水后可见的明显标志，并在地形图上注明其位置与标高	凡妨碍水库运行安全和开发利用的必须拆除，设备和材料应运出库外；对确难清理的较大障碍物，应设置蓄水后可见的明显标志，并在地形图上注明其位置与标高	建（构）筑物清理后，拆除的线材、铁制品、木杆不得残留库区；对库岸稳定性有利的建筑物基础、挡土墙等可不予拆除；确难清理的较大障碍物，对水库运行安全有影响的应设置警示标志，对水库运行安全无影响的应在库底清理设计报告中予以说明
易漂浮物清理	未明确	未明确	未明确	建筑物、构筑物清理后的易漂浮材料，不得堆放在库区移民迁移线以下，且需有固定措施。林木清理残留量不应大于清理量的1‰
林木清理	淹没区内所有的树木，均应从根部锯断或砍断，并将其有用者运走，无用者就地焚毁；在水库沿岸，凡有被冲刷或坍塌可能性的处所，如有树根或树墩，均应拔除，其中凡距村镇1km的地段内挖除树根而造成的坑穴，均应以净土填平	应尽可能齐地面砍伐并清理外运，残留树桩不得高出地面0.3m	应尽可能齐地面砍伐并清理外运，残留树桩不得高出地面0.3m	林木经清理后，残留树桩高度不得超过地面0.3m，枝丫不得残留库区

从库底清理方法和技术要求的变化过程可以看出，库底清理方法和技术要求随着对水库的不同功能及库底清理工作认识的不断加深，衔接卫生、环保、医学、林业、法律等学科，清理的方法越来越多样、越来越科学，清理的技术要求越来越合理、越来越规范。

8.3.2.3 库底清理工程量计算逐渐细化并提高了精度

随着库底清理技术规范的不断完善，库底清理范围和对象的逐渐明确，库底清理技术的不断更新，从不重视库底清理工程量的计算，到库底清理工程量计量方式、计量单位等逐渐清晰，计算准确性不断得到提高，库底清理工程量计算方面的发展取得了长足的进度，为准确计算库底清理费用奠定了基础。

20 世纪 60 年代《水库库底清理办法》对库底清理的方法进行了简要规定，但对库底清理的工程量如何计算没有规定，此阶段库底清理工程量无法准确计算。1986 年的《水库库底清理办法》提出："水利水电工程水库库底一般清理的费用，按水利电力部《水利水电工程水库淹没处理设计规范》的规定，列入水库总概算内。各项特殊清理的费用，本着'谁受益、谁投资'的原则，由各经营部门承担。"提出了计列库底清理费用到水库总概算中，但如何计算库底清理工程量及费用仍未进行规定。"96 规范"提出，"按照库底清理工作量，按库底清理技术要求分项计算库底清理费用"，提出了库底清理工程量计算的概念，明确了库底清理费用根据库底清理工程量，按库底清理技术要求分项计算库底清理费用，解决了库底清理费用如何计算的问题，但对库底清理工程量如何计算仍未进行明确；在此阶段，各项目库底清理工程量以建筑物清理（m²）、卫生清理（人）、坟墓清理（座）、林园地清理（亩）、其他清理（km²）5 个大项为主，存在测算方式简单、清理内容少等问题；"07 规范"明确了各项库底清理工程量如何计算，库底清理由 5 个大项细化为若干小项，并提出了库底清理工程量汇总表，统一了库底清理工程量的计算方式，使得库底清理工程量计算更合理，更明确，更有操作性。

8.3.3　展望

8.3.3.1　进一步合理确定库底清理范围

随着对库底清理工作认识的不断加深，行业部门要求的不断变化，以及对清理对象的危害程度认识的不断提高，目前执行的库底清理范围界定标准有必要进行调整，以进一步提高库底清理范围的合理性。

现行规范中一般建（构）筑物清理范围是居民迁移线以下区域，主要目的是保护库周居民安全、满足航运要求及保证水库水质等，清理方法为拆除、推倒，均为物理方法。从已建成的水库运行情况来看，建构筑物的拆除遗留下的木檩椽等易漂浮物对水库水质影响不大，水库死水位以下的建筑物对航运也难以造成影响。例如：XAJ 水电站淹没 S 城、H 城两座延续千年的古城。按照当时库底清理要求，蓄水前应完成正常蓄水位 108m 以下库底清理工作。史料记载，XAJ 水库蓄水前，由于种种原因，70m 以下高程基本完成清理，70～108m 高程未进行清理，致使 S 城、H 城连同 27 个乡镇、1000 多座村庄、30 万亩良田和数千间民房，悄然沉入了碧波万顷的 QD 湖底。但目前 QD 湖水在中国大江大湖中位居优质水之首，为国家一级水体，不经任何处理即达饮用水标准，被誉为"天下第一秀水"，且 QD 湖水下古城成为著名旅游景点。因此，对于没有通航要求的水电工程，一般建（构）筑物清理范围的下限值得进一步研究。

现行规范中林木清理范围是正常蓄水位以下的水库淹没区。然而目前，有些水电工程为打造库区景观，千方百计在消落区种植树木和花草。显然库底清理将消落区的林木砍伐后，后期再进行重新栽种，无疑会造成较大的浪费。林木清理的另外一个目的是为水库养殖创造条件。然而随着水库渔业的发展以及捕捞网具的改革，现在全国大中型水库普遍推广应用水库进行网箱养鱼，捕捞工具由小型到大型，甚至发展到脉冲捕鱼，网箱养鱼、脉冲捕鱼对水库库底清理无过高要求。另考虑到水库消落区清理后无植被覆盖，与库周环境不协调，也不利于库周的环境保护与水土保持。因此，水库消落区等区域林木是否有必要清理值得进一步研究。

现行规范中传染性污染源、危险废物属于卫生清理，卫生清理范围为居民迁移线以下（不含影响区）区域。然而有些产生此类污染源的企业淹没处理标准高于居民区淹没处理标准，考虑传染性污染源、危险废物对环境及人群健康影响范围广、程度深，企业搬迁后若不处理，可能危害库周群众人群健康，因此，应结合产生此类污染源的企业淹没处理范围来确定传染性污染源、危险废物的库底清理范围。

除此以外，漂浮物的清理范围是否扩展到水库水面，其他生物类污染源的清理范围上限是否调整，枢纽工程建设区与水库淹没区的重叠区域是否纳入清理范围等有关问题也值得进一步研究。

8.3.3.2　进一步发挥行业部门的专业技术优势，提高库底清理效果

根据多年的库底清理工作实践，为达到传染性污染源、生物类污染源、危险废物清理技术要求，仅依靠移民专业技术人员无法制定切实有效的清理方案，需要专业部门、专业人员发挥其专业技术优势才能完成库底清理任务，达到清理效果，因此，有必要进一步发挥行业部门专业技术优势，加强危害程度较大的库底清理对象的清理力度，提高清理效果。

传染性污染源、生物类污染源、危险废物清理对象种类多，技术复杂，清理要求高，但现行规范中，该部分清理任务划分在一般清理范畴，容易给人造成误解，造成在实施过程中移民主管部门无法将此部门工作任务分解、转移到专业部门进行。另外，该部分清理要求只提出需要符合行业部门的规定，未明确实施主体和行业主管部门的责任，实施过程中容易产生责任不明、任务不清、清理效果难以满足行业标准要求的现象。因此，应引入专项清理的概念，将现行规范中的一般清理分为一般清理和专项清理，将技术性强、需要专业部门参与的传染性污染源、生物类污染源和危险废物清理界定为专项清理范畴。对于需要专业部门参与完成的专项清理，由环保、安全及卫生防疫部门所属的技术单位编制有效且易于操作的库底清理方案并组织实施。

8.3.3.3　引进先进技术，不断更新清理方法

随着医疗、卫生、环保、安全等事业的发展，更安全、更经济、更有效的卫生防疫技术、垃圾回收技术等不断更新，且随着科学技术的不断进步，各行业新技术更新的速度可能会越来越快。因此，为提高清理效果，应紧跟各行业技术发展的步伐，引进先进技术，不断提高清理技术、更新清理方法。

现行规范中规定的卫生清理方法以洒生石灰、漂白粉为主要的消毒手段，但随着医疗事业的发展，更为有效的清理技术已经产生，如采用过氧乙酸、次氯酸钠溶液等化学方法对畜禽圈舍消毒效果也很好。另外，现行规范中规定的建（构）物清理方法主要是拆除，建筑垃圾依然遗弃在库底；从变废为宝资源化利用的角度出发，建筑物内砖石、钢筋废料都具有回收价值，目前很多建构垃圾可以制作再生砖等新型建筑材料，将建筑垃圾回收利用新技术、新方法运用到建（构）物清理方法中来，不仅可以确保库底清理效果，还可以将建筑垃圾资源化，库底清理工作将更经济、更环保。因此，有必要引进先进技术，不断更新清理方法。

8.3.3.4　细化工程量的统计，提高库底清理费用准确性

随着库底清理规划设计深度的不断加深，各清理对象的分部清理项目和清理手段将细化到操作层面，各项操作均需要计列清理费用。但目前由于工程量统计存在缺陷，清理单价定价困难，导致规划设计中清理单价标准取值随意性很大，造成费用计算精度不够，实施阶段存在变更较多的问题。因此，应细化工程量的统计，提高库底清理费用准确性，减少费用偏差。

现行规范中库底清理工程量统计中一般污染源清理先按照粪便清掏、坑穴消毒、坑穴覆土清理项目进行划分，再按照化粪池、沼气池、粪池、公共厕所、牲畜栏清理对象进行统计；建筑物拆除与清理中直接按照钢筋混凝土结构、混合结构、砖木结构、土木结构、木（竹）结构等清理对象进行统计，未按照爆破、机械、人工等拆除工序等进行细分。以上库底清理工程量分类统计的不一致，造成清理单价难以确定或不合理。因此，为提高库底清理费用准确性，库底清理工程量的统计应先按照库底清理对象进行划分，再按照清理工序及分部清理项目进行分类统计。

第 9 章

建设征地移民安置补偿费用概算

水电工程设计概算是由设计单位根据初步设计（水电工程为可行性研究报告）、图纸及说明、概算定额（或概算指标）、各项费用定额或取费标准、设备、材料预算价格等资料数据编制的，从筹建至竣工交付使用所需的全部费用的文件。

水电工程建设征地移民安置补偿费用概算，是水电工程可行性研究阶段根据国家现行建设征地移民安置政策、技术经济政策、实物指标调查成果、移民安置规划设计文件，以及建设征地和移民安置所在地区建设条件编制的、以货币表现的建设征地移民安置费用额度的技术经济文件，是水电工程可行性研究报告建设征地移民安置规划设计的重要内容，是水电工程设计概算的重要组成部分，是可行性研究阶段方案比选进行项目决策的重要技术指标。经批准的建设征地移民安置补偿费用概算是项目法人开展资金筹措、移民安置实施阶段签订移民安置协议、编制移民安置实施工作计划和资金计划、组织实施移民安置工作、兑付补偿费用、开展移民工程施工图设计、进行工程招投标和工程建设管理、进行移民安置验收等各项工作的重要依据。

因水电工程独有的淹没影响特点，水电工程建设征地移民安置补偿费用概算不同于赔偿概算，补偿行为不单纯是"拿钱走人"。总体原则概括来说，就是补偿处理和安置恢复相结合。补偿处理是指对因工程建设征地影响造成损失的人、物体和项目，以货币形式体现其受影响前的价值，例如征收土地补偿、零星树木补偿、企业停业损失等，通俗可称为"补拆"；安置恢复则是指采取相应措施以缓解、减小甚至消除建设征地带来的影响，例如计列房屋重置价为满足移民重建住房需要，计列专业项目复建费用是为恢复其原有特定功能等，可通俗称为"补建"。涉及项目具体确定采取"补拆"还是"补建"或"补拆""补建"相结合，要综合考虑政策法规规定、项目实际情况、移民意愿、科学经济合理性等多重因素。因此，水电工程建设征地移民安置补偿费用概算编制包括分析确定补偿实物指标，选定价格水平，确定补偿单价，计算补偿补助费用、移民工程建设费用、独立费用、预备费用和总费用等内容。建设征地移民安置补偿项目又划分为农村部分、城市集镇部分、专业项目、库底清理、环境保护和水土保持等部分。建设征地移民安置补偿费用由农村部分补偿费用、城市集镇部分补偿费用、专业项目处理补偿费用、库底清理费用、环境保护和水土保持费用组成。

水电工程建设征地移民安置补偿费用概算在很多方面借鉴了工程设计概算系统、全面、科学的技术架构体系，但由于涉及对象和影响面的巨大差异，二者在编制规定、项目划分、费用构成、基础价格和项目单价编制、分项费用编制等方面存在明显的差别。

如在项目划分方面，水电工程设计概算的项目划分是严格按照基本建设项目的划分原则，即把工程项目按其组成逐级划分为工程建设项目、单项工程、单位工程、分部工程和分项工程。而建设征地移民安置涉及范围广、影响面宽，从涉及的对象看，既有人口、各类土地、房屋、公路、水利等，也有城市、集镇、农村居民点等，在进行建设征地移民安置项目划分时，借鉴了建设工程项目划分的特点，考虑与移民安置实际相衔接，首先按区域进行划分（相当于单项工程），再对区域内的对象逐步划分（相当于单位工程、分部工程、分项工程逐级划分）。但在具体项目划分时，又没有拘泥于工程项目划分的条框，如在区域方面，以农村部分、城市集镇部分为基础，将专业项目、库底清理从农村部分、城市集镇部分中分离，并与之平行进行划分，通过多年的实践证明，这样的项目划分契合建设征地区实际情况，也满足了移民安置实施各方任务明确、责权清晰的实施要求。

又如在基础价格编制方面，水电主体工程设计概算的基础价格主要是与工程建设费用有关的基础价格，如人工预算单价、材料预算单价、风水电预算价格、施工机械台时费等。水电工程建设征地移民安置补偿费用概算中既有与移民工程建设费用有关的移民工程基础价格，还有与补偿补助费用有关的基础价格，并与主体工程基础价格衔接。

9.1　工作内容、方法和流程

9.1.1　概算编制原则和总体要求

依据 471 号移民条例和《水电工程建设征地移民安置补偿费用概（估）算编制规范》（DL/T 5382—2007，以下简称《概算编制规范》）等相关法规政策和规程规范，建设征地移民安置补偿费用概算编制应遵循的主要原则包括：

（1）征收的土地，按照移民条例规定的标准和被征收土地的原用途给予补偿；征收土地的土地补偿费和安置补助费，应满足农村移民生产安置规划的资金需要，不能满足的，可根据国家和项目所在省、自治区、直辖市有关规定，提高标准或增加生产安置措施补助费。使用其他单位和个人依法使用的国有耕地，参照征收耕地的补偿标准给予补偿；使用未确定给单位或个人使用的国有未利用地，不予补偿。

（2）被征收和征用的土地上的附着建筑物按照其原规模、原标准或者恢复原功能的原则补偿；对补偿费用不足以修建基本用房的贫困移民，给予适当补助。考虑移民远迁后的生产和财产管理不便，移民远迁后，在征地范围之外该农村集体经济组织地域内的房屋、附属建筑物、零星树木等私人财产，应当给予补偿。房屋及附属建筑物遵循"重置成本"的原则计算补偿。

（3）农村居民点、城市集镇迁建的基础设施恢复补偿费用，按照新址迁建规划设计的基础设施费用计列。

（4）工矿企业和交通、电力、电信、广播电视等专项设施和中小学等社会服务设施的迁建或者复建，应当在满足国家相应规定的基础上按照其原规模、原标准或者恢复原功能的原则迁建或者复建。原标准、原规模低于国家规定范围的下限的，从国家规定范围的下限建设；原标准、原规模高于国家规定范围的上限的，从国家规定范围的上限建设；原标准、原规模在国家规定范围内的，按照原标准、原规模建设。建设标准、规模超出上述规定范围的，超出部分的资金不列入建设征地移民安置补偿费用概算，由有关建设项目所在地人民政府或有关单位自行解决。

（5）基础设施、专业项目等移民安置建设项目概算的编制，按照项目的类型、规模和所属行业，执行相应行业的概算编制办法和规定。建设项目无法纳入具体行业的或没有行业规定的，执行水电或水利工程概算编制办法。

（6）有关部门利用水库水域发展兴利事业所需费用，由有关部门自行解决。水库库底一般清理的费用列入补偿费用概算内。特殊清理的费用，由提出特殊清理要求的有关部门或单位自行承担。

编制水电工程建设征地移民安置补偿费用概算的总体要求为：严格执行国家和省、自治区、直辖市的法律法规及有关规定，以调查的实物指标为基础，结合移民安置规划成果，真实反映设计的实物量、工程量，全面掌握各项基础资料，正确理解水电工程建设征地补偿政策，合理选用相关定额、取费标准，完整确定建设征地移民安置补偿费用。

9.1.2 工作内容和方法

9.1.2.1 分析确定补偿概算实物指标

补偿概算实物指标是用来测算水电工程建设征地移民安置补偿费用概算的基础实物量，和移民安置补偿概算是直接对应的关系，与实物指标调查成果有所区别。根据471号移民条例和"07规范"等相关法规政策和技术标准的规定，建设征地实物指标调查成果需经调查者和被调查者签字认可并公示后，由有关地方人民政府签署意见，作为补偿概算实物指标的基础数据。主要补偿概算实物指标分析确定的内容和方法如下。

（1）土地，土地地类和面积采用建设征地范围内实物指标调查确认成果，但一般不将各类建设用地和国有河流、滩涂纳入概算土地实物指标。

（2）搬迁安置人口，包括居住在居民迁移线内的人口和居住在居民迁移线外受项目建设征地影响丧失生产生活条件需要搬迁的扩迁人口，搬迁安置人口应按人口自然增长率推测至规划设计水平年。

（3）私有房屋及附属建筑物、零星树木等实物指标，预可行性研究阶段的补偿估算实物指标，按照初步调查的搬迁安置人口人均占有的房屋及附属建筑物、零星树木等实物指标推算，推算公式为

补偿估算实物指标＝（初步调查的房屋及附属建筑物、零星树木等实物指标
÷相应范围对应的搬迁安置人口）×规划水平年搬迁安置人口

可行性研究阶段的房屋及附属建筑物、零星树木等补偿概算实物指标，包括调查基准年调查实物指标、移民安置规划确定的因丧失基本生产生活条件而需搬迁的人口对应的实物指标、所有搬迁人口自调查基准年至规划水平年期间的实物指标增量等三部分，计算公式为

补偿概算实物指标＝调查基准年调查实物指标＋移民安置规划确定的因丧失基本生产
生活条件而需搬迁的人口对应的实物指标＋所有搬迁人口自调查
基准年至规划水平年期间的实物指标增量

其中，前两部分实物指标按照确认的调查成果计算；第三部分实物指标增量，可按调查的农村搬迁安置人口人均拥有的房屋及附属建筑物，零星树木的实物指标推算。

（4）义务教育、卫生防疫等单位的房屋及附属建筑物等实物指标，根据移民安置规划

计列；其他集体所有，国有房屋及附属建筑物的实物指标，以调查的实物指标为基础，按照房屋增长率推算至规划水平年，房屋增长率可采用人口自然增长率。

（5）货币补偿的企业设施设备、农副业及文化宗教设施等，采用实物指标调查确认成果。

（6）补偿概算移民工程量。农村移民居民点基础设施、迁建城市集镇基础设施、专业项目等移民工程量，采用相应的规划设计成果。

9.1.2.2　确定项目划分和费用构成

1. 项目划分

建设征地移民安置补偿项目划分为农村部分、城市集镇部分、专业项目、库底清理、环境保护和水土保持等部分。

（1）农村部分。农村部分是指项目建设征地前属乡、镇人民政府管辖的农村集体经济组织及地区迁建的相关项目。进入集镇、城市安置的农村集体经济组织的成员，其基础设施建设部分纳入相应的城市集镇部分，其他项目仍纳入农村部分。

农村部分包括土地的征收和征用、搬迁补助、附着物拆迁处理、青苗处理、林木处理、基础设施恢复和其他项目等。

1) 土地的征收和征用：指建设征地范围内农村集体经济组织所有的农用地、未利用地的征收和征用。建设征地范围内建设用地的处理列入基础设施恢复项目。

土地的征收包括农用地征收、未利用地征收。土地征收项目可根据具体地类做进一步细分。

土地的征用包括农用地的征用、农用地的复垦、未利用地的征用。土地征用项目可根据具体地类做进一步细分。农用地的复垦，划分为复垦工程和恢复期补助。

2) 搬迁补助：指移民安置规划确定的农村搬迁安置人口在搬迁和安置过程中的相关补助，包括人员搬迁补助、物资设备的搬迁运输补助、建房期补助、临时交通设施的配置等项目。

人员搬迁补助划分为搬迁交通运输、搬迁保险、途中食宿及医疗、搬迁误工等补助。物资设备的搬迁运输划分为物资设备运输、物资设备损失，还可按物资设备的种类进一步细分。建房期补助划分为临时居住补助和交通补助。临时交通设施是根据搬迁安置规划和实施组织设计确定的临时交通措施，包括搬迁临时道路、临时渡口等项目。

3) 附着物拆迁处理包括房屋及附属建筑物拆迁、农副业及个人所有文化设施拆迁处理、农村企业的处理、农村行政事业单位的迁建和其他等项目。

房屋及附属建筑物拆迁：指移民安置规划确定的农村搬迁安置人口的房屋及附属建筑物的拆迁。

房屋可划分为钢筋混凝土结构（钢混结构）、砖混结构（混合结构）、砖木结构、土木结构、木（竹）结构、窑洞和其他结构等。附属建筑物可划分为围墙、门楼、粪池、晒坪、坟墓等。可根据建设征地实物指标调查增、减房屋及附属建筑物拆迁项目。

农副业及个人所有文化设施拆迁处理：指列入建设征地影响范围的小型水利电力设施、农副业加工设施和设备、文化宗教设施、不可搬迁设施处理以及其他特殊设施的拆迁处理等。

农村企业的处理：指列入农村范围的企业的处理，包括搬迁安置或货币补偿处理。搬迁安置处理的项目包括设施设备处理、物资处理和停产损失处理、房屋及附属建筑物拆迁处理等。企业基础设施纳入农村居民点基础设施恢复项目。货币补偿处理的项目包括基础设施处理、房屋及附属建筑物拆迁处理、设施设备处理、其他处理等。

农村行政事业单位迁建：指列入农村范围的行政事业单位的迁建，包括行政管理机构、学校、卫生防疫站点等，可划分为房屋和附属建筑物的拆迁处理，物资设备的搬迁。农村行政事业单位房屋和附属建筑物的拆迁处理项目的分类，与农村人口的房屋和附属建筑物拆迁处理相同。物资设备的搬迁划分为物资设备拆卸、物资设备运输、物资设备损失、设备安装、设备调试等。

4）青苗处理：对常规水电工程水库淹没影响区内的耕地，应采取计划用地，因此，可不计列青苗处理项目，不计青苗补偿费。对于枢纽工程建设区永久占地范围占用耕地的，计列青苗处理项目；抽水蓄能电站的水库淹没影响区，根据项目实际情况确定是否计列青苗处理项目。青苗处理项目按耕地的地类划分，可分为菜地、水田、水浇地、平旱地、坡旱地等青苗处理。

5）林木处理：包括征收或征用的林地上的林木、征收或征用的园地上的林木、房前屋后及田间地头零星树木等的处理。林地上的林木可按林种分为经济林木、用材林木、薪炭林木等；园地上的林木按园地地类分为茶园、桑园、果园等；零星树木按照林木品种划分；根据项目区的实际情况，可按林木品种做进一步的细分。

6）基础设施恢复：指安置地农村居民点场地准备、场内的道路工程建设、供水工程建设、排水工程建设、供热工程建设、电力工程建设、电信工程建设、广播电视工程建设、防火减灾工程建设等。农村居民点场地准备包括新址用地、场地清理、场地平整等。

7）其他项目：指上述项目以外的农村部分的其他项目，可包括建房困难户补助、生产安置措施补助、义务教育和卫生防疫设施增容补助、房屋装修处理等。建房困难户补助，是指对补偿费用不足以修建基本用房的贫困移民的救助。生产安置措施补助，是指为使征收土地的土地补偿费和安置补助费满足需要安置的移民保持原有生活水平的需要，对生产安置规划投资高于根据移民条例计算的征收土地补偿费用部分，根据国家和省、自治区、直辖市人民政府有关规定，采取的补充措施。义务教育和卫生防疫设施增容补助，是指移民搬迁安置后利用安置地原有的学校和卫生防疫设施，需要对安置地学校和卫生防疫设施进行改造扩容。房屋装修处理根据省、自治区、直辖市人民政府有关水电工程移民安置政策规定计列。其他项目划分可结合实物指标调查和农村移民安置规划调整。

（2）城市集镇部分。城市集镇部分，是指列入城市集镇原址的实物指标处理和新址基础设施恢复的项目，包括：搬迁补助、附着物拆迁处理、林木处理、基础设施恢复和其他项目等。已纳入农村部分的内容，不在城市集镇部分中重复。相关项目划分内容及方法与农村部分类似，此处不再详细介绍。

（3）专业项目部分。专业项目是指受项目影响的需迁（改）建、新建或补偿处理的交通、水利、防护、电力电信、企事业单位等行业的专业工程项目，包括铁路工程、公路工程、航运工程、水利工程、水电工程、电力工程、电信工程、广播电视工程、企事业单位、防护工程、文物古迹及其他等。农村居民点及迁建城市集镇等的对外交通、对外电力、电信、广播电视线路、外部供水工程等纳入专业项目。国有林（农）场（站）纳入专业项目。

1）铁路工程包括铁路路基、桥涵、隧道及明洞、轨道、通信及信号、电力及电力牵引供电、房屋、其他运营生产设备及建筑物，以及其他等项目。

2）公路工程包括等级公路工程和乡村道路工程。

3）航运工程包括渡口、码头等项目。

4）水利工程包括水源工程、供水工程、灌溉工程和水文（气象）站等。

5）水电工程包括不同等级的水电站，划分为迁建工程、改建工程和补偿处理。

6）电力工程包括发电工程，输变电工程，供配电工程，辅助设施等。

7）电信工程包括传输线路工程，基站工程等。

8）广播电视工程分为广播工程和电视工程，包括节目信号线、馈送线，信号接收站，传输线。

9）企事业单位是指列入专业项目中的企业事业单位，可分为企业单位、事业单位和国有农（林）场。

企业单位的处理包括搬迁安置和货币补偿。

企业搬迁安置又可分为搬迁补助、基础设施恢复、设施设备处理、物资处理、停产损失处理、房屋及附属物拆迁等项目；企业货币补偿可分为基础设施处理，房屋及附属建筑物拆迁处理、设施设备处理，其他处理等项目。

事业单位处理包括搬迁补助、基础设施恢复、设施设备处理、房屋及附属建筑物拆迁等项目。

国有农（林）场，包括土地的划拨或征收征用、搬迁补助、附着物拆迁处理、青苗和林木的处理、基础设施恢复和其他项目。

10）防护工程包括筑堤围护、整体垫高、护岸等项目。

11）文物古迹包括迁建恢复、工程措施防护和发掘留存等项目。

（4）库底清理。库底清理指在水库蓄水前对水库淹没区进行的各项清理工作，包括建筑物清理、卫生清理、林木清理和其他清理等。特殊清理项目是指特殊清理范围内为开发水域各项事业而需要进行特殊清理的项目。

（5）环境保护和水土保持。环境保护和水土保持是指为减轻或消除移民安置对环境造成的不利影响所采取的环境保护和水土保持措施，包括水环境保护、陆生动植物保护、生活垃圾处理、人群健康防护、环境监测、水土保持、水土保持监测及其他项目等。

2．费用构成

建设征地移民安置补偿费用由补偿补助费用、工程建设费用、独立费用、预备费等 4 部分构成，如图 9.1－1 所示。

（1）补偿补助费用构成。补偿补助费用是指对建设征地及其影响范围内人口、土地及其他实物的补偿和补助。包括：土地补偿费和安置补助费、划拨用地补偿费、征用土地补偿费、房屋及附属建筑物补偿费、青苗补偿费、林木补偿费、农副业及文化宗教设施补偿费、搬迁补偿费、停产损失费、其他补偿补助费等，如图 9.1-2 所示。

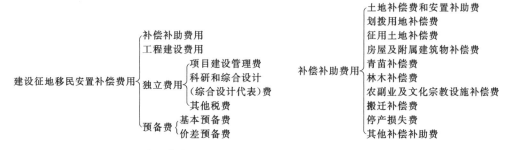

图 9.1-1　费用构成图　　　　　　图 9.1-2　补偿补助费用构成图

（2）工程建设费用构成。建设征地移民安置补偿费用中的工程建设费用由建筑安装工程费、设备购置费、工程建设其他费用等构成，但不包括预备费和建设期贷款利息，如图 9.1-3 所示。

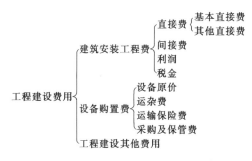

图 9.1-3　工程建设费用构成图

建筑安装工程费包括直接费、间接费、利润和税金，按项目类型、规模和所属行业和地区，根据相应的地区和行业有关规定计列费用。

设备购置费包括设备原价、运杂费、运输保险费、采购及保管费，按相应地区和行业有关规定计列费用。

工程建设其他费用是根据有关规定应在基本建设投资中支付的，并列入建设项目总概预算或单项工程综合概预算的，除建筑安装工程费用和设备工器具购置费以外的费用，主要包括建设用地费、建设管理费、研究试验费、勘察设计费，环境影响评价费、联合试运转费、生产准备及开办费等，具体按行业相关规定执行，但其中的科研勘察设计费只计列初步设计阶段以后的费用。

（3）独立费用构成。独立费用包括项目建设管理费，移民安置实施阶段科研和综合设计（综合设计代表）费以及其他税费等。独立费用构成如图 9.1-4 所示。

1）项目建设管理费包括建设单位管理费、移民安置规划配合工作费、建设征地移民安置管理费、移民安置监督评估、咨询服务费、项目技术经济评审费等。

建设单位管理费是项目建设单位征地移民管理经费，包括用于测设永久界桩，组织、参加移民安置规划大纲和移民安置规划设计，履行移民安置规划大纲、移民安置规划设计相关程序，办理征地相关手续及其他管理工作所发生的费用。

移民安置规划配合工作费，是指项目可行性研究阶段地方政府和有关部门组织、参加、配合编制移民安置规划大纲、移民安置规划设计及有关程序性工作所发生的费用。

建设征地移民安置管理费包括实施管理费和技术培训费。实施管理费是指各级地方移民机构为保证建设征地移民安置实施工作的正常进行，发生的开办费、人员经常费

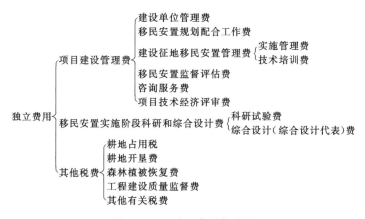

图 9.1-4　独立费用构成图

和其他管理性费用。技术培训费用是指用于提高农村移民生产技能和移民干部管理水平的费用。

移民安置监督评估费，是指依法开展移民安置监督评估工作所发生的费用，包括移民综合监理费和移民安置独立评估费。

咨询服务费，为项目法人、与项目法人签订移民安置协议的移民机构根据国家有关规定和建设征地移民安置管理工作的需要，委托有资质的咨询机构或聘请专家对建设征地移民安置规划设计有关技术、经济、法律问题进行咨询服务及编制后评估等工作所发生的费用。

项目技术经济评审费，为项目法人、与项目法人签订移民安置协议的移民机构根据国家颁布的法律、法规、行业规定等，委托有资质的机构对建设征地移民安置规划设计成果进行审查或评审所发生的费用。

2）移民安置实施阶段科研和综合设计（综合设计代表）费，是指移民安置实施阶段为解决项目建设征地移民安置的技术问题而进行必要的科学研究、试验以及统筹协调移民安置规划的后续设计，把关农村居民点、迁建集镇、迁建城市、专业项目等移民安置项目的技术接口，设计文件汇总和派驻综合设代、进行综合设计交底所发生的费用。

3）其他税费是指根据国家和项目所在省、自治区、直辖市的政策法规的规定需要缴纳的费用，包括耕地占用税、耕地开垦费、森林植被恢复费、工程建设质量监督费和其他政策性补偿费用等。

（4）预备费。预备费也称不可预见费，是指在移民安置规划设计及概（估）算中难以事先预料、而在移民安置实施期间可能发生的工作费用，包括基本预备费和价差预备费。

1）基本预备费为综合性预备费，费用内容包括：①设计范围内的设计变更，局部社会经济条件变化等增加的费用；②一般自然灾害造成的损失和预防自然灾害所采取的措施费用；③建设期间内材料、设备价格和人工费，其他各种费用标准的不显著变化的费用。

2）价差预备费是指建设项目在建设期间内，由于材料、设备价格和人工费、其他各种费用标准等变化，引起工程造价显著变化的预测预留费用。费用内容包括人工、设备、材料、施工机械的价差费，建筑安装工程费及工程建设其他费用调整、利率、汇率调整等增加的费用。

9.1.2.3 选定价格水平年

价格水平是计算和编制工程造价的重要工作基础和影响因素。建设征地移民安置补偿费用概算是水电工程设计概算的重要组成部分，其价格水平年应与水电工程设计概算保持协调和统一。

9.1.2.4 编制确定基础价格和项目单价

1. 补偿补助费用有关基础价格

补偿补助费用有关基础价格包括耕地亩产值、房屋及附属建筑物补偿费的基础价格、青苗和林木等补偿费的基础价格、其他补偿补助费的基础价格等。

（1）耕地亩产值。耕地亩产值为规划水平年每亩耕地每年的产值，可在计算单元内取一个平均值，也可在一个县或一个项目取得平均值。可行性研究报告阶段，计算单元宜采用农村集体经济组织，亩产值为年内土地各类作物实际亩产量和相应单价之乘积。

省、自治区、直辖市人民政府已公布执行征地区片综合地价的，已颁布关于耕地亩产值具体规定的，从其规定。

要求一个项目或一个地区以一个规划水平年亩产值出现的，应采用相应范围的加权平均值。

（2）房屋及附属建筑物补偿费的基础价格。房屋及附属建筑物补偿费的基础价格，如人工费、材料价格、机械使用费等，按照当地工程建设管理部门及物价部门颁发的计价依据中相关基础价格的规定编制。没有计价依据的，如土木结构房屋、附属建筑物中的人工工资、部分材料价格等可由设计单位自行采集移民安置区有关资料编制。

（3）青苗和林木等补偿费的基础价格。青苗和林木等补偿费的基础价格可参照耕地规划水平年亩产值的确定方法编制，省、自治区、直辖市已颁布具体规定的，从其规定。

（4）其他补偿补助费的基础价格。农副业及文化宗教设施拆迁处理以及设施和设备拆迁、运输、安装补偿费的基础价格，涉及人工费、机械使用费、材料价格等基础价格，参照工程建设费用有关基础价格的规定编制。设施和设备的搬迁损失等其他基础价格由设计单位采集和编制。搬迁补偿费、物资损失、停产损失费及其他补偿补助费的基础价格，由设计单位采集和编制。

2. 工程建设费用基础价格

工程建设费用基础价格按照工程所在地区和行业的规定执行。其包括人工预算单价、主要材料预算价格、其他材料价格、机械使用费等。没有行业标准的项目，其基础价格可由设计单位自行采集分析验证后确定。

（1）人工预算单价。人工预算单价是一个生产工人在单位时间（工日）的人工费用，包括基本工资、辅助工资、工资附加费等。根据各工程项目的所在地区和相关行业规定计算。

（2）主要材料预算价格。主要材料是在工程施工中用量大或用量虽小但价格很高对工程造价有较大影响的材料。主要材料预算价格包括定额工作内容应记入的未计价材料和计价材料。材料预算价格一般包括材料原价、包装费、运输费保险费、运杂费和采购及保险费等。

（3）其他材料价格。其他材料为工程建设中主要材料之外的材料，其他材料价格应执行工程所在地区就近城市地方建设管理部门颁布的有关材料预算价格，加至工地的运杂费。地区预算价格中没有的材料，由设计单位实地采集，合理确定。

（4）机械使用费。机械使用费是指机械作业所发生的机械使用费及机械安拆费和场外运费，以台时为计算单位，应根据工程建设项目所属地区和行业的有关规定计算。

3. 补偿补助费用单价编制

补偿补助费用单价包括土地补偿费和安置补助费单价，房屋及附属建筑物补偿费单价，青苗和林木补偿费单价，农副业及文化宗教设施补偿费单价，搬迁补偿费单价等。

（1）土地补偿费和安置补助费单价。征收耕地的土地补偿费和安置补助费单价有两种编制方法：一种是按照设计年亩产值乘以规定的倍数计算；另一种是直接采用省、自治区、直辖市发布的补偿单价，如区片综合地价。

征收园地、林地、其他农用地及其他未利用地的土地补偿费和安置补助费单价，按照省、自治区、直辖市的规定，结合征收耕地补偿单价的规定编制。

征用土地补偿费是指临时使用土地发生的补偿费，其单价根据土地类别及其设计年产值、占用时间、复垦工程费用、恢复期补助等确定。

（2）房屋及附属建筑物补偿费单价。房屋及附属建筑物的补偿均按重置价计算补偿费用。

房屋补偿费用单价，按重置价补偿的原则，按照典型设计的成果分结构类型分析编制。主要工作方法为：

1）根据实物指标工作成果，列出实物指标中各类房屋结构类型，规定各类房屋结构主要结构内容。

2）对每一类房屋结构，选择一座或多座典型房屋，按照新建房屋的要求进行设计。选择的典型房屋，应在实物指标中有广布性和代表性。

3）根据"工程建设费用"的规定、安置地的建筑工程造价编制规定和计价定额编制典型房屋设计概算，推算每平方米房屋造价即为对应结构房屋的补偿费用单价，单价中应包括其他费用部分。同结构进行了多种典型房屋设计的，可取加权平均值。安置地条件差别悬殊的，可取加权平均值。

4）省、自治区、直辖市对水电工程建设征地移民安置涉及的房屋及附属建筑物的补偿费单价编制有规定的，从其规定。

（3）青苗和林木补偿费单价。耕地的青苗补偿费按照耕地设计亩产值结合耕地的耕作制度分析确定。

零星树木的补偿费单价以及征、占用林地和园地的林木补偿费单价，根据省、自治区、直辖市的规定计算。

（4）农副业及文化宗教设施补偿费单价。农副业及文化宗教设施补偿费单价包括小型水利电力、农副业加工、文化、宗教等设施和设备补偿费单价，可按有关政策法规和行业规定分别计算补偿单价，也可根据工程所在地区造价指标或有关实际资料，采用类比扩大单位指标计算补偿单价。

（5）搬迁补偿费单价。搬迁补偿费单价根据当地有关规定，采用当地人工、材料、机械使用费的单价，按同阶段移民安置设计成果计算确定。

4. **工程建设费用单价编制**

工程建设费用中，建筑工程、安装工程的单价编制，按照国家有关行业主管部门，有关省、自治区、直辖市对建筑工程和安装工程的单价编制规定执行。

9.1.2.5　计算分项费用

计算分项费用，即按前述确定的补偿概算实物指标、项目划分及计算得出的各项目单价，按照相应的编制办法编制计算分项费用，包括农村部分补偿费用、城市集镇部分补偿费用、专业项目处理补偿费用、库底清理费用、环境保护和水土保持费用、独立费用。

建设征地移民安置补偿项目费用宜分枢纽工程建设区、水库淹没影响区分别编制。因超出相关规定扩大规模、提高标准增加的投资，不计入建设征地移民安置补偿费用。

（1）农村部分补偿费用，包括征收和征用土地的补偿费用、搬迁补助费用、附着物拆迁处理补偿费用、青苗和林木处理补偿费用、基础设施恢复补偿费用和其他补偿费用等。

1）征收和征用土地的补偿费用，包括征收土地补偿费用和征用土地补偿费用。根据补偿实物指标中的土地数量和征收征用各类土地补偿单价计算。征收土地补偿费用包括土地补偿费和安置补助费。

征收耕地的土地补偿费和安置补助费，按照移民条例的相关规定计算。经农村移民安置规划投资平衡分析，征收土地补偿费用尚不满足农村移民生产安置规划投资的，可根据国家和省级人民政府有关规定，计列生产安置措施补助费。移民安置有关建设项目建设确定的建设用地，应按省、自治区、直辖市的有关规定计列所征土地的补偿费和安置补助费。

2）搬迁补助费用，包括人员搬迁补助费、物资及设备运输补助费、建房期补助费和临时交通设施费等。

人员搬迁补助费、物资及设备运输补助费按照同阶段移民安置规划确定的搬迁安置人口和相应的补偿费用单价计算。建房期补助费，包括临时居住补助费和交通补助费，按照搬迁人口和相应补偿费用单价计算。临时交通设施费，包括工程建设费用和改善设施的补助费用，工程建设费用按同阶段移民安置规划确定的工程量和相应单价计算，改善设施的补助费用按实际情况计算。

3）附着物拆迁处理补偿费用，包括房屋及附属建筑物拆迁补偿费、农副业及文化宗教设施补偿费、企业的处理费、行政事业单位的迁建费、其他补偿费等。

房屋拆迁补偿费按照被拆迁房屋的建筑面积、结构类型和质量标准的房屋补偿费用单价计算。附属建筑物拆迁补偿费按照相应的实物指标和补偿单价计算。

农副业及文化宗教设施补偿费按照补偿实物指标中各类设施和设备的数量和相应的补偿单价计算。在安置地有利用价值且具搬迁价值的设施和设备，仅计算安装运杂费。

企业的处理费，可分企业搬迁安置补偿费或货币补偿处理费。

4）青苗和林木处理补偿费用，青苗补偿费按照枢纽工程建设区永久占地范围内的各类耕地面积和青苗补偿单价计算。零星林木补偿费和征、占用林地和园地林木补偿费，按照补偿实物指标中分项数量和相应的补偿单价计算。

5）基础设施建设费用，包括建设场地准备费用、基础设施建设费和工程建设其他费用。建设场地准备费用包括新址用地费、场地清理费、场地平整费等。农村移民居民点新址用地费，应根据移民安置规划确定的农村移民居民点占地面积和地类，按照省级人民政府有关规定计算补偿费用。场地清理费和场地平整费按照迁建规划设计工程量和相应行业的概算规定计算。基础设施建设费按照迁建规划设计工程量和相应行业的概算规定计算；工程建设其他费用，按照国家行业主管部门对建筑工程的相应规定计列，其中科研勘测设计费只计列初步设计阶段以后的勘测设计费。

6）其他补偿费用，包括建房困难户补助、生产安置措施补助费、义务教育和卫生防疫设施增容补助费、房屋装修处理费等。工程所在省、自治区、直辖市人民政府有规定的，从其规定；没有规定的，根据同阶段移民安置规划确定的搬迁安置人口和相应的补偿费用单价计算。

（2）城市集镇部分补偿费用。城市集镇部分补偿费用包括搬迁补助费用、附着物拆迁处理补偿费用、青苗和林木的处理补偿费用、基础设施建设补偿费用和其他补偿费用等。

1）搬迁补助费用、附着物拆迁处理补偿费用、青苗和林木的处理补偿费用参照农村部分相应规定分别计算。

2）基础设施建设补偿费用，包括建设场地准备费用、基础设施建设费和工程建设其他费用。建设场地准备费用包括城市集镇新址征地、场地清理、场地平整等。城市集镇新址征地应根据城市集镇迁建规划确定的占地面积和地类，按照项目所在省、自治区、直辖市人民政府有关规定计算补偿费用。场地清理费和场地平整费按照迁建规划设计工程量和相应行业的概算规定计算。基础设施建设费按照迁建规划设计工程量和相应行业的概算规定计算。工程建设其他费用按照国家行业主管部门对建筑工程的相应规定计列，其中科研勘测设计费只计列初步设计阶段以后阶段的勘测设计费。

3）其他补偿费用，包括不可搬迁设施处理费、特殊设施处理费、房屋装修处理费、建房困难户补助等。不可搬迁设施处理费、特殊设施处理费根据实际情况结合《概算编制规范》的相应规定计算；建房困难户补助、房屋装修处理费按照省级人民政府的规定计算。

（3）专业项目处理补偿费用，包括铁路工程补偿费用、公路工程补偿费用、水运工程补偿费用、水利工程补偿费用、水电工程补偿费用、电力工程补偿费用、电信工程补偿费用、广播电视工程补偿费用、企事业单位补偿费用、防护工程补偿费用、文物古迹补偿费用及其他补偿费用等。专业项目处理补偿费用计算不包括基本预备费和价差预备费，其中科研勘测设计费只计列初步设计阶段以后的设计费。

1）铁路工程补偿费用，根据复建规划设计工程量，按铁路工程概算编制办法和定额计算，对于规模较小，且未进行设计的，可采用类比综合单位指标计算。

2）公路工程补偿费用，根据复建规划设计的工程量，按公路工程概算编制办法和定额计算。对规模较小或等级较低的交通工程，可采取扩大单位指标编制概算，但扩大单位指标中，应包括建筑安装工程费、设备购置费、工程建设其他费用等。

3）水运工程补偿费用，根据复建规划设计的工程量，按航运、水运工程概算编制办法和定额计算。对规模较小或等级较低的渡口等，可采取扩大单位指标编制概算，但扩大单位指标中，应包括建筑安装工程费、设备购置费、工程建设其他费用等。

4）水利工程、防护工程补偿费用，按照规划设计工程量和水利行业概算编制规定或省级人民政府的有关规定计算。难以复建或不能复建的水文站、私人或农村集体经济组织投资的水利工程，根据其设备、设施的残值合理计算补偿费。

5）水电工程补偿费用，按照复建或改建规划设计工程量和相应行业概算编制规定或省级人民政府的有关规定计算。难以复建、改建或不需要复建、改建的水电工程，根据其设备设施的残值、投产年限和生产情况等合理计算补偿费。

6）电力工程、电信工程、广播电视工程补偿费用，根据复建规划设计工程量，按照相应行业设计概算编制办法和定额计算，对于规模较小，且未做设计的，可采用类比综合单位指标编制。

7）企事业单位补偿费用包括搬迁安置补偿费或货币补偿处理费。

8）文物古迹补偿费用包括考古调查、勘探费，考古发掘费，保护工程费，文物迁建费等，根据文物保护规划设计成果计算。

9）其他补偿费用根据实际情况，结合《概算编制规范》的规定编制。

（4）库底清理费用。库底清理费用包括建筑物清理费、坟墓清理费、林地清理费、卫生清理费、其他清理费、其他费用等，按照同阶段库底清理设计的设计工程量与相应单价计算。其他费用按照前 5 项费用的 10％计算。

（5）环境保护和水土保持费用。环境保护费用，包括环境保护措施费、环境监测费、仪器及安装费、临时措施费、独立费用等，根据环境保护设计成果计算。其中科研勘测设计费只计列初步设计阶段以后的设计费。

水土保持费用，包括工程措施费、植物措施费、施工临时工程费、独立费用等，根据水土保持设计成果计算。其中科研勘测设计费只计列初步设计阶段以后的设计费。

（6）独立费用。独立费用包括项目建设管理费、移民安置实施阶段科研和综合设计（综合设代）费及其他税费等。

1）项目建设管理费。项目建设管理费包括建设单位管理费、移民安置规划配合工作费、建设征地移民安置管理费、移民安置监督评估费、咨询服务费、项目技术经济评审费等。

建设单位管理费按建设征地移民安置补偿项目费用的 0.5％～1％计算。

移民安置规划配合工作费按建设征地移民安置补偿项目费用的 0.5％～1％计算。

建设征地移民安置管理费包括实施管理费和技术培训费。实施管理费按建设征地移民安置补偿项目费用的 3％～4％计算。技术培训费按农村部分补偿费用的 0.5％计算。

移民安置监督评估费包括移民综合监理费和移民安置独立评估费。移民综合监理费按建设征地移民安置补偿项目费用的 1％～2％计算；移民安置独立评估费按国家有关规定计算。

咨询服务费按建设征地移民安置补偿项目费用的 0.5%～1.2%计算。

项目技术经济评审费按建设征地移民安置补偿项目费用的 0.1%～0.5%计算。

2）移民安置实施阶段科研和综合设计（综合设代）费。按建设征地移民安置补偿项目费用的 1%～1.5%计算。

3）其他税费按照国家行业主管部门和省、自治区、直辖市的规定计算。

9.1.2.6　计算分年度费用

分年度费用按照同阶段移民安置规划确定的移民安置实施进度计划，根据建设征地移民安置项目划分进行编制。

（1）农村部分。征收和征用土地补偿费用的分年度费用，根据项目用地计划、分期蓄水计划确定的分年使用土地的面积、类别和相应的补偿单价计算；搬迁补助费用的分年度费用，根据分年度农村移民搬迁人数占农村总搬迁安置人口的比例分析计算。房屋及附属建筑物、青苗、林木等地面附着物补偿费用和其他补偿费用的分年度费用，按照搬迁补助费用的分年度费用编制办法计算；居民点基础设施建设费用的分年度费用，按照分年工程量和相应单价计算。

（2）城市集镇部分。搬迁补助费用的分年度费用，根据分年度城市集镇移民搬迁人数占城市集镇总搬迁安置人口的比例分析计算；附着物拆迁处理补偿费用、林木的处理补偿费用和其他补偿费用的分年度费用，按照搬迁补助费用的分年度费用编制办法计算；基础设施迁建补偿费用的分年度费用，按照分年工程量和单价计算。

（3）专业项目、库底清理、环境保护和水土保持部分。这三项费用的分年度费用，按照分年工程量和单价计算。

（4）独立费用部分。其他税费根据政策规定计列分年度费用。项目建设管理费、科研和综合设计（综合设代）费，计算分年工作量百分比，当年工作量，列入前一年工作费用。

（5）预备费部分。按农村部分、城市集镇部分、专业项目部分、库底清理、环境保护和水土保持部分、独立费用部分的分年度费用之和与相应比例计算。

9.1.2.7　计算预备费和总费用

1. 预备费

预备费包括基本预备费和价差预备费。

项目建设征地移民安置涉及一个省、自治区、直辖市的，只编制项目的预备费，不编制分行政区划的预备费。项目建设征地移民安置涉及两个或以上的省、自治区、直辖市的，编制分省级的预备费和项目的预备费。

（1）基本预备费。基本预备费为按照农村部分补偿费用、城市集镇部分补偿费用、专业项目处理补偿费用、库底清理费用、环境保护和水土保持费用、独立费用分别乘以相应费率计算。

基本预备费费率根据设计阶段分别取值。可行性研究报告阶段，按照各项目费用分别取值计算后，统一合计基本预备费，各项目不单独计列基本预备费。其中，农村部分费用、城市集镇部分费用、库底清理费用、独立费用等部分的基本预备费，按 5%的费率取值计算，专业项目处理补偿费用、环境保护和水土保持费用等部分的基本预备费，执行相应行业的规定取值计算。

（2）价差预备费以分年度的静态投资为计算基数，按照采用的价差预备费率计算。

2. 总费用

建设征地移民安置补偿总费用包括静态总费用和动态总费用。

静态总费用＝农村部分补偿费用＋城市集镇部分补偿费用＋专业项目处理补偿费用

＋库底清理费用＋环境保护和水土保持费用＋独立费用＋基本预备费

动态总费用＝静态总费用＋价差预备费

9.1.2.8 实施阶段概算动态管理

1. 基本预备费的使用与管理

在移民安置实施过程中，一般来说发生下述情况，如一般设计变更（一般为相应项目补偿费用变化5％以内），有关补偿补助政策局部调整和基础单价的不显著变化（相应项目补偿费用变化5％以内），应对一般自然灾害造成的损失和预防灾害所采取的措施费用，在履行相应的申请批准程序后，可使用基本预备费。

2. 价差预备费的使用与管理

在移民安置实施过程中，一般来说发生下述情况，如材料价格上涨引起工程造价显著上涨，在履行相应的申请批准程序后，可使用价差预备费。

3. 概算重编

项目核准前，规划设计有重大变更或核准年与概算编制年相隔2年及以上时，应根据核准年的政策和价格水平，重新编制和报批建设征地移民安置补偿费用概算。

4. 概算变更和调整

项目核准后，当国家有关法规政策、移民安置意愿、项目建设基本条件、项目建设方案、区域社会经济环境和条件发生一定变化时，在经国家或地方投资主管部门批准后，根据最新的法律法规和政策规定、工程建设条件和方案，结合最新的建设征地区经济社会基本情况，在开展的相应设计变更和移民安置规划调整工作的前提下，开展概算变更和概算调整工作。

9.1.3 工作流程

1. 主要工作程序

编制建设征地移民安置补偿费用概算的通用工作程序为：

（1）前期工作准备，主要包括了解、掌握工程情况，掌握实物指标、移民安置等情况，对移民安置区建设条件进行调查研究，并收集建设征地区和移民安置区有关文件、资料。

（2）编写概算编制大纲。确定编制原则、依据；确定计算基础价格的基本条件与参数，确定价格水平年；确定编制概算单价采用的相关计价依据，包括确定对应的行业有关概算编制规定，定额标准和有关参数；明确需要设计各专业提供资料的内容，技术要求和时间；明确编制工作组织进度和成果审查认可机制，大纲经规定的审查程序认可后，即可编制概算。

（3）编制基础价格和单价。

（4）按照建设征地移民安置项目划分，分别编制
枢纽工程建设区、水库淹没影响区和工程分项费用概
算，进行资金平衡。

（5）编制分年度费用。

（6）编制总概算和编制说明。

（7）审查修改。

（8）资料整理和归档、印刷、出版。

（9）工作（技术）总结。

建设征地移民安置补偿费用概算工作程序流程图
如图 9.1-5 所示。

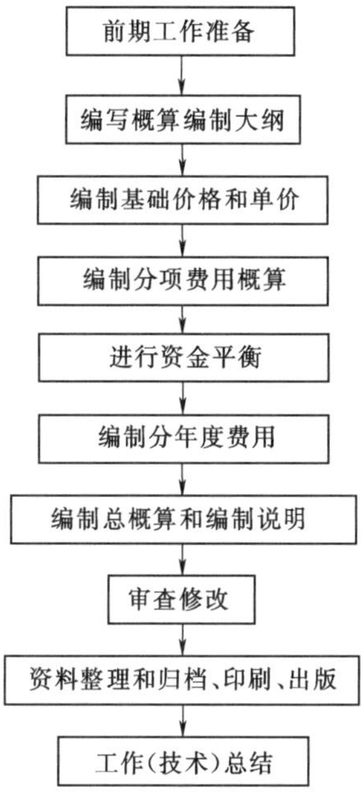

2．主要成果

可行性研究阶段应编制建设征地移民安置补偿费
用概算，必要时编制《建设征地移民安置补偿费用概
算编制大纲》《建设征地移民安置补偿费用概算专题报
告》。

移民安置实施阶段应按照移民安置实施进度计划，
结合实际情况对建设征地移民安置补偿费用概算进行
分解，必要时编制《建设征地移民安置补偿费用概算调整报告》。

图 9.1-5　建设征地移民安置
补偿费用概算工作程序流程图

9.2　关键技术

9.2.1　分析确定补偿概算实物指标和补偿补助项目

通行的工程造价计价方法包括综合指标法、单价法和实物量法。自中华人民共和国
成立以来，我国一直沿用单价法进行工程价格预测。单价法的基本方法是按照定额确
定单位工程量的人力、物力消耗量，按消耗量和相应价格及费用定额求出工程单价，
再按工程单价和工程量求得工程造价。具体到编制建设征地移民安置补偿费用概算时，
除了要编制确定各类项目单价外，概算实物指标就是编制建设征地移民安置补偿费用
概算的工程量。

1．房屋及附属建筑物、零星树木等补偿概算实物指标的推算确定

根据《概算编制规范》的规定，可行性研究报告阶段的房屋及附属建筑物、零星树木
等补偿概算实物指标，包括调查基准年调查实物指标，移民安置规划确定的因丧失基本生
产生活条件而需搬迁的人口对应的实物指标，所有搬迁人口自调查基准年至规划水平年期
间的实物指标增量等三部分构成。上述的三部分实物指标，前两部分实物指标通过实地调
查得出，第三部分实物指标是在编制概算时通过分析测算得出的。

为什么要测算所有搬迁人口自调查基准年至规划水平年期间的实物指标增量呢？水电

工程从开展前期工作到开工建设直至下闸蓄水、工程竣工往往周期较长，少则五六年，多则八九年，甚至更长。水电工程可行性研究阶段以省级人民政府发布"停建通告"的当年为基准年开展建设征地区实物指标调查，履行公示和签字确认程序，在经确认的实物指标调查成果的基础上开展移民安置规划设计工作，并需将生产安置人口和搬迁安置人口从基准年到规划水平年间的增量纳入规划，考虑到对基准年到水平年期间因人口增加、时间推移等原因可能增加的房屋及附属建筑物、零星树木等实物也应进行补偿处理，因此要将这部分增量纳入补偿概算实物指标。

以云南省某流域 MW 水电站为例，根据《M 水电站移民安置规划报告（审定本）》，L 县基准年搬迁安置人口为 301 人，实际调查成果中农村部分砖木结构正房面积 4158.2m²（人均面积 13.815m²），规划水平年搬迁安置人口为 334 人，较基准年增加了 33 人，没有移民安置规划确定的因丧失基本生产生活条件而需搬迁的人口（即扩迁人口）。按照上述计算方法，L 县规划水平年农村部分砖木结构正房面积概算指标为 4614.1m²，计算公式为：

L 县农村部分砖木结构正房面积概算指标＝基准年农村部分砖木结构正房面积 4158.2m²＋扩迁人口 0 人×人均面积 13.815m²＋至规划水平年增加的搬迁安置人口 33 人×人均面积 13.815m²≈4614.1m²

2. 需采取补偿处理的土地实物指标的分析确定

对征占用的土地，分农用地、建设用地和未利用地三大类进行分析。对各类农用地（无论集体所有还是国有）均需按照调查实物指标纳入补偿概算实物指标。对各类建设用地，按照《土地利用现状分类》（GB/T 21010—2017）分类，建设用地包括商服用地、工矿仓储用地、住宅用地、公共管理与公共服务用地、特殊用地、交通运输用地、水域及水利设施用地、其他土地等，目前通行做法，一般采取的是在"三原"原则基础上"补建不补拆"的方式进行处理。例如，影响的住宅用地、其他土地在移民集中居民点中按照相关政策、规定予以恢复；原城镇中影响涉及的住宅用地、商服用地、工矿仓储用地、公共管理与公共服务用地、特殊用地等结合城镇规划予以恢复；影响涉及的交通运输用地、水域及水利设施用地结合交通运输工程、水利工程复建予以恢复。因此，不再将各类建设用地面积纳入补偿概算实物指标。对属集体所有的未利用地和已确定给单位或个人使用的国有未利用地，按照调查实物指标纳入补偿概算实物指标；征占用未确定给单位或者个人使用的国有未利用地，不予补偿，其指标也就不纳入补偿概算实物指标了。

3. 各类搬迁补助项目的分析确定

我国大中型水电工程多位于西部高山峡谷地区，同时也是我国社会经济发展较为滞后的地区，水电工程建设普遍面临地处偏远山区或贫困地区、移民人数多、来源集中、移民搬迁距离较远、交通不便等实际情况，因此，水电工程建设征地移民安置补偿费用概算中对各类搬迁补助项目、建房困难补助项目、宗教文化风俗设施处理项目的设立也是与这些实际情况密切相关的。

现行《概算编制规范》中搬迁补助项目主要包括人员搬迁补助、物资设备搬迁运输补助、建房期补助、临时交通设施建设项目等 4 个主要方面。这些补助项目中，有一些补助项目是水电工程特有的，如：① 水电工程移民搬迁距离较远，移民在搬迁过程中会发生食宿费用，同时为保障移民在搬迁过程中的身体健康，在人员搬迁补助中计列了搬迁途中食宿及医疗补助；② 水电工程移民大多数为农村移民，多采取自建住房的方式进行安置，由于水库淹没或工程征地，移民群众大多需要易地搬迁，搬迁距离或近或远，建房期间移民需在原居住地与安置地间至少往返 2 次，并在建房新址会发生一定的临时居住费用，因此，专门设立了建房期补助项目（包括临时居住补助和交通补助）；③ 我国水电工程多位于西部高山峡谷地区，交通基础设施条件薄弱，部分移民建房和搬迁安置过程中需要新建或整修临时道路、桥梁、渡口码头等交通设施，因此，专门设立了临时交通设施建设项目。

我国水电工程所在地区，大多也是我国经济社会发展较为落后的地区，水电工程移民中贫困移民占比普遍较大，在现行《概算编制规范》中专门设立了建房困难户补助项目，旨在对房屋补偿费用不足以修建基本用房的贫困移民给予补助，从而保障和提高贫困移民在搬迁安置后的基本生活质量。基本用房的标准执行各省级人民政府的有关规定。

以云南某流域 M 水电站为例，结合建设征地区实际情况和搬迁安置方式和去向，确定建房期补助费包括临时居住补助费和交通补助费。临时居住补助费按照人均 $15 m^2$ 土木结构房屋考虑，每平方米单价 466 元，经计算临时居住补助费为 6990 元/人。近迁搬迁的交通补助费为 45 元/人，外迁搬迁的交通补助费为 96 元/人。经分析计算，近迁搬迁移民建房期补助费为 7035 元/人，外迁搬迁移民建房期补助费为 7086 元/人。同时，根据省级有关政策文件的规定，结合该工程和上下游梯级电站的实际情况，移民安置其他补助费包括移民建房补助费、建房困难户补助费、移民房屋装修补助费、个体工商户歇业补助费、农村移民沼气池或太阳能补助费、移民室内照明供水设施补助费、农村移民合作医疗补助费、农村无承包耕地五保供养人员生活补助费和义务教育设施增容补助费共计 9 项。

4. 需采取补偿处理的专项设施补偿补助项目的分析确定

实物指标是建设征地处理范围内实物对象的类别、数量、质量、权属和其他属性等指标，是判断建设征地影响程度的直接体现。但正如上文所述，并不是所有进行调查的实物指标都要纳入补偿或处理。

例如：四川省大渡河 S 水电站工程水库完全淹没 A 村，A 村现状的生活供水管道、居民区内部道路和对外连接道路等小型专项设施均为村集体出资修建，经征求移民意愿，A 村移民均选择搬迁至规划的移民居民点集中安置，在移民安置规划方案中已充分考虑了该居民点的场外供水工程、内部道路和对外连接道路规划，能够满足国家有关技术标准的要求和移民使用需要，这些规划的基础设施在建成后将恢复原有小型专项设施的功能，其权属将归属 A 村集体。在这种情况下，原来调查的小型专项设施就不可纳入补偿概算实物指标。在补偿费用概算的项目划分中，将出现规划的居民点内部和外部基础设施工程建设项目，而不再出现现有小型专项设施的补偿项目。

需要注意的是，与之类似的情况要全面综合判断，如果影响的小型专项设施属于个人投资建设，建设征地后没有必要或没有条件迁（复）建，应酌情给予合理补偿。

以 S 水电站为例，根据《S 水电站移民安置规划报告（审定本）》，私人财产中已调查的室内电线、水管等在计算房屋重置价时已纳入房屋单价计算，不再纳入概算实物指标；室外水管、电线、院坝保坎、乡村道路等已在相应基础设施恢复补偿费用中计列，不再纳入概算实物指标。经调查，建设征地范围内的采沙场采沙许可证已于 2009 年停办，采沙场范围内的拦沙墙、采沙场道路、抽沙机等基础设施和设备统一纳入采沙场基础设施补偿和设备拆迁补偿项目中计列。

9.2.2 分析确定价格水平年

价格水平是将一定地区、一定时期某一项商品或服务项目的所有价格用同度量因素（以货币表现的交换价值）加权计算出来的，反映一定地区、一定时期所有这种商品或服务项目综合的平均价格指标。由于价格形成的各种因素经常发生变化，所以价格水平处于经常的变动之中。价格水平是计算和编制工程造价的重要工作基础和影响因素，建设征地移民安置补偿费用概算是水电工程设计概算的重要组成部分，其编制的价格水平应与水电工程设计概算保持协调和统一。因此，建设征地移民安置补偿费用概算采用的价格水平一般与枢纽工程价格水平保持一致。同时，考虑到水电工程建设周期较长，建设期间人工、设备、材料、施工机械将产生价差费，建筑安装工程费及工程建设其他费用调整，利率、汇率调整等也将增加费用，在补偿概算中计列了价差预备费。

现行《概算编制规范》明确规定了建设征地移民安置补偿费用概算价格水平的确定原则和概算的时效，即：建设征地移民安置补偿费用概算，宜按枢纽工程概算编制年相同年份的政策规定和价格水平编制。项目核准前，规划设计有重大变更或核准年与概算编制年相隔 2 年及以上时，应根据核准年的政策和价格水平，重新编制和报批，项目核准后已批准的补偿费用概算需要调整和修改的，应当按照有关规定重新报批。

水电工程建设征地规模普遍较大，经常出现一个项目跨县（区）、跨市（州）甚至跨省、自治区、直辖市的情况，而不同行政辖区的征地补偿政策和各类基础价格水平多少都会有一定的差别。为了便于移民安置实施，同时也是一种符合中国普遍大众"不患寡而患不均"的均化心理，对此类情况下的土地补偿费用单价可采用相应范围内各计算单元单价的加权平均值计列，在实施操作时，更多采用的是"就高不就低"等办法来进行平衡和协调。

9.2.3 编制基础价格和补偿单价

1. 耕地亩产值

耕地亩产值是编制建设征地移民安置补偿费用概算时极为重要的基础价格之一。《中华人民共和国土地管理法》（2004 年 8 月 28 日第二次修订）规定："征收耕地的土地补偿费，为该耕地被征收前三年平均年产值的六至十倍。征收耕地的安置补助费，按照需要安置的农业人口数计算。需要安置的农业人口数，按照被征收的耕地数量除以征地前被征收单位平均每人占有耕地的数量计算。每一个需要安置的农业人口的安置补助费标准，为该耕地被征收前三年平均年产值的四至六倍。"471 号移民条例规定："大中型水利水电工程建设征收耕地的，土地补偿费和安置补助费之和为该耕地被征收前三年平均年产值的 16 倍。"为协调水电工程征地与其他行业部门征地补偿标准一致，2017 年颁布的 679 号移民条例规定："大中型水利水电工程建设征收土地的土地补偿费和安置补助费，实行与铁路等基础设施项目用地同等补偿标准，按照被征收土地所在省、自治区、直辖市规定的标准执行。"而在部分省市公布的征地补偿标准中，补偿倍数结合经济社会发展水平和工作实际综合确定。

在实际情况中，每一块耕地都是独一无二的，不同的耕地，其土壤、光热、水利条件都有一定的差异，农作物品种和产量也会有差别，尽管有时这种差别很微小可以忽略不计，但准确计算被征收耕地前三年平均年产值是难以做到的，因此必须要找到一种方法来计算被征收耕地前三年平均亩产值。从实践经验来看，被征收耕地前三年平均年产值一般采用被征地农村集体经济组织所有耕地前三年平均年产值来替代。这是一种技术处理方法，之所以这样处理，是因为：①我国有系统的统计制度，农村基层组织有农业统计年报、经济年报，通过这些年报可以计算出该农村集体经济组织所有耕地前三年平均年产值；②这些统计数据是公开的、权威的、合法的；③这种方法也符合我国普通大众"不患寡而患不均"的均化心理，移民群众容易接受，也便于实施。

通过大量的项目实践，根据基层统计资料计算设计亩产值时，有全产品法和主要产品法两种方法，全产品法理论上虽然精度较高，但对农村基层统计资料和基础价格收集要求也较高，实际操作性上不如主要产品法。与全产品法相比，主要产品法虽然精度略低，但更适合我国水电工程所在的广大农村基层地区，更具实际操作性。同时为了便于实施，一般情况下，一个水电项目的建设征地区采用一个耕地设计年产值。

以大渡河 S 水电站为例，该项目耕地亩产值的确定过程就充分体现了"就高不就低"的特点。根据《S 水电站移民安置规划报告（审定本）》，依据省级国土主管部门的相关规定，征地统一年产值标准从 2010 年 1 月 1 日起实施，作为征收耕地计算土地补偿费和安置补助费的年产值。S 水电站建设征地涉及 E 县 P 乡、S 镇、Y 乡征地统一年产值为 1330 元/亩，J 区 J 乡、H 乡和 B 镇均为 1450 元/亩。S 水电站上游的 ZTB 水电站，建设征地涉及 L 市 J 区、Y 市 H 县和 L 州 G 县。ZTB 水电站征地年产值标准采用 1659 元/亩。S 水电站工程建设征地移民安置补偿费用概算的耕地亩产值是根据《概算编制规范》和省级国土主管部门的相关规定，并与上游 ZTB 电站的标准相衔接确定为 1659 元/亩。

再以 L 水电站为例，该项目的耕地亩产值就是采用主要产品法计算并确定的。

L 水电站建设征地区位于某江中游河谷地带，属干热河谷区，区内光热资源丰富，土地肥沃，农作物耕作制度多为"一年两熟"或"一年一熟"，农作物品种较为丰富，但是由于建设征地区交通和水利条件不完善，使得农业耕作方式仍停留在较落后的水平。建设征地区大春作物主要有：水稻、玉米、大豆等，小春作物主要有：小麦、豆类、薯类和杂粮（主要为大麦）等。根据工程建设征地区涉及 H 县、G 县和 Y 县农业统计报表和实际调查资料，涉及主要农作物亩产量详见表 9.2－1，农作物种植结构详见表 9.2－2。

表 9.2-1　　　　　　L 水电站建设征地区涉及主要农作物亩产量一览表

序号	农作物类别	单位	数量	序号	农作物类别	单位	数量
1	水稻	kg/亩	601.9	4	玉米	kg/亩	380.9
2	小麦	kg/亩	303.3	5	豆类	kg/亩	184.9
3	大麦	kg/亩	295.3	6	薯类	kg/亩	155.2

表 9.2-2　　　　　　L 水电站建设征地区农作物种植结构一览表

地类	复种指数	农作物种植结构					
		大春作物种类及种植比例		小春作物种类及种植比例			
水田	200%	水稻	100%	小麦	77%	大麦	8%	豆类	15%
旱地	190%	玉米	100%	小麦	70%	薯类	20%		

　　根据工程涉及各县（区）"十一五"规划所确定的粮食发展增长率，结合工程建设征地区实际情况，确定粮食增长率为 2%。以每年 2% 的递增率推算至规划水平年 2011 年的农作物亩产量，作为计算耕地亩产值的产量基础。至规划设计水平年，工程建设征地区涉及主要农作物至规划水平年亩产量详见表 9.2-3。

表 9.2-3　　　　　　L 水电站建设征地涉及主要农作物至规划水平年亩产量

序号	农作物类别	单位	数量	序号	农作物类别	单位	数量
1	水稻	kg/亩	651.5	4	玉米	kg/亩	412.3
2	小麦	kg/亩	328.3	5	豆类	kg/亩	200.1
3	大麦	kg/亩	319.6	6	薯类	kg/亩	168.0

　　根据 2008 年 3 季度省级粮食部门发布的粮食价格，结合工程建设征地涉及 D 州和 L 市的粮食价格水平，按照建设征地区农作物亩产量和种植结构，经计算分析，至规划设计水平年，该工程建设征地区涉及水田和旱地亩产值分别为 2294.13 元和 1359.65 元。LKK 水电站建设征地涉及主要农作物产品价格详见表 9.2-4。

表 9.2-4　　　　　　LKK 水电站建设征地涉及主要农产品价格一览表

序号	农产品	单位	价格	备注
1	水稻	元/kg	2.35	考虑 5% 的副产品
2	小麦	元/kg	2.06	考虑 5% 的副产品
3	大麦	元/kg	2.06	考虑 5% 的副产品
4	玉米	元/kg	2.02	考虑 10% 的副产品
5	豆类	元/kg	6.29	考虑 10% 的副产品
6	薯类	元/kg	1.55	考虑 5% 的副产品

　　自从《关于切实做好征地统一年产值标准和区片综合地价公布实施工作的通知》（国土资发〔2008〕135 号）颁布以来，全国大部分省、自治区、直辖市都陆续公布了征地统一年产值标准和区片综合地价。省、自治区、直辖市人民政府公布并对水电工程建设征地

区执行征地统一年产值标准的，耕地设计亩产值按照相应规定采用征地统一年产值标准。省、自治区、直辖市人民政府公布并对水电工程建设征地区执行征地区片综合地价的，按照省、自治区、直辖市人民政府相应规定计算征地补偿费用。前文中提到的大渡河 S 水电站建设征地涉及的 E 县和 J 区各乡镇的土地亩产值就采用了省级国土部门对征地统一年产值标准的明确规定，在此不再赘述。

2. 房屋补偿单价

《概算编制规范》对房屋补偿费的定义是指在同阶段移民安置规划确定的安置区建设与建设征地影响的等质（结构类型）等量房屋的工程费用。同时规定了一项重要的原则，即房屋遵循"重置成本"的原则计算补偿，拆迁房屋按新建同等结构房屋单价补偿，不考虑原房屋的折旧因素和旧料利用价值，旧料由移民自行处理。房屋补偿单价在房屋建安成本和基本入住条件的基础上，根据不同地域特点还考虑了特色装饰装修和抗震加固等项目。主要步骤包括：① 根据各项目的实物指标成果，列出各类房屋的结构类型，规定各类房屋结构主要结构内容；② 对每一类房屋结构，选择 1 栋或多栋典型房屋，按照新建房屋的要求进行设计，选择的典型房屋应在实物指标中具有广布性和代表性；③ 根据建筑工程造价依据和办法编制典型房屋设计概算，推算相应房屋结构的补偿费用单价，单价包括工程建设其他费用。"重置成本"体现的是房屋按照原规模、原标准的原则计算的价格，不是在安置地确定重新建设原房屋规模和标准的价格。

"重置成本"的原则充分体现了国家对民生，尤其是水库移民群体的高度关注，体现了我国传统的"安居乐业""住房为民生基础"的理念，体现了对国家对移民居住条件的高度重视（首先是居住功能，而不单纯是资产）。试想如不遵循"重置成本"原则，房屋补偿考虑折旧，考虑旧料利用，那么移民搬迁建房很可能就成了"拆旧建旧"，那么移民搬迁安置后，使移民生活达到或者超过原有水平就成了一句空话。

房屋补偿费是对完整房屋结构本身的补偿费用，包含常规房屋基础，必要的水泥地面、墙面抹灰和内墙（天花板）基本粉刷、门窗以及当地房屋的一些普遍特点等（如屋檐滴水等），根据"重置成本"原则分结构类型确定。房屋补偿费用单价计算执行国家关于建设项目的建筑安装工程费用计算的规定。2009 年以后，水电工程建设征地移民安置补偿费用概算中的房屋补偿费用就要求严格按《建筑安装工程费用项目组成及计算》（建标〔2003〕206 号）、《建设工程工程量清单计价规范》（GB 50500）编制，包括了房屋的建筑安装工程费用和其他费用。可以使用定额计价依据编制概预算的钢筋混凝土结构、混合结构等结构房屋的基础价格，按照当地工程建设管理部门颁发的计价依据中相关基础价格的规定编制。在此基础上，在建设征地区选取同类结构中有代表性的房屋（可以是多栋），计算典型房屋工程量，按照房屋概算要求编制房屋总造价，房屋总造价除以相应房屋的建筑面积，就是该结构房屋的补偿单价。

房屋造价应包括土建工程费用、安装工程费用和其他费用。土建工程应包括地基基础工程、墙体砌筑工程、楼地面工程、屋面及防水工程、门窗工程、内外装饰工程；安装工程主要包括电气安装工程、给排水安装工程，在北方地区应考虑，结合当地取暖的设计，计算相应的费用；其他费用包括设计费，监理费、管理费等，按照安置区省级相关规定计算。计算房屋补偿费还需要注意的是：①要区分纳入房屋补偿单价的项目和纳入房屋装修的项目，在房屋补偿单价中已经计算费用的，不能作为房屋装修项目补偿重复计算费用；②要衔接好实物指标调查的相应规定，计算房屋补偿单价时的项目，应与同一结构房屋补偿单价计算时的项目内容一致。

以云南省 LC 流域 MW 水电站为例，根据《MW 水电站移民安置规划报告（审定本）》，该项目建设征地涉及拆迁各类房屋的补偿单价均按当地各类房屋的重置成本予以计算。

测算房屋单价时，在建设征地区选取各类结构有代表性的房屋，现场调查房屋结构、尺寸及室内水电等内部设施，勾绘房屋草图，通过内业工作还原典型房屋设计图纸，根据典型房屋设计图纸计算出各种工程量。各类房屋重置单价编制是依据是 2003 年《Y 省建筑工程量消耗量定额》《Y 省建设工程造价计价规则》等的相关规定，以当地 2011 年四季度主要建材价格信息，分析计算各类房屋重置单价。

（1）人工和主要建材综合价格。根据《Y 省建筑工程量消耗量定额》及相关文件的规定，计算确定人口工日预算价格为：53.23 元/工日。材料预算价格按 D 州和 N 市 2011 年四季度建材价格信息，并按规定计取包装费、运杂费、运输保险费、采购及保管费等。主要建筑材料预算价格见表 9.2-5。

表 9.2-5　　　　　　　　　　　　主要建筑材料预算价格表

序号	材料名称、规格、型号	单　位	单价/元
1	钢筋 ϕ10 以内	t	5691.15
2	矿渣硅酸盐水泥 P·S42.5（混凝土用）	t	649.82
3	矿渣硅酸盐水泥 P·S32.5（混凝土用）	t	613.67
4	普通黏土砖	千块	350
5	山　砂	m³	70
6	细　砂	m³	70
7	砌筑用砂	m³	70
8	抹灰用砂	m³	70
9	碎　石	m³	55
10	铝合金推拉窗	m²	233.2
11	氯化聚乙烯—橡胶共混卷材	m²	21
12	墙面砖 150mm×75mm	m²	30
13	汽　油	kg	9.83
14	柴油 0 号	kg	8.93
15	水	m³	0.80
16	电	kW·h	0.86

（2）费用构成。根据《Y 省建筑工程量消耗量定额》（2003 年）的相关规定，结合库区房屋结构特性，该工程房屋重置总造价包括分部分项工程费、抗震工程费、措施项目

费、规费和税金。

分部分项工程费根据各类结构房屋分部分项工程对应的工程量和综合单价进行计算。

针对砖土木和土木结构的房屋,增加抗震工程费,按照分部分项工程费的 10% 计列。

措施项目费是根据不同的房屋结构类型,由安全防护费、文明施工措施费用、混凝土、钢筋混凝土模板及支架费用、脚手架费用和其他费用组成,各项组成费用根据工程量和综合单价进行计算。

规费由社会保障及劳动保险费和意外伤害保险费用组成,社会保障及劳动保险费采用各类结构房屋定额人工费×社保费率进行计算,意外伤害保险费用采用分部分项工程费和措施项目费之和的 0.2% 计算。

税金根据分部分项工程费、措施项目费和规费之和的 3.25% 计算。

经测算,各类框架结构房屋补偿标准为 989 元/m²,框架结构房屋工程量计价表详见表 9.2-6。

表 9.2-6　　　　　　　　　　框架结构房屋工程量计价表

序号	定额编号	项目名称	单位	工程量	金额/元	
					综合单价	合价
一		分部分项工程				
1	01010004 01010060	挖基础土方	m³	150.32	10.89	1637.0
2	01010022	基础土石方回填	m³	110.88	20.86	2313.0
3	01010021	室内土石方回填	m³	37.382	16.89	631.4
4	01030001	直形砖基础	m³	12.36	320.86	3965.8
5	01030007	1/2 砖厚实心砖直形墙	m³	4.1	370.46	1518.9
6	01030009	1 砖厚实心砖直形墙	m³	71.36	347.28	24781.9
7	01080017	基础垫层 C10	m³	5.6	380.56	2131.1
8	01040007 换	钢筋混凝土独立基础	m³	13.83	399.04	5518.7
9	01040026 换	现浇混凝土矩形柱	m³	21.02	492.44	10351.1
10	01040032 换	现浇混凝土基础梁	m³	5.83	456.39	2660.8
11	01040037	现浇混凝土过梁	m³	3.6	510.7	1838.5
12	01040042 换	现浇混凝土直形墙	m³	2.56	489.52	1253.2
13	01040045 换	厚度 10cm 以内现浇混凝土有梁板	m³	40.15	444.2	17834.6
14	01040046 换	厚度 10cm 以外现浇混凝土有梁板	m³	6.78	443.18	3004.8
15	01040060 换	现浇混凝土挑檐板	m³	3.6	528.29	1901.8
16	01040053 换	现浇混凝土直形楼梯(板式)	m²	14.16	102.38	1449.7
17	01080036 01080038 01080005	现浇混凝土散水	m²	16.8	104.9	1762.3

续表

序号	定额编号	项目名称	单位	工程量	综合单价	合价
					金额/元	
18	01110093	现浇混凝土地沟	m	20	300.45	6009.0
19	01040202	现浇混凝土钢筋 φ10（圆钢）	t	6.2	7241.77	44899.0
20	01040204	现浇混凝土钢筋（带肋钢）	t	7.0	6570.07	45990.5
21	02010106 01080005 01080012	水泥砂浆楼地面	m²	83.07	85.91	7136.5
22	02010114	水泥砂浆踢脚线	m²	253.91	37.66	9562.3
23	02010108	水泥砂浆楼梯面	m²	14.16	59.53	842.9
24	02020012	砖墙面一般抹灰外墙水泥砂浆	m²	289.94	17.8	5160.9
25	02020024	砖墙面一般抹灰内墙混合砂浆	m²	658.88	15.1	9949.1
26	02030003	混凝土天棚抹灰	m²	275.34	15.63	4303.6
27	02040056	普通钢门	m²	22.5	296	6660.0
28	02040096	铝合金推拉窗	m²	43.95	280.22	12315.7
29	03020263	嵌入式配电箱	台	1	1006.19	1006.2
30	03021385	吸顶灯	套	15	137.87	2068.1
31	03021670	小电器 插座	个（套）	15	26.61	399.2
32	03021172	管内穿线 BV2.5	m	450	3.17	1426.5
33	03021009	钢管敷设 SC20	m	150	17.1	2565.0
34	03021212	管内穿线 HYBV2×0.5	m	50	2.8	140.0
35	03021010	钢管敷设 SC25	m	100	23.89	2389.0
36	03080265 03080230	塑料管 PP－R管 DN15	m	40	15.01	600.4
37	03080265 03080230	塑料管 PP－R管 DN20	m	20	17.13	342.6
38	03080155 03062971	塑料管 PVC管 DN50	m	35	20.75	726.3
39	03080505	地漏	个	3	21.01	63.0
40	03080299	螺纹阀门 截止阀 DN15	个	1	31.66	31.7
41	03080300	螺纹阀门 截止阀 DN20	个	3	35.79	107.4
42	03080301	螺纹阀门 截止阀 DN25	个	3	44.65	134.0
43	03080301	螺纹阀门 止回阀 DN25	个	2	49.66	99.3
45	03080416	旋翼式水表	组	1	222.27	222.3
分部分项工程费合计						249705.1

续表

序号	定额编号	项目名称	单位	工程量	金额/元	
					综合单价	合价
二		措施项目费				19970.5
三		规费				12481.6
		社会保障及劳动保险费				11880.7
		意外伤害保险费用				539.2
四		税金				9167.7
		合计				291251.5
		典型房建筑面积	m²			294.3
		房屋单价	元/m²			989

3. 工程建设费用基础价格和单价

水电工程建设征地移民安置补偿费用概算中的工程建设费用，包括农村居民点基础设施工程费用、城市集镇新址基础设施工程费用及专业项目迁复建工程费用。这些工程费用的基础价格，包括人工预算单价、材料预算价格、施工机械使用费等。由于这些移民工程项目基本都在一个或有限的几个邻近行政辖区内，在编制不同的移民工程概算时，应尽量将这些基础价格协调一致。

对每一项独立的单项工程，应按照相应行业和工程所在地省级相应行业的规定编制工程单价，计算相应概算，没有规定的，参照水电行业规定编制单价并计算概算。

部分项目的概算编制中有涉及两省的情况，不同行业及各省对部分专项复建工程的设计概算编制均有其相应的编制办法及配套定额，在编制水电工程补偿费用概算文件时，应尽可能协调这些编制办法及配套定额。对部分位于建设征地处理范围以外的移民工程项目占地，要求其涉及的补偿补助标准与建设征地处理范围内保持一致，并尽可能和当地工程项目的征地补偿补助标准相衔接，尽可能避免出现无法按概算计列的补偿补助标准实施的情况。

9.2.4　企业处理补偿

企业处理补偿一直以来都是水电工程建设征地移民安置实施工作的焦点，也是技术难点。移民条例规定："工矿企业的迁建，应当符合国家的产业政策，结合技术改造和结构调整进行；对技术落后、浪费资源、产品质量低劣、污染严重、不具备安全生产条件的企业，应当依法关闭"。

"07规范"规定：对需要迁建的企业单位应按原规模、原标准或者恢复原有生产能力的原则，进行迁建处理；对于不需迁建或难以迁建的企业单位，应根据淹没影响的具体情况，给予合理补偿；国家政策规定不允许建设的企业，按现状给予适当补偿。从大量项目实践来看，企业处理方式一般有防护处理、迁建补偿和货币补偿三类。具备防护处理条件的企业，在技术可行、经济合理的前提下可优先采取防护工程处理方式，另外两种处理方式都涉及对企业的补偿处理。

对于采用迁建方案的企业单位，其迁建补偿费用＝基础设施规划费用＋普通房屋及附属设施补偿费＋专业主厂房重置费用＋构筑物部分重置费用＋不可搬迁设备的重置费＋可搬迁设备的拆迁损失费、搬迁运输和安装调试费＋联合试运转费＋存货资产的搬迁运输费＋停产损失＋人员搬迁补助＋其他费用。

对于采取货币补偿的企业单位，其货币补偿的费用＝基础设施补偿费用＋普通房屋及附属设施补偿费＋专业主厂房补偿费用＋构筑物部分补偿费用＋机器设备的补偿费用＋存货资产的补偿费用＋人员搬迁补助＋其他费用。

1. 基础设施费用

迁往城市或集镇的企业单位的征地费、场地平整费和水电路等基础设施费用，在城镇迁建总体规划中统筹考虑，其费用计入城镇基础设施费用。在城镇以外独立迁建的企业单位的征地费和基础设施费用，进行了迁建新址规划设计的企业单位按规划设计成果计算，未进行的根据企业单位现有的占地面积，按城镇或农村居民点的单位面积基础设施费用计算。

货币补偿企业单位的征地费和基础设施费用，根据企业单位现有的占地面积，按城镇或农村居民点的单位面积基础设施费用计算。

（1）征地费用。随城市集镇迁建企业单位的征地费用，在城市居民点或集镇迁建总体规划中统筹考虑，不单独计列；货币补偿、独立选址迁建、自行迁建企业单位的征地费用，根据实物指标调查成果和移民安置规划设计成果得出的单位面积综合征地费进行计算。征地费包含征地费、青苗补偿费、林木补偿费和建构筑物拆迁补偿费等补偿项目以及耕地占用税、耕地开垦费和森林植被恢复费等相关费用。

以 BHT 工程为例，选取 15 个农村居民点占地面积统计情况，其中耕地占 23.38%，园地占 65.51%，林地占 2.22%，草地占 0.76%，农村道路 3.16%，养殖水面占 1.81%，可调整坑塘水面占 0.08%，沟渠占 0.36%，空闲地占 1.36%，其他土地占 1.36%。按土地分类计算征地费，测算地面上青苗费、林木补偿费和建构筑物拆迁补偿费，确定 BHT 工程企业单位的征地费为 6.86 万元/亩。独立选址迁建企业单位综合征地费中还需考虑耕地占用税、耕地开垦费和森林植被恢复费等相关费用 1.24 万元/亩。

（2）基础设施补偿费用。基础设施补偿费用包括场平工程费用以及企事业单位内部的交通、供电、给排水等项目的建设费用。

以 BHT 工程为例，选取 15 个农村居民点进行分析，确定场平工程、道路工程、电力工程、给排水工程等项目的建设费用。经加权平均计算，BHT 工程企业单位规划设计场内基础设施费为 23.64 万元/亩（其中，场平工程费 12.81 万元/亩，道路工程 1.83 万元/亩，给水工程 1.86 万元/亩，排水工程 3.38 万元/亩，电力工程 1.24 万元/亩，其他费用 2.52 万元/亩）。

2. 普通房屋及附属设施补偿费

普通房屋及附属设施补偿费一般按照全库统一的普通房屋及附属设施补偿单价计算。

3. 专业主厂房补偿费用

专业主厂房补偿费用按重置价计列。专业主厂房的重置价由建筑安装工程费和工程其他费用组成，其中建筑安装工程费包括建筑与装饰工程、安装工程两部分，每部分均采用全费用单价模式计价，全费用单价包括人工费、材料费、机械费、企业管理费、利润、组织措施项目费、规费和税金；工程其他费包括勘察设计费、建设单位管理费、工程监理费和施工图审查费。

4. 构筑物部分补偿费

企业单位特有的构筑物的补偿费用按重置价计列。构筑物的重置价由建筑安装工程费和工程其他费组成。对于企业内部为生产服务的构筑物，已纳入实物指标调查范围内的普通构筑物，其补偿费用按照全库统一的补偿单价计算。

5. 设备处理费

规划迁建企业的设备处理费包括不可搬迁设备的重置费、可搬迁设备的拆卸损失费、搬迁运输和安装调试费及联合试运转费等。其中：

对于需要安装的可搬迁设备，其补偿费用＝拆卸费＋拆卸损失费＋运杂费＋安装调试费。

对于不可搬迁设备，其补偿费用＝重置价格－设备变现价值＋设备变现费用。

货币补偿企业的设备处理费＝设备的重置价格×成新率－设备变现价值＋设备变现费用。

（1）设备重置价格。设备重置价格是指重新购置该设备，使之达到正常使用状态所发生的相关成本费用。按照设备的取得来源，可分为外购设备和自制设备。

1）外购设备重置全价。外购设备重置全价包括设备购置价、运杂费、安装调试费和其他费用。

设备购置价原则上采用向生产厂家直接询价；或查询国内近期发行的各种价格资料，如《机电产品报价手册》等。

运杂费以设备购置价为基础，按照《机械工业建设项目概算编制办法及各项概算指标》确定的相关参考指标。

安装调试费在现场勘察情况的基础上，根据设备特点和安装难易程度，结合设备安装工程定额标准综合分析确定。

其他费用包括大中型设备必要的建设单位管理费、勘察设计费、工程监理费、联合试运转费等。

2）自制设备重置全价的确定方法。自制设备重置全价包括设备的制造成本（含料工及制造费用）、应分摊的期间费用、安装调试费、其他费用和一定比例的合理利润。

（2）设备成新率。设备成新率一般采用年限法进行计算：即成新率＝（设备总使用年限－设备已使用年限）/设备总使用年限。根据《资产评估操作规范意见（试行）》的相关规定，对基本上能正常使用的机器设备，成新率按不低于15％处理。

（3）安装调试费。安装调试费＝设备购置价×安装费率。安装调试费是指重新进行安装和调试的费用，由于搬迁设备都为已经过正常生产运行的设备，与新购设备的全面调试有所不同，实质是安装与复原工作，应根据勘察实际情况及经验，综合考虑安装复杂程度、安装所需材料费用、安装所需机具费用等因素以确定其取费率。

（4）拆卸费。拆卸费＝设备的安装调试费×拆卸费率。可根据《机械工业建设项目概算编制办法及各项概算指标》的相关规定，确定拆卸费率。

（5）拆卸损失费。拆卸损失费＝设备购置价×拆迁损失费率。在设备拆卸过程中有发生拆卸损失和不发生拆卸损失两种情况，且不同机器设备发生拆卸损失的程度也各不相同。因此，根据设备的实际磨损情况、拆卸搬迁运输的过程中可能对设备本身造成的损失，以及在其重新安装投入使用时需要进行修理、维修、检修或大修才能恢复其原有功能所发生的损失费来确定拆卸损失费率。

以 BHT 工程为例，调查的企业单位中大部分设备基础没有单独调查，对带有设备基础且未单独调查的机器设备，拆卸损失费按设备购置价的 8％计列；对不带设备基础或设备基础单独调查的机器设备，拆卸损失费按设备购置价的 5％计列。对不发生拆卸损失的机器设备，不计列拆卸损失费。

（6）运杂费。运杂费是指设备由当前生产经营场地搬迁到迁建新址发生的搬迁运输费用。可参照《资产评估常用方法与参数手册》中关于国内机器设备运输费用的规定，确定设备运杂费计列标准。

（7）变现价值。变现价值＝设备价值×变现率。其中，货币补偿设备价值按设备现值计取，不可搬迁设备价值按重置价格计取，根据设备的适用性和变现难易程度，可按通用设备、专用设备、非标设备及零部件三大类分析确定。

以 BHT 工程为例，通用设备的变现率按 40％计取，专用设备的变现率按 30％计取，自制非标设备的变现率按 25％计取。

（8）变现费用。设备变现费用是使机器设备变现而发生的全部费用，包括资产拆除费用，按出售需要进行整理、装修和包装的费用，运输费用和销售费用。变现费用＝设备价值×变现费率。其中，货币补偿设备价值按设备现值计取，不可搬迁设备价值按重置价格计取。根据设备变现成本分析确定变现费率。

6. 存货资产补偿费用

对于规划迁建企业的存货资产，补偿其搬迁运输费用，包括装卸费用、运输费用、其他费用（基本包装费用、合理运输损耗、运输保险费用等）。

规划迁建企业的存货资产补偿费＝基本运费＋装卸费＋基本包装费用＋合理运输损耗＋运输保险费。

对于货币补偿企业的存货资产，其补偿费用＝账面成本价（或评估值）－变现价值＋变现费用。对报废或完全丧失使用价值的存货资产不进行补偿。

（1）变现价值。变现价值＝账面成本价（或现值）×变现率。产成品、在产品、原材料、燃料、包装物的变现价值以账面成本价为基础，低值易耗品的变现费用以其现值（低值易耗品现值＝账目成本价×成新率）为基础，根据存货资产的性质、类型和成新率的分析确定。

以 BHT 工程为例，钢材的变现率按 100％考虑；砂石、日用商品等通用性较强、需求量大、易变现的存货变现率按 60％～80％考虑；通用性较差、不易变现的存货变现率按 30％计取。低值易耗品的变现率统一按照 40％计取。

（2）变现费用。变现费用＝账面成本价（或现值）×变现费率。产成品、在产品、原材料、燃料、包装物的变现费用以账面成本价为基础，低值易耗品的变现费用以其现值为基础，根据存货资产变现成本的分析确定。

（3）运杂费。运杂费是指存货资产由当前生产经营场地搬迁到迁建新址发生的搬迁运输费用，包括基本运费、装卸费、基本包装费、合理运输损耗费、运输保险费。其中：

1）基本运费＝（重量×吨千米基本运价）×运输距离。

2）装卸费用＝重量×（每吨货物上车费＋每吨货物下车费）。

3）基本包装费用＝数量×基本包装费率。

4）合理运输损耗费用＝账面成本价(或评估现值)×损耗费率。

5）运输保险费用＝账面成本价(或评估现值)×保险费率。

各项费用结合工程实际分析确定。

7. 停产停业损失

规划迁建企业的停产停业损失根据不同企业单位的停产、停工时间分别确定。综合考虑企业单位性质、生产经营情况及处理方案计算停产停业损失费用。停产停业损失主要包括职工工资和职工福利费、社会保险费、住房公积金、职工教育经费、工会经费、水电费、办公费、低值易耗品摊销、待摊费用摊销、银行贷款利息支出、净利润损失及可搬迁设备折旧费等。其计算方法为：

1）职工工资根据经审核确认财务资料中的应付工资计列；如未能提供财务资料的，以实物指标调查成果登记的正式职工人数，结合当地发布的月最低工资标准综合分析确定。

2）职工福利费、职工教育经费根据经审核确认财务资料中的职工福利费、职工教育经费计列，如未能提供财务资料的，不计列职工福利费和职工教育经费。

3）社会保险费、住房公积金根据经审核确认财务资料中的五险一金计列，如未能提供财务资料的，不计列住房公积金，社会保险费可参照当地社会保障管理部门的相关规定计列。

4）工会经费根据经审核确认财务资料中的工会经费计列，如未能提供财务资料的，结合职工工资分析确定。

5）水电费、办公费、低值易耗品摊销、待摊费用摊销等根据经审核确认财务资料中的管理费用计列，如未能提供财务资料的，不计列上述管理费用。

6）银行贷款利息支出以贷款合同为基础，以实际支出的贷款利息计列，没有贷款的不计列银行贷款利息支出。

7）净利润损失根据经审核确认财务资料中的净利润计列，如企业没有交纳所得税，不计列净利润损失。

可搬迁设备折旧费以实物指标调查成果登记的可搬迁机器设备为基础，综合分析后计列。

货币补偿企业单位不考虑停产停业损失。

8. 人员搬迁补助

人员搬迁补助对企业单位职工搬迁过程中发生的物资搬迁、交通运输等相关费用，其以实物指标调查确认的职工人数为基础，可参照库区搬迁补助费标准进行计算。

9. 其他费用

其他费用包括迁建企业单位在迁建过程中发生的水土保持咨询服务费、环境影响评价费、安全评价费、地质灾害危险性评估费，以及迁建企业单位环境保护和水土保持工程费等相关费用。

（1）水土保持咨询服务费：包括水土保持方案编制费、水土保持监测费、水土保持设施竣工验收技术评估报告编制费、水土保持技术文件技术咨询服务费等项目。水土保持各项费用根据《关于开发建设项目水土保持咨询服务费用计列的指导意见》（水保监〔2005〕22号）、《水土保持生态环境监测网络管理办法》（水利部令第12号）、《水土保持监测技术规范》（SL 277—2002）、《开发建设项目水土保持设施验收管理办法》（水利部令第16号）、《国家发展改革委办公厅、建设部办公厅关于印发修订建设监理与咨询服务收费标准的工作方案的通知》（发改办价格〔2005〕632号）等规定进行计列。

（2）环境影响评价费：包括环境影响报告书编制费、环境影响报告书评估费、环境影响报告表编制费、环境影响报告表评估费。依据《国家计委、国家环境保护总局关于规范环境影响咨询收费有关问题的通知》（计价格〔2002〕125号）、《建设项目环境影响评价分类管理名录》等相关规定，结合环境保护行业要求，计列环境影响报告书（表）的编制和评估费用。

（3）安全评价费：包括预评价费、验收评价费和安全专篇评价费。参考当地的相关行业规定，按照工程项目投资规模计取安全评价费用。

（4）地质灾害危险性评估费：根据《地质灾害危险性评估收费管理办法》（发改价格〔2006〕745号）的收费标准，结合工程的实际情况，确定地质灾害评估基本收费、工程规模调整系数、工程类别调整系数等参数。

（5）环境保护和水土保持工程费：根据企业迁建规划所需的环境保护和水土保持工程费用计列。

其他费用根据国家和地方行业规定，按照原规模、原标准和恢复原有生产工艺、生产原有产品的原则计列。对企业单位迁建后扩大规模、改变工艺增加的费用由企业单位自行承担。

按照常规的企业迁建补偿处理和企业货币补偿处理思路，企业迁建补偿处理项目和费用具体见表9.2-7，企业货币补偿处理项目和费用具体见表9.2-8，两种处理方式补偿费用对比分析情况见表9.2-9。

表9.2-7　　　　　　　　　　企业迁建补偿处理项目和费用一览表

序号	项目划分	说明	费用构成	说明
1	新址场地准备		征地费用	1. 迁往城市或集镇的企业，征地费用及基础设施费在城镇迁建总体规划中统筹考虑； 2. 进行了迁建新址规划设计的独立迁建的企业按规划设计成果计列征地费用及基础设施费；
2	新址基础设施		基础设施费	3. 未进行迁建新址规划设计的独立迁建的企业根据现有占地面积，按城镇或农村居民点的单位面积基础设施费用计算

续表

序号	项目划分	说明	费用构成	说　　明
3	普通房屋及附属建筑物拆迁		普通房屋及附属建筑物补偿费	建设征地区统一补偿标准
4	专业厂房处理		专业厂房补偿费	重置费用
5	专业构筑物处理		专业构筑物补偿费	重置费用
6	设备处理	包括不可搬迁设备处理和可搬迁设备处理	设备处理补偿费	不可搬迁设备的重置费用，可搬迁设备的拆迁损失费、搬迁运输费和安装调试费、联合试运转费
7	存货处理	包括存货装卸、运输和损失	存货处理补偿费	存货资产的装卸费、运输费、损失费、其他费用
8	停产停业损失		停产停业损失补偿费	
9	人员搬迁补助		人员搬迁补助费	
10	零星树木处理		零星树木补偿费	
11	其他		其他费用	

表 9.2-8　　　　　　　　　企业货币补偿处理项目和费用一览表

序号	项目划分	说　　明	费用构成	说　　明
1	土地处理		征收/征用土地补偿费用	原址
2	基础设施处理		基础设施补偿费	按城镇或居民点的单位面积基础设施费用计算
3	普通房屋及附属建筑物拆迁		普通房屋及附属建筑物补偿费	建设征地区统一补偿标准
4	专业厂房处理		专业厂房补偿费	重置费用
5	专业构筑物处理		专业构筑物补偿费	重置费用
6	设备处理		设备处理补偿费①	
7	存货处理	报废或完全丧失使用价值的存货资产不进行补偿	存货处理补偿费②	
8	人员搬迁补助		人员搬迁补助费	员工安置由原企业单位负责
9	零星树木处理		零星树木补偿费	
10	其他		其他费用	

注　1. 货币补偿费用不宜高于采用收益法计算的剩余生产经营年限的收入折现值。
　　2. 货币补偿费用不宜低于安置正式职工的最低费用，无形资产不进行补偿。
　　①设备的货币补偿费用＝设备现值－设备变现价值＋设备变现费用。
　　②存货资产的货币补偿费用＝账面成本价（或现值）－变现价值＋变现发生的费用。

表 9.2－9　　　　　　　企业迁建补偿费用和企业货币补偿费用对比分析表

序号	企业迁建补偿处理费用		企业货币补偿处理费用		对比分析
	费用构成	说明	费用构成	说明	
1	新址场地准备费	新址（规划设计）/原址（未规划设计）	征收/征用土地补偿费用	原址	迁建处理：补建结合补拆；货币补偿：补拆
2	新址基础设施建设费	新址（规划设计）/按城镇或居民点的单位面积基础设施费用计算（未规划设计）	基础设施补偿费	按城镇或居民点的单位面积基础设施费用计算	
3	普通房屋及附属建筑物补偿费	建设征地区统一价格	普通房屋及附属建筑物补偿费	建设征地区统一价格	处理方式一致
4	专业厂房补偿费	重置费用	专业厂房补偿费	重置费用	
5	专业构筑物补偿费	重置费用	专业构筑物补偿费	重置费用	
6	设备处理补偿费	不可搬迁设备的重置费用，可搬迁设备的拆迁损失费、搬迁运输费和安装调试费、联合试运转费	设备处理补偿费	存货资产的货币补偿费用＝账面成本价（或现值）－变现价值＋变现发生的费用	迁建处理：从恢复生产的角度考虑，能搬则搬，不能搬的重置；货币补偿：变现
7	存货处理补偿费	存货资产的装卸费、运输费、损失费、其他费用	存货处理补偿费	设备的货币补偿费用＝设备现值－设备变现价值＋设备变现费用	迁建处理：从恢复生产的角度考虑，尽量继续使用；货币补偿：变现
8	停产停工损失补偿费				迁建处理：考虑停产停工损失补偿；货币补偿：不考虑停产停业补偿
9	人员搬迁补助费		人员搬迁补助费		两种方式均考虑人员搬迁补助；货币补偿：员工安置由原企业单位负责
10	零星树木补偿费	建设征地区统一价格	零星树木补偿费	建设征地区统一价格	处理方式一致
11	其他费用		其他费用		酌情

10. 企业补偿评估与资产评估的异同

资产评估，即资产价值形态的评估，是指专门的机构或专门评估人员，遵循法定或公允的标准和程序，运用科学的方法，以货币作为计算权益的统一尺度，对在一定时间点上的资产进行评定估算的行为。

我国水电工程建设征地企业补偿处理中，借鉴了资产评估的理论和方法，形成了一套企业补偿评估方法。水电工程建设征地企业补偿评估是指以水库淹没调查的实物指标为基础，以"三原"原则为前提，对受淹资产的性质、性能、特征进行现场勘查、鉴定，对受淹资产进行评定，运用重置成本评估方法，估算其价格和有关费用，为计算确定企业处理补偿费用提供基础资料。但由于水电工程建设征地的特殊性，企业补偿评估与资产评估在评估目的、程序、范围、方法等方面均存在较大差异。

1) 评估目的不同。评估目的直接决定和制约评估价值类型和方法的选择，因评估目的不同，评估价值也会存在较大的差异。企业补偿评估的目的是为计算确定企业淹没处理补偿费用提供基础资料，即确定评估对象的合理补偿价值，是一项特殊的资产评估业务。不同于资产评估目的的多样性，补偿评估的目的具有确定性。

2) 评估的范围和对象不同。资产评估的范围和对象，根据委托方的委托，可包括机器设备、房地产、资源型资产、无形资产、长期投资性资产、流动资产等各类资产。

企业补偿评估需考虑与库区统一规划的衔接、移民相关政策规定等因素，补偿评估对象具有确定性。补偿评估的范围和对象包括建设征地涉及企业所有的或依法长期占有的实物形态的资产及迁建企业的停产停业损失，实物形态的资产包括设施设备、具有实物形态的流动资产、大型专业主厂房等。企业的普通房屋及构筑物、废置的资产、机动车辆、土地矿产资源、无形资产及需要进行规划设计的项目，不纳入评估范围。

3) 评估基准日不同。不同于资产评估评估基准日的提法，企业补偿评估分别采用实物指标核查基准日和价格水平年，其中实物指标核查的基准日采用库区"封库令"下达时间，补偿评估的价格水平年应与移民安置规划报告的水平年保持一致。

4) 评估方法不同。企业补偿评估以重置成本法为主，并优先选择更新重置成本。资产评估的方法包括收益现值法、重置成本法、现行市价法、清算价格法等。

9.2.5　与其他行业标准、定额的协调

我国目前工程建设征地主要包括交通运输工程、城市改扩建、水利水电工程等的征地。其中交通运输工程征占用土地以线状征地和点状征地为主，如公路、铁路建设征地为线状征地，机场建设征地为点状征地。我国关于交通运输工程征地的法律法规主要包括《中华人民共和国土地管理法》《中华人民共和国土地管理法实施条例》，对于建设征地没有对应的规程规范。在实施过程中，地方政府根据实际情况制定其行政区划的政策。城市改扩建征占用土地以点状征地为主，如新区建设征地、工业园区建设征地等。城市改扩建建设征地除上述法律法规，原国土资源部陆续出台了相应的政策规定。水利水电工程征占用土地以面状征地为主，征占用土地面积较大，影响涉及实物量多。对此 2017 年国务院颁发 679 号移民条例。针对水电工程，国家发展和改革委员会制定了"07 规范"等多项规范；针对水利工程，水利部制定了《水利水电工程建设征地移民安置规划设计规范》（SL 290—2009）等多项规范。

现行《概算编制规范》规定：基础设施、专业项目等移民安置建设项目概算的编制，

按照项目的类型、规模和所属行业，执行相应行业的概算编制办法和规定。建设项目无法纳入具体行业的或没有行业规定的，执行水电或水利工程概算编制办法。

这项规定明确了基础设施、专业项目等移民安置建设项目概算编制的原则和依据，对专业项目等工程建设费用进行了具体规定：①项目划分和费用构成执行相应行业标准；②在专业项目补偿概算项目中，不包括预备费、建设期贷款利息，在其他费用中，科研勘察设计费只计列初步设计阶段以后的勘测设计费用。各移民工程根据相应行业的概算编制办法计算工程费用与工程建设其他费用并纳入专业项目补偿概算，其预备费根据概算编制办法计算并汇入总概算预备费。

环境保护和水土保持费用根据对应项目纳入总概算，一般专业项目环境保护和水土保持费用在各专业项目概算中计列，移民安置环境保护和水土保持费用纳入总概算的环境保护和水土保持投资，其预备费汇入总概算预备费。

以 SP 水电站为例，ZP 供水工程的总概算为 284.34 万元，其中工程费用 225.37 万元，工程建设其他费用 45.67 万元，预备费 13.30 万元。ZP 供水工程的工程费用与工程建设其他费用共计 271.04 万元纳入总概算的专业项目处理补偿费，ZP 供水工程的预备费 13.30 万元纳入总概算预备费。

以 SP 水电站为例，建设征地移民安置环境保护措施费用概算为 37.29 万元，其中移民安置环保投资 7.87 万元（含基本预备费 0.44 万元），专项设施复建环保投资 29.42 万元（含基本预备费 1.67 万元）。其中专业项目环保投资在各专业项目概算中计列；移民安置环保投资 7.87 万元纳入总概算，移民安置环保投资（不含基本预备费）7.43 万元纳入总概算的环境保护费用，移民安置环保投资预备费纳入 0.44 万元总概算预备费。

9.2.6 独立费用编制

对于水电工程来说，建设征地移民安置补偿费用概算是水电工程设计概算的重要组成部分，但对移民安置工作来说，又是相对独立的概算，需要完整地反映建设征地移民安置有关费用。所以建设征地移民安置补偿费用概算也有独立费用。

独立费用项目的设立，是从大量的、长期的工程项目和移民安置工作实践中分析、总结后提出并明确的，设立这些独立费用项目的目的都是为了保障移民安置工作的顺利开展，不断推动和促进移民安置工作。近年来，随着我国经济社会的不断发展，移民群众以及移民安置实施各相关方的利益诉求日趋多元化，移民安置工作往往是矛盾比较突出、沟通时间长、协调难度大。因此，对于移民安置实施各方来说，独立费用的重要性不言而喻。

具体各项独立费用（不包括其他税费）的计算基础、费率、管理使用机构、使用阶段见表 9.2-10。

水电工程概算独立费用包括项目建设管理费、生产准备费、科研勘察设计费及其他税费。其中，建设征地移民安置补偿费用概算独立费用包括的项目建设管理费、移民安置实施阶段科研和综合设计费以及其他税费等，分别纳入了水电工程概算独立费用的项目建设管理费及其他税费，其对应关系见表 9.2-11。

表9.2-10　独立费用（不包括其他税费）计列、管理使用规定、费率取用原则一览表

一级项目	二级项目	三级项目	计算基础	费率	管理使用机构	使用阶段	费率取用原则
项目建设管理费	建设单位管理费			0.5%~1%	项目法人	可行性研究阶段、实施阶段	工程规模大、搬迁数量少的项目，该项费率可取下限；涉及行政区域多，协调难度大的项目，该项费率可取上限
	移民安置规划配合工作费		建设征地移民安置补偿项目费用	0.5%~1%	地方政府	可行性研究阶段	涉及行政区域单一，协调难度小的项目，该项费率可取下限；涉及区域多，协调难度大的项目，该项费率可取上限
	建设征地移民安置管理费	实施管理费		3%~4%	各级地方移民机构	实施阶段	符合工程规模大、搬迁数量少的项目，该项费率可取下限；涉及行政区域多，协调难度大的项目，该项费率可取上限
		技术培训费	农村部分补偿费用	0.5%			
移民安置实施阶段	移民安置监督评估费	移民综合监理费		1%~2%		实施阶段	该项费率取用原则同实施管理费一致
		移民安置独立评估费		一般取0.5%			
	咨询服务费	—	建设征地移民安置补偿项目费用	0.5%~1.2%	项目法人、与项目法人签订移民安置协议的移民机构	可行性研究阶段、实施阶段	涉及移民专项工程数量多的项目，该项费率可取上限，反之可取下限
	项目技术经济评审费	—		0.1%~0.5%		可行性研究阶段	该项费率取用原则同咨询服务费一致
科研和综合设计代表费	科研试验费	—	具体编制			根据项目特点及移民安置需要，按计划开展的科研项目计列	
	综合设计（综合设计代表）费	—	建设征地移民安置补偿项目费用	1%~1.5%		实施阶段	该项费率取用原则同实施管理费一致

注　咨询服务费、项目技术经济评审费在水电项目核准前后的比例一般可按（60%~70%）：（40%~30%）控制。

表 9.2－11　　　水电工程建设征地移民安置补偿概算独立费用与
水电工程概算独立费用差异及衔接情况一览表

水电工程概算独立费用项目			水电工程建设征地移民安置补偿概算独立费用项目		
序号	项　　目	与建设征地移民安置补偿概算独立费用对应情况	序号	项　　目	与水电工程概算对应情况
一	项目建设管理费		一	项目建设管理费	
1	工程前期费		1	建设单位管理费	纳入工程建设管理费
2	工程建设管理费	含建设单位管理费	2	移民安置规划配合工作费	
3	建设征地移民安置管理费	含移民安置规划配合工作费、实施管理费、移民安置实施阶段科研和综合设计费、移民技术培训费	3	实施管理费	纳入建设征地移民安置管理费
4	工程建设监理费		4	移民技术培训费	
5	移民安置监督评估费	含移民安置监督评估费	5	移民安置监督评估费	纳入移民安置监督评估费
6	咨询服务费	含移民安置咨询服务费	6	咨询服务费	纳入咨询服务
7	项目技术经济评审费	含移民安置项目技术经济评审查费	7	项目技术经济评审查费	纳入项目技术经济评审费
8	水电工程质量检查检测费		二	移民安置实施阶段科研和综合设计费	纳入建设征地移民安置管理费
9	水电工程定额标准编制管理费		1	科研试验费	
10	项目验收费		2	综合设计（综合设计代表）费	
11	工程保险费		三	其他税费	纳入其他税费
二	生产准备费		1	耕地占用税	
三	科研勘察设计费		2	耕地开垦费	
1	施工科研试验费		3	森林植被恢复费	
2	勘察设计费				
四	其他税费				
1	耕地占用税、耕地开垦费、森林植被恢复费				
2	水土保持设施补偿费				
3	其他				

9.3　创新与发展

9.3.1　回顾

新中国成立以来，随着不同时期征地拆迁补偿政策的变迁和不断完善，水电工程建设征地移民安置补偿费用概算的内涵不断演变，其项目组成、费用构成、具体技术工作方法和要求都在与时俱进，不断进行着创新和丰富。

9.3.1.1　"84 规范"以前

新中国成立之初，为了满足大规模基本建设的需要，1953 年中央人民政府政务院颁布了《中央人民政府政务院关于国家建设征用土地办法》，当时，农村土地是农户私有的，征地补偿的对象是农民个体。随着农业合作社的普及，土地已经转变为农业生产合作社所有，相当于集体所有，因此，1958 年公布实施了《国家建设征用土地办法》，征地补偿按照"一平二调"（指在新中国盛行一时的农村基层组织"人民公社"内部实行的平均主义的供给制，食堂制（一平），对生产队的劳力、财物无偿调拨（二调））来处理，一些项目的征地基本不支付征地补偿费。1982 年国务院公布实施了《国家建设征用土地条例》，该条例首次提出，征地补偿费用包括了土地补偿费、安置补助费、附着物补偿费和青苗补偿费等，这些项目在此后的土地法中一直予以沿用。该条例还首次对水利水电工程征地移民补偿要求另行规定，这一规定也在其后的土地法中一直沿用至今。

但这个时期水电工程移民安置缺少科学的安置规划，移民安置补偿注重的是对人员搬迁、房屋、土地的简单定价，这个时期移民安置补偿标准较低，移民遗留的问题最多，也最难解决。

9.3.1.2　"84 规范"至"96 规范"期间

"84 规范"中，第一次提出了"水库淹没处理补偿投资"，明确从农村移民安置、城镇集镇迁建、库区专业项目恢复改建、库周交通复建、文物发掘保护、水库库底清理、库区防护等 7 个方面进行编制。"84 规范"对当时的水利水电工程发挥了重要作用，但对项目划分、费用构成、计算方法和技术要求的规定不够详尽。

1987 年 1 月 1 日起施行的《中华人民共和国土地管理法》是我国第一部关于土地管理的法律，也是新中国第一次以法律的形式确定了征地补偿的规定。鉴于水利水电工程水库淹没影响范围大、影响面广、一次性投资大等特点，基于当时的经济社会发展水平，该法第三十二条单独规定，明确大中型水利、水电工程建设征用土地的补偿费标准和移民安置办法，由国务院另行规定。据此 1991 年 2 月 15 日，国务院以第 74 号令发布了《大中型水利水电工程建设征地补偿和移民安置条例》，这是第一部水利水电工程建设征地补偿和移民安置方面的法规，该条例明确"国家提倡和支持开发性移民，采取前期补偿、补助与后期生产扶持的办法"，通过从水电工程收益中提取后期扶持费用对移民进行后期生产扶持，以弥补前期补偿标准相对较低的不足。

9.3.1.3　"96 规范"至"07 规范"期间

1996 年，"96 规范"发布施行。1998 年，全国人大再次对《中华人民共和国土地管理法》进行了修订，这次修订明确了"按照被征用土地的原用途给予补偿"的征地补偿思路，同时大幅度调整了征地补偿标准，保留了水利水电工程建设征地补偿另行规定。2002年修订通过的《中华人民共和国水法》对征地补偿和移民安置的规定做了较大的修改。

随着相关法律法规的不断完善，"96规范"首次明确了"水库淹没处理补偿投资概（估）算"在整个水电工程投资概估算中的地位和作用，将"水库淹没处理补偿投资概（估）算"与"枢纽工程投资概（估）算"并列，作为水电工程投资概（估）算不可缺少的组成部分。首次规范了"水库淹没处理补偿投资概（估）算"的项目划分和排列次序，项目划分和费用构成较"84规范"更加全面、系统，共分农村移民补偿费、集镇迁建补偿费、城镇迁建补偿费、专业项目复建补偿费、防护工程费、库底清理费、其他费用、预备费、建设期贷款利息和有关税费等10个一级项目费用。二级项目费用也更加全面和规范。

2002年，国家经贸委以2002年第78号公告发布了《水电工程设计概算编制办法及计算标准》，替代了"96规范"中"水库淹没处理补偿投资概（估）算"内容，明确了水库淹没影响区和枢纽工程建设区采用一致的政策标准，将"水库淹没处理补偿投资"修改为"建设征地和移民安置补偿投资"。

9.3.1.4 "07规范"以后

2006年3月29日，国务院以第471号令颁布了修订后的《大中型水利水电工程建设征地补偿和移民安置条例》，该条例在征地补偿方面，按照中央在"三农"问题上"多予、少取、放活"的基本方针，提高并统一征收耕地的补偿补助标准，并适当扩大了对移民财产的补偿补助范围，如对移民远迁后线上属移民个人所有的零星树木、房屋，贫困移民建房补助等。

伴随着国家社会经济的不断发展，征地补偿政策法规不断完善，全社会对财产、物权的关注度和法制化的呼声越来越高，在这个背景下，"07规范"第一次将"建设征地和移民安置补偿投资"调整为"建设征地移民安置补偿费用"。这是从"84规范"以来第一次把"投资"改为"费用"，这主要有两个方面的考量：①基于"投资"和"费用"概念的内涵，"费用"更加贴合建设征地移民安置补偿行为；②基于造价的相应规定并与相关行业的规定相衔接。因此，将建设征地移民安置所发生的概（估）算定义为"补偿费用"。

"07规范"第一次以单行本方式颁布的《概算编制规范》，充分参考了工程造价的理论，借鉴了工程设计概算编制的方法，与水电工程设计概算编制办法衔接更加全面和紧密，建设征地移民概（估）算体系更加系统、完善、科学。《概算编制规范》明确了水电工程建设征地移民安置补偿概（估）算编制的主要工作内容，细化了移民安置补偿费用的项目划分和费用构成，分补偿补助费用和工程建设费用两大类规定了有关基础单价、项目单价、分项费用的编制原则、方法和标准，明确了独立费用的内容、编制方法和取费标准，明确了分年度费用的计算原则、方法，明确了预备费的编制要求和取费费率。《概算编制规范》全面响应了471号移民条例的要求，提高了水电工程建设征地移民安置补偿费用概（估）算编制水平和质量，规范了近十年来水电工程建设征地移民安置补偿工作，切实保障了移民安置实施各方尤其是广大移民的利益，对促进水电工程建设征地移民安置工作顺利实施和水电开发健康快速发展发挥了重要的作用。

9.3.2　创新

9.3.2.1　建设征地移民安置补偿费用概（估）算体系日臻完善

20 世纪 50 年代，一般将"建设征地移民安置补偿费用"称为"水库淹没迁移投资"，20 世纪 60 年代演变为"水库淹没处理投资"，至"84 规范"将名称规范为"水库淹没处理补偿投资"，"96 规范"沿用了这一名称。"07 规范"将相应名称调整为目前的"建设征地移民安置补偿费用"。伴随着名称的变化，建设征地移民安置补偿费用概（估）算体系也日臻完善。

"84 规范"之前，国家在水电工程建设征地移民安置方面没有专门的技术标准，水库淹没处理投资的计列主要依据《国家建设征用土地办法》《国家建设征用土地条例》等行政法规的相关规定，注重对建设征地影响主要对象的补偿，通过对如人口搬迁、房屋、土地等主要补偿对象的简单定价，和粗略的实物数量，计算水库淹没处理投资。通过"84 规范""96 规范"直到"07 规范"，建设征地移民安置补偿费用概算体系从建立，到逐步发展、完善、规范和科学，尤其是"07 规范"发布以来，建设征地移民安置补偿费用概算体系的专业化和标准化得到了长足的进步。项目划分和费用构成方面不断丰富、细化、科学、严谨地规定基础价格的采集计算和项目单价编制的具体方法，从水电移民安置实际出发全面考虑独立费用和预备费的计列与取费费率。建设征地移民安置补偿费用概（估）算体系从无到有，逐步丰富、完善和科学，并与水电行业概（估）算的框架、规定、体系逐步衔接。

如在项目划分和费用构成方面，"84 规范"还没有明确提出项目划分和费用构成的概念和要求，但从该规范分析，已经形成了"水库淹没处理补偿投资"的一级项目费用的雏形。"96 规范"首次规范了"水库淹没处理补偿投资"的项目划分和排列次序，一级项目费用依次为农村移民补偿费、集镇迁建补偿费、城镇迁建补偿费、专业项目复建补偿费、防护工程费、库底清理费、其他费用、预备费、建设期贷款利息和有关税费等 10 项。"07 规范"在"96 规范"的基础上，根据"96 规范"执行中发现的问题、新的政策要求、实际工程中经决策采取的处理措施等，将建设征地移民安置补偿费用概（估）算的项目划分和费用构成单独列出，项目划分原则上采取五级项目划分体系，将一级项目调整为农村部分、城市集镇部分、专业项目、库底清理、环境保护和水土保持等 5 项，相应的将费用构成划分为补偿补助费用、工程建设费用、独立费用和预备费等 4 部分。

又如在移民工程建设费用的规定方面，"84 规范"规定"库区工矿企业、铁路、公路、航运、电力、电信等的恢复改建费，一般按原有规模（等级）和标准，考虑可利用的设备材料后的重建造价给予补偿"，但对"重建造价"没有做具体规定，而在实际操作中，由于专业项目设计深度有限，概算往往参照近期已建的相同或同类项目的扩大综合指标作为专业项目复建工程单价，对电力、电信、广播等线路的补偿，还需要扣除可利用的旧料价值。"96 规范"与"84 规范"相比，取消了专业项目复建费用需要扣除可利用旧料价值的规定，但对其费用构成，不同行业编制规定协调等却没有明确规定，随着相关行业工程造价体系的不断完善，不同专业项目复建工程费用编制规定的差别很大，亟须进行统筹协调。"07 规范"对专业项目等移民工程建设费用进行了具体规定：①根据项目的类型、规模和所属行业，执行相应行业的概（估）算编制办法和规定；②无法纳入具体行业的或没有行业规定的，执行水电或水利工程概（估）算编制办法；③在专业项目概（估）算项目中，不包括预备费、建设期贷款利息，在其他费用中，科研勘察设计费只计列初步设计阶段以后的设计费用。

9.3.2.2　建设征地移民安置补偿费用项目更加全面

随着国家经济社会的发展，人民群众的生产生活水平不断提高，水电工程建设征地所涉及实物类型、项目逐渐增多，移民群众及相关各方对建设征地影响处理的诉求也越来越复杂。在这个过程中，建设征地移民安置补偿费用项目也在不断与时俱进，突破创新。为有效应对这些变化，补偿补助的费用项目从最初的"人、房、地"三大类逐步拓展为农村部分、城市集镇部分、专业项目、库底清理、环境保护和水土保持等部分，补偿标准金额也随着经济发展水平的提高、物价的上涨及测算技术方法的进步不断提高。改革开放以来，随着国家社会经济水平的不断发展，国家综合国力日益增强，国家更加关注人民群众基本权益的维护和保障，以人为本、关注民生、扶贫济困济弱的发展理念逐渐深入人心，建设征地移民安置补偿费用项目的变化也始终围绕以人为本，始终关注民生，向移民和弱势人群发展倾斜。从最早的"人、房、地"三大项主要费用，发展到现在形成了涵盖全面、分类清楚、计算方法科学完善的概算体系。如移民房屋补偿，从最初的"补偿价"，到后来扣除旧料和可利用材料的重置价，再到现行的重置价，以及为考虑搬迁后改善贫困移民生活条件而计列的建房困难户补助、为体现移民搬迁前居住条件及投入差异的装修补偿等；又如征收土地补偿，通过梳理可以发现，在以耕地亩产值为基础计算土地补偿费用的政策规定下，土地补偿倍数在不断提高，同时，更加关注移民安置后生产生活水平的恢复，对于土地补偿费用不足以满足生产安置需要的，差额部分还可以计列生产安置措施费。

建设征地移民安置补偿费用项目的变化和创新，不断体现出"依法补偿、公平合理"的法制原则。"国无法不治、民无法不立"，依法治国是我国的基本方略，特别是改革开放以来，社会经济飞速发展，社会各界的法制意识普遍增强，"依法补偿、公平合理"逐渐成为水电工程建设征地移民安置补偿的核心关注。以企业单位处理为例，改革开放之前，我国没有真正意义上的私有制企业，水电工程建设征地涉及企业单位，或是按照实物数量进行简单的补偿，或是直接一道行政命令就把企业搬迁了。改革开放以后，经济体制逐渐由计划经济转变为社会主义市场经济，企业所有制也从单一的公有制发展到多种所有制并存，企业单位的经济主体地位不断强化，而水电工程建设征地影响涉及的企业单位的处理也逐渐成为移民概算体系中的技术重点和实施难点。现在普遍采用"根据其受影响程度和生产经营恢复条件，合理确定防护处理、迁建补偿、货币补偿方案"的原则，依法依规处理水电工程建设征地影响企业，规范企业处理规划设计工作，公平合理地确定企业补偿费用，保障相关各方的合法权益。

补偿补助费用项目的变化和创新也不断推动和促进着建设征地移民安置实施工作。以独立费用项目为例，独立费用实际上包括了"其他费用"和"有关税费"。在中华人民共和国成立初期的新安江水电站初步设计时，并没有"其他费用"和"有关税费"的概念，只是在初步设计文件中计算了"未计算到的费用"，包括移民管理费和其他费用。"84 规范"时期，甚至连行政管理费都计入了农村部分项目。"96 规范"正式将"其他费用"单列为一级项目，包括勘测规划设计费、实施管理费、技术培训费和监理费等 4 项，同时增列了"有关税费"为一级项目。2002 年《水电工程设计概算编制办法及计算标准》（国家经济贸易委员会 2002 年第 78 号公告，简称"78 号公告"）首次将原来水电工程概算中的"其他费用"和"有关税费"合并为独立费用，并在独立费用中增加了一些新的项目，如咨询服务费、工程建设管理费等。在"07 规范"中，在保留 78 号公告中独立费用及相应项目的同时，又根据 78 号公告后的应用情况对独立费用项目进行了完善，如增加了移民安置实施阶段科研和综合设计费、移民安置独立评估费等项目，并一直沿用至今。

9.3.2.3　建设征地移民安置补偿费用计算更趋合理

水电工程建设征地涉及的补偿补助项目门类众多，情况纷繁复杂，对补偿费用的计算事关广大移民群众的切身利益，历来是建设征地移民安置补偿费用概（估）算体系中的关键核心技术。随着技术标准体系的不断完善和发展，建设征地移民安置补偿费用计算也更趋合理。从中华人民共和国成立以来，水电工程建设对被征收土地的补偿和对房屋及附属建筑物的补偿是贯穿始终的。以下就重点表述征收土地补偿费、房屋和附属建筑物补偿费计算方法的更迭创新。

1. 征收土地补偿费用

中华人民共和国成立初期，我国土地所有权性质逐步由私有制转变为国有和集体所有，这个阶段的水电工程建设征收土地的补偿标准较低，1958 年国务院发布了《国家建设征用土地办法》，规定：对于一般土地，以它最近二至四年的定产量的总值为标准。1982 年，国务院发布了《国家建设征用土地条例》，规定：征收耕地除支付土地补偿费外，还需支付安置补助费。

1986 年颁布的《中华人民共和国土地法》及 1988 年修正的《中华人民共和国土地法》，对于征地补偿标准，基本都沿用了《国家建设征用土地条例》的规定，耕地的土地补偿费和安置补助费之和的倍数一般在 9 倍左右。

1992 年颁布的 74 号移民条例规定的水利水电工程建设征地补偿标准是土地法规定范围内的低段值。该条例实际上是一个风向标，就是水利水电工程的征地补偿标准可以在法律、法规规定的范围内取低值甚至低限值，是法律允许的低标准。由此可以联想到，其他项目的补偿也是低标准。这或许也是水利水电工程建设征地移民安置补偿标准低这一认识的起因。1999 年修订后《中华人民共和国土地法》，将土地的土地补偿费和安置补助费之和调到为 10～16 倍，但水电工程建设征地移民安置征收土地补偿依然执行低限值 10 倍。直至 2006 年 7 月，国务院发布了 471 号移民条例，将水电工程征收耕地的土地补偿费和安置补助费之和统一为 16 倍。2017 年 4 月，国务院对 471 号移民条例修改后重新发布，规定：大中型水利水电工程建设征收土地的土地补偿费和安置补助费，实行与铁路等基础设施项目用地同等补偿标准，按照被征收土地所在省、自治区、直辖市规定的标准执行。

2. 房屋及附属建筑物补偿费用

早在 20 世纪 50 年代的浙江新安江电站进行初步设计时，最先提出的农村房屋补偿单价就是按照"重造价"计算。但限于当时我国薄弱的经济状况，最终还是采取了以"时值价"为基础计算，即在房屋总价扣除折旧费用后的剩余费用基础上计算房屋补偿费用。20世纪60年代的富春江电站对房屋及附属建筑物补偿费用的规定，与新安江电站执行的一致。

"84规范"规定此项费用一般按原有建筑面积和质量标准，扣除可利用的旧料后的重建价补偿。"96规范"也没有太大的变化，具体规定为：房屋及附属建筑物补偿费，按照调查的建筑面积、结构类型和质量标准，扣除可利用的旧料后的重建价格计算。直到2000年之前，房屋及附属建筑物的补偿费用，一般是在新造价的基础上考虑折旧、旧料回收利用后编制的。2000年以后，特别是对"96规范"进行修订过程中，随着国家对民生关注度的提高，居住是房屋基本功能的认识也逐步深入人心，房屋及附属建筑物的补偿逐渐演变成按建设征地区的房屋结构类型、安置地条件和价格测算的新造价进行补偿。"07规范"对涉及的房屋及附属建筑物，从项目划分到基础价格、项目单价都做了全面的规定，项目划分上除了保留房屋及附属建筑物拆迁处理，还增加了房屋装修补偿费用、建房困难户补助、建房期补助。房屋补偿费用单价，按照典型设计重置成本的成果分析编制，不考虑折旧，也不考虑旧料利用价值，如果移民安置区有地震设防要求，移民房屋补偿费用计算中还需考虑抗震因素。

水电工程有别于其他的基础设施建设项目，水电工程征收房屋的拆迁处理是一系列政策的组合拳，简单点说就是"补偿＋安置"，具体来说，对房屋结构本身，按照"重置成本"原则计算补偿费；对选择集中安置的，需统一规划建设集中安置移民居民点，移民无须承担居民点基础设施建设费用；农村居民选择分散安置的，原则上可以无偿获得一块宅基地和一定的基础设施恢复费用。

9.3.2.4 建设征地移民安置补偿费用动态管理逐步规范

总体来说，建设征地移民安置补偿费用管理经历了从"包干"到"动态调整"。从法规政策变化和技术标准体系创新都可以清晰地看出其逐步规范的过程。

1. 法规政策变化

74号移民条例规定：土地补偿费和安置补助费可以包干到县（市），由县（市）统一安排，用于土地开发和移民生产、生活安置，但必须专款专用，不得私分，不得挪作他用。参照这条规定，这一时期的水电工程移民安置实施基本采用的是投资地方包干的形式。2002年，国家计划委员会在《国家计委关于印发水电工程建设征地移民安置工作暂行管理办法的通知》（计基础〔2002〕2623号）中明确规定，国家对水电工程建设征地移民工作实行政府负责、投资包干、业主参与、综合监理的管理体制。在这之后直至2006年471号移民条例颁布之前，这个时期的水电工程建设征地移民工作实行省级人民政府全面负责，以县为基础分级负责的管理方式，省级人民政府需出具承诺包干实施建设征地移民安置任务的文件，并作为本行政区内有关各级人民政府的代表与水电工程项目法人签订移民安置任务和补偿投资包干协议。

自471号移民条例颁布以来，实施阶段概算动态管理逐步成为移民安置实施阶段的一项重要工作内容。471号移民条例规定："经批准的移民安置规划是组织实施移民安置工作的基本依据，应当严格执行，不得随意调整或者修改；确需调整或者修改的，应当依照本条例第十条的规定重新报批""大中型水利水电工程开工前，项目法人应当根据经批准的移民安置规划，与移民区和移民安置区所在的省、自治区、直辖市人民政府或者市、县人民政府签订移民安置协议；签订协议的省、自治区、直辖市人民政府或者市人民政府，可以与下一级有移民或者移民安置任务的人民政府签订移民安置协议"。各级政府开展移民安置实施工作更加规范和有序，目前，多数省级移民主管部门都出台了移民工作管理规定以及实施阶段移民设计变更和移民安置规划调整管理的相关规定，均旨在维护审定的移民安置规划的重要性和严肃性，规范实施阶段设计变更行为，进而有效管理移民安置计划、进度和费用。

2. 技术标准体系创新

从"96规范"开始，"水库淹没处理补偿投资"包括了预备费，但主要还是参照工程造价体系进行规定，没有对预备费的内容和使用做具体规定。

《概算编制规范》对预备费的内容和取费标准做了详细的规定，预备费包括基本预备费和价差预备费。基本预备费为综合性预备费，内容包括：一是设计范围内的设计变更、局部社会经济条件变化等增加的费用，二是一般自然灾害造成的损失和预防自然灾害所采取的措施费用，三是建设期间内材料、设备价格和人工费、其他各种费用标准等不显著变化的费用。价差预备费是指移民工程建设项目在建设期间内由于材料、设备价格和人工费、其他各种费用标准等变化引起工程造价显著变化的预测预留费用。"07规范"还规定："移民安置实施阶段，应核定建设征地移民安置分项补偿费用概算，必要时提出移民安置规划修改报告及概算调整报告。"这些技术条款对移民安置实施阶段费用变化的来源、分类、费率及技术工作要求都作出了比较明确的规定，为开展设计变更工作和概算动态管理提供了坚实的技术标准保障。

9.3.3　展望

建设征地移民安置补偿费用概算体系的发展，应坚持依法依规、实事求是的原则，使其更加符合国家有关法律法规的规定，更加适应国家有关方针政策导向调整，更加充分有效地规范和指导水电工程建设征地补偿和移民安置工作，更加切合当前水电工程移民安置的实际情况和新要求。以顺应国家对水电工程建设征地移民安置概算管理的法制化要求，使水电工程建设征地移民安置概算本身在原有功能的基础上，逐步拓展为移民安置实施的依据、补偿费用动态管控的依据及最终验收决算的依据。

9.3.3.1　强化依法补偿，补偿政策"并轨"大势所趋

2014年10月党的第十八届四中全会通过了《中共中央关于全面推进依法治国若干重大问题的决定》，全面推进依法治国这一基本治国方略。2007年以来，中共中央、国务院、国家有关部委先后颁布施行了多项与建设征地移民安置相关的法律法规，如《中华人民共和国物权法》《中华人民共和国社会保险法》《国有土地上房屋征收与补偿条例》《不动产登记暂行条例》、679号移民条例、《国土资源部关于切实做好征地统一年产值标准和区片综合地价公布实施工作的通知》《关于做好被征地农民就业培训和社会保障工作指导意见的通知》《国家发展改革委关于做好水电工程先移民后建设有关工作的通知》《关于加大改革创新力度加快农业现代化建设的若干意见》《关于加大用地政策支持力度促进大中型水利水电工程建设的意见》等，这些法律法规中的相关政策方针和规定发生了一定的

变化。

在土地补偿标准方面，随着全国各地按照国家和国土部门有关政策规定逐步推行征地统一年产值标准和区片综合地价政策，各级地方政府对同地同价的要求越发明确。如福建省政策规定统一年产值标准和征收耕地的土地补偿费和安置补助费的补偿倍数为 25 倍，浙江省全省实行土地区片综合价。2016 年四部委发布的《关于加大用地政策支持力度促进大中型水利水电工程建设的意见》明确提出：对于枢纽工程建设区、水库淹没区用地，应按工程所在地征地补偿标准足额计列征地补偿费。2017 年 679 号移民条例明确：大中型水利水电工程建设征收土地的土地补偿费和安置补助费，实行与铁路等基础设施项目用地同等补偿标准，按照被征收土地所在省、自治区、直辖市规定的标准执行。在此基础上，水电工程移民安置补偿仍采用前期补偿补助与后期扶持政策，这是在同地同价政策基础上对水电工程移民群众利益的倾斜。

对房屋补偿标准方面，一是国务院 2011 年颁布的《国有土地上房屋征收与补偿条例》规定：对国有土地上被征收房屋价值的补偿，不得低于房屋征收决定公告之日被征收房屋类似房地产的市场价格。被征收房屋的价值，由具有相应资质的房地产价格评估机构按照房屋征收评估办法评估确定。而《概算编制规范》有条文规定：……城市居民所有的房屋补偿费用单价，参照当地建设行政主管部门的有关规定，按照"重置成本"原则编制计算房屋补偿费用单价。因为上述差异，在实施工作中经常会引发争议，甚至个别项目因此出现法律诉讼。二是当前部分地方政府（市、县为主）为推进当地社会经济发展和基础设施建设，陆续出台了本行政辖区范围内统一的房屋及附属设施等地面附着物补偿标准及有关的补助和奖励（如搬迁奖励、按时交地奖励等），并要求水电工程项目遵照执行，部分补偿补助标准的制定原则与水电工程遵循的"重置成本"原则有较大差异，在移民安置规划设计及实施过程中经常发生争议。因此，按与地方政府有关政策相衔接的思路，对此类问题开展研究也是非常迫切的和必要的。

9.3.3.2 创新安置方式，概算编规积极研究应对

水电资源开发和水电工程建设，尤其是西部地区、少数民族地区诸多巨型、大型水电站建设，对建设征地移民安置工作提出了更高的要求。西部地区水电开发当前普遍面临地方经济薄弱、基础设施差、耕地资源少、移民不愿外迁、少数民族文化宗教习俗独特等困境。为有效加快水电开发，近年来云南、四川等省先后尝试了少土、逐年补偿等有别于传统的移民安置方式。2012 年《国家发改委关于做好水电工程先移民后建设有关工作的通知》提出：在坚持实行农业生产安置基础上，因地制宜稳步探索以被征收承包到户耕地净产值为基础逐年货币补偿等"少土、无土"安置措施；2015 年中发 1 号文件《关于加大改革创新力度加快农业现代化建设的若干意见》提出稳步推进农村土地制度改革试点。2016 年四部委发布了《关于加大用地政策支持力度促进大中型水利水电工程建设的意见》，明确提出：对在贫困地区开发水电占用集体土地的，可试行给原住居民集体股权方式进行补偿，探索对贫困人口实行资产收益扶持制度。现行的《概算编制规范》中尚无关于逐年货币补偿、长效补偿、原住居民集体股权方式补偿等创新安置补偿方式的具体规定，下一步应高度重视新形势下安置方式的迅速变化，积极开展《概算编制规范》中相应技术规定的研究与修订。

9.3.3.3　研究协调水电开发与促进地方经济社会发展的关系和机制

在水电工程移民安置工作实践中，广大移民工作者在提升建设征地实物指标调查手段、创新移民安置方式、探索同地同价补偿、完善移民安置补偿补助项目和标准等方面进行诸多理论探索与实践。随着国家全面深化改革和社会经济的发展，农村人口对土地等生产资料的依赖度逐步降低，同时随着我国水电开发进入西部纵深和少数民族地区，各方面对保障移民合法权益、落实先移民后建设方针、水电开发利益共享和促进地方经济发展等新情况、新问题的关注度越来越高。例如：

（1）我国少数民族聚居地区，尤其是藏族、彝族等民族聚居地区，其民居建筑物外观别具一格，房屋内部装修装饰更是绚丽多彩、纷繁复杂，都具有鲜明的民族特色，与我国一般地区的民居差异较大。近些年，各地高度重视少数民族地区社会主义新农村建设，通过完善供水供电设施、村庄及民居建筑物民族风貌打造等方式改善居民居住条件。随着我国水电开发进入西部纵深和少数民族地区，建设征地将不可避免地涉及少数民族居民搬迁安置，而少数民族地区房屋装修和风貌设施补偿处理，规划居民点或城镇风貌打造往往是移民群众和地方政府高度关注的内容。

（2）从当前全国各地的水电移民安置工作的实际来看，移民安置的实施难度也越来越大，部分地区的信访和维稳工作主要围绕移民问题，移民工作难度加大是多方面的，有移民诉求和期望过高，也与促进或激励移民搬迁的手段缺乏相关。与其他行业相比，一些地区在城市拆迁过程中，往往采取了各种奖励机制，可以有效推进移民的搬迁；同时在一些水利水电项目具体实践中，部分地区通过各种渠道筹集资金用于奖励移民搬迁，以某县水库移民工程为例，该县在制定移民搬迁安置政策中，提出农村移民户搬迁安置奖励高达1.7 万元/人，有效促进了移民协议签订、移民搬迁、移民建房等各项工作。

（3）随着国家社会经济的发展和国家"西部大开发"战略推进，地方各级政府高度重视建设项目（特别是水电建设）促进地方经济发展，地方政府及移民往往希望（实际需要）高于原标准或大于原规模。在一些项目实践中，在征地移民补偿项目和费用方面加大了向移民及库区周边群众的倾斜程度，适度提高了基础设施建设和专业项目迁复建标准。

现行规范对类似这些问题补偿处理的规定和技术要求较少或还无法解决，规划设计和移民安置实施中缺少明确而可操作的技术规定。因此在贯彻移民条例和相关行业现行政策的前提下，及时研究水电开发与促进地方经济社会发展的关系和机制，协调目前水电移民工作中的热点、难点和实际问题非常必要。

9.3.3.4　尽快规范移民安置实施阶段建设征地移民安置补偿费用管理

实施阶段概算动态管理包括概算分解、预备费的使用和管理、概算重编、概算调整、费用决算等工作。但目前，尚没有相关的技术标准对这些技术工作进行具体规定，随着国内大量水电工程将逐步进入建设阶段和阶段性蓄水验收甚至竣工验收阶段，迫切需要从技术层面尽快对实施阶段概算动态管理加以规范和明晰。例如：

（1）实施阶段概算分解的问题。现行的《概算编制规范》未对移民安置实施阶段的概算分解等工作进行规定和要求。目前大部分项目的概算以县为单位进行编制，在实施过程中，地方政府难以据此进行操作。

（2）移民安置实施阶段补偿补助费用动态调整的问题。根据当前技术规程，水电工程建设征地移民安置补偿费用概算价格水平与枢纽工程一致，同时规定：项目核准前，规划设计有重大变更或核准年与概算编制年相隔两年及以上时，应根据核准年的政策和价格水平重新编制和报批；项目核准后，已批准的补偿费用概算需要调整或修改的，应当按照有关规定重新报批。水电工程建设往往跨度时间长，移民安置实施年度也是如此，与审定概算相比，实施阶段实际补偿费用发生变化的情况较多，但目前无论政策法规还是技术规程，对于实施阶段移民补偿费用概算的调整，尚无明确具体的处理途径和方式，难以满足实施的要求。

（3）移民工程重复设计费用的问题。在移民安置实施阶段，经常发生因移民安置意愿变化、地方政府总体规划调整等非技术原因造成的设计变更，进而对应的移民工程需进行重复设计。现行《概算编制规范》明确各移民工程其他费用中科研勘测设计费只计列初步设计阶段以后的勘测设计费，未考虑上述原因造成的重复设计费用，同时也缺乏对设计变更的投资概算的编制及对于已实施但未利用的工程部分费用处理方面的规定。

（4）进一步明确预备费使用管理要求。根据现行规范，预备费包括基本预备费和价差预备费；基本预备费主要由各移民单项工程预备费及其他项目基本预备费组成。目前在实践中，各地对于预备费的使用与管理的规定缺失，造成使用管理较为混乱，尤其是移民单项工程预备费的管理使用权限问题。

下篇 实施管理篇

第 10 章

移民安置与区域经济社会发展

　　水库移民安置是水电工程建设必须解决的重要问题，几十年的移民安置经验表明，水电工程移民安置应立足于区域资源，因地制宜，采用资源先导型的开发方式，依托土地资源的大农业开发为主，辅之以工商业等第三产业开发，采取符合实际的灵活多样的安置方式。从培育移民自我发展能力的角度，结合区域经济社会发展，应成为探索水电工程移民安置的新思路，具体将多元化的安置方式、移民人力资本投资和区域协调发展导向相结合。

　　由于移民安置涉及政治、经济、文化、环境、技术等诸多方面，作为一个系统性工程，直接影响到一个地区的经济发展和社会稳定，其实移民系统与区域经济系统形成了一个复合系统，具有多维度、多目标的特性，具备开放性和复杂性。因此，研究移民安置与区域经济社会发展引申出来的显性问题和隐性问题，具备较大的实用价值和学术意义。

10.1　工作内容

10.1.1　移民安置的特点

　　水电工程移民安置与其他工程项目征地拆迁"赔钱走人"的方法不同，移民安置及其长远发展需要重点谋划，具有明显的特点：

　　（1）移民安置工作的复杂性和艰巨性。水电工程移民绝大部分属于非自愿移民，具有政策性、系统性、时限性、强制性和风险性的特点，主观上并不是追求经济利益、社会效益为目的而自愿迁移的移民。由于立场不同、出发点不一样，因此在移民安置中就会出现意想不到的问题。移民安置工程又是一个复杂而庞大的系统性工程，涉及社会、政治、经济、文化、人口、资源、环境、民族、宗教及工程技术等诸多领域，因此，移民安置工作相当复杂。水电工程移民异地搬迁安置，重新安家创业，生产生活方式会发生改变，重建新的社会关系网络，以适应新环境，对移民的生产生活和心理也会产生冲击。移民为了在新的安置区恢复和发展生产生活，在住房、耕种、饮水、交通、教育、医疗、就业及社会关系等诸多方面均会遇到新的挑战。随着经济社会的发展和科学技术的进步，资金和技术已经不是制约水电工程开发建设的最大问题，反而移民投资在工程总费用中所占比重较大，移民问题越来越突出，因此，移民搬迁安置是水电工程开发建设一项艰巨的任务，在工程建设中具有举足轻重的地位，关系到区域经济社会的稳定和发展。

　　（2）移民工作的政策性强。经过 60 多年的水库移民实践，我国水库移民工作已经初步形成了一套行之有效的法律法规体系，主要由三部分组成：一是基本和通用的法律法规，主要有宪法、物权法、土地管理法、土地承包法、民族区域自治法、环境保护法等，这些法律由全国人大通过并颁布实施，具有最高的权威性。二是移民工作专用法规，主要有全国性的 471 号移民条例、特大工程专用的《长江三峡工程建设移民条例》及地方性法规，如《四川省大中型水利水电工程移民工作条例》。同时配套一系列的规章制度和规程规范，如国家发展改革委颁布的水电工程建设征地移民安置规划设计规范等。三是行业法规，如城镇建设、公路、电力、森林、草原、文物、矿产资源等行业的相关法规，以及财政、税务等部门颁布的相关法规，与移民安置相关的均必须参照执行。

（3）移民安置的综合统筹性。一是移民安置要按照地方国民经济和社会发展规划，尤其是其中的城镇发展规划、交通规划、产业结构升级调整和生态环境规划等，需要统筹考虑移民的生产生活设施建设、专业项目迁（复）建、城镇和企事业单位的搬迁。移民安置要紧密结合国家政策要求，按照国家在易地扶贫搬迁、医疗卫生、教育等方面新的要求，在移民搬迁建房、卫生和教育设施配置等涉及民生利益方面都明显高于库区原有水平。二是有计划、针对性地安排移民培训，既考虑了移民就业需求又提供了区域经济发展所需的人力资源。三是各类资金统筹使用，大量移民安置资金投入及由此产生的税费增强了地方经济发展的财力。这些资金与国家给予的扶贫开发资金、后期扶持资金等统筹使用，能够更有力地促进区域经济发展，同时能够为地方招商引资创造良好的外部条件。四是移民安置与新农村建设、城镇化相结合。水电工程建设的一个特点就是淹没范围大，移民人数众多，淹没造成的不仅是经济损失，而且会使得社会关系解体，移民安置后不仅面临经济恢复，更需要面对社会关系的重组、重新建立和适应。因此，水库移民安置要凭借新农村建设、城镇化发展的契机，实事求是适应其发展需求，把移民的发展和新农村、城镇化的发展结合起来，在新农村建设和城镇化发展中寻找新的定位和机遇。

（4）移民安置的社会性。水电工程移民不同于其他工程移民的一个显著特点就是其社会性，其安置后的遗留问题具有很强的社会影响力。我国水电工程移民安置工作，经历了60 多年的发展历程，受社会环境影响，各个历史时期社会环境不同，国家政策不同，经济条件发展变化快，水电工程移民安置工作发展到现在，不可避免具有较多的遗留问题。由于历史久远，移民问题不仅仅是单一的移民安置问题，其错综复杂，涉及社会领域的方方面面，如果移民遗留问题没有得到妥善处理，将制约移民生产生活水平的发展，严重影响库区和移民安置区的社会稳定。

（5）移民安置对区域社会影响范围广、力度大。移民安置对区域社会的影响涉及诸多方面，通过大量移民专项资金的投入，尤其是农村居民点和城集镇建设，拉动运输、建筑材料、生活物资、土地等的需求增加，改善了库区和安置区移民的生产条件和生活环境。例如 LT 水电站广西库区 T 县 X 集镇、L 县 Y 集镇、T 县 B 集镇的新址迁建，通过场内基础设施以及新址外部的供水、供电、道路等配套工程建设，带动了区域周边小城镇建设的发展。集镇新址所在的乡镇政府驻地，由于集镇规模效应的影响，集市贸易迅速扩大，真正起到了中心集镇的作用。XJB 水电站淹没影响 P 县、S 县等 2 座县城。根据县城选址规划设计成果，P 县城迁往距离原址约 50km 的 D 乡、S 县城后靠，纳入集镇迁建总体规划的集镇共计 16 个。规划实施后，P 县城的人口规模从 1.8 万人增加到 2.3 万人，人均建设用地面积从 63m²/人提高到 95m²/人，县城占地面积从 0.6km² 增加到 2.2km²，县城主干道宽度从 8～13m 提高到 18～25m。P 县城的供水、电力、通信等基础设施条件也得到较大改善。S 县城的人口规模从 2.5 万人增加到 4.2 万人，人均建设用地面积从

$76.8m^2$/人提高到 $95m^2$/人，县城占地面积从 $1.95km^2$ 增加到 $3km^2$，县城主干道宽度从 $8 \sim 24m$ 提高到 $18 \sim 25m$。S 县城的供水、电力、通信等基础设施条件也得到较大改善。

（6）移民安置对区域发展的导向性。移民安置对安置区域的影响，从最初的土地征收征用、房屋建设发展到基础设施的完备，可以理解为是个体的自我发展，逐步演变为与周边区域的融合，直至现在以及今后的移民安置对区域发展的引领和导向，此特点更多以集镇和专业项目建设为综合载体以规模效应呈现出来。

经济社会发展历程和水电工程移民安置经验表明，城镇化和区域经济发展是解决移民安置一系列问题的根本途径。移民安置区城镇化以移民安置为契机，在外动力推动下，凭借短期内移民资金的大量注入和政府的积极规划，能较快提高城镇化水平。BHT 水电站移民安置地的规划，前期充分与区域发展相融合，选取了 N 县 B 镇、HL 镇、HT 镇、H 县的 D 乡、LJ 乡、LG 乡、Y 乡和 Q 县 J 乡等 8 个乡镇为一级城镇化中心，向周围辐射。实施表明，规模效益初步显现出来，吸引了周边乡村人口、资源聚集，带动了整个 BHT 库区三县的城镇化发展。每个乡镇都具有其独特丰富的资源，凭借移民安置打造区域城镇化中心的发展道路上各有特色。例如 B 镇地处 Q 县城，具有"交通走廊""经济走廊"的区位优势。该镇的反季节蔬菜、蚕桑、甘蔗、芒果、火龙果等农作物、经济作物产业布局趋向合理，经济效益显著，逐步开始走综合发展的城镇化发展道路。J 乡属典型的亚热带干热河谷区，境内温泉资源丰富，甘蔗、烤烟产业成熟，着力打造以生态旅游为主的城镇经济发展模式。

10.1.2 区域经济社会发展的特点

10.1.2.1 区域的内涵

"区域"是一个具有普遍性特点的概念，不同的学科从不同的角度对区域做出了不同的解释。总体而言，区域是一个复杂的综合体，是由自然要素与人文要素组合而成的时空系统在地球表面占据的一定地域空间。

由于区域大部分是以行政区划或江河流域来界定具有相对独立性。因此，更倾向于把区域看作一个系统，对于系统内部的分析，在通常的情况下，并不是按区域组成要素的自然属性进行分类，而是按组成要素的功能把整个区域系统分为人口、资源、环境、经济和社会等子系统。区域可持续发展就是以某个区域为研究对象，研究系统内各个子系统的运作方式，讨论如何使各个部分能够协调配合，以使整个系统持续、稳定的发展。

对于水电工程移民安置涉及的区域而言，地理范围主要包括水库淹没影响区、枢纽工程建设区和移民安置区；行政范围主要包括移民安置涉及的市（州）、县（市、区）、乡（镇）、村、组，以县为基础，是移民安置的基本单位。

综合水电工程移民安置的特点，将区域定义为由自然要素与人文要素组合而成的时空系统在库区和移民安置区涉及的主要空间，是具有当时当地特有经济社会特征和经济发展任务的"经济地理区域"。与区域密切相关的则是区域经济社会。它是按照自然地域、经济联系及社会发展需要而形成的经济联合体，是社会经济活动专业化分工与协作在空间上的反映。区域经济是人类在特定地域内进行经济活动并与其地域内特殊资源相互作用、相互影响的有机整体。作为一个相对独立的有机系统，区域经济是由不同功能、不同结构、不同层次的区域经济子系统集合而成的。

移民安置在区域空间的经济社会活动，涉及的是区域规划。区域规划是在一定的地域范围内对未来一定时期的经济社会发展和建设以及土地利用的总体部署。在该区域范围内，根据国民经济和社会发展长远计划、区域自然条件和社会条件，以及区域所处的时间、空间的外部环境，对区域内农业、工业、第三产业、人口活动、其他各项经济社会内容进行全面部署。规划的主要目的在于合理配置和高效利用地区资源，以实现经济健康、持续、快速的发展，最终实现经济效益、社会效益和生态效益相统一。

10.1.2.2　区域经济社会发展基本要求

1. 区域规划

区域经济社会发展是一个系统工程，首先应做好区域规划。区域经济社会协调发展是通过区域规划来实现的。区域规划是在一定地域范围内对国民经济建设和土地利用的总体部署，一般包括自然规划（土地资源、水资源、动植物资源、矿产资源等）、经济规划（产业发展规划、生产布局规划等）、社会规划（文化、教育、卫生、社会福利等）、人口规划（出生率、人力资源开发等）、城乡建设规划（城乡规模、功能、城乡融合、城市产业园区等）、基础设施规划（水、电、路等）和科技规划（科研、技术推广等）等七大类。

区域规划要秉承统筹兼顾、综合发展的原则，着眼全局，事关长远；遵循非均衡发展规律，以重点来带动一般，通过调动资源，重点突破，促进部分有条件的地区快速发展，之后发挥带动作用，拉动周边临近地区发展。不同地区存在不同的发展条件，经济发展的基础可能各具特点，需要准确分析把握地区发展优势，趋利避害，扬长避短，同时做到合理布局，保护环境。合理布局就是按照有利生产、方便生活的要求，遵循经济发展的客观规律和满足生态环境的要求，安排各类设施和产业的布局。在发展过程中，时刻不忘生态环境保护，把环境保护贯穿于规划的每一个环节之中。

2. 区域经济社会发展要求及内容

（1）明确区域经济社会发展的定位与发展目标。区域经济社会发展的定位与目标主要指的是发展性质与功能定位，经济增长与社会发展定位，经济竞争力和可持续发展的综合评估与目标定位等，其中功能和确定发展的目标是最主要的内容。

（2）规划好经济结构与产业布局。经济结构包括生产结构、消费结构、就业结构等多方面内容。在现阶段区域规划仍以生产结构的分析和制定为重点。过去区域产业布局规划的重点侧重在工农业生产部门规划上，从 20 世纪 90 年代以来，区域经济社会发展主要关注第三产业的发展与布局，特别是生产性服务业的布局。这对水电工程移民安置的后续产业发展规划具有重要的引导作用。

（3）将区域人口增长与城镇规划布局和基础设施规划布局相衔接。一般而言，经济越发达的地区，越容易引起人口聚集，区域人口增长的速度就越快，区域人口流动直接受区域经济发展水平制约。所以要把人口、经济、社会发展和城镇、乡村发展综合考虑，整体评价区域经济发展状况，预测人口增长变化趋势，最终确定城市化发展目标和城镇、乡村发展战略。其中基础设施是经济社会发展和人民生活有序进行的必要物质条件，也是现代化水平的重要标志，具有先导性、基础性、公用性等特点。对水电工程移民安置而言，移民安置规划尤其是搬迁安置规划，涉及基础设施建设方面，应基于对安置区各种基础设施现状及发展分析的基础上，根据人口和社会经济发展的要求，预测未来对各种基础设施的需求量，确定各种建设工程项目的等级、规模及空间分布，将移民居民点建设规划与区域发展协调一致。

（4）做好自然资源的开发利用与保护规划。自然资源主要指水、土地、矿产和生物资源，是区域经济社会发展的物质基础和重要条件。区域要保证长远发展，就应深入分析各种自然资源的现状和社会经济发展的保障程度、承载的能力；研究各种自然资源未来可持续开发利用程度，尤其是水、土地资源的承载状况。最终是为了避免由于大规模移民人口迁入，造成公共资源的紧张，限制了后续发展。

10.1.3　移民安置与区域经济社会发展的结合

10.1.3.1　移民安置与区域经济发展的辩证关系

移民安置与区域经济社会发展是既对立又统一的辩证关系。水电工程建设区域一般处于欠发达地区，经济发展主要依赖土地等自然资源，产业结构以传统农牧业、中小型采掘业及少量初加工为主。由于交通、教育、医疗条件等基础设施落后，区域经济社会发展所需的资金投入、产业升级和人力资源均比较欠缺。

移民安置对于区域经济社会发展而言就像一把"双刃剑"，既可能给区域经济社会发展带来负面影响，主要表现为公共资源和利益分享方面，移民搬迁至安置区需要占用区域内的环境容量，分享区域内的社会经济资源，一定程度上造成资源紧张；但是综合分析，主要是产生积极的、有利的正面影响，借助移民搬迁安置，能够为安置区带来资源和资金，以及村镇、城镇规划建设等方面的新理念和新规划设计，这就为安置区经济社会发展带来历史性的发展机遇，有利促进了区域经济社会发展。而区域经济社会的发展又为移民提供了后续发展空间。

水电工程建设对区域经济社会发展的助推力显而易见。同时，移民搬迁安置，尤其是大规模的搬迁，同样对区域经济社会发展产生积极的推动作用。其中一个重要的表现就是对安置区部分基础设施进行更新改造或重建，提升安置区的基础设施发展水平。移民搬迁安置对区域经济社会发展的贡献，在城镇化安置中体现得尤为明显。移民进入城镇，加速农村人口在空间上向城镇集聚，移民进入城镇带来压力的同时，也给集中安置带来了聚集和规模的经济效应，带动了消费。随着城镇规模的增大，也带来了二、三产业更大的增长空间，有力地推动了城镇的发展，同时也为农业产业化提供了空间载体和依托。水电工程建设期间对地方经济的促进作用主要表现在：①移民工程建设支出形成的税费，增加地方财政收入。如移民工程以建筑安装工程为征税对象的营业税及城市建设维护税、教育费附加税全部交给工程所在地的地方税务部门。②移民工程建设所需的水泥、钢材、木材、油料及施工用电、用水等采购和运输，对地区经济发展都具有积极的促进作用。③移民综合设计、综合监理、独立评估等劳务收入产生的营业税、城建税及教育费附加税也全部留存当地财政。④移民工程建设支付的耕地占用税、耕地开垦费、森林植被恢复费、矿产资源税、印花税等可以增强地方财力。

例如北盘江流域 GZ 水电站的建设，移民得到较大的实惠，建房面积、质量、生活水平等均有较大提高。移民搬迁前人均正房面积 14.3～24.7m²，搬迁后移民人均正房面积 22.3～28.4m²，比搬迁前提高了 15%～68%。搬迁后移民的人均正房不仅在数量上提高了，而且在质量上也明显改善，搬迁前移民砖木结构以上正房面积占总正房面积为 15%～83%，砖混结构最高的 L 特区为 46%。搬迁后移民新建房屋主要为砖混结构，只有少量的砖木和木结构。搬迁前移民人均小于 25°耕地面积为 0.072～0.176hm²，搬迁后为 0.108～0.178hm²，移民人均耕地与搬迁前基本相同。

移民搬迁后集中安置点（含集镇）交通便利、场内基础设施较全、供水、供电、广播电视等基础设施较全，分散安置移民安置地基础设施较好，生产生活比搬迁前方便，移民可以有更多的时间进行其他生产。城镇化是我国经济社会发展的趋势，结合城镇化安置，农村移民是拓宽移民安置方式的有效途径，可以推动区域经济结构调整，协调发展区域间经济。在水电站建设涉及的区域，无论是移民搬迁区域还是安置区域，由于投入了大量的人力、物力及基础设施建设资金，从而带动了当地经济发展，进而逐渐形成了一些重要的新兴城镇，一定程度上有助于推进城镇化进程，加快中小城镇现代化步伐。

金沙江 XJB 水电站涉及的 P 县城搬迁，为区域经济发展贡献了大量的资金投资，极大地促进了该地区的经济社会发展。按照政府投资建设规划，P 县城的迁建总投资为 19.5 亿元，其中新县城 12 亿元、工业园 2.5 亿元、乡镇 5 亿元，实现营业税 5850 万元、城建税 292.5 万元、教育费附加 175.5 万元、印花税 180 万元、耕地占用税 6000 万元。整个水电工程建设期间，电站项目至少直接为 Y 市贡献了 5.3 亿元的地方税收。P 县新城的复建，通过科学规划构建特色城镇体系的要求来实施。复建新县城，充分考虑了区位优势和发展特点，将新县城定位为全县的政治经济文化中心，以此带动了金沙江、岷江区域广大区域的经济社会发展，将 P 县新城打造成为集商贸、农产品加工、休闲旅游度假等功能齐全、有序发展的特色城镇。同时加强交通建设，增强城镇辐射功能，加快建设 P 县新城连接 Y 市中心城区的快速通道，将新县城纳入中心城市"半小时经济圈"，建设成为 Y 市的卫星城，融入中心城市以加快发展。同时，建设新县城经龙华连接 XLD 水电站的二级公路，打通新城至 P 县各行政区域的交通大动脉，有效地增强新县城和库区城镇的集聚辐射带动能力。

10.1.3.2　移民安置规划中考虑和结合区域经济发展的必要性和重要性

移民安置规划与区域经济发展的有机结合，在 2006 年实施的 471 号移民条例和 2007 年国家发展改革委发布的"07 规范"中均做了明确界定，从实物指标调查中的经济调查、规划中与土地利用规划、国民经济发展规划的衔接、规划目标制定中考虑安置人口的推算、城集镇和专项复建规划的衔接、公共服务设施配套、概算（如实物指标推算、建房困难户补助等）、后期扶持等内容，均说明了二者相衔接的必要性和重要性。

移民安置与区域经济社会发展的结合，并不仅限于大规模安置点的集中建设，每种移民安置类型只有符合当地的实际情况，而不是脱离现状对安置点建设区进行大拆大建，才能促进二者的双赢。贵州在"西电东送"水电开发浪潮下建设的水电站，其移民安置方式针对山区移民安置难的矛盾，创造性地提出了"大分散、小集中"的安置方式。在人地矛盾突出，耕地后备资源匮乏地区，存在山多地少，耕地分散的特点。另外，山区移民（例如贵州水库移民90％以上都是农村移民）由于文化素质低，生产技能缺乏，加上二、三产业发展滞后，移民安置渠道狭窄。在这种情况下，"大分散、小集中"就是适应区域发展最好的安置模式。

"西电东送"水电项目，根据贵州的地形地貌和安置容量特点，主要采用"大分散、小集中"的安置模式，取得了较好的实施效果。移民户3～5户或8～10户选择1个安置点（即小集中），但众多的移民要分散插迁到水、电、路等条件相对较好的地方进行安置（即大分散）；政府对安置点不统一规划，不统一进行基础设施建设。实践证明，这种模式符合贵州实际，安置效果较好，政府易于操作，移民愿意接受，做到政府行为与市场行为的有机结合。2001年以来贵州省开工建设的12座大中型水电站移民安置，实行"大分散、小集中"移民安置方式的库区，都有以下共同特点：

（1）移民搬迁主动性强，均提前完成搬迁任务，为电站提前下闸蓄水提供了条件。如YZD、SFY、SL、PB、DHS、DQ等水电站，都比规划确定的建设周期提前1～2年蓄水发电。

（2）土地落实情况较好，人均安置标准为0.073 hm²，虽比搬迁前略有下降，但均是较好的耕地，总体质量有所提高。有的库区移民配置的土地数量还高于安置村人均耕地占有水平。移民住房标准普遍提高，人均住房面积比搬迁前增加38％，96％以上是砖混结构。大多数移民选择在集镇边、公路边和经济发展条件相对较好的村庄安置，交通条件、经商条件和教育、卫生条件普遍好于搬迁之前。

（3）移民总体思想稳定，社会安宁，上访或越级上访的比例低于其他库区。

大中型水电工程移民安置对区域经济发展具有重要的作用。水电工程项目建设要与区域经济发展相协调，统筹发展，在水电资源区域集聚与水电工程建设的相关产业有利于区域经济发展。水电开发相关联的行业较多，持续开发有利于聚积推动区域发展需要的内在动力，成为区域经济发展的带动性因素。所以水电资源开发对经济发展的贡献，综合效益大于电力效益。

10.1.4　移民安置与区域经济社会发展结合的内容

移民安置与区域经济社会发展的结合，通过全面系统梳理移民政策的演变历程，以及移民政策在地区的贯彻实施，可以看到其呈现出一个显著的特色，就是从关注移民工作本身扩展到关注区域经济社会发展，从单纯搬迁安置移民演变为发展移民，并且是在区域经济社会发展的大背景下发展移民，追求的目标或者要达到的最终效果是移民安置与区域经济社会发展的双赢。

移民安置与区域经济社会发展经历了三个阶段，概况为适应—符合—促进或重建，即移民安置规划、专业项目迁复建规划从最初的适应区域经济社会发展，到符合区域发展的现实需求，直至现在的城镇整体迁（复）建规划，实质是在区域发展的环境下对城镇的重建或者更进一步的促进其长远发展。

移民安置规划从单一的实物指标补偿补助、房屋建设，逐步发展为将移民安置与区域发展紧密相结合，水、电、路等基础设施的建设并不满足于安置点内部的布设，而是与安置点所在区域的基础设施相衔接，将项目纳入相应的移民安置专业设施的规划布局中。学校、医院等文教卫设施也统筹考虑纳入区域社会公共服务设施体系内，污水处理与垃圾填埋工程更是目前移民安置规划集中安置点建设所必须配置的重要内容。从移民安置规划与区域发展相结合的具体内容中就可以看出，移民工作随着社会的发展、时代的进步，也体现出创新与发展。

10.1.4.1　与移民安置规划的结合

20 世纪 90 年代之前，移民安置规划，无论是集中安置点的规划设计，还是分散安置，由于当时主要是作为政治任务，通过政府的计划调控手段，无偿从安置区划拨土地，进行低标准的简单异地安置，而没有经过全面、科学和合理的环境容量规划与可行性论证，一定程度上挤占了安置区的经济社会资源。随着人口增长，以及社会进步和经济发展，许多移民安置区的经济社会发展反而滞后。"84 规范"颁布后，移民安置规划设计有了第一个专业性规范，移民安置工作逐步走上正规化、专业化道路。这一时期的集中搬迁安置，其规划设计与生产安置规划紧密结合，与城镇、工矿企业、专业项目相协调适应。对于居民点的基础设施建设的基本思路是，根据淹没区和安置区基础设施现状，合理规划，以方便生产、生活为目标。对于后靠安置的移民，其基础设施规划以恢复原功能为目标。

20 世纪 90 年代初至 21 世纪初，这一时期以 1991 年 74 号移民条例，提倡开发性安置移民为标志，开始加强移民工作的管理。显著特点是注重编制移民安置规划，对农村移民配置必要的土地资源供生产开发，为移民居民点新址规划基础设施，配置必要的社会服务设施，与区域经济社会发展相符合，移民安置与库区建设、资源开发、水土保持、经济发展相符合，逐步使移民生活达到或者超过原有水平。为了适应 74 号移民条例要求，原电力工业部颁布了"96 规范"。这一时期的时代特征是全国各地乡镇企业蓬勃发展，移民政策指导思想是大力倡导开发性移民，所以该时期建设的大部分水电工程，移民安置均存在二、三产业安置方式。移民安置规划设计工作的基本思路是本着有利生产、方便生活，地质条件稳定、生活饮用水源可靠、位置适中并为移民所接受的原则，对居民点进行比选和规划。农村居民点的建设，充分考虑当地经济社会发展规划，对新址场地平整、生活供水、供电、对外交通连接和文教卫增容等基础设施和公共设施，按照国家和地方有关规定进行配置建设。

21 世纪初 2006 年 471 号移民条例发布实施以后，国家对移民工作提出了更严格的要求，明确了移民管理体制，提高了征地补偿标准，增加了移民安置规划大纲审批和移民安置规划审核等前期工作程序，注重听取移民和安置区居民意见，提出了移民工作监管要求，同时配套发布了 8 个移民安置规划设计规范。由于移民法律、法规、政策、规范不断完善，移民安置也走向了规范化、程序化、专业化，坚持开发性移民方针，搬迁安置移民区建设一般都要严格执行设计、施工、监理等环节，移民安置区基础设施建设标准提高，功能齐全，同时也针对移民自建房屋，提供一定的技术指导，从而使移民搬迁后的生活恢复较快，整个移民安置规划大大促进了移民安置区经济社会快速发展。

随着社会经济发展和以人为本理念的不断深入，移民安置规划在一定程度上促进了区域发展，尤其是在重建城镇方面，甚至是完善更新了区域规划。例如，居民点的标准不断提高，住房面积不断增大，居民点建设环境更具适宜性和宜居性，从有无、实用到综合性发展。水电工程移民搬迁安置为移民提前改善居住条件提供了机遇。移民搬迁后，居住房屋的结构、质量和面积大为改观。移民安置按照原规模、原标准和恢复原功能的原则为移民提供基础设施和公共设施条件。移民搬迁安置后通水率、通电率、道路覆盖率、广电网络覆盖率、文化娱乐设施惠及率、医疗卫生设施惠及率均有大幅度提高。

10.1.4.2 与专业项目复（改）建规划的结合

"84 规范"正式将"三原"原则作为移民安置工作的重要原则写入政策规范。核心内容指的是水电工程以"原规模、原标准、原功能"为原则开展库区专业项目迁（复）建，涵盖淹没影响的工矿企业、铁路、公路、航运、水利、电力、通信等设施，相应投资费用计列为水电工程补偿投资。可以看出，专业项目复（改）建规划涉及的补偿投资是以单个个体为单位，仅对受淹对象进行补偿，与当地区域规划没有结合。由于当时我国刚处于改革开放初期，受经济社会发展现实影响，"三原"原则的重点在于按照"原规模、原标准"的要求，保障专业项目的功能正常发挥，资金一般由地方政府包干统筹使用，以这种方式，实现对移民工程的投资控制。

74 号移民条例和"96 规范"，认定"三原"原则的立足点仍然是计算迁（复）建工程补偿投资，但是明确提出"扩大规模、提高标准增加的投资，由地方政府或有关单位自行解决"，同时，还提出迁建城镇规划除了应本着原规模、原标准的原则外，还应参照行业标准和行业工作程序编制，按照迁建规划设计计算补偿费用，并由地方政府包干使用。此重大突破，提高了移民安置规划的科学性和可操作性，有利于地方政府实施，客观上也有利于地方经济的发展。但是补偿投资往往根据地方发展规划自行设计，存在计算费用与实际实施两套不同设计的问题。而在农村移民安置方面则有所突破，明确提出"移民安置应当以不降低原有生活水平为原则，通过前期补偿和后期生产扶持，并结合安置区的资源情况及其他发展条件和社会经济发展计划具体分析拟定"。

471 号移民条例和"07 规范"对"三原"原则的含义有了更深层次的延伸：一是进一步提出"移民工程建设规模和标准，应当按照原规模、原标准或恢复原功能的原则，考虑现状情况，按照国家有关规定确定。现状情况低于国家标准的，应按国家标准低限执行；现状情况高于国家标准高限的，按国家标准高限执行。"二是"三原"原则的立足点不再局限于计算补偿投资，更多地强调规划设计。移民迁（复）建工程按相应行业标准和规范设计，按设计来实施和计算补偿投资，但是对于超出规范要求和行业标准的专业项目，仍然需要考虑合理的投资分摊。

新的移民规范为移民安置后续生活提供了基础设施服务和社会公共设施服务的政策保障，并使移民工程与相关行业有效的衔接和互通，迁复建工程规划设计不再是两张皮而能够落地成真、付诸实施，与原有的实施规范相比有很大进步。

10.1.4.3 专业项目迁复建与区域经济社会发展的统筹

自 471 号移民条例和"07 规范"颁布实施以来，已经在建或新开工的水电站，建设征地影响的城镇、交通、电力、水利等移民工程，在迁（复）建规划设计和实施建设过程中，已经执行"三原"原则，同时严格按照国家强制性规定和相应行业标准规范执行，并且紧密结合了移民脱贫致富和促进区域经济社会发展的要求。迁（复）建移民工程的建设规模、标准和服务范围，较淹没前均有了大幅度的提高，但与"建好一座电站，带动一方经济，改善一片环境，造福一批移民"的开发理念仍有差距，所以在水电移民安置政策调整完善的基础上，合理运用"三原"原则，正确处理好各利益相关者的关系就尤为重要。

目前，水电工程移民安置的基础设施配置与城镇建设，已经完全符合甚至引领了区域经济社会的发展。无论是居民点内部的道路、给排水、供电和广播电视、通信设施等，还是外部的对外交通、供电、供水等，以及与之相关联的库周交通项目等。

471 号移民条例明确规定"大中型水利水电工程建设征地补偿和移民安置应当遵循下列原则：可持续发展，与资源综合开发利用、生态环境保护相协调；因地制宜，统筹规划"。同时提出"编制移民安置规划应当尊重少数民族的生产、生活方式和风俗习惯。移民安置规划应当与国民经济和社会发展规划以及土地利用总体规划、城市总体规划、村庄和集镇规划相衔接"。可以看出，471 号移民条例在一定程度上已经提出移民安置规划应合理地与地方区域经济发展相结合。

乌江流域 ST 水电站水库淹没共涉及 3 个集镇、2 个中心村，分别是 Y 县的 Q 镇、D 县的 CD 镇、CB 乡，以及望牌中心村和新滩中心村。其中 Q 集镇、CD 集镇、CB 集镇是乡（镇）政府所在地，是 3 个乡（镇）的政治、经济、文化中心。望牌、新滩 2 个中心村为"撤区并乡"前的一个小规模乡政府所在地，现为 D 县 T 乡的 2 个行政村，但其集镇商业功能还存在，附近居民定期都到此处赶集。

ST 水电站集镇（中心村）规划中，根据 471 号移民条例和"96 规范"以及国家其他现行政策的规定，把集镇的迁建同地方经济建设尽可能结合起来，合理布局和安排建设用地和基础设施，正确处理国家、业主、地方政府和移民群众的利益，充分发挥移民群众的积极性和创业精神，使他们尽快重建家园，恢复生产，使迁建后的集镇规划布局、用地指标、基础设施配套、集镇面貌等方面比迁建前有一定的改善，并为远期发展留有余地。

红水河流域 YT 水电站的移民安置过程中，配套解决了人畜饮水工程、交通设施项目、居民点居民用电、文教卫等基础设施项目，极大地改善了移民安置区的基础设施水平，提高了安置区生活水平。人畜饮水工程实施后，受益移民 6 万余人，涉及 5 个县（区），解决了库区移民的人畜饮水困难，较大地改善了库区移民的饮水条件，饮水得到了保障，水质也得到了提高，有利于移民的身体健康和生活质量的提高。库区的交通项目实施后，整个库区沿河两岸乡镇与村之间，村与屯之间形成了较为便捷的交通路网，水路码头、库区交通条件也大为改善，实现了村村通公路，自然村（屯）通屯级道路，移民的生产生活及其子女上学交通难问题得到了解决，为库区经济发展和社会进步创造了有利条件。库区 D 县比较偏僻的 6 个居民点的用电项目实施后，全库区的农村居民点用电基本得到了解决。村委办公、文化及卫生设施项目实施后，库区移民的社会公益设施基本覆盖。

对专业项目迁复建与区域经济社会发展的统筹而言，投资大，综合效益辐射面广的优势尤为明显。专业项目规划主要包括等级道路、水利工程、库区输变电工程等项目，亦属于大型基础设施项目，在一定程度上也是区域经济发展的大前提和主动脉。之前由于经济发展较为缓慢，区域发展需求不明显，另一方面移民安置规划不够全面，大型专业项目带动区域经济发展的效果也不够突出，现在则完全改变了这个局面。

对水电工程建设征地影响的移民专业项目，按照其原规模、原标准、恢复原功能的原则和国家有关强制性规定，进行恢复或者改建。水电工程征地涉及的专业项目大多处于交通条件、生活条件和基础配套相对较差的区域，原有的基础配套相对老旧，且因标准较低。移民安置过程中，对专业项目的复建或者改建，除坚持"三原"原则外，还结合国家相关行业的强制性标准，必然有利于改善相关专业项目的设施状况，有力地推动了地方经济的发展。

北盘江流域 DQ 水电站水库淹没花江大桥及其连接的 S210 省道，大桥位于 S210 省道 G 县 B 乡至 Z 县 B 镇段的北盘江上，是一座中型石拱桥，桥梁全长 97m，桥面宽 9.0 m，1961 年 10 月竣工通车。花江大桥及 S210 省道建成年代较为久远，老化严重。复建同等级的两岸引道三级沥青路和大桥 1 座，复建公路全长 1407.944m（含桥梁），大桥采用净跨为 140m 上承式钢筋混凝土箱型拱桥，极大地改善了公路沿线居民的出行条件，提升了该地区的交通设施状况。库区专业项目的规划、兴建，已在很大程度上带动区域基础设施发展。

10.2 关键技术

10.2.1 移民搬迁社会网络重建与民俗、民族文化保护

10.2.1.1 社会网络的基本结构

社会网络就是个体与家人、亲戚朋友、邻居等互动，以及与其他组织或组织成员互动构成的关系网络结构，并通过这个结构得以获取物质资源、情感归属和社会认同等。从社会网络视角研究移民安置过程中的社会整合，应首先关注移民之间及移民与安置地居民之间的互动与联系，以及作为互动结果积累起来的社会资本。在水电工程建设这一强势外力因素的推动下，移民无论是就地后靠，还是外迁出县，他们都离开了赖以生存的故土，需要适应新的环境。伴随着移民迁移，其具有浓厚乡土根基的社会网络也发生了变化，迫切需要在新居住地重建新的社会网络。一定程度而言，移民搬迁安置及后续发展的过程也是其社会网络解构与重构的过程。

10.2.1.2 社会网络的解构与重构

移民安置无论采取分散安置还是集中安置，均会对移民的社会交往产生影响，进而影响到社会网络资源的规模和质量，尤其在集中居住条件下，这种影响尤为明显。移民集中安置打破了之前的居住格局，在新安置区域重新组合，这个过程不仅是空间变动，也是社会网络的变迁。因为移民的交往对象不断扩大，原有的社会交往结构发生改变，总体社会网络规模逐步拓展，主要对象是邻里、社区或村落的原居民以及求职或工作中认识的新人。所以表现出一个明显的特征在于，移民之间的血缘关系在一定程度上削弱了，而业缘关系得以逐步增长。因为移民在搬迁前，依赖的主要是建构在血缘和地缘基础上的社会网络，搬迁安置后，移民拥有的社会网络不可避免发生了解构，在新的区域，迫切需要重构新的社会网络，其交往对象由亲友、邻居逐步转变为原居民、同事等，社会交往对象发生了新的变化。

重建和拓展移民社会网络，是一个长期的工作。新时期移民工作从移民安置规划开始，在完善基础设施的基础上，开始关注移民文化生活方面的建设。

（1）扩大了居住点的公共空间，促进了移民的社会交往。移民工作实践表明，居民点内单纯的房屋建设，已经不能满足移民之间以及移民与原住居民之间的社会交往，必须通过设计满足移民多层次的社会和心理需求。因此，现在迁（复）建的城镇或者移民居民点，已经增加了绿地和广场面积，建设了服务中心并完善了服务功能。通过这种方式，增强了室外公共活动空间对移民参与的吸引力，提高了移民对居住区域的认同感和归属感。

（2）通过"大混居、小聚居"的安置方式，拓展了移民与原居民的社会交往。"大混居、小聚居"是指在一个较大的区域范围内实现移民和当地居民混合居住，但并非以个体为单位在整个区域内随意居住，而是同质性的小聚居和异质性的大混居。目的在于促进移民和当地居民的互动和交往，避免公共资源的不合理分布，同时也避免移民和原居民产生社会隔阂，打破了居住上的空间隔离，为移民和原居民的交往、融合、认同提供了便利的空间条件，从而加速移民社会网络的重构过程。

（3）建立社区或村组集体组织互助支持系统。社区或村组集体组织互助是移民和原居民在生活上相互支持和帮助，包括融入到移民群体、原住居民中，通过邻里互助、参加有组织的公益活动，彼此提供正式或非正式的帮助；积极参与社区、村集体的各类事务，强化社区认同感和归属感。村组集体组织搬迁安置到新的区域后，重建村支两委，积极整合移民居住地资源、构建社会关系，增强移民生活的信心和适应新安置地的能力。

10.2.1.3　移民迁移与民俗民族文化保护

水电工程移民迁移要做到与民俗民族文化保护有机结合，首先应该熟悉了解当地的风土人情、社会结构特征等，也就是关注"地方性知识"。目前水电工程开发主要集中在西南地区，尤其以少数民族居住地区为主，当地的地形地貌、自然生态环境、社会结构、民风民俗等特质直接影响着移民搬迁安置规划思路和方向，制约着移民安置后的长远发展。

总体而言，少数民族地区的移民一般具备以下特点：一是居住区域位于高山河谷地带，海拔较高，村寨位于山腰缓坡、台地之上的山南向阳一侧，注重采光和通风。居住格局是一种大分散、小集中、组团式格局，低密度的空间形态。二是建筑结构主要是石木、土木、木结构为主。三是生产生活方式方面，以农业生产为主，辅之以采摘经济作物，居住在河谷两侧，耕种土地在河谷地带或距离房屋较近，并且在山上放牧，是一种半农半牧的生产劳作方式。

针对少数民族的居住特点，结合区域经济社会发展的现实需要，少数民族的移民安置宜调整居民点安置的思路，在居民点建设方面，体现大集中、小分散、多组团的规划。除了绿地、活动广场等公共活动空间之外，合理规划宗教活动场所或设施，满足移民开展民俗、宗教活动的需求或修建小型宗教设施等。此外，充分考虑民族、宗教等深层次的文化内涵在传统建筑结构、功能、装饰等方面与周边自然条件相融合的问题。工作实践表明，少数民族地区政府对于以移民居民点建设为契机，打造区域特色旅游产业有着强烈的愿望。

贵州是一个多民族的省份，除汉族外，世居的少数民族有苗、布依、侗、彝、水、回、仡佬、壮、瑶、满、白、蒙古、羌和土家族等 17 个。贵州乌江流域梯级水电站涉及的少数民族分布数量较多，各民族间有着不同的民族文化和宗教信仰。

以 HJD、DF、SFY、YZD 水电站为代表的乌江梯级水电开发的移民安置工作，参建各方对移民搬迁安置给少数民族民俗及文化保护产生的影响予以高度重视，并在移民安置工作中努力减少消极影响。对少数民族移民规模较大的聚居区，优先采用组内后靠、村组内调剂耕地安置；对于淹没耕地较多的村组则按照经济合理、移民自愿的原则，充分尊重少数民族聚居或混居意愿，采取跨乡县内安置，保障各水电站涉及的县内移民人口规模、民族构成变动较小。同时，对于少数民族移民聚居的村落基本采取整村集体搬迁的方式，保障原有居住格局的完整性。对于受淹没影响的民族、宗教活动场所，在安置区重建，少数民族的民俗习惯以及宗教活动等文化传统不会由于变迁而改变。

水电开发移民搬迁安置对少数民族文化和宗教信仰的影响，从另外一个角度分析，也应看到积极的方面。搬迁虽然会影响到库区少数民族某些习俗活动，但应该注意到民族文化与生产关系的能动关系，因为民族文化的变迁归根到底是由当地的经济发展水平和生产生活方式决定的。如果没有乌江流域梯级电站建设，经济社会发展也会使民族文化、民俗宗教等发生变迁。开发前乌江流域两岸少数民族生活水平处于极度贫困状态，发展是当地居民首先要考虑的问题，梯级电站的建设实际上为发展提供了一个机遇，加速了这个进程。另外，文化对其生成机质的生产关系又产生能动的反作用，并随着文化自身的发展而越来越具有决定意义。现代化的生产方式和生产技术等物质文化必将对新文化的生成产生重大意义。从文化发展的规律角度讲，迁移虽然会使古老的风俗、传统的生活习惯、纯朴的生活方式等民族文化同化，但层次不同的各类文化和现代化不断冲击、影响、渗透，可以使某些少数民族的传统民俗文化本位发生变化。任何民族的民俗文化如果没有演变，固守民俗文化本位，一味地维护定型文化，那它在现代文化大趋势面前其差距也会越来越大。

移民虽然容易导致民族文化之间的磨合，但移民带来的文化多样性并不完全消极，也有积极的作用，可以提高社会和文化活力，多样性本身对于当地的社会和文化财富是新的活力和元素。不同文化间的交汇，不同的文化特色经过交流、互动和融合，最终会形成另一种新的文化特色。移民文化的产生便是这样，不仅迁入的文化融入了当地的文化特色，并且当地的文化会随着外来的文化而发生一些变化，这种交流互动使得原有的文化更加多姿多彩。所以，不同文化背景、不同的社会经历和价值观念结合在一起，是可以建构出一些新的社会和经济秩序，并能激发社会活力的，并且这种多样性的文化现象是文化发展的必然趋势。

乌江流域梯级开发移民搬迁安置的实践证明，结合安置区基础设施和社会公共服务设施配套建设，以及后期扶持建设，对少数民族地区社会经济发展起到了积极的促进作用。同时，在许多相应措施已经做到尽量减少对少数民族文化和宗教信仰造成影响的前提下，也促进了少数民族文化和宗教信仰的良性发展。

10.2.2 农村移民生产安置与区域发展的结合

10.2.2.1 农村移民生产安置规划理念中的结合

农村移民生产安置规划设计是为恢复和提高水电工程建设征地处理范围影响的农村移

民的生产条件，妥善安置农村移民恢复生产而进行的规划设计工作。农村移民生产安置规划应根据移民安置区环境容量、生产开发条件、生产技能、移民意愿、既有的基础设施和投资费用等各项因素分析、论证，合理确定移民生产安置方式和搬迁安置方式、移民生产开发项目，综合进行生产开发规划。

农村移民生产安置规划设计是水电工程移民安置过程中的一项重要工作，能否妥善处理好移民的生产恢复问题，是水电工程移民安置成败的关键，也是保证水电工程库区社会稳定、和谐发展的基本条件。

农村移民生产安置规划的关键在安置任务、安置标准、环境容量分析、安置方案、安置资源筹措、资源的开发与设计。不同阶段的移民生产安置过程中的重要研究内容为环境容量分析、土地开发整理、非农安置方式等。建于 20 世纪 90 年代以前的水电站，移民以配置土地的农业安置为主，当时还有一定的土地资源用于安置移民；进入 21 世纪以后，随着经济社会发展进程加速，对土地资源的需求增加，水电工程建设进入高山峡谷地区，土地资源更为稀缺，移民安置配置一定的土地资源难度较大，只能结合无土安置方式才能满足移民安置需要。

10.2.2.2　移民生产安置规划设计需要满足的基本要求

移民生产安置规划设计需要满足的两个基本要求，即因地制宜和可持续发展。

水电工程建设征地区的自然条件、经济发展状况和文化水平不同，规划移民安置方案应从本地本项目实际出发，因地制宜，因人而异，具体问题具体解决，形成具有地域特色的最佳安置方案。随着时代的变迁，"以土为本，以农为主"的安置方式受资源、环境、民族等多方面因素影响，无法在土地资源不足的地区全面推行，移民安置规划设计开始向大农业安置与非农业安置相结合的生产安置方式转变，宜农则农，宜商则商。对生产技能单一、文化素质普遍不高的农村移民来说，习惯了以农为主的生产生活方式，有土安置是最可靠的方式，宜采取大农业安置；而对于经济较为发达地区的农村和城镇移民，宜结合城镇化采取非农安置，使他们依靠二、三产业得以妥善安置，同时可以缓解农村移民对土地的压力。

A 州 MEG 水电站针对少数民族地区水电工程建设征地移民安置和补偿进行了研究。2007 年 7 月，四川省人民政府审核批准 MEG 水电站移民安置规划报告。2008 年受"5·12"汶川大地震的影响，原定的大量可利用土地资源受损，使该区域本已匮乏的可利用土地资源更加稀缺，集中居民点附近可开发、调剂、利用的土地人均不足 $0.01hm^2$；另外，地震后移民意愿也发生较大的变化，他们不再愿意接受跨乡和向高海拔地区迁移进行生产安置。基于以上影响因素，"大农业"安置为主的移民安置方案在实际工作中操作难度较大。2009 年 2 月，A 州人民政府向省政府提出《关于建立 MEG 水电站移民补偿机制试点请示》，并得到省政府支持。根据《关于我省大中型水电工程移民安置政策有关问题的通知》（川发改能源〔2008〕722 号），可优先考虑使用土地补偿补助费用于移民生产安置。在实施过程中，暂以征收集体经济组织所有、承包到户的耕（园）地面积为基础，按耕地亩产值逐年发放土地补偿费，其他土地一次性补偿为主的方式安置该水电站移民。

MEG 水电站移民生产安置大胆创新，化解了人地矛盾，减缓了资源环境压力，移民满意度提高；地方政府实施难度降低，推动了工程的建设。因此，移民生产安置规划要坚持以人为本，满足移民生存需求，且为日后发展提供空间；在拥有充足土地资源的地区应坚持以农业生产安置为主，依靠农业恢复生产，在土地资源短缺或二、三产业经济发展较为成熟的区域，遵循因地制宜，多种方式安置的原则。

在早期的 LYX 水电站、MTH 水电站、HJD 水电站、DCS 水电站等典型的移民安置过程中，由于"重搬迁、轻安置"的思想、地方政府具体操作问题（将土地费发放到移民手中由移民自行流转或政府引导流转土地），出现了不尊重安置区的资源现状过度后靠安置的问题，致使移民人均耕地标准大幅下降，移民粮食不能自给，移民生活受到影响；或者在后靠安置的环境容量方面，只考虑了当代移民的资源拥有程度，忽略了人口增长对资源的需求。随着人口增加，人均占有耕地越来越少，间接造成生活水平下降，还出现了毁林开荒的情况，致使安置地周围生态环境恶化。

通过实例分析可知，移民安置规划设计中需贯彻可持续发展的理念：一是生产资料和生产条件能够满足当代人的生存与发展需要，使移民的长远生计有保障；二是既能满足当代人的需要，又不对子孙后代的生存发展造成危害；三是移民安置与库区的资源、环境相协调。因此，在移民安置规划设计中尤其需要重视环境容量的分析，在合理利用资源的前提下，测算安置区的土地承载力，着眼长远发展。同时，动态地考虑安置区人口、资源、环境之间的变化关系，不仅要满足移民安置的需要，还要尽可能给安置区容量留有余地，为移民的长远发展提供可持续的空间。

10.2.2.3 移民生产安置的时代变迁特征

1. 一平二调

此安置方式是针对早期水库移民安置特点，借用"一平二调"的概念，说明 20 世纪 80 年代之前，我国水电工程移民安置的时代性特征。

"一平二调"是平均主义和无偿调拨的简称。"一平"是指在人民公社范围内把贫富拉平，搞平均分配；"二调"是指对生产队的生产资料、劳动力、产品以及其他财产无代价地上调。可以说，"一平二调"是特殊社会背景下出现的一种特殊分配方式。

在特殊历史时期，由于地方各级人民政府重视工程建设，移民安置工作主要依靠行政手段、强迫命令和水赶移民的工作方法进行。如 1958 年修建的被誉为三湘"红宝石"的 ZX 水电站，当时移民安置费用按人均 200 元标准包干、移民安置地实行"一平二调"、移民被淹没房屋等财产无任何补偿等。移民工作口号是"共产党员带头走，贫下中农动员走，地主富农赶着走"，"水淹 Y 镇，房屋未搬迁，移民含泪走"，即是当时移民动迁的真实写照，绝大多数移民是零财产转移。祖祖辈辈生活在资江两岸的农民或举家外迁或后靠到偏远的高寒山区。由于历史的原因和特殊的地理环境，相比其他地区，在经济、社会功能、基础设施建设方面还存在很多突出问题需要解决。

2. 开发性移民

1984 年提出开发性移民，其思路是基于以下想法：水库移民问题不能靠一次补偿来解决，移民安置成败的关键，在于能否把水库淹没的补偿投资与水库移民的人力资源结合起来，改消极赔偿为积极创业，使移民安置与库区建设结合起来，把被动移民转化为主动移民，从而实现移民安置的长治久安。所谓开发性移民，即开发资源、发展经济、安置移民，也就是充分利用库区的各种资源（如自然资源、人力资源等）和移民资金，有计划地组织移民开发资源、发展生产、建设库区、重建家园。通过区域经济发展，实现移民经济的良性循环和妥善安置，达到恢复与超过移民搬迁时的生产生活水平，使移民安居乐业，长治久安。

开发性移民，首先是恢复，就是将水电站淹没影响的补偿补助费兑付给移民，进行生产生活安置以及库区和移民安置区的建设。所以补偿是基础，是开发性移民的先决条件，没有补偿就没有开发和发展。发展是目标，开发性移民的目标是通过系统科学的移民安置规划设计，来妥善安置移民的生产生活，不降低移民既有的经济收入水平，并逐步提高。为了达到这一目标，在移民安置过程中，就必须将补偿补助和发展相结合，通过各种措施，实现库区和移民安置区的社会经济持续、稳定发展，走开发性移民之路。系统性是重点。开发性移民是一项复杂的系统工程，需要将移民安置及后续发展与移民区建设紧密结合起来，与改善区域生态环境很好地结合起来，将库区和安置区统筹兼顾，综合平衡考虑，尤其是将移民安置区与所在整个区域的经济社会发展综合统筹，保证人口、资源、环境的协调发展。充分参与是保障，开发性移民安置是一个以人为中心的实践。在对移民进行补偿安置时，充分保障了移民的参与权，在实物指标的调查统计、安置方案的选择、各类资源的分配、后期扶持项目的选择与决策等涉及移民个人或集体切身利益的方面，移民均有知情权和申诉权。所以公众参与是确保开发性移民顺利进行、移民合法利益不受侵犯的重要手段之一。

开发性移民作为移民安置的新思路、新理念，更加重视与区域经济社会发展的衔接，体现出时代的特点。一是具有整合性。水库移民搬迁，移民区的原有社会经济系统结构被打破。开发性移民使移民重建家园，形成新的社区和社会网络，建立新的经济系统和经济结构，从而达到移民区社会经济系统的重新整合。二是具有开发性。开发性移民的关键在于开发，充分发挥库区和安置区的资源优势，通过合理的投入和有效的开发活动，使资源优势转化为经济优势，从而促进库区的发展。开发性移民是移民安置的根本出路。开发性移民与单纯安置补偿的传统做法相比，它有利于充分利用库区和安置区的资源，有利于合理利用移民投资，提高投资效果，有利于安定团结，实现移民妥善安置。三是可持续性。开发性移民的方针是通过开发创业，使移民安置与库区建设和发展结合起来，移民安置和改善生态环境结合起来，使库区的人口、资源、环境、社会、经济可持续协调发展。可见，保持库区经济社会的可持续发展，是开发性移民始终遵循和追求的目标。

3. 新时期移民生产安置方式

21 世纪之后，移民安置方式多样化，内涵逐步丰富发展。根据移民获取生产资料途径的差异性，将现阶段移民生产安置方式区分为农业安置方式、非农业安置方式、复合安置方式、自主安置方式、养老保障安置、逐年补偿安置方式等。

农业安置也即有土安置，以土地为依托，从事农、林、牧、渔业等第一产业，通常称为大农业安置。利用耕地、园地或其他土地，通过土地开发整理、有偿流转调剂，为移民配置必要的土地，从事大农业生产，以便恢复移民的生产生活水平。农业安置使移民拥有农业生产用地，由移民自主经营农、林、牧、副等各种产业，也可兼顾从事二、三产业。

这种安置的好处是移民安置费用较低、移民自主选择意愿强，符合移民工作中的风险最小原则。根据社会经济状况、自然条件、劳动力素质、市场化程度等诸方面因素，农业安置是现阶段库区农村移民的主要安置方式。对于无一技之长，严重依赖土地，离开土地没法保障生活的移民，可实行土地安置，满足了生产生活的根本需要。

非农业安置指移民安置后不再从事农业生产，主要从事非农产业来发展生产。非农安置可以缓解土地资源紧张的矛盾，是移民安置不可缺少的一种主要安置方式。在我国城镇化的社会发展背景下，农业劳动力转移到非农产业是历史发展的必然趋势，移民安置也应符合社会发展规律，对教育程度高、生产经营和专业技能强、对土地依赖度低的移民，适合非农业安置方式。

复合安置是为移民配置部分土地，结合第二产业或第三产业安置的生产安置方式。农业与第二产业复合安置是指每户移民均获得土地，以土地作为生产资料从事农业生产经营，同时也从事第二产业等活动，增加经济收入。主要有几下几种实现途径：一是结合水库工程项目的建设和移民迁建工程，利用库区资源和农村劳动力多的优势，发展建筑安装和建材工业。二是发展以农产品加工、食品加工为主的企业，拓展农副产品的加工深度，建立与农业发展要求相适应的农产品加工体系。农业与第三产业复合安置指的是为移民分配土地作为基本生产资料，移民在从事农业生产经营的基础上，同时从事第三产业，主要包括小商品、运输、旅游、餐饮娱乐等。

自主安置主要指投亲靠友、自谋职业或自谋出路安置，对部分有自主能力或稳定经济收入来源的移民，将安置费用发放给个人，由其自主就业或安置，以便获得生活经济来源。投亲靠友、自谋职业或自谋出路安置的共同特点就在于根据移民户自身条件，尤其是经济条件，不再依赖土地，并能依靠移民的社会网络资源，在自行选择的乡（镇）、县（区）、市（州）等区域解决生产和生活问题。由于选择此安置方式的移民较少，因此对安置地的社会经济影响程度非常低；鼓励有条件的移民利用亲情关系分散到非移民安置区进行安置，可以缓解建设征地区政府的安置压力。而养老保障安置指的是对部分符合条件的农村移民，结合当地农村养老保障政策，将全部或部分征地补偿费用纳入当地养老保障，使移民通过定期领取养老保险金获取相应的收入。

逐年补偿安置方式的采用，是依据省、直辖市、自治区的有关规定，结合当地自然条件、经济和社会发展特点，在移民安置规划大纲阶段提出基本的安置方案，主要包括逐年补偿安置方式的地类、标准、内容、补偿补助金额的来源等。根据目前已经进行逐年补偿安置实践的省、自治区的现行政策，逐年补偿安置方式的地类主要限定为耕地和可以调整的园地，参与逐年补偿的耕地、园地，必须是在建设征地范围内，经实物指标调查确认的集体经济组织所有的、承包到户的土地资源。

三峡工程移民工作通过农村移民安置政策的调整，来适应新时期社会发展的现实需求。农村移民安置政策由就近后靠安置，二、三产业安置，自谋职业安置调整为实行以多种方式安置农村移民的方针，因地制宜，把本地安置与异地安置、集中安置与分散安置、政府安置与自找门路安置结合起来，鼓励和引导更多的农村移民外迁安置。农村移民安置继续坚持以土为本、以大农业为基础，大力发展高效生态农业，有条件的地方积极发展二、三产业。为保障库区的可持续发展和保护库区的生态环境，不强求就近后靠安置，严禁开垦 25°以上坡地，已开垦的要逐步退耕还林还草；对 25°以下坡地，要采取"坡改梯"措施。外迁移民首先尽量在本省、市非库区安置；本省、市安置不了的，在邻近省安置；邻近省仍安置不了的，考虑在沿江各省、市和长江下游滩涂地及其他省、市安置。大力支持农村移民以投亲靠友方式自主分散外迁到库区以外的地区，继续从事农业生产。对外迁的农村移民，国家制定相应的鼓励政策并给予适当经济补助。该政策充实和发展了移民安置的新思维，对提高移民安置质量、发展库区经济，尤其对改善和保护库区的生态环境作出了巨大贡献。

10.2.3　移民搬迁安置与区域发展的结合

水电工程移民搬迁安置已经并非搬离故居，在新的安置地生活这么简单的行为，而是具有深刻的社会时代特征，尤其是进入新时期，移民搬迁安置已经与城镇化、新农村建设密切结合，关注人居环境、生态环境和长远发展，紧扣"创新、协调、绿色、开放、共享"的发展理念。

10.2.3.1　移民搬迁安置的基本要求

伴随着经济社会发展，区域规划需要更加重视综合统筹诸如人口、资源、环境等因素，更好地发挥其综合性功能，体现出明显的社会性特征。例如《村镇规划标准》（GB 50188—93），规定了村镇规模分级、用地分类、建设用地标准、水电路规划要求等。而《镇规划标准》（GB 50188—2007），符合经济社会发展的现实要求，对 1993 村镇规划进行了调整完善，最大的特点在于增加了防灾减灾规划、环境规划和历史文化保护规划，充分说明了在当前镇规划中的重要性。目前，水电工程移民搬迁安置规划充分体现了镇规划的要求。

例如在移民搬迁安置工程环境保护方面，寻求科学合理、因地制宜的预防和保护措施，使移民搬迁安置后的生产生活方式与环境相协调，最终达到促进经济建设与环境保护协调发展的目的，是移民搬迁安置与区域发展相结合的必然趋势。在移民搬迁安置工程中环境保护的总目标就是为了维护生态环境与移民安置的协调统一，重点在于维护移民安置区的水域功能，尤其是饮用水质保护、生活污水处理；合理处置生活垃圾、固体废弃物；加强环境管理，最终是为了提高移民的生活质量。

在移民搬迁安置与新农村建设方面，新农村建设关键是树立新理念、发展新产业、培育新农民、建设新环境、增强新活力。贵州新农村建设的方针是"生产发展、生活宽裕、乡风文明、村容整洁、管理民主"，实施的特色和亮点就在于将水库移民搬迁安置规划与新农村建设有机结合，提出了"四在农家·美丽乡村"的新理念，对于已经搬迁安置完成的移民安置点，通过移民后期扶持规划，整合社会资金，将移民居住地与传统村落的保护相结合，布局上有意识地向民族地区的传统村落倾斜，注重传承和保护传统村落的文化遗产，保留和传承移民熟悉的传统文化场景，打造的各示范点根据区域实际情况，充分利用房前屋后的空闲土地，探索推进"微田园"建设，让小菜园、小果园、小茶园进入村寨，进一步彰显农村特色、体现农村风味、展现农村风貌。创建中，注重因地制宜，移民搬迁安置规划或居民点改造，与现代高效农业示范园区、旅游产业示范区等相结合，积极改善园区、景区周边村寨人居环境，两者相互促进，形成模式多样的建设格局。

金沙江 XJB 水电站结合新农村建设，积极推动移民搬迁安置，将居民点优先确定为新农村建设示范村，在移民搬迁之前启动水电路等基础设施建设，优先发展农业产业化的项目，以此吸引移民搬迁安置，同时也可以让安置地原居民充分认识到吸纳移民的益处，促使安置地政府和原住民主动配合移民安置工作。在移民新农村建设中，充分整合农业、水利、交通、教育等部门的资金和项目，并将发放农户小额贷款等具体措施与移民安置生产发展项目集体实施。同时在有条件的移民安置地，实施中心村建设等工程，通过宅基地复耕、土地整理开发增加土地供应量，以保障移民安置。

10.2.3.2 区域资源对移民搬迁安置规划的影响

移民安置规划和移民环境容量分析，首先需要考虑的因素就是区域资源的拥有程度，它直接影响移民安置后生产生活水平的恢复和后续发展。资源类型、资源规模和资源质量都在一定程度上影响移民安置成效。区域拥有的资源一般可以分为自然资源、社会经济资源和技术资源。

（1）自然资源。主要有土地资源、水资源、矿产资源、生物资源等。移民安置规划首先要考虑的条件就是土地资源和水资源，一个区域的土地资源、水资源的拥有状况直接关系到移民安置环境容量分析，其承载能力对移民是否可安置于此至关重要，是移民安置规划设计的关键性技术。如果该区域土地资源和水资源丰富，那么大农业安置方式则是最直接有效的选择，能够保障农村移民获得继续稳妥地从事农业生产充足的生产资料，从而顺利地恢复日常生产生活，进而实现安置后的可持续发展。如果该区域矿产资源、能源资源丰富，那么就有利于二、三产业的发展，更便于促进当地经济社会发展，从而带动移民经济收入的增长，以及生产生活水平的提供，从而摆脱对土地的依赖，有利于移民生产安置方式多样化。

（2）社会经济资源。移民搬迁安置需要考虑该区域整体的社会经济发展水平，移民生产安置或者搬迁安置只有与当地适当的经济社会发展水平相结合才能保障移民生产发展、生活水平恢复和提高，才是真正做到了顺应移民发展的需求。如果一个地区的社会经济发展水平不高、以农业生产为主、人口密度不大，那么则适合大农业安置模式，以土为本。在社会经济发展水平比较高、人均耕地拥有量比较少，而商品经济比较发达的地区，适合城镇安置，将集中安置和分散安置相结合，凭借二、三产业发展的优势，解决城镇移民的就业问题。而在高海拔且生存环境恶劣、经济发展水平极低、生产发展条件很差的地区，可以实行远迁或外迁的方式，在满足移民生存与发展的区域进行集中安置或分散安置。

（3）技术资源。科学技术能够将土地资源、矿产资源、能源资源、劳动力资源等转化为先进生产力，科技水平越高，意味着转化能力越强，科技与资源的结合，以技术资源的形式来推动区域经济社会发展，就成为一个重要影响因素。水电工程移民安置的实践经验表明，在高山峡谷地区，尤其是耕地资源普遍稀缺的区域，农业生产技术的高低直接决定了农产品附加值的高低，直接影响到粮食产量的高低。因此，移民生产安置中调剂配置耕地，在满足基本生活所需的粮食产量前提下，农田水利设施的修建完善、农业生产技术的广泛应用、技术资源的助推力，就意味着可以调配的土地面积少，通过提高耕地产值从而减少对耕地面积的过度依赖。此外，技术资源的推广应用，还有一个极为紧迫的现实需求。当水库淹没了地势平坦、土壤肥力较好的土地后，移民依靠剩余土地资源和调剂耕地来完成有土安置，尤其对分散后靠的移民而言，在环境容量有限，缺乏后续发展条件的情况下，技术资源的开发应用就显得弥足珍贵，既可以缓解人多地少的矛盾，又可以提升土地产值。

从区域发展的理念来分析，土地、劳动力、社会经济资源、技术资源等可以在城乡之间自由流动，并且这种流动不是过去单方向的农村向城镇流动，而是双向的互流互通，各类资源向农村的流动会逐步得到加强。资源要素的流动方向、速度和规模的改变，对水库移民安置及后续发展将产生积极作用。

10.2.3.3　移民房屋建筑形态、风格与景观规划

基于移民搬迁安置点地理位置、区位优势、资源优势、交通条件优势、农业物产资源优势、环境气候优势、安置点的定位和性质等，规划移民房屋的建筑艺术风格和形态设计，尤其是少数民族的民居风格，需与安置地既有资源相衔接，例如旅游资源的协调发展，为安置点及周边区域的长远经济发展做好铺垫，奠定良好的发展基础、良好的人居环境，建成一个独具特色的美丽的现代移民安置点。

在进行安置点街区的建筑形态、风格与景观设计时，充分利用地形、地势和周边关系，依山就势，组织建筑空间设计，形成丰富多变的空间视觉景观；充分利用地理优势和区位优势，为该地区经济和文化长远发展作建筑形态和风格定位，为经济发展和周边乡村建设做好铺垫；充分吸收地区建筑文化、风格、设计理念和已建的成功案例，提炼出适合本地、具有个性的建筑风格和建筑艺术特色，创造优良的人居环境。

10.2.3.4　移民搬迁安置对文化发展的客观需求

水电站建设及移民安置进一步促进了当地教育事业的发展，以及人们对先进文化的需求。水电站移民新村的居民，从传统居住的农村搬迁至统一规划的新居民点集中居住，从乡土社会步入现代社会，为了适应新的生活环境，新的生产生活方式，移民对新的先进文化的需求度进一步增长。移民搬迁至新的安置地，大多丧失了赖以生活的土地，改变了自给自足的生产生活方式，需要外出务工或从事第三产业自谋发展，所以学习职业技能和专业知识就成为移民的迫切需求，也需要地方政府增加教育投入。

按照新时期移民工作的要求，移民安置与区域经济社会发展的结合越来越紧密，仅居民点建设而言，除了配套的基础设施之外，公共娱乐场所和文化配套设施的建立也是必不可少的，以保障居民有必需的开展文化活动的场所。移民搬迁安置新址后，对新的生活环境和生产生活方式有了新的认同，对日常文化生活的需求就显现出来。而集中安置的移民，由于便利的设施条件，使得文化活动的组织和开展更为方便。由此衍生的文化旅游产业也迎来巨大的发展机遇。例如 XJB 水电站可以依托库区，传承金沙江历史文化民俗，复现马湖文化，打造旅游文化景点。XJB 水电站项目建设涉及的文化带属于金沙江文化圈，而金沙江流域历史文化源远流长，其文化底蕴深厚。通过对金沙江流域文化景点的集中搬迁和重建，以及非物质文化的传承，可以极大促进旅游产业的发展。

10.2.4　基础设施建设与区域发展的结合

早期水电工程建设，普遍存在"重工程、轻移民"的思想，移民安置规划深度不足，

除了移民搬迁安置，在基础设施配套建设、专业项目复（改）建方面，规划思路也不够全面，对"原规模、原标准和恢复原功能"的理解比较单一，没有从区域社会发展的角度统筹考虑移民安置规划和专业项目复（改）建，更多的是重视主体工程的建设，所以水电工程开发，移民搬迁安置，并未给库区和移民安置区基础设施建设和发展带来契机及机遇。

随着移民政策不断完善，社会逐步发展进步，水电工程建设对区域发展产生的综合效益显现出来，尤其是在基础设施建设方面。

基础设施主要指移民安置居民点内部和外部以及与之关联的相关配套设施，包括居民点建设规模、道路、给排水、供电、广播电视、通信设施等，以及与之相关联的库周交通项目等。基础设施的配置与规划设计理念密切相关，早期水电站对农村居民点规划设计深度不够，进入实施阶段后实行地方政府"包干"的管理体制，因此基本是仅对淹没影响的部分进行建设。

471号移民条例规定："工矿企业和交通、电力、电信、广播电视等专项设施以及中小学的迁建或者复建，应当按照其原规模、原标准或者恢复原功能的原则补偿。""城（集）镇迁建、工矿企业迁建、专项设施迁建或者复建补偿费，……因扩大规模、提高标准增加的费用，由有关地方人民政府或者有关单位自行解决。""编制移民安置规划应当尊重少数民族的生产、生活方式和风俗习惯。移民安置规划应当与国民经济和社会发展规划以及土地利用总体规划、城市总体规划、村庄和集镇规划相衔接。"可以看出，471号移民条例在一定程度上已经提出移民安置规划应合理与地方区域经济发展相结合，并且说明了投资分摊这一关键点。

大渡河流域PBG水电站，移民依托集镇、县城进行相对集中的安置，基础设施发生了翻天覆地的变化，主要表现在：街道全面实现硬化水泥路面；供水、供电与电信服务得到保障；城镇防洪能力提高，排水、排污系统完备。库周环库公路的兴建，打通了整个库区对外交通通道。特别是集镇、县城的公共服务设施得到较大改善，医疗卫生机构与中小学及幼儿教育的功能配套齐全；商业、饮食、邮电、电信、银行、交通运输及文化娱乐等服务功能基本齐全；日用品及肉菜副食品市场基本配套。PBG水电站在建的水利项目永定桥水库，结合地方发展及周边环境，在保证H县城生活用水及周边移民的生活生产用水的同时，考虑永定桥水库沿线1200～1500m高程的土地灌溉项目，解决该区域现状缺水、无灌溉设施的问题，促进该区域农业生产发展，同时可提高海拔1200m以下土地的灌溉保证率。为保证灌溉效果，新建40km灌溉渠道，沿线土地均能得到充分的灌溉，极大地改善了周边区域土地灌溉条件，为该区域农业发展提供了有利条件。

金沙江流域XLD水电站规划的交通设施复（改）建，充分与区域经济社会发展相衔接，积极改善地方区域交通状况。中国长江三峡集团有限公司（简称"三峡公司"）新建水（富）—麻（柳湾）高速与XLD水电站枢纽工程建设区快速通道，极大改善了L县、Y县与成都市、内江市、宜宾市等县市交通联系，L县到成都市车程缩短为5.5小时。另外，XLD水电站复建S307（L县段）50km、S208（J县段）11km，上述两段线路复建标准由原来的三级公路下限提高到三级公路上限。L县、J县两县复建县乡公路约150km，复建标准由原来的四级公路下限提高到四级公路上限。县乡公路复建后，改变了两县沿江公路不通的现状，极大改善两县的交通，为两县沿江经济的发展提供了良好的条件。

XLD 水电站淹没黄码公路约 70km，复建该公路充分考虑沿线乡、村较集中的居民点交通问题，复建黄码公路（永善段）105km，改善了 Y 县的县乡交通。由此可知，库区专业项目的规划、兴建，已在很大程度上引领了区域基础设施的发展。

水电工程建设能够产生巨大的综合效益，通过大量的资金投入，从而促进地方基础设施建设。同样，移民搬迁安置与区域发展的有机结合，也是加大了对当地基础设施建设和文教卫事业的投入，确保了移民和当地居民生活及社会的快速发展，推动了项目所在地经济发展和社会进步。在水电资源开发建设中，兼顾移民安置的长远发展和库区经济社会的长远发展，积极推进移民安置区域与之相关的交通、通信、电力、饮水等基础设施建设步伐，以及结合既有的文化、教育、卫生等设施，或者新建文教卫设施以实现移民安置长远发展与区域经济社会发展，实现双赢。带动区域基础设施建设和产业发展、助力推动城镇化进程、加快地方经济结构战略性调整，是水电开发移民安置在新时代的题中要义。

水电开发不仅是电力开发，与其同时开发的是防洪、灌溉等水利设施，是环境保护、道路交通等基础设施建设和生活环境的改善。乌江流域梯级水电站的开发建设，不仅彻底扭转了贵州省的缺电局面，提高了供电量和供电质量，同时对整个乌江流域涉及区域的交通、电力、电信工程、防洪、旅游都是很大的促进，结合库区和建设区移民搬迁，以及移民专项设施的复建，在征地区周边和移民安置区，修建了大量的专项工程，使农村和城镇的基础设施有了很大的提高，极大地繁荣了当地经济。

黑水河 MEG 水电站各集中安置点规划设计过程中，充分考虑了新农村建设要求的同时，结合了灾后重建和藏区牧民定居点规划设计中的先进理念，突出了地域文化特色，如依山就势的上寨安置点、按照城乡统筹和新农村建设要求的新思路进行规划设计的知木林安置点。且所有集中安置点和集镇新址均紧邻国道 G302 或 S 县道和 Z 县道，具有得天独厚的区位优势，为移民后续从事运输业、零售业和旅游业等提供了极大的便利条件。随着社会发展，按照 H 县委、县政府关于泽盖旅游风情小镇"腾笼换鸟"的旅游发展思路，泽盖安置点移民已搬迁至安置点附近自行联系的廉租房和安居房居住，其永久安置房完建后在政府的引导下与泽盖旅游风情小镇旅游开发公司联合进行商业经营，移民持续增收、创收有了保障，收入水平持续提高。此安置点移民致富模式试点成功后，其他安置点借鉴泽盖经验，及时建立和完善移民培训体系，加强对移民职业教育和技能培训，有针对性制定产业发展规划，进一步提高移民收入水平，使电站移民和原居民共享水电开发带来的经济效益和社会效益。

在专业项目复（改）建中，"原规模、原标准、恢复原功能"的"三原"原则，是水电工程移民安置专业项目复（改）建规划的一项基本原则。多年的实践证明，"三原"原则不仅是合适的而且是非常重要的。"三原"原则在不同时期对指导和规范移民迁复建工程的规划和相关补偿费用的计算都发挥了重要作用，对顺利推进库区移民安置工作起到了重要作用。因此，"三原"原则作为水电工程移民安置专项工程复建规划的基本原则与技术手段，灵活运用，至关重要。

随着社会经济发展，要灵活运用"三原"原则作为水电工程专项复（改）建的投资分摊依据，做好与区域相关规划结合的基础上，进行合理的投资分摊。这既能较好较快地推进水电工程建设进度，也能充分利用社会各类资金，形成发展合力。

根据 471 号移民条例规定，按"三原"原则制定了水电工程专业项目复（改）建规划，并以此确定补偿投资。而按"三原"原则制定的专业项目复（改）建规划一般不能满足区域发展规划的要求，本质上就是水电工程建设征地移民安置规划与区域经济社会发展规划之间的关系，两者关系处理决定了移民投资与投资分配，涉及国家、地方政府、迁（复）建项目实施单位和移民个体的利益。

由于水库淹没的部分专业项目往往只占建设征地区所在县（区）、乡（镇）总数的一部分，其复（改）建工程相对于整体而言只是一个局部工程。这些项目的复（改）建规划不能替代总体服务的发展规划，只能与总体发展规划相适应，以避免重复投资建设。立足于区域长远发展而制定的区域经济发展规划，具有长期性和战略性，比移民系统更广泛。专项规划投资主要是为满足移民项目的复建，不等同于区域经济发展所需的投资，尽管在力所能及的范围内兼顾了区域整体的需要。专业项目复（改）建规划与区域经济发展规划是局部与整体的关系，区域经济发展应制定适合当前实际的切实可行的近期目标和步骤，处理好近期和远期的关系，以便充分利用专业项目迁（复）建的机遇，促进当地经济快速、健康发展。而专业项目迁（复）建规划一定要适应发展规划的需要，才能经得起实践的考验。

10.2.5 移民培训就业与地方发展人力资源要求的结合

移民安置涉及的补偿补助及安置后的长远发展，需要格外予以重视的不仅是土地、基础设施等物质生产资料的补偿，更要重视对移民人力资本和社会资本的损失进行补偿，通过对移民专业技能的培训和人力资源的开发，增强其后续发展的内生推动力。因为移民在原居住地积累的生产技能一般难以在短时间内转化为适应安置地的劳动技能，尤其是从农业生产技能转型为非农业专业技能。因此，要高度重视对移民人力资源的培训与开发，否则难以真正让移民"搬得出，稳得住，能发展"。

支撑库区和移民安置区经济社会可持续发展的资本、资源、人力三大要素中，人力是最特殊复杂的资源。经济社会学者认为，人力资源开发能够改变传统的生产函数边际递减而创造出更多的边际递增生产函数，在生产条件不变的情况下，可以提高劳动率。因此，移民人力资源开发，直接可以为区域经济社会注入发展动力。在库区和移民安置区自然资源约束、环境保护、新农村和城镇化建设的客观要求下，区域的生产要素已经发生变化、产业结构调整成为不可逆的发展趋势，通过移民培训提升移民人力资本存量，开发移民人力资源尤为重要。

移民培训重在提升移民人力资本。移民培训实质是提升移民人力资本含量的一个重要途径。对移民而言，最关心的一个核心问题就是保障经济收入持续增长，至少不会下降减少。只有能够保持家庭经济收入的持续增长，移民才能够摆脱贫困，并且能够不会由于各种不确定因素而返贫。从长远分析，移民可以依靠培训来提升人力资本，通过使用、再生产此类资源来增加经济收入和可持续发展的能力。移民的可持续发展就是人力资本和物质财富不断转换重复的过程。

地方政府是移民安置实施的责任主体、工作主体和实施主体，移民搬迁安置之后，此责任并未由于移民实现安置而消失。为了提升移民的后续发展能力，对于移民的培训自然就与地方发展人力资源的要求结合起来。这两者的有效衔接，在大中型水库移民实施阶段和后期扶持工作中得到了高度体现。

三峡公司在水电工程开发事业中，积极响应党中央、国务院号召，投入 16 亿元助力四川凉山彝族自治州坚决打赢脱贫攻坚战，同时高度重视移民群众的长远发展，通过举办贫困户和移民的技能培训，努力实现每个家庭"一人就业整户脱贫"。2017 年 9 月，三峡集团公益基金会及移民工作局、凉山州扶贫移民局、凉山农业学校举办了扶贫和移民技能培训三峡班。这是三峡公司积极履行央企社会责任、助力四川省凉山彝区脱贫攻坚，以及移民后续帮扶工作的又一项创新性举措，旨在增强贫困群众和移民自我发展的内生动力，做到"志""智"双扶。技能培训的对象是凉山州境内的贫困群众和金沙江下游库区的移民，每次技能培训，凉山州各级政府均予以积极支持以及后续帮扶工作，培训学校也安排了师资和设备，采取切实措施提供学员的技能水平，积极做好学员技能资格认定和推荐就业工作。

该期培训班共开设挖掘机、压路机、彝族刺绣和电子商务等专业课程。学校根据学员的实际情况制定了人性化、制度化、科学化的教学方法，并安排专业的教师队伍进行授课，通过理论加实际操作的模式确保每一位学员切实掌握相关的工作技能和职业素养。学员在学习完相关的课程之后会参加考核，通过考核的学员能取得相应的认定证书，并通过推荐就业或自主择业走向工作岗位。达到移民掌握一门专业技能，提高就业创业能力的目标。

在水库移民后期扶持中，移民专业技能培训取得了良好的效果。具体实施方法：

（1）把提高移民创业就业能力作为重要抓手。随着库区经济社会不断发展，部分移民已不再满足于简单的打工就业，而是希望通过创业提高生活质量，达到小康生活水平，这种需求反映了新时期移民工作的新变化，引导移民工作的新方向。地方政府因势利导，顺势而为，紧密结合后期扶持的政策优势和资金投向，把提高移民创业就业作为移民后期扶持工作的重要抓手，积极推动移民智力扶贫与移民经济振兴。突出技能培训，保证移民创业就业能力的提高。突出技能培训就近就地转移就业＋劳务输出相结合的模式，促进创业与就业的结合。根据移民自身条件，采取"移民＋企业＋培训学校"的方式，科学地选择既能在当地增加经济收入，也能实现劳务输出。

（2）多样化实施实用技术培训，尽快让移民实现角色转变。由最初的单一举办种植、养殖技术培训班逐渐与库区产业相结合，根据库区产业发展要求，直接在库区产业基地开展培训，建立"移民—培训—企业（基地）"产业链，提高移民的产业开发水平。同时分批组织在当地具有辐射、带动作用的移民到农业示范区、种植大户和产业基地实地观摩，学习交流，开阔思路，增强直观感受，提高操作能力。此外还积极引导移民参加网络教育培训，对就读职业技术院校的移民学员进行补贴，制定出台移民培训及劳动力转移挂钩的扶持政策等，有效缓解了库区移民居住分散、就业意愿各不相同，难以集中培训的矛盾，得到了移民的充分肯定。

实践表明，移民培训就业要达到长效，需纳入地方人力资源开发体系。

（1）完善移民人力资源开发基础教育体系。教育是形成人力资本最直接的途径，建立移民人力资源开发基础教育体系，从移民中的年轻一代抓起，积极利用国家相关支持政策支持移民安置区教育基础设施建设，扩大基础教育受众基数。另外，针对移民成年群体文化素质低、技能缺乏现象，创建灵活多样的教育模式，适时开展职业教育和成人教育，重点教授文化科技知识，解决移民成年群体教育基础薄弱造成的知识缺乏和劳动技能单一的问题。

（2）注重开展移民人力资源开发职业技能培训。结合安置地区产业优势和特色，创办专门的移民技能培训学校，针对移民所需技能开设课程，对移民劳动者提供针对性的专业知识教授和实用型技能培训，如养殖、种植等。培训模式可以采取政府引导、移民自愿的形式，政府根据移民意愿和当地经济发展特点举办不同内容和形式的培训班，移民根据自身需求和就业岗位要求选择参与。培训课程设置可考虑劳动技能培训、自主创业培训、专业技术培训等。培训方法不只局限于理论知识的传授，加强理论联系实际的教学方法，多实践，通过重复练习与切身参与让移民接受并快速熟练掌握相关内容。

（3）建立移民人力资源开发劳动力转移机制。移民搬迁安置后从事传统农业生产的机会大大降低，产生了较多的富余劳动力，应建立移民劳动力转移机制，引导其向二、三产业转移，增加就业渠道和方式。另外，从事传统农业生产获得的收入远远低于从事非农业生产，只有持续获得稳定性高收入，才有可能让移民走上共同富裕的道路。所以，制定长期性的移民劳动力转移规划，通过多种方式引导移民实现就业转移，扩宽就业渠道，才能解决移民的就业生存发展问题，同时也能满足安置区及周围地区的劳动力需求，为地区经济发展提供劳动力资源。

10.2.6 库区产业规划与地方产业结构升级调整结合

库区产业规划及实施主要通过水库移民后期扶持规划来实现，之前的产业规划较多是重点扶持移民能够直接受益、投资小、见效快的"五小"产业项目和生产开发项目。实践证明，此类产业项目在实施前期，对恢复和提高移民的生产生活水平起到了积极的促进作用。新时期移民工作的需要，单纯的产业项目实施已经难以发挥规模化效益，所以库区产业规划在既有后期扶持规划经验的基础上，必须与地区产业结构升级调整相结合，与新农村建设和乡村振兴相结合。

10.2.6.1 库区和移民安置区产业规划

2010年12月，国家发展改革委等14部委联合发文《关于促进库区和移民安置区经济社会发展的通知》（发改农经〔2010〕2978号），首次提出了"多层次、多渠道加强对库区和移民安置区经济社会发展的支持并建立长效机制"，为促进两区经济社会发展提供了组织和运行机制保证。目前大中型水库库区和移民安置区经济社会发展（简称"两区发展"）是一项系统工程，涉及面广，建设周期长，任务重，需要各级政府及相关部门高度重视，加强领导，通力合作，共同完成。

促进两区经济社会发展，建立长效机制，一是需要政府主导，各职能部门协作联动，提升两区发展工作的效率性。两区发展是一项长期的系统工程，涉及政府多个职能部门，政策性强，仅靠水库移民管理部门不可能实现预期的目标，必须是多部门同心协力。多部门协作可以优势互补，作为一项政府工程，要发挥各自的优势，必须建立协作与联动机制。要做到协作联动、分工清晰、信息沟通、责任明确，才能形成工作合力。二是发挥移民管理机构的骨干作用。移民管理部门是负责水库移民工作的专设机构，促进两区发展也是移民管理机构的工作职责和义务。

1. 统一编制两区发展项目规划

做好大中型水库库区和移民安置区基础设施建设和经济发展规划的编制与实施工作，是促进两区发展的重要手段。由于历史的原因，目前两区发展相对落后，为了真正解决其长远发展问题，必须依靠项目规划，通过项目规划，统筹各类用于两区发展的资金，统筹解决目前出现的问题，逐步实现两区经济社会与当地农村同步发展，与区域经济社会协调发展，切实解决移民的长远发展问题。因此，由政府主导统一编制两区发展项目规划作为基础工作，显得极为重要和紧迫。

（1）两区发展项目规划工作，由各级政府主导、移民管理部门牵头成立专门的工作机构来组织实施完成。总体的思路是统一规划，将库区后续产业发展规划与地方产业结构升级相结合，分开实施。因为库区后续产业规划发展是一项系统工程，涉及面大，需要整合多种资源，多方协作，全面发展，所以两区发展应该统一编制项目规划。由于现行的行政体制原因，具体项目可以分开实施，各部门作用互补，各负其责。

（2）突出项目规划编制的重点。在调查研究的基础上，根据区域实际情况，集中力量，优先解决库区和移民安置区水利设施配套项目、基础设施项目、生态环保项目及劳动力技能培训和职业教育、移民增收项目、其他专项等方面存在的突出问题，坚持突出重点、统筹兼顾的原则，逐步缩小和消除库区和移民安置区与区域经济社会的差距。

（3）正确处理好不同层次、不同部门、各专项规划之间的关系。在编制项目规划时，要综合考虑发展需要与资金配套的可能性，整合各专项规划的内容，按照轻重缓急，做到远近结合、突出重点、注重效益。两区发展项目规划要与当地的国民经济发展规划及各专项规划相衔接。编制规划的最终目的在于执行好规划，解决实际问题，编制规划要充分考虑后续的可操作性。

（4）科学谋划、因地制宜实施开发项目。首先，在认真编制项目规划的基础上，确立年度项目计划。对交通道路、农田水利、产业发展、增收项目、素质提升等与移民生产生活密切相关的项目，申报立项时要有前瞻性和实效性。其次，要严格进行招投标和合同管理。项目单位应以招投标方式，按照招投标要求明确项目实施单位。项目实施单位要按照合同的约定和责任要求，确保项目有效如期完成。项目竣工后，必须由具备行业资质的专业部门及专业人员进行验收，出具验收意见。第三，依照当地的自然资源条件，发展特色经济，促进区域发展和提高移民生活水平。

例如红水河 LT 水电站蓄水后，处于库区的 L 县政府及时调整发展思路，大力发展水库养殖业，促进了移民和周边居民增收，带动了养殖业产业大发展。2008 年，L 县引进了 8 家养殖公司，并对引进企业提出，要以企业带动移民投资发展，并以公司与移民联营或者指导移民饲养为示范，促进库区渔业产业的发展。合资经营的技术由公司负责、独资公司则招收移民到网箱做工、学技术，移民自己投资的则由公司负责无偿提供技术指导服务。移民掌握养殖技术后，独立管理经营自己的网箱。饲养经营管理和外部事务的处理，主要由乡、村和参与的移民负责。在饲养、鱼病防治到销售各个环节，移民均充分参与，学习并掌握了网箱养鱼的全程管理。在做好生态环境保护的前提下，养殖过程中，适度发展淡水养殖，积极生产无公害、附加值高的优质水产品，定期进行人工增殖放流，重点发展以浮游生物为食的放养鱼类和不投放饵料的围网养鱼，养殖的同时保护了水域生态环境。按照 L 县渔业发展规划设计（2007—2011 年），库区 3000 户 1.2 万移民及周边居民通过发展渔业生产致富。

2. 整合资金，合力推进两区发展项目建设

积极筹措资金，努力拓宽投资渠道，加大库区和移民安置区资金投入，在安排地方政府性资金时，向库区和移民安置区倾斜。同时，项目建设是落实移民政策的重要载体和工作重点，也是检验移民资金是否安全运行、移民群众是否满意的重要标志。做好两区项目的实施与管理是各级移民管理机构的重要职责，而整合资金则是形成合力，推进两区发展项目建设的物质前提和资金保证。

（1）保证移民专项资金投入。移民专项资金包括库区基金、后期扶持结余资金等，这是当前两区发展的重要资金来源。对于库区和移民安置区涉及的人口众多，基础设施薄弱，经济社会发展滞后，资金投入缺口较大的地区，争取政策倾斜，适当提高库区基金的征收比例。同时，要切实保证移民专项资金专款专用，不能随意扩大使用范围，挪作其他用途。

（2）加大各行业主管部门的资金倾斜。两区项目规划，涉及发改、农业、交通、水利、扶贫、教育等各个行业，各行业主管部门在安排年度投资计划时可向两区倾斜，优先安排两区发展项目。

（3）鼓励社会资本参与，扩大资金来源。

（4）处理好移民资金与其他资金的关系，合力推进项目建设。移民专项资金要与社会统筹资金相衔接，保证移民专项资金不改变用途的前提下，与其他社会统筹资金整合使用，提高资金使用效益和覆盖面，重点实施见效快、效果好的民生项目。改变过去"撒胡椒面"的做法，重点扶持两区产业发展和移民增收项目。

10.2.6.2 以提高新农村建设水平促进移民产业规划的实施

中共十六届五中全会通过《"十一五"规划纲要建设》，提出要按照"生产发展、生活宽裕、乡风文明、村容整洁、管理民主"20 字方针的要求，扎实推进我国新农村建设。新农村建设的提出，为水库移民管理机构提供了新的思路，也为水库移民安置工作带来了新的契机。将水库移民安置纳入新农村建设规格中，从而更好地安置移民，促使移民生产生活得到持续发展。

金沙江 XJB 水电站 P 县城迁建及各移民集中安置点的规划及实施，充分结合了新农村建设要求。移民安置规划与新农村建设规划相互促进，首先，做到新农村建设规划先行，新农村建设的牵头部门加强了与移民、发展改革委等部门的衔接，在新农村建设总体规划中，将移民安置作为新农村建设的重要内容，把新农村基础设施建设、产业布局和发展与移民生产生活水平的提高紧密结合起来，统筹考虑，通过规划来引导移民安置区的新农村建设。其次，将移民安置区列入 Y 市新农村建设示范村，从政策、项目、资金、技术等方面得到大力支持，探索出移民安置新区加快新农村建设的路径。

推进移民安置区新农村建设，需要加强各部门的通力配合。农业、财政、金融等负责生产发展服务的部门，将工作重点放在移民安置区域，加大了生产生活条件、基础设施建

设、产业发展的扶持力度，着重对移民安置区的环境卫生、村容村貌、乡风文明的整治和塑造，率先把移民安置区建设成为了新农村示范区。同时抓住 XJB 水电站灌区建设的良机，把移民项目资金和新农村建设的项目资金整合起来，形成合力，提高了资金使用效果，从而大力推进移民区域新农村建设。

此外，XJB 水电站以 P 县复建新城为中心的区域，位于岷江南岸，具有特色资源优势，以绿色食品加工业、旅游业、劳动密集型制造业为主，规划一批辐射带动能力强、就业容量大、移民增收快的产业项目，开展重点招商，拓宽招商引资的思路和范围，开创招商引资新局面，借力加速推动移民工作和产业发展。

10.3　创新与发展

总体而言，水电开发移民安置与区域经济社会发展经历了一个相对独立到相互融合的过程，每一个阶段都体现了不同时期国家政策的现实要求，无论是移民生产安置规划、搬迁安置规划，还是基于"三原"原则的专业项目规划，均充分反映了每个阶段的时代特征。

例如移民生产安置规划，不同阶段的重要研究内容为环境容量分析、土地开发整理、非农安置方式等。环境容量分析、有土安置一直是移民生产安置的主基调，尤其是 21 世纪之前的水电站开发建设。进入 21 世纪之后，移民安置配置土地资源难度越来越大，在既有耕地资源有限的情况下，发展出土地整理开发后为移民配置土地的安置方式，作为有土安置的有益补充。在土地整理开发成本越来越高的经济成本压力下，逐年货币补偿作为一种无土安置方式得到了地方政府、项目法人和移民的广泛认可。同样专业项目复（改）建规划，一直遵循"三原"原则，也体现出了区域经济社会发展的时代要求。

10.3.1　回顾

20 世纪 50 年代，基于当时的国家政策，修建的水电工程项目淹没影响的实物指标比较简单，专项设施项目少并且由各个部门负责建设，当时正值土地改革和农业合作社初期，人均占有耕地数量相对较多，主要通过划拨或调剂土地，以土地置换安置移民，主要集中在本村组或乡镇范围内安置，很少跨县域安置移民。当时农村移民人均补偿资金虽然不高，但是有等量的土地置换，并且物价比较稳定，加上广大移民自力更生、艰苦奋斗，移民能够在较短时间内恢复发展生产，遗留问题也不突出。

20 世纪 50—70 年代，由于处在特殊历史时期，"重工程、轻移民"的思想倾向比较普遍，移民工作处于次要位置，移民安置工作未遵循科学规律，主要依靠行政手段进行，对移民切身利益重视不够。移民前期规划设计工作不扎实，从事此工作的专业机构和专业人才薄弱，较多局限于调查淹没损失和估算补偿投资，缺少实施性强的移民安置规划。移民安置普遍采取本村组内就地后靠，忽视环境容量分析，基本不会跨乡镇、跨县域安置移民。对移民安置，主要是划拨一定的土地和住房，忽视了安置区必要的水电路和文教卫等基础设施和公共服务设施的建设。

所以 20 世纪 80 年代之前，中国处于计划经济体制时期，水电工程移民安置工作主要以行政命令方式进行，没有相应的规程规范可以遵循，主要的依据就是《国家建设征用土地办法》，缺少科学的移民安置规划，仅表现为制定移民安置补偿标准，鼓励移民自力更生、艰苦奋斗，移民安置工作与区域经济社会发展没有相关性。

20世纪80年代初至90年代初，移民安置与区域经济社会发展逐步结合起来，从当时的法律、法规和政策、规范中即可初见端倪。"84规范"规定"移民安置是水库淹没处理工作的核心，直接关系到群众切身利益，必须认真制定切实可行的移民安置规划，妥善安排移民的生产和生活，做到不降低移民原来正常年景实际的经济收入水平，并能逐步有所改善"。在技术施工设计阶段，要求"落实移民安置规划和编制分期移民计划。其中应包括安置区生产规划，集体安置居民点布局规划，自然村的移民安置平衡表，移民工程的设计与施工进度计划，分期移民人数与迁移安置的进度等"。这一时期的移民安置规划工作，一般以地方政府为主、工程设计单位配合进行。

20世纪90年代初至21世纪初，与移民工作相关的法律、法规和政策、规范依据社会发展形势，进行了一定程度的调整完善。74号移民条例规定"国家提倡和支持开发性移民，采取前期补偿、补助与后期生产扶持的办法。"实行的基本原则是"移民安置与库区建设、资源开发、水土保持、经济发展相结合，逐步使移民生活达到或者超过原有水平。"对于迁（复）建的城镇，要求"……按原规模和标准新建城镇的投资，列入水利水电工程概算；按国家规定批准新建城镇扩大规模和提高标准的，其增加的投资，由地方人民政府自行解决。"新修订的"96规范"开始实施，明确了对移民前期规划设计工作予以重视，提出"没有移民安置规划的，不得审批工程设计文件、办理征地手续，不得施工"强制规定。由于可行性研究阶段移民工程设计深度仍滞后于枢纽工程设计深度，没有从根本上改变"重工程、轻移民"现象。

这一时期，党中央、国务院高度重视水电工程移民工作，提出了开发性移民的方针，突出了移民的切身需求，先后颁布实施了一系列与移民密切相关的政策法规，对移民安置规划、补偿标准、安置方式、实施管理、后期扶持和资金使用进行了明确和规范。初步体现了移民安置与区域经济社会发展相结合。各级政府加强对移民工作的管理，不断完善"政府领导、部门负责、业主参与、分级管理、县为基础"的移民工作管理体制。移民工作的重点在于进一步加强前期工作，在做好建设征地处理范围内人口、实物指标调查的基础上，按照社会、人口、资源和环境相协调的原则，因地制宜地编制移民安置规划。同时陆续制定颁布实施了移民后期扶持相关政策，落实后期扶持资金，有序解决移民遗留问题，通过资金直补和项目扶持，扶助移民发展生产，改善和提高生活水平。此时的移民安置，已经开始突破地域的空间限制，移民不仅在本村组、本乡镇范围内安置，在综合考虑环境容量和区域发展的基础上，跨县域统筹进行移民安置，尤其在一些大型水电工程中体现得尤为明显。

21世纪初以后，国务院印发了《国务院关于完善大中型水库移民后期扶持政策的意见》（国发〔2006〕17号），471号移民条例于2006年颁布实施，提出遵循的原则包括："……可持续发展，与资源综合开发利用、生态环境保护相协调；因地制宜，统筹规划。"同时明确要求"移民安置规划应当与国民经济和社会发展规划以及土地利用总体规划、城市总体规划、村庄和集镇规划相衔接。"471号移民条例实施后，先后又出台了8个水电移民安置规范，进一步细化了移民工作的专业性和规范性。此后又颁布实施了 679 号移民条例。移民工作进入了新的历史阶段，新政策更加突出了以人为本的理念，注重调动移民的积极性，也更具有可操作性。就移民安置而言，在编制移民安置规划时注重听取移民和移民安置区居民的意见，强调移民的广泛参与，尤其是安置方式的选择，尊重移民意见，调动移民的积极性、主动性和创造性。

10.3.2　创新

10.3.2.1　移民安置紧扣国家政策，体现时代特色

通过梳理移民安置方式的历史变迁，可以清晰地看到，移民安置在与区域经济社会发展方面相衔接的方面，经历了 3 个阶段，即不结合—被动结合—主动结合的历程。无论是生产安置、搬迁安置，还是专业项目复（改）建遵循的"三原"原则，以至于移民人力资源开发，后期扶持项目产业发展，均体现出相应社会发展阶段的特点。

1. 移民安置规划理念的发展

生产安置、搬迁安置的转变历程，最初普遍采取有土安置，随着经济社会发展，非农安置、城镇安置、养老保障安置、逐年补偿等安置方式适应了社会发展，满足了移民发展生产的需求。即使是农业安置方式，也从最初的有土安置发展为农业安置，包括以种植业为主的安置、以开发山林资源为主的安置及以发展养殖业为主的安置，体现出开发性移民的方针要求。此时的农业安置，要求配置一定的土地。如果移民没有土地为依托，就没有可靠稳定的经济收入来源，一份耕地意味着可以保证基本的口粮。由于水电工程移民大多处于偏远地区，移民文化程度较低，对外有效的信息交流闭塞，离开土地从事其他经营风险较大，参与市场竞争要面临激烈竞争，一旦经营失败，势必留下诸多问题。因此，不论远迁安置、后靠安置还是分散插迁安置，一般要保证移民的基本口粮。发展种植业、养殖业是目前农村移民经济开发的重点，尤其是种植业，发展特色名优经济作物投资少，见效快，受到移民的欢迎。根据库区的实际情况，移民安置发展的重点一般在兴修高标准基本农田，发展特色种植、养殖业方面。从目前开发性移民的实践来看，以大农业的方式来安置移民是农村移民安置的重要途径之一。

我国西部土地资源严重稀缺，单一的农业有土安置，已无法保证恢复和提高移民经济收入。所以采取非农业安置方式，意味着增加了就业途径，增加移民收入，对于有一技之长的移民及市场经济较发达地区的移民，往往可以采用这种形式。这也是目前和今后水电工程移民安置方式创新发展的必然选择。

随着我国移民政策的不断完善，养老保障安置方式研究也取得一定的成果。部分省（自治区）已形成了较完善的法律、法规政策，养老保障制度的实施取得了实际进展，从根本上切实保障了移民的合法权益。养老保障安置，能有效缓解库区和安置区域人多地少、移民安置环境容量不足的现实情况，是保障安置区移民生产生活快速恢复和库区经济可持续发展的重要举措。

国家发展改革委《关于做好水电工程先移民后建设有关工作的通知》（发改能源〔2012〕293 号）规定"……农村移民安置，应当进行深入细致环境容量调查、分析、论证，合理规划生产安置措施，与当地产业布局相衔接。在坚持实行农业生产安置基础上，

因地制宜稳步探索以被征收承包到户耕地净产值为基础逐年货币补偿等'少土''无土'安置措施。通过移民安置促进地方种植业、养殖业、旅游业等产业发展，使移民就业有着落、收入有来源、生活有保障、发展有希望。农村移民居民点应按新农村建设标准布局，有条件的移民可结合当地城镇化进行安置……"。

《关于加大用地政策支持力度促进大中型水利水电工程建设的意见》（国土资规〔2016〕1号）以及《国务院办公厅关于印发贫困地区水电矿产资源开发资产收益扶贫改革试点方案的通知》（国办发〔2016〕73号）等有关集体股权补偿和资产收益扶持制度等方面的要求，"重点围绕界定入股资产范围、明确股权受益主体、合理设置股权、完善收益分配制度、加强股权管理和风险防控等方面开展试点。"对创新移民安置方式具有重要的政策指导意义。

作为新时期发展移民安置的有益尝试，逐年补偿被广泛应用于水电工程项目。逐年补偿是在对移民进行生活安置的基础上，在一定时期内（通常是从移民搬迁安置起至水电工程报废止），根据水库淹没移民法定承包耕地的面积，由项目法人对耕地所有权人或法定承包人按年进行补偿的一种新型移民安置方式。目前实施的逐年补偿安置方式，主要是对被征收的耕地、园地采取长期的实物或现金补偿。按照被工程建设占用的土地，以征地之前常年的主产品（如谷物）产量或产值为基础，依据一定的计算关系，折算成实物或现金，逐年或逐月支付补偿给移民，实行长期的实物或现金补偿安置，不再配置相应的生产用地资源。

逐年补偿的标准由省级人民政府根据确认和公布的建设征地区统一年产值和区片综合地价执行，并根据实际价格波动情况做动态调整。对于未明确区片综合地价和征地统一年产值标准政策的地区，以耕地的主要农产品年产值的前3年平均粮食产量乘以收购价格确定。逐年补偿金额，在水电项目核准后，由项目所在地的省、自治区移民机构按照移民资金的管理规定拨付，具体兑付由县级人民政府执行。

随着经济社会的发展，水电工程移民工作并不仅仅局限于移民安置本身，越来越追求移民安置与区域发展的共赢。在移民搬迁安置过程中，"保护生态环境、合理开发资源"的理念成为各方的共识。在此基础上，对移民后期扶持产业项目进行结构调整，解放和发展移民富余的人力资源，多措并举，使移民"搬得出、稳得住、逐步能发展"。解决水库移民问题，最根本是要靠发展。在移民补偿补助资金投入、保护生态环境的前提下，通过移民搬迁，进行产业结构调整，努力提高移民的生产生活条件，以及移民的科技文化素质，同时充分合理地利用当地的自然资源和劳动力资源，逐步增强移民自我发展的能力。现在需要特别强调的是，水电工程建设移民安置及后续发展，绝不能以牺牲生态环境为代价，必须坚持可持续发展战略。

2. 移民人力资源发展

水电开发移民生产安置方式目前主要有农业安置、复合安置和自谋职业安置等，生产安置方式不同所对应的就业形式也就有很大差异，这就说明产业结构发展与就业结构调整之间有着紧密的关系，而移民就业结构的区别，除了移民自身的既有条件决定了就业方向之前，移民技能培训在移民安置后的作用就凸显出来了。从移民安置实践效果来看，该区域的产业结构和就业结构相互影响，产业结构优化升级，会引起农业产值效益和就业规模缩小，以及二、三产业的扩大，引起更大的劳动力需求，最终改变就业结构。在就业结构和产业结构优化升级的基础上，移民的就业方向和就业途径也会随之发生变化，对移民而言就摆脱了单一就业方式的束缚。移民要实现就业途径的向上流动，其技能培训和人力资源开发就是移民安置规划中必不可少的内容。移民人力资源开发通过对知识、技能、经验产生积极影响，最终实现收入增加和智能提升。

移民人力资源开发影响移民就业规模和质量。水电工程建设移民人力资源开发对移民就业规模和质量的影响可分为短期效应和长期效应。短期内，得到人力资源开发的移民劳动力由于提高了生产技能，增加了劳动熟练程度，对未进行系统人力资源开发的移民劳动力有着明显的技术优势，致使富余劳动力产生。长远来看，人力资本的外溢作用会推动整个行业的经济效益实现规模化扩张，会进一步扩大就业规模。在移民安置方面比较明显的一个效果就是摆脱农业生产的移民富余劳动力绝大多数选择了二、三产业进行就业。

移民人力资源开发影响移民就业结构。移民人力资源开发对就业结构的影响主要是移民专业技术水平的提升改变了就业渠道和方向，更多参与到市场经济的经营体系内，摆脱了单纯耕种土地的依赖。随着移民人力资源开发，移民个体、企业和当地政府均成为受益的一方，更多的知识获取和技能获取，使得劳动生产率提高，移民收入水平逐步提高。基于这一客观规律，移民群体中，尤其是接受过系统教育的年轻移民，往往不再务农，而是选择外出务工从事二、三产业，既增加了经济收入，往往形成示范效应，引导更多移民富余劳动力改变了就业结构。

3. 移民后期扶持产业项目规模化与特色化

2006 年，国务院颁布《国务院关于完善大中型水库移民后期扶持政策的意见》（国发〔2006〕17 号），其目的在于帮助水库移民脱贫致富，促进库区和移民安置区经济社会发展，保障新时期水利水电事业健康发展。17 号文明确的一项具体措施是"纳入扶持范围的移民每人每年补助 600 元，尽量发放到移民个人，也可以实项目扶持，还可以采取两者结合的方式"。

库区和移民安置区产业规划与区域规划的结合，主要体现在移民安置后续发展方面，即水库移民后期扶持规划。虽然后期扶持规划最初提出的意义在于解决水库移民遗留问题，实践经验已经表明，目前所做的大中型水库移民后期扶持规划已经不再满足于遗留问题的处理，而是着眼于通过后期扶持规划的实施达到移民致富奔小康的目标，这在新实施的水电工程项目中体现尤为明显。

目前实施的库区和移民安置区产业规划，按照保护生态环境、发挥比较优势、促进就业的原则，推进产业结构调整和优化升级，逐步形成以生态农业为基础、制造业为主体、服务业为支撑的环境友好型产业体系。这已经是移民安置产业规划与区域经济社会协调发展的一般规律。

（1）大力发展高效生态农业，主要体现在粮食生产、特色农林产业方面。

1）稳定发展粮食生产。加强对耕地特别是基本农田的保护，严格控制非农建设占用耕地。加强农田水利设施建设，实施灌区配套改造。优化种植结构，积极发展高效生态农业和节水农业。加快中低产田改造，建设稳产高产、旱涝保收、节水高效的高标准农田，提高粮食综合生产能力。加强农业科技推广，完善基层农业技术推广体系。结合库区和移民安置区实际情况，加大两区土地整理复垦力度，提高土地集约化利用水平，着重改善库区后靠移民和留置人口的生产生活条件。

2）大力发展特色农林产业。加强水果、中药材、茶叶、蔬菜等优势农产品生产，重点发展绿色农产品种植，培育和打造一批具有地方特色的绿色食品、有机农产品名优品牌。

（2）积极发展以旅游业为主的服务业。做大做强旅游业，充分利用区域自然风光、特色历史文化等自然景观和人文资源优势，大力发展旅游产业，开发系列旅游产品，打造一批旅游精品线路，增强整体竞争力，带动服务业全面发展。加大旅游市场开发和旅游宣传促销力度，积极推进跨地区旅游合作。加快发展生态游和休闲度假游，促进消费结构多元化。培育旅游强县和特色旅游小镇，鼓励、支持乡村游和郊区游，规范提升休闲农业。

目前水电开发逐渐进入高山峡谷地带、少数民族聚居地区，该区域内受地理位置等因素限制，传统商品经济发展较缓慢。水电工程移民安置后，从经济、社会等各方面使区域的相关条件发生变化，既有经验表明，从生态农业和特色旅游业方面入手，有的区域部分产业逐步呈现规模化发展，很大程度上为区域经济发展带来机遇，已经取得了较好的经济、社会和生态效益。

10.3.2.2 移民安置与区域经济社会发展的效能集聚

移民安置规划，尤其是集中安置点新址建设规划遵循的"以人为本"理念，结合区域发展，打造宜居环境，已经成为规划设计的常态，重视以下要素。一是以人的生活功能需要、生产生活活动、发展需要为本，处理好规划中的各个功能分区，融入发展观。二是以人的心理认同、风俗习惯、精神需求为本，尊重地方居民生活习惯和居住习惯，尊重地方文化传统和建筑历史的传承。三是尊重自然的人居环境，立足于解决近期搬迁安置需要，兼顾未来发展，规划中注重保护利用现有生态环境，并进行环境整治和再造，为安置区以后的可持续性发展创造有利条件。

目前水电工程移民安置规划基本具备以下方面。其一，从实际出发实事求是。即从移民规划安置点所在地的地理区位、交通条件、资源条件、地形、地质、气候、人文特点、物产资源等实际情况出发，进行安置点总体布局规划，因地制宜布置安置点内部建设用地和基础设施用地。其二，兼顾整体，重视衔接与利用现实条件。安置点用地布局须与区域位置、安置点性质定位基本一致，结合用地的地形、地质条件，避免大挖大填；同时综合考虑水源和电源，通信及对外交通等需要，力求合理使用土地，利用地形高差进行规划布局。其三，适应性与可持续发展。安置点内部的基础设施规模与区域发展的总体规划衔接，并结合地形坡度、坡向和安置点的规模，正确处理好近期与远期，局部与整体，需要与可能的关系，提高近期建设规划的可操作性、合适性以及安置点建设规划对移民和地方居民远期发展的适应性。其四，规划前瞻意识和超前考虑。充分考虑安置点所在区域既有公共设施功能对安置点的适应性和将来发展的需要，安置点道路、水、电、通信等尽量满足相关规范要求，具有一定的超前意识，以适应区域总体发展规划要求。

根据现行规范、法规、政策条文的规定，并依据移民安置区的区域情况，结合该地区实际地形地貌，将安置点建设同地方经济建设结合起来，同时结合社会主义新农村建设与和谐社会建设要求，合理布局和安排各项建设用地与基础设施，正确处理国家、地方政府、移民的利益诉求，充分发挥移民和原居民的创业积极性和创业精神，进行有针对性的技能培训，使其各尽其才，加速地方经济发展，促进和谐社会建设发展。通过安置点新址建设规划，促使规划布局、用地指标、基础设施配套、建筑面貌、环境景观等方面都达到较高水平，并为远期发展留有余地和发展空间。

依据相关规范，根据地块现状和地块的地形地貌特征以及所处的地理位置，结合当地交通条件、旅游资源条件、地形、地质、气候、人文特点、物产资源等，将安置点的适用性、适应性、可持续发展以及安置点将来的经济发展需要等进行统筹、综合规划设计。

遵循城乡建设、发展的客观规律，结合区域发展需要，以移民搬迁安置为基础，注重现实，面向未来，因地制宜进行统筹兼顾和综合部署；结合安置点的发展方向、规模和布局，统筹安排各项基础设施建设；坚持可持续发展战略，集约和节约利用土地资源，正确处理近期建设与长远发展、局部利益与整体利益、经济发展与环境保护等关系。做到移民安置点建设、小城镇建设、新农村建设的产业结构调整一起兼顾实施，创造优美的人居环境。在追求经济效益和社会效益最大的同时，坚持安置点建设和生态环境保护有机统一。

坚持科学规划，结合地形、地质及现有条件进行规划，突出安置点特色并兼顾周边环境整体景观，注重发挥安置点居住功能和社会价值，从而切实提高该安置点发展的质量和水平。

目前水电工程移民安置与区域经济社会协调发展的实施路径已经得到充分的实践证明，将移民安置与新农村建设、小城镇建设相结合的案例进行分析可以清晰地呈现出来。

大型水电工程建成后淹没沿江两岸的集镇和农民赖以生存的土地，大量的移民人口将向其他地方转移，部分集镇需要重新选址迁建，拟安置移民的集镇由于容纳了移民，其集镇规模会扩大。围绕电站建设，部分城镇职能发生了巨变，各种交通基础设施等外部条件也将发生巨大变化，导致城镇体系的空间结构相应发生变化，部分乡镇的区域中心地位将得到较大提升，也会影响到各乡镇之间的职能分工等，城镇的功能和定位需要重新考虑。同时，由于城镇是二、三产业发展的主要载体，产业的空间布局也应该随着城镇体系的变化进行适当调整。

移民安置的总体布局方案，是根据环境容量调查成果，充分研究交通、水利等基础设施外部条件，尊重安置区地方人民政府的意见，以及移民意愿，进行规划布置。一些居住、生产条件较好的乡镇势必成为移民安置的聚居区，随着人口的增加，其城镇的功能也将日趋完善，并逐步形成新的区域发展中心。基于此，就需要结合移民安置做好城镇体系规划。

其一是进行人口及城镇化水平预测。受水电站移民安置影响，要准确预测库区人口增长率和城镇化水平。考虑到社会经济发展的阶段性、工业化和城镇化的现实需求、移民和人口机械增长影响的不确定性等，应结合实地调研情况，分别预测库区人口与城镇化水平。

其二是进行规模结构与等级结构规划。按照产业发展总体布局的要求，遵循促进各种资源要素向中心城镇集中的原则，强化县域中心城市的集聚作用，构造区域内空间发展的多元支点，实现区域的协同发展，构筑等级分明、分工合理、特色显著、协调推进的城乡体系格局。区域中心城市安置移民，必须充分考虑移民就业问题，不断充实城市职能，聚集一批产业，特别是二、三产业，市政设施和教育文化设施也将不断完善。安置移民对于促进库区区域性中心城镇的崛起有着很大的推动作用。同样，重点安置移民的乡镇，随着其人口增加、产业集聚，将逐步形成新的重点中心乡镇。

其三是引导移民人口的有序转移，加快向中心城镇聚集。水电工程库区农业人口较多，产业支撑也较为薄弱，加快人口的集聚对于保护区域环境、加快区域经济社会发展均有较为现实的意义。把实施移民安置与中心城镇建设有机结合起来，促进中心城镇发展。通过工业化、城镇化，拓展中心城镇发展空间，完善城镇功能，加强城镇基础设施建设。充分利用农业产业化基地和工业园区的建设，在中心镇周边集中或分散安置移民，实现人口向中心城镇集中，凭借区域就业的便利条件、居住条件的改变，加强移民人口就业的规模效应。

在移民工程与地方基础设施建设方面，尤为重要的是以下几个要点。

（1）紧密结合地方重大基础设施需求，做好移民专业项目的迁复建规划。水电工程建设区多数地形复杂，山高谷深，自然灾害频发，基础设施建设较为滞后。按适度超前的原则，高标准、高起点大力推进交通、水利、电力、通信等基础设施建设，为经济的可持续发展与社会的安定和谐提供基本保障，是地方谋求发展的必然之举。

移民安置过程中的重点专项工程规划不能简单地仅仅从恢复原功能的角度出发，而是应当尽可能地有机结合到地方建设发展的需要。例如库区复建公路的布设规划，应综合考虑城镇体系调整、大型移民安置区、产业聚集区建设等因素，从带动一片经济考虑，系统规划，最终形成布局合理、安全便捷的现代化的公路运输体系。

（2）紧密结合地方城乡建设需求，做好移民安置点的规划设计。移民安置点，特别是较大的安置点的建设，对地方城乡一体化发展起到推动作用。大型移民安置点基本作为县域一个片区的重点中心镇的要求进行建设。安置点对外需要交通便捷，对内需要功能齐全、配套设施完善。通过周边交通连接网的建设，移民安置点作为一个区域的商贸集散中心，可以辐射到周边的几个乡镇，服务于更多的移民和安置区居民。同时大型移民安置点的建设，有利于集中移民补偿建设资金，在公用设施、配套设施、基础设施上加大投入。因此合理布局安置点选址，确定安置点建设规模，定位安置点功能等，均与地方的城乡建设有着密切联系。

10.3.3 展望

10.3.3.1 移民安置促进地方发展

移民安置与区域经济社会发展息息相关，移民安置必须与经济社会发展相结合，并且呈现出常态化特征。新时期顺应党中央治国理政的新理念、新思想、新战略，要牢固树立"创新、协调、绿色、开放、共享"的发展理念，以此指导新时期移民安置与经济社会发展的相应工作。将移民安置与区域的经济布局、产业结构调整、城镇化等要素紧密结合，充分发挥二者的合力。

移民安置政策满足地区发展规划客观要求。水电工程开发及其移民安置必须基于区域经济社会发展的现状，水电工程建设不能因为"停建令"的短期时限而中断地区基础设施建设及社会发展，必须与区域发展相协调，尤其是实施阶段，随着各类移民工程的建设，最终实现水电工程与地方经济社会共同发展。之后水电工程库区迁（复）建项目规划设计必须达到或高于地方发展规划的需要，以此统领地方发展，并建立合理有效的投资方案，真正实现水电开发及移民安置与地区发展协调一致。

移民安置政策符合经济社会发展一般规律。金沙江、LC 等流域开发已经树立了流域综合开发理念，水电、航运、水利兼顾，水电开发项目法人与开发区域经济社会共同发展。水电站建成投入运行后，除了为电力系统提供电力电量需求，为促进地方经济社会可持续发展提供动力基础外，大多还有防洪、生活用水、灌溉、航运、养殖、旅游开发等社会服务功能。所以水电站建设充分考虑内河航运发展的客观需求，实现发电与航运并举，防洪与水利灌溉兼顾，发挥水库综合利用功能，促进经济社会可持续发展。

10.3.3.2　电站利益共享机制的建立与完善

水电工程移民分享工程经济效益的相关配套政策尚未完全成熟、管理体制、相关各方的责权利尚未完全明晰，但是在国家政策层面已经明晰了积极的发展思路。679 号移民条例明确规定："大中型水利水电工程受益地区的各级地方人民政府及其有关部门应当按照优势互补、互惠互利、长期合作、共同发展的原则，采取多种形式对移民安置区给予支持。"要深刻领会精神，贯彻落实政策要求，结合地方实际情况，制定实施针对水电工程移民分享工程经济社会效益的政策性文件，为移民利益享有、利益分配及监管提供基本的政策依据；同时厘清规范各部门责权利，建立并完善水电工程移民主管机构牵头，相关职能部门密切配合的管理机制，以规范利益相关主体间的关系。通过管理体制和运行机制创新，切实解决分享的利益内涵、利益分享的途径和方法、利益分享的监管等难题，逐渐探索出可推广的水电工程移民分享工程效益的经验模式。

水电工程移民分享工程效益是水电可持续开发的应有之义。在前期移民安置规划阶段就应予以充分考虑，在扎实做好水电工程移民征地补偿安置和后期扶持的基础上，应结合工程项目实际情况和区域经济社会发展现状，制定可操作的效益共享实施方案，积极应对伴随经济社会发展而产生的利益共享诉求和新形势。逐步建立电站效益共享机制，实现安置区与区域经济可持续发展。要逐步建立促进库区经济发展、水库移民增收、生态环境改善，使广大移民共享电站建设和发展成果，实现库区和移民安置区经济社会可持续发展。应建立农村社会稳定的长效机制，为可持续发展打下坚实的基础。

我国西部地区跨区域河流水电开发方面牵涉的问题更为突出。利益分配、共享机制已经成为不同社会群体间关注的重点和难点，急需适时探讨国家相关政策的调整和完善。移民在土地征收补偿和水电资源开发过程中虽然能获得一定经济补偿，分享基础利益和发展利益。但如果土地、水电水利资源不能转化为资产，移民利益就难以得到充分保障和实现。所以应从多角度多方面综合考虑，协同发展。

水电开发利益方面，水电站开发的发电及其综合利用直接带来的效益和电站建设及其后续运行期的税收收入，需研究不同发展阶段的不同利益、利益群体，及其合理的利益分配、共享机制。资源入股方面，包括土地资源、水资源等，研究资源入股形式和途径，不同利益相关方在电能效益增值过程中可以获得的收益，提出利益共享模式和机制，并对收益效果进行典型预测。税费方面，对土地税费（耕地开垦费、森林植被恢复费、耕地占用税等）、水资源费、建设期营业税和发电运行期的增值税和企业所得税等，通过研究费改地税，提出建设性意见，让地方从水电开发中获得更多收益。另外，开展分税模式研究，研究调整水电工程分税模式，改变所得税、增值税分成比例。

10.3.3.3 移民后续发展

移民安置结合区域资源特色和社会特征，编制移民可持续发展的规划。根据水电站所在的区域位置，针对区域特点，移民安置规划充分考虑区域环境、社会经济情况、基础设施现状条件，在充分遵循规范要求及"三原"原则的基础上，按照规范配置必要的基础设施、公共设施的同时，适当结合区域特色，应用发展的眼光，依托大中型水电站的建设，促进对交通通信、供电供水等生活基础设施及文教卫设施的建设，提高地方居民的生活质量。

加大移民产业扶持力度，完善移民安置区基础设施建设，调整经济布局，优化产业结构，从根本上改善区域经济社会发展的基础条件。进一步加强后期扶持配套措施规划和实施力度，在基础设施完善和产业规划方面重点突破。后期扶持政策及其有效配套措施，对于移民与区域经济社会可持续发展至关重要。地方政府应当采取宏观调控措施，按照"谁受益谁承担"的原则，激发项目受益区的经济社会力量和资源，完善扶持方式，加大扶持力度，通过充分研究区域社会及自然环境条件，通过全方位、多元化的后续发展规划项目，科学、系统的理论依据，严格控制、适时调整的实施过程，实现移民可持续发展。改变原有的救济型的扶持方式，注重培养移民区的造血功能，扶持移民安置区基础设施建设，调整经济布局，优化生产结构，从根本上改善区域经济社会发展的基础条件。

10.3.3.4 移民社会融合

水电工程移民安置要实现永久搬迁安置，与安置地实现社会融合，一般要经历搬迁安置、适应和认同三个阶段。实践已经充分表明，水电工程移民安置已经实现了在安置地的搬迁安置、生产方式的转变、户籍迁移、文教卫社会资源及公共服务基础设施资源的共享，移民已经适应了安置地的生活。目前，移民在安置地的社会融合需要予以高度重视。移民社会融合的关键是移民社会身份的去特殊化，实现社会角色的转化，社会融合是移民安置的最高目标，通过协调移民人口与土地、资源和环境的关系，最终实现移民安置后的持续良性发展。

水电工程移民安置的过程，意味着原有社区解体和新社区重构，移民能否顺利融入安置地的社会生活，直接关系到当地区域社会的稳定及长远发展，所以移民的社会融合历来是移民安置的难点，今后更是社会治理的重点。为了有效提高移民的社会融合水平，一方面需要充分发挥移民的主观能动性，增强移民在安置地的认同感和归属感，通过户籍迁移，自觉融入安置地的生活，加强移民和安置地居民的沟通、理解和互动，形成多元治理的格局，促进移民尽快融入当地社会，重点关注移民文化融合和心理认同。此外，安置地政府和移民主管部门要积极主动接纳移民，发展移民，高度重视和关心移民的生产生活，加强移民安置后社会功能的重建，实现资源利益共享，使移民享受与当地居民平等参与各项社会管理的权利。在此基础上，切实维护移民合法权益，降低移民的相对剥夺感，逐步实现移民身份市民化，避免移民身份的特殊化和标签化。移民这一社会角色能否转换成功，是衡量移民对安置地区域认可与融合、个体再社会化的一个重要标志，成功实现社会角色转变，是和谐融入安置地社会的有效路径。

第 11 章

技术咨询

技术咨询是工程项目常采取的技术把关形式。技术专家团队对工程项目技术经济问题进行综合分析、研判，提出更为全面合理、科学可行的方案或措施，供政府或企业决策参考，是决策科学化的一种有效手段。水电工程自 20 世纪 90 年代末开始了对移民安置规划设计工作的技术咨询，之后逐步创新，从移民安置的前期规划设计阶段扩展到实施、验收、遗留问题处理的全过程。首先在龙滩水电站试行移民安置实施全过程技术咨询，之后在瀑布沟水电站正式开展，随后向家坝、溪洛渡、锦屏一级、乌东德、白鹤滩等一大批大型水电工程都陆续开展了移民安置全过程的技术咨询。

11.1 工作内容、方法和程序

11.1.1 工作内容

工程咨询是以独立、科学、公正为原则，运用工程技术、科学技术、经济管理和法律法规等多学科方面的知识和经验，为政府部门、项目法人及其他各类客户的工程建设项目决策和管理提供咨询活动的智力服务，包括前期立项阶段咨询、勘察设计阶段咨询、施工阶段咨询、投产或交付使用后的评价等工作。

移民安置全过程技术咨询，是工程咨询在水电工程移民行业的具体应用，是水电工程移民安置技术咨询在规划及实施阶段的一种技术服务工作形式，是为地方移民管理机构（主要是省级移民管理机构）、项目法人提供水电工程移民安置从规划、实施到验收全过程中的技术、管理、政策等方面的技术服务，提供移民安置规划调整、设计变更、补偿补助标准制定、概算调整以及政策研究等方面的技术咨询。

水电工程移民安置全过程技术咨询按照阶段可分为规划阶段的技术咨询和实施阶段的技术咨询。

规划阶段的技术咨询主要为地方政府行政决策和出台政策、项目法人投资决策和项目核准报批以及设计单位的技术研究提供技术服务，内容涉及移民安置方式研究、安置方案研究、移民安置规划可行性研究、移民补偿补助项目及标准研究、移民安置政策研究等方面的咨询。

实施阶段的技术咨询主要为地方移民管理机构（主要是省级移民管理机构）提供移民安置实施过程中的移民技术、管理、政策等方面的技术服务，内容涉及移民规划调整、设计变更、概算调整以及政策研究等方面，主要包括：①截流、蓄水等工程建设关键节点相应的移民安置计划及规划设计文件咨询；②项目或者区域移民总体规划调整，迁建城市、集镇、农村居民点规划调整，移民单项工程初步设计变更及企业处理变更成果评审；③移民补偿补助项目细分及标准动态管理技术咨询；④截流、蓄水及竣工等阶段移民安置专项验收技术支持；⑤项目政策调整研究成果咨询；⑥参与省级移民管理机构组织的重大事项研究、协调及突发事件处置，并提供必要的技术支持等。

全过程技术咨询服务内容广泛，如金沙江 XJB 水电站移民实施阶段的过程咨询服务自2006 年项目核准后启动，已历时 10 多年，覆盖了 2008 年围堰截流、库区移民搬迁、2012年下闸蓄水等过程，目前正在对设计变更和概算调整等开展咨询服务，内容涉及移民安置实施规划设计大纲、实物指标复核调查成果、农村移民安置规划调整、围堰移民特殊措施方案、城镇和居民点迁建规划设计、交通水利电力通信等移民工程初步设计报告编制、设计优化和变更、补偿补助标准调整、影响区处理以及围堰截流、工程蓄水移民专题验收、政策调整等移民安置技术、政策和管理工作各个方面，完成的咨询服务成果超过 500 份。

11.1.2　工作方法

因移民安置情况复杂，绝大部分都需要与项目法人、地方移民管理机构进行沟通、衔接，咨询服务大多采用面对面召开咨询评审会议的方式，如采取全过程技术咨询的瀑布沟、向家坝和溪洛渡水电站，90％以上的移民技术咨询活动都是采用的这种方式。另外还有其他的方式，如对于情况不复杂、技术难度小的移民工程，采用专家独立评审；对分歧意见较大的采取协调会议和现场咨询服务等。

技术咨询一般由具有持有国家颁发的工程咨询甲级证书、工程勘察甲级证书、工程设计甲级证书的专业咨询机构和勘察设计单位承担，如江河水利水电咨询中心、中国水利水电建设工程咨询有限公司、中国电建集团成都勘测设计研究院有限公司、中国电建集团昆明勘测设计研究院有限公司等，这些机构专业齐全、技术力量雄厚。另外，部分省级移民管理机构下设的移民中心也开展一些技术咨询，主要承接省内水利水电工程的移民安置技术咨询工作，如四川省移民工程开发中心、云南省移民开发局技术服务中心等。

11.1.3　工作程序

在技术服务提供前，承担咨询服务的咨询机构根据水电工程建设进度安排、项目移民情况、咨询工作特点和工作内容，有针对性地提出全过程咨询服务策划书，为地方政府提供整体解决方案，明确移民安置实施过程中需要关注的重点问题和重点内容，拟定服务计划，建立咨询服务工作组织，提出咨询服务工作形式及质量要求。

开展全过程技术咨询，首先，由委托方（主要是省级移民管理机构）按月向咨询服务机构提出咨询任务计划。然后，咨询服务机构根据单次的任务情况，安排咨询时间，组建咨询专家组；印发会议通知请省级移民管理机构、项目法人、地方政府、设计单位、移民综合监理等相关单位参会；按期召开技术咨询（评审）会议；主持会议讨论，听取设计单位关于设计文件的汇报以及相关单位有关情况的介绍，并形成咨询报告印送省级移民管理机构、项目法人和设计单位，必要时还组织专家进行现场查勘。

11.2　关键技术

全过程技术咨询，主要由专业齐全、技术力量雄厚、具备相应资质、在水库移民行业具有较高声誉的单位，特别是移民政策研究和行业技术标准编制单位来承担，组织懂法规政策和技术规范、具备丰富实际经验、宏观把控和协调能力强的专家团队来进行，通过把控、协调移民安置工作中的关键技术，帮助解决移民安置工作中的重大分歧意见和重点难点问题，充分发挥技术咨询的作用。

11.2.1 检查国家法律法规、行业政策的贯彻与执行

水库移民是一项政策性非常强的工作，目前中国已经建立层面分明、内容完善的移民政策体系，设计单位提出的移民安置规划都必须符合国家及行业的政策法规。全过程咨询就是通过检查指导国家法律法规、行业政策的贯彻与执行这一关键技术，对照国家法律法规和行业政策，检查设计成果的合法性；通过技术咨询活动，对从事移民工作的地方干部、设计人员进行业务技术培训，起到移民政策的宣传解释作用，提高从业人员的技术业务水平。在新老政策过渡时期尤其体现这一关键技术的重要性。

例如在《国土资源部办公厅关于征地统一年产值标准和区片综合地价公布实施与备案有关问题的通知》（国土资厅发〔2009〕23号）颁布后，四川、云南于2009年也分别发布了相应的区片综合地价补偿标准的政策。在XJB水电站的全过程技术咨询过程中，曾就区片综合地价补偿标准政策的执行进行了研究和讨论，经分析，由于库区2006年审定的补偿标准大部分高于过两省公布的统一区片综合地价，为确保库区移民社会的稳定，研究决定仍采用可行性研究审定土地补偿单价。

11.2.2 指导行业技术标准的应用与协调

目前，我国已建立覆盖水电工程建设全生命周期的水库移民技术标准体系，但移民工作不光涉及移民安置工作，还涉及铁路公路水运交通工程、水利工程、电力工程、电信工程、广播电视工程、企事业单位、文物古迹和矿产资源等，涉及面广，情况复杂。对这些项目的处理，同样要执行国家相关行业的技术标准规定。全过程技术咨询通过指导行业技术标准的应用与协调这一关键技术，检查设计成果的合规性。同时，通过技术咨询活动，对从事移民工作的基层人员，也起到了移民技术标准的宣传解释作用。

XJB水电站移民安置的规划设计和实施工作跨越了新老移民技术标准。可行性研究阶段是依据"96规范"开展规划设计并于2006年审定；在实施过程中，由于"07规范"已经颁布实施，于是设计单位按照"新规范、老程序"的要求开展实施阶段设计工作，对移民工程提出初步设计成果（"06规范"明确在实施阶段完成，而"07规范"明确需在可行性研究阶段完成）。这一工作的后置，与"07规范"中关于勘测设计费的划分和计取相矛盾。另外，"07规范"对独立费用中其他项目及其取值又有了新的规定。于是，在全过程咨询中，对于XJB水电站独立费用的取值进行过数次的咨询和协调。另外，对于主体设计单位分两省编制的移民安置实施规划设计报告，也是按照"07规范"的要求进行技术咨询，检查其是否符合现行移民技术标准的要求。

11.2.3 统筹各移民安置规划设计的内容与成果

一般可行性研究阶段的移民安置规划设计成果，由移民安置规划大纲、移民安置规划

设计报告以及相关的实物指标调查成果、移民安置总体规划、各专业项目复建规划初步设计报告、移民安置补偿费用概算等报告组成的。这些设计成果之间相互独立又联系紧密，需要统筹兼顾。对于 XJB、XLD 两个大型水电工程，跨越了新老移民政策和技术标准，涉及专业广，历时长，设计成果更多，情况更复杂。因此，在全过程咨询中，需要统筹各移民安置规划设计的内容与成果，协调处理相关的移民安置规划设计成果，确保移民单项工程与移民安置规划的一致性和符合性。

在移民安置实施阶段，XJB 水电站编制了农村、城镇、专业项目、补偿费用概算、实物指标调查复核等工作大纲，并分县编制移民安置总体规划，分专题、分项目编制移民工程初步设计报告，按项目编制设计变更报告等，各类设计成果近 300 份。对于这些设计成果，全过程技术咨询承担单位，根据国家的政策法规以及行业的技术标准，依靠长期以来一直从事移民工作的技术人员，成立专门的咨询项目部，指定专人担任项目经理和项目主管，安排人员相对固定的专家负责 XJB 项目的技术咨询工作，确保 XJB 水电站建设征地移民工作的政策延续性和规划符合性。而且，XJB 水电站全过程咨询统筹开展内外部的沟通衔接，使项目前后衔接更加顺畅、信息沟通更加便捷、项目管理更加有序、咨询服务质量得到提升。一是对内加强移民、水工、施工、造价等相关专业之间的协调联系以及单项咨询项目之间的衔接，保证移民安置规划的整体性、系统性和协调性；二是对外加强与地方移民管理机构、项目法人和主体设计单位的对口联系工作，与省级移民管理机构的对口联系保证了和委托方的及时有效沟通，保证了双方信息快速和准确地传达；与项目法人的对口联系，及时了解项目法人的意图，便于在咨询服务中合理协调各方意见；与主体设计单位的对口联系，了解和收集各咨询项目的有效信息和情况，在咨询活动前后对咨询项目给予适当的指导或建议，确保咨询成果落到实处，及时核定设计成果，确保规划设计的质量和咨询产品的质量。

11.2.4 促进各阶段移民安置规划设计内容的衔接与完善

移民安置规划设计分为预可行性研究报告阶段、可行性研究报告阶段和移民安置实施阶段，设计成果要求逐步加深。另外，规划设计成果的应用也涵盖项目启动、建设（造）、验收和结束全过程，延续时间长，会出现因一些设计边界条件变化等需要开展设计变更的情况，也会出现跨越新老移民条例、技术标准的情况。因此，全过程技术咨询采用各阶段移民安置规划设计内容衔接和完善的关键技术，保持移民规划设计成果采用政策和技术标准的延续性，促进移民安置规划设计内容的完整和有序衔接。

如 XJB 水电站在移民安置实施过程中，编制了分专题的工作大纲、分县的移民总体规划、围堰截流阶段和下闸蓄水阶段的蓄水专题规划报告、分专题的初步设计成果和设计变更成果、分专题的设计变更汇总报告以及移民安置实施规划设计报告。在全过程技术咨询中，针对移民项目的设计变更成果，不仅要对照其初步设计成果，分析论证其变更的必要性、合理性和经济性，更要衔接可行性研究报告说明其项目的合理性以及变更的必要性、合理性等内容，保持移民安置实施规划设计报告和可行性研究报告的内容衔接和完善。

11.2.5 协调重大移民问题的技术处理

全过程技术咨询服务贯彻落实已有的技术规范规定，解决已有技术规范未涵盖的内容，更有利于行业管理。水电行业根据不同时期移民工作的实际需要，分别制定了"84规范""96规范"以及后来的"07规范"，内容越来越翔实，工作要求和程序越来越明确，操作性越来越强，但是由于移民工作涉及的利益主体多、涉及面广，遇到的问题也复杂，经常会发生一些超出现有移民政策、移民技术标准的特殊情况，遇到以前从未出现过的一些重大移民问题。因此，全过程技术咨询针对具体的情况，进行实事求是的分析，充分听取各方意见，协调解决了众多在移民工作中遇到的重大技术和实施管理问题。

如金沙江 XJB 水电站全过程技术咨询中涉及对城集镇房屋深基础处理，但在移民规范中并没有深基础处理的有关规定，而这一问题在 XJB 水电站又是需要解决的难点、重大问题，地方政府多次明确提出需要解决。通过技术咨询协调，最终帮助地方政府和设计单位梳理了处理原则和依据，明确了计算方法：①通过综合分析库区城集镇移民安置房建设情况，按照房屋结构类别，选取库区城集镇复建移民安置房主要房屋结构类型（即砖混、底框和框架结构）各两个典型房屋，按照其设计图纸计算工程量，再分别套用两省（云南、四川）定额、按照两省计价办法及相关规定测算房屋补偿单价中已包含正常基础部分的单价；②采用选取的典型房屋测算不同基础埋置深度时的基础部分单价；③结合审定的城镇和集中安置居民点迁建修规中的房屋布置，统计不同基础埋置深度的房屋建筑总面积；④测算城镇和集中安置居民点规划房屋基础部分的总费用及基础超深总费用，按纳入补助范围的房屋面积所占规划面积的比例计算库区各个城镇和集中安置居民点基础超深补助费用。

又如 XJB 水电站围堰截流特殊措施报告的咨询，根据枢纽工程进度安排，电站围堰拟于 2008 年 12 月截流，故围堰移民必须在 2009 年汛期前完成搬迁安置；但由于当时移民房屋建设进度上已经滞后，无法保障围堰水位移民搬迁安置的需要，必须对围堰水位移民采取特殊措施，使其顺利渡过 2009 年汛期。根据设计资料，10 年一遇洪水位涉及 1.3 万人的搬迁、53.63 万 m^2 房屋的拆除，20 年一遇洪水位涉及 2.05 万人的搬迁和 89.2 万 m^2 房屋的拆除。为尽量减少移民的过渡安置，咨询提出正式搬迁安置与过渡安置相结合、总体规划与分步实施相结合的方式进行处理：移民的过渡安置方案按围堰 20 年一遇洪水位影响进行总体规划设计，在实施中，先行组织实施围堰 10 年一遇洪水位影响移民搬迁安置，建立预警机制，根据汛期来水情况开展 10 年一遇洪水位至 20 年一遇洪水位之间的移民安置。

11.3 创新与发展

11.3.1 回顾

建设工程技术咨询由来已久，其以独立、科学、公正为原则，运用工程技术、科学技术、经济管理和法律法规等多学科方面的知识和经验，为客户的工程建设项目决策和管理提供咨询服务。

水电工程移民安置技术咨询主要兴起于 20 世纪 90 年代末，最初其目的主要是为项目法人和设计单位提供规划阶段的技术咨询服务，研究解决移民安置规划设计中的有关重大、特殊问题，以推动项目更快核准。最早开展规划阶段移民技术咨询的主要有棉花滩、洪家渡、龙滩等一批水电工程。1999 年 5 月福建 MHT 水电开发有限公司组织就水库淹没影响实物指标变化、淹没安置实施计划等有关问题进行专题咨询活动；同年 6 月贵州乌江水电开发有限责任公司为做好贵州 HJD 电站水库淹没处理规划设计修编工作，组织对水库淹没处理规划设计修编工作大纲和水库淹没处理规划设计修编报告有关工作的开展进行咨询。随后，在龙滩、岩滩、构皮滩、龙羊峡、水布垭、溪洛渡等水电站的可行性研究阶段陆续开展了规划设计的技术咨询工作。

进入 21 世纪后，水电行业蓬勃发展，国家也逐步理顺移民工作管理体制，《国家计委关于印发水电工程建设征地移民工作暂行管理办法的通知》（计基础〔2002〕2623 号）明确"政府负责、投资包干、业主参与、综合监理"，政府负责具体为省级人民政府负总责，政府领导，分级负责，县为基础。但由于对水电工程移民安置规划设计的要求越来越高，勘测设计深度加强，涉及行业愈加广泛，设计周期不断缩短，地方政府有关移民工作管理的要求日益提高、项目决策和出台移民政策越发谨慎，移民工作日趋复杂，急需移民安置政策性、技术性强的社会化力量予以技术支持，在项目规划设计阶段为地方政府提供移民规划决策、出台移民政策提供技术支持成为常态。同时，一大批水电工程经核准进入实施阶段，受政策调整、物价变化、移民意愿以及实施管理水平等因素的影响，地方政府经常会遇到诸如设计变更、特殊情况、遗留问题处理等移民安置问题。为解决移民问题，研究出台相关移民政策，并满足政府简政放权、工作社会化、科学决策等要求，省级移民管理机构迫切需要社会对其移民安置实施规划设计及实施管理提供技术咨询、指导和协调。因此，移民技术咨询也逐渐从规划设计阶段为设计单位规划设计及项目法人项目决策和核准工作服务，扩展到实施阶段为地方政府实施移民安置过程管理服务，形成全过程的技术咨询服务。

实施阶段的技术咨询服务，早期，地方政府一般与专业咨询服务机构采用一事一委托的单项咨询技术服务方式。这种方式对于项目小、移民问题少的水电项目较有效果；但是对于大型水电工程移民安置实施阶段密集性的设计变更，往往时间紧、任务重，原来的单项咨询技术服务工作方式难以满足地方政府的要求，且项目前后不衔接、信息沟通难、项目管理乱。另外，早先地方政府都是在实施中出现了较为复杂、棘手的移民问题后才开展技术咨询，这时问题已经客观存在，处理代价偏大且易引起其他电站移民攀比；由此地方政府对移民实施工作的管理逐渐从"事后控制"向"过程管理"转变，其中需要技术咨询力量全过程参与。为了更好地帮助地方政府做好水电工程实施阶段的移民搬迁安置管理工作，一事一委托的技术咨询也逐步发展成全过程咨询，由地方政府移民管理机构与专业咨询服务机构签订框架协议或全过程咨询协议。移民安置实施阶段全过程咨询先在龙滩水电站试行，从 2000 年开始，服务时间较短，开展的技术服务次数也不多；后来在瀑布沟水电站正式开展，随后，向家坝、溪洛渡、锦屏一级等多座大型水电工程也陆续开展移民工作全过程咨询服务。乌东德、白鹤滩水电站也采取了这种咨询服务活动。

"96 移民规范"概算篇章中，尚无咨询服务费的相关科目。2002 年，国家经济贸易委员会公布的《水电工程设计概算编制办法及计算标准》（2002 版）中明确了咨询服务费，该费用是"指项目法人根据国家有关规定和项目建设管理的需要，委托有资质的咨询机构或聘请专家对工程勘察设计、建设征地和移民安置、融资以及建设管理等过程中有关技术、经济和法律问题进行咨询服务所发生的有关费用。""07 移民规范"以及《水电工程建设征地移民安置补偿费用概（估）算编制规范》明确了咨询服务费项目，其收费按建设征地移民安置补偿项目费的 0.5%～1.2%计算，内容为"项目法人、与项目法人签订移民安置协议的移民机构根据国家有关规定和建设征地移民安置管理工作的需要，委托有资质的咨询机构或聘请专家对建设征地移民安置规划设计有关技术、经济、法律有关问题进行咨询服务以及编制后评估等工作所发生的费用"。

11.3.2 创新

（1）从无到有，开创全新咨询方式。水电工程移民安置技术咨询，通过近 30 年的发展，从无到有，从单一咨询发展为全过程的技术咨询，开创出了全新的咨询方式。全过程技术咨询发挥了中介机构和中间人技术把关、技术参谋的作用，也起到了协调、裁判的作用。对从事移民工作的基层地方干部和设计人员，通过技术咨询进行了技术培训，起到了政策规范的宣传解释的作用，提高了从业人员的技术业务水平。对地方政府而言，全过程技术咨询服务帮助省级移民管理机构进行技术决策，提升移民干部移民工作管理和技术水平，满足政府部门及项目法人对建设征地移民安置管理的需要；及时解决移民安置实施过程中遇到的诸多移民安置问题，化解社会矛盾，尽量保持项目与项目之间、个别地区与区（流）域整体之间移民政策和标准的一致性，确保移民顺利搬迁安置、库区社会稳定和电站下闸蓄水，取得了明显的经济效益和社会效益，并得到省、市、县各级移民管理机构的高度评价。对项目法人而言，全过程技术咨询服务为业主排忧解难，解决移民问题，减少不必要的资金浪费，保障了水电工程顺利建设。对设计单位而言，全过程技术咨询服务确保了设计产品质量符合国家相关法律法规及规程规范要求，促进勘测设计工作进度，控制和提高设计产品质量，保证了规划与设计之间、专业与专业之间的衔接，减少因设计缺陷而引起的工程质量问题，减少设计返工现象。更重要的是，对行业管理而言，全过程技术咨询服务贯彻落实已有的技术规范的规定，解决已有技术规范未涵盖的内容，更有利于行业管理。

（2）邀请利益相关方，共同参与咨询。移民工作涉及国家、集体和移民等各方的利益，涉及政府、企业和个人的利益，还涉及设计、施工、监理、独立评估等单位的利益，情况复杂。另外，还可能涉及上下游梯级电站、跨省界河电站两岸不同地区之间、甚至不同业主之间的利益关系，情况更为复杂。因此，移民安置实施的全过程技术咨询要求利益相关方参加会议，共同参与，协调解决移民问题。

技术咨询一般采取分省级行政区域召开，邀请项目涉及的地方政府和管理部门、项目法人、设计单位和移民综合监理单位参加。如 XJB 水电站实施阶段的技术咨询主要分四川、云南两省分别召开。但当涉及重要专题时，也会组织全库区涉及区域的相关方面一起召开，甚至组织流域上下游梯级电站相关利益方召开。如在 2017 年，水电水利规划设计总院会同云南省移民管理机构就金沙江中游 LY、AH 等 6 座电站建设征地移民安置逐年补偿标准测算调整问题开展的技术咨询评审，由于这 6 座电站涉及 3 家项目法人、3 市（州）10 县（区）、3 家主体设计单位以及 6 家综合监理单位，因此会议邀请了 6 座电站涉及的 38 家单位参加研究讨论和咨询协调，确定各电站调整后的逐年补偿标准。

11.3.3　展望

通过多年的实践，全过程咨询方式已经在绝大多数的电站项目法人、地方移民管理机构、设计单位中达成共识，已有了较为成熟的程序和方法，并且已取得了显著的成效。但目前全过程咨询主要还是采取面对面的会议咨询方式，在一些项目中存在统筹解决问题不足、深入项目的现场不够、专家独立思考和分析问题的时间不够，以及个别项目又存在时间和资金的浪费现象等问题。因此，一是要加强项目策划，梳理重点难点问题，提早形成周全的咨询服务工作方案和实施计划；二是要改进目前以开会方式为主的咨询模式，加大专家深入现场调研的工作力度，增加专家思考和分析问题的工作周期；三是可借助信息化手段，采取网络会议等多种咨询方式，灵活组织、提高效率、增强实效、降低成本。

第 12 章

协调机制

建设征地移民安置是水电工程建设的重要组成部分，也是水电建设的重点和难点之一，这是水电工程征地移民的特点所决定的。一是移民项目繁多，涉及铁路、公路、桥梁、水利、电力、通信、企事业单位、文物等基础设施、公共设施不同行业；二是移民安置实施工作周期长，大型水电项目如大渡河 PBG、金沙江 XJB 等大型水电项目，涉及移民达十万余人，移民实施工作从工程准备开工起，至移民搬迁验收结束，往往需要近十年的时间，时间跨度长；三是移民工作涉及地方政府、项目法人、移民群体等诸多方面的利益，尤其是与老百姓的生产生活恢复息息相关，牵扯面广；四是如果上下游梯级电站、跨省界河电站移民补偿补助项目和补偿标准不一致，容易导致移民间的相互攀比；五是水电投资及移民实施管理体制造成经常出现移民补偿费用大幅增加的情况。诸如此类，造成了水电移民工作的集中性、复杂性、艰巨性和长期性；特别是跨省、界河电站问题更突出，电站的上下游之间、左右岸之间的移民安置政策、标准也需要协调。这些移民问题，迫切需要有关方面加强沟通、协商协调、统筹处理。为此，国家和地方探索建立了分层级的工作协调机制。

12.1 工作内容、方法和程序

12.1.1 工作内容

协调机制的主要工作内容是研究、沟通和协调地方政府、业主单位、设计单位等各方在有关移民政策、移民安置、实施管理等工作中存在重大分歧意见，需要予以确定的事项和问题，以及进一步明确项目工作总体目标和要求等事宜。如国家层面的金沙江下游水电移民工作协调领导小组办公室的主要职责是：协调金沙江下游梯级电站移民政策；指导、督促移民的前期及实施等工作；建立通报机制，加强云南、四川两省移民政策和搬迁情况的沟通；协调解决移民工作中的重大事项和问题。其工作内容包括：组织研究金沙江下游水电移民相关政策；研究、沟通和协调解决两省移民政策和实施过程中遇到的问题，提出处理重大问题的建议并报协调领导小组；组织协调和指导开展移民安置实施规划工作；制定移民安置的总体工作目标和各阶段目标；建立移民实施工作动态监测和过程调整机制，协助有关方面审核和认定移民实施方案的变化和概算调整等；协助各方履行移民工作相关职责，督促各方贯彻落实各项协调处理意见；完成协调领导小组交办的其他事宜。同时，在金沙江下游电站的移民安置实施过程中，电站项目法人和地方人民政府还通过轮值会的形式对众多问题进行了协调。

12.1.2 工作方法

协调机制主要根据各方提出的需要研究、协调的重大问题，按照分层级协调处理的原则，定期或不定期召开会议（必要时先组织现场调研），组织相关各方面对面进行研究讨论、沟通、协商协调，在专家组意见的基础上，对相关问题明确处理意见，或确定处理原则和方法，或提出处理的思路和要求等。

12.1.3 工作程序

协调会议一般由协调机制主持单位根据移民工作的需要进行安排，或由成员单位提出并经协调机制主持单位研究确定后进行安排。

协调会议前，协调主持单位确定会议组织方及会议协调的主要议题，并由组织方印发会议通知，通知相关单位按期参加会议，并向相关单位收集并整理有关移民问题和建议。

协调会议时，协调成员单位及列席单位共同参加会议，就移民问题进行研究、协调和决策，并及时形成会议纪要。

协调会议后，协调主持单位将会议纪要印发有关方面在移民工作中执行。

12.2 关键技术

12.2.1 对重大移民问题处理原则的确定

协调机制一般协调处理的是涉及移民工作中的重大事项和问题。这些重大事项和问题在移民政策和技术标准中尚无具体规定，利益相关方一时难以形成统一意见，或虽然有了一致意见但需要决策依据支撑，以便在工作中遵照执行。因此，需要借助协调机制这一平台，通过重大移民问题处理原则确定的关键技术，确定处理途径，共同协商协调并共同决策。

在 XLD 水电站移民安置实施阶段，由于云南部分农村移民的安置方式不明确，影响了 XLD 水电站农村移民安置实施规划编制和移民搬迁安置进度，金沙江下游水电移民工作协调领导小组办公室（以下简称"金下协调办"）于 2012 年组织会议协调，要求云南省结合 XLD 水电站云南省建设征地移民安置的实际情况和已执行的 XJB 水电站农村移民安置政策，尽快制定 XLD 移民安置相关政策和实施细则，明确 XLD 水电站农村移民安置方式，切实推进 XLD 移民搬迁安置工作，确保移民妥善安置、电站如期蓄水发电目标的实现。会后，云南省组织主体设计单位、地方政府和项目法人，研究提出了《XLD 水电站云南库区移民安置实施意见》，上报金沙江下游水电移民工作协调领导小组。金沙江下游水电移民工作协调领导小组于 2011 年组织会议研究讨论后同意实施。

再如，针对地方提出的 XJB、XLD 水电站施工区移民房屋补偿单价的问题，金下协调办于 2011 年协调明确，原则上同意对枢纽工程建设区移民房屋补偿单价、附属建筑物补偿单价、水库库底清理价格以及移民搬迁补助费单价等，在国家审定的可行性研究报告、移民房屋补偿单价的基础上，结合移民工作实际情况调整价差；公司组织主体设计单位编制调整方案上报金下协调办同意后实施。并明确，今后凡因物价明显上涨导致移民财产补偿补助、搬迁补助等与移民利益密切相关的民生项目补偿补助标准需要调整的，公司应主动会同川滇两省组织主体设计单位，按照批准的物价动态管理办法，根据移民工作进展和价格变动情况及时编制调整文件，报金下协调办同意后实施。

12.2.2 对超出移民政策的重大问题纳入移民安置规划的协调处理

大中型水电工程移民安置实施过程中，地方和移民也经常会提出一些发展需要但超出国家当时已有移民政策和技术标准的诉求，对这些诉求、问题的协调处理是协调机制工作的重要内容。这些诉求、问题可能影响移民搬迁安置进度，或影响地方和移民的快速发展，还可能引起库区社会的不稳定，需要及时予以协调，明确是否纳入以及如何纳入移民安置规划等。因此，协调处理超出移民政策的重大问题纳入移民安置规划成为协调机制的关键技术和手段。

如，为妥善安置移民，XLD水电站云南施工区对已外迁孟连有土安置但因种种原因返迁的移民再次采取逐年补偿方式进行了安置的情况，引起了四川片区移民的攀比。为确保库区移民社会稳定，金下协调办组织相关单位讨论研究，于2009年明确有关方面对施工区外迁孟连移民所支付的资金进行清理、核算，并将定额的资金补偿给四川省，由四川省统筹用于电站四川移民的安置工作。

针对中国长江三峡集团有限公司提出的两省文物部门编制的XJB水电站文物保护规划设计初步报告，其文物保护数量、方式、规模及投资都较可行性研究阶段发生重大变化，已超越了水电迁建补偿的原则和政策，存在着扩大规模、重复补偿和拟将水库淹没影响范围外的文物纳入补偿范围，利用文物迁建打造文化旅游产业等倾向的问题，金下协调办2011年协调明确，同意以审定的可行性研究成果为基础，依据471号移民条例和现行文物保护法律法规对文物保护规划设计进行调整。具体规划由省级文物主管部门和中国长江三峡集团有限公司审定后，纳入移民安置实施规划。对于超出建设征地范围、扩大规模、提高标准的费用，除合理部分由电站分摊外，其余部分由地方政府和有关文物部门自行解决。

针对WDD水电站超出移民政策以外的项目，国家能源局于2014年组织召开协调会议进行了明确：①划分项目类别。将有关移民问题分为三类，符合现行政策的项目为Ⅰ类，与移民安置相关但结合地方经济社会发展提高标准、扩大规模、新增功能的项目为Ⅱ类，移民政策之外的项目为Ⅲ类。②明确上述项目的处置原则。Ⅰ类项目纳入移民安置规划，所需投资全部计入移民概算。Ⅱ类项目根据实际情况在电站的概算中分摊投资，其中水库等水利工程按移民受益占比分摊工程建设投资，交通工程按现行移民政策和规程规范计列投资，相关投资计入移民概算。为发挥电站建设对地方经济发展的带动作用，兼顾移民长远发展需要，对于电站分摊之外的余额部分，中国长江三峡集团有限公司可依法依规给以适当支持，按照"两省平衡"的原则，承担不超过剩余资金的50%，或由中国长江三峡集团有限公司商地方政府明确支持资金，实行"总量控制，分省包干"，其余资金由地方自筹解决。Ⅲ类项目属于移民政策之外的工程，缺乏纳入移民和工程概算的依据，暂不纳入。

再如，针对XLD水电站水库淹没涉及的彝族两大家族存放灵位牌的岩洞中供有的上万个灵牌的处理，按照现行规范和标准，这类设施既不能算坟墓，又不能算宗教设施，找不到对应的补偿补助项目，但该事项确属彝族特殊宗教习俗，涉及范围较大，各级政府和设计单位多次与两大家族协商，均不能达成一致意见。经协调办 2012 年协调明确，建议本着"尊重少数民族的生产、生活方式和风俗习惯"的原则，采取个案处理，由主体设计单位技术负责、地方政府组织有关方面进行调查研究，按照实事求是、合理合规、适度简化、统筹协调的原则提出处理补偿方案，避免因个案问题引起连锁反应和新的攀比。最后，主体设计单位按此原则编制处理规划设计，经评审后将相关费用纳入移民安置规划。

12.2.3　对涉及平衡问题的协调处理

大中型水电工程建设征地补偿涉及移民的切身利益，政策敏感度高，特别是涉及不同省区、上下游梯级的电站，由于各地资源禀赋不同，各省（自治区、直辖市）根据国家法律、法规制订的补偿补助项目和标准、征地有关税费以及移民安置方式、安置去向等有所差异，极易引起库区地方政府和移民个人攀比，典型的如金沙江下游四级电站。有时候甚至对流域以外的项目造成影响，如在金沙江流域实施的逐年补偿政策对澜沧江流域电站的影响等。因此，涉及平衡的移民问题，是协调机制协调处理的重要内容。对此，协调机制采取对涉及平衡问题协调处理的关键技术，及时尽快地确定处理原则和方案，避免出现影响移民搬迁安置工作、引发社会稳定问题的情况。

例如，在 XLD、XJB 项目核准前，国家发展改革委针对云南、四川两省在征地补偿政策上的差异进行协调，明确两站采取"一库一策"的原则，分两省分别分析测算后取高值的办法确定各类项目补偿补助标准。进入实施阶段以后，为推进两站移民迁复建专项工程建设，衔接国土部门发布的区片综合地价政策文件，云南省移民管理机构与昭通市政府、水电水利规划设计总院、两站主体设计单位、中国长江三峡集团有限公司等单位沟通协调，于 2011 年出台相关政策文件，明确两站库区公路等迁复建专项工程建设征地补偿补助标准按照同地同价的原则，参照库区标准执行。

再如，针对四川省 P 县于 2011 年 1 月自行研究出台《P 县城集镇居民低结构住房重置困难补助暂行办法》，提高了县城范围内砖木、木、土木等低结构房屋的补偿标准的情况，云南省 S 县 2011 年 4 月也出台了类似的移民政策。为了两省两站在移民政策、补偿补助标准上保持平衡，避免地方政府自行出台文件引起连锁反应，导致政策的轮番攀比和调整，对两站移民工作造成影响，金下协调办于 2011 年出文重申了金沙江下游水电移民政策管理要求，明确移民补偿补助、生产安置、房屋配置、建设用地、工程建设等标准要严格执行审定的移民安置规划、审定的移民房屋补偿标准和省级人民政府有关政策；利用来源于电站建设项目法人的自筹资金，在移民政策外，专门针对移民出台新增或提高补偿补助的，应报经省级投资、能源、移民主管部门同意，并由省级投资、能源、移民主管部门征求邻省相应部门的意见，必要时报协调办协调；利用本级财政收入出台专门惠及移民的政策，出台前要听取省级有关主管部门的意见，并通报邻省有关部门和单位。另外，金沙江下游水电移民工作协调领导小组于 2012 年召开会议，再次明确提出地方政府在出台移民政策措施前，要取得邻省理解和支持，并征得协调领导小组或者协调办同意；有关市县除依据省政府出台的移民政策细化移民工作措施外，不得自行出台移民政策。

还有，由于 WDD 电站征地区经济社会发展水平不均衡、涉及 38 个乡镇的统一年产值差值大、两省移民政策也有差异，前期工作中两省移民管理机构和地方政府要求电站征地补偿补助标准要相对统一，以减少政策宣传解释和移民动迁的难度。为合理确定补偿补助标准，经金下协调办多次协调，于 2014 年会议明确以 2009 年四川、云南两省发布的统一年产值为基础，以乡镇为单位按统一年产值由低到高逐步累计征收耕园地面积，测算能覆盖绝大多数征收耕园地面积相应年亩产值，在此基础上计及两省 2014 年发布的统一年产值较 2009 年发布的统一年产值的综合增长幅度后，推算出对应 2014 年发布统一年产值的耕地"基础年产值"，两省发布统一年产值低于或等于耕地"基础年产值"的乡镇，其设计年亩产值采用耕地"基础年产值"；高于耕地"基础年产值"的乡镇，其设计年亩产值采用省发布的各乡镇统一年产值。

12.3　创新与发展

12.3.1　回顾

在计划经济时期，水电工程的投资和建设关系高度统一，利益格局相对简单，责任关系单一。进入市场经济时期后，水电工程建设的管理体制发生重大变化，利益格局多元化，责任关系进一步细分和明确，加上法制化建设的逐步提升、维权意识的增强，移民工作涉及各方利益诉求和博弈越来越凸显，而移民政策和技术标准又是逐步完善，移民工作的难度越来越大，需要研究协调的问题也越来越多。471 号移民条例虽然明确规定了国务院水利水电工程移民行政管理机构的工作职责，但是由于国家级的移民管理机构一直未能组建，为了顺利推进水电工程建设，促进水电工程移民的妥善安置和地方经济社会的发展，国家能源管理部门逐渐开始探索实施水电移民工作协调机制，对重大问题进行协调决策。

协调机制分为国家层面和地方层面两级。目前国家层面的协调机制有金沙江下游水电移民工作协调领导小组、金沙江上游水电开发协调领导小组。最初研究建立国家层面协调机制适用于 XLD、XJB 两个界河电站，后来 WDD、BHT 两个电站也继续延续了该协调机制。XLD、XJB 两个电站分别于 2005 年和 2006 年年底核准开工建设，由于种种原因，主体工程开工建设后的三四年内，工程建设总体进展顺利，但移民搬迁安置工作滞后，移民信访、上访事件以及移民政策调整等问题不断，移民工作进展缓慢，实现 2013 年、2012 年下闸蓄水的目标任务艰难。为了协调平衡不同地区的移民政策，加强川滇两省、项目法人和有关各方的沟通，确保两省移民工作做到协调平衡，促进电站顺利建设，国家发展改革委决定建立金沙江下游水电移民工作协调机制，负责金沙江下游梯级电站移民相关工作的沟通和协调。2010 年 5 月，国家能源局以国能新能〔2010〕155 号文件印发《关于建立金沙江下游水电移民工作协调机制有关事项的通知》，通知正式成立金沙江下游水电移民工作协调领导小组（以下简称"协调领导小组"）及办公室。协调领导小组由国家能源局牵头，成员包括四川、云南两省发展改革委（能源局）、移民机构，XLD、XJB 水电站移民所涉及州、市政府，项目法人、水电水利规划设计总院、中国水电工程顾问集团公司和设计单位的代表以及协调领导小组办公室，其主要职责是：协调金沙江下游梯级电站移民政策；指导、督促移民的前期及实施等工作；建立通报机制，加强两省移民政策和搬迁情况的沟通；协调解决移民工作中的重大事项和特殊问题。至今，该协调机制组织召开 5 次领导小组全体会议，9 次领导小组办公室会议，以及多次的协调沟通会议和现场调研活动。

地方层面的协调机制为推动移民安置工作也发挥了重要作用。省政府或者移民管理机构按照管理权限，对辖区内需协调的移民问题组织相关政府部门、项目法人、主体设计单位、综合监理等进行专题协调；有时候市级层面也组织相应的现场协调机制，市级层面协调不了的，再上报省级层面协调解决；省级层面协调不了的，再上报国家层面协调解决。在 XJB、XLD 移民安置实施过程中，省、市级层面就组织过"XLD、XJB 水电站移民安置收口工作协调督导工作组""XJB 水电站云南库区移民安置工作现场协调领导小组""XLD 水电站云南库区移民安置工作现场协调领导小组""XJB 水电站宜宾市移民工作协调会议""XLD 水电站凉山州移民工作协调会议"等。在 2009—2012 年移民安置高峰时期，省、市级层面基本上每月定期轮值召开协调会议，协调解决安置过程中遇到的一些问题，及时做出决策，有力地推动了两个电站的移民工作。

12.3.2　创新

水电工程移民工作情况复杂，移民协调机制从无到有是在移民工作上的创新。建立协调机制，既是协调省际移民政策、推动移民工作进度的实际需要，也是国家水电工程移民工作管理体制的探索和有益尝试。

（1）协调机制能够及时解决移民安置过程中的诸多重点、难点问题，特别是当涉及不同主体利益博弈、技术标准涵盖不完全、重大问题涉及政策和技术标准有不同解读时，效果显著。协调机制在金沙江下游 XJB、XLD 水电站移民安置实施过程中，协调解决了很多的重大移民问题。如，XJB 电站库区涉及的花椒园、脐橙园、砂仁园与 XLD 库区补偿标准的协调；两个电站房屋补偿单价、隔热保温、深基础处理方式及费用的协调；移民安置房外墙装饰及风貌建设项目的协调；对金沙江 XLD 水电站枢纽区 M 县外迁安置有关问题以及移民资金清理有关处理原则的协调处理等。在 2017 年，考虑到 XJB、XLD 两个电站移民安置设计变更和调概工作进展缓慢，为进一步了解两站移民安置实施收尾工作中需要解决的具体移民问题，加快推进设计变更清理和实施规划总报告编制工作，金下协调办专家组分别于 3 月和 6 月开展了两站的移民安置实施工作现场调研，与省、市、县地方政府和移民机构，以及项目法人、主体设计单位分别座谈，调研结束后及时将相关情况和下步工作建议形成报告上报协调办，积极推动两省两站移民安置设计变更清理和实施规划总报告的编制工作。

（2）建立协调机制，化解了移民难题，推动了移民搬迁安置工作，确保了工程蓄水发电。XJB、XLD 水电站推行协调机制后，在国家层面和省市级层面领导小组的分层级协调、指导下和地方政府的大力支持下，通过制定节点目标和责任考核，及时研究决策有关移民问题，电站取得了枢纽工程建设和移民搬迁安置工作的双突破，移民安置滞后局面得到扭转，年度计划任务和工作目标基本实现，确保了工程按期蓄水发电。工程蓄水发电后，为推进两站的移民安置收口工作，国家和省级层面的协调机制多次协调，对实施规划报告编制中遇到的各种移民问题进行研究和协调。如，2018 年四川省移民管理机构组织相关单位对两站分别进行技术协调和行政协调。

（3）建立协调机制，还为移民管理工作提出了很多卓有成效的工作方法、工作思路和管理手段。如通过金沙江下游协调机制，一是坚持和强化了政府的领导责任，进一步明确了移民工作实行省级人民政府负总责基础上的政府领导、分级负责、县为基础、项目法人参与的管理体制；二是明确了各级协调机制的协调、明确事项的权限，加强了移民政策协调管理，避免因政策变化、相互差异导致的移民攀比、社会不稳定现象；三是推行了移民工作主体设计单位技术总负责制度，改变了电站移民项目由数十家设计单位参与设计、设计产品参差不齐、设计进度跟不上、设计变更随意性强、设计报告审批报批通过率低、设计周期长的现象，由主体设计单位按照要求有序、有效地牵头组织开展了设计、设代和技术把关工作，使移民安置实施规划设计做到了保质量、保进度、控投资，有效扭转了移民实施规划设计滞后的被动局面；四是积极探索重大移民工程设计施工总承包、代建制；五是开展移民补偿补助标准动态管理，积极响应移民和地方政府的诉求，分析调整补偿补助标准，及时化解社会矛盾；六是对水库影响区实行地质灾害群测群防工作，制定滑坡塌岸应急预案，巡查发现地质灾害隐患，及时采取措施处置，确保移民群众生命财产安全。

12.3.3　展望

实施协调机制为推动大型水电工程建设征地和移民安置起到了积极而有效的促进作用。随着我国政府职能向服务型政府的转变，以及国家逐步推进简政放权、企业自主决策的要求，协调机制还应根据当前形势逐步完善，以适应新时代社会管理的需要。

第 13 章

综合设计

建设征地移民安置工作是一个复杂的社会性系统工程，经过长期的实践经验总结，我国大中型水利水电工程建设征地移民工作形成了"政府领导、分级负责、县为基础、项目法人参与"的管理体制。大量实践经验证明，现行的管理体制能够最大程度地满足移民安置工作需求，但仍然存在如实施进度慢、费用高等现象。究其原因主要有：①移民安置规划包含内容多、涉及面广，既包含政策性强的补偿项目又包含极具专业性的工程建设项目，既包含单项工程功能目标的实现又包含移民安置总体规划目标的落实。移民安置规划的顺利实施对实施机构管理人员和工作人员业务水平和素质要求较高，要求管理人员和工作人员既能够熟练掌握移民政策法规又能熟悉工程建设管理程序和相关规定，能准确把控单项工程建设与移民总体目标实现之间的关系。然而，地方移民安置实施机构工作人员业务主要倾向于行政管理，对移民安置专业技术的掌握和工程建设管理水平上有一定的局限性，在移民安置实施过程中，要保证移民安置按规划的质量、进度和费用要求组织实施存在很大难度。②由于移民安置参与方多，各方的角色和职责不同，其诉求和目标也不尽一致，比较明显的是项目法人和地方人民政府。对于项目法人来说，关注的焦点和重点是在可控的投资范围，顺利完成移民安置，保证主体工程顺利完工并实现发电目标；对于建设征地涉及的县级人民政府来说，移民工程是服从于国家能源建设的活动，是行政管辖范围内部分社会系统的重新构建，为确保移民安置区域的长治久安，其关注的焦点和重点是移民安置区域的社会稳定，以及移民和安置区群众的利益最大化，两者的目标即统一又矛盾。因此，建设征地移民安置工作是在项目法人、地方政府以及移民群体等相关方的利益、立场出现冲突，各方反复协调最终达到平衡的历程中艰难推进的。

结合上述移民安置工作的特点，可以发现：面对实施中可能出现的各种复杂情况时，需要综合专业技术能力和政策解读能力强的人员技术把控移民安置实施工作；当出现因利益诉求不一致产生矛盾时，应积极引入第三方，以事实为基础，以法规政策、规程规范为依据，技术协调平衡各方诉求，正确处理各方利益关系。综合设计根据当时水电建设征地移民安置实施工作需求适时提出的：①综合设计依靠过硬的专业素质和政策把握能力，通过多种技术手段，引导移民工程后续设计，最终达到帮助实施单位按照审定规划、程序实施移民安置的目标；②综合设计承担技术协调和技术归口管理的职责，通过设计变更处理、补偿费用技术管理、设计协调等技术管理手段，参与协调与平衡实施过程中出现的焦点、重点问题，并按照依法依规的原则，将实施过程中各方协调确定的结果纳入原规划确定的技术管理轨道中。总体而言，综合设计承担了三项功能：为实施机构和相关责任单位提供技术参谋，为规划报告按审定方案和标准实施提供技术服务，为实施中的变更提供技术论证和归口管理服务。

根据《国家能源局关于下达 2011 年第二批能源领域行业标准制（修）订结合的通知》（国能科技〔2011〕252 号）的要求，《水电工程建设征地移民安置综合设计规范》的编制工作正在进行。经过编制单位的反复梳理和总结，界定综合设计是"以批准的移民安置规划为基本依据，统筹协调移民安置规划的后续设计技术标准和要求，进行移民安置方案的整体与局部、移民安置区的总体与单项、移民安置项目之间的技术衔接和单项设计技术标准控制，编制综合设计文件和开展现场技术服务等工作的总称"。主要工作内容是移民安置实施计划编制、规划符合性检查、阶段性移民安置专题设计、补偿费用分解、设计变更技术管理和现场技术服务等工作。概念对综合设计工作的工作目的和具体工作内容作出了清晰的定义。

13.1　工作内容、方法和程序

通过对国内已实施的水电站项目移民安置实施工作内容的分析研究，在充分考虑移民安置实施工作的特点以及各方对综合设计职责的需求后，总结综合设计的工作内容主要包括：成立机构配备人员、编制综合设计工作大纲、编制移民安置实施计划、开展规划符合性检查、开展阶段性移民安置专题报告编制、补偿费用技术管理、设计变更技术管理、现场技术服务、编制综合设计工作总结、综合设计资料归档等。

13.1.1　工作准备

在实施工作启动前，接收综合设计委托后，按照要求成立综合设计项目部，聘任综合设计项目部负责人。负责人履任后，依据委托方的相关要求，考虑专业配套，并按照精简、高效的原则，研究商定项目综合设计机构的组织形式，成立综合设计项目部。综合设计项目部成立的关键在于负责人的确定、机构组织形式的确认、综合设计工作目标的确立，目标既包含综合设计服务质量、顾客满意度的工作目标，也包含所服务的移民安置工作的质量、进度和投资达到的目标。

13.1.2　人员配备

为了保证综合设计质量，综合设计人员必须具有必备的专业知识和相应的管理、技术岗位的任职资格，熟悉和了解建设征地移民安置相关设计工作。现综合设计单位为项目部配备的综合设计人员通常是前期参与过移民安置规划过程、参加过移民安置规划设计报告编制的工作人员，这样确保综合设计人员更了解移民安置工程特点，更能把控前期规划设计意图，更利于前后工作衔接。

13.1.3　编制综合设计工作大纲

综合设计工作大纲是开展综合设计工作的纲领性文件，综合设计项目部负责人组织编制完成后，报委托方评审；经审查后，作为综合设计工作的指导和依据，并下发涉及移民实施责任单位及有关部门。综合设计大纲应以书面的形式明确综合设计工作范围、方式、内容、程序、方法、流程、制度等，既能指导综合设计工作人员，又能使各方明确综合设计工作流程，接收综合设计指导，并配合综合设计开展工作。

13.1.4 编制移民安置实施计划

实施阶段移民安置实施计划包括移民安置总体控制性计划、阶段性计划、完工计划、年度计划、项目实施计划。综合设计应编制移民安置总体控制性计划、阶段性计划、完工计划，报项目法人和有关移民管理机构批准后作为实施的依据；协助有关单位编制年度计划、项目实施计划，以利于合理安排移民安置实施工作。

13.1.4.1 总体控制性计划

移民安置总体控制性计划的编制目的是作为移民安置实施工作的依据，监督移民实施工作如期进行，使移民安置实施工作与主体工程建设进度协调一致。该计划是实施阶段移民安置进度控制的纲领性文件，一般应该在实施工作启动前编制。移民安置规划设计通过行政审批后，移民安置工作开始正式进入实施阶段，在实施阶段，项目法人与实施机构签订移民安置工作协议后或移民管理机构下达移民安置工作任务后，项目法人应组织综合设计承担单位编制移民安置总体控制性计划，该计划可以随同综合设计工作大纲一起编制。

为了便于实际操作和监督控制管理，总体控制性计划的编制应至少细化到以县级行政区为基本单元，以基本单元单独编制成册的，应考虑市（州）属、省属专业项目的实施计划编制问题。

总体控制性计划编制应包括以下内容：①根据审核的移民安置规划和工程蓄水计划明确工程总体安置任务量、完成截止时间，围堰、下闸蓄水、竣工验收等控制性进度节点，实施工作关键线路，移民资金流，形象面貌等内容；②在满足总体任务如期完成的前提下，分析明确有关农村、城市集镇、基础设施、专业项目的建设时序和各项目的启动、完工时间及主要控制进度节点，按搬迁、安置、专业项目复建分类提出控制性计划。

总体控制性计划编制应满足以下技术要求：①农村居民点、城市集镇的建设进度应考虑其配套的对外交通、输电线路、供水工程等专业项目的建设进度，统筹确定满足移民搬迁安置需要的控制进度节点；②生产安置进度计划应与搬迁安置进度计划相协调。

总体控制性计划与主体工程建设进度和计划息息相关，因此，总体控制性计划应在收集主体工程建设进度计划、主体工程建设实际进度和移民搬迁安置工作时间进度等基础上编制。针对移民安置工作的特点，在总体控制性计划中，应明确围堰、下闸蓄水、竣工验收等各阶段处理范围、任务、时间，以及相应的资金、形象面貌要求等，并提出控制性节点项目和验收要求。

总体控制性计划应作为综合设计控制阶段性计划、年度计划、项目计划编制的依据。在总体控制性计划执行中发现的问题可根据实际情况提出综合设计调整意见。

13.1.4.2 阶段性计划

阶段性计划主要是指为了主体工程围堰截流、下闸蓄水等阶段性验收要求而制订的相应的移民安置工作计划，其目的是为了使建设征地移民安置工作能满足主体工程阶段性工作的需要。

移民安置阶段性计划包括围堰阶段移民安置实施计划、下闸蓄水阶段移民安置实施计划。围堰、下闸蓄水阶段性工作启动前，应根据移民安置总体控制性计划和实际工作进度要求分别编制移民安置阶段性计划。

移民安置阶段性计划应根据总体控制性计划的节点时间要求和实际工作进度要求，分析明确与阶段性工程建设进度节点相匹配的移民安置任务、完成时间、资金流、形象面貌要求等，并提出关键线路及关键线路上项目的最迟完成时间。

当实施进度滞后于阶段性计划，可能影响阶段性目标实现时，综合设计应及时核实情况，提出分析处理意见，如需调整计划，应履行相关程序。

13.1.4.3 完工计划

下闸蓄水后，综合设计应以批准的移民安置规划和移民安置实施总体控制性计划为依据，分析蓄水后移民实施进展情况，编制完工计划。

移民安置完工计划内容包括：应对照审核的移民安置规划、经批准的设计变更，分析移民安置项目实施完成进度和质量，提出本阶段应完成的移民安置任务、完成时间、资金流、形象面貌、配合竣工验收工作等内容，并提出竣工验收时点建议。

移民安置完工计划编制应满足以下技术要求：①节点要求应包括主要工程项目，工作难度大的移民搬迁、生产安置和补偿补助项目，关键线路上的项目的关键环节的控制节点时间，以及未完工程项目的项目验收完成时间和补偿补助项目的结算时间；②应提出竣工验收应满足的条件和验收项目应达到的技术要求。

13.1.4.4 年度计划

按照移民条例的规定，在每年的年末，项目法人和县级人民政府需要编制下一年度的工作计划，用以指导下一年度的工作，年度计划编制和下达所需达到的目的，包括：①使移民安置进度与主体工程进度相协调，保证移民安置工作的饱满性、连续性；②使移民资金得到合理利用，便于项目法人及时有效地按照年度计划筹措资金，做到移民工作资金有保障且有效利用、不闲置。

年度计划应根据移民安置总体控制性计划、阶段性计划，分析确定年度工作涉及的移民安置实施项目和类别，分县级行政区、分类别、分项目提出年度完成的工作量、实物量、资金规模和主要节点进度计划，项目的形象面貌要求；对于年度内启动和完工项目，应明确启动和完工时间；应提出年度关键项目的进度计划。

综合设计单位应提出总体控制性计划对年度计划的要求，衔接协调项目建设可行性、工作强度、资金流合理性、建设时序合理性，参与年度计划的编制、报批。

13.1.4.5 项目实施计划

在项目实施启动前，实施机构应组织编制项目实施计划，综合设计单位参与配合，提供技术指导。

项目实施计划应根据总体控制性计划的节点时间要求，分析明确与总体控制性计划、阶段性计划要求相匹配的工作任务及其完成时间。对工程建设类项目，应明确项目设计、实施、验收移交时间节点；对补偿补助类工作，应明确实物指标分解细化、签订协议、兑付等工作的时间节点；对搬迁安置类工作，应明确移民搬迁安置协议签订、房屋建设、搬迁入住、土地筹措、土地整治、土地配置等工作的时间节点。

项目实施计划编制应做到以下几点：①分析农村居民点、城市集镇建设的场地平整、各项基础设施和公共服务设施、房屋等项目的启动、完工时间及主要控制进度节点。②分析提出补偿补助项目落实和补偿费用兑付的启动、完成时间、主要环节的控制节点时间和项目对应的资金流等。③分析提出以集体经济组织为单位的农村移民生产安置工作启动和完成时间及相应的资金流。分析提出生产安置的资源配置、资源开发、相关配套设施建设的时序和各项目的启动、完成时间及相应的资金流。④分析提出各专业项目的实施时序，启动、完成时间和相应资金流。⑤按照"同时设计、同时施工、同时投产使用"的要求，分析提出居民点建设、配套设施以及专业项目等各单项工程建设项目相应的环保水保措施实施的启动、完成时间和资金流。在关键线路上或与移民生产生活安置关系密切的项目应进一步分析提出项目的设计、施工、验收等节点计划要求。

综合设计单位应协助项目实施机构编制项目实施计划，提供基础资料和技术支持，提出总体控制性计划以及年度计划对项目实施计划的要求，应合理分析确定项目实施周期、明确提出项目的启动时间、控制性节点时间、完工时间、项目验收或结算时间和项目实施进度对应的资金流。

13.1.5　规划符合性检查

规划符合性检查是综合设计依据批准的移民安置规划和设计变更文件，对移民安置项目后续设计与原规划的符合性开展检查工作。规划符合性检查的目的是通过各种技术手段，保障项目按照规划设计的目标和技术指标实施。

规划符合性检查的主要方法为对比分析，对比的基础应该是审定后的成果，所以，设计变更的项目须在履行了变更程序后才能作为依据。

符合性检查应出具检查结论，以保证项目实施的相关方了解项目是否按照可行性研究审定成果实施，主要的成果可以分为认可（符合性较好）、应履行设计变更程序、督办或否定设计成果。对不同的意见或以通知单、技术评审单、设计意见、设计函件等形式通知实施方，便于实施方进一步开展下阶段的工作。

符合性检查环节主要分为设计开展前和设计成果提出后两个环节。设计开展前环节，主要是在项目开始启动设计前，提出与审定规划一致的目标和技术要求，协助实施方明确项目的方案、标准、规模和主要技术指标。设计成果提出后环节，主要是以可行性研究审定的规划或设计变更为基础进行对比分析，对完成的成果的符合性进行检查并提出意见。

根据目前实施项目的情况，规划符合性检查分类主要包括移民安置规划方案和具体项目设计两个层次。

移民安置规划方案涵盖生产安置方案和搬迁安置方案。针对方案开展符合性检查时，检查内容为安置任务、安置范围、安置方式、安置标准、安置进度和实施项目。

具体项目设计分补偿补助项目、工程建设项目两个类别，具体检查内容如下：

（1）补偿补助项目类。补偿补助项目的工作内容主要包括实物指标分解落实、补偿补助标准细化完善、补偿补助费用核算、补偿补助费用兑付。

该类项目的符合性检查以审核的实物指标调查成果、补偿概算、国家或省的补偿补助政策为基准，从补偿补助政策、程序、对象、数量、标准、费用、兑付进度等方面提出技术要求。对实物指标分解落实应重点检查工作组织、程序、方法、依据等；对补偿补助兑付方案成果应重点检查工作程序、依据、对象、数量等。根据检查情况，提出符合性检查结论，对于不符合的提出处理建议和意见。

（2）工程建设项目类。移民工程包括因水电站建设征地需改建、迁建的专业项目，城镇、居民点、独立选址企事业单位迁建涉及的场平、市政及配套基础设施，土地开发整理及配套基础设施，临时用地复垦及配套工程。

为保证项目按照审定成果实施，主要是针对项目设计开展符合性检查，项目设计之前，对项目的功能、标准、规模、费用、进度等方面解释设计意图并提出后续设计的技术要求。设计成果出具后，主要是通过对比分析可行性研究审定的工程项目规划设计成果与工程项目的处理方案、后续设计成果。重点分析工程项目规划方案和后续设计成果的处理方式、措施、标准、规模、等级、数量等，参与设计成果的咨询审查并从规模、标准、等级、进度计划、费用等方面提出符合性检查意见，并以设计通知单、技术评审单、设计意见、设计函件等形式通知实施方。

13.1.6　阶段性移民专题报告编制

围堰截流、下闸蓄水是工程建设的控制性节点，同样也是移民安置工程的控制性节点。原则上可行性研究阶段的移民安置规划设计已包含围堰截流、（分期）下闸蓄水设计和竣工验收的形象面貌要求，但大中型水电工程往往移民安置任务重、实施周期长、受制约的因素多，实施计划往往与可行性研究审定计划不一致，安置方案也可能发生变化，为有利于阶段性的移民安置实施和验收，综合设计应在工程建设的围堰、水库下闸蓄水等阶段，根据本阶段的移民安置任务和进度安排，考虑阶段性移民安置实施和设计变更的具体情况，明确移民搬迁安置方案，编制相应的移民安置专题报告和移民安置综合设计工作报告，以此作为阶段性移民安置实施和验收的依据。

围堰、下闸蓄水等阶段性蓄水移民安置专题规划设计报告应以审核的移民安置规划、履行相关程序的设计变更成果和经确认的阶段性蓄水计划为基本依据，并结合移民安置实施情况编制。设计内容主要包括阶段性蓄水建设征地处理范围的确定、阶段性蓄水实物指标的确定，结合移民安置总体实施计划安排，考虑实施工作的可操作性、项目的整体性、项目之间的协调性和移民安置实施现状，分析提出阶段性蓄水农村移民安置、城市集镇迁建、企事业单位处理、专业项目处理等移民安置任务，并据此进一步明确实施方案、措施、要求、费用及实施计划。

13.1.7　补偿费用技术管理

资金的控制和管理是动态的，始终贯穿于移民安置工程建设的始终。总结已实施的各大中型电站移民安置实施过程，综合设计在补偿费用动态管理工作的主要环节和内容为：按照依法依规、及时有效的原则进行费用分解，为实施主体使用和管理费用提供技术依据；参与资金使用计划的编制，为有效提高资金使用率、合理推进移民安置工作提供技术引导服务；考虑补偿补助物价变化以及设计变更等情况，对移民安置补偿费用调整作技术评价认定，参与费用变更的协调、论证。其中，资金使用计划编制主要体现在移民安置实施计划编制工作中，针对工程类建设项目的费用调整论证工作多数已纳入设计变更中。补偿费用综合设计工作主要包括补偿费用概算分解，配合移民安置实施中的费用调整和概算调整技术管理工作。

13.1.7.1　补偿费用概算分解

（1）概算分解时间。理想情况下，综合设计应随缘就势、在地方政府开展具体项目的兑补前，针对具体项目开展具体的概算分解。但考虑到节约综合设计人力成本和避免社会资源浪费等情况，原则上还是应该一次性完成概算分解报告的编制，或者应结合项目实际分批编制概算分解文件，如按照枢纽工程建设、围堰截流、下闸蓄水三个批次开展概算分解，或者以年度计划为依据按年度分批次开展概算分解。当然，必要时，可根据实际编制特定项目的分解文件。

（2）概算分解内容。根据《水电工程建设征地移民安置补偿费用概（估）算编制规范》（DL/T 5382—2007），建设征地移民安置补偿费用由补偿补助费用、工程建设费用、独立费用、预备费四部分费用构成。补偿补助费用分解应该到权属人。分解时主要包括项目、数量、单价及其构成、费用、使用范围及要求。工程建设费用应分解到单项工程项目，跨县级行政区的单项工程项目，考虑到县的实施主体地位，宜根据实施需要将相关费用分解到县。独立费用的分解应按照项目所在的省、自治区的相关规定执行。

（3）概算分解要点。补偿补助项目概算分解时，应注意三个重点：①个人财产、补助费用的测算分解；②预留增长量的测算分解；③土地费用的测算分解。

开展个人补偿补助费用分解时，应以审批的补偿补助类项目和单价、公示确认的实物指标为基础，以权属人为单位分解计算，列出补偿补助费用明细，并逐级汇总，作为移民安置实施机构进行补偿兑付的依据。

根据《水电工程建设征地移民安置补偿费用概（估）算编制规范》（DL/T 5382—2007），可行性研究阶段房屋及附属建筑物、零星树木、农副业设施等补偿费用，以及与人口对应的分散安置基础设施费、搬迁补助费和其他补助费等包括两个部分，即调查基准年调查实物指标对应费用＋自基准年至规划水平年期间的实物指标（人口）增量对应费用（即预留增长量）。预留增长量是根据自然增长率按人均实物指标拥有量进行推算的虚拟值，需要实施机构在实施过程中逐步落实，并最终结算。因此，附属建筑物、零星树木等补偿补助类项目的预留增长量是否分解、如何分解，应按省级移民管理机构的规定执行。

农村集体土地的补偿补助费宜根据政策规定，根据审批的移民安置方案分解。常规的土地补偿费和安置补助费以村组为单位，按照分解细化的土地指标乘以单价明确到村民小组即可。

13.7.1.2　费用和概算调整技术管理

综合设计应在费用调整过程中充分发挥技术龙头的作用，积极跟踪和分析移民安置实施时的价格水平，当价格水平发生重大变化时，应提出费用调整建议；当费用调整成果出具时，应相应出具综合设计意见。当水电工程概算调整时，综合设计应为移民安置项目部分的概算调整提供有关资料，并对概算调整成果出具综合设计意见。

价格水平的跟踪和分析是综合设计针对补偿费用技术管理的一个关键控制点。与单项工程单价调整由单项设计单位负责对应的是：补偿补助单价价格水平的跟踪和分析应该是综合设计的工作职责。移民安置过程中，综合设计应及时掌握物价波动信息，物价发生重大变化时应上报移民管理机构和项目业主，并提出意见和建议。针对物价和相关政策的重大变化，移民主管部门和业主应作为主导组织相关各方协商明确需执行的相关政策、物价水平和工作安排，综合设计单位按照明确的事宜分析测算补偿补助项目价格和费用，按照规定程序报批后作为费用调整的依据。

13.1.8　设计变更技术管理

综合设计单位承担的实施计划编制、规划符合性检查、补偿补助费用技术管理原则上都是为了使移民安置工程按照审定的移民安置规划实施而开展的技术服务工作。但纵观已实施和正在实施的移民安置工程，必须面对的现实是，由于移民安置工程涉及面广、项目繁多、实施时间跨度大，受政策、设计周期、移民意愿、客观环境等多种因素影响，实施过程中，移民安置规划报告调整和变更发生的可能性较大，且频次较为频繁。因此，综合设计应以国家政策为依据，结合移民安置实施容易变更的特点，开展设计变更技术管理工作。通过设计变更技术管理，将可能发生的设计变更和已经发生的设计变更纳入综合设计管理系统，为变更后移民安置工作能够继续有效推进打下扎实基础。

由于移民工作政策性强，涉及行政、业务主管部门，设计变更文件需要从行政和技术两个层面满足设计变更管理的要求。设计变更申请属于行政管理的要求，设计变更报告编制属于技术层次的要求。综合设计应在设计变更申请之前判别设计变更类型，在设计变更申请中进行分析并对设计变更进行确认，对设计变更报告的编制提出意见。因此，综合设计中的设计变更技术管理工作主要包括设计变更论证及判别、移民安置方案设计变更报告编制、单项工程设计变更技术管理。

13.1.8.1　设计变更论证及判别

设计变更的实质是对移民安置规划报告的修改，原则上来说，建设征地范围的调整，实物指标的变化，移民安置任务、目标、规模、方式、去向、布局和进度计划的变化，移民工程处理方式、建设标准、规模、功能、单项工程费用变化，移民补偿补助政策、单价发生变化，移民安置实施总进度发生变化均可认可为设计变更。

因为移民安置实施是一个连续和动态的过程，所处环境也一直是在动态的变化过程中，其实施主体和责任单位的负责人也一直在变动，每个人的意愿和诉求也一直处于变化过程中。如果针对每一个责任单位的想法、意愿或者利益诉求，以及短期的环境变化都开展后续设计，并开展设计变更管理，会造成社会资源的不合理浪费；而且部分不合理的项目纳入设计变更会有失公正公平的原则，必然会伤害某一利益方的利益。因此，在变更诉求提出后，应以政策法规、审定规划、各方前期协调成果为依据开展设计变更的论证，论证的内容主要是变更的必要性、可行性和合规性。

实施过程中，对单项工程中存在的施工条件变更、进度计划变更、施工工艺变化或工程数量变更，虽然较初步设计有所变化，综合设计应以是否对原审定的移民安置规划报告构成变化为判断基准提出是否纳入设计变更的建议；对于实施责任单位提出的不合法、不合理的设计变更，综合设计判断后应提出不纳入设计变更范围；部分与移民有关、但又难以清晰识别的设计变更，综合设计单位应配合实施方提请各方协调。

同时，还需要判断变更是属于移民安置方案设计变更还是移民工程设计变更，是属于一般设计变更还是重大设计变更，因为变更项目的区别会导致编制变更报告的主体不一致，而变更的级别会导致履行的变更程序不一致，处理权限不一致。常规情况下，一般设计变更处理层次稍低，由综合监理或者州市移民管理机构处理即可；重大设计变更处理层次需提交原审批单位审批。由于两类设计变更耗费的社会管理成本不一致，各方职责也不一致，因此，对于设计变更类型的识别也是综合设计的关键技术工作。

13.1.8.2　移民安置方案设计变更报告编制

设计变更分为移民安置方案设计变更和移民工程设计变更，移民工程的设计变更应由单项工程实施机构提出，与之相对应的是，移民安置方案设计变更批准后，应由综合设计单位编制移民安置方案设计变更报告，报告的主要内容应包含以下几个方面：移民安置方案变更的必要性、变更的主要内容、变更后的方案、对比分析、结论及建议。

13.1.8.3　移民工程设计变更技术管理

针对已获批准的移民工程设计变更，在实施机构编制具体的移民工程设计变更报告之前，综合设计应提出设计变更报告编制的技术要求。鉴于移民工程的设计变更工作具有复杂性、政策性和技术性强等特点，在变更项目的设计过程中，综合设计应对变更设计提出技术要求，指导和协助有关单位编制设计变更报告，明确变更的范围、变更后应达到的技术标准等。

工程设计变更报告成果编制完毕后，综合设计应从设计变更成果的规划符合性、技术可行性、经济合理性等方面进行检查，明确设计变更申请是否符合移民安置规划的整体要求，并出具综合设计意见。

13.1.9　现场技术服务

移民综合设计除做好上述技术工作外，还有一项重要工作内容，即现场技术服务工作。现场技术服务工作是综合设计最基本的工作内容，需要经常性地、不间断地开展，它是对前述6项专题技术工作的补充和延伸，具有及时、直观的特点，它在把综合设计其他各项工作衔接、顺利推动下去中起到了重要作用。现场技术服务工作应做好规划设计解释说明，配合参与相关工作，开展信息收集，积极进行设计协调等工作；配备满足现场技术服务工作需要的人员、设施、设备，并结合实际工作需要，进行人员的调整、补充。

13.1.9.1　规划设计解释说明

在实物指标分解落实、补偿补助兑付方案、搬迁安置人口界定、搬迁安置方式、安置标准和安置方案落实、生产安置对象界定、生产安置方式、标准和方案落实、编制库底清理实施方案、单项工程施工图设计前，综合设计应充分调查了解实施责任方的实施意图，并对审核的移民安置规划中涉及上述环节相关内容的规划设计意图进行解释，以使实施责任方充分理会。规划设计解释说明是在实际工作还未开展前，通过解释和说明，预先使得实施主体的意图、观念与规划无缝衔接，避免移民安置实施工作出现重大偏差，出现反复，进而浪费人力、物力、财力。

对与审核的移民安置规划意图相比有重大偏离或者违背相关政策法规的，及时在现场提出要求整改的意见；对不采纳意见或者拒不整改的，应提出综合设计意见；对重大问题应及时与有关各方沟通协调，并明确处理意见。

13.1.9.2　配合参与

移民综合设计配合参与的工作非常多，主要有实物指标分解落实、实施方案编制、实施计划编制、人口界定、设计变更项目的处理、相关方组织的调研、重要事件和突出事件的调查分析、移民安置项目的验收以及其他移民安置有关会议，分为会议配合、现场配合、技术配合，可通过直接参与、电话沟通、函件等方式开展。移民综合设计配合参与时应充分发挥技术优势，认真分析研究配合参与工作事项，以审批的移民安置规划报告为基础，从现行国家和省的政策法规规定情况，结合经济社会发展状况，提出建设性的、合理合规的、可操作的、符合实际情况的意见。

配合参与工作应坚持依法依规、积极主动、独立公正、灵活变通的原则，及时掌握、了解移民安置相关工作情况，参与有关工作，参加会议，对有关问题提出意见。

13.1.9.3　信息收集

移民综合设计按照补偿补助类、安置项目类、工程项目类、实施管理类等类别对移民安置实施计划情况、质量情况、进度情况、资金使用情况进行信息收集，通过现场巡查、调查、电话沟通、查看监理资料等方式获得。信息收集应有利于移民安置工作的顺利推进，作为综合设计技术服务工作的主要支撑依据，为技术结论下达提供帮助。

信息收集应遵循及时、客观、全面、准确的原则，通过现场巡查、调查、电话沟通、查看报表、监理资料等方式获得。

13.1.9.4　设计协调

设计协调工作是为使不同项目间从进度、功能、标准、费用等方面进行衔接统一，不会相互影响制约，以及避免出现重大失误而开展的。移民安置实施过程中的设计协调有很多，协调的关键是技术标准、质量、进度要求的衔接统一，包括上阶段设计成果和后续设计成果的技术衔接以及同一阶段上序和下序环节的技术衔接。

按照全面系统、依法依规、及时高效、科学合理的原则开展设计协调，按照审核的移民安置规划实施，结合实际实施计划进行的总体与局部、整体与单项、单项之间的设计协调，主要包括位置衔接、实施进度、功能恢复、设计标准、实施费用等。设计协调应以设计通知单、专题报告等形式反映其成果。

13.1.10　编制综合设计工作总结

项目完成后，根据综合设计执行情况和项目目标完成情况，综合设计项目部编制综合设计工作总结，报委托方。

13.1.11　综合设计文件资料归档

根据相关规定，综合设计项目部对综合设计文件资料归档保存，相关资料进行移交处理。

13.2　关键技术

在移民安置实施阶段，参建各方开展的所有工作的目的都是为了推动移民安置顺利实施，并最终实现规划目标。综合设计的工作目的也是紧紧围绕实现移民安置规划的进度、质量和资金目标进行的。根据多年的综合设计工作实践经验，总结梳理水电工程实施阶段的重点环节和疑难杂症，并结合本章节前述的主要工作内容，综合设计的关键技术在于移民安置实施计划的编制、规划符合性检查、补偿费用技术管理和设计变更技术管理。

13.2.1 移民安置实施计划的编制

古语云：谋定而后动。"谋"就是做计划，也就是做任何事情之前，都要先计划清楚。移民安置实施工作启动之前，也需要做计划。移民安置实施计划编制的好坏，关系到整个移民安置实施工作是否能如期实现既定目标，因此该项工作重要性和关键性不言而喻。移民安置实施计划的作用和地位归纳如下：

（1）移民安置实施过程中各方管理工作离不开移民安置实施计划。移民安置实施计划是通过计划的方式预演移民安置项目全过程，通过预演确定具体的任务，落实责任，指定各项工作的时间表，明确各项目工作所需的人力、物力、财力，使得参与方更为直观的理解整个移民安置规划设计工作，并以计划为指引开展工作。过程中又通过计划调整和优化的方法重新安排实施进程或者调整偏差，进而保障目标实现。移民安置实施计划是移民安置工作的依据和指南。在移民安置项目管理中，计划工作是最先发生并处于首要地位的，它指引移民安置项目各种管理职能的实现，是移民安置项目管理工作的首要环节，抓住这个首要环节，就可以提挈全局。移民安置实施计划的质量是决定移民安置项目成败、优劣的关键性因素之一。

一个理想的移民安置实施计划，应该是立体的、全面的，应该能够明确要做什么，由谁来做，什么时候必须开始，什么时候必须结束，要投入多少费用，需要配套的资源有什么，过程中可能会出现的问题以及应对措施，甚至预警机制和危机管理计划等。移民安置实施计划从总体控制性计划到最基础的项目实施计划，计划时由总体至个体层层分解，实施时由点及面，层层联动反馈。它形成完整移民安置实施工作的基准线，移民安置实施过程中各方管理工作需要围绕移民安置实施计划这条主线开展目标动态管理，如项目法人对资金筹措管理工作需依据总体控制计划、阶段性计划、年度计划进行合理安排；移民综合监理需要依据各个计划，对移民安置实施实际进度进行动态控制；省、市（州）两级移民主管部门需要以移民安置实施计划为依据考核县（区）移民主管部门。由此可见，移民安置实施计划在移民安置实施管理工作中至关重要。

（2）移民安置实施计划是移民安置实施所需各项资源合理配置的依据。移民安置实施工作离不开所需人力、物力、财力，移民安置实施计划将移民安置实施各项工作，结合总体目标，进行了合理规划，从而减少工作的盲目性，使各项工作所需人力、物力、财力等得到合理有效的安排，保证移民安置实施工作有条不紊地进行。

（3）移民安置实施计划指导性强于可行性研究阶段编制的移民安置计划。在可行性研究阶段，移民安置规划报告中实施组织设计的内容分析提出了移民安置实施进度计划，但其内容相对较简单，随着时间的推移，外界条件的变化，其对移民安置实施工作的指导作用越来越弱。移民安置实施进度需与枢纽工程进度相互衔接，由于移民安置进度和主体工程建设进度均有较多的不确定性，可变因素多，综合设计需根据实施进度对总体控制进度进行动态调整，并贯彻"先移民后建设"的精神，使移民安置进度和主体工程建设进度相互适应，以避免出现"水赶人"的现象。因此，在实施阶段应依据批准的移民安置规划和移民管理机构的要求，结合移民安置实际情况，编制移民安置实施总体控制性计划、阶段性计划、完工计划，以利于合理安排移民安置实施工作。

（4）移民安置实施计划为移民安置实施中潜在风险管控提供依据。制订移民安置实施计划应从宏观的视角出发，为移民安置实施工作提供基础和依据；分析工作中的有利因素和不利因素，制定出各种相应措施，有效地减少各种变化所带来的负面影响。

案例：NZD 水电站提前蓄水

LC 流域 NZD 水电站可行性研究报告于 2003 年审定，原规划为 2013 年 11 月电站下闸蓄水，2014 年 7 月首批机组发电。2006 年，经多方论证并征得主管部门批准，主体工程调整至 2011 年下闸蓄水，2012 年首台（批）机组发电，与审定计划相比提前 2 年下闸蓄水。由于主体工程建设进度的调整，NZD 水电站水库淹没区和库岸失稳区范围内还未搬迁安置的约 1.4 万名移民搬迁、27 个安置点和 1 个集镇的建设进度需要重新调整。为满足电站下闸蓄水要求，项目业主和省移民主管部门要求主设单位编制省 LC 流域 NZD 水电站建设征地移民安置进度计划调整可行性论证报告。综合设计单位根据 NZD 水电站施工导流程序和水库初期蓄水计划，结合移民安置实际情况，移民安置按分期实施，重新分析论证后提出了实施计划的调整方案，供各方参考决策并实施。依据调整后的进度计划，移民安置工作提前两年完成，电站提前两年下闸蓄水。

13.2.2　规划符合性检查

规划符合性检查是指在移民安置实施阶段，综合设计对各类移民安置项目的后续设计，在设计前针对项目提出设计要求，在成果出具后分析其合理性、合规性以及与经批准的移民安置规划一致性，提出规划符合性检查意见。规划符合性检查是综合设计单位进行质量目标控制的重要环节。规划符合性检查工作，关系到移民安置规划的后续实施，直接影响移民安置项目设计质量，进而影响移民安置实施质量，规划符合性检查对综合设计工作的重要性不言而喻。

13.2.2.1　规划符合性检查的重要性

规划符合性检查是移民综合设计履行重要职能职责的主要方法，也是综合设计进行设计质量目标管控的重要手段。

移民综合设计工作的重要职责：一是统筹协调移民安置规划的后续设计技术标准和要求；二是进行移民安置方案的整体与局部、移民安置区的总体与单项、移民安置项目之间的技术衔接和单项设计技术标准控制。而要履行好上述两项重要职责，主要的方法是规划符合性检查，通过规划符合性检查可使移民安置规划的后续设计标准与批准的移民安置规划有机统一起来；同时，通过规划符合性检查可使总体与单项的设计标准有机衔接，使区域之间采用的设计标准的尺度统一，避免了因标准不同而引起的不必要的社会矛盾。

设计是移民安置项目质量目标的具体定义过程，即将移民安置项目质量目标具体化。通过方案设计、初步设计和施工图设计等环节，对移民安置项目各细部的质量特征指标进行明确定义，即确定各项质量目标，为移民安置项目实施过程的质量控制提供依据。做好质量目标管理控制的重要手段是规划符合性检查，究其原因是规划符合性检查可使质量目标在定义过程中，各项质量特征指标符合建设方的意图、相关法规和标准规范的强制性条文要求，确保移民安置项目质量目标贯彻执行项目决策阶段确定的目标。

13.2.2.2 规划符合性检查工作的关键点

规划符合性检查环节主要分为事前控制、过程控制和事后控制。

事前控制是在项目开始启动设计时提供技术指导，协助实施方明确项目的方案、标准、规模和主要技术指标，提出与审定规划一致的目标和技术要求。

过程控制是跟踪设计过程，对实施方提供的中间设计成果或实施方案进行技术指导，协助实施方按照既定项目的方案、标准、规模和主要技术指标完成设计，避免出现偏差。

事后控制主要是对完成成果的符合性进行检查并提出意见，项目规划、设计完成后对其成果以可行性研究审定的规划或设计变更为基础进行对比分析，提出意见并要求具体设计单位采取措施。

规划符合性检查应首先检查移民安置规划实施方案，再按照补偿补助项目、工程建设项目两个类别进行检查。

（1）移民安置规划实施方案。规划方案分搬迁安置方案和生产安置方案。针对搬迁安置方案，应对搬迁安置任务的确定提出控制范围、应遵循的原则和方法，对居民点土地筹措提出范围、标准、规模、费用等控制指标，对宅基地分配提出原则和标准，对搬迁安置协议提出签订依据、费用、标准，对公共设施建设提出配置数量、标准、规模，对房屋建设提出结构、风貌打造、抗震等技术要求。同时，对实施机构提出的土地筹措方案、宅基地分配方案、搬迁安置协议、房屋单体设计、搬迁组织实施方案与规划的一致性进行符合性检查，如有异常，应及时提出并附处理意见。

生产安置方案包括生产安置任务界定、生产安置实施方案对接落实。针对土地筹措、土地开发整理、土地分配、组织生产等提出技术要求，其中，土地筹措方面提出数量、标准、费用等控制指标，土地开发整理提出土地利用结构、土地利用目标等技术要求，土地分配提出分配原则和标准、与安置进度时序衔接的注意事项，生产安置协议提出签订依据、费用、标准等技术要求，生产组织方案提出产业发展规划、实施进度计划技术要求等。同时，对实施机构提出的生产安置土地筹措方案、土地开发整理设计文件、土地分配方案、生产安置协议、生产安置组织实施方案，与规划的一致性进行符合性检查，如有异常，应及时提出并附处理意见。

（2）补偿补助项目。在移民安置实施过程中，对补偿补助项目需分解落实实物指标，细化完善补偿补助标准，核算补偿补助费用，将补偿补助费用兑补到移民个人、集体和单位。从整个补偿补助兑付工作内容和程序来看，其规划符合性检查工作的关键点如下：

1）对比实施方案成果和可行性研究审定成果的差异性；对实物指标分解落实、补偿补助兑付方案的工作组织、程序、方法、依据、对象、数量等方面的符合性进行重点检查。

2）对拟定的补偿补助项目实施方案或细则等，提出移民安置规划符合性检查意见。

（3）工程建设项目。在项目设计之前提出设计要求，涵盖项目规划方案、主要指标、标准、规模等。项目设计成果出具后，通过对比分析，检查分析后续设计成果的处理方式、措施、标准、规模、等级、数量等，以设计通知单、技术评审单、设计意见、设计函件等形式将规划符合性检查意见通知实施方。

案例：GYY 水电站移民安置规划符合性检查情况

2011 年 1 月，D 县在审定的移民安置规划报告和 GYY 水电站建设征地移民安置 D 县移民安置点规划设计确定的方案、规模和设计标准的基础上，委托 H 市城市规划设计研究院承担 D 县赵家店小双沟安置点基础设施施工图设计工作，H 市城市规划设计研究院于 2011 年 1 月编制完成了《GYY 水电站移民安置实施阶段 D 县赵家店乡小双沟安置点施工图设计报告》及预算。

2011 年 2 月，D 县移民部门将《GYY 水电站移民安置实施阶段 D 县赵家店乡小双沟安置点施工图设计报告》及预算上报州移民部门组织审查。为做好移民安置实施阶段设计文件技术把关和归口管理工作，移民综合设计在设计文件审查前，从设计方案、规模和标准、投资等方面与审定的《规划报告》进行衔接，并出具了设代意见，设代意见认为：①设计单位提供的施工图设计文件资料基本齐全；②该报告中安置点的规模、标准与审定的《规划大纲》《规划报告》基本一致；③该报告中所述设计方案与审定的《规划报告》对比，平面规划位置发生变化，而且增加了安置点西北面的一个滑坡体治理项目，该方案及措施与原审定的方案有较大的变化，导致该安置点工程费用增加了 226.57 万元；④该报告与审定移民安置规划报告中方案和投资发生较大变化，请对方案做进一步的优化和论证，并按相关规定要求，先履行设计变更程序，再按照优化方案和审批结果进行施工图设计和审查。

随后，D 县对赵家店乡小双沟安置点施工图设计进行了优化调整，并于 2011 年 4 月，将优化调整后的施工图设计报告重新上报州移民部门，移民综合设计对优化调整后的施工图设计报告，组织相关专业技术人员重新审阅，并以出具了补充设代意见，设代意见认为：①设计单位提供的施工图设计文件资料基本齐全；②该报告中安置点的规模、标准与审定的《规划大纲》《规划报告》基本一致；③该报告中所述设计方案对原《D 县赵家店乡小双沟移民安置点初步设计报告》中的平面布置方案进行了优化，避让了安置点西北面的一个滑坡体，方案合理可行；④赵家店乡小双沟安置点因防灾减灾工程优化设计，工程费用减少了 123.19 万元，工程建设费用基本合理；⑤该报告在规模、标准与可行性研究阶段移民安置规划报告基本一致，但平面布置方案进行了优化调整，相应工程建设费用较审定的可行性研究报告相比略有节余，设计深度达到施工图设计深度要求；平面布置方案优化调整后应补充完善相应的地质详勘成果，再提交审查；从总体上看，平面布置调整和优化方案结合了当地的实际情况，方案基本合理。并要求该项目实施单位按相关规定，完善一般设计变更程序。

13.2.3　补偿费用技术管理

补偿费用综合设计工作主要包括补偿费用概算分解，配合移民安置实施中的费用调整和概算调整技术管理工作。其中，补偿费用概算分解包括补偿补助费用分解、工程建设费用分解、独立费用分解，其关键点在于补偿补助费用分解。

13.2.3.1 补偿补助类项目概算分解

1. 概念及作用

补偿补助类项目概算分解是可行性研究阶段概算编制成果和实施阶段费用使用兑补两个环节中重要的衔接文件。强调概算分解主要针对补偿补助类项目的原因在于补偿补助项目的特殊性：一方面，补偿补助类项目费用兑补事涉个人利益，涉及地区稳定和经济发展，相对特殊；另一方面，移民安置机构作为政府管理部门，主要职责是行政职责，而补偿补助单价的构成和费用兑补的对象具有特殊性，需要由专业技术水平的综合设计单位对单价、指标和费用进行分解。主要包括个人补偿补助费用测算分解、预留增长量费用测算分解，以及土地费用测算分解。

2. 个人补偿补助费用测算分解

（1）个人补偿补助费用构成。个人补偿补助费用主要包括移民房屋及附属建筑物补偿费、被征用土地地上附着物和青苗补偿费、零星果木补偿费、农副业设施补偿费等，以及搬迁补助费、移民生产生活恢复期补助费等。

（2）测算分解关键点。个人补偿补助费用测算分解工作本身没有重难点，主要是工作量大、任务繁重，分解成果是移民安置实施机构进行补偿兑付的依据，关系移民群众的切身利益，影响面广，因此其合规性、准确性尤为重要。具体工作中应注意以下几个方面：

1）补偿补助标准和单价。应坚持审批的补偿补助标准和单价。

2）补偿补助数量。对于补偿类，应坚持以公示确认的实物指标为计算基础；对于补助类，应坚持以实施阶段落实到户的搬迁人口为计算基础。

3）应将个人补偿补助费用分解计算到最小使用单位或权属人，列出补偿补助费用明细，作为移民安置实施机构进行补偿兑付的依据，并逐级汇总，以利于补偿补助费用动态管理、控制。

例如：个人所有的房屋及附属建筑物补偿费、青苗补偿费、林木补偿费、农副业设施补偿费，搬迁补偿费和其他补偿补助费中确定到个人的费用，首先应以审定的实物指标和人口为基础，结合调查后公示确认的调查卡片及登录的各户成果，将权属人所有的属于个人的计算费用财产进行归口计算，并按组、村、乡、县（区）逐级汇总。

案例：WDD水电站个人财产补偿分户建卡

WDD水电站是JS江下游河段规划建设的最上游梯级电站，电站开发任务以发电为主，兼顾防洪及航运，并促进地方经济社会发展。水库正常蓄水位为975.00m，最大坝高为270m，电站装机容量为10200MW，多年平均年发电量389.1亿kW·h。

电站建设征地涉及川滇2省4市（州）9个县（区）和1个产业园，共计33个乡镇，5个街道办，10个社区，79个行政村，284个村民小组。涉及搬迁人口2.9万人，各类房屋面积252万 m^2。由综合设计单位承担了两省9个县1个产业园区约8000户移民资金分户建卡的数据上传工作，通过建立的数据信息系统配合地方政府完成了分户建卡的补偿补助资金测算工作，大大提高了个人财产、补助费用分解的速度和准确性。

3. 预留增长量费用测算分解

预留增长量指所有搬迁人口自基准年至规划水平年期间的由于人口增长带来的实物指

标增量。其目的是解决"停建令"发布后至规划水平年期间，由于合法迁入、正常出生等增长人口合理拥有财产所预留的发展数量。

（1）预留增长量费用构成。根据《水电工程建设征地移民安置补偿费用概（估）算编制规范》（DL/T 5382—2007），可行性研究阶段考虑的预留增长量项目主要有：房屋及附属建筑物、零星树木等补偿费用，以及与人口对应的分散安置基础设施费、搬迁补助费和其他补助费等。

（2）测算分解关键点。

1）预留增长量。从基准年到规划水平年的增长量总数应以审批的补偿推算增长数量为准。

2）预留增长量费用。从基准年到规划水平年增长费用应以审批的项目、增长量、单价为基础，以县为单位，提出增长量控制费用额度，作为移民安置实施机构管理和补偿兑付的控制依据。

3）预留增长量费用分解。预留增长费用的分解应按省级移民管理机构的规定执行。但一般都由实施机构组织落实到具体权属人，本部分费用分解文件应随着落实情况在原控制费用分解的基础上予以补充。需要强调的是，在落实具体权属人的增长量时，应特别注意方式方法，坚决杜绝全库区要求落实的情况出现，进而演变为全面复核已调查公示确认的基准年实物指标。

4. 土地费用测算分解

（1）土地补偿费用构成。土地补偿费用项目包括征收征用耕地、园地、林地、其他农用地和未利用地补偿费用。

（2）土地费用分解关键点。农村集体土地的补偿补助费宜根据政策规定，结合移民安置方案的需要以及土地承包经营性质，通常分两个层次进行分解：一是以村组为单位，按照各组的土地指标乘以单价将土地补偿费和安置补助费分解到村民小组；二是以农户为单位，按照分解细化的分户土地面积乘以单价将地上附着物补偿费、安置补助费、林木补偿费分解到各户。工作中关键点如下：

1）农业安置。农村集体土地费用常用于后靠移民修田造地、低产田改造、兴建水利，外迁移民在安置区的生产安置费用，以及自行安置移民生产安置费用，如有剩余再由集体确定费用用途和流向。因此，如果是农业安置，应按照生产安置费用平衡方案，以村民小组为单位明确费用具体去向（土地调整费用、土地开发整理费用、配套生产设施建设费用、自行安置标准及费用、生产安置后剩余费用）。

2）逐年补偿安置。应结合省、市（州）相关规定，按县（区）操作实际进行费用分解。如按淹多少、补多少进行逐年补偿，应明确具体补偿单价，以户为单位分解逐年补偿费用，以及村民小组剩余的土地补偿费用；如全库区统一逐年补偿标准，应按生产安置人口控制数量或者生产安置人口确认数量，以组或以户为单位分解到村民小组的逐年补偿费用、需统筹的其他土地集体财产费用、剩余的土地补偿费用。

3）自行安置。应结合主要的安置方式，结合省、市（州）的相关规定落实安置标准，按淹没量或按人均数分解安置费用到村组，并明确剩余土地费用。

4）入股安置。应配合落实入股资源类别、规模，并据此对村民小组入股费用、剩余费用进行分解。

案例 1：AH 水电站土地单价分解

AH 水电站于 2011 年 1 月 7 日通过核准，并于 2013 年完成 4 台机组并网发电。相较于邻近的水电站，AH 水电站建设征地涉及云南省、四川省，由于此特殊性，在规划报告中考虑四川、云南两省的政策对一些费用作了特殊处理。以园地补偿费为例，根据《云南省人民政府关于贯彻落实国务院大中型水利水电工程建设征地补偿和移民安置条例的实施意见》（云政发〔2008〕24 号）第三条第九款规定："省际界河上的项目，如邻省补偿标准和税费征收标准高于我省的，参照邻省标准执行"。而根据《云南省人民政府关于贯彻落实国务院大中型水利水电工程建设征地补偿和移民安置条例的实施意见》（云政发〔2008〕24 号）第三条第二款规定"征收园地的土地补偿费和安置补助费标准，按照该园地征占用前三年平均产值的 15 倍计"。以库区实地调查了解和有关专业部门调查的产量与 2008 年一季度水果及经济作物价格综合分析确定园地的补偿单价为：果园（石榴）22050 元/亩，花椒园 30000 元/亩，其他园地 9000 元/亩。四川省园地土地补偿费和安置补偿费的补偿倍数是参照耕地的补偿倍数执行，即 16 倍；在此基础上还需计算园地的地上附着物补偿费，地上附着物补偿单价参照四川省近期审查的同类工程的计算方法计算，按照四川省相关规定计算得出的园地补偿单价为：果园 26460 元/亩，花椒园 36000 元/亩。按照四川省相关政策计算得出的园地补偿标准高于云南省，因此 AH 水电站园地补偿标准为：果园 26460 元/亩，花椒园 36000 元/亩，其他园地 10800 元/亩。

AH 水电站移民安置实施过程中移民反复要求发放园地补偿费，为推动移民搬迁，Y 县政府欲发放园地补偿费属移民个人部分，但 Y 县同时涉及 LY 水电站、JAQ 水电站，加之对移民政策了解不深，Y 县以《Y 县移民开发局关于请求明确 AH 水电站淹没区个人园地补偿标准的函》（Y 移函〔2009〕14 号）请求综合设计单位明确园地单价构成。项目综合设计单位以《关于 Y 移函〔2009〕14 号的复函》明确了各类园地的单价构成，对园地补偿单价中土地补偿费、安置补助费和地上附着物补偿费按照相应政策进行了分解。

案例 2：JAQ 水电站生产安置费用分解

JAQ 水电站于 2003 年 8 月开始筹建，2010 年获得国家发展和改革委员会核准，2010 年 11 月下闸蓄水；2011 年 3 月首台机组正式并网发电。根据审定的规划报告，JAQ 水电站实行逐年补偿为主的安置方式，相关文件规定："逐年补偿按'淹多少、补多少'的标准予以补偿。"在实施过程中，由于各方对逐年补偿标准的理解、认识的差异，加之部分县区存在多个电站移民集中搬迁安置在一个安置点的情况，为避免人均法定承包耕地面积悬殊较大，补偿费用差距太大引发社会不稳定等因素，实施单位参照地方规定，对于搬迁人口暂按每人每月 300 元的标准发放临时过渡补助费。2017 年，JAQ 水电站移民安置已进入收尾阶段，但仍存在逐年补偿标准不明确，与临时过渡补助衔接困难，以及移民集体财产数量不明确等问题导致集体财产无法补偿兑付；有部分移民群众为此持续上访，要求尽快兑付集体财产，如得不到及时解决，则会直接影响到移民搬迁安置后的后续发展和当地社会稳定。因此，在经过长期的调研和讨论后，省人民政府、省移民管理机构陆续颁布了一系列文件对逐年补偿标准的测算原则和方法、集体财产统筹原则作出规定。为解决库区稳定问题，综合设计单位以规划报告为基础开展了 JAQ 水电站逐年补偿标准测算以及集体财产统筹测算。测算中以村民小组为单位，明确耕园地补偿费用，可用于统筹的林地（不含林木补偿费和安置补助费）、未利用地补偿费（扣除非移民部分）、已用于土地配置的费用，需要补充计列的生产安置措施费以及集体剩余的土地补偿费用。测算后的成果作为地方集体财产分割和逐年补偿费用发放的控制依据。

JAQ 水电站生产安置费用分解测算的案例可以看出，生产安置经费由于移民安置工作的漫长性、多变性，涉及对象、安置方案的复杂性，需要综合设计单位在规划报告的基础上做出更进一步的分解，对地方实施生产安置方案加以引导。在分解过程中，部分土地如耕园地安置补助费、地上附着物补偿费以及土地补偿费的拆分和兑补人的确认，林地的林木补偿费、安置补助费、土地补偿费的拆分和兑补人的确认，以及集体土地属于移民和非移民部分的拆分，都应结合实际予以分解和说明，在地方政府尚未明确具体方案的情况下，综合设计单位可根据实际提供建议。

值得一提的是，2016 年 10 月，中共中央办公厅、国务院办公厅印发了《关于完善农村土地所有权承包权经营权分置办法的意见》（中办发〔2016〕67 号），土地由所有权和承办经营权分设发展为所有权、承包权和经营权分置并行。目前，对所有权、承包权和经营权分设后土地被征收的调查方法、安置和补偿办法仍在完善和探讨中，因此，综合设计单位应按照审定的移民安置方案、地方的相关规定灵活处理，协助地方分解不同权利归属人的土地补偿补助费。

13.2.3.2　费用调整技术管理要点

1. 基础价格复核

基础价格应按照编制年国家和有关省（自治区、直辖市）的政策、规定和价格水平进行编制。政策规定的调整和物价波动往往对基础价格产生较大的影响，因此，在移民安置过程中，综合设计应及时掌握物价波动信息和相关政策情况。针对物价和相关政策的重大变化，综合设计应提出费用调整建议，移民主管部门和业主应作为主导组织相关各方协商明确需执行的相关政策、物价水平和工作安排。

关键的基础价格包括主要农副产品价格、人工预算单价、主要材料预算价、机械使用费等。

（1）主要农副产品价格：可根据县级以上人民政府价格行政主管部门公布的收购价为基础，结合建设征地涉及区域的实际情况分析确定；或由综合设计单位自行采集分析确定，自行采集的基础价格宜取得县级以上人民政府价格行政主管部门的认可。

（2）人工预算单价：根据各工程项目所在地的劳动力市场价格水平综合确定，按行业定额和造价管理机构定期发布的标准执行。

（3）主要材料预算价：材料预算价格一般包括材料原价、包装费、运输保险费、运杂费和采购保管费。具体工作中注意收集移民工程用量较多的如钢材、木材、水泥、砂石等各种材料的价格信息、交通条件，调查各种主要建材和设施、设备的材料价格。

（4）机械使用费：应根据工程建设项目所属地区和行业的有关规定计算。

案例 1：LDL 水电站房屋单价调整测算

LDL 水电站规划报告于 2009 年 3 月通过审查，其补偿费用概算采用 2008 年下半年价格水平。但在移民安置实施阶段，库区涉及的地方政府均是在 2012 年全面启动移民建房搬迁工作。在实施过程中，综合设计单位了解到人工工资上涨、物价上涨信息后，通过口头汇报、参与协调的方式与各方共同协商物价上涨导致房屋补偿单价难以满足实施要求事宜。后经有关各方研究，决定对 LDL 水电站库区房屋补偿单价进行调整，并形成会议纪要。根据相关决议，综合设计单位提出了《LDL 水电站工程建设征地移民安置实施阶段房屋补偿单价测算报告》，该报告以规划报告为基础，考虑人工工资调整和物价变化，遵循分房屋结构类型按重置价补偿的原则，最终按 2012 年 1 季度的测算标准对库区房屋单价进行了调整。

案例 2：GYY 水电站 D 县湾碧乡安置点房屋主材运输费补助调整

GYY 水电站于 2012 年编制完成《GYY 水电站建设征地移民安置实施阶段移民房屋补偿单价测算报告》，并通过了评审。但 GYY 水电站建设征地涉及县（区）较多，同时移民安置点分布较为分散，主材运输距离差异较大，房屋单价测算报告中的房屋建筑主材运输费为加权平均值。其中 D 县湾碧乡各安置点建筑材料主要来源于 D 县县城，运输距离远远超过审定的加权平均运输距离，为了妥善推进 D 县移民建房工作，考虑到整个库区房屋补偿单价统一性，并且避免库区的不平衡，2013 年 6 月，安置点所在的州移民开发局牵头组织 D 县人民政府及移民局、公司、移民综合设计和移民综合监理等相关单位召开 GYY 水电站 D 县移民安置现场协调会，经各方协商讨论，提出采取建筑材料运输费补助的方式，解决因主材运输成本高而不能满足"房屋重置价"的要求。

在复核项目施工时序，并对安置区建筑主材的运输距离等信息现场调查后，根据各方协调一致意见，综合设计单位完成了《GYY 水电站 D 县建设征地移民建房材料运输费补助测算咨询报告》，对单位平方米房屋主材运输补助单价进行了测算。

2. 工程类项目费用调整评价

针对工程类项目，费用调整主要由于法律法规的调整、物价的变化等引起价格变化，以及建设标准、建设方案的调整等引起工作内容增减导致工程量变化两方面因素造成。

综合设计单位应重点跟踪了解工程类项目相关的概算编制规定和人工预算单价、材料预算价格、施工机械使用费等基础价格变化情况，以及建设标准、建设方案的调整等引起工作内容增减导致工程量变化。发生重大变化的，应结合设计变更技术管理开展，并提出费用调整意见。

13.2.4　设计变更技术管理

13.2.4.1　概念及作用

根据《国家能源局关于印发水电工程勘察设计管理办法和水电工程设计变更管理办法的通知》（国能新能〔2011〕361 号），设计变更是指在招标设计和施工详图设计阶段，对审定的工程特征参数、工程设计方案和移民安置方案进行的调整、补充和优化。在移民安置层面，移民主管部门为了加强对设计变更的管理工作，规范设计变更行为，维护移民安置规划的严肃性，根据有关法律、法规和政策及技术规范的规定，结合地方的实际情况，出台了一些设计变更的管理办法。例如，云南省《云南省大中型水利水电工程建设征地移民安置实施阶段设计变更管理办法》（云移发〔2016〕112 号）明确"设计变更是指移民安置实施阶段对批准后的移民安置规划进行的调整和完善"。审核同意的设计变更是拨付移民资金的依据，是调整相应的工作计划和资金计划的依据，也是移民实施机构组织实施的依据。

13.2.4.2 设计变更技术管理要点

水电工程综合设计中的设计变更技术管理工作，主要包括设计变更论证和判别、移民安置方案设计变更报告编制、移民工程设计变更技术管理。其中的要点是设计变更级别的判断、设计变更报告的编制。

1. 设计变更级别的判断

当因政策改变、客观环境改变、移民主观意愿改变、涉及地区与移民相关的总体规划方案改变导致实施过程可能设计变更时，实施责任单位（包括且不限于地方政府、综合设计、项目法人等）针对实施过程中的各种变化，会以书面形式、或提请会议协调等形式提出设计变更申请。在变更申请提出后，综合设计应以相关规定为依据判断设计变更。

根据《国家能源局关于印发水电工程勘察设计管理办法和水电工程设计变更管理办法的通知》（国能新能〔2011〕361 号），设计变更分为一般设计变更和重大设计变更。重大设计变更是指涉及工程安全、质量、功能、规模、概算，以及对环境、社会有重大影响的设计变更，除此之外的其他设计变更为一般设计变更。对移民安置重大设计变更的界定范围为：征地范围调整及重要实物指标的较大变化，移民安置方案与移民安置进度的重大变化，城（集）镇迁建和专项处理方案重大变化。

目前，各省（自治区、直辖市）对水电工程建设征地移民安置一般设计变更和重大设计变更的规定不尽一致，同一省份不同时期，对于设计变更的界定也是随着社会经济的发展和移民安置项目实施的需要逐渐发生变化，因此，综合设计在进行设计变更级别判断时，一般设计变更和重大设计变更分级的具体判别标准可按照国家和地方发布的相应规定执行。判断结果输出的形式主要与各省（自治区、直辖市）的规定及具体项目的要求有关，有的是通过实施主体和综合设计之间的正式函件进行明确，有的是以移民管理部门组织召开的会议及会议纪要等形式进行明确。

案例 1：云南省关于建设征地移民安置设计变更分类分级有关规定

云南省在 2016 年发布《云南省大中型水利水电工程建设征地移民安置实施阶段设计变更管理办法》（云移发〔2016〕112 号），该办法根据设计变更内容的不同，将设计变更分为实物指标变化、移民安置规划方案调整和移民工程设计变更三类，设计变更分级标准如下：

（1）实物指标变化。根据批准的移民安置规划，有以下情形之一的即为重大设计变更，其余为一般设计变更：①征收土地范围发生重大变化；②新增滑坡处理范围；③以县为单位，人口、耕地（园地）、房屋、专业项目其中一项的实物量变化幅度大于 3%；④以县为单位，林地、牧草地、未利用地其中一项的实物量变化幅度大于 5%。

（2）移民安置规划方案调整。根据批准的移民安置规划，有以下情形之一的即为重大设计变更，其余为一般设计变更：①100 人以上的移民集中安置点规划新址（包括农村集中居民点、城市集镇新址、企事业单位新址等）建设地点改变；②移民集中安置点搬迁安置人口或者规划新址占地（包括农村集中搬迁、城市集镇迁建、企事业单位搬迁等）变化幅度大于 20%；③移民安置标准变化幅度大于 20%。

（3）移民工程设计变更。移民工程设计变更是指批准的移民安置规划中纳入农村、城市集镇和企事业单位搬迁安置规划的工程建设项目、库底清理和专项工程（单项工程），超出移民工程建设监理合同中约定授予建设监理单位设计变更处理权限的设计变更。按照批准的移民安置规划纳入地方行业规划，或者由项目产权单位、省或者市（州）行业主管部门负责改（复）建的交通工程、电力工程、电信工程、文物古迹等专项工程设计变更，不作为本办法移民工程设计变更处理范围。根据批准的移民安置规划，有以下情形之一的即为重大设计变更，其余为一般设计变更：

1）移民工程建设标准发生重大改变。

2）新增或者取消某项移民工程，并导致移民安置规划方案发生重大变化的。

3）移民工程的建设地点、服务范围等发生变化，并导致移民安置规划方案发生重大变化的。

4）移民工程地质结论发生重大变化，建设场地评价结论有实质性调整的。

5）移民单项工程投资变化幅度：①工程投资在1000万元以上（含本级数）的项目，设计变更数量大于20%或者投资变化幅度超过500万元；②工程投资在1000万元以下的项目，设计变更数量大于20%（设计变更投资变化幅度小于50万元的不作为重大设计变更）。

案例2：四川省关于建设征地移民安置设计变更分类分级有关规定

四川省在《四川省大型水利水电工程移民安置规划设计工作流程》中也明确了一般设计变更和重大设计变更的分类，重大设计变更主要包括：①建设征地范围内实物指标较大变化；②单项工程施工方案重大变化；③移民单项工程投资变化幅度超过10%或超过500万元。

2. 设计变更报告编制

在移民安置实施过程中，行政主管部门对设计变更申请进行批复后，应编制变更设计文件，通过评审后，作为变更项目具体实施的依据。其中，移民安置方案的设计变更报告一般由综合设计单位编制，移民工程的设计变更报告由实施机构组织编制，综合设计应从标准、技术参数、与移民规划的衔接性等方面，对设计变更报告予以指导和协助，具体工作中的关键点如下：

（1）合法性、时效性和适用范围。规划设计文件的编制应当符合有关政策、法规、技术标准、规程规范的要求；基本资料应当完整、准确、真实、可靠；设计方案论证充分，成果可靠，并符合安全要求。

（2）设计技术要求。鉴于移民安置项目的设计变更工作具有复杂性、政策性和技术性强等特点，需要相关工作人员领悟规划设计意图，熟练掌握相关移民政策法规。在变更项目的设计过程中，综合设计单位应对变更设计提出技术要求（主要包括变更设计标准、技术参数、移民规划要求的功能等），指导和协助有关单位开展变更设计。

（3）设计深度要求。设计变更报告深度应达到水电行业可行性研究阶段深度，相关配套设施项目和改复建项目的规划设计深度应达到相关行业的初步设计深度。

3. 设计变更管理与规划符合性检查的关系

设计变更技术管理与规划符合性检查都是为保证移民安置顺利实施而开展的综合设计

工作，其区别在于：①依据不一致：规划符合性检查的依据是审定的规划报告和实施过程中审定的设计变更技术报告；而设计变更技术管理的依据是审定的规划报告，适用的法规、政策，确认的变更方案等。②目的不一致，规划符合性检查是为保证审定规划报告或审定的设计变更技术报告得以实施而提供的服务，目的在于维持不变；而设计变更技术管理是为设计变更服务的。

13.3 创新与发展

13.3.1 回顾

移民安置综合设计工作是随着移民管理体制的转变、移民安置实施参与各方对该工作认识程度的逐渐加深而发展和成熟的。在有文字可查、有迹可循的发展历程里，综合设计的发展历经了萌芽、逐渐成熟和发展阶段。

水电站建设初期，实施阶段建设征地移民安置综合设计工作是从属于工程现场设代的，被看为主体工程设代的一部分，并没有独立的概念。国家发展计划委员会印发的《水电工程建设征地移民工作暂行管理办法》（计基础〔2002〕2623 号）第一章第三条中规定"国家对水电工程建设征地移民工作实行政府负责、投资包干、业主参与、综合监理的管理体制"；移民安置实施是由地方政府与业主签订移民安置任务和投资包干协议包，通过包干的形式由地方完成安置任务。同时，该办法第三章十五条明确要求："工程开工后，设计单位要派设计代表驻移民安置实施现场开展工作。"办法中虽然明确提出了设计单位要参与实施阶段的移民安置工作，囿于管理体制和各方对移民工作的重视程度不够，设计交底、配合编制计划以及配合业主根据工程进度提出防洪度汛任务要求和安置任务要求是这一时期设计单位的主要工作，主动介入很少，基本不参与地方的移民安置实施工作。

在"轻移民、重工程"向"先移民、后工程"的思路转变中，水电移民的各方参与者在长期的社会实践中认识到实施阶段技术总体负责的重要性，提出实施阶段主体设计单位必须全程提供技术支持的概念。"07 规范"规定在移民安置实施阶段要开展建设征地移民安置综合设计工作，《国家发展改革委关于做好水电工程先移民后建设有关工作的通知》（发改能源〔2012〕293 号）中要求"主体设计单位要充分发挥在移民安置实施过程中的技术牵头和设计归口作用，全过程做好综合设代工作，向移民安置实施单位和移民综合监理单位说明勘察、规划、设计意图，及时解决移民安置实施中出现的规划设计问题"，对综合设计工作提出了原则性要求。该时期的综合设代工作的委托关系、工作形式以及工作方向已经有所总结，但对于过程中的具体职责和边界并没有更为清晰的界定。

在综合设计工作因形势而提出且逐渐成熟后，对综合设计的规范化设计工作也在逐步发展。迄今为止，综合设计概念已逐步明确，综合设计工作的目的逐渐清晰、具体工作内容逐渐丰富，综合设计与其他技术服务工作的区别逐步凸显且被各方接受。

13.3.2 展望

目前，各开工建设的大中型水电工程都已开展了综合设计工作，但实施过程中，各家综合设计单位、项目法人、移民主管部门对移民综合设计工作的工作内容、工作职责的理解存在分歧，具体工作开展时，工作方法和程序不一。综合设计规范已近出台，规范是编制组和参编各方在多次交流和碰撞，并广泛性的征求意见后出台的，可以预见，规范出台后，将对综合设计工作开展起到指导作用，对工作内容、工作深度的口径统一起到极大的促进作用。

由于各种原因，现阶段出台的综合设计规范侧重于对综合设计工作概念外延和内涵、工作内容的界定。未来，以新出台的综合设计规范作为新起点，综合设计单位应考虑在综合设计服务过程中引入新技术、新方法以提升服务质量，综合设计工作者应进一步思考使综合设计工作流程、程序更加规范和统一。例如：针对移民安置进度计划制订中，引入创新方法、创新手段，将移民安置涉及的工程项目之间的制约关系、单个项目进度对移民安置总体进度的影响系统化和具体化，以便于实施操作和管理；在综合设计信息管理中引入信息系统，搭建信息平台方便信息的收集、处理和传递等；对综合设计工作大纲编制内容、综合设计工作中涉及的相关表格、综合设计工作中具体的流程和方法作进一步的规定。

第 14 章

移民综合监理

所谓"监理"可以理解为一个机构的执行者依据一系列准则对某一行为的实施主体进行监督、检查和评价，并采取组织、协调和疏导方式，使相关各方密切协作，按行为准则办事，顺利实现群体和个体价值，更好地达到预期目的。在大中型水电工程移民安置实施阶段，涉及的移民相关监理工作包括移民安置综合监理和移民单项工程建设监理，虽然二者的主要工作内容都涉及进度、质量、资金、合同、信息的监督管理和工作协调等，但移民安置综合监理在监理对象、监理目标、监理职能等方面具有显著的特点，在移民安置实施工作中要注意区分。

水电工程建设征地移民安置综合监理（以下简称"移民综合监理"）是社会监理单位受省级人民政府移民管理机构会同项目法人共同委托，遵循独立、客观、公正、科学的原则，对水电工程建设征地移民安置实施的综合进度、综合质量和资金拨付使用情况等进行全过程监督管理的工作行为。移民综合监理单位应当依据国家及省级人民政府颁发的相关法规政策、规程规范和审批的移民安置规划、专题设计文件、移民安置实施计划以及签订的移民安置协议，按照补偿补助兑付、农村移民安置、城市集镇迁建、专业项目处理、库底清理等分类目标和内容，对项目实施的综合进度、综合质量和资金拨付使用情况等进行全过程监督、检查、记录、审核、协调和报告。移民综合监理的现场监理工作主要包括：审核移民安置实施单位上报的相关文件，监督检查移民安置工作，查对移民单项工程实施责任单位报送的移民工程项目的进度、质量、资金等报表，参与设计变更处理，参与移民单项工程项目建设招投标、竣工验收，监控移民安置实施的综合进度和综合质量，监督移民资金的拨付和使用，参与市级、县级人民政府及移民安置实施单位处理协调有关问题，对移民安置实施工作提出监理意见，并通过月报、季报、年报、简报、专题报告等形式向合同约定的有关单位报告移民安置实施情况及有关问题和建议。

移民综合监理是我国水电工程建设征地移民安置管理体制的重大制度安排，在贯彻移民政策法规和技术标准、监督移民安置规划执行、规范移民安置实施管理、保障移民安置进度和质量、发挥移民资金效益、提高移民安置效果、维护移民群众和项目法人合法权益等方面，具有非常重要的作用。移民综合监理意见是水电工程建设征地移民安置设计变更、概算调整、建设征地移民安置验收的主要依据之一。

14.1 工作内容、方法和程序

14.1.1 工作内容与工作方法

移民综合监理的主要工作内容可概括为进度控制、质量控制、资金监督、设计变更监督、信息管理、合同管理和工作协调七个方面。其工作内容和对应的工作方法如下：

1. 移民安置进度控制

移民综合监理单位按照事前预警、事中控制、事后处理和综合平衡的原则，对移民搬迁安置、生产安置、补偿补助兑付项目和移民单项工程建设项目的完成情况等移民安置实施综合进度进行控制，从进度方面对建设征地移民安置实施工作进行监督。其主要工作内容和方法包括：审核移民安置实施单位编制的移民安置年度计划，并提出监理意见；通过查对移民安置实施单位的进度报表、现场巡查等方式，检查下达的移民安置年度计划执行情况；适时监督检查移民安置总体进度计划的关键线路及其控制性节点；督促移民安置实施单位加快实施进度滞后的移民安置工作，或加快移民单项工程进度；对进度滞后影响严重的，向移民安置实施单位发出监理文件或召开监理会议要求其组织整改，并报告委托方，同时定期检查整改情况，对未能达到要求的报请省级移民管理机构督办；对当移民安置实施综合进度已发生或预测将发生不可避免的变化时，督促移民安置实施单位提出计划调整申请上报审批，并调整进度控制工作。

2. 移民安置质量控制

移民综合监理单位按照质量第一、预防为主的原则，对移民安置实施方案、实施标准、移民工作的合规性等移民安置实施综合质量进行控制，从质量方面对建设征地移民安置实施工作进行监督。移民综合监理单位依据国家有关法律法规、行业管理规定及批准的移民安置规划和设计文件，提出移民安置项目的质量控制目标、重点、难点，提出质量控制的计划和要求；在实施过程中，通过查对报告或报表、现场巡查、调查访问、抽样调查等方式，对补偿补助兑付、移民搬迁、生产安置等项目的质量进行过程监督控制，对比分析评判移民安置综合质量；移民安置质量偏离质量目标时，要求移民安置实施单位改正，对改正效果进行定期检查，并报告委托方；严重时报请省级移民管理机构督办。移民单项工程项目建设质量的责任主体是移民单项工程实施责任单位，移民综合监理重点是对可能制约枢纽工程建设、对移民搬迁安置方案与进度和移民生产生活水平影响较大的移民单项工程进行质量监督检查，检查移民单项工程实施责任单位的建设管理行为，检查移民单项工程招投标、建设监理制度的执行情况，了解工程质量管理体系的建立与运行情况，了解工程的建设质量等。

3. 移民安置资金监督

移民综合监理单位依据审批的移民资金概算，按照专款专用、限额控制的原则，对农村部分补偿费用、城市集镇部分补偿费用、专业项目处理补偿费用和库底清理费用中的补偿补助费用、工程建设费用、环境保护和水土保持费用，以及预备费的使用情况进行监督，监督检查项目费用拨付使用情况和移民补偿补助资金兑付情况。其主要工作内容和方法包括：督促检查移民安置实施单位建立健全移民资金管理制度；审核移民安置实施单位编制的年度、季度或月度资金使用计划，签署监理意见或发布监理文件，并送交移民安置协议签订双方；查对资金报表、抽查补偿补助资金兑付情况，按照下达的年度资金计划，对移民安置实施单位的资金使用进行监督检查；当年度、季度或月度资金计划因故确需调整时，督促移民安置实施单位提出资金计划调整申请上报审批，并分析其资金计划调整的合理性，出具监理意见；对资金使用与资金计划不符的，以监理文件的方式通知移民安置实施单位改正，定期检查整改情况，并报委托方，问题严重的，报请省级移民管理机构督办。

4. 设计变更监督

移民综合监理单位根据国家和省级移民管理机构的规定，参与设计变更处理，按照实事求是、及时有效履行程序的原则对设计变更进行监督。其主要内容包括监督设计变更程序、分析变更的合理性及其对规划和进度的影响、界定一般设计变更和重大设计变更、监督检查设计变更的实施情况。移民综合监理主要以参与设计变更讨论和评审会议，或者以文件形式对设计变更发表移民综合监理的意见等方式监督设计变更；还可以通过检查设计变更资料、参与设计变更现场工作和现场复核等形式监督设计变更。

5. 信息管理

按照真实性、及时性、完整性和有效传递的原则，对移民安置实施单位的信息管理工作进行监督检查，并做好移民综合监理项目部的信息管理工作。其主要工作内容和方法包括：督促移民安置实施单位建立健全信息档案管理规章制度，并检查其执行情况；建立健全移民综合监理项目部信息档案管理制度，及时收集、整理、加工相关信息，处理往来文件，做好档案的归档与管理工作；结合现场巡查和走访调查，了解移民群众对移民安置工作的意见，必要时报省级移民管理机构。

6. 合同管理

移民综合监理单位按照有效性、完整性、一致性、约束性的原则，对移民安置协议、上级有关部门下达的移民安置任务书（责任书）、地方移民管理机构、移民安置实施单位与移民工程的实施责任单位、设计单位、建设监理单位、承包商签订的合同、协议，以及移民安置实施单位与被安置对象签订的补偿补助与安置协议等，进行合同备案与履约情况检查。对有关各方提供的协议书、合同书等进行备案；对移民安置协议、移民安置任务书（责任书）的执行情况进行必要的检查，并出具监理意见；检查补偿补助及安置协议的签订、执行和资料归档情况；参与移民单项工程建设项目的招投标，检查合同签订及合同履行情况。

7. 工作协调

移民综合监理单位按照依法依规、平等协商、讲求实效的原则，通过定期主持召开监理例会，参加相关单位组织召开的工作例会、设计联络会和专题会议等会议协调方式，以及通过电话沟通、函件、约谈等日常协调方式，与移民安置管理机构、移民安置实施单位、设计单位和有关地方政府进行工作沟通，协调处理移民安置实施中的相关问题。

14.1.2 工作流程

根据移民条例的规定，移民综合监理由签订移民安置协议的地方人民政府与项目法人通过招标的方式共同委托。在目前实际操作过程中，大型水利水电工程基本上是由省级移民管理机构与项目法人通过招标的方式共同委托。

在监理单位投标时，将编制监理大纲作为投标文件中的技术文件之一。在招标单位发出中标通知书后，移民综合监理工作从接受委托、签订监理服务合同开始，到组建监理部、配置监理人员，再到制定监理部规章制度，编制监理细则报委托方审批，这些主要工作完成后，移民综合监理工作正式走入正轨。在委托方批复移民综合监理细则后，监理工作全面开展。在移民安置竣工验收后，由监理单位编制监理总结报告，并将监理资料移交委托方后，监理工作全部结束。移民综合监理工作总体流程见图 14.1-1。

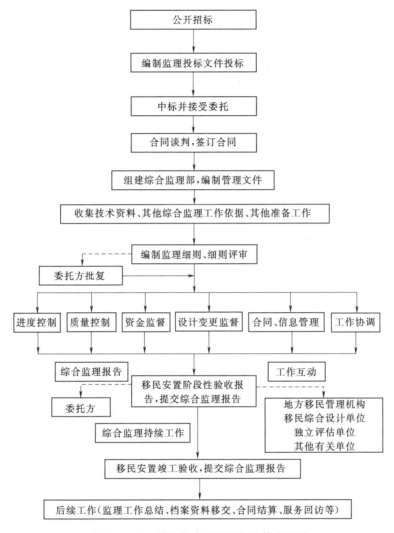

图 14.1-1　移民综合监理工作总体流程图

14.2　关键技术

　　根据移民综合监理工作内容，结合移民安置实施过程中需要解决的突出问题，经分析总结，移民综合监理的核心工作是：监督移民安置规划的执行，检查移民安置实施进度，规范移民工程建设管理，保证移民工程实施质量，合理利用移民资金，保障移民生产生活规划目标的实现。因此，移民安置进度控制、质量控制、移民资金监督等是移民综合监理的关键技术，其中，进度计划、重点工程节点和质量控制、移民资金分解、年度资金计划落实、设计变更处理等是移民综合监理工作的关键点。

14.2.1 进度控制

大部分水电项目的移民安置任务非常艰巨，程序复杂，需对移民安置实施进度进行控制，做到事前预警、事中控制、事后处理和综合平衡，保障移民安置实施进度按计划执行，确保移民安置工作有序开展，因此，进度控制是移民综合监理工作中的关键技术。移民综合监理单位根据经批准的移民安置总体进度计划，参与移民安置实施进度计划、年度进度计划的制订，根据下达的移民安置进度计划，监督移民安置实施工作，检查移民安置工作总体进度，跟踪移民重点工程建设进度和重要工作的实施进度。

1. 进度控制分类与原则

移民安置综合进度是指实施过程中补偿补助兑付、农村移民安置、城市集镇迁建、专业项目处理、库底清理等的总体进度。移民项目进度是指移民安置实施过程中移民单个项目和单项工程建设的进度。

移民综合监理的进度控制，分为综合进度控制和项目进度控制，进度控制以综合进度控制为主，以项目进度控制为辅。对综合进度有制约或重大的移民工程，移民综合监理应给予跟踪监督。移民综合监理应按照事前预警、事中控制、事后处理和综合平衡的原则进行进度控制。

2. 进度计划

进度计划是移民综合监理实施进度控制的依据，在移民安置实施过程中，应编制总体进度计划、年度进度计划和项目进度计划。

总体进度计划是根据移民安置规划中制定的移民安置进度计划，结合移民安置实际实施情况，对移民安置实施的全部工作和移民工程建设编制的进度计划；年度进度计划，是指移民安置实施阶段，在每年汛末由项目法人提出移民安置计划建议后，移民安置实施机构编制的下一年度移民安置实施的进度计划。项目进度计划，是指在移民安置实施过程中，由地方移民安置实施机构就单个移民安置工作项目制定的工作计划，或由移民安置实施机构就移民单项工程建设制定的工程建设进度计划。

3. 进度控制

根据下达的移民安置年度进度计划，移民综合监理单位应通过查对移民安置实施单位的进度报表、现场巡查等方式检查移民安置进度；适时监督检查移民安置总体进度计划的关键线路及其控制性节点。

移民安置工作或移民单项工程实际进度滞后的，移民综合监理单位应督促移民安置实施单位加快进度；对实施进度严重滞后的，应向移民安置实施单位发出监理文件或召开监理会议要求其组织整改，并报告委托方。移民安置实施综合进度已发生变化或预测将发生不可避免的变化时，移民综合监理单位应督促移民安置实施单位及时提出计划调整申请上报审批，并相应调整进度控制工作。

移民综合监理单位主要通过以下方式开展进度控制：

（1）补偿补助兑付。补偿补助兑付进度控制的主要工作内容包括配合移民综合设计、实施主体进行实物指标分解、变化核实和公示，补偿标准公告，分户建卡，安置协议签订，补偿补助兑付。移民综合监理单位应对移民安置实施单位编制的年度计划中的补偿补助兑付工作计划进行审核，并提出监理意见，作为实施主体上报年度计划或调整年度计划的依据。移民综合监理一般审核年度计划的补偿补助内容的合理性，是否必须兑付，对于有利于整体工作进展或对下序工作产生制约的，可适当提前兑付或预留一定的机动时间；对其他工作产生制约或影响其他工作的，应预留一定的机动时间，有助于移民安置实施的可适当提前兑付。在工作中，主要检查应兑付的实物指标与补偿资金是否对应；审核补偿补助兑付工作计划与移民安置总体进度计划的符合性，主要检查年度补偿补助兑付工作计划是否与移民安置总体进度计划存在冲突，有无必要理由超前兑付；年度兑付计划涉及资金是否与移民安置总体进度计划存在较大差异，存在较大差异的，移民综合监理应详细分析原因，分析合理性，并提出移民综合监理意见。审核工作计划与满足移民安置质量要求的合理工期的符合性。

移民综合监理一般通过现场巡查、调查访问等方式对工作组织、人员到位、工作进展等情况进行检查；通过查对移民安置实施单位的报表，结合抽查的方式检查补偿兑付的进度。补偿补助兑付实际进度滞后时，移民综合监理单位应通过监理会议或监理意见等形式要求移民安置实施单位加快工作进度，对于重大制约性项目，移民综合监理应加强巡查强度，落实具体行动，定期召开监理例会，研究讨论实施进度，对可能滞后的项目，组织参建各方讨论加快进度的具体方案，并监督落实到位；滞后严重时，应报请省级移民管理机构督办。

（2）农村移民安置。农村移民安置协议签订与实施进度控制主要包括安置对象的落实、实物指标确认、协议签订、补偿补助资金兑付等环节。农村居民点建设和外部基础设施配套建设进度控制主要包括移民单项工程施工图设计，项目建设招投标，新址征地，场地平整，水、电、路、通信、广播电视等基础设施建设，以及工程验收等环节。农村移民搬迁安置进度控制主要包括搬迁协议签订、宅基地划分、房屋建设、公共设施建设、移民搬迁入住、户口办理等环节。农村移民生产安置进度控制主要包括土地筹措（土地调整协议签订、土地调整费用支付、土地调整等），土地开发整理和生产配套设施等工程项目的建设（施工图设计、招投标、施工、验收），土地分配等环节。

移民综合监理单位应对移民安置实施单位编制的年度计划中的农村移民安置工作计划进行审核，主要审核农村移民安置年度工作计划与移民安置总体进度计划符合性，如任务计划项目、指标量、项目起止时间等。涉及计划调整与总体计划不一致的，应分析原因，并提出相应的措施和建议。审核年度计划中项目分解与进度计划设置的合理性，便于实施主体实施，项目分解应便于项目实施和资金管理，进度计划应考虑合理的周期，对重大工程和制约性工程进度计划应有一定机动时间。审核移民分项进度计划与满足农村移民安置质量要求的合理工期的符合性，年度计划中农村移民安置工作计划与移民安置协议签订双方商定的资金拨付计划的符合性。

移民综合监理单位应根据下达的年度计划对农村移民安置实施进度进行督促检查。一般通过现场巡查，监督检查移民安置协议的签订、移民搬迁、土地分配、生产开发和单项工程建设进度情况，补偿补助资金兑付情况。调查了解移民房屋建设和公共设施建设进度。采取定期检查、查对报表、抽查等方式，对移民安置实施单位和移民单项工程建设监理单位填报的进度报表和相关资料进行查对，重点查对各分项工程量是否与计划一致，检查农村移民安置实施进展情况。通过现场巡查、调查、定期检查等方式，对进度进行分析，并用监理文件的方式，向有关方报告农村移民安置实施进度统计分析情况，提出农村移民安置实施进度是否满足年度计划和移民安置要求的分析意见，对于不满足年度计划的，应提出相应的措施与建议。农村移民安置实施进度出现滞后时，移民综合监理单位应通知移民安置实施单位进行改正；影响严重时，应向移民安置实施单位发出监理文件或召开监理会议，要求其组织整改。移民综合监理单位应定期检查整改情况，对未能达到监理要求的应报请省级移民管理机构督办。

（3）城市集镇迁建。城市集镇迁建工程建设进度控制主要包括移民单项工程施工图设计，项目建设招投标，新址征地，场地平整，公共公用设施和水、电、路、通信、广播电视等基础设施建设，以及工程验收等环节。城市集镇移民和企事业单位搬迁安置进度控制主要包括搬迁协议签订、住宅用地（企事业单位建设用地）划分、房屋建设、搬迁入住、移民的户口办理等环节。城市集镇移民和企事业单位补偿补助项目进度控制主要包括实物指标确认、补偿协议签订、补偿资金兑付等环节。

移民综合监理一般对年度计划中的城市集镇迁建工作计划进行审核，主要审核城市集镇迁建工作计划与移民安置总体进度计划的项目、指标、资金、起止时间是否相符合。同时城市集镇迁建的项目设置和进度计划要合理，能满足实施的要求，工期计划符合真实情况，满足质量要求。城市集镇迁建工作计划要与移民安置协议签订双方商定的资金拨付计划相符合。

同时，移民综合监理根据下达的年度计划对城市集镇迁建的实施进度进行督促检查。一般通过现场巡查和监督，检查城市集镇迁建新址建设场地平整、公共公用设施、其他移民单项工程建设和居民搬迁进度计划执行情况，城市集镇补偿补助费用兑付情况；也可采取定期检查、查对报表、抽查等方法，对移民安置实施责任单位填报的进度报表和相关资料进行查对，核查城市集镇迁建实施进展情况。根据以上方式进行监督检查，并进行分析后，采用监理文件的方式，向有关方报告城市集镇迁建进度统计分析情况，提出城市集镇迁建实施进度是否满足年度计划和移民安置要求的分析意见。城市集镇迁建进度出现滞后时，应向移民安置实施单位发出监理文件或召开监理会议，要求其组织整改。应定期检查整改情况，对未能达到监理要求的应报请省级移民管理机构督办。

（4）专业项目。建设工程项目建设进度控制主要包括施工图设计、项目建设招投标、工程建设、工程验收等环节。补偿项目实施进度控制主要包括补偿协议签订、补偿兑付等环节。特殊项目实施进度控制包括实施责任单位确定、协议签订、项目实施、项目验收。专业项目进度控制的主要方法和措施如下：

移民综合监理对年度计划中的专业项目处理工作计划进行审核，检查专业项目处理工作计划与移民安置总体进度计划的符合性、项目建设进度计划的合理性、项目建设进度计划与满足专业项目处理的质量要求的合理工期的符合性、专业项目处理工作计划与移民安置协议签订双方商定的资金拨付计划的符合性等，分析后提出监理意见。

移民综合监理根据下达的年度计划对专业项目的实施进度进行督促检查。一般通过现场巡查的方式监督检查专业项目实施进展总体情况；采取定期检查、查对报表等方法，对专业项目实施责任单位填报的进度报表和相关资料进行查对，核查专业项目实施进展情况；检查、分析后，采用监理文件的方式向有关方报告专业项目进度统计分析情况；对专业项目实施进度出现滞后并影响后续移民安置工作的，应通知专业项目实施责任单位加快实施进度；影响严重的应发出监理文件或召开监理会议，要求实施责任单位组织整改；定期检查整改情况，对未能达到监理要求的应报请省级移民管理机构督办。

（5）库底清理。移民综合监理应督促移民安置实施单位编制库底清理工作计划并进行审核，主要检查库底清理工作计划与移民安置总体进度计划的符合性、库底清理工作计划与年度进度计划的符合性，分析库底清理工作计划与移民安置实施进度的衔接性和库底清理工作计划与年度资金计划的一致性，然后提出监理意见。

根据库底清理工作计划，移民综合监理对库底清理的实施进度进行督促检查，一般采取现场巡查和监督的方式，检查库底清理工作进度计划执行情况，清理费用拨付情况；也可采取定期检查、查对报表、抽查等方法，对移民安置实施单位填报的进度报表和相关资料进行查对，检查库底清理实施进展情况；通过检查和分析后，采用监理文件的方式，向有关方报告库底清理工作统计分析情况。实施进度出现偏差但不影响控制性节点工期时，应要求移民安置实施单位采取有效措施进行整改。当实施进度影响围堰截流、水库下闸蓄水等控制性节点工期时，应报告委托方，并报请省级移民管理机构督办。

14.2.2　质量控制

在实施过程中，移民综合监理对移民安置实施方案、实施标准、移民工作的合规性、移民安置工程等移民安置实施质量进行控制，督促实施单位消除不合格或不合规等因素，确保移民安置任务能按计划完成，并达到预定的安置效果。因此，质量控制是移民综合监理工作中的关键技术。质量控制是根据经批准的移民安置规划，通过查对报告或报表、巡查访问、抽查等方式对质量进行过程监督控制，对比分析评判移民安置综合质量。其内容包括巡视检查移民工程建设质量，参与移民工程的竣工验收，参加移民安置阶段性验收和竣工验收。

1. 质量控制分类

移民安置质量一般可分为综合质量、功能质量与建设质量三类。

（1）综合质量。是指以移民安置规划确定的移民安置目标为质量总目标，实现移民搬得出、稳得住、能致富，同时实现移民区和移民安置区的环境得到妥善保护、社会服务设施与基础设施得到恢复。

（2）功能质量。是指移民安置工作和移民工程的性质、功能、规模、等级、服务对象与范围以及完成数量，符合移民安置规划要求。

（3）建设质量。是指移民安置工程建设过程与结果符合国家有关法律法规的规定，满足合同、标准、规范、技术文件的要求。

移民综合监理的质量控制可分为综合质量控制、功能质量控制和建设质量控制三大类，按照质量第一、预防为主的原则进行质量控制。

2. 质量控制内容与方法

对于补偿补助兑付项目，应查对移民个人、集体和企事业单位补偿补助的范围、数量、标准与审定内容的一致性。移民补偿补助兑付出现偏差时，应向移民安置实施单位发出监理文件，要求其进行改正，同时报告委托方。

对于移民搬迁、生产安置项目，应核实移民搬迁安置和生产安置的实施情况，对比分析实施情况与移民安置规划的符合性。移民安置质量偏离质量目标时，应要求移民安置实施单位改正，对改正效果进行定期检查，并报告委托方。

对于移民单项工程，应重点对可能制约枢纽工程建设、对移民搬迁安置方案与进度和移民生产生活水平影响较大的移民单项工程进行质量监督检查，检查移民单项工程建设规模、标准、地点等。移民单项工程建设管理出现不符合有关规定或建设质量偏离质量目标时，应要求移民单项工程实施责任单位组织改正。

移民安置实施过程中出现重大工程安全事故或质量事故时，应报告委托方，并提出对事故的认识和处理建议。

移民综合监理单位主要通过以下方式开展质量控制：

（1）补偿补助兑付。补偿补助兑付的质量控制内容包括对实物指标分解、变化核实的程序与技术要求，实施方案，成果确认程序，分户建档，汇总成果差异，补偿补助兑付项目、兑付标准，以及兑付方式与程序等工作的监督检查。移民综合监理应按审批的实物指标调查细则，对实物指标变化核实的调查依据、工作程序、调查内容等进行检查；根据审定的实物指标和有关规定，检查补偿补助兑付项目的分项、分户建档及汇总成果。根据审批的移民安置规划等设计文件和有关规定，检查补偿补助兑付项目和兑付标准的执行情况。一般采用查对资料、参加会议和现场巡查等方式检查实物指标变化核实的工作程序、调查过程、成果确认程序；采用对比分析的方法检查分户建档汇总成果和补偿补助兑付项目、兑付标准，通过调查访问的方式抽查兑付执行情况。当补偿补助兑付出现不能满足质量目标时，应以监理文件方式督促移民安置实施单位进行整改并定期检查；问题严重时报请省级移民管理机构督办。

（2）农村移民安置。移民综合监理单位应按照批准的移民安置规划，检查农村移民安置方案和补偿标准执行情况，按照相关行业规定检查移民单项工程建设管理行为及结果。通过抽样调查的方式，调查农村移民安置前后房屋面积、生产资料等生产生活条件，综合分析农村移民安置质量。

在补偿补助项目质量控制方面，移民综合监理检查移民个人、集体补偿补助的范围、数量、标准是否与移民安置规划或批复的设计变更一致。补偿补助出现偏离时，移民综合监理单位应向移民安置实施单位发出监理文件，要求其改正，同时报告省级移民管理机构；严重时，应报请省级移民管理机构督办。移民综合监理单位应定期检查移民安置实施单位的整改情况。

在生产安置质量控制方面，移民综合监理一般以集体经济组织为单元，抽查有关政策执行情况，检查移民生产安置协议签订情况。巡视检查有土安置农村移民生产安置配置的土地调整手续办理情况，土地开发及验收情况，土地的类别、面积、标准、质量、水利条件、土地分配、耕作半径等情况。检查其他安置方式的农村移民生产安置条件符合情况，程序的履行和手续的办理情况，土地补偿补助的标准及执行情况。生产安置质量出现偏离时，应要求移民安置实施单位整改；严重时报请省级移民管理机构督办。

在搬迁安置质量控制方面，移民综合监理单位一般检查农村移民搬迁安置协议的签订情况，检查宅基地和单位建设用地落实情况，检查移民个人补偿补助资金兑付标准和执行情况，检查房屋、公共设施和配套基础设施建设情况，检查移民新建房屋的质量监督检查情况，参与项目竣工验收；搬迁安置质量出现偏离时，应要求移民安置实施单位整改；严重时报请省级移民管理机构督办。

在农村移民单项工程质量控制方面，移民综合监理单位根据国家有关法律法规和行业管理规定及批准的移民安置规划，检查移民单项工程实施、建设情况。对移民安置点地质安全评价反映的重大问题和对应的工程处理措施实施情况进行重点监督检查。加强对重要的农村移民单项工程建设现场的巡视，了解移民单项工程建设监理单位反映的工程建设质量问题。农村移民单项工程质量出现偏离时，移民综合监理单位应通知移民单项工程实施责任单位组织整改；发生重大质量事故的，应责成移民单项工程实施责任单位或所在地县级人民政府报告省级移民管理机构，同时提出监理意见报告委托方；按照省级移民管理机构的处理意见进行监督检查，将处理情况报告相关方。移民综合监理收集质量监督检查行业主管部门对农村移民单项工程质量的评定意见，了解工程移交情况，参与工程竣工验收。

（3）城市集镇迁建。按照批准的城市集镇迁建规划，检查城市、集镇及建设项目的规模、标准，以及城市集镇功能的恢复情况和移民安置补偿标准执行情况；按照相关行业管理规定检查移民单项工程实施、建设情况。移民综合监理一般检查城市集镇迁建补偿项目和数量；检查计入城市集镇迁建人口规模中生产安置的农业人口生产安置措施落实情况；检查移民及企事业单位搬迁安置协议的签订落实情况；检查城市、集镇迁建规模，建设用地标准与数量；检查企事业单位和移民个人补偿补助资金兑付标准和金额。检查城市集镇场地平整和公共、公用设施建设管理行为，了解居民房屋建设情况，查阅质量监督检查行业主管部门对工程项目建设质量检查情况，参与项目竣工验收。

城市集镇迁建规模发生改变以及城市集镇迁建中移民搬迁安置和移民单项工程建设质量出现重大问题时，应督促移民安置实施单位组织整改，并报告省级移民管理机构，定期检查整改结果。

（4）专业项目复建。根据批准的移民安置规划，检查建设项目建设规模和标准，并按照相关行业管理规定检查工程建设管理行为及结果；检查货币补偿项目和特殊项目的补偿标准及额度执行情况。

在建设项目质量控制方面，移民综合监理根据国家有关法律法规和行业管理规定及批准的移民安置规划，检查工程建设管理行为及结果；对建设项目地质安全评价反映的重大问题和对应的工程处理措施实施情况进行重点监督检查；加强对重要建设项目的现场巡视，了解建设项目单项工程建设监理单位反映的工程建设质量问题。建设项目建设出现严重质量问题时，移民综合监理应要求项目实施责任单位采取整改措施，并报告委托方，定期检查整改落实情况，移民综合监理还应收集和了解质量监督检查行业主管部门对工程质量的评定意见和工程移交情况，参加工程竣工验收。

在补偿项目和特殊项目的质量控制方面，移民综合监理一般检查补偿项目和特殊项目的实际数量、规模情况，检查补偿项目和特殊项目协议的签订情况、兑付情况、实施完成情况。对检查中发现的严重质量问题，应要求专业项目实施责任单位采取整改措施，并应报告委托方，定期检查整改落实情况。

（5）库底清理。移民综合监理按照相关行业标准和有关规定，检查卫生防疫、建筑物、构筑物、林木等专业清理工作情况，检查库底清理设计文件提出的技术要求的落实情况，现场巡查库底清理情况。出现严重质量问题时，应要求移民安置实施单位采取整改措施，并督促整改，必要时报告委托方。

14.2.3 资金监督

移民资金是水电工程项目法人工程建设投资中，用于建设征地补偿和移民安置的专项资金，涉及资金量大，资金流动频繁。移民安置实施单位须在移民实施过程中，建立健全资金控制制度，规范资金管理行为，严格执行移民资金概算，按年度计划筹措资金，确保移民工作正常推进；同时要及时反映移民资金计划执行情况和财务管理情况，定期编制移民资金计划执行情况报告和财务报告，定期对移民资金计划执行情况和财务管理工作进行分析，开展移民资金内部审计、检查、稽查，保障移民资金安全；在验收时，编报移民工程决算报告，全面真实反映移民资金使用情况和使用效果。督促移民安置实施单位依法依规使用移民资金，发挥移民资金效益，做到专款专用、限额控制。资金监督是移民综合监理的重点和难点之一，是移民综合监理工作中的关键技术。

移民综合监理单位应督促检查移民安置实施单位建立健全移民资金管理制度。对移民安置实施单位编制的年度、季度或月度资金使用计划进行审核，签署监理意见或发布监理文件，并送交移民安置协议签订双方。

1. 资金监督的分类

依据审批的移民资金概算，资金监督可按照农村部分补偿费用、城市集镇部分补偿费用、专业项目处理补偿费用和库底清理费用中的补偿补助费用、工程建设费用，环境保护和水土保持费用及预备费等进行划分，监督检查项目费用拨付使用情况和移民补偿补助资金兑付情况。对审定的移民资金进行分解，并分别编制总体资金计划、年度资金计划及项目资金计划。

2. 资金监督的原则和方式

遵循专款专用、限额控制的原则，移民综合监理单位应按照下达的年度资金计划，通过查对资金报表、抽查补偿补助资金兑付情况，对移民安置实施单位的资金使用进行监督检查。当年度、季度或月度资金计划因故确需调整时，移民综合监理单位应督促移民安置实施单位提出资金计划调整申请上报审批，并分析其资金计划调整的合理性，出具监理意见后送交移民安置协议签订双方。

对资金使用与资金计划不符的，应以监理文件的方式通知移民安置实施单位改正，定期检查移民安置实施单位的整改情况，并报委托方。问题严重的，应报请省级移民管理机构督办。

移民综合监理单位主要通过以下方式开展资金监督：

（1）补偿补助兑付。移民综合监理单位查对移民安置实施单位的补偿补助资金使用报表，以月度或季度为单位，抽查该时段内资金兑付项目、数量等情况。补偿补助资金拨付不及时并对移民安置工作造成影响时，应报告省级移民管理机构。兑付标准、兑付额度、资金使用不符合规定时，应以监理文件的方式通知移民安置实施单位纠正；问题严重时应报请省级移民管理机构督办。

（2）农村移民安置。移民综合监理单位应根据下达的年度资金计划和已拨付到账的农村移民安置资金，以季度或月度为单位，查对资金报表，检查补偿补助项目、数量实际完成情况，移民补偿补助费用支付程序履行和兑付到位情况，以及农村移民单项工程建设资金支付情况等，对比分析分项资金使用的额度与审定的移民安置项目费用额度情况。检查年际间资金使用协调和衔接情况，农村移民安置项目预备费的使用程序和使用额度，并配合相关部门开展的移民专项资金审计工作。对资金使用与资金计划不符的，应以监理文件的方式提出监理意见，通知移民安置实施单位整改，定期检查移民安置实施单位的整改情况，并报告委托方。问题严重的，应报请省级移民管理机构督办。

（3）城市集镇迁建。根据下达的年度资金计划和已拨付到账的城市集镇迁建资金，移民综合监理单位查对资金报表，检查补偿补助项目、数量实际完成情况，移民个人及企事业单位补偿补助费用支付程序履行和兑付到位情况，以及移民单项工程建设资金支付情况等，对比分析分项资金使用的额度与审定的移民安置项目费用额度情况，检查年际间资金使用协调和衔接情况以及项目预备费的使用程序和使用额度，并配合相关部门开展的移民专项资金审计工作。资金使用与资金计划不符的，应以监理文件的方式提出监理意见，通知移民安置实施单位整改，定期检查移民安置实施单位的整改情况，并报委托方；问题严重的应报请省级移民管理机构督办。

（4）专业项目复建。移民综合监理单位应根据下达的年度资金计划和资金拨付情况，审核资金报表，检查补偿项目和特殊项目实施的实际支付程序履行和兑付到位情况，建设项目建设资金支付使用情况等，并对建设项目预备费的使用程序和使用额度进行监督，配合相关部门开展的移民专项资金审计工作。资金使用存在问题的，应要求专业项目实施责任单位采取相应措施整改完善；问题严重的，应以监理文件的方式提出监理意见，要求专业项目实施责任单位整改，定期检查其整改情况，并报告委托方。必要时报请省级移民管理机构督办。

（5）库底清理。按照下达的年度资金计划和拨付的库底清理资金，移民综合监理查对资金报表，检查实际支付程序履行情况、资金支付使用情况等。检查支付的项目、时间、标准、额度、支付的程序履行和到位情况，配合相关部门开展的移民专项资金审计工作。资金使用存在问题的，应要求移民安置实施单位采取有效措施进行整改。问题严重的报告委托方。

14.3　创新与发展

14.3.1　回顾

1988 年 7 月，建设部印发了《关于开展建设监理工作的通知》，标志着我国工程建设管理进入了新的时期。作为水电工程的重要组成部分，移民安置工作一直以来得到国家、社会和广大移民的高度重视。实现对移民安置工作的有效监管，是做好移民安置工作的基础与保障。因此，在工程建设监理制度确立的同时，水电工程的移民监理也开始尝试。

我国自 1988 年开始，在工程建设领域实行了一项重大的管理体制改革，即推行建设工程监理制度。建设监理作为一项制度被正式列入 1997 年颁布的《中华人民共和国建筑法》。为适应社会主义市场经济的要求，加强和完善水库移民的管理体制，保证水库移民工作顺利实施，提高工程建设效益，有必要建立水库移民监理制度。1993 年，长江三峡水利枢纽移民安置工作提出了移民监理的概念；1994 年开始尝试开展工作并出台试行文件；1995 年开始，三峡库区全面推行移民工程监理制度（综合监理和单项工程建设监理）。1996 年，小浪底移民监理单位正式开展专门的移民项目监理工作。1997 年年初，万家寨工程移民监理进场开展工作，1998 年，棉花滩水电站进行移民监理试点；1998 年 3 月，中国电力工业部发布《水电工程移民监理规定》，提出新建大中型水电工程实行水库移民监理制度，并对移民监理的程序、内容、委托形式等进行了明确规定。此后，新建的大型水电工程和部分大型水利工程开始推行移民监理。

2002 年，国家发展计划委员会颁布了《水电工程建设征地移民工作暂行管理办法》（计基础〔2002〕2623 号），正式确定"国家对水电工程建设征地移民工作实行政府负责、投资包干、业主参与、综合监理的管理体制"。至此，移民综合监理在各大中型水电工程的移民安置实施工作中被普遍采用。全国各地开工建设的大型水电工程，如凌津滩、棉花滩、洪家渡、公伯峡、龙滩、小湾、瀑布沟、景洪、溪洛渡、向家坝等，都实行了移民综合监理制度。

随着我国水电工程移民安置工作"政府领导、分级负责、县为基础、项目法人参与"管理体制的逐步建立，各级政府承担着移民安置组织实施和监督管理的责任，地方政府是移民安置实施工作的责任主体、实施主体和工作主体，移民综合监理是省级人民政府移民管理机构工作职责的一种延伸。2006 年 9 月 1 日起施行的 471 号移民条例规定"国家对移民安置实行全过程监督评估"，在法规层面上对移民综合监理工作进行了规定，明确了要求。

2014 年 6 月 29 日，国家能源局发布了《水电工程建设征地移民安置综合监理规范》（NB/T 35038—2014），对水电工程建设征地移民安置涉及的补偿补助兑付、农村移民安置、城市集镇迁建、专业项目处理、库底清理等工作开展进度和质量控制，资金和设计变更监督，信息和合同管理及工作协调等移民综合监理工作的原则、组织、程序、内容、方法和技术要求进行了规范。该规范于 2014 年 11 月 1 日正式实施。

14.3.2 创新

1. 管理方式的创新

移民综合监理作为社会性的综合监督管理模式，在贯彻国家的开发性移民方针，监督移民安置规划的执行，规范移民安置实施管理，发挥移民资金效益，提高移民安置效果，保障移民生产生活规划目标实现等诸多方面发挥了重要作用，是移民工作的创新。实行移民综合监理，对于提高移民安置实施质量、合理使用移民资金、提高移民安置效果提供了有力的保证，为不断积累移民工程的实施经验，提高移民安置工作水平创造了条件。水电工程建设征地移民安置实行移民综合监理制度，由省移民管理机构和项目法人共同委托独立的第三方，代表省级移民管理机构常驻现场来监督整个移民安置实施过程，是省级移民管理机构工作职责的一种延伸，是水电行业建设征地移民安置管理方式的重大创新。

2. 工作方法的创新

在移民资金监督管理方面，鉴于移民工作的实施主体是地方政府，且建设征地移民安置补偿费用属于专项资金，移民综合监理采用监督检查的方式进行"资金监督"，明显不同于单项工程建设监理采用工程计量和付款签证等方法进行的"工程造价控制"，也显著区别于国家审计机关以及移民管理机构内部审计部门和委托中介单位实施的移民资金审计监督。在质量控制方面，提出了移民综合监理对移民安置项目的综合质量和功能质量、补偿补助项目的兑付质量进行控制，丰富了移民安置质量控制的内涵。在进度控制、资金监督方面，提出了移民综合监理进行监督的具体工作内容，明确了移民综合监理的具体作用，充分发挥移民综合监理单位作为项目法人、省级移民管理机构的"耳朵""眼睛"的功能，发挥了事前预警、事中控制、事后处理和综合平衡等重要作用，取得了实时控制进度和质量，加强移民资金管理的效果。在设计变更方面，移民综合监理单位界定变更类别、监督变更程序，提出移民综合监理意见，参与设计变更过程，发挥了规范设计变更程序、提高设计变更质量等作用。

3. 工作内容的创新

在监理工作内容方面，移民综合监理借鉴工程监理的经验，结合水电工程建设征地移民安置的特点，进行了很多创新。例如：在移民综合监理工作中，要求进行移民安置综合进度和综合质量控制，开展移民安置资金和设计变更监督，并进行信息和合同管理以及工作协调；对监理工作的内容进行了重新解读，针对移民工作的特点提出了详细的移民综合监理的工作内容，规范化了移民综合监理工作，同时也细化了移民安置实施工作，强化了移民综合监理的作用。特别是在设计变更监督、工作协调、移民安置资金监督等方面，对监理工作的内容进行了重大创新；对移民补偿补助项目等一些非工程项目开展监理工作，属于监理工作内容的首创。

14.3.3 展望

移民综合监理从政策法规出台到水电行业全面推广应用，虽然经历的时间较短，但取得的成效非常显著。水电移民由早期的地方政府主导实施，到移民综合监理单位对移民安置实行全过程监督，我国水电移民工作走上了规范政府行为，保障移民权益的法制化、规范化、制度化的道路。随着移民综合监理规范的发布实施，移民综合监理制度不断完善，明确了移民综合监理的监督内容和监督形式，确立了综合监理的地位和作用，完善了综合监理的工作内容，明确了工作流程、工作方式和成果的应用，成为监理行业的创新之举。

随着水电工程建设的不断发展，移民工作面临的挑战不断增加，如地方政府与移民群体的关系、建设单位与地方政府的利益均衡等，移民综合监理的工作重点和工作方式需要不断创新，技术力量需要不断加强，以更好地发挥移民综合监理的作用。为了应对移民设计变更增加和移民资金使用不规范等问题的挑战，移民综合监理单位在监督实施单位严格执行移民政策规范和批准的移民安置规划设计文件的同时，应当进一步强化责任和担当意识，积极使用新技术成果，不断提高监理队伍的政策水平和技术水平。在互联网＋时代，要充分利用互联网平台等新技术成果，充分发挥好移民综合监理"眼睛"和"耳朵"的功能，成为委托单位的"千里眼""顺风耳"。同时，移民综合监理从业人员在技术、经验、资质等方面要适应新的时代要求，不断加强政策和技术培训学习，成为熟悉移民政策规范和移民安置规划设计成果、熟练掌握各种监理专业技术的复合型专业人才。

目前，我国新开工建设的大中型水电工程，已按移民条例规定，全面开展了移民综合监理工作。移民综合监理是我国水电工程移民管理体制的重大制度安排，在为地方人民政府科学决策、依法行政提供信息和技术支持，保障移民安置工作依法依规实施，维护项目法人和移民群众合法权益等方面，发挥了重大作用。在行业主管部门的积极推动下，在项目法人和地方政府的支持下，在从业单位与专业人员的共同努力下，移民综合监理必将在移民工作中发挥越来越重要的作用。

第 15 章

独立评估

独立，指单独地站立或关系上不依附、不隶属，依靠自己的力量去做某事。评估，译自英文"evaluation"，原意是引发出价值，有发现价值、作出价值判断的意思。而对于评估单位，其应为独立第三方机构，是与评估对象、服务对象没有直接利益关系的"旁观者"。

我国水电工程移民监督评估工作是依据 679 号移民条例第五十一条"国家对移民安置实行全过程监督评估"的规定而来的。水电工程领域将移民的监督评估工作分为移民综合监理和移民安置独立评估两项工作内容。对于独立评估概念的解释和界定，众说不一。

有研究将移民监测评估定义为，移民监测评估是一个基于社会学理论的管理工具，它通过使用社会学的工作方法，对水利水电工程建设征地受影响人合法权益的实现、生产生活水平的恢复等内容，在规定的期限内进行定期的调查、对比、分析，对阶段性的工作予以判断、评定，总结经验，并找出移民安置工作的差距和潜在的薄弱环节，提出改进建议和解决方案。

另有研究认为，水电工程征地移民效果监测评估的定义是对水电工程移民安置系统进行分析、预测和评价，以被安置移民和安置工作组织为评估对象，以水电工程移民法规、政策为依据和指导，对移民搬迁进度、移民安置质量以及移民生活水平的恢复情况进行监督评估，并将结果反馈到移民管理部门和实施机构的全过程。建立系统全面的移民安置评价指标体系，客观合理地评估移民安置效果，既是我国现行法律法规的要求，也是对我国水电工程征地移民安置独立评估的有益探索。全面系统地建立指标体系，科学、客观地计算得出评价总体指标结果，不仅能够有效衡量移民安置规划编制和移民安置实施机构的工作成效，还能够有效识别移民安置已经或即将出现的问题，进而为问题解决和后期扶持决策提供科学依据。

2017 年，《水电工程移民安置独立评估规范》（NB/T 35096—2017）颁布出台，对水电工程的移民安置独立评估作出了明确定义。该规范定义移民安置独立评估是通过独立于地方人民政府、项目法人和移民综合设计之外的咨询机构，采取调查、对比等方法，对水电工程移民安置前后的生产生活水平恢复、建设征地涉及区域经济发展状况、实施管理工作等进行分析评价并提出建议的工作行为。移民安置独立评估可以及时发现移民安置工作中的薄弱环节和问题，为移民安置实施工作提供建议和对策，全面总结移民安置的经验和教训，为后期扶持规划提供指导意见。移民安置独立评估是水电工程建设征地移民安置监督评估制度的重要内容，评估报告是移民安置验收的必备资料之一。

水电工程移民涉及政治、经济、社会、文化等多个方面，既是一个非自愿迁移的过程，也是一项极其复杂的问题。值得注意的是，农村移民又往往比城镇移民受影响的范围和程度更大更广一些。移民问题处理任务既艰巨又艰难，我国的发展战略已由经济发展转变为社会、经济的协调与可持续发展，尊重"以人为本"的发展理念。因此，对水电工程移民安置独立评估应采用系统的思想，关注其生产、生活、权益、发展等多维因素。移民问题解决的好与坏，不仅直接关系到水利水电工程的顺利建设成功与否，更关系到广大移民的切身利益，关系到社会稳定和移民长远发展。因此，做好水电工程移民安置独立评估工作不仅可以有效评价移民安置效果，及时发现移民在生产生活中遇到的困难和出现的问题，为移民安置实施工作提供建议和对策，还可以全面总结移民安置的经验和教训，为后期扶持规划提供指导意见。

15.1　工作内容、方法和程序

15.1.1　工作内容

移民安置独立评估工作内容包括移民生产生活水平、建设征地涉及区域经济发展情况、实施管理工作三方面。

15.1.1.1　移民生产生活水平

移民生产生活水平评价分为农村和城市集镇两部分。生产生活水平恢复评价内容包括收支水平、住房条件、生产与就业、基础设施条件、社区服务水平、民族风俗习惯、社会环境适应性。

（1）收支水平。收支水平可通过居民家庭人均可支配性收入、人均生活消费支出和非农业收入比例等指标与本底值、本年同期社会平均水平和移民安置规划目标进行对比分析，分析评价移民安置后收支水平。

（2）住房条件。可以运用文献法、问卷调查法等方式对人均住房面积、主体结构改善指数进行调查，通过算术平均法分别计算指标。住房水平与本底值和当地平均水平进行对比分析，评价其住房水平。

（3）生产与就业。生产与就业可通过人均耕（园）地面积、人均林（草）地面积、人均粮食产量、就业结构等指标，并与本底值、上年评估调查结果和本年同期社会平均水平进行对比分析，评价移民生产与就业情况。

（4）基础设施条件。基础设施条件可以运用问卷调查法等方式对安置区交通便利性程度、内部道路状况、供水入户率、户通电率、有线电视入户率、生活垃圾集中处理占比、生活污水集中处理占比等指标进行调查和计算，并与本底值、本年同期社会平均水平和移民安置规划目标进行对比分析，评价安置区基础设施条件。

（5）社区服务水平。社区服务水平可以运用问卷调查法等方式对社区人均公共设施建筑面积、公共服务设施可及性进行调查和计算，并与本底值和本年同期社会平均水平进行对比分析，评价移民安置区社区服务水平。

（6）民族风俗习惯。民族风俗习惯可以运用调查问卷法、访谈法等方式对民族风俗习惯尊重和保护程度、宗教场所设施处理情况进行调查，并可与本底值进行对比分析，评价移民民族风俗习惯情况。

（7）社会环境适应性。社会环境适应性可以运用调查问卷法、访谈法等方式对生产环境适应性、生活环境适应性、邻里关系满意度等指标进行调查和计算，分析评价移民安置后的社会环境适应性。

15.1.1.2 建设征地涉及区域经济发展情况

建设征地涉及区域经济发展状况分析对象为农村居民点、城市集镇、专业项目和建设征地涉及县级行政区。建设征地涉及区域经济发展状况评价内容由城乡功能恢复情况、专业项目处理情况、经济发展情况构成。

（1）城乡功能恢复情况。城乡功能恢复情况可通过人口规模、用地规模、对外交通条件、用水保证率、用电保证率、排水设施水平、通信广播电视设施水平、政府机关企事业单位功能恢复水平、生均用地面积、公立医疗机构病床数、文化体育场所数量、地方财政收入、商业金融单位数量等指标调查分析得出，对于迁建的集镇和农村安置点，评价城市、乡镇的功能恢复情况，并与复建前对比，分析对当地经济社会发展的促进情况。

（2）专业项目处理情况。专业项目处理情况评估对象为移民区和移民安置区配套的交通工程、水利工程、电力工程、通信广播电视工程及其他专业项目等。对恢复重建的专业项目，除评价其恢复后的相关情况外，还应与其复建前进行对比分析；对于新建的项目，应分析其建成后运行保障情况。

（3）经济发展情况。经济发展情况可以通过城镇化率、地方固定资产投资、人均国内生产总值（GDP）、地方税费收入、直接就业效益等指标调查分析，评价安置区的经济发展状况。

15.1.1.3 实施管理工作

实施管理工作分析对象为进度管理、资金管理、质量管理和移民动态信息管理。实施管理工作评价运用文献法、访谈法对进度管理、资金管理、质量管理和移民动态信息管理等内容进行评价。

（1）进度管理。进度管理分析移民安置年度计划执行情况、进度管理程序履行情况、进度管理工作效率和效果，对计划有调整的进行原因分析。

（2）资金管理。资金管理分析移民安置资金年度计划制定情况、资金拨付和使用情况、资金计划调整情况，评价移民安置资金计划执行情况、资金管理制度建立情况、资金拨付和使用程序履行情况、资金管理工作效率和效果，对计划有调整的进行原因分析。

（3）质量管理。质量管理分析移民安置质量管理制度情况、质量管理工作实施情况，评价移民安置质量管理制度建立情况、质量管理工作程序履行情况、质量管理工作效率和效果，对质量目标有偏离的进行原因分析。

（4）移民动态信息管理。移民动态信息管理对移民突发事件的发生频次、发生范围、处理情况、移民申诉权益保障、移民知情权益保障、移民参与权益保障等情况进行对比分析、评价。也可通过应急预案制定情况、突发事件处理情况、移民权益保障情况等对移民政策执行情况进行分析。

15.1.2 工作方法

独立评估工作主要方法是以社会学的文献收集、跟踪调查、问卷调查、访问和座谈为主，辅以必要的经济学和统计学的分析方法。

15.1.2.1　文献收集

文献法也称历史文献法，是搜集和分析研究各种现存的有关文献资料，从中选取信息，以达到某种调查研究目的的方法。对于移民安置规划和移民安置实施有关的各种文献（如项目法人或各级移民实施机构的文件、统计资料、专题调研资料等）进行系统而有针对性的收集。

15.1.2.2　跟踪调查

跟踪调查的目的是保证数据和事件的连续性、完整性和过程的闭合性。为了对搬迁移民或生产安置移民在搬迁安置之后生活、生产恢复与发展作出准确的评估，同时对移民搬迁安置和恢复发展过程中出现的有关问题进行连续的监测，跟踪调查是独立评估单位工作的一项重要内容。跟踪的方法主要是通过设计一套规范化的表格，对移民安置区的社会经济进行系统化统计，通过数据来定量分析移民安置区的社会经济发展状况，并通过与移民代表和移民干部进行座谈，来获得定性分析资料。

15.1.2.3　问卷调查

问卷调查是一种通过问卷搜集资料来反映总体的有效方法。根据需要监测的指标，针对性地设计出移民调查问卷，通过现场的简要问答和记录，将所需监测的指标数据进行收集。

15.1.2.4　访问

访问主要是选择一部分有代表性移民，针对那些敏感和需要特别关注的问题，监测人员和移民个人之间采取双向交流、谈话的方式来达到调查的目的。对访问对象的选择应根据内容的不同，采用随机抽样的办法，或有目的地选择一部分有代表性的移民。

15.1.2.5　座谈

座谈是在一个居民点调查、访问结束之后，针对一些带有共性或在调查、访问中发现的情况掌握得不是十分清楚但又比较重要的问题，召开不同形式的座谈会。座谈会参加人员应根据座谈问题而有选择地找一些有关移民人员，把带有共性或不清楚的问题了解清楚。

15.1.3　总体工作流程

独立评估工作大致分为三个阶段，开端、阶段性成果和最终成果。开端即为本底调查工作；阶段性成果为过程评估，包括年度监测评估和撰写评估报告的过程；最终评估包括项目竣工评估和终期评估两个部分。评估流程如图 15.1-1 所示。

为确保独立评估的成果能够满足委托方及相关管理部门的要

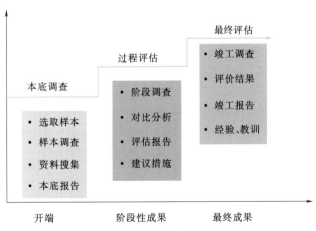

图 15.1-1　评估流程图

求，充分发挥独立评估在移民安置中的作用，独立评估单位应执行编制工作大纲并经审查批准、根据批准的工作大纲制定调查方案及表格、对独立评估人员进行培训、选择监测对象和评估方法、现场实地调查、资料汇总、分析问题、编写评估报告、向委托方移交移民安置独立评估档案资料等工作程序。独立评估总体工作程序如图 15.1－2 所示。

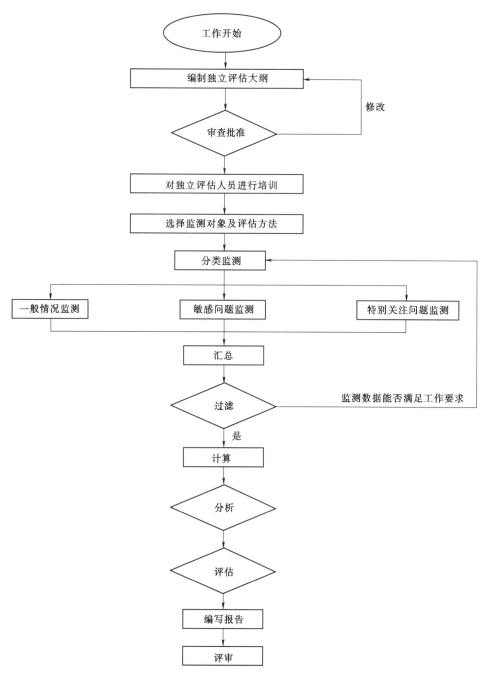

图 15.1－2　独立评估总体工作程序

15.2 关键技术

从独立评估工作的各个阶段层面来看，准确的基础资料和数据是独立评估工作的根本，科学的样本是独立评估工作的基础，合理的指标权重是独立评估工作的前提，完善的评价指标体系是独立评估工作的中心，科学公正的结论是独立评估工作的目标。独立评估工作是否能够对水电工程移民各方面规划的实现程度和安置效果等进行连续监测以及客观的评价，是否具有合法性、独立性、客观性、公正性、科学性，取决于在各阶段是否能够达到以上几个方面对评估工作的要求。

可以看出，独立评估工作的关键技术包括信息采集、样本抽样、构建评价指标体系、指标权重赋值、综合评估方法选择等方面。

15.2.1 信息采集

信息采集是指通过各种方式获取所需要的信息。信息采集是信息得以利用的第一步，也是关键的一步。信息采集工作的好坏，直接关系到整个评估工作的质量。移民基础信息采集是独立评估单位实施监测与评估工作的基础。信息采集的完整性、规范性、准确性，有利于详细了解移民生产、生活现状。资料搜集和数据的真实性、可靠性是基础，是保障评估后期对比分析的重要基石。

如何科学、真实获得移民收支状况，全面、准确、及时了解移民收入、消费及其他生活状况，客观监测移民收入分配格局和不同收入层次移民的生活质量，是评价移民的生产生活水平恢复的重要部分。此外，保障移民样本户调查数据的真实性是统计数据质量的前提和根本，而准确性是统计资料质量的必要条件和不可或缺的要求。真实性与准确性对于数据质量来讲，是相互联系、缺一不可的。

15.2.1.1 工作内容

信息采集应遵循客观、真实、有效的原则，信息采集范围应为工程建设征地区、移民安置区和涉及的县级行政区域。信息采集方法包括文献法、问卷调查法、访谈调查法和实地调查法等。评估技术人员需对调查信息的有效性、真实性进行甄别和校对。具体的工作内容如下：

（1）生产生活水平恢复指标信息采集。

1）收支水平采用问卷调查法，主要采集工资性收入、经营性收入、经营性支出、财产性收入、财产性支出、转移性收入、转移性支出、生活消费支出、非农产业收入、家庭人口数等信息。

2）住房条件采用问卷调查法或实地调查法，主要采集住房面积、住房结构、家庭人口数等信息。

3）生产与就业采用问卷调查法或实地调查法，主要采集耕（园）地面积，林（草）地面积，粮食作物种类，粮食产量，家庭人口数，从事一、二、三产业的劳动力数量等信息。

4）基础设施条件采用问卷调查法或实地调查法，主要采集距主干路距离、道路红线宽度、路面结构、供水管道入户数量、已通电的户数、已安装有线或卫星电视的户数、生活垃圾集中处理、生活污水集中处理户数等信息。

5）社区服务水平采用问卷调查法或实地调查法，主要采集可享用的各类公共设施建筑面积、距各类公共服务设施距离等信息。

6）民族风俗习惯采用问卷调查法和访谈法，主要采集宗教场所设施是否健全、民族风俗习惯尊重和保护程度等信息。

7）社会环境适应性采用问卷调查法和访谈法，主要采集生产环境适应程度、生活环境适应程度、邻里关系满意程度等信息。

（2）建设征地涉及区域经济发展状况指标信息采集。

1）城乡功能恢复情况宜采用文献法和问卷调查法，主要采集人口规模、移民人数、用地面积、地理位置、对外交通方式、年停水时间、供水量、年停电时间、供电负荷、排水设施类型、通信广播电视设施水平、学校用地面积、学生数量、政府机关企事业单位功能恢复水平、卫生机构病床数量、文化体育场所数量、商业金融单位数量等信息。

2）专业项目处理情况采用文献法，主要采集交通设施、水利设施、电力设施、电信设施、通信广播电视设施、防护工程和企事业单位等专业项目的分类、等级、规模、已恢复或处理的专业项目数量等信息。

3）经济发展情况采用文献法，主要采集新增直接就业人数和工程总投资、移民静态总投资、耕地开垦费、耕地占用税等信息。

（3）实施管理工作指标信息采集。

1）进度管理采用文献法，主要采集移民安置任务年度计划、年度计划执行情况、计划调整情况和计划滞后处理情况。

2）资金管理采用文献法，主要采集移民安置资金年度计划、资金下达时间和数量、资金使用完成数量、资金计划调整情况和处理情况。

3）质量管理采用文献法，主要采集项目管理制度、项目质量工作开展情况、建设管理制度落实、质量评定结论。

4）移民动态信息管理采用文献法和问卷调查法，主要采集移民突发事件发生的频次、参与人员数量、涉及区域范围、事件解决情况、移民合理诉求解决数量、移民参与各种活动的比例、移民对补偿补助兑付标准的知情度。

15.2.1.2 工作方法

信息采集应遵循客观、真实全面、有效的原则，依据调查样本规模大小、调查对象、项目类型等合理地选择信息采集方法。评估技术人员需对调查信息的有效性、真实性进行甄别和校对。

（1）信息采集三大原则。

1）准确性原则。该原则是信息采集工作的最基本要求，要求所收集到的信息真实、可靠。为了符合准确性原则，信息采集者必须对收集到的信息反复核实，不断检验，尽量把误差减少到最低限度。

2）全面性原则。要求搜集到的信息广泛、全面、完整。只有广泛、全面地搜集信息，才能完整地反映移民对象安置效果的全貌，为评估的科学性提供保障。

3）时效性原则。信息的利用价值取决于该信息的时效性，信息只有及时、迅速地提供给它的使用者才能有效地发挥作用。

（2）信息采集几种方法及注意事项。信息采集方法的选择要依据多种因素综合考虑，如调查移民样本规模的大小、调查的目标和重点、调查专业项目类型等。采集方法的选择也直接影响着信息采集的效果。推荐的几种方法如下：

1）实地调查。实地调查是获得真实可靠信息的重要手段。实地调查是指运用观察、询问等方法直接从社会中了解情况、收集资料和数据的活动。利用实地调查收集到的信息是第一手资料，因而比较接近实际，容易做到真实、可靠。因此，信息采集需要通过与移民信息资料统计、乡镇以及村数据资料情况、入村实际了解情况相结合的方式进行采集录入，并对移民户、移民村村容村貌、基础设施等情况进行拍摄、照相。

2）从文献资料中获取。信息采集工作还需要更多地获得历史数据，与农调队协作，以统计数据为依据，佐证调查数据，同时，还要搜集历史数据纠偏和校核，尽可能多地搜集官方统计资料，收集审定的移民安置规划报告、实物指标调查报告、变更资料等，以准确计算移民安置数据。

3）访谈法。访谈法就是访问者直接向被调查者口头提问、当场记录某答案，并由此了解有关社会实际情况的一种方法。访谈是一种特殊的人际沟通，主要用于研究不同类型的移民以及比较复杂的问题。访谈法有两种基本类型：个别访谈，是指访谈对象是单个人情况下的访谈；团体访谈，即多人同时作为被访对象参与访谈，由调查者搜集资料的方法。访谈法的优点有 3 个：①非常容易和方便可行，引导深入交谈可获得可靠有效的资料；②适用范围比较广；③回复率比较高。访谈法的缺点是样本小，需要较多的人力、物力和时间，应用上受到一定限制。另外，无法控制被调查者受调查者的种种影响（如角色特点，表情态度，交往方式等）。因此，访谈法一般在调查对象较少的情况下采用，且常与问卷法、测验等结合使用。在访谈过程中应该注意：①谈话要遵循共同的标准程序，要准备好谈话计划，包括关键问题的准确措辞以及对谈话对象所做回答的分类方法。②访谈前尽可能收集有关被访移民的材料，对其情况有所了解；要分析被访移民能否提供有价值的材料；要考虑如何取得被访移民的信任和合作。③访谈所提问题要简单明白，易于回答；提问的方式、用词的选择、问题的范围要适合被访移民的知识水平和习惯；谈话内容要及时记录。记录也可以用类似表格整理谈话材料。

4）问卷法。问卷法是评估调查人员用来从移民对一些问题的回答中收集各种信息的一种调查方法。它的形式是一份精心设计的问题表格，用途在于测量移民的态度、实际情况等特征。它与抽样调查相结合，已成为主要方法之一。设计问卷需要很强的技术性。问卷的设计是关系整个调查成败的一个关键环节，评估工作人员要舍得下工夫，认真琢磨、反复推敲，设计出高质量高水平的问卷。

a. 问卷的结构。一份完整的问卷应包括前言、主体、结束语三部分。前言是对调查目的、意义、调查的组织者以及有关调查事项的说明，以获得被调查移民的理解和支持。前言的语言要诚恳、平易近人，特别是要说明调查的保密原则和匿名性。主体是问卷的核心，包括问题和答案。结束语主要是向被调查者表示感谢，并询问一下对问卷设计和调查本身的看法和感受。

b. 设计问卷应注意的问题。首先，问卷一般不宜太长，控制在 30～40min 为宜。如果问题太多，会使被调查者付出的精力多，花费的时间长，以至于不予以配合，给调查工作带来不必要的麻烦。其次，问卷设计中的难点是问题的表述。如何用文字表述好所要问的问题至关重要。一般地说，问题的提法要具体，不要抽象、笼统地提问；问题的用词要通俗、易懂，不要使用过于专业化的术语；用词要准确，不要使用模棱两可、含混不清或容易产生歧义的词；避免提带有双重涵义即一题两答式问题；提问题的态度要客观，不带有倾向性，使用中性语言；避免使用否定句；对敏感问题尽量采用第三人称。再有，在排列问题时要坚持：先易后难的原则，容易回答的问题放在前面，难以回答的问题放在后面；先一般后敏感的原则，把能引起对象兴趣的问题放在前面，敏感性的问题放在后面；先封闭后开放的原则，封闭性的问题放在前面，开放式问题放在后面。在问题的排列上还要考虑到逻辑性，按照事情发生的先后顺序进行。

15.2.1.3　移民基础信息采集具体要注意的事项

（1）本底调查信息采集中，移民人口、房屋、土地、农副业设施与文化宗教设施、企事业单位及个体工商户、专业项目基本情况等信息，宜直接采用经批准的移民安置规划报告相应内容。

（2）项目实施管理情况、项目进度情况等，主要采集地方人民政府的文件、纪要、年度计划、工作总结、内外部稽查报告、内外部审计报告，按规定正式报送的移民综合监理年报和月报等文献资料。

（3）工程概况信息、移民安置规划概况信息从经批准的移民安置规划报告获得。

（4）收支情况的信息需要采集地方人民政府发布的统计年鉴等资料。

15.2.2　样本抽样

我国的水电移民工程大多人数众多，且涉及区域广泛，在理想的情况下，对其进行普查可以使人们对调查对象进行全面的了解，即对每个调查对象的测量结果都准确无误，调查的对象既没有重复也没有遗漏，数据在汇总中未出现任何差错，普查结果是准确可靠的。但在实际工作中，普查要投入大量的人力、物力，调查的规模庞大，组织工作艰巨，且需较长时间，因此普查不可能频繁进行。

抽样调查也称样本调查，是根据部分实际调查结果来推断总体标志总量的一种统计调查方法，属于非全面调查的范畴。它是按照科学的原理和计算，从若干单位组成的事物总体中，抽取部分样本单元来进行调查、观察，用所得到的调查标志的数据以代表总体，推断总体。抽样调查被公认为是非全面调查方法中用来推算和代表总体的最完善、最有科学根据的调查方法。这更适用于移民独立评估调查。

在抽样调查中有几个关键项需要注意，首先，不同的安置人口规模，如何进行抽样；其次，不同的安置类型怎么选取；最后，抽样人口和抽样乡镇、村组之间的联系和分配。这些关键问题都决定着抽样是否科学，是否具有代表性。如何科学抽样，控制抽样误差，如何保证样本的质量，都是需要关注的问题，样本选择的数量和质量是独立评估工作的又一关键。

15.2.2.1　工作内容

样本抽样要明确如下内容：

（1）明确样本抽样原则。

（2）样本容量的确定即明确抽样比例，选择多大规模的样本。

（3）不同安置类型的样本如何在总规模中分配。

（4）确定抽样的市县、乡镇、村组各级样本。

（5）抽样方法的选择。

（6）样本损坏及缺失样本的处理。

15.2.2.2　工作方法

（1）样本抽样原则。在随机抽样中，要按照随机原则抽取样本，从根本上排除了主观因素的干扰，即保证样本抽取的客观性，它是调查结果的真实性和可靠性的基础。选择的样本应具有典型性、代表性、真实性。

（2）不同安置类型的选择。移民样本对搬迁安置人口和生产安置人口分别进行抽样。

（3）抽样方法的选择。分层多阶抽样是将调查分成两个或两个以上的阶段和层次进行抽样，通过划类分层，可以增大各类型中单位间的共同性，易于抽出具有代表性的调查样本，因此该方法适用于大中型水电工程移民安置独立评估。

不等概率抽样（PPS）是与大小或规模成比例的概率抽样，是一种使用辅助信息从而使抽样概率不相等的抽样技术，如果总体单元的大小或规模变化很大，且这些大小是已知的，这样的信息就可以用在抽样中，以提高统计效率。如果单元大小的度量是准确的，而且所研究的变量与单位的大小相关。PPS抽样具有统计效率高和精度高的优点，因此在众多大规模统计调查中广泛使用。

（4）样本容量的确定及各级样本的选择。合理选择抽样方法，严格按照有关规定和规范确定调查比例进行样本选择可以有效地规避抽样误差，使样本具有科学代表性。《水电工程移民安置独立评估规范》（NB 35096—2017）对抽样要求也有详细的规定。

（5）样本轮换制度。样本老化也叫样本疲劳，即样本长期固定不变，由于种种原因，最后不能看作是总体中的随机样本，不能继续起到代表性样本的作用，此时调查质量下降，不能搜集到真实有效的数据，样本老化是进行样本轮换最主要的原因。因此，为了解决可能出现的调查户厌烦情绪及样本老化问题，增强抽样调查的代表性，更加准确、及时地反映情况，就会对样本进行轮换。

样本轮换是指在一定的时间间隔中，更换一定比例的样本单元，而保留其余单元不变的一种样本更换方法。这样做，每一次调查都有一部分样本和上一次调查是重复的，一方面可以利用前一期的样本资料，另一方面由于新的样本的加入，可以增加样本的代表性；既可以比较不同时期之间样本的变化，又可以得到较为精确的结果。《水电工程移民安置独立评估规范》（NB 35096—2017）也对样本轮换有详细的规定。

15.2.3　构建评价指标体系

由于移民安置工作是一项复杂系统，对其进行综合评价涉及因素众多，其评价过程中常包含着许多不确定性、随机性和模糊性。因此，选择合适的评价指标体系是综合评价的基础，没有一套科学、可行、可信的指标体系就无法客观地开展独立评估工作。

指标体系作为一个整体，应当能够系统地反映移民安置的各个方面和主要特征。在指标体系设计过程中，应该兼顾到各方面的指标，既要避免指标体系过于庞杂，又要避免单因素选择。同时，指标体系要包括生产条件、生活水平、基础设施恢复、移民权益、移民满意度、移民社会环境适应、移民后续发展和实施组织保障等多方面内容，如何将上述内容全面融合在一套指标体系之中并进行分析，最终获得总体评价结果必将是评估的重点和关键技术。

15.2.3.1 工作内容

评价指标体系的建立可以运用专家评判法对所有指标进行筛选，结合评估任务和目的以及工程项目的特点，遵循科学性、系统全面、可操作性、易于量化和独立性原则，对在评价指标体系中的每个指标，要能够有针对性地、客观地反映相关的评价，确保指标的真实性和科学性。对评价指标体系中的同级指标，要确保指标之间不重叠、不冲突，符合指标设计的逻辑思路。

评价指标体系的建立应与评价对象规模、性质、发展阶段相适应。对于一些规模较小的目标或项目可采用较简单的指标；而对于较大规模的可选用较综合、全面的指标。因为移民安置涉及环节众多，关系较为复杂，系统较为庞大，所以应把目标分解层次，评价指标体系根据确定的指标层次和框架结构，逐级建立指标。目标的层级分解将细化评价指标，逐层评价分析更利于评价指标体系建立的科学性和全面性。

15.2.3.2 工作方法

在建立评价指标体系时，首先要有科学的理论作指导，指标设计要有科学的方法。其次，评价指标体系应当能够系统、全面地反映移民安置的各方面和主要特征。因此，指标体系建立需要兼顾各方面的指标，选取具有代表性的评价指标。此外，要确保指标的含义界定清楚、体系逻辑清晰、体系利于掌握和使用，有较好的可操作性。

（1）指标体系建立的原则。移民安置独立评估评价指标体系的建立应根据工程特点、移民安置规划和评估任务，在评价指标因素集中筛选出评价指标并分类汇总，分层构建评价指标体系。评价指标体系的建立应遵循科学性、系统性、代表性和可操作性原则。

（2）评级指标集。评价指标体系由生产生活水平恢复评价、建设征地涉及区域经济发展状况评价和实施管理工作评价中的众多单项评价指标构成的。并根据工程特点，选取项目评估指标。其中生产生活水平恢复评价指标可从人均可支配性收入、人均生活消费支出、非农收入比例、人均住房面积、住房结构比例、人均耕（园）地面积、人均林（草）地面积、人均粮食产量、就业结构、交通便利性程度、内部道路状况、供水入户率、户通电率、有线电视入户率、生活垃圾集中处理占比、生活污水集中处理占比、人均公共服务设施建筑面积、公共服务设施可及性；民族风俗习惯尊重和保护程度、宗教场所设施处理情况、生产环境适应性、生活环境适应性、邻里关系满意度的指标集合中选择。

建设征地涉及区域经济发展状况评价内容可从人口规模、用地规模、对外交通条件、用水保证率、用电保证率、排水设施水平、通信广播电视设施水平、政府机关企事业单位功能恢复水平、生均用地面积、公立医疗机构病床数、文化体育场所数量、地方财政收入、商业金融单位数量、交通工程功能恢复情况、水利工程功能恢复情况、电力工程功能恢复情况、通信广播电视工程功能恢复情况、防护工程功能实现情况、企事业单位处理情况、城镇化率、地方固定资产投资、人均国内生产总值（GDP）、地方税费收入、直接就业效益的指标集合中选择。

实施管理工作评价内容可从移民安置年度计划制定情况、年度计划执行情况、计划调整情况、年度计划制定情况、资金拨付和使用情况、资金计划调整情况、质量管理制度情况、质量管理工作实施情况、移民突发事件的发生频次、发生范围、处理情况、移民申诉权益保障情况、移民知情权益保障情况、移民参与权益保障的指标集合中选择。

（3）指标筛选。对于移民安置任务简单的独立评估项目评价指标可适当简化。其中生产生活水平恢复评价指标筛选宜按照搬迁安置任务和生产安置任务类型进行；有移民搬迁安置任务的，根据搬迁安置方案筛选指标；有移民生产安置任务的，根据生产安置方案筛选指标。

建设征地涉及区域经济发展评价指标筛可以按照农村居民点建设任务、城镇迁建任务和专业项目处理任务类型进行。实施管理工作评价指标可以按照进度管理、资金管理、质量管理和移民动态信息管理进行全面选取。

15.2.4　指标权重赋值

指标权重是指某被测对象各个考察指标在整体中价值的高低和相对重要的程度以及所占比例的大小量化值。按统计学原理，将某事物所含各个指标权重之和视为 1（即100%），其中每个指标的权重用小数表示，称为"权重系数"。合理的权重系数不仅是决定科学综合评价的基础，还是评估结果客观真实的决定性因素。评价指标权重的确定是综合评价的一个重要环节，综合评价的基本思想是将评估结果值量化，也就是应用一定的方法、技术、规则（常用的有加法规则、距离规则等），将各目标的实际价值或效用值转换为一个综合值；或按一定的方法、技术将多目标决策问题转化为单目标决策问题。然后，按单目标决策原理进行决策。指标权重是指标在评价过程中不同重要程度的反映，是评估问题中指标相对重要程度的一种主观评价和客观反映的综合度量。权重的赋值合理与否，对评价结果的科学合理性起着至关重要的作用；若某一因素的权重发生变化，将会影响整个评判结果。因此，权重的赋值必须做到科学和客观，这就要求寻求合适的权重确定方法。

15.2.4.1　工作内容

为了区分不同评估指标在移民安置总体指标中所具有的重要程度，需根据不同的测评对象和测评角度，指标权重需根据项目的不同，权重有所侧重和变化。需逐级对不同的指标给予不同的权重使得评价结果客观、可信。

15.2.4.2　指标权重计算方法

确定指标体系权重的方法可分为主观赋值法和客观赋值法两大类。主观赋值法，即计算权重的原始数据主要由评估者根据经验主观判断得到，如主观加权法、专家调查法、层次分析法、比较加权法、多元分析法和模糊统计法等。客观赋值法，即计算权重的原始数据由测评指标在被测评过程中的实际数据得到，如均方差法、主成分分析法、熵值法、CRITIC 法等。

15.2.5 综合评估方法选择

独立评估工作涉及评估规模范围较大，评价内容较多，评价指标体系复杂。因此，选择合适的综合评估方法很重要。综合评价是指当一个复杂系统同时受到多种因素影响时，依据多个有关指标对系统进行评价。综合评估方法有许多，如层次分析法、模糊综合评判法、人工神经网络评价法、灰色综合评价法等，由于各种评价方法原理不同、适用范围不同，不同的综合评级方法优缺点不同，分析具体问题时选择适当的方法类型很重要。因此，选择合适的综合评估的评价方法是独立评估工作的关键。

15.2.5.1 工作内容

围绕着多指标综合评价和其他领域的相关知识不断渗入，使多指标综合评价方法不断丰富，有关这方面的研究也不断深入。目前，国内外提出的综合评价方法已有几十种之多，但总体上可归为三大类：定性研究方法、定量研究方法，以及定性和定量相结合的评估方法三类。定性研究方法多是采取定性的方法，由专家根据经验进行主观判断而得到权数，如德尔菲法；定量研究方法则是根据指标之间的相关关系或各项指标的变异系数来确定权数，如灰色关联度法、主成分分析法等；定性和定量相结合的改良方法，如AHP层次分析法、模糊综合评判法等。

15.2.5.2 工作方法

虽然各种评价方法自成体系，但它们之间又有着内在的联系。由于不同的评价方法对原始数据的处理、权数的确定有着较大的差异，评价方法本身确立的标准和计算方法也不相同，应根据不同的评估项目类型采取不同的方法，使分析评价的结果最接近于真实结果。此外，多种评价方法可联合应用以互补其优缺点，多种评价方法的联合应用可提高评价的准确性和可信性。

15.3 创新与发展

15.3.1 回顾

679号移民条例第五十一条规定："国家对移民安置实行全过程监督评估"。根据有关法律法规、规程规范的规定，并结合世界银行、亚洲开发银行开展移民监测评估业务的实践，从20世纪80年代以来，我国大中型水电工程已逐步开展移民安置监测评估工作，由独立的第三方跟踪监测和客观评价移民安置实施工作。

独立评估工作的开展不仅加强了水电工程征地移民过程中的监督管理，从制度上规范移民安置行为，还切实保护移民利益、维护社会稳定。水电工程移民安置独立评估已然成为移民监督评估工作的重要组成部分。

15.3.1.1 "84规范"以前

"84规范"发布以前，我国的水电移民工作没有引入移民监督评估机制。

15.3.1.2 "84规范"至"96规范"期间

自20世纪80年代以来，我国在世界银行、亚洲开发银行贷款的部分水电水利工程项目中成功试行了移民监测评估工作，并取得了良好效果，有效保证了移民安置的顺利实施，维护了移民的合法权益。

15.3.1.3 "96 规范"至"07 规范"期间

伴随着世界银行贷款项目的引入，移民监测评估逐渐在我国推行，如水口水电站、太湖防洪、黄河小浪底、扬州第二火力发电厂、二滩水电站等世界银行贷款项目，均开展了移民监测评估工作。

15.3.1.4 "07 规范"以后

471 号移民条例以后，我国新开工建设的大中型水电工程项目逐步开展了移民安置独立评估工作。目前，国内新开工建设的大型水电工程，已全面开展移民安置独立评估工作，并将独立评估工作报告作为移民安置专项验收的一项重要依据。

在从业队伍现状方面，目前，参与移民安置独立评估工作的单位较少，独立评估单位来自不同性质的企事业单位，有水电勘测设计单位、大专院校、移民研究或咨询机构等。例如，中国电建集团华东勘测设计院有限公司开展了水口水电站移民独立评估，水电工程移民经济研究中心开展了太湖防洪与扬州第二火电厂评估，华北水利水电大学开展的小浪底水电站移民独立评估，中国电建集团北京勘测设计研究院有限公司开展了溪洛渡、小湾、乌东德、白鹤滩、双江口等水电站移民安置独立评估等。

在行政规定和技术标准现状方面，国内对于移民独立评估的相关行政规定和技术标准逐步建立和完善。主要法律法规和行政规定如下：

（1）国家政策层面。679 号移民条例中明确规定：

"第三条　国家实行开发性移民方针，采取前期补偿、补助与后期扶持相结合的办法，使移民生活达到或者超过原有水平。"

"第四条　大中型水利水电工程建设征地补偿和移民安置应当遵循下列原则：（一）以人为本，保障移民的合法权益，满足移民生存与发展的需求；（二）顾全大局，服从国家整体安排，兼顾国家、集体、个人利益；（三）节约利用土地，合理规划工程占地，控制移民规模；（四）可持续发展，与资源综合开发利用、生态环境保护相协调。"

"第五十一条　国家对移民安置实行全过程监督评估。签订移民安置协议的地方人民政府和项目法人应当采取招标的方式，共同委托移民安置监督评估单位对移民搬迁进度、移民安置质量、移民资金的拨付和使用情况以及移民生活水平的恢复情况进行监督评估；被委托方应当将监督评估的情况及时向委托方报告。"

（2）省级政策层面。为了响应和更好的落实国家有关规定，各省（自治区、直辖市）纷纷出台了针对移民安置独立评估的相关政策。

其中四川省人民政府颁发了《四川省〈大中型水利水电工程建设征地补偿和移民安置条例〉实施办法》（2013 年四川省政府令 268 号）；四川省人大常委会于 2016 年 7 月颁布了《四川省大中型水利水电工程移民工作条例》；同时，四川省扶贫和移民工作局也发布了包括《四川省大中型水利水电工程移民安置监督评估管理办法》（川扶贫移民发〔2013〕443 号）；《四川省大型水利水电工程移民安置实施阶段设计和监督评估委托工作规范》（川扶贫移民发〔2014〕316 号）；《四川省大型水利水电工程移民安置独立评估考核办法（修订）》（川扶贫移民发〔2015〕206 号）在内的多份文件，从政策层面规定和规范了移民安置独立评估工作。

云南省人民政府和移民管理机构也针对移民安置独立评估工作提出了相应政策，主要包括《云南省人民政府关于贯彻落实国务院大中型水利水电工程建设征地补偿和移民安置条例的实施意见》（云政发〔2008〕24号）；《云南省大中型水利水电工程建设征地移民安置独立评估工作管理办法》（云移法17号文）、《关于金沙江下游水电工程移民安置独立评估工作有关要求的通知》（金协调办〔2012〕2号）等规定。

技术方法现状方面。在我国，水电水利工程移民监测评估工作已有二十多年的历史，其基本方法、工作程序和指标体系经历了逐步发展和完善的过程。《水电工程移民安置独立评估规范》（NB/T 35096—2017）已于2017年8月1日开始施行。随着独立评估工作经验的不断积累，适应水电工程移民安置工作的需要，水电工程移民安置独立评估工作的技术方法也将得到不断完善和规范。

15.3.2 创新

水电工程移民安置问题十分复杂，在移民安置实施阶段，地方政府和项目法人面临很多新的问题和矛盾，需要获取有关信息并采取有效措施进行解决，如实施工作中有哪些成功经验，存在哪些突出问题，移民安置实施的进度、质量、效果如何，移民生产生活水平是否已恢复。要解决这些问题就必须及时获取可靠的信息，找出关键问题，提出处理意见并尽快地解决这些问题，使项目顺利开展，要获取的这些信息，涉及社会、经济、技术等方面，许多问题需要利用监测与评估手段进行解决。

水电工程移民安置独立评估作为新兴的专业，对于其评估内容、评价方法、评价体系、评估流程和评估标准的不断探索和经验总结都是开创性的。移民安置独立评估工作机制在水电行业的实施，对于保障移民群众的切身利益、发现移民安置过程中存在的问题、关注移民安置过程中的权益保障、帮助解决移民安置后的实际问题、客观评价移民安置效果等方面发挥了重要作用。

15.3.3 展望

移民安置独立评估作为新兴专业，充分发挥其作用的关键在于独立评估工作能否从水库移民的土地、住房、就业、收入支出、生产生活环境、社会关系网络建立、社区服务水平、享有公共财产服务的权利、宗教文化等方面发现问题并提出合理的建议或方案，确保移民真正从独立评估结果和建议措施中受益；在于移民安置独立评估工作能否切实帮助地方政府开展移民搬迁安置后遗留问题的处理工作，能否精准协助项目法人和地方政府开展后续移民生产生活水平恢复，这既是独立评估工作的意义，也是独立评估工作的重要作用。

随着土地的三权分置（所有权、承包权、经营权）和《乡村振兴促进法》等政策性文件的出台，移民安置独立评估作为效果评价的主体，仅从生产生活水平等方面开展独立评估已不能完全满足现行水电行业移民安置工作的需要，今后独立评估的工作开展和评估重心还应放在移民社会关系网络恢复，建设征地涉及区域经济发展情况等方面，也应重点关注移民安置实施各参与方的工作效率。

　　此外，坚持评估单位的独立性是保障客观、公正评价的必要路径。第三方评估的作用已在国外得到充分证明，国际上有许多充分独立的评估机构，如美国的兰德公司等。第三方的独立性是其建立社会公信和赢得支持的关键。为保证第三方评估机构的独立性，进一步发挥独立评估的作用，一方面，要尽快扶持一批专业强、有资质的评估机构，优先解决"谁来评"的主体问题；另一方面，要建立完善的行业规则，尤其是要有与评估需求相匹配的制度体系，实现监管分离的行业发展机制。只有建立优胜劣汰的竞争机制，第三方评估体系才会健康有序发展。

　　党的十九大中提到，要坚持在发展中保障和改善民生。促进社会公平正义，保证全体人民在共建共享发展中有更多获得感，不断促进人的全面发展。这将对移民评估工作带来新的方向和工作任务。面对国家要求的提升，移民安置保障性政策不断更新，以及为了适应新的社会经济环境出台的移民政策法规和行业技术标准，关于独立评估的评估内容、评价方式和评价重点也将不断调整和完善，结合扶贫开发与水电工程收益模式的不断探索，作为独立评估单位有责任和义务提交真实、有效、可信、可操作的报告或方案，为项目地区的地方政府和项目法人提供更为有效和有力的建议和对策，让独立评估成为保障失地农民和失地集体经济组织生产生活水平不降低的基石。

第 16 章

移民工作信息化

随着社会发展和科技进步，世界已进入以信息技术为核心的知识经济时代，依靠信息化平台处理业务、管理政务已经越来越普及，移民工作信息化是紧跟发展趋势、应对时代挑战不可回避的方向，移民工作信息化建设不仅是加强自身建设的需要，也是促进业务程序化、规范化，增强透明度、提高公信力等方面的迫切需要。

长期以来，移民工作都是一项复杂的社会、政治、自然及经济相结合的系统工程。从预可行性研究报告阶段、可行性研究报告阶段到移民安置实施阶段以及后期扶持，移民工作的内容具有较强的延续性和继承性，如预可行性研究报告阶段、可行性研究报告阶段的规划设计和实物指标调查是移民安置实施过程中实物指标管理、计划和进度管理、移民资金管理等工作的基础和重要前提，安置实施阶段形成的数据资料可以为后期扶持提供依据。而移民工作全生命周期过程中形成的海量数据资料则关乎移民各方面的利益、敏感度高，是移民档案管理的重点对象。

2000 年以来，随着经济社会的不断发展，国家出台了一系列移民政策，对移民工作提出了更高要求。为适应新形势下移民工作需要，贯彻移民条例和开发性移民的方针政策，体现"以人为本"的社会理念，提高移民工作水平，实现移民工作的规范、科学、有序、有效的管理，迫切需要建立信息资源共享的移民信息系统，为移民工作涉及的各方提供高效通用的移民信息采集、管理、协同和服务工作平台，实现全过程的跟踪和管理。

（1）提高项目前期工作效率的需要。水电工程建设前期阶段，往往需要进行多坝址、多水位方案比选等工作，常规手段获取移民数据和评估淹没损失需要较长时间，且精度无法保证。通过移民信息化手段，借助 GIS、遥感解译、三维模拟仿真技术等，可以较好地解决上述问题，为工程论证决策提供可靠的依据。

（2）适应移民工作地理特点的需要。我国水电基地大多位于偏远山区，地形复杂、交通不便、地质灾害频发、水土流失严重，尤其近年来大力开发的金沙江、雅砻江、大渡河等西南地区的情况更为复杂。电站库区经济落后、通讯不畅、现场调查困难、及时获取基础数据不易。为了提高实物指标调查的效率，有必要采用信息化技术采集、管理和利用基础数据，便于迅速掌握库区变化情况和移民动态，加强对移民工作的规划和管理。

（3）提高移民项目管理和资金管理效率的需要。水库移民是一项复杂的系统工程，同时移民工程项目和补偿项目繁多，投资资金数额巨大。为了合理确定移民投资，及时了解和跟踪移民资金的使用情况、使用效果和处理安置实施中遇到的问题，有效控制移民投资和管理移民项目，建设动态、高效的移民管理信息系统十分必要。

（4）提高移民安置实施管理水平的需要。长期以来，水库移民安置实施管理难度大、工作量大，传统工作手段效率低、出错率高。而地方政府移民管理机构和项目法人、主体设计单位、综合监理等由于业务水平、综合素质等参差不齐，难以实行统一的工作标准，导致工作效果也不尽如人意。新时期国家移民政策要求移民工作贯彻科学发展观，体现以人为本，保护移民合法权益，满足移民生存与发展和库区可持续发展需求，对移民安置实施管理的科学性、规范性、准确性提出了更高要求。通过使用信息化手段可以将移民工作信息规范化、功能模块化、质量高效化，将人力资源从机械重复操作中解脱出来；通过系统的自动计算、统计分析，可以避免人为计算错误，提高工作成果准确度；通过网络能实现移民工作信息的充分共享、文件数据的快速传递、在线协同工作等，改变传统的工作模式，提高工作效能；通过综合查询、统计与输出报表的方式，为行政管理、综合决策提供依据，促进移民管理工作决策的科学化，提高实施管理水平和效率。

（5）实现信息公开、透明和维护库区社会可持续发展的需要。国家移民条例明确要求编制移民安置规划必须广泛征求移民群众意见，相关政策法规和信息也要公开透明，过去移民工作缺乏相应的手段。采用信息化手段后，一方面，移民和社会公众可以通过网络和自助查询终端对国家和地方政策法规、移民安置规划方案、个人补偿补助费用、移民安置工作进展情况等进行查询，进一步提高了移民工作的政务公开程度，切实保护了移民权益，扩大了移民的知情权、参与权和监督权。另一方面，更好地实现移民与地方政府移民管理机构的良好沟通，移民工作能更多地得到社会的广泛关注、监督和支持，有助于维护库区社会经济的和谐稳定发展。

（6）移民工作创新的需要。科技进步和创新是推动科学发展和社会进步的重要手段，信息化是发展生产力的重要技术支撑。20 世纪 80 年代，我国水电移民的实物指标调查、信息收集和管理、规划设计、安置实施等工作经历了从皮尺到全站仪再到 3S 测量技术的运用，从纸质档案到电子文档再到数据库管理，从手工记录到笔记本电脑输入再到平板电脑采集信息，从纸质图纸到电子沙盘再到利用三维技术展示规划成果的巨大变化。面临当今社会日新月异的发展，移民工作需要不断利用新理论、新技术进行工作模式和管理手段的创新，为移民工作相关各方和社会提供高效通用的移民信息采集、管理、协同和服务工作平台，实现全过程的跟踪和管理，促进移民工作的规范化、标准化、科学化。

16.1　工作内容、方法和流程

16.1.1　工作内容、方法

国家移民条例和相关规程规范对移民工作流程、责任主体做了规定。如移民工作分为预可行性研究报告阶段、可行性研究报告阶段、移民安置实施阶段，涉及项目法人、各级地方政府和移民管理机构、主体设计单位、综合监理、独立评估、移民群众等。这些也是移民工作信息化的主要工作阶段和用户群体。

预可行性研究报告阶段和可行性研究报告阶段，移民工作的责任主体是项目法人，主体设计单位受其委托开展移民安置规划设计工作；地方政府密切配合并组织有关部门和移民群众参与调查和规划设计工作。

移民安置实施阶段和后期扶持，工作的责任主体是地方政府，主体设计单位受其委托开展实施阶段的施工图设计、综合设代等工作；综合监理及独立评估单位受项目法人和地方政府共同委托，对移民搬迁进度、移民安置质量、移民资金的拨付和使用情况以及移民生活水平的恢复情况进行监督评估等；地方政府负责组织向移民群众公布征收土地的数量、种类，实物调查结果、补偿范围、补偿标准、金额、移民安置方案，以及征地补偿和移民安置资金收支情况，建立健全征地补偿和移民安置资金的财务管理制度，接受群众监督。

移民信息化要真正发挥作用，避免出现与移民工作"两张皮"的现象，就要与上述各阶段、各相关单位的移民工作紧密结合、互相促进，实现业务流程的规范化甚至是再造。

16.1.1.1　预可行性研究报告阶段

在本阶段，应开展移民工作信息化整体规划，初步明确系统整体框架、技术路线、分阶段建设内容或重点、用户群及范围、费用概算等，用于指导和保障今后整个移民工作全生命周期的信息化建设、推广应用、运行维护和管理工作的顺利实施；主体设计单位可利用遥感、航空摄影测量、无人机、地理信息系统、移动应用等信息化技术手段开展实物指标调查工作，着手建设实物指标调查、规划设计等系统，辅助开展实物指标调查及规划方案分析、比较。

16.1.1.2　可行性研究报告阶段

在本阶段，主体设计单位可继续利用数据库、遥感、航空摄影测量、地理信息系统、移动应用等信息化手段开展实物指标调查及规划设计工作，完善实物指标调查、规划设计等系统，以便于更好地开展可行性研究阶段规划工作；主体设计单位、项目法人等各有关单位应该收集、整理本阶段涉及的实物指标调查、规划设计等成果资料，统一录入实物指标、规划设计成果数据库，实现实物指标与规划信息的管理、查询、统计和汇总；对电站涉及的移民工作参与各方（如项目法人、地方政府移民管理机构、主体设计单位、综合监理等）进行信息化管理的需求调研和分析，组建上述各有关单位参与的联合工作组共同开展移民信息化的建设，为后续的系统推广实施和深入应用等打好基础。

16.1.1.3　移民安置实施阶段

在移民工作信息化整体规划和预可行性研究报告阶段、可行性研究报告阶段已经开展建设或投入使用的实物指标、规划设计等信息系统、功能模块的基础上，随着移民工作的持续推进和阶段、责任主体的变化，需要继续深入挖掘和分析项目法人、地方政府移民管理机构、主体设计单位、综合监理、独立评估等移民工作参与各方以及移民和公众对于信息化的需求，进行移民安置实施阶段的信息系统功能设计，组织开展实物指标管理、规划成果管理、安置实施管理、计划管理、进度管理、资金管理、独立评估管理、自助查询等系统功能的完善或建设，推动系统全面应用；同步开展信息化建设涉及的各类基础数据和资料的收集工作，组织完成各类数据及资料的整理、入库；制订并实施系统应用推广计划；组织并实施系统用户认证及岗位激励机制，努力提高各方、各级移民工作者的信息化水平和认识；同时，系统建设或应用的相关单位应该制订并发布信息系统的管理办法、考核办法等制度，做好系统用户账号及权限的管理，加强系统安全防范、杜绝数据随意更改或泄露等。

16.1.1.4　后期扶持

重点围绕数据分析利用并为移民工程竣工验收做好技术支持，开展移民档案资料管理等系统建设、应用和数据资料的收集、入库工作。同时，为做好库区后续稳定发展、社会责任等工作，可以开展帮扶和扶贫管理、地质灾害管理等系统的建设，数据资料收集入库和推广应用等工作。

此外，可在之前两个阶段的遥感、摄影测量及管理信息化应用的良好基础上，研究利用空间信息技术、大数据、VR 等技术开展移民数字化、智慧化相关工作，促进移民业务数据和相关空间信息的关联、共享和利用，探索移民工作由管理信息化向数字化、智慧化的转变，以满足更高层级的移民工作及库区管理工作需要。按照之前移民信息化工作经验，可先编制移民数字化（智慧化）整体规划，用于指导后续具体工作的顺利开展。

综上所述，移民工作信息化的用户既有具体参与和负责移民业务工作的各级地方政府和移民管理机构、项目法人、主体设计单位、综合监理、独立评估等单位，也包括移民和社会公众等个人用户，其功能应该涵盖移民工作各阶段、全过程，能够实现移民工作全生命周期的信息化管理和各类基础数据资源的全面共享。具体工作内容包括预可行性研究报告阶段和可行性研究报告阶段的实物指标调查和规划设计，移民安置实施阶段的实物指标管理、计划管理、进度管理、资金管理、安置实施管理、独立评估等，后期扶持的帮扶管理、库区地质灾害管理等以及贯穿全过程的移民档案管理、移民信息查询和公开等各个阶段的子系统或功能模块的建设和推广应用。

此外，"三分系统、七分数据"，一个系统良好、平稳的应用很大程度上取决于数据资料的支撑。移民工作各阶段所涉及的实物指标数据、移民资金数据、各类原始调查表和声像资料等纷繁复杂、规模庞大，因此各阶段的数据资源建设也是移民信息化的重要工作内容之一。在移民信息化工作启动之前，就应该制定数据收集、处理、提交、稽核、入库、安全性保障等方面的流程和规章制度，明确各方职责，建立通畅的数据建设机制，保障数据资源的建设与移民信息化建设同步推进。

16.1.2 主要流程

从上文所述的移民工作信息化内容可以看出，移民信息化所涉及的几个主要流程包括移民信息化建设流程、数据收集整理入库流程、应用推广流程。

（1）移民信息化建设流程见图 16.1-1。

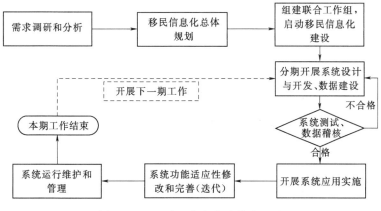

图 16.1-1　移民信息化建设流程图

（2）数据收集整理入库流程见图 16.1-2。

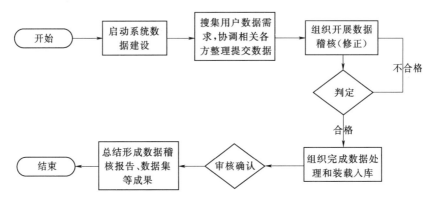

图 16.1-2　数据收集整理入库流程图

（3）应用推广流程见图 16.1-3。

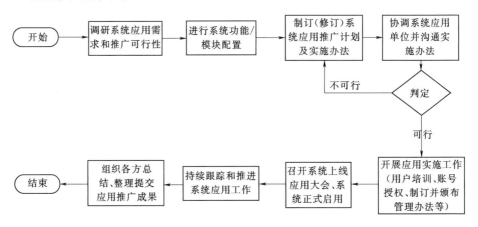

图 16.1-3　应用推广流程图

16.2　关键技术和应用案例

16.2.1　关键技术

根据移民工作各阶段工作要求、特点和当今信息化技术的发展趋势，从建立一个可动态持续更新、覆盖移民工作全生命周期管理需要的信息平台考虑，移民工作信息化的关键技术主要体现在全生命周期的动态业务管理、"企政共建"和"企政民共享"模式、互联网＋云架构体系、自适应管理模型、权属人和实物指标为核心的大数据体系及编码标准、全方位的推广实施服务、安全体系的规划和实施等几个方面。

（1）全生命周期的动态业务管理。移民信息化旨在建立一个移民工作相关各方和监督部门、移民个体等协同工作和使用的共建共享平台，并以实现"移民指标可核查、移民资金可追溯、安置效果可评价"为基本目标，满足上级移民管理机构对下级移民管理机构、项目法人对移民搬迁安置责任单位、项目法人对主体设计单位、第三方（监理、公众）对当事人，通过系统方便地进行移民指标的核查工作需求；满足前述各方通过系统对移民资金进行管理监督的需要，对移民资金的拨付与使用进行由起点到终点全过程跟踪管理，追溯每一笔资金的来龙去脉，包括资金使用计划、资金对应的项目、批准单位与批准人、资金流转账户信息、资金余额信息以及资金最终使用者信息等；满足国家能源主管部门及地方政府移民管理机构对移民安置效果的评价需要，包括完成移民搬迁安置人口、完成房屋及生产、生活基础设施建设等数量、进度，完成移民投资数量、进度，以及完成移民迁建工作量与完成投资量两者之间的匹配程度等。

信息系统的功能将可以覆盖移民工作"事前、事中和事后"的全生命周期动态业务管理。事前的工作包括实物指标调查、移民安置规划，事中的工作包括计划、资金、安置实施、进度、独立评估等动态的业务管理，事后工作包括后期扶持管理、库区地质灾害管理、履行社会责任管理等。各项功能与移民日常管理工作紧密结合，形成了一套完整的移民管理业务链和数据链。

（2）"企政共建"和"企政民共享"模式。移民信息化面向的是多层级多单位用户对象。多层级用户对象覆盖了从中央、省、地（市、州）、县一直延伸到乡镇的各级地方政府和移民管理机构，多用户单位对象是指各级地方政府和移民管理机构、项目法人、主体设计单位、综合监理、独立评估、移民及社会公众等。通过建立水电移民工作所涉及的各级地方政府和移民管理机构、主体设计单位、综合监理、项目法人等多方人员组成的联合工作组，共同参与系统建设和推广应用的"企政共建"模式，为移民信息化的功能研发和应用奠定了良好基础；同时相应的移民工作各方或移民群众又可以使用一套统一的系统平台开展工作或查询、利用数据成果，从而实现"企政民共享"。

（3）互联网＋云架构体系。移民工作信息化宜采用当前主流的大型数据库和成熟的开发平台，其整个架构是基于软件服务、基础设施的互联网＋云架构体系，整个系统以"SaaS"（软件即服务）和"IAAS"（基础设施即服务）供用户使用，从而避免系统重复建设、降低用户应用周期和成本。

在访问方式上面，各类用户可以直接通过互联网使用系统，而系统应用终端的形式又是多样化的，针对日常移民业务管理可以使用台式机或者笔记本电脑进行访问；对于现场的调查工作、数据采集，可以使用易于携带的平板电脑或者手机（如移民独立评估现场调查使用了平板电脑）；对于移民群众和社会公众用户，则可以使用自助查询终端设备等进行访问。

（4）自适应管理模型。在实际工作中，由于政策、地域的原因往往会导致不同电站之间、同一个电站不同地域之间都可能存在移民管理业务不尽相同的情况。因此需要借助面向对象的软件工程技术，采用柔性设计实现系统各层次的松散耦合，建立一个能够适应于社会快速转型期和移民政策频繁变化的自适应管理模型，提高系统的业务适应性和功能可扩展性。这样在系统的推广应用中，通过参数配置和少量的适应性开发，即可满足不同用户的个性化需求。

（5）权属人和实物指标为核心的大数据体系及编码标准。随着移民工作的持续推进，将会积累和沉淀海量的结构化数据和非结构化数据，在传统的管理方式下，这些数据的管理分散、数据利用很难。通过建立以权属人和实物指标为核心的大数据体系，将可以以权属人为线索对有关数据进行关联和挖掘，实现结构化数据、非结构化数据（如移民档案资料、声像资料）的结合，从而为移民工作中的统计分析和辅助决策提供帮助。

此外，编码标准是信息系统建设的基础性工作，是实现数据互通和共享的基础，直接影响到后续系统的应用效果。在数据资源建设的过程中，应该同步开展实物指标分类等编码的研究和制定。

（6）全方位的推广实施服务。移民工作信息化所面向的用户除了项目法人、主体设计单位、综合监理外，还包括了广大基层移民工作者。尤其基层移民干部很多都是因当地兴建电站后临时从其他部门抽调转行从事移民工作，对移民业务有一个逐步熟悉的过程。同时，地方政府移民管理机构普遍存在既懂业务又懂信息化技术的人才匮乏等现象。因此，按照信息系统统一培训和上线后的在线技术支持等常规实施服务手段，想要成功地实现大范围的系统上线应用有很大难度。

因此，在移民信息化建设中应将全方位的推广实施服务作为重要和关键的系统推广手段，从开展人员培训、帮助处理历史数据、贴身式的技术支持服务、核心骨干用户的培养等多方面着手；同时逐步制定和颁布系统管理、运行的规章制度，建立严格的用户培训、考核上岗机制，对系统应用积极、效果较好的单位和个人进行适当的奖励，不断提高用户的操作技能和使用信息系统的积极性。

（7）安全体系的规划和实施。移民工作全生命周期过程中形成的实物指标、补偿补助资金、规划设计方案等各类数据资料和成果关乎各方面的利益、敏感度高，因此需要全面规划和实施安全体系，确保信息系统和数据的安全可靠。

安全体系的规划和实施主要包括网络安全、应用安全、数据安全以及安全管理机制等方面。其中，网络安全是指以各单位已有和规划的网络资源为基础，采用访问控制技术、防火墙、VPN 接入的应用等安全技术保证移民信息系统的网络互连和访问的安全需求；应用安全方面要做好用户身份认证，实行分级授权策略，同时采用账号＋动态密码的登录方式；数据安全则包括数据生产安全和数据存储，包括设立系统管理员和数据管理员，在数据生产的各个阶段对数据进行统一的管理、分发和登记，从物理完整性、逻辑完整性、定期备份、可审计性等方面对数据库所管理和存储的数据资源提供安全保护和追踪。最后，安全体系的实现，必须从管理职责和制度两方面结合，如成立网络安全管理组，制定和颁布严格的安全管理制度等。

16.2.2　应用案例

2000 年以来，通过上述关键技术的合理应用，各单位在移民工作信息化的建设和应用方面取得了丰硕的成果，移民工作从户外的数据调查到日常的业务管理，工作效率得到了大幅提高，档案资料得到了有效保存，信息资源实现了共建共享，管理流程逐步向规范化和标准化方向发展，以下主要以中国长江三峡集团有限公司开发的水电工程建设征地移民管理信息系统（HPRMS）为例分功能模块简要阐述移民工作信息化的典型成果和作用。

（1）实物指标调查及管理。

1）移民信息采集系统（MIAS）。该系统是一个基于 Android 平台的企业级应用，通过解析 AutoCAD 测绘地图，并利用 Android 设备与外围设备（包括身份证读卡器、激光测距仪、GPS 定位仪等）的链接，可以高效准确地进行实物指标采集工作，系统同时具有表单采集数据、数据查询、报表导出打印、数据同步、配置管理、权限控制等功能。MIAS 可采集的项目包括人口、房屋、土地、附属设施、零星果木、专业项目等。该系统在 WY 抽水蓄能电站、LW 水电站实物指标调查工作进行了运用，相比传统调查方式，MIAS 能够加快现场调查进度，提高后期数据统计汇总效率，减少人工录入数据可能造成的错误。

2）实物指标管理系统。该系统是一个建设征地移民所涉及实物指标信息的装载（登记）、查询、统计和分析管理平台，移民工作各方可通过系统对各类实物指标数据进行调阅、归档和多维度统计、对比和分析，并为安置实施管理过程中的资金测算、补偿补助建卡、项目管理等业务共享实物指标数据。2016 年和 2017 年，金沙江流域 WDD、BHT 两水电站借助该系统开展了实施阶段移民建卡数据稽核工作，相比以往的稽核方式，使用实物指标管理系统后，各县（市、区）政府在投入人力资源较少的情况下高效准确地完成了工作，并迅速发现了存在的共性问题，为集中、统一的校正全库区数据和开展后续移民安置实施工作提供了有力支撑。

（2）规划设计辅助及成果管理。

1）水库移民 GIS 综合决策支持分析系统。该系统主要用于对统一存储的数据进行空间资源信息查询、空间分析和预测分析等，以及将查询、分析结果应用于辅助决策。系统的功能分为基本工具、分析决策和制作图表等几个部分。通过该系统，用户可以预测并确定水库淹没范围线，从而为水电站移民搬迁安置规划的编制提供充分、可信的科学依据；还可以对库区环境进行动态检测和分析。

2）规划成果管理系统。该系统可以对移民安置规划报告、审查文件及从各类规划报告中抽取的重要定量指标进行管理，为项目法人、主体设计单位、综合监理、各级地方政府和移民管理机构提供规划成果登记、查询和统计等功能，主要功能包括规划报告管理、概算成果管理和定量规划指标管理等模块。规划成果数据作为工作完成情况的参照基线，将为后续的资金管理、计划管理和进度管理等系统提供重要的对比参照信息支撑。

（3）计划管理系统。该系统主要为项目法人提供计划建议、为省、市（州）、县各级地方政府移民管理机构提供年度工作计划及资金计划等相关信息的管理平台，为各级单位在统一平台上开展计划的上报及下达提供有效的信息化管理手段，功能覆盖了计划制订、计划上报审批、计划审定下达和计划调整等业务环节，各相关单位基于一套系统平台协同开展工作，为移民工作计划的及时反馈、宏观把控提供了高效、便捷的信息化手段，也为后续的移民安置工作进度动态跟踪和评价奠定了基础。2017 年开始，该系统在金沙江流域 WDD、BHT 两电站得到了应用，为各单位及时分解和管理移民工作整体计划、年度计划、计划变更等工作提供了基础平台。

（4）进度管理系统。该系统主要为各级地方政府和移民管理机构、主体设计单位、综合监理、项目法人等提供填报、了解各类移民安置实施项目进度信息的平台。根据各方、各级用户填报的周报、月报、季报等进度信息，用户可全面了解移民搬迁安置人口、房屋及生产、生活基础设施建设等数量、进度，移民投资数量、进度以及移民迁建工作量与完成投资量两者之间的匹配程度等，从而为计划的调整、实施项目的及时推进提供信息支撑和对照分析。

（5）安置实施管理系统。该系统是面向地方基层移民管理机构（县、乡级）的日常业务管理工作平台，用于移民安置实施项目信息的管理，并具有装载（登记）、查询、统计和分析各类安置实施项目相关数据等功能。其中，移民户安置实施管理主要包括移民人口界定、生产安置和搬迁安置方式确定、补偿补助标准设置和费用自动测算、移民卡打印、资金支付申请等管理功能；工程类实施项目管理以专业项目、基础设施建设项目和房屋建设项目三类实施项目为管理对象，提供项目分解管理、合同管理、资金支付申请等功能；同时，系统还提供基于以上两类基础数据的查询统计功能。相比传统工作方式，本系统的应用可使移民补偿补助资金测算及建档立卡等安置实施管理工作的时间大大缩短、正确率大幅提高。2012年开始，该系统在金沙江流域 XJB、XLD、WDD 等电站陆续启用，有力地支撑了移民搬迁安置工作的顺利开展，实现了大批量移民建卡、协议签订、补偿补助资金测算和兑现等工作的快速、准确发展。

（6）资金管理系统。该系统主要用户为项目法人、各级地方政府和移民管理机构，针对移民资金的拨付与支付，提供由起点到终点的全过程跟踪管理平台，用户可方便地追溯每一笔资金的来龙去脉，主要功能包括资金拨付申请、资金拨付单制定、资金支付申请、资金支付单制定、资金拨支台账等模块。同时，通过系统所提供的查询和统计功能，用户可以方便快捷地全面了解移民资金的使用情况。

（7）独立评估管理系统。该系统以电站已开展的移民独立评估工作相关信息管理需求为出发点，以独立评估样本选取、基底调查、跟踪调查、评估结果等方面的信息为主要管理对象，融合移动 APP 技术，为移民独立评估单位开展基底调查、蓄水阶段独立评估、跟踪监测评估、竣工验收评估等工作提供信息的管理和利用平台。该系统自2015年起在金沙江流域 XJB、XLD、WDD 等电站进行推广应用，独立评估单位利用该系统开展了多个县（市、区）、多批次的年度跟踪评估工作，通过移动 APP 调查系统完成了大量的评估样本对象现场评估调查。

（8）后期扶持管理系统。目前，全国水库移民后期扶持管理信息系统由水利部水库移民开发局2008年12月至2010年12月组织开发，覆盖全国31个省（自治区、直辖市）及新疆生产建设兵团现有的3800余座及今后新建的大中型水库及水库库区和移民安置区，服务省、地、县2600余个移民管理机构。系统主要包括地理信息系统、基本资料、规划管理、资金管理、汇总分析、综合管理、移民信访、系统管理八个子系统。部分省份根据业务需要还建设了省级分中心，通过数据交换平台实现省级分中心与全国移民系统的数据交换。

水电行业的后期扶持管理建议不再重复建设，而应以水利部目前在全国推广应用的水库移民后期扶持管理系统为基础，做好工作阶段划分和相关应用接口，实现数据共享互通。

（9）移民信息自助查询系统。该系统基于"让信息多跑路、让移民少跑腿"的理念设计，通过放置于地方移民管理机构、政府办公大楼的自助查询终端，为移民和社会公众提供移民政策法规、移民淹没影响情况、搬迁安置情况、补偿补助兑现情况等个人相关信息的自助查询功能，有效扩展了移民的知情权，实现了政务公开、透明。

该系统以满足移民个人的信息查询需求为出发点，以系统中已累积的海量本底资料为主要数据支撑，加以扩充国家和地方的移民政策法规等信息构建而成，移民通过刷二代身份证、补偿补助卡二维码等方式均可查询本人本户相关信息和浏览相关移民政策法规，使用方便、快捷。目前金沙江流域 XJB、XLD、WDD 等水电站的部分县（市、区）已投放了数十台查询终端，惠及十余万移民群众。

（10）地理信息系统。该系统利用地理信息等技术，可以为移民工作各方展示水电站建设征地区基础地理、栅影综合、影像综合等几种形式的电子地图，并以此为依托展示行政区划点状要素所对应的淹没影响情况、规划设计及安置实施情况等信息。

（11）移民档案及电子资料管理系统。该系统以日常各类移民管理业务产生的原始调查表、声像资料、合同协议、资金兑现表等相关附件为主要数据源，为移民管理各用户单位提供按照档案管理要求进行电子资料整理和利用的信息化管理平台，具体包括资料整理、资料鉴定、资料借阅等功能模块，为移民档案的方便利用和后续移民竣工验收提供必要的信息化支撑手段。

16.3　创新与发展

16.3.1　回顾

信息化，与工业化、现代化一样，是一个动态变化的过程。移民工作信息化除了包括以全站仪、航空摄影测量、卫星遥感等为代表的现代化信息采集手段外，还主要体现在以管理信息系统为特色的对移民工作过程中采集和形成的数字化资料、数据等进行管理和利用的过程。

信息技术从 20 世纪 80 年代初期开始在水库移民领域应用，21 世纪以后，进入蓬勃发展阶段，无论是主体设计单位、咨询机构、科研机构，还是省级移民管理机构、项目法人等都开展了大量的探索和实践，相继开发和应用了一些系统，有效推动了我国移民工作信息化的发展。

回顾我国移民工作信息化的发展历史，一方面，随着测绘技术的发展，数据采集手段逐渐进步，从最初的皮尺测量、人工测算到应用全站仪、求积仪等自动化测算仪器进行制图和计算，最后实现通过卫星遥感影像解译来进行实物指标的判读和统计；另一方面，随着信息技术的飞速发展和全面应用，作为移民工作信息化标志的管理信息系统建设也经历了从无到有、从单项功能向功能多样、结构复杂和综合性管理发展的过程。

16.3.1.1　单项功能移民信息系统

从 20 世纪 90 年代开始，一些单位开始探索、尝试利用信息化手段建立具备单项功能的移民信息系统。

水电工程水库淹没处理补偿投资概估算数据库系统由水电水利规划设计总院和华东勘测设计研究院（现中国电建集团华东勘测设计研究院有限公司）于 1999 年共同开发。该系统根据当时的概（估）算规范进行开发，包含系统管理、补偿实物指标录入、概（估）算统计、汇总打印等四大模块，并预留了具体的项目扩展接口。

SX 电力枢纽工程移民管理数据库系统由华东勘测设计研究院有限公司于 2003 年开发，2004 年起应用于浙江省 SX 电力枢纽工程的移民实施管理工作。该系统包含实物指标管理、安置管理、资金和专项管理、查询统计、汇总打印等 5 部分内容，并具有模块级的软件扩充接口。

SX 工程移民管理信息系统由重庆市移民局于 2006 年组织开发，以建立 SX 工程移民人口基础资料数据库，实现动态管理劳动力、培训、后扶，形成统计制度等为目标。系统侧重于移民后扶管理，主要通过基础资料录入、移民身份管理、移民培训管理、农村移民后期扶持与城镇移民扶助管理、移民外迁管理等实现了移民基础资料的管理和共享，各基层单位（到区县一级）可以通过互联网以 VPN 方式登录数据库。

农村移民安置管理系统由长江水利委员会长江工程监理咨询有限公司于 2006 年开发，系统从地方基层移民管理机构进行农村移民安置管理的需求出发，侧重于农村移民安置实施信息管理、安置补偿资金计算和明细查询、统计汇总等，主要模块包括数据编辑、进度控制、销号台账、明细查询、分类汇总等。该系统在 SX 工程库区的 Y 县得到一定的应用。

16.3.1.2　结合了 GIS 技术的移民信息系统

21 世纪以来，国内地理信息系统（GIS）技术蓬勃发展，一些单位顺应发展，将 GIS 技术与移民规划设计相结合进行了一些有益探索。

LT 水电站 GIS 应用系统由中南勘测设计研究院有限公司于 2006 年开发，用户对象为主体设计单位和项目法人，目的是为移民规划设计提供辅助手段。该系统采用 ArcGIS 系统平台进行二次开发，设计的功能模块包括生成水库淹没范围、回水位查询、断面分析、居民新址分析、土地等级评价、区域面积统计、指标统计、土石方开挖量计算等。采用的方法主要是根据高分辨率卫星遥感影像（QuickBird 数据）进行解译，制作数字化地形图，并在此基础上进行分析、决策和管理。

水库移民规划管理信息系统由中国长江三峡集团有限公司委托长江勘测规划设计研究有限公司于 2007—2009 年开发，该系统基于 ArcGIS 平台二次开发，移民实物指标数据库采用关系数据库 SQL Server 管理。主要目的是管理移民实物指标调查数据、辅助移民规划应用分析。系统功能主要包括 4 个方面：移民实物指标数据库管理、基础地理数据管理、移民辅助规划应用分析、三维浏览分析。该系统在金沙江流域 WDD 水电站移民实物指标调查和规划设计中得到了一定应用。

水电工程征地移民实物指标管理信息系统由华东勘测设计研究院有限公司于 2008 年开发，目的是为金沙江流域 BHT 水电站工程征地移民与环境评价及后续的移民管理提供全面数据支持。该系统数据库采用 Oracle，基于 ArcGIS 二次开发实现，包含征地移民与环境管理、征地移民与环境辅助设计、征地移民实物指标采集等子系统，在 BHT 水电站移民实物指标调查工作中得到了一定应用。

16.3.1.3　不断完善的综合性移民信息系统

随着信息技术的快速发展和移民行业对信息化认识程度的不断提高，一些单位开始建设并推广应用综合性的移民信息系统平台。

水电工程建设征地移民管理信息系统（HPRMS）由中国长江三峡集团有限公司于 2008—2018 年分期开发，系统构架采用 B/S 体系，数据库采用 Oracle，使用了面向对象软件工程技术。系统功能主要包括实物指标管理、规划成果管理、计划进度管理、安置实施管理、资金管理、独立评估、自助查询等。2011 年 10 月以来，该系统在金沙江流域 XJB、XLD、WDD、BHT 水电站和巴基斯坦 KLT、几内亚 SAPD 等大型水电站实现了应用，在国内南水北调、滇中引水等水利工程也得到了一定应用。

水库移民信息平台（SKYM Platform）由水电水利规划设计总院和华东勘测设计研究院共同研发，于 2014—2016 年开发完成第一版，并于 2017 年完成了第二版的迭代更新。该平台面向各类用户的诸多业务流程，支持 PB 级海量大数据处理技术，开放标准化数据交互。涵盖工作流管理、任务分配管理、用户关系管理，支持用户基于角色访问关键应用、数据和分析工具，目前已在 YFG 水电站、KL 水电站、QJ 抽水蓄能电站和市政水利工程 LJ 扩排挡潮工程中应用。

国内移民工作信息化经过近十年的建设和应用，有了长足的发展，积累了丰富的经验。为实现移民管理工作全过程信息化，许多移民工作相关单位从所侧重的移民业务出发，进行了有益的探索和实践，初步实现了信息资源共建共享，为移民工作各方提供了高效通用的移民信息采集、管理、服务和协同工作平台，并在国内外水电工程移民工作中均得到了一定的推广应用。

展望未来，为了适应社会和技术的快速发展和变化，作为传统行业的移民工作还需继续探索与信息技术、互联网等的更好结合，充分应用大数据、云计算等新兴技术，引导移民工作和决策向统一化、数字化和智慧化方向发展。

16.3.2 创新

16.3.2.1 理论创新

创新性地建立了集自然、社会、经济、环境等科学于一体的覆盖移民工作全生命周期的移民工作信息化协同管理模型，适用于多工程、多阶段、多单位、多层级用户，涵盖实物指标、规划设计、计划进度、资金管理、档案管理等功能，建立了移民工作信息化的"全工作链"和"全数据链"。

16.3.2.2 标准化创新

提出和设计了一套科学、规范、完整的水电工程移民实物指标编码标准体系，涵盖十大类、百余种指标类别，适用于水电工程各阶段的实物指标调查成果信息管理和利用，具有极高的行业参考价值。

16.3.2.3 技术创新

（1）初步建立了预可行性研究报告、可行性研究报告、移民安置实施等各阶段以权属人和实物指标为核心的结构化数据、非结构化数据和空间数据有机融合的多粒度移民管理大数据体系。

（2）针对移民管理业务由于政策性、地域性等差异而导致管理业务不尽相同等特点，采用柔性设计，建立了适应于社会快速转型期、移民政策频繁变化的自适应管理模型，通过参数配置满足不同用户的需求，极大地提高了系统的业务适应性和功能扩展性，降低了系统推广风险，有力支持了移民管理各方工作效率的提高。

（3）研究了一种简单适用的统一集中部署和分布分散部署的系统部署方法，建立了窄带环境下的、大范围、多人群的统分结合的云计算模式，充分兼顾了各水电站的网络通信条件的优劣、移民工程量的大小、系统运行维护的便捷性等因素。

（4）在移民信息自助查询、独立评估、实物指标调查等方面引进了二代身份证识别、二维码扫描、移动 APP 等技术手段，进行了一些新技术的融合和创新。

16.3.2.4　应用创新

（1）成功地引进了基于数据域和角色管理的流域（区域）管理多层级信息授权应用框架，建立了地方政府移民管理机构、项目法人、移民等多用户联合应用及多级管理分级授权应用框架，并构筑了相应的安全体系。

（2）建立了项目法人、地方政府移民管理机构、主体设计单位、综合监理等多方人员组成的联合工作组共同推进系统建设，所形成的成果又能供上述移民工作各方及广大移民群众使用和共享，实现了"企政共建"和"企政民共享"的全新模式。

16.3.3　展望

16.3.3.1　共建共享的全国统一的移民信息平台将成为可能

目前，我国有关行业和单位根据工作需要，陆续建立了很多移民信息系统和平台，但这些系统和平台尚缺少统一规划、数据源和标准不一致、数据不够完整、共享性差，各单位开发工具和数据库选型不同、可扩展性不强，侧重的角度和阶段也不一样。随着国家移民政策法规的不断修改和完善，以及时代发展所带来的信息技术进步，移民工作对信息化管理的要求越来越高，有必要在目前各单位自行开发和应用的各类移民信息系统基础上，由国家相关机构统筹建立一套全国统一的移民信息系统，从移民基础数据的共享利用做起，逐步实现所有系统中移民基础信息和档案资料（文本、声像）的可查询、可调阅、可下载、可统计。在此基础上，还可以研究实现各个系统之间功能的互相调用和对接。

16.3.3.2　水电行业移民信息标准化建设将加快开展

信息建设，标准先行。标准化是信息化建设的基础性工作。现有各单位建立的移民信息系统无法通用的关键原因之一在于多元化的移民信息缺少统一的编码体系和数据格式，数据采集标准各不相同，所以要建立通用的移民信息系统，首先要开展一系列的水电行业移民信息标准化建设，包括实物指标分类编码、信息采集标准、数据交换标准、信息安全标准和管理标准等，形成一整套水电移民信息化的相关标准规范。

16.3.3.3　信息采集和服务方式将进一步丰富

在目前已经有初步应用的移民独立评估移动 APP 系统现场调查的基础上，将微信服务、移动 APP、无人机、视频监控等作为后续的重点研究和建设内容，探索利用开展更多的移民业务工作，如前期阶段的现场勘察和实物指标调查、安置实施阶段的进度管理等工作，可通过前端采集、后台处理后直接上传到系统，极大减少人工处理量和降低错误率。

16.3.3.4　移民信息化应用范围将进一步扩大

目前的规划管理系统主要是规划成果管理，规划设计业务功能还相对较弱，下阶段国内各规划设计单位将深入研究和探索直接利用现场调查数据和已有规划设计知识库，结合不同电站的实际情况，更好地进行移民规划设计，同时借助三维技术和 VR 技术更加直观、形象、生动地展示设计成果。

衔接国家水库后期扶持系统。这是电站建成后各移民管理机构的主要管理内容，也是当前国家要求项目法人履行社会责任，要求各级地方政府实行精准扶贫、后期帮扶等工作的新模式。因此，尽快开展与全国水库后期扶持管理系统的接口建设很有必要。

加强地质灾害管理。随着水库蓄水后地质灾害防治工作不断深入、范围逐渐扩大，在地质灾害业务管理方面也应考虑相关信息化的应用需求，通过建立地质灾害管理系统，能有效管理库区地质灾害点的相关信息、资料、群测群防人员和责任单位，还能长期有效追踪各灾害点的防治、演变、发展等情况。

16.3.3.5　可靠性和安全性的研究将进一步加强

水电工程移民信息系统具有涉及业务实体多、业务范围广、应用复杂度高、数据保密性要求高等特点。因此，应该在后续工作中考虑对网络平台、系统平台、应用支撑平台、应用系统、数据等方面的可靠性、安全性进行研究和实现。此外，移民信息系统使用各方和各层级单位，职责、权限各不相同，可编辑、查阅的系统功能和数据范围也不相同，为了保证系统安全可靠的使用，需要继续深入研究建立基于数据、功能和角色管理的多层级信息授权应用框架，解决系统中多用户单位、分层级的系统功能、操作和数据授权问题，构筑相应的安全体系。

16.3.3.6　新技术的融合和创新将进一步深入

随着新形势下移民业务需求变化和信息技术高速发展，特别是在中国水电走向海外的趋势下，在移民信息系统功能升级、架构优化、新技术引入和融合创新等方面有望继续发展，如可研究如何更进一步结合互联网＋、大数据、VR 和空间信息技术，在海外水电工程移民实物指标调查、规划设计、方案辅助决策等方面做一些研究和准备，让移民工作信息化成为中国水电行业的标准之一，走向海外、发挥更大的作用。

第 17 章

公众参与

在水电水利工程建设征地移民安置方面，移民条例和移民专业技术标准没有出现"公众参与"的名词术语，但提出了许多与公众参与有关的程序和要求，如：省级人民政府在实物指标调查开始前应当发布停建通告，实物指标调查结果应由调查者和被调查者签字认可并公示，编制移民安置规划大纲、移民安置规划、水库移民后期扶持规划应当听取移民和移民安置区居民意见等。我国在不同时期的水电水利工程建设征地移民安置规划设计和移民安置实施工作中，结合水库移民工作的特点，开展了符合时代背景和政策规定的公众参与相关实践。

不同行业对公众参与的理解不一致。根据水电工程建设征地移民工作的特点和有关政策规定，对水电工程建设征地移民安置公众参与的定义为：通过信息公开、签字确认、公示公告、座谈会、协调会、听证会等方式，听取和征求与建设征地有关的组织、单位和个人对建设征地移民安置规划设计、移民安置实施、后期扶持等工作的意见，对合理的意见予以采纳，不采纳的意见进行解释说明，以提高移民安置规划和政府决策的民主性、科学性、可操作性，降低移民安置的社会风险，保障移民的知情权、参与权、监督权等合法权益。

移民享有的知情权、参与权、监督权等权利的主要内涵如下：

（1）知情权。移民享有了解移民政策法规、补偿标准、安置方式、安置对象、安置地点等信息的权利。法律法规和有关政策规定应当主动公开与本项目建设征地移民安置有关的信息应当公开，移民按照法定程序书面申请公开的不涉及国家秘密和商业秘密及个人隐私、公开后不损害第三方合法权益、不危害安全和社会稳定的与建设征地移民安置有关的信息，应当按规定向申请的移民提供。

（2）参与权。移民有权参与建设征地实物指标调查，确认位于建设征地范围内的土地的权属、地类、面积及房屋等地上附着物的权属、种类、数量、结构；享有参与移民安置方案的制定与实施，选择移民安置方式、去向、建房方式，参与所在集体经济组织土地补偿费和集体财产补偿费的使用方案讨论等权利。

（3）监督权。在建设征地移民安置活动中，移民享有监督集体经济组织移民资金收支情况，对移民安置工作中的各种腐败消极现象、违法违纪违规行为进行举报，对损害自己合法权益的行为进行申诉等权利。

在公众的定义方面，不同行业领域对公众的理解不一样。对于水电工程建设征地移民安置工作，公众是指建设征地区和移民安置区的公民、法人和其他组织，以及其他利益相关者。其中：①建设征地区的公众主要是指房屋、附属设施、零星树木、土地、交通、电力、通信、水利、水电、文物、矿产等实物指标位于建设征地范围内的公民、法人和其他组织；②移民安置区的公众主要是指实物指标位于农村移民居民点新址、生产安置点、城市集镇新址、公路等专业项目复建新址占地范围内的单位和个人；③其他利益相关者包括项目法人、地方政府和有关主管部门，项目法人和省级移民管理机构委托的主体设计单位、综合监理单位、咨询评估单位、国土、林业、文物、矿产等专业调查设计单位等。

水电工程建设征地移民安置公众参与的目的和意义如下：

（1）保障实物指标调查的客观和公正，减少矛盾纠纷。实物指标调查涉及移民群众的切身利益，是移民工作最重要的基础工作之一。实物指标调查成果是确定移民安置任务、编制移民规划大纲和规划报告、兑现移民补偿补助资金的重要依据。实物指标调查应遵循依法、客观、公正、公开、公平和全面准确的原则，实事求是地反映调查时的实物指标状况。调查前发布停建通告、对移民和调查人员进行宣传培训，权属人和村组干部全程参与实物指标调查，调查结果经调查者和被调查者签字认可并公示复核确认，是保障实物指标调查客观公正、全面准确，减少矛盾纠纷的重要手段。

（2）使移民安置方案更加符合库区的实际情况和移民意愿，提高移民安置规划的科学性和可操作性。做好水电工程建设征地移民安置规划设计是搞好移民工作的核心，移民安置需要恢复移民的生产条件和生活环境，是移民工作中最复杂和困难的工作之一，在移民安置规划中，要选择移民安置点、全面研究移民安置去向、安置方案以及实施方案，安置方案要切实可行，满足实施条件，具有可操作性。地方政府和移民群众充分参与移民安置点选择工作，不仅有利于移民接受新的去向，而且有利于做好安置去向的对接工作。移民安置方案、规划大纲、规划报告广泛听取移民和移民安置区居民意见，有利于完善安置方案，使移民安置规划成果更加符合建设征地区的实际情况，在政策允许的范围内最大限度地满足大多数移民的意愿，提高移民安置规划的科学性、针对性和可操作性，减少设计变更和重复建设，避免浪费。

（3）降低移民安置的社会风险，促进移民安置实施工作。随着社会主义市场经济的发展，移民政策逐步完善和透明度不断提高，移民个人权益的保护显得更加重要。移民越来越重视维护自身的利益，希望在移民安置过程中更多地参与到移民安置政策制定中来，表达自身利益诉求。移民诉求的表达方式可以分为制度内的理性参与表达和制度外的非理性参与表达，前者是指通过公开正式渠道获得信息，通过问卷调查、座谈会、协调会、听证会等合法途径提出要求和反馈意见；后者是指通过道听途说等非正规渠道获取信息，通过游行、示威、静坐、抗议、堵厂等非理性行为宣泄情绪和表达不满。应当努力通过制度内的公众参与来消化、减少制度外参与发生的概率与规模，尽量通过理性方式来减少非理性行为的发生。如果不重视制度内的公众参与，任由非理性的制度外参与发展，移民在制度内参与渠道不畅、正当利益诉求得不到满足的情况下，倾向采取非理性的手段达到自己的目的，如以各种理由拒绝或拖延搬迁，甚至引发群体性事件。在建设征地移民安置工作中，搞好公众参与，实时公开有关信息，提高信息对称程度，畅通公众参与的合法途径，及时听取移民意见，使移民安置规划尽可能符合移民意愿，避免过去的长官意志和"纸上谈兵"的安置方案，有利于协调平衡各种利益关系，实现和谐移民，促进移民安置实施工作，降低移民安置的社会风险，增强移民群众共同建设新家园的积极性和创造性。

（4）贯彻党中央和国务院精神，是履行重大行政决策法定程序的需要。2004 年国务院《全面推进依法行政实施纲要》（国发〔2004〕10 号）提出"建立健全公众参与、专家论证和政府决策相结合的行政决策机制"，2014 年党的十八届四中全会通过的《关于全面推进依法治国若干重大问题的决定》中，把"公众参与、专家论证、风险评估、合法性审查、集体讨论决定"正式确定为重大行政决策的五大法定程序。2016 年中共中央办公厅、国务院办公厅印发的《关于全面推进政务公开工作的意见》，进一步明确，"把公众参与、专家论证、风险评估、合法性审查、集体讨论决定确定为重大行政决策法定程序。实行重大决策预公开制度，涉及群众切身利益、需要社会广泛知晓的重要改革方案、重大政策措施、重点工程项目，除依法应当保密的外，在决策前应向社会公布决策草案、决策依据，通过听证座谈、调查研究、咨询协商、媒体沟通等方式广泛听取公众意见，以适当方式公布意见收集和采纳情况。探索利益相关方、公众、专家、媒体等列席政府有关会议制度，增强决策透明度"。大中型水电工程项目绝大部分属于国家和地方的重点工程项目，建设征地移民安置工作需要作出很多涉及群众切身利益的行政决策，必须按照国家和地方有关政策法规的要求做好公众参与工作。

（5）落实移民条例等移民政策法规，是维护移民合法权益的需要。471 号移民条例特别强调，要"以人为本"，提高移民对安置工作的参与程度，切实保护移民权益。为了保证移民的要求和意愿得到及时反映，扩大移民的知情权、参与权和监督权，减少纠纷、化解矛盾，移民条例规定：一是编制移民安置规划大纲和移民安置规划，应当广泛听取移民和移民安置区居民的意见，必要时应当采取听证的方式；移民实物调查应当全面准确，调查结果应经调查者和被调查者签字认可并公示；二是移民区和移民安置区县级人民政府应当将工程征收的土地数量、土地种类、补偿范围、补偿标准和金额以及安置方案等向群众公布，群众提出异议的应当及时核查，不准确的事项应当改正，核查无误的应当及时向群众解释；有移民安置任务的乡（镇）、村民委员会应当将资金收支情况张榜公布，接受群众监督；三是土地补偿费和集体财产补偿费的使用方案应当经村民讨论通过；农村移民住房由移民自主建造，有关地方人民政府或者村民委员会应当统一规划宅基地，但不得强行规定建房标准。做好建设征地移民安置的公众参与工作，是落实移民条例等移民政策要求，维护移民知情权、参与权和监督权等合法权益的需要。

17.1　主要内容和方法

17.1.1　公众参与的主要内容

水电工程建设征地移民安置公众参与贯穿于移民工作的全过程。综合现行移民政策法规和有关技术标准以及建设征地移民实践，水电工程建设征地移民安置公众参与可以划分为实物指标调查的公众参与、移民安置规划大纲编制的公众参与、移民安置规划报告编制的公众参与、社会稳定风险分析评估的公众参与、咨询审查评估的公众参与、移民安置项目实施的公众参与、移民监督评估的公众参与、移民安置验收的公众参与、移民后期扶持的公众参与等。与移民工作任务相适应，不同工作项目公众参与的对象和主要内容不同。

1. 实物指标调查的公众参与

实物指标调查包括预可行性研究报告阶段的典型调查、可行性研究报告阶段的全面调查和移民安置实施阶段的复核调查。预可行性研究报告阶段的实物指标采用收集现有资料结合典型调查分析确定，参与的对象主要包括项目法人、地方政府、设计单位、乡村干部、典型调查涉及的样本户等，必要时，实物指标调查成果需要征求地方政府的意见；移民安置实施阶段需要对实物指标进行复核调查时，按可行性研究报告阶段的调查方法进行调查，公众参与的对象在可行性研究阶段的基础上，增加移民综合监理单位；可行性研究报告阶段实物指标调查是公众参与最为全面深入的一个阶段。

水电工程可行性研究报告阶段实物指标调查的主要工作程序一般包括：①设计单位编制《实物指标调查细则及工作方案》，并由省级移民管理机构批复，必要时编制《实物指标调查宣传手册》；②省级人民政府发布停建通告，设计单位埋设临时界桩；③成立实物指标调查领导小组和联合调查组；④开展实物指标调查培训与宣传；⑤实物指标外业调查，张榜公示，签字认可；⑥县级人民政府对实物指标调查成果出具确认函。

在水电工程可行性研究报告阶段实物指标调查过程中，由项目法人、设计单位、建设征地区县级人民政府、移民主管部门及其有关职能部门、乡级人民政府、村组干部、移民共同参与实物指标的测量调查和登记统计工作。拥有财产权的移民对其房屋及其附属设施等财产进行签字盖章确认，乡村组代表对集体经济组织所有的土地及财产签字盖章确认。调查完成后，对调查成果进行张榜公示，让移民参与实物指标复核调查。

在可行性研究报告阶段的实物指标调查工作中，公众参与主要体现在以下几个方面：

（1）通过发布的停建通告和埋设的界桩，公众被告知建设征地的用途、位置、范围，并知晓不能抢栽抢建，及其法律后果。

（2）通过编制和印发调查细则和宣传手册、召开培训会，使公众知晓实物指标的调查内容、方法、程序、计划安排、享有的权利和义务等，同时地方干部、移民代表等通过参加调查细则征求意见或咨询评审的相关会议，对调查细则的修改完善发挥影响。

（3）通过成立由地方政府、项目法人、设计单位、村组干部组成的联合调查组，使各方利益得到组织上的保障。

（4）通过全过程参与实物指标入户调查、调查原始表格签字，权属人可以知晓自家或本单位的实物指标调查内容是否全面、数据是否准确、方法是否符合调查细则和有关移民政策等，对于不符合规定的调查行为，权属人可以现场向调查人员提出意见，要求改正。

（5）通过调查数据公示复核、调查成果认可确认，可以让公众进行横向和竖向比较，互相监督，检查户与户之间、单位与单位之间的调查标准、尺度、方法是否一致，发现自身的实物指标是否有遗漏，并有权要求复核纠正，县人民政府在对调查成果确认前，还可以通过各种方式听取意见，从而保障实物指标调查工作客观公正，调查成果全面准确。

2. 移民安置规划大纲编制的公众参与

移民安置规划大纲需要提出移民安置总体规划方案，包括移民安置的任务、去向、标准和移民安置方案，移民生活水平预测评价，水库移民后期扶持政策等。

编制移民安置规划大纲应当广泛听取移民和移民安置区居民的意见；必要时，应当采取听证的方式。省、自治区、直辖市人民政府或者国务院移民管理机构在审批移民安置规划大纲前应当征求移民区和移民安置区县级以上地方人民政府的意见。

公众参与的主要内容有移民安置去向和安置方式选择、安置点比选、专业项目处理方案选择等。移民安置去向和安置方式选择的公众参与方式一般采用移民意愿问卷调查和在村组内召开座谈会进行讨论的方式，安置点比选和专业项目的处理方案在安全环保、技术经济可行的前提下，一般在调查分析移民意愿调查成果的基础上，结合大多数移民的意愿，由政府行业主管部门、主体设计单位、项目法人和移民代表组成的联合规划组综合研究分析讨论后提出。

3. 移民安置规划报告编制的公众参与

移民安置规划报告根据批准的移民安置规划大纲，对建设征地涉及的移民安置项目进行规划设计，提出农村移民安置、城市集镇迁建、专业项目处理初步设计成果、建设征地移民安置补偿费用概算等。

编制移民安置规划应当广泛听取移民和移民安置区居民的意见；必要时，应当采取听证的方式。省、自治区、直辖市人民政府移民管理机构或者国务院移民管理机构审核移民安置规划，应当征求本级人民政府有关部门以及移民区和移民安置区县级以上地方人民政府的意见。

公众参与的主要内容有农村移民安置设计、城市集镇迁建、专业项目处理设计方案和补偿费用概算听取和征求意见等。农村移民安置和城市集镇迁建设计方案可以利用设计图纸或模型展示，通过问卷调查或座谈讨论会等方式，根据大多数移民的意见提出推荐方案；专业项目处理设计适宜由政府行业主管部门、主体设计单位、项目法人和权属单位代表组成的联合规划组综合研究分析讨论后提出；补偿费用概算可以通过座谈会、协调会和专家评审会的方式，听取和征求地方政府、项目法人、移民代表等利益相关者的意见。

4. 社会稳定风险分析评估的公众参与

水电工程项目在核准前需要按照国家和省级发展改革委的规定完成项目社会稳定风险分析篇章和评估报告的编制工作，其中包括土地房屋征收补偿和移民安置等方面的分析评估内容。四川、云南、贵州、湖南等省还制定了水利水电工程建设征地移民社会稳定风险评估的专门规定。

在社会稳定风险分析评估工作中，公众参与主要体现在以下几个方面：

（1）社会稳定风险分析信息公示。通过在项目所在地的公共媒体公示的材料和现场张贴的公告，公众可以了解到的情况包括：项目的名称和项目概况，项目建设的合法性、合理性、可行性和可控性等，建设征地处理范围，移民安置任务、去向、标准、农村移民生产安置方式、搬迁地点、专业项目处理方案等信息，征求公众意见的主要事项、方式、联系方式等。

（2）听取和收集相关公众意见。通过分析评估单位开展的问卷调查、实地走访、召开座谈会、听证会等方式，公众可以充分发表有关意见，如：支持或反对项目建设、项目的利弊、关注和担心的问题、实物指标的签字情况、意愿调查情况、政策了解情况。公众参与的对象范围主要包括移民、安置区居民、基层干部、政府有关部门等，调查方式一般采用抽样调查的方式。

5. 咨询审查评估的公众参与

水电工程建设移民安置规划大纲需要省级人民政府批准，移民安置规划报告需要省级移民管理机构的审核，水电项目核准前需要经过评估。

省级人民政府或移民管理机构在对规划大纲和规划报告进行批复和审核前，一般采取专家咨询审查会的方式，对移民安置规划大纲和规划报告进行技术把关，县级人民政府、行业主管部门、项目法人、设计单位等利益相关方在咨询审查会议上可以充分发表意见，咨询审查单位综合各方意见后形成咨询审查意见，由设计单位对移民安置规划大纲和规划报告进行修改完善后提出审定本，由省级人民政府或移民管理机构印发批复或审核意见。

在水电项目核准前，国家或省级发展改革委委托评估单位组织专家对移民规划报告进行评估，在评估会议期间，利益相关各方可以充分发表意见，一些项目还到现场听取移民代表的意见，作为项目核准的附件。

6. 移民安置项目实施的公众参与

移民安置项目包括补偿补助项目和工程建设项目。移民安置项目实施的公众参与主要体现在实物指标建档立卡、移民安置意愿对接、移民安置补偿协议签订、宅基地分配、生产安置人口分解落实、移民工程建设、搬迁安置、生产恢复、土地补偿费和集体财产补偿费用分配使用等环节。如实物指标建档立卡需要移民签字确认，在移民安置点施工过程中，可以选举移民代表参与实施过程，如设立移民代表委员会，对移民安置工程的实施环节提出建议，监督各项目的建设质量。对于移民专业项目施工，除了工程建设监理和移民综合监理以外，部分电站还采取由权属单位、行业主管部门、设计单位、监理单位组成联合工作组的方式对专项设施的实施过程进行监督。

7. 移民监督评估中的公众参与

我国大中型水利水电工程实行移民监督评估制度。由签订移民安置协议的地方人民政府和项目法人共同委托移民安置监督评估单位对移民搬迁进度、移民安置质量、移民资金的拨付和使用情况以及移民生活水平的恢复情况进行监督评估。水电工程移民监督评估包括移民综合监理和独立评估，监督评估单位在移民工程的综合进度、质量、资金管理和综合协调、生产生活恢复情况样本调查分析等方面，也涉及很多公众参与的内容。移民可以在综合监理单位开展巡视检查和独立评估单位开展样本户跟踪调查时，向监督评估单位反映移民实施工作中的有关问题，并提出意见和建议。

8. 移民安置验收的公众参与

在验收工作中，地方政府、项目法人、综合设计、综合监理、独立评估等单位应当参与验收工作并分别提交工作报告，部分省份还要求移民参与验收工作，如《四川省大中型水利水电工程移民安置验收管理办法》要求县级人民政府采取问卷调查、走访、座谈等方式征求移民对开展验收工作的意见，移民群众同意开展验收工作的专项报告是验收的必备文件。移民还可以在地方政府开展移民安置自验和初验的过程中，对移民安置实施和验收工作提出意见和建议。

9. 移民后期扶持的公众参与

编制水库移民后期扶持规划应当广泛听取移民的意见；必要时，应当采取听证的方式。移民后期扶持的公众参与主要体现在以下几个方面：

（1）后期扶持人口核定登记要坚持公开、公平、公正的原则，人口核定登记要建档立卡，建立统一的登记表；人口核定登记前，要将水库移民安置情况、人口核定登记办法等事项予以公告；移民户核定登记表要经移民户主签章认可，移民村组核定登记表要经所在村组签章认可；人口核定登记结果在上报前须张榜公示，接受群众监督。人口核定登记汇总成果应由村（组）、乡、县、市各级负责人分别签章认可，并经项目法人和监督评估单位签署意见后，逐级汇总报省级人民政府。

（2）移民后期扶持的具体方式由地方各级人民政府在充分尊重移民意愿并听取移民村群众意见的基础上确定，采取直接发放给移民个人方式的，要核实到人、建立档案、设立账户，及时足额将后期扶持资金发放到户；采取项目扶持方式的，可以统筹使用资金，但项目的确定要经绝大多数移民同意，资金的使用与管理要公开透明，接受移民监督，严禁截留挪用。项目的确定要坚持民主程序，尊重和维护移民群众的知情权、参与权和监督权。各级人民政府要建立水库移民后期扶持政策实施情况的监测评估机制。

（3）库区和移民安置区经济社会发展项目的安排，要充分征求移民意见，听取库区和移民安置区群众的反映。在项目实施中，要提高透明度，实行政务公开，确保移民充分享有知情权、参与权、表达权、监督权，与移民长远生计直接相关的项目实施和资金管理情况等重要事项要进行公示。坚决防止因信息公开不够、项目建设不规范、管理不到位等问题引发新的信访问题或不稳定因素。

17.1.2　公众参与的主要方法

公众参与的主要方法包括信息公开、实地调查、座谈会、协调会、听证会、评审会等。

1. 信息公开

（1）信息公开的方式。主要有停建通告、公告、公示（如实物指标、扩迁人口、贫困移民）、宣传材料等。

（2）信息公开的媒体渠道。主要包括现场张贴、电视、报纸、板报、广播、政府网站、宣传车等。

2. 实地调查

实地调查方法包括全面调查和典型调查。

（1）全面调查。对建设征地区和移民安置区的公众进行全面调查。可行性研究报告阶段的实物指标调查、移民安置意愿调查，实施阶段的生产安置方式、搬迁安置方式、建房方式选择、宅基地分配、补偿安置协议签订等，均采用全面调查的方式。

（2）典型调查。只对涉及的部分公众进行调查。预可行性研究阶段的实物指标调查、可行性研究阶段的收入水平调查、典型房屋调查、社会风险调查、独立评估样本户调查等，一般采用典型调查方式。

3. 座谈会

座谈会是建设征地利益相关方之间沟通信息、交换意见、讨论研究问题的过程，是建设征地移民安置听取公众意见广泛采用的一种方式，在实物指标调查、移民安置规划、移民安置实施和后期扶持过程中，公众均可以在座谈会上发表意见、提出建议，公众提出的有关问题也可以在座谈会上进行讨论，提出解决方案或进行解释。

座谈会的参加人员根据讨论研究的具体问题确定，可以是有关的全体公众、也可以是部分公众或公众代表。

座谈会可以根据情况形成会议纪要，也可以不形成纪要。

4. 协调会

协调会是针对跨部门、跨地区具有争议性的重大问题而进行的讨论和研究，并力争达成某种程度一致意见的过程。

协调会一般由县以上人民政府、移民或综合性行业主管部门组织召开，协调解决涉及多省、多市、多县等 2 个以上行政区域或 2 个以上行业部门的相关问题，研究解决下级机构不能处理的重大问题，如：补偿标准、不同部门或不同行政区域移民政策协调等。参加单位一般包括地方政府、行业主管部门、项目法人、设计单位、咨询审查单位、涉及相关事务的单位或个人。

协调会由主持单位印发会议纪要，由相关方执行。

5. 听证会

听证会是常规公众意见调查方法的补充，主要是针对某些特定问题公开倾听公众意见并回答公众的质疑，为有关的利益相关方提供公开和平等交流的机会。

关于听取意见的方式，471 号移民条例规定，必要时应当采取听证的方式。不是所有的移民安置规划大纲和移民安置规划都要采取听证的方式，但当移民和安置区居民与规划编制单位和有关地方人民政府在对移民安置方式和去向、补偿标准和资金兑付方式，以及移民安置区的生产生活条件等问题存在严重分歧时，应当采取听证的方式。具体听证程序执行《中华人民共和国行政许可法》第四十八条有关听证程序的规定。

6. 评审会

评审会是指在县级以上人民政府和行业主管部门在对建设征地移民安置规划大纲和规划报告、移民安置规划设计专题报告、设计变更报告出具审核、批复等意见之前，组织有关专家对建设征地移民安置规划设计成果进行会议评审，提出专家评审意见。

建设征地移民安置方面的专家评审会议一般由县级以上人民政府、移民或综合性行业主管部门组织，受委托的技术评审单位主持，设计单位对设计成果进行全面汇报，参加评审会议的地方政府、行业主管部门、项目法人、设计单位、监督评估单位等利益相关方可以充分发表意见，专家组从政策、技术、经济、安全等方面进行评审，合理的意见予以采纳，不合理的意见进行解释说明，并由受委托的技术评审单位印发评审专家意见，设计单位会同项目法人和地方政府根据专家意见对设计成果进行补充修改完善后编制审定本，由组织会议的政府或行业主管部门出具审核或批复意见。

17.2　关键技术

17.2.1　信息公开和宣传培训

信息公开是公众参与的前提和核心工作之一，信息不公开不可能有公众参与。移民政策法规和技术标准是调节水电项目开发中各利益相关者利益分配关系的杠杆。宣传好、执行好、落实好移民政策，是做好移民工作的基本前提和重要保证。在水电工程项目前期设计阶段和实施初期，地方干部、项目法人和移民群众大部分不熟悉水电工程移民政策，缺乏移民工作经验。很多水电水利工程项目出现这样那样的移民问题，一定程度上是由于移民掌握的信息不准确、移民政策宣传不到位、解释不清楚、引起移民的误解和怀疑，从而对建设征地移民工作产生抵触情绪。在水电工程建设征地移民安置工作中，可行性研究报告阶段的实物指标调查工作一开始启动，就要做好信息公开工作，把不属于保密范围内的政策原原本本地告诉移民，做到家喻户晓，人人皆知。要充分利用电视、广播、网络、报纸、板报、宣传车、专栏、标语、宣传册等形式，大张旗鼓地向移民等有关公众宣传解释移民政策法规和技术标准，按规定分阶段做到征地范围公开、实物指标公开、移民对象公开、安置方式和地点公开、补偿标准公开、搬迁安置的程序公开、村级集体资产补偿及分配方案公开，并张榜公布，接受群众监督；要选调懂政策、农村工作经验丰富、善于做群众工作的干部组成工作组，深入建设征地区和移民安置区，进村入户，逐家逐户做耐心细致的政策宣传和解释工作，解答移民和安置点居民关心和担心的问题，解开移民心中的疑虑和"疙瘩"，化解移民的误会，使建设征地移民安置政策深入人心。

在水电工程建设征地移民公众参与工作中，做好停建通告的申请发布、调查细则和宣传手册编制发放等信息公开工作，并进行宣传培训学习，是保障移民的知情权、增强参与能力、提高公众参与效果的关键。

1. 停建通告

在以前的移民工作实践中，一些水电水利工程项目存在实物指标调查前突击建设项目和迁入人口、抢栽抢建等现象，造成了重复建设和资源浪费，增加了工程成本和补偿纠纷，同时，建设征地区的有关公众难以获取建设征地涉及的具体范围及其禁止性规定的公开权威信息。471号移民条例规定，工程占地和淹没区所在地的省级人民政府应当发布禁止在工程占地和淹没区新增建设项目和迁入人口的通告。停建通告发布后，原则上禁止在工程占地和淹没区新增建设项目，与当地群众生产生活直接相关的、确需建设的项目，应报县级以上人民政府批准。除合法迁入人口外，其他人口都不得迁入工程占地和淹没区。同时，省级人民政府应对实物指标调查作出安排，落实地方人民政府的职责，组织培训移民工作干部，积极配合做好实物调查工作。停建通告是确定移民规划基准年的依据，也是界定实物指标合法性的重要标志，对项目建设和推进地方经济社会发展、移民个人利益，甚至社会稳定产生深远影响，做好停建通告的申请、发布、执行的相关工作，明确建设征地范围和停建内容，是水电工程可行性研究报告阶段应当主动公开的关键信息，也是启动可行性研究阶段实物指标调查的前提条件。

停建通告的内容一般包括：从停建通告发布之日起，禁止在电站水库淹没影响区及枢纽工程建设区新增建设项目和迁入人口。未经省级人民政府批准，任何单位和个人不得在建设征地范围内新建、扩建和改建项目，不得开发土地和新建房屋及其他设施，不得新栽种各种多年生经济作物和林木。违反上述规定的，搬迁时一律不予补偿，并按违章处理。上述区域内人口自然增长严格按计划生育政策执行，人口机械增长除按规定正常调动、婚嫁、复转军人、国家机关及事业单位公招公聘干部、大中专毕业生回原籍、服刑期满回原籍等人口外，禁止向上述区域迁入人口。在规定时间以后自行入住的人口一律不按移民对待。有的省还对停建通告的有效期作出了规定。

水电工程停建通告由项目法人向省级移民管理机构提出申请，由省级人民政府或授权的市县人民政府发布，征地区县级人民政府组织对停建通告进行转发、张贴和宣传。

大中型水利水电工程申请发布停建通告应当具备省级人民政府规定的条件和申报要件。以四川省为例，《四川省大中型水利水电工程建设征地范围内禁止新增建设项目和迁入人口通告管理办法》（川办发〔2014〕13 号）规定，申请发布停建通告应具备的条件和申报要件分别如下。

（1）申请发布《停建通告》应具备的条件。包括：①申请发布《停建通告》的大中型水利水电工程应符合当地国民经济和社会发展规划及全省水利、能源发展规划；②工程占地区、水库淹没区范围确定。水电工程完成正常蓄水位选择、施工总布置规划专题报告审定；大型水利工程完成项目建议书审批，中型水利工程完成项目建议书审批或取得省水行政主管部门涉及停建范围的专题审查意见；③完成工程建设征地实物调查细则及工作方案确认。

（2）申请发布《停建通告》的申报要件。包括：①河流水利水电规划审查批文或省级以上水利发展规划；②水电工程预可行性研究报告审查批文，可行性研究阶段正常蓄水位选择和施工总布置规划专题报告审查批文；③大型水利工程项目建议书审批文件，中型水利工程项目建议书审批文件或省水行政主管部门涉及停建范围的专题审查意见；④主体设计单位的停建范围说明、水库淹没区打桩定界图、工程占地区红线图；⑤省扶贫移民局对工程建设征地实物调查细则及工作方案的确认文件；⑥项目法人或项目主管部门实施打桩定界、开展实物调查、编制报批移民安置规划大纲、编制送审移民安置规划等工作计划。

2. 调查细则

在进行可行性研究报告阶段的实物指标调查前，应由主体设计单位根据有关移民政策法规和技术标准，并结合建设征地区的实际情况，编制实物指标调查细则。调查细则的内容应包含水电工程项目概况、建设征地范围的确定、调查依据、调查项目和内容、调查方法、计量标准、调查精度、组织形式、进度计划、成果汇总、成果公示和确认要求等内容。

在调查细则编制过程中，需要征求地方政府有关部门意见，并经过咨询评审等环节，在经省级移民管理机构或其授权的地方政府确认后，作为实物指标调查工作的指导性文件，由调查各方共同遵守。

在实物指标调查前，需要召开培训会，对参加调查的各方工作人员、村组干部、移民代表进行技术培训。在调查过程中遇到调查细则没有规定或规定不合适的项目和内容，可以在不违反移民政策规定的基础上，通过联合调查组协商解决。

3. 宣传手册

（1）实物指标调查宣传手册。许多工程项目考虑到建设征地范围内的移民群众文化程度不高，在调查细则的基础上，采用通俗易懂的语言，将调查细则中与移民关系最为密切的有关内容编成宣传手册，发放到每家每户，并采用电视、报纸、板报、广播、宣传车等方式进行宣传。实物指标调查宣传手册的主要内容一般包括：工程的基本情况、工程建设的意义、移民在调查工作中拥有的权利和义务、需要准备的资料和注意事项、各项目的调查内容、调查方法、计量标准、成果公示和复核的程序要求等。在少数民族地区，必要时，宣传手册可采用汉语和少数民族两种语言印刷。

（2）移民安置规划宣传手册。为了回答、宣传、讲解与移民安置规划工作及移民切身权益密切相关的问题，让移民群众和移民干部能够充分了解有关的移民政策和工作程序，确保移民安置规划大纲和规划报告编制工作特别是移民意愿调查工作的顺利进行，在移民安置规划工作开展前，一般根据移民条例和有关技术标准以及所在省（自治区、直辖市）的相关政策规定，结合建设征地区的实际情况，编制移民安置规划宣传手册。移民安置规划宣传手册的内容一般包括：移民方针、移民安置原则、管理体制、工作程序，大纲和报告编制规定、内容，规划水平年，备选生产安置方式情况、选择条件，搬迁安置人口、近迁和远迁人口定义、集中安置、分散安置定义、备选的集中安置点情况等。

4. 培训会

在开展可行性研究报告阶段实物指标现场调查前，一般以县为单位对参加联合调查组的全体成员和移民代表进行全面培训。参加培训会议的一般包括县人民政府及有关部门、项目法人、设计单位领导、调查组全体成员、移民代表等。

培训会的内容一般包括：领导动员，移民政策法规宣讲，移民工作专题讲座，移民规划设计程序讲座，实物指标调查细则宣讲，实物指标调查方法分组讨论，实物指标调查实地操作，建设征地移民安置有关问题解答等。

5. 注意事项

在建设征地移民安置公众参与的信息公开与宣传培训工作中，需要特别注意以下几点：

（1）依法依规公开有关信息。国家法律法规要求公开的与项目建设征地移民安置有关的信息，应当在条件具备时主动公开，如：省级人民政府应当在实物调查工作开始前发布停建通告，县级人民政府应以村为单位向群众公布征收的土地数量、土地种类和实物调查结果、补偿范围、补偿标准和金额以及安置方案等，有移民安置任务的乡（镇）、村应当张榜公布征地补偿和移民安置资金收支情况等；移民按照法定程序申请公开的不涉及国家秘密、商业秘密和个人隐私、公开后不损害第三方合法权益、不危害安全和社会稳定的与建设征地移民安置有关的信息应当按规定向申请的移民提供。

（2）妥善处理信息公开与保守秘密的关系。对于不属于主动公开范围内的有关信息，移民申请公开信息的，应当采用书面形式申请。凡属国家秘密或者公开后可能危及国家安全、公共安全、经济安全和社会稳定的信息，不得公开。申请公开的信息涉及商业秘密、个人隐私，公开后可能损害第三方合法权益的，应当书面征求第三方的意见，第三方不同意公开的，不得公开；申请人申请公开与本人生产、生活、科研等特殊需要无关的信息，可以不予提供；正在讨论、研究尚未最终确定的信息、涉及工作秘密的信息，不应公开。

（3）信息公开应履行必要的审查确认程序，并需要分阶段进行。水电工程建设征地移民安置工作是分阶段进行的，建设征地移民安置规划设计成果和移民安置实施的许多信息，需要经历调查采集、统计分析、研究论证、咨询评审、审查批复等过程，且一些信息涉及国家秘密、商业秘密和个人隐私，为了保障公开的信息合法合规、真实准确，信息公开前应当履行必要的审查确认程序，并需要分阶段进行。如：国际界河水电工程建设征地移民安置的信息公开需要符合有关规定；实物指标调查范围、内容、标准、方法等，应在实物指标调查细则审定、停建通告发布后公开；移民安置方式、地点、选择条件、安置点平面布置、竖向布置等，应当经过设计单位论证并经移民安置联合规划组确认后，在移民安置规划大纲和可行性研究报告听取意见过程中向涉及的移民群众公开；土地、房屋、附属设施、零星树木等建设征地移民补偿补助标准，应当根据省级移民管理机构审核批复的移民安置规划报告，在移民安置实施阶段向建设征地范围内的移民群众公布。

（4）准确理解水电移民政策标准，统一宣传口径，把握宣传重点。依法依规是做好移民工作的关键，水电工程建设征地移民工作涉及许多政策法规和技术标准，而且水利水电移民政策与其他项目的征地拆迁政策存在较大区别，水电工程与水利工程在规划设计阶段划分和移民专业技术标准等方面也存在差异。在宣传培训工作中，应当统一宣传口径，准确理解水库移民政策和水电移民技术标准，把握不同阶段的宣传培训重点。在实物指标调查阶段，重点宣传解释房屋滴水、建筑面积与占地面积的区别、房屋基本装修与装修调查项目的区别、土地投影面积与坡面面积的区别、不同对象设计洪水标准的区别、调查水位与正常蓄水位的区别、零星树木与成片林木的区别、补偿指标与规划指标的区别、淹没线上个人财产和剩余土地资源的处理政策等；在移民安置规划阶段，重点宣传解释生产安置人口和搬迁安置人口的含义、区别、计算方法，不同安置方式的含义、区别、安置标准、选择条件和选择程序，专业项目恢复改建"三原原则"的含义，补偿补助标准的确定方法等；在移民安置实施阶段，重点宣传解释房屋单价构成、房屋补偿单价与商品房价格的区别、移民安置意愿对接和设计变更的程序要求等。

17.2.2　公众参与的事项和途径

水电工程建设征地移民安置工作包括实物指标调查、移民安置规划总体方案制订、移民安置规划设计、补偿费用概算、规划大纲和规划报告文本编制、移民安置实施、移民后期扶持等工作，公众参与工作贯穿于建设征地移民安置规划、实施和验收的全过程。公众参与的关键事项主要包括：实物指标签字确认和公示复核、移民和移民安置区居民意愿调查、规划大纲和规划报告听取和征求意见、社会稳定风险分析评估公众参与、移民安置实施阶段的公众参与等，做好上述项目的公众参与工作，是确保建设征地移民安置公众参与效果的关键。

17.2.2.1　实物指标签字确认和公示复核

实物指标调查成果是确定移民安置任务、编制移民规划大纲和规划报告、兑付移民补偿补助资金的重要依据，实物指标调查数据决定移民补偿资金多少，实物指标调查是产生矛盾纠纷和法律诉讼最多的移民工作之一。

2004 年 10 月《国务院关于深化改革严格土地管理的决定》明确要求，对拟征土地现状的调查结果，须经被征地农村集体经济组织和农户确认；471 号移民条例明确提出，实物调查应当全面准确，调查结果应经调查者和被调查者签字认可并公示。"07 规范"和《水电工程建设征地实物指标调查规范》（DL/T 5377—2007）规定，实物指标调查成果应经调查者和被调查者签字，并按有关规定公示后，由有关地方人民政府签署意见。

实物指标调查和公示复核是移民群众最关心、参与程度最深、参与范围最广的移民工作之一。权属人和调查人按照规定要求对调查原始表格进行签字确认，调查成果切实履行公示复核、确认程序，妥善处理实物指标签字确认和公示复核过程中的有关问题，是保障实物指标调查客观公正、全面准确，减少矛盾纠纷的关键。

1. 调查原始表格签字

为了落实调查者、被调查者和有关各方在实物指标中的责任，保证实物调查成果的全面、准确、可靠、有效，实物指标调查结果应经调查者和被调查者签字认可并公示。

（1）权属人现场签字认可。权属人（被调查者）现场签字认可的要求如下：

1）为保证调查成果的全面性、正确性以及工作连续性，权属人应积极配合调查工作，并及时对无异议的调查成果进行签字认可。

调查农村和城（集）镇私有财产时，权属人或其委托人应积极参加，调查完毕后，财产所有者或其委托人应当在实物指标调查表上签字（章）认可。

调查集体财产时，集体财产所有者代表或其委托人应积极参加，调查完毕后，集体财产所有者代表或其委托人应当在实物指标调查表上签字（章）认可。

调查机关、企事业单位财产时，法人代表或其委托人应积极配合调查工作，调查完毕后，企事业单位法人代表（委托人）或主管部门应当在实物指标调查表上签字认可并加盖公章。

各专业主管部门应积极配合调查建设征地影响范围内的专项设施，并对调查成果进行签字认可并加盖公章。

2）如果私有财产所有者、集体财产所有者法人代表、机关企事业单位法人代表无法到场，可由其委托代理人参加调查并对调查成果进行签字（章）认可，但委托代理人须持有产权人签名的书面委托书。

3）若权属人或权属单位在实物指标调查数据准确无误时拒不履行签字职责时，由县实物指标调查领导组签发书面通知并传达到未履行签字职责的权属人或权属单位，在规定的时间内仍不履行签字职责的，其实物指标由联合调查组成员签字后，作为实物指标调查报告编制的依据，并由调查组将调查结果和处理过程形成书面材料一并留存备查，并应注意做好签收记录和实物指标摄影摄像工作。

4）对于存在权属纠纷的实物指标，如插花地、土地权属纠纷，共有产权房屋、兄弟分家等问题，原则上应由当事人协商或地方政府主管部门负责解决。由于权属纠纷涉及的原因很多，成因比较复杂，有些问题是历史长期积累的，涉及的法律问题较多，往往短时间难以得到解决。对于存在权属纠纷的实物指标，一般应由纠纷人提供合法依据，如土地承包证、林权证、房产证等，如果不能提供合法有效的依据或当事人不能协商一致，可以在原始调查表格上注明权属争议情况，由权属争议双方先行签字确认实物指标调查数据，也可由村组干部代签，保证实物指标不重不漏，权属纠纷问题由当事人协商或地方政府主管部门（如土地勘界办公室、房产部门等）负责解决。实物指标调查组对兄弟分家等权属纠纷不宜介入过深过多，以免影响实物指标调查进度。

（2）调查人现场签字。调查人现场签字的要求如下：

1）可行性研究报告阶段实物指标调查组签字人员为参与本次实物指标调查的单位人员或代表，包括项目法人、移民主管部门、县级以上行业主管部门、乡（镇）人民政府、村组干部、村民代表、设计单位等。实施阶段实物指标复核调查成果的签字单位，在可行性研究阶段的基础上，增加移民综合监理单位。

2）调查组全体成员和权属人对调查表进行当场签字（章）确认，现场调查工作结束后，及时将签字（章）确认的实物指标调查表复印件留存给权属人，一个县的实物指标调查工作完成后，设计单位、县级移民主管部门、项目法人分别复印留存一套实物指标调查表，原件按规定移交档案部门归档，永久保存。

2. 调查成果公示复核

（1）实物指标调查成果张榜公示的内容。张榜公示的内容主要为人口、房屋、附属建筑物、土地、零星树木、专项设施、企业事业单位及个体工商户、宗教文化设施、农副业加工设施等，按权属以户或集体经济组织或权属单位为单位公示。

（2）实物指标调查成果张榜公示地点。农村移民个人实物指标调查成果在本村民小组范围内张榜公布，集体经济组织实物指标调查成果在本集体经济组织范围内张榜公布。

（3）实物指标调查成果张榜公示程序。

1）宣传和公告。在实物指标公示之前，由县级人民政府负责对移民进行公示复核政策宣传，并由县级人民政府发布实物指标公示公告，公示公告内容包括：公示内容、公示程序、公示期限、申请复核和受理程序等。

2）公示复核程序。实物指标一般实行三榜或二榜公示。对于实行三榜公示的实物指标，其具体程序一般为：第一榜公示—申请复核—复核，第二榜公示—申请复核—复核，第三榜公告。①第一榜：在本区域实物指标调查完毕后，联合调查组对调查数据进行汇总整理后编制实物指标张榜公示材料，由县级人民政府组织进行公示，公示期一般为 7 天。对公示内容有异议的，权属人在公示截止日前提出复核申请，申请内容包括申请人、复核内容及申请时间，复核申请交相应村委会负责人进行汇总；各村委会对村内提出的复核申请进行初步审核后提交乡（镇）政府指定负责人；乡（镇）政府对各村提出的申请进行复核后，归类汇总、造册登记后交实物指标调查组审核。各调查组根据审核意见对申请内容所属的指标类别（人口、房屋、附属建筑物等）进行实物指标复核，由权属人、调查组各方代表现场核对后签字认可。公示期内没有提出复核申请的，视为对实物指标登记成果无异议。②第二榜：只对第一榜公示后的复核调查成果进行第二榜公示，对第一榜公示后无异议的，不再进行公示。对第二榜公示的调查成果仍有异议的，权属人应于第二榜公示之日起的规定时间内（一般为 7 日）再次提出申请，程序同第一榜。③第三榜：只公告第二榜公示后已复核的实物指标成果，此榜为终结榜，不再复核。

（4）实物指标调查成果张榜公示的具体要求。

1）调查成果汇总后，由联合调查组提请县级人民政府按有关规定和程序，组织对调查成果进行公示，接受移民群众和社会监督。县级人民政府应在实物指标公示的同时，公布移民意见的收集地点、收集机构、收集方式以及相关负责人员的联系方式等信息，以便移民意见的收集和反馈。

2）权属人对公示的调查成果如有异议，应在规定的时间内逐级向实物指标联合调查组提出复核申请，各级意见收集机构对各自收集的申请进行审核后报上一级。

3）实物指标联合调查组应对提出意见的群众做好政策宣讲和解释工作，并将提出的复核申请及时汇总，对需要进行复核的，及时做好复核工作准备。

4）实物指标联合调查组根据审核后的复核申请，及时组织人员进行现场复核。最终的实物指标成果以复核成果为准，复核调查工作完成后，调查人员和财产所有者须对复核成果签字认可。

5）人口、房屋、附属建筑物等实物指标一般实行三榜公示制，每榜一般为 7 天。三榜公示中任一榜无任何异议的即为终结榜，不再进行公示；部分指标只进行一榜公告（零星林木、坟墓、田间地头的水池、围墙等附属建筑物、农村小型水利水电设施等），对存在疑问的只进行内业资料核查，一般不进行外业复核。

实物指标公示后，一经复核并经公示终结，不论增加或减少，均按复核成果登记，复核调查成果须由联合调查组各方和权属人（或单位法人）签字（盖章）认可。

（5）实物指标调查成果公示复核的关键点。

1）严格执行细则。为了维护调查成果的严肃性，避免工作反复，对于复核调查需要慎重把握，严格履行程序，严格执行细则，从严掌握尺度，以避免连锁反应，甚至引起实物指标调查全面返工和群体性事件。

2）按原有方法复核。实物指标复核应按照原有项目、内容和方法进行调查，由于前期调查可能存在将调查细则中没有单列的实物指标对象归入类似项目合并处理的情况，应对权属人要求复核对象的同类项目实物指标相关数据进行全面复核，无论增加或减少应当坚持严格采用复核后的数据，以发挥警示作用，避免连锁反应，维护复核工作的严肃性。

3）应由权属人书面申请。由于实物指标复核后的数据可能出现减少的情况，为了避免可能的法律纠纷，在实物指标调查工作中，对于要求复核的权属人，一般应当先由调查组做出解释说明，坚持要复核的权属人，应当按照规定表格提出书面申请并签字或盖章，不具备填写能力的申请人，可由亲属或村组代表代为填写申请表格，权属人签字盖章或按手印确认。

4）部分项目宜内业复核。对于零星树木、坟墓等项目，由于工作量大，地域范围广，涉及权属人多，权属边界不清晰，真实权属人判别困难，复核难度很大。为了避免重复清点的现象，一般采用内业数据复核的方法，纠正数据统计错误，确需外业复核的，一般要求在所有权属人在场的情况下，采取成片复核的方法。

5）图纸签字。对于土地，一般采取图纸内业复核的方法，要注意由调查人和权属人在外业复核图纸和清绘图纸上签字，并存档保存。

3. 调查成果确认

在预可行性研究报告阶段，必要时，实物指标调查成果听取县级人民政府的意见。

在可行性研究报告阶段，实物指标调查成果应经调查者和被调查者签字并公示后，应由有关地方人民政府签署意见。

实物指标公示由县级人民政府按照移民条例和各省（自治区、直辖市）的规定组织实施。

文物古迹调查要根据《中华人民共和国文物保护法》等法律法规的要求，由有资质的专业单位进行调查，主管部门对成果进行书面确认。

矿产资源调查可采取委托地质矿产部门进行或由工程设计单位调查两种方式，但调查成果需要得到主管部门的书面认可。

外业调查成果公示复核完成后，调查人员根据调查成果或复核成果，以村民小组（或单位）、行政村、乡（镇）、县为单位，汇总各行政辖区范围内的建设征地实物指标，形成汇总成果表。各村民小组（或单位）、行政村、乡（镇）代表和联合调查组成员单位代表须在相应的汇总表上签字（章）。县级汇总成果应由县人民政府提出书面确认意见，有的省还要求由市（州）人民政府及移民主管部门、县人民政府及移民主管部门、项目法人、主体设计单位以及国土、林业调查单位分别对实物指标汇总成果进行签字盖章确认。经各方认定后的调查成果，将作为编制建设征地移民安置规划大纲和移民安置规划报告以及移民安置实施的依据。

17.2.2.2　移民安置规划大纲和规划报告听取和征求意见

移民安置规划大纲是移民规划报告的编制依据，移民安置规划报告是移民安置实施、监督评估和验收的依据，如果没有作为补偿对象和安置主体的移民参与，不广泛听取移民和安置地居民的意见，移民和安置地居民的合法权益必然难以得到保障，所制定的规划也难以得到顺利实施。471 号移民条例以前，这方面的教训很多，致使移民安置留下许多遗留问题。一方面可能会出现移民对安置方式和安置去向、补偿标准和资金兑现方式，以及安置区的生产生活条件不满意、不认可，甚至出现拒绝搬迁的现象，影响工程的顺利建设和区域社会稳定；另一方面可能会造成安置区居民不配合，不接受移民迁入，甚至出现驱赶移民的现象。471 号移民条例第九条和第十五条明确规定，编制移民安置规划大纲和移民安置规划应当广泛听取移民和移民安置地居民的意见。

移民安置工作实行政府领导、分级负责、县为基础、项目法人参与的管理体制，县级人民政府是建设征地移民工作的工作主体、责任主体和实施主体，移民规划大纲和规划报告在政策允许范围内充分吸收和反映县级以上地方人民政府及有关部门的意见，是提高移民规划大纲和规划报告的科学性、可操作性，确保规划设计成果实施和移民工作顺利推进的关键。471 号移民条例第六条和第十条分别规定，省级人民政府或者国务院移民管理机构在审批移民规划大纲前，省级移民管理机构或者国务院移民管理机构在审核移民安置规划前，都应当征求移民区和移民安置区县级以上地方人民政府的意见。

移民安置规划大纲和规划报告听取和征求意见的具体工作包括：移民和移民安置区居民意愿调查、移民安置规划大纲听取和征求意见、移民安置规划报告听取和征求意见、规划大纲和规划报告确认。大纲和报告听取和征求意见的重点是做好技术准备工作、把握听取和征求意见的重点内容。

1. 移民和移民安置区居民意愿调查

可行性研究报告阶段移民安置意愿调查成果是规划大纲和规划报告确定移民生产安置方式、搬迁安置方式、移民安置去向，论证集中移民安置点位置、规模的重要依据之一。

《水电工程农村移民安置规划设计规范》（DL/T 5378—2007）规定，居民点选址需考虑移民的意愿与需求；移民环境容量定性分析初选安置区和安置方式的适宜性，主要考虑自然资源和社会环境等因素，如土地资源、气候条件、移民和安置区居民意愿、经济发展水平、生产关系、生产生活习惯、基础设施、宗教信仰、生产水平、民族习俗等；社会保障安置应根据相关政策，结合移民年龄构成，通过移民意愿调查，确定社会保障对象，投亲靠友安置需根据移民意愿确定安置对象；自谋职业和自谋出路安置需结合移民意愿确定安置对象，落实移民户安置出路，并取得地方政府的认可。

《国家发展改革委关于做好水电工程先移民后建设有关工作的通知》（发改能源

〔2012〕293号〕规定，对移民搬迁安置去向、移民生产安置方式的选择应充分尊重移民意愿，由移民在政策范围内自主选择，尽量满足不同移民需求。

切实做好移民意愿调查的各项技术准备工作，合理界定移民意愿调查的范围，按程序认真做好移民和安置区居民意愿调查，在政策允许的范围内最大限度地满足大多数移民的意愿，是提高可行性研究报告阶段移民安置规划方案的针对性和可操作性，减少移民安置实施阶段因移民意愿变化造成的设计变更和重复建设的关键工作之一。

（1）意愿调查的技术准备工作。为了保障移民意愿调查的效果，在进行移民意愿现场调查前，应当充分做好以下技术准备工作：

1）主体设计单位计算生产安置人口和搬迁安置人口，提出移民安置任务。

2）县政府在初步听取乡、村、组干部和移民、安置区居民代表意见的基础上，初拟移民生产安置方式，提出备选移民安置区。

3）有关各方对备选移民安置区进行实地查勘，并对剩余土地资源进行摸底调查。

4）主体设计单位对移民集中安置点进行地形图测量、地质勘察、地灾评估。

5）拟定移民安置目标、标准，分析移民环境容量。

6）对移民安置方案进行技术经济论证，提出移民安置初步方案，制作集中移民安置点效果图。

7）编制移民意愿调查宣传手册，提出备选的移民安置方式、去向、地点、标准，明确移民选择应当具备的条件等，并进行宣传培训。

8）组织移民代表到备选的移民集中安置点新址进行现场考察，了解安置点条件和周边环境。

（2）意愿调查原则。

1）坚持公开、公正、透明的原则，让移民和安置区居民享有充分的知情权、选择权。

2）坚持政府引导、被调查人自愿的原则，充分尊重被调查人的个人选择。

3）坚持认真比对、慎重选点、一次确定的原则，保证调查结果能真实地反映大多数被征地对象的意愿。

（3）意愿调查范围。

1）建设征地区移民意愿调查范围。建设征地区意愿调查范围包括全部移民安置人口。在规划大纲编制阶段，对建设征地范围内的移民以户为单位进行全面调查，对扩迁范围内移民以户为单位进行抽样调查；在规划报告编制阶段，在进行扩迁人口房屋调查时，一并对其意愿进行全面调查。

2）移民安置区居民意愿调查范围。移民安置区居民意愿调查范围为土地资源筹措和移民工程新址涉及的全部居民户。针对同意调整土地安置移民的居民户和需要搬迁房屋的居民，以户为单位进行调查；其他居民户进行典型调查。

（4）意愿调查内容。

1）农村移民意愿主要调查移民户基本情况、剩余土地资源情况、经济收入情况、生产安置意愿、搬迁安置意愿、有关意见及诉求等。

2）城市集镇移民意愿主要调查移民户基本情况、经济收入情况、对搬迁安置方式和搬迁安置地点的意愿、有关意见及诉求等。

3）专业项目权属人和企事业单位意愿主要调查专业项目权属人和企事业单位对迁建、货币补偿、防护等处理方式的意愿，有关意见及诉求等。

4）安置区居民意愿主要调查安置区居民家庭基本情况、土地资源拥有情况、接纳移民的意愿、土地流转意愿、有关意见及诉求等。

（5）意愿调查程序及过程。

1）移民意愿调查程序：①以移民安置意愿调查表为基础，规划组结合当地实际和地方政府提出的备选移民安置区拟定调查表格式，征求当地政府意见并修改后，交由地方政府组织开展移民意愿调查工作；②乡（镇）和村组干部培训。由县级人民政府组织，对建设征地涉及乡（镇）、村组干部进行意愿调查培训，逐项讲解意愿调查表中的项目，确保乡（镇）和村组干部熟悉表格的填写内容、填写方法和填写程序，并能正确把握地方政府对于推荐安置点的导向性意见；③召开村民大会。由乡（镇）或村组干部逐项讲解意愿调查表，并对调查表中的备选安置点特别是推荐安置点的基本情况进行全面的、实事求是的说明；④逐户进行调查。意愿调查表填写前，移民户家庭成员应认真讨论、比对，填写时一次确定。

2）安置区居民意愿调查程序：①初步选择安置区后，规划组将拟定的安置区居民接收移民意愿调查表交由地方政府组织开展安置区居民意愿调查工作；②进行乡（镇）和村组干部培训。由县级人民政府组织，对安置区各乡（镇）、村组干部进行意愿调查培训，逐项讲解意愿调查表中的项目，确保乡（镇）和村组干部熟悉表格的填写内容、填写方法和填写程序，并能正确把握地方政府的导向性意见；③召开村民大会，由乡（镇）或村组干部逐项讲解意愿调查表，对移民迁入后带来的生产、生活等基础设施条件的改善进行必要的说明；对土地流转调整的目的、土地流转调整资金的使用，土地流转调整后保持并提高收入的措施，以及为便于将移民安置用地相对集中或进行开发整理，可能在集体经济组织内部对土地进行再调整的情况进行说明；④逐户进行调查，填写移民意愿调查表格，并由移民在意愿调查表上签字。调查表格填写前，居民户家庭成员应认真讨论比对拟流转出去的各类土地的数量和土地流转资金用途等选项，填写时一次确定。

2．移民安置规划大纲听取和征求意见

（1）移民安置规划大纲听取和征求意见的技术准备工作。移民安置规划大纲听取和征求意见的主要技术准备工作和程序包括：①完成水库淹没影响区和枢纽工程建设区的实物指标调查和公示确认；②进行淹没线上剩余资源调查分析，开展成片生产开发区和集中安置点现场查勘；③完成集中安置点等移民工程项目的地形图测量、工程和水文地质勘察、地质灾害和水源水量水质调查评价；④编制移民安置意愿调查宣传材料，开展移民安置意愿调查。移民安置意愿调查宣传材料一般应当包括备选移民生产安置方式、生产开发地点，备选搬迁安置方式、集中安置点新址，移民生产安置方式选择条件、移民搬迁安置方式选择条件等内容；⑤拟定移民安置总体规划方案，提出农村移民安置方案、城市集镇和专业项目处理方案，编制移民安置规划大纲初稿，听取移民和安置区居民意见；⑥编制移民安置规划大纲征求意见稿，规划大纲征求意见；⑦编制移民安置规划大纲送审稿，县级人民政府对规划大纲进行确认，报省级移民管理机构审查；⑧根据审查意见，编制移民安置规划大纲审定本；⑨省级人民政府批复移民安置规划大纲。

（2）规划大纲听取意见。移民安置规划大纲编制过程中形成的成果，均要及时听取移民和安置区居民的意见和建议。规划大纲编制前，往往需要就形成的移民安置规划初步方案多次听取移民和安置区居民的意见和建议，不断修改完善，以最大限度地符合广大移民群众的意愿。在充分听取移民和安置区居民意见、各方基本达成一致的基础上，编制移民安置总体规划方案和移民规划大纲初稿。

1）移民安置规划大纲听取移民和安置区居民意见的重点内容主要包括：生产安置方式和去向、搬迁安置去向、成片生产开发区的位置、农村居民点位置、城市集镇迁建新址的位置，配套的水电路等基础设施的位置、交通等专业项目复建线路、农村居民点和城镇迁建的平面布置、竖向布置、文化教育卫生等公共设施的规划方案、专业项目复建补偿处理方案、企业事业单位处理方案等。

2）规划大纲听取意见一般采取座谈会的方式，对于移民安置任务简单的项目，也可与征求意见会议一并召开。规划大纲听取移民和安置区居民意见时，设计单位应当做好会议记录，特别要注意保存参会代表的签到表，重大问题可以形成会议纪要。

（3）规划大纲征求意见。移民安置规划大纲征求意见稿形成后，一般由县级人民政府组织召开专题会议征求有关各方意见，参加会议的人员一般有：移民代表、安置区居民代表、乡村组干部、单位权属人、行业主管部门、项目法人、设计单位。会议先由主体设计单位对移民安置规划大纲进行全面汇报，然后由会议代表对规划大纲提出意见和建议，设计单位和项目法人对有关问题进行说明和解释，有关各方对有关问题进行讨论，主持单位进行会议总结并形成会议纪要，地方政府有关部门也可以采用书面形式对规划大纲征求意见稿反馈意见。

规划大纲征求意见的重点内容主要包括：规划水平年，移民安置规划目标，人口增长率，生产安置方式和去向、搬迁安置去向、建设用地标准，宅基地标准，生产安置标准，成片生产开发区的位置、农村居民点的位置和人口规模、城市集镇迁建的位置和人口规模，配套的水电路等基础设施的位置、规划标准和规模，专业项目的处理方式、复建标准和规模，企业事业单位处理方案、迁建标准和位置，补偿费用计算的方法等。

3. 移民安置规划报告听取和征求意见

（1）移民安置规划报告听取和征求意见的技术准备工作。在移民安置规划大纲批复后，设计单位会同有关各方开展移民安置工程项目设计工作，编制移民安置规划报告初稿并听取移民和安置区居民意见，编制移民安置规划报告征求意见稿，并征求所在地县级人民政府有关部门的意见。移民规划报告听取和征求意见的主要技术准备工作和程序为：①完成移民工程项目占地区实物指标调查、扩迁人口和远迁人口实物指标调查；②开展移民安置工程项目初步设计，包括成片生产开发区规划设计、集中居民点规划设计、城市集镇处理规划设计、专业项目处理规划设计，移民安置区环境保护和水土保持设计；③编制移民安置报告初稿，听取移民和安置区居民意见；④分析补偿补助项目单价，编制建设征地移民安置补偿费用概算初步成果；⑤编制移民安置规划报告征求意见稿，听取规划报告意见；⑥编制移民安置规划报告送审稿，县级人民政府对规划报告进行确认，报省级移民管理机构审核；⑦根据审查意见，编制移民安置规划报告审定本；⑧省级移民管理机构出具移民规划报告审核意见。

（2）规划报告听取意见。省级人民政府批准移民安置规划大纲后，设计单位会同地方政府和项目法人开展生产安置设计、搬迁安置设计、城市集镇和专业项目处理设计、补偿费用概算等工作，编制移民规划报告初稿，地方政府组织开展听取意见工作。

1）移民规划报告听取移民和安置区居民意见的重点是：扩迁人口、移民工程新址征地区涉及人口的生产安置和搬迁安置意愿；土地资源筹措、土地开发利用方案、土地开发整理项目和典型设计项目的选择、其他生产安置措施；集中居民点平面布置和竖向布置及外部配套基础设施，分散安置典型设计样本的选择情况；城市集镇用地布局、竖向规划、道路交通规划、管线规划、公共服务设施规划等；企业事业单位补偿评估成果、交通运输、水利、电力、通信广播、防护工程、文物古迹、矿产资源等专项设施的规划处理方案、房屋等补偿项目单价测算典型样本选择等，其中专业项目处理设计成果听取意见的对象主要是权属人及其上级主管部门。

2）移民安置规划报告听取意见一般采用座谈会的方式，专业项目的权属人可以采取书面形式反馈意见。移民任务简单的项目也可以与征求意见专题会议一并进行。规划报告听取移民和安置区居民意见时，设计单位应当做好会议记录，特别要注意保存参会代表的签到表，重大问题可以形成会议纪要。

（3）规划报告征求意见。移民安置规划报告征求意见稿形成后，一般由县级人民政府将规划报告发送给地方政府有关部门，并组织召开专题会议征求有关各方意见，参加会议的人员一般有：移民代表、安置区居民代表、乡村组干部、单位权属人、行业主管部门、项目法人、设计单位；会议先由主体设计单位对移民安置规划报告进行全面汇报，然后由会议代表对规划报告提出意见和建议，设计单位和项目法人对有关问题进行说明和解释，参会各方对有关问题进行讨论，主持单位进行会议总结并形成会议纪要。地方政府有关部门还可以采用书面形式对规划报告征求意见稿反馈意见。

规划报告征求意见的重点内容主要包括：土地资源筹措、土地开发利用方案、土地开发整理项目和典型设计项目的选择情况、土地开发整理和典型设计项目，其他生产安置措施，生产安置规划投资与土地补偿补助费的资金平衡成果；集中居民点规划设计成果及外部配套基础设施，分散安置典型设计的选择情况和成果；城市集镇迁建修建性详细规划成果，包括用地布局、竖向规划、道路交通规划、管线规划、公共服务设施规划、绿化规划、防灾规划、环境保护和水土保持规划等，城市集镇基础设施工程设计成果；企业事业单位补偿评估成果，迁建设计成果，交通运输、水利、电力、通信广播、防护工程、文物古迹、矿产资源等专项设施的规划设计成果，征用土地复垦及耕地占补平衡、库底清理、环境保护与水土保持、建设征地移民安置补偿费用概算、实施组织设计等。

4. 规划大纲和规划报告确认

设计单位根据移民安置规划大纲和规划报告征求意见情况，对规划大纲和规划报告进行补充修改完善，编制移民安置规划大纲和规划报告送审稿，项目法人或设计单位将规划大纲和规划报告送审稿发送给县人民政府，由县政府对规划大纲和规划报告进行书面确认，并上报上级人民政府，县级人民政府书面确认前，可以采取多种方式听取公众意见。

市（州）人民政府收到县级人民政府上报的规划大纲和规划报告后，一般由移民主管部门组织召开会议，听取县政府、行业主管部门、项目法人、设计单位等有关各方意见，并形成会议纪要，由设计单位对大纲和报告进行修改完善后，由市（州）人民政府或移民部门上报省级人民政府或移民主管部门。部分项目在上报前还采取专家咨询会的方式对规划大纲和规划报告进行技术把关；部分项目所在地的市（州）人民政府或移民部门在收到县级人民政府上报的规划大纲和规划报告后，采取直接转报的方式，将规划大纲和规划报告上报省级人民政府或移民主管部门。

在移民安置规划大纲和规划报告确认过程中，需要关注的主要问题包括：国土和林业重叠面积的认定，移民规划目标与当地经济社会规划目标的衔接，移民政策与其他征地拆迁政策的区别和衔接，"三原"原则与行业标准的衔接，房屋补偿单价及构成与商品房价格的区别，生产安置措施费，分散安置人口基础设施补偿，零星树木和成片林木补偿单价的衔接，相邻地区土地单价差异，上下游电站平衡问题等。

17.2.2.3 社会稳定风险分析评估公众参与

"公众参与、专家论证、风险评估、合法性审查、集体讨论决定"是党中央和国务院确定的重大行政决策法定程序，做好社会稳定风险分析信息公示和风险分析评估中的公众参与工作，编制社会稳定风险评估报告，既是水电工程项目核准的重要依据，也是预防和化解社会矛盾的关键工作之一。

《国家发展改革委重大固定资产投资项目社会稳定风险评估暂行办法》（发改投资〔2012〕2492号）规定，项目单位在组织开展重大项目前期工作时，应当对社会稳定风险进行调查分析，征询相关群众意见，查找并列出风险点、风险发生的可能性及影响程度，提出防范和化解风险的方案措施，提出采取相关措施后的社会稳定风险等级建议。社会稳定风险分析应当作为项目可行性研究报告、项目申请报告的重要内容并设独立篇章。由项目所在地人民政府或其有关部门指定的评估主体组织对项目单位做出的社会稳定风险分析开展评估论证，根据实际情况可以采取公示、问卷调查、实地走访和召开座谈会、听证会等多种方式听取各方面意见，分析判断并确定风险等级，提出社会稳定风险评估报告。评估报告的主要内容为项目建设实施的合法性、合理性、可行性、可控性，可能引发的社会稳定风险，各方面意见及其采纳情况，风险评估结论和对策建议，风险防范和化解措施以及应急处置预案等内容。评估报告认为项目存在高风险或者中风险的，国家发展改革委不予审批、核准和核报；存在低风险但有可靠防控措施的，国家发展改革委可以审批、核准或者核报国务院审批、核准，并应在批复文件中对有关方面提出切实落实防范、化解风险措施的要求。

对于水利水电工程项目，需要按照国家发展改革委办公厅《重大固定资产投资项目社会稳定风险分析篇章和评估报告编制大纲（试行）》（发改办投资〔2013〕428号）规定，在项目审批（核准）所需的各前置文件具备后，在项目上报审批（核准）之前完成项目社会稳定风险分析篇章和评估报告的编制工作，其中包括土地房屋征收补偿和移民安置等方面的分析评估内容。

四川、云南、贵州、湖南等省还出台了水利水电工程建设征地移民社会稳定风险评估的具体办法，如2016年8月25日四川省人民政府令第313号公布的《四川省社会稳定风险评估办法》规定，大中型水利水电工程涉及编制建设征地移民安置规划大纲、编制移民安置规划及方案调整，组织开展蓄水验收，以及涉及人数多、关系移民群众切身利益的重大敏感问题等事项应当开展社会稳定风险评估。《四川省大中型水利水电工程建设征地补偿和移民安置社会稳定风险评估办法（试行）》（川办函〔2013〕191 号）规定，县级人民政府会同项目法人，组织开展工程建设征地补偿和移民安置的社会稳定风险分析，编制风险分析报告；市（州）人民政府为风险评估主体，组织相关部门及专家开展风险评估论证，编制风险评估报告，作出科学客观的结论；风险评估工作应当在审定移民安置规划大纲前完成，移民安置规划报告审批前，如出现新的稳定风险问题，应当按原程序对稳定风险进行再评估。《云南省中型水利工程移民安置前期工作管理暂行办法》（云移局发〔2012〕96 号）规定，项目法人或者项目主管部门应当按照《云南省重大事项社会稳定风险评估制度》（云办发〔2010〕31 号）的要求，依据《云南省大中型水利水电工程建设征地补偿和移民安置社会稳定风险评估实施办法》（云移局〔2011〕49 号）的具体规定，组织编制移民安置社会稳定风险评估报告，随同移民安置规划报告一并报送有关部门备案。《贵州省大中型水利水电工程移民安置社会稳定风险评估暂行办法》（黔移发 22 号）规定，移民安置规划社会稳定风险评估报告及审查意见是移民安置规划审核的重要依据。未编制移民安置规划社会稳定风险评估报告或风险评估报告未经审查通过的工程项目，各级移民管理机构不得审核批准其移民安置规划。《湖南省大中型水库移民安置社会稳定风险评估管理办法》（湘移发〔2015〕16 号）规定，移民安置风险评估报告是省水库移民开发管理局审查移民安置规划大纲的重要依据，未提交移民安置风险评估报告的，不得进入移民安置规划大纲审查程序；移民安置风险评估可作为水库建设项目社会稳定风险评估报告的篇章编制，也可以专项编制。

水电工程社会稳定风险分析评估的主要程序包括：①制订风险分析评估工作方案；②收集和审阅相关资料；③充分听取意见。根据实际情况，采取公示、问卷调查、实地走访、召开座谈会、听证会等多种方式，充分听取、收集相关群众意见；④全面分析评估论证；⑤确定风险等级；⑥形成分析评估报告。

在社会稳定风险分析评估工作中，公众参与主要体现在以下几个方面。

1. 社会稳定风险分析信息公示

在开展水电工程社会稳定风险分析工作前，由地方各级政府，按照信息公开要求，做好水电开发的必要性和可行性的公示，开展深入细致的宣传解释和正确的舆论导向工作，取得相关各方的广泛共识和积极支持。

（1）建设单位需向公众公告的信息：①项目的名称和项目概况；②项目建设的合法性、合理性、可行性和可控性等主要内容；③建设征地处理范围；④移民安置任务、去向、标准和农村移民生产安置方式；⑤征求公众意见的主要事项；⑥公众提出意见的方式；⑦项目建设单位的名称和联系方式。

（2）信息公告方式包括：①在项目所在地的公共媒体上（县人民政府网站）和乡村驻地发布公告，时间一般需要持续 7 个工作日以上；②其他便利公众知情的信息公告方式。

2. 社会稳定风险分析公众参与方法

（1）召开座谈会。主要包括移民区和移民安置区座谈会、其他利益相关方会议。

1）召开移民区和移民安置区群众代表、村组干部、专业项目权属人、政府相关部门及有关单位参加的座谈会，在深入宣讲移民法规政策和主要规划成果的基础上，广泛听取和征求各方意见建议。

2）组织电站建设涉及的单位与村民代表等其他利益相关方参加的座谈会，包括：①政府机关座谈会，参加人员包括政府相关部门、项目法人、设计院等；②乡镇座谈会，参加人员包括乡（镇）政府、村民代表、项目法人、设计院等。征求各方对本工程建设征地移民安置的意见和建议，以及化解风险措施的建议。风险分析单位负责记录工作，相关人员（单位）签字认可。

（2）问卷调查。发放问卷调查表，征求移民区和移民安置区群众、专业项目权属人及基层干部意见。公众意见问卷调查由项目法人和县人民政府根据公众参与人数，发放单位和个人征求意见问卷调查表（含搬迁人口和非搬迁人口），公众提交调查表的时间一般不少于5个工作日。反馈意见将作为识别各类风险点的重要依据，并使社会稳定风险分析报告的编制更具有针对性。

1）单位调查：主要针对县相关职能部门，包括发展改革委、公安局、维稳办、移民局、国土局、林业局、水利局、环保局、安监局、交通局、信访局、移动公司、电信公司和联通公司等单位。

2）搬迁人口调查：以户为单位进行问卷调查，一般按照搬迁户数的适当比例抽取，涉及搬迁安置的各村组按照搬迁人口的比例进行分配。

3）非搬迁人口调查：对不属于电站建设征地影响的人口进行问卷调查，以户为单位，一般按照移民搬迁户数和非搬迁户数的适当比例抽取。

（3）入户走访。收集移民区和移民安置区群众意见，掌握相关情况。实地走访对象主要是电站建设涉及的单位、乡（镇）政府、村委会、搬迁户和生产安置户，特别是贫困弱势群体。走访比例一般按涉及公众参与对象的适当比例考虑。通过走访充分了解相关单位和个人对本工程建设的意见和建议，风险分析单位负责记录，相关人员签字认可。

（4）意见收集及分析论证。风险分析单位根据信息公告、公众意见问卷调查、实地走访、座谈会收集到的意见和建议进行汇总和分析，识别并列出各类风险点，并针对主要风险点制订社会矛盾化解措施和应急预案，反映在社会稳定风险分析报告中。在建设征地移民方面，重点分析建设征地处理范围是否合理；移民安置方案是否合理、可行；移民补偿投资概（估）算编制的依据和原则是否符合有关规定，安置标准采用是否合理，主要补偿补助项目单价的编制方法和补偿项目的划分是否明确、合理。分析论证成果初步形成后，应全面分析预测实施移民工作可能存在的风险，制订切实可行的风险防范化解措施和应急预案。

17.2.2.4 移民安置实施阶段的公众参与

大中型水电工程移民安置实施阶段的移民工作实行政府领导、分级负责、县为基础、项目法人和移民参与、规划设计单位技术负责、监督评估单位跟踪监督的机制。实施阶段公众参与的重点工作主要涉及以下几个方面：

（1）切实做好移民安置实施阶段的信息公开。信息公开的主要内容包括：移民安置实施政策、补偿补助标准、移民安置方式及其选择条件、下闸蓄水时间、搬迁安置进度计划等。

（2）移民补偿手册。地方政府组织移民综合设计单位和综合监理单位，依据公示确认的移民实物指标和审定的补偿单价，以户为单位填发移民补偿手册，让移民清楚各项实物指标的具体数量，补偿单价和补偿资金，盘清自己的家底，以便合理安排生产生活，量力而行地自主确定房屋建设标准和规模。

（3）移民安置补偿协议。根据有关移民政策和自身条件，移民自主选择生产安置方式、搬迁安置方式（集中、分散）、搬迁地点、建房方式（自建、联建、统建）、统建房屋的结构、户型、套数、装修标准等，并在移民与县级移民管理机构签订的移民安置补偿协议中予以明确。

（4）建房方式。在移民房屋规划和建房方式上，要充分听取和尊重移民的意愿，农村移民住房由移民自主建造，有关地方人民政府或者村民委员会应当统一规划宅基地，但不得强行规定建房标准。

（5）宅基地分配。移民应充分参与宅基地分配活动，宅基地的分配应当服从统一规划。许多地方的移民实施机构采取抽签定位的方法，其具体方法为：公开被认可的抽签实施程序，由移民当众抽签，按先后顺序选择宅基地的位置，接受群众和移民实施机构的监督，并对分配结果进行公证，做到公平、公正。

（6）生产用地划分。在生产用地划分方案的制定上，应当按照政府指导、村民协商的办法，由村民委员会召开村民大会或移民会议民主讨论，制订具体的分配方案，经政府或移民部门审核后实施。不少库区采取抽签方式落实到户。

（7）自主安置移民。对于投亲靠友、自谋职业等不需要政府和集体经济组织统一进行生产安置的移民，地方政府要在听取和征求有关各方意见的基础上，按照规定制定生产安置费用的兑现方式，符合自主生产安置条件、按照征收的承包地面积和补偿标准向权属人兑现生产安置费用的，安置地政府要引导移民将生产安置费用用于获取生产资料或投入收入有保障的二、三产业项目，并要做好移民二、三产业就业技能培训工作。

（8）生产恢复。对于与土地有关的安置方式，按照规划标准和规划方案开发整理或流转土地，由移民选择优质高产、市场潜力大的具体种植项目。对于采取非农业安置的，地方政府在政策允许的前提下，结合当地二、三产业现状及发展规划，为移民提供就业机会，或为移民提供创业条件。劳动技能关系到移民经济收入恢复和发展，为拓宽移民就业途径，需对移民进行技能培训，提高移民劳动技能水平，增强谋生手段，具体计划要根据移民群众的文化、年龄、技能等条件，选择移民感兴趣、易掌握、市场潜力大、当地具有优势的项目进行培训，满足不同移民的需求，尤其要关注贫困群体和妇女。

（9）土地补偿费和集体财产补偿费用分配。有移民安置任务的乡（镇）、村应当将资金收支情况张榜公布，接受群众监督。土地补偿费和集体财产补偿费的使用方案应当经村民讨论通过。补偿费用包含个人部分和集体部分，对于个人所有的财产，移民管理机构按照程序依法及时将补偿费发放给移民，由移民自主使用和管理；对于集体所有的补偿费用，由集体经济组织管理和使用，必须专款专用，不得私分，不得挪作他用。集体财产补偿费的使用权和所有权属于集体经济组织，移民享有补偿费的知情权、使用决策权、管理参与权。

（10）生产安置人口分解落实。生产安置人口分解落实到户的工作采取地方政府具体负责、综合设计单位技术指导把关、项目法人参与、综合监理监督的方式。一般采用"总量控制，整户确定，搬迁优先，多占优先"的原则，以省级移民管理机构审核批复的可行性研究阶段移民安置规划报告中各村民小组的生产安置人口数为控制数，整户分解落实。具体方法一般为：①在征求项目法人、移民综合设计和综合监理单位的意见的基础上，由县级人民政府组织制订生产安置人口分解实施办法，并成立由移民管理机构、项目法人、综合设计、综合监理组成的联合工作组；②由村民小组推选移民代表，组成本组分解落实工作小组，根据生产安置人口分解实施办法和本组实际情况，提出本组生产安置人口分解落实到户的具体方案，提交村民委员会讨论通过后，报乡镇人民政府和县移民管理机构审核，将生产安置人口落实到户、确认到人；③分解落实到户的生产安置人口由村民小组报所在乡镇移民管理机构进行人口条件界定复核，乡镇汇总数据报县级移民管理机构审核，其中乡镇分解数据大于可行性研究审定数据的，由县联合工作组讨论通过，符合移民人口条件的再进行张榜公示。经公示确认的生产安置人口，由村民小组形成书面材料并经组长、村民委员会、乡镇工作人员签字后，报所在乡镇移民管理机构作为生产安置依据。对公示人口有异议的，按程序进行复核确认；④分解落实到户的生产安置人口以组为单位，由所在乡镇人民政府将到户到人的生产安置人口资料书面报送县级移民管理机构备案，并抄送移民综合监理、综合设计、项目法人。

（11）移民工程建设。移民工程主要包括专项设施、居民点基础设施和房屋建筑等。专项设施和居民点建设关系到当地移民和附近居民的切身利益，其重建活动需要各级地方政府和移民群众积极参与，交通、电力、水利、电信、广播等专项设施，在满足基本建设管理程序和规定的前提下，尽可能地优先考虑移民劳动力参与重建活动；居民点基础设施五通一平重建项目（供水、供电、交通、通信、广播、场地平整），尽量由集体经济组织移民参与技术要求较低的建设活动。在房屋建设过程中，对于统一规划自主建房的农村移民住房，应由移民自主负责建设；对于委托代建的城镇房屋，可优先安排移民劳动力参与建设活动，一些项目还成立了移民建房监督小组和业主委员会，负责监督统一建房的质量、进度、资金使用等情况，发挥移民在房屋建设过程中的主人翁作用，并从中得到一定收益。

（12）搬迁活动。移民搬迁是安置过程中的重要环节，需要移民广泛参与。具体搬迁方式可根据安置方式和移民意愿，选择移民自主搬迁或政府统一搬迁。一般情况下，对零星就近后靠安置的，可选择自主搬迁，将搬迁补助费发放给移民，由其自行完成搬迁活动，地方政府监督搬迁进度；对大量集中安置或外迁的，可选择政府统一搬迁，由政府统一支配搬迁补助费，调度人力物力组织移民搬迁，但可优先考虑移民劳动力，给予一定补助，充分调动移民搬迁的积极性。

（13）后期扶持。为确保移民的合法权益，确定后期扶持方式应当充分尊重移民意愿，同时，应当听取为安置移民流转了生产资料的安置地村民的意见。确定后期扶持方式的关键是要充分尊重移民的意愿，广泛听取移民村群众意见。中央规定的后期扶持方式是"一个尽量，两个可以"，即后期扶持资金能够发放给移民个人的尽量发放给移民个人，用于移民生产生活补助；也可以实行项目扶持，用于解决移民村群众生产生活中存在的突出问题；还可以采取两者相结合的方式。采取直补到人的方式，可以使移民直接受益，且中间操作环节少，前提条件是，能够准确地界定移民身份，实际操作中不引发移民村原住民的攀比。采取项目扶持的方式，可以统筹解决移民村群众生产生活中存在的突出问题，使移民和安置区群众共同受益，前提条件是，项目的选择要能够确保移民长期受益，项目的确定要经绝大多数移民同意，资金的使用与管理要公开，接受群众监督；采取直接发放给移民个人和实行项目扶持相结合的方式，既能够使移民直接受益，又能统筹解决移民村群众生产生活中存在的突出问题，使移民和安置区群众共同受益。前提条件是，能够合理确定直补到人和项目扶持的比例，兼顾移民和移民村群众的利益，移民资金的使用要公开透明，接受群众监督。具体方式由地方各级人民政府在充分尊重移民意愿并听取移民村群众意见的基础上确定。

17.2.3 公众参与成果的使用和反馈

公众参与成果的使用和反馈，是公众参与的核心工作之一。公众参与不等同于公众决策，公众参与可能并不必然决定最终结果，但要求有关部门对参与过程中公众的质疑、意见和要求给予说明、解释和回答。合理使用公众参与成果，及时反馈公众参与意见，不仅可以保证水电工程建设征地移民规划设计成果的科学性和可实施性，还有助于转变参与者的态度，协调各利益主体的关系，增加移民规划和政府决策的社会可接受性，是提高公众参与效果的关键之一。在实际工作中，针对公众参与提出的有关实物指标的意见（人口、房屋、土地、专项等）、安置标准的意见（建设用地标准、生产开发标准、水电路标准等）、安置方案的意见（安置地点、安置方式，平面布置、竖向布置等）、专项处理方案的意见、补偿标准的意见（房屋、零星树木、附属设施、土地补偿、专业项目等），应当认真分析，区别对待，妥善处理。

1. 实物指标调查成果

在实物指标调查过程中，移民对人口、房屋、土地、专项设施等调查数据存在分歧意见的，通过公示复核程序解决；对调查项目、内容、方法提出意见的，符合政策法规和调查细则的，应予以采纳，明显不符合政策法规的，应作出宣传解释，政策法规和调查细则没有规定，又确实合情合理的，由联合调查组讨论协商后，采用会议纪要的方式予以补充完善。公示签字确认的实物指标作为移民安置规划大纲和移民安置规划报告编制、建设征地移民安置补偿费用概算、实施阶段补偿费用兑付的依据。

2. 移民安置意愿调查成果

可行性研究阶段的移民意愿调查成果是可研阶段论证确定移民安置方式、农村居民点位置和规划人口规模的重要依据。在实施阶段，地方政府在移民意愿对接的基础上，与移民签订安置协议，作为移民生产生活安置和资金拨付的最终依据，具有法定约束力。在使用移民意愿调查成果时，对于移民生产安置方式，只要移民选择的生产安置方式符合规定的选择条件，应当尽可能满足移民的意愿。在移民搬迁安置方面，对于选择分散安置方式的移民，只要符合有关规定，原则上遵循移民意愿；对于选择居民点的移民，具体的居民点和安置规模，应当根据安置点的地质情况、基础设施条件和大多数移民的意愿，在保障安全和技术经济可行的前提下，经设计单位综合分析论证、并征求地方政府有关部门的意见后确定。

由于在可行性研究阶段移民意愿调查时，移民补偿补助标准尚未正式批准发布，移民难以知晓个人补偿补助资金的多少，且居民点的规划设计正在开展，实施阶段居民点的实施方案与可行性研究阶段意愿调查时的规划方案可能出现变化；水电工程的建设周期长，在移民安置实施阶段签订移民安置协议前，移民的家庭情况和条件可能发生变化，而且可行性研究阶段的生产安置人口难以分解到户，可行性研究阶段在移民安置规划大纲和规划报告中采用的移民意愿调查成果，在实施阶段可能发生变化，因此，实施阶段地方政府需要开展移民安置意愿对接和生产安置人口界定，并与移民签订移民安置协议，设计单位需要根据移民安置意愿对接成果复核农村居民点规模、城市集镇迁建规模和成片生产开发区的规模。实际工作中很难做到可行性研究阶段移民意愿和实施阶段完全一致。移民意愿变化也是实施阶段产生移民设计变更的主要原因之一。

为了避免实施阶段移民意愿出现颠覆性的变化，减少浪费和工作阻力。可行性研究阶段的移民意愿调查既要合理引导，也要尽可能地反映移民的真实意愿，避免包办代替。

3. 移民安置规划大纲和规划报告听取和征求意见成果

对于移民和移民安置区居民在听取意见过程中提出的意见和建议，不符合政策的，在座谈会上作出解释，或在规划大纲和规划报告送审稿中进行说明，符合政策的，在移民安置规划大纲和规划报告送审稿中予以采纳，并分别在规划大纲和规划报告中，阐述听取移民及安置区居民意见的形式、内容、过程、主要意见、处理情况及结论。

对于县级人民政府及有关部门在征求意见专题会议上提出的意见，不符合政策的，在征求意见会议上作出解释，对于符合政策或有关各方协调一致的意见，在移民安置规划大纲或规划报告中予以采纳。征求意见会议结束后，设计单位根据征求意见会议纪要或地方政府有关部门出具的书面反馈意见，对移民安置规划大纲或规划报告进行补充修改和完善，形成移民安置规划大纲或规划报告送审稿。在移民规划大纲的征求意见章节中，应当阐述地方政府或主管部门参加规划方案编制的工作情况及意见，征求意见情况及其主要意见，说明意见采纳和不采纳的情况及其理由；在移民安置规划报告听取意见的章节中，应当综述地方政府或主管部门参加规划报告编制的工作情况，征求意见情况及其主要意见，说明意见采纳和不采纳的情况及其理由。

规划大纲和规划报告听取和征求意见成果的使用应注意以下几点：

（1）在移民安置方式、安置去向、居民点的选择方面，应当充分尊重移民意见，在政策范围内尽量满足不同移民需求。对于村组和移民自己提出的居民点方案，设计单位要会同地方政府和项目法人进行实地查勘、分析论证，在协商一致的基础上将符合条件的居民点纳入比选方案。对于成片生产开发区、农村居民点和城市集镇迁建方案，要在技术经济和安全条件允许的条件下，根据听取意见成果中大多数移民的意愿拟定安置地点、建设规模、平面布置、竖向布置等，避免实施阶段居民点建成后因移民不愿去或去的人数少而造成投资浪费。

（2）在农村居民点和城市集镇迁建基础设施和专业项目复建标准方面，对于有关各方在听取和征求意见过程中提出的建设用地标准，生产开发标准，水电路等基础设施标准，交通、电力、通信等专项项目复建标准等相关意见，要根据有关项目现状规模和标准以及国家和行业技术标准，综合分析确定是否采纳。属于政策和技术标准允许范围内的项目，可以采用听取和征求意见过程中协商一致的标准；对于原标准、原规模低于国家相关标准下限的，执行国家规定范围的下限标准；对于原标准、原规模高于国家相关标准上限的，执行国家规定范围的上限标准。

（3）在土地、房屋、附属设施、零星树木、装修等项目的补偿标准方面，鉴于最终实施的补偿补助标准以省级移民管理机构审核批复的移民规划报告为准，在听取和征求意见的过程中，不宜讨论具体的补偿单价，听取和征求意见的重点内容主要是补偿费用的计算方法以及概算编制依据的有关政策法规的适用性和时效性，并由设计单位对水电工程建设征地移民补偿政策进行解释说明，如：土地补偿标准应当严格执行所在地的区片综合地价；区片价格中存在的村际、乡际、县际、省际差异等问题，应当由国土资源部门和地方政府按照区片价格的测算、审核、批准程序，在下一轮区片价格的调整过程中统筹解决；房屋、附属设施、零星树木等应当执行省级人民政府政策文件中规定的标准，没有规定的项目，一般通过典型测算或类比分析拟定。

（4）对于需要公众参与进行典型调查的项目，在选择典型样本时，应当充分听取和征求意见，典型调查完成以后，公众对典型调查成果有异议的，在不违反典型抽样调查规则的前提下，可以通过增加或替换典型样本的方式进行处理，并由有关各方予以确认，其中建设征地区农村居民收入典型调查数据是分析拟定移民收入规划目标的重要依据之一，房屋典型调查成果是测算房屋补偿单价的主要依据。

17.3　创新与发展

17.3.1　回顾

17.3.1.1　"84 规范"以前

在这一时期，我国经历了社会主义改造、人民公社化、三年严重自然灾害，"大跃进"和"文化大革命"，国家实行高度集中统一的指令性计划经济体制。水电水利工程普遍存在"重工程，轻移民""重搬迁，轻安置"的倾向。移民搬迁主要依靠行政命令，甚至采用"军事化"组织方式。搬迁安置只考虑简单的人口和财产搬迁，很少考虑基础设施配套；生产安置大多采取"一平二调"的方法，或以土地换土地，或由人民公社或生产大队内部消化；在移民住房上，主要通过行政手段划拨宅基地，采取"干打垒""兵营式"的简单住房。

这一时期没有专门的移民法规，也没有制订专门的移民设计规范，移民工作无法可依，无章可循。移民政策带有很强的地域性和随意性，移民安置和补偿主要依靠地方政府的"红头文件"。水电水利工程建设征地没有开展全面细致的实物指标调查，也没有编制科学的移民安置规划，对移民搬迁安置去向、安置方式、安置条件、安置目标等缺乏科学论证，带有较大的盲目性和随意性。水库移民工作参照执行的通用法规主要是《国家建设征用土地办法》和《国家建设征用土地条例》的有关条款。

在移民工作公众参与方面，国家实行高度集中统一的指令性计划经济体制，移民搬迁安置工作主要靠政治动员、行政命令的方式进行。这一时期移民工作参与的对象主要为地方政府、用地单位、被征地单位，基本没有其他公众参与的有关规定。如，1953 年的

《国家建设征用土地办法》要求，用地单位申请核拨用地时，须送交征用土地申请书和土地所在地的县级或者乡、镇人民委员会的书面意见；土地经核拨以后，用地单位应该协同当地人民委员会向群众进行解释。1982年的《国家建设征用土地条例》规定，建设地址选定后，由所在地的县、市土地管理机关组织用地单位、被征地单位以及有关单位，商定预计征用的土地面积和补偿、安置方案，签订初步协议；建设用地面积审批核定后，由用地单位与被征地单位签订协议。

这一时期，国家建设征用土地的有关程序性规定如下：

1953年12月5日中央人民政府政务院公布施行的《国家建设征用土地办法》（1957年10月18日国务院修正，1958年1月6日公布）规定：用地单位申请核拨用地时，须送交征用土地申请书（详细注明土地的属境、位置和经批准的数量），并附对被征用土地者的补偿、安置计划，以及经批准的建设工程初步设计文件（附平面布置图），施工时间文件和土地所在地的县级或者乡、镇人民委员会的书面意见；土地经核拨以后，用地单位应该协同当地人民委员会向群众进行解释，宣布对被征用土地者补偿安置的各项具体办法，并给他们以必要的准备时间，使群众在当前切身利益得到适当照顾的情况下，自觉地服从国家利益和人民的长远利益，然后才能正式确定土地的征用，进行施工。如果征用大量土地，迁移大量居民甚至迁移整个村庄的，应该先在当地群众中切实做好准备工作，然后将有关征用土地的问题，提交当地人民代表大会讨论解决；征用土地的补偿费，由当地人民委员会会同用地单位和被征用土地者共同评定；遇有因征用土地必须拆除房屋的情况，应该在保证原来的住户有房屋居住的原则下给房屋所有人相当的房屋，或者按照公平合理的原则发给补偿费；对被征用土地上的水井、树木等物和农作物，都应该按照公平合理的原则发给补偿费。

1964年，国务院批转了水利电力部《关于认真制订水库移民安置规划，争取早日完成安置任务的意见》，第一次正式提出编制水库移民安置规划。此后，由于"文化大革命"的影响，移民安置工作以行政命令代替科学规划。

1982年5月14日国务院公布施行的《国家建设征用土地条例》规定：建设地址选定后，由所在地的县、市土地管理机关组织用地单位、被征地单位以及有关单位，商定预计征用的土地面积和补偿、安置方案，签订初步协议；建设项目的初步设计经批准后，用地单位正式申报建设用地面积，经县、市以上人民政府审批核定后，在土地管理机关主持下，由用地单位与被征地单位签订协议；征地申请经批准后，由所在地的县、市土地管理机关根据计划建设进度一次或分期划拨土地；征用土地拆迁集体的和社员的房屋时，由生产队或房屋所有者按照社队的统一安排进行重建。同时，该条例第十六条规定，大中型水利、水电工程建设的移民安置办法，由国家水利电力部门会同国家土地管理机关参照本条例另行制定。

17.3.1.2 "84规范"至"96规范"期间

1978年12月党的十一届三中全会召开后，我国进入了改革开放和经济建设新的历史时期，由高度统一的计划经济体制开始向社会主义有计划的商品经济转型。水电建设迎来了加快发展的春天，一大批大中型水电工程相继投入建设，移民安置规模大幅度提高。农村家庭联产承包责任制广泛实施，土地所有权和承包经营权分离，农村集体经济组织不再经营土地，在征地中既要对土地所有者支付补偿费，又要对土地承包者进行安置。

在这一时期，水库移民问题开始引起中央和各级政府的重视，水利电力部于 1984 年颁发了"84 规范"，国务院于 1991 年发布了 74 号移民条例，加上其他专门的移民政策法规和技术标准，水库移民安置补偿政策的基本框架开始建立，水库移民前期工作开始规范，提出了开发性移民方针，启动了移民遗留问题处理和后期扶持。

在公众参与方面，各设计阶段的淹没调查，由工程设计单位负责，地方政府和有关专项管理单位参加共同进行，调查成果要求由参加单位签署意见，并取得淹没区地方政府的认同；移民安置规划由地方政府组织领导和协调，设计单位负责技术归口，双方密切配合共同编制。一些移民政策文件和技术标准对移民工作参与各方的职责分工进行了规定，如："84 规范"、《水利水电工程水库淹没实物指标调查细则（试行）》［（86）水规规字第77 号］、《国务院批转国家计委关于加强水库移民工作若干意见的通知》（国发〔1992〕20号）、《能源部关于认真贯彻执行加强水库移民工作的若干意见的通知》（能源计〔1992〕394 号）。

"84 规范"第 3.0.6 条对水库淹没处理设计各项工作的分工进行了如下规定：①水库淹没洪水标准的选择、水库范围的确定、重要防护工程的设计，库底清理技术要求和实施办法的制定、投资概算和主要设备材料的编制以及消落区土地利用的规划等，由工程设计单位承担；②水库淹没实物数据的调查核定、界桩的测设等，以工程设计单位为主，地方政府有关部门配合进行；③移民安置规划，城镇迁建规划设计，小水电站、水轮泵站及抽水机站等水利设施的迁建设计等，以地方政府为主、工程设计单位配合进行；④专业设施的迁建规划设计由工程设计单位通过隶属关系委托有关专业部门承担。

1986 年 12 月 3 日，水利电力部水利水电规划设计院以（86）水规规字第 77 号颁发的《水利水电工程水库淹没实物指标调查细则（试行）》规定：水库人员接受调查任务后，应认真作好调查前的准备工作，编写的调查大纲应征得有关地方政府和专项管理单位的意见，做到统一认识，统一要求；调查大纲经审查确定后，不要任意更改；各设计阶段的淹没调查，由工程设计单位负责，地方政府和有关专项管理单位参加共同进行；调查成果应取得参加单位签署意见，如意见分歧，应复查核实；调查结束后，数据经过核对审查，才正式提交有关部门或单位。

74 号移民条例规定：水利水电工程建设单位应当在工程建设的前期工作阶段，会同当地人民政府编制移民安置规划；移民安置规划应当报主管部门审批；没有移民安置规划的，不得审批工程设计文件、办理征地手续，不得施工；移民自愿投靠亲友的，由迁出地和安置地人民政府与移民商订协议，办理有关手续。

1991 年 12 月，能源部水利部水利水电规划设计总院印发的《关于加强水库淹没处理前期工作的通知》（水规规〔1991〕67 号）要求：实物数据务必切实可靠，并应取得淹没区地方政府的认同；移民安置规划要由地方政府组织领导和协调，设计单位负责技术归口，双方密切配合共同编制。在实际工作中，部分项目要求参与各方对实物指标调查成果签字，如 1994 年 3 月《三板溪水电站初设阶段水库淹没实物指标调查细则（修订稿）》规定，水库淹没涉及的乡、村、居委会、户主以及有关单位都要派人参加并对共同调查的成果签字或盖章；各个县的调查结束后，联合调查组应将统计的实物指标向县人民政府汇报，并形成会议纪要；汇报时请省移民办参加。

1992 年 3 月 25 日，国务院以国发〔1992〕20 号文件批转的《国家计委关于加强水库移民工作若干意见》规定：①要提高对移民工作重要性的认识；②加强移民前期工作，为项目决策提供科学依据；③切实做好移民安置规划；④要理顺移民管理体制，健全管理机构。采取"条块结合、以块为主"的管理体制。在具体工作上，国务院有关部门应负责移民工作的宏观决策，制定法规规范，审定安置规划，对实施过程履行监督检查等职责；地方人民政府应密切配合移民前期工作和安置规划的编制，并负责组织实施；有关专业项目和城市的迁建规划，必须由移民主管单位会同有关行业以及地方共同负责编制。移民机构是水库移民安置实施的组织保证手段。有移民任务的省、地、县，一般都有明确的移民主管部门，配备了相应的工作人员。凡是任务繁重的地方，主要是移民县，都可根据工作需要，加强移民主管部门；⑤要用好管好移民经费；⑥必须重视和加强人才培养和干部培训，建议：各设计单位要尽快采取切实措施，补充专业人员，加强培训，充实和提高设计能力；建立稳定的水库经济专业人才的培养渠道，有关大专院校应有计划地培养中、高级专业人才，定向分配到各级设计和管理单位；定期轮训现有水库移民工作管理干部，并使之制度化；在水库移民工作开始前，首先对库区各级领导干部和骨干力量进行系统培训，学习实施方案、政策规定和移民工作方法。要求基层移民工作管理干部，必须通过培训合格后，才能上岗工作；及时组织移民工作会议，总结交流移民工作经验，提高干部政治、业务水平；⑦切实加强对移民工作的领导。移民任务重的省（自治区、直辖市），可根据情况成立移民工作领导小组，由主管领导同志负责。

1992 年 4 月 22 日，《能源部关于认真贯彻执行加强水库移民工作的若干意见的通知》（能源计〔1992〕394 号）要求：①加强领导，建立健全电力系统水电站库区移民机构。有移民任务的网、省局及公司要有相应的水电站库区移民专管单位切实负责，配合地方政府搞好在建工程的库区（含坝区）移民工作和监督、检查移民经费的使用，以及移民安置验收与后期扶持等任务；②加强前期工作，充实水库经济专业人员力量。各勘测设计单位首先要有专业处（室），增加必要的水库经济专业人员，加强库区设计力量；其次在工程勘测设计经费安排上，要保证水库前期工作的需要。各勘测设计单位要认真负责地做好水库淹没实物指标调查工作，积极配合地方人民政府做好水库移民安置规划和实施工作。

17.3.1.3 "96 规范"至"07 规范"期间

以"96 规范"发布实施为标志，至 471 号移民条例和"07 规范"发布实施，我国处于水电水利工程建设征地移民安置政策和技术标准的逐步完善阶段。这一时期发布实施的与水电建设征地移民安置有关的政策法规和技术标准主要有："96 规范"，电力工业部《水电工程水库移民监理规定》（电综〔1998〕第 251 号），1998 年全国人大和国务院分别颁布的《中华人民共和国土地管理法》和《中华人民共和国土地管理法实施条例》，国土资源部《关于加强征地管理工作的通知》（国土资发〔1999〕480 号），《征用土地公告办法》（2001 年国土资源部令 10 号），国家发展计划委员会《水电工程建设征地移民工作暂行管理办法的通知》（计基础〔2002〕2623 号），《国土资源听证规定》（2004 年国土资源部令第 22 号），《国土资源部关于完善征地补偿安置制度的指导意见》（国土资发〔2004〕

238 号),《国务院关于深化改革严格土地管理的决定》(国发〔2004〕28 号)等。

在公众参与方面,"96 规范"要求各项淹没影响的实物指标应切实可靠,并取得当地政府和有关主管部门的认可;国家计委计基础〔2002〕2623 号文件规定水电工程建设征地移民工作实行政府负责、投资包干、业主参与、综合监理的管理体制;一些大中型水电工程项目发布了停建通告,许多项目开展了建设征地移民安置综合监理工作;《中华人民共和国土地管理法》等对建设征地提出了公告、听取和征求意见、听证等涉及公众参与的程序性要求,水电工程建设征地移民公众参与越来越引起各方的重视,并按照《中华人民共和国土地管理法》的要求采取了一些措施,但这些要求还没有在水电工程专门的政策法规和技术标准中得到具体体现和规范。

在这一时期,水电工程有关的政策法规和技术标准涉及公众参与的相关规定如下:

"96 规范"全面贯彻了 74 号移民条例、《关于加强水库移民工作的若干意见》(国发〔1992〕20 号)的指导思想和一系列政策规定,并总结吸收了"84 规范"实施后十年来移民规划设计工作经验。该规范规定:各项淹没影响的实物指标应切实可靠,并取得当地政府和有关主管部门的认可。

1998 年 3 月 19 日电力工业部发布的《水电工程水库移民监理规定》(电综〔1998〕第 251 号)规定:新建大中型水电工程实行水库移民监理制度,水电工程水库移民监理主要对水电站建设征地涉及的移民搬迁、生产生活安置和城镇迁建、专业项目复建等的实施进行监理。

1998 年《中华人民共和国土地管理法》第四十六条、四十八条、四十九条分别规定:国家征用土地的,依照法定程序批准后,由县级以上地方人民政府予以公告并组织实施。被征用土地的所有权人、使用权人应当在公告规定期限内,持土地权属证书到当地人民政府土地行政主管部门办理征地补偿登记;征地补偿安置方案确定后,有关地方人民政府应当公告,并听取被征地的农村集体经济组织和农民的意见;被征地的农村集体经济组织应当将征用土地的补偿费用的收支状况向集体经济组织的成员公布,接受监督。

1998 年《中华人民共和国土地管理法实施条例》第二十五条规定:征用土地方案经依法批准后,由被征用土地所在地的市、县人民政府组织实施,并将批准征地机关、批准文号、征用土地的用途、范围、面积以及征地补偿标准、农业人员安置办法和办理征地补偿的期限等,在被征用土地所在地的乡镇、村予以公告。市、县人民政府土地行政主管部门根据经批准的征用土地方案,会同有关部门拟订征地补偿、安置方案,在被征用土地所在地的乡镇、村予以公告,听取被征用土地的农村集体经济组织和农民的意见。

1999 年国土资源部《关于加强征地管理工作的通知》(国土资发〔1999〕480 号)要求,实行政务公开制度,建立被征地单位群众的监督机制。要注意听取被征用土地的农村集体经济组织和农民的意见。土地补偿费、安置补助费统一安排使用的,应征得农村集体经济组织三分之二以上成员同意。征地补偿费用的收取、支出、用途等情况均应向本集体经济组织成员公布,接受监督,防止出现营私舞弊行为。

2001 年《长江三峡工程建设移民条例》第四十三条规定,有移民任务的乡(镇)、村应当建立健全财务管理制度,乡(镇)、村移民资金的使用情况应当张榜公布,接受群众监督。

2001 年《征用土地公告办法》（国土资源部令 10 号）对征用土地公告和征地补偿、安置方案公告做了详细的规定，并提出要认真听取和研究被征地的农村经济组织、农民和其他权利人对征地补偿安置方案的不同意见，对要求举行听证会的，应当举行听证会。

2003 年 1 月 1 日起执行的国家发展计划委员会《水电工程建设征地移民工作暂行管理办法》（计基础〔2002〕2623 号）规定：国家对水电工程建设征地移民工作实行政府负责、投资包干、业主参与、综合监理的管理体制。建设征地移民安置的实施必须实行监理制度，由有资质的监理单位对移民安置实施的全过程进行综合监理，对各类移民工程按国家有关规定实行建设监理。工程开工后，承担建设征地移民安置实施规划编制任务的设计单位，要派设计代表驻移民安置实施现场，负责设计交底，并配合做好移民安置规划的实施工作。在移民安置实施中，需要发生重大设计变更的，设计单位应分析原因并提出处理意见，经移民综合监理单位签署意见后，按有关规定逐级上报审批；省级移民机构要根据移民后期扶持总体规划，编制年度实施计划，按照项目管理方式具体组织实施，认真执行招投标制和综合监理制。

2004 年 1 月国土资源部《国土资源听证规定》（国土资源部令第 22 号），对国土资源听证的范围、程序等方面进行了规定，对于拟定征地项目的补偿标准和安置方案等情形，主管部门在报批之前，应当书面告知当事人有要求举行听证的权利。

2004 年《关于完善征地补偿安置制度的指导意见》（国土资发〔2004〕238 号）对征地程序要求告知征地情况，确认征地调查结果，组织听证。并要求采取公示公告征地批准事项等措施对征地实施监管。

2004 年 10 月《国务院关于深化改革严格土地管理的决定》（国发〔2004〕28 号）第十四条规定：在征地依法报批前，要将拟征地的用途、位置、补偿标准、安置途径告知被征地农民，对拟征土地现状的调查结果须经被征地农村集体经济组织和农户确认，确有必要的，国土资源部门应当依照有关规定组织听证。要将被征地农民知情、确认的有关材料作为征地报批的必备材料。要加快建立和完善征地补偿安置争议的协调和裁决机制，维护被征地农民和用地者的合法权益。经批准的征地事项，除特殊情况外，应予以公示。同时要求健全征地程序，在征地过程中，要维护农民集体土地所有权和农民土地承包经营权的权益。

17.3.1.4 "07 规范"以后

2006 年，国务院发布 471 号移民条例，并印发了《国务院关于完善大中型水库移民后期扶持政策的意见》（国发〔2006〕17 号），这两项政策法规的颁布实施，标志着我国水库移民政策在新的历史条件下的成熟和完善，意义重大，影响深远，具有划时代意义，我国水库移民工作由此进入了一个新的历史时期。在这一时期，国家有关部委涉及水电工程建设征地移民安置的主要政策文件还有：国家发展改革委《新建大中型水库农村移民后期扶持人口核定登记暂行办法》［发改农经（2007）3718 号］，《国家发展改革委关于促进库区和移民安置区经济社会发展的通知》（发改农经〔2010〕2978 号），《国土资源部关于进一步做好征地管理工作的通知》（国土资发〔2010〕96 号），《国家能源局关于印发水电工程验收管理办法的通知》（国能新能〔2011〕263 号），《国家发展改革委关于做好水电工程先移民后建设有关工作的通知》（发改能源〔2012〕293 号），《国土资源部等关于加大用地政策支持力度促进大中型水利水电工程建设的意见》（国土资规〔2016〕1 号）等。

为贯彻执行 471 号移民条例，适应水电工程项目核准和水电工程建设，以及水电工程建设征地移民安置规划设计工作需要，国家发展改革委组织对"96 规范"进行了修订，并新编了 7 本规范，于 2007 年发布实施了"07 规范"、《水电工程建设征地处理范围界定规范》（DL/T 5376－2007）、《水电工程建设征地实物指标调查规范》（DL/T 5377－2007）、《水电工程农村移民安置规划设计规范》（DL/T 5378－2007）、《水电工程移民专业项目规划设计规范》（DL/T 5379－2007）、《水电工程移民安置城镇迁建规划设计规范》（DL/T 5380－2007）、《水电工程水库库底清理设计规范》（DL/T 5381－2007）、《水电工程建设征地移民安置补偿费用概（估）算编制规范》（DL/T 5382－2007）等 8 项规范。2013—2017 年，国家能源局相继发布实施了《水电工程建设征地移民安置验收规范》（NB/T 35013—2013）、《水电工程建设征地移民安置综合监理规范》（NB/T 35038—2014）、《水电工程建设征地移民安置规划大纲编制规程》（NB/T 35069—2015）、《水电工程建设征地移民安置规划报告编制规程》（NB/T 35070—2015）、《水电工程移民安置独立评估规范》（NB/T 35096—2017）等 5 项移民专业技术标准。

471 号移民条例和国家发展改革委、能源局等有关部门发布的有关政策文件和 13 项移民专业技术标准，进一步全面系统地规范了水电工程建设征地移民安置规划设计和移民安置实施工作，使我国建立起了较为成熟和完善的水电工程专门的移民政策和技术标准体系，水电工程建设征地移民工作全面进入法制化、规范化轨道。

在移民公众参与方面，水电工程专用的移民政策法规和技术标准对参与的内容、范围、深度等进行了比较完善的规定，这一时期的主要要求有：可行性研究报告阶段项目法人应向省级人民政府提出实物指标调查申请，由其发布建设征地实物指标调查通告；实物指标调查成果应经调查者和被调查者签字，并按有关规定公示后，由有关地方人民政府签署意见；编制移民安置规划应当广泛听取移民和移民安置区居民的意见；必要时，应当采取听证的方式，地方政府应对农村移民安置规划提出确认文件；移民居民点布局规划、宅基地分配、搬迁计划等事项，要充分听取移民群众意见；后期扶持人口核定登记结果在上报前须张榜公示，接受群众监督，汇总成果应由村（组）、乡、县、市各级负责人分别签章认可，并经项目法人和监督评估单位签署意见；库区和移民安置区经济社会发展项目的安排，要充分征求移民意见，听取库区和移民安置区群众的反映。

这一时期发布的建设征地移民政策法规和专业技术标准中，有关建设征地移民安置公众参与的具体规定如下：

471 号移民条例特别强调要"以人为本"，提高移民对安置工作的参与程度，切实保护移民权益。实物调查应当全面准确，调查结果经调查者和被调查者签字认可并公示后，由有关地方人民政府签署意见。实物调查工作开始前，工程占地和淹没区所在地的省级人民政府应当发布通告，禁止在工程占地和淹没区新增建设项目和迁入人口。编制移民安置规划大纲、移民安置规划和水库移民后期扶持规划，应当广泛听取移民和移民安置区居民的意见，必要时应当采取听证的方式。

2006 年《国务院关于完善大中型水库移民后期扶持政策的意见》（国发〔2006〕17 号）涉及移民参与的内容主要有：①后期扶持的具体方式由地方各级人民政府在充分尊重

移民意愿并听取移民村群众意见的基础上确定，并编制切实可行的水库移民后期扶持规划。采取直接发放给移民个人方式的，要核实到人、建立档案、设立账户，及时足额将后期扶持资金发放到户；采取项目扶持方式的，可以统筹使用资金，但项目的确定要经绝大多数移民同意，资金的使用与管理要公开透明，接受移民监督，严禁截留挪用。②编制库区和移民安置区基础设施建设和经济发展规划时，项目的确定要坚持民主程序，尊重和维护移民群众的知情权、参与权和监督权。③各级人民政府要建立水库移民后期扶持政策实施情况的监测评估机制。④要审定移民人数，核实移民身份，并在乡村两级张榜公布，严禁弄虚作假。⑤加强宣传，维护社会稳定。要把握好宣传报道口径，严肃宣传纪律，防止炒作。要耐心细致地做好移民的思想政治工作，引导移民以合理合法的方式表达利益诉求，坚持依法办事、按政策办事，确保社会稳定。

"07规范"涉及移民参与的条款主要有：①第8.4.3条规定，可行性研究报告阶段实物指标调查工作开始前，应由项目法人向工程占地和淹没区所在地的省级人民政府提出实物指标调查申请，省级人民政府同意后，由其发布建设征地实物指标调查通告，并对实物指标调查工作作出安排。对于建设征地迁移线外影响扩迁对象，应在落实移民搬迁户并经县级以上人民政府确认后，再开展调查工作。实物指标调查成果应经调查者和被调查者签字，并按有关规定公示后，由有关地方人民政府签署意见。②第9.12.3条规定，编制移民安置规划应当广泛听取移民和移民安置区居民的意见；必要时，应当采取听证的方式。地方政府应对农村移民安置规划提出确认文件。③附录A水电工程移民安置规划大纲编制要求：明确编制移民安置规划大纲应当广泛听取移民和移民安置区居民的意见；必要时，应当采取听证的方式；明确编制移民安置规划的方法和程序，以及编制移民安置规划听取移民和移民安置区居民意见的方法和程序。④附录B规定，建设征地移民安置规划报告中听取移民及移民安置区居民意见情况章节的内容应包括：听取意见的方法与过程；主要意见的汇总整理；意见处理情况。

《水电工程建设征地实物指标调查规范》（DL/T 5377—2007）在4.0.2条可行性研究报告阶段的调查程序中规定：由项目法人向工程占地和淹没区所在地的省级人民政府提出实物指标调查申请，省级人民政府同意后，由其发布"禁止在工程占地和淹没区新增建设项目和迁入人口"的通告，并对实物指标调查工作作出安排。具体实物指标调查工作由受委托的设计单位负责会同建设征地涉及区的地方人民政府和项目法人共同进行。在实施实物指标调查工作前，应测设建设征地移民界线临时界桩标志。实物指标调查成果应由调查者和被调查者签字后，由地方人民政府进行公示，并对实物指标调查成果签署意见。对于建设征地居民迁移线外影响扩迁对象，应在落实移民搬迁户并经县级以上人民政府确认后，再开展调查工作。实物指标调查成果由项目法人转交有关地方人民政府或移民机构。

《水电工程农村移民安置规划设计规范》（DL/T 5378—2007）第9.2.2条规定，居民点选址需考虑移民的意愿与需求，并征求安置区居民意见，应照顾移民的生产、生活和风俗习惯等。第7.1.4条规定，移民环境容量定性分析初选安置区和安置方式的适宜性，主要考虑自然资源和社会环境等因素，如土地资源、气候条件、移民和安置区居民意愿、经济发展水平、生产关系、生产生活习惯、基础设施、宗教信仰、生产水平、民族习俗等。第8.7.2条规定，社会保障安置应根据相关政策，结合移民年龄构成，通过移民意愿调查，确定社会保障对象；投亲靠友安置需根据移民意愿确定安置对象；自谋职业和自谋出路安置需结合移民意愿确定安置对象，落实移民户安置出路，并取得地方政府的认可。

2007 年国家发展改革委《新建大中型水库农村移民后期扶持人口核定登记暂行办法》（发改农经〔2007〕3718 号）规定：2006 年 7 月 1 日以后审批（核准）的大中型水库移民后期扶持的人口核定登记要坚持公开、公平、公正的原则；各地人口核定登记要建档立卡，建立统一的登记表，搬迁人口以户为单位登记造册，不搬迁只进行生产安置的人口以村组为单位登记造册；各地人口核定登记前，要将水库移民安置情况、人口核定登记办法等事项予以公告；移民户核定登记表要经移民户主签章认可，移民村组核定登记表要经所在村组签章认可；人口核定登记结果在上报前须张榜公示，接受群众监督；人口核定登记结果要以水库为单元，按村（组）自下而上逐级汇总到与项目法人签订移民安置协议的地方人民政府；汇总成果应由村（组）、乡、县、市各级负责人分别签章认可，并经项目法人和监督评估单位签署意见后，逐级汇总报省级人民政府。对于跨省（自治区、直辖市）水库，相关省份按照上述程序分别逐级汇总上报人口核定登记结果。

2010 年国家发展改革委《关于促进库区和移民安置区经济社会发展的通知》（发改农经〔2010〕2978 号）要求：强化库区和移民安置区经济社会发展项目的监督管理。库区和移民安置区经济社会发展项目的安排，要充分征求移民意见，听取库区和移民安置区群众的反映。在项目实施中，要提高透明度，实行政务公开，确保移民充分享有知情权、参与权、表达权、监督权，与移民长远生计直接相关的项目实施和资金管理情况等重要事项要进行公示。坚决防止因信息公开不够、项目建设不规范、管理不到位等问题引发新的信访问题或不稳定因素。

2010 年《国土资源部关于进一步做好征地管理工作的通知》（国土资发〔2010〕96 号）要求规范征地程序，提高征地工作透明度：①认真做好用地报批前告知、确认、听证工作。征地工作事关农民切身利益，征收农民土地要确保农民的知情权、参与权、申诉权和监督权。市县国土资源部门要严格按照有关规定，征地报批前认真履行程序，充分听取农民意见。征地告知要切实落实到村组和农户，结合村务信息公开，采取广播、在村务公开栏和其他明显位置公告等方式，多形式、多途径告知征收土地方案。被征地农民有异议并提出听证的，当地国土资源部门应及时组织听证，听取被征地农民意见。对于群众提出的合理要求，必须妥善予以解决。②简化征地批后实施程序。为缩短征地批后实施时间，征地报批前履行了告知、确认和听证程序并完成土地权属、地类、面积、地上附着物和青苗等确认以及补偿登记的，可在征地报批的同时拟订征地补偿安置方案。征地批准后，征收土地公告和征地补偿安置方案公告可同步进行。公告中群众再次提出意见的，要认真做好政策宣传解释和群众思想疏导工作，得到群众的理解和支持，不得强行征地。

2012 年《国家发展改革委关于做好水电工程先移民后建设有关工作的通知》（发改能源〔2012〕293 号）要求：①在移民安置规划工作中广泛征求移民群众意见。涉及移民群众切身利益的事项，必须公平、公正、公开，听取移民群众的意见。实物指标调查结果应落实到权属人，经权属人签字认可后张榜公示，由县级以上人民政府确认。对移民搬迁安置去向、移民生产安置方式的选择充分尊重移民意愿，由移民在政策范围内自主选择，尽量满足不同移民需求；对涉及移民利益的移民居民点布局规划、宅基地分配、搬迁计划等事项，要充分听取移民群众意见，吸收合理化建议；对与移民利益相关的工程建设实施、移民安置有关政策法规、移民安置方案等信息，要依法及时公开，接受移民监督。对移民提出异议的事项应及时核查，不准确的应及时修正，核查无误的应及时解释。移民安置规划设计，应研究制订建立移民申诉及反馈机制等具体措施，保障移民诉求渠道畅通。②落实市、县政府的工作责任。市、县人民政府在省级人民政府的领导下负责做好本行政区的水电移民工作，组织政策宣传，贯彻执行移民政策；研究制订落实移民政策的具体措施；严格执行省级人民政府的"停建令"，采取切实措施防止和处置"抢栽、抢建"等行为；配合、参加移民安置规划设计工作，组织实物指标权属人签字认可及调查成果公示、拟定移民安置区和移民安置方式、组织听取移民和安置地居民对移民安置规划大纲和安置规划的意见、确认移民安置规划设计成果；按批准的移民安置规划、"先移民后建设"规划设计文件组织实施移民搬迁安置及移民补偿补助资金兑付工作，负责组织移民工程建设，确保移民安置按批准的计划进度实施，避免移民临时和过渡搬迁；建立健全移民信息公开、参与、协商、诉求表达等机制，落实移民工作实施责任、资金运用安全保障、风险管理等制度，遇突发事件及时采取措施妥善平息事态；充分利用好现有各项政策，整合各类资金与资源，统筹做好移民安置和库区建设工作，以移民搬迁安置为契机，积极谋划库区长远发展，促进移民脱贫致富。

《水电工程建设征地移民安置规划大纲编制规程》（NB/T 35069—2015）在第 3.9 听取意见中规定：①应简述听取移民及安置区居民意愿的形式、内容、过程、主要意见、处理情况及结论；②应简述地方政府或主管部门参加规划方案编制工作情况及意见。

《水电工程建设征地移民安置规划报告编制规程》（NB/T 35070—2015）在第 17 章听取意见中规定：①应综述听取移民及安置区居民意愿的形式、内容、过程、主要意见、处理情况及结论；②应综述地方政府或主管部门参加规划报告编制工作情况及意见。

2016 年《国土资源部等关于加大用地政策支持力度促进大中型水利水电工程建设的意见》（国土资规〔2016〕1 号）要求规范征地报批程序，水利水电工程征地报批前要认真履行征地告知、确认、听证程序，就征收土地方案充分听取被征地农民集体和农民意见，确保农民的知情权、参与权、申诉权和监督权。对于在工程移民安置规划大纲或移民安置规划编制过程中，地方政府或有关部门已就征地履行相关程序，达到征地报批前期工作程序和有关规定要求的，用地报批时国土资源主管部门不再另行组织开展征地报批前告知、确认、听证等工作。

17.3.2 创新

水电工程建设征地移民安置公众参与在参与对象、内容、程度、方式等方面，在不同的时代背景下，适应国家经济管理和投资管理体制、土地管理和物权管理制度、民主制度建设、建设征地规定、移民权益保护和电站建设需要，根据水电水利工程建设征地移民安置的专门政策法规和技术标准，结合水库移民安置工作的特点，经历了不断创新发展完善的过程，维护了移民合法权益，保障了水电工程建设，在促进我国成为水电强国过程中发挥了积极作用。移民工作公众参与的创新主要体现在以下几方面。

1. 公众参与的对象不断扩大

在移民参与方面,随着建设征地影响范围界定和处理方式的不断科学化,参与的对象由最初的水库直接淹没区和枢纽工程建设区的公民、法人和其他组织,逐步扩大到实物指标位于回水、滑坡塌岸等影响区的公众,以及移民安置区的公众,包括实物指标位于建设征地区、农村移民居民点新址、生产安置点、城市集镇迁建新址、公路等专业项目复建新址占地范围内的权属单位和个人。随着产权制度的改革完善,公众参与涉及的权属人,由所有权人,逐步扩大到承包权人和经营权人。

在其他利益相关者参与方面,随着移民工作管理体制和科学民主决策等制度的不断完善,利益相关者由最初的地方政府和行业主管部门,逐步扩大到项目法人、主体设计单位、咨询机构、国土、林业、文物、矿产等专业调查设计单位、移民综合监理单位、移民独立评估单位、移民综合设计单位、移民单项设计单位、移民单项监理单位,以及其他与建设征地利益相关的公民、法人和其他组织。

移民综合监理、移民独立评估、移民综合设计等单位参与建设征地移民安置实施工作,是我国水电工程建设征地移民安置管理体制的重大制度安排,也是水电工程建设征地移民工作公众参与对象有别于其他工程建设项目公众参与的显著特点,在为移民工作科学决策和民主决策提供技术保障,监督移民安置规划执行,保障移民安置进度和质量,发挥移民资金效益,提高移民安置效果,维护移民群众和项目法人合法权益等方面,发挥了非常重要的作用。

2. 公众参与的内容不断完善

随着不同时期建设征地移民安置规划设计和移民安置实施工作任务、内容的拓展,公众参与的内容也在不断创新完善,由最初的实物指标调查公众参与逐步扩到移民安置规划大纲编制的公众参与、移民安置规划报告编制的公众参与、社会稳定风险分析的公众参与、咨询审查评估的公众参与、移民安置项目实施的公众参与、移民监督评估中的公众参与、移民安置验收的公众参与,以及移民后期扶持的公众参与等。

由省级人民政府发布"停建通告",编制移民安置规划大纲并报省级人民政府审批,编制移民安置规划并由省级移民管理机构审核,编制水库移民后期扶持规划并报地市级以上人民政府或者其移民管理机构批准,是水电水利工程建设征地移民安置工作区别于其他行业建设征地的显著特点。实物指标由调查者和被调查者签字确认并张榜公示,编制移民安置规划大纲、移民安置规划和后期扶持规划应当广泛听取移民和移民安置区居民的意见、必要时应采取听证的方式,是水电水利工程建设征地移民安置工作贯彻民主决策、公众参与制度和建设征地程序的重要举措和重大创新,丰富了工程建设领域公众参与的内容,在提高移民安置规划的科学性、针对性和可操作性,减少设计变更和重复建设,维护水电工程建设征地涉及群众的合法权益,促进水电工程建设方面发挥了重要作用。

3. 公众参与的程度不断加深

水电工程建设征地移民安置的公众参与程度,随着我国产权制度改革和法制化建设的深入,适应建设征地移民安置规划设计和移民实施工作的精度和深度要求,经历了不断深化和完善的过程。

以实物指标调查的公众参与为例,"84规范"以前,对实物指标调查成果的签字确认没有明确要求，在《水利水电工程水库淹没实物指标调查细则（试行）》[（86）水规规字第 77 号] 中，要求调查成果应取得参加单位签署意见；"96 规范"要求取得当地政府和有关主管部门的认可；2007 年发布实施的"07 规范"和实物指标调查规范，要求实物指标调查成果应经调查者和被调查者签字，并按有关规定公示后，由有关地方人民政府签署意见。在耕地权属人签字确认方面，以前只要求集体经济组织代表签字确认，现在还要求承包经营权人签字。

在水电工程可行性研究报告阶段，由地方政府、项目法人、设计单位、乡村干部、移民代表等有关各方组成的实物指标联合调查组，根据确认的实物指标调查细则，对建设征地实物指标进行全面现场调查，调查成果经调查者和被调查者签字确认，并经二至三榜公示公告后，由有关地方人民政府签署意见。上述规定和做法是移民条例和"07 规范"结合水电工程建设征地特点，贯彻土地管理法关于建设征地报批前期工作程序的有关规定，在水电工程征地报批前认真履行征地告知、确认程序，确保被征地农民的知情权、参与权、监督权的具体举措和重要创新，深化和完善了公众参与的内涵，在保障实物指标调查成果客观公正全面准确、维护被征地农民合法权益、规范水电工程建设征地程序、促进水电工程建设等方面发挥了十分重要的作用。

4. 公众参与的方式不断创新

水电工程建设征地移民安置公众参与的方式，根据国家土地管理法规中关于建设征地程序的一般规定，结合水电水利工程建设周期长、征地范围成片集中、征地面积大、人口多等特点，创造性地采用了停建通告、移民综合监理和独立评估等一些适合水电工程建设征地移民安置特点的公众参与方式。在信息公开方式方面，在 20 世纪 90 年代和 21 世纪初期，为了适应土地管理法规要求将征用土地的用途、范围等予以公告的规定，同时为了避免在实物指标调查前突击建设项目和迁入人口、抢栽抢建等现象，部分省级行政区开始在一些大中型水利水电工程可行性研究阶段实物指标调查前发布停建通告，如 2003 年四川省人民政府发布了《关于向家坝水电站水库淹没区、施工区和移民安置规划区停止基本建设控制人口增长的通知》（川府函〔2003〕36 号），云南省人民政府办公厅发布了《关于溪洛渡、向家坝水电站水库移民搬迁及安置区内停止基本建设和控制人口增长的通知》（云政办发〔2003〕12 号）。471 号移民条例明确了发布停建通告的相关规定后，所有的大中型水电水利工程都发布了停建通告，成为水电水利工程区别于其他项目征地拆迁公众参与信息公开的显著特点之一。在利益相关者的参与方式方面，结合水电工程建设征地特点，借鉴工程监理的经验，参照世界银行和亚洲开发银行移民监测评估的做法，在 20 世纪 90 年代，我国在部分水利水电项目中开始试行移民监理制度，2002 年《水电工程建设征地移民工作暂行管理办法》（计基础〔2002〕2623 号）对水电工程移民综合监理进行了具体规定，471 号移民条例明确规定国家对移民安置实行全过程监督评估，国家能源局分别于 2014 年和 2017 年发布了《水电工程建设征地移民安置综合监理规范》（NB/T 35038）和《水电工程移民安置独立评估规范》（NB/T 35096），大中型水电工程全面实行了移民综合监理和独立评估制度，为保障移民安置进度和质量、提高移民资金使用效率和移民安置效果、维护移民合法权益、促进水电工程建设等方面发挥了重要作用，成为水电工程区别于其他项目征地拆迁公众参与的显著特点之一。

17.3.3 展望

1. 完善有关政策规范，逐步实现公众参与的规范化和程序化，破解可行性研究阶段移民意愿调查难题

近年来，中央和国务院已把公众参与确定为重大行政决策的五大法定程序的首位，国土资源部 2016 年 1 号文件提出规范征地报批程序，要求水利水电工程征地报批前认真履行征地告知、确认、听证程序，就征收土地方案充分听取被征地农村集体经济组织和农民意见。在水电工程建设征地移民安置公众参与方面，现行的移民条例和有关技术标准虽然提出了一些与公众参与有关的程序和要求，但对"公众参与"没有进行专门的规定，可操作性不强，没有规定具体的参与途径和参与渠道，也没有规定参与制度的保障机制，不同区域和项目在移民公众参与的范围、内容、程序等方面存在较大的差异，一些项目因移民参与不充分或参与方式不当，产生许多移民问题，影响社会稳定和电站建设。为此，需要在总结水电工程建设征地移民公众参与经验的基础上，全面梳理近年来国家和有关部门对公众参与的有关规定，结合水电工程建设征地移民安置的特点，在有关技术标准中对水电工程建设征地移民公众参与的对象、范围、程序、内容、方法等进行具体规定，逐步实现移民工作公众参与的法制化、规范化和程序化。

在移民安置意愿调查方面，可行性研究阶段的移民安置意愿调查成果是论证确定移民安置点位置、规模的主要依据之一，但由于在开展可行性研究阶段移民意愿调查时，补偿标准不能明确，且距离移民实际搬迁的时间较长，不确定性因素较多，在实施过程中因移民意愿的改变，不得不对移民安置方式、地点和规模进行变更，部分项目出现移民拒迁、二次搬迁，甚至多次搬迁等现象，不仅影响到移民安置实施进度，而且造成移民资金浪费，甚至产生社会不稳定问题。为此，一方面需要在相关政策法规和技术标准中对可行性研究阶段移民意愿调查的程序、深度、法定地位、前提条件和成果采用等作出明确规定，规范移民意愿调查工作；另一方面，也要充分考虑到实施阶段地方政府需要开展移民安置意愿对接，并与移民签订移民安置协议这一事实，实事求是地规定可行性研究阶段农村居民点和城镇迁建勘测设计工作的深度要求，避免不必要的重复工作和资金浪费。

2. 加大移民政策法规的宣传培训力度，提高移民公众参与的能力，充分发挥公众参与的作用

建设征地移民安置移民公众参与的程度和水平，在很大程度上取决于移民自身的参与能力。制约移民公众参与的主观和客观因素有很多，其中主观因素包括移民自身的组织能力、移民认同程度、移民的心理（例如搭便车心理和从众心理）、需求层次差异，以及移民的年龄、性别、职业、经验、民族、宗教、财富等；客观因素包括法律法规和移民管理制度、教育程度、参与成本、经济条件、社会文化环境等。其中，对移民政策理解不充分或者掌握不全面，对自身的利益认识不够深刻，不懂得如何维护个人合法权益等因素是影响公众参与效果的主要因素之一。

为此，需要加大移民政策法规的宣传培训力度，采取印发宣传手册、培训会、电视网络、现场考察学习等方式，加大移民政策法规的宣传培训力度，使移民利益相关者，特别是移民和移民干部等核心利益相关者，熟悉并自觉遵守移民政策法规，掌握参与的内容、途径、方法和程序，在移民和土地管理相关的法律法规、制度、程序允许范围内，在遵守相关公众参与的制度和程序的基础上，准确有序地表达自己的意愿和合理诉求，提出合理化的建议。

同时，要客观评价、合理使用公众参与成果并建立有效的反馈机制。对于符合移民政策的合理诉求，要坚决维护；对合理的意见建议，要充分吸收，并在规划设计成果中落实；对于违反政策规定的行为要坚决制止，不合理的要求不能迁就，但要及时向有关人群反馈相关信息和不予采纳的理由，合理回应，做好充分的解释与沟通，正确引导舆论，形成良性互动，积极争取支持和理解，充分发挥公众参与在维护移民合法权益、提高规划设计成果的可操作性、减少矛盾纠纷等方面的作用。

参 考 文 献

中国电建集团华东勘测设计研究院有限公司，2016. 浙江缙云抽水蓄能电站建设征地移民安置规划报告 [R]. 杭州：中国电建集团华东勘测设计研究院有限公司.

中国电建集团华东勘测设计研究院有限公司，2016. 金沙江白鹤滩水电站移民安置规划报告（云南部分） [R]. 杭州：中国电建集团华东勘测设计研究院有限公司.

中国电建集团华东勘测设计研究院有限公司，2016. 金沙江白鹤滩水电站移民安置规划报告（四川部分） [R]. 杭州：中国电建集团华东勘测设计研究院有限公司.

中国电建集团华东勘测设计研究院有限公司，2015. 浙江长龙山抽水蓄能电站建设征地移民安置规划报告 [R]. 杭州：中国电建集团华东勘测设计研究院有限公司.

中国水电顾问集团华东勘测设计研究院，2012. 云南省澜沧江苗尾水电站可行性研究阶段建设征地移民安置规划报告 [R]. 杭州：中国水电顾问集团华东勘测设计研究院.

中国水电顾问集团华东勘测设计研究院，2010. 大渡河沙坪二级水电站建设征地移民安置规划报告 [R]. 杭州：中国水电顾问集团华东勘测设计研究院.

中国水电顾问集团华东勘测设计研究院，2008. 金沙江龙开口水电站可行性研究阶段建设征地移民安置规划报告 [R]. 杭州：中国水电顾问集团华东勘测设计研究院.

国家电力公司华东勘测设计研究院，2006. 四川省雅砻江锦屏二级水电站可行性研究设计报告 [R]. 杭州：国家电力公司华东勘测设计研究院.

国家电力公司华东勘测设计研究院，2003. 浙江省瓯江滩坑水电站可行性研究设计报告 [R]. 杭州：国家电力公司华东勘测设计研究院.

中国水电顾问集团西北勘测设计研究院，2008. 澜沧江功果桥水电站工程建设征地移民安置规划报告 [R]. 西安：中国水电顾问集团西北勘测设计研究院.

中国水电顾问集团成都勘测设计研究院，2007. 四川省大渡河泸定水电站建设征地移民安置规划设计报告 [R]. 成都：中国水电顾问集团成都勘测设计研究院.

中国电建集团昆明勘测设计研究院有限公司，2016. 云南省澜沧江景洪水电站建设征地移民安置实施规划设计报告 [R]. 昆明：中国电建集团昆明勘测设计研究院有限公司.

中国水电顾问集团昆明勘测设计研究院，2019. 金沙江中游河段观音岩水电站建设征地移民安置规划报告（云南省分册）[R]. 昆明：中国水电顾问集团昆明勘测设计研究院.

中国水电顾问集团昆明勘测设计研究院，2008. 金沙江中游河段阿海水电站建设征地移民安置规划报告（云南省分册）[R]. 昆明：中国水电顾问集团昆明勘测设计研究院.

中国水电顾问集团昆明勘测设计研究院，2006. 云南省澜沧江小湾水电站招标设计阶段水库淹没处理规划设计报告 [R]. 昆明：中国水电顾问集团昆明勘测设计研究院.

中国水电顾问集团昆明勘测设计研究院，2007. 云南省澜沧江糯扎渡水电站建设征地及移民安置规划报告 [R]. 昆明：中国水电顾问集团昆明勘测设计研究院.

国家电力公司昆明勘测设计研究院，2004. 云南澜沧江漫湾水电站水库移民二次搬迁实施规划设计报告 [R]. 昆明：国家电力公司昆明勘测设计研究院.

中国水电顾问集团中南勘测设计研究院，2006. 金沙江向家坝水电站可行性研究阶段建设征地和移民安置规划设计报告 [R]. 长沙：中国水电顾问集团中南勘测设计研究院.

国家电力公司中南勘测设计研究院，2001. 红水河龙滩水电站可行性研究补充报告水库淹没处理规划设计专题报告 [R]. 长沙：国家电力公司中南勘测设计研究院.

国家电力公司中南勘测设计研究院，2002. 沅水三板溪水电站可行性研究水库淹没处理规划设计补充报告［R］. 长沙：国家电力公司中南勘测设计研究院.

中国电建集团中南勘测设计研究院有限公司，2016. 托口水电站移民安置实施阶段湖南部分建设征地移民安置补充规划设计专题报告［R］. 长沙：中国电建集团中南勘测设计研究院有限公司.

电力工业部中南勘测设计研究院，1988. 沅水五强溪水电站水库移民安置规划综合报告［R］. 长沙：电力工业部中南勘测设计研究院.

中国电建集团北京勘测设计研究院有限公司，2015. 金沙江上游苏洼龙水电站建设征地移民安置规划设计报告［R］. 北京：中国电建集团北京勘测设计研究院有限公司.

水利电力部水利水电规划设计院，1984. 水利水电工程水库淹没处理设计规范：SD 130—84［S］. 北京：中国电力出版社.

刘兰贵，李杰富，莫国汉，等，1996. 水电工程水库淹没处理规划设计规范：DL/T 5064—1996［S］. 北京：中国电力出版社.

张一军，蔡频，李红远，等，2007. 水电工程建设征地移民安置规划设计规范：DL/T 5064—2007［S］. 北京：中国电力出版社.

郭万侦，张一军，蔡频，等，2007. 水电工程建设征地处理范围界定规范：DL/T 5376—2007［S］. 北京：中国电力出版社.

李红远，张一军、张平，等，2007. 水电工程实物指标调查规范：DL/T 5377—2007［S］. 北京：中国电力出版社.

郭万侦，张一军，杨建成，等，2007. 水电工程农村移民安置规划设计规范：DL/T 5378—2007［S］. 北京：中国电力出版社.

王奎，张一军，钟广宇，等，2007. 水电工程移民专业项目规划设计规范：DL/T 5379—2007［S］. 北京：中国电力出版社.

王奎，张一军，李旭亚，等，2007. 水电工程移民安置城镇迁建规划设计规范：DL/T 5380—2007［S］. 北京：中国电力出版社.

王祝安，张一军，辛乾龙，等，2007. 水电工程水库库底清理设计规范：DL/T 5381—2007［S］. 北京：中国电力出版社.

龚和平，张一军，仇庆松，等，2007. 水电工程建设征地移民安置补偿费用概（估）算编制规范：DL/T 5382—2007［S］. 北京：中国电力出版社.

敬大捷，张一军，康建民，等，2015. 水电工程建设征地移民安置综合监理规范：NB/T 35038—2014［S］. 北京：中国电力出版社.

康建民，刘玉颖，冯涛，等，2017. 水电工程移民安置独立评估规范：NB/T 35096—2017［S］. 北京：中国电力出版社.

索　引

后　记

我国几十年来大规模的水电开发，占用大量的土地，产生了两千多万的移民，征地移民安置任务位居世界之首，政府部门、业主单位、中介机构为妥善安置移民做出了极大的努力。从沿袭成规到改革开放，从计划经济到市场经济，我国对水电水利工程征地移民的安置从指导思想、法规政策到技术标准，从实施管理、各方参与到落实责任，从确保安置、帮扶发展到实际效果，从文化保护、生态建设到协调统筹，从注重前期、加强监管到阶段验收，都取得了举世瞩目和令人自豪的成效！在政策法规制定、技术标准建设、实施组织管理、综合安置效果等方面都是世界一流！

依托国家级平台——"十三五"国家重点图书《中国水电关键技术丛书》，编写水电工程征地移民的关键技术，宣传水电工程征地移民的技术标准、解读相关技术的关键所在、展现移民安置技术工作的成就，是难得的机遇。为了编好本书，水电水利规划设计总院组织水电行业中主要设计单位和部分项目业主单位的移民专业技术骨干组建了编委会，并于 2016 年 7 月讨论形成了水电工程移民关键技术编制大纲，作为指导本书编写的纲领性文件，在编写和讨论的过程中又不断总结、充实和完善了大纲的内容和要求，使本书更能体现所要达到的目的。编委会通过收集资料、提炼内容、分析重点、梳理关键、收取案例、分章编写、汇总讨论等工作，于 2016 年 12 月完成汇稿，2018 年 9 月形成初稿，2018 年 11 月完成核稿，2019 年 5 月完成定稿，2019 年 11 月完成终稿。

为了充分发挥各参编单位的技术优势，编委会将编写任务分解到各参编单位，由其移民专业的技术总工程师牵头，安排了多年来一直从事水电工程建设征地移民安置规划设计、咨询和管理的技术骨干参与编写工作，部分参编单位考虑传帮带的因素，也安排了少量年轻工程师参与。编委会成员认为，该书的编写是体现移民专业技术水平的大好机会，都十分珍惜并努力工作，但由于各参编单位把本书编写工作直接纳入正式项目生产任务计划的不多，没有给参编人员专门安排太多的工作时间，3 年多来，大多数参编人员大多利用平时业余时间来完成此项工作。针对这种情况，编委会就以集中办公的方式，分次将编委会成员召集到一起，统一拟定关键技术、共同商议编撰内容、逐章逐节讨论，对书稿内容进行了多次反复的修改、完善，每一次的集中讨论既是对丛书内容的精雕细镂和层面提升，也是编委会成员的一次知识学习和专业培训，所有编委会成员都在此过程中受益匪浅。由于移民关键技术一书的内容丰富，需要的很多资料都分散在各单位，特别是选择的案例项目都是已批准实施了的项目，而涉及的实施案例项目材料也分布在各参编单位，各参编单位又相互支持、相互提供相应的资料。10 余次的集中办公编写和讨论核稿，大家付出了极大的艰辛，也取得了良好的效果，最终形成了本书。鉴于水电工程建设征地移民安置工作涉及群体较多，既有规划设计单位的工程技术人员，也有地方政府的行政管理人员，既有业主单位的专业管理人员，也有中介机构的技术管理人员，既有工程建设涉及的移民个人，也有社会公众的热心人士，读者广泛！为了便于广大读者有针对性地了解相关内容和方便应用，根据移民关键技术的具体内容，将电站前期阶段的建设征地移民安置规划设计涉及的相关关键技术内容归为规划设计篇，将水电工程实施阶段的移民安置实施管理涉及的相关关键技术内容归为实施篇。

水电工程建设征地移民安置涉及面广、情况复杂，编委会为编好本书已做出了巨大的努力，但由于受多种条件所限，一些关键技术未能更好地总结归纳，一些言辞语句未能详细推敲，一些成功案例未能收录其中，由此也成为本书的遗憾。

我国的水电开发还将继续，水电工程的移民安置还有大量工作要做，本书根据移民安置的实际情况提出了下一步对一些重要问题需要研究探索的技术标准方向，如移民生产安置任务与方式、移民搬迁安置的内容与标准、"三原"原则与促进地方经济社会发展的协调统筹等，望更多的能人志士继续努力，更进一竿。

从业移民多技术，壮志初心遇盛世。

成事规定数关键，解惑说道成周知。

翘楚群智共编撰，半生精业汇竹素。

借势丛书兴伟业，留此文字献心愿。

此可谓我们想要表达的观点。

衷心感谢各参编单位的大力支持！衷心感谢编委会成员对本书无私的贡献！

编委会

2021 年 4 月

《中国水电关键技术丛书》
编辑出版人员名单

总责任编辑：营幼峰

副总责任编辑：黄会明　王志嫒　王照瑜

项目负责人：刘向杰　吴　娟

项目执行人：冯红春　宋　晓

项目组成员：王海琴　刘　巍　任书杰　张　晓　邹　静
　　　　　　李丽辉　夏　爽　郝　英　范冬阳　李　哲

《中国水电工程移民关键技术》

责任编辑：冯红春

文字编辑：冯红春　任书杰　王海琴　郝　英　等

审稿编辑：王照瑜　孙春亮　黄会明

索引制作：文良友　冯红春

封面设计：芦　博

版式设计：芦　博

责任校对：梁晓静　张伟娜

责任印制：崔志强　焦　岩　冯　强

排　　版：吴建军　孙　静　郭会东　丁英玲　聂彦环

Contents

General Preface

of China.

As same as most developing countries in the world, China is faced with the challenges of the population growth and the unbalanced and inadequate economic and social development on the way of pursuing a better life. The influence of global climate change and extreme weather will further aggravate water shortage, natural disasters and the demand & supply gap. Under such circumstances, the dam and reservoir construction and hydropower development are necessary for both China and the world. It is an indispensable step for economic and social sustainable development.

The hydropower engineering technology is a treasure to both China and the world. I believe the publication of the *Series* will open a door to the experts and professionals of both China and the world to navigate deeper into the hydropower engineering technology of China. With the technology and management achievements shared in the *Series*, emerging countries can learn from the experience, avoid mistakes, and therefore accelerate hydropower development process with fewer risks and realize strategic advancement. The *Series*, hence, provides valuable reference not only to the current and future hydropower development in China but also world developing countries in their exploration of rivers.

As one of the participants in the cause of hydropower development in China, I have witnessed the vigorous development of hydropower industry and the remarkable progress of hydropower technology, and therefore I am truly delighted to see the publication of the *Series*. I hope that the *Series* will play an active role in the international exchanges and cooperation of hydropower engineering technology and contribute to the infrastructure construction of B&R countries. I hope the *Series* will further promote the progress of hydropower engineering and management technology. I would also like to express my sincere gratitude to the professionals dedicated to the development of Chinese hydropower technological development and the writers, reviewers and editors of the *Series*.

Ma Hongqi

Academician of Chinese Academy of Engineering

October, 2019

river cascades and water resources and hydropower potential. 3) To develop complete hydropower investment and construction management system with the aim of speeding up project development. 4) To persist in achieving technological breakthroughs and resolutions to construction challenges and project risks. 5) To involve and listen to the voices of different parties and balance their benefits by adequate resettlement and ecological protection.

With the support of H. E. Mr. Wang Shucheng and H. E. Mr. Zhang Jiyao, the former leaders of the Ministry of Water Resources, China Society for Hydropower Engineering, Chinese National Committee on Large Dams, China Renewable Energy Engineering Institute, and China Water & Power Press in 2016 jointly initiated preparation and publication of *China Hydropower Engineering Technology Series* (hereinafter referred to as "the *Series*"). This work was warmly supported by hundreds of experienced hydropower practitioners, discipline leaders, and directors in charge of technologies, dedicated their precious research and practice experience and completed the mission with great passion and unrelenting efforts. With meticulous topic selection, elaborate compilation, and careful reviews, the volumes of the *Series* was finally published one after another.

Entering 21st century, China continues to lead in world hydropower development. The hydropower engineering technology with Chinese characteristics will hold an outstanding position in the world. This is the reason for the preparation of the *Series*. The *Series* illustrates the achievements of hydropower development in China in the past 30 years and a large number of R&D results and projects practices, covering the latest technological progress. The *Series* has following characteristics. 1) It makes a complete and systematic summary of the technologies, providing not only historical comparisons but also international analysis. 2) It is concrete and practical, incorporating diverse disciplines and rich content from the theories, methods, and technical roadmaps and engineering measures. 3) It focuses on innovations, elaborating the key technological difficulties in an in-depth manner based on the specific project conditions and background and distinguishing the optimal technical options. 4) It lists out a number of hydropower project cases in China and relevant technical parameters, providing a remarkable reference. 5) It has distinctive Chinese characteristics, implementing scientific development outlook and offering most recent up-to-date development concepts and practices of hydropower technology

China has witnessed remarkable development and world-known achievements in hydropower development over the past 70 years, especially the 4 decades after Reform and Opening-up. There were a number of high dams and large reservoirs put into operation, showcasing the new breakthroughs and progress of hydropower engineering technology. Many nations worldwide played important roles in the development of hydropower engineering technology, while China, emerging after Europe, America, and other developed western countries, has risen to become the leader of world hydropower engineering technology in the 21st century.

By the end of 2018, there were about 98,000 reservoirs in China, with a total storage volume of 900 billion m³ and a total installed hydropower capacity of 350GW. China has the largest number of dams and also of high dams in the world. There are nearly 1000 dams with the height above 60m, 223 high dams above 100m, and 23 ultra high dams above 200m. There are also 4 mega-scale hydropower stations with an individual installed capacity above 10GW, such as Three Gorges Hydropower Station, which has an installed capacity of 22.5 GW, the largest in the world. Hydropower development in China has been endeavoring to support national economic development and social demand. It is guided by strategic planning and technological innovation and aims to promote project construction with the application of R&D achievements. A number of tough challenges have been conquered in project construction and management, realizing safe and green development. Hydropower projects in China have played an irreplaceable role in the governance of major rivers and flood control. They have brought tremendous social benefits and played an important role in energy security and eco-environmental protection.

Referring to the successful hydropower development experience of China, I think the following aspects are particularly worth mentioning. 1) To constantly coordinate the demand and the market with the view to serve the national and regional economic and social development. 2) To make sound planning of the

Informative Abstract

This book comprehensively reviews and summarizes the innovation and practical experience in the planning, design and implementation of resettlement for land acquisition of hydropower projects in the past half century. On the basis of the relevant technical standards for land acquisition and resettlement of hydropower projects issued by the state, the contents and process of resettlement planning, design and implementation are elaborated. Tracing back to the sources and analyzing the causes, the key technologies are put forward, which are include the scope of land acquisition, physical index survey, production placement, relocation, urban and rural residential planning, other industry projects, reservoir bottom cleaning, compensation cost estimates, resettlement and regional economic and social development, coordination mechanism, comprehensive design, comprehensive supervision, independent evaluation, informatization, public participation. These key technologies are all in order to achieve the general goal of properly resettling immigrants and promote the continuous development of hydropower industry. According to the characteristics of resettlement work and the future development trend of the industry, the directions of resettlement key technologies are prospected.

This book is a necessary technical knowledge book for the engineers and researchers engaged in the planning and design, comprehensive supervision and independent evaluation of land acquisition and resettlement for hydropower project construction, as well as a reference technical book for the administrators of local government and power station owner.

China Hydropower Engineering Technology Series

Key Technology Series of Hydropower Project Resettlement in China

Editorial Committee of This Book

中国水利水电出版社

China Water & Power Press

· BeiJing ·